第3章
房贷计算器效果图

第4章
购物车效果图

第5章
日程表效果图

第6章
手机安全助手效果图

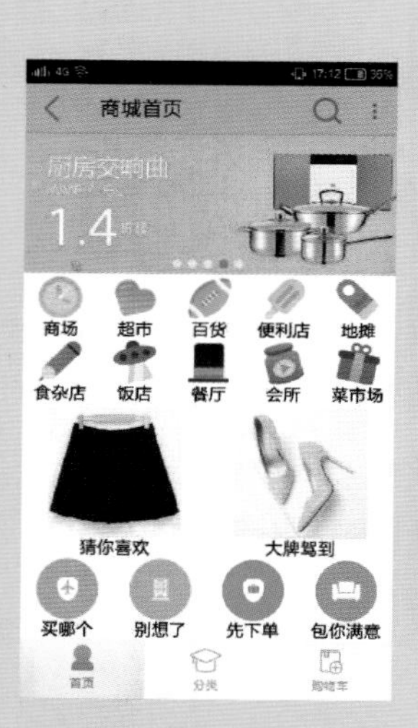

第7章
电商App效果图1

第7章
电商App效果图2

第7章
电商App效果图3

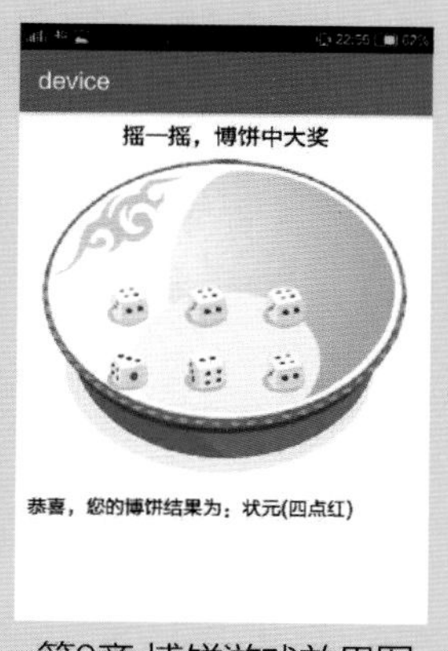

第9章 博饼游戏效果图

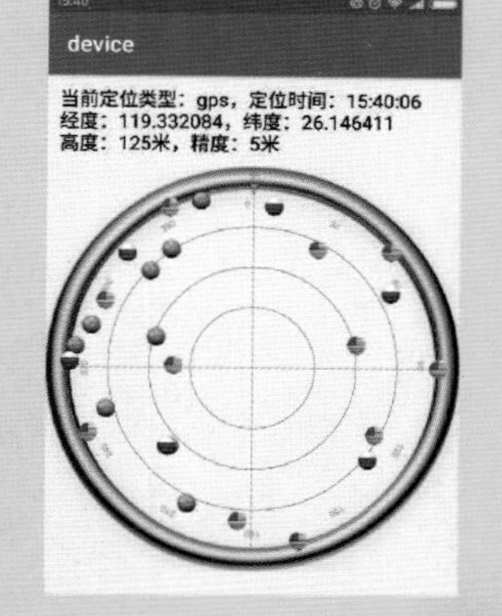

第9章 卫星浑天仪效果图

第9章
相机连拍效果图1

第9章
相机连拍效果图2

第10章
聊天App效果图1

第10章
聊天App效果图2

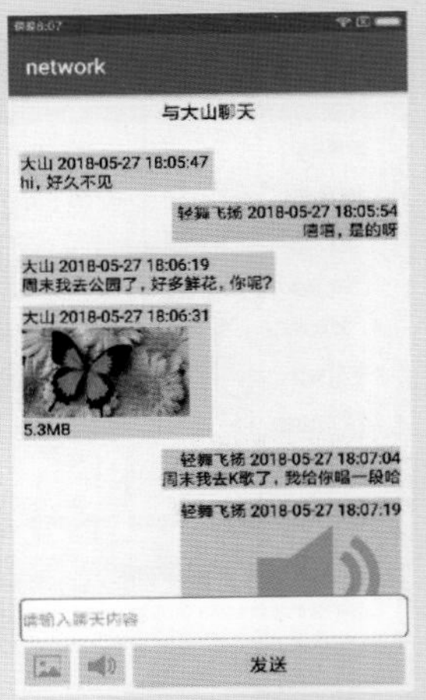

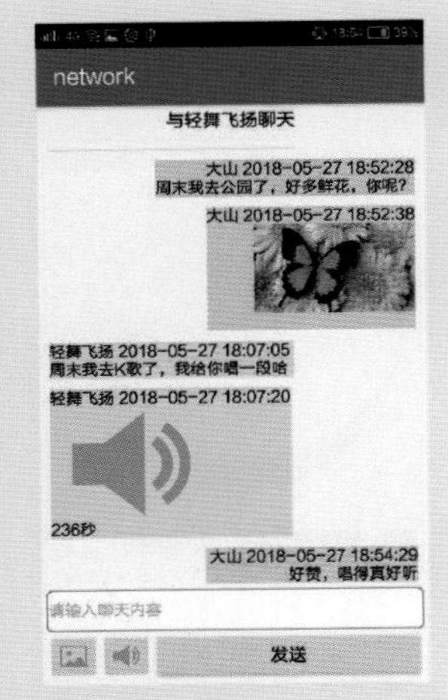

第10章
聊天App效果图3

第10章
应用超市效果图

第11章
抠图工具效果图

第11章 地球仪效果图

第11章 全景图库效果图1

第11章
全景图库效果图2

第12章
动感影集效果图1

第12章
动感影集效果图2

第13章
相册效果图

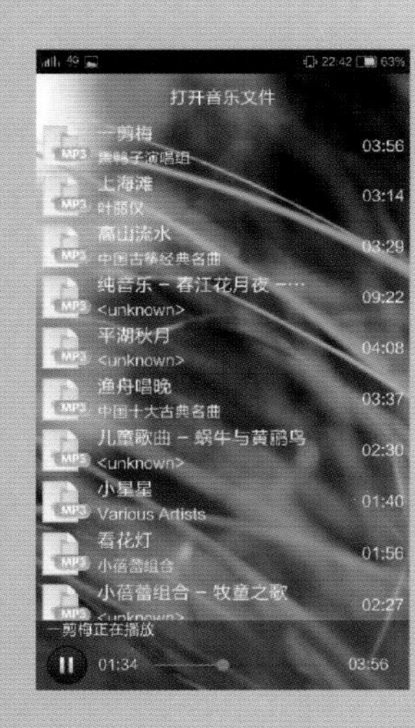

第13章
音乐播放器效果图1

第13章
音乐播放器效果图2

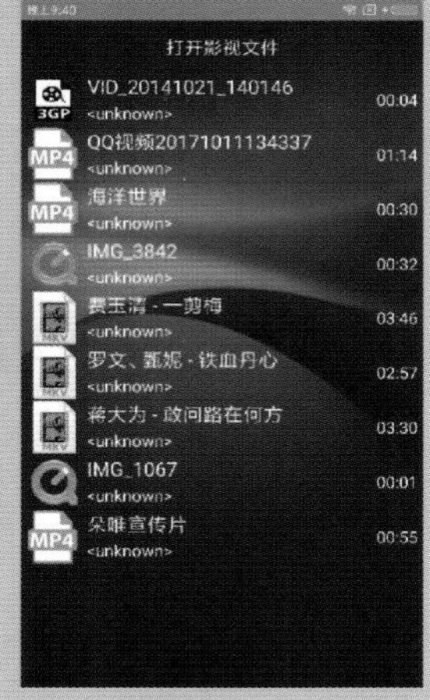

第13章
影视播放器效果图1

第14章 WiFi共享器效果图

第13章 影视播放器效果图2

第14章
电子书架效果图1

第14章
电子书架效果图2

第14章
电子书架效果图3

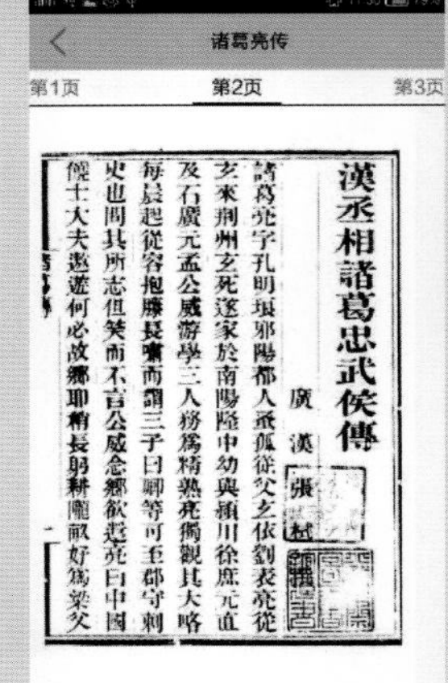

第14章
简单浏览器效果图

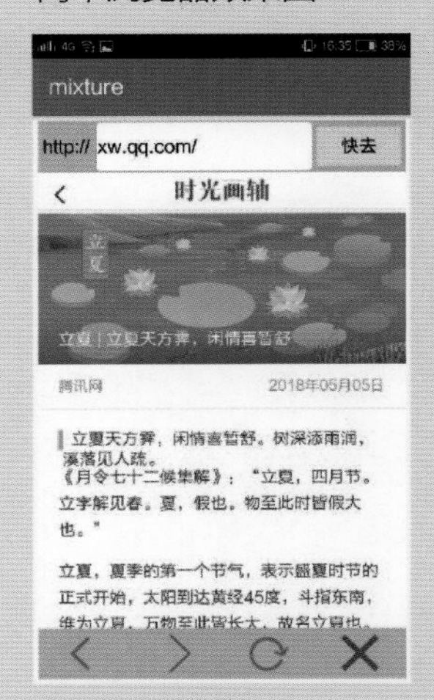

第15章
打车App效果图1

第15章
打车App效果图2

第15章
打车App效果图3

第16章
图片缓存框架效果图1

第16章
图片缓存框架效果图2

移动开发丛书

Android Studio 开发实战

从零基础到App上线

（第2版）

欧阳燊 著

清华大学出版社
北 京

内 容 简 介

本书是一部Android开发的实战教程，由浅入深、由基础到高级，带领读者一步一步走进App开发的神奇世界。

全书共分为16章。其中，前8章是基础部分，主要讲解Android Studio的环境搭建、App开发的各种常用控件、App的数据存储方式、如何调试App并将App发布上线；后8章是进阶部分，主要讲解App开发的设备操作、网络通信、事件、动画、多媒体、融合技术、第三方开发包、性能优化等。书中在讲解知识点的同时给出了大量实战范例，方便读者迅速将所学的知识运用到实际开发中。通过本书的学习，读者能够掌握3类主流App的基本开发技术，包括购物App（电子商务）、聊天App（即时通信）、打车App（交通出行）。另外，能够学会开发一些趣味应用，包括简单计算器、房贷计算器、万年历、日程表、手机安全助手、指南针、卫星浑天仪、应用超市、抠图工具、全景图库、动感影集、影视播放器、音乐播放器、WiFi共享器、电子书架等。

本书适用于Android开发的广大从业者、有志于转型App开发的程序员、App开发的业余爱好者，也可作为大中专院校与培训机构的Android课程教材。

图书在版编目（CIP）数据

Android Studio开发实战：从零基础到App上线/欧阳燊著.—2版.—北京：清华大学出版社，2018(2022.1重印)
（移动开发丛书）
ISBN 978-7-302-51260-8

Ⅰ.①A… Ⅱ.①欧… Ⅲ.①移动终端－应用程序－程序设计 Ⅳ.①TN929.53

中国版本图书馆CIP数据核字（2018）第213836号

责任编辑：王金柱
封面设计：王　翔
责任校对：闫秀华
责任印制：曹婉颖

出版发行：清华大学出版社
网　址：http://www.tup.com.cn，http://www.wqbook.com
地　址：北京清华大学学研大厦A座　　邮　编：100084
社 总 机：010-62770175　　邮　购：010-62786544
投稿与读者服务：010-62776969，c-service@tup.tsinghua.edu.cn
质 量 反 馈：010-62772015，zhiliang@tup.tsinghua.edu.cn

印 装 者：三河市龙大印装有限公司
经　销：全国新华书店
开　本：190mm×260mm　印　张：50.25　插　页：2　字　数：1286千字
版　次：2017年6月第1版　2018年11月第2版　印　次：2022年1月第11次印刷
定　价：139.00元

产品编号：079766-01

推 荐 序

计算机的发展是以信息智能化与小型化为进化路线，从 IBM 庞大的巨型机到比尔盖茨的个人电脑，信息无所不在。乔布斯的伟大之处在于“用一个手指头改变世界”。当全世界的粉丝用苹果手机的时候，移动开发领域开始全面地封闭在 iOS 的体系里。安卓作为移动手机和设备开放象征的另一级，更具有活力和前途。

欧阳先生是一位具有丰富程序开发经验的架构师和项目管理者，平时常常思考和总结 21 世纪以来我国软件开发者，特别是移动开发工程师的困惑。社会从“一支笔的科学家时代”发展到“一个键盘开发 App 改变世界”，对程序员来说，用自己的智慧进行移动应用开发是创业的捷径。读者遵循书中的指引，很快能够登堂入室，成为当前安卓应用开发的精英人才。

本书对所有有志于进行安卓系统开发的人员而言具有非常重要的意义。

杭州海适云承科技有限公司

董事长兼首席架构师

沈英桓

再版前言

时光荏苒犹如白驹过隙，转瞬之间本书离初版已近两年，在此期间信息科技的快速发展令人目不暇接。物联网方兴未艾，虚拟现实潮起潮落，共享经济遍地开花，人工智能火得一塌糊涂，第四次工业革命蓄势待发，而移动互联网从狂飙回归到常态。

单就App开发而言，安卓系统版本从2016年的Android 7到2017年的Android 8再到2018年的Android 9，Android Studio的版本也从2016年的2.2更新到2.3、3.0、3.1直到2018年的3.2，同时Android的开发语言除了Java以外又多了一个Kotlin。从应用场景来说，早期只运行于手机和平板电脑的安卓系统，现在逐步拓展到了互联网电视、可穿戴设备、车载终端、智能家居等其他设备之上。而搭载安卓系统的智能手机，也从仅含通话、上网等基本功能的通信工具，逐渐演化成集拍照、定位、社交、支付等生活服务为一身的全能小秘书。

有鉴于此，本书亟需补充这期间风起云涌的新技术新知识，以跟上时代发展的滔滔浪潮。种种机缘际会，加上第一版读者的热忱建议，因此便有了重新修订之后的本书第二版问世。第二版图书不是第一版的简单更新，而是百炼成钢的全面升级，与第一版相比，第二版图书主要有以下五处重要的增补变化：

1．工具更新颖

第二版的App开发全部基于Android 9.0环境，使用的开发工具为2018年9月发布的Android Studio 3.2，JNI用到的NDK则为2018年6月发布的r17c。相关的功能点都根据上述最新版本的工具展开论述，比如Android 8新增的画中画功能、Android 9新增的WebP动图播放、Android Studio 3新增的内存用量查看窗口，以及NDK的r17不再支持ARM5（armeabi）的so文件编译等。

2．技术更先进

移动互联网的后继发展方向如物联网、虚拟现实、人工智能等如火如荼，第二版为此投入了大量笔墨深入描述相关技术细节，例如物联网涉及到的二维码、NFC、红外、蓝牙等，虚拟现实涉及到的陀螺仪、三维图形、全景照片等，人工智能涉及到的TTS、语音识别、语音合成等，还有最新科研成果如北斗导航、SM3国密等，本书都有专门章节加以叙述。

3．案例更丰富

本书的一大特色是突出实战，每章末尾都给出了技术精炼的实战项目。第二版更是将这个优良传统发扬光大，除了原有的十几个实战项目之外，又对房贷计算器、万年历、影视播放器等开辟专门章节详细描述，另外新增了电商头部、应用超市、全景图库、矢量动画、电子书架等全新的实战项目，力图把常见的 App 种类一网打尽。

4．代码更易懂

作为一部软件开发方面的专著，少不了给出范例代码进行演示，代码可读易懂的重要性毋庸置疑。第二版在这方面大力改善，首先对书中的代码全面添加注释，务求让读者看得懂、学得会；其次，针对 Android 不同系统之间的方法差异，分别说明每个版本的代码兼容处理；再次，在实战项目示例中，讲清楚每个代码的业务逻辑，以及它们之间的相互关系。

5．编排更合理

第一版对个别知识点的编排不甚合理，第二版对这些知识点重新组织编排，使之更连贯、更系统。比如内容提供器 ContentProvider 原来只在第 13 章做介绍，再版之后将其提前到第 4 章的数据存储中进行介绍，然后分别在第 6 章、第 10 章、第 13 章的实战项目中加以运用，有助于不断地巩固和提高。又如蓝牙 BlueTooth 原本只在第 14 章的一个小节中作介绍，再版之后将其提前到第 9 章的短距离通信中进行介绍，然后分别在第 9 章的实战项目蓝牙音箱，以及第 14 章的蓝牙传输中加以运用，从而拓宽了这些技术的应用场景。

综上所述，经过精心修订的第二版图书，无论是广度还是深度，从数量到质量，都比第一版有了飞跃的提升。全书的写作目的，不但是教会读者怎么快速开发一个好玩、好看、好用的 App，更是让读者领略行业前沿的移动互联网学科。深度揭秘流行 App 背后的手机开发技术，展示移动信息科技的最新工程实践，这才是第二版想要呈献给读者的知识盛宴。

第二版的所有代码都基于 Android Studio 3.2 开发，并使用 API 28 的 SDK（Android 9.0）编译与调试通过。读者在阅读本书时，若对书中内容有任何疑问，均可在笔者的 CSDN 博客（http://blog.csdn.net/aqi00）留言。也可关注笔者的微信公众号“老欧说安卓”，更快更方便地阅读技术干货。至于本书的最新源码，则可访问笔者的 github 主页获取，github 地址是 https://github.com/aqi00/android2；也可访问百度网盘下载，下载页面是 https://pan.baidu.com/s/14NE2DD-frXxuDXUAlTfRaw（注意区分数字和大小写）。

最后，感谢王金柱编辑的热情指点，感谢出版社同仁的辛勤工作，感谢我的家人一直以来的支持，感谢各位师长的谆谆教导，没有他们的鼎力相助，本书就无法顺利完成。

欧阳燊

2018 年 10 月

第一版前言

移动应用开发又称 App 开发，是近年来的新兴软件开发行业。基于手机设备的特性，App 开发与服务器开发、网页开发等传统软件开发有很大不同，将 App 开发相关技术称为一门新兴学科也不为过。

作为一门学科，必然要求建立一套理论体系，这个理论体系应当具有普遍性与适用性，不会随着工具的变迁而消亡。App 开发就是如此，无论使用 Android 开发还是 iOS 开发，所采用的技术、要实现的功能都大同小异，区别在于需要使用不同的编程工具进行开发。对于用户来说，华为手机上的微信与苹果手机上的微信都是社交 App，这两个微信在功能和使用上并没有显著区别。

笔者从事软件开发工作十几年，期间经历了多次编程方向的转型，先从 C/C++开发转向 Java 开发，再从 Java 开发转向 Android 开发，而 Android 开发先用 ADT 后用 Android Studio。在多次转型过程中，笔者深深体会到，无论是编程语言还是开发工具，变化的都是技术实现手段，而不是人类愿景和系统原理。人类愿景是让生活更加便捷、让娱乐更加丰富，系统原理是让软件界面更加美观、让运行速度更加流畅。

本书的写作目的是教会读者 Android 开发，带领读者走进一个崭新的学科领域。市面上的 Android 开发书籍林林总总，写作风格各有千秋，不过讲解的基本是编程开发，有的还会讲解项目管理。本书除了介绍常规的 Android 开发外，还尝试从两方面加以拓展，一方面从产品经理的角度仔细分析 App 技术能帮用户做什么事情、能带给用户什么收获；另一方面从设计师的角度详细论述如何把千篇一律的页面变得生动活泼，如何让某个功能实现得更合理、高效。

全书的内容编排采用由浅入深、循序渐进的章节体例，不但考虑初学者的学习连续性，而且可以建立一个统一、连贯的学科体系。这么编排的好处是显而易见的，读者只要按照顺序学习，就能在学习过程中对已学部分不断复习巩固，同时提前预习后面的技术点，一方面衔接自然，另一方面提高学习效率。比如第 3 章末尾介绍实战项目“登录 App”，紧接着第 4 章开头介绍如何实现登录页面的记住密码功能；第 12 章介绍“动画”，一方面为前一章的飞掠横幅补充动画效果，另一方面为后一章的相册切换动画埋下伏笔。

全书可分为两大部分，第一部分是第 1～8 章，主要介绍 Android Studio 的环境搭建，App 开发的各种常用控件，App 的数据存储方式。如何调试 App 并将 App 发布上线，这部分囊括了 App 开发的基础知识，特别详细说明 App 从开发到调试再到上线的企业级开发流程。第二部分是第 9～16 章，主要介绍 App 开发的高级部分，包括设备操作、网络通信、事件、动画、多媒体、融合技术、第三方开发包、性能优化等，这部分涵盖 App 开发的进阶内容，与第一部分相比就像是“鸟枪换炮”，让开发者完成从游击队到正规军的华丽转变。

建议初学者和在校学生完整学习第 1～8 章内容，因为这部分包含 App 开发的必备技能，只有打好基础，才能进一步学习。至于第 9～16 章内容，根据前面的学习情况和个人兴趣爱好选择相应的章节学习即可。如果倾向于学习工具类 App 的开发，就可以选择学习“第 9 章 设备操作”“第 11 章 事件”“第 12 章 动画”“第 13 章 多媒体”；如果倾向于学习企业类 App 的开发，就可以选择学习“第 10 章 网络通信”“第 14 章 融合技术”“第 15 章 第三方开发包”“第 16 章 性能优化”。

对于有经验的开发者来说，可以自行选择不熟悉的知识点拾遗补缺。另外，本书讲述的部分知识点很具特色，如卫星导航、Socket 通信、多点触控、百叶窗动画、音乐播放器、蓝牙技术、支付 SDK、图片缓存原理等，这些内容在同类 Android 入门书籍中鲜有论述，有兴趣的读者可重点关注。

当然，本书面向的读者不仅是开发人员和计算机专业学生，也包括移动互联网行业的其他从业人员。对于产品经理来说，可以了解一下某个功能使用的技术，看似简单的功能，也许并不容易实现。对于设计师来说，“他山之石，可以攻玉”，可以参考一下别人的实现方式，也许正好可以激发你的灵感，其实不无裨益。对于测试人员来说，可以熟悉一下每项技术的优缺点，从而制订出更全面的测试方案，也许能发现更多 BUG。

本书所有代码都基于 Android Studio 2.2.3 开发，并使用 API 25 的 SDK（Android 7.1.1）编译与调试通过。读者在阅读本书时，若对书中内容有疑问，可在笔者的博客（http://blog.csdn.net/aqi00）留言。

本书范例的素材和代码下载地址为：https://pan.baidu.com/s/14NE2DD-frXxuDXUAITfRaw（注意区分数字和英文字母大小写）。如果下载有问题，请发送电子邮件至 booksaga@126.com，邮件主题设置为“求从零基础到 App 上线下载资源”。如需本书的最新源码，也可访问作者的 github 主页获取，github 地址是 https://github.com/aqi00/android2。

最后，感谢王金柱编辑的热情指点，感谢我的家人一直以来的支持，没有他们的鼎力相助，本书就无法顺利完成。

欧阳燊

2017 年 1 月

目　　录

第 1 章

Android Studio 环境搭建

本章主要介绍如何在个人电脑上安装 Android Studio 和相应的配套环境，并通过一个简单的 App“Hello World”演示 Android Studio 的常用操作与 App 开发、运行的流程，还介绍了 App 的工程结构和开发过程中的准备工作。

1.1 Android Studio 简介

Android 是基于 Linux 的移动设备操作系统，中文名为安卓，主要用于智能手机与平板电脑，现已拓展至互联网电视、可穿戴设备、车载终端、智能家居等等。Android 与 iOS 同为智能手机市场的两大操作系统，但安卓系统的全球市场份额大幅领先于苹果。在中国大陆，Android 的市场份额更是遥遥领先，据 2018 年 4 月的移动系统调研报告，Android 在中国的市场份额为 86%，其余份额为 iOS。

早期，在 Android 下开发 App 主要使用 Eclipse 和基于 Eclipse 的 ADT。不过 Eclipse 毕竟是为 Java 工程而生的开发平台，并非专门用于 Android，所以先天性不足难以避免。自 2015 年之后，谷歌公司便停止了 ADT 的版本更新，转而重点打造自家的 Android Studio。

Android Studio 是谷歌公司推出的 Android 应用开发环境，与基于 Eclipse 的 ADT 不同，Android Studio 是个全新的开发环境，拥有更强大的功能和更高效的性能。本书使用的 Android Studio 为 2018 年 9 月发布的 3.2 版本，同时支持 Windows、Mac OS X 和 Linux。

使用 Android Studio 比起使用 Eclipse 开发有如下好处：

（1）Android Studio 使用 v7 库与 design 库等只需增加一行配置，而 Eclipse 要想使用这些库得引用整个工程。

（2）高版本的 SDK 与 NDK 只支持 Android Studio，不支持 Eclipse。

（3）更多新功能只能在 Android Studio 中运用，如自动保存、多渠道打包、整合版本管理、支持预览 drawable 图形文件等。

1.2 Android Studio 的安装

既然 Android Studio 有众多优点，又是 App 开发大趋势的主流工具，接下来就让我们一步一步地在自己的电脑上安装 Android Studio。

1.2.1 开发机配置要求

工欲善其事，必先利其器。要想保证 Android Studio 的运行速度，开发用的电脑配置就要跟上。现在一般用笔记本电脑开发 App，下面是开发机的基本配置：

（1）内存最低要求 4GB，推荐 8GB，越大越好。

（2）CPU 要求 1.5GHz 以上，越快越好。

（3）硬盘要求系统盘剩余空间 10GB 以上，越大越好。

（4）要求带无线网卡、摄像头，USB 与麦克风正常使用。

（5）如果操作系统是 Windows，那么至少为 Windows 7，不支持 Windows XP。

1.2.2 安装依赖的软件

Android Studio 作为 Android 应用的开发环境，仍然依赖于 JDK、SDK 和 NDK 三种开发工具。

1. JDK

JDK 是 Java 语言的编译器，全称为 Java Development Kit，即 Java 开发工具包。因为 Android 应用采用 Java 语言开发，所以开发机上要先安装 JDK，下载地址为 http://www.oracle.com/technetwork/java/javase/downloads/index.html。JDK 建议安装 1.8 及以上版本，原因是不同的 Android 版本对 JDK 有相应的要求，如 Android 5.0 默认使用 jdk1.7 编译，Android 7.0 默认使用 jdk1.8 编译。

如果 JDK 为 1.6 或 1.7，而 SDK 为最新版本，就可能导致如下问题：

（1）创建项目后，浏览布局文件设计图时会报错 Android N requires the IDE to be running with Java 1.8 or later。

（2）编译项目失败，提示错误 com/android/dx/command/dexer/Main：Unsupported major.minor version 52.0。

（3）运行 App 失败，提示错误 compileSdkVersion 'android-24' requires JDK 1.8 or later to compile.

装好 JDK 后，还要在环境变量的系统变量中添加 JAVA_HOME，取值为 JDK 的安装目录，例如 D:\Program Files(x86)\Java\jdk1.8.0_102。添加系统变量 CLASSPATH，取值为.;%JAVA_HOME%\lib\tools.jar;%JAVA_HOME%\lib\dt.jar;%JAVA_HOME%\bin。并在系统

变量 Path 末尾添加;%JAVA_HOME%\bin。

2. SDK

SDK 是 Android 应用的编译器，全称为 Software Development Kit，即软件开发工具包。SDK 提供了 App 开发的常用工具合集，主要包括：

- build-tools 目录，存放各版本 Android 的各种编译工具。
- docs 目录，存放开发说明文档。
- extras\android 目录，存放兼容低版本的新功能支持库，比如 android-support-v4.jar、v7 的各种支持库、v13 以上兼容库等。
- platforms 目录，存放各版本 Android 的资源文件。
- platform-tools 目录与 tools 目录，存放常用的开发辅助工具，如数据库管理工具 sqlite3.exe、模拟器管理工具 emulator.exe。
- samples 目录，存放各版本 Android 常用功能的 demo 源码。
- sources 目录，存放各版本 Android 的 API 开放接口源码。
- system-images 目录，存放模拟器各版本的系统镜像与管理工具。

SDK 可以单独安装，也可以与 Android Studio 一起安装，单独安装的下载页面入口地址是 http://sdk.android-studio.org/。建议通过 Android Studio 安装 SDK，因为这样避免了一些兼容性与环境设置问题。无论是单独安装还是一起安装，装好 SDK 后都要在环境变量的系统变量中添加 ANDROID_HOME，取值为 SDK 的安装目录，例如 D:\Android\sdk。并在系统变量 Path 末尾添加;%ANDROID_HOME%\tools。

3. NDK

NDK 是 C/C++代码的编译器，全称为 Native Development Kit，意即原生开发工具包。该工具包主要供 JNI 接口使用，先把 C/C++代码编译成 so 库，然后由 Java 代码通过 JNI 接口调用 so 库。

NDK 的详细安装步骤见第 14 章的“14.2.1 NDK 环境搭建”。装好 NDK 后，要在环境变量的系统变量中添加 NDK_ROOT，取值为 NDK 的安装目录，例如 D:\Android\android-ndk-r17。然后在系统变量 Path 末尾添加;%NDK_ROOT%。

1.2.3　安装 Android Studio

2016 年 12 月 8 日，谷歌开发者的中文网站上线了。国内开发者可直接在该网站下载 Android Studio，详细的下载页面是 https://developer.android.google.cn/studio/index.html，在这里可以找到 Android Studio 的使用教程。

双击下载完成的 Android Studio 安装程序，弹出安装界面，如图 1-1 所示。全部勾选安装界面中的选项，然后单击 Next 按钮。进入下一页的安装路径配置页面，如图 1-2 所示，建议将 Android Studio 装在除系统盘外的其他磁盘（比如 D 盘），然后单击 Next 按钮。

接下来一路单击 Next 按钮，直到弹出最后一页，单击 Install 按钮，等待安装过程进行。

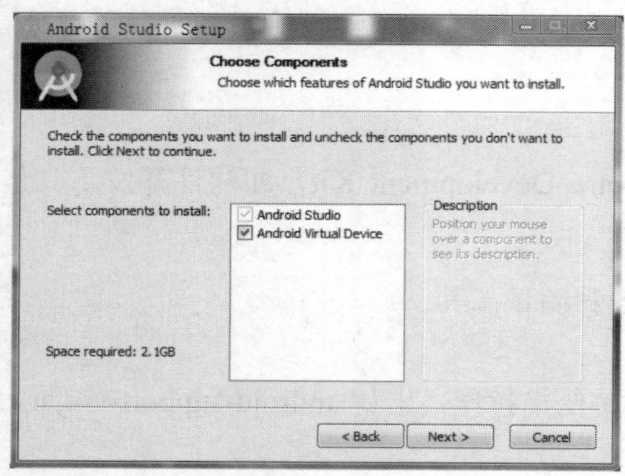

图 1-1　Android Studio 的安装界面

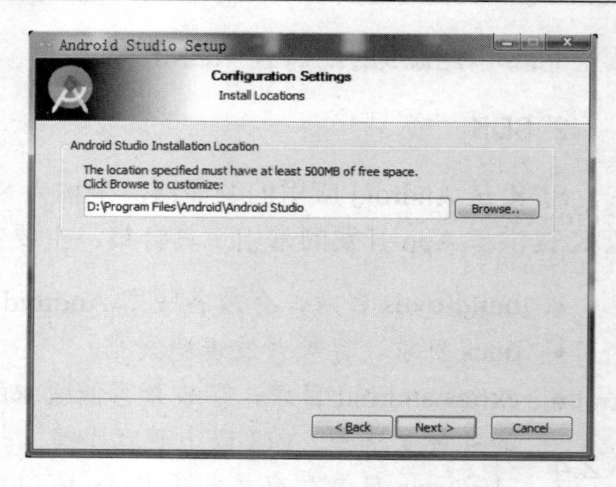

图 1-2　选择 Android Studio 的安装目录

安装完毕会跳到 Android Studio 的安装向导界面，如图 1-3 所示。单击 Next 按钮进入下一页，如图 1-4 所示。这里保持 Standard 选项，单击 Next 按钮；在配置界面确认 SDK 的安装路径是否正确，确认完毕继续单击 Next 按钮；在最后一个向导界面单击 Finish 按钮，等待设置操作。接下来的下载界面会自动跳转到谷歌网站更新组件，这里直接单击 Cancel 按钮取消下载，然后单击 Finish 按钮结束设置。最后弹出 Welcome to Android Studio 欢迎界面，如图 1-5 所示。单击第一项的 Start a new Android Studio project 即可开始你的 Android 开发之旅。

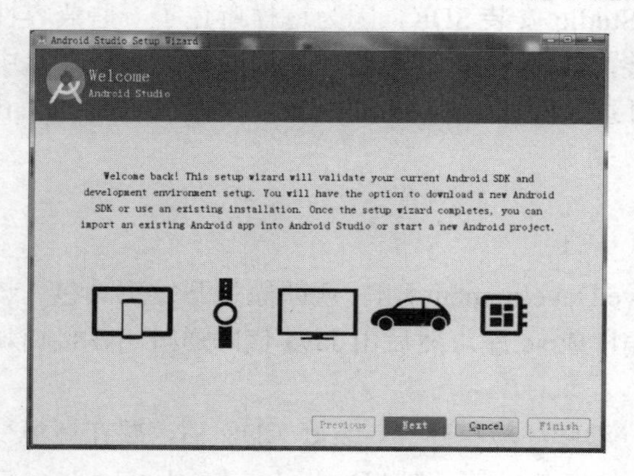

图 1-3　安装向导一

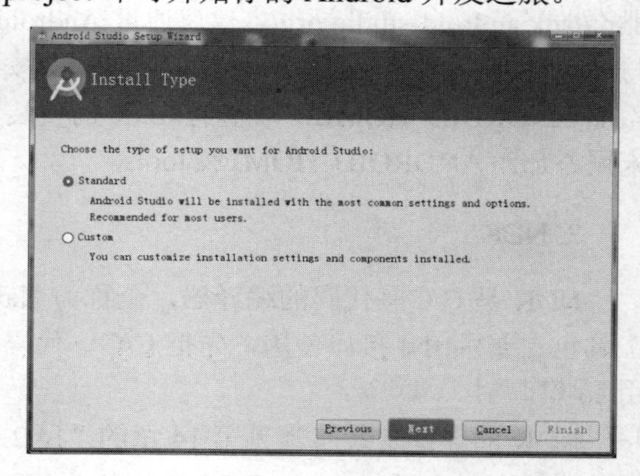

图 1-4　安装向导二

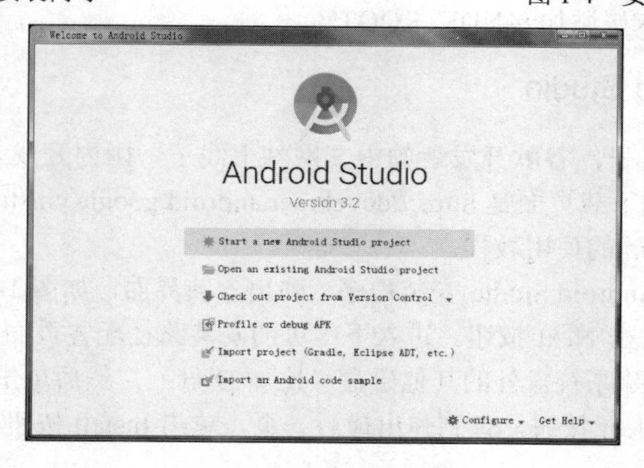

图 1-5　Android Studio 的欢迎界面

注意，配置过程可能发生如下错误提示：

（1）第一次打开 Android Studio 可能会报错 Unable to access Android SDK add-on list，这个界面不用理会，单击 Cancel 按钮即可。进入 Android Studio 主界面后，依次选择菜单 File→Project Structure→SDK Location，在弹出的窗口中分别设置 JDK、SDK、NDK 的路径。设置完毕后再打开 Android Studio 就不会报错了。

（2）已经按照安装步骤正确安装，运行 Android Studio 却总是打不开。请检查电脑上是否开启了防火墙，建议关闭系统防火墙及所有杀毒软件的防火墙。关了防火墙后再重新打开 Android Studio 试试。

1.2.4　下载 Android 的 SDK

从 Android Studio 3.0 开始，官网放出来的 Android Studio 安装包都不带 SDK，因此首次安装 AS 的开发者还要另行下载 App 开发需要的 SDK。此外，随着 Android 版本的更新换代，编译工具与平台工具等也需时常在线升级，故而接下来介绍如何下载最新的 SDK 平台及相关工具。

在 Android Studio 主界面，依次选择菜单 Tools→SDK Manager，菜单路径如图 1-6 所示，如果 Tools 菜单下面找不到 SDK Manager，那就单击窗口右上角的向下箭头按钮（见图 1-6 的箭头位置）。

图 1-6　打开 SDK Manager 的菜单路径

此时弹出 Android SDK 的管理界面，窗口右边是一大片的 SDK 配置信息，初始画面如图 1-7 所示。其中 Android SDK Location 一栏可单击右侧的 Edit 链接，进而选择 SDK 下载后的保存路径。其下的三个选项卡默认显示 SDK Platforms，也就是各个 SDK 平台的版本列表，勾选每个列表项左边的复选框，则表示需要下载该版本的 SDK 平台，然后单击 OK 按钮即可自动进行 SDK 的下载安装操作。也可单击中间的选项卡 SDK Tools，单击后切换到 SDK 工具的管理列表，如图 1-8 所示。在这个工具管理界面，能够在线升级编译工具 Build Tools、平台工具 Platform Tools，以及开发者需要的其他工具。

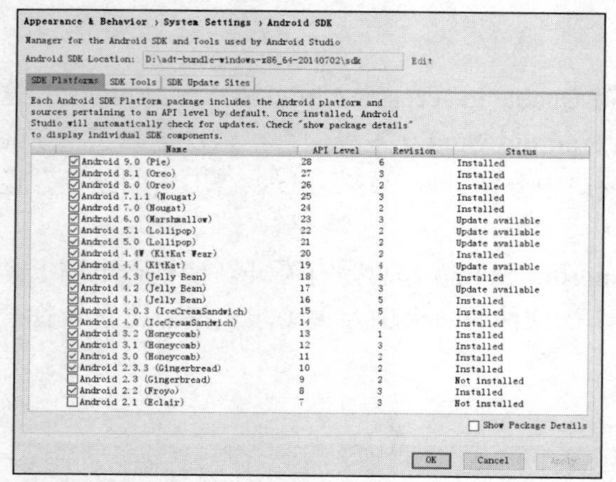

图 1-7　SDK 平台的管理列表

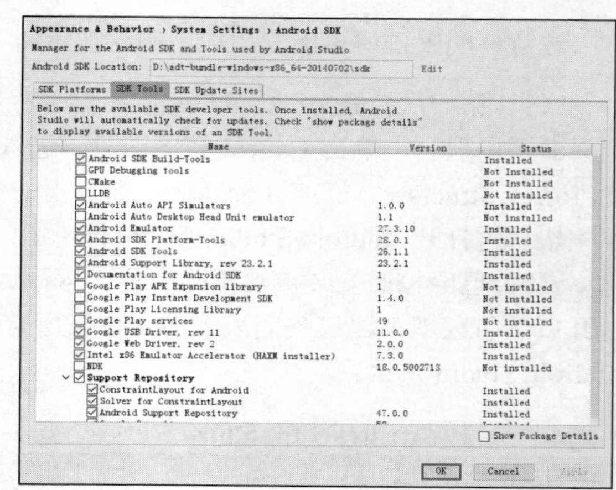

图 1-8　SDK 工具的管理列表

1.3　运行小应用 Hello World

成功安装 Android Studio 后，打开其界面会发现有一堆菜单和图标，对于这个陌生的开发环境，读者可能会有不知所措的感觉。现在不再逐一讲解每个菜单和图标的作用，直接开始第一个 App——Hello World，让我们在实践中边学边用，更好地理解和吸收。

1.3.1　创建新项目

打开 Android Studio，依次选择菜单 File→New→New Project，弹出 Create New Project 窗口，如图 1-9 所示。在 Application name 栏输入应用名称，在 Company Domain 栏输入公司域名，下面会自动合成工程的包名，选择好项目工程的保存目录，单击 Next 按钮。

下一个界面是目标设备界面，如图 1-10 所示。该界面可选择 App 期望运行在什么设备上，以及运行 App 所需的 SDK 最低版本号，Minimun SDK 右下方的文字提示当前版本号支持的设备市场份额。这里不做变动，按照默认勾选的 Phone and Tablet 即可，最低版本号也是默认的 API 16（支持设备的市场份额为 99.2%，能够满足绝大部分机型）。

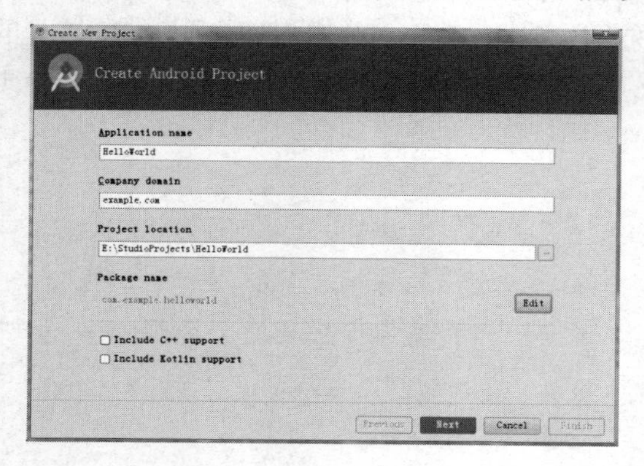

图 1-9　创建新项目

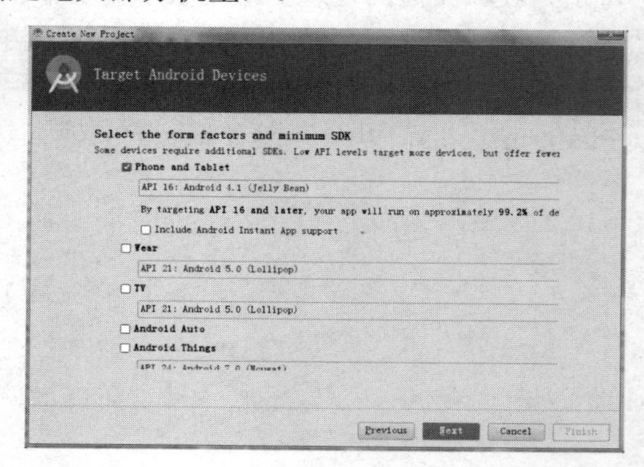

图 1-10　指定目标设备

然后单击 Next 按钮，进入下一个界面，如图 1-11 所示。该界面提示请选择初始界面风格，这里还是保持默认的选项 Empty Activity，单击 Next 按钮。

下一个界面是入口设置界面，如图 1-12 所示。该界面可输入活动名称（Activity Name）与布局名称（Layout Name），正常情况使用默认名称即可，单击 OK 按钮，等待工程创建。

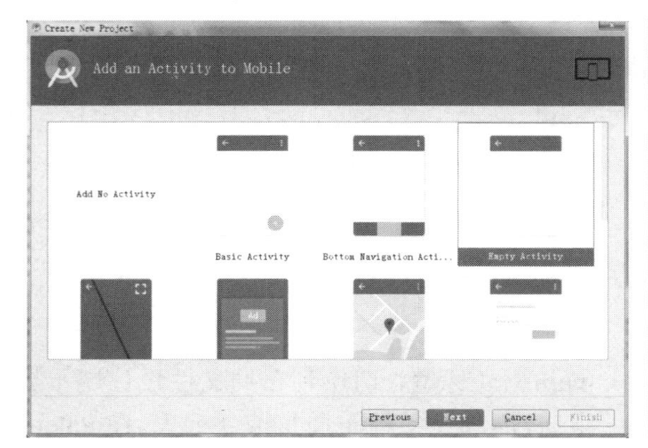

图 1-11　指定 Activity 界面的风格

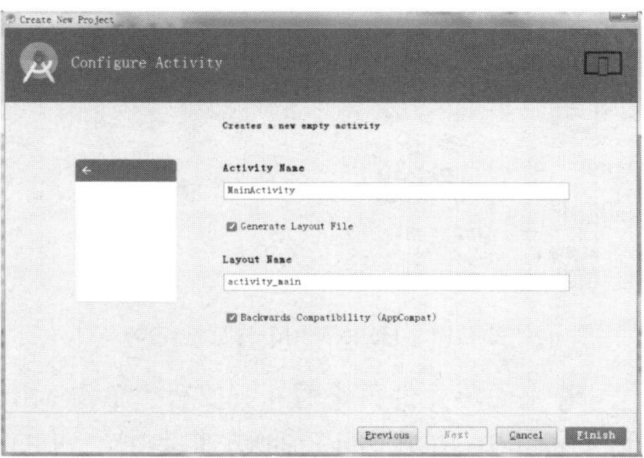

图 1-12　设置入口界面的名称

工程创建完毕后，Android Studio 自动打开 activity_main.xml 与 MainActivity.java，并默认展示 MainActivity.java 的源码，如图 1-13 所示。

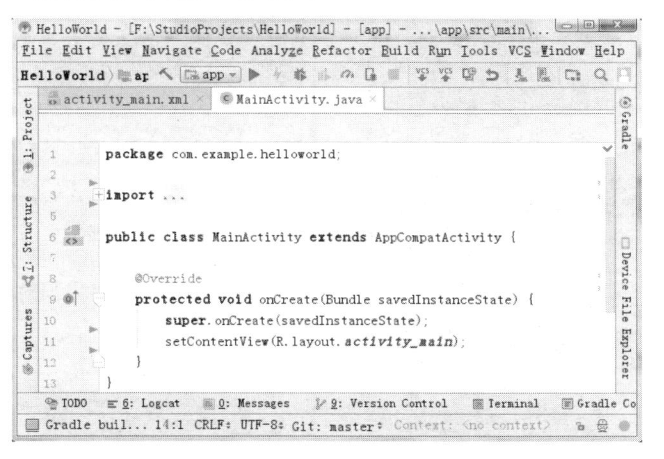

图 1-13　默认创建的 MainActivity

MainActivity.java 上方的标签表示该文件的路径结构，注意源码左侧有一列标签，从上到下依次是 Project、Structure、Captures、Favorites。单击 Project 标签，左侧会展开小窗口表示该项目工程的目录结构，如图 1-14 所示。单击 Structure 标签，左侧会展开小窗口表示该代码的内部方法结构，如图 1-15 所示。

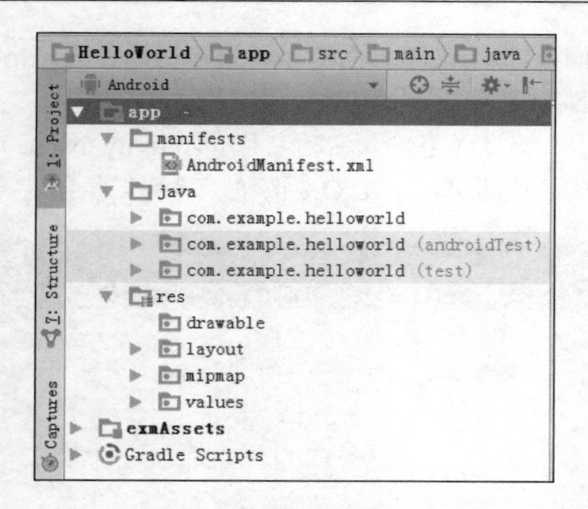

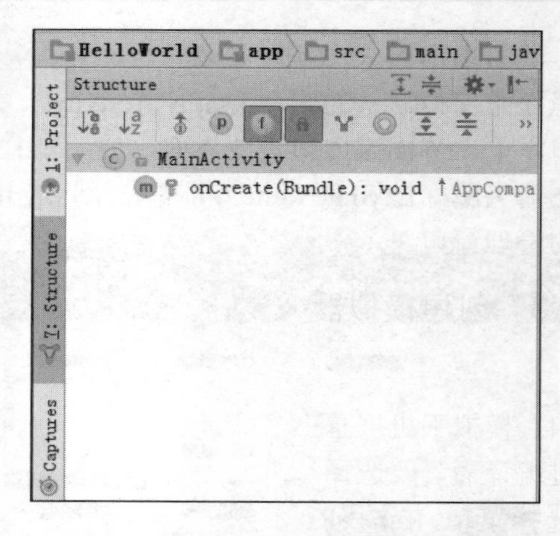

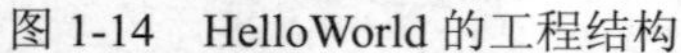

图 1-14　HelloWorld 的工程结构　　　　图 1-15　MainActivity 的方法结构

看完代码文件再来看布局文件，单击 activity_main.xml 标签，切换到布局文件设计展示界面，如图 1-16 所示。可以看到左侧多了一列 Palette 窗口，内部是各种布局与控件列表。在 Palette 窗口下方有两个标签，分别是 Design（默认选中，表示设计图）和 Text（表示源代码）。单击 Text 标签，切换到布局文件的源码界面，如图 1-17 所示。这个布局文件是标准的 XML 格式，内部定义了 App 页面上包含的各种控件元素及其排列组合方式。

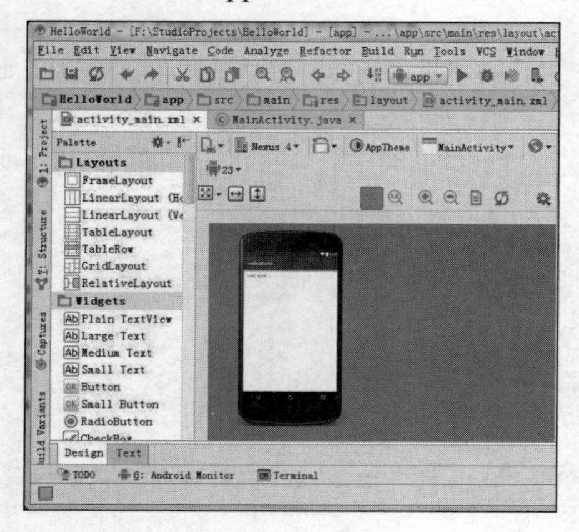

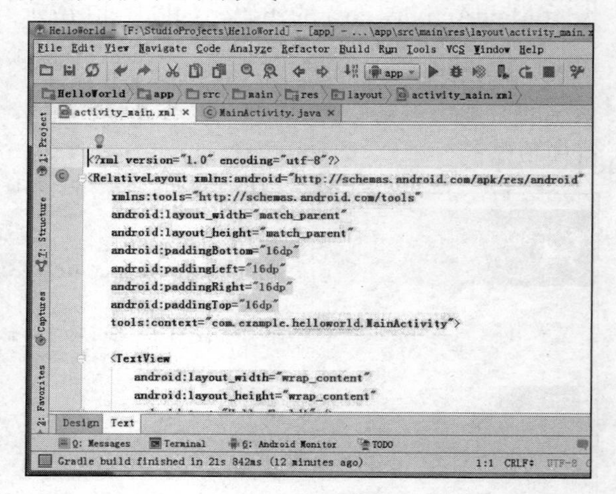

图 1-16　activity_main.xml 的设计图　　　　图 1-17　activity_main.xml 的源代码

1.3.2　编译项目/模块

Android Studio 与 Eclipse 一样，如果代码没有报错，Android Studio 就会自动编译，我们只需直接运行项目即可。当然有时候开发者想手动重新编译，有以下 3 种编译方式：

（1）选择菜单 Build→Make Project，编译整个项目下的所有模块。

（2）选择菜单 Build→Make Module ***，编译指定名称的模块。

（3）选择菜单 Build→Clean Project，然后选择菜单 Build→Rebuild Project，先清理项目，再对整个项目重新编译。

下面先认识一下任务栏上的几个常用图标，后面会经常用到它们。

在图 1-18 中，倒数第 5 个竖屏图标是 AVD Manager 按钮，单击该按钮会弹出模拟器的管理窗口；倒数第 4 个向下箭头图标是 SDK Manager，单击该按钮会弹出 SDK 版本的管理窗口。

图 1-18　任务栏上的常用图标

1.3.3　创建模拟器

所谓模拟器，是指在电脑上构造一个演示窗口，模拟手机屏幕上的 App 运行效果。App 通过编译后，要选择一个接入设备来运行，依次选择菜单 Run→Run 'app'（也可按快捷键 Shift+F10），Android Studio 会弹出新窗口 Select Deployment Target，如图 1-19 所示。

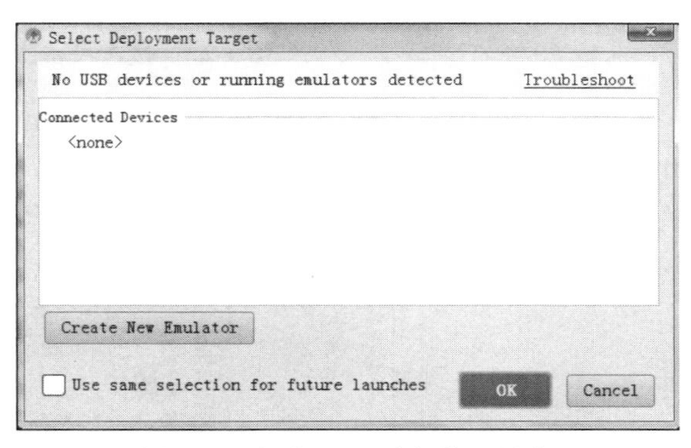

图 1-19　运行 App 选择接入设备

对初学者来说，一开始没有可用的模拟器，得创建新模拟器，单击 Create New Emulator 按钮，弹出模拟器的配置界面，如图 1-20 所示。按照默认配置即可，单击 Next 按钮。

下一个界面是 SDK 版本的选择界面，如图 1-21 所示。单击第 3 个标签 Other Images，在列表中选择第一个 Lollipop（即 Android 5.1），表示接下来创建的模拟器是基于 Android 5.1 系统的。然后单击 Next 按钮，进入最后的确认界面，在确认界面右下角单击 Finish 按钮，等待模拟器的创建。

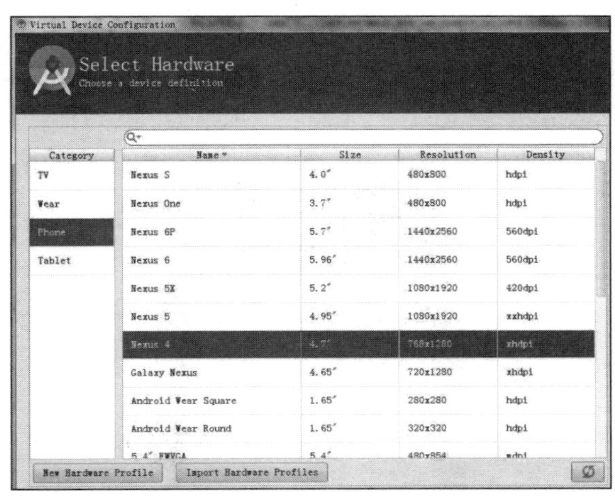

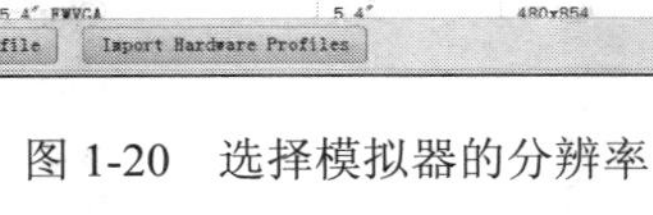

图 1-20　选择模拟器的分辨率

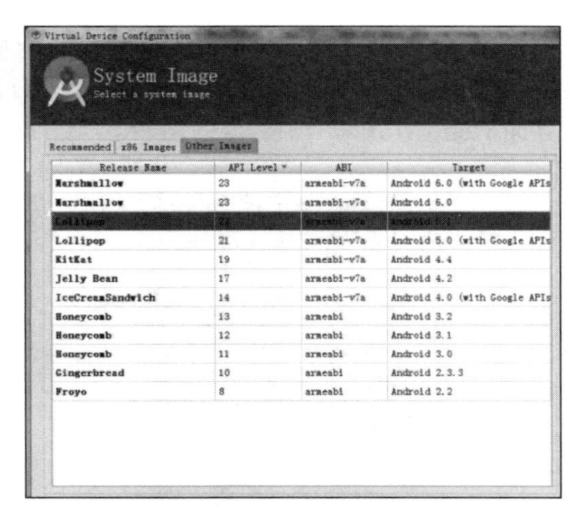

图 1-21　选择模拟器的 SDK 版本

1.3.4　在模拟器上运行 App

模拟器创建完成后，重新依次选择菜单 Run→Run 'app'，这时弹出的窗口中会出现刚才创建的模拟器，名称为 Nexus 4 API 22，如图 1-22 所示。

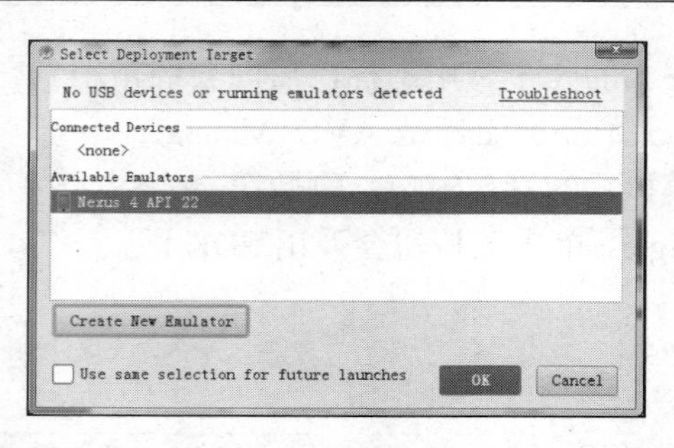

图 1-22　接入设备界面出现新创建的模拟器

选中该模拟器，单击 OK 按钮，等待 Android Studio 启动模拟器。关于模拟器的启动结果，可以查看主界面下方的提示窗口，如图 1-23 所示。提示窗口有左右两个小窗口，左侧窗口的左上角有一个 logcat 标签，用于展示 App 的运行日志；右侧窗口的右下角有一个 Gradle Console 标签，用于展示 App 工程的编译与启动情况。

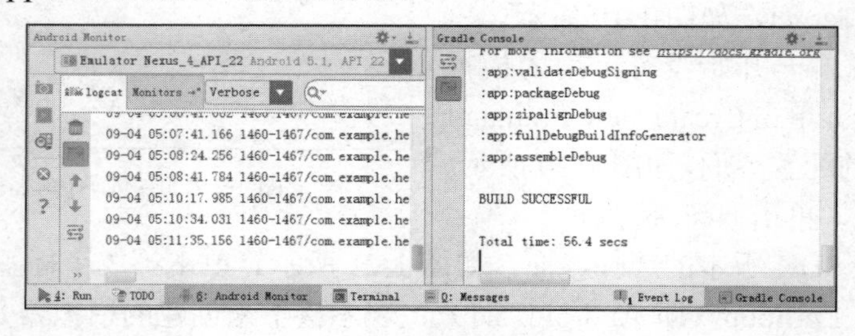

图 1-23　App 运行结果跟踪窗口

如果在 Gradle Console 窗口提示编译或启动失败，就按照提示信息进行处理。如果 Gradle Console 窗口提示成功，等待模拟器启动完成后，就会出现类似手机的模拟器界面，如图 1-24 所示。把模拟器屏幕下方中间的解锁图像向上拖动，使得屏幕解锁成功，这时进入 App 的启动界面 Hello World，如图 1-25 所示。

图 1-24　模拟器启动完成屏幕

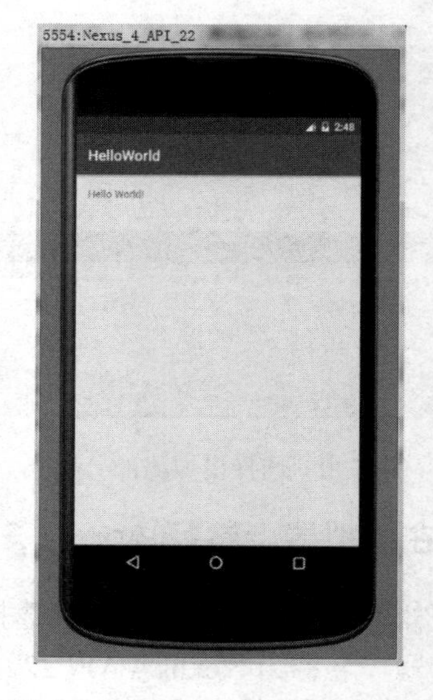

图 1-25　HelloWorld 的启动界面

如果 App 启动界面正常展示，那么恭喜你，第一个 Hello World App 就这样成功了。都说万事开头难，前面克服了各种困难，终于搭建好 Android Studio 的开发环境，并且成功运行了第一个 App——Hello World，不过这只是万里长征的第一步，接下来还有更奇妙的 Android 世界等着我们去探索。

1.4　App 的工程结构

上一节在模拟器上成功地运行了第一个 App（Hello World），接下来好好研究一下它的工程结构。每个 App 的工程结构都差不多，只要掌握了基本结构，后面开发起来就会得心应手。

1.4.1　工程目录说明

Android Studio 的工程创建分两个层级：第一个层级通过菜单 File→New→New Project 创建，这里的新项目是指新的工作空间，对应 Eclipse 的 workspace；第二个层级通过菜单 File→New→New Module 创建，这里的新模块是指一个单独的 App 工程，对应 Eclipse 的 project。第一次运行 Android Studio 都是选择 New Project，表示先创建一个工作空间；后面还想创建新的 App 工程时，只需选择 New Module，表示在当前工作空间下新建一个 App 工程。

例如，图 1-26 是之前 HelloWorld 工程的目录结构图。

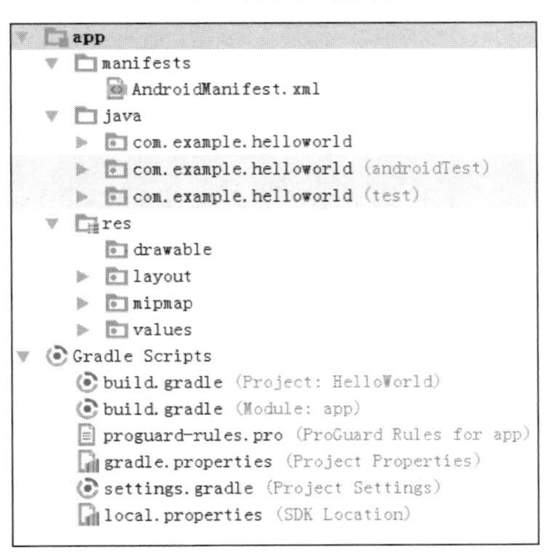

图 1-26　Hello World 工程的目录结构图

从结构图中可以看到，该工程下面有两个目录：一个是 app，另一个是 Gradle Scripts。其中，app 下面又有 3 个子目录，功能说明如下：

（1）manifests 子目录，下面只有一个 xml 文件，即 AndroidManifest.xml，是 App 的运行配置文件。

（2）java 子目录，下面有 3 个 com.example.hellorworld 包，其中第一个包存放的是 App

工程的 java 源代码，后面两个包存放的是测试用的 Java 代码。

（3）res 子目录，存放的是 App 工程的资源文件。res 子目录下又有 4 个子目录：

- drawable 目录存放的是图形描述文件与用户图片。
- layout 目录存放的是 App 页面的布局文件。
- mipmap 目录存放的是启动图标。
- values 目录存放的是一些常量定义文件，比如字符串常量 strings.xml、像素常量 dimens.xml、颜色常量 colors.xml、样式风格定义 styles.xml 等。

Gradle Scripts 下面主要是工程的编译配置文件，主要有：

（1）build.gradle，该文件分为项目级与模块级两种，用于描述 App 工程的编译规则。

（2）proguard-rules.pro，该文件用于描述 java 文件的代码混淆规则。

（3）gradle.properties，该文件用于配置编译工程的命令行参数，一般无须改动。

（4）settings.gradle，配置哪些模块在一起编译。初始内容为 include ':app'，表示只编译 App 模块。

（5）local.properties，项目的本地配置，一般无须改动。该文件是在工程编译时自动生成的，用于描述开发者本机的环境配置，比如 SDK 的本地路径、NDK 的本地路径等。

1.4.2 编译配置文件 build.gradle

项目级别的 build.gradle 一般无须改动，读者只需关注模块级别的 build.gradle。下面在初始的 build.gradle 文件中补充文字注释，方便读者更好地理解每个参数的用途。

```
apply plugin: 'com.android.application'

android {
    // 指定编译用的 SDK 版本号。如 28 表示使用 Android 9.0 编译
    compileSdkVersion 28
    // 指定编译工具的版本号。这里的头两位数字必须与 compileSdkVersion 保持一致，具体的版本号可在 sdk 安装目录的“sdk\build-tools”下找到
    buildToolsVersion "28.0.3"

    defaultConfig {
        // 指定该模块的应用编号，即 App 的包名。该参数为自动生成，无需修改
        applicationId "com.example.helloworld"
        // 指定 App 适合运行的最小 SDK 版本号。如 16 表示至少要在 Android 4.1 上运行
        minSdkVersion 16
        // 指定目标设备的 SDK 版本号。即该 App 最希望在哪个版本的 Android 上运行
        targetSdkVersion 28
        // 指定 App 的应用版本号
        versionCode 1
        // 指定 App 的应用版本名称
        versionName "1.0"
```

```
        }
        buildTypes {
            release {
                // 指定是否开启代码混淆功能。true 表示开启混淆，false 表示无需混淆。
                minifyEnabled false
                // 指定代码混淆规则文件的文件名
                proguardFiles getDefaultProguardFile('proguard-android.txt'), 'proguard-rules.pro'
            }
        }
    }

    // 指定 App 编译的依赖信息
    dependencies {
        // 指定引用 jar 包的路径
        implementation fileTree(dir: 'libs', include: ['*.jar'])
        // 指定单元测试编译用的 junit 版本号
        testImplementation 'junit:junit:4.12'
        // 指定编译 Android 的高版本支持库。如 AppCompatActivity 必须指定编译 appcompat-v7 库
        implementation "com.android.support:appcompat-v7:28.0.0"
    }
```

1.4.3 App 运行配置 AndroidManifest.xml

AndroidManifest.xml 用于指定 App 内部的运行配置，是一个 XML 描述文件，根节点为 manifest，根节点的 package 指定了该 App 的包名。manifest 下面又有若干子节点，分别说明如下：

（1）uses-sdk，该节点有两个属性：android:minSdkVersion 和 android:targetSdkVersion。这两个属性是早期 Eclipse 开发 App 时使用的，现在这两个字段改成放到 build.gradle 文件中，故而 Android Studio 不配置 uses-sdk 也没有关系。

（2）uses-permission，该节点用于声明 App 运行过程中需要的权限名称。例如，访问网络需要上网权限，拍照需要摄像头权限，定位需要定位权限等。

（3）application，该节点用于指定 App 的自身属性，默认的属性说明如下：

- android:allowBackup，用于指定是否允许备份，开发阶段设置为 true，上线时设置为 false。
- android:icon，用于指定该 App 在手机屏幕上显示的图标。
- android:label，用于指定该 App 在手机屏幕上显示的名称。
- android:supportsRtl，设置为 true 表示支持阿拉伯语/波斯语这种从右往左的文字排列顺序。
- android:theme，用于指定该 App 的显示风格。

application 节点下还有几个子节点，比如活动 activity、服务 service、广播接收器 receiver、

内容提供器 provider 等，这些子节点的详细属性会在后续章节详细说明。

1.4.4 在代码中操纵控件

在一开始创建 Hello World 工程时，Android Studio 默认打开了两个文件，分别是布局文件 activity_main.xml 和代码文件 MainActivity.java。下面先看布局文件 activity_main.xml 的内容：

```
<RelativeLayout xmlns:android="http://schemas.android.com/apk/res/android"
    android:layout_width="match_parent"
    android:layout_height="match_parent"
    android:padding="@dimen/activity_vertical_margin">

    <!-- 这是个文本视图，名字叫做 tv_hello，显示的文字内容为“Hello World!” -->
    <TextView
        android:id="@+id/tv_hello"
        android:layout_width="wrap_content"
        android:layout_height="wrap_content"
        android:text="Hello World!" />
</RelativeLayout>
```

这里可以看到 xml 文件中只有两个节点，分别是 RelativeLayout 和 TextView。再仔细看看，有没有发现熟悉的“Hello World”？没错，模拟器 App 界面显示的 Hello World 就来自于这里，也就是 TextView 控件的 android:text 属性值。可以把这里的 Hello World 改为其他文字，比如“你好、世界”或 I Love Android，改完保存文件后再依次选择菜单 Run→Run 'app'，看看 App 界面上的文字是不是变成新的了？

当然，我们的目标并不仅限于在布局文件中修改文字，还要能够在代码中修改文字的内容。再次打开代码文件 MainActivity.java，看看里面有什么内容。该 java 文件中 MainActivity 类的内容如下：

```
public class MainActivity extends AppCompatActivity {

    @Override
    protected void onCreate(Bundle savedInstanceState) {
        super.onCreate(savedInstanceState);
        setContentView(R.layout.activity_main);
    }
}
```

这里可以看出，MainActivity.java 的代码内容很简单，只有一个 MainActivity 类，该类下面只有一个函数 onCreate。注意 onCreate 内部的 setContentView 方法直接引用了布局文件的名字 activity_main，该方法的意思是往 App 界面填充 activity_main.xml 的布局内容。现在我们要在这里改动改动，加点“绿叶红花”让它好看一些。首先打开 activity_main.xml，在 TextView 节点下方补充一行 android:id="@+id/tv_hello"；然后回到 MainActivity.java，在 setContentView 方法下面补充几行代码，具体如下：

```
public class MainActivity extends AppCompatActivity {

    @Override
    protected void onCreate(Bundle savedInstanceState) {
        super.onCreate(savedInstanceState);
        // 当前的页面布局采用的是 res/layout/activity_main.xml
        setContentView(R.layout.activity_main);
        // 获取名叫 tv_hello 的 TextView 控件
        TextView tv_hello = findViewById(R.id.tv_hello);
        // 设置 TextView 控件的文字内容
        tv_hello.setText("今天天气真热啊，火辣辣的");
        // 设置 TextView 控件的文字颜色
        tv_hello.setTextColor(Color.RED);
        // 设置 TextView 控件的文字大小
        tv_hello.setTextSize(30);
    }
}
```

保存文件后依次选择菜单 Run→Run 'app'，模拟器上的 App 界面就变成了如图 1-27 所示的样子。

现在不但文字内容改变了，文字颜色和字体大小也发生了变化。怎么样，是不是很有成就感呢？好的开始是成功的一半，现在大家初步学会了在代码中操作控件，下一章进一步学习在 App 界面上人机交互。

图 1-27　修改文字后的 HelloWorld 界面

1.5　准备开始

俗话说得好，磨刀不误砍柴工。尽管前面我们已经初步学会了通过代码操作控件，不过为了后面介绍 Android 更顺利些，建议读者先了解本节的准备工作。即使已经迫不及待要进入 Android 的开发世界，也万万不可跳过本节直接翻到第 2 章，心急可吃不了热豆腐哦。

1.5.1　使用快捷键

就像在 Eclipse 上进行 java 开发一样，善用快捷键会让开发者提高工作效率，Android Studio 也是一样，下面是使用 Android Studio 开发 App 常用的快捷键。

- Ctrl+S：保存文件。
- Ctrl+Z：撤销上次的编辑。
- Ctrl+Shift+Z：重做上次的编辑，建议改为 Ctrl+Y，与 Eclipse、UEStudio 等工具保持

一致。Android Studio 默认 Ctrl+Y 为删除当前行，这点不太好，当你习惯按 Ctrl+Y 重做上次编辑时，系统却删除了当前行，非常不便。

- Ctrl+C：复制。
- Ctrl+X：剪切。
- Ctrl+V：粘贴。
- Ctrl+A：全选。
- Delete：删除。
- Ctrl+F：查询。
- Ctrl+R：替换。
- Ctrl+/：注释选中代码（在每行代码前面加双斜杆）。
- Ctrl+Shift+/：注释选中的代码段（在选中的代码段前面加"/*"，后面加"*/"）。
- Ctrl+Alt+L：格式化选中的代码段。注意该快捷键与 QQ 默认的热键（锁定 QQ）冲突，建议更换快捷键，或者删除 QQ 的同名热键。
- Shift+F6：重命名。建议改为 F2，与 Wnidows 和 Eclipse 的使用习惯保持一致。
- Alt+Enter：给光标所在位置的类导入相应的包。
- Shift+F10：运行当前模块。
- Ctrl+F5：清理并重新运行当前模块。

当然，每个人习惯的快捷键不尽相同，对于 Android Studio 来说也不例外，为了更好地使用快捷键，最好手工修改快捷键。手工修改快捷键的方法：依次选择菜单 File→Settings，在弹出的设置窗口中选择 Keymap，窗口右侧出现如图 1-28 所示的快捷键列表。

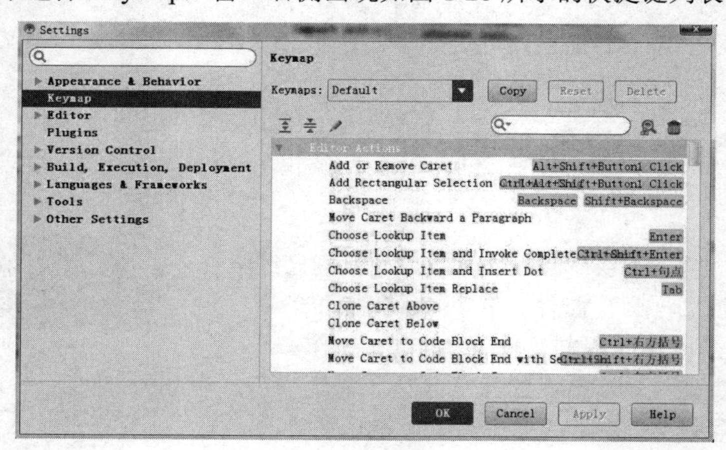

图 1-28　快捷键设置界面

在设置界面选中某条快捷键，右击或单击上方的铅笔按钮，在弹出的菜单中选择 Add Keyboard Shortcut，然后在键盘上按你要设置的快捷键组合，单击 OK 按钮，即可完成对应的快捷键设置。

1.5.2　安装 SVN 工具

在企业里面开发 App 都是团队合作，需要对代码进行统一管理，而且 App 每隔一两周便发布一个新版本，这也要求做好工程代码的版本控制。因此，企业开发 App 都会运用版本控制工具管理工程源码，最常见的版本控制工具是 SVN。

Android Studio 自带了 SVN 插件（Subversion），但是还需要开发者进行相关配置才能正常使用 SVN 功能。具体配置步骤如下：

步骤 01 在本机上安装 TortoiseSVN。

首先下载 TortoiseSVN 安装包，然后在安装时选择 command line client tools，这样安装后在 bin 目录下才能找到命令行工具 svn.exe。

步骤 02 在 Android Studio 中配置 TortoiseSVN 的命令行工具。

打开 Android Studio，依次选择菜单 File→Settings→Version Control→Subversion→user command line client，单击右侧的浏览按钮，选择本地安装的 svn.exe 的完整路径。

步骤 03 在 Android Studio 中使用 SVN 检出项目。

打开 Android Studio，依次选择菜单 VCS→Checkout from Version Control→Subversion，单击 Repositories 右方的加号按钮，在弹出的小窗口中输入 SVN 仓库地址，单击 OK 按钮，回到原窗口单击 Checkout 按钮，把项目检出到本地目录。

项目检出完毕后，在开发过程中要及时把改好的代码提交到 SVN，同时要及时从 SVN 更新别人改过的代码到本地。下面是 SVN 更新/提交的方法：

（1）把代码提交给 SVN 服务器：选中并右击工程目录，依次选择菜单 Subversion→Commit File...，表示向 SVN 服务器提交本地改过的文件。

（2）从 SVN 服务器更新代码：选中并右击工程目录，依次选择菜单 Subversion→Update File...，表示从 SVN 服务器更新文件到本地目录。

1.5.3 安装常用插件

在 Android Studio 中安装插件的步骤与 Eclipse 类似，具体步骤为：依次选择菜单 File→Settings→Plugins→下方按钮 Browser repositories...，弹出当前可用插件列表窗口，如图 1-29 所示。

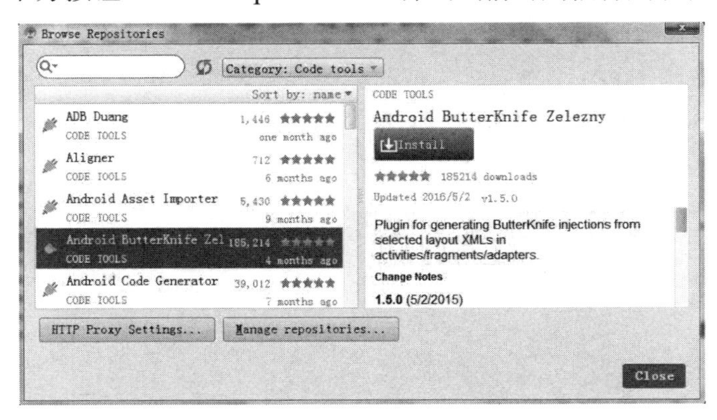

图 1-29 安装插件窗口

在安装插件窗口的 Category 框中选择 Code tools，然后选中左边列表的指定插件，再单击右边窗口内部的 Install 按钮，安装后重启 Studio 即可正常使用该插件的功能。下面是 5 个常用的 Studio 插件：

1. Android Parcelable code generator

该插件可自动生成 Parcelable 接口的代码。开发者先写好一个类和内部变量的定义，然后在代码中按 Alt+Insert，弹出的菜单列表下方就有 Parcelable 选项，如图 1-30 所示。选中该选项，即在类中插入实现 Parcelable 接口的代码。

2. Android Code Generator

该插件可根据布局文件快速生成对应的 Activity、Fragment、Adapter、Menu 等代码。在布局文件上右击或者在布局文件内部右击，弹出的菜单中多了一个 Generate Android Code 选项，具体的菜单如图 1-31 所示。选中生成项后，便会弹出代码窗口，把已生成的代码复制出来即可。注意该插件对汉字的支持不太好，如果 XML 文件中有汉字，代码就会生成失败。

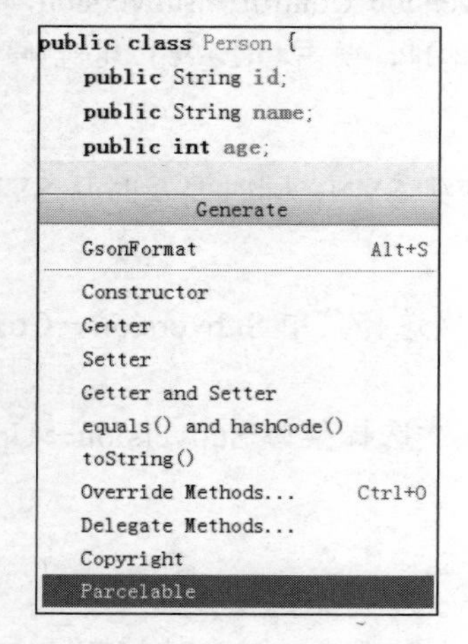

图 1-30 Parcelable 插件

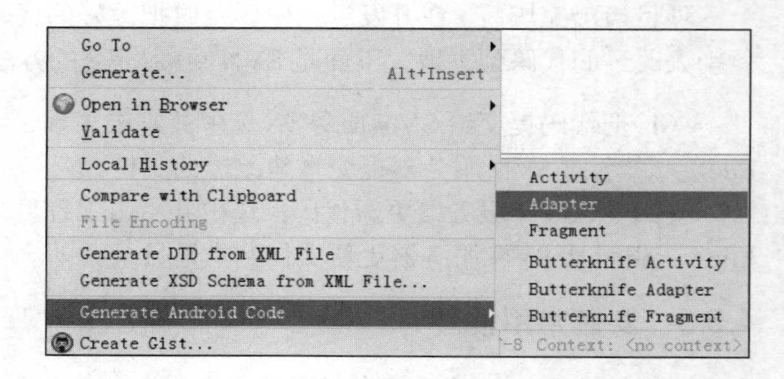

图 1-31 Generate Android Code 插件菜单

3. GsonFormat

该插件能够快速将 JSON 字符串转换成代码段，包含变量定义以及 set、get 函数。在代码中按 Alt+S，弹出 JSON 格式化窗口，往窗口中粘贴 JSON 字符串，单击 OK 按钮，即可在代码中插入生成好的代码段。GsonFormat 窗口如图 1-32 所示。

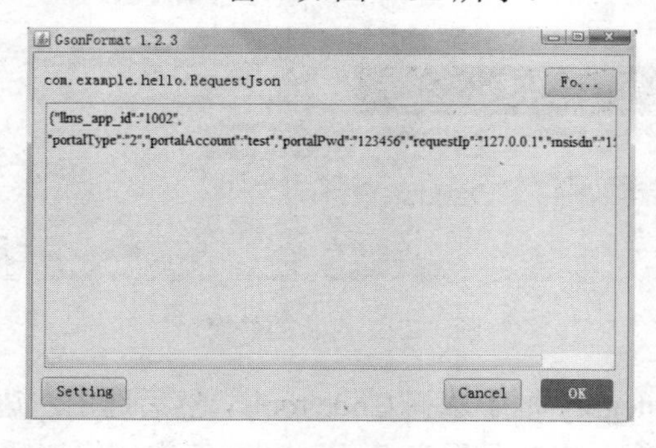

图 1-32 GsonFormat 插件

4. Android Postfix Completion

该插件支持在代码中快速生成 Toast、Log 等代码行。开发者在代码中输入字符串，后面跟上.toast 并回车，即可生成 Toast.makeText 代码行；输入字符串后，紧接着输入.log 并回车，即可生成 Log.d 代码行，如图 1-33 所示。

```
@Override
protected void onCreate(Bundle savedInstanceState) {
    super.onCreate(savedInstanceState);
    setContentView(R.layout.activity_main);
    //获取名字为tv_hello的TextView控件
    TextView tv_hello = (TextView) findViewById(R.id.tv_hello);
    //给TextView控件设置文字内容
    tv_hello.setText("今天天气真热啊，火辣辣的");
    //给TextView控件设置文字颜色
    tv_hello.setTextColor(Color.RED);
    //给TextView控件设置文字大小
    tv_hel      log                                   Log.d(TAG, expr);
                logd        if(BuildConfig.DEBUG) Log.d(TAG, expr);
    "测试日志".log
}
```

图 1-33　Postfix 插件使用截图

5. Android Drawable Importer

该插件可对一张图片自动生成不同分辨率的图片，从而让图片对不同屏幕的适配工作变得更加容易。右击任意目录，在弹出的菜单中选择 New，右方弹出的菜单列表末尾会出现*** Drawable Importer 之类的菜单项，如图 1-34 所示。

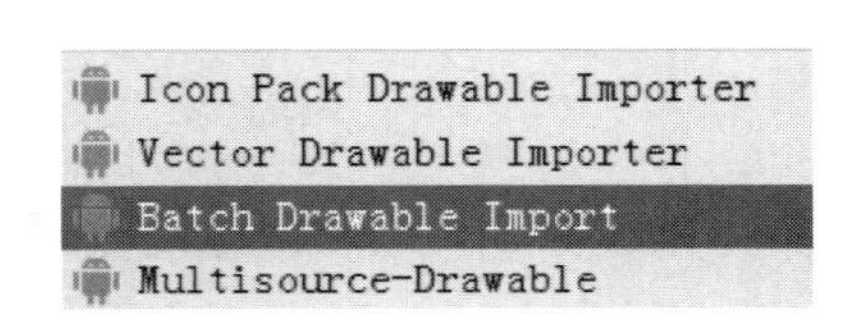

图 1-34　Drawable 插件菜单

这里通常选中 Batch Drawable Import，在弹出的窗口中选择图片的文件路径，并勾选需要自动生成的分辨率，然后单击 OK 按钮，即可在 drawabe 各分辨率的目录下生成对应的图片。

1.5.4　导入已经存在的工程

初学者一开始学习 App 开发，免不了想借鉴他人的编码思路，这就需要将网上的开源工程导入到本地。根据 App 工程提供的组织形式，存在两种方法可以导入到 Android Studio。如果下载下来的 App 工程是 Project 项目形式，则依次选择菜单 File→Open，然后在弹出的对话框中选择工程目录，即可完成该工程的导入操作。如果下载下来的 App 工程是 Module 模块形式，则不能把它当作项目导入，否则会出现“Plugin with id 'com.android.application' not found.”的错误。此时只能模块的形式导入该 App 工程，具体的导入步骤如下：

（1）依次选择菜单 File→New→New Project，按提示新建一个项目（即 Project）。

（2）项目创建完毕，再依次选择菜单 File→New→Import Module，然后在弹出的对话框中选择模块目录。

在 Android Studio 2.2/2.3/3.0 中，按照上述步骤能够正常导入 App 模块，但是若在 Android Studio 3.1 中导入 App 模块，会发现 AS 死活无法正常导入。此时除了先进行以上的两个导入步骤之外，还要额外进行以下的第三个步骤：

（3）打开当前项目的 settings.gradle，把下面这行：

```
include ':app'
```

改成下面这样，也就是手动添加新模块的名称：

```
include ':app', ':新模块的名称'
```

修改完毕，重启 Android Studio，再次打开后 AS 就会自动编译新模块了。

1.5.5 新建一个 Activity 页面

在前面的"1.4.4 在代码中操纵控件"中，我们已经尝试修改 XML 文件与 Java 代码，但这是在现有文件上进行修改，如果要增加一个新的页面，就得先创建新页面对应的 XML 布局和 Java 文件了。具体的页面创建步骤如下：

在左侧工程结构图中，选定新页面所在的包名如 com.example.helloworld，然后右击该包名，并在弹出的右键菜单中依次选择 New→Activity→Empty Activity，右键菜单如图 1-35 所示。

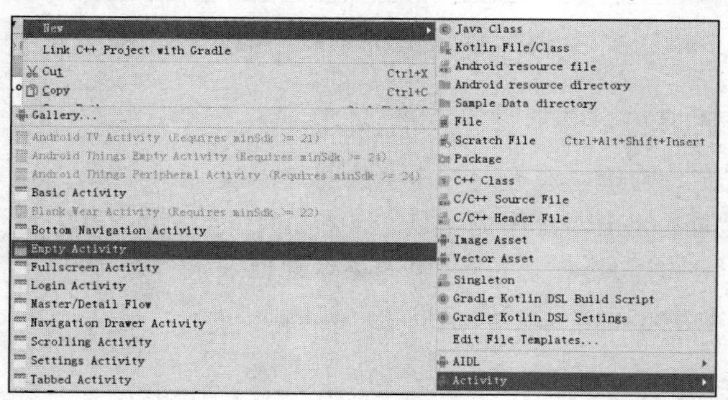

图 1-35 创建 Activity 页面的右键菜单

此时会弹出新页面的创建对话框如图 1-36 所示，其中 Activity Name 一栏填写页面的 Java 类名，Layout Name 一栏填写页面的 XML 布局名称，Package Name 保持默认的包名，确认无误后单击窗口右下方的 Finish 按钮。

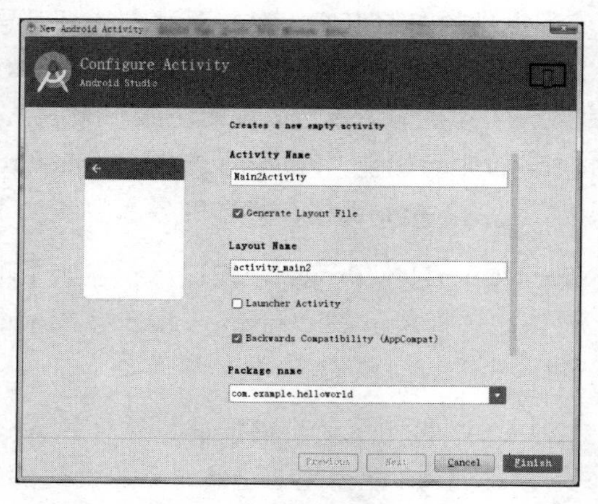

图 1-36 创建 Activity 页面的信息填写窗口

接着 Android Studio 会自动在默认包名下面生成页面代码 Main2Activity.java，在 res\layout 下面生成页面布局 activity_main2.xml，还会在 AndroidManifest.xml 的 application 节点增加下面一行配置：

```
<activity android:name=".Main2Activity"></activity>
```

新页面创建之后的工程结构如图 1-37 所示。

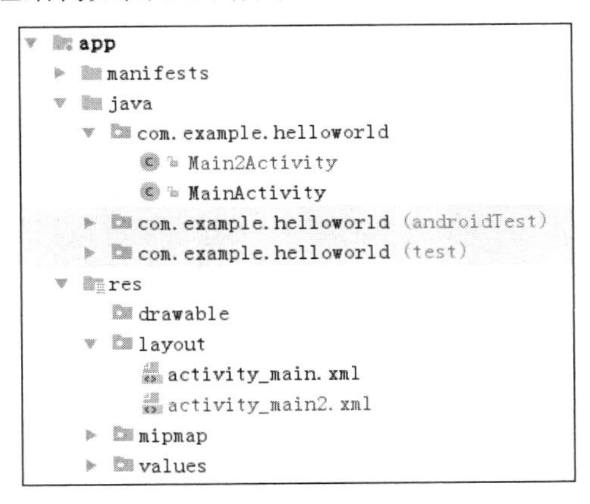

图 1-37　新页面创建之后的工程目录结构

上述操作步骤虽然一次性生成了 Java 代码及其对应的 XML 布局，可是实际开发中往往还需要单独生成 Java 代码，或者单独生成 XML 文件。创建单个文件的操作那更简单了，倘若是创建单个 Java 代码文件，则需右击工程目录的包名，在右键菜单中依次选择 New→Java Class，此时弹出新类的创建对话框如图 1-38 所示。在该窗口的 Name 一栏填写 Java 的类名，在 Superclass 一栏填写父类的名称（如果有的话），最后单击窗口下方的 OK 按钮，即可完成 Java 代码的创建操作。

倘若是创建单个 XML 布局文件，则需右击 layout 目录，在右键菜单中依次选择 New→XML→Layout XML File，此时弹出 XML 的创建对话框如图 1-39 所示。在该窗口的 Layout File Name 一栏填写布局文件的名称，在 Root Tag 一栏填写 XML 的根节点名称，最后单击窗口右下方的 Finish 按钮，即可完成 XML 布局文件的创建操作。

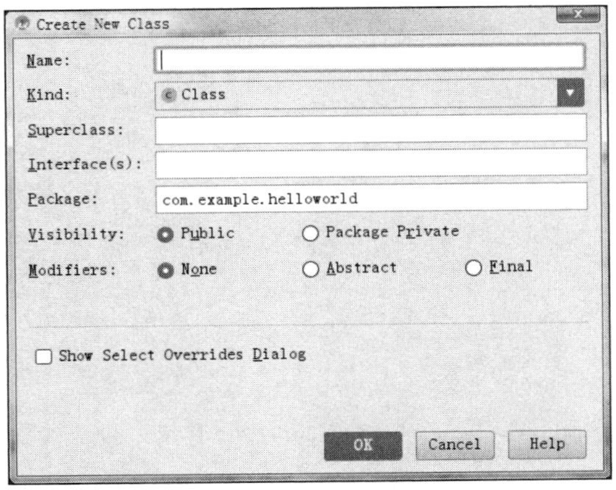

图 1-38　创建 Java 代码的对话框

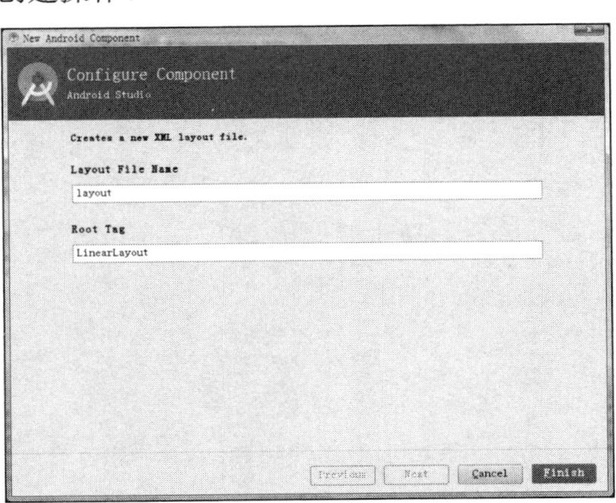

图 1-39　创建 XML 布局的对话框

1.6 小　结

本章主要介绍了 App 开发环境—— Android Studio 环境的搭建。Android Studio 作为一个集成开发环境，依赖于 3 个开发工具：JDK、SDK、NDK。从创建最简单的 HelloWorld 项目开始，依次介绍了项目创建、项目编译、模拟器创建、在模拟器上运行 App 这一连串开发流程。为了让读者有更理性的认识，又逐步讲解了 App 的工程目录结构、编译配置文件 build.gradle 的使用说明、App 运行配置文件 AndroidManifest.xml 的节点说明、如何在代码中简单操作控件等。最后对开发过程中的准备工作做了必要的说明，主要包括如何使用快捷键、如何使用 SVN 进行版本管理、如何安装和使用常见插件、如何导入已经存在的工程、如何新建一个 Activity 页面。

通过本章的学习，读者应该获得了 Android Studio 的基本操作技能，能够使用自己搭建的 Android Studio 环境创建简单的 App 并在模拟器上运行，并具备进一步提高的学习基础。

第2章

初级控件

本章介绍 Android 屏幕显示与初级视图的相关知识，主要包括屏幕显示基础、简单布局的用法、简单控件的用法、简单图形的用法。并且结合本章所学的知识，演示了一个实战项目“简单计算器”的设计与实现。

2.1 屏幕显示

本节从最基础的显示单元开始介绍，讲述了移动设备如何在屏幕上展现丰富多彩的界面。本节主要内容包括像素的几个常用单位、颜色的编码与使用、屏幕分辨率的获取等。

2.1.1 像素

老子曾说“天下难事必作于易，天下大事必作于细”，Android 开发也是如此。纵使 App 的界面千变万化、绚丽多姿，也都归因于数百万个像素的组合排列，就像万物皆由原子构成一般。像素看似简单，实际有大学问，如果对像素单位不知其所以然，开发时只知一根筋的填数字，结果在模拟器上运行得很好的界面，在真机上很可能显示得东倒西歪，这就是没打好基础的缘故。如果一开始就把像素的基本概念弄清楚，后面就会少走很多弯路，开发起来也会更加得心应手。

Android 支持的像素单位有：px（像素）、in（英寸）、mm（毫米）、pt（磅，1/72 英寸）、dp（与设备无关的显示单位）、dip（就是 dp）、sp（用于设置字体大小）。其中，常用的有 px、dp 和 sp 三种。

具体来说，px 是手机屏幕上可显示的最小单位，与物理设备的显示屏有关。一般来说，同样尺寸的屏幕（比如 5 寸的手机）看起来越清晰，像素的密度越高，以 px 计量的分辨率也越大。

dp 与物理设备无关，只与屏幕的尺寸有关。一般来说，同样尺寸的屏幕以 dp 计量的分辨率是一样的，无论这个手机是哪个厂家生产的，dp 大小都一样。

sp 的原理跟 dp 差不多，专门用于设置字体大小。手机在系统设置里可以调整字体的大小（小、普通、大、超大）。设置普通字体时，同数值 dp 和 sp 的文字看起来一样大；如果设置为大字体，用 dp 设置的文字没有变化，用 sp 设置的文字就变大了。例如，当系统设置普通字体时，18dp 与 18sp 的文字一样大，如图 2-1 所示；当系统设置大字体时，18dp 的文字大小不变，18sp 的文字却增大了，如图 2-2 所示。

Junior
Hello World!
Hello World!

图 2-1　普通字体的效果图

图 2-2　大字体的效果图

所以说，dp 与系统设置的字体大小没有关系，而 sp 会随系统设置的字体大小变大或变小。

dp 和 px 之间的联系取决于具体设备上的像素密度，像素密度就是 DisplayMetrics 里的 density 参数。当 density=1.0 时，表示一个 dp 值对应一个 px 值；当 density=1.5 时，表示两个 dp 值对应 3 个 px 值；当 density=2.0 时，表示一个 dp 值对应两个 px 值。具体的转换函数如下：

```
// 根据手机的分辨率从 dp 的单位 转成为 px(像素)
public static int dip2px(Context context, float dpValue) {
    // 获取当前手机的像素密度
    final float scale = context.getResources().getDisplayMetrics().density;
    return (int) (dpValue * scale + 0.5f); // 四舍五入取整
}
// 根据手机的分辨率从 px(像素) 的单位转成为 dp
public static int px2dip(Context context, float pxValue) {
    // 获取当前手机的像素密度
    final float scale = context.getResources().getDisplayMetrics().density;
    return (int) (pxValue / scale + 0.5f); // 四舍五入取整
}
```

在 XML 布局文件中，为了让不同设备屏幕拥有统一的显示效果，除了 sp 用于设置文字大小外，其余要用尺寸大小的地方都用 dp。在代码中情况又有所不同，Android 用于设置大小的函数都以 px 为单位。无论是 LayoutParams 里的 width 和 height，还是 setMargins 和 setPadding，参数单位都是 px，要想在代码中使用 dp 设置布局大小或间距，得先把 dp 值转换成 px 值。代码示例如下：

```
// 将 10dp 的尺寸大小转换为对应的 px 数值
int dip_10 = Utils.dip2px(this, 10L);
// 从布局文件中获取名叫 tv_padding 的文本视图
TextView tv_padding = findViewById(R.id.tv_padding);
// 设置该文本视图的内部文字与控件四周的间隔大小
tv_padding.setPadding(dip_10, dip_10, dip_10, dip_10);
```

2.1.2　颜色

在 Android 中，颜色值由透明度 alpha 和 RGB（红、绿、蓝）三原色定义，有八位十六进制数与六位十六进制数两种编码，例如八位编码 FFEEDDCC，FF 表示透明度，EE 表示红色的浓度，DD 表示绿色的浓度，CC 表示蓝色的浓度。透明度为 FF 表示完全不透明，为 00 表示完全透明。RGB 三色的数值越大颜色越浓也就越亮，数值越小颜色越暗。亮到极致就是白色，暗到极致就是黑色，这样记就不会搞混了。

六位十六进制编码有两种情况，在 XML 文件中默认不透明（透明度为 FF），在代码中默认透明（透明度为 00）。下面的代码分别给两个文本控件设置六位编码和八位编码的背景色。

```
// 从布局文件中获取名叫 tv_code_six 的文本视图
TextView tv_code_six = findViewById(R.id.tv_code_six);
// 给文本视图 tv_code_six 设置背景为透明的绿色，透明就是看不到
tv_code_six.setBackgroundColor(0x00ff00);
// 从布局文件中获取名叫 tv_code_eight 的文本视图
TextView tv_code_eight = findViewById(R.id.tv_code_eight);
// 给文本视图 tv_code_eight 设置背景为不透明的绿色，即正常的绿色
tv_code_eight.setBackgroundColor(0xff00ff00);
```

从图 2-3 可以看到，代码使用六位编码看不到任何背景，使用八位编码能够看到正确的绿色背景。

图 2-3　不同方式设置颜色编码的效果图

在 Android 中使用颜色有下列 3 种方式：

1. 使用系统已定义的颜色常量。

Android 系统有 12 种已经定义好的颜色，具体的类型定义在 Color 类中，详细的取值说明见表 2-1。

表 2-1　颜色类型的取值说明

Color 类中的颜色类型	说明	Color 类中的颜色类型	说明
BLACK	黑色	GREEN	绿色
DKGRAY	深灰	BLUE	蓝色
GRAY	灰色	YELLOW	黄色
LTGRAY	浅灰	CYAN	青色
WHITE	白色	MAGENTA	玫红
RED	红色	TRANSPARENT	透明

2. 使用十六进制的颜色编码。

在布局文件中设置颜色需要在色值前面加“#”，如 android:textColor="#000000"。在代码中设置颜色可以直接填八位的十六进制数值（如 setTextColor(0xff00ff00);），也可以通过 Color.rgb(int red, int green, int blue)和 Color.argb(int alpha, int red, int green, int blue)这两种方法指定颜色。在代码中一般不要用六位编码，因为六位编码在代码中默认透明，所以代码用六位编码跟不用没什么区别。

3. 使用 colors.xml 中定义的颜色。

res/values 目录下有个 colors.xml 文件，是颜色常量的定义文件。如果要在布局文件中使用 XML 颜色常量，可引用“@color/常量名”；如果要在代码中使用 XML 颜色常量，可通过这行代码获取：getResources().getColor(R.color.常量名)。

2.1.3 屏幕分辨率

在 App 编码中时常要取手机的屏幕分辨率（如当前屏幕的宽和高），然后动态调整界面上的布局。在代码中获取分辨率就是想办法获得 DisplayMetrics 对象，然后从该对象中获得宽度、高度、像素密度等信息。下面是 DisplayMetrics 类的常用属性说明。

- widthPixels：以 px 为单位计量的宽度值。
- heightPixels：以 px 为单位计量的高度值。
- density：像素密度，即一个 dp 单位包含多少个 px 单位。

下面是获取当前屏幕的宽度、高度、像素密度的代码示例。

```
// 获得屏幕的宽度
public static int getScreenWidth(Context ctx) {
    // 从系统服务中获取窗口管理器
    WindowManager wm = (WindowManager) ctx.getSystemService(Context.WINDOW_SERVICE);
    DisplayMetrics dm = new DisplayMetrics();
    // 从默认显示器中获取显示参数保存到 dm 对象中
    wm.getDefaultDisplay().getMetrics(dm);
    return dm.widthPixels;  // 返回屏幕的宽度数值
}

// 获得屏幕的高度
public static int getScreenHeight(Context ctx) {
    // 从系统服务中获取窗口管理器
    WindowManager wm = (WindowManager) ctx.getSystemService(Context.WINDOW_SERVICE);
    DisplayMetrics dm = new DisplayMetrics();
    // 从默认显示器中获取显示参数保存到 dm 对象中
    wm.getDefaultDisplay().getMetrics(dm);
    return dm.heightPixels;  // 返回屏幕的高度数值
}
```

```
// 获得屏幕的像素密度
public static float getScreenDensity(Context ctx) {
    // 从系统服务中获取窗口管理器
    WindowManager wm = (WindowManager) ctx.getSystemService(Context.WINDOW_SERVICE);
    DisplayMetrics dm = new DisplayMetrics();
    // 从默认显示器中获取显示参数保存到 dm 对象中
    wm.getDefaultDisplay().getMetrics(dm);
    return dm.density;  // 返回屏幕的像素密度数值
}
```

从一个接入设备上获得屏幕分辨率信息，如图 2-4 所示。该设备为 5 寸屏幕，分辨率是 720*1280，像素密度是 2。

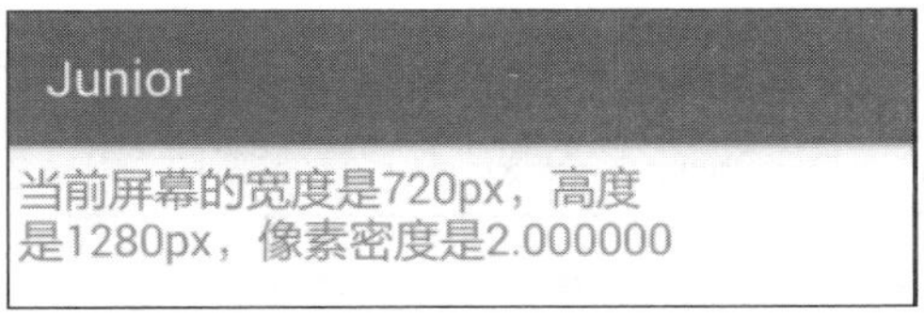

Junior

当前屏幕的宽度是720px，高度是1280px，像素密度是2.000000

图 2-4　某手机上的分辨率信息

2.2　简单布局

本节开始介绍 Android 的基本视图和布局，首先说明基本视图 View 类的常用属性和方法，接着描述如何使用线性布局 LinearLayout，最后介绍滚动视图 ScrollView 的用法。

2.2.1　视图 View 的基本属性

View 是 Android 的基本视图，所有控件和布局都是由 View 类直接或间接派生而来的。故而 View 类的基本属性和方法是各控件和布局通用的，掌握好基本属性和方法，在哪里都能派上用场，能够举一反三、事半功倍。

下面是视图在 XML 布局文件中常用的属性定义说明。

- id：指定该视图的编号。
- layout_width：指定该视图的宽度。可以是具体的 dp 数值；可以是 match_parent，表示与上级视图一样宽；也可以是 wrap_content，表示与内部内容一样宽（内部内容若超过上级视图的宽度，则该视图保持与上级视图一样宽，超出宽度的内容得进行滚动才能显示出来）。
- layout_height：指定该视图的高度。取值说明同 layout_width。
- layout_margin：指定该视图与周围视图之间的空白距离（包括上、下、左、右）。另有 layout_marginTop、layout_marginBottom、layout_marginLeft、layout_marginRight 分别表示单独指定视图与上边、下边、左边、右边视图的距离。

- minWidth：指定该视图的最小宽度。
- minHeight：指定该视图的最小高度。
- background：指定该视图的背景。背景可以是颜色，也可以是图片。
- layout_gravity：指定该视图与上级视图的对齐方式。对齐方式的取值说明见表 2-2，若同时适用多种对齐方式，则可使用竖线“|”把多种对齐方式拼接起来。

表 2-2 对齐方式的取值说明

XML 中的对齐方式	Gravity 类中的对齐方式	说明
left	LEFT	靠左对齐
right	RIGHT	靠右对齐
top	TOP	向上对齐
bottom	BOTTOM	向下对齐
center	CENTER	居中对齐
center_horizontal	CENTER_HORIZONTAL	水平方向居中
center_vertical	CENTER_VERTICAL	垂直方向居中

- padding：指定该视图边缘与内部内容之间的空白距离。另有 paddingTop、paddingBottom、paddingLeft、paddingRight 分别表示指定视图边缘与内容上边、下边、左边、右边的距离。
- visibility：指定该视图的可视类型。可视类型的取值说明见表 2-3。

表 2-3 可视类型的取值说明

XML 中的可视类型	View 类中的可视类型	说明
visible	VISIBLE	可见。默认值
invisible	INVISIBLE	不可见。虽然看不到但还占着位置
gone	GONE	消失。不仅看不到而且不占位置了

下面是视图在代码中常用的设置方法说明。

- setLayoutParams：设置该视图的布局参数。参数对象的构造函数可以设置视图的宽度和高度。其中，LayoutParams.MATCH_PARENT 表示与上级视图一样宽，也可以是 LayoutParams.WRAP_CONTENT，表示与内部内容一样宽；参数对象的 setMargins 方法可以设置该视图与周围视图之间的空白距离。
- setMinimumWidth：设置该视图的最小宽度。
- setMinimumHeight：设置该视图的最小高度。
- setBackgroundColor：设置该视图的背景颜色。
- setBackgroundDrawable：设置该视图的背景图片。
- setBackgroundResource：设置该视图的背景资源 id。
- setPadding：设置该视图边缘与内部内容之间的空白距离。
- setVisibility：设置该视图的可视类型。取值说明见表 2-3。

前面提到 margin 和 padding 两个概念，margin 是指当前视图与周围视图的距离，padding

是指当前视图与内部内容的距离。这么说可能有些抽象，所谓百闻不如一见，说得再多不如亲眼看看是怎么回事。接下来做一个实验，看看它们的显示效果有什么不同。下面是实验用的布局文件源代码，以背景色观察每个控件的区域范围：

```
<!-- 最外层的布局背景为蓝色 -->
<LinearLayout xmlns:android="http://schemas.android.com/apk/res/android"
    android:layout_width="match_parent"
    android:layout_height="300dp"
    android:background="#00aaff"
    android:orientation="vertical"
    android:padding="5dp">

    <!-- 中间层的布局背景为黄色 -->
    <LinearLayout
        android:layout_width="match_parent"
        android:layout_height="match_parent"
        android:layout_margin="20dp"
        android:background="#ffff99"
        android:padding="60dp">

        <!-- 最内层的视图背景为红色 -->
        <View
            android:layout_width="match_parent"
            android:layout_height="match_parent"
            android:background="#ff0000" />
    </LinearLayout>
</LinearLayout>
```

最后的界面效果如图 2-5 所示。布局文件处于中间层的 LinearLayout，设置 margin 是 20dp、padding 是 60dp。从效果图可以看到，中间层与上级视图之间的距离大约是中间层与下级视图之间距离的三分之一，正好是 margin 和 padding 两个数值的比例。如此便从实际情况中印证了：layout_margin 指的是当前图层与外部图层的距离，而 padding 指的是当前图层与内部图层的距离。

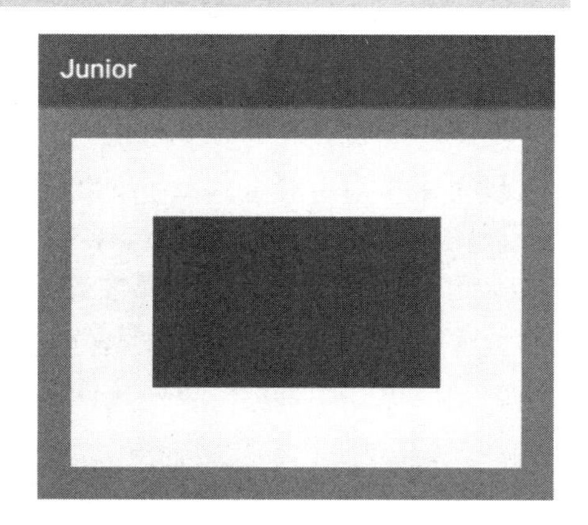

图 2-5　margin 和 padding 的演示画面

视图组 ViewGroup 是一类特殊视图，所有的布局类视图都是从它派生而来的。Android 中的视图分为两类，一类是布局，另一类是控件。布局与控件的区别在于：布局本质上是个容器，里面还可以放其他视图（包括子布局和子控件）；控件是一个单一的实体，已经是最后一级，下面不能再挂其他视图。打个比方，如果把根节点看作树干，根节点下的各级布局就是树枝，一根树枝可以连着其他小树枝，也可以直接连树叶；树叶只能依附在树枝上，不能再连树枝或其他树叶。

ViewGroup 有 3 个方法，这 3 个方法也是所有布局类视图共同拥有的。

- addView：往布局中添加一个视图。
- removeView：从布局中删除指定视图。
- removeAllViews：删除该布局下的所有视图。

2.2.2 线性布局 LinearLayout

LinearLayout 是最常用的布局，名字叫线性布局。顾名思义，LinearLayout 下面的子视图就像用一根线串了起来，所以 LinearLayout 内部视图的排列是有顺序的，要么从上到下依次垂直排列，要么从左到右依次水平排列。LinearLayout 除了继承 View/ViewGroup 类的所有属性和方法外，还有其特有的 XML 属性，说明如下。

- orientation：指定线性布局的方向。horizontal 表示水平布局，vertical 表示垂直布局。如果不指定该属性，就默认是 horizontal。这真是出乎意料，因为大家感觉手机 App 理应从上往下垂直布局，所以这里要特别注意垂直布局一定要设置 orientation，不然默认的水平布局不符合多数业务场景。
- gravity：指定布局内部视图与本线性布局的对齐方式。取值说明同 layout_gravity。
- layout_weight：指定当前视图的宽或高占上级线性布局的权重。这里要注意，layout_weight 属性并非在当前 LinearLayout 节点中设置，而是在下级视图的节点中设置。另外，如果 layout_weight 指定的是当前视图在宽度上占的权重，layout_width 就要同时设置为 0dp；如果 layout_weight 指定的是当前视图在高度上占的权重，layout_height 就要同时设置为 0dp。

下面是 LinearLayout 在代码中增加的两个方法。

- setOrientation：设置线性布局的方向。LinearLayout.HORIZONTAL 表示水平布局，LinearLayout.VERTICAL 表示垂直布局。
- setGravity：设置布局内部视图与本线性布局的对齐方式。具体的取值说明见表 2-2。

接下来重点解释 layout_gravity 和 gravity 的区别。前面说过，layout_gravity 指定该视图与上级视图的对齐方式，而 gravity 指定布局内部视图与本布局的对齐方式。为方便理解，下面通过一个具体例子演示两种属性的显示效果。下面是演示用的 XML 布局文件，内部指定了多种对齐方式，其中左边视图的 layout_gravity 是 bottom、gravity 是 left；右边视图的 layout_gravity 是 top、gravity 是 right，布局文件内容如下：

```
<!-- 最外层的布局背景为橙色，它的下级布局在水平方向上依次排列 -->
<LinearLayout xmlns:android="http://schemas.android.com/apk/res/android"
    android:layout_width="match_parent"
    android:layout_height="300dp"
    android:background="#ffff99"
    android:orientation="horizontal"
    android:padding="5dp">
```

```
    <!-- 第一个子布局背景为红色，它与上级布局靠下对齐，它的下级视图则靠左对齐 -->
    <LinearLayout
        android:layout_width="0dp"
        android:layout_height="200dp"
        android:layout_weight="1"
        android:layout_gravity="bottom"
        android:gravity="left"
        android:background="#ff0000"
        android:layout_margin="10dp"
        android:padding="10dp"
        android:orientation="vertical">

        <!-- 内层视图的宽度和高度都是 100dp，且背景色为青色 -->
        <View
            android:layout_width="100dp"
            android:layout_height="100dp"
            android:background="#00ffff" />
    </LinearLayout>

    <!-- 第二个子布局背景为红色，它与上级布局靠上对齐，它的下级视图则靠右对齐 -->
    <LinearLayout
        android:layout_width="0dp"
        android:layout_height="200dp"
        android:layout_weight="1"
        android:layout_gravity="top"
        android:gravity="right"
        android:background="#ff0000"
        android:layout_margin="10dp"
        android:padding="10dp"
        android:orientation="vertical">

        <!-- 内层视图的宽度和高度都是 100dp，且背景色为青色 -->
        <View
            android:layout_width="100dp"
            android:layout_height="100dp"
            android:background="#00ffff" />
    </LinearLayout>
</LinearLayout>
```

运行后的界面效果如图 2-6 所示。从效果图可以看到，左边视图自身向下对齐，符合 layout_gravity 的设置，下级视图靠左对齐，符合 gravity 的设置；右边视图自身向上对齐，符合 layout_gravity 的设置，下级视图靠右对齐，符合 gravity 的设置。

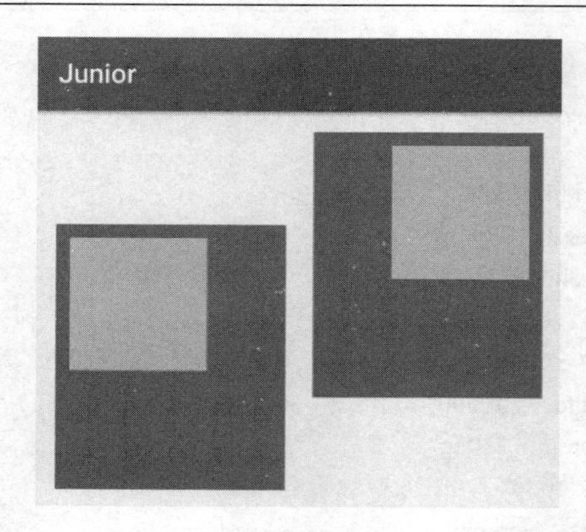

图 2-6　layout_gravity 和 gravity 的演示界面

2.2.3　滚动视图 ScrollView

手机屏幕的显示空间有限，常常需要上下滑动或左右滑动才能拉出其余页面内容，可惜 Android 的布局节点都不支持自行滚动，这时就要借助 ScrollView 滚动视图实现了。与线性布局类似，滚动视图也分为垂直方向和水平方向两类，其中垂直滚动的视图名是 ScrollView，水平滚动的视图名是 HorizontalScrollView。这两个滚动视图的使用并不复杂，主要注意以下 3 点：

（1）垂直方向滚动时，layout_width 要设置为 match_parent，layout_height 要设置为 wrap_content。

（2）水平方向滚动时，layout_width 要设置为 wrap_content，layout_height 要设置为 match_parent。

（3）滚动视图节点下面必须且只能挂着一个子布局节点，否则会在运行时报错 Caused by: java.lang.IllegalStateException：ScrollView can host only one direct child。

下面是滚动视图 ScrollView 和水平滚动视图 HorizontalScrollView 的 XML 用法示例：

```
<LinearLayout xmlns:android="http://schemas.android.com/apk/res/android"
    android:layout_width="match_parent"
    android:layout_height="match_parent"
    android:orientation="vertical">

    <!-- HorizontalScrollView 是水平方向的滚动视图，当前高度为 200dp -->
    <HorizontalScrollView
        android:layout_width="wrap_content"
        android:layout_height="200dp">

        <!-- 水平方向的线性布局，两个子视图的颜色分别为青色和黄色 -->
        <LinearLayout
            android:layout_width="wrap_content"
            android:layout_height="match_parent"
            android:orientation="horizontal">
```

```
            <View
                android:layout_width="400dp"
                android:layout_height="match_parent"
                android:background="#aaffff" />

            <View
                android:layout_width="400dp"
                android:layout_height="match_parent"
                android:background="#ffff00" />
        </LinearLayout>
    </HorizontalScrollView>

    <!-- ScrollView 是垂直方向的滚动视图，当前高度为自适应 -->
    <ScrollView
        android:layout_width="match_parent"
        android:layout_height="wrap_content">

        <!-- 垂直方向的线性布局，两个子视图的颜色分别为绿色和橙色 -->
        <LinearLayout
            android:layout_width="match_parent"
            android:layout_height="wrap_content"
            android:orientation="vertical">

            <View
                android:layout_width="match_parent"
                android:layout_height="400dp"
                android:background="#00ff00" />

            <View
                android:layout_width="match_parent"
                android:layout_height="400dp"
                android:background="#ffffaa" />
        </LinearLayout>
    </ScrollView>
</LinearLayout>
```

有时 ScrollView 的实际内容不够，又想让它充满屏幕，怎么办呢？如果把 layout_height 属性赋值为 match_parent，那么结果还是不会充满，正确的做法是再增加一行 fillViewport 的属性设置（该属性为 true 表示允许填满视图窗口），举例如下：

```
        android:layout_height="match_parent"
        android:fillViewport="true"
```

2.3 简单控件

本节介绍 Android 几个简单控件的用法与注意点，主要包括文本视图 TextView 的跑马灯与聊天室效果、按钮 Button 的监听器使用、图像视图 ImageView 的拉伸效果与截图功能、图像按钮 ImageButton 的适用场合等。

2.3.1 文本视图 TextView

TextView 是最基础的文本显示控件，常用的基本属性和设置方法见表 2-4。

表 2-4 TextView 的基本属性和设置方法说明

XML 中的属性	TextView 类的设置方法	说明
text	setText	设置文本内容
textColor	setTextColor	设置文本颜色
textSize	setTextSize	设置文本大小
textAppearance	setTextAppearance	设置文本风格，风格定义在 res/styles.xml
gravity	setGravity	设置文本的对齐方式，对应的方法是 setGravity。取值说明见表 2-2

读者对于这些基本属性和方法想必并不陌生，因为在第 1 章第一个 App“Hello World”中就用到了它们，这里不再赘述。接下来介绍 TextView 的两个特效用法。

1. 跑马灯效果

当一行文本的内容太多，导致无法全部显示，也不想分行展示时，只能让文字从左向右滚动显示，类似于跑马灯。电视在播报突发新闻时经常在屏幕下方轮播消息文字，比如“快讯：我国选手***在刚刚结束的**比赛中为中国代表团夺得第**枚金牌”。

跑马灯效果在 XML 布局文件中实现时需要额外指定部分属性，这些特殊属性及其设置方法的详细说明见表 2-5。

表 2-5 跑马灯用到的属性与方法说明

XML 中的属性	跑马灯用到的设置方法	说明
singleLine	setSingleLine	指定文本是否单行显示
ellipsize	setEllipsize	指定文本超出范围后的省略方式，省略方式的取值说明见表 2-6
focusable	setFocusable	指定是否获得焦点，跑马灯效果要求设置为 true
focusableInTouchMode	setFocusableInTouchMode	指定在触摸时是否获得焦点，跑马灯效果要求设置为 true

表 2-6 省略方式的取值说明

XML 中的省略方式	TruncateAt 类中省略方式	说明
start	START	省略号在开头
middle	MIDDLE	省略号在中间
end	END	省略号在末尾
marquee	MARQUEE	跑马灯显示

下面是演示跑马灯效果的 XML 布局文件：

```
<LinearLayout xmlns:android="http://schemas.android.com/apk/res/android"
    android:layout_width="match_parent"
    android:layout_height="match_parent"
    android:orientation="vertical">

    <!-- 这个是普通的文本视图 -->
    <TextView
        android:layout_width="match_parent"
        android:layout_height="wrap_content"
        android:layout_marginTop="20dp"
        android:gravity="center"
        android:text="跑马灯效果，点击暂停，再点击恢复" />

    <!-- 这个是跑马灯滚动的文本视图，ellipsize 属性设置为 true 表示文字从右向左滚动 -->
    <TextView
        android:id="@+id/tv_marquee"
        android:layout_width="match_parent"
        android:layout_height="wrap_content"
        android:layout_marginTop="20dp"
        android:singleLine="true"
        android:ellipsize="marquee"
        android:focusable="true"
        android:focusableInTouchMode="true"
        android:textColor="#000000"
        android:textSize="17sp"
        android:text="快讯：红色预警，超强台风“莫兰蒂”即将登陆，请居民关紧门窗、备足粮草，
做好防汛救灾准备！" />
</LinearLayout>
```

跑马灯滚动的效果界面如图 2-7 和图 2-8 所示。左图为跑马灯文字在滚动中，右图为跑马灯文字停止滚动。

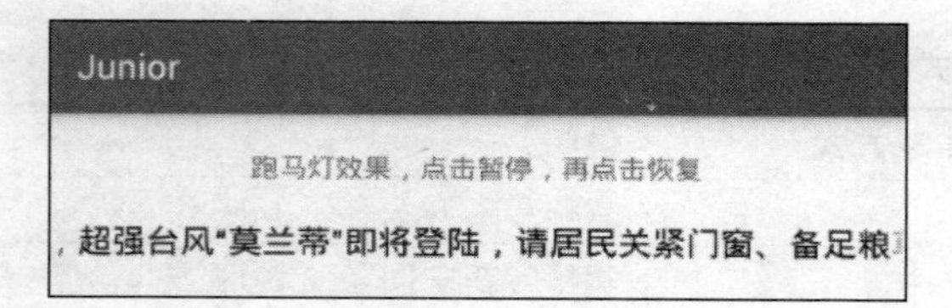

图 2-7　跑马灯文字滚动界面

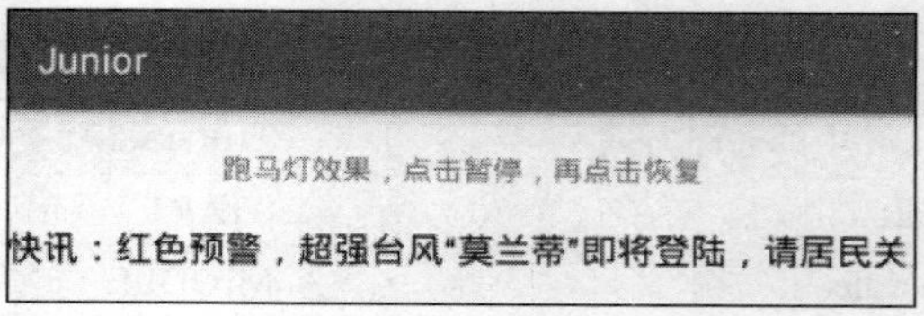

图 2-8　跑马灯文字停止滚动界面

2. 聊天室或者文字直播间效果

聊天室窗口的高度是固定的，新的文字消息总是加入窗口末尾，同时窗口内部的文本整体向上滚动，窗口的大小、位置保持不变。

在 XML 布局文件中实现聊天室时需要额外指定部分属性，这些特殊属性及其设置方法的详细说明见表 2-7。

表 12-7　聊天室用到的属性与方法说明

XML 中的属性	聊天室用到的设置方法	说明
gravity	setGravity	指定文本的对齐方式，取值 left|bottom，表示靠左对齐且靠下对齐
lines	setLines	指定文本的行数
maxLines	setMaxLines	指定文本的最大行数
scrollbars	无	指定滚动条的方向，取值 vertical，如果不指定将不显示滚动条
无	setMovementMethod	设置文本的移动方式，可设置 ScrollingMovementMethod，如果不设置将无法拉动文本

接下来看一个简单聊天室的例子，点击聊天室窗口可以添加一条聊天记录，长按聊天窗口可以清除所有聊天记录。聊天室的演示界面如图 2-9 和图 2-10 所示，图 2-10 比图 2-9 多添加了 3 条聊天记录，整个聊天记录的文字自动往上滚动。

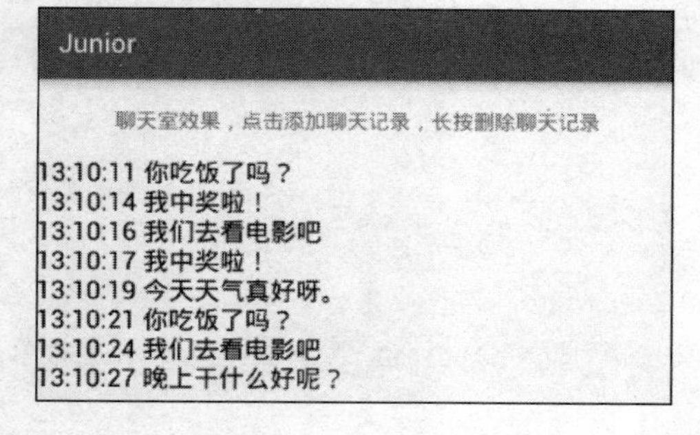

图 2-9　初始的聊天室界面

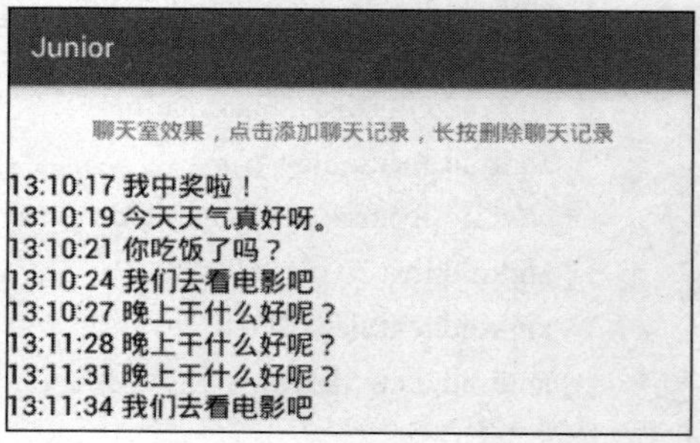

图 2-10　增加了 3 条聊天记录

下面是聊天室例子用到的 XML 布局文件内容：

```
<LinearLayout xmlns:android="http://schemas.android.com/apk/res/android"
    android:layout_width="match_parent"
    android:layout_height="match_parent"
    android:orientation="vertical">
```

```
    <!-- 这是普通的文本视图 -->
    <TextView
        android:id="@+id/tv_control"
        android:layout_width="match_parent"
        android:layout_height="wrap_content"
        android:layout_marginTop="20dp"
        android:gravity="center"
        android:text="聊天室效果，点击添加聊天记录，长按删除聊天记录" />

    <LinearLayout
        android:layout_width="match_parent"
        android:layout_height="200dp"
        android:orientation="vertical">

        <!-- 这是聊天室的文本视图，scrollbars 属性设置为 vertical 表示在垂直方向上显示滚动条 -->
        <TextView
            android:id="@+id/tv_bbs"
            android:layout_width="match_parent"
            android:layout_height="match_parent"
            android:layout_marginTop="20dp"
            android:gravity="left|bottom"
            android:lines="8"
            android:maxLines="8"
            android:scrollbars="vertical"
            android:textColor="#000000"
            android:textSize="17sp" />
    </LinearLayout>
</LinearLayout>
```

本书附带源码提供了所有例子的完整布局和代码，其中聊天室部分详见 junior 模块的 activity_bbs.xml 和 BbsActivity.java。

2.3.2　按钮 Button

Button 派生自 TextView，二者在 UI 上的区别主要是 Button 控件有个按钮外观，提示用户点击这里。系统默认的按钮外观通常都不好看，需要更换靓一点、活泼一点的图片，这时在布局文件中修改Button节点的background属性就可以了。如果把background属性设置为@null，就会去除 Button 控件的背景样式，此时的 Button 看起来跟 TextView 没什么区别。

前面在演示聊天室功能时，页面代码给 TextView 引入了点击方法和长按方法。因为点击和长按监听器都来源于 View 类，所以这两个方法及其监听器并非 Button 特有的，而是所有布局和控件都能使用的，一般用于为按钮控件注册点击和长按事件。

Android 中的简单按钮主要是 Button 和后面提到的 ImageButton。这两个按钮对点击和长按监听器的使用方法并不复杂，主要步骤如下：

步骤 01 自己定义一个扩展自监听器的类，如点击监听器扩展自 View.OnClickListener，长按监听器扩展自 View.OnLongClickListener。为了方便起见，也可以直接给页面的 Activity 类加上监听器接口。

步骤 02 在自定义监听器类中重写点击或者长按方法，加入事件处理的代码。点击方法的名称是 onClick，长按方法的名称是 onLongClick。

步骤 03 哪个视图要响应点击或长按，就给哪个视图注册对应的监听器对象。点击事件的注册方法是 setOnClickListener，长按事件的注册方法是 setOnLongClickListener。

下面是给 Button 对象注册点击监听器和长按监听器的页面代码：

```
public class ClickActivity extends AppCompatActivity {

    @Override
    protected void onCreate(Bundle savedInstanceState) {
        super.onCreate(savedInstanceState);
        setContentView(R.layout.activity_click);
        // 从布局文件中获取名叫 btn_click 的按钮控件
        Button btn_click = findViewById(R.id.btn_click);
        // 给 btn_click 设置点击监听器，一旦用户点击按钮，就触发监听器的 onClick 方法
        btn_click.setOnClickListener(new MyOnClickListener());
        // 给 btn_click 设置长按监听器，一旦用户长按按钮，就触发监听器的 onLongClick 方法
        btn_click.setOnLongClickListener(new MyOnLongClickListener());
    }

    // 定义一个点击监听器，它实现了接口 View.OnClickListener
    class MyOnClickListener implements View.OnClickListener {
        @Override
        public void onClick(View v) {  // 点击事件的处理方法
            if (v.getId() == R.id.btn_click) {  // 判断是否为 btn_click 被点击
                Toast.makeText(ClickActivity.this, "您点击了控件：" + ((TextView) v).getText(),
Toast.LENGTH_SHORT).show();
            }
        }
    }

    // 定义一个长按监听器，它实现了接口 View.OnLongClickListener
    class MyOnLongClickListener implements View.OnLongClickListener {
        @Override
        public boolean onLongClick(View v) {  // 长按事件的处理方法
            if (v.getId() == R.id.btn_click) {  // 判断是否为 btn_click 被长按
                Toast.makeText(ClickActivity.this, "您长按了控件：" + ((TextView) v).getText(),
Toast.LENGTH_SHORT).show();
```

```
            }
            return true;
        }
    }
}
```

2.3.3 图像视图 ImageView

ImageView 是图像显示控件，与图形显示有关的属性说明如下。

- scaleType：指定图形的拉伸类型，默认是 fitCenter。拉伸类型的取值说明见表 2-8。
- src：指定图形来源，src 图形按照 scaleType 拉伸。注意背景图不按 scaleType 指定的方式拉伸，背景默认以 fitXY 方式拉伸。

表 2-8　拉伸类型的取值说明

XML 中的拉伸类型	ScaleType 类中的拉伸类型	说明
fitXY	FIT_XY	拉伸图片使其正好填满视图（图片可能被拉伸变形）
fitStart	FIT_START	保持宽高比例，拉伸图片使其位于视图上方或左侧
fitCenter	FIT_CENTER	保持宽高比例，拉伸图片使其位于视图中间
fitEnd	FIT_END	保持宽高比例，拉伸图片使其位于视图下方或右侧
center	CENTER	保持图片原尺寸，并使其位于视图中间
centerCrop	CENTER_CROP	拉伸图片使其充满视图，并位于视图中间
centerInside	CENTER_INSIDE	保持宽高比例，缩小图片使之位于视图中间（只缩小不放大）。当图片尺寸大于视图时，centerInside 等同于 fitCenter；当图片尺寸小于视图时，centerInside 等同于 center

ImageView 在代码中调用的方法说明如下。

- setScaleType：设置图形的拉伸类型。具体的取值说明见表 2-8。
- setImageDrawable：设置图形的 Drawable 对象。
- setImageResource：设置图形的资源 ID。
- setImageBitmap：设置图形的位图对象。

读者应该注意到 ImageView 的拉伸类型种类繁多、文字说明不易理解，特别是 center 相关的类型就有 4 种：fitCenter、center、centerCrop、centerInside。接下来进行一个实验，把一张图片放入 ImageView 控件，尝试使用不同的拉伸类型，看看效果有什么区别。下面是图片拉伸演示用的代码示例：

```
// 页面类直接实现点击监听器的接口 View.OnClickListener
public class ScaleActivity extends AppCompatActivity implements View.OnClickListener {
    private ImageView iv_scale;  // 声明一个图像视图的对象

    @Override
```

```
    protected void onCreate(Bundle savedInstanceState) {
        super.onCreate(savedInstanceState);
        setContentView(R.layout.activity_scale);
        // 从布局文件中获取名叫 iv_scale 的图像视图
        iv_scale = findViewById(R.id.iv_scale);
        // 下面通过七个按钮，分别演示不同拉伸类型的图片拉伸效果
        findViewById(R.id.btn_center).setOnClickListener(this);
        findViewById(R.id.btn_fitCenter).setOnClickListener(this);
        findViewById(R.id.btn_centerCrop).setOnClickListener(this);
        findViewById(R.id.btn_centerInside).setOnClickListener(this);
        findViewById(R.id.btn_fitXY).setOnClickListener(this);
        findViewById(R.id.btn_fitStart).setOnClickListener(this);
        findViewById(R.id.btn_fitEnd).setOnClickListener(this);
    }

    @Override
    public void onClick(View v) {  // 一旦监听到点击动作，就触发监听器的 onClick 方法
        if (v.getId() == R.id.btn_center) {
            // 将拉伸类型设置为“按照原尺寸居中显示”
            iv_scale.setScaleType(ImageView.ScaleType.CENTER);
        } else if (v.getId() == R.id.btn_fitCenter) {
            // 将拉伸类型设置为“保持宽高比例，拉伸图片使其位于视图中间”
            iv_scale.setScaleType(ImageView.ScaleType.FIT_CENTER);
        } else if (v.getId() == R.id.btn_centerCrop) {
            // 将拉伸类型设置为“拉伸图片使其充满视图，并位于视图中间”
            iv_scale.setScaleType(ImageView.ScaleType.CENTER_CROP);
        } else if (v.getId() == R.id.btn_centerInside) {
            // 将拉伸类型设置为“保持宽高比例，缩小图片使之位于视图中间（只缩小不放大）”
            iv_scale.setScaleType(ImageView.ScaleType.CENTER_INSIDE);
        } else if (v.getId() == R.id.btn_fitXY) {
            // 将拉伸类型设置为“拉伸图片使其正好填满视图（图片可能被拉伸变形）”
            iv_scale.setScaleType(ImageView.ScaleType.FIT_XY);
        } else if (v.getId() == R.id.btn_fitStart) {
            // 将拉伸类型设置为“保持宽高比例，拉伸图片使其位于视图上方或左侧”
            iv_scale.setScaleType(ImageView.ScaleType.FIT_START);
        } else if (v.getId() == R.id.btn_fitEnd) {
            // 将拉伸类型设置为“保持宽高比例，拉伸图片使其位于视图下方或右侧”
            iv_scale.setScaleType(ImageView.ScaleType.FIT_END);
        }
    }
}
```

至于图像拉伸的演示界面，fitCenter 的效果如图 2-11 所示，图片被拉伸但未超出控件范

围；center 的效果如图 2-12 所示，图片没有拉伸；centerCrop 的效果如图 2-13 所示，图片被拉伸且已超出控件范围；centerInside 的效果如图 2-14 所示，图片没有被拉伸。

图 2-11　fitCenter 的效果图

图 2-12　center 的效果图

图 2-13　centerCrop 的效果图

图 2-14　centerInside 的效果图

Android 能用 ImageView 展示图片，也自带屏幕截图功能。尽管自带的屏蔽截图功能有些简单，不过多数场合已经够用了。因为截图功能面向所有视图，所以可以从其他控件或布局那里截图下来，然后显示在 ImageView 上面。

使用截图功能必须通过代码完成，相关方法如下（这些方法都来自于 View 类）。

- setDrawingCacheEnabled：设置绘图缓存的可用状态。true 表示打开，false 表示关闭。
- isDrawingCacheEnabled：判断该控件的绘图缓存是否可用。
- setDrawingCacheQuality：设置绘图缓存的质量。
- getDrawingCache：获取该控件的绘图缓存结果，返回值为 Bitmap 类型。
- setDrawingCacheBackgroundColor：设置绘图缓存的背景颜色。大家可能会奇怪为何要提供该方法，因为绘图缓存默认背景色是黑色，如果不提前设置缓存的背景色，截图的结果就是黑乎乎一片，所以需要将背景色设置为默认颜色（通常是白色）。

操作截图功能的具体步骤如下：

步骤 01 开始截图前，先调用 setDrawingCacheEnabled 方法，设置绘图缓存为可用状态。注意该方法在一开始就得调用，因为先开启绘图缓存，之后变更的界面才会记录到缓存中；如果先变更界面再开启绘图缓存，缓存里就是空的。

步骤 02 调用 getDrawingCache 方法获取缓存中的图像数据。

步骤 03 完成截图，延迟若干毫秒后调用 setDrawingCacheEnabled 方法关闭绘图缓存。如果接下来还要截图，就再次调用 setDrawingCacheEnabled 方法重新开启绘图缓存。

下面是完成截图功能的关键代码片段：

```
public void onClick(View v) {  // 一旦监听到点击动作，就触发监听器的 onClick 方法
    if (v.getId() == R.id.btn_chat) {  // 点击了聊天按钮，则给文本视图添加聊天文字
        int random = (int) (Math.random() * 10) % 5;
        // 下面的 DateUtil 参见本书附带源码中的 DateUtil.java
        String newStr = String.format("%s\n%s %s",
                tv_capture.getText().toString(), DateUtil.getNowTime(), mChatStr[random]);
        tv_capture.setText(newStr);
    } else if (v.getId() == R.id.btn_capture) {  // 点击了截图按钮，则将截图信息显示在图像视图上
        // 从文本视图 tv_capture 的绘图缓存中获取位图对象
        Bitmap bitmap = tv_capture.getDrawingCache();
        // 给图像视图 iv_capture 设置位图对象
        iv_capture.setImageBitmap(bitmap);
        // 注意这里在截图完毕后不能马上关闭绘图缓存，因为画面渲染需要时间，
        // 如果立即关闭缓存，渲染画面就会找不到位图对象，会报错：
        // "java.lang.IllegalArgumentException: Cannot draw recycled bitmaps"。
        // 所以要等界面渲染完成后再关闭绘图缓存，下面的做法是延迟 200 毫秒再关闭
        mHandler.postDelayed(mResetCache, 200);
    }
}

private Handler mHandler = new Handler();  // 声明一个任务处理器
private Runnable mResetCache = new Runnable() {
    @Override
    public void run() {
        // 关闭图像视图 tv_capture 的绘图缓存
        tv_capture.setDrawingCacheEnabled(false);
        // 开启图像视图 tv_capture 的绘图缓存
        tv_capture.setDrawingCacheEnabled(true);
    }
};
```

对应的截图演示界面如图 2-15 和图 2-16 所示。其中，图 2-15 所示为截图前的界面，图 2-16 所示为截图后的界面。

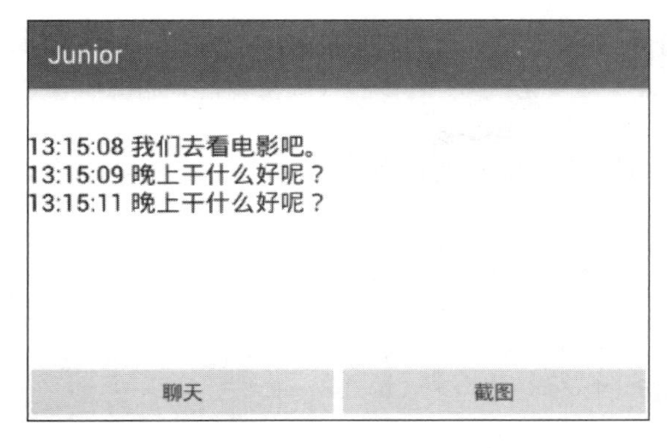

图 2-15 截图前只有左边有文字

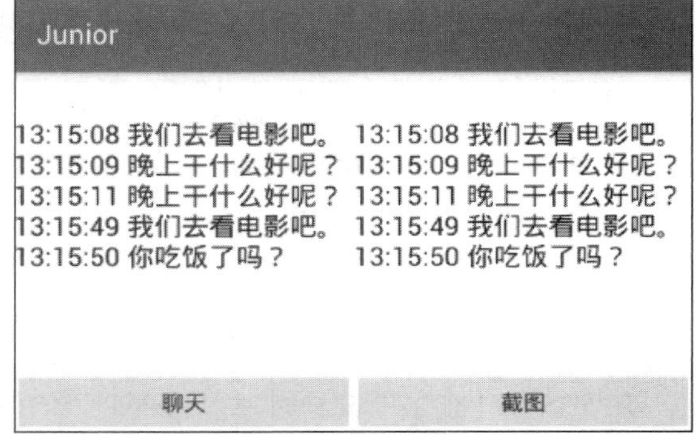

图 2-16 截图后在右边显示图片

2.3.4 图像按钮 ImageButton

ImageButton 其实派生自 ImageView，而不是派生自 Button，ImageView 拥有的属性和方法，ImageButton 统统拥有，只是 ImageButton 有个默认的按钮外观。

ImageButton 和 Button 都起到控制按钮的作用，不同的是 Button 是文本按钮，ImageButton 是图像按钮，这两个按钮的主要区别在于：

（1）Button 既可显示文本也可显示图形（通过设置背景图），而 ImageButton 只能显示图形不能显示文本。

（2）ImageButton 上的图像可按比例拉伸，而 Button 上的大图会拉伸变形（因为背景图无法按比例拉伸）。

（3）Button 只能在背景显示一张图形，而 ImageButton 可分别在前景和背景显示两张图形，实现图片叠加的效果。

从上面可以看出，Button 与 ImageButton 各有千秋，通常情况下使用 Button 就够用了。但在某些场合，比如输入法打不出来的字符和以特殊字体显示的字符串，就适合先切图再用 ImageButton 显示。

现在有了 Button 可在按钮上显示文字，又有 ImageButton 可在按钮上显示图形，照理说绝大多数场合都够用了。可是现实项目中的需求往往十分怪异，例如客户要求在按钮文字的左边加一个图标，这样按钮内部既有文字又有图片，乍看之下 Button 和 ImageButton 都没法直接使用。若把图标和文字放在一起切图，每次图标与文字的大小或距离发生变化时岂不是都要重新切图？若用 LinearLayout 对 ImageView 和 TextView 组合布局，这样固然可行，但是布局文件会冗长许多。

其实有个既简单又灵活的办法，要想在文字周围放置图片，使用 TextView 就能实现，那么基于 TextView 的 Button 自然能实现。具体可在 XML 布局文件中设置以下 5 个属性。

- drawableTop：指定文本上方的图形。
- drawableBottom：指定文本下方的图形。
- drawableLeft：指定文本左边的图形。
- drawableRight：指定文本右边的图形。

- drawablePadding：指定图形与文本的间距。

若在代码中实现，则可调用如下方法。

- setCompoundDrawables：设置文本周围的图形。可分别设置左边、上边、右边、下边的图形。
- setCompoundDrawablePadding：设置图形与文本的间距。

下面的代码演示在按钮中变换图标位置的功能：

```
public class IconActivity extends AppCompatActivity implements View.OnClickListener {
    private Button btn_icon; // 声明一个按钮对象
    private Drawable drawable; // 声明一个图形对象

    @Override
    protected void onCreate(Bundle savedInstanceState) {
        super.onCreate(savedInstanceState);
        setContentView(R.layout.activity_icon);
        // 从布局文件中获取名叫 btn_icon 的按钮控件
        btn_icon = findViewById(R.id.btn_icon);
        // 从资源文件 ic_launcher.png 中获取图形对象
        drawable = getResources().getDrawable(R.mipmap.ic_launcher);
        // 设置图形对象的矩形边界大小，注意必须设置图片大小，否则不会显示图片
        drawable.setBounds(0, 0, drawable.getMinimumWidth(), drawable.getMinimumHeight());
        // 下面通过四个按钮，分别演示左、上、右、下四个方向的图标效果
        findViewById(R.id.btn_left).setOnClickListener(this);
        findViewById(R.id.btn_top).setOnClickListener(this);
        findViewById(R.id.btn_right).setOnClickListener(this);
        findViewById(R.id.btn_bottom).setOnClickListener(this);
    }

    @Override
    public void onClick(View v) { // 一旦监听到点击动作，就触发监听器的 onClick 方法
        if (v.getId() == R.id.btn_left) {
            // 设置按钮控件 btn_icon 内部文字左边的图标
            btn_icon.setCompoundDrawables(drawable, null, null, null);
        } else if (v.getId() == R.id.btn_top) {
            // 设置按钮控件 btn_icon 内部文字上方的图标
            btn_icon.setCompoundDrawables(null, drawable, null, null);
        } else if (v.getId() == R.id.btn_right) {
            // 设置按钮控件 btn_icon 内部文字右边的图标
            btn_icon.setCompoundDrawables(null, null, drawable, null);
        } else if (v.getId() == R.id.btn_bottom) {
            // 设置按钮控件 btn_icon 内部文字下方的图标
            btn_icon.setCompoundDrawables(null, null, null, drawable);
```

```
            }
        }
    }
```

变换图标位置的效果界面如图 2-17（图标在文字左边）、图 2-18（图标在文字右边）、图 2-19（图标在文字上边）、图 2-20（图标在文字下边）所示。

图 2-17　图标在文字左边

图 2-18　图标在文字右边

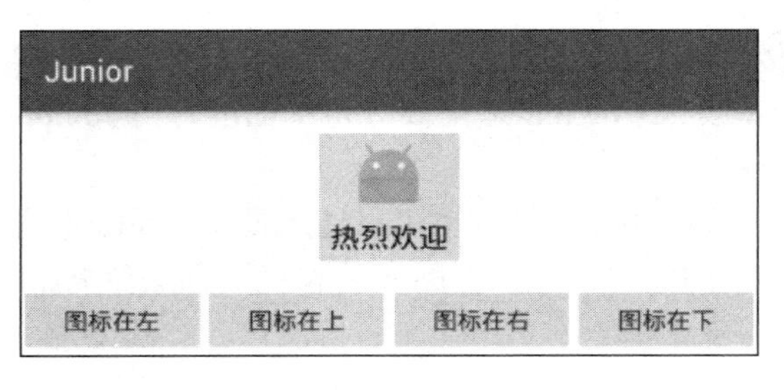

图 2-19　图标在文字上边

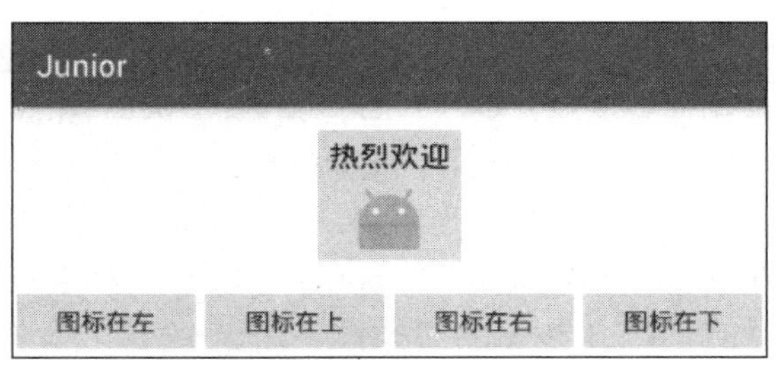

图 2-20　图标在文字下边

2.4　图形基础

本节介绍 Android 图形的基本概念和几种常见图形的使用方法，主要包括状态列表图形 StateListDrawable 的定义与使用、形状图形 ShapeDawable 的定义与使用、九宫格图片（点九图片）的制作与适用场景等。

2.4.1　图形 Drawable

Android 把所有显示出来的图形都抽象为 Drawable（可绘制的）。这里的图形不止是图片，还包括色块、画板、背景等。

drawable 文件放在 res 目录的各个 drawable 目录下。\res\drawable 一般存放的是描述性的 XML 文件，图片文件一般放在具体分辨率的 drawable 目录下。例如：

- drawable-ldpi 里面存放低分辨率的图片（如 240 × 320），现在基本没有这样的智能手机了。
- drawable-mdpi 里面存放中等分辨率的图片（如 320 × 480），这样的智能手机已经很少了。
- drawable-hdpi 里面存放高分辨率的图片（如 480 × 800），一般对应 4 英寸 ~ 4.5 英寸的手机（但不绝对，同尺寸的手机有可能分辨率不同，手机分辨率就高不就低，因为分辨率低了屏幕会有模糊的感觉）。

- drawable-xhdpi 里面存放加高分辨率的图片（如 720×1280），一般对应 5 英寸～5.5 英寸的手机。
- drawable-xxhdpi 里面存放超高分辨率的图片（如 1080×1920），一般对应 6 英寸～6.5 英寸的手机。
- drawable-xxxhdpi 里面存放超超高分辨率的图片（如 1440×2560），一般对应 7 英寸以上的平板电脑。

基本上，分辨率每加大一级，宽度和高度就要加大二分之一或三分之一像素。如果各目录存在同名图片，Android 就会根据手机的分辨率分别适配对应文件夹里的图片。在开发 App 时，为了兼容不同的手机屏幕，根据需求在各目录存放不同分辨率的图片才能达到最合适的显示效果。例如，在 drawable-hdpi 放了一张背景图片 bg.png（分辨率 480×800），其他目录没放，使用分辨率 480×800 的手机查看该 App 没有问题，但是使用分辨率 720×1280 的手机查看 App 会发现背景图片有点模糊，原因是 Android 为了让 bg.png 适配高分辨率的屏幕，把 bg.png 拉伸到了 720×1280，拉伸的后果是图片变得模糊。

开发者拿到一张图片，可以直接复制粘贴到 drawable 目录，也可以通过批量 drawable 插件 Android Drawable Importer 生成并导入各分辨率的图片，该插件的安装和使用方法参见第 1 章的“1.5.3 安装常用插件”。

在 XML 布局文件中引用 drawable 文件可使用“@drawable/***”这种形式，如 background 属性、ImageView 和 ImageButton 的 src 属性、TextView 和 Button 的 drawableTop 系列属性都可以引用 drawable 文件。

在代码中引用 drawable 文件可分为两种情况：

（1）使用 setBackgroundResource 和 setImageResource 方法，可直接在参数中指定 drawable 文件的资源 ID，例如“R.drawable.***”。

（2）使用 setBackgroundDrawable、setImageDrawable 和 setCompoundDrawables 等方法，参数是 Drawable 对象，这时得先从资源文件中生成 Drawable 对象，示例代码如下：

```
// 从资源库里的图片文件 apple.png 获取图形对象
Drawable drawable = getResources().getDrawable(R.drawable.apple);
```

2.4.2 状态列表图形

一般 drawable 是静态图形，如 Button 按钮的背景在正常情况下是凸起的，在按下时是凹陷的，从按下到弹起的过程，用户便能知道点击了这个按钮。根据不同的触摸情况变更图形显示，这种情况会用到 Drawable 的一个子类 StateListDrawable，该子类在 XML 文件中定义不同状态时呈现图形列表。要想在项目中创建状态图形的 XML 文件，则需右击 drawable 目录，然后在右键菜单中依次选择 New→Drawable resource file，即可自动生成一个空的 XML 文件。

下面是一个状态列表图形的 drawable 文件：

```
<selector xmlns:android="http://schemas.android.com/apk/res/android">
    <item android:state_pressed="true" android:drawable="@drawable/button_pressed" />
```

```
    <item android:drawable="@drawable/button_normal" />
</selector>
```

该 XML 定义文件中的关键点是 state_pressed，值为 true 表示按下时显示 button_pressed 图像，其余情况显示 button_normal 图像。

为方便理解，接下来我们先将 Button 控件的 background 属性设置为该 drawable 文件，然后在屏幕上点击这个按钮，看看按下和弹起时分别呈现什么效果，界面如图 2-21（按下按钮）、图 2-22（按钮弹起）所示。

图 2-21　按下按钮时的背景样式

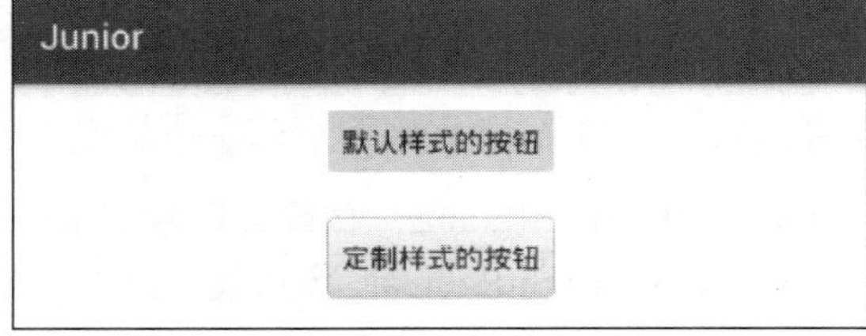

图 2-22　按钮弹起时的背景样式

StateListDrawable 不仅用于 Button 控件，而且可以用于其他拥有不同状态的控件，取决于开发者对 StateListDrawable 状态类型的定义。状态类型的取值说明见表 2-9。

表 2-9　状态类型的取值说明

状态类型	说明	常用的控件
state_pressed	是否按下	按钮 Button
state_checked	是否勾选	单选框 RadioButton、复选框 CheckBox
state_focused	是否获取焦点	文本编辑框 EditText
state_selected	是否选中	各控件均可

2.4.3　形状图形

前面讲到可在 XML 文件中描述状态列表图形的定义，还有一种常用的 XML 图形文件，是描述形状定义的图形—— shape 图形。用好 shape 可以让 App 页面不再呆板，还可以节省美工不少工作量。

形状图形的定义文件以 shape 元素为根节点。根节点下定义了 6 个节点：corners（圆角）、gradient（渐变）、padding（间隔）、size（尺寸）、solid（填充）、stroke（描边），各节点的属性值主要是长宽、半径、角度以及颜色。下面是形状图形各个节点和属性的简要说明。

1. shape

shape 是 XML 文件的根节点，用来描述该形状图形是哪种几何图形。下面是 shape 节点的常用属性说明。

- shape：字符串类型，图形的形状。形状类型的取值说明见表 2-10。

表 2-10　形状类型的取值说明

形状类型	说明
rectangle	矩形。默认值
oval	椭圆。此时 corners 节点会失效
line	直线。此时必须设置 stroke 节点，不然会报错
ring	圆环

2. corners

corners 是 shape 的下级节点，用来描述 4 个圆角的规格定义。若无 corners 节点，则表示没有圆角。下面是 corners 节点的常用属性说明。

- bottomLeftRadius：像素类型，左下圆角的半径。
- bottomRightRadius：像素类型，右下圆角的半径。
- topLeftRadius：像素类型，左上圆角的半径。
- topRightRadius：像素类型，右上圆角的半径。
- radius：像素类型，圆角半径（若有上面 4 个圆角半径的定义，则不需要 radius 定义）。

3. gradient

gradient 是 shape 的下级节点，用来描述形状内部的颜色渐变定义。若无 gradient 节点，则表示没有渐变效果。下面是 gradient 节点的常用属性说明。

- angle：整型，渐变的起始角度。为 0 时表示时钟的 9 点位置，值增大表示往逆时针方向旋转。例如，值为 90 表示 6 点位置，值为 180 表示 3 点位置，值为 270 表示 0 点/12 点位置。
- type：字符串类型，渐变类型。渐变类型的取值说明见表 2-11。

表 2-11　渐变类型的取值说明

渐变类型	说明
linear	线性渐变，默认值
radial	放射渐变，起始颜色就是圆心颜色
sweep	滚动渐变，即一个线段以某个端点为圆心做 360 度旋转

- centerX：浮点型，圆心的 X 坐标。当 android:type="linear"时不可用。
- centerY：浮点型，圆心的 Y 坐标。当 android:type="linear"时不可用。
- gradientRadius：整型，渐变的半径。当 android:type="radial"时才需要设置该属性。
- centerColor：颜色类型，渐变的中间颜色。
- startColor：颜色类型，渐变的起始颜色。
- endColor：颜色类型，渐变的终止颜色。
- useLevel：布尔类型，设置为 true 无渐变色、false 有渐变色。

4. padding

padding 是 shape 的下级节点，用来描述形状图形与周围视图的间隔大小。若无 padding

节点，则表示四周不设间隔。下面是 padding 节点的常用属性说明。

- bottom：像素类型，与下边的间隔。
- left：像素类型，与左边的间隔。
- right：像素类型，与右边的间隔。
- top：像素类型，与上边的间隔。

5. size

size 是 shape 的下级节点，用来描述形状图形的尺寸大小（宽度和高度）。若无 size 节点，则表示宽高自适应。下面是 size 节点的常用属性说明。

- height：像素类型，图形高度。
- width：像素类型，图形宽度。

6. solid

solid 是 shape 的下级节点，用来描述形状图形内部的填充色彩。若无 solid 节点，则表示无填充颜色。下面是 solid 节点的常用属性说明。

- color：颜色类型，内部填充的颜色。

7. stroke

stroke 是 shape 的下级节点，用来描述形状图形四周边线的规格定义。若无 stroke 节点，则表示不存在描边。下面是 stroke 节点的常用属性说明。

- color：颜色类型，描边的颜色。
- dashGap：像素类型，每段虚线之间的间隔。
- dashWidth：像素类型，每段虚线的宽度。
- width：像素类型，描边的厚度。若 dashGap 和 dashWidth 有一个值为 0，则描边为实线。

在实际开发中，常用的有 3 个节点：corners（圆角）、solid（填充）和 stroke（描边）。shape 根节点的属性一般不用设置（默认矩形就好了）。下面是一个 shape 图形的 XML 描述文件代码：

```
<shape xmlns:android="http://schemas.android.com/apk/res/android" >

    <!-- 指定了形状内部的填充颜色 -->
    <solid android:color="#ffdd66" />

    <!-- 指定了形状边线的粗细与颜色 -->
    <stroke
        android:width="1dp"
        android:color="#ffaaaaaa" />
```

```
    <!-- 指定了形状四个圆角的半径 -->
    <corners
        android:bottomLeftRadius="10dp"
        android:bottomRightRadius="10dp"
        android:topLeftRadius="10dp"
        android:topRightRadius="10dp" />
</shape>
```

对应的形状图形效果界面如图 2-23 所示。该形状为一个圆角矩形，内部填充色为土黄色，边缘线为灰色。

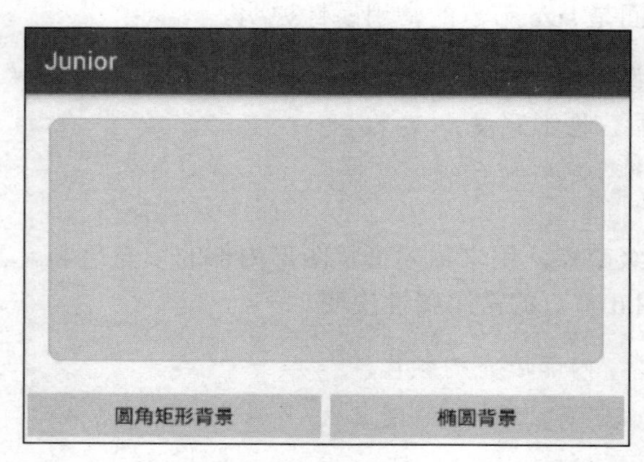

图 2-23　shape 文件定义的圆角矩形效果

现在有个需求，客户要求在界面上增加一个水平分割线，如果是你会怎么做呢？按照目前为止的学习成果有以下 3 个办法。

（1）在 TextView 控件中连续填入许多横线或下划线。

（2）让美工做一个横线的切图，然后将 ImageView 控件塞进横线图。

（3）使用刚学的 shape，根节点的 shape 属性设置为 line 表示直线图形。

以上做法各有千秋，不过杀鸡焉用牛刀，简单的事情自然有简单的办法。最简单的做法是在布局文件中增加一个 View 控件，高度设置为 1dp、背景颜色设置为线条颜色，这样便实现了水平分割线的需求。XML 文件的示例代码如下：

```
<View
    android:layout_width="match_parent"
    android:layout_height="1dp"
    android:background="#000000" />
```

2.4.4 九宫格图片

前面在介绍 ImageView 时专门举了例子说明不同拉伸类型下的图片显示效果。当图片被拉大时，画面容易模糊，如果把图片作为背景图，模糊的情况会更严重。如图 2-24 所示，一张按钮图片被拉得很宽，此时左右两边的边缘线既变宽又变模糊了。

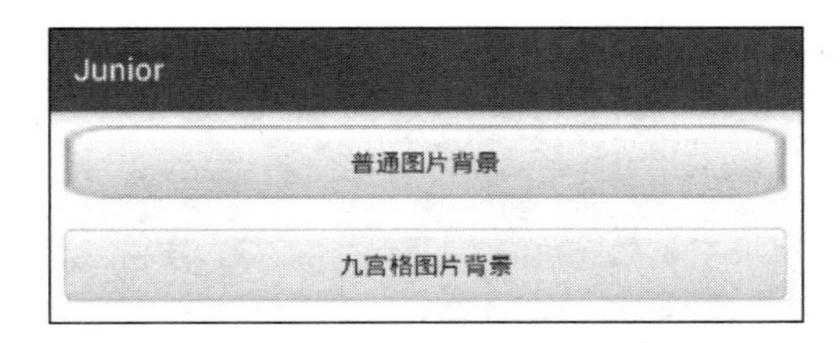

图 2-24　普通图片与九宫格图片的拉伸效果对比

为了解决这个问题，Android 专门设计了点九图片。点九图片的扩展名是 png，文件名后常带有“.9”字样。因为把一张图片划分成了 3×3 的九宫格区域，所以得名点九图片，也叫九宫格图片。如果背景是一个 shape 图形，其 stroke 节点的 width 属性已经设置了具体的像素值（如 1dp），那么无论该 shape 图形被拉伸到多大，描边宽度始终都是 1dp。点九图片的实现原理与 shape 类似，即拉伸图形时，只对内部进行拉伸，不对边缘做拉伸操作。

为了演示九宫格图片的展示效果，首先要制作几张点九图片。Android Studio 现已集成了点九图片的制作工具，首先找到待加工的原始图片 button_pressed_orig.png，右击它弹出右键菜单如图 2-25 所示。

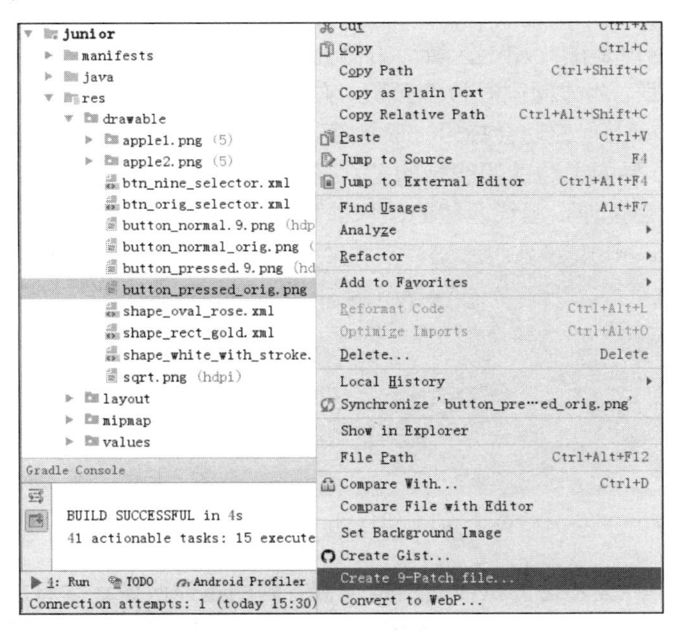

图 2-25　点九图片的制作菜单路径

在右键菜单中选择下面的“Create 9-Patch files”，并在随后的对话框中单击“OK”按钮。接着 drawable 目录就会出现一个名为“button_pressed_orig.9.png”的图片文件，双击该文件，右侧弹出点九图片的加工窗口如图 2-26 所示。

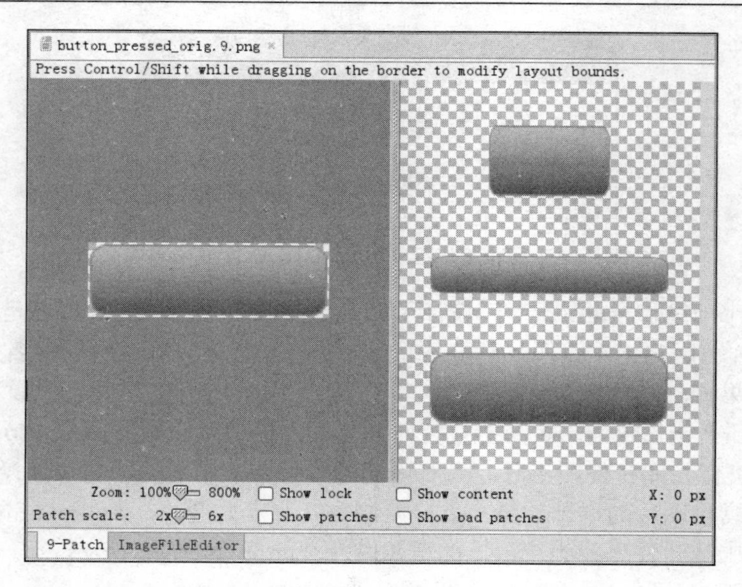

图 2-26 点九图片的加工窗口界面

图 2-26 的左侧窗口是图片加工区域，右侧窗口是图片预览区域，从上到下依次是纵向拉伸预览、横向拉伸预览、两方向同时拉伸预览。在左侧窗口图片四周的马赛克处单击会出现一个黑点，把黑点左右或上下拖动会拖出一段黑线，不同方向上的黑线表示不同的效果。

如图 2-27 所示，界面上边的黑线指的是水平方向的拉伸区域。水平方向拉伸图片时，只有黑线区域内的图像会拉伸，黑线两边的图像保持原状，从而保证左右两边的边框厚度不变。

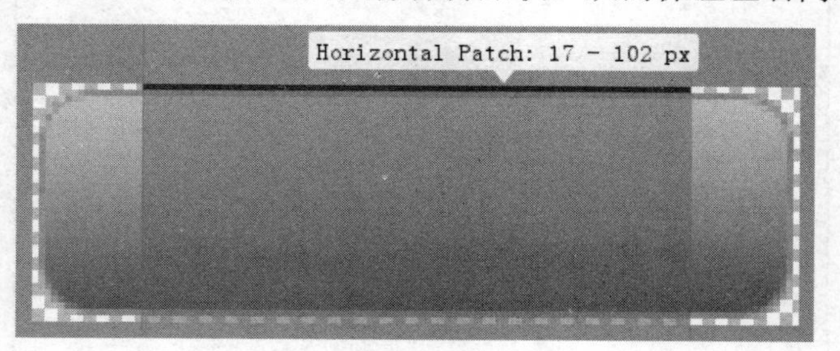

图 2-27 点九图片上边的边缘线

如图 2-28 所示，界面左边的黑线指的是垂直方向的拉伸区域。垂直方向拉伸图片时，只有黑线区域内的图像会拉伸，黑线两边的图像保持原状，从而保证上下两边的边框厚度不变。

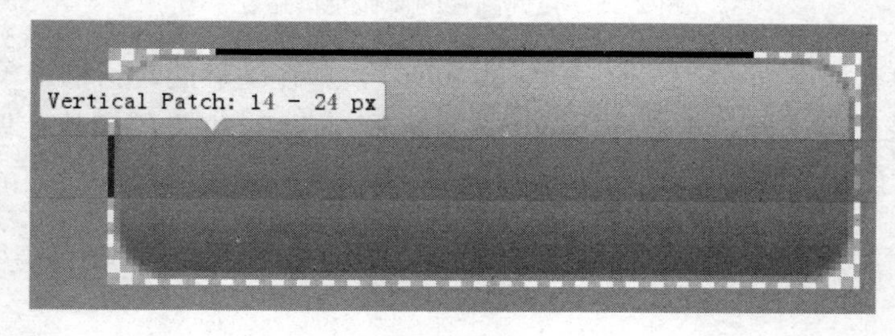

图 2-28 点九图片左边的边缘线

如图 2-29 所示，界面下边的黑线指的是该图片作为控件背景时，控件内部的文字左右边界只能放在黑线区域内。这里 Horizontal Padding 的效果就相当于 android:paddingLeft 与 android:paddingRight。

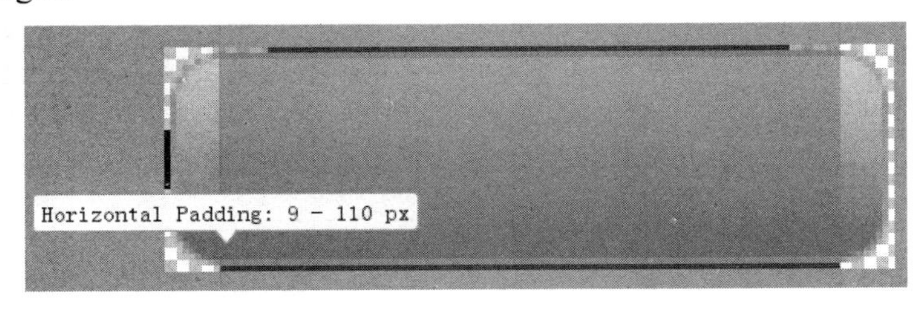

图 2-29　点九图片下边的边缘线

如图 2-30 所示，界面右边的黑线指的是该图片作为控件背景时，控件内部的文字上下边界只能放在黑线区域内。这里 Vertical Padding 的效果就相当于 android:paddingTop 与 android:paddingBottom。

图 2-30　点九图片右边的边缘线

在实际开发中，前两个属性使用的比较多，因为很多场景都要求拉伸图片时要保真。后两个属性一般用得不多，但若不知道，遇到问题还挺麻烦的。笔者以前做开发时看到某个页面的文字总是与顶端有段间隔，可是无论怎么调整 XML 和代码都没法缩小间隔，后来才想起来检查该页面的背景图片，结果打开之后发现该图片是点九图片，原来在水平和垂直方向都设置了 padding，这才解决了一大困惑。

2.5　实战项目：简单计算器

到目前为止，虽然只学了一些 Android 的初级控件，但是也可以学以致用，即便只有这些简单的布局和控件，也能够做出实用的 App。接下来尝试设计并实现一个简单计算器。

2.5.1　设计思路

计算器是人们日常生活中最常用的工具之一，无论在电脑上还是手机上，都少不了计算器的身影。以 Windwos 上的计算器为例，界面简洁且十分实用，程序界面如图 2-31 所示。

这个计算器界面主要分为两部分，一部分是上面的文本框，用于显示计算结果；另一部分是下面的几排按钮，用于输入数字与各种运算符。为了减少复杂度，可以精简一些功能，只保留数字与加、减、乘、除四则运算，另外补充一个开根号（求平方根）的运算。至于 App 的显示界面，基本与习惯的计算器界面保持一致，经过对操作按钮的适当排列，调整后的设计效果如图 2-32 所示。

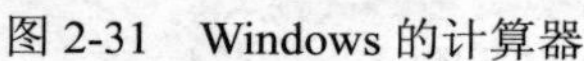

图 2-31 Windows 的计算器

图 2-32 简单计算器的设计效果图

这个计算器虽然小巧，但是基本囊括了本章的知识点，先来看看用了哪些控件。

- 线性布局 LinearLayout：计算器界面整体上是从上往下布局的，所以需要垂直方向的 LinearLayout；下面部分每行都有 4 个按钮，又需要水平方向的 LinearLayout。
- 滚动视图 ScrollView：虽然计算器界面不宽也不高，但是以防万一，最好还是加个垂直方向的 ScrollView。
- 文本视图 TextView：很明显上方标题“简单计算器”就是 TextView，下面的计算结果也需要使用 TextView，而且是能够自动从下往上滚动的 TextView，即聊天室效果的文本视图。
- 按钮 Button：绝大多数数字与运算符按钮都采用 Button 控件。
- 图像视图 ImageView：暂时未用到。
- 图像按钮 ImageButton：开根号的运算符“√”虽然能够打出来，但是右上角少了数学课本上的一横，所以该按钮要用一张标准的开根号图片显示，这就用到了 ImageButton。
- 状态列表图形：每个按钮都有按下和弹起两种状态，这里定制了按钮控件的自定义样式，因此用到了状态列表图形。
- 形状图形：运算结果用到的文本视图边框是圆角矩形，所以得给它定义一个 shape 文件，把 shape 定义的圆角矩形作为文本视图的背景。
- 九宫格图片：注意计算器界面左下角的“0”，该按钮是其他按钮的两倍宽，如果使用普通图片当背景，势必造成边缘线被拉宽、拉模糊的问题，故而要采用点九图片避免这种情况。

经过对计算器效果图的详细分析，大家初步了解了所运用的控件技术，接下来就可以对界面进行布局和排列了。

2.5.2　小知识：日志 Log/提示 Toast

在正式编码之前，读者有必要了解一下 Android 中的运行信息调试手段。例如，开发 C 程序时，程序员常用 printf 函数输出程序日志；开发 Java 程序时，程序员常用 System.out.println 函数输出程序日志。同样，App 开发也有相应的函数输出提示信息。提示信息可分为两类，一类是给开发者看的，另一类是给用户看的。

1. Log

给开发者看的提示信息要调用 Log 类的相应方法，日志打印结果可在 Android Studio 界面下方的 logcat 小窗口查看。Log 类各种方法的区别在于日志的等级，具体说明如下。

- Log.e：表示错误信息，比如可能导致程序崩溃的异常。
- Log.w：表示警告信息。
- Log.i：表示一般消息。
- Log.d：表示调试信息，可把程序运行时的变量值打印出来，方便跟踪调试。
- Log.v：表示冗余信息。

若想查看 App 的运行日志，可单击 Android Studio 底部的“Logcat”标签，此时主界面的下方弹出一排的日志窗口，如图 2-33 所示，从日志看出正在进行的运算操作是“5*9=？”。

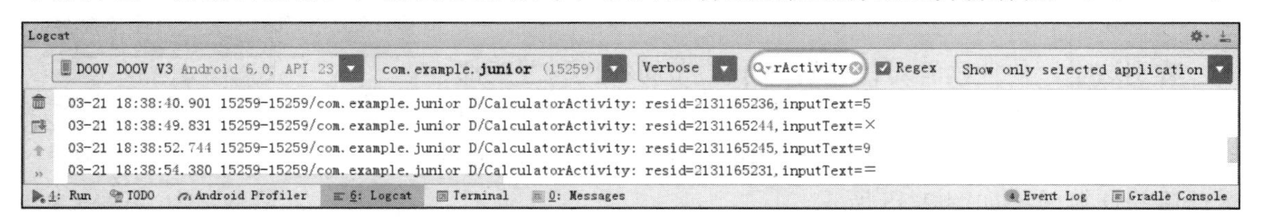

图 2-33　Android Studio 的日志查看窗口

日志窗口的顶部是一排条件筛选控件，从左到右依次为：测试机型的名称（如“DOOV V3”）、测试 App 的包名（例如只显示 com.example.junior 的日志）、查看日志的级别（例如只显示级别不低于 Verbose 即 Log.v 的日志）、日志包含的字符串（例如只显示包含 CalculatorActivity 的日志），还有最后一个是筛选控制选项（其中“Show only selected application”表示只显示选中的应用日志，而“No Filters”则表示不进行任何条件过滤）。

2. Toast

给用户看的提示信息要调用 Toast 类的相应方法，提示文字会在屏幕下方以一个小窗口临时展现。对于计算器来说，有好几种情况需要提示用户，如“被除数不能为 0”“开根号的数值不能小于 0”等。

Toast 的简单用法只需一行代码就可以了，示例代码如下：

```
Toast.makeText(MainActivity.this, "提示文字", Toast.LENGTH_SHORT).show();
```

Toast 弹窗的展示效果如图 2-34 所示，此时 App 发现了被除数为零的情况。

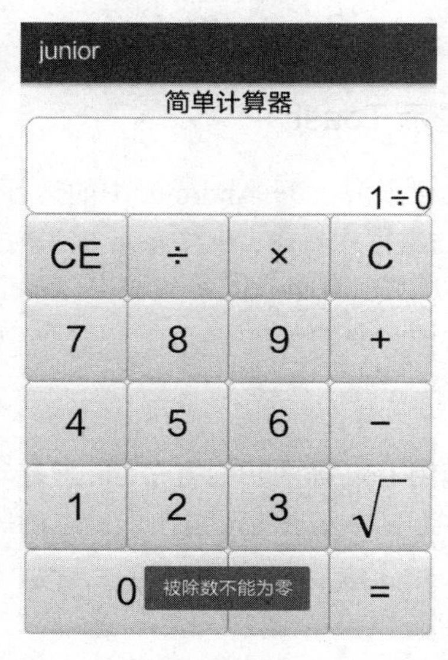

图 2-34　被除数为零的 Toast 弹窗提示

另外，计算器每个按钮的展示风格基本相同，为了减少冗余代码，可将相同的样式定义写在 values 目录下的 styles.xml 文件中，然后在布局文件节点下增加 style="@style/btn_cal"这样的属性定义。

2.5.3　代码示例

看到这里，估计读者对计算器 App 的布局和代码框架都了然于胸了，接下来介绍一些业务逻辑判断与基本的数学四则运算。只要设计充分并且合理，编码就会很快。计算器 App 运行后的计算效果如图 2-35 所示。

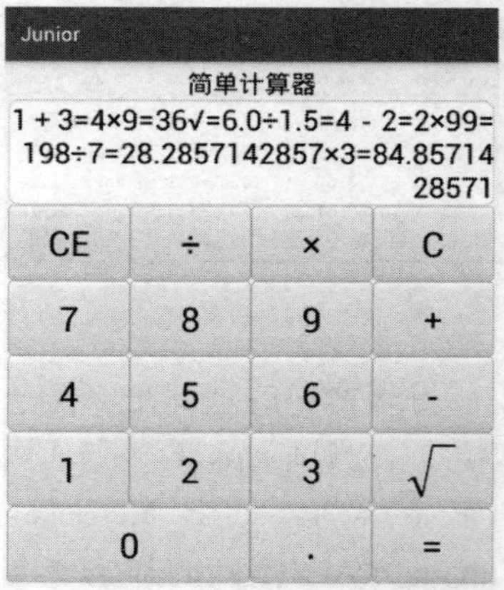

编码过程主要分为 3 个步骤：

步骤 01 先想好代码文件与布局文件的名称，比如代码文件取名 CalculatorActivity.java、布局文件取名 activity_calculator.xml。记得在 AndroidManifest.xml 中注册 acitivity 节点，不然 App 运行时会报 ActivityNotFoundException 异常，具体是在 application 节点下补充一行声明：

图 2-35　简单计算器的运行效果图

```
<activity android:name=".CalculatorActivity" />
```

步骤 02 在 res/layout 目录下创建布局文件 activity_calculator.xml，按照简单计算器的效果图在里面填入各控件的布局结构，并指定相关的属性定义。

步骤 03 在项目的包名目录下创建 CalculatorActivity 类，仿照 MainActivity 代码在 onCreate 内部的 setContentView 方法中填入参数 R.layout.activity_calculator，表示该页面使用 activity_calculator.xml 中定义的界面布局。接着编写具体的控件操作与业务代码。

下面是计算器 App 进行加减乘除的代码片段示例，完整代码参见本书附带源码 junior 模块的 CalculatorActivity.java：

```
    private String operator = "";  // 操作符
    private String firstNum = "";  // 前一个操作数
    private String nextNum = "";  // 后一个操作数
    private String result = "";  // 当前的计算结果
    private String showText = "";  // 显示的文本内容

    // 开始加减乘除四则运算，计算成功则返回 true，计算失败则返回 false
    private boolean caculate() {
        if (operator.equals("＋")) {  // 当前是相加运算
            result = String.valueOf(Arith.add(firstNum, nextNum));
        } else if (operator.equals("－")) {  // 当前是相减运算
            result = String.valueOf(Arith.sub(firstNum, nextNum));
        } else if (operator.equals("×")) {  // 当前是相乘运算
            result = String.valueOf(Arith.mul(firstNum, nextNum));
        } else if (operator.equals("÷")) {  // 当前是相除运算
            if ("0".equals(nextNum)) {  // 发现被除数是 0
                // 被除数为 0，要弹窗提示用户
                Toast.makeText(this, "被除数不能为零", Toast.LENGTH_SHORT).show();
                // 返回 false 表示运算失败
                return false;
            } else {  // 被除数非 0，则进行正常的除法运算
                result = String.valueOf(Arith.div(firstNum, nextNum));
            }
        }
        // 把运算结果打印到日志中
        Log.d(TAG, "result=" + result);
        firstNum = result;
        nextNum = "";
        // 返回 true 表示运算成功
        return true;
    }
```

2.6 小　　结

本章主要介绍 App 开发初级控件的相关知识，包括屏幕显示基础（像素、颜色、分辨率）、简单布局的用法（基本视图、线性布局、滚动视图）、简单控件的用法（文本视图、按钮、图像视图、图像按钮）、简单图形的用法（状态列表图形、形状图形、九宫格图片）。最后设计了一个实战项目“简单计算器”，在该项目的 App 编码中运用了前面介绍的大部分简单布局和控件，从而加深了对所学知识的理解；并初步学会使用 Log 和 Toast，为 App 开发培养良好

的编码和调试习惯。

通过本章的学习，读者应该能掌握以下 3 种开发技能：

（1）在布局文件中合理使用本章学到的布局和控件。

（2）在代码中合理调用本章学到的布局和控件的相关方法。

（3）学会制作并使用简单的图形描述文件，包括九宫格图片。

第 3 章

中级控件

本章介绍 App 开发常用的一些中级控件及相关工具，主要包括其他布局用法、特殊按钮的用法、下拉框与基本适配器的用法、编辑框的用法等，另外介绍四大组件之一的活动 Activity 的基本概念与常见用法。最后结合本章所学的知识分别演示了两个实战项目“房贷计算器”和“登录 App”的设计与实现。

3.1 其他布局

本节介绍 Android 另外两个常用的布局视图，分别是相对布局 RelativeLayout 的属性说明与注意点、框架布局 FrameLayout 的属性说明与注意点。

3.1.1 相对布局 RelativeLayout

RelativeLayout 下级视图的位置是相对位置，得有具体的参照物才能确定最终位置。如果不设定下级视图的参照物，那么下级视图默认显示在 RelativeLayout 内部的左上角。用于确定视图位置的参照物分两种，一种是与该视图自身平级的视图，另一种是该视图的上级视图（RelativeLayout）。与参照物对比，相对位置的属性与类型值见表 3-1。

表 3-1 相对位置的属性与类型的取值说明

XML 中的相对位置属性	RelativeLayout 类的相对位置	相对位置说明
layout_toLeftOf	LEFT_OF	当前视图在指定视图的左边
layout_toRightOf	RIGHT_OF	当前视图在指定视图的右边
layout_above	ABOVE	当前视图在指定视图的上方
layout_below	BELOW	当前视图在指定视图的下方

（续表）

XML 中的相对位置属性	RelativeLayout 类的相对位置	相对位置说明
layout_alignLeft	ALIGN_LEFT	当前视图与指定视图的左侧对齐
layout_alignRight	ALIGN_RIGHT	当前视图与指定视图的右侧对齐
layout_alignTop	ALIGN_TOP	当前视图与指定视图的顶部对齐
layout_alignBottom	ALIGN_BOTTOM	当前视图与指定视图的底部对齐
layout_centerInParent	CENTER_IN_PARENT	当前视图在上级视图中间
layout_centerHorizontal	CENTER_HORIZONTAL	当前视图在上级视图的水平方向居中
layout_centerVertical	CENTER_VERTICAL	当前视图在上级视图的垂直方向居中
layout_alignParentLeft	ALIGN_PARENT_LEFT	当前视图与上级视图的左侧对齐
layout_alignParentRight	ALIGN_PARENT_RIGHT	当前视图与上级视图的右侧对齐
layout_alignParentTop	ALIGN_PARENT_TOP	当前视图与上级视图的顶部对齐
layout_alignParentBottom	ALIGN_PARENT_BOTTOM	当前视图与上级视图的底部对齐

为了更好地理解上述相对属性的含义，接下来使用 RelativeLayout 及其下级视图进行布局，看看实际效果图是怎样的。下面是演示相对布局的 XML 代码：

```
<RelativeLayout xmlns:android="http://schemas.android.com/apk/res/android"
    android:layout_width="match_parent"
    android:layout_height="500dp" >
    <Button
        android:id="@+id/btn_center"
        style="@style/btn_relative"
        android:layout_centerInParent="true"
        android:text="我在中间" />
    <Button
        android:id="@+id/btn_center_horizontal"
        style="@style/btn_relative"
        android:layout_centerHorizontal="true"
        android:text="我在水平中间" />
    <Button
        android:id="@+id/btn_center_vertical"
        style="@style/btn_relative"
        android:layout_centerVertical="true"
        android:text="我在垂直中间" />
    <Button
        android:id="@+id/btn_parent_left"
        style="@style/btn_relative"
        android:layout_marginTop="100dp"
        android:layout_alignParentLeft="true"
        android:text="我跟上级左边对齐" />
    <Button
```

```
        android:id="@+id/btn_parent_top"
        style="@style/btn_relative"
        android:layout_width="120dp"
        android:layout_alignParentTop="true"
        android:text="我跟上级顶部对齐" />
    <Button
        android:id="@+id/btn_parent_right"
        style="@style/btn_relative"
        android:layout_marginTop="100dp"
        android:layout_alignParentRight="true"
        android:text="我跟上级右边对齐" />
    <Button
        android:id="@+id/btn_parent_bottom"
        style="@style/btn_relative"
        android:layout_width="120dp"
        android:layout_alignParentBottom="true"
        android:layout_centerHorizontal="true"
        android:text="我跟上级底部对齐" />
    <Button
        android:id="@+id/btn_left_bottom"
        style="@style/btn_relative"
        android:layout_toLeftOf="@+id/btn_parent_bottom"
        android:layout_alignTop="@+id/btn_parent_bottom"
        android:text="我在底部左边" />
    <Button
        android:id="@+id/btn_right_bottom"
        style="@style/btn_relative"
        android:layout_toRightOf="@+id/btn_parent_bottom"
        android:layout_alignBottom="@+id/btn_parent_bottom"
        android:text="我在底部右边" />
    <Button
        android:id="@+id/btn_above_center"
        style="@style/btn_relative"
        android:layout_above="@+id/btn_center"
        android:layout_alignLeft="@+id/btn_center"
        android:text="我在中间上面" />
    <Button
        android:id="@+id/btn_below_center"
        style="@style/btn_relative"
        android:layout_below="@+id/btn_center"
        android:layout_alignRight="@+id/btn_center"
        android:text="我在中间下面" />
</RelativeLayout>
```

上述布局文件的效果如图 3-1 所示，RelativeLayout 的下级视图为各个按钮控件，按钮上的文字说明了所处的相对位置，具体的控件显示方位正如 XML 属性中描述的那样。

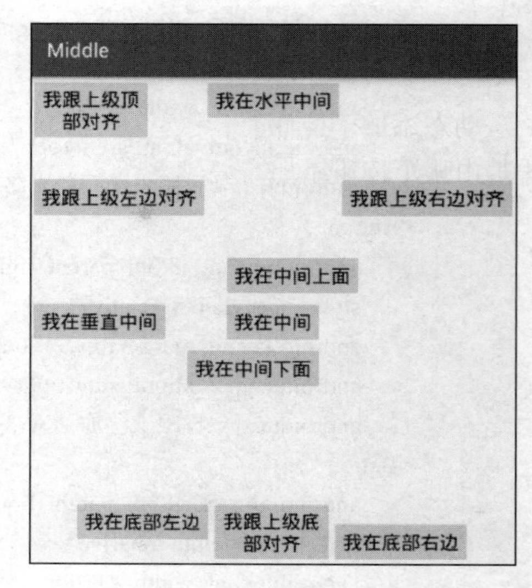

图 3-1　在布局文件中定义的相对布局

一般开发者在布局文件中就定义好了视图的相对位置，很少会等到在代码中定义。不过也有特殊情况，如果视图是在代码中动态添加的，那么相对位置也只能在代码中临时定义。代码中定义相对位置用到的是 RelativeLayout.LayoutParams 的 addRule 方法，该方法的第一个参数表示相对位置的类型，具体取值说明见表 3-1；第二个参数表示参照物视图的 ID，即当前视图要参照哪个视图确定自身位置。

下面是在代码中给 RelativeLayout 动态添加子视图并指定子视图相对位置的代码片段：

```
// 通过代码在相对布局下面添加新视图，referId 代表参考对象的编号
private void addNewView(int firstAlign, int secondAlign, int referId) {
    // 创建一个新的视图对象
    View v = new View(this);
    // 把该视图的背景设置为半透明的绿色
    v.setBackgroundColor(0xaa66ff66);
    // 声明一个布局参数，其中宽度为 100p，高度也为 100dp
    RelativeLayout.LayoutParams rl_params = new RelativeLayout.LayoutParams(
            Utils.dip2px(this, 100), Utils.dip2px(this, 100));
    // 给布局参数添加第一个相对位置的规则，firstAlign 代表位置类型，referId 代表参考对象
    rl_params.addRule(firstAlign, referId);
    if (secondAlign >= 0) {
        // 如果存在第二个相对位置，则同时给布局参数添加第二个相对位置的规则
        rl_params.addRule(secondAlign, referId);
    }
    // 给该视图设置布局参数
    v.setLayoutParams(rl_params);
    // 设置该视图的长按监听器
    v.setOnLongClickListener(new OnLongClickListener() {
        // 在用户长按该视图时触发
        public boolean onLongClick(View vv) {
            // 一旦监听到长按事件，就从相对布局中删除该视图
            rl_content.removeView(vv);
            return true;
        }
    });
    // 往相对布局中添加该视图
```

```
        rl_content.addView(v);
    }
```

动态添加子控件的效果如图 3-2 所示，在图上给每个方块子视图做了编号，以此区分该方块是由哪个按钮添加的以及添加的相对位置。

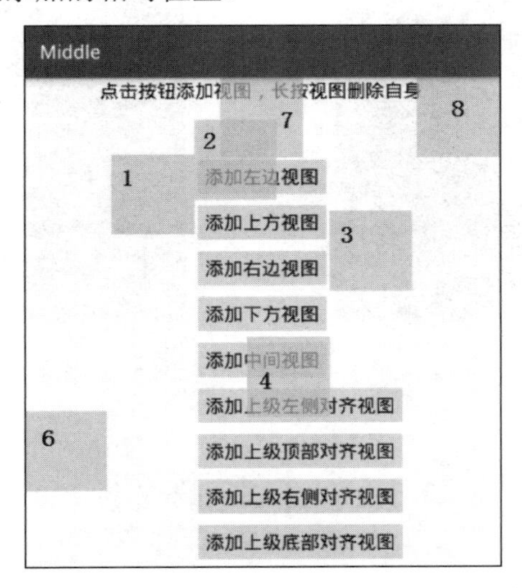

图 3-2　在代码中动态添加下级视图的相对布局

3.1.2　框架布局 FrameLayout

FrameLayout 也是较常用的布局，其下级视图无法指定所处的位置，只能统统从上级 FrameLayout 的左上角开始添加，并且后面添加的子视图会把之前的子视图覆盖掉。框架布局一般用于需要重叠显示的场合，比如绘图、游戏界面等，常见属性说明如下。

- foreground：指定框架布局的前景图像。该图像在框架内部永远处于最顶层，不会被框架内的其他视图覆盖。
- foregroundGravity：指定前景图像的对齐方式。该属性的取值说明同 gravity。

为了更直观地理解 FrameLayout，可在代码中为框架布局动态添加子视图，然后观察前后两个子视图的显示效果。

先给框架布局添加一个暗灰色的子视图，如图 3-3 所示。再给框架布局添加一个鲜红色子视图，如图 3-4 所示。此时后面添加的视图会覆盖前面添加的视图。注意，框架视图上方正中间的小图标一直都没被覆盖，是它被指定为前景图像的缘故。

除了线性布局、相对布局、框架布局外，Android 还提供了其他几个布局视图，如绝对布局 AbsoluteLayout、表格布局 TableLayout 等，不过这几个布局在实际开发中用得并不多，读者只需掌握前 3 种布局就可以了。

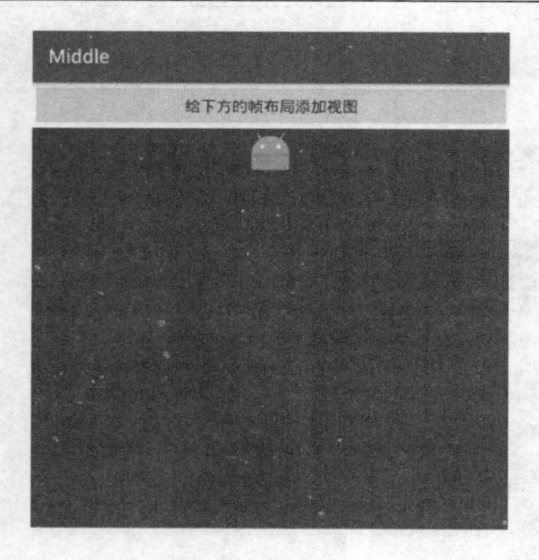

图 3-3　在框架布局中添加第一个子视图

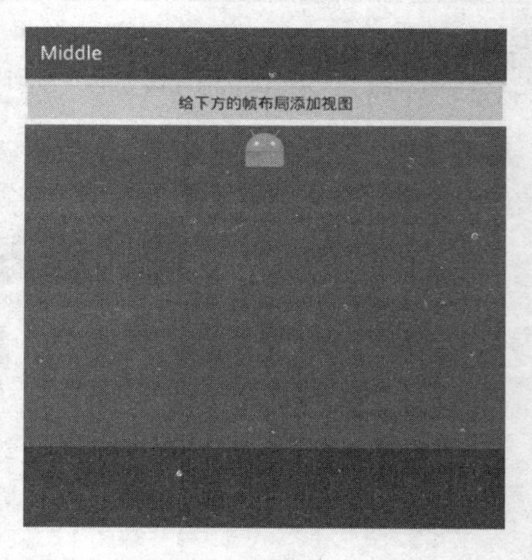

图 3-4　在框架布局中添加第二个子视图

3.2　特殊按钮

本节介绍几个常用的特殊控制按钮，包括复选框 CheckBox 的监听器用法、开关按钮 Switch 的属性定义、仿 iOS 开关按钮的实现、单选按钮 RadioButton 及其组布局 RadioGroup 的监听器用法，以及如何更换这些控件的按钮图标。

3.2.1　复选框 CheckBox

在学习复选框之前，先了解一下 CompoundButton。在 Android 体系中，CompoundButton 类是抽象的复合按钮，因为是抽象类，所以不能直接使用。实际开发中用的是 CompoundButton 类的几个派生类，主要有复选框 CheckBox、单选按钮 RadioButton 以及开关按钮 Switch，这些派生类都可使用 CompoundButton 的属性和方法。

CompoundButton 在布局文件中主要使用下面两个属性。

- checked：指定按钮的勾选状态，true 表示勾选，false 表示未勾选。默认未勾选。
- button：指定左侧勾选图标的图形。如果不指定就使用系统的默认图标。

CompoundButton 在代码中可使用下列 4 种方法进行设置。

- setChecked：设置按钮的勾选状态。
- setButtonDrawable：设置左侧勾选图标的图形。
- setOnCheckedChangeListener：设置勾选状态变化的监听器。
- isChecked：判断按钮是否勾选。

复选框 CheckBox 是 CompoundButton 一个最简单的实现，点击复选框勾选，再次点击取消勾选。CheckBox 通过 setOnCheckedChangeListener 方法设置勾选监听器，对应的监听器要实现接口 CompoundButton.OnCheckedChangeListener。下面是复选框处理勾选监听器的代码例子：

```java
public class CheckboxActivity extends AppCompatActivity {

    @Override
    protected void onCreate(Bundle savedInstanceState) {
        super.onCreate(savedInstanceState);
        setContentView(R.layout.activity_checkbox);
        // 从布局文件中获取名叫 ck_system 的复选框
        CheckBox ck_system = findViewById(R.id.ck_system);
        //设置勾选监听器，一旦用户点击复选框，就触发监听器的 onCheckedChanged 方法
        ck_system.setOnCheckedChangeListener(new CheckListener());
    }

    // 定义一个勾选监听器，它实现了接口 CompoundButton.OnCheckedChangeListener
    private class CheckListener implements CompoundButton.OnCheckedChangeListener{
        // 在用户点击复选框时触发
        public void onCheckedChanged(CompoundButton buttonView, boolean isChecked) {
            String desc = String.format("您勾选了控件%d，状态为%b", buttonView.getId(), isChecked);
            Toast.makeText(CheckboxActivity.this, desc, Toast.LENGTH_LONG).show();
        }
    }
}
```

要更换复选框左侧的勾选图像，可将 button 属性修改为自定义的勾选图形。下面是一个勾选图形状态定义的例子，如果是勾选状态，就显示图形 check_choose；如果取消勾选，就显示图形 check_unchoose。

```xml
<selector xmlns:android="http://schemas.android.com/apk/res/android">
    <item android:state_checked="true" android:drawable="@drawable/check_choose"/>
    <item android:drawable="@drawable/check_unchoose"/>
</selector>
```

3.2.2 开关按钮 Switch

Switch 是开关按钮，Android 从 4.0 版本开始支持该控件。其实 Switch 是一个高级版本的 CheckBox，在选中与取消选中时可展现的界面元素比 CheckBox 丰富。Switch 新添加的属性和设置方法见表 3-2。

表 3-2 Switch 控件的属性和设置方法说明

XML 中的属性	Switch 类的设置方法	说明
textOn	setTextOn	设置右侧开启时的文本
textOff	setTextOff	设置左侧关闭时的文本
switchPadding	setSwitchPadding	设置左右两个开关按钮之间的距离
thumbTextPadding	setThumbTextPadding	设置文本左右两边的距离。如果设置了该属性，switchPadding 属性就会失效

（续表）

XML 中的属性	Switch 类的设置方法	说明
thumb	setThumbDrawable setThumbResource	设置开关标识的图标
track	setTrackDrawable setTrackResource	设置开关轨道的背景

Switch 是升级版的 CheckBox，实际开发中用得不多。原因之一是大家觉得 Switch 的默认界面很丑，如图 3-5 和图 3-6 所示，方方正正的图标有点土又有点呆板；原因之二是 iPhone 作为高大上手机的代表，大家都觉得 iOS 的 UI 很漂亮，于是无论是用户还是客户，都希望 App 做得与 iOS 控件相像，iOS 的开关按钮 UISwitch 就成了大家仿照的对象。

图 3-5　Switch 控件的“关”状态　　图 3-6　Switch 控件的“开”状态

现在我们要让 Android 实现类似 iOS 的开关按钮，主要思路是借助状态列表图形 StateListDrawable，首先定义一个状态列表，XML 的代码如下：

```
<selector xmlns:android="http://schemas.android.com/apk/res/android">
    <item android:state_checked="true" android:drawable="@drawable/switch_on"/>
    <item android:drawable="@drawable/switch_off"/>
</selector>
```

然后把 CheckBox 控件的 background 属性设置为该状态图形，当然 button 属性要先设置为@null。为什么这里修改 background 属性，而不直接修改 button 属性呢？因为 button 属性是有限制的，无论多大的图片，都只显示一个小小的图标，可是小小的图标怎么能体现用户高大上的身份呢？所以这里必须使用 background，要它有多大就能有多大，这才够炫、够档次。

最后看看这个仿 iOS 开关按钮的效果，如图 3-7 和图 3-8 所示。这下开关按钮脱胎换骨，又圆又鲜艳，看起来好看很多。

图 3-7　仿 iOS 按钮的“关”状态

图 3-8　仿 iOS 按钮的“开”状态

3.2.3　单选按钮 RadioButton

单选按钮要在一组按钮中选择其中一项，并且不能多选，这要求有个容器确定这组按钮的范围，这个容器便是 RadioGroup。RadioGroup 实质上是个布局，同一组 RadioButton 都要放在同一个 RadioGroup 节点下。RadioGroup 有 orientation 属性可指定下级控件的排列方向，该属性为 horizontal 时，单选按钮在水平方向排列；该属性为 vertical 时，单选按钮在垂直方向排列。RadioGroup 下面除了 RadioButton，还可以挂载其他子控件（如 TextView、ImageView 等）。这样看来，RadioGroup 就是一个特殊的线性布局，只不过多了管理单选按钮的功能。

下面是 RadioGroup 常用的 3 个方法。

- check：选中指定资源编号的单选按钮。
- getCheckedRadioButtonId：获取选中状态单选按钮的资源编号。
- setOnCheckedChangeListener：设置单选按钮勾选变化的监听器。

RadioButton 默认未选中，点击后显示选中，但是再次点击不会取消选中。只有点击同组的其他单选按钮时，原来选中的单选按钮才会取消选中。另外，单选按钮的选中事件一般不由 RadioButton 处理，而是由 RadioGroup 响应。选中事件在实现时，首先要写一个单选监听器实现接口 RadioGroup.OnCheckedChangeListener，然后调用 RadioGroup 对象的 setOnCheckedChangeListener 方法注册该监听器。

下面是用 RadioGroup 实现单选监听器的代码：

```
public class RadioHorizontalActivity extends AppCompatActivity {//

    protected void onCreate(Bundle savedInstanceState) {
        super.onCreate(savedInstanceState);
        setContentView(R.layout.activity_radio_horizontal);
        // 从布局文件中获取名叫 rg_sex 的单选组
        RadioGroup rg_sex = findViewById(R.id.rg_sex);
        // 设置单选监听器，一旦用户点击组内的单选按钮，就触发监听器的 onCheckedChanged 方法
        rg_sex.setOnCheckedChangeListener(new RadioListener());
    }

    // 定义一个单选监听器，它实现了接口 RadioGroup.OnCheckedChangeListener
    class RadioListener implements RadioGroup.OnCheckedChangeListener{
        // 在用户点击组内的单选按钮时触发
        public void onCheckedChanged(RadioGroup group, int checkedId) {
            Toast.makeText(RadioHorizontalActivity.this, "您选中了控件"+checkedId,
Toast.LENGTH_LONG).show();
        }
    }
}
```

RadioButton 经常会更换按钮图标，如果通过 button 属性变更图标，那么图标与文字就会挨得很近，如图 3-9 所示的第一个单选按钮。为了拉开图标与文字之间的距离，得换成 drawableLeft 属性展示新图标（不要忘了把 button 改为@null），此时再设置 drawablePadding 即可指定间隔距离。修改后的单选按钮效果如图 3-10 所示，可以看到图标与文字之间的距离

明显增大了。

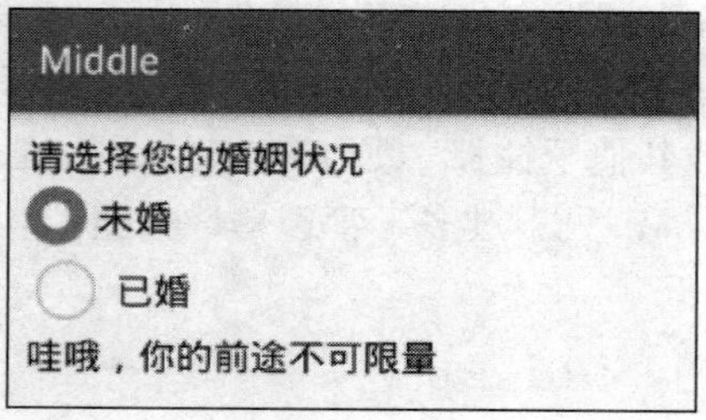

图 3-9　图标设置在 button 属性上

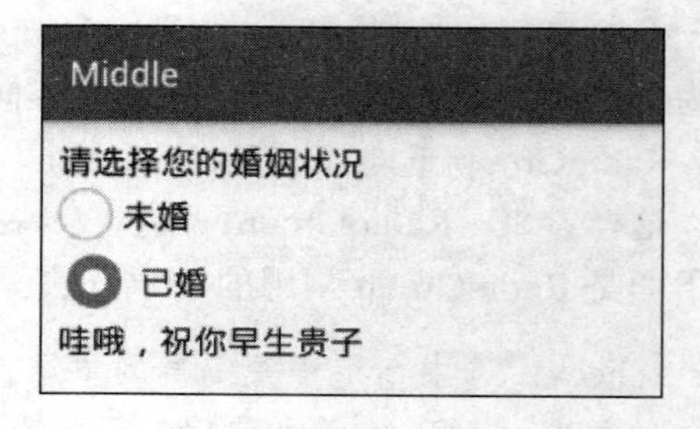

图 3-10　图标设置在 drawableLeft 属性上

前面给不同的按钮自定义按钮图标先后用了 3 个属性，即自定义 CheckBox 图标时的 button 属性、仿 iOS 开关按钮时的 background 属性以及自定义 RadioButton 时的 drawableLeft 属性。下面总结一下这 3 个图标设置方式分别适用的场合。

- button：主要用于图标大小要求不高，间隔要求也不高的场合。
- background：主要用于能够以较大空间显示图标的场合。
- drawableLeft：主要用于对图标与文字之间的间隔有要求的场合。

3.3　适配视图基础

本节介绍适配器的基本概念，结合对下拉框 Spinner 的使用说明分别阐述数组适配器 ArrayAdapter、简单适配器 SimpleAdapter 的具体用法与展示效果。

3.3.1　下拉框 Spinner

Spinner 是下拉框，用于从一串列表中选择某项，功能类似于单选按钮的组合。下拉列表的展示方式有两种，一种是在当前下拉框的正下方展示列表，此时把 spinnerMode 属性设置为 dropdown；另一种是在页面中部以对话框形式展示列表，此时把 spinnerMode 属性设置为 dialog。另外，Spinner 还可以在代码中调用下列 4 个方法。

- setPrompt：设置标题文字。
- setAdapter：设置下拉列表的适配器。适配器可选择 ArrayAdapter 或 SimpleAdapter。
- setSelection：设置当前选中哪项。注意该方法要在 setAdapter 方法后调用。
- setOnItemSelectedListener：设置下拉列表的选择监听器，该监听器要实现接口 OnItemSelectedListener。

下面是一个下拉框调用选择监听器的代码例子：

```
// 初始化下拉框
private void initSpinner() {
    // 声明一个下拉列表的数组适配器
    ArrayAdapter<String> starAdapter = new ArrayAdapter<String>(this,
```

```
                R.layout.item_select, starArray);
        // 设置数组适配器的布局样式
        starAdapter.setDropDownViewResource(R.layout.item_dropdown);
        // 从布局文件中获取名叫 sp_dialog 的下拉框
        Spinner sp = findViewById(R.id.sp_dialog);
        // 设置下拉框的标题
        sp.setPrompt("请选择行星");
        // 设置下拉框的数组适配器
        sp.setAdapter(starAdapter);
        // 设置下拉框默认显示第一项
        sp.setSelection(0);
        // 给下拉框设置选择监听器，一旦用户选中某一项，就触发监听器的 onItemSelected 方法
        sp.setOnItemSelectedListener(new MySelectedListener());
    }

    // 定义下拉列表需要显示的文本数组
    private String[] starArray = {"水星", "金星", "地球", "火星", "木星", "土星"};
    // 定义一个选择监听器，它实现了接口 OnItemSelectedListener
    class MySelectedListener implements OnItemSelectedListener {

        // 选择事件的处理方法，其中 arg2 代表选择项的序号
        public void onItemSelected(AdapterView<?> arg0, View arg1, int arg2, long arg3) {
            Toast.makeText(SpinnerDialogActivity.this, "您选择的是" + starArray[arg2],
Toast.LENGTH_LONG).show();
        }

        // 未选择时的处理方法，通常无需关注
        public void onNothingSelected(AdapterView<?> arg0) {}
    }
```

接下来看对话框模式的下拉效果，如图 3-11 所示。页面中部弹出六大行星的下拉列表；点击具体行星项后自动收起下拉列表，并且下拉框中的文字变更为刚选中的行星名称。

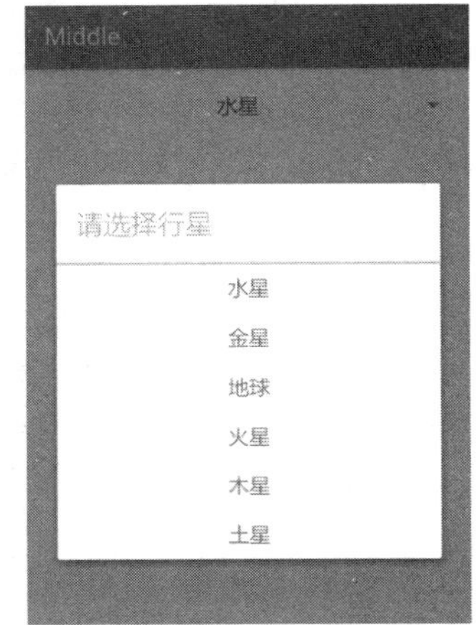

图 3-11　dialog 模式的下拉列表

3.3.2　数组适配器 ArrayAdapter

前面在演示 Spinner 时用到了 setAdapter 方法设置适配器。这个适配器好比一组数据的加工流水线，你丢给它一大把糖果，适配器把糖果排列好顺序，然后拿来制作好的包装盒，把糖果往里面一塞，出来的便是一个个精美的糖果盒。这个流水线可以做得很复杂，也可以做得简单一些，最简单的流水线就是之前演示 Spinner 用到的 ArrayAdapter。

ArrayAdapter 主要用于每行列表只展示文本的情况，有两

道工序，第一道工序是构造函数，除了提供一堆原始数据外（六大行星的名称列表），还可以指定下拉框当前文本的包装盒，即下面这行代码里的 R.layout.item_select，这个布局文件内只有一个 TextView，定义了当前选中文本的大小、颜色、对齐方式等属性。

```
// 声明一个下拉列表的数组适配器
ArrayAdapter<String> starAdapter = new ArrayAdapter<String>(this, R.layout.item_select, starArray);
```

第二道工序是定义下拉列表的包装盒，即下面代码里的 R.layout.item_dropdown，定义了对话框列表中每行文本的显示属性。

```
// 设置数组适配器的布局样式
starAdapter.setDropDownViewResource(R.layout.item_dropdown);
```

经过这两道工序，ArrayAdapter 就明确了原料糖果的分拣过程与包装方式，接下来只待 Spinner 调用 setAdapter 方法发出开动机器指令，适配器便会把一个一个包装好的糖果盒输出到屏幕界面。

3.3.3 简单适配器 SimpleAdapter

ArrayAdapter 只能显示文本列表，显然不够美观，有时我们还想给列表加上图标，比如六大行星是否分别显示星球的小图。这时 SimpleAdapter 就派上用场了，它允许在列表项中展示多个控件，包括文本与图片。

SimpleAdapter 的实现略微复杂，除了第二道工序与 ArrayAdapter 一样外，第一道工序需要更多信息。例如，原料不但有糖果，还有贺卡，这样就得把一大袋糖果和一大袋贺卡送进流水线，适配器每次拿一颗糖果和一张贺卡，把糖果与贺卡按规定塞进包装盒。对于 SimpleAdapter 的构造函数来说，第二个参数 Map 容器放的是原料糖果与贺卡，第 3 个参数放的是包装盒，第 4 个参数放的是糖果袋与贺卡袋的名称，第 5 个参数放的是包装盒里塞糖果的位置与塞贺卡的位置。

下面是下拉框 Spinner 使用 SimpleAdapter 的示例代码：

```
// 初始化下拉框，演示简单适配器
private void initSpinnerForSimpleAdapter() {
    // 声明一个映射对象的队列，用于保存行星的图标与名称配对信息
    List<Map<String, Object>> list = new ArrayList<Map<String, Object>>();
    // iconArray 是行星的图标数组，starArray 是行星的名称数组
    for (int i = 0; i < iconArray.length; i++) {
        Map<String, Object> item = new HashMap<String, Object>();
        item.put("icon", iconArray[i]);
        item.put("name", starArray[i]);
        // 把一个行星图标与名称的配对映射添加到队列当中
        list.add(item);
    }
    // 声明一个下拉列表的简单适配器，其中指定了图标与文本两组数据
    SimpleAdapter starAdapter = new SimpleAdapter(this, list,
            R.layout.item_simple, new String[]{"icon", "name"},
```

```
                new int[]{R.id.iv_icon, R.id.tv_name});
        // 设置简单适配器的布局样式
        starAdapter.setDropDownViewResource(R.layout.item_simple);
        // 从布局文件中获取名叫 sp_icon 的下拉框
        Spinner sp = findViewById(R.id.sp_icon);
        // 设置下拉框的标题
        sp.setPrompt("请选择行星");
        // 设置下拉框的简单适配器
        sp.setAdapter(starAdapter);
        // 设置下拉框默认显示第一项
        sp.setSelection(0);
        // 给下拉框设置选择监听器，一旦用户选中某一项，就触发监听器的 onItemSelected 方法
        sp.setOnItemSelectedListener(new MySelectedListener());
    }
```

下面是每个列表项的布局文件内容（包装盒）：

```
<LinearLayout xmlns:android="http://schemas.android.com/apk/res/android"
    android:layout_width="match_parent"
    android:layout_height="wrap_content"
    android:orientation="horizontal" >

    <!-- 这是展示行星图标的 ImageView -->
    <ImageView
        android:id="@+id/iv_icon"
        android:layout_width="0dp"
        android:layout_height="50dp"
        android:layout_weight="1"
        android:gravity="center" />

    <!-- 这是展示行星名称的 TextView -->
    <TextView
        android:id="@+id/tv_name"
        android:layout_width="0dp"
        android:layout_height="match_parent"
        android:layout_weight="3"
        android:gravity="center"
        android:textSize="17sp"
        android:textColor="#ff0000" />
</LinearLayout>
```

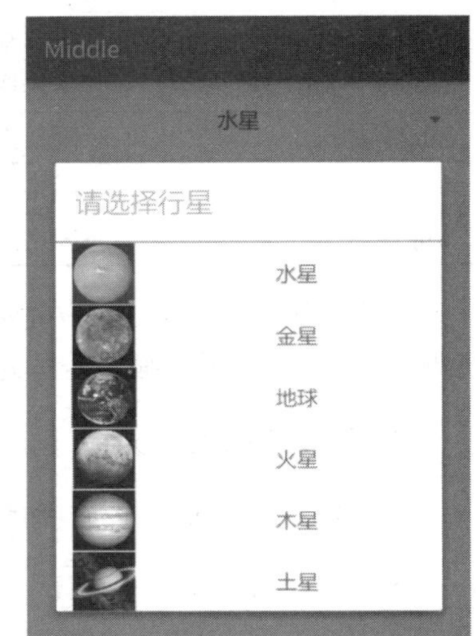

图 3-12　带图标的下拉列表

敲了这么多代码，下面看一下加了图标的下拉列表的效果图，如图 3-12 所示。此时下拉列表左边显示行星的图片，右边显示行星的名称。

3.4 编辑框

本节介绍 Android 的两种编辑框，分别是文本编辑框 EditText 与自动完成编辑框 AutoCompleteTextView。在介绍 EditText 控件时，除了基本属性和方法，还另外阐述了常见的 4 种编辑处理：更换光标、更换边框、自动隐藏输入法和输入回车符自动换行。

3.4.1 文本编辑框 EditText

EditText 是文本编辑框，用户可在此输入文本等信息。EditText 的常用属性说明如下。

- inputType：指定输入的文本类型，代码中对应的方法是 setInputType。输入类型的取值说明见表 3-3，若同时使用多种文本类型，则可使用竖线“|”把多种文本类型拼接起来。
- maxLength：指定文本允许输入的最大长度。该属性无法通过代码设置。
- hint：指定提示文本的内容，代码中对应的方法是 setHint。
- textColorHint：指定提示文本的颜色，代码中对应的方法是 setHintTextColor。

表 3-3 输入类型的取值说明

输入类型	说明
text	文本
textPassword	文本密码。显示时用星号“•”代替
number	整型数
numberSigned	带符号的数字。允许在开头带负号“－”
numberDecimal	带小数点的数字
numberPassword	数字密码。显示时用星号“•”代替
datetime	时间日期格式。除了数字外，还允许输入横线、斜杆、空格、冒号
date	日期格式。除了数字外，还允许输入横线“-”和斜杆“/”
time	时间格式。除了数字外，还允许输入冒号“:”

编辑框除了上述文本与提示文本的基本操作外，实际开发中还常常关注 4 个方面：更换编辑框的光标、更换编辑框的边框、自动隐藏输入法、输入回车符自动跳转。

1. 更换编辑框的光标

EditText 与光标处理有关的属性主要有两个，分别是：

- cursorVisible，指定光标是否可见。代码中对应的方法是 setCursorVisible。
- textCursorDrawable，指定光标的图像。该属性无法通过代码设置。

如果要隐藏光标，就要把 cursorVisible 设置为 false。如果要变更光标的样式，就要修改 textCursorDrawable 设置新图像。如图 3-13 所示，光标被换成自定义的红色竖线光标。

2. 更换编辑框的边框

EditText 的边框通过 background 属性控制，如果要隐藏边框，就要把 background 设置为@null；如果要修改边框的样式，就要将 background 设置为其他边框图形。

下面是一个边框定义 XML 的例子，一旦编辑框获得焦点（例如用户点击了该编辑框），边框就会显示图形 shape_edit_focus；否则默认显示 shape_edit_normal。

```
<selector xmlns:android="http://schemas.android.com/apk/res/android">
    <item android:state_focused="true" android:drawable="@drawable/shape_edit_focus"/>
    <item android:drawable="@drawable/shape_edit_normal"/>
</selector>
```

上述自定义边框的效果如图 3-14 所示，未点击时显示灰色的圆角边框，点击后显示蓝色的圆角边框。

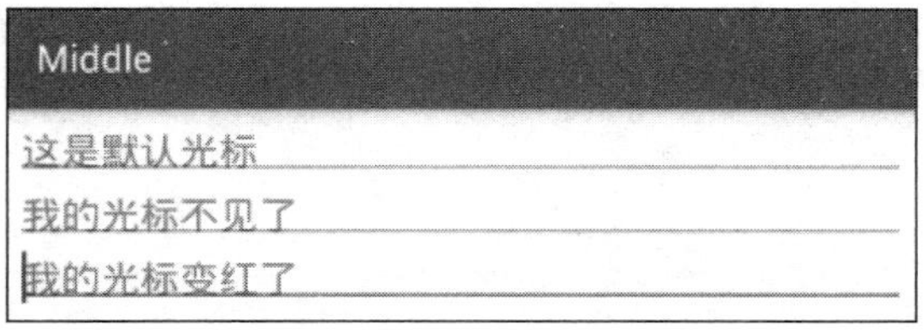

图 3-13　给 EditText 更换图标样式

图 3-14　给 EditText 更换边框样式

3. 自动隐藏输入法

如果页面上有 EditText 控件，开发者又没做其他处理，那么用户打开该页面时往往会自动弹出输入法。这是因为编辑框会默认获得焦点，即默认模拟用户的点击操作，于是输入法的软键盘就弹出了。要想避免这种情况，就得阻止编辑框默认获得焦点。比较常见的做法是给该页面的根节点设置 focusable 和 focusableInTouchMode 属性，通过将这两个属性设置为 true 可强制让根节点获得焦点，从而避免输入法自动弹出的尴尬。

由于软键盘通常会遮盖“登录”“确认”“下一步”等按钮，造成用户输入完毕得再点一次返回键才能关闭软键盘。大家都希望省事点，比如手机号输入满 11 位软键盘自动关闭，这样就会极大改善用户体验。一个好用的 App 就是在这一点一滴中体现出来的。

想让编辑框文本达到指定长度时自动关闭输入法，开发者需要获得两个参数，第一个是该编辑框允许输入的最大长度，第二个是当前已经输入的文本长度。当已输入的文本长度等于最大长度时，即可触发关闭软键盘。自动隐藏输入法可分解为 3 个功能点，分别是获取编辑框的最大长度、监控当前已输入的文本长度和关闭软键盘。

（1）获取编辑框的最大长度

前面提到 maxLength 属性可设置最大长度，但是 EditText 并没有直接提供获取最大长度的方法，不过开发者可以通过反射方式间接获得最大长度，具体代码参见本书附带源码 middle 模块里面 ViewUtil.java 的 getMaxLength 方法。

（2）监控当前已输入的文本长度

这个监控操作用到一个文本监听器接口 TextWatcher，该接口提供了 3 个监控方法，具体说明如下。

- beforeTextChanged：在文本改变之前触发。
- onTextChanged：在文本改变过程中触发。
- afterTextChanged：在文本改变之后触发。

这里用到的是 afterTextChanged 方法，开发者需要自己写个监听器实现 TextWatcher 接口，另外再给 EditText 对象调用 addTextChangedListener 方法注册该监听器。下面是一个具体实现该监听器的例子，用途是在输入文本达到指定长度时自动隐藏输入法：

```
// 定义一个编辑框监听器，在输入文本达到指定长度时自动隐藏输入法
private class HideTextWatcher implements TextWatcher {
    private EditText mView;  // 声明一个编辑框对象
    private int mMaxLength;  // 声明一个最大长度变量
    private CharSequence mStr;  // 声明一个文本串

    public HideTextWatcher(EditText v) {
        super();
        mView = v;
        // 通过反射机制获取编辑框的最大长度
        mMaxLength = ViewUtil.getMaxLength(v);
    }

    // 在编辑框的输入文本变化前触发
    public void beforeTextChanged(CharSequence s, int start, int count, int after) {}

    // 在编辑框的输入文本变化时触发
    public void onTextChanged(CharSequence s, int start, int before, int count) {
        mStr = s;
    }
    // 在编辑框的输入文本变化后触发
    public void afterTextChanged(Editable s) {
        if (mStr == null || mStr.length() == 0)
            return;
        // 输入文本达到 11 位（如手机号码）时关闭输入法
        if (mStr.length() == 11 && mMaxLength == 11) {
            ViewUtil.hideAllInputMethod(EditHideActivity.this);
        }
        // 输入文本达到 6 位（如登录密码）时关闭输入法
        if (mStr.length() == 6 && mMaxLength == 6) {
            ViewUtil.hideOneInputMethod(EditHideActivity.this, mView);
        }
    }
}
```

（3）关闭软键盘

输入法通过系统服务 INPUT_METHOD_SERVICE 管理，所以隐藏输入法也要通过该服务实现。下面是关闭软键盘的两种方式及其代码：

① 调用 toggleSoftInput 方法：

```
public static void hideAllInputMethod(Activity act) {
    // 从系统服务中获取输入法管理器
    InputMethodManager imm = (InputMethodManager)
            act.getSystemService(Context.INPUT_METHOD_SERVICE);
    if (imm.isActive()) {   // 软键盘如果已经打开则关闭之
        imm.toggleSoftInput(0, InputMethodManager.HIDE_NOT_ALWAYS);
    }
}
```

② 调用 hideSoftInputFromWindow 方法：

```
public static void hideOneInputMethod(Activity act, View v) {
    // 从系统服务中获取输入法管理器
    InputMethodManager imm = (InputMethodManager)
            act.getSystemService(Context.INPUT_METHOD_SERVICE);
    // 关闭屏幕上的输入法软键盘
    imm.hideSoftInputFromWindow(v.getWindowToken(), 0);
}
```

完成隐藏输入法的编码后，可在页面上观察效果，如图 3-15 所示。此时手机号码输入了 10 位，还没达到 11 位的最大长度，故而输入法依然显示。手机号再输入一位数字，总长度 11 位达到最大长度的限制，于是输入法自动隐藏，如图 3-16 所示。

图 3-15　输入 10 位手机号码

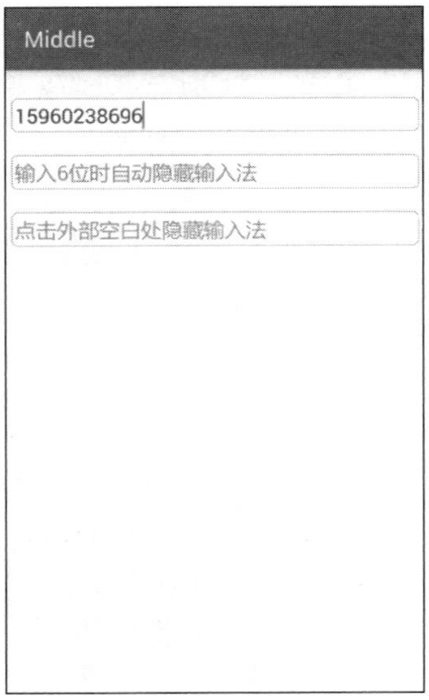

图 3-16　输入 11 位手机号码

4. 输入回车符自动跳转

在录入用户信息时（比如输入姓名、密码等），往 EditText 控件输入回车键，常常不是换行而是让光标直接跳到下一个编辑框。该功能也用到了文本监听器接口 TextWatcher，主要监听用户是否输入回车符，如果监控到已输入回车符，就自动将焦点移到下一个控件，从而实现回车符自动跳转的要求。

下面是一个回车符监听器的代码例子，注意注释部分的文字说明：

```
// 定义一个编辑框监听器，在输入回车符时自动跳到下一个控件
private class JumpTextWatcher implements TextWatcher {
    private EditText mThisView;  // 声明当前的编辑框对象
    private View mNextView;  // 声明下一个视图对象

    public JumpTextWatcher(EditText vThis, View vNext) {
        super();
        mThisView = vThis;
        if (vNext != null) {
            mNextView = vNext;
        }
    }

    // 在编辑框的输入文本变化前触发
    public void beforeTextChanged(CharSequence s, int start, int count, int after) {}

    // 在编辑框的输入文本变化时触发
    public void onTextChanged(CharSequence s, int start, int before, int count) {}

    // 在编辑框的输入文本变化后触发
    public void afterTextChanged(Editable s) {
        String str = s.toString();
        // 发现输入回车符或换行符
        if (str.contains("\r") || str.contains("\n")) {
            // 去掉回车符和换行符
            mThisView.setText(str.replace("\r", "").replace("\n", ""));
            if (mNextView != null) {
                // 让下一个视图获得焦点，即将光标移到下个视图
                mNextView.requestFocus();
                // 如果下一个视图是编辑框，则将光标自动移到编辑框的文本末尾
                if (mNextView instanceof EditText) {
                    EditText et = (EditText) mNextView;
                    // 让光标自动移到编辑框内部的文本末尾
                    // 方式一：直接调用 EditText 的 setSelection 方法
                    et.setSelection(et.getText().length());
```

```
                        // 方式二：调用 Selection 类的 setSelection 方法
                        //Editable edit = et.getText();
                        //Selection.setSelection(edit, edit.length());
                    }
                }
            }
        }
    }
```

下面演示一下输入回车符自动跳转的效果图，文本输入完毕后还没输入回车符，此时焦点仍然停留在编辑框，如图 3-17 所示。输入回车符，此时焦点离开编辑框，并自动移动到“登录”按钮（编辑框的光标消失，按钮背景变深），如图 3-18 所示。

图 3-17　未按回车符

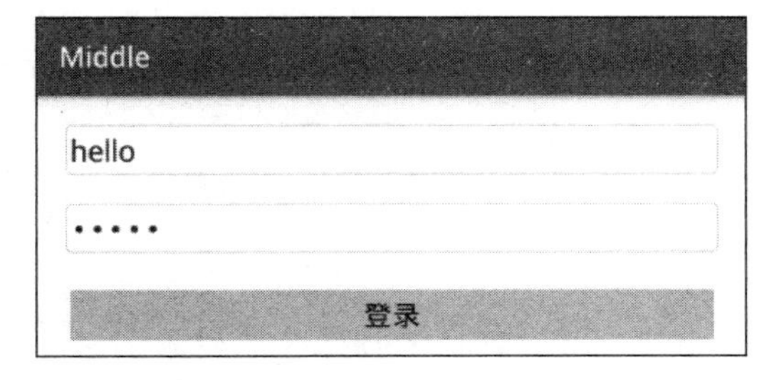

图 3-18　已按回车符

3.4.2　自动完成编辑框 AutoCompleteTextView

自动完成编辑框一般用于搜索文本框，如在电商 App 的搜索框输入商品文字时，下方会自动弹出提示词列表，方便用户快速选择具体商品。AutoCompleteTextView 的实现原理是：EditText 结合监听器 TextWatcher 与下拉列表 Spinner，一旦监控到 EditText 的文本发生变化，就自动弹出适配好的文字下拉列表，选中具体的下拉项向 EditText 填入相应文字。

AutoCompleteTextView 新增的几个属性都与下拉列表有关，详细说明见表 3-4。

表 3-4　自动完成编辑框的属性和设置方法说明

XML 中的属性	AutoCompleteTextView 类的设置方法	说明
completionHint	setCompletionHint	设置下拉列表底部的提示文字
completionThreshold	setThreshold	设置至少输入多少个字符才会显示提示
dropDownHorizontalOffset	setDropDownHorizontalOffset	设置下拉列表与文本框之间的水平偏移
dropDownVerticalOffset	setDropDownVerticalOffset	设置下拉列表与文本框之间的垂直偏移
dropDownHeight	setDropDownHeight	设置下拉列表的高度
dropDownWidth	setDropDownWidth	设置下拉列表的宽度
无	setAdapter	设置下拉列表的数据适配器

下面是使用 AutoCompleteTextView 的代码例子：

```
public class EditAutoActivity extends AppCompatActivity {
    // 定义自动完成的提示文本数组
    private String[] hintArray = {"第一", "第一次", "第一次写代码", "第一次领工资", "第二", "第二个"};

    protected void onCreate(Bundle savedInstanceState) {
        super.onCreate(savedInstanceState);
        setContentView(R.layout.activity_edit_auto);
        // 从布局文件中获取名叫 ac_text 的自动完成编辑框
        AutoCompleteTextView ac_text = findViewById(R.id.ac_text);
        // 声明一个自动完成时下拉展示的数组适配器
        ArrayAdapter<String> adapter = new ArrayAdapter<String>(
                this, R.layout.item_dropdown, hintArray);
        // 设置自动完成编辑框的数组适配器
        ac_text.setAdapter(adapter);
    }
}
```

自动完成编辑框的具体效果如图 3-19 所示，下拉列表的内容会自动与输入文本进行匹配。

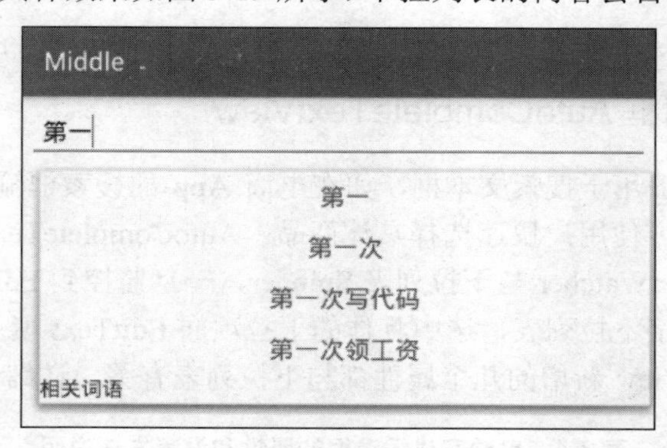

图 3-19　自动完成编辑框的自动匹配下拉列表

3.5　活动 Activity 基础

本节介绍 Android 四大组件之一 Activity 的基本概念和常见用法。首先说明 Activity 的生命周期，接着说明 Intent 的组成部分与工作原理，然后阐述如何使用 Intent 完成活动页面之间的消息传递，包括如何传递请求参数、如何返回应答参数等。

3.5.1　Activity 的生命周期

看到这里，相信读者对 Activity 已经不陌生了。首先，一个 Activity 代表一个页面。其次，Activity 的 onCreate 方法是页面的入口函数。更细心的读者也许已经知道调用 startActivity 方法可以跳转到下一个页面。之所以到这时才介绍 Activity，是因为 Activity 的逻辑复杂、概念繁多，必须在有一定基础后讲解才合适，不然一开始就讲解高深的专业术语，读者恐怕很难理解。

首先介绍 Activity 的生命周期，如同花开花落一般，Activity 也有从含苞待放到盛开再到凋零的生命过程。下面是 Activity 与生命周期有关的方法说明。

- onCreate：创建页面。把页面上的各个元素加载到内存中。
- onStart：开始页面。把页面显示在屏幕上。
- onResume：恢复页面。让页面在屏幕上活动起来，例如开启动画、开始任务等。
- onPause：暂停页面。让页面在屏幕上的动作停下来。
- onStop：停止页面。把页面从屏幕上撤下来。
- onDestroy：销毁页面。把页面从内存中清除掉。
- onRestart：重启页面。重新加载内存中的页面数据。

下面针对几个常见的业务场景探究一下 Activity 的生命周期，主要有 3 个场景：页面之间的跳转、竖屏与横屏的切换、按 HOME 键与返回 App。用于场景测试的代码如下，主要在每个生命周期函数中增加打印屏幕日志和后台日志。

```
public class ActJumpActivity extends AppCompatActivity implements OnClickListener {
    private final static String TAG = "ActJumpActivity";
    private TextView tv_life;
    private String mStr = "";

    private void refreshLife(String desc) {  // 刷新生命周期的日志信息
        Log.d(TAG, desc);
        mStr = String.format("%s%s %s %s\n", mStr, DateUtil.getNowTimeDetail(), TAG, desc);
        tv_life.setText(mStr);
    }

    @Override
    protected void onCreate(Bundle savedInstanceState) {  // 创建活动页面
        super.onCreate(savedInstanceState);
        setContentView(R.layout.activity_act_jump);
        findViewById(R.id.btn_act_next).setOnClickListener(this);
        tv_life = findViewById(R.id.tv_life);
        refreshLife("onCreate");
    }

    @Override
    protected void onStart() {  // 开始活动页面
        refreshLife("onStart");
        super.onStart();
    }
```

```
@Override
protected void onStop() {   // 停止活动页面
    refreshLife("onStop");
    super.onStop();
}

@Override
protected void onResume() {   // 恢复活动页面
    refreshLife("onResume");
    super.onResume();
}

@Override
protected void onPause() {   // 暂停活动页面
    refreshLife("onPause");
    super.onPause();
}

@Override
protected void onRestart() {   // 重启活动页面
    refreshLife("onRestart");
    super.onRestart();
}

@Override
protected void onDestroy() {   // 销毁活动页面
    refreshLife("onDestroy");
    super.onDestroy();
}

@Override
public void onClick(View v) {
    if (v.getId() == R.id.btn_act_next) {
        // 准备跳到下个活动页面 ActNextActivity
        Intent intent = new Intent(this, ActNextActivity.class);
        // 期望接收下个页面的返回数据
        startActivityForResult(intent, 0);
    }
}

@Override
protected void onActivityResult(int requestCode, int resultCode, Intent data) {   // 接收返回数据
```

```
            String nextLife = data.getStringExtra("life");
            refreshLife("\n" + nextLife);
            refreshLife("onActivityResult");
            super.onActivityResult(requestCode, resultCode, data);
        }
    }
```

1. 页面之间的跳转

首先进入测试页面 ActJumpActivity，接着从该页面跳转到 ActNextActivity，然后从 ActNextActivity 返回 ActJumpActivity。界面上的日志截图如图 3-20 所示。其中，区域 1 表示进入页面 ActJumpActivity 时的生命周期过程，区域 2 表示跳转到 ActNextActivity 时的生命周期过程，区域 3 表示返回 ActJumpActivity 时的生命周期过程。

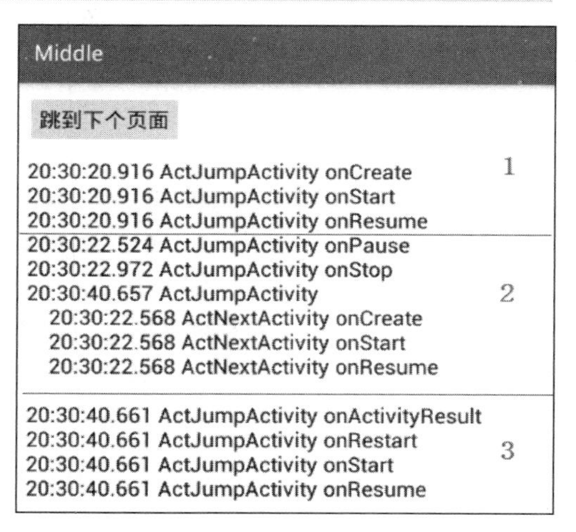

图 3-20　活动页面跳转时的界面日志截图

从日志截图可以看到，下一个页面的创建伴随上一个页面的停止，不过显示的日志信息不够完整。下面跟踪一下 logcat 里的日志，看看这中间到底发生了什么。

首先打开页面 ActJumpActivity，调用方法的顺序为：本页面 onCreate→onStart→onResume。日志如下：

```
11:30:18.352：D/ActJumpActivity(2315)：onCreate
11:30:18.352：D/ActJumpActivity(2315)：onStart
11:30:18.352：D/ActJumpActivity(2315)：onResume
```

从 ActJumpActivity 跳转到 ActNextActivity，调用方法的顺序为：上一个页面 onPause→下一个页面 onCreate→onStart→onResume→上一个页面 onStop。日志如下：

```
11:30:32.668：D/ActJumpActivity(2315)：onPause
11:30:32.688：D/ActNextActivity(2315)：onCreate
11:30:32.688：D/ActNextActivity(2315)：onStart
11:30:32.688：D/ActNextActivity(2315)：onResume
11:30:33.116：D/ActJumpActivity(2315)：onStop
```

从 ActNextActivity 回到 ActJumpActivity（按返回键或在代码中调用 finish 方法），调用的方法顺序为：下一个页面 onPause→上一个页面 onRestart→onStart→onResume→下一个页面 onStop→onDestroy。日志如下：

```
11:30:40.740：D/ActNextActivity(2315)：onPause
11:30:40.752：D/ActJumpActivity(2315)：onRestart
11:30:40.752：D/ActJumpActivity(2315)：onStart
11:30:40.752：D/ActJumpActivity(2315)：onResume
11:30:41.160：D/ActNextActivity(2315)：onStop
```

```
11:30:41.164：D/ActNextActivity(2315)：onDestroy
```

至此，基本上可以弄清楚页面跳转时的生命周期了。总体上是跳转前的页面先调用 onPause 方法，然后跳转后的页面依次调用 onCreate/onRestart→onStart→onResume，最后跳转前的页面调用 onStop 方法（若返回上级页面，则下级页面还需调用 onDestroy 方法）。

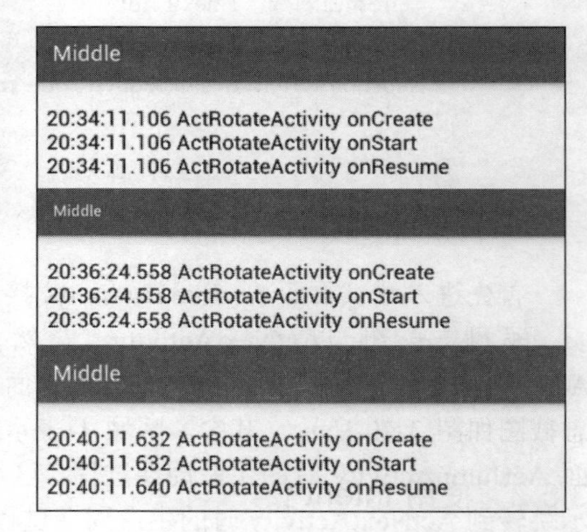

图 3-21　活动页面在横竖屏切换时的界面日志截

2. 竖屏与横屏的切换

首先进入测试页面 ActRotateActivity，此时默认为竖屏显示；接着倒转手机切换到横屏，观察日志；然后倒转手机切换回竖屏，观察日志。3 个屏幕的显示日志时间没有重复，这里的日志截图是 3 次截图拼接而成的，如图 3-21 所示。

从日志截图可以看出，竖屏与横屏似乎在每次切换时页面都要重新创建。为进一步验证实验结果，再一次查看 logcat 里的日志信息如下：

```
21:02:10.179 D/ActRotateActivity：onCreate
21:02:10.179 D/ActRotateActivity：onStart
21:02:10.179 D/ActRotateActivity：onResume
21:02:13.227 D/ActRotateActivity：onPause
21:02:13.227 D/ActRotateActivity：onStop
21:02:13.227 D/ActRotateActivity：onDestroy
21:02:13.247 D/ActRotateActivity：onCreate
21:02:13.247 D/ActRotateActivity：onStart
21:02:13.247 D/ActRotateActivity：onResume
21:02:16.239 D/ActRotateActivity：onPause
21:02:16.239 D/ActRotateActivity：onStop
21:02:16.239 D/ActRotateActivity：onDestroy
21:02:16.279 D/ActRotateActivity：onCreate
21:02:16.279 D/ActRotateActivity：onStart
21:02:16.279 D/ActRotateActivity：onResume
```

分析日志的时间与内容，无论是竖屏切换到横屏，还是横屏切换到竖屏，都是原屏幕的页面从 onPause 到 onStop 再到 onDestroy 一路销毁，然后新屏幕的页面从 onCreate 到 onStart 再到 onResume 一路创建而来。

3. 按 HOME 键与返回 App

首先进入测试页面 ActHomeActivity；接着按 HOME 键，屏幕回到桌面；然后按任务键或长按 HOME 键（不同手机的操作不一样），屏幕调出进程视图；最后点击测试 App，屏幕返回测试页面。一路下来的屏幕日志截图如图 3-22 所示。

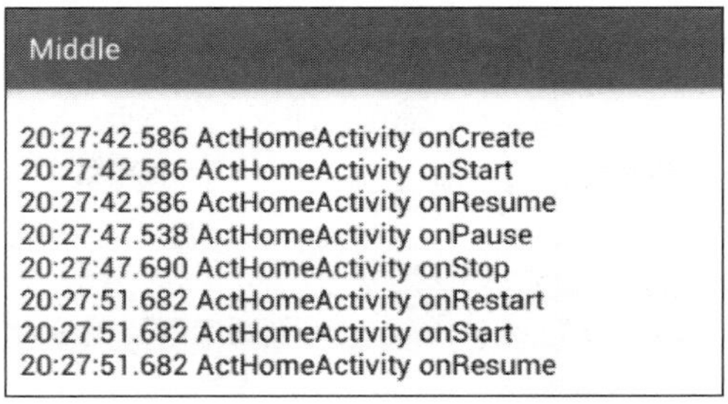

Middle

20:27:42.586 ActHomeActivity onCreate
20:27:42.586 ActHomeActivity onStart
20:27:42.586 ActHomeActivity onResume
20:27:47.538 ActHomeActivity onPause
20:27:47.690 ActHomeActivity onStop
20:27:51.682 ActHomeActivity onRestart
20:27:51.682 ActHomeActivity onStart
20:27:51.682 ActHomeActivity onResume

图 3-22　按 HOME 键的界面日志截图

从日志截图可以看到，此时测试页面的生命周期是典型的从活动状态变为暂停状态（回到桌面时）再到活动状态（返回 App 页面时）。观察 logcat 的后台日志，发现后台日志与屏幕日志保持一致。

3.5.2　使用 Intent 传递消息

Intent 的中文名是意图，意思是我想让你干什么，简单地说，就是传递消息。Intent 是各个组件之间信息沟通的桥梁，既能在 Activity 之间沟通，又能在 Activity 与 Service 之间沟通，也能在 Activity 与 Broadcast 之间沟通。总而言之，Intent 用于处理 Android 各组件之间的通信，完成的工作主要有 3 部分：

（1）Intent 需标明本次通信请求从哪里来、到哪里去、要怎么走。

（2）发起方携带本次通信需要的数据内容，接收方对收到的 Intent 数据进行解包。

（3）如果发起方要求判断接收方的处理结果，Intent 就要负责让接收方传回应答的数据内容。

为了做好以上工作，就要给 Intent 配上必须的装备，Intent 的组成部分见表 3-5。

表 3-5　Intent 组成元素的列表说明

元素名称	设置方法	说明与用途
Component	setComponent	组件，用于指定 Intent 的来源与目的
Action	setAction	动作，用于指定 Intent 的操作行为
Data	setData	即 Uri，用于指定动作要操纵的数据路径
Category	addCategory	类别，用于指定 Intent 的操作类别
Type	setType	数据类型，用于指定消息的数据类型
Extras	putExtra	扩展信息，用于指定装载的参数信息
Flags	setFlags	标志位，用于指定 Intent 的运行模式（启动标志）

表达 Intent 的来往路径有两种方式，一种是显式 Intent，另一种是隐式 Intent。

1. 显式 Intent，直接指定来源类与目标类名，属于精确匹配。

在声明一个 Intent 对象时，需要指定两个参数，第一个参数表示跳转的来源页面，第二个参数表示接下来要跳转到的页面类。具体的声明方式有如下 3 种：

（1）在构造函数中指定，示例代码如下：

```
Intent intent = new Intent(this, ActResponseActivity.class);  // 创建一个目标确定的意图
```

（2）调用 setClass 方法指定，示例代码如下：

```
Intent intent = new Intent();  // 创建一个新意图
intent.setClass(this, ActResponseActivity.class);  // 设置意图要跳转的活动类
```

（3）调用 setComponent 方法指定，示例代码如下：

```
Intent intent = new Intent();  // 创建一个新意图
ComponentName component = new ComponentName(this, ActResponseActivity.class);
intent.setComponent(component);  // 设置意图携带的组件信息
```

2. 隐式 Intent，没有明确指定要跳转的类名，只给出一个动作让系统匹配拥有相同字串定义的目标，属于模糊匹配。

因为我们常常不希望直接暴露源码的类名，只给出一个事先定义好的名称，这样大家约定俗成、按图索骥就好，所以隐式 Intent 起到了过滤作用。这个定义好的动作名称是一个字符串，可以是自己定义的动作，也可以是已有的系统动作。系统动作的取值说明见表 3-6。

表 3-6　系统动作的取值说明

Intent 类的系统动作常量名	系统动作的常量值	说明
ACTION_MAIN	android.intent.action.MAIN	App 启动时的入口
ACTION_VIEW	android.intent.action.VIEW	显示数据给用户
ACTION_EDIT	android.intent.action.EDIT	显示可编辑的数据
ACTION_SEND	android.intent.action.SEND	分享内容
ACTION_CALL	android.intent.action.CALL	直接拨号
ACITON_DIAL	android.intent.action.DIAL	准备拨号
ACTION_SENDTO	android.intent.action.SENDTO	发送短信
ACTION_ANSWER	android.intent.action.ANSWER	接听电话
ACTION_SEARCH	android.intent.action.SEARCH	导航栏上 SearchView 的搜索动作

这个动作名称通过 setAction 方法指定，也可以通过构造函数 Intent(String action)直接生成 Intent 对象。当然，由于动作是模糊匹配，因此有时需要更详细的路径，比如知道某人住在天通苑小区，并不能直接找到他家，还得说明他住在天通苑的哪一期、哪号楼、哪一层、哪一个单元。Uri 和 Category 便是这样的路径与门类信息，Uri 数据可通过构造函数 Intent(String action, Uri uri)在生成对象时一起指定，也可通过 setData 方法指定（setData 这个名字有歧义，实际就是 setUri）；Category 可通过 addCategory 方法指定，之所以用 add 而不用 set 方法，是因为一个 Intent 可同时设置多个 Category，一起进行过滤。

下面是一个调用系统拨号程序的例子，其中就用到了 Uri：

```
Intent intent = new Intent();  // 创建一个新意图
intent.setAction(Intent.ACTION_CALL);  // 设置意图动作为直接拨号
```

```
Uri uri = Uri.parse("tel:" + phone);  // 声明一个拨号的 Uri
intent.setData(uri);  // 设置意图前往的路径
startActivity(intent);  // 启动意图通往的活动页面
```

隐式 Intent 还用到了过滤器的概念，即把不符合匹配条件的过滤掉，剩下符合条件的按照优先顺序调用。创建一个 Android 工程，AndroidManifest.xml 里的 intent-filter 就是 XML 中的过滤器。比如下面这个最常见的主页面 MainAcitivity，activity 节点下面便设置了 action 和 category 的过滤条件。其中，android.intent.action.MAIN 表示 App 的入口动作，android.intent.category.LAUNCHER 表示在 App 启动时调用。

```
<activity
    android:name=".MainActivity"
    android:label="@string/app_name" >
    <intent-filter>
        <action android:name="android.intent.action.MAIN" />
        <category android:name="android.intent.category.LAUNCHER" />
    </intent-filter>
</activity>
```

3.5.3　向下一个 Activity 传递参数

前面讲过，Intent 的 setData 方法只指定到达目标的路径，并非本次通信所携带的参数信息，真正的参数信息存放在 Extras 中。Intent 重载了很多种 putExtra 方法传递各种类型的参数，包括 String、int、double 等基本数据类型，甚至 Parcelable、Serializable 等序列化结构。不过只是调用 putExtra 方法显然不好管理，像送快递一样大小包裹随便扔，不但找起来不方便，丢了也难以知道。所以 Android 引入了 Bundle 概念，可以把 Bundle 理解为超市的寄包柜或快递收件柜，大小包裹由 Bundle 统一存取，方便又安全。

Bundle 内部用于存放数据的实质结构是 Map 映射，可添加元素、删除元素，还可判断元素是否存在。开发者把 Bundle 全部打包好只需调用一次 putExtras 方法，把 Bundle 全部取出来也只需调用一次 getExtras 方法。

下面是前一个页面向后一个页面发送请求数据的代码：

```
Intent intent = new Intent(MainActivity.this, FirstActivity.class);  // 创建一个目标确定的意图
Bundle bundle = new Bundle();  // 创建一个新包裹
bundle.putString("name", "张三");  // 往包裹存入一个字符串
bundle.putInt("age", 30);  // 往包裹存入一个整型数
bundle.putDouble("height", 170.0f);  // 往包裹存入一个双精度数
intent.putExtras(bundle);  // 把快递包裹塞给意图
startActivity(intent);  // 启动意图所向往的活动页面
```

下面是后一个页面接收前一个页面请求数据的代码：

```
Intent intent = getIntent();  // 获取前一个页面传来的意图
Bundle bundle = intent.getExtras();  // 卸下意图里的快递包裹
String name = bundle.getString("name", "");  // 从包裹中取出字符串
```

```
int age = bundle.getInt("age", 0);   // 从包裹中取出整型数
double height = bundle.getDouble("height", 0.0f);   // 从包裹中取出双精度数
```

3.5.4 向上一个 Activity 返回参数

如同一般的通信一样，Intent 有时只把请求数据发送到下一个页面就行，有时还要处理下一个页面的应答数据（通常发生在下一个页面返回到上一个页面时）。如果只把请求数据发送到下一个页面，前一个页面调用 startActivity 方法就可以；如果还要处理下一个页面的应答数据，此时就得分多步处理，详细步骤如下：

步骤 01 前一个页面打包好请求数据，调用方法 startActivityForResult(Intent intent, int requestCode)，表示需要处理结果数据，第二个参数表示请求编号，用于标识每次请求的唯一性。

步骤 02 后一个页面接收请求数据，进行相应处理。

步骤 03 后一个页面在返回前一个页面时，打包应答数据并调用 setResult 方法返回信息。setResult 的第一个参数表示应答代码（成功还是失败），代码示例如下：

```
Intent intent = new Intent();   // 创建一个新意图
Bundle bundle = new Bundle();   // 创建一个新包裹
bundle.putString("job", "码农");   // 往包裹存入一个字符串
intent.putExtras(bundle);   // 把快递包裹塞给意图
setResult(Activity.RESULT_OK, intent);   // 携带意图返回前一个页面
finish();   // 关闭当前页面
```

步骤 04 前一个页面重写方法 onActivityResult，该方法的输入参数包含请求编号和应答代码，请求编号用于判断对应哪次请求，应答代码用于判断后一个页面是否处理成功。然后对应答数据进行解包处理，代码示例如下：

```
// 接收后一个页面的返回数据。其中 requestCode 为请求代码，
// resultCode 为结果代码，intent 为后一个页面返回的意图
public void onActivityResult(int requestCode, int resultCode, Intent intent) {
    Bundle resp = intent.getExtras();   // 卸下意图里的快递包裹
    String job = resp.getString("job");   // 从包裹中取出字符串
    Toast.makeText(this, "您目前的职业是"+job, Toast.LENGTH_LONG).show();
}
```

下面是完整的请求页面代码与应答页面代码，结合效果界面加深对 Activity 处理参数传递的理解。请求页面的代码示例如下：

```
public class ActRequestActivity extends AppCompatActivity implements OnClickListener {
    private EditText et_request;   // 声明一个编辑框对象
    private TextView tv_request;   // 声明一个文本视图对象

    @Override
    protected void onCreate(Bundle savedInstanceState) {
        super.onCreate(savedInstanceState);
        setContentView(R.layout.activity_act_request);
```

```
        findViewById(R.id.btn_act_request).setOnClickListener(this);
        // 从布局文件中获取名叫 et_request 的编辑框
        et_request = findViewById(R.id.et_request);
        // 从布局文件中获取名叫 tv_request 的文本视图
        tv_request = findViewById(R.id.tv_request);
    }

    @Override
    public void onClick(View v) {
        if (v.getId() == R.id.btn_act_request) {
            // 创建一个新意图
            Intent intent = new Intent();
            // 设置意图要跳转的活动类
            intent.setClass(this, ActResponseActivity.class);
            // 往意图存入名叫 request_time 的字符串
            intent.putExtra("request_time", DateUtil.getNowTime());
            // 往意图存入名叫 request_content 的字符串
            intent.putExtra("request_content", et_request.getText().toString());
            // 期望接收下个页面的返回数据
            startActivityForResult(intent, 0);
        }
    }

    // 从后一个页面携带参数返回当前页面时触发
    protected void onActivityResult(int requestCode, int resultCode, Intent data) {   // 接收返回数据
        if (data != null) {
            // 从意图中取出名叫 response_time 的字符串
            String response_time = data.getStringExtra("response_time");
            // 从意图中取出名叫 response_content 的字符串
            String response_content = data.getStringExtra("response_content");
            String desc = String.format("收到返回消息：\n 应答时间为%s\n 应答内容为%s",
                    response_time, response_content);
            // 把返回消息的详情显示在文本视图上
            tv_request.setText(desc);
        }
    }
}
```

应答页面的代码示例如下：

```
public class ActResponseActivity extends AppCompatActivity implements OnClickListener {
    private EditText et_response;   // 声明一个编辑框对象
    private TextView tv_response;   // 声明一个文本视图对象
```

```
    @Override
    protected void onCreate(Bundle savedInstanceState) {
        super.onCreate(savedInstanceState);
        setContentView(R.layout.activity_act_response);
        findViewById(R.id.btn_act_response).setOnClickListener(this);
        // 从布局文件中获取名叫 et_response 的编辑框
        et_response = findViewById(R.id.et_response);
        // 从布局文件中获取名叫 tv_response 的文本视图
        tv_response = findViewById(R.id.tv_response);
        // 从前一个页面传来的意图中获取快递包裹
        Bundle bundle = getIntent().getExtras();
        // 从包裹中取出名叫 request_time 的字符串
        String request_time = bundle.getString("request_time");
        // 从包裹中取出名叫 request_content 的字符串
        String request_content = bundle.getString("request_content");
        String desc = String.format("收到请求消息：\n 请求时间为%s\n 请求内容为%s",
                request_time, request_content);
        // 把请求消息的详情显示在文本视图上
        tv_response.setText(desc);
    }

    @Override
    public void onClick(View v) {
        if (v.getId() == R.id.btn_act_response) {
            Intent intent = new Intent();  // 创建一个新意图
            Bundle bundle = new Bundle();  // 创建一个新包裹
            // 往包裹存入名叫 response_time 的字符串
            bundle.putString("response_time", DateUtil.getNowTime());
            // 往包裹存入名叫 response_content 的字符串
            bundle.putString("response_content", et_response.getText().toString());
            intent.putExtras(bundle);  // 把快递包裹塞给意图
            setResult(Activity.RESULT_OK, intent);  // 携带意图返回前一个页面
            finish();  // 关闭当前页面
        }
    }
}
```

具体的效果图分别如图 3-23、图 3-24、图 3-25 所示。其中，图 3-23 是当前页面要向下一个页面发送请求时的界面，图 3-24 是下一个页面准备返回上一个页面时的界面，图 3-25 是上一个页面收到下一个页面应答时的界面。

图 3-23　准备向下一个页面发送请求

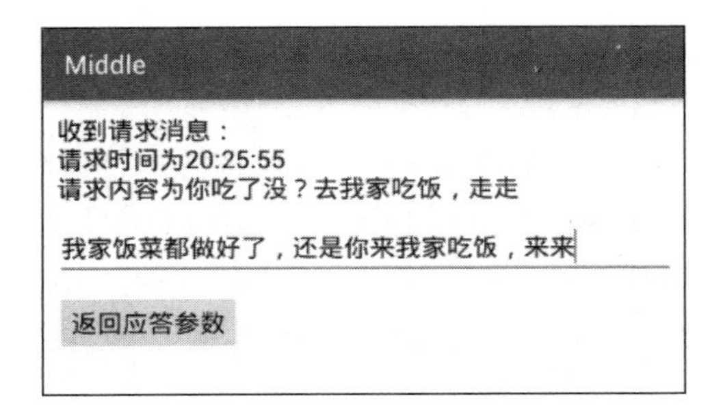

图 3-24　下一个页面准备返回消息

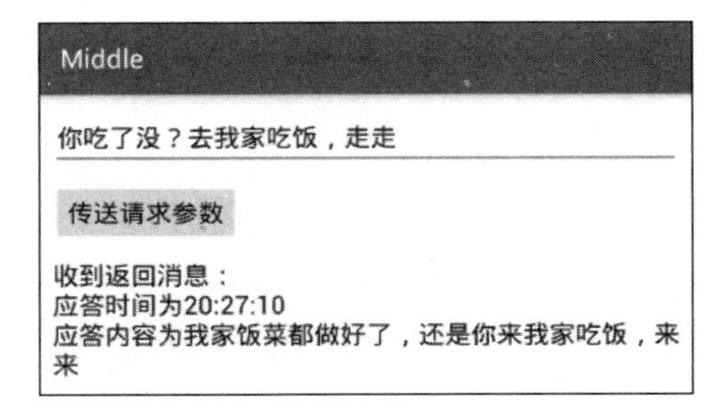

图 3-25　上一个页面收到返回消息

3.6　实战项目：房贷计算器

如今楼市可真是疯狂，房价蹭蹭蹭的坐火箭飞上天，说到买房，自然少不了房贷，根据不同的贷款方式与还款方式，计算出来的月供数额各不相同。如果手机上有个房贷计算器，那可真是帮了不少人的大忙，它绝对是个方便又实用的 App。那么就让我们编写一个简易的房贷计算器出来，瞅瞅这货好不好使。

3.6.1　设计思路

虽说现在才是第三章，不过本书迄今为止介绍的 App 开发知识，足够写个房贷计算器 App 了，譬如图 3-26 所示的计算器界面，基本将房贷的各项计算要素囊括在内，可谓八九不离十。

根据图 3-26 的计算器界面，结合房贷的一些规律常识，很容易找到该计算器用到了本章的好几个控件，具体罗列如下：

- 文本编辑框 EditText：像购房总价、贷款总额这些金额数值，需要用户手工输入。
- 单选按钮 RadioButton：等额本息与等额本金是贷款的两种还款方式，用户只能选择其中一种还款方式。
- 复选框 CheckBox：商业贷款和公积金贷款，既可选择其中一种，也可两者结合起来做组合贷款。

图 3-26　房贷计算器的效果图

- 下拉框 Spinner：贷款年限、基准利率这些有固定的几个数值，用户需在下拉列表中选择其中一个。
- 相对布局 RelativeLayout：位于同一行的几个控件，宽度不固定又想填满整行的话，使用相对布局是最佳选择。

其余还包括上一章介绍的文本视图 TextView、按钮 Button、线性布局 LinearLayout、滚动视图 ScrollView，几乎涵盖了这两章各小节的代表性控件，很适合实战演练。

3.6.2 小知识：文本工具 TextUtils

虽然 Java 的 String 类型已经自带了很多字符串方法，能够满足大多数场合的字符串加工要求，然而总有个别情况，String 类型处理起来不够干脆利索。比如判断一个字符串对象 str 是否非空，按照传统的 Java 编码，校验字符串非空的代码逻辑如下所示：

```
if (str!=null && str.length()!=0) {
    // 进入字符串非空的业务逻辑处理
}
```

由上述的条件判断语句可知，检查字符串是否非空的时候，Java 首先判断该串是否为空指针，然后判断该串的长度是否为 0。这样校验固然没错，但非空判断是很常见的操作，要是开发者给每个字符串都写上两遍判断，算起来工作量就不小了。因此 Android 专门提供了文本工具类 TextUtils，用于简化字符串的一些常用操作，就刚才的字符串非空判断而言，利用 TextUtils 则只需调用一个 isEmpty 方法便成：

```
if (!TextUtils.isEmpty(str)) {
    // 进入字符串非空的业务逻辑处理
}
```

除了 isEmpty 方法，TextUtils 另有其他几个好用的字符串方法，一并说明如下：

- isEmpty：判断字符串是否为空值。
- getTrimmedLength：获取字符串去除头尾空格之后的长度。
- isDigitsOnly：判断字符串是否全部由数字组成。
- ellipsize：如果字符串超长，则返回按规则截断并添加省略号的字串。

以下代码演示了如何正确调用 TextUtils 的字符串方法：

```
public void onClick(View v) {
    if (v.getId() == R.id.btn_empty) {
        // 判断字符串是否为空值
        boolean isEmpty = TextUtils.isEmpty(et_input.getText());
        String desc = String.format("输入框的文本%s 空的", isEmpty ? "是" : "不是");
        tv_result.setText(desc);
    } else if (v.getId() == R.id.btn_trim_length) {
        // 获取字符串去除头尾空格之后的长度
        int length = TextUtils.getTrimmedLength(et_input.getText());
```

```
            String desc = String.format("输入框的文本去掉左右空格后的长度是%d", length);
            tv_result.setText(desc);
        } else if (v.getId() == R.id.btn_digit) {
            // 判断字符串是否全部由数字组成
            boolean isDigit = TextUtils.isDigitsOnly(et_input.getText());
            String desc = String.format("输入框的文本%s 纯数字", isDigit ? "是" : "不是");
            tv_result.setText(desc);
        } else if (v.getId() == R.id.btn_ellipsize) {
            // 总共显示十个字符（因为省略号占了一个，所以还剩九个可显示汉字）
            float avail = et_input.getTextSize() * 10;
            // 如果字符串超过十位，则返回在尾部截断并添加省略号的字串
            CharSequence ellips = TextUtils.ellipsize(et_input.getText(), et_input.getPaint(), avail,
TruncateAt.END);
            tv_result.setText("输入框的文本加省略号的样式为：" + ellips);
        }
    }
```

接下来通过测试页面观察这几个方法是否符合预期，isEmpty 方法的运行结果如图 3-27 和图 3-28 所示，其中图 3-27 为编辑框没有字符输入的情况，此时 isEmpty 的判断是“空”；图 3-28 为编辑框有输入字符的情况，此时 isEmpty 的判断是“非空”。

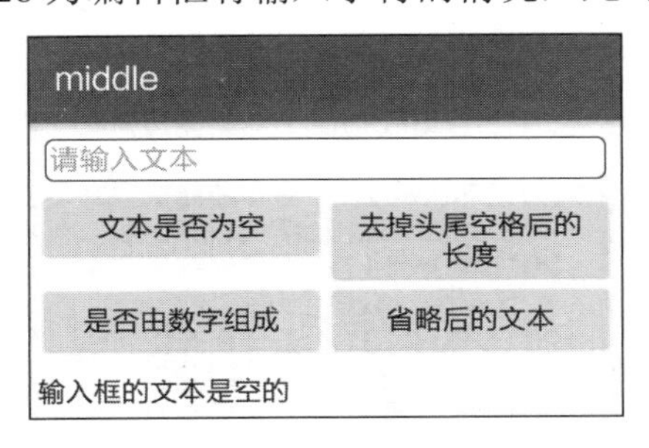

图 3-27　编辑框没输入文本

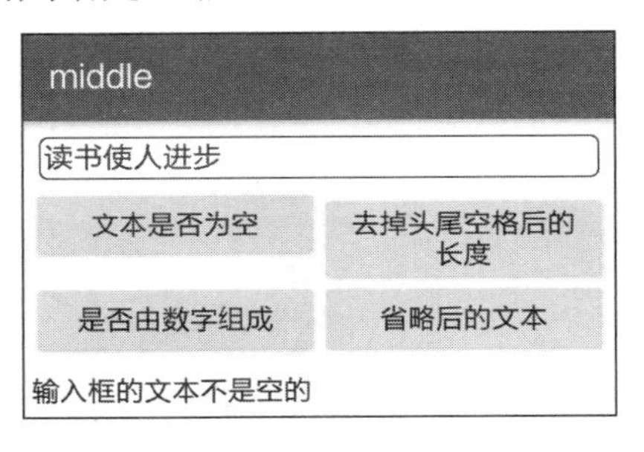

图 3-28　编辑框有输入文本

3.6.3　代码示例

房贷计算器的编码过程分为三个步骤：

步骤 01　先想好代码文件与布局文件的名称，比如计算器页面的代码文件取名 MortgageActivity.java，布局文件取名 activity_mortgage.xml。记得在 AndroidManifest.xml 中注册该页面的 acitivity 节点，注册代码如下所示：

```
<activity android:name=".MortgageActivity" />
```

步骤 02　在 res/layout 目录下创建布局文件 activity_mortgage.xml，根据页面效果图编写计算器页面的布局定义文件。

步骤 03　在项目的包名目录下创建类 MortgageActivity，填入具体的控件操作与业务逻辑代码。

房贷计算器用到的所有控件均在本章和上一章做了详细介绍，主要难点反而是房贷月供

的计算逻辑，这部分的算法代码参见本书附带源码 middle 模块的 MortgageActivity.java。下面依次过一下房贷计算功能的完整流程。

打开房贷计算器的界面，首先输入购房总价 350 万、按揭比例 70%，点击“计算贷款总额”按钮，则按钮下方立刻显示贷款总额为 245 万，如图 3-29 所示。

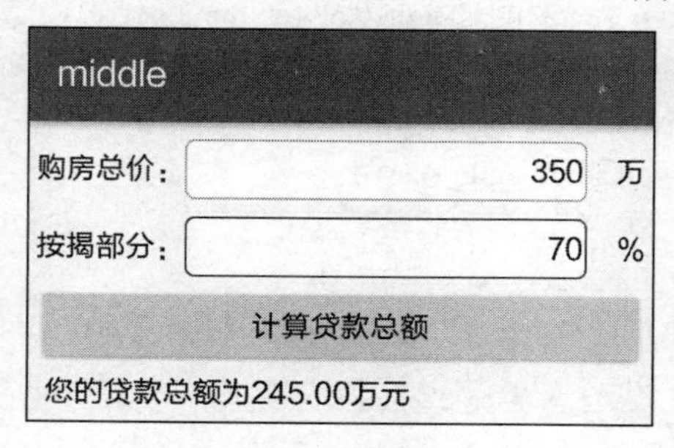

图 3-29　计算贷款总额的界面

接着勾选“商业贷款”复选框，输入商业贷款的金额 245 万；点击贷款年限的下拉框，在下拉列表中选择“30 年”，如图 3-30 所示；点击基准利率的下拉框，在下拉列表中选择“2015 年 10 月 24 日”的基准利率，如图 3-31 所示。

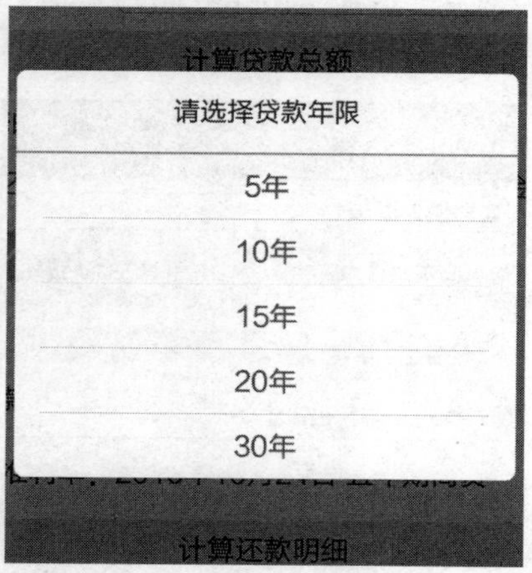

图 3-30　选择贷款年限的下拉框

图 3-31　选择基准利率的下拉框

然后点击“计算还款明细”按钮，页面下方马上显示计算好的还款信息如图 3-32 所示，其中利息总额为 223 万元，每月还款超过 13000 元，顿时令人感觉压力山大。想起北京首套房的公积金最高额度为 120 万元，于是勾选“公积金贷款”复选框，输入公积金贷款的金额 120 万，同时把商业贷款的金额改为 125 万。再次点击“计算还款明细”按钮，页面下方同步显示最新的还款信息如图 3-33 所示，此时利息总额为 181 万，每月还款不到 12000 元，果真是一目了然、方便快捷。

图 3-32　只选择商业贷款时的计算结果

图 3-33　同时选择公积金贷款的计算结果

3.7　实战项目：登录 App

凡是赚钱的 App，都要掌握用户资源，这便少不了为用户提供登录页面。本章末尾的实战项目最终选定 App 登录页面，是因为要复习 Activity 的相关概念与用法。Activity 是 Android 中最常用的组件，后续章节全部都会用到，所以要好好加以巩固。下面就来设计并实现 App 的登录功能。

3.7.1　设计思路

各家 App 的登录页面大同小异，要么是用户名与密码组合登录，要么是手机号与验证码组合登录，如果想做得更好一点，就要提供忘记密码与记住密码等功能。本章的 App 登录项目把这些功能综合一下，都呈现到页面上，因为是练手，所以尽量让学到的控件都派上用场。登录页面的设计图初稿如图 3-34 所示。

读者找找看这个效果图包含哪些本章的新控件？一定会发现以下 6 个控件。

- 单选按钮 RadioButton：用来区分是密码登录还是验证码登录。
- 下拉框 Spinner：用于区分用户类型是个人用户还是公司用户。
- 编辑框 EditText：用来输入手机号码和密码。
- 复选框 CheckBox：用于判断是否记住密码。
- 相对布局 RelativeLayout：指定手机号码的编辑框放在手机号码 TextView 的右边。这里使用线性布局 LinearLayout 也可以。
- 框架布局 FrameLayout：忘记密码的按钮与密码输入框叠加。

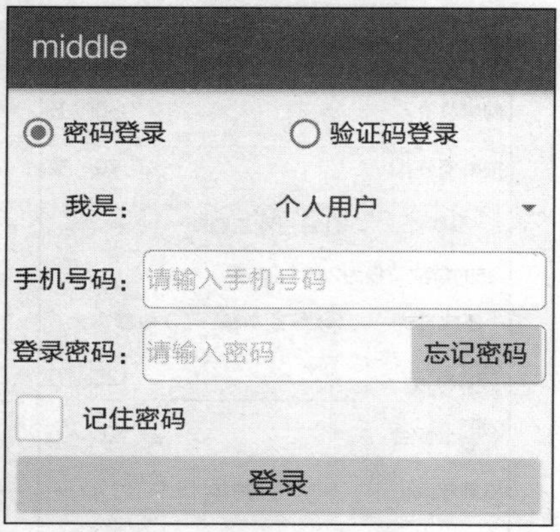

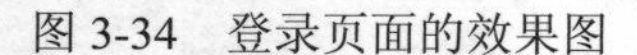

图 3-34　登录页面的效果图

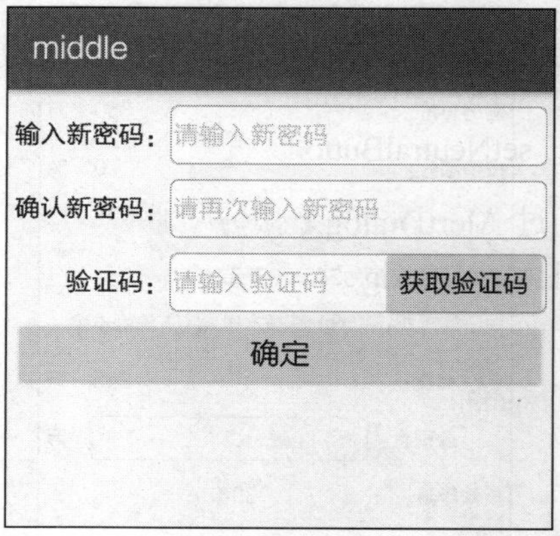

图 3-35　找回密码页面的效果图

至此，本章介绍的新控件基本都派上用场了。另外，本项目还要演示活动页面的跳转功能，点击“忘记密码”按钮跳转到找回密码页面，找回密码页面的效果如图 3-35 所示。

找回密码的页面挺简单，主要问题是两个页面之间的跳转有哪些注意事项，页面跳转肯定要传递参数，一般唯一标识的手机号码要传过去，不然下一个页面不知道要为哪个手机号码修改密码；新密码也要传回去，不然上一个页面不知道密码被改成什么了。

另外，有一个细微的用户体验问题：用户会去找回密码，肯定是发现输入的密码不对。修改完密码回到登录页面时，密码输入框里还是原来错误的密码，此时用户清空错误密码才能输入新密码。我们的 App 想让用户觉得好用，就得急用户之所急、想用户之所想，像之前错误密码的情况应当由 App 在返回登录页面时自动清空原来错误的密码。自动清空的操作放在 onActivityResult 方法中处理是一个办法，但这样处理有一个问题，如果用户直接按返回键回到登录页面，onActivityResult 方法发现数据为空就不会处理。

这个问题其实不难，只要认真看书，结合前面关于 Activity 生命周期的说明，就能够找到解决办法。重写 onRestart 方法（确保是返回页面），在方法内部加上清空密码框的处理即可。这样一来，无论用户是修改完密码回到登录页，还是点击返回键回到登录页，App 都会自动清空密码框。

3.7.2　小知识：提醒对话框 AlertDialog

使用验证码登录时，App 要向用户手机发送短信验证码，但发送短信需要服务器支持，所以这里暂时使用随机数模拟验证码，然后以对话框的形式在界面上提示用户。另外，在登录的过程中，App 时常需要弹窗提示用户选择“是”或“否”，以此判断下一步的处理逻辑。在本实战项目开始之前，建议读者先演练一下提醒对话框（AlertDialog）的用法。

AlertDialog 是 Android 中最常用的对话框，可以完成常见的交互操作，如提示、确认、选择等功能。AlertDialog 没有公开的构造函数，必须借助 AlertDialog.Builder 才能完成参数设置，AlertDialog.Builder 的常用方法如下。

- setIcon：设置标题的图标。
- setTitle：设置标题的文本。
- setMessage：设置内容的文本。

- setPositiveButton：设置肯定按钮的信息，包括按钮文本和点击监听器。
- setNegativeButton：设置否定按钮的信息，包括按钮文本和点击监听器。
- setNeutralButton：设置中性按钮的信息，包括按钮文本和点击监听器，该方法比较少用。

通过 AlertDialog.Builder 设置完参数，还需调用 create 方法才能生成 AlertDialog 对象。最后调用 AlertDialog 对象的 show 方法，在页面上弹出提醒对话框。

下面是个显示提醒对话框的代码例子：

```
public void onClick(View v) {
    if (v.getId() == R.id.btn_alert) {
        // 创建提醒对话框的建造器
        AlertDialog.Builder builder = new AlertDialog.Builder(this);
        // 给建造器设置对话框的标题文本
        builder.setTitle("尊敬的用户");
        // 给建造器设置对话框的内容文本
        builder.setMessage("你真的要卸载我吗？");
        // 给建造器设置对话框的肯定按钮文本及其点击监听器
        builder.setPositiveButton("残忍卸载", new DialogInterface.OnClickListener() {
            public void onClick(DialogInterface dialog, int which) {
                tv_alert.setText("虽然依依不舍，但是只能离开了");
            }
        });
        // 给建造器设置对话框的否定按钮文本及其点击监听器
        builder.setNegativeButton("我再想想", new DialogInterface.OnClickListener() {
            public void onClick(DialogInterface dialog, int which) {
                tv_alert.setText("让我再陪你三百六十五个日夜");
            }
        });
        // 根据建造器完成提醒对话框对象的构建
        AlertDialog alert = builder.create();
        // 在界面上显示提醒对话框
        alert.show();
    }
}
```

提醒对话框的弹窗效果如图 3-36 所示，该对话框有标题、有内容，还有两个按钮。

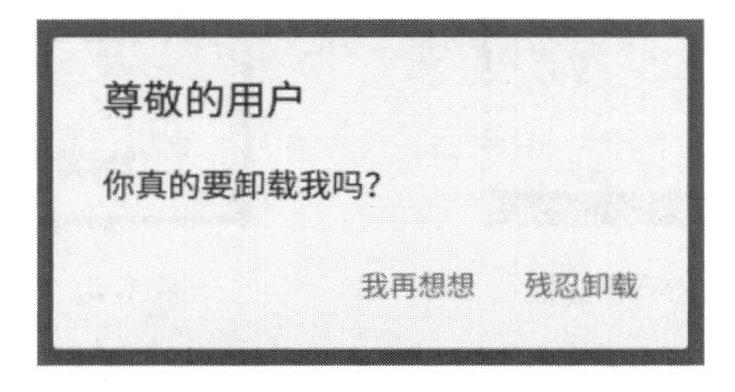

图 3-36　AlertDialog 的效果图

用户点击不同的按钮会触发不同的处理逻辑。图 3-37 所示为点击“我再想想”按钮后的页面，图 3-38 所示为点击“残忍卸载”按钮后的页面。

图 3-37　点击“我再想想”的截图

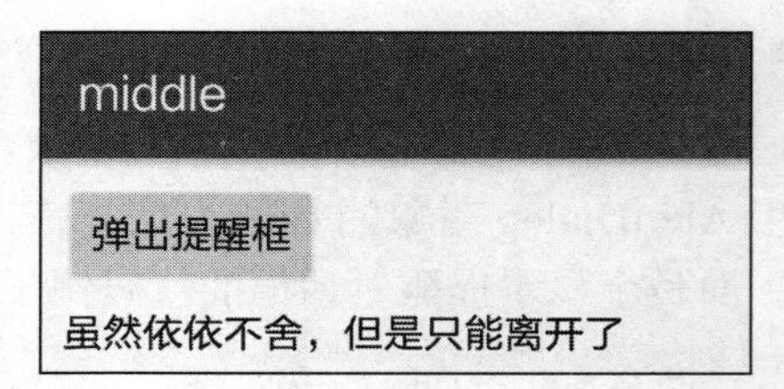

图 3-38　点击“残忍卸载”的截图

3.7.3 代码示例

前面的设计不但给出了两个页面的效果图，而且给出了业务逻辑的大概思路，接下来主要是编码将其实现。编码过程分为 3 个步骤：

步骤 01 先想好代码文件与布局文件的名称，比如登录页面的代码文件取名 LoginMainActivity.java，布局文件取名 activity_login.xml；找回密码页面的代码文件取名 LoginForgetActivity.java，布局文件取名 activity_login_forget.xml。记得在 AndroidManifest.xml 中注册两个页面的 acitivity 节点，注册代码如下：

```
<activity android:name=".LoginMainActivity" />
<activity android:name=".LoginForgetActivity" />
```

步骤 02 在 res/layout 目录下创建布局文件 activity_login.xml 和 activity_login_forget.xml，根据页面效果图编写两个页面的布局定义文件。

步骤 03 在项目的包名目录下创建类 LoginMainActivity 和 LoginForgetActivity，填入具体的控件操作与业务逻辑代码。

除了登录页面和找回密码页面，登录过程中还需要几个提示弹窗，以便 App 与用户之间更好地交互。比如图 3-39 为获取验证码时候的弹窗截图，图 3-40 为登录成功之后的提示弹窗截图。

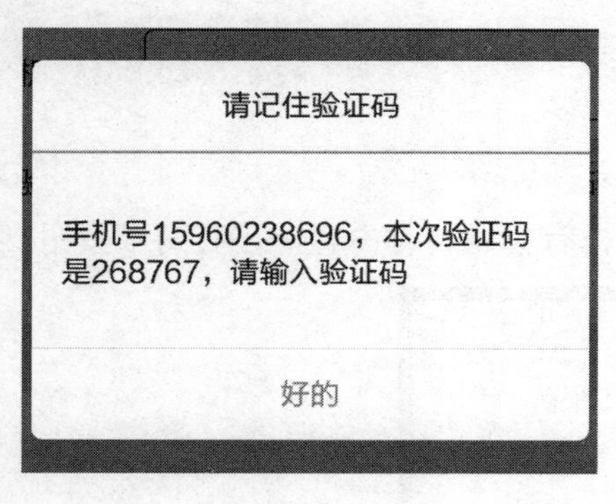

图 3-39　获取验证码的提示对话框

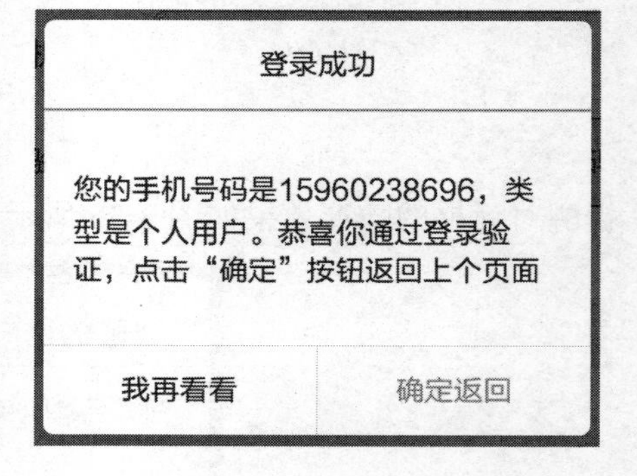

图 3-40　登录成功的提示对话框

下面是登录页面 LoginMainActivity.java 的主要代码片段，完整源码参见本书附带源码 middle 模块的 LoginMainActivity.java 和 LoginForgetActivity.java：

```
    public void onClick(View v) {
        String phone = et_phone.getText().toString();
        if (v.getId() == R.id.btn_forget) {  // 点击了“忘记密码”按钮
            if (phone.length() < 11) {  // 手机号码不足 11 位
                Toast.makeText(this, "请输入正确的手机号", Toast.LENGTH_SHORT).show();
                return;
            }
            if (rb_password.isChecked()) {  // 选择了密码方式校验，此时要跳到找回密码页面
                Intent intent = new Intent(this, LoginForgetActivity.class);
                // 携带手机号码跳转到找回密码页面
                intent.putExtra("phone", phone);
                startActivityForResult(intent, mRequestCode);
            } else if (rb_verifycode.isChecked()) {  // 选择了验证码方式校验，此时要生成六位验证码
                // 生成六位随机数字的验证码
                mVerifyCode = String.format("%06d", (int) (Math.random() * 1000000 % 1000000));
                // 弹出提醒对话框，提示用户六位验证码数字
                AlertDialog.Builder builder = new AlertDialog.Builder(this);
                builder.setTitle("请记住验证码");
                builder.setMessage("手机号" + phone + "，本次验证码是" + mVerifyCode + "，请输入
验证码");
                builder.setPositiveButton("好的", null);
                AlertDialog alert = builder.create();
                alert.show();
            }
        } else if (v.getId() == R.id.btn_login) {  // 点击了“登录”按钮
            if (phone.length() < 11) {  // 手机号码不足 11 位
                Toast.makeText(this, "请输入正确的手机号", Toast.LENGTH_SHORT).show();
                return;
            }
            if (rb_password.isChecked()) {  // 密码方式校验
                if (!et_password.getText().toString().equals(mPassword)) {
                    Toast.makeText(this, "请输入正确的密码", Toast.LENGTH_SHORT).show();
                } else {  // 密码校验通过
                    loginSuccess();  // 提示用户登录成功
                }
            } else if (rb_verifycode.isChecked()) {  // 验证码方式校验
                if (!et_password.getText().toString().equals(mVerifyCode)) {
                    Toast.makeText(this, "请输入正确的验证码", Toast.LENGTH_SHORT).show();
                } else {  // 验证码校验通过
                    loginSuccess();  // 提示用户登录成功
                }
            }
        }
```

```
    }

    // 从后一个页面携带参数返回当前页面时触发
    protected void onActivityResult(int requestCode, int resultCode, Intent data) {
        if (requestCode == mRequestCode && data != null) {
            // 用户密码已改为新密码，故更新密码变量
            mPassword = data.getStringExtra("new_password");
        }
    }

    // 从修改密码页面返回登录页面，要清空密码的输入框
    protected void onRestart() {
        et_password.setText("");
        super.onRestart();
    }

    // 校验通过，登录成功
    private void loginSuccess() {
        String desc = String.format("您的手机号码是%s，类型是%s。恭喜你通过登录验证，点击“确
定”按钮返回上个页面", et_phone.getText().toString(), typeArray[mType]);
        // 弹出提醒对话框，提示用户登录成功
        AlertDialog.Builder builder = new AlertDialog.Builder(this);
        builder.setTitle("登录成功");
        builder.setMessage(desc);
        builder.setPositiveButton("确定返回", new DialogInterface.OnClickListener() {
            public void onClick(DialogInterface dialog, int which) {
                finish();
            }
        });
        builder.setNegativeButton("我再看看", null);
        AlertDialog alert = builder.create();
        alert.show();
    }
```

3.8 小　结

本章主要介绍 App 开发的中级控件相关知识，包括其他布局的用法（相对布局、框架布局）、特殊按钮的用法（复选框、开关按钮、单选按钮）、适配视图的基本用法（下拉框、数组适配器、简单适配器）、编辑框的用法（文本编辑框、自动完成编辑框）、Activity 组件的基本用法（生命周期、意图、传递消息）。最后设计了两个实战项目，一个是“房贷计算器”，

另一个是“登录 App”。在“房贷计算器”的项目编码中，采用前面介绍的部分布局和控件，并介绍了文本工具类的用法。在“登录 App”的项目编码中，采用前面介绍的大部分布局和控件，以及 Activity 跳转与返回时的消息请求与应答，初步在实际代码中运用生命周期方法，并介绍了提醒对话框的用法。

通过本章的学习，读者应该能掌握以下 3 种开发技能：

（1）在布局文件中合理使用本章学到的布局和控件。

（2）在代码中合理调用本章学到的布局和控件的相关方法。

（3）学会活动组件 Activity 的用法，如在页面之间跳转的消息传递操作和在合适的场合重写生命周期的方法。

第 4 章

数据存储

本章介绍 Android 五种主要存储方式的用法，包括共享参数 SharedPreferences、数据库 SQLite、SD 卡文件、App 的全局内存，另外介绍重要组件之一的应用 Application 的基本概念与常见用法，以及四大组件之一的内容提供器 ContentProvider 的基本概念与常见用法。最后，结合本章所学的知识演示实战项目“购物车”的设计与实现。

4.1 共享参数 SharedPreferences

本节介绍 Android 的键值对存储方式——共享参数 SharedPreferences 的使用方法，包括如何保存数据与读取数据，通过共享参数结合“登录 App”项目实现记住密码功能。

4.1.1 共享参数的基本用法

SharedPreferences 是 Android 的一个轻量级存储工具，采用的存储结构是 Key-Value 的键值对方式，类似于 Java 的 Properties 类，二者都是把 Key-Value 的键值对保存在配置文件中。不同的是 Properties 的文件内容是 Key=Value 这样的形式，而 SharedPreferences 的存储介质是符合 XML 规范的配置文件。保存 SharedPreferences 键值对信息的文件路径是/data/data/应用包名/shared_prefs/文件名.xml。下面是一个共享参数的 XML 文件示例：

```
<?xml version='1.0' encoding='utf-8' standalone='yes' ?>
<map>
    <string name="name">Mr Lee</string>
    <int name="age" value="30" />
    <boolean name="married" value="true" />
    <float name="weight" value="100.0" />
```

```
</map>
```

基于 XML 格式的特点，SharedPreferences 主要适用于如下场合：

（1）简单且孤立的数据。若是复杂且相互间有关的数据，则要保存在数据库中。
（2）文本形式的数据。若是二进制数据，则要保存在文件中。
（3）需要持久化存储的数据。在 App 退出后再次启动时，之前保存的数据仍然有效。

实际开发中，共享参数经常存储的数据有 App 的个性化配置信息、用户使用 App 的行为信息、临时需要保存的片段信息等。

SharedPreferences 对数据的存储和读取操作类似于 Map，也有 put 函数用于存储数据、get 函数用于读取数据。在使用共享参数之前，要先调用 getSharedPreferences 函数声明文件名与操作模式，示例代码如下：

```
// 从 share.xml 中获取共享参数对象
SharedPreferences shared = getSharedPreferences("share", MODE_PRIVATE);
```

getSharedPreferences 方法的第一个参数是文件名，上面的 share 表示当前使用的共享参数文件名是 share.xml；第二个参数是操作模式，一般都填 MODE_PRIVATE，表示私有模式。

共享参数存储数据要借助于 Editor 类，示例代码如下：

```
SharedPreferences.Editor editor = shared.edit();  // 获得编辑器的对象
editor.putString("name", "Mr Lee");  // 添加一个名叫 name 的字符串参数
editor.putInt("age", 30);  // 添加一个名叫 age 的整型参数
editor.putBoolean("married", true);  // 添加一个名叫 married 的布尔型参数
editor.putFloat("weight", 100f);  // 添加一个名叫 weight 的浮点数参数
editor.commit();  // 提交编辑器中的修改
```

共享参数读取数据相对简单，直接使用对象即可完成数据读取方法的调用，注意 get 方法的第二个参数表示默认值，示例代码如下：

```
String name = shared.getString("name", "");  // 从共享参数中获得名叫 name 的字符串
int age = shared.getInt("age", 0);  // 从共享参数中获得名叫 age 的整型数
boolean married = shared.getBoolean("married", false);  // 从共享参数中获得名叫 married 的布尔数
float weight = shared.getFloat("weight", 0);  // 从共享参数中获得名叫 weight 的浮点数
```

下面通过页面录入信息演示 SharedPreferences 的存取过程，如图 4-1 所示。在页面上利用 EditText 录入用户注册信息，并保存到共享参数文件中。在另一个页面，App 从共享参数文件中读取用户注册信息，并将注册信息依次显示在页面中，如图 4-2 所示。

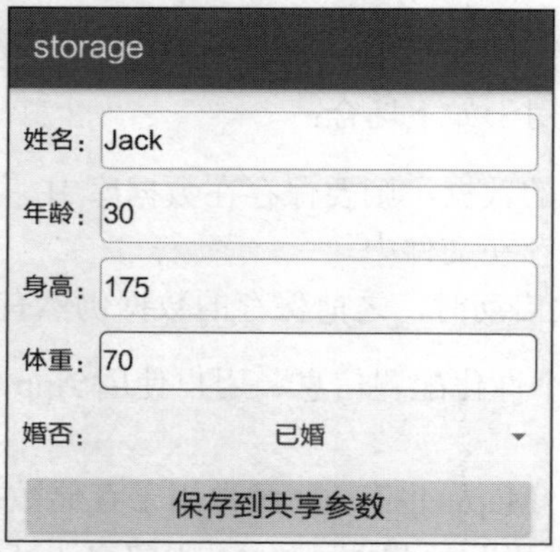

storage

姓名：Jack

年龄：30

身高：175

体重：70

婚否： 已婚

保存到共享参数

图 4-1 写入共享参数

storage

共享参数中保存的信息如下：
married的取值为true
age的取值为30
height的取值为175
name的取值为Jack
count的取值为3
first的取值为false
weight的取值为70.000000
update_time的取值为2018-05-23 16:24:25

图 4-2 从共享参数读取

4.1.2 实现记住密码功能

上一章的实战项目“登录 App”页面下方有一个“记住密码”复选框，当时只是为了演示控件的运用，并未真正记住密码。因为用户退出后重新进入登录页面，App 没有回忆起上次用户的登录密码。现在利用共享参数对该项目进行改造，使之实现记住密码的功能。

改造的内容主要有 3 处：

（1）声明一个 SharedPreferences 对象，并在 onCreate 函数中调用 getSharedPreferences 方法对该对象进行初始化操作。

（2）登录成功时，如果用户勾选了“记住密码”，就使用共享参数保存手机号码与密码。也就是在 loginSuccess 函数中增加如下代码：

```
// 如果勾选了“记住密码”，则把手机号码和密码都保存到共享参数中
if (bRemember) {
    SharedPreferences.Editor editor = mShared.edit();   // 获得编辑器的对象
    editor.putString("phone", et_phone.getText().toString());   // 添加名叫 phone 的手机号码
    editor.putString("password", et_password.getText().toString());   // 添加名叫 password 的密码
    editor.commit();   // 提交编辑器中的修改
}
```

（3）在打开登录页面时，App 从共享参数中读取手机号码与密码，并展示在界面上。也就是在 onCreate 函数中增加如下代码：

```
// 从 share.xml 中获取共享参数对象
mShared = getSharedPreferences("share_login", MODE_PRIVATE);
// 获取共享参数中保存的手机号码
String phone = mShared.getString("phone", "");
// 获取共享参数中保存的密码
String password = mShared.getString("password", "");
et_phone.setText(phone);   // 给手机号码编辑框填写上次保存的手机号
et_password.setText(password);   // 给密码编辑框填写上次保存的密码
```

修改完毕后，如果不出意料，只要用户上次登录成功时勾选“记住密码”，下次进入登录页面时 App 就会自动填写上次登录的手机号码与密码。具体的效果如图 4-3 和图 4-4 所示。其中，图 4-3 所示为用户首次登录成功，此时勾选了“记住密码”；图 4-4 所示为用户再次进入登录页面，因为上次登录成功时已经记住密码，所以这次页面会自动展示保存的登录信息。

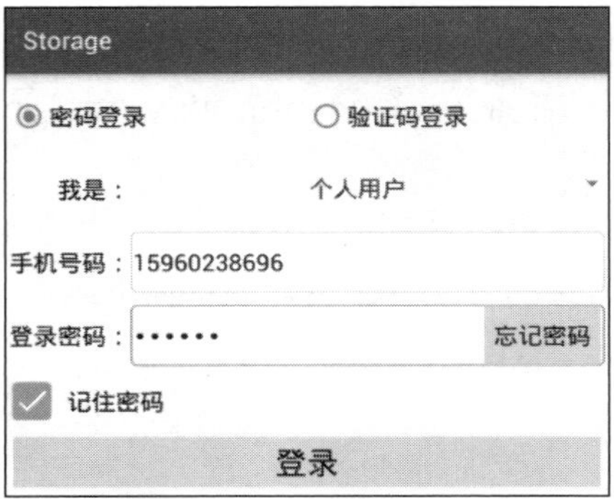

图 4-3　将登录信息保存到共享参数

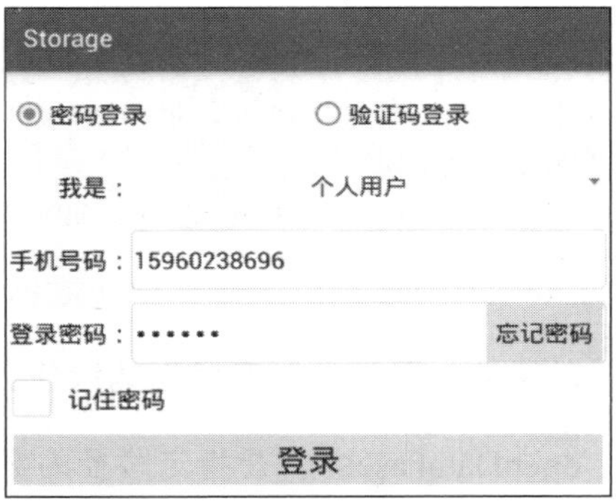

图 4-4　从共享参数读取登录信息

4.2　数据库 SQLite

本节介绍 Android 的数据库存储方式—— SQLite 的使用方法，包括如何建表和删表、变更表结构以及对表数据进行增加、删除、修改、查询等操作，然后通过 SQLite 结合“登录 App”项目改进记住密码功能。

4.2.1　SQLite 的基本用法

SQLite 是一个小巧的嵌入式数据库，使用方便、开发简单，手机上最早由 iOS 运用，后来 Android 也采用了 SQLite。SQLite 的多数 SQL 语法与 Oracle 一样，下面只列出不同的地方：

（1）建表时为避免重复操作，应加上 IF NOT EXISTS 关键词，例如 CREATE TABLE IF NOT EXISTS table_name。

（2）删表时为避免重复操作，应加上 IF EXISTS 关键词，例如 DROP TABLE IF EXISTS table_name。

（3）添加新列时使用 ALTER TABLE table_name ADD COLUMN ...，注意比 Oracle 多了一个 COLUMN 关键字。

（4）在 SQLite 中，ALTER 语句每次只能添加一列，如果要添加多列，就只能分多次添加。

（5）SQLite 支持整型 INTEGER、字符串 VARCHAR、浮点数 FLOAT，但不支持布尔类型。布尔类型数要使用整型保存，如果直接保存布尔数据，在入库时 SQLite 就会自动将其转为 0 或 1，0 表示 false，1 表示 true。

（6）SQLite 建表时需要一个唯一标识字段，字段名为_id。每建一张新表都要例行公事加上该字段定义，具体属性定义为_id INTEGER PRIMARY KEY AUTOINCREMENT NOT NULL。

（7）条件语句等号后面的字符串值要用单引号括起来，如果没用使用单引号括起来，在运行时就会报错。

SQLiteDatabase 是 SQLite 的数据库管理类，开发者可以在活动页面代码或任何能取到 Context 的地方获取数据库实例，参考代码如下：

```
// 创建名叫 test.db 的数据库。数据库如果不存在就创建它，如果存在就打开它
SQLiteDatabase db = openOrCreateDatabase(getFilesDir() + "/test.db", Context.MODE_PRIVATE, null);
// 删除名叫 test.db 数据库
// deleteDatabase(getFilesDir() + "/test.db");
```

SQLiteDatabase 提供了若干操作数据表的 API，常用的方法有 3 类，列举如下：

1. 管理类，用于数据库层面的操作。

- openDatabase：打开指定路径的数据库。
- isOpen：判断数据库是否已打开。
- close：关闭数据库。
- getVersion：获取数据库的版本号。
- setVersion：设置数据库的版本号。

2. 事务类，用于事务层面的操作。

- beginTransaction：开始事务。
- setTransactionSuccessful：设置事务的成功标志。
- endTransaction：结束事务。执行本方法时，系统会判断是否已执行 setTransactionSuccessful，如果之前已设置就提交，如果没有设置就回滚。

3. 数据处理类，用于数据表层面的操作。

- execSQL：执行拼接好的 SQL 控制语句。一般用于建表、删表、变更表结构。
- delete：删除符合条件的记录。
- update：更新符合条件的记录。
- insert：插入一条记录。
- query：执行查询操作，返回结果集的游标。
- rawQuery：执行拼接好的 SQL 查询语句，返回结果集的游标。

4.2.2 数据库帮助器 SQLiteOpenHelper

SQLiteDatabase 存在局限性，例如必须小心、不能重复地打开数据库，处理数据库的升级很不方便。Android 提供了一个辅助工具—— SQLiteOpenHelper，用于指导开发者进行 SQLite 的合理使用。

SQLiteOpenHelper 的具体使用步骤如下：

步骤 01 新建一个继承自 SQLiteOpenHelper 的数据库操作类，提示重写 onCreate 和 onUpgrade 两个方法。其中，onCreate 方法只在第一次打开数据库时执行，在此可进行表结构创建的操作；

onUpgrade 方法在数据库版本升高时执行，因此可以在 onUpgrade 函数内部根据新旧版本号进行表结构变更处理。

步骤 02 封装保证数据库安全的必要方法，包括获取单例对象、打开数据库连接、关闭数据库连接。

- 获取单例对象：确保 App 运行时数据库只被打开一次，避免重复打开引起错误。
- 打开数据库连接：SQLite 有锁机制，即读锁和写锁的处理；故而数据库连接也分两种，读连接可调用 SQLiteOpenHelper 的 getReadableDatabase 方法获得，写连接可调用 getWritableDatabase 获得。
- 关闭数据库连接：数据库操作完毕后，应当调用 SQLiteDatabase 对象的 close 方法关闭连接。

步骤 03 提供对表记录进行增加、删除、修改、查询的操作方法。

可被 SQLite 直接使用的数据结构是 ContentValues 类，类似于映射 Map，提供 put 和 get 方法用来存取键值对。区别之处在于 ContentValues 的键只能是字符串，查看 ContentValues 的源码会发现其内部保存键值对的数据结构就是 HashMap “private HashMap<String, Object> mValues;”。ContentValues 主要用于记录增加和更新操作，即 SQLiteDatabase 的 insert 和 update 方法。

对于查询操作来说，使用的是另一个游标类 Cursor。调用 SQLiteDatabase 的 query 和 rawQuery 方法时，返回的都是 Cursor 对象，因此获取查询结果要根据游标的指示一条一条遍历结果集合。Cursor 的常用方法可分为 3 类，说明如下：

1. 游标控制类方法，用于指定游标的状态。

- close：关闭游标。
- isClosed：判断游标是否关闭。
- isFirst：判断游标是否在开头。
- isLast：判断游标是否在末尾。

2. 游标移动类方法，把游标移动到指定位置。

- moveToFirst：移动游标到开头。
- moveToLast：移动游标到末尾。
- moveToNext：移动游标到下一条记录。
- moveToPrevious：移动游标到上一条记录。
- move：往后移动游标若干条记录。
- moveToPosition：移动游标到指定位置的记录。

3. 获取记录类方法，可获取记录的数量、类型以及取值。

- getCount：获取结果记录的数量。
- getInt：获取指定字段的整型值。
- getFloat：获取指定字段的浮点数值。

- getString：获取指定字段的字符串值。
- getType：获取指定字段的字段类型。

鉴于数据库操作的特殊性，不方便单独演示某个功能，接下来从创建数据库开始介绍，完整演示一下数据库的读写操作。如图 4-5 和图 4-6 所示，在页面上分别录入两个用户的注册信息并保存到 SQLite。从 SQLite 读取用户注册信息并展示在页面上，如图 4-7 所示。

图 4-5　第一条注册信息保存到数据库

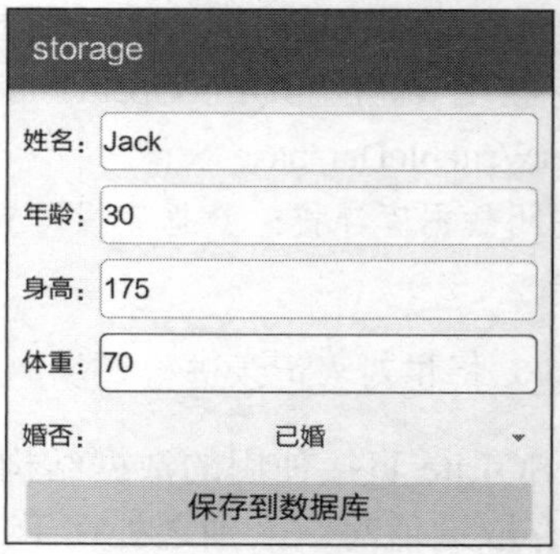

图 4-6　第二条注册信息保存到数据库

图 4-7　从 SQLite 中读取两条注册记录

下面是用户注册信息数据库的 SQLiteOpenHelper 操作类的完整代码：

```
public class UserDBHelper extends SQLiteOpenHelper {
    private static final String DB_NAME = "user.db";  // 数据库的名称
    private static final int DB_VERSION = 1;  // 数据库的版本号
    private static UserDBHelper mHelper = null;  // 数据库帮助器的实例
    private SQLiteDatabase mDB = null;  // 数据库的实例
    public static final String TABLE_NAME = "user_info";  // 表的名称

    private UserDBHelper(Context context) {
        super(context, DB_NAME, null, DB_VERSION);
    }
```

```
private UserDBHelper(Context context, int version) {
    super(context, DB_NAME, null, version);
}

// 利用单例模式获取数据库帮助器的唯一实例
public static UserDBHelper getInstance(Context context, int version) {
    if (version > 0 && mHelper == null) {
        mHelper = new UserDBHelper(context, version);
    } else if (mHelper == null) {
        mHelper = new UserDBHelper(context);
    }
    return mHelper;
}

// 打开数据库的读连接
public SQLiteDatabase openReadLink() {
    if (mDB == null || !mDB.isOpen()) {
        mDB = mHelper.getReadableDatabase();
    }
    return mDB;
}

// 打开数据库的写连接
public SQLiteDatabase openWriteLink() {
    if (mDB == null || !mDB.isOpen()) {
        mDB = mHelper.getWritableDatabase();
    }
    return mDB;
}

// 关闭数据库连接
public void closeLink() {
    if (mDB != null && mDB.isOpen()) {
        mDB.close();
        mDB = null;
    }
}

// 创建数据库，执行建表语句
public void onCreate(SQLiteDatabase db) {
    String drop_sql = "DROP TABLE IF EXISTS " + TABLE_NAME + ";";
    db.execSQL(drop_sql);
    String create_sql = "CREATE TABLE IF NOT EXISTS " + TABLE_NAME + " ("
```

```
            + "_id INTEGER PRIMARY KEY  AUTOINCREMENT NOT NULL,"
            + "name VARCHAR NOT NULL," + "age INTEGER NOT NULL,"
            + "height LONG NOT NULL," + "weight FLOAT NOT NULL,"
            + "married INTEGER NOT NULL," + "update_time VARCHAR NOT NULL"
            + ",phone VARCHAR" + ",password VARCHAR" + ");";
    db.execSQL(create_sql);
}

// 修改数据库，执行表结构变更语句
public void onUpgrade(SQLiteDatabase db, int oldVersion, int newVersion) {}

// 根据指定条件删除表记录
public int delete(String condition) {
    // 执行删除记录动作，该语句返回删除记录的数目
    return mDB.delete(TABLE_NAME, condition, null);
}

// 往该表添加多条记录
public long insert(ArrayList<UserInfo> infoArray) {
    long result = -1;
    for (int i = 0; i < infoArray.size(); i++) {
        UserInfo info = infoArray.get(i);
        ArrayList<UserInfo> tempArray = new ArrayList<UserInfo>();
        // 如果存在同样的手机号码，则更新记录
        // 注意条件语句的等号后面要用单引号括起来
        if (info.phone != null && info.phone.length() > 0) {
            String condition = String.format("phone='%s'", info.phone);
            tempArray = query(condition);
            if (tempArray.size() > 0) {
                update(info, condition);
                result = tempArray.get(0).rowid;
                continue;
            }
        }
        // 不存在唯一性重复的记录，则插入新记录
        ContentValues cv = new ContentValues();
        cv.put("name", info.name);
        cv.put("age", info.age);
        cv.put("height", info.height);
        cv.put("weight", info.weight);
        cv.put("married", info.married);
        cv.put("update_time", info.update_time);
        cv.put("phone", info.phone);
```

```
            cv.put("password", info.password);
            // 执行插入记录动作，该语句返回插入记录的行号
            result = mDB.insert(TABLE_NAME, "", cv);
            // 添加成功后返回行号，失败后返回-1
            if (result == -1) {
                return result;
            }
        }
        return result;
    }

    // 根据条件更新指定的表记录
    public int update(UserInfo info, String condition) {
        ContentValues cv = new ContentValues();
        cv.put("name", info.name);
        cv.put("age", info.age);
        cv.put("height", info.height);
        cv.put("weight", info.weight);
        cv.put("married", info.married);
        cv.put("update_time", info.update_time);
        cv.put("phone", info.phone);
        cv.put("password", info.password);
        // 执行更新记录动作，该语句返回记录更新的数目
        return mDB.update(TABLE_NAME, cv, condition, null);
    }

    // 根据指定条件查询记录，并返回结果数据队列
    public ArrayList<UserInfo> query(String condition) {
        String sql = String.format("select rowid,_id,name,age,height,weight,married,update_time," +
                "phone,password from %s where %s;", TABLE_NAME, condition);
        ArrayList<UserInfo> infoArray = new ArrayList<UserInfo>();
        // 执行记录查询动作，该语句返回结果集的游标
        Cursor cursor = mDB.rawQuery(sql, null);
        // 循环取出游标指向的每条记录
        while (cursor.moveToNext()) {
            UserInfo info = new UserInfo();
            info.rowid = cursor.getLong(0);  // 取出长整型数
            info.xuhao = cursor.getInt(1);  // 取出整型数
            info.name = cursor.getString(2);  // 取出字符串
            info.age = cursor.getInt(3);
            info.height = cursor.getLong(4);
            info.weight = cursor.getFloat(5);  // 取出浮点数
            //SQLite 没有布尔型，用 0 表示 false，用 1 表示 true
```

```
                info.married = (cursor.getInt(6) == 0) ? false : true;
                info.update_time = cursor.getString(7);
                info.phone = cursor.getString(8);
                info.password = cursor.getString(9);
                infoArray.add(info);
            }
            cursor.close(); // 查询完毕，关闭游标
            return infoArray;
        }

        // 根据手机号码查询指定记录
        public UserInfo queryByPhone(String phone) {
            UserInfo info = null;
            ArrayList<UserInfo> infoArray = query(String.format("phone='%s'", phone));
            if (infoArray.size() > 0) {
                info = infoArray.get(0);
            }
            return info;
        }
    }
```

4.2.3 优化记住密码功能

在“4.1.2 实现记住密码功能”中，我们利用共享参数实现了记住密码的功能，不过这个方法有局限，只能记住一个用户的登录信息，并且手机号码跟密码不存在从属关系，如果换个手机号码登录，前一个用户的登录信息就被覆盖了。真正意义上的记住密码功能是先输入手机号码，然后根据手机号匹配保存的密码，一个密码对应一个手机号码，从而实现具体手机号码的密码记忆功能。

现在运用 SQLite 技术分条存储不同用户的登录信息，并提供根据手机号码查找登录信息的方法，这样可以同时记住多个手机号码的密码。具体的改造主要有以下 3 点：

（1）声明一个 UserDBHelper 对象，然后在活动页面的 onResume 方法中打开数据库连接，在 onPasue 方法中关闭数据库连接，示例代码如下：

```
    private UserDBHelper mHelper; // 声明一个用户数据库帮助器对象

    @Override
    protected void onResume() {
        super.onResume();
        // 获得用户数据库帮助器的一个实例
        mHelper = UserDBHelper.getInstance(this, 2);
        // 恢复页面，则打开数据库连接
        mHelper.openWriteLink();
    }
```

```
    @Override
    protected void onPause() {
        super.onPause();
        // 暂停页面，则关闭数据库连接
        mHelper.closeLink();
    }
```

（2）登录成功时，如果用户勾选了“记住密码”，就使用数据库保存手机号码与密码在内的登录信息。也就是在 loginSuccess 函数中增加如下代码：

```
        // 如果勾选了“记住密码”，则把手机号码和密码保存为数据库的用户表记录
        if (bRemember) {
            // 创建一个用户信息实体类
            UserInfo info = new UserInfo();
            info.phone = et_phone.getText().toString();
            info.password = et_password.getText().toString();
            info.update_time = DateUtil.getNowDateTime("yyyy-MM-dd HH:mm:ss");
            // 往用户数据库添加登录成功的用户信息（包含手机号码、密码、登录时间）
            mHelper.insert(info);
        }
```

（3）再次打开登录页面，用户输入手机号完毕后点击密码输入框时，App 到数据库中根据手机号查找登录记录，并将记录结果中的密码填入密码框。

看到这里，读者也许已经想到给密码框注册点击事件，然后在 onClick 方法中补充数据库读取操作。可是 EditText 比较特殊，点击后只是让其获得焦点，再次点击才会触发点击事件。也就是说，要连续点击两次 EditText 才会处理点击事件。Android 有时就是这么调皮捣蛋，你让它往东，它偏偏往西。难不成叫用户将就一下点击两次？用户肯定觉得这个 App 古怪、难用，还是卸载好了……这里提供一个解决办法，先给密码框注册一个焦点变更监听器，比如下面这行代码：

```
        // 给密码编辑框注册一个焦点变化监听器，一旦焦点发生变化，就触发监听器的
onFocusChange 方法
        et_password.setOnFocusChangeListener(this);
```

这个焦点变更监听器要实现接口 OnFocusChangeListener，对应的事件处理方法是 onFocusChange，将数据库查询操作放在该方法中，详细代码示例如下：

```
    // 焦点变更事件的处理方法，hasFocus 表示当前控件是否获得焦点。
    // 为什么光标进入密码框事件不选 onClick？因为要点两下才会触发 onClick 动作（第一下是切换
焦点动作）
    @Override
    public void onFocusChange(View v, boolean hasFocus) {
        String phone = et_phone.getText().toString();
        // 判断是否是密码编辑框发生焦点变化
```

```
            if (v.getId() == R.id.et_password) {
                // 用户已输入手机号码，且密码框获得焦点
                if (phone.length() > 0 && hasFocus) {
                    // 根据手机号码到数据库中查询用户记录
                    UserInfo info = mHelper.queryByPhone(phone);
                    if (info != null) {
                        // 找到用户记录，则自动在密码框中填写该用户的密码
                        et_password.setText(info.password);
                    }
                }
            }
        }
```

这样，就不再需要点击两次才处理点击事件了。

代码写完后，再来看登录页面的效果图，用户上次登录成功时已勾选“记住密码”，现在再次进入登录页面，用户输入手机号后光标还停留在手机框，如图 4-8 所示。接着点击密码框，光标随之跳到密码框，这时密码框自动填入了该手机号对应的密码串，如图 4-9 所示。如此便真正实现了记住密码功能。

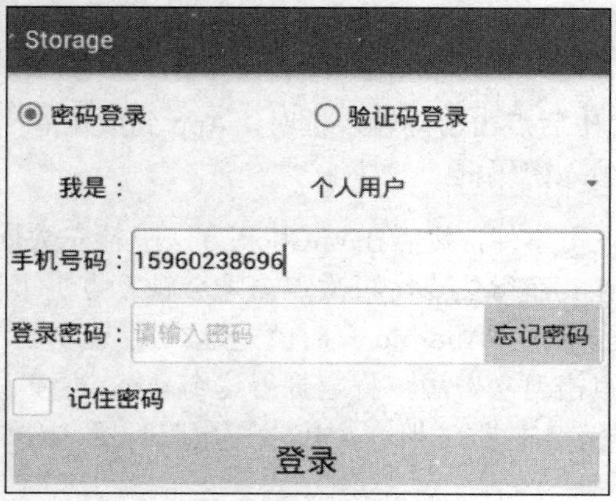

图 4-8 光标在手机号码框

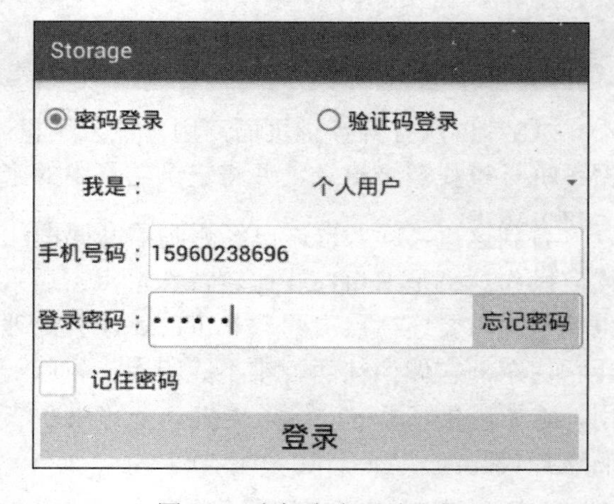

图 4-9 光标在密码输入框

4.3 SD 卡文件操作

本节介绍 Android 的文件存储方式—— SD 卡的用法，包括如何获取 SD 卡目录信息、公有存储空间与私有存储空间的区别、在 SD 卡上读写文本文件、在 SD 卡读写图片文件等功能。

4.3.1 SD 卡的基本操作

手机的存储空间一般分为两块，一块用于内部存储，另一块用于外部存储（SD 卡）。早期的 SD 卡是可插拔式的存储芯片，不过自己买的 SD 卡质量参差不齐，经常会影响 App 的正

常运行，所以后来越来越多的手机把 SD 卡固化到手机内部，虽然拔不出来，但是 Android 仍然称之为外部存储。

获取手机上的 SD 卡信息通过 Environment 类实现，该类是 App 获取各种目录信息的工具，主要方法有以下 7 种。

- getRootDirectory：获得系统根目录的路径。
- getDataDirectory：获得系统数据目录的路径。
- getDownloadCacheDirectory：获得下载缓存目录的路径。
- getExternalStorageDirectory：获得外部存储（SD 卡）的路径。
- getExternalStorageState：获得 SD 卡的状态。

SD 卡状态的具体取值说明见表 4-1。

表 4-1　SD 卡的存储状态取值说明

Environment 类的存储状态常量名	常量值	常量说明
MEDIA_UNKNOWN	unknown	未知
MEDIA_REMOVED	removed	已经移除
MEDIA_UNMOUNTED	unmounted	未挂载
MEDIA_CHECKING	checking	正在检查
MEDIA_NOFS	nofs	不支持的文件系统
MEDIA_MOUNTED	mounted	已经挂载，且是可读写状态
MEDIA_MOUNTED_READ_ONLY	mounted_ro	已经挂载，且是只读状态
MEDIA_SHARED	shared	当前未挂载，但通过 USB 共享
MEDIA_BAD_REMOVAL	bad_removal	未挂载就被移除
MEDIA_UNMOUNTABLE	unmountable	无法挂载
MEDIA_EJECTING	ejecting	正在弹出

- getStorageState：获得指定目录的状态。
- getExternalStoragePublicDirectory：获得 SD 卡指定类型目录的路径。

目录类型的具体取值说明见表 4-2。

表 4-2　SD 卡的目录类型取值说明

Environment 类的目录类型	常量值	常量说明
DIRECTORY_DCIM	DCIM	相片存放目录（包括相机拍摄的图片和视频）
DIRECTORY_DOCUMENTS	Documents	文档存放目录
DIRECTORY_DOWNLOADS	Download	下载文件存放目录
DIRECTORY_MOVIES	Movies	视频存放目录
DIRECTORY_MUSIC	Music	音乐存放目录
DIRECTORY_PICTURES	Pictures	图片存放目录

为正常操作 SD 卡，需要在 AndroidManifest.xml 中声明 SD 卡的权限，具体代码如下：

```
<!-- SD 卡读写权限 -->
<uses-permission android:name="android.permission.WRITE_EXTERNAL_STORAGE" />
<uses-permission android:name="android.permission.READ_EXTERNAL_STORAG" />
<uses-permission android:name="android.permission.MOUNT_UNMOUNT_FILESYSTEMS" />
```

下面演示一下 Environment 类各方法的使用效果，如图 4-10 所示。页面上展示了 Environment 类获取到的系统及 SD 卡的相关目录信息。

图 4-10　某设备上的 SD 卡目录信息

4.3.2　公有存储空间与私有存储空间

本来在 AndroidManifest.xml 里面配置了存储空间的权限，代码就能正常读写 SD 卡的文件。可是 Android 从 7.0 开始加强了 SD 卡的权限管理，即使 App 声明了完整的 SD 卡操作权限，系统仍然默认禁止该 App 访问外部存储。打开 7.0 系统的设置界面，进入到具体应用的管理页面，会发现应用的存储功能被关闭了（指外部存储），如图 4-11 所示。

图 4-11　系统设置页面里的 SD 卡读写权限开关

不过系统默认关闭存储其实只是关闭外部存储的公共空间，外部存储的私有空间依然可以正常读写。这是缘于 Android 把外部存储分成了两块区域，一块是所有应用均可访问的公共空间，另一块是只有应用自己才可访问的专享空间。之前讲过，内部存储保存着每个应用的安装目录，但是安装目录的空间是很紧张的，所以 Android 在 SD 卡的“Android/data”目录下给每个应用又单独建了一个文件目录，用于给应用保存自己需要处理的临时文件。这个给每个应用单独建立的文件目录，只有当前应用才能够读写文件，其他应用是不允许进行读写的，故而“Android/data”目录算是外部存储上的私有空间。这个私有空间本身已经做了访问权限控制，因此它不受系统禁止访问的影响，应用操作自己的文件目录就不成问题了。当然，因为私有的文件目录只有属主应用才能访问，所以一旦属主应用被用户卸载，那么对应的文件目录也会一起被清理掉。

既然外部存储分成了公共空间和私有空间两部分，这两部分空间的路径获取也就有所不同。获取公共空间的存储路径，调用的是 Environment.getExternalStoragePublicDirectory 方法；获取应用私有空间的存储路径，调用的是 getExternalFilesDir 方法。下面是分别获取两个空间路径的代码例子：

```
// 获取系统的公共存储路径
String publicPath = Environment.getExternalStoragePublicDirectory(
        Environment.DIRECTORY_DOWNLOADS).toString();
// 获取当前 App 的私有存储路径
String privatePath = getExternalFilesDir(Environment.DIRECTORY_DOWNLOADS).toString();
TextView tv_file_path = findViewById(R.id.tv_file_path);
String desc = "系统的公共存储路径位于" + publicPath +
        "\n\n 当前 App 的私有存储路径位于" + privatePath +
        "\n\nAndroid7.0 之后默认禁止访问公共存储目录";
tv_file_path.setText(desc);
```

该例子运行之后获得的路径信息如图 4-12 所示，可见应用的私有空间路径位于“外部存储根目录/Android/data/应用包名/files/Download”这个目录之下。

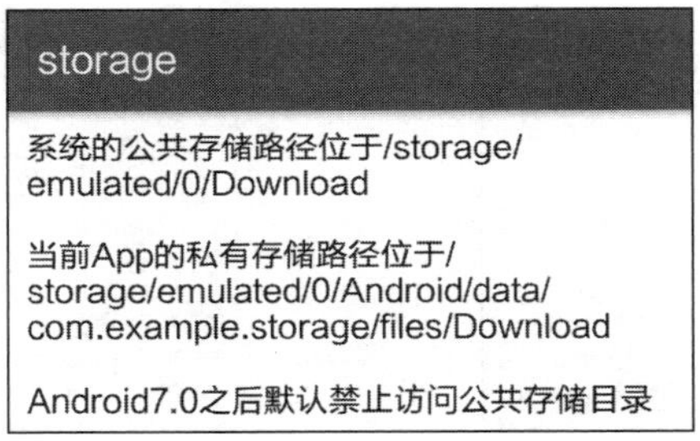

storage

系统的公共存储路径位于/storage/emulated/0/Download

当前App的私有存储路径位于/storage/emulated/0/Android/data/com.example.storage/files/Download

Android7.0之后默认禁止访问公共存储目录

图 4-12　公共存储与私有存储的各自目录路径

4.3.3　文本文件读写

文本文件的读写一般借助于 FileOutputStream 和 FileInputStream。其中，FileOutputStream 用于写文件，FileInputStream 用于读文件。文件输出输入流是 Java 语言的基础工具，这里不再赘述，直接给出具体的实现代码：

```
// 把字符串保存到指定路径的文本文件
public static void saveText(String path, String txt) {
    try {
        FileOutputStream fos = new FileOutputStream(path);  // 根据路径构建文件输出流对象
        fos.write(txt.getBytes());  // 把字符串写入文件输出流
        fos.close();  // 关闭文件输出流
    } catch (Exception e) {
        e.printStackTrace();
    }
```

```
    }

    // 从指定路径的文本文件中读取内容字符串
    public static String openText(String path) {
        String readStr = "";
        try {
            FileInputStream fis = new FileInputStream(path);   // 根据路径构建文件输入流对象
            byte[] b = new byte[fis.available()];
            fis.read(b);   // 从文件输入流读取字节数组
            readStr = new String(b);   // 把字节数组转换为字符串
            fis.close();   // 关闭文件输入流
        } catch (Exception e) {
            e.printStackTrace();
        }
        return readStr;   // 返回文本文件中的文本字符串
    }
```

文本文件的读写效果如图 4-13 所示，此时 App 把注册信息保存到 SD 卡的文本文件中。接着进入文件列表读取页面，选中某个文件，页面就展示该文件的文本内容，如图 4-14 所示。

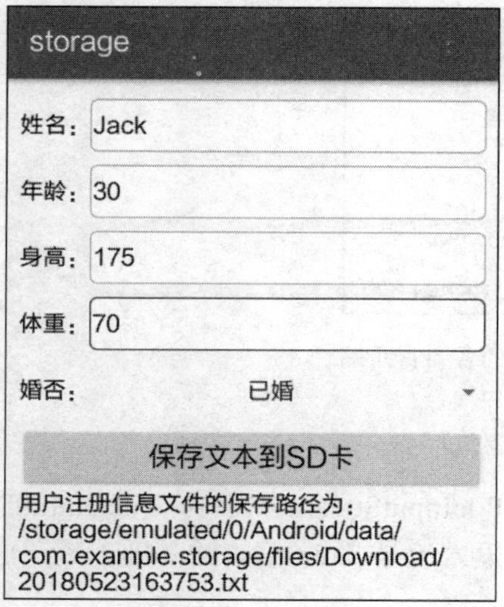

图 4-13　将注册信息保存到文本文件

图 4-14　从文本文件读取注册信息

4.3.4　图片文件读写

Android 的图片处理类是 Bitmap，App 读写 Bitmap 可以使用 FileOutputStream 和 FileInputStream。不过在实际开发中，读写图片文件一般用性能更好的 BufferedOutputStream 和 BufferedInputStream。

保存图片文件时用到 Bitmap 的 compress 方法，可指定图片类型和压缩质量；打开图片文件时使用 BitmapFactory 的 decodeStream 方法。读写图片的具体代码如下：

```
// 把位图数据保存到指定路径的图片文件
public static void saveImage(String path, Bitmap bitmap) {
    try {
        // 根据指定文件路径构建缓存输出流对象
        BufferedOutputStream bos = new BufferedOutputStream(new FileOutputStream(path));
        // 把位图数据压缩到缓存输出流中
        bitmap.compress(Bitmap.CompressFormat.JPEG, 80, bos);
        // 完成缓存输出流的写入动作
        bos.flush();
        // 关闭缓存输出流
        bos.close();
    } catch (Exception e) {
        e.printStackTrace();
    }
}

// 从指定路径的图片文件中读取位图数据
public static Bitmap openImage(String path) {
    Bitmap bitmap = null;
    try {
        // 根据指定文件路径构建缓存输入流对象
        BufferedInputStream bis = new BufferedInputStream(new FileInputStream(path));
        // 从缓存输入流中解码位图数据
        bitmap = BitmapFactory.decodeStream(bis);
        bis.close();  // 关闭缓存输入流
    } catch (Exception e) {
        e.printStackTrace();
    }
    // 返回图片文件中的位图数据
    return bitmap;
}
```

接下来是演示时间，如图 4-15 所示，用户在注册页面录入注册信息，App 调用 getDrawingCache 方法把整个注册界面截图并保存到 SD 卡；然后在另一个页面的图片列表选择 SD 卡上的指定图片文件，页面就会展示上次保存的注册界面图片，如图 4-16 所示。

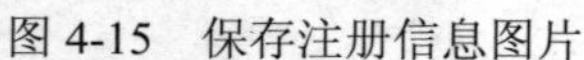
图 4-15 保存注册信息图片

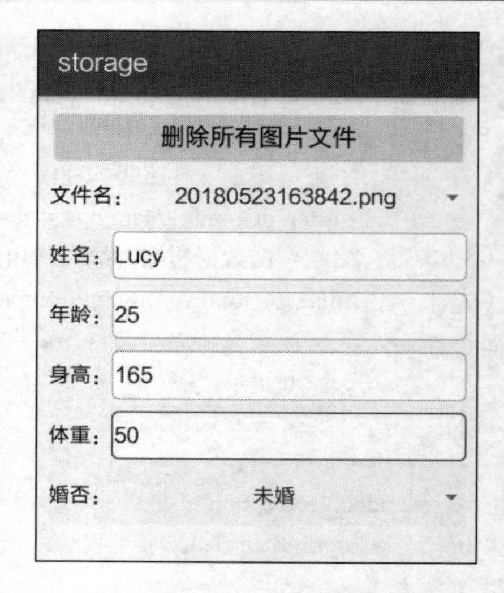

图 4-16 读取注册信息图片

刚才从 SD 卡读取图片文件用到了 BitmapFactory 的 decodeStream 方法，其实 BitmapFactory 还提供了其他方法，用起来更简单、方便，说明如下：

- decodeFile：该方法直接传文件路径的字符串，即可将指定路径的图片读取到 Bitmap 对象。
- decodeResource：该方法可从资源文件中读取图片信息。第一个参数一般传 getResources()，第二个参数传 drawable 图片的资源 id，如 R.drawable.phone。

4.4 应用 Application 基础

本节介绍 Android 重要组件 Application 的基本概念和常见用法。首先说明 Application 的生命周期，接着利用 Application 的持久特性实现 App 内部全局内存中的数据保存和获取。

4.4.1 Application 的生命周期

Application 是 Android 的一大组件，在 App 运行过程中有且仅有一个 Application 对象贯穿整个生命周期。打开 AndroidManifest.xml 时会发现 activity 节点的上级正是 application 节点，只是默认的 application 节点没有指定 name 属性，不像 activity 节点默认指定 name 属性值为.MainActivity，让人知晓这个 activity 的入口代码是 MainActivity.java。现在试试给 application 节点加上 name 属性，看看其庐山真面目。

（1）打开 AndroidManifest.xml，给 application 节点加上 name 属性，表示 application 的入口代码是 MainApplication.java。

```
android:name=".MainApplication"
```

（2）创建 MainApplication 类，该类继承自 Application，可以重写的方法主要有以下 4 个。

- onCreate：在 App 启动时调用。
- onTerminate：在 App 退出时调用（按字面意思）。
- onLowMemory：在低内存时调用。
- onConfigurationChanged：在配置改变时调用，例如从竖屏变为横屏。

（3）运行 App，同时开启日志的打印。但是只在一开始看到 MainApplication 的 onCreate 操作（先于 Activity 的 onCreate），却始终无法看到它的 onTerminate 操作，无论是自行退出还是强行杀死 App 的进程，日志都不会打印 onTerminate。

无论你怎么折腾，这个 onTerminate 都不会出来。Android 明明提供了这个函数，同时提供了关于该函数的解释，说明文字如下：This method is for use in emulated process environments. It will never be called on a production Android device, where processes are removed by simply killing them; no user code (including this callback) is executed when doing so。这段话的意思是该方法是供模拟环境用的，在真机上永远不会被调用，无论是直接杀进程还是代码退出。

现在很明确了，onTerminate 方法就是个摆设，中看不中用。如果读者想在 App 退出前做资源回收操作，那么千万不要放在 onTerminate 方法中。

4.4.2　利用 Application 操作全局变量

C/C++有全局变量，因为全局变量保存在内存中，所以操作全局变量就是操作内存，内存的读写速度远比读写数据库或读写文件快得多。全局的意思是其他代码都可以引用该变量，因此全局变量是共享数据和消息传递的好帮手。不过，Java 没有全局变量的概念。与之比较接近的是类里面的静态成员变量，该变量可被外部直接引用，并且在不同地方引用的值是一样的（前提是在引用期间不能修改该变量的值），所以可以借助静态成员变量实现类似全局变量的功能。

前面花费很大功夫介绍 Application 的生命周期，目的是说明其生命周期覆盖 App 运行的全过程。不像短暂的 Activity 生命周期，只要进入别的页面，原页面就被停止或销毁。因此，通过利用 Application 的持久存在性可以在 Application 对象中保存全局变量。

适合在 Application 中保存的全局变量主要有下面 3 类数据：

（1）会频繁读取的信息，如用户名、手机号等。

（2）从网络上获取的临时数据，为节约流量、减少用户等待时间，想暂时放在内存中供下次使用，如 logo、商品图片等。

（3）容易因频繁分配内存而导致内存泄漏的对象，如 Handler 对象等。

要想通过 Application 实现全局内存的读写，得完成以下 3 项工作：

（1）写一个继承自 Application 的类 MainApplication。该类要采用单例模式，内部声明自身类的一个静态成员对象，在创建 App 时把自身赋值给这个静态对象，然后提供该静态对象的获取方法 getInstance。

（2）在 Activity 中调用 MainApplication 的 getInstance 方法，获得 MainApplication 的一个静态对象，通过该对象访问 MainApplication 的公共变量和公共方法。

（3）不要忘了在 AndroidManifest.xml 中注册新定义的 Application 类名，即在 application

节点中增加 android:name 属性，值为.MainApplication。

下面继续演示全局内存的读写效果，如图 4-17 所示。App 把注册信息保存到 MainApplication 的全局变量中，然后在另一个页面从 MainApplication 的全局变量中读取保存好的注册信息，如图 4-18 所示。

storage

姓名：小明

年龄：18

身高：170

体重：60

婚否： 未婚

保存到全局内存

图 4-17 注册信息保存到全局内存

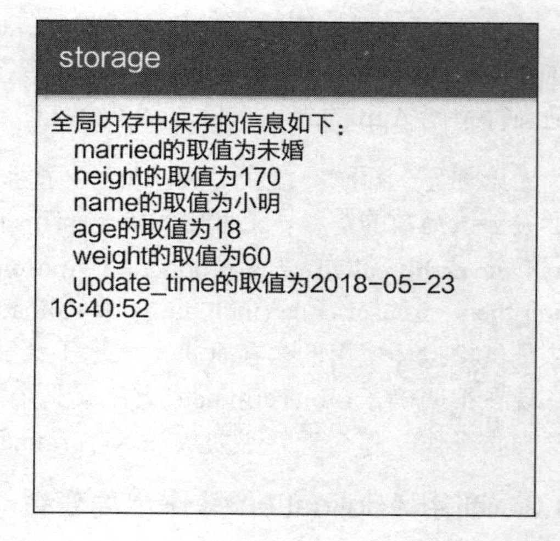

图 4-18 从全局内存读取注册信息

下面是自定义 MainApplicaton 类的代码框架：

```
public class MainApplication extends Application {

    // 声明一个当前应用的静态实例
    private static MainApplication mApp;
    // 声明一个公共的信息映射，可当作全局变量使用
    public HashMap<String, String> mInfoMap = new HashMap<String, String>();

    // 利用单例模式获取当前应用的唯一实例
    public static MainApplication getInstance() {
        return mApp;
    }

    @Override
    public void onCreate() {
        super.onCreate();
        // 在打开应用时对静态的应用实例赋值
        mApp = this;
    }
}
```

完成以上编码后，Activity 页面代码即可直接通过 MainApplication.getInstance().mInfoMap 对全局变量进行增、删、改、查操作。

4.5　内容提供与处理

本节介绍 Android 四大组件之一的 ContentProvider 的基本概念和常见用法。首先说明如何使用内容提供器封装数据的外部访问接口；接着阐述如何通过内容解析器在外部查询和修改数据，以及使用内容操作器完成批量数据操作；然后说明内容观察器的应用场合，并演示如何借助内容观察器实现流量校准的功能。

4.5.1　内容提供器 ContentProvider

Android 号称提供了 4 大组件，分别是页面 Activity、广播 Broadcast、服务 Service 和内容提供器 ContentProvider。其中内容提供器是跟数据存取有关的组件，完整的内容组件由内容提供器 ContentProvider、内容解析器 ContentResolver、内容观察器 ContentObserver 这三部分组成。

ContentProvider 为 App 存取内部数据提供统一的外部接口，让不同的应用之间得以共享数据。像我们熟知的 SQLite 操作的是应用自身的内部数据库；文件的上传和下载操作的是后端服务器的文件；而 ContentProvider 操作的是本设备其他应用的内部数据，是一种中间层次的数据存储形式。

在实际编码中，ContentProvider 只是一个服务端的数据存取接口，开发者需要在其基础上实现一个具体类，并重写以下相关数据库管理方法。

- onCreate：创建数据库并获得数据库连接。
- query：查询数据。
- insert：插入数据。
- update：更新数据。
- delete：删除数据。
- getType：获取数据类型。

这些方法看起来是不是很像 SQLite？没错，ContentProvider 作为中间接口，本身并不直接保存数据，而是通过 SQLiteOpenHelper 与 SQLiteDatabase 间接操作底层的 SQLite。所以要想使用 ContentProvider，首先得实现 SQLite 的数据表帮助类，然后由 ContentProvider 封装对外的接口。

下面是使用 ContentProvider 提供用户信息对外接口的代码：

```
public class UserInfoProvider extends ContentProvider {
    private UserDBHelper userDB;   // 声明一个用户数据库的帮助器对象
    public static final int USER_INFO = 1;   // Uri 匹配时的代号
    public static final UriMatcher uriMatcher = new UriMatcher(UriMatcher.NO_MATCH);
    static {   // 往 Uri 匹配器中添加指定的数据路径
        uriMatcher.addURI(UserInfoContent.AUTHORITIES, "/user", USER_INFO);
```

```
    }

    // 根据指定条件删除数据
    public int delete(Uri uri, String selection, String[] selectionArgs) {
        int count = 0;
        if (uriMatcher.match(uri) == USER_INFO) {
            // 获取 SQLite 数据库的写连接
            SQLiteDatabase db = userDB.getWritableDatabase();
            // 执行 SQLite 的删除操作，返回删除记录的数目
            count = db.delete(UserInfoContent.TABLE_NAME, selection, selectionArgs);
            db.close();  // 关闭 SQLite 数据库连接
        }
        return count;
    }

    // 插入数据
    public Uri insert(Uri uri, ContentValues values) {
        Uri newUri = uri;
        if (uriMatcher.match(uri) == USER_INFO) {
            // 获取 SQLite 数据库的写连接
            SQLiteDatabase db = userDB.getWritableDatabase();
            // 向指定的表插入数据，返回记录的行号
            long rowId = db.insert(UserInfoContent.TABLE_NAME, null, values);
            if (rowId > 0) {  // 判断插入是否执行成功
                // 如果添加成功，利用新记录的行号生成新的地址
                newUri = ContentUris.withAppendedId(UserInfoContent.CONTENT_URI, rowId);
                // 通知监听器，数据已经改变
                getContext().getContentResolver().notifyChange(newUri, null);
            }
            db.close();  // 关闭 SQLite 数据库连接
        }
        return uri;
    }

    // 创建 ContentProvider 时调用，可在此获取具体的数据库帮助器实例
    public boolean onCreate() {
        userDB = UserDBHelper.getInstance(getContext(), 1);
        return false;
    }

    // 根据指定条件查询数据库
    public Cursor query(Uri uri, String[] projection, String selection,
                        String[] selectionArgs, String sortOrder) {
```

```
        Cursor cursor = null;
        if (uriMatcher.match(uri) == USER_INFO) {
            // 获取 SQLite 数据库的读连接
            SQLiteDatabase db = userDB.getReadableDatabase();
            // 执行 SQLite 的查询操作
            cursor = db.query(UserInfoContent.TABLE_NAME,
                    projection, selection, selectionArgs, null, null, sortOrder);
            // 设置内容解析器的监听
            cursor.setNotificationUri(getContext().getContentResolver(), uri);
        }
        return cursor;
    }

    // 获取 Uri 数据的访问类型，暂未实现
    public String getType(Uri uri) {}

    // 更新数据，暂未实现
    public int update(Uri uri, ContentValues values, String selection, String[] selectionArgs) {}
}
```

既然内容提供器是四大组件之一，就得在 AndroidManifest.xml 中注册它的定义，并开放外部访问权限，注册代码如下：

```
        <provider
            android:name=".provider.UserInfoProvider"
            android:authorities="com.example.storage.provider.UserInfoProvider"
            android:enabled="true"
            android:exported="true" />
```

注册完毕后就完成了服务端 App 的封装工作，接下来可由其他 App 进行数据存取。

4.5.2　内容解析器 ContentResolver

前面提到了利用 ContentProvider 实现服务端 App 的数据封装，如果客户端 App 想访问对方的内部数据，就要通过内容解析器 ContentResolver 访问。内容解析器是客户端 App 操作服务端数据的工具，相对应的内容提供器是服务端的数据接口。要获取 ContentResolver 对象，在 Activity 代码中调用 getContentResolver 方法即可。

ContentResolver 提供的方法与 ContentProvider 是一一对应的，比如 query、insert、update、delete、getType 等方法，连方法的参数类型都一模一样。其中，最常用的是 query 函数，调用该函数返回一个游标 Cursor 对象，这个游标与 SQLite 的游标是一样的，想必读者早已用得炉火纯青。

下面是 query 方法的具体参数说明（依顺序排列）。

- uri：Uri 类型，可以理解为本次操作的数据表路径。

- projection：字符串数组类型，指定将要查询的字段名称列表。
- selection：字符串类型，指定查询条件。
- selectionArgs：字符串数组类型，指定查询条件中的参数取值列表。
- sortOrder：字符串类型，指定排序条件。

针对前面 UserInfoProvider 提供的数据接口，下面使用 ContentResolver 在客户端添加用户信息，代码如下：

```
// 添加一条用户记录
private void addUser(ContentResolver resolver, UserInfo user) {
    ContentValues name = new ContentValues();
    name.put("name", user.name);
    name.put("age", user.age);
    name.put("height", user.height);
    name.put("weight", user.weight);
    name.put("married", false);
    name.put("update_time", DateUtil.getNowDateTime(""));
    // 通过内容解析器往指定 Uri 中添加用户信息
    resolver.insert(UserInfoContent.CONTENT_URI, name);
}
```

下面是使用 ContentResolver 在客户端查询所有用户信息的代码：

```
// 读取所有的用户记录
private String readAllUser(ContentResolver resolver) {
    ArrayList<UserInfo> userArray = new ArrayList<UserInfo>();
    // 通过内容解析器从指定 Uri 中获取用户记录的游标
    Cursor cursor = resolver.query(UserInfoContent.CONTENT_URI, null, null, null, null);
    // 循环取出游标指向的每条用户记录
    while (cursor.moveToNext()) {
        UserInfo user = new UserInfo();
        user.name = cursor.getString(cursor.getColumnIndex(UserInfoContent.USER_NAME));
        user.age = cursor.getInt(cursor.getColumnIndex(UserInfoContent.USER_AGE));
        user.height = cursor.getInt(cursor.getColumnIndex(UserInfoContent.USER_HEIGHT));
        user.weight = cursor.getFloat(cursor.getColumnIndex(UserInfoContent.USER_WEIGHT));
        userArray.add(user);  // 添加到用户信息队列
    }
    cursor.close();  // 关闭数据库游标
    String result = "";
    for (UserInfo user : userArray) {
        // 遍历用户信息队列，逐个拼接到结果字符串
        result = String.format("%s%s  年龄%d   身高%d   体重%f\n", result,
                user.name, user.age, user.height, user.weight);
    }
    return result;
```

```
    }
```

添加用户信息的效果如图 4-19 所示，一开始服务端的用户表不存在用户记录，客户端使用 ContentResolver 添加一条记录后，服务端的用户记录数返回 1。用户信息的查询明细如图 4-20 所示，点击页面上的用户记录数量文字，弹出一个对话框，提示当前找到的所有用户的明细数据，包括姓名、年龄、身高、体重等信息。

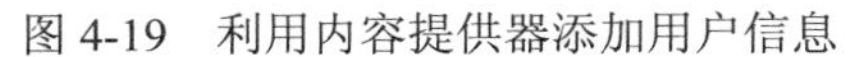

图 4-19 利用内容提供器添加用户信息

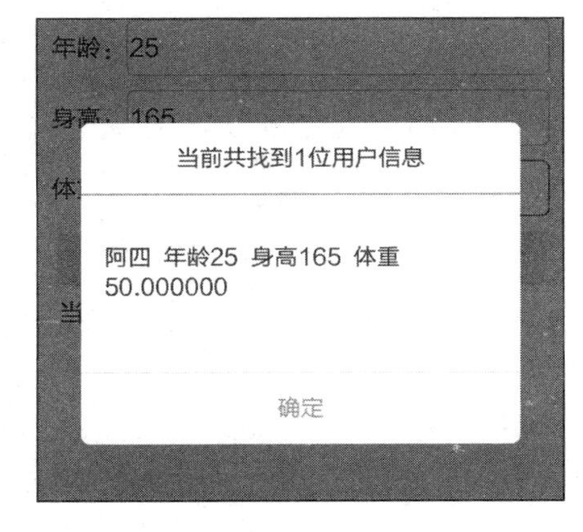

图 4-20 利用内容解析器查询获得用户信息

在实际开发中，普通 App 很少会开放数据接口给其他应用访问，作为服务端接口的 ContentProvider 基本用不到。内容组件能够派上用场的情况往往是 App 想要访问系统应用的通信数据，比如查看联系人、短信、通话记录，以及对这些通信信息进行增、删、改、查。

下面是使用 ContentResolver 添加联系人信息的代码片段，此时访问的数据来源变成了系统自带的 raw_contacts：

```
// 往手机中添加一个联系人信息（包括姓名、电话号码、电子邮箱）
public static void addContacts(ContentResolver resolver, Contact contact) {
    // 构建一个指向系统联系人提供器的 Uri 对象
    Uri raw_uri = Uri.parse("content://com.android.contacts/raw_contacts");
    // 创建新的配对
    ContentValues values = new ContentValues();
    // 往 raw_contacts 中添加联系人记录，并获取添加后的联系人编号
    long contactId = ContentUris.parseId(resolver.insert(raw_uri, values));
    // 构建一个指向系统联系人数据的 Uri 对象
    Uri uri = Uri.parse("content://com.android.contacts/data");
    // 创建新的配对
    ContentValues name = new ContentValues();
    // 往配对中添加联系人编号
    name.put("raw_contact_id", contactId);
    // 往配对中添加数据类型为“姓名”
    name.put("mimetype", "vnd.android.cursor.item/name");
    // 往配对中添加联系人的姓名
    name.put("data2", contact.name);
```

```
        // 往 data 中添加联系人的姓名
        resolver.insert(uri, name);
        // 创建新的配对
        ContentValues phone = new ContentValues();
        // 往配对中添加联系人编号
        phone.put("raw_contact_id", contactId);
        // 往配对中添加数据类型为“电话号码”
        phone.put("mimetype", "vnd.android.cursor.item/phone_v2");
        phone.put("data2", "2");
        // 往配对中添加联系人的电话号码
        phone.put("data1", contact.phone);
        // 往 data 中添加联系人的电话号码
        resolver.insert(uri, phone);
        // 创建新的配对
        ContentValues email = new ContentValues();
        // 往配对中添加联系人编号
        email.put("raw_contact_id", contactId);
        // 往配对中添加数据类型为“电子邮箱”
        email.put("mimetype", "vnd.android.cursor.item/email_v2");
        email.put("data2", "2");
        // 往配对中添加联系人的电子邮箱
        email.put("data1", contact.email);
        // 往 data 中添加联系人的电子邮箱
        resolver.insert(uri, email);
    }
```

注意上述代码用了 4 条 insert 语句，但业务上只添加了一个联系人信息。这样处理有一个问题，就是 4 个 insert 操作不在同一个事务中，要是中间某步 insert 操作失败，那么之前插入成功的记录就无法自动回滚，从而产生垃圾数据。

为了避免这种情况的发生，Android 提供了内容操作器 ContentProviderOperation 进行批量数据的处理，即在一个请求中封装多条记录的修改动作，然后一次性提交给服务端，从而实现在一个事务中完成多条数据的更新操作。即使某条记录处理失败，ContentProviderOperation 也能根据事务一致性原则自动回滚本事务已经执行的修改操作。

下面是使用 ContentProviderOperation 批量添加联系人信息的代码片段：

```
    // 往手机中一次性添加一个联系人信息（包括主记录、姓名、电话号码、电子邮箱）
    public static void addFullContacts(ContentResolver resolver, Contact contact) {
        // 构建一个指向系统联系人提供器的 Uri 对象
        Uri raw_uri = Uri.parse("content://com.android.contacts/raw_contacts");
        // 构建一个指向系统联系人数据的 Uri 对象
        Uri uri = Uri.parse("content://com.android.contacts/data");
        // 创建一个插入联系人主记录的内容操作器
        ContentProviderOperation op_main = ContentProviderOperation
```

```
                .newInsert(raw_uri).withValue("account_name", null).build();
        // 创建一个插入联系人姓名记录的内容操作器
        ContentProviderOperation op_name = ContentProviderOperation
                .newInsert(uri).withValueBackReference("raw_contact_id", 0)
                .withValue("mimetype", "vnd.android.cursor.item/name")
                .withValue("data2", contact.name).build();
        // 创建一个插入联系人电话号码记录的内容操作器
        ContentProviderOperation op_phone = ContentProviderOperation
                .newInsert(uri).withValueBackReference("raw_contact_id", 0)
                .withValue("mimetype", "vnd.android.cursor.item/phone_v2")
                .withValue("data2", "2").withValue("data1", contact.phone).build();
        // 创建一个插入联系人电子邮箱记录的内容操作器
        ContentProviderOperation op_email = ContentProviderOperation
                .newInsert(uri).withValueBackReference("raw_contact_id", 0)
                .withValue("mimetype", "vnd.android.cursor.item/email_v2")
                .withValue("data2", "2").withValue("data1", contact.email).build();
        // 声明一个内容操作器的队列，并将上面四个操作器添加到该队列中
        ArrayList<ContentProviderOperation> operations = new ArrayList<ContentProviderOperation>();
        operations.add(op_main);
        operations.add(op_name);
        operations.add(op_phone);
        operations.add(op_email);
        try {
            // 批量提交四个内容操作器所做的修改
            resolver.applyBatch("com.android.contacts", operations);
        } catch (Exception e) {
            e.printStackTrace();
        }
    }
```

添加联系人信息的效果如图 4-21 和图 4-22 所示。其中，图 4-21 所示为添加之前的截图，此时联系人个数为 157 位；图 4-22 所示为添加成功之后的截图，此时联系人个数为 158 位。

图 4-21　联系人添加之前的界面

图 4-22　联系人添加之后的界面

4.5.3 内容观察器 ContentObserver

ContentResolver 获取数据采用的是主动查询方式，有查询就有数据，没查询就没数据。有时我们不但要获取以往的数据，还要实时获取新增的数据，最常见的业务场景是短信验证码。电商 App 经常在用户注册或付款时发送验证码短信，为了给用户省事，App 通常会监控手机刚收到的验证码数字，并自动填入验证码输入框。这时就用到了内容观察器 ContentObserver，给目标内容注册一个观察器，目标内容的数据一旦发生变化，观察器规定好的动作马上触发，从而执行开发者预先定义的代码。

内容观察器的用法与内容提供器类似，也要从 ContentObserver 派生一个观察器类，然后通过 ContentResolver 对象调用相应的方法注册或注销观察器。下面是 ContentResolver 与观察器有关的方法说明。

- registerContentObserver：注册内容观察器。
- unregisterContentObserver：注销内容观察器。
- notifyChange：通知内容观察器发生了数据变化。

为了让读者更好理解，下面举一个实际应用的例子。手机号码的每月流量限额一般由用户手动配置，但流量限额其实是由移动运营商指定的。以中国移动为例，只要发送流量校准短信给运营商客服号码（如发送 18 到 10086），运营商就会给用户发送本月的流量数据，包括月流量额度、已使用流量、未使用流量等信息。手机 App 只需监控 10086 发送的短信内容，即可自动获取手机号码的月流量额度，无须用户手工配置。

下面是利用 ContentObserver 实现流量校准的代码片段：

```
private Handler mHandler = new Handler();  // 声明一个处理器对象
private SmsGetObserver mObserver;  // 声明一个短信获取的观察器对象
private static Uri mSmsUri;  // 声明一个系统短信提供器的 Uri 对象
private static String[] mSmsColumn;  // 声明一个短信记录的字段数组

// 初始化短信观察器
private void initSmsObserver() {
    mSmsUri = Uri.parse("content://sms");
    mSmsColumn = new String[]{"address", "body", "date"};
    // 创建一个短信观察器对象
    mObserver = new SmsGetObserver(this, mHandler);
    // 给指定 Uri 注册内容观察器，一旦 Uri 内部发生数据变化，就触发观察器的 onChange 方法
    getContentResolver().registerContentObserver(mSmsUri, true, mObserver);
}

// 在页面销毁时触发
protected void onDestroy() {
    // 注销内容观察器
    getContentResolver().unregisterContentObserver(mObserver);
    super.onDestroy();
```

```
    }

    // 定义一个短信获取的观察器
    private static class SmsGetObserver extends ContentObserver {
        private Context mContext;  // 声明一个上下文对象
        public SmsGetObserver(Context context, Handler handler) {
            super(handler);
            mContext = context;
        }

        // 观察到短信的内容提供器发生变化时触发
        public void onChange(boolean selfChange) {
            String sender = "", content = "";
            // 构建一个查询短信的条件语句，这里使用移动号码测试，故而查找 10086 发来的短信
            String selection = String.format("address='10086' and date>%d", System.currentTimeMillis() -
1000 * 60 * 60);
            // 通过内容解析器获取符合条件的结果集游标
            Cursor cursor = mContext.getContentResolver().query(
                    mSmsUri, mSmsColumn, selection, null, " date desc");
            // 循环取出游标所指向的所有短信记录
            while (cursor.moveToNext()) {
                sender = cursor.getString(0);
                content = cursor.getString(1);
                break;
            }
            cursor.close();  // 关闭数据库游标
            mCheckResult = String.format("发送号码：%s\n 短信内容：%s", sender, content);
            // 依次解析流量校准短信里面的各项流量数值，并拼接流量校准的结果字符串
            String flow = String.format("流量校准结果如下：\n\t 总流量为：%s\n\t 已使用：%s" +
                    "\n\t 剩余：%s", findFlow(content, "总流量为", "MB"),
                    findFlow(content, "已使用", "MB"), findFlow(content, "剩余", "MB"));
            if (tv_check_flow != null) {  // 离开该页面时就不再显示流量信息
                // 把流量校准结果显示到文本视图 tv_check_flow 上面
                tv_check_flow.setText(flow);
            }
            super.onChange(selfChange);
        }
    }

    // 解析流量校准短信里面的流量数值
    private static String findFlow(String sms, String begin, String end) {
        int begin_pos = sms.indexOf(begin);
        if (begin_pos < 0) {
```

```
            return "未获取";
        }
        String sub_sms = sms.substring(begin_pos);
        int end_pos = sub_sms.indexOf(end);
        if (end_pos < 0) {
            return "未获取";
        }
        return sub_sms.substring(begin.length(), end_pos + end.length());
    }
```

流量校准的效果如图 4-23 和图 4-24 所示。其中，图 4-23 所示为用户实际收到的短信内容，图 4-24 所示为 App 监视短信并解析完成的流量数据页面。

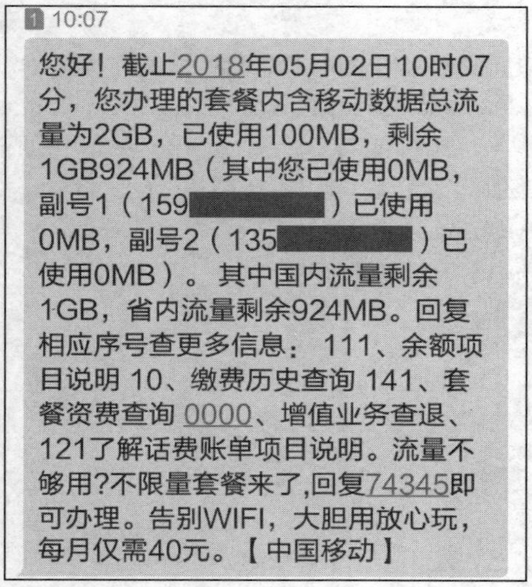

10:07
您好！截止2018年05月02日10时07分，您办理的套餐内含移动数据总流量为2GB，已使用100MB，剩余1GB924MB（其中您已使用0MB，副号1（159████）已使用0MB，副号2（135████）已使用0MB）。其中国内流量剩余1GB，省内流量剩余924MB。回复相应序号查更多信息：111、余额项目说明 10、缴费历史查询 141、套餐资费查询 0000、增值业务查退、121了解话费账单项目说明。流量不够用?不限量套餐来了,回复74345即可办理。告别WIFI，大胆用放心玩，每月仅需40元。【中国移动】

图 4-23　用户收到的短信内容

storage
进行流量校准
流量校准结果如下：
总流量为：2GB
已使用：100MB
剩余：1GB924MB

图 4-24　内容观察器监视并解析得到的流量信息

总结一下在 Content 组件经常使用的系统 URI，详细的 URI 取值说明见表 4-3。

表4-3　常用的系统URI取值说明

内容名称	URI 常量名	实际路径
联系人	ContactsContract.Contacts.CONTENT_URI	content://com.android.contacts/contacts
联系人电话	ContactsContract.CommonDataKinds.Phone.CONTENT_URI	content://com.android.contacts/data/phones
联系人邮箱	ContactsContract.CommonDataKinds.Email.CONTENT_URI	content://com.android.contacts/data/emails
SIM 卡联系人		content://icc/adn
短信	Telephony.Sms.CONTENT_URI	content://sms
彩信	Telephony.Mms.CONTENT_URI	content://mms
通话记录	CallLog.Calls.CONTENT_URI	content://call_log/calls

（续表）

内容名称	URI 常量名	实际路径
收件箱	Telephony.Sms.Inbox.CONTENT_URI（短信相关的 URI）	content://sms/inbox
已发送	Telephony.Sms.Sent.CONTENT_URI（短信相关的 URI）	content://sms/sent
草稿箱	Telephony.Sms.Draft.CONTENT_URI（短信相关的 URI）	content://sms/draft
发件箱	Telephony.Sms.Outbox.CONTENT_URI（短信相关的 URI）	content://sms/outbox
发送失败	无	content://sms/failed
待发送列表	无。比如开启飞行模式后，该短信就在待发送列表里	content://sms/queued

4.6 实战项目：购物车

购物车的应用面很广，凡是电商 App 都可以看到购物车的身影。本章以购物车为实战项目，除了购物车使用广泛的特点，还因为购物车用到多种存储方式。现在我们开启购物车的体验之旅吧!

4.6.1 设计思路

先来看常见的购物车的外观。第一次进入购物车频道，购物车里面是空的，如图 4-25 所示。接着去商品频道选购手机，随便挑几款加入购物车，然后返回购物车，即可看到购物车里的商品列表，有商品图片、名称、数量、单价、总价等信息，如图 4-26 所示。

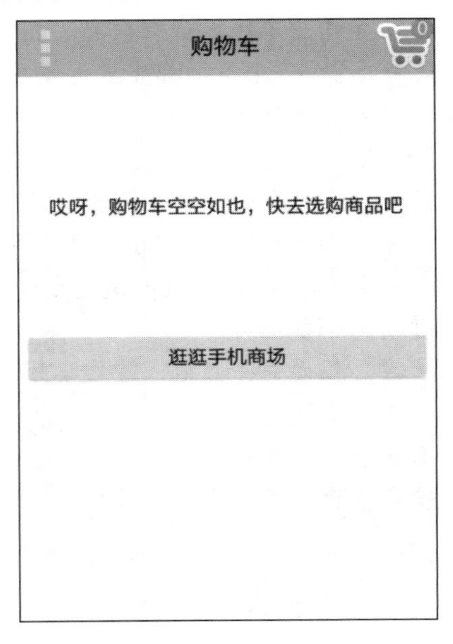

图 4-25 空空如也的购物车

图 4-26 购物车的商品列表

购物车的存在感很强，并不仅仅在购物车页面才能看到。往往在商场频道，甚至某个商品详情页面，都会看到某个角落冒出一个购物车图标。一旦有新商品加入购物车，购物车图标上的商品数量就立马加一。当然，用户也可以点击购物车图标直接跳转到购物车页面。商品频道除了商品列表外，页面右上角还有一个购物车图标，这个图标有时在页面右上角，有时又在页面右下角，如图 4-27 所示。商品详情页面通常也有购物车图标，如果用户在详情页面把商品加入购物车，那么图标上的数字也会加一，如图 4-28 所示。

现在看看购物车到底采取了哪些存储方式。

- 数据库 SQLite：最直观的是数据库，购物车里的商品列表一定放在 SQLite 中，增删改查都少不了 SQLite。

图 4-27　手机商场的商品列表

图 4-28　商品详情页面

- 共享参数 SharedPreferences：注意不同页面的右上角购物车图标都有数字，表示购物车中的商品数量，商品数量建议保存在共享参数中。因为每个页面都要显示商品数量，如果每次都到数据库中执行 count 操作，就会很消耗资源。因为商品数量需要持久地存储，所以不适合放在全局内存中，不然下次启动 App 时，内存中的变量又从 0 开始。
- SD 卡文件：通常情况下，商品图片来自于电商平台的服务器，这年头流量是很宝贵的，可是图片恰恰很耗流量（尤其是大图）。从用户的钱包着想，App 得把下载的图片保存在 SD 卡中。这样一来，下次用户访问商品详情页面时，App 便能直接从 SD 卡获取商品图片，不但不花流量而且加快浏览速度，一举两得。
- 全局内存：访问 SD 卡的图片文件固然是个好主意，然而商品频道、购物车频道等可能在一个页面展示多张商品小图，如果每张小图都要访问 SD 卡，频繁的 SD 卡读写操作也很耗资源。更好的办法是把商品小图加载进全局内存，这样直接从内存中获取图片，高效又快速。之所以不把商品大图放入全局内存，是因为大图很耗空间，一不小心就会占用几十兆内存。

不找不知道，一找吓一跳，原来购物车用到了这么多种存储方式。

4.6.2　小知识：菜单 Menu

之前的章节在进行某项控制操作时一般由按钮控件触发。如果页面上需要支持多个控制操作，比如去商场购物、清空购物车、查看商品详情、删除指定商品等，就得在页面上添加多个按钮。如此一来，App 页面显得杂乱无章，满屏按钮既碍眼又不便操作。这时，就可以使用菜单控件。

菜单无论在哪里都是常用控件，Android 的菜单主要分两种，一种是选项菜单 OptionMenu，通过按菜单键或点击事件触发，对应 Windows 上的开始菜单；另一种是上下文菜单 ContextMenu，通过长按事件触发，对应 Windows 上的右键菜单。无论是哪种菜单，都有对应的菜单布局文件，就像每个活动页面都有一个布局文件一样。不同的是页面的布局文件放在 res/layout 目录下，菜单的布局文件放在 res/menu 目录下。

下面来看 Android 的选项菜单和上下文菜单。

1. 选项菜单 OptionMenu

弹出选项菜单的途径有 3 种：

（1）按菜单键。
（2）在代码中手动打开选项菜单，即调用 openOptionsMenu 方法。
（3）按工具栏右侧的溢出菜单按钮，这个在第 7 章介绍工具栏时进行介绍。

实现选项菜单的功能需要重写以下两种方法。

- onCreateOptionsMenu: 在页面打开时调用。需要指定菜单列表的 XML 文件。
- onOptionsItemSelected: 在列表的菜单项被选中时调用。需要对不同的菜单项做分支处理。

下面是菜单布局文件的代码，很简单，就是 menu 与 item 的组合排列：

```
<menu xmlns:android="http://schemas.android.com/apk/res/android" >
    <item
        android:id="@+id/menu_change_time"
        android:orderInCategory="1"
        android:title="改变时间"/>
    <item
        android:id="@+id/menu_change_color"
        android:orderInCategory="8"
        android:title="改变颜色"/>
    <item
        android:id="@+id/menu_change_bg"
        android:orderInCategory="9"
        android:title="改变背景"/>
</menu>
```

接下来是使用选项菜单的代码片段：

```
    // 在选项菜单的菜单界面创建时调用
    public boolean onCreateOptionsMenu(Menu menu) {
        // 从 menu_option.xml 中构建菜单界面布局
```

```
        getMenuInflater().inflate(R.menu.menu_option, menu);
        return true;
    }

    // 在选项菜单的菜单项选中时调用
    public boolean onOptionsItemSelected(MenuItem item) {
        int id = item.getItemId();   // 获取菜单项的编号
        if (id == R.id.menu_change_time) {   // 点击了菜单项“改变时间”
            setRandomTime();
        } else if (id == R.id.menu_change_color) {   // 点击了菜单项“改变颜色”
            tv_option.setTextColor(getRandomColor());
        } else if (id == R.id.menu_change_bg) {   // 点击了菜单项“改变背景”
            tv_option.setBackgroundColor(getRandomColor());
        }
        return true;
    }
```

按菜单键和调用 openOptionsMenu 方法弹出的选项菜单都是在页面下方，如图 4-29 所示。

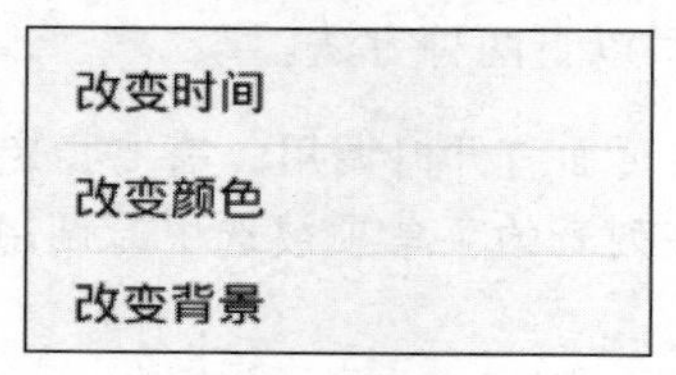

图 4-29　选项菜单的菜单列表

2. 上下文菜单 ContextMenu

弹出上下文菜单的途径有两种：

（1）默认在某个控件被长按时弹出。通常在 onStart 函数中加入 registerForContextMenu 方法为指定控件注册上下文菜单，在 onStop 函数中加入 unregisterForContextMenu 方法为指定控件注销上下文菜单。

（2）在除长按事件之外的其他事件中打开上下文菜单。先执行 registerForContextMenu 方法注册菜单，然后执行 openContextMenu 方法打开菜单，最后执行 unregisterForContextMenu 方法注销菜单。

实现上下文菜单的功能需要重写以下两种方法。

- onCreateContextMenu：在此指定菜单列表的 XML 文件，作为上下文菜单列表项的来源。
- onContextItemSelected：在此对不同的菜单项做分支处理。

上下文菜单的布局文件格式同选项菜单，下面是使用上下文菜单的代码片段：

```
    // 在页面恢复时调用
```

```
protected void onResume() {
    // 给文本视图 tv_context 注册上下文菜单。
    // 注册之后，只要长按该控件，App 就会自动打开上下文菜单
    registerForContextMenu(tv_context);
    super.onResume();
}

// 在页面暂停时调用
protected void onPause() {
    // 给文本视图 tv_context 注销上下文菜单
    unregisterForContextMenu(tv_context);
    super.onPause();
}

// 在上下文菜单的菜单界面创建时调用
public void onCreateContextMenu(ContextMenu menu, View v, ContextMenuInfo menuInfo) {
    // 从 menu_option.xml 中构建菜单界面布局
    getMenuInflater().inflate(R.menu.menu_option, menu);
}

// 在上下文菜单的菜单项选中时调用
public boolean onContextItemSelected(MenuItem item) {
    int id = item.getItemId();   // 获取菜单项的编号
    if (id == R.id.menu_change_time) {   // 点击了菜单项“改变时间”
        setRandomTime();
    } else if (id == R.id.menu_change_color) {   // 点击了菜单项“改变颜色”
        tv_context.setTextColor(getRandomColor());
    } else if (id == R.id.menu_change_bg) {   // 点击了菜单项“改变背景”
        tv_context.setBackgroundColor(getRandomColor());
    }
    return true;
}
```

上下文菜单的菜单列表固定显示在页面中部，菜单外的其他页面区域颜色会变深，具体效果如图 4-30 所示。

图 4-30　上下文菜单的菜单列表

4.6.3 代码示例

这一章的编码开始有些复杂了，不但有各种控件和布局的操作，还有 4 种存储方式的使用，再加上 Activity 与 Application 两大组件的运用，已然是一个正规 App 的雏形。

编码过程分为 4 步（增加的一步是对 AndroidManifest.xml 认真配置）：

步骤 01 想好代码文件与布局文件的名称，比如购物车页面的代码文件取名 ShoppingCartActivity.java，对应的布局文件名是 activity_shopping_cart.xml；商场频道页面的代码文件取名 ShoppingChannelActivity.java，对应的布局文件名是 activity_shopping_channel.xml；商品详情页面的代码文件取名 ShoppingDetailActivity，对应的布局文件名是 activity_shopping_detail.xml；另有一个全局应用的代码文件 MainApplication.java。

步骤 02 在 AndroidManifest.xml 中补充相应配置，主要有以下 3 点：

（1）注册 3 个页面的 acitivity 节点，注册代码如下：

```
<activity android:name=".ShoppingCartActivity" android:theme="@style/AppBaseTheme" />
<activity android:name=".ShoppingChannelActivity" />
<activity android:name=".ShoppingDetailActivity" />
```

（2）给 application 补充 name 属性，值为 MainApplication，举例如下：

```
android:name=".MainApplication"
```

（3）声明 SD 卡的操作权限，主要补充下面 3 行权限配置：

```
<!-- SD 卡读写权限 -->
<uses-permission android:name="android.permission.WRITE_EXTERNAL_STORAGE" />
<uses-permission android:name="android.permission.READ_EXTERNAL_STORAG" />
<uses-permission android:name="android.permission.MOUNT_UNMOUNT_FILESYSTEMS" />
```

步骤 03 res 目录下的 XML 文件编写也多了起来，主要工作包括：

（1）在 res/layout 目录下创建布局文件 activity_shopping_cart.xml、activity_shopping_channel.xml、activity_shopping_detail.xml，分别根据页面效果图编写 3 个页面的布局定义文件。

（2）在 res/menu 目录下创建菜单布局文件 menu_cart.xml 和 menu_goods.xml，分别用于购物车的选项菜单和商品项的上下文菜单。

（3）在 values/styles.xml 中补充下面的样式定义，给不带导航栏的购物车页面使用：

```
<style name="AppBaseTheme" parent="Theme.AppCompat.Light" />
```

步骤 04 在项目的包名目录下创建类 MainApplication、ShoppingCartActivity、ShoppingChannelActivity 和 ShoppingDetailActivity，并填入具体的控件操作与业务逻辑代码。

购物车项目的完整代码参见本书附录源码 storage 模块的 ShoppingCartActivity.java、ShoppingChannelActivity.java 和 ShoppingDetailActivity.java。下面列出两块与存储技术有关的代码片段，首先是商场页面把商品加入购物车的逻辑处理，主要涉及到共享参数和 SQLite 数据库的运用，关键代码如下所示：

```
private int mCount;  // 购物车中的商品数量
private GoodsDBHelper mGoodsHelper;  // 声明一个商品数据库的帮助器对象
private CartDBHelper mCartHelper;  // 声明一个购物车数据库的帮助器对象

// 把指定编号的商品添加到购物车
private void addToCart(long goods_id) {
    mCount++;
    tv_count.setText("" + mCount);
    // 把购物车中的商品数量写入共享参数
    SharedUtil.getIntance(this).writeShared("count", "" + mCount);
    // 根据商品编号查询购物车数据库中的商品记录
    CartInfo info = mCartHelper.queryByGoodsId(goods_id);
    if (info != null) {  // 购物车已存在该商品记录
        info.count++;  // 该商品的数量加一
        info.update_time = DateUtil.getNowDateTime("");
        // 更新购物车数据库中的商品记录信息
        mCartHelper.update(info);
    } else {  // 购物车不存在该商品记录
        info = new CartInfo();
        info.goods_id = goods_id;
        info.count = 1;
        info.update_time = DateUtil.getNowDateTime("");
        // 往购物车数据库中添加一条新的商品记录
        mCartHelper.insert(info);
    }
}

// 在页面恢复时调用
protected void onResume() {
    super.onResume();
    // 获取共享参数保存的购物车中的商品数量
    mCount = Integer.parseInt(SharedUtil.getIntance(this).readShared("count", "0"));
    tv_count.setText("" + mCount);
    // 获取商品数据库的帮助器对象
    mGoodsHelper = GoodsDBHelper.getInstance(this, 1);
    // 打开商品数据库的读连接
    mGoodsHelper.openReadLink();
    // 获取购物车数据库的帮助器对象
    mCartHelper = CartDBHelper.getInstance(this, 1);
    // 打开购物车数据库的写连接
    mCartHelper.openWriteLink();
```

```
        // 展示商品列表
        showGoods();
    }

    // 在页面暂停时调用
    protected void onPause() {
        super.onPause();
        // 关闭商品数据库的数据库连接
        mGoodsHelper.closeLink();
        // 关闭购物车数据库的数据库连接
        mCartHelper.closeLink();
    }
```

然后是购物车页面模拟从网络上下载商品图片，并构建简单的图片缓存机制的逻辑处理，主要涉及到 SD 卡文件操作与 Application 全局变量的运用，关键代码如下所示：

```
    private String mFirst = "true";  // 是否首次打开

    // 模拟网络数据，初始化数据库中的商品信息
    private void downloadGoods() {
        // 获取共享参数保存的是否首次打开参数
        mFirst = SharedUtil.getIntance(this).readShared("first", "true");
        // 获取当前 App 的私有存储路径
        String path = MainApplication.getInstance().getExternalFilesDir(
                Environment.DIRECTORY_DOWNLOADS).toString() + "/";
        if (mFirst.equals("true")) {  // 如果是首次打开
            ArrayList<GoodsInfo> goodsList = GoodsInfo.getDefaultList();
            for (int i = 0; i < goodsList.size(); i++) {
                GoodsInfo info = goodsList.get(i);
                // 往商品数据库插入一条该商品的记录
                long rowid = mGoodsHelper.insert(info);
                info.rowid = rowid;
                // 往全局内存写入商品小图
                Bitmap thumb = BitmapFactory.decodeResource(getResources(), info.thumb);
                MainApplication.getInstance().mIconMap.put(rowid, thumb);
                String thumb_path = path + rowid + "_s.jpg";
                FileUtil.saveImage(thumb_path, thumb);
                info.thumb_path = thumb_path;
                // 往 SD 卡保存商品大图
                Bitmap pic = BitmapFactory.decodeResource(getResources(), info.pic);
                String pic_path = path + rowid + ".jpg";
                FileUtil.saveImage(pic_path, pic);
                pic.recycle();
                info.pic_path = pic_path;
```

```
                // 更新商品数据库中该商品记录的图片路径
                mGoodsHelper.update(info);
            }
        } else {  // 不是首次打开
            // 查询商品数据库中所有商品记录
            ArrayList<GoodsInfo> goodsArray = mGoodsHelper.query("1=1");
            for (int i = 0; i < goodsArray.size(); i++) {
                GoodsInfo info = goodsArray.get(i);
                // 从指定路径读取图片文件的位图数据
                Bitmap thumb = BitmapFactory.decodeFile(info.thumb_path);
                // 把该位图对象保存到应用实例的全局变量中
                MainApplication.getInstance().mIconMap.put(info.rowid, thumb);
            }
        }
        // 把是否首次打开写入共享参数
        SharedUtil.getIntance(this).writeShared("first", "false");
    }
```

4.7 小　　结

本章主要介绍了 Android 常用的几种数据存储方式，包括共享参数 SharedPreferences 的键值对存取、数据库 SQLite 的关系型数据存取、SD 卡的文件写入与读取操作（含文本文件读写和图片文件读写）、App 全局内存的读写以及为实现全局内存而学习的 Application 组件的生命周期及其用法、ContentProvider 内容组件的用法（内容提供器、内容解析器、内容操作器、内容观察器）。最后设计了一个实战项目“购物车”，通过该项目的编码进一步复习巩固本章几种存储方式的使用，另外介绍了选项菜单和上下文菜单的基本用法。

通过本章的学习，读者应该能够掌握以下 4 种开发技能：

（1）学会共享参数 SharedPreferences、数据库 SQLite、SD 卡文件、全局内存、内容提供器共 5 种存储方式的用法。

（2）学会应用组件 Application 的用法。

（3）学会内容组件 ContentProvider 的用法，如封装数据的对外接口，对开放内容接口的系统数据进行查询、修改和监视操作。

（4）学会选项菜单和上下文菜单的基本用法。

第 5 章

高级控件

本章介绍 App 开发常用的一些高级控件及相关工具，主要包括日期时间控件的用法、列表类视图及其适配器的用法、翻页类视图及其适配器的用法、碎片及其适配器的用法等，另外介绍四大组件之一广播 Broadcast 的基本概念与常见用法。最后结合本章所学的知识分别演示了两个实战项目“万年历”和“日程表”的设计与实现。

5.1 日期时间控件

本节介绍 Android 的日期时间控件，主要是日期选择对话框 DatePickerDialog 和时间选择对话框 TimePickerDialog 的用法。

5.1.1 日期选择器 DatePicker

虽然 EditText 控件提供 inputType="date"的日期输入，但是很少有用户会老老实实地手工输入日期，况且 EditText 还不支持“****年**月**日”这样的日期格式，所以都要系统提供日期控件，供用户选择具体的年月日，在 Android 中这个控件是 DatePicker。不过，DatePicker 并非弹窗模式，而是直接在页面上占据一块区域，并且不会自动关闭。按习惯来说，日期控件应该在当前页面弹出，选择完日期就要把控件关掉。因此，DatePicker 很少直接显示在界面上，更常用的是已经封装好的日期选择对话框 DatePickerDialog。

DatePickerDialog 相当于在 AlertDialog 上加载了 DatePicker，用起来更简单，只需调用构造函数设置一下当前年、月、日，然后调用 show 方法即可弹出日期对话框。日期选择事件由监听器 OnDateSetListener 负责响应，在该监听器实现的 onDateSet 方法中，开发者能够获得用户选择的具体日期，并做后续处理。这里要特别注意 onDateSet 方法的月份参数，该参数的起始值不是 1 而是 0。也就是说，一月份对应的参数数值是 0，十二月份对应的参数数值是 11。

如果实在不理解，记住这里的月份值要加 1 就行了。

在界面上单独显示 DatePicker 的效果如图 5-1 所示，其中，年、月、日通过上下滑动选择。在界面上弹出日期对话框的效果如图 5-2 所示，其中年、月、日按照日历风格展示与选择。

图 5-1　日期选择器的截图

图 5-2　日期对话框的截图

下面是使用日期选择器和日期对话框的代码例子：

```
// 该页面类实现了接口 OnDateSetListener，意味着要重写日期监听器的 onDateSet 方法
public class DatePickerActivity extends AppCompatActivity implements
        OnClickListener, OnDateSetListener {
    private TextView tv_date;
    private DatePicker dp_date;  // 声明一个日期选择器对象

    @Override
    protected void onCreate(Bundle savedInstanceState) {
        super.onCreate(savedInstanceState);
        setContentView(R.layout.activity_date_picker);
        tv_date = findViewById(R.id.tv_date);
        // 从布局文件中获取名叫 dp_date 的日期选择器
        dp_date = findViewById(R.id.dp_date);
        findViewById(R.id.btn_date).setOnClickListener(this);
        findViewById(R.id.btn_ok).setOnClickListener(this);
    }

    @Override
    public void onClick(View v) {
        if (v.getId() == R.id.btn_date) {
```

```
                // 获取日历的一个实例，里面包含了当前的年月日
                Calendar calendar = Calendar.getInstance();
                // 构建一个日期对话框，该对话框已经集成了日期选择器。
                // DatePickerDialog 的第二个构造参数指定了日期监听器
                DatePickerDialog dialog = new DatePickerDialog(this, this,
                        calendar.get(Calendar.YEAR),  // 年份
                        calendar.get(Calendar.MONTH),  // 月份
                        calendar.get(Calendar.DAY_OF_MONTH));  // 日子
                // 把日期对话框显示在界面上
                dialog.show();
            } else if (v.getId() == R.id.btn_ok) {
                // 获取日期选择器 dp_date 设定的年月份
                String desc = String.format("您选择的日期是%d 年%d 月%d 日",
                        dp_date.getYear(), dp_date.getMonth() + 1, dp_date.getDayOfMonth());
                tv_date.setText(desc);
            }
        }

        // 一旦点击日期对话框上的确定按钮，就会触发监听器的 onDateSet 方法
        public void onDateSet(DatePicker view, int year, int monthOfYear, int dayOfMonth) {
            // 获取日期对话框设定的年月份
            String desc = String.format("您选择的日期是%d 年%d 月%d 日",
                    year, monthOfYear + 1, dayOfMonth);
            tv_date.setText(desc);
        }
    }
```

5.1.2 时间选择器 TimePicker

有了日期选择器，肯定有对应的时间选择器。同样，实际开发中也很少直接用 TimePicker，而是常用封装好的时间选择对话框 TimePickerDialog。该对话框的用法类似 DatePickerDialog，不同之处主要有两个：

（1）构造函数传的是当前的小时与分钟，最后一个参数表示是否采用二十四小时制，一般传 true，表示小时的数值范围为 0～23。

（2）时间选择监听器是 OnTimeSetListener，对应需要实现的方法是 onTimeSet，在该方法中可获得用户选好的小时和分钟。

在界面上单独显示 TimePicker 的效果如图 5-3 所示，其中，小时与分钟可通过上下滑动选择。在界面上弹出时间对话框的效果如图 5-4 所示，其中小时与分钟按照钟表风格展示与选择。

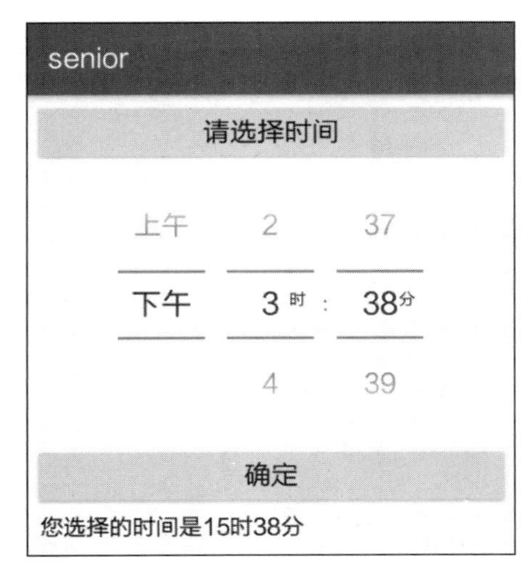

图 5-3 时间选择器的截图

图 5-4 时间对话框的截图

下面是使用时间选择器和时间对话框的代码例子：

```
// 该页面类实现了接口 OnTimeSetListener，意味着要重写时间监听器的 onTimeSet 方法
public class TimePickerActivity extends AppCompatActivity implements
        OnClickListener, OnTimeSetListener {
    private TextView tv_time;
    private TimePicker tp_time;  // 声明一个时间选择器对象

    @Override
    protected void onCreate(Bundle savedInstanceState) {
        super.onCreate(savedInstanceState);
        setContentView(R.layout.activity_time_picker);
        tv_time = findViewById(R.id.tv_time);
        // 从布局文件中获取名叫 tp_time 的时间选择器
        tp_time = findViewById(R.id.tp_time);
        findViewById(R.id.btn_time).setOnClickListener(this);
        findViewById(R.id.btn_ok).setOnClickListener(this);
    }

    @Override
    public void onClick(View v) {
        if (v.getId() == R.id.btn_time) {
            // 获取日历的一个实例，里面包含了当前的时分秒
            Calendar calendar = Calendar.getInstance();
            // 构建一个时间对话框，该对话框已经集成了时间选择器。
            // TimePickerDialog 的第二个构造参数指定了时间监听器
            TimePickerDialog dialog = new TimePickerDialog(this, this,
                    calendar.get(Calendar.HOUR_OF_DAY),  // 小时
```

```
                        calendar.get(Calendar.MINUTE),   // 分钟
                        true);  // true 表示 24 小时制，false 表示 12 小时制
                // 把时间对话框显示在界面上
                dialog.show();
            } else if (v.getId() == R.id.btn_ok) {
                // 获取时间选择器 tp_time 设定的小时和分钟
                String desc = String.format("您选择的时间是%d 时%d 分",
                        tp_time.getCurrentHour(), tp_time.getCurrentMinute());
                tv_time.setText(desc);
            }
        }

        // 一旦点击时间对话框上的确定按钮，就会触发监听器的 onTimeSet 方法
        public void onTimeSet(TimePicker view, int hourOfDay, int minute) {
            // 获取时间对话框设定的小时和分钟
            String desc = String.format("您选择的时间是%d 时%d 分", hourOfDay, minute);
            tv_time.setText(desc);
        }
    }
```

5.2 列表类视图

本节介绍列表类视图怎样结合基本适配器实现视图展示的效果，包括基本适配器 BaseAdapter 的用法、列表视图 ListView 的分隔线设置与使用注意点、网格视图 GridView 的分隔线设置与使用注意点。

5.2.1 基本适配器 BaseAdapter

第 3 章介绍下拉框 Spinner 时提到该控件可使用 ArrayAdapter 和 SimpleAdapter 两种适配器。其中，ArrayAdapter 适用于纯文本的列表数据，SimpleAdapter 适用于带图标的列表数据。实际应用中常常有更复杂的列表，比如同一项中存在多个控件，这种情况即使用 SimpleAdapter 也很吃力，而且不易扩展。基于此，Android 提供了一种适应性更强的基本适配器 BaseAdapter，该适配器允许开发者在别的代码文件中进行逻辑处理，大大提高了代码的可读性和可维护性。

从 BaseAdapter 派生的数据适配器主要实现下面 3 个方法。

- 构造函数：指定适配器需要处理的数据集合。
- getCount：获取数据项的个数。
- getView：获取每项的展示视图，并对每项的内部控件进行业务处理。

下面以 Spinner 控件为载体，演示如何操作 BaseAdapter，具体的编码分为 3 步：

步骤 01 编写列表项的布局文件，示例代码如下：

```
<LinearLayout xmlns:android="http://schemas.android.com/apk/res/android"
    android:layout_width="match_parent"
    android:layout_height="wrap_content"
    android:background="@color/white"
    android:orientation="horizontal" >

    <!-- 这是显示行星图片的图像视图 -->
    <ImageView
        android:id="@+id/iv_icon"
        android:layout_width="0dp"
        android:layout_height="80dp"
        android:layout_weight="1"
        android:scaleType="fitCenter" />

    <LinearLayout
        android:layout_width="0dp"
        android:layout_height="match_parent"
        android:layout_weight="3"
        android:orientation="vertical" >

        <!-- 这是显示行星名称的文本视图 -->
        <TextView
            android:id="@+id/tv_name"
            android:layout_width="match_parent"
            android:layout_height="0dp"
            android:layout_weight="1"
            android:gravity="left|center"
            android:textColor="@color/black"
            android:textSize="20sp" />

        <!-- 这是显示行星描述的文本视图 -->
        <TextView
            android:id="@+id/tv_desc"
            android:layout_width="match_parent"
            android:layout_height="0dp"
            android:layout_weight="2"
            android:gravity="left|center"
            android:textColor="@color/black"
            android:textSize="13sp" />
    </LinearLayout>
</LinearLayout>
```

步骤 02 写个新的适配器继承 BaseAdapter，实现对列表项视图的获取与操作，示例代码如下：

```
public class PlanetListAdapter extends BaseAdapter {
    private Context mContext;  // 声明一个上下文对象
    private ArrayList<Planet> mPlanetList;  // 声明一个行星信息队列

    // 行星适配器的构造函数，传入上下文与行星队列
    public PlanetListAdapter(Context context, ArrayList<Planet> planet_list) {
        mContext = context;
        mPlanetList = planet_list;
    }

    // 获取列表项的个数
    public int getCount() {
        return mPlanetList.size();
    }

    // 获取列表项的数据
    public Object getItem(int arg0) {
        return mPlanetList.get(arg0);
    }

    // 获取列表项的编号
    public long getItemId(int arg0) {
        return arg0;
    }

    // 获取指定位置的列表项视图
    public View getView(final int position, View convertView, ViewGroup parent) {
        ViewHolder holder;
        if (convertView == null) {  // 转换视图为空
            holder = new ViewHolder();  // 创建一个新的视图持有者
            // 根据布局文件 item_list.xml 生成转换视图对象
            convertView = LayoutInflater.from(mContext).inflate(R.layout.item_list, null);
            holder.iv_icon = convertView.findViewById(R.id.iv_icon);
            holder.tv_name = convertView.findViewById(R.id.tv_name);
            holder.tv_desc = convertView.findViewById(R.id.tv_desc);
            // 将视图持有者保存到转换视图当中
            convertView.setTag(holder);
        } else {  // 转换视图非空
            // 从转换视图中获取之前保存的视图持有者
            holder = (ViewHolder) convertView.getTag();
        }
        Planet planet = mPlanetList.get(position);
        holder.iv_icon.setImageResource(planet.image);  // 显示行星的图片
```

```
        holder.tv_name.setText(planet.name);   // 显示行星的名称
        holder.tv_desc.setText(planet.desc);   // 显示行星的描述
        return convertView;
    }

    // 定义一个视图持有者，以便重用列表项的视图资源
    public final class ViewHolder {
        public ImageView iv_icon;   // 声明行星图片的图像视图对象
        public TextView tv_name;   // 声明行星名称的文本视图对象
        public TextView tv_desc;   // 声明行星描述的文本视图对象
    }
}
```

步骤 03 在页面代码中构造该适配器，并应用于 Spinner 对象，示例代码如下：

```
    private ArrayList<Planet> planetList;   // 声明一个行星队列

    // 初始化行星列表的下拉框
    private void initPlanetSpinner() {
        // 获取默认的行星队列，即水星、金星、地球、火星、木星、土星
        planetList = Planet.getDefaultList();
        // 构建一个行星列表的适配器
        PlanetListAdapter adapter = new PlanetListAdapter(this, planetList);
        // 从布局文件中获取名叫 sp_planet 的下拉框
        Spinner sp = findViewById(R.id.sp_planet);
        // 设置下拉框的标题
        sp.setPrompt("请选择行星");
        // 设置下拉框的列表适配器
        sp.setAdapter(adapter);
        // 设置下拉框默认显示第一项
        sp.setSelection(0);
        // 给下拉框设置选择监听器，一旦用户选中某一项，就触发监听器的 onItemSelected 方法
        sp.setOnItemSelectedListener(new MySelectedListener());
    }

    // 定义一个选择监听器，它实现了接口 OnItemSelectedListener
    private class MySelectedListener implements OnItemSelectedListener {

        // 选择事件的处理方法，其中 arg2 代表选择项的序号
        public void onItemSelected(AdapterView<?> arg0, View arg1, int arg2, long arg3) {
            Toast.makeText(BaseAdapterActivity.this, "您选择的是" + planetList.get(arg2).name,
Toast.LENGTH_LONG).show();
        }
```

```
        // 未选择时的处理方法，通常无需关注
        public void onNothingSelected(AdapterView<?> arg0) {}
    }
```

具体的列表对话框效果如图 5-5 所示。可以看到，每行左边是行星图标，右边的上面是行星名称，下面是行星的描述。因为对列表项布局 item_list.xml 使用了单独的适配器代码 PlanetListAdapter，所以再多加几个控件也不怕麻烦了。

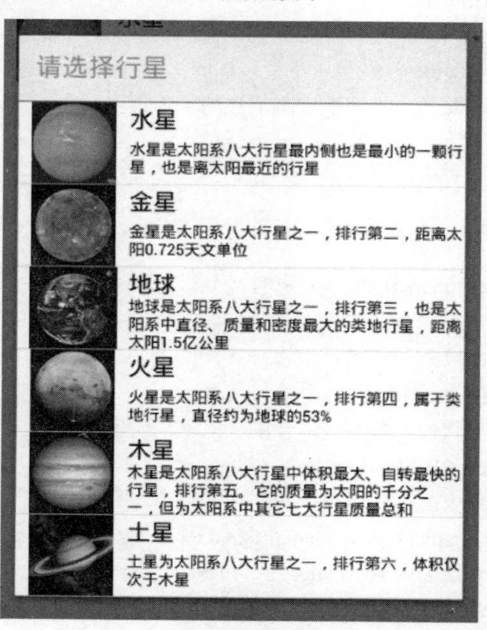

图 5-5　下拉列表中的基本适配器效果

5.2.2　列表视图 ListView

上一小节给 Spinner 控件加上了基本适配器，然而列表效果只在弹出对话框中展示，一旦选中某项，回到页面时又只显示选中的内容，如图 5-6 所示。

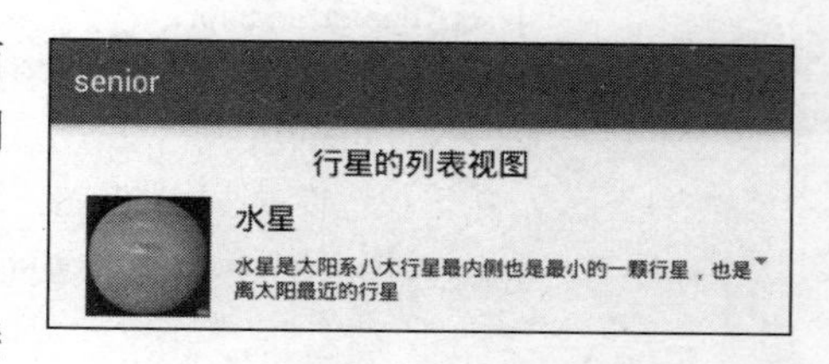

图 5-6　下拉框在页面上只显示一行

这么丰富的列表信息没展示在页面上实在是可惜，也许用户对好几项内容都感兴趣。如果想在页面上直接显示全部列表信息，就要引入新的列表视图 ListView。ListView 允许在页面上分行展示相似的数据界面，如新闻列表、商品列表、书籍列表等，方便用户逐行浏览与操作。列表视图 ListView 新增的属性与方法说明见表 5-1。

表 5-1　ListView 的属性与方法说明

XML 中的属性	ListView 类的设置方法	说明
divider	setDivider	指定分隔线的图形。如需取消分隔线，可设置该属性值为@null
dividerHeight	setDividerHeight	指定分隔线的高度

（续表）

XML 中的属性	ListView 类的设置方法	说明
headerDividersEnabled	setHeaderDividersEnabled	指定是否显示列表开头的分隔线
footerDividersEnabled	setFooterDividersEnabled	指定是否显示列表末尾的分隔线

另外，ListView 实现了 3 个与适配器相关的方法。

- setAdapter：设置列表项的数据适配器，适配器一般继承 BaseAdapter。
- setOnItemClickListener：设置列表项的点击事件监听器 OnItemClickListener。
- setOnItemLongClickListener：设置列表项的长按事件监听器 OnItemLongClickListener。

下面是列表项处理点击事件和长按事件的代码：

```
// 处理列表项的点击事件，由接口 OnItemClickListener 触发
public void onItemClick(AdapterView<?> parent, View view, int position, long id) {
    String desc = String.format("您点击了第%d 个行星，它的名字是%s", position + 1,
            mPlanetList.get(position).name);
    Toast.makeText(mContext, desc, Toast.LENGTH_LONG).show();
}

// 处理列表项的长按事件，由接口 OnItemLongClickListener 触发
public boolean onItemLongClick(AdapterView<?> parent, View view, int position, long id) {
    String desc = String.format("您长按了第%d 个行星，它的名字是%s", position + 1,
            mPlanetList.get(position).name);
    Toast.makeText(mContext, desc, Toast.LENGTH_LONG).show();
    return true;
}
```

光看这些文字会觉得 ListView 是个加强版的 Spinner，不但可以直接在页面上展示列表，而且能设置分隔线与点击监听器。事实上，ListView 很令人头痛，使用过程中经常出现意想不到的状况，比如分隔线就容易出状况，下面演示分隔线的测试代码片段：

```
class DividerSelectedListener implements OnItemSelectedListener {
    public void onItemSelected(AdapterView<?> arg0, View arg1, int arg2, long arg3) {
        int dividerHeight = 5;
        LinearLayout.LayoutParams params = new LinearLayout.LayoutParams(
                LayoutParams.MATCH_PARENT, LayoutParams.WRAP_CONTENT);
        lv_planet.setDivider(drawable);  // 设置 lv_planet 的分隔线
        lv_planet.setDividerHeight(dividerHeight);  // 设置 lv_planet 的分隔线高度
        lv_planet.setPadding(0, 0, 0, 0);  // 设置 lv_planet 的四周空白
        lv_planet.setBackgroundColor(Color.TRANSPARENT);  // 设置 lv_planet 的背景颜色
        if (arg2 == 0) {  // 不显示分隔线(分隔线高度为 0)
            lv_planet.setDividerHeight(0);
        } else if (arg2 == 1) {  // 不显示分隔线(分隔线为 null)
            lv_planet.setDivider(null);
```

```
            lv_planet.setDividerHeight(dividerHeight);
        } else if (arg2 == 2) {  // 只显示内部分隔线(先设置分隔线高度)
            lv_planet.setDividerHeight(dividerHeight);
            lv_planet.setDivider(drawable);
        } else if (arg2 == 3) {  // 只显示内部分隔线(后设置分隔线高度)
            lv_planet.setDivider(drawable);
            lv_planet.setDividerHeight(dividerHeight);
        } else if (arg2 == 4) {  // 显示底部分隔线(高度是 wrap_content)
            lv_planet.setFooterDividersEnabled(true);
        } else if (arg2 == 5) {  // 显示底部分隔线(高度是 match_parent)
            params = new LinearLayout.LayoutParams(LayoutParams.MATCH_PARENT, 0, 1);
            lv_planet.setFooterDividersEnabled(true);
        } else if (arg2 == 6) {  // 显示顶部分隔线(别瞎折腾了，显示不了)
            params = new LinearLayout.LayoutParams(LayoutParams.MATCH_PARENT, 0, 1);
            lv_planet.setFooterDividersEnabled(true);
            lv_planet.setHeaderDividersEnabled(true);
        } else if (arg2 == 7) {  // 显示全部分隔线(看我用 padding 大法)
            lv_planet.setDivider(null);
            lv_planet.setDividerHeight(dividerHeight);
            lv_planet.setPadding(0, dividerHeight, 0, dividerHeight);
            lv_planet.setBackgroundDrawable(drawable);
        }
        lv_planet.setLayoutParams(params);  // 设置 lv_planet 的布局参数
    }

    public void onNothingSelected(AdapterView<?> arg0) {}
}
```

根据分隔线测试代码的演示结果，笔者总结了一下，大概有以下 5 种情况：

（1）代码中的 setDivider 方法只能设置具体的图片，不能设置颜色，即使把颜色值转为 ColorDrawable 也不行。在布局文件中可对 divider 属性直接指定颜色值。

（2）divider 属性设置为@null 时不能再设置 dividerHeight 属性为大于 0 的数值，因为这样一来最后一项就不会完全显示，底部有一部分被掩盖了。原因是列表高度为 wrap_content 时，系统已按照没有分隔线的情况计算列表高度，此时 dividerHeight 占用了 n-1 块空白分隔区域，最后一项被挤到背影里面去了，具体效果如图 5-7 所示。

（3）代码中要设置分隔线，务必先调用 setDivider 方法再调用 setDividerHeight 方法。如果先调用 setDividerHeight 再调用 setDivider，分隔线高度就会变成分隔图片的高度，而不是 setDividerHeight 设置的高度，具体效果如图 5-8 所示。布局文件不存在先后顺序问题。

（4）显示列表底部的分隔线是有条件的，即当前 ListView 的高度不能为 wrap_content，否则就算把 footerDividersEnabled 设置为 true、调用 setFooterDividersEnabled 方法设置为 true，这条底部的分隔线也不会出现。除非把列表的高度设置为 match_parent 或设置足够高，才会显示底部的分隔线，调整列表高度后的具体效果如图 5-9 所示。

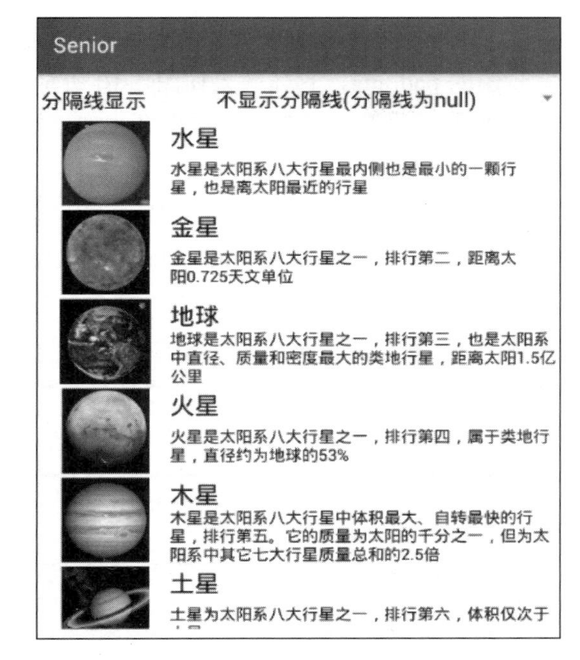

图 5-7　divider 属性设置为@null

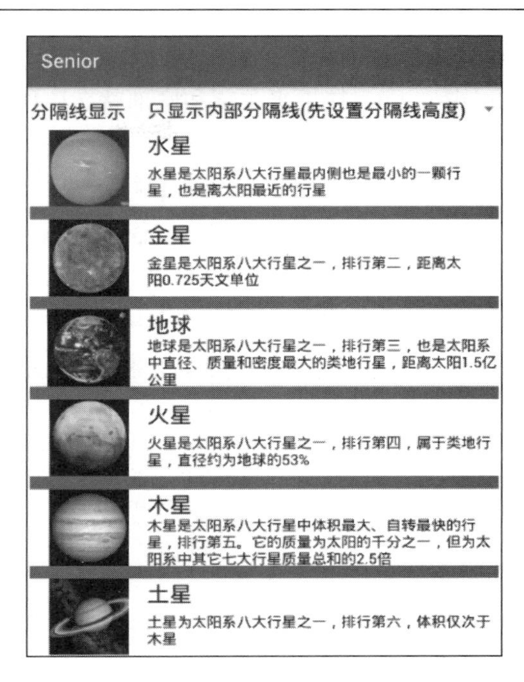

图 5-8　先调用 setDividerHeight

（5）列表顶部的分隔线就更难办了，ListView 不会显示顶部的分隔线。无论是 headerDividersEnabled 属性还是 setHeaderDividersEnabled 方法都没有作用，而且调整列表高度也没什么用，非常难以解决。

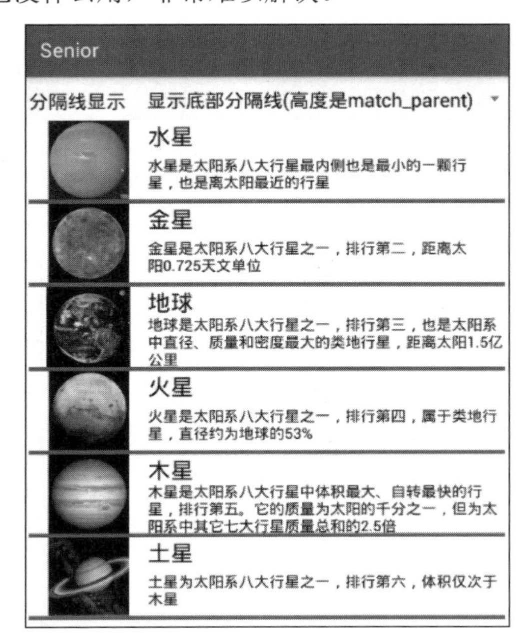

图 5-9　高度设置为 match_parent

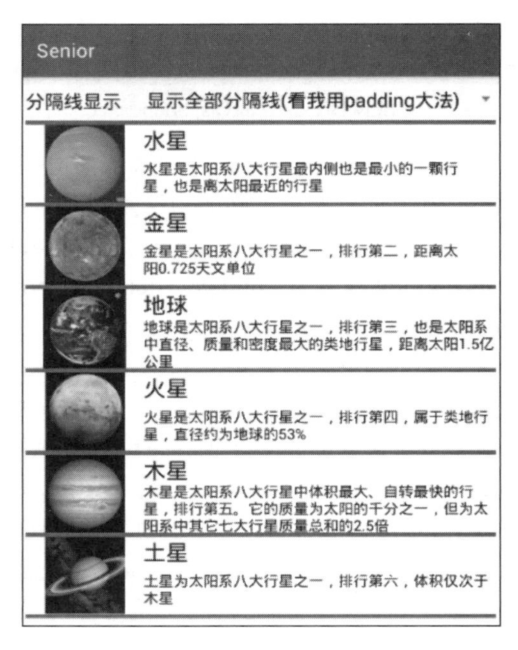

图 5-10　padding 显示头尾分隔线

既然底部和顶部的分隔线令人这般头痛，不如直接扔掉，另外想想别的办法。使用 padding

即可解决这个问题。首先给 ListView 设置背景图片，然后分别设置 paddingTop 与 paddingBottom，接下来顶部和底部就会出现两个背景图的 padding，具体效果如图 5-10 所示。

上面第 3 点和第 5 点已经明确是 Android 的 bug，较真的读者不必把时间浪费在上面。这不是设置问题，也不是方法调用问题，而是 SDK 的代码逻辑问题，详述如下：

（1）关于 setDivider 方法与 setDividerHeight 方法的先后顺序关系，参见下面的 setDivider 方法源码，问题在于 if 条件，这里“divider != null”的条件不准确，应当改为“divider!=null && mDividerHeight<=0”，如果已经指定分隔线的高度，就不使用分隔图片的高度了。

```
public void setDivider(@Nullable Drawable divider) {
    if (divider != null) {   // 注意这里的判断有问题
        mDividerHeight = divider.getIntrinsicHeight();
    } else {
        mDividerHeight = 0;
    }
    mDivider = divider;
    mDividerIsOpaque = divider == null || divider.getOpacity() == PixelFormat.OPAQUE;
    requestLayout();
    invalidate();
}
```

（2）关于无法显示顶部的分隔线问题，可查看 ListView 源码的 dispatchDraw 方法，这里把问题代码贴出来了，具体如下：

```
    bounds.top = bottom;   // 注意这里的设置有问题，边界上方已经是列表项的底部了
    bounds.bottom = bottom + dividerHeight;
    drawDivider(canvas, bounds, i);
```

可以看到分隔线固定在该项底部，如果在顶部看到分隔线，那才是怪事。正确的写法是对顶部的分隔线做分支处理，如果需要展示顶部的分隔线，就给 bounds.bottom 赋值为 child.getTop()，给 bounds.top 赋值为 child.getTop()-dividerHeight。

幸好 ListView 的这些毛病都是小问题，不影响将其发扬光大。上一章的实战项目——购物车中有商品列表展示，当时采取的是多个 LinearLayout 依次从上往下排列，在每行线性布局中再放入商品图片、名称、价格等信息，该做法在代码中动态添加每个控件，费时费力而且容易出错。这种情况用 ListView 通过适配器显示商品列表更合理，具体的代码实现过程与 BaseAdapter 方式类似，完成后的购物车页面效果如图 5-11 所示。

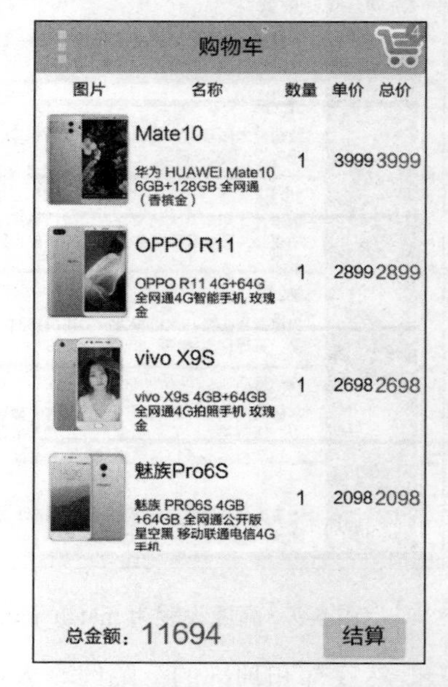

图 5-11 使用列表视图改造后的购物车页

在实战中，ListView 表现得还不是很完美，有 3 个地方要特别注意：

（1）如果 ListView 下面还有其他控件，就要将 ListView 的高度设为 0dp，权重设为 1，确保列表视图扩展到所有剩余页面；如果 ListView 的高度设置为 wrap_content，系统就只预留一行高度，如此一来只有第一行显示，这显然不是我们所期望的。在图 5-11 中，注意到结算行位于页面底部，就是因为列表视图占据了页面的剩余空间，导致结算行被挤到最下面了。

（2）给列表项注册上下文菜单也不容易，如果按照之前对上下文菜单的操作，长按列表项时 App 就会异常退出。这是因为上下文菜单的长按事件与列表项的长按监听器 OnItemLongClickListener 相互影响，使得程序陷入了死循环。最后的处理办法是要把两种长按事件阻隔开，即列表项长按事件处理完毕后才触发上下文菜单事件，打开上下文菜单之前得清空列表项的长按事件，具体代码如下：

```
private View mCurrentView;   // 声明一个当前视图的对象
// 商品项的长按事件
public boolean onItemLongClick(AdapterView<?> parent, View view, int position, long id) {
    mCurrentGood = mCartArray.get(position);
    // 保存当前长按的列表项视图
    mCurrentView = view;
    // 延迟 100 毫秒后执行任务 mPopupMenu，留出时间让长按事件走完流程
    mHandler.postDelayed(mPopupMenu, 100);
    return true;
}

private Handler mHandler = new Handler();   // 声明一个处理器对象
// 定义一个上下文菜单的弹出任务
private Runnable mPopupMenu = new Runnable() {
    public void run() {
        // 取消 lv_cart 的长按监听器
        lv_cart.setOnItemLongClickListener(null);
        // 注册列表项视图的上下文菜单
        registerForContextMenu(mCurrentView);
        // 为该列表项视图弹出上下文菜单
        openContextMenu(mCurrentView);
        // 注销列表项视图的上下文菜单
        unregisterForContextMenu(mCurrentView);
        // 重新设置 lv_cart 的长按监听器
        lv_cart.setOnItemLongClickListener(ShoppingCartActivity.this);
    }
};
```

（3）如果列表项包含 EditText、Button（包括 ImageButton、CheckBox 等按钮）等控件，此时点击列表项不会响应点击监听器 OnItemClickListener。罪魁祸首还是焦点抢占问题，之前介绍 EditText 时提到页面会自动弹出软键盘，就是 EditText 抢占焦点造成的。同理，列表项中如果存在 EditText 和 Button，这些子控件也会抢占列表项的焦点，使得点击操作被视为对 EditText 和 Button 的点击（无论点击处是否落在 EditText 和 Button 的范围内），而不是列表

……设置代码如下：

```
android:descendantFocusability="blocksDescendants"
```

5.2.3 网格视图 GridView

除了列表视图，网格视图 GridView 也是常见的适配器视图，用于分行分列显示表格信息，比 ListView 更适合展示商品清单。GridView 新增的属性与方法说明见表 5-2。

表 5-2 GriView 的属性与方法说明

XML 中的属性	GridView 类的设置方法	说明
horizontalSpacing	setHorizontalSpacing	指定网格项在水平方向的间距
verticalSpacing	setVerticalSpacing	指定网格项在垂直方向的间距
numColumns	setNumColumns	指定列的数目
stretchMode	setStretchMode	指定剩余空间的拉伸模式。拉伸模式的取值说明见表 5-3
columnWidth	setColumnWidth	指定每列的宽度。拉伸模式为 spacingWidth、spacingWidthUniform 时，必须指定列宽

表 5-3 拉伸模式的取值说明

XML 中的拉伸模式	GridView 类的拉伸模式	说明
none	NO_STRETCH	不拉伸
columnWidth	STRETCH_COLUMN_WIDTH	若有剩余空间，则拉伸列宽挤掉空隙
spacingWidth	STRETCH_SPACING	若有剩余空间，则列宽不变，把空间分配到每列间的空隙
spacingWidthUniform	STRETCH_SPACING_UNIFORM	若有剩余空间，则列宽不变，把空间分配到每列左右的空隙

另外，GridView 实现了 3 个与适配器相关的方法。

- setAdapter：设置网格项的数据适配器，适配器一般继承 BaseAdapter。
- setOnItemClickListener：设置网格项的点击事件监听器，用法同 ListView。
- setOnItemLongClickListener：设置网格项的长按事件监听器，用法同 ListView。

可以看到，网格视图不像列表视图那样有指定分隔线的方法，但这并不意味着 GridView 就没法设置分隔线。通过变通的方式也能给 GridView 设置分隔线。具体地说，就是先给 GridView 设置背景色（例如黑色），以及网格之间的水平间距和垂直间距；然后给网格项设置背景色（例如白色），这样只有网格间距是黑色，从而间接设置了黑色的分隔线。

下面是演示网格视图分隔线的测试代码片段：

```
class DividerSelectedListener implements OnItemSelectedListener {
    public void onItemSelected(AdapterView<?> arg0, View arg1, int arg2, long arg3) {
        int dividerPad = Utils.dip2px(GridViewActivity.this, 2);   // 定义间隔宽度为 2dp
        gv_planet.setBackgroundColor(Color.RED);   // 设置 gv_planet 的背景颜色
```

```
            gv_planet.setHorizontalSpacing(dividerPad);  // 设置 gv_planet 的水平方向空白
            gv_planet.setVerticalSpacing(dividerPad);  // 设置 gv_planet 的垂直方向空白
            gv_planet.setStretchMode(GridView.STRETCH_COLUMN_WIDTH);  // 设置拉伸模式
            gv_planet.setColumnWidth(250);  // 设置 gv_planet 的每列宽度为 250
            gv_planet.setPadding(0, 0, 0, 0);  // 设置 gv_planet 的四周空白
            if (arg2 == 0) {  // 不显示分隔线
                gv_planet.setBackgroundColor(Color.WHITE);
                gv_planet.setHorizontalSpacing(0);
                gv_planet.setVerticalSpacing(0);
            } else if (arg2 == 1) {  // 只显示内部分隔线(NO_STRETCH)
                gv_planet.setStretchMode(GridView.NO_STRETCH);
            } else if (arg2 == 2) {  // 只显示内部分隔线(COLUMN_WIDTH)
                gv_planet.setStretchMode(GridView.STRETCH_COLUMN_WIDTH);
            } else if (arg2 == 3) {  // 只显示内部分隔线(STRETCH_SPACING)
                gv_planet.setStretchMode(GridView.STRETCH_SPACING);
            } else if (arg2 == 4) {  // 只显示内部分隔线(SPACING_UNIFORM)
                gv_planet.setStretchMode(GridView.STRETCH_SPACING_UNIFORM);
            } else if (arg2 == 5) {  // 显示全部分隔线（使用 padding）
                gv_planet.setPadding(dividerPad, dividerPad, dividerPad, dividerPad);
            }
        }

        public void onNothingSelected(AdapterView<?> arg0) {}
    }
```

接下来观察分隔线的测试效果，如图 5-12 所示。默认情况下，网格视图没有分隔线；但通过给整个视图与网格项分别设置背景色可间接实现分隔线，如图 5-13 所示。

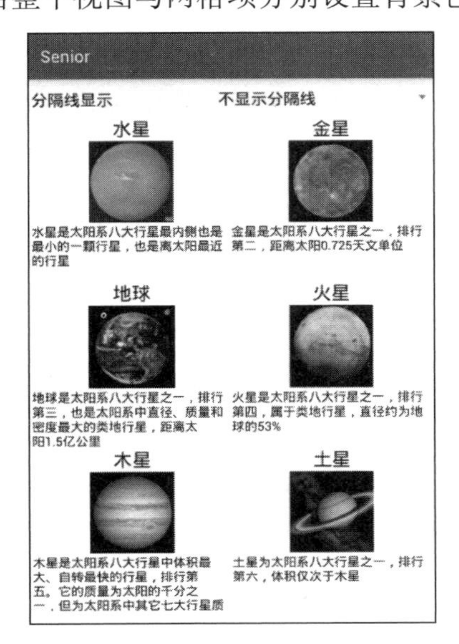

图 5-12 没有分隔线效果

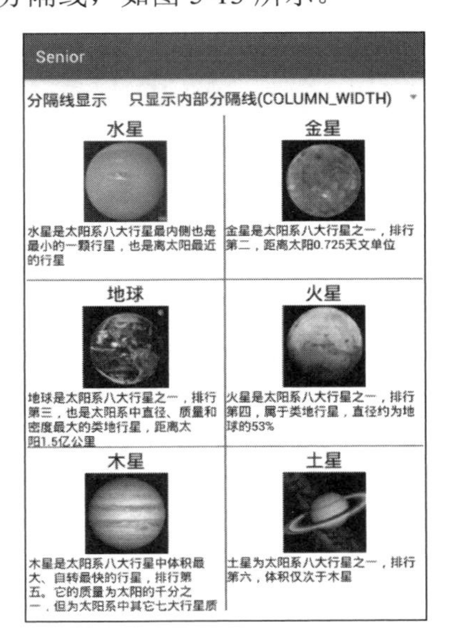

图 5-13 拉伸模式为 columnWidth

图 5-13 所示的分隔线是在拉伸模式为 columnWidth 时的效果，这也是最常用的拉伸模式。如果拉伸模式为其他值，间距效果就大不一样。图 5-14 所示是拉伸模式为 none 时的界面，每行右边都多出了空隙。拉伸模式为 spacingWidth 时，空隙均匀分配给每列之间的间距，即变相拉大了 horizontalSpacing，具体效果如图 5-15 所示。

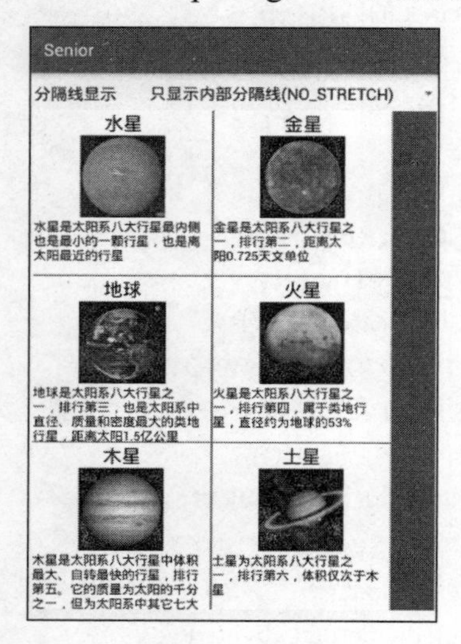

图 5-14 拉伸模式为 none

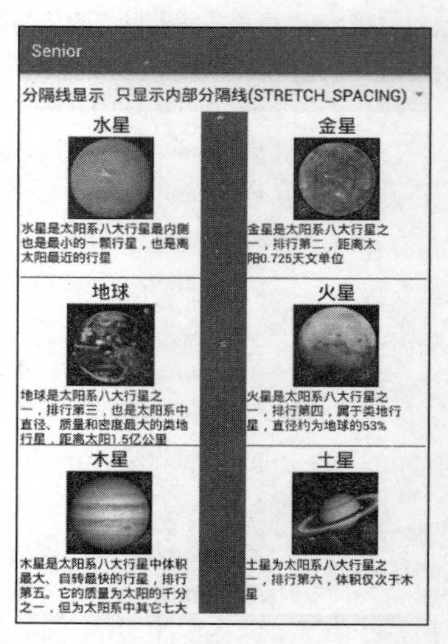

图 5-15 拉伸模式为 spacingWidth

拉伸模式为 spacingWidthUniform 时，分配给每列的空隙被分成两半，一半加到网格项的左边，一半加到网格项的右边，具体效果如图 5-16 所示。这样看来，还是 columnWidth 的拉伸最符合实际，因为不浪费空间。然而 GridView 的间距设置跟 ListView 有同样的毛病，无论是 horizontalSpacing 还是 verticalSpacing，都设置不了整个网格视图的边缘，也就是对四周的分隔线依然无能为力。这时还是得使出 padding，使用 padding 能对付不同的对象，这才能体现其精妙所在。图 5-17 所示为运用 padding 后的效果图。

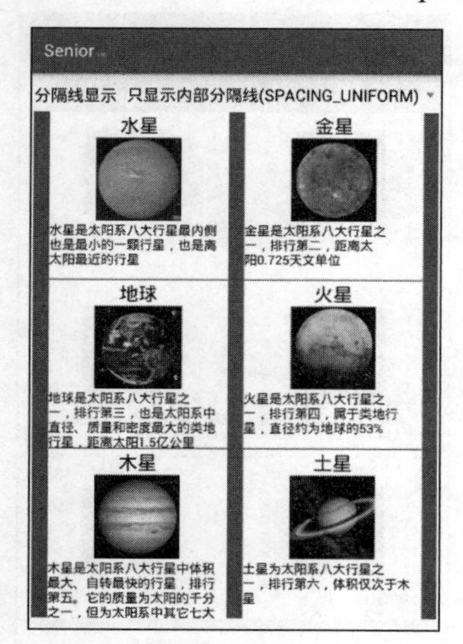

图 5-16 拉伸模式为 spacingWidthUniform

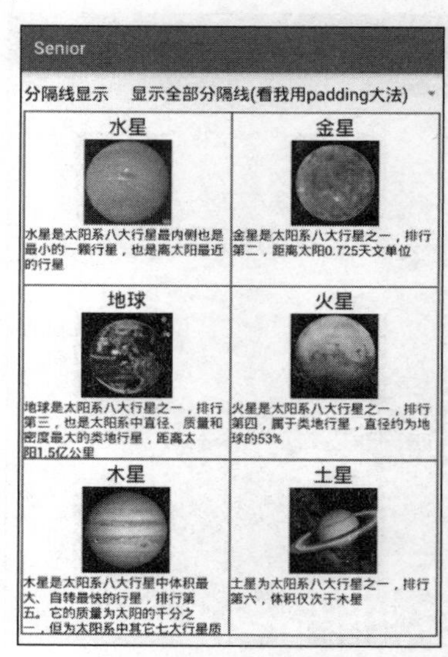

图 5-17 padding 显示四周分隔线

接下来我们继续在实战中运用 GridView，上一节的列表视图已经成功改造了购物车的商品列表，现在用网格视图改造商品频道页面，六部手机正好做成三行两列的 GridView。采用网格视图改造的商品频道页面效果如图 5-18 所示。

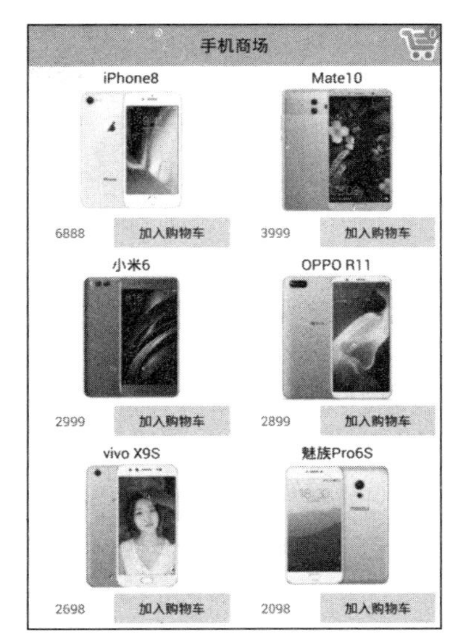

图 5-18　使用网格视图改造后的商品频道页

对该页面进行功能测试时，可能会发现以下问题：

（1）网格项内有一个“加入购物车”按钮，使得网格项的点击事件失效（原本点击网格项跳转到商品详情页面）。这个问题好办，前面介绍 ListView 时已经提到了，原因是网格项的焦点被按钮抢占了，解决办法是在网格项布局的根节点加上下面这行：

```
android:descendantFocusability="blocksDescendants"
```

（2）点击“加入购物车”按钮，除了修改数据库外，还得刷新页面右上方购物车图标上的数字，相当于适配器把消息传回给 Activity。对于这个问题，可借鉴点击监听器的做法，具体步骤如下：

步骤 01 定义一个监听器接口 addCartListener，在适配器的构造函数中传入该监听器的对象，示例代码如下：

```
// 商品适配器的构造函数，传入上下文、行星队列与加入购物车监听器
public GoodsAdapter(Context context, ArrayList<GoodsInfo> goods_list, addCartListener listener) {
    mContext = context;
    mGoodsArray = goods_list;
    mAddCartListener = listener;
}

// 声明一个加入购物车的监听器对象
private addCartListener mAddCartListener;
// 定义一个加入购物车的监听器接口
public interface addCartListener {
    void addToCart(long goods_id);  // 在商品加入购物车时触发
}
```

步骤 02 使用适配器处理“加入购物车”按钮的点击操作时，调用监听器的内部方法 addToCart，示例代码如下：

```
        holder.btn_add.setOnClickListener(new OnClickListener() {
            public void onClick(View v) {
                // 触发加入购物车监听器的添加动作
                mAddCartListener.addToCart(info.rowid);
            }
```

```
        });
```

步骤 03 Activity 的页面代码要实现 addCartListener 接口的 addToCart 方法，进行对应的购物车业务逻辑处理，同时记住往适配器的构造函数传入该监听器的对象。

5.3 翻页类视图

本节介绍如何在页面上运用翻页类视图，包括翻页视图 ViewPager 配合翻页适配器 PagerAdapter 的用法、翻页标题栏 PagerTitleStrip/PagerTabStrip 的用法，最后结合实战演示使用 ViewPager 实现简单的启动引导页效果。

5.3.1 翻页视图 ViewPager

上一节介绍的 ListView 与 GridView，一个分行展示，另一个分行又分列，其实都是在垂直方向上下滑动。有没有一种控件允许页面在水平方向左右滑动，就像翻书、翻报纸一样呢？对于这种左右滑动的翻页功能，Android 提供了已经封装好的控件，就是翻页视图 ViewPager。对于 ViewPager 来说，一个页面就是一个项（相当于 ListView 的一个列表项），许多页面组成 ViewPager 的页面项。

明确了 ViewPager 的原理类似 ListView 和 GridView，翻页视图的用法也与它俩类似。ListView 和 GridView 的适配器使用 BaseAdapter，ViewPager 的适配器使用 PagerAdapter；ListView 和 GridView 的监听器使用 OnItemClickListener，ViewPager 的监听器使用 OnPageChangeListener，表示监听页面切换事件。

下面是 ViewPager 三个常用方法的说明。

- setAdapter：设置页面项的适配器。适配器用的是 PagerAdapter 及其子类。
- setCurrentItem：设置当前页码，即打开翻页视图时默认显示哪个页面。
- addOnPageChangeListener：设置翻页视图的页面切换监听器。该监听器需实现接口 OnPageChangeListener 下的 3 个方法，具体说明如下。
    - onPageScrollStateChanged：在页面滑动状态变化时触发。
    - onPageScrolled：在页面滑动过程中触发。
    - onPageSelected：在选中页面时，即滑动结束后触发。

翻页适配器 PagerAdapter 与基本适配器 BaseAdapter 的用法相近，需实现构造函数、获取页面个数的 getCount 方法、生成单个页面视图的 instantiateItem 方法，另外多了一个回收页面的 destroyItem 方法。下面是使用 PagerAdapter 的代码例子：

```
public class ImagePagerAdapater extends PagerAdapter {
    private Context mContext;  // 声明一个上下文对象
    // 声明一个图像视图队列
    private ArrayList<ImageView> mViewList = new ArrayList<ImageView>();
    // 声明一个商品信息队列
```

```
    private ArrayList<GoodsInfo> mGoodsList = new ArrayList<GoodsInfo>();

    // 图像翻页适配器的构造函数，传入上下文与商品信息队列
    public ImagePagerAdapater(Context context, ArrayList<GoodsInfo> goodsList) {
        mContext = context;
        mGoodsList = goodsList;
        // 给每个商品分配一个专用的图像视图
        for (int i = 0; i < mGoodsList.size(); i++) {
            ImageView view = new ImageView(mContext);
            view.setLayoutParams(new LayoutParams(
                    LayoutParams.MATCH_PARENT, LayoutParams.WRAP_CONTENT));
            view.setImageResource(mGoodsList.get(i).pic);
            view.setScaleType(ScaleType.FIT_CENTER);
            // 把该商品的图像视图添加到图像视图队列
            mViewList.add(view);
        }
    }

    // 获取页面项的个数
    public int getCount() {
        return mViewList.size();
    }

    @Override
    public boolean isViewFromObject(View arg0, Object arg1) {
        return arg0 == arg1;
    }

    // 从容器中销毁指定位置的页面
    public void destroyItem(ViewGroup container, int position, Object object) {
        container.removeView(mViewList.get(position));
    }

    // 实例化指定位置的页面，并将其添加到容器中
    public Object instantiateItem(ViewGroup container, int position) {
        container.addView(mViewList.get(position));
        return mViewList.get(position);
    }
}
```

与适配器ImagePagerAdapater对应的页面代码如下：

```
public class ViewPagerActivity extends AppCompatActivity implements OnPageChangeListener {
    private ArrayList<GoodsInfo> goodsList;
```

```
    protected void onCreate(Bundle savedInstanceState) {
        super.onCreate(savedInstanceState);
        setContentView(R.layout.activity_view_pager);
        goodsList = GoodsInfo.getDefaultList();
        // 构建一个商品图片的翻页适配器
        ImagePagerAdapater adapter = new ImagePagerAdapater(this, goodsList);
        // 从布局视图中获取名叫 vp_content 的翻页视图
        ViewPager vp_content = findViewById(R.id.vp_content);
        // 给 vp_content 设置图片翻页适配器
        vp_content.setAdapter(adapter);
        // 设置 vp_content 默认显示第一个页面
        vp_content.setCurrentItem(0);
        // 给 vp_content 添加页面变化监听器
        vp_content.addOnPageChangeListener(this);
    }

    // 翻页状态改变时触发。arg0 取值说明为：0 表示静止，1 表示正在滑动，2 表示滑动完毕
    // 在翻页过程中，状态值变化依次为：正在滑动→滑动完毕→静止
    public void onPageScrollStateChanged(int arg0) {}

    // 在翻页过程中触发。该方法的三个参数取值说明为 ：第一个参数表示当前页面的序号
    // 第二个参数表示当前页面偏移的百分比，取值为 0 到 1；第三个参数表示当前页面的偏移距离
    public void onPageScrolled(int arg0, float arg1, int arg2) {}

    // 在翻页结束后触发。arg0 表示当前滑到了哪一个页面
    public void onPageSelected(int arg0) {
        Toast.makeText(this, "您翻到的手机品牌是：" + goodsList.get(arg0).name,
Toast.LENGTH_SHORT).show();
    }
}
```

下面是页面代码对应的布局文件代码，注意 ViewPager 的节点名必须引用 v4 包的全路径，即 android.support.v4.view.ViewPager。

```
<LinearLayout xmlns:android="http://schemas.android.com/apk/res/android"
    android:layout_width="match_parent"
    android:layout_height="match_parent"
    android:orientation="vertical"
    android:padding="10dp" >

    <!-- 注意翻页视图 ViewPager 的节点名称要填全路径 -->
    <android.support.v4.view.ViewPager
        android:id="@+id/vp_content"
```

```
            android:layout_width="match_parent"
            android:layout_height="400dp" />
</LinearLayout>
```

具体的翻页效果如图 5-19 所示。截图的瞬间，ViewPager 正在左右两个页面之间滑动。

图 5-19　翻页视图滚动瞬间

5.3.2　翻页标题栏 PagerTitleStrip/PagerTabStrip

为了方便开发者处理 ViewPager 的页码显示与切换，Android 附带提供了两个控件，分别是 PagerTitleStrip 和 PagerTabStrip。二者都是在 ViewPager 页面上方展示设定的页面标题，不同之处在于 PagerTitleStrip 只是单纯的文本标题效果，无法点击进行页面切换；PagerTabStrip 类似选项卡效果，文本下面有横线，点击左右选项卡即可切换到对应页面。要想在标题栏显示指定的文字，得重写 PagerAdapter 的 getPageTitle 方法，在这方面两个控件的处理是一样的，示例代码如下：

```
    // 获得指定页面的标题文本
    @Override
    public CharSequence getPageTitle(int position) {
        return mGoodsList.get(position).name;
    }
```

下面是在布局文件中添加 PagerTitleStrip 的代码，注意 PagerTitleStrip 的节点名必须引用 v4 包的全路径，即 android.support.v4.view.PagerTitleStrip。如果用 PagerTabStrip，就把 PagerTitleStrip 改为 PagerTabStrip。

```
<LinearLayout xmlns:android="http://schemas.android.com/apk/res/android"
    android:layout_width="match_parent"
    android:layout_height="match_parent"
    android:orientation="vertical"
    android:padding="10dp" >

    <!-- 注意翻页视图 ViewPager 的节点名称要填全路径 -->
```

```
    <android.support.v4.view.ViewPager
        android:id="@+id/vp_content"
        android:layout_width="match_parent"
        android:layout_height="400dp" >

        <!-- 注意翻页标题栏 PagerTitleStrip 的节点名称要填全路径 -->
        <android.support.v4.view.PagerTitleStrip
            android:id="@+id/pts_title"
            android:layout_width="wrap_content"
            android:layout_height="wrap_content" />
    </android.support.v4.view.ViewPager>
</LinearLayout>
```

翻页标题栏的显示界面很简单，正上方是当前页面的标题，左上方是左边页面的标题，右上方是右边页面的标题。PagerTitleStrip 的标题只有文字，如图 5-20 所示。PagerTabStrip 除了文字还有下划线，如图 5-21 所示。

图 5-20　PagerTitleStrip 的效果

图 5-21　PagerTabStrip 的效果

标题栏因为只有文本，所以调整样式只能改改文字的大小与颜色。注意这两个控件没法在布局文件中修改文字样式，因为没有对应的样式属性，只能在代码中调用文本样式的设置方法，具体的代码如下：

```
// 初始化翻页标题栏
private void initPagerStrip() {
    // 从布局视图中获取名叫 pts_tab 的翻页标题栏
    PagerTabStrip pts_tab = findViewById(R.id.pts_tab);
    // 设置翻页标题栏的文本大小
    pts_tab.setTextSize(TypedValue.COMPLEX_UNIT_SP, 20);
    // 设置翻页标题栏的文本颜色
    pts_tab.setTextColor(Color.GREEN);
}
```

5.3.3　简单的启动引导页

ViewPager 的应用很广，当用户安装一个新的 App 时，第一次启动大多出现欢迎页面，这个引导页通常要往右翻好几页，才会进入 App 的主页面。启动引导页的效果大多是 ViewPager 做的。

下面就来动手打造你的第一个 App 启动欢迎页吧！ViewPager 技术的核心在于页面项的布局及其适配器，因此首先要设计页面项的布局。一般来说，引导页主要由两部分组成，一部分是背景图；另一部分是页面下方的一排圆点指示器，高亮的圆点表示当前位于第几页。具体效果如图 5-22 与图 5-23 所示。其中，图 5-22 所示为欢迎页面的第一页；图 5-23 所示为第二页，高亮圆点移到第二个。

图 5-22　欢迎页的第一页

图 5-23　欢迎页的第二页

除了背景图与一排圆点，最后一页往往有一个按钮，是进入主页面的入口。页面项的布局文件至少有 3 个控件：引导页的背景图（采用 ImageView）、底部的一排圆点指示器（可采用 RadioGroup）、最后一页的入口按钮（采用 Button），详细的代码如下：

```
<RelativeLayout xmlns:android="http://schemas.android.com/apk/res/android"
    android:layout_width="match_parent"
    android:layout_height="match_parent" >

    <!-- 这是引导图片的图像视图 -->
    <ImageView
        android:id="@+id/iv_launch"
        android:layout_width="match_parent"
        android:layout_height="match_parent"
        android:scaleType="fitXY" />
```

```
    <!-- 这是引导页底部的圆点指示器 -->
    <RadioGroup
        android:id="@+id/rg_indicate"
        android:layout_width="wrap_content"
        android:layout_height="wrap_content"
        android:layout_alignParentBottom="true"
        android:layout_centerHorizontal="true"
        android:layout_gravity="bottom|center"
        android:orientation="horizontal"
        android:paddingBottom="20dp" />

    <!-- 这是最后一页的入口按钮 -->
    <Button
        android:id="@+id/btn_start"
        android:layout_width="match_parent"
        android:layout_height="wrap_content"
        android:layout_marginLeft="80dp"
        android:layout_marginRight="80dp"
        android:layout_centerInParent="true"
        android:gravity="center"
        android:text="立即开始美好生活"
        android:textColor="#ff3300"
        android:textSize="22sp"
        android:visibility="gone" />"
</RelativeLayout>
```

根据该布局文件，引导页的最后两个页面如图 5-24 与图 5-25 所示。其中，图 5-24 是第 3 个页面，高亮圆点移到第 3 个；图 5-25 是最后一个页面，只有该页才会显示入口按钮。

图 5-24　欢迎页的第三页

图 5-25　欢迎页的最后一页

启动引导页的适配器代码主要工作是根据布局文件构造每页的视图，然后把当前页码的圆点设置高亮，如果是最后一页就显示入口按钮，具体代码如下：

```
public class LaunchSimpleAdapter extends PagerAdapter {
    private Context mContext;  // 声明一个上下文对象
    private ArrayList<View> mViewList = new ArrayList<View>();  // 声明一个引导页的视图队列

    // 引导页适配器的构造函数，传入上下文与图片数组
    public LaunchSimpleAdapter(Context context, int[] imageArray) {
        mContext = context;
        for (int i = 0; i < imageArray.length; i++) {
            // 根据布局文件 item_launch.xml 生成视图对象
            View view = LayoutInflater.from(context).inflate(R.layout.item_launch, null);
            ImageView iv_launch = view.findViewById(R.id.iv_launch);
            RadioGroup rg_indicate = view.findViewById(R.id.rg_indicate);
            Button btn_start = view.findViewById(R.id.btn_start);
            // 设置引导页的全屏图片
            iv_launch.setImageResource(imageArray[i]);
            // 每张图片都分配一个对应的单选按钮 RadioButton
            for (int j = 0; j < imageArray.length; j++) {
                RadioButton radio = new RadioButton(mContext);
                radio.setLayoutParams(new LayoutParams(
                        LayoutParams.WRAP_CONTENT, LayoutParams.WRAP_CONTENT));
                radio.setButtonDrawable(R.drawable.launch_guide);
                radio.setPadding(10, 10, 10, 10);
                // 把单选按钮添加到底部指示器的单选组
                rg_indicate.addView(radio);
            }
            // 当前位置的单选按钮要高亮显示，比如第二个引导页就高亮第二个单选按钮
            ((RadioButton) rg_indicate.getChildAt(i)).setChecked(true);
            // 如果是最后一个引导页，则显示入口按钮，以便用户点击按钮进入首页
            if (i == imageArray.length - 1) {
                btn_start.setVisibility(View.VISIBLE);
                btn_start.setOnClickListener(new OnClickListener() {
                    @Override
                    public void onClick(View v) {
                        Toast.makeText(mContext, "欢迎您开启美好生活",
                                Toast.LENGTH_SHORT).show();
                    }
                });
            }
            // 把该图片对应的引导页添加到引导页的视图队列
            mViewList.add(view);
```

```
        }
    }

    // 获取页面项的个数
    public int getCount() {
        return mViewList.size();
    }

    @Override
    public boolean isViewFromObject(View arg0, Object arg1) {
        return arg0 == arg1;
    }

    // 从容器中销毁指定位置的页面
    public void destroyItem(ViewGroup container, int position, Object object) {
        container.removeView(mViewList.get(position));
    }

    // 实例化指定位置的页面，并将其添加到容器中
    public Object instantiateItem(ViewGroup container, int position) {
        container.addView(mViewList.get(position));
        return mViewList.get(position);
    }
}
```

5.4 碎片 Fragment

本节介绍如何在页面上加入碎片并合理使用，包括通过静态注册方式使用碎片 Fragment、通过动态注册方式配合碎片适配器 FragmentStatePagerAdapter 使用 Fragment，并分别分析两种注册方式的 Fragment 生命周期，最后结合实战使用 Fragment 对启动引导页进行改进。

5.4.1 静态注册

Fragment 是个特别的存在，有点像报纸上的专栏，看起来只占据页面的一小块，但是这一小块有自己的生命周期，可以自行其事，仿佛独立王国；并且这一小块的特性无论在哪个页面，给一个位置就行，添加后不影响宿主页面的其他区域，去除后也不影响宿主页面的其他区域。

每个 Fragment 都有对应的布局文件，依据其使用方式可分为静态注册与动态注册两类。静态注册是在布局文件中直接放置 fragment 节点，类似于一个普通控件，可被多个布局文件同时引用。静态注册一般用于某个通用的页面部件（如 Logo 条、广告条等），每个活动页面均可直接引用该部件。

下面是 Fragment 布局文件的代码，看起来跟列表项与网格项的布局文件差不多。

```
<LinearLayout xmlns:android="http://schemas.android.com/apk/res/android"
    android:layout_width="match_parent"
    android:layout_height="wrap_content"
    android:orientation="horizontal"
    android:background="#bbffbb" >

    <TextView
        android:id="@+id/tv_adv"
        android:layout_width="0dp"
        android:layout_height="match_parent"
        android:layout_weight="1"
        android:gravity="center"
        android:text="广告"
        android:textColor="#000000"
        android:textSize="17sp" />

    <ImageView
        android:id="@+id/iv_adv"
        android:layout_width="0dp"
        android:layout_height="wrap_content"
        android:layout_weight="5"
        android:src="@drawable/adv"
        android:scaleType="fitCenter" />
</LinearLayout>
```

下面是与上述布局对应的 Fragment 代码，除了继承自 Fragment 外，其他地方很像活动页面代码。

```
public class StaticFragment extends Fragment implements OnClickListener {
    protected View mView; // 声明一个视图对象
    protected Context mContext; // 声明一个上下文对象

    // 创建碎片视图
    public View onCreateView(LayoutInflater inflater, ViewGroup container, Bundle savedInstanceState) {
        mContext = getActivity(); // 获取活动页面的上下文
        // 根据布局文件 fragment_static.xml 生成视图对象
        mView = inflater.inflate(R.layout.fragment_static, container, false);
        TextView tv_adv = mView.findViewById(R.id.tv_adv);
        ImageView iv_adv = mView.findViewById(R.id.iv_adv);
        tv_adv.setOnClickListener(this);
        iv_adv.setOnClickListener(this);
        return mView; // 返回该碎片的视图对象
    }
```

```
    @Override
    public void onClick(View v) {
        if (v.getId() == R.id.tv_adv) {
            Toast.makeText(mContext, "您点击了广告文本", Toast.LENGTH_LONG).show();
        } else if (v.getId() == R.id.iv_adv) {
            Toast.makeText(mContext, "您点击了广告图片", Toast.LENGTH_LONG).show();
        }
    }
}
```

若想在页面布局文件中引用 Fragment，则可直接加入一个 fragment 节点，注意 fragment 节点要增加 name 属性指定该 Fragment 类的完整路径。

```
<LinearLayout xmlns:android="http://schemas.android.com/apk/res/android"
    android:layout_width="match_parent"
    android:layout_height="match_parent"
    android:orientation="vertical"
    android:padding="5dp">

    <!-- 把碎片当作一个控件使用，其中 android:name 指明了碎片来源 -->
    <fragment
        android:id="@+id/fragment_static"
        android:name="com.example.senior.fragment.StaticFragment"
        android:layout_width="match_parent"
        android:layout_height="wrap_content" />

    <TextView
        android:layout_width="match_parent"
        android:layout_height="match_parent"
        android:gravity="center|top"
        android:text="这里是每个页面的具体内容"
        android:textColor="#000000"
        android:textSize="17sp" />
</LinearLayout>
```

最后运行并查看页面效果，如图 5-26 所示。此时 Fragment 界面给人的感觉就像一个视图，同样可以接收点击事件。

图 5-26　静态注册的 Fragment 效果

使用静态注册需要注意以下两点：

（1）fragment 节点必须指定 id 属性，否则 App 运行时会报错 Must specify unique android:id, android:tag, or have a parent with an id for ***。

（2）如果页面代码继承自 Activity，Fragment 类就必须继承自 android.app.Fragment，不能使用 android.support.v4.app.Fragment，否则 App 运行会报错 Trying to instantiate a class *** that is not a Fragment 或报错 java.lang.ClassCastException：*** cannot be cast to android.app.Fragment；如果页面代码继承自 AppCompatActivity 或 FragmentActivity，那么无论是 android.app.Fragment 还是 android.support.v4.app.Fragment 都可以使用。

另外，介绍一下 Fragment 在静态注册时的生命周期，如 Activity 的基本生命周期方法 onCreate、onStart、onResume、onPause、onStop、onDestroy，碎片 Fragment 都有，而且还多出了下面 5 个生命周期方法。

- onAttach: 与 Activity 结合。可在该方法中实例化 Activity 的一个回调对象，在 Fragment 中调用 Activity 的回调方法。这样设计的好处是 Activity 无须调用 set***Listener 方法设置监听器接口。
- onCreateView: 创建碎片视图。
- onActivityCreated: 在活动页面创建完毕后调用。
- onDestroyView: 回收碎片视图。
- onDetach: 与 Activity 分离。

至于这些周期方法的先后调用顺序，观察日志最简单明了。下面是打开页面时的日志信息，此时 Fragment 的 onCreate 操作先于 Activity，而 onStart 与 onResume 操作在 Activity 之后。

```
12:26:11.506：D/StaticFragment(5809)：onAttach
12:26:11.506：D/StaticFragment(5809)：onCreate
12:26:11.530：D/StaticFragment(5809)：onCreateView
12:26:11.530：D/FragmentStaticActivity(5809)：onCreate
12:26:11.530：D/StaticFragment(5809)：onActivityCreated
12:26:11.530：D/FragmentStaticActivity(5809)：onStart
12:26:11.530：D/StaticFragment(5809)：onStart
12:26:11.530：D/FragmentStaticActivity(5809)：onResume
12:26:11.530：D/StaticFragment(5809)：onResume
```

下面是退出页面时的日志信息，此时 Fragment 的 onPause、onStop、onDestroy 都在 Activity 之前。

```
12:26:36.586：D/StaticFragment(5809)：onPause
12:26:36.586：D/FragmentStaticActivity(5809)：onPause
12:26:36.990：D/StaticFragment(5809)：onStop
12:26:36.990：D/FragmentStaticActivity(5809)：onStop
12:26:36.990：D/StaticFragment(5809)：onDestroyView
12:26:36.990：D/StaticFragment(5809)：onDestroy
12:26:36.990：D/StaticFragment(5809)：onDetach
```

```
12:26:36.990：D/FragmentStaticActivity(5809)：onDestroy
```

总结一下，在静态注册时，除了碎片的创建操作在页面创建之前，其他操作都在页面创建之后。就像老实本分的下级，上级开腔后才能说话，上级要做总结性发言时赶紧闭嘴。

5.4.2 动态注册/碎片适配器 FragmentStatePagerAdapter

Fragment 拥有两种使用方式，即静态注册和动态注册。相比静态注册，实际开发中动态注册用得更多。静态注册在布局文件中直接指定 Fragment，而动态注册直到在代码中才动态添加 Fragment。动态生成的碎片给谁用、要怎么用呢？毫无疑问，动态碎片就是给翻页视图用的，ViewPager 和 Fragment 是一对好搭档。

怎么在 ViewPager 中使用 Fragment，关键在于适配器。上一节演示 ViewPager 时用的适配器是翻页适配器 PagerAdapter。如果结合 Fragment，适配器就要改用碎片适配器 FragmentStatePagerAdapter。下面是使用 FragmentStatePagerAdapter 适配器的代码，获取页面视图的地方变成了 getItem 方法。

```
public class MobilePagerAdapter extends FragmentStatePagerAdapter {
    private ArrayList<GoodsInfo> mGoodsList = new ArrayList<GoodsInfo>();  // 声明一个商品队列

    // 碎片页适配器的构造函数，传入碎片管理器与商品信息队列
    public MobilePagerAdapter(FragmentManager fm, ArrayList<GoodsInfo> goodsList) {
        super(fm);
        mGoodsList = goodsList;
    }

    // 获取碎片 Fragment 的个数
    public int getCount() {
        return mGoodsList.size();
    }

    // 获取指定位置的碎片 Fragment
    public Fragment getItem(int position) {
        return DynamicFragment.newInstance(position,
                mGoodsList.get(position).pic, mGoodsList.get(position).desc);
    }

    // 获得指定碎片页的标题文本
    public CharSequence getPageTitle(int position) {
        return mGoodsList.get(position).name;
    }
}
```

以上适配器在获得碎片对象时不用构造函数，却用了 newInstance 方法，目的是给 Fragment 传递参数信息。通过构造函数获得碎片对象后还得调用 setArguments 方法才能把请求数据塞

进去，然后在 Fragment 的 onCreateView 函数中调用 getArguments 方法获得请求数据。下面是动态注册的碎片代码：

```
public class DynamicFragment extends Fragment {
    protected View mView; // 声明一个视图对象
    protected Context mContext; // 声明一个上下文对象
    private int mPosition; // 位置序号
    private int mImageId; // 图片的资源编号
    private String mDesc; // 商品的文字描述

    // 获取该碎片的一个实例
    public static DynamicFragment newInstance(int position, int image_id, String desc) {
        DynamicFragment fragment = new DynamicFragment(); // 创建该碎片的一个实例
        Bundle bundle = new Bundle(); // 创建一个新包裹
        bundle.putInt("position", position); // 往包裹存入位置序号
        bundle.putInt("image_id", image_id); // 往包裹存入图片的资源编号
        bundle.putString("desc", desc); // 往包裹存入商品的文字描述
        fragment.setArguments(bundle); // 把包裹塞给碎片
        return fragment; // 返回碎片实例
    }

    // 创建碎片视图
    public View onCreateView(LayoutInflater inflater, ViewGroup container, Bundle savedInstanceState) {
        mContext = getActivity(); // 获取活动页面的上下文
        if (getArguments() != null) { // 如果碎片携带有包裹，则打开包裹获取参数信息
            mPosition = getArguments().getInt("position", 0);
            mImageId = getArguments().getInt("image_id", 0);
            mDesc = getArguments().getString("desc");
        }
        // 根据布局文件 fragment_dynamic.xml 生成视图对象
        mView = inflater.inflate(R.layout.fragment_dynamic, container, false);
        ImageView iv_pic = mView.findViewById(R.id.iv_pic);
        TextView tv_desc = mView.findViewById(R.id.tv_desc);
        iv_pic.setImageResource(mImageId);
        tv_desc.setText(mDesc);
        return mView; // 返回该碎片的视图对象
    }
}
```

现在有了适用于动态注册的适配器与碎片对象，还需要一个主页面配合才能完成整个页面的展示。下面是动态注册用到的页面代码，注意这里不能继承 Activity，只能继承 AppCompatActivity 或 FragmentActivity。

```
public class FragmentDynamicActivity extends AppCompatActivity {
```

```
    protected void onCreate(Bundle savedInstanceState) {
        super.onCreate(savedInstanceState);
        setContentView(R.layout.activity_fragment_dynamic);
        ArrayList<GoodsInfo> goodsList = GoodsInfo.getDefaultList();
        // 构建一个手机商品的碎片翻页适配器
        MobilePagerAdapter adapter = new MobilePagerAdapter(
                getSupportFragmentManager(), goodsList);
        // 从布局视图中获取名叫 vp_content 的翻页视图
        ViewPager vp_content = findViewById(R.id.vp_content);
        // 给 vp_content 设置手机商品的碎片适配器
        vp_content.setAdapter(adapter);
        // 设置 vp_content 默认显示第一个页面
        vp_content.setCurrentItem(0);
    }
}
```

运行效果如图 5-27 所示，看起来 Fragment 的界面与上一节 ViewPager 的效果没什么不同。

图 5-27　动态注册的 Fragment 效果

下面来看 Fragment 的生命周期。惯例先输出代码加上生命周期的日志，然后观察动态注册的运行日志。下面是打开页面时的日志信息：

```
12:28:28.074: D/FragmentDynamicActivity(5809): onCreate
12:28:28.074: D/FragmentDynamicActivity(5809): onStart
12:28:28.074: D/FragmentDynamicActivity(5809): onResume
12:28:28.086: D/DynamicFragment(5809): onAttach position=0
12:28:28.086: D/DynamicFragment(5809): onCreate position=0
12:28:28.114: D/DynamicFragment(5809): onCreateView position=0
12:28:28.114: D/DynamicFragment(5809): onActivityCreated position=0
12:28:28.114: D/DynamicFragment(5809): onStart position=0
12:28:28.114: D/DynamicFragment(5809): onResume position=0
```

```
12:28:28.114: D/DynamicFragment(5809): onAttach position=0
12:28:28.114: D/DynamicFragment(5809): onCreate position=0
12:28:28.146: D/DynamicFragment(5809): onCreateView position=1
12:28:28.146: D/DynamicFragment(5809): onStart position=1
12:28:28.146: D/DynamicFragment(5809): onResume position=1
```

下面是退出页面时的日志信息：

```
12:28:57.994: D/DynamicFragment(5809): onPause position=0
12:28:57.994: D/DynamicFragment(5809): onPause position=1
12:28:57.994: D/FragmentDynamicActivity(5809): onPause
12:28:58.402: D/DynamicFragment(5809): onStop position=0
12:28:58.402: D/DynamicFragment(5809): onStop position=1
12:28:58.402: D/FragmentDynamicActivity(5809): onStop
12:28:58.402: D/DynamicFragment(5809): onDestroyView position=0
12:28:58.402: D/DynamicFragment(5809): onDestroy position=0
12:28:58.402: D/DynamicFragment(5809): onDetach position=0
12:28:58.402: D/DynamicFragment(5809): onDestroyView position=1
12:28:58.402: D/DynamicFragment(5809): onDestroy position=1
12:28:58.402: D/DynamicFragment(5809): onDetach position=1
12:28:58.402: D/FragmentDynamicActivity(5809): onDestroy
```

日志搜集完毕，接下来分析一下这其中的奥妙。笔者总结了一下，主要有以下三点：

（1）动态注册时，Fragment 的 onCreate 操作在 Activity 之后，其余操作的先后顺序与静态注册时保持一致。

（2）注意 onActivityCreated 方法。无论是静态注册还是动态注册，该方法都在 Activity 的 onCreate 操作之后。可见该方法在页面创建之后才调用。

（3）最重要的一点，进入第一个 Fragment，实际只加载了第一页和第二页，并没有加载全部 Fragment。这正是 Fragment 的优越之处，无论当前位于哪一页，系统都只会加载当前页及相邻的前后两页，总共加载不超过三页。一旦发生页面切换，相邻页面就被加载，非相邻页面就被回收。这么做的好处是节省了宝贵的系统资源，只有用户正在浏览与将要浏览的 Fragment 才会加载，避免所有 Fragment 一起加载造成资源浪费，这正是普通 ViewPager 的缺点。

5.4.3 改进的启动引导页

接下来把 Fragment 用于实战，为“5.3.3 简单的启动引导页”做个改进。与之前相比，布局文件不变，改动的都是代码。下面是碎片适配器的代码：

```
public class LaunchImproveAdapter extends FragmentStatePagerAdapter {
    private int[] mImageArray; // 声明一个图片数组

    // 碎片页适配器的构造函数，传入碎片管理器与图片数组
    public LaunchImproveAdapter(FragmentManager fm, int[] imageArray) {
        super(fm);
```

```
        mImageArray = imageArray;
    }

    // 获取碎片 Fragment 的个数
    public int getCount() {
        return mImageArray.length;
    }

    // 获取指定位置的碎片 Fragment
    public Fragment getItem(int position) {
        return LaunchFragment.newInstance(position, mImageArray[position]);
    }
}
```

下面是每个启动页的 Fragment 代码：

```
public class LaunchFragment extends Fragment {
    protected View mView; // 声明一个视图对象
    protected Context mContext; // 声明一个上下文对象
    private int mPosition; // 位置序号
    private int mImageId; // 图片的资源编号
    private int mCount = 4; // 引导页的数量

    // 获取该碎片的一个实例
    public static LaunchFragment newInstance(int position, int image_id) {
        LaunchFragment fragment = new LaunchFragment(); // 创建该碎片的一个实例
        Bundle bundle = new Bundle(); // 创建一个新包裹
        bundle.putInt("position", position); // 往包裹存入位置序号
        bundle.putInt("image_id", image_id); // 往包裹存入图片的资源编号
        fragment.setArguments(bundle); // 把包裹塞给碎片
        return fragment; // 返回碎片实例
    }

    // 创建碎片视图
    public View onCreateView(LayoutInflater inflater, ViewGroup container, Bundle savedInstanceState) {
        mContext = getActivity(); // 获取活动页面的上下文
        if (getArguments() != null) { // 如果碎片携带有包裹，则打开包裹获取参数信息
            mPosition = getArguments().getInt("position", 0);
            mImageId = getArguments().getInt("image_id", 0);
        }
        // 根据布局文件 item_launch.xml 生成视图对象
        mView = inflater.inflate(R.layout.item_launch, container, false);
        ImageView iv_launch = mView.findViewById(R.id.iv_launch);
        RadioGroup rg_indicate = mView.findViewById(R.id.rg_indicate);
```

```
        Button btn_start = mView.findViewById(R.id.btn_start);
        // 设置引导页的全屏图片
        iv_launch.setImageResource(mImageId);
        // 每张图片都分配一个对应的单选按钮 RadioButton
        for (int j = 0; j < mCount; j++) {
            RadioButton radio = new RadioButton(mContext);
            radio.setLayoutParams(new LayoutParams(LayoutParams.WRAP_CONTENT,
LayoutParams.WRAP_CONTENT));
            radio.setButtonDrawable(R.drawable.launch_guide);
            radio.setPadding(10, 10, 10, 10);
            // 把单选按钮添加到底部指示器的单选组
            rg_indicate.addView(radio);
        }
        // 当前位置的单选按钮要高亮显示，比如第二个引导页就高亮第二个单选按钮
        ((RadioButton) rg_indicate.getChildAt(mPosition)).setChecked(true);
        // 如果是最后一个引导页，则显示入口按钮，以便用户点击按钮进入首页
        if (mPosition == mCount - 1) {
            btn_start.setVisibility(View.VISIBLE);
            btn_start.setOnClickListener(new OnClickListener() {
                @Override
                public void onClick(View v) {
                    Toast.makeText(mContext, "欢迎您开启美好生活",
Toast.LENGTH_SHORT).show();
                }
            });
        }
        return mView;   // 返回该碎片的视图对象
    }
}
```

改进后的引导页跟之前差不多，这里只列出最后一页的效果图，如图 5-28 所示。

图 5-28　Fragment 改造后的启动引导页

5.5　广播 Broadcast 基础

本节介绍为何使用广播 Broadcast 和如何使用广播，包括发送临时广播、注册接收器 BroadcastReceiver 接收临时广播、通过定时器设置定时广播、在 AndroidManifest.xml 中注册接收器接收系统发出的定时广播。

5.5.1 发送/接收临时广播

页面与页面之间传递和传回消息可使用 Intent。页面向适配器传递消息可使用适配器的构造函数；适配器向页面传回消息有点麻烦，在“5.2.3 网格视图 GridView”的商品频道改造时就遇到了，当时是在适配器构造函数中传入回调接口，适配器调用回调接口的方法，从而实现把消息传回页面。页面向碎片传递消息可在碎片适配器中为碎片对象设置情景参数（调用 setArguments 方法）。碎片如何把消息传回页面呢？这个问题看起来很高深，其实至少有两种解决办法。

（1）Fragment 提供了 onAttach 方法，onAttach 方法指定了结合的 Activity 对象。同样定义一个回调接口，把 Activity 对象强制转换为回调接口就可以在碎片中调用页面方法。这种方式不是本节的重点，有兴趣的读者可以自行钻研。

（2）人人都想成为武林高手，捷径之一就是寻找武功秘笈。同样是武术教材，清风剑法练十年还不如九阴真经练一年。Android 隐藏着不少武林大法，每当你按照常规思路难以解决问题时，往往用一个大法就可以迎刃而解。“5.2 列表类视图”在处理 ListView 与 GridView 的分隔线时便用到了 padding 大法。现在适配器向页面传回消息有一个 Broadcast 大法，无论对方在何处，只要用 Broadcast 大法吼一吼，对方立刻能够听到，岂不妙哉！

广播（Broadcast）用于 Android 组件之间的灵活通信，与 Activity 的区别在于：

（1）Activity 只能一对一通信；Broadcast 可以一对多，一人发送广播，多人接收处理。

（2）对于发送者来说，广播不需要考虑接收者有没有在工作，接收者在工作就接收广播，不在工作就丢弃广播。

（3）对于接收者来说，会收到各式各样的广播，所以接收者要自行过滤符合条件的广播，才能进行解包处理。

与广播有关的方法主要有以下 3 个。

- sendBroadcast：发送广播。
- registerReceiver：注册接收器，一般在 onStart 或 onResume 方法中注册。
- unregisterReceiver：注销接收器，一般在 onStop 或 onPause 方法中注销。

如果广播是在应用内使用，不需要跨进程，建议使用 LocalBroadcastManager 下的 registerReceiver 与 unregisterReceiver 方法，因为这样不但更有效率（不需要跨进程通信），而且不用考虑广播开放造成的安全问题（如果其他应用也能收到广播）。

为说明广播的工作流程，下面对其进行具体的演示。现在 Fragment 内有一个 Spinner 下拉框，可选择背景颜色，一旦选中某个背景色，整个活动页面的背景色就换成新颜色。Fragment 内部发现选中颜色后，要发送一个背景色变更的广播，代码如下：

```
    // 声明一个广播事件的标识串
    public final static String EVENT = "com.example.senior.fragment.BroadcastFragment";
    // 声明一个颜色名称数组
    private String[] mColorNameArray = {"红色", "黄色", "绿色", "青色", "蓝色"};
    // 声明一个颜色类型数组
```

```
private int[] mColorIdArray = {Color.RED,Color.YELLOW,Color.GREEN,Color.CYAN,Color.BLUE};
// 定义一个与下拉框配套的颜色选择监听器
class ColorSelectedListener implements OnItemSelectedListener {
    public void onItemSelected(AdapterView<?> arg0, View arg1, int arg2, long arg3) {
        // 创建一个广播事件的意图
        Intent intent = new Intent(BroadcastFragment.EVENT);
        intent.putExtra("seq", arg2);
        intent.putExtra("color", mColorIdArray[arg2]);
        // 通过本地的广播管理器来发送广播
        LocalBroadcastManager.getInstance(mContext).sendBroadcast(intent);
    }

    public void onNothingSelected(AdapterView<?> arg0) {}
}
```

同时，Activity 代码要实现背景色变更的广播接收器。一旦接收到背景色变更的广播，就立即修改页面为最新的背景色，示例代码如下：

```
public void onStart() {
    super.onStart();
    // 创建一个背景色变更的广播接收器
    bgChangeReceiver = new BgChangeReceiver();
    // 创建一个意图过滤器，只处理指定事件来源的广播
    IntentFilter filter = new IntentFilter(BroadcastFragment.EVENT);
    // 注册广播接收器，注册之后才能正常接收广播
    LocalBroadcastManager.getInstance(this).registerReceiver(bgChangeReceiver, filter);
}

public void onStop() {
    super.onStop();
    // 注销广播接收器，注销之后就不再接收广播
    LocalBroadcastManager.getInstance(this).unregisterReceiver(bgChangeReceiver);
}

// 声明一个背景色变更的广播接收器
private BgChangeReceiver bgChangeReceiver;
// 定义一个广播接收器，用于处理背景色变更事件
private class BgChangeReceiver extends BroadcastReceiver {

    // 一旦接收到背景色变更的广播，马上触发接收器的 onReceive 方法
    public void onReceive(Context context, Intent intent) {
        if (intent != null) {
            // 从广播消息中取出最新的颜色
            int color = intent.getIntExtra("color", Color.WHITE);
```

```
                // 把页面背景设置为广播发来的颜色
                ll_brd_temp.setBackgroundColor(color);
            }
        }
    }
```

广播效果如图 5-29 所示。在 Fragment 内部选择青色，整个页面的背景色都变了。

图 5-29　Fragment 发送广播，Activity 接收广播

5.5.2　定时器 AlarmManager

AlarmManager 是 Android 提供的一个全局定时器，利用系统闹钟定时发送广播。这样做的好处是：如果 App 提前注册闹钟的广播接收器，即使 App 退出了，只要定时到达，App 就会被唤醒响应广播事件。是不是很神奇？App 都不在了还能自动响应？没错，就是这样，要不然 Broadcast 怎么对得起大法的名号。

下面来看这种奇妙的事情是如何实现的。首先在页面代码中通过 AlarmManager 设置闹钟，具体代码如下：

```
    public void onClick(View v) {
        if (v.getId() == R.id.btn_alarm) {
            // 创建一个广播事件的意图
            Intent intent = new Intent(ALARM_EVENT);
            // 创建一个用于广播的延迟意图
            PendingIntent pIntent = PendingIntent.getBroadcast(this, 0, intent,
                    PendingIntent.FLAG_UPDATE_CURRENT);
            // 从系统服务中获取闹钟管理器
            AlarmManager alarmMgr = (AlarmManager) getSystemService(ALARM_SERVICE);
            Calendar calendar = Calendar.getInstance();
            calendar.setTimeInMillis(System.currentTimeMillis());
            // 给当前时间加上若干秒
            calendar.add(Calendar.SECOND, mDelay);
```

```
            // 开始设定闹钟，延迟若干秒后，携带延迟意图发送闹钟广播
            alarmMgr.set(AlarmManager.RTC_WAKEUP, calendar.getTimeInMillis(), pIntent);
            mDesc = DateUtil.getNowTime() + " 设置闹钟";
            tv_alarm.setText(mDesc);
        }
    }
```

然后在页面代码中定义一个广播接收器 AlarmReceiver，示例代码如下：

```
    // 声明一个广播事件的标识串
    private String ALARM_EVENT = "com.example.senior.AlarmActivity.AlarmReceiver";
    private static String mDesc = "";  // 闹钟时间到达的描述
    private static boolean isArrived = false;  // 闹钟时间是否到达

    // 定义一个闹钟广播的接收器
    public static class AlarmReceiver extends BroadcastReceiver {

        // 一旦接收到闹钟时间到达的广播，马上触发接收器的 onReceive 方法
        public void onReceive(Context context, Intent intent) {
            if (intent != null) {
                Log.d(TAG, "AlarmReceiver onReceive");
                if (tv_alarm != null && !isArrived) {
                    isArrived = true;
                    mDesc = String.format("%s\n%s 闹钟时间到达", mDesc, DateUtil.getNowTime());
                    tv_alarm.setText(mDesc);
                }
            }
        }
    }
```

接着打开 AndroidManifest.xml，在 application 节点下增加广播接收器的声明（注意，凡是在 AndroidManifest.xml 中声明的，就叫静态注册；在代码中声明叫动态注册）：

```
        <receiver android:name=".AlarmActivity$AlarmReceiver" >
            <intent-filter>
                <action android:name="com.example.senior.AlarmActivity.AlarmReceiver" />
            </intent-filter>
        </receiver>
```

这里插播一下 Android 9.0 对广播的重大调整，为提高安卓系统的安全性，从 9.0 开始，系统全面禁止刚才静态注册的广播，凡是静态广播在 9.0 系统中都不再有效，因此为了适配 Android 9.0，静态注册的广播都要换成在代码里声明的动态广播，具体的适配代码相见本书附录源码 senior 模块的 AlarmActivity.java。

最后的演示界面如图 5-30 和图 5-31 所示。其中，图 5-30 是开始设置闹钟时的界面，图 5-31 是收到闹钟广播时的界面。

这里的定时器能够完美实现广播功能，就是AlarmManager与PendingIntent相互配合的成果。

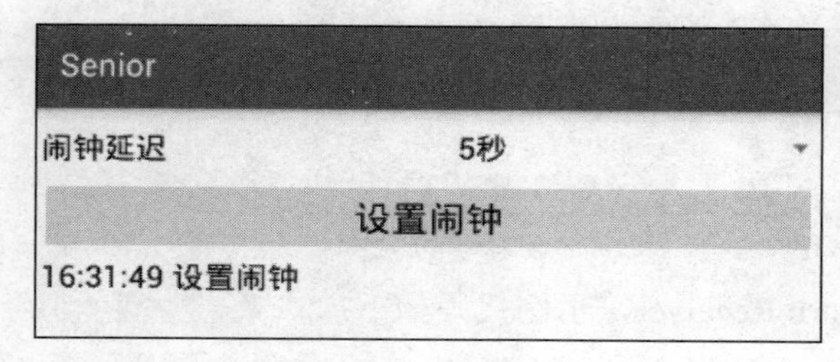

图 5-30 开始设置闹钟

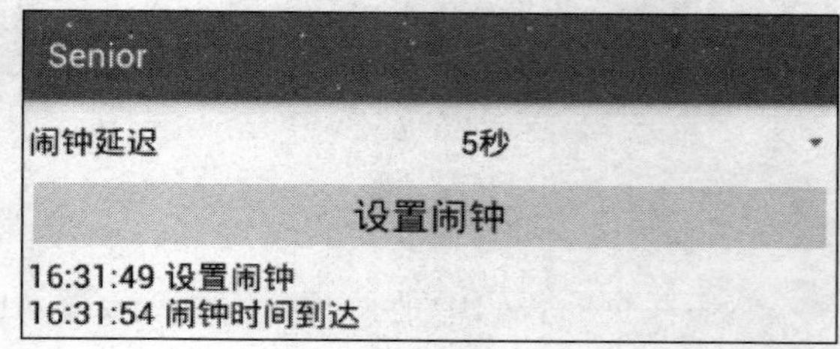

图 5-31 收到闹钟广播

PendingIntent 的意思是延迟的意图，只要不是立即传递的消息，都要用 PendingIntent。与之对应的，平常开发者通过 Activity 与 Broadcast 传递消息都要求立即处理，所以用 Intent。闹钟存在延迟，所以必须用 PendingIntent，PendingIntent 调用了 getBroadcast 方法，表示这次携带的消息用于发送广播。

另外注意，AlarmManager 的 set 方法用于设置一次性定时器，该方法的第一个参数表示定时器类型（一般是 AlarmManager.RTC_WAKEUP，表示定时器即使在睡眠状态下也会启用），第二个参数表示任务的执行时间，第三个参数表示携带消息的延迟任务（getBroadcast 返回的 PendingIntent 对象）。

5.6 实战项目：万年历

手机自诞生之初，就具备两项基本功能，一个是通话功能，另一个是时间功能。最简单的时间功能仅能查看当前的年月日、时分秒，若要拓展它的功能，则可由日历变月历，在年月日之外补充星期几，再添加节假日描述。进一步升级扩展，由月历变年历，分别按公历与农历纪年，便成了万年历。本节就来论述如何运用已学的知识，构建一部实用的万年历。

5.6.1 设计思路

手机上的日历一般是一个月一个页面，一年十二个月就是十二个页面。日历展示的信息有公历日，有农历日，还有常见节假日，以及二十四节气。大家对日历都很熟悉，所以也不啰嗦了，直接上个万年历项目的效果图。如图 5-32 所示，这是 2018 年 3 月份的日历页；如图 5-33 所示，这是 2018 年 10 月份的日历页。

首先数一数万年历项目用到了本章的哪些新知识，光看效果图大概会发现下面几个：

- 网格视图 GridView：每月的日期项采用了 GridView，每行七列。
- 基本适配器 BaseAdapter：网格项要展示公历日、农历日、节日与节气，需要适配器配合。
- 翻页视图 ViewPager：一年十二个月，支持左右滑动，用到了 ViewPager。
- 碎片 Fragment：十二个月对应十二个页面，每个页面都是一个 Fragment。
- 碎片适配器 FragmentStatePagerAdapter：把十二个 Fragment 组装到 ViewPager 中。
- 选项卡标题栏 PagerTabStrip：日历上方每个月的月份标题，对应的是 PagerTabStrip。

senior

2018年

二月　三月　四月

周一	周二	周三	周四	周五	周六	周日
26 十一	27 十二	28 十三	1 十四	2 元宵节	3 十六	4 十七
5 十八	6 惊蛰	7 廿十	8 妇女节	9 廿二	10 廿三	11 廿四
12 植树节	13 廿六	14 廿七	15 消费者日	16 廿九	17 二月	18 初二
19 初三	20 初四	21 春分	22 初六	23 初七	24 初八	25 初九
26 初十	27 十一	28 十二	29 十三	30 十四	31 十五	1 愚人节

图 5-32　2018 年 3 月的日历页

senior

2018年

九月　十月　十一月

周一	周二	周三	周四	周五	周六	周日
1 国庆节	2 廿三	3 廿四	4 廿五	5 廿六	6 廿七	7 廿八
8 寒露	9 九月	10 双十节	11 初三	12 初四	13 初五	14 初六
15 初七	16 初八	17 重阳节	18 初十	19 十一	20 十二	21 十三
22 十四	23 十五	24 霜降	25 十七	26 十八	27 十九	28 廿十
29 廿一	30 廿二	31 万圣节	1 廿四	2 廿五	3 廿六	4 廿七

图 5-33　2018 年 10 月的日历页

上面的这些控件实际是环环相扣的，整个日历拥有一个翻页视图 ViewPager 和一个 PagerTabStrip，然后 ViewPager 通过 FragmentStatePagerAdapter 组装进十二个碎片 Fragment，每个 Fragment 页对应一个月份。接着每个 Fragment 页内部都存在一个网格视图 GridView，单个 GridView 通过 BaseAdapter 组装了几十个文本视图 TextView，而 TextView 个体又对应具体的某个日期。这里面的层级关系概括起来便是：ViewPager→FragmentStatePagerAdapter→Fragment→GridView→BaseAdapter→TextView，理清了控件之间的依赖与包含关系，有助于接下来的编码工作。

5.6.2　小知识：月份选择器 MonthPicker

万年历采取 ViewPager 展示的话，同年的不同月份可以通过左右滑动来切换，那么不同年份的指定月份又该如何跳转？Android 提供了日期选择器 DatePicker 和时间选择器 TimePicker，却没有提供月份选择器 MonthPicker，一时之间叫人不知如何是好。可是为啥支付宝的账单查询支持月份呢？就像图 5-34 所示的支付宝查询账单页面，分明可以单独选择年月。

图 5-34　支付宝查询账单页面

看上去，支付宝的年月控件跟系统自带的日期选择器 DatePicker 很相像，区别在于去掉了右侧的日子列表。二者之间如此相似，这可不是偶然撞衫，而是它们本来系出一源。只要把日期选择器稍加修改，想办法隐藏右边多余的日子列，即可实现移花接木的效果。下面是将日期选择器篡改之后变成月份选择器的代码示例：

```
// 由日期选择器派生出月份选择器
public class MonthPicker extends DatePicker {
    public MonthPicker(Context context, AttributeSet attrs) {
        super(context, attrs);
        // 获取年月日的下拉列表项
        ViewGroup vg = ((ViewGroup) ((ViewGroup) getChildAt(0)).getChildAt(0));
        if (vg.getChildCount() == 3) {
            // 有的机型显示格式为“年月日”，此时隐藏第三个控件
            vg.getChildAt(2).setVisibility(View.GONE);
        } else if (vg.getChildCount() == 5) {
            // 有的机型显示格式为“年|月|日”，此时隐藏第四个和第五个控件（即“|日”）
            vg.getChildAt(3).setVisibility(View.GONE);
            vg.getChildAt(4).setVisibility(View.GONE);
        }
    }
}
```

由于日期选择器有日历和下拉框两种展示形式，以上的月份选择器代码只对下拉框生效，因此布局文件添加月份选择器之时，要特别注意添加属性“android:datePickerMode="spinner"”，表示该控件采取下拉列表显示。月份选择器在布局文件中的定义例子如下所示：

```
<com.example.senior.widget.MonthPicker
    android:id="@+id/mp_month"
    android:layout_width="match_parent"
    android:layout_height="wrap_content"
    android:calendarViewShown="false"
    android:datePickerMode="spinner"
    android:gravity="center"
    android:spinnersShown="true" />
```

这下大功告成，重新包装后的月份选择器俨然又是日期时间控件家族的一员，不但继承了日期选择器的所有方法，而且控件界面与支付宝的不差毫厘。月份选择器的真机界面效果如图 5-35 和图 5-36 所示，其中图 5-35 的手机显示格式为“年月”，图 5-36 的手机显示格式为“年|月”。

图 5-35　格式为“年月”的月份选择器

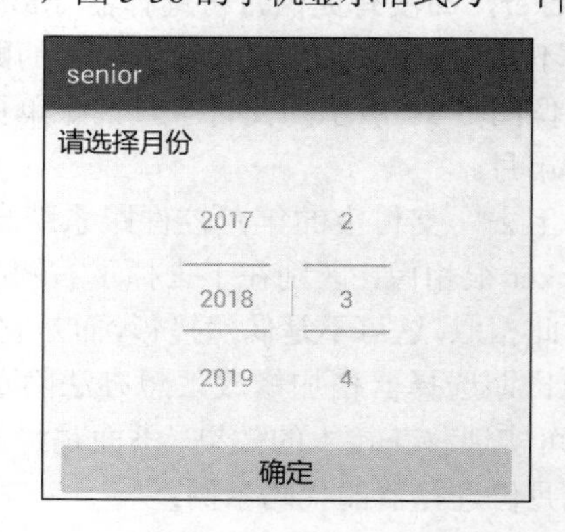

图 5-36　格式为“年|月”的月份选择器

5.6.3 代码示例

本实战项目用到的控件编码大多写在独立的代码文件中，为方便管理，可将这些代码文件分门别类。于是接下来的编码过程多出一步，变为五步了：

步骤 01 设计代码架构。初步归类后的 package 包分为以下 5 部分。

- com.example.calendar.activity：存放 Acitivity 页面的代码。
- com.example.calendar.adapter：存放适配器的代码，包括基本适配器和碎片适配器。
- com.example.calendar.fragment：存放每个月份的碎片代码。
- com.example.calendar.util：存放工具类的代码。
- com.example.calendar.widget：存放定制化修改后的月份选择器代码。

步骤 02 想好代码文件与布局文件的名称，比如万年历页面的代码文件取名 CalendarActivity.java，对应的布局文件是 activity_calendar.xml。另外还有适配器与碎片的代码及其布局文件，读者可自行构思。

步骤 03 在 AndroidManifest.xml 中注册万年历页面的 acitivity 节点，注册代码如下所示：

```
<activity android:name=".activity.CalendarActivity" />
```

步骤 04 在 res/layout 目录下编写布局文件。

步骤 05 进行 java 代码开发，包括页面、适配器、碎片等的编码。与日历有关的公历、农历、二十四节气计算相关逻辑，可参考本书附带源码 senior 模块的 CalendarGridAdapter.java。

现在除了左右滑动切换月份之外，还能通过月份选择器直接跳到其他年份，可谓是名副其实的万年历了。譬如点击页面上方的“2018 年”文字，则下方弹出月份选择器如图 5-37 所示；上下滑动到指定的年月如 2018 年 10 月，然后点击“确定”按钮，此时日历页自动切到如图 5-38 所示的该月份网格月历。

图 5-37 重新选择万年历的年月

图 5-38 选择年月后的月历页面

下面简单介绍一下本书附带源码 senior 模块中，与万年历有关的主要代码之间的关系：

（1）CalendarActivity.java：这是万年历的主页面入口，内含展示月历的翻页视图

ViewPager、展示月份标题的选项卡标题栏 PagerTabStrip，以及平时隐藏着、切换年月时才显示的月份选择器 MonthPicker。

（2）CalendarPagerAdapter.java：包括全部月历的 ViewPager 一共有 12 页，它与具体月份页之间通过 CalendarPagerAdapter 关联起来。

（3）CalendarFragment.java：这是某个月的月历，以碎片 Fragment 的形式加入到翻页适配器中。内含一个 GridView 网格视图，网格的每个单元就是一个具体的日期。

（4）CalendarGridAdapter.java：网格一行展示 7 天（即一星期），五行便能容纳当月的所有日子。该月与其下的日期之间通过 CalendarGridAdapter 关联起来，具体的日子可使用一个文本视图 TextView 来表达。

5.7 实战项目：日程表

本章介绍了好几个高级控件，如此一来，实战项目的功能也变得较为复杂了。可是上一节的万年历项目覆盖的知识点有点少，要想全面、深入地复习本章的大部分知识点，还要重新设计一个日程表项目。这样通过实战项目的练习，可以更好地掌握高级控件的用法。

5.7.1 设计思路

日程表不但支持基本的日历信息展示，而且支持用户设定每天的日程安排，还支持日程提醒时间。如此一来，日程表项目分成两个页面，一个是类似日历的主页面，另一个是查看日程详情的页面。图 5-39 所示为日程表的主页面，因为要展示每日的日程摘要，所以每天占用一行、一个页面展示七行（一周的日历）。点击每行日历进入日程安排页面，如图 5-40 所示。当天无安排就新增日程，已有安排就查看日程详情。

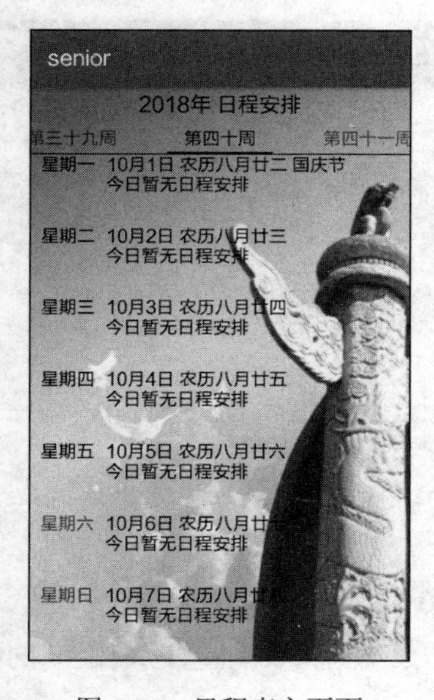

图 5-39　日程表主页面

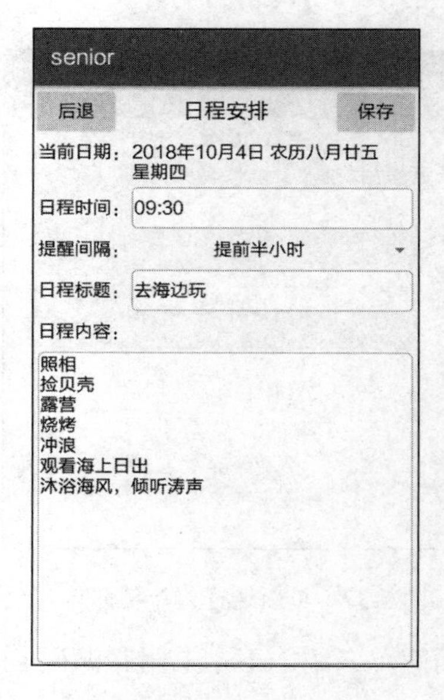

图 5-40　日程表详情页

有了效果图，再来看日程表项目用到的知识点，仔细找找你会发现几个？

- 列表视图 ListView：每页日历包含 7 天（一周的日期），采用了 ListView。
- 基本适配器 BaseAdapter：列表项要展示当天的公历日、农历日、节日与节气，还要展示当天的日程安排标题，需要适配器配合。
- 翻页视图 ViewPager：每页一周，一年 52 周，支持左右滑动，用到了 ViewPager。
- 碎片 Fragment：52 周对应 52 个页面，每个页面都是一个 Fragment。
- 碎片适配器 FragmentStatePagerAdapter：把 52 个 Fragment 组装到 ViewPager 中。
- 选项卡标题栏 PagerTabStrip：日历上方每周的周数标题对应 PagerTabStrip。
- 广播 Broadcast：每页根据当周的节日设置背景图，如国庆节所在周显示华表背景，中秋节所在周显示圆月背景，当周无节日显示晴天背景。由 Fragment 通知 Activity 变更背景，上一节讲过可用广播技术，Fragment 发送广播，Activity 接收广播。
- 时间选择对话框 TimePickerDialog：设置日程安排要选择日程时间，即时间选择对话框。
- 定时器 AlarmManager：设置日程提醒时间，一般要指定提前若干分钟，这个定时任务就靠 AlarmManager。

另外，还包括其他已经学过的控件知识，如 TextView、Button、EditText、Spinner、SQLite 等，没法一一列举，有待读者在实战中继续巩固提高。

5.7.2　小知识：震动器 Vibrator

上一小节的日程提醒可采用手机震动的方式，会用到震动器 Vibrator，它的对象从系统服务 VIBRATOR_SERVICE 中获取。震动器的主要方法如下：

- hasVibrator：判断设备是否拥有震动器。
- vibrate：震动手机。可设定单次震动的时长、多次震动的时长、是否重复震动等。
- cancel：取消震动。

使用震动器要在 AndroidManifest.xml 中加上如下权限：

```
<!-- 震动 -->
<uses-permission android:name="android.permission.VIBRATE" />
```

控制手机震动的代码很简单，下面短短几行就实现了震动功能。

```
// 从系统服务中获取震动管理器
Vibrator vibrator = (Vibrator) getSystemService(Context.VIBRATOR_SERVICE);
// 命令震动器吱吱个若干秒。比如下面的 3000 表示持续震动 3 秒
vibrator.vibrate(3000);
```

5.7.3　代码示例

本章的实战项目采用了大量适配器与碎片，此时不仅需要考虑具体编码，还得考虑代码的架构。因为适配器和碎片都分布在单独的代码文件中，所以有必要用另外的 package 包管理，

这样不会跟 Activity 文件混在一起。

于是，接下来的编码过程多出了一步，共分为 5 步。

步骤 01 设计代码架构。初步拆分后的 package 包分为以下 7 部分。

- com.example.schedule.activity：存放 Acitivity 页面的代码。
- com.example.schedule.adapter：存放适配器的代码，包括基本适配器和碎片适配器。
- com.example.schedule.bean：存放实体数据结构的代码，如日程表的字段信息。
- com.example.schedule.database：存放读写 SQLite 的数据库操作代码。
- com.example.schedule.fragment：存放碎片代码。
- com.example.schedule.receiver：存放广播接收器的代码。
- com.example.schedule.util：存放工具类的代码。

注 意

本章的演示工程因为加入了许多示例代码，所以包名与相关结构与上述 package 架构不尽相同，这是难以避免的。实战项目作为一个独立的 App，不应混入其他无关代码，建议读者自己开发时按照更清晰的 package 架构编码。

步骤 02 想好代码文件与布局文件的名称。比如日程表页面的代码文件取名 ScheduleActivity.java，对应的布局文件是 activity_schedule.xml；日程详情页面的代码文件取名 ScheduleDetailActivity.java，对应的布局文件是 activity_schedule_detail.xml；另外，还有一个全局应用的代码文件 MainApplication.java。不要忘了闹钟广播接收器的代码文件 AlarmReceiver.java，还有适配器与碎片的代码及其布局文件，读者可自行构思。

步骤 03 在 AndroidManifest.xml 中补充相应配置。在 AndroidManifest.xml 中补充相应配置，主要有以下 3 点。

（1）注册 2 个页面的 acitivity 节点，注册代码如下：

```
<activity android:name=".activity.ScheduleActivity" />
<activity android:name=".activity.ScheduleDetailActivity" />
```

（2）注册闹钟接收器的 receiver 节点，注册代码如下：

```
<receiver android:name=".receiver.AlarmReceiver" >
    <intent-filter>
        <action android:name="com.example.senior.ScheduleDetailActivity.AlarmReceiver" />
    </intent-filter>
</receiver>
```

（3）声明手机震动的操作权限，配置如下所示：

```
<!-- 震动 -->
<uses-permission android:name="android.permission.VIBRATE" />
```

步骤 04 在 res/drawable 目录加入日程表用到的背景图，在 res/layout 目录下编写布局文件。

步骤 05 进行 java 代码开发，包括页面、适配器、碎片、广播接收器等编码。与日历有关的公历计算、农历计算、二十四节气计算都有相应的开源代码，这里只需完成控件操作代码。

编码完成后，日程表主页面应该能够展示每日的日程安排文字，如图 5-41 所示。

下面简单介绍一下本书附带源码 senior 模块中，与日程表有关的主要代码之间的关系：

（1）ScheduleActivity.java：这是日程表的主页面入口，内含展示每周日程的翻页视图 ViewPager、展示月份标题的选项卡标题栏 PagerTabStrip。以及一个节日图片的广播接收器 FestivalControlReceiver，一旦接收到 Fragment 发来的节日图片广播，就更换当前页面的背景图片。

（2）SchedulePagerAdapter.java：一年包括 52 个星期，所以 ViewPager 一共有 52 页，它与具体月份页之间通过 SchedulePagerAdapter 关联起来。

（3）ScheduleFragment.java：这是某个星期的日程安排，以碎片 Fragment 的形式加入到翻页适配器中。内含一个 ListView 列表视图，通过校验这个星期是否存在特殊节日，来决定要将页面背景更换成哪张图片。

图 5-41　日程表主页面显示每日的日程安排

（4）ScheduleListAdapter.java：每页的日程列表一共 7 行，囊括了当周从星期一到星期日的所有日程安排。当周与其下的日期之间通过 ScheduleListAdapter 关联起来，具体的日程信息可使用一个文本视图 TextView 来表达。

（5）ScheduleDetailActivity.java：点击列表中的某一行，即可跳转至日程详情页面。在该详情页可以查看、编辑当天的日程信息，还可以设定日程的提醒闹钟。

5.8 小　　结

本章主要介绍了 App 开发的高级控件相关知识，包括日期时间控件的用法（日期选择器、时间选择器）、列表类视图的用法（基本适配器、列表视图、网格视图）、翻页类视图的基本用法（翻页视图、翻页适配器、翻页标题栏）、碎片的用法（静态注册方式、动态注册方式、碎片适配器）、Broadcast 组件的基本用法（发送广播、接收、定时器广播）。中间穿插了实战模块的运用，如改进后的购物车、改进后的启动引导页等。最后设计了两个实战项目，一个是“万年历”，另一个是“日程表”。在“万年历”的项目编码中，采用前面介绍的部分控件，并介绍了月份选择器的实现技巧。在“日程表”的项目编码中，采用本章介绍的大部分控件与适配器，以及广播发送和广播接收器的处理，并介绍了震动器的用法。

通过本章的学习，读者应该能够掌握以下 3 种开发技能：

（1）在布局文件中合理使用本章学到的控件。

（2）在代码中合理调用本章学到的控件和适配器的相关方法。

（3）学会广播组件 Broadcast 的用法，如在不同页面之间发送与接收广播、设置定时器并接收定时器广播等。

第6章

自定义控件

本章介绍 App 开发经常涉及的自定义控件相关技术，主要包括自定义视图的过程与步骤、自定义动画的原理与实现、自定义对话框的概念与示例、自定义通知栏的用法与定制，另外介绍四大组件之一的服务 Service 的生命周期与启停方式。最后结合本章所学的知识，演示一个实战项目“手机安全助手”的设计与实现。

6.1 自定义视图

本节介绍自定义视图的过程，包括声明属性与编写代码两个过程。编写代码的过程分为构造对象、测量尺寸、绘制视图 3 个步骤。另外，详细说明绘制视图的 3 种途径：重写 onLayout 方法、重写 onDraw 方法和重写 dispatchDraw 方法。

6.1.1 声明属性

Android 自带的视图有时无法满足实际需求，这种情况下开发者就得自定义视图。自定义视图好比自己造车，造车比开车难很多，不过只要找到窍门，其实也没有想象得那么难。自定义视图涉及许多概念，为了使读者更容易理解，下面从一个小例子入手，先产生感性认识再学习理论知识。

第 5 章提到 PagerTitleStrip 和 PagerTabStrip 无法在布局文件中指定文字样式，只能在代码中设置，让人很不习惯，如果可以直接指定 textColor 和 textSize 属性就会好很多。现在我们小试牛刀，通过扩展自定义属性，以满足在布局文件指定属性的要求。具体步骤如下：

步骤 01 在 res\values 目录下创建 attrs.xml。其中，declare-styleable 的 name 属性值表示新视图名为 CustomPagerTab，两个 attr 节点表示新增的两个属性分别是 textColor 和 textSize。文件内容如下：

```
<resources>
    <declare-styleable name="CustomPagerTab">
        <attr name="textColor" format="color" />
        <attr name="textSize" format="dimension" />
    </declare-styleable>
</resources>
```

步骤 02 在代码的 widget 目录中创建 CustomPagerTab.java，填入以下代码：

```
public class CustomPagerTab extends PagerTabStrip {
    private int textColor = Color.BLACK;  // 文本颜色
    private int textSize = 15;  // 文本大小

    public CustomPagerTab(Context context) {
        super(context);
    }

    public CustomPagerTab(Context context, AttributeSet attrs) {
        super(context, attrs);
        if (attrs != null) {
            // 根据 CustomPagerTab 的属性定义，从布局文件中获取属性数组描述
            TypedArray attrArray = getContext().obtainStyledAttributes(attrs,
R.styleable.CustomPagerTab);
            // 根据属性描述定义，获取布局文件中的文本颜色
            textColor = attrArray.getColor(R.styleable.CustomPagerTab_textColor, textColor);
            // 根据属性描述定义，获取布局文件中的文本大小
            // getDimension 得到的是 px 值，需要转换为 sp 值
            textSize = Utils.px2sp(context, attrArray.getDimension(R.styleable.CustomPagerTab_textSize,
textSize));
            // 回收属性数组描述
            attrArray.recycle();
        }
    }

//    //PagerTabStrip 没有三个参数的构造函数
//    public CustomPagerTab(Context context, AttributeSet attrs, int defStyleAttr) {
//    }

    @Override
    protected void onDraw(Canvas canvas) {  // 绘制函数
        setTextColor(textColor);  // 设置标题文字的文本颜色
        setTextSize(TypedValue.COMPLEX_UNIT_SP, textSize);  // 设置标题文字的文本大小
        super.onDraw(canvas);
    }
```

```
    }
```

步骤 03 在布局文件根节点增加命名空间声明 xmlns:app="http://schemas.android.com/apk/res-auto"，并把 android.support.v4.view.PagerTabStrip 的节点名称改为自定义视图的全路径名称（如 com.example.custom.widget.CustomPagerTab），同时在该节点下指定新增的两个属性——app:textColor 与 app:textSize。修改后的布局文件代码如下：

```
<LinearLayout xmlns:android="http://schemas.android.com/apk/res/android"
    xmlns:app="http://schemas.android.com/apk/res-auto"
    android:layout_width="match_parent"
    android:layout_height="match_parent"
    android:orientation="vertical"
    android:padding="10dp" >

    <android.support.v4.view.ViewPager
        android:id="@+id/vp_content"
        android:layout_width="match_parent"
        android:layout_height="400dp" >

        <!-- 这里使用自定义控件的全路径名称，其中 textColor 和 textSize 为自定义的属性 -->
        <com.example.custom.widget.CustomPagerTab
            android:id="@+id/pts_tab"
            android:layout_width="wrap_content"
            android:layout_height="wrap_content"
            app:textColor="@color/red"
            app:textSize="20sp" />
    </android.support.v4.view.ViewPager>
</LinearLayout>
```

完成以上代码的修改后运行 App，实现的效果如图 6-1 所示，此时翻页标题栏的文字颜色变为红色，字体也变大了。

在自定义视图的步骤 1 中，attr 节点的 name 表示新属性的名称，format 表示新属性的格式（数据类型）；在步骤 2 中，调用 getColor 方法获取颜色值，调用 getDimensionPixelSize 方法获取文字大小，不同的数据类型调用不同的获取方法。有关属性类型及其获取方法的对应说明见表 6-1。

图 6-1　自定义的翻页标题栏

表6-1　属性类型的取值说明

属性类型	获取方法	说明
boolean	getBoolean	布尔值。取值为 true 或 false
integer	getInt	整型值
float	getFloat	浮点值
string	getString	字符串
color	getColor	颜色值。取值为开头带#的六位或八位十六进制数
dimension	getDimensionPixelSize	尺寸值。单位为 px
fraction	getFraction	百分数。取值为末尾带%的百分数
reference	getResourceId	参考某一资源。取值如@drawable/ic_launcher
enum	getInt	枚举值
flag	getInt	标志位

表 6-1 的 enum 类型与 flag 类型的使用稍微复杂，枚举类型的属性常见的有 LinearLayout 的 orientation 和 ImageView 的 scaleType；标志类型的属性常见的有 TextView 的 gravity 和 EditText 的 inputType。下面是枚举类型的属性声明例子，注意给出了多个枚举值：

```
<declare-styleable name="CustomPagerTab">
    <attr name="customOrientation">
        <enum name="horizontal" value="0" />
        <enum name="vertical" value="1" />
    </attr>
</declare-styleable>
```

下面是标志类型的属性声明例子，注意给出了多个标志位的取值：

```
<declare-styleable name="CustomPagerTab">
    <attr name="customGravity">
        <flag name = "center" value = "0" />
        <flag name = "left" value = "1" />
        <flag name = "top" value = "2" />
        <flag name = "right" value = "4" />
        <flag name = "bttom" value = "8" />
    </attr>
</declare-styleable>
```

6.1.2　构造对象

新增视图属性的声明很简单，麻烦的是在代码中进行视图的自定义处理。自定义视图的编码主要由 3 部分组成：

（1）重写构造函数，初始化该视图的自有属性。

（2）重写测量函数 onMeasure，计算该视图的宽与高（一般只有复杂视图才重写该函数）。

（3）重写绘图函数 onLayout、onDraw、dispatchDraw，视情况重写 3 个中的一个或多个。

一般要重写 3 个构造函数。前面在演示新控件 CustomPagerTab 时，示例代码给出了 3 个构造函数（实际只实现了两个），分别是：

（1）只带一个参数的 public CustomPagerTab (Context context)。在代码中声明对象时采用该构造函数。

（2）带两个参数的 public CustomPagerTab (Context context,AttributeSet attrs)。在布局文件中引用自定义视图时采用该构造函数。

（3）带 3 个参数的 public CustomPagerTab (Context context, AttributeSet attrs, int defStyleAttr)。该构造函数的作用是：除了布局文件中指定的属性，另外在代码中指定默认风格。第 3 个参数 defStyleAttr 是一种特殊属性，类型既非整型也非字符串，而是参照类型（reference，需要在 styles.xml 中另外定义）。具体使用步骤如下：

步骤 01 在 styles.xml 中定义一种风格样式。

步骤 02 在 attrs.xml 中声明该风格样式的参照属性，举例如下：

```
<attr name="CustomizeStyle" format="reference" />
```

步骤 03 在代码中由第二种构造函数调用第三种构造函数，在调用时把该参照属性传到第三个参数中，示例代码如下：

```
public CustomPagerTab(Context context, AttributeSet attrs) {
    this(context, attrs, R.attr.CustomizeStyle);
}

public CustomPagerTab(Context context, AttributeSet attrs, int defStyleAttr) {
    super(context, attrs, defStyleAttr);
        if (attrs != null) {
        TypedArray attrArray = getContext().obtainStyledAttributes( attrs,
R.styleable.CustomPagerTab, defStyleAttr, R.style.DefaultCustomizeStyle);
        //此处省略各个属性值的读取
        attrArray.recycle();
    }
}
```

这样，系统在寻找该视图的属性时就会先找布局文件，再找 attrs.xml 中声明的 R.attr.CustomizeStyle 风格样式，最后找 styles.xml 中 R.style.DefaultCustomizeStyle 的风格样式。第三种构造函数用得不多，无须深入研究，了解即可。

6.1.3 测量尺寸

自定义视图的第二步是测量尺寸。大家知道，添加视图的目的是在屏幕上显示期望的图案。因此，在绘制图案之前系统得先知道这个图案的尺寸，即宽和高。一般在布局文件中对视图的宽和高有 3 种赋值方式，具体说明见表 6-2。

表6-2 尺寸大小的3种赋值方式

XML 中的尺寸类型	LayoutParams 类的尺寸类型	说明
match_parent	MATCH_PARENT	与上级视图大小一样
wrap_content	WRAP_CONTENT	按照自身尺寸进行适配
**dp	整型数	具体的尺寸数值

方式 1 和方式 3 都好办，要么取上级视图的数值，要么取具体数值。难办的是方式 2，这个尺寸究竟要如何度量，不可能让开发者人手一把尺子在屏幕上比划。Android 提供了相关度量方法，可以在不同情况下进行尺寸测量。需要测量的对象主要有 3 种，分别是文本尺寸、图形尺寸和布局尺寸。

1. 文本尺寸测量

文本尺寸分为文本的宽度和高度，要根据文本大小分别进行计算。其中，文本宽度使用 Paint 类的 measureText 方法测量，具体代码如下：

```
// 获取指定文本的宽度（其实就是长度）
public static float getTextWidth(String text, float textSize) {
    if (TextUtils.isEmpty(text)) {
        return 0;
    }
    Paint paint = new Paint();  // 创建一个画笔对象
    paint.setTextSize(textSize);  // 设置画笔的文本大小
    return paint.measureText(text);  // 利用画笔丈量指定文本的宽度
}
```

文本高度的计算要烦琐一些，用到了 FontMetrics 类，该类提供了 5 个与高度相关的属性，详细说明见表 6-3。

表6-3 FontMetrics类的距离属性说明

FontMetrics 类的距离属性	说明
top	行的顶部与基线的距离
ascent	字符的顶部与基线的距离
descent	字符的底部与基线的距离
bottom	行的底部与基线的距离
leading	行间距

之所以区分这些属性，是为了计算不同规格的高度。如果要得到文本自身的高度，高度值就是 descent 减去 ascent；如果要得到文本所在行的行高，高度值就是 bottom 减去 top 再加上 leading。具体的高度计算代码如下：

```
// 获取指定文本的高度
```

```
public static float getTextHeight(String text, float textSize) {
    Paint paint = new Paint();  // 创建一个画笔对象
    paint.setTextSize(textSize);  // 设置画笔的文本大小
    FontMetrics fm = paint.getFontMetrics();  // 获取画笔默认字体的度量衡
    return fm.descent - fm.ascent;  // 返回文本自身的高度
    //return fm.bottom - fm.top + fm.leading;  // 返回文本所在行的行高
}
```

下面看看文本尺寸的度量结果，当字体大小为 17sp 时，示例文本的宽度为 119、高度为 19，如图 6-2 所示；当字体大小为 25sp 时，示例文本的宽度为 175、高度为 29，如图 6-3 所示。

图 6-2 字体大小为 17sp 时的尺寸

图 6-3 字体大小为 25sp 时的尺寸

2. 图形尺寸测量

相对于文本尺寸，图形尺寸的计算反而简单些，因为 Android 提供了可以直接使用的宽、高获取方法。如果图形是 Bitmap 格式，就通过 getWidth 和 getHeight 方法获取位图对象的宽度和高度；如果图形是 Drawable 格式，就通过 getIntrinsicWidth 方法获取该图形的宽度，通过 getIntrinsicHeight 方法获取该图形的高度。

3. 布局尺寸测量

文本尺寸测量主要用于 TextView、Button 等文本控件，图形尺寸测量主要用于 ImageView、ImageButton 等图像控件。在实际开发中，有更多场合需要测量布局视图的尺寸。布局视图内部可能有文本控件、图像控件，还可能有 padding 和 margin。如此一来，对布局视图的内部控件一个个单独测量变得不切实际。View 类提供了一种对布局整体进行测量的思路。对应 layout_width 和 layout_height 的 3 种赋值方式，Android 的视图提供了 3 种测量模式，具体取值说明见表 6-4。

表6-4 测量模式的取值说明

MeasureSpec 类的测量模式	视图宽、高的赋值方式	说明
AT_MOST	MATCH_PARENT	达到最大
UNSPECIFIED	WRAP_CONTENT	未指定（实际就是自适应）
EXACTLY	具体 dp 值	精确尺寸

围绕这 3 种模式衍生了相关度量方法，如 ViewGroup 类的 getChildMeasureSpec 方法、MeasureSpec 类的 makeMeasureSpec 方法、View 类的 measure 方法等。具体的测量原理可以不用深究，下面直接切入正题，看下测量尺寸的实现代码：

```
    // 计算指定线性布局的实际高度
    public static float getRealHeight(View child) {
        LinearLayout llayout = (LinearLayout) child;
        // 获得线性布局的布局参数
        ViewGroup.LayoutParams params = llayout.getLayoutParams();
        if (params == null) {
            params = new ViewGroup.LayoutParams(
                    LayoutParams.MATCH_PARENT, LayoutParams.WRAP_CONTENT);
        }
        // 获得布局参数里面的宽度规格
        int widthSpec = ViewGroup.getChildMeasureSpec(0, 0, params.width);
        int heightSpec;
        if (params.height > 0) {  // 高度大于 0，说明这是明确的 dp 数值
            // 按照精确数值的情况计算高度规格
            heightSpec = View.MeasureSpec.makeMeasureSpec(params.height, MeasureSpec.EXACTLY);
        } else {  // MATCH_PARENT=-1，WRAP_CONTENT=-2，所以二者都进入该分支
            // 按照不确定的情况计算高度规则
            heightSpec = View.MeasureSpec.makeMeasureSpec(0, MeasureSpec.UNSPECIFIED);
        }
        // 重新进行线性布局的宽高丈量
        llayout.measure(widthSpec, heightSpec);
        // 获得并返回线性布局丈量之后的高度数值。调用 getMeasuredWidth 方法可获得宽度数值
        return llayout.getMeasuredHeight();
    }
```

现在很多 App 页面都提供下拉刷新功能，需要计算下拉刷新的头部高度，以便在下拉时判断整个页面要拉动多少距离。下面演示下拉刷新的头部高度，如图 6-4 所示。头部布局中有图像、文字和间隔，调用 getRealHeight 方法计算得到的布局高度为 170。

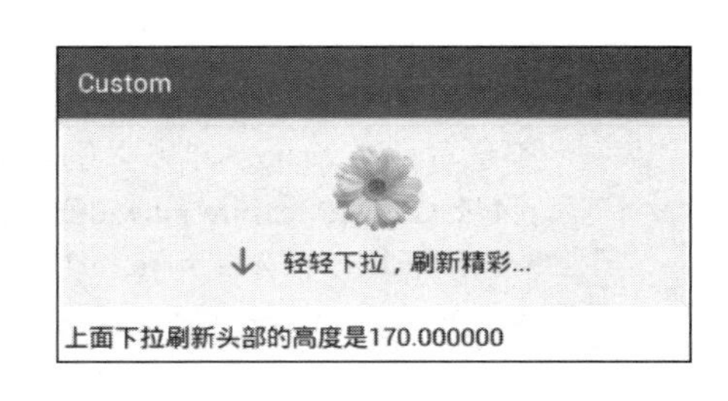

图 6-4　布局视图的高度测量结果

6.1.4　宽高尺寸的动态调整

一个视图的宽和高，其实在页面布局的时候就决定了，视图节点的 android:layout_width 属性指定了该视图的宽度，而 android:layout_height 属性指定了该视图的高度。这两个属性又有三种取值方式，分别是：取值 match_parent 表示与上级视图一样尺寸，取值 wrap_content 表示按照自身内容的实际尺寸，最后一种则直接指定了具体的 dp 数值。在多数情况之下，系统按照这三种取值方式，完全能够自动计算正确的视图宽度和视图高度。

当然也有例外，像列表视图 ListView 就是个另类，尽管 ListView 在多数场合的高度计算也不会出错，但是把它放到 ScrollView 之中便出现问题了。ScrollView 本身叫做滚动视图，而列表视图 ListView 也是可以滚动的，于是一个滚动视图嵌套另一个也能滚动的视图，那么在双方的重叠区域，上下滑动的手势究竟表示要滚动哪个视图？这个滚动冲突的问题，不光令开

发者脑袋浆糊，便是 Android 系统也得神经错乱。所以 Android 目前的处理对策是：如果 ListView 的高度被设置为 wrap_content，则此时列表视图只显示一行的高度，然后布局内部只支持滚动 ScrollView。

如此虽然滚动冲突的问题暂时解决，但是又带来一个新问题，好好的列表视图仅仅显示一行内容，这让出不了头的剩余列表行情何以堪？按照用户正常的思维逻辑，列表视图应该显示所有行，并且列表内容要跟着整个页面一齐向上或者向下滚动。显然此时系统对 ListView 的默认处理方式并不符合用户习惯，只能对其进行改造使之满足用户的使用习惯。改造列表视图的一个可行方案，便是重写它的测量函数 onMeasure，不管布局文件中设定的视图高度为何，都把列表视图的高度改为最大高度，即所有列表项高度加起来的总高度。

根据以上思路自定义一个扩展自 ListView 的不滚动列表视图 NoScrollListView，它的实现代码如下所示：

```
public class NoScrollListView extends ListView {

    public NoScrollListView(Context context) {
        super(context);
    }

    public NoScrollListView(Context context, AttributeSet attrs) {
        super(context, attrs);
    }

    public NoScrollListView(Context context, AttributeSet attrs, int defStyle) {
        super(context, attrs, defStyle);
    }

    // 重写 onMeasure 方法，以便自行设定视图的高度
    public void onMeasure(int widthMeasureSpec, int heightMeasureSpec) {
        // 将高度设为最大值，即所有项加起来的总高度
        int expandSpec = MeasureSpec.makeMeasureSpec(
                    Integer.MAX_VALUE >> 2, MeasureSpec.AT_MOST);
        super.onMeasure(widthMeasureSpec, expandSpec);
    }
}
```

接下来为了方便演示改造前后列表视图的界面效果对比，在一个页面布局中放入 ScrollView 节点，然后在该节点下面同时添加 ListView 节点，以及自定义的 NoScrollListView 节点。回到该页面的 Activity 代码，给 ListView 和 NoScrollListView 两个控件对象设置一模一样的行星列表数据，具体页面代码如下所示：

```
public class OnMeasureActivity extends AppCompatActivity {

    @Override
```

```
    protected void onCreate(Bundle savedInstanceState) {
        super.onCreate(savedInstanceState);
        setContentView(R.layout.activity_on_measure);
        PlanetListAdapter adapter1 = new PlanetListAdapter(this, Planet.getDefaultList());
        // 从布局文件中获取名叫 lv_planet 的列表视图
        // lv_planet 是系统自带的 ListView，被 ScrollView 嵌套只能显示一行
        ListView lv_planet = findViewById(R.id.lv_planet);
        lv_planet.setAdapter(adapter1);
        lv_planet.setOnItemClickListener(adapter1);
        lv_planet.setOnItemLongClickListener(adapter1);
        PlanetListAdapter adapter2 = new PlanetListAdapter(this, Planet.getDefaultList());
        // 从布局文件中获取名叫 nslv_planet 的不滚动列表视图
        // nslv_planet 是自定义控件 NoScrollListView，会显示所有行
        NoScrollListView nslv_planet = findViewById(R.id.nslv_planet);
        nslv_planet.setAdapter(adapter2);
        nslv_planet.setOnItemClickListener(adapter2);
        nslv_planet.setOnItemLongClickListener(adapter2);
    }
}
```

重新编译运行 App，然后上下滑动测试页面，即可观察到两种列表的区别。如图 6-5 所示，这是测试页面的初始界面，此时系统自带的 ListView 仅仅显示一行内容，而开发者自定义的 NoScrollListView 显示多行内容。接着把测试页面往上拉动，滚动后的界面如图 6-6 所示，此时系统自带的 ListView 带着仅有的一行完全向上滚没了，而开发者自定义的 NoScrollListView 随着上拉手势持续滚动，可见 NoScrollListView 内部的列表项全部展示了出来。

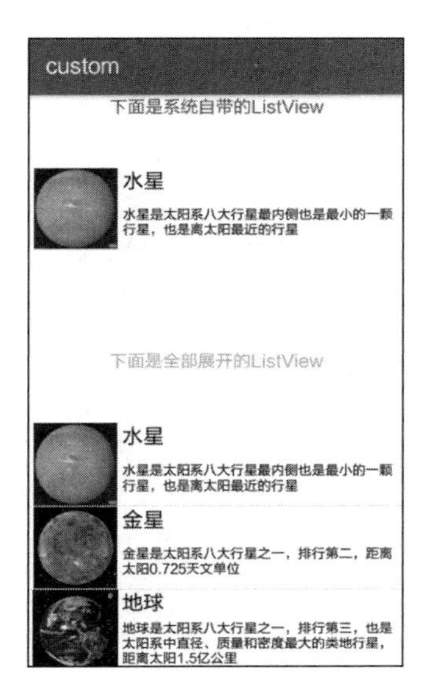

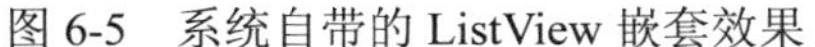
图 6-5　系统自带的 ListView 嵌套效果

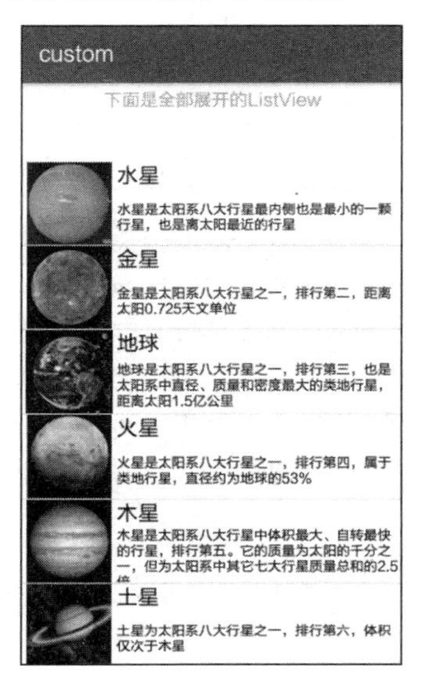

图 6-6　自定义的 ListView 展开效果

除了解决列表视图的嵌套展示问题，重写 onMeasure 函数还有另外一个用途。由于手机屏

幕既可以竖屏显示，也可以横屏显示，因此为了让一个正方形视图无论竖屏还是横屏都能正常展示，就得重写 onMeasure 方法。当该视图的初始宽度小于初始高度时，则缩短高度使之与宽度一样长；否则意味着初始宽度大于初始高度，此时应缩短宽度使之与高度一样长。这样保证了不管竖屏还是横屏，正方形视图都能完整地显示在屏幕上，而不会超出屏幕范围。

正方形视图的具体应用参见第 9 章指南针一节用到的罗盘视图 CompassView，下面是罗盘视图重写后的 onMeasure 代码片段：

```
// 重写 onMeasure 方法，使得该视图无论竖屏还是横屏都保持正方形状
protected void onMeasure(int widthMeasureSpec, int heightMeasureSpec) {
    int width = View.MeasureSpec.getSize(widthMeasureSpec);
    int height = View.MeasureSpec.getSize(heightMeasureSpec);
    if (width < height) {  // 宽度比高度小，则缩短高度使之与宽度一样长
        super.onMeasure(widthMeasureSpec, widthMeasureSpec);
    } else {  // 宽度比高度大，则缩短宽度使之与高度一样长
        super.onMeasure(heightMeasureSpec, heightMeasureSpec);
    }
}
```

6.1.5 绘制视图

在自定义视图中，可重写 3 个函数用于视图的绘制，分别是 onLayout、onDraw 和 dispatchDraw。这 3 个函数的执行顺序是 onLayout→onDraw→dispatchDraw。其中，onLayout 和 dispatchDraw 通常用于布局类视图。下面逐一介绍这 3 个函数的用途与用法。

1. onLayout

onLayout 方法用于定位子视图在本布局视图中的位置。该方法的入参表示本布局在上级视图的上、下、左、右位置，子视图在本布局中的位置要另行计算，计算完毕调用子视图的 layout 方法调整子视图的位置。

为直观理解 onLayout 的用法，下面给出自定义偏移布局的代码：

```
public class OffsetLayout extends AbsoluteLayout {
    private int mOffsetHorizontal = 0;  // 水平方向的偏移量
    private int mOffsetVertical = 0;  // 垂直方向的偏移量

    public OffsetLayout(Context context) {
        super(context);
    }

    public OffsetLayout(Context context, AttributeSet attrs) {
        super(context, attrs);
    }

    // 重写 onLayout 方法，意在调整下级视图的方位
```

```
    protected void onLayout(boolean changed, int l, int t, int r, int b) {
        for (int i = 0; i < getChildCount(); i++) {
            View child = getChildAt(i);  // 获得第 i 个子视图
            if (child.getVisibility() != GONE) {
                // 计算子视图的左边偏移数值
                int new_left = (r - 1) / 2 - child.getMeasuredWidth() / 2 + mOffsetHorizontal;
                // 计算子视图的上方偏移数值
                int new_top = (b - t) / 2 - child.getMeasuredHeight() / 2 + mOffsetVertical;
                // 根据最新的上下左右四周边界，重新放置该子视图
                child.layout(new_left, new_top,
                        new_left + child.getMeasuredWidth(), new_top + child.getMeasuredHeight());
            }
        }
    }

    // 设置水平方向上的偏移量
    public void setOffsetHorizontal(int offset) {
        mOffsetHorizontal = offset;
        mOffsetVertical = 0;
        // 请求重新布局，此时会触发 onLayout 方法
        requestLayout();
    }

    // 设置垂直方向上的偏移量
    public void setOffsetVertical(int offset) {
        mOffsetHorizontal = 0;
        mOffsetVertical = offset;
        // 请求重新布局，此时会触发 onLayout 方法
        requestLayout();
    }
}
```

该偏移布局可根据设定的偏移值动态调整子视图的偏移位置。页面代码可直接调用 OffsetLayout 对象的 setOffsetHorizontal 方法或 setOffsetVertical 方法，完成水平或垂直方向的偏移值设置。如图 6-7～图 6-10 所示，这 4 张图分别展示了不同偏移值的效果。其中，图 6-7 所示为无偏移，图 6-8 所示为向左偏移 50dp，图 6-9 所示为向右偏移 50 dp，图 6-10 所示为向上偏移 50 dp。

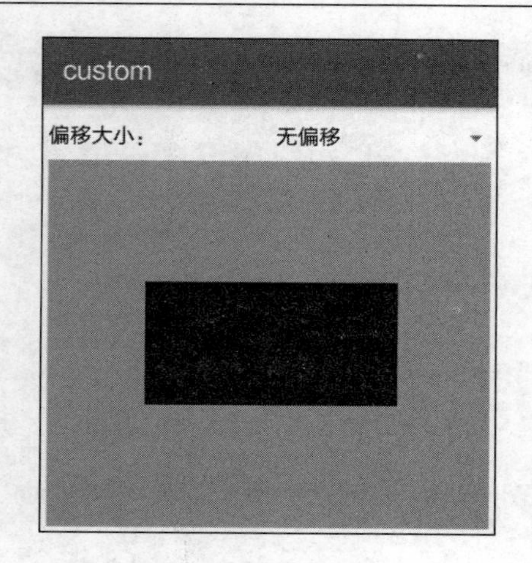

图 6-7　无偏移的情况

图 6-8　向左偏移 50dp

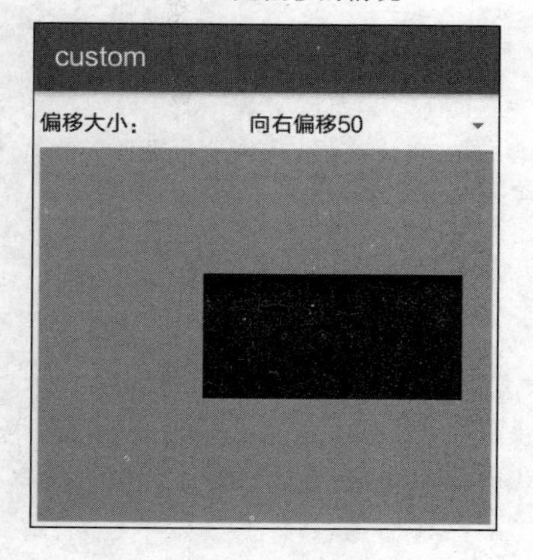

图 6-9　向右偏移 50dp

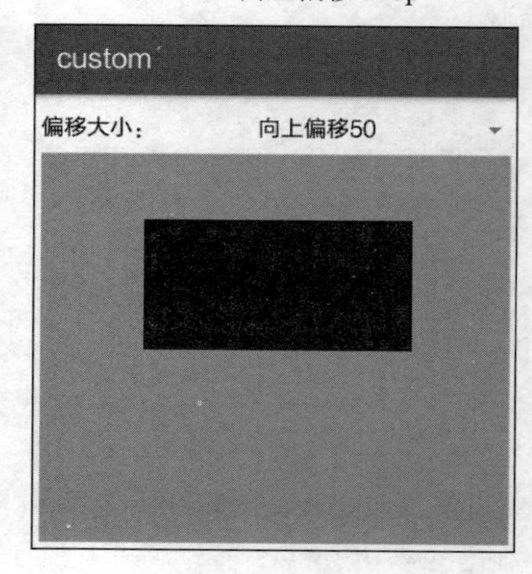

图 6-10　向上偏移 50dp

2. onDraw

onDraw 是最常使用的绘图方法，该方法的入参为 Canvas 画布对象，在画布上绘图相当于在屏幕上绘图。绘图本身是个很大的课题，画布的用法也多种多样，如 Canvas 提供了 3 类方法，分别是划定可绘制的区域、在区域内部绘制图形和画布的控制操作。

（1）划定可绘制的区域

虽然视图内的所有区域都是可以绘制的，但是有时候开发者只想在某个矩形区域内部画画，这时在绘图之前就得指定允许绘图的区域界限，相关方法说明如下：

- clipPath：裁剪不规则曲线区域。
- clipRect：裁剪矩形区域。
- clipRegion：裁剪一块组合区域。

（2）在区域内部绘制图形

该类方法用来绘制各种基本几何图形，相关方法说明如下：

- drawArc：绘制扇形/弧形。第 4 个参数为 true 时画扇形、为 false 时画弧形。
- drawBitmap：绘制图像。
- drawCircle：绘制圆形。
- drawLine：绘制直线。
- drawOval：绘制椭圆。
- drawPath：绘制路径，即不规则曲线。
- drawPoint：绘制点。
- drawRect：绘制矩形。
- drawRoundRect：绘制圆角矩形。
- drawText：绘制文本。

（3）画布的控制操作

控制操作包括旋转、缩放、平移以及存取画布状态的操作，相关方法说明如下：

- rotate：旋转画布。
- scale：缩放画布。
- translate：平移画布。
- save：保存画布状态。
- restore：恢复画布状态。

上面绘图用的 draw***方法只是指定绘制哪个几何图形，真正的细节描绘还要靠画笔 Paint 类实现。Paint 类定义了画笔的颜色、样式、粗细、阴影等，常用方法说明如下：

- setAntiAlias：设置是否使用抗锯齿功能。主要用于画圆圈等曲线。
- setDither：设置是否使用防抖动功能。
- setColor：设置画笔的颜色。
- setShadowLayer：设置画笔的阴影区域与颜色。
- setStyle：设置画笔的样式。Style.STROKE 表示线条，Style.FILL 表示填充。
- setStrokeWidth：设置画笔线条的宽度。

下面演示不同图形的绘制效果。调用 drawRoundRect 方法绘制圆角矩形，如图 6-11 所示。调用 drawOval 方法绘制椭圆，如图 6-12 所示。

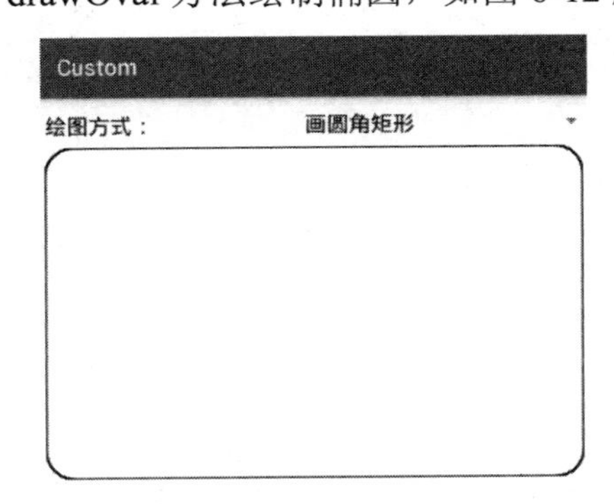

图 6-11　绘制圆角矩形

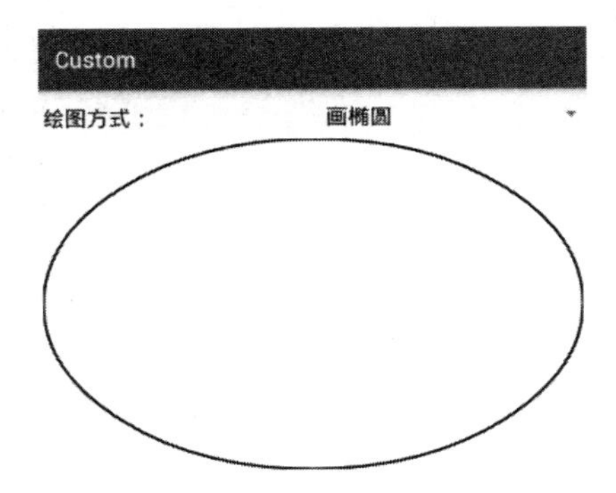

图 6-12　绘制椭圆

3. dispatchDraw

dispatchDraw 与 onDraw 函数一样都是绘图方法，区别在于 onDraw 的调用在绘制子视图之前，dispatchDraw 的调用在绘制子视图之后。如果不想自身视图被子视图覆盖，就只能在 dispatchDraw 方法中进行绘图处理。

下面演示 onDraw 和 dispatchDraw 两个方法之间的区别，实验用的布局代码如下所示：

```
public class DrawRelativeLayout extends RelativeLayout {
    private int mDrawType = 0;  // 绘制类型
    private Paint mPaint = new Paint();  // 创建一个画笔对象

    public DrawRelativeLayout(Context context) {
        this(context, null);
    }

    public DrawRelativeLayout(Context context, AttributeSet attrs) {
        super(context, attrs);
        mPaint.setAntiAlias(true);  // 设置画笔为无锯齿
        mPaint.setDither(true);  // 设置画笔为防抖动
        mPaint.setColor(Color.BLACK);  // 设置画笔的颜色
        mPaint.setStrokeWidth(3);  // 设置画笔的线宽
        mPaint.setStyle(Style.STROKE);  // 设置画笔的类型。STROKE 表示空心，FILL 表示实心
    }

    // onDraw 方法在绘制下级视图之前调用
    protected void onDraw(Canvas canvas) {
        super.onDraw(canvas);
        int width = getMeasuredWidth();  // 获得布局的实际宽度
        int height = getMeasuredHeight();  // 获得布局的实际高度
        if (width > 0 && height > 0) {
            if (mDrawType == 1) {  // 绘制矩形
                Rect rect = new Rect(0, 0, width, height);
                canvas.drawRect(rect, mPaint);
            } else if (mDrawType == 2) {  // 绘制圆角矩形
                RectF rectF = new RectF(0, 0, width, height);
                canvas.drawRoundRect(rectF, 30, 30, mPaint);
            } else if (mDrawType == 3) {  // 绘制圆圈
                int radius = Math.min(width, height) / 2;
                canvas.drawCircle(width / 2, height / 2, radius, mPaint);
            } else if (mDrawType == 4) {  // 绘制椭圆
                RectF oval = new RectF(0, 0, width, height);
                canvas.drawOval(oval, mPaint);
            } else if (mDrawType == 5) {  // 绘制矩形及其对角线
```

```
                Rect rect = new Rect(0, 0, width, height);
                canvas.drawRect(rect, mPaint);
                canvas.drawLine(0, 0, width, height, mPaint);
                canvas.drawLine(0, height, width, 0, mPaint);
            }
        }
    }

    // dispatchDraw 方法在绘制下级视图之前调用
    protected void dispatchDraw(Canvas canvas) {
        super.dispatchDraw(canvas);
        int width = getMeasuredWidth();   // 获得布局的实际宽度
        int height = getMeasuredHeight();   // 获得布局的实际高度
        if (width > 0 && height > 0) {
            if (mDrawType == 6) {   // 绘制矩形及其对角线
                Rect rect = new Rect(0, 0, width, height);
                canvas.drawRect(rect, mPaint);
                canvas.drawLine(0, 0, width, height, mPaint);
                canvas.drawLine(0, height, width, 0, mPaint);
            }
        }
    }

    // 设置绘制类型
    public void setDrawType(int type) {
        // 背景置为白色，目的是把画布擦干净
        setBackgroundColor(Color.WHITE);
        mDrawType = type;
        // 立即重新绘图，此时会触发 onDraw 方法和 dispatchDraw 方法
        invalidate();
    }
}
```

观察 onDraw 与 dispatchDraw 两种绘图方式的效果对比，如图 6-13 和图 6-14 所示。其中，图 6-13 是重写 onDraw 方法的效果图，可以看到中间的按钮遮住了交叉线；图 6-14 是重写 dispatchDraw 方法的效果图，可以看到交叉线没被按钮遮住，依然显示在视图中央。

总结一下 onLayout、onDraw、dispatchDraw 三个函数的区别：

（1）onLayout 只能调整子视图的位置，而 onDraw 和 dispatchDraw 允许绘制新图形。

（2）onDraw 的调用在绘制子视图之前，而 dispatchDraw 的调用在绘制子视图之后。

（3）onLayout 若想立即显示位置调整后的视图，则要调用 requestLayout 方法；onDraw 和 dispatchDraw 若想立即显示图形绘制后的视图，则要调用 invalidate 方法。

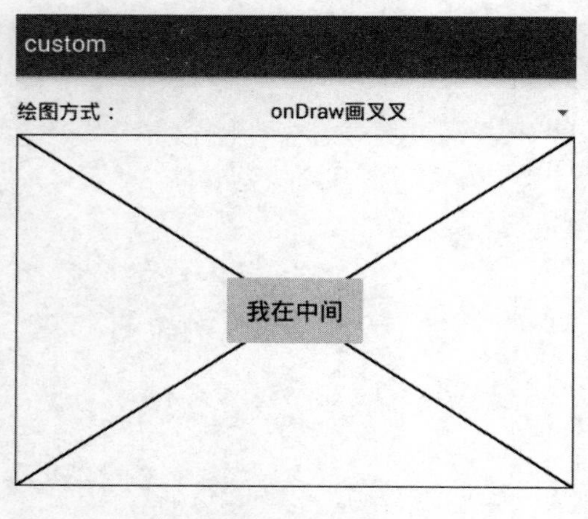

图 6-13　重写 onDraw 方法

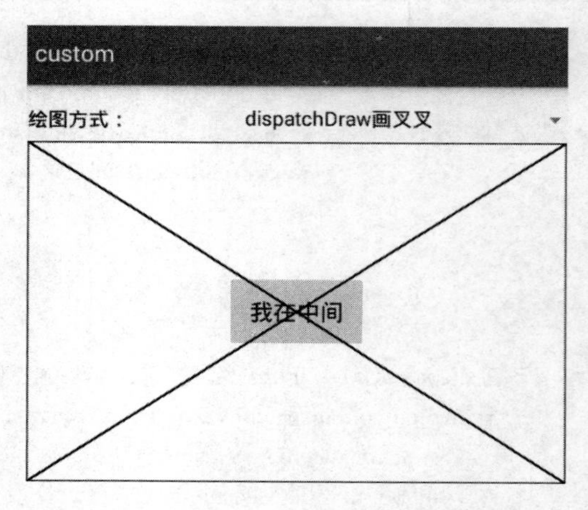

图 6-14　重写 dispatchDraw 方法

6.2　自定义动画

本节介绍计时器的实现方式和如何利用计时器实现简单的下拉动画，并结合自定义视图的方法实现一个圆弧进度动画的新控件。

6.2.1　任务 Runnable

在前面的章节中，有几个需要延迟处理的地方用到了 Handler+Runnable 组合，即调用 Handler 的 postDelayed 方法延迟若干时间再执行指定的 Runnable 任务。这几处延迟处理主要是为了避免资源冲突，不过延迟处理更多用于动画界面的渲染。

Runnable 接口可声明一连串任务，定义了接下来要做的事情。简单地说，Runnable 接口就是一个代码片段。实现 Runnable 接口只需重写 run 函数，在该方法内部存放要运行的任务代码。run 函数无须显式调用，在启动 Runnable 实例时就会调用对象的 run 方法。

尽管基本视图 View 提供了 post 与 postDelayed 方法用于启动 Runnable 任务，不过实际开发中经常利用 Handler 启动任务。下面是 Handler 处理 Runnable 任务的常见方法说明：

- post：立即启动 Runnable 任务。
- postDelayed：延迟若干时间后启动 Runnable 任务。
- postAtTime：在指定时间启动 Runnable 任务。
- removeCallbacks：移除指定的 Runnable 任务。

计时器是 Runnable 的一个简单应用，与动画的实现原理相关，如电影每秒播放 20 帧画面，连起来就是会动的视频，动画的渲染与之同理。下面是一个简单计时器的代码片段：

```
public void onClick(View v) {
    if (v.getId() == R.id.btn_runnable) {
        if (!isStarted) {   // 不在计数，则开始计数
            btn_runnable.setText("停止计数");
```

```
                // 立即启动计数任务
                mHandler.post(mCounter);
            } else {  // 已在计数，则停止计数
                btn_runnable.setText("开始计数");
                // 立即取消计数任务
                mHandler.removeCallbacks(mCounter);
            }
            isStarted = !isStarted;
        }
    }

    private boolean isStarted = false;  // 是否开始计数
    private Handler mHandler = new Handler();  // 声明一个处理器对象
    private int mCount = 0;  // 计数值
    // 定义一个计数任务
    private Runnable mCounter = new Runnable() {
        @Override
        public void run() {
            mCount++;
            tv_result.setText("当前计数值为：" + mCount);
            // 延迟一秒后重复计数任务
            mHandler.postDelayed(this, 1000);
        }
    };
```

计时器的效果如图 6-15 和 6-16 所示。其中，图 6-15 表示当前正在计数；图 6-16 表示当前停止计数，终止的计数值为 21。

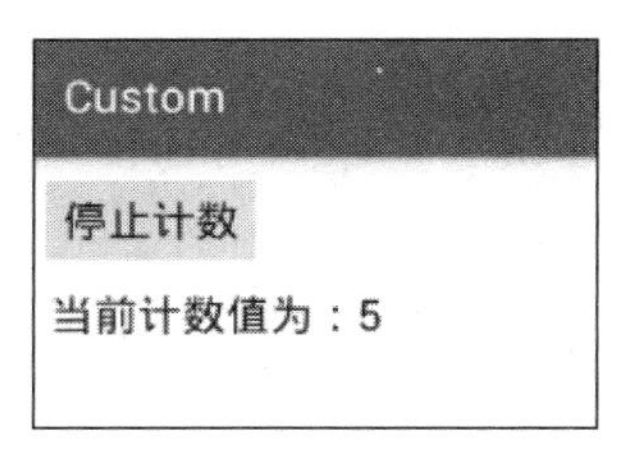

图 6-15　计时器开始计数

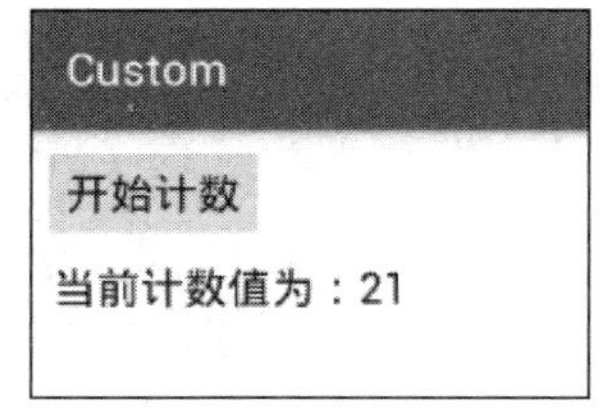

图 6-16　计时器结束计数

6.2.2　下拉刷新动画

本小节把计时器引入下拉刷新中，每隔若干时间展示逐步加大的视图偏移，从而实现下拉刷新头部的下拉动画。首先，计算下拉刷新头部的高度，这会用到“6.1.3 测量尺寸”的知识。接着，计时器每隔若干时间为 padding 设置逐步加大的高度偏移。不得不说，padding 大法非常好用，当 padding 为负值时，表示当前视图被遮住了一部分。最后，高度的偏移值达到头部布局的高度时，停止 Runnable 的刷新任务，下拉动画完成。

下面是下拉刷新动画的代码片段：

```
public void onClick(View v) {
    // 计算获取线性布局的实际高度
    int height = (int) MeasureUtil.getRealHeight(ll_header);
    if (v.getId() == R.id.btn_pull) {
        if (!isStarted) {  // 不在刷新，则开始下拉刷新
            mOffset = -height;
            btn_pull.setEnabled(false);
            // 立即开始下拉刷新任务
            mHandler.post(mRefresh);
        } else {  // 已在刷新，则停止下拉刷新
            btn_pull.setText("开始刷新");
            ll_header.setVisibility(View.GONE);
        }
        isStarted = !isStarted;
    }
}

private boolean isStarted = false;  // 是否开始刷新
private Handler mHandler = new Handler();  // 声明一个处理器对象
private int mOffset = 0;  // 刷新过程中的下拉偏移
// 定义一个下拉刷新任务
private Runnable mRefresh = new Runnable() {
    @Override
    public void run() {
        if (mOffset <= 0) {  // 尚未下拉到位
            // 通过设置视图上方的间隔，达到布局缩进的效果
            ll_header.setPadding(0, mOffset, 0, 0);
            ll_header.setVisibility(View.VISIBLE);
            mOffset += 8;
            // 延迟八十毫秒后重复刷新任务
            mHandler.postDelayed(this, 80);
        } else {  // 已经下拉到顶了
            btn_pull.setText("恢复页面");
            btn_pull.setEnabled(true);
        }
    }
};
```

下拉刷新动画的效果如图 6-17 和 6-18 所示。其中，图 6-17 展示的是下拉动画进行中的截图；图 6-18 展示的是下拉完毕的截图，此时下拉刷新头部完全显示。

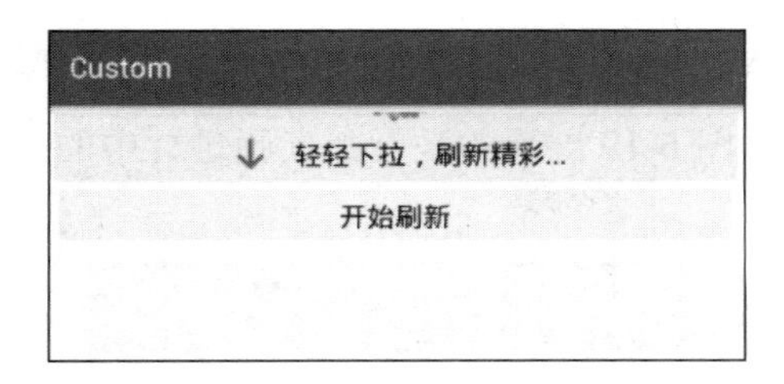

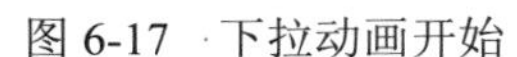
图 6-17 下拉动画开始

图 6-18 下拉动画结束

6.2.3 圆弧进度动画

当用户下载文件或做其他事情时，往往想知道当前到什么进度了。在 Windows 系统中常用细长的进度条表示，在手机上因为屏幕限制，习惯展示圆形或弧形的进度圈。接下来介绍的就是圆弧进度动画，该动画控件正好可以与 6.1 节自定义视图的绘制方法结合起来。既可以复习旧知识，又能巩固新知识。

绘制圆弧动画的主要思路是在一段指定的时间内持续不断地绘制一个扇形或圆弧，连起来整个画面就会动起来。还要进行一些参数设置，如设置该圆圈的位置、开始和结束的角度、转动的速率，以及画笔的颜色、粗细、样式等。另外，为了区分处理动画的背景和前景，还要分别构造背景视图（用于衬托动画）和前景视图（用于展示圆弧）。

自定义圆弧动画的完整代码较多，限于篇幅就不贴出来了，读者可参考本书附带源码 custom 模块的 CircleAnimation.java。若要在活动页面中显示圆弧动画，则参见以下页面代码：

```
public class CircleAnimationActivity extends AppCompatActivity implements OnClickListener {
    private CircleAnimation mAnimation;  // 定义一个圆弧动画对象

    protected void onCreate(Bundle savedInstanceState) {
        super.onCreate(savedInstanceState);
        setContentView(R.layout.activity_circle_animation);
        findViewById(R.id.btn_play).setOnClickListener(this);
        LinearLayout ll_layout = findViewById(R.id.ll_layout);
        // 创建一个新的圆弧动画
        mAnimation = new CircleAnimation(this);
        // 把圆弧动画添加到线性布局 ll_layout 之中
        ll_layout.addView(mAnimation);
        // 渲染圆弧动画。渲染操作包括初始化与播放两个动作
        mAnimation.render();
    }

    public void onClick(View v) {
        if (v.getId() == R.id.btn_play) {
            // 开始播放圆弧动画
            mAnimation.play();
        }
    }
```

```
}
```

圆弧动画的效果如图 6-19 和 6-20 所示。其中，图 6-19 展示的是圆弧动画进行中的截图，图 6-20 展示的圆弧动画播放完成的截图。

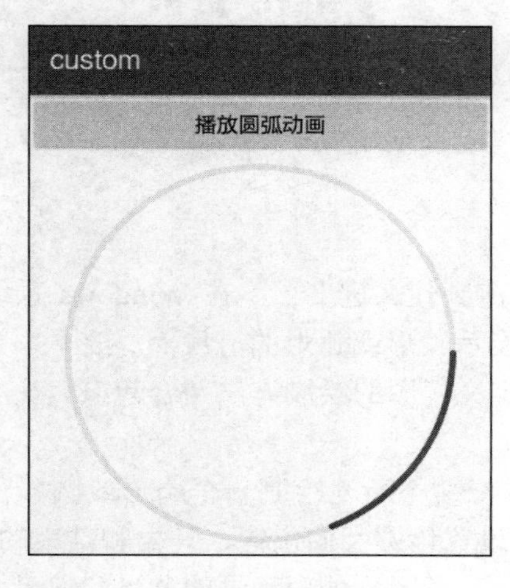

图 6-19 圆弧动画开始

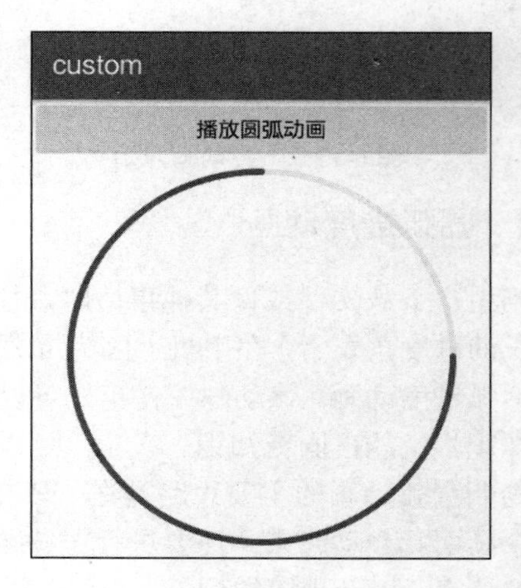

图 6-20 圆弧动画结束

6.3 自定义对话框

本节介绍窗口与对话框的基本概念和使用方法，并利用基础对话框实现一个改进的日期选择对话框，结合第 5 章的列表视图与网格视图给出阶段性实战小项目——多级对话框的实现效果。

6.3.1 对话框 Dialog

App 界面附着在窗口 Window 上。大至整个活动页面，小至 Toast 的提示窗，还有对话框 Dialog，都建立在窗口上。如果想熟练掌握对话框，就必须先了解窗口。读者也许对窗口的概念不甚理解，下面从 Window 的 5 个常用方法开始介绍。

- setContentView：设置内容视图。这个方法是不是很熟悉？我们每天打交道的 Activity 第一句就是 setContentView，查看源码后发现内部原来调用了同名方法 getWindow().setContentView。
- setLayout：设置内容视图的宽、高尺寸。
- setGravity：设置内容视图的对齐方式。
- setBackgroundDrawable：设置内容视图的背景。
- findViewById：根据资源 ID 获取该视图的对象。这个方法每个 Activity 代码都要用许多遍。查看 Activity 源码后可以发现该方法也是调用 Window 的同名方法 getWindow().findViewById。

原来，窗口默默地做了许多事情，只是一般人不知道罢了。熟悉了 Window 的概念和用法后，再来看看 Dialog 的工作机制，在屏幕上显示对话框主要有 3 个步骤：

步骤 01 构造一个对话框对象并指定该对话框的样式。

步骤 02 获取该对话框依赖的窗口对象，设置内容视图并指定窗口的尺寸。

步骤 03 完成相关属性设置，显示对话框。

下面来看具体的对话框操作方法。

- Dialog 构造函数：可定义对话框的主题样式（样式在 styles.xml 中定义），如是否有标题、是否为半透明、对话框的背景是什么等。
- getWindow：获取对话框的窗口对象。该方法是自定义对话框的关键，首先获取对话框所在的窗口对象，然后往这个窗口添加定制视图。
- show：显示对话框。
- isShowing：判断对话框是否显示。
- hide：隐藏对话框。
- dismiss：关闭对话框。
- setCancelable：设置对话框是否可取消。
- setCanceledOnTouchOutside：点击对话框外部区域是否自动关闭对话框。默认会自动关闭。
- setOnShowListener: 设置对话框的显示监听器。需实现 OnShowListener 接口的 onShow 方法。
- setOnDismissListener：设置对话框的消失监听器。需实现 OnDismissListener 接口的 onDismiss 方法。

6.3.2　改进的日期对话框

对话框常用的一个控件是提醒对话框 AlertDialog，还有第 5 章介绍的日期选择对话框 DatePickerDialog 和时间选择对话框 TimePickerDialog。不过系统自带的对话框往往只能修改文字，无法调整界面布局，也无法定制按钮样式，甚至连文本的大小和颜色都无法修改。并且对于日期选择对话框来说，Android 5.0 之后只会显示日历格式的日期，不会显示传统风格如图 6-21 所示的日期。

现在利用自定义的对话框，整个框内布局都是允许定制的，于是不但标题、按钮能够修改样式，而且中间的日期选择器也可以通过属性“android:datePickerMode="spinner"”设置成传统的下拉框风格。另外，第 5 章的万年历项目，当时因为缺少月份选择对话框，造成很别扭地在页面上硬塞下月份选择器。一旦实现了对话框的可定制修改，那么采用如图 6-22 所示的月份选择对话框，用户体验的优化问题即可迎刃而解。接下来就来看看如何实现自定义的日期对话框和月份对话框，以日期对话框为例，具体的改造过程分 3 步：

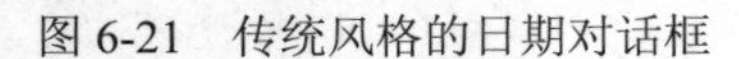

图 6-21　传统风格的日期对话框

图 6-22　自定义的月份对话框

步骤 01 定义一个对话框布局文件，在合适的地方放置标题文字的 TextView 控件、选择日期的 DatePicker 控件、确定按钮的 Button 控件等。详细的布局文件代码如下：

```
<LinearLayout xmlns:android="http://schemas.android.com/apk/res/android"
    android:layout_width="match_parent"
    android:layout_height="match_parent"
    android:background="@color/transparent"
    android:gravity="center"
    android:orientation="vertical"
    android:paddingLeft="40dp"
    android:paddingRight="40dp" >

    <LinearLayout
        android:layout_width="wrap_content"
        android:layout_height="match_parent"
        android:orientation="vertical"
        android:background="@color/white" >

        <TextView
            android:id="@+id/tv_title"
            android:layout_width="match_parent"
            android:layout_height="60dp"
            android:paddingLeft="10dp"
            android:gravity="left|center"
            android:text="请选择日期"
            android:textColor="@color/blue"
            android:textSize="22sp" />

        <View
            android:layout_width="match_parent"
```

```
                android:layout_height="2dp"
                android:background="@color/blue" />

            <!-- DatePicker 的 datePickerMode 设置为 spinner 表示采取下拉框风格 -->
            <DatePicker
                android:id="@+id/dp_date"
                android:layout_width="match_parent"
                android:layout_height="wrap_content"
                android:calendarViewShown="false"
                android:gravity="center"
                android:spinnersShown="true"
                android:datePickerMode="spinner" />

            <View
                android:layout_width="match_parent"
                android:layout_height="1dp"
                android:background="@color/blue" />

            <Button
                android:id="@+id/btn_ok"
                android:layout_width="match_parent"
                android:layout_height="60dp"
                android:background="@null"
                android:gravity="center"
                android:text="确定"
                android:textColor="@color/black"
                android:textSize="17sp" />
        </LinearLayout>
    </LinearLayout>
```

步骤 02 编写自定义日期对话框的代码，设置对话框的布局、样式、日期、标题，并处理确定按钮的点击事件、日期选择器的变更事件等。自定义对话框的完整代码如下：

```
public class CustomDateDialog implements OnClickListener {
    private Dialog dialog;   // 声明一个对话框对象
    private View view;   // 声明一个视图对象
    private TextView tv_title;
    private DatePicker dp_date;   // 声明一个日期选择器对象

    public CustomDateDialog(Context context) {
        // 根据布局文件 dialog_date.xml 生成视图对象
        view = LayoutInflater.from(context).inflate(R.layout.dialog_date, null);
        // 创建一个指定风格的对话框对象
        dialog = new Dialog(context, R.style.CustomDateDialog);
```

```
        tv_title = view.findViewById(R.id.tv_title);
        // 从布局文件中获取名叫 dp_date 的日期选择器
        dp_date = view.findViewById(R.id.dp_date);
        view.findViewById(R.id.btn_ok).setOnClickListener(this);
    }

    // 设置日期对话框内部的年、月、日，以及日期变更监听器
    public void setDate(int year, int month, int day, OnDateSetListener listener) {
        dp_date.init(year, month, day, null);
        mDateSetListener = listener;
    }

    // 显示对话框
    public void show() {
        // 设置对话框窗口的内容视图
        dialog.getWindow().setContentView(view);
        // 设置对话框窗口的布局参数
        dialog.getWindow().setLayout(
                LayoutParams.MATCH_PARENT, LayoutParams.WRAP_CONTENT);
        dialog.show();  // 显示对话框
    }

    // 关闭对话框
    public void dismiss() {
        // 如果对话框显示出来了，就关闭它
        if (dialog != null && dialog.isShowing()) {
            dialog.dismiss();
        }
    }

    @Override
    public void onClick(View v) {
        if (v.getId() == R.id.btn_ok) {  // 点击了确定按钮
            dismiss();  // 关闭对话框
            if (mDateSetListener != null) {  // 如果存在月份变更监听器
                dp_date.clearFocus();  // 清除日期选择器的焦点
                // 回调监听器的 onDateSet 方法
                mDateSetListener.onDateSet(dp_date.getYear(),
                        dp_date.getMonth() + 1, dp_date.getDayOfMonth());
            }
        }
    }
```

```
    // 声明一个日期变更的监听器对象
    private OnDateSetListener mDateSetListener;
    // 定义一个日期变更的监听器接口
    public interface OnDateSetListener {
        void onDateSet(int year, int monthOfYear, int dayOfMonth);
    }
}
```

步骤 03 在 Acitvity 页面中使用自定义的日期对话框，调用代码举例如下：

```
    // 显示自定义的日期对话框
    private void showDateDialog() {
        Calendar calendar = Calendar.getInstance();
        // 创建一个自定义的日期对话框实例
        CustomDateDialog dialog = new CustomDateDialog(this);
        // 设置日期对话框上面的年、月、日，并指定日期变更监听器
        dialog.setDate(calendar.get(Calendar.YEAR), calendar.get(Calendar.MONTH),
                calendar.get(Calendar.DAY_OF_MONTH), new DateListener());
        dialog.show();  // 显示日期对话框
    }

    // 定义一个日期变更监听器，一旦点击对话框的确定按钮，就触发监听器的 onDateSet 方法
    private class DateListener implements OnDateSetListener {
        @Override
        public void onDateSet(int year, int month, int day) {
            String desc = String.format("您选择的日期是%d 年%d 月%d 日", year, month, day);
            tv_date.setText(desc);
        }
    }
```

6.3.3　自定义多级对话框

在实际开发中，自定义对话框往往比较复杂，比如对话框不在屏幕中央而在屏幕下方、对话框在消失前还需做其他处理、对话框像多级菜单一样需要分级展示等。

如图 6-23 与图 6-24 所示，选择对话框分两级显示。图 6-23 展示的是好友列表，用到了列表视图 ListView；图 6-24 展示的是好友关系，用到了网格视图 GridView，二级对话框位于一级对话框之上。

这个多级对话框是一个阶段性的实战小项目，不但运用了自定义对话框的进阶实现，而且使用了第 5 章介绍的列表视图与网格视图，有兴趣的读者可尝试将其编码实现。完整的多级对话框代码参见本书附带源码 custom 模块的 DialogFriend.java 和 DialogFriendRelation.java。

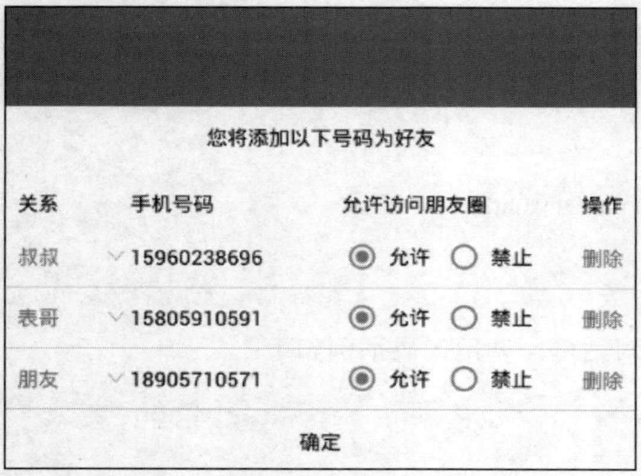

图 6-23　第一级对话框

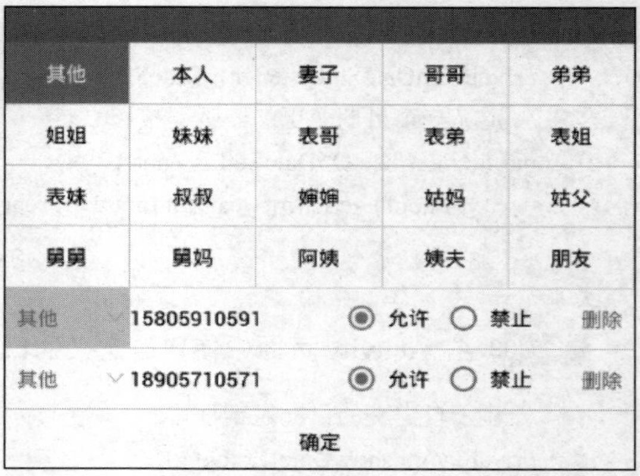

图 6-24　第二级对话框

6.4　自定义通知栏

本节介绍通知栏的用法和如何自定义通知栏，包括通知推送 Notification 的设置、进度条 ProgressBar 的样式定制、远程视图 RemoteViews 的配置方法，并给出一个自定义通知栏的具体例子，以及通知文本的颜色设定。

6.4.1　通知推送 Notification

在手机屏幕的顶端下拉会弹出通知栏，里面存放的是 App 即时提醒用户的消息，消息内容由 Notification 产生并推送。每条消息通知基本都有图标、标题、内容、时间等元素，参数通过 Notification.Builder 构建。下面来看常用的参数构建方法。

- setWhen：设置推送时间，格式为“小时：分钟”。推送时间在通知栏右方显示。
- setShowWhen：设置是否显示推送时间。
- setUsesChronometer：设置是否显示计时器。为 true 时不显示推送时间，动态显示从通知被推送到当前的时间间隔，以“分钟：秒钟”格式显示。
- setSmallIcon：设置状态栏里面的图标（小图标）。
- setTicker：设置状态栏里面的提示文本。
- setLargeIcon：设置通知栏里面的图标（大图标）。
- setContentTitle：设置通知栏里面的标题文本。
- setContentText：设置通知栏里面的内容文本。
- setSubText：设置通知栏里面的附加说明文本，位于内容文本下方。若调用该方法，则 setProgress 的设置失效。
- setProgress：设置进度条与当前进度。进度条位于标题文本与内容文本中间。
- setNumber：设置通知栏右下方的数字，可与 setProgress 联合使用，表示当前的进度数值。
- setContentInfo：设置通知栏右下方的文本。若调用该方法，则 setNumber 的设置失效。

- setContentIntent：设置内容的延迟意图 PendingIntent，点击该通知时触发该意图。通常调用 PendingIntent 的 getActivity 方法获得延迟意图对象，getActivity 表示点击后跳转到该页面。
- setDeleteIntent：设置删除的延迟意图 PendingIntent，滑掉该通知时触发该动作。
- setAutoCancel：设置该通知是否自动清除。若为 true，则点击该通知后，通知会自动消失；若为 false，则点击该通知后，通知不会消失。
- setContent：设置一个定制的通知栏视图 RemoteViews，用于取代 Builder 的默认视图模板。
- build：构建方法。在以上参数都设置完毕后，调用该方法返回 Notification 对象。

使用以上设置方法要注意 4 点：

（1）setSmallIcon 方法必须调用，否则不会显示通知消息。

（2）setWhen 与 setUsesChronometer 同时只能调用其中一个，即推送时间与计数器无法同时显示，因为它们都位于通知栏右边。

（3）setSubText 与 setProgress 同时只能调用其中一个，因为附加说明与进度条都位于标题文本下方。

（4）setNumber 与 setContentInfo 同时只能调用其中一个，因为计数值与提示都位于通知栏右下方。

使用 Notification 只能生成通知内容，实际推送动作还需借助系统的通知服务实现。NotificationManager 是系统通知服务的管理类，有以下 3 个常用方法。

- notify：推送指定消息到通知栏。
- cancel：取消指定消息。调用该方法后，通知栏中的指定消息将消失。
- cancelAll：取消所有消息。

下面是发送简单消息的代码片段：

```
// 发送简单的通知消息（包括消息标题和消息内容）
private void sendSimpleNotify(String title, String message) {
    // 创建一个跳转到活动页面的意图
    Intent clickIntent = new Intent(this, MainActivity.class);
    // 创建一个用于页面跳转的延迟意图
    PendingIntent contentIntent = PendingIntent.getActivity(this,
            R.string.app_name, clickIntent, PendingIntent.FLAG_UPDATE_CURRENT);
    // 创建一个通知消息的构造器
    Notification.Builder builder = new Notification.Builder(this);
    builder.setContentIntent(contentIntent)  // 设置内容的点击意图
            .setAutoCancel(true)  // 设置是否允许自动清除
            .setSmallIcon(R.drawable.ic_app)  // 设置状态栏里的小图标
            .setTicker("提示消息来啦")  // 设置状态栏里面的提示文本
            .setWhen(System.currentTimeMillis())  // 设置推送时间，格式为“小时：分钟”
            // 设置通知栏里面的大图标
```

```
                .setLargeIcon(BitmapFactory.decodeResource(getResources(), R.drawable.ic_app))
                .setContentTitle(title)  // 设置通知栏里面的标题文本
                .setContentText(message);  // 设置通知栏里面的内容文本
        // 根据消息构造器构建一个通知对象
        Notification notify = builder.build();
        // 从系统服务中获取通知管理器
        NotificationManager notifyMgr = (NotificationManager)
                getSystemService(Context.NOTIFICATION_SERVICE);
        // 使用通知管理器推送通知，然后在手机的通知栏就会看到该消息
        notifyMgr.notify(R.string.app_name, notify);
    }
```

简单消息的通知栏效果如图 6-25 所示，左边是图标，中间是标题与内容，右边是时间。

图 6-25　简单消息的通知栏效果

下面是发送计时消息的代码片段：

```
    // 发送计时的通知消息（通知栏右边自动计时）
    private void sendCounterNotify(String title, String message) {
        // 创建一个跳转到活动页面的意图
        Intent cancelIntent = new Intent(this, MainActivity.class);
        // 创建一个用于页面跳转的延迟意图
        PendingIntent deleteIntent = PendingIntent.getActivity(this,
                R.string.app_name, cancelIntent, PendingIntent.FLAG_UPDATE_CURRENT);
        // 创建一个通知消息的构造器
        Notification.Builder builder = new Notification.Builder(this);
        builder.setDeleteIntent(deleteIntent)  // 设置内容的清除意图
                .setAutoCancel(true)  // 设置是否允许自动清除
                .setUsesChronometer(true)  // 设置是否显示计数器
                .setProgress(100, 60, false)  // 设置进度条与当前进度
                .setNumber(99)  // 设置通知栏右下方的数字
                .setSmallIcon(R.drawable.ic_app)  // 设置状态栏里的小图标
                .setTicker("提示消息来啦")  // 设置状态栏里面的提示文本
                // 设置通知栏里面的大图标
                .setLargeIcon(BitmapFactory.decodeResource(getResources(), R.drawable.ic_app))
                .setContentTitle(title)  // 设置通知栏里面的标题文本
                .setContentText(message);  // 设置通知栏里面的内容文本
        // 根据消息构造器构建一个通知对象
        Notification notify = builder.build();
        // 从系统服务中获取通知管理器
```

```
        NotificationManager notifyMgr = (NotificationManager)
                getSystemService(Context.NOTIFICATION_SERVICE);
        // 使用通知管理器推送通知，然后在手机的通知栏就会看到该消息
        notifyMgr.notify(R.string.app_name, notify);
    }
```

计时消息的通知栏效果如图 6-26 所示，通知栏左边是图标，中间是标题文本、进度条和内容文本，右边是计时器与计数值。

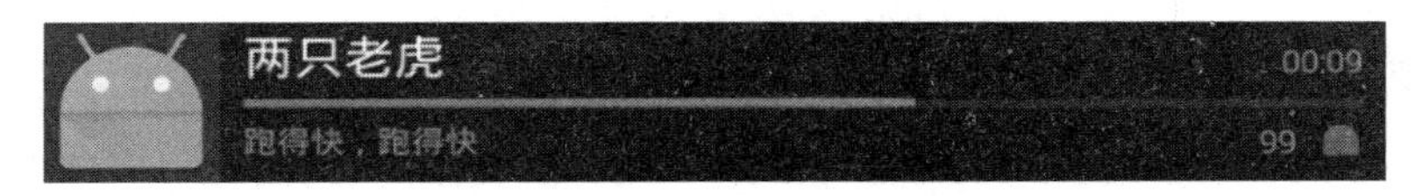

图 6-26　计时消息的通知栏效果

上面消息推送的两段代码在 Android 7.1 和以前版本的系统上都运行正常，然而到了 Android 8.0 却无法正常推送通知。这是因为 Android 从 8.0 开始进一步规范了通知栏的合理使用，要求每条通知都区分它的重要性程度，或者说是划分通知渠道，好比高速公路上的慢车道、快车道、紧急通道等等。有了通知渠道之后，用户就能单独开关应用内部某个渠道的通知，从而实现更加精细化的通知栏管理。例如只开启重要的提醒通知，同时关闭扰人的促销消息，这样能够有效地净化系统通知栏。

具体到编码上，则需根据渠道编号创建一个通知渠道 NotificationChannel 的实例，并通过通知管理器对象的 createNotificationChannel 方法创建该渠道，相应的代码举例如下：

```
    @TargetApi(Build.VERSION_CODES.O)
    // 创建通知渠道。Android 8.0 开始必须给每个通知分配对应的渠道
    public static void createNotifyChannel(Context ctx, String channelId) {
        // 创建一个默认重要性的通知渠道
        NotificationChannel channel = new NotificationChannel(channelId,
                "Channel", NotificationManager.IMPORTANCE_DEFAULT);
        channel.setSound(null, null);  // 设置推送通知之时的铃声。null 表示静音推送
        channel.enableLights(true);  // 设置在桌面图标右上角展示小红点
        channel.setLightColor(Color.RED);  // 设置小红点的颜色
        channel.setShowBadge(true); // 在长按桌面图标时显示该渠道的通知
        // 从系统服务中获取通知管理器
        NotificationManager notifyMgr = (NotificationManager)
                ctx.getSystemService(Context.NOTIFICATION_SERVICE);
        // 创建指定的通知渠道
        notifyMgr.createNotificationChannel(channel);
    }
```

创建好了通知渠道，接下来还得给每条通知分配对应的渠道。此时需要适配不同版本的 Android 系统，对于 Android 7.1 及以前版本，仍然调用 Notification.Builder 只有一个参数的构造函数；但是对于 Android 8.0 及以后版本，就要调用 Notification.Builder 带两个参数的构造函数，其中第二个参数正是之前创建渠道用到的渠道编号 channelId。适配后的代码如下：

```
// 创建一个通知消息的构造器
Notification.Builder builder = new Notification.Builder(this);
if (Build.VERSION.SDK_INT >= Build.VERSION_CODES.O) {
    // Android 8.0 开始必须给每个通知分配对应的渠道
    builder = new Notification.Builder(this, getString(R.string.app_name));
}
```

补充以上两处代码之后，通知管理器也能在 Android 8.0 系统上正常推送消息了。

6.4.2 进度条 ProgressBar

消息通知 Notification 的 setProgress 方法是对内置进度条进行操作，不过很多时候进度条会单独使用，有必要了解一下 ProgressBar 的具体用法。

下面来看进度条的常用属性。

- style：指定进度条的形状样式。?android:attr/progressBarStyleHorizontal 表示水平形状，?android:attr/progressBarStyle 表示圆圈形状。
- max：指定进度条的最大值。
- progress：指定进度条当前进度值。
- secondaryProgress：指定进度条当前次要进度值。比如播放视频，progress 用来表示当前播放进度，secondaryProgress 用来表示当前缓冲进度。
- progressDrawable：指定进度条的进度图形。

进度条的常用方法有以下 9 个。

- setProgress：设置当前进度。
- getProgress：获取当前进度。
- setSecondaryProgress：设置次要进度。
- getSecondaryProgress：获取次要进度。
- setMax：设置进度条的最大值。
- getMax：获取进度条的最大值。
- incrementProgressBy：设置当前进度的增量。
- incrementSecondaryProgressBy：设置次要进度的增量。
- setProgressDrawable：设置进度条的进度图形。

使用进度条时需要注意以下两点：

（1）max、progress 的相关属性和方法只在样式为 progressBarStyleHorizontal 时才有效，即水平进度条可动态设置进度值；如果样式为 progressBarStyle 圆圈形状，最大值与进度值的设置就会失效，即圆圈形状不会显示当前进度，只会兀自旋转。想实现动态显示进度的进度条，可参考 6.2 节的圆弧进度动画。

（2）progressDrawable 进度图形不能用普通图形，只能用层次图形 LayerDrawable。层次图形可在 XML 文件中定义，如果用于描述进度图形就要同时定义两个层次，即背景层次与进度条层次。例如，在自定义圆弧动画时运用了背景视图与前景视图，在进度条中就存在背景层次，只不过前景视图换成了进度条层次。

下面是一个层次图形定义的 XML 例子。其中，根节点 layer-list 表示这是一个层次列表，即层次图形定义；背景层次的 id 为@android:id/background，采用的是形状图形（节点名称为 shape）；进度条层次的 id 为@android:id/progress，采用的是裁剪图形 ClipDrawable（节点名称为 clip）：

```
<!-- 层次图形定义 -->
<layer-list xmlns:android="http://schemas.android.com/apk/res/android" >
    <!-- 这是背景图层，里面定义了一个 shape 形状图形 -->
    <item android:id="@android:id/background">
        <shape>
            <solid android:color="#333333" />
        </shape>
    </item>

    <!-- 这是进度条图层，里面定义了一个 clip 裁剪图形 -->
    <item android:id="@android:id/progress">
        <clip>
            <nine-patch android:src="@drawable/notify_green" />
        </clip>
    </item>
</layer-list>
```

下面是进度条控件在布局文件中使用的 XML 代码片段：

```
<!-- 这是水平进度条，其中 progressDrawable 属性指定了进度条的图形模样 -->
<ProgressBar
    android:id="@+id/pb_progress"
    style="?android:attr/progressBarStyleHorizontal"
    android:layout_width="match_parent"
    android:layout_height="30dp"
    android:background="@color/black"
    android:max="100"
    android:progress="0"
    android:progressDrawable="@drawable/notify_progress_green" />
```

进度条设置前后的效果如图 6-27 与图 6-28 所示。其中，图 6-27 所示为进度值为 0 的界面，此时只有一条黑色的进度条背景；图 6-28 所示为进度值为 40 的界面，此时绿色进度条占据全部进度长度的 40%。

图 6-27　进度值为 0 的进度条

图 6-28　进度值为 40 的进度条

6.4.3　远程视图 RemoteViews

前面介绍 Notification 的常用方法时提到 setContent 方法可以在设置定制的通知栏视图 RemoteViews 时取代 Builder 的默认视图模板。这表示通知栏允许自定义，并且自定义通知栏需要采用远程视图 RemoteViews。

与活动页面相比，如果说对话框是一个小型页面，远程视图就是一个小型且简化的页面。简化的意思是功能减少了，限制变多了。虽然 RemoteViews 与 Activity 一样有自己的布局文件，但是 RemoteViews 的使用权限小了很多。两者的区别主要有：

（1）RemoteViews 主要用于通知栏部件和桌面部件，而 Activity 用于页面。

（2）RemoteViews 只支持少数几种控件，如 TextView、ImageView、Button、ImageButton、ProgressBar、Chronometer（计时器）和 AnalogClock（模拟时钟）。

（3）RemoteViews 不可直接获取和设置控件信息，只能通过该对象的 set 方法修改控件信息。

下面来看远程视图的常用方法。

- 构造函数：创建一个 RemoteViews 对象。第一个参数是包名，第二个参数是布局文件 id。
- setViewVisibility：设置指定控件是否可见。
- setViewPadding：设置指定控件的间距。
- setTextViewText：设置指定 TextView 或 Button 控件的文字内容。
- setTextViewTextSize：设置指定 TextView 或 Button 控件的文字大小。
- setTextColor：设置指定 TextView 或 Button 控件的文字颜色。
- setTextViewCompoundDrawables：设置指定 TextView 或 Button 控件的文字周围图标。
- setImageViewResource：设置 ImageView 或 ImgaeButton 控件的资源编号。
- setImageViewBitmap：设置 ImageView 或 ImgaeButton 控件的位图对象。
- setChronometer：设置计时器信息。
- setProgressBar：设置进度条信息，包括最大值与当前进度。
- setOnClickPendingIntent：设置指定控件的点击响应动作。

完成 RemoteViews 对象的构建与设置后调用 Notification 对象的 setContent 方法，即可完成自定义通知的定义。下面是一个远程视图用到的布局文件代码（仿千千静听）：

```
<LinearLayout xmlns:android="http://schemas.android.com/apk/res/android"
```

```
    android:layout_width="match_parent"
    android:layout_height="match_parent"
    android:minHeight="64dp"
    android:orientation="horizontal" >

    <!-- 这是通知栏左侧的图标，仿千千静听 -->
    <ImageView
        android:layout_width="0dp"
        android:layout_height="match_parent"
        android:layout_weight="1"
        android:scaleType="fitCenter"
        android:src="@drawable/tt" />

    <LinearLayout
        android:layout_width="0dp"
        android:layout_height="match_parent"
        android:layout_weight="4"
        android:layout_margin="3dp"
        android:orientation="vertical" >

        <!-- 这是展示歌曲播放进度的进度条 -->
        <ProgressBar
            android:id="@+id/pb_play"
            style="?android:attr/progressBarStyleHorizontal"
            android:layout_width="match_parent"
            android:layout_height="0dp"
            android:layout_weight="1"
            android:max="100"
            android:progress="10" />

        <!-- 这是正在播放的歌曲名称 -->
        <TextView
            android:id="@+id/tv_play"
            android:layout_width="match_parent"
            android:layout_height="0dp"
            android:layout_weight="1"
            style="@style/NotificationTitle"
            android:textSize="17sp" />
    </LinearLayout>

    <LinearLayout
        android:layout_width="0dp"
        android:layout_height="match_parent"
```

```
            android:layout_weight="1"
            android:orientation="vertical" >

            <!-- 这是计数器，用于显示歌曲已经播放的时长 -->
            <Chronometer
                android:id="@+id/chr_play"
                android:layout_width="match_parent"
                android:layout_height="0dp"
                android:layout_weight="2"
                android:gravity="center"
                style="@style/NotificationTitle" />

            <!-- 这是控制按钮，用于歌曲的暂停与恢复操作 -->
            <Button
                android:id="@+id/btn_play"
                android:layout_width="match_parent"
                android:layout_height="0dp"
                android:layout_weight="3"
                android:gravity="center"
                android:background="@drawable/btn_nine_selector"
                android:text="暂停"
                android:textColor="@color/black"
                android:textSize="15sp" />
        </LinearLayout>
    </LinearLayout>
```

下面是获取自定义通知对象的代码例子：

```
        private Notification getNotify(Context ctx, String event, String song, boolean isPlaying, int progress, long time) {
            // 创建一个广播事件的意图
            Intent intent1 = new Intent(event);
            // 创建一个用于广播的延迟意图
            PendingIntent broadIntent = PendingIntent.getBroadcast(
                    ctx, R.string.app_name, intent1, PendingIntent.FLAG_UPDATE_CURRENT);
            // 根据布局文件 notify_music.xml 生成远程视图对象
            RemoteViews notify_music = new RemoteViews(ctx.getPackageName(), R.layout.notify_music);
            if (isPlaying) {  // 正在播放
                notify_music.setTextViewText(R.id.btn_play, "暂停");  // 设置按钮文字
                notify_music.setTextViewText(R.id.tv_play, song + "正在播放");  // 设置文本文字
                notify_music.setChronometer(R.id.chr_play, time, "%s", true);  // 设置计数器
            } else {  // 不在播放
                notify_music.setTextViewText(R.id.btn_play, "继续");  // 设置按钮文字
                notify_music.setTextViewText(R.id.tv_play, song + "暂停播放");  // 设置文本文字
```

```
        notify_music.setChronometer(R.id.chr_play, time, "%s", false);  // 设置计数器
    }
    // 设置远程视图内部的进度条属性
    notify_music.setProgressBar(R.id.pb_play, 100, progress, false);
    // 整个通知已经有点击意图了，那要如何给单个控件添加点击事件？
    // 办法是设置控件点击的广播意图，一旦点击该控件，就发出对应事件的广播。
    notify_music.setOnClickPendingIntent(R.id.btn_play, broadIntent);
    // 创建一个跳转到活动页面的意图
    Intent intent2 = new Intent(ctx, MainActivity.class);
    // 创建一个用于页面跳转的延迟意图
    PendingIntent clickIntent = PendingIntent.getActivity(ctx,
            R.string.app_name, intent2, PendingIntent.FLAG_UPDATE_CURRENT);
    // 创建一个通知消息的构造器
    Notification.Builder builder = new Notification.Builder(ctx);
    if (Build.VERSION.SDK_INT >= Build.VERSION_CODES.O) {
        // Android 8.0 开始必须给每个通知分配对应的渠道
        builder = new Notification.Builder(ctx, getString(R.string.app_name));
    }
    builder.setContentIntent(clickIntent)  // 设置内容的点击意图
            .setContent(notify_music)  // 设置内容视图
            .setTicker(song)  // 设置状态栏里面的提示文本
            .setSmallIcon(R.drawable.tt_s);  // 设置状态栏里的小图标
    // 根据消息构造器构建一个通知对象
    Notification notify = builder.build();
    return notify;
}
```

自定义通知栏的效果如图 6-29 所示，可以看到播放器图标在通知栏左边，进度条在上方，歌曲名称在下方，计时器与控制按钮分布在通知栏右边。

图 6-29　自定义通知栏的效果图

6.4.4 自定义通知的文本颜色设定

上一小节利用 RemoteViews 实现了通知消息的个性化定制，对于消息标题的文本颜色，开发者习惯设置为白色，因为系统通知栏的背景是黑色嘛。然而现在很多手机厂商都会修改 Android 系统的底层源码，使之具备该厂家宣传的风格特征。比如部分小米手机就把通知栏的背景改成白色，此时开发者若将自定义通知的标题设为白色，毫无疑问在白色背景中看不到白色文字。要是将自定义通知的标题设为黑色，在采取黑色背景通知栏的众多手机那边，也是黑乎乎一团般的抓瞎。

更糟糕的是，开发者根本无法辨别哪些手机改了通知栏的背景，甚至都无从获知背景色

是什么，也就没法在代码里面判断并处理。幸好 Android 在系统的资源文件中配置了统一风格，像通知栏标题颜色，其实是从系统资源文件获取对应的色值。对 Android4.*系统来说，通知栏的标题色取自系统的“?android:attr/textColorPrimary”；对于 Android5.0 及以上的系统，通知标题的文字风格 android:textAppearance 取自系统的“@android:style/TextAppearance.Material.Notification.Title”。这样一来，在自定义通知的时候，开发者可以将标题文字颜色设置为系统默认的标题色。于是系统通知拥有什么文本颜色（可能是黑底白字也可能是白底黑字），开发者自定义的通知也是什么文本颜色，从而一劳永逸解决了通知栏的标题颜色与背景颜色的适配问题。

具体到 App 开发的适配工作上面，则需进行以下操作步骤：

（1）首先打开 res\values 目录下面的 styles.xml，在 resources 节点内部添加如下所示的风格配置，表示定义一个采取系统默认标题色的字体风格：

```
    <style name="NotificationTitle">
        <item name="android:textColor">?android:attr/textColorPrimary</item>
    </style>
```

（2）其次在 res 目录下新建一个文件夹 values-v21，再在该文件夹下新建一个 styles.xml，并往该 XML 文件填入下列的风格配置代码：

```
<resources xmlns:android="http://schemas.android.com/apk/res/android">
    <!-- Android5.0 之后使用新的通知栏标题风格定义 -->
    <style name="NotificationTitle">
        <item
name="android:textAppearance">@android:style/TextAppearance.Material.Notification.Title</item>
    </style>
</resources>
```

新文件夹 values-v21 用于适配版本代码不低于 21 的 Android 系统，即 Android5.0 及更高版本的系统。倘若当前手机运行的是 Android4.*，则 App 运行的时候，系统会自动到 values 目录下寻找相应的资源配置；倘若当前手机运行的是 Android5.0 或者更高版本，则系统会优先在 values-v21 目录下查找资源，有找到就用这里的资源，没找到再用 values 目录下的资源。

（3）最后回到自定义通知对应的布局文件，找到标题文本控件，去掉对文字颜色 android:textColor 的属性设置，再添加一行对控件风格 style 的属性设置。也就是把原来的如下控件配置：

```
        <TextView
            android:id="@+id/tv_title"
            android:layout_width="match_parent"
            android:layout_height="wrap_content"
            android:textColor="#ffffff"
            android:textSize="17sp" />
```

改成如下的新配置：

```
<TextView
    android:id="@+id/tv_title"
    android:layout_width="match_parent"
    android:layout_height="wrap_content"
    style="@style/NotificationTitle" />
```

修改完毕，这下不管系统通知栏默认的是黑底白字，还是默认白底黑字，自定义消息的标题文本都能自动变色啦。

6.5　服务 Service 基础

本节介绍为何使用服务 Service 和如何使用服务，包括服务的生命周期和在 3 种启停方式下的生命周期过程，有普通启停、立即绑定和延迟绑定。另外，还介绍了怎样结合通知推送 Notification 实现把服务推送到前台的功能。

6.5.1　Service 的生命周期

服务 Service 是 Android 的四大组件之一，常用在看不见页面的高级场合，如第 5 章定时器用到了系统的闹钟服务，6.4 节通知推送用到了系统的通知服务。既然 Android 有系统服务， App 也可以有自己的服务。此时需要在 AndroidManifest.xml 中添加新服务的 Service 节点配置，比如：

```
<service android:name=".service.NormalService" />
```

Service 与 Activity 相比，不同之处在于没有对应的页面，相同之处在于有生命周期。要想用好服务，就要探究其生命周期。

下面是 Service 与生命周期有关的方法说明。

- onCreate：创建服务。
- onStart：开始服务，Android 2.0 以下版本使用，现已废弃。
- onStartCommand：开始服务，Android 2.0 及以上版本使用。该函数的返回值说明见表 6-5。

表 6-5　服务启动的返回值说明

返回值类型	返回值说明
START_STICKY	粘性的服务。如果服务进程被杀掉，就保留服务的状态为开始状态，但不保留传送的 Intent 对象。随后系统尝试重新创建服务，由于服务状态为开始状态，因此创建服务后一定会调用 onStartCommand 方法。如果在此期间没有任何启动命令传送给服务，参数 Intent 就为空值
START_NOT_STICKY	非粘性的服务。使用这个返回值时，如果服务被异常杀掉，系统就不会自动重启该服务
START_REDELIVER_INTENT	重传 Intent 的服务。使用这个返回值时，如果服务被异常杀掉，系统就会自动重启该服务，并传入 Intent 的原值
START_STICKY_COMPATIBILITY	START_STICKY 的兼容版本，不保证服务被杀掉后一定能重启

- onDestroy：销毁服务。
- onBind：绑定服务。
- onRebind：重新绑定。该方法只有当上次 onUnbind 返回 true 的时候才会被调用。
- onUnbind：解除绑定。返回值为 true 表示允许再次绑定，再绑定时调用 onRebind 方法；返回值为 false 表示只能绑定一次，不能再次绑定，默认为 false。

看来 Service 的生命周期也不简单，分好几种生命周期方法。原因是服务存在多种启停方式，如普通启停、立即绑定、延迟绑定，每种启停方式都对应不同的周期方法。下面分别叙述 3 种启停方式及其生命周期说明。

1. 普通启停

普通启停是最简单的用法。下面是该方式的服务代码：

```
public class NormalService extends Service {
    private static final String TAG = "NormalService";

    // 启动服务，Android2.0 以上使用
    public int onStartCommand(Intent intent, int flags, int startid) {
        Log.d(TAG, "测试服务到此一游！");
        return START_STICKY;
    }

    // 绑定服务。普通服务不存在绑定和解绑流程
    public IBinder onBind(Intent intent) {
        return null;
    }
}
```

这个服务很简单，功能只是打印一行日志“测试服务到此一游！”。在 Acitivity 代码中，启停服务也很简单，调用 startService 方法即可启动服务，调用 stopService 方法即可停止服务。当然，也可以在 Intent 对象中传递参数信息。示例的调用代码如下：

```
        // 创建一个通往普通服务的意图
        Intent intent = new Intent(this, NormalService.class);
        // 启动指定意图的服务
        startService(intent);
```

普通启停方式的服务生命周期可通过打印日志观察，也可在页面上直接显示日志。启动服务依次调用了 onCreate 与 onStartCommand 方法，如图 6-30 所示。停止服务调用了 onDestroy 方法，如图 6-31 所示。

图 6-30　启动服务的日志

图 6-31　停止服务的日志

2. 立即绑定

绑定方式的服务定义有所不同，因为绑定的服务可能运行于另一个进程，所以必须定义一个 Binder 对象用来进行进程间的通信。下面是一个绑定方式的服务代码：

```
public class BindImmediateService extends Service {
    private static final String TAG = "BindImmediateService";
    // 创建一个粘合剂对象
    private final IBinder mBinder = new LocalBinder();

    // 定义一个当前服务的粘合剂，用于将该服务黏到活动页面的进程中
    public class LocalBinder extends Binder {
        public BindImmediateService getService() {
            return BindImmediateService.this;
        }
    }

    // 绑定服务。返回该服务的粘合剂对象
    public IBinder onBind(Intent intent) {
        Log.d(TAG, "绑定服务开始旅程！");
        return mBinder;
    }

    // 解绑服务。返回 false 表示只能绑定一次
    public boolean onUnbind(Intent intent) {
        Log.d(TAG, "绑定服务结束旅程！");
        return false;
    }
}
```

这个服务在绑定时会打印日志“绑定服务开始旅程！”，在解除绑定时会打印日志“绑定服务结束旅程！”。在 Activity 中，绑定/解绑服务的做法与普通方式不同，首先要定义一个 ServiceConnection 的服务连接对象，然后调用 bindService 方法或 unbindService 方法进行绑定或解绑操作，具体的示例代码如下：

```
public class BindImmediateActivity extends AppCompatActivity implements OnClickListener {
    private Intent mIntent; // 声明一个意图对象
```

```
    @Override
    protected void onCreate(Bundle savedInstanceState) {
        super.onCreate(savedInstanceState);
        setContentView(R.layout.activity_bind_immediate);
        findViewById(R.id.btn_start_bind).setOnClickListener(this);
        findViewById(R.id.btn_unbind).setOnClickListener(this);
        // 创建一个通往立即绑定服务的意图
        mIntent = new Intent(this, BindImmediateService.class);
    }

    @Override
    public void onClick(View v) {
        if (v.getId() == R.id.btn_start_bind) {  // 点击了绑定服务按钮
            // 绑定服务。如果服务未启动，则系统先启动该服务再进行绑定
            boolean bindFlag = bindService(mIntent, mFirstConn, Context.BIND_AUTO_CREATE);
        } else if (v.getId() == R.id.btn_unbind) {  // 点击了解绑服务按钮
            if (mBindService != null) {
                // 解绑服务。如果先前服务立即绑定，则此时解绑之后自动停止服务
                unbindService(mFirstConn);
                mBindService = null;
            }
        }
    }

    private BindImmediateService mBindService;  // 声明一个服务对象
    private ServiceConnection mFirstConn = new ServiceConnection() {

        // 获取服务对象时的操作
        public void onServiceConnected(ComponentName name, IBinder service) {
            // 如果服务运行于另外一个进程，则不能直接强制转换类型，
            // 否则会报错"java.lang.ClassCastException: android.os.BinderProxy cannot be cast to..."
            mBindService = ((BindImmediateService.LocalBinder) service).getService();
        }

        // 无法获取到服务对象时的操作
        public void onServiceDisconnected(ComponentName name) {
            mBindService = null;
        }
    };
}
```

接下来，继续观察立即绑定方式的生命周期，该方式的服务周期日志如图 6-32 和图 6-33

所示。其中，图 6-32 所示为立即绑定时的界面，此时依次调用 onCreate 和 onBind 方法；图 6-33 所示为立即解绑时的界面，此时依次调用 onUnbind 和 onDestroy 方法。

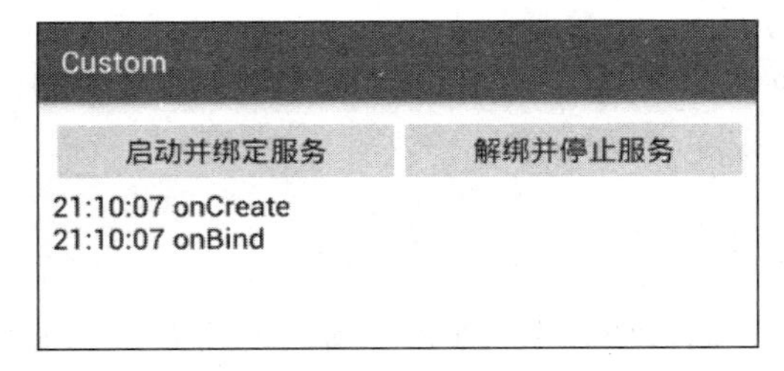

图 6-32 立即绑定的日志

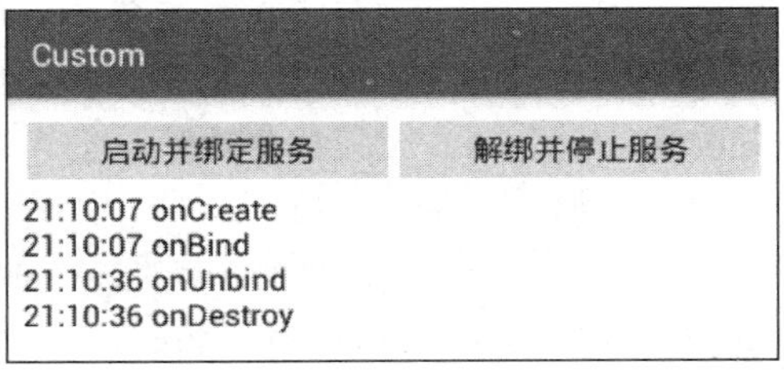

图 6-33 立即解绑的日志

3. 延迟绑定

延迟绑定与立即绑定的区别在于：延迟绑定是在页面上先通过 startService 方法启动服务，然后通过 bindService 方法绑定已存在的服务。这样一来，因为启动操作在先、绑定操作在后，所以解绑操作只能撤销绑定操作，而不能撤销启动操作。由于解绑服务不能停止服务，因此存在再次绑定服务的可能。

下面观察延迟绑定的日志，验证一下实际结果是否符合之前的猜想。依次查看“启动服务→绑定服务→解绑服务”的运行日志，如图 6-34 所示；依次查看“绑定服务→解绑服务→停止服务”的运行日志，如图 6-35 所示。

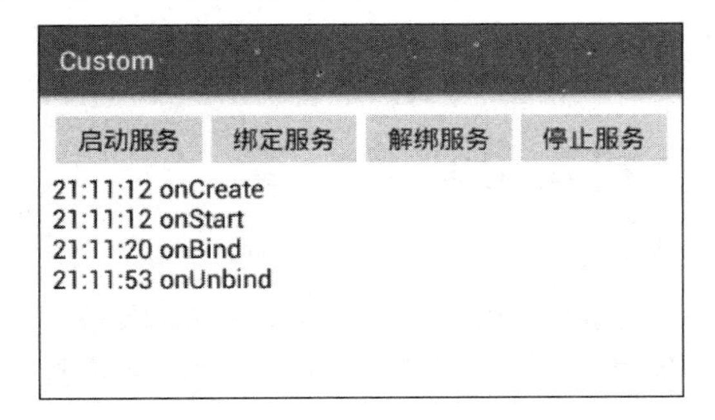

图 6-34 延迟绑定的日志

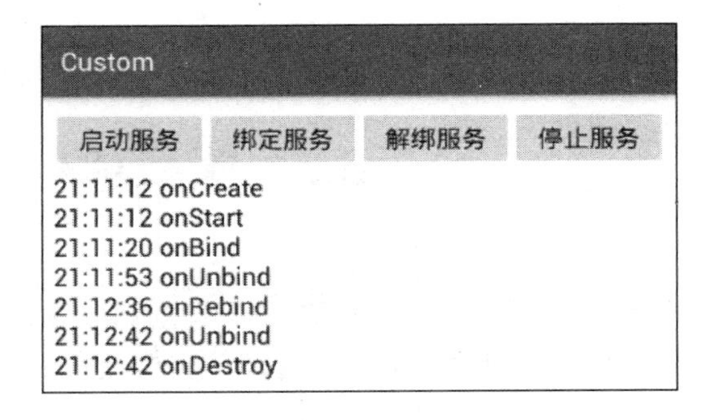

图 6-35 再次绑定的日志

从日志中可以看到，延迟绑定与立即绑定两种方式的生命周期区别在于：

（1）延迟绑定的首次绑定操作只调用 onBind 方法，再次绑定只调用 onRebind 方法（是否允许再次绑定要看上次 onUnbind 方法的返回值）。

（2）延迟绑定的解绑操作只调用 onUnbind 方法。

6.5.2 推送服务到前台

服务没有自己的布局文件，也就意味着无法直接在页面上展示，要想了解服务的运行情况，要么通过打印日志，要么获取某个页面的静态对象，然后在该页面上显示运行结果。然而活动页面有自身的生命周期，极有可能发生服务尚在运行但页面早已退出的情况，所以该方式不可靠。幸好，服务不只能在外部进行启停或绑定，还能在内部模拟启停，当然仅是模拟而已。

服务内部的启停方法也有对应的两个函数。

- startForeground：把当前服务切换到前台运行。第一个参数表示通知的编号，第二个参数表示 Notification 对象，意味着切换到前台就是展示到通知栏。
- stopForeground：停止前台运行。参数为 true 表示清除通知，参数为 false 表示不清除。

注意，从 Android 9.0 开始，要想在服务中正常调用 startForeground 方法，还需修改 AndroidManifest.xml，添加如下所示的前台服务权限配置：

```
<!-- 允许前台服务 -->
<uses-permission android:name="android.permission.FOREGROUND_SERVICE" />
```

服务在前台运行的一个常见的应用是音乐播放器，即使用户离开了播放器页面，手机仍然能在后台继续播放音乐，同时还能在通知栏查看播放进度，控制播放与暂停操作。音乐服务的源码较长，限于篇幅这里就不贴出来了，读者可参考本书附带源码 custom 模块的 MusicService.java 和 NotifyServiceActivity.java。特别注意示例源码针对点击播放/暂停按钮的处理，此时触发的延迟意图对象由 getBroadcast 方法获得，原因是 getActivity 获得的对象只会跳转到某个页面，要想让触发的事件作用于服务内部，只能通过广播的方式。

音乐播放服务的前台运行效果如图 6-36 和图 6-37 所示。其中，图 6-36 所示为正在播放的通知栏界面，图 6-37 所示为暂停播放的通知栏界面。

图 6-36　正在播放的通知栏界面　　　　图 6-37　暂停播放的通知栏界面

6.6 实战项目：手机安全助手

本节将设计一个实战项目—— 手机安全助手，该项目采用多种自定义控件的相关技术，并同时运用多种存储技术。通过该实战项目的练习能够加深自定义控件的用法理解，还能复习巩固前两章的存储技术知识。

6.6.1 设计思路

如同电脑上的杀毒软件，手机上也有形形色色的安全 App，比如**安全管家、**安全卫士、**安全助手等，这些安全 App 都有一个核心模块——流量监控功能。现在运营商都靠流量赚钱，比如 100M 流量要 10 元钱、1G 流量要 100 元，很多 App 一打开就是满屏图片，非常费流量，而且有的 App 会偷跑流量，很多用户不知不觉电话费就被流量花光了。所以流量监控的功能很实用，它的基础实现也不难，下面就以流量监控为例，开展一个“手机安全助手”的实战项目，活学活用本章自定义控件的相关知识。

先来看手机安全助手的总体页面效果。为了起到提醒作用，对于超出限额的流量部分使用含有警示意义的橙色显示，如果当天已用流量未超出限额，就使用绿色显示流量信息，如图 6-38 所示。总体的流量使用情况展示在页面上方，页面下方则显示每个应用的单独流量消耗，把整个流量页面往上拉动，应用列表也随之向上滚动，如图 6-39 所示。

图 6-38　手机安全助手的流量页面

图 6-39　上拉应用列表的流量页面

上面说的流量限额可在配置页面填写，当然也可自动校准，通过监控短信箱实现流量校准的功能参见第 4 章的“4.5.3　内容观察器 ContentObserver”。具体的流量限额配置页面效果如图 6-40 所示。

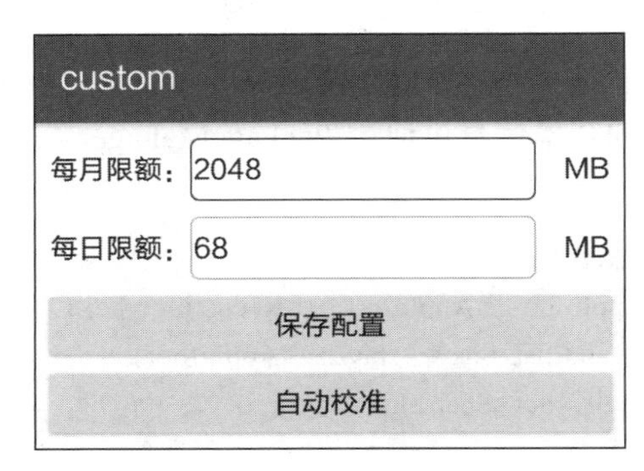

图 6-40　流量限额配置页面

再来看助手 App 的通知栏效果，超出限额的流量同样使用橙色进度条展示，如图 6-41 所示；若未超出当日限额，则使用绿色展示进度条，如图 6-42 所示。

图 6-41　流量限额为 30M 的通知栏

图 6-42　流量限额为 50M 的通知栏

下面来看这个安全助手用到了本章哪些新技术，机灵的你一定不会错过以下 5 点。

- 自定义日期对话框：最上面的标题栏，统计日期的选择对话框可采用自定义形式。
- 自定义圆弧动画：页面上方的流量信息，使用圆弧动画展示当天的已用流量，并通过圆弧颜色提醒当前流量是否超标。
- 不滚动列表视图：应用列表与流量圆弧一起上挪，意味着二者被同一个 ScrollView 包裹，此时应用列表必须采用全部展开的不滚动列表视图。

- 自定义通知栏：通知栏中包含定制样式的进度条，必须采用自定义通知栏。
- 服务 Service：流量数据每间隔一段时间就得重新获取，这种定时处理无法在 Acitivity 页面进行，只能在服务 Service 中处理。

另外，安全助手还运用了多种存储技术，下面一一道来。

- 数据库：毫无疑问，历史流量数据必须保存在数据库中。
- 共享参数：每日的流量限额可直接保存在共享参数中。
- 全局内存：也许读者不理解这里跟全局内存有什么关系，其实全局内存要保存数据库连接，因为主页面需要通过数据库查询流量数据，后台服务也要不断获取流量数据并更新至数据库，既然不止一个地方用到数据库连接，不如统一放到全局内存中，还可以避免数据库重复打开和意外关闭的异常。
- 内容观察器：第 4 章提到内容组件时，介绍了如何实现流量校准功能，该技术正好在本章的实战项目中派上用场了。

如此看来，该实战项目不但可以演练各种自定义控件，而且可以复习第 4 章的数据存储技术，可谓一举两得。

6.6.2 小知识：应用包管理器 PackageManager

手机安全管理涉及获取已安装应用的应用包信息，包括应用的进程编号、名称、图标以及流量信息。其中，应用包的基本信息可通过 PackageManager 与 ApplicationInfo 联合获得，应用包信息的获取代码如下：

```
// 获取已安装的应用信息队列
public static ArrayList<AppInfo> getAppInfo(Context ctx, int type) {
    ArrayList<AppInfo> appList = new ArrayList<AppInfo>();
    SparseIntArray siArray = new SparseIntArray();
    // 获得应用包管理器
    PackageManager pm = ctx.getPackageManager();
    // 获取系统中已经安装的应用列表
    List<ApplicationInfo> installList = pm.getInstalledApplications(
            PackageManager.PERMISSION_GRANTED);
    for (int i = 0; i < installList.size(); i++) {
        ApplicationInfo item = installList.get(i);
        // 去掉重复的应用信息
        if (siArray.indexOfKey(item.uid) >= 0) {
            continue;
        }
        // 往 siArray 中添加一个应用编号，以便后续的去重校验
        siArray.put(item.uid, 1);
        try {
            // 获取该应用的权限列表
            String[] permissions = pm.getPackageInfo(item.packageName,
```

```
                        PackageManager.GET_PERMISSIONS).requestedPermissions;
                if (permissions == null) {
                    continue;
                }
                boolean isQueryNetwork = false;
                for (String permission : permissions) {
                    // 过滤那些具备上网权限的应用
                    if (permission.equals("android.permission.INTERNET")) {
                        isQueryNetwork = true;
                        break;
                    }
                }
                // 类型为 0 表示所有应用，为 1 表示只要联网应用
                if (type == 0 || (type == 1 && isQueryNetwork)) {
                    AppInfo app = new AppInfo();
                    app.uid = item.uid;  // 获取应用的编号
                    app.label = item.loadLabel(pm).toString();  // 获取应用的名称
                    app.package_name = item.packageName;  // 获取应用的包名
                    app.icon = item.loadIcon(pm);  // 获取应用的图标
                    appList.add(app);
                }
            } catch (Exception e) {
                e.printStackTrace();
                continue;
            }
        }
        return appList;  // 返回去重后的应用包队列
    }
```

应用产生的流量数据可通过工具类 TrafficStats 读取，该工具有以下 6 种常用方法。

- getTotalRxBytes：获取接收流量的总字节数。
- getTotalTxBytes：获取发送流量的总字节数。
- getMobileRxBytes：获取数据连接接收流量的总字节数。包含移动数据流量，不含 wifi 流量。
- getMobileTxBytes：获取数据连接发送流量的总字节数。
- getUidRxBytes：获取指定进程接收流量的总字节数。
- getUidTxBytes：获取指定进程发送流量的总字节数。

获取已安装应用的包信息与流量信息的效果如图 6-43 和图 6-44 所示，其中图 6-43 为具备联网权限的应用包信息列表，图 6-44 为总流量与分应用的流量列表。

图 6-43 具备联网权限的应用包列表

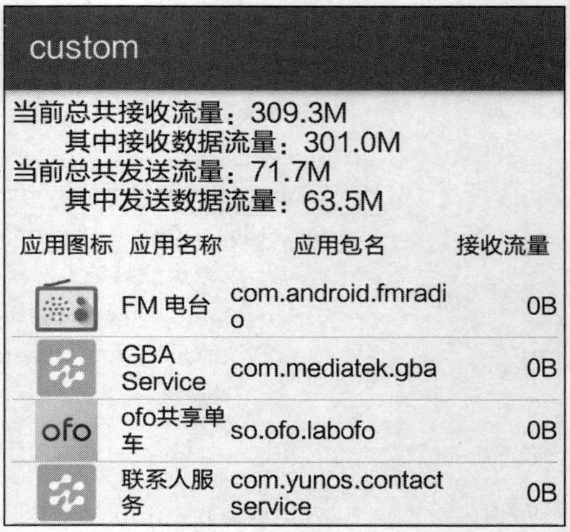

图 6-44 总流量与分应用的流量列表

6.6.3 代码示例

本章的实战项目依然要考虑代码架构，故而编码过程与第 5 章一样分为 5 步。

步骤 01 设计代码架构，初步拆分后的 package 包分为以下 7 部分。

- com.example.assistant.activity：存放 Acitivity 页面的代码。
- com.example.assistant.adapter：存放适配器的代码。
- com.example.assistant.bean：存放实体数据结构的代码，如日流量的字段信息。
- com.example.assistant.database：存放读写 SQLite 的数据库操作代码。
- com.example.assistant.service：存放服务 Service 的代码。
- com.example.assistant.util：存放工具类的代码。
- com.example.assistant.widget：存放自定义控件的代码。

步骤 02 想好代码文件与布局文件的名称，比如流量主页面的代码文件取名 MobileAssistantActivity.java，对应的布局文件名是 activity_mobile_assistant.xml；限额设置页面的代码文件取名 MobileConfigActivity.java，对应的布局文件名是 activity_mobile_config.xml。不要忘了流量统计服务的代码文件 TrafficService.java，还有适配器、对话框、远程视图的代码及其布局文件，读者可自行构思。

步骤 03 在 AndroidManifest.xml 中补充相应配置，主要有以下 3 点。

（1）注册两个页面的 acitivity 节点，注册代码如下：

```
<activity android:name=".MobileAssistantActivity" />
<activity android:name=".MobileConfigActivity" />
```

（2）注册流量统计服务的 service 节点，注册代码如下：

```
<service android:name=".service.TrafficService" android:enabled="true" />
```

（3）给 application 补充 name 属性，值为 MainApplication，举例如下：

```
        android:name=".MainApplication"
```

步骤 04 在资源目录下补充相应的 XML 配置。

（1）在 res/drawable 目录加入定制进度条需要的层次图形描述文件。

（2）在 res/layout 目录下编写页面、适配器、对话框、远程视图对应的布局文件。

（3）在 res/values/styles.xml 中补充自定义日期对话框的样式定义。

步骤 05 进行 java 代码开发，包括对页面、适配器、对话框、后台服务等进行编码。

下面简单介绍一下本书附带源码 custom 模块中，与手机安全助手有关的主要代码之间的关系：

（1）MobileAssistantActivity.java：这个是手机安全助手的主页面，上半部分展示当月和当天的流量总体使用情况，下半部分展示每个应用的流量消耗明细数据。如果已使用流量超出两倍限额，则展示红色圆弧进度；如果已使用流量超出一倍限额，则展示橙色圆弧进度；如果已使用流量未超出限额，则展示绿色圆弧进度。

（2）MobileConfigActivity.java：点击主页面右上角的三点菜单图标，则跳转到流量限额配置页面。该配置页面既支持手工填写月流量限额、日流量限额，也支持由 App 自动校准流量限额数值。所谓的自动校准，即是先由手机自动发送流量查询短信给运营商的客服号，等待运营商客服号下发流量校准短信，然后 App 通过解析短信内容获得并保存详细的流量配额数据。

（3）TrafficService.java：为了方便用户查看实时的流量消耗信息，就要把流量监控结果推送到通知栏，于是后台静默运行的流量服务便派上用场了。它每隔一段时间，自动获取最新的流量信息，并将最新的监控结果推送到前台，也就是实时刷新通知栏上面的流量消息。

6.7 小　　结

本章主要介绍了 App 开发的自定义控件相关知识，包括自定义视图的步骤（声明属性、构造对象、测量尺寸、绘制视图）、自定义简单动画（任务片段、下拉刷新动画、圆弧进度动画）、自定义对话框的操作（对话框、改进日期对话框、自定义多级对话框）、自定义通知栏的用法（通知推送、进度条、远程视图）、Service 组件的基本用法（生命周期、3 种启停方式、推送服务到前台）。最后设计了一个实战项目“手机安全助手”，在该项目的 App 编码中采用了本章介绍的大部分自定义控件知识，以及服务启停和推送到通知栏的处理。另外，还介绍了如何获取手机上的应用包信息。

通过本章的学习，读者应该能够掌握以下 4 种开发技能。

（1）学会自定义简单控件，包括静止的视图和简单的动画。

（2）学会自定义对话框，在页面的合适位置显示和控制对话框。

（3）学会自定义通知栏，包括自定义样式与自定义操作的处理。

（4）学会服务组件 Service 的用法，如启停服务、绑定/解绑服务、把服务推送到前台等。

第7章

组合控件

本章介绍 App 开发常用的一些组合控件，主要包括底部标签栏的实现和用法、顶部导航栏的用法、横幅轮播条的实现和用法、循环视图 3 种布局的用法、材质设计库 3 种布局的用法等。最后结合本章所学的知识分别演示了两个实战项目“仿支付宝的头部伸缩特效”和“仿淘宝主页”的设计与实现。

7.1 标 签 栏

本节介绍底部标签栏的实现与用法，首先说明如何自定义实现标签按钮，然后介绍标签栏的 3 种实现方式，即 TabActivity 方式、ActivityGroup 方式和 FragmentActivity 方式。

7.1.1 标签按钮

按钮控件种类繁多，有文本按钮 Button、图像按钮 ImageButton、单选按钮 RadioButton、复选按钮 CheckBox、开关按钮 Switch 等，可展现的形式有文本、图像、文本+图标，如此丰富的展现形式，已经能够满足大部分控制需求。但总有少数场合比较特殊，一般的按钮样式满足不了，比如图 7-1 所示的微信底部标签栏，一排有 4 个标签按钮，每个按钮的图标和文字都会随着选中操作而高亮显示。

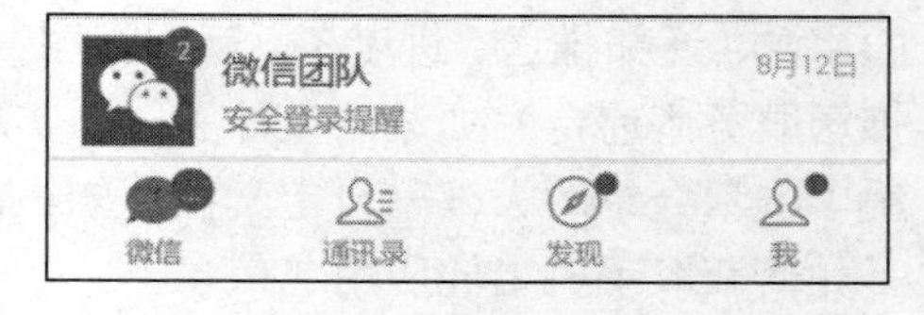

图 7-1 微信的底部标签栏

这样的标签栏控件是各大主流 App 的标配，无论是淘宝、京东，还是微信、手机 QQ，首屏底部一律是清一色的标签栏，而且在选中标签按钮时经常文字、图标、背景一起高亮显示。像这种标签按钮，Android 似乎没有对应的专门控件，如果要自定义控件，就得设计一个布局容器，里面放入一个文本控件和图像控件，然后注册选中事件的监听器，一旦监听到选中事件，就高亮显示文字、图标与布局背景。

自定义控件固然是一个不错的思路，不过无须如此大动干戈。读者还记得第 3 章介绍开关按钮 Switch 时结合状态图形与复选框实现仿 iOS 开关按钮的例子吧，通过状态图形自动展示选中与未选中两种状态的图像在外观上就像一个新控件。标签控件也是如此，要想高亮显示背景，可通过给 background 属性设置状态图形；要想高亮显示图标，可通过给 drawableTop 属性设置状态图形；高亮显示文本也能通过给 textColor 属性设置状态图形实现。这个小技巧估计很多人都没用过，既然文字、图标、背景都可以通过 StateDrawable 控制是否高亮显示，接下来的事情就好办了，具体的实现步骤如下：

步骤 01 定义一个状态图形的 XML 描述文件，当状态为选中时展示高亮图形，代码如下：

```
<selector xmlns:android="http://schemas.android.com/apk/res/android">
    <item android:state_selected="true" android:color="@color/tab_text_selected" />
    <item android:color="@color/tab_text_normal" />
</selector>
```

步骤 02 在布局文件中给 TextView 控件的 background、textColor、drawableTop 三个属性分别设置对应的状态图形，设置代码举例如下：

```
    <!-- 注意这个文本视图的背景、文字颜色和顶部图标都采用了状态图形，使其看起来像个崭新的
标签控件 -->
    <TextView
        android:id="@+id/tv_tab_button"
        android:layout_width="100dp"
        android:layout_height="60dp"
        android:padding="5dp"
        android:layout_gravity="center"
        android:gravity="center"
        android:background="@drawable/tab_bg_selector"
        android:text="点我"
        android:textSize="12sp"
        android:textColor="@drawable/tab_text_selector"
        android:drawableTop="@drawable/tab_first_selector" />
```

步骤 03 在代码中调用 TextView 对象的 setSelected(true)方法时，该控件的文字、图标、背景同时高亮显示；调用 setSelected(false)方法时，该控件的文字、图标、背景恢复原状。具体效果如图 7-2 和图 7-3 所示，图 7-2 所示为尚未选中时的截图，图 7-3 所示为选中时的截图。

图 7-2　未选中标签按钮的截图

图 7-3　选中标签按钮的截图

是不是很神奇？接下来我们把该控件的共同属性挑出来，因为底部标签栏有 4、5 个标签按钮，如果每个按钮节点都添加重复的属性，就太啰嗦了，所以把它们之间通用的属性挑出来，然后在 values/styles.xml 中定义名为 TabButton 的新风格，具体的定义代码如下：

```
<style name="TabButton">
    <item name="android:layout_width">match_parent</item>
    <item name="android:layout_height">match_parent</item>
    <item name="android:padding">5dp</item>
    <item name="android:layout_gravity">center</item>
    <item name="android:gravity">center</item>
    <item name="android:background">@drawable/tab_bg_selector</item>
    <item name="android:textSize">12sp</item>
    <item name="android:textStyle">normal</item>
    <item name="android:textColor">@drawable/tab_text_selector</item>
</style>
```

接下来，布局文件只要给 TextView 节点添加一行 style="@style/TabButton"，即可完成标签按钮的声明。直接在 styles.xml 中定义风格，无须另外编写自定义控件的代码，这是自定义控件的另一种途径。

7.1.2 实现底部标签栏

有了单个标签按钮，还需要一个边框把这些按钮放进去，自动响应每个按钮的点击操作，才能形成一个真正可用的底部标签栏。由于点击标签切换页面时标签栏自身仍保持不动，因此这种情况不宜直接采用通常的活动页面跳转，只能通过特定形式完成页面切换。

标签栏的页面切换主要有 3 种方式：基于 TabActivity 的标签栏、基于 ActivityGroup 的标签栏和基于 FragmentActivity 的标签栏，3 种方式各有千秋。

1. 基于 TabActivity 的标签栏

TabActivity 原本就是设计用来做标签页面的，并且提供了 TabHost 和 TabWidget 两个控件，只不过它们仅用于标签栏，所以无须深入了解，套用固定的框架就行。

下面是 TabActivity 方式的布局文件内容：

```
<!-- 该方式的底部标签栏，根布局必须是 TabHost，且 id 必须为@android:id/tabhost -->
<TabHost xmlns:android="http://schemas.android.com/apk/res/android"
    android:id="@android:id/tabhost"
    android:layout_width="match_parent"
    android:layout_height="match_parent">

    <RelativeLayout
        android:layout_width="match_parent"
        android:layout_height="match_parent">

        <!-- 内容页面都挂在这个框架布局下面 -->
```

```
<FrameLayout
    android:id="@android:id/tabcontent"
    android:layout_width="match_parent"
    android:layout_height="match_parent"
    android:layout_marginBottom="@dimen/tabbar_height" />

<!-- 这是例行公事的选项部件，实际隐藏掉了 -->
<TabWidget
    android:id="@android:id/tabs"
    android:layout_width="match_parent"
    android:layout_height="wrap_content"
    android:visibility="gone" />

<!-- 下面是事实上的底部标签栏，采取水平线性布局展示 -->
<LinearLayout
    android:layout_width="match_parent"
    android:layout_height="@dimen/tabbar_height"
    android:layout_alignParentBottom="true"
    android:gravity="bottom"
    android:orientation="horizontal">

    <!-- 第一个标签控件 -->
    <LinearLayout
        android:id="@+id/ll_first"
        android:layout_width="0dp"
        android:layout_height="match_parent"
        android:layout_weight="1"
        android:orientation="vertical">

        <TextView
            style="@style/TabButton"
            android:drawableTop="@drawable/tab_first_selector"
            android:text="@string/menu_first" />
    </LinearLayout>

    <!-- 第二个标签控件 -->
    <LinearLayout
        android:id="@+id/ll_second"
        android:layout_width="0dp"
        android:layout_height="match_parent"
        android:layout_weight="1"
        android:orientation="vertical">
```

```
                <TextView
                    style="@style/TabButton"
                    android:drawableTop="@drawable/tab_second_selector"
                    android:text="@string/menu_second" />
            </LinearLayout>

            <!-- 第三个标签控件 -->
            <LinearLayout
                android:id="@+id/ll_third"
                android:layout_width="0dp"
                android:layout_height="match_parent"
                android:layout_weight="1"
                android:orientation="vertical">

                <TextView
                    style="@style/TabButton"
                    android:drawableTop="@drawable/tab_third_selector"
                    android:text="@string/menu_third" />
            </LinearLayout>
        </LinearLayout>
    </RelativeLayout>
</TabHost>
```

有了布局文件，再来看对应的 Activity 框架，下面是 TabActivity 的代码：

```
public class TabHostActivity extends TabActivity implements OnClickListener {
    private static final String TAG = "TabHostActivity";
    private Bundle mBundle = new Bundle();  // 声明一个包裹对象
    private TabHost tab_host;  // 声明一个标签栏对象
    private LinearLayout ll_first, ll_second, ll_third;
    private String FIRST_TAG = "first";  // 第一个标签的标识串
    private String SECOND_TAG = "second";  // 第二个标签的标识串
    private String THIRD_TAG = "third";  // 第三个标签的标识串

    @Override
    protected void onCreate(Bundle savedInstanceState) {
        super.onCreate(savedInstanceState);
        setContentView(R.layout.activity_tab_host);
        mBundle.putString("tag", TAG);  // 往包裹中存入名叫 tag 的标记串
        ll_first = findViewById(R.id.ll_first);  // 获取第一个标签的线性布局
        ll_second = findViewById(R.id.ll_second);  // 获取第二个标签的线性布局
        ll_third = findViewById(R.id.ll_third);  // 获取第三个标签的线性布局
        ll_first.setOnClickListener(this);  // 给第一个标签注册点击监听器
        ll_second.setOnClickListener(this);  // 给第二个标签注册点击监听器
```

```
        ll_third.setOnClickListener(this);  // 给第三个标签注册点击监听器
        // 获取系统自带的标签栏，其实就是 id 为“@android:id/tabhost”的控件
        tab_host = getTabHost();
        // 往标签栏添加第一个标签，其中内容视图展示 TabFirstActivity
        tab_host.addTab(getNewTab(FIRST_TAG, R.string.menu_first,
                R.drawable.tab_first_selector, TabFirstActivity.class));
        // 往标签栏添加第二个标签，其中内容视图展示 TabSecondActivity
        tab_host.addTab(getNewTab(SECOND_TAG, R.string.menu_second,
                R.drawable.tab_second_selector, TabSecondActivity.class));
        // 往标签栏添加第三个标签，其中内容视图展示 TabThirdActivity
        tab_host.addTab(getNewTab(THIRD_TAG, R.string.menu_third,
                R.drawable.tab_third_selector, TabThirdActivity.class));
        changeContainerView(ll_first);  // 默认显示第一个标签的内容视图
    }

    // 根据定制参数获得新的标签规格
    private TabHost.TabSpec getNewTab(String spec, int label, int icon, Class<?> cls) {
        // 创建一个意图，并存入指定包裹
        Intent intent = new Intent(this, cls).putExtras(mBundle);
        // 生成并返回新的标签规格（包括内容意图、标签文字和标签图标）
        return tab_host.newTabSpec(spec).setContent(intent)
                .setIndicator(getString(label), getResources().getDrawable(icon));
    }

    @Override
    public void onClick(View v) {
        if (v.getId() == R.id.ll_first || v.getId() == R.id.ll_second || v.getId() == R.id.ll_third) {
            changeContainerView(v);  // 点击了哪个标签，就切换到该标签对应的内容视图
        }
    }

    // 内容视图改为展示指定的视图
    private void changeContainerView(View v) {
        ll_first.setSelected(false);  // 取消选中第一个标签
        ll_second.setSelected(false);  // 取消选中第二个标签
        ll_third.setSelected(false);  // 取消选中第三个标签
        v.setSelected(true);  // 选中指定标签
        if (v == ll_first) {
            tab_host.setCurrentTabByTag(FIRST_TAG);  // 设置当前标签为第一个标签
        } else if (v == ll_second) {
            tab_host.setCurrentTabByTag(SECOND_TAG);  // 设置当前标签为第二个标签
        } else if (v == ll_third) {
            tab_host.setCurrentTabByTag(THIRD_TAG);  // 设置当前标签为第三个标签
```

```
        }
    }
}
```

该方式的核心是 getNewTab 函数，方法内部可设置标签按钮的文本、图标以及该标签对应的活动页面。当发生标签按钮的点击事件时，系统调用 TabHost 的 setCurrentTabByTag 方法定位具体的切换页面。

具体的标签页切换效果如图 7-4 和图 7-5 所示。其中，图 7-4 所示为点击“首页”标签按钮时的截图，图 7-5 所示为点击“分类”标签按钮时的截图。

图 7-4　点击“首页”标签按钮

图 7-5　点击“分类”标签按钮

2. 基于 ActivityGroup 的标签栏

顾名思义，ActivityGroup 就是 Activity 的组合，允许在内部开启活动页面。从这个意义上来说，ActivityGroup 与 Activity 的关系相当于 Activity 与 Fragment 的关系。使用 ActivityGroup 实现标签栏也有固定的模板，该方式的布局文件与 TabActivity 方式相比，主要有三处改动：

（1）根布局节点不再采用 TabHost，改为使用常见的线性布局 LinearLayout；

（2）删除了例行公事的选项部件 TabWidget；

（3）内容页面由固定编号的框架布局改成自定义编号的线性布局，示例如下：

```
<!-- 内容页面都挂在这个线性布局下面 -->
<LinearLayout
    android:id="@+id/ll_container"
    android:layout_width="match_parent"
    android:layout_height="0dp"
    android:layout_weight="1"
    android:gravity="bottom|center"
    android:orientation="horizontal" />
```

至于 ActivityGroup 方式的页面代码，则变化集中在如何切换标签页，相关代码片段如下：

```
// 内容视图改为展示指定的视图
private void changeContainerView(View v) {
    ll_first.setSelected(false);  // 取消选中第一个标签
    ll_second.setSelected(false);  // 取消选中第二个标签
    ll_third.setSelected(false);  // 取消选中第三个标签
    v.setSelected(true);  // 选中指定标签
    if (v == ll_first) {
        // 切换到第一个活动页面 TabFirstActivity
        toActivity("first", TabFirstActivity.class);
```

```
        } else if (v == ll_second) {
            // 切换到第二个活动页面 TabSecondActivity
            toActivity("second", TabSecondActivity.class);
        } else if (v == ll_third) {
            // 切换到第三个活动页面 TabThirdActivity
            toActivity("third", TabThirdActivity.class);
        }
    }

    // 把内容视图切换到对应的 Activity 活动页面
    private void toActivity(String label, Class<?> cls) {
        // 创建一个意图，并存入指定包裹
        Intent intent = new Intent(this, cls).putExtras(mBundle);
        // 移除内容框架下面的所有下级视图
        ll_container.removeAllViews();
        // 启动意图指向的活动，并获取该活动页面的顶层视图
        View v = getLocalActivityManager().startActivity(label, intent).getDecorView();
        // 设置内容视图的布局参数
        v.setLayoutParams(new LayoutParams(
                LayoutParams.MATCH_PARENT, LayoutParams.MATCH_PARENT));
        // 把活动页面的顶层视图（即内容视图）添加到内容框架上
        ll_container.addView(v);
    }
```

该方式的核心是 toActivity 函数，方法内部可设置标签按钮的文本、图标以及该标签对应的活动页面。从函数中可以看到，startActivity 方法返回一个 Window 对象，然后从该 Window 对象提取标签页的实际视图（调用 getDecorView 方法）。读者不妨把 DecorView 理解为该标签页的根视图，那么代码就是将这个根视图 DecorView 加入 ActivityGroup 的视图容器中。注意，这里在调用 startActivity 方法前需要先调用 getLocalActivityManager 方法获得页面管理器，才能进行后续操作，getLocalActivityManager 方法是 ActivityGroup 特有的函数。

该方式的标签栏页面效果与 TabActivity 一样。为了区分两种方式，这里在具体标签页中把来源打印出来，如图 7-6 和图 7-7 所示。其中，图 7-6 所示为点击“首页”标签按钮时的截图，图 7-7 所示为点击“购物车”标签按钮时的截图。

图 7-6　点击“首页”标签按钮

图 7-7　点击“购物车”标签按钮

3. 基于 FragmentActivity 的标签栏

前面提到，ActivityGroup 方式采用一个 ActivityGroup 对应多个 Activity 的做法，那么也可以采取一个 Activity 对应多个 Fragment 的做法，基于 FragmentActivity 的标签栏就是该思路

的第 3 种方式。与前两种方式一样，FragmentActivity 也有固定的使用模板，下面是该方式的布局文件代码：

```
<LinearLayout xmlns:android="http://schemas.android.com/apk/res/android"
    android:layout_width="match_parent"
    android:layout_height="match_parent"
    android:orientation="vertical">

    <!-- 这是实际的内容框架，内容页面都挂在这个框架布局下面。
        把 FragmentLayout 放在 FragmentTabHost 上面，标签栏就在页面底部；
        反之 FragmentLayout 在 FragmentTabHost 下面，标签栏就在页面顶部。 -->
    <FrameLayout
        android:id="@+id/realtabcontent"
        android:layout_width="match_parent"
        android:layout_height="0dp"
        android:layout_weight="1" />

    <!-- 碎片标签栏的 id 必须是@android:id/tabhost -->
    <android.support.v4.app.FragmentTabHost
        android:id="@android:id/tabhost"
        android:layout_width="match_parent"
        android:layout_height="@dimen/tabbar_height">

        <!-- 这是例行公事的选项内容，实际看不到 -->
        <FrameLayout
            android:id="@android:id/tabcontent"
            android:layout_width="0dp"
            android:layout_height="0dp"
            android:layout_weight="0" />
    </android.support.v4.app.FragmentTabHost>
</LinearLayout>
```

看起来布局文件简洁了许多，该方式的代码也同样简洁明了：

```
public class TabFragmentActivity extends AppCompatActivity {
    private static final String TAG = "TabFragmentActivity";
    private FragmentTabHost tabHost;  // 声明一个碎片标签栏对象

    @Override
    protected void onCreate(Bundle savedInstanceState) {
        super.onCreate(savedInstanceState);
        setContentView(R.layout.activity_tab_fragment);
        Bundle bundle = new Bundle();  // 创建一个包裹对象
        bundle.putString("tag", TAG);  // 往包裹中存入名叫 tag 的标记
```

```
        // 从布局文件中获取名叫 tabhost 的碎片标签栏
        tabHost = findViewById(android.R.id.tabhost);
        // 把实际的内容框架安装到碎片标签栏
        tabHost.setup(this, getSupportFragmentManager(), R.id.realtabcontent);
        // 往标签栏添加第一个标签，其中内容视图展示 TabFirstFragment
        tabHost.addTab(getTabView(R.string.menu_first, R.drawable.tab_first_selector),
                TabFirstFragment.class, bundle);
        // 往标签栏添加第二个标签，其中内容视图展示 TabSecondFragment
        tabHost.addTab(getTabView(R.string.menu_second, R.drawable.tab_second_selector),
                TabSecondFragment.class, bundle);
        // 往标签栏添加第三个标签，其中内容视图展示 TabThirdFragment
        tabHost.addTab(getTabView(R.string.menu_third, R.drawable.tab_third_selector),
                TabThirdFragment.class, bundle);
        // 不显示各标签之间的分隔线
        tabHost.getTabWidget().setShowDividers(LinearLayout.SHOW_DIVIDER_NONE);
    }

    // 根据字符串和图标的资源编号，获得对应的标签规格
    private TabSpec getTabView(int textId, int imgId) {
        // 根据资源编号获得字符串对象
        String text = getResources().getString(textId);
        // 根据资源编号获得图形对象
        Drawable drawable = getResources().getDrawable(imgId);
        // 设置图形的四周边界。这里必须设置图片大小，否则无法显示图标
        drawable.setBounds(0, 0, drawable.getMinimumWidth(), drawable.getMinimumHeight());
        // 根据布局文件 item_tabbar.xml 生成标签按钮对象
        View item_tabbar = getLayoutInflater().inflate(R.layout.item_tabbar, null);
        TextView tv_item = item_tabbar.findViewById(R.id.tv_item_tabbar);
        tv_item.setText(text);
        // 在文字上方显示标签的图标
        tv_item.setCompoundDrawables(null, drawable, null, null);
        // 生成并返回该标签按钮对应的标签规格
        return tabHost.newTabSpec(text).setIndicator(item_tabbar);
    }
}
```

FragmentActivity 方式的核心是 addTab 函数，内部可自定义每个标签按钮的视图和对应的 Fragment 页面。因为 FragmentTabHost 已经自动处理了点击事件，所以无须另外调用 setSelected 方法。该方式与前两种方式的不同之处在于标签页是 Fragment 而不是 Activity，因此标签页内部无法直接操作选项菜单。

FragmentActivity 方式的标签栏与前两种方式在形式上没什么差别，具体效果如图 7-8 和图 7-9 所示。其中，图 7-8 所示为点击“分类”标签按钮时的截图，图 7-9 所示为点击“购物车”标签按钮时的截图。

图 7-8 点击“分类”标签按钮

图 7-9 点击“购物车”标签按钮

7.2 导 航 栏

本节介绍导航栏的组成控件，包括工具栏 Toolbar、溢出菜单 OverflowMenu、搜索框 SearchView、标签布局 TabLayout 的相关用法，以及如何定制 Toolbar 的视图与 TabLayout 的标签页。

7.2.1 工具栏 Toolbar

主流 App 除了底部有一排标签栏外，通常顶部还有一排导航栏。在 Android 5.0 之前，这个顶部导航栏以 ActionBar 控件的形式出现，但 ActionBar 存在不灵活、难以扩展等毛病，所以 Android 5.0 之后推出了 Toolbar 工具栏控件，意在取代 ActionBar。

不过为了兼容之前的版本，ActionBar 控件仍然保留。Toolbar 与 ActionBar 都占着顶部导航栏的位置，要想引入 Toolbar 就得先关闭 ActionBar。具体的操作步骤如下：

步骤 01 在 styles.xml 中定义一个不包含 ActionBar 的风格样式，代码如下：

```
<style name="AppCompatTheme" parent="Theme.AppCompat.Light.NoActionBar" />
```

步骤 02 修改 AndroidManifest.xml，把 activity 节点的 android:theme 属性值改为第一步定义的风格，如 android:theme="@style/AppCompatTheme"。

步骤 03 将页面布局文件的根节点改为 LinearLayout，且为 vertical 垂直方向；然后增加一个 Toolbar 元素，因为 Toolbar 本质是一个 ViewGroup，所以也可以在下面添加别的控件。下面是一个布局文件的片段：

```
<android.support.v7.widget.Toolbar
    android:id="@+id/tl_head"
    android:layout_width="match_parent"
    android:layout_height="wrap_content" />
```

步骤 04 将 Activity 代码改为继承自 AppCompatActivity，其实在 Android Studio 中新建模块已经是默认继承 AppCompatActivity 了。然后在 onCreate 函数中获取布局文件中的 Toolbar 对象，并调用 setSupportActionBar 方法设置当前的 Toolbar 对象。

Toolbar 之所以比 ActionBar 灵活，原因是 Toolbar 提供了多个属性指定控件风格。Toolbar 的常用属性及设置方法见表 7-1（自定义属性的用法参见第 6 章的“6.1.1 声明属性”）。

表 7-1　Toolbar 的常用属性及设置方法说明

XML 中的属性	Toolbar 类的设置方法	说明
Logo	setLogo	设置工具栏图标
Title	setTitle	设置标题文字
titleTextColor	setTitleTextColor	设置标题的文字颜色
titleTextAppearance	setTitleTextAppearance	设置标题的文字风格。风格定义在 styles.xml 中
subtitle	setSubtitle	设置副标题文字。副标题在标题下方
subtitleTextColor	setSubtitleTextColor	设置副标题的文字颜色
subtitleTextAppearance	setSubtitleTextAppearance	设置副标题的文字风格
navigationIcon	setNavigationIcon	设置左侧导航图标
无	setNavigationOnClickListener	设置导航图标的点击监听器

下面是使用 Toolbar 的代码片段：

```
protected void onCreate(Bundle savedInstanceState) {
    super.onCreate(savedInstanceState);
    setContentView(R.layout.activity_toolbar);
    // 从布局文件中获取名叫 tl_head 的工具栏
    Toolbar tl_head = findViewById(R.id.tl_head);
    // 设置工具栏左边的导航图标
    tl_head.setNavigationIcon(R.drawable.ic_back);
    // 设置工具栏的标题文本
    tl_head.setTitle("工具栏页面");
    // 设置工具栏的标题文字颜色
    tl_head.setTitleTextColor(Color.RED);
    // 设置工具栏的标志图片
    tl_head.setLogo(R.drawable.ic_app);
    // 设置工具栏的副标题文本
    tl_head.setSubtitle("Toolbar");
    // 设置工具栏的副标题文字颜色
    tl_head.setSubtitleTextColor(Color.YELLOW);
    // 设置工具栏的背景
    tl_head.setBackgroundResource(R.color.blue_light);
    // 使用 tl_head 替换系统自带的 ActionBar
    setSupportActionBar(tl_head);
    // 给 tl_head 设置导航图标的点击监听器
    // setNavigationOnClickListener 必须放到 setSupportActionBar 之后，不然不起作用
    tl_head.setNavigationOnClickListener(new OnClickListener() {
        @Override
        public void onClick(View view) {
            finish();  // 结束当前页面
        }
    });
```

```
    }
```

具体的工具栏效果如图 7-10 所示，该工具栏的界面元素包括导航图标、工具栏图标、标题、副标题。

图 7-10　简单设置后的工具栏界面

7.2.2　溢出菜单 OverflowMenu

导航栏右边往往有个三点图标，点击后会弹出菜单。这个右上角的弹出菜单名叫溢出菜单 OverflowMenu，意指导航栏不够放了、溢出来了。溢出菜单其实就是把选项菜单 OptionsMenu 搬到了页面右上方，具体的菜单布局与代码用法基本同选项菜单，不同之处在于溢出菜单多了个 showAsAction 属性，该属性用来控制菜单项在导航栏上的展示位置，具体的取值说明见表 7-2。

表 7-2　菜单项展示位置类型的取值说明

展示位置类型	说明
always	总是在导航栏上显示菜单图标
ifRoom	如果导航栏右侧有空间，该项就直接显示在导航栏上，不再放入溢出菜单
never	从不在导航栏上直接显示，一直放在溢出菜单列表里面
withText	如果能在导航栏上显示，除了显示图标，还要显示该项的文字说明
collapseActionView	操作视图要折叠为一个按钮，点击该按钮再展开操作视图，主要用于 SearchView

默认情况下，菜单列表的菜单项不会在文字左边显示图标，即使在菜单布局中设置了 icon 属性也没有作用。所以想让菜单项显示左侧图标就得调用 MenuBuilder 的 setOptionalIconsVisible 方法。该方法是一个隐藏方法，只能通过反射机制调用。具体的调用代码如下：

```
public static void setOverflowIconVisible(int featureId, Menu menu) {
    // ActionBar 的 featureId 是 8，Toolbar 的 featureId 是 108
    if (featureId % 100 == Window.FEATURE_ACTION_BAR && menu != null) {
        if (menu.getClass().getSimpleName().equals("MenuBuilder")) {
            try {
                // setOptionalIconsVisible 是个隐藏方法，需要通过反射机制调用
                Method m = menu.getClass().getDeclaredMethod(
                        "setOptionalIconsVisible", Boolean.TYPE);
                m.setAccessible(true);
                m.invoke(menu, true);
            } catch (Exception e) {
                e.printStackTrace();
            }
        }
    }
}
```

另外，菜单布局中将 showAsAction 属性设置为 ifRoom 或 always，不过即使工具栏上还有空间，该菜单项也不会显示在工具栏上。这方面也很不好，因为在 ActionBar 时代，这么做没问题，到 Toolbar 时代反而出了问题。既然有问题就得解决，解决办法挺简单，首先在菜单

布局的 menu 根节点增加命名空间声明 xmlns:app="http://schemas.android.com/apk/res-auto"，然后把 android:showAsAction="ifRoom"改为 app:showAsAction="ifRoom"。很眼熟是不是？这分明就是自定义属性的做法。下面来看用于溢出菜单的布局文件代码：

```
<menu xmlns:android="http://schemas.android.com/apk/res/android"
    xmlns:app="http://schemas.android.com/apk/res-auto" >

    <item
        android:id="@+id/menu_refresh"
        android:orderInCategory="1"
        android:icon="@drawable/ic_refresh"
        app:showAsAction="ifRoom"
        android:title="刷新"/>

    <item
        android:id="@+id/menu_about"
        android:orderInCategory="8"
        android:icon="@drawable/ic_about"
        app:showAsAction="never"
        android:title="关于"/>

    <item
        android:id="@+id/menu_quit"
        android:orderInCategory="9"
        android:icon="@drawable/ic_quit"
        app:showAsAction="never"
        android:title="退出"/>
</menu>
```

下面是在页面代码中操作溢出菜单的代码片段：

```
    @Override
    public boolean onMenuOpened(int featureId, Menu menu) {
        // 显示菜单项左侧的图标
        MenuUtil.setOverflowIconVisible(featureId, menu);
        return super.onMenuOpened(featureId, menu);
    }

    @Override
    public boolean onCreateOptionsMenu(Menu menu) {
        // 从 menu_overflow.xml 中构建菜单界面布局
        getMenuInflater().inflate(R.menu.menu_overflow, menu);
        return true;
    }

    @Override
```

```
public boolean onOptionsItemSelected(MenuItem item) {
    int id = item.getItemId();
    if (id == android.R.id.home) {   // 点击了工具栏左边的返回箭头
        finish();
    } else if (id == R.id.menu_refresh) {   // 点击了刷新图标
        tv_desc.setText("当前刷新时间: " + DateUtil.getNowDateTime("yyyy-MM-dd HH:mm:ss"));
        return true;
    } else if (id == R.id.menu_about) {   // 点击了关于菜单项
        Toast.makeText(this, "这个是工具栏的演示 demo", Toast.LENGTH_LONG).show();
        return true;
    } else if (id == R.id.menu_quit) {   // 点击了退出菜单项
        finish();
    }
    return super.onOptionsItemSelected(item);
}
```

添加溢出菜单后的导航栏效果如图 7-11 和图 7-12 所示。其中，图 7-11 所示为导航栏的初始界面，此时导航栏右侧有一个刷新按钮，还有一个三点图标；点击三点图标，弹出剩余的菜单项列表，如图 7-12 所示。

图 7-11　溢出菜单初始界面

图 7-12　点击按钮弹出菜单列表

7.2.3 搜索框 SearchView

导航栏中间往往有个搜索框，特别是电商 App 的导航栏，搜索框是标配。在工具栏上添加并使用搜索框有些复杂，实现步骤大致如下：

步骤 01 在菜单布局文件中定义搜索项，示例代码如下：

```
<item
    android:id="@+id/menu_search"
    android:orderInCategory="1"
    android:icon="@drawable/ic_search"
    app:showAsAction="ifRoom"
    android:title="搜索"
    app:actionViewClass="android.support.v7.widget.SearchView" />
```

步骤 02 在 res\xml 目录下新建 searchable.xml，设置搜索框的样式代码，举例如下：

```
<searchable xmlns:android="http://schemas.android.com/apk/res/android"
    android:label="@string/app_name"
    android:hint="@string/please_input"
```

```
android:inputType="text"
android:searchButtonText="@string/search" />
```

步骤03 在 AndroidManifest.xml 中加入一个搜索结果页面的 activity 节点定义，需要指定 action 和 meta-data，举例如下：

```
<activity android:name=".SearchResultActvity" android:theme="@style/AppCompatTheme" >
    <intent-filter>
        <action android:name="android.intent.action.SEARCH"/>
    </intent-filter>
    <meta-data android:name="android.app.searchable" android:resource="@xml/searchable"/>
</activity>
```

步骤04 在 Activity 代码中初始化搜索框，并关联搜索动作对应的结果 Activity，如 SearchResultActvity。代码片段如下：

```
private SearchView.SearchAutoComplete sac_key;  // 声明一个搜索自动完成的编辑框对象
private String[] hintArray = {"iphone", "iphone8", "iphone8 plus", "iphone7", "iphone7 plus"};

// 根据菜单项初始化搜索框
private void initSearchView(Menu menu) {
    MenuItem menuItem = menu.findItem(R.id.menu_search);
    // 从菜单项中获取搜索框对象
    SearchView searchView = (SearchView) menuItem.getActionView();
    // 设置搜索框默认自动缩小为图标
    searchView.setIconifiedByDefault(getIntent().getBooleanExtra("collapse", true));
    // 设置是否显示搜索按钮。搜索按钮只显示一个箭头图标，Android 暂不支持显示文本。
    // 查看 Android 源码，搜索按钮用的控件是 ImageView，所以只能显示图标不能显示文字。
    searchView.setSubmitButtonEnabled(true);
    // 从系统服务中获取搜索管理器
    SearchManager sm = (SearchManager) getSystemService(Context.SEARCH_SERVICE);
    // 创建搜索结果页面的组件名称对象
    ComponentName cn = new ComponentName(this, SearchResultActvity.class);
    // 从结果页面注册的 activity 节点获取相关搜索信息，即 searchable.xml 定义的搜索控件
    SearchableInfo info = sm.getSearchableInfo(cn);
    // 设置搜索框的可搜索信息
    searchView.setSearchableInfo(info);
    // 从搜索框中获取名叫 search_src_text 的自动完成编辑框
    sac_key = searchView.findViewById(R.id.search_src_text);
    // 设置自动完成编辑框的文本颜色
    sac_key.setTextColor(Color.WHITE);
    // 设置自动完成编辑框的提示文本颜色
    sac_key.setHintTextColor(Color.WHITE);
    // 给搜索框设置文本变化监听器
    searchView.setOnQueryTextListener(new SearchView.OnQueryTextListener() {
```

```
            // 搜索关键词完成输入
            public boolean onQueryTextSubmit(String query) {
                return false;
            }

            // 搜索关键词发生变化
            public boolean onQueryTextChange(String newText) {
                doSearch(newText);
                return true;
            }
        });
        Bundle bundle = new Bundle();   // 创建一个新包裹
        bundle.putString("hi", "hello");   // 往包裹中存放名叫 hi 的字符串
        // 设置搜索框的额外搜索数据
        searchView.setAppSearchData(bundle);
    }

    // 自动匹配相关的关键词列表
    private void doSearch(String text) {
        if (text.indexOf("i") == 0) {
            // 根据提示词数组构建一个数组适配器
            ArrayAdapter<String> adapter = new ArrayAdapter<String>(this,
                    R.layout.search_list_auto, hintArray);
            // 设置自动完成编辑框的数组适配器
            sac_key.setAdapter(adapter);
            // 给自动完成编辑框设置列表项的点击监听器
            sac_key.setOnItemClickListener(new OnItemClickListener() {
                // 一旦点击关键词匹配列表中的某一项，就触发点击监听器的 onItemClick 方法
                public void onItemClick(AdapterView<?> parent, View view, int position, long id) {
                    sac_key.setText(((TextView) view).getText());
                }
            });
        }
    }

    @Override
    public boolean onCreateOptionsMenu(Menu menu) {
        // 从 menu_search.xml 中构建菜单界面布局
        getMenuInflater().inflate(R.menu.menu_search, menu);
        // 初始化搜索框
        initSearchView(menu);
        return true;
    }
```

步骤 05 编写搜索结果页面的 Activity 代码，获取关键字的代码片段如下：

```
// 解析搜索请求页面传来的搜索信息，并据此执行搜索查询操作
private void doSearchQuery(Intent intent) {
    if (intent != null) {
        // 如果是通过 ACTION_SEARCH 来调用，即为搜索框来源
        if (Intent.ACTION_SEARCH.equals(intent.getAction())) {
            // 获取额外的搜索数据
            Bundle bundle = intent.getBundleExtra(SearchManager.APP_DATA);
            String value = bundle.getString("hi");
            // 获取实际的搜索文本
            String queryString = intent.getStringExtra(SearchManager.QUERY);
            tv_search_result.setText("您输入的搜索文字是："+queryString+", 额外信息："+value);
        }
    }
}
```

搜索框的使用效果如图 7-13～图 7-16 所示。其中，图 7-13 所示为导航栏的初始界面；图 7-14 为点击搜索图标后，展开搜索视图的界面；图 7-15 所示为输入搜索文字后，弹出关键词列表的界面；图 7-16 所示为点击完成按钮，跳转到搜索结果页面的截图。

图 7-13　搜索框初始页面

图 7-14　展开搜索框的页面

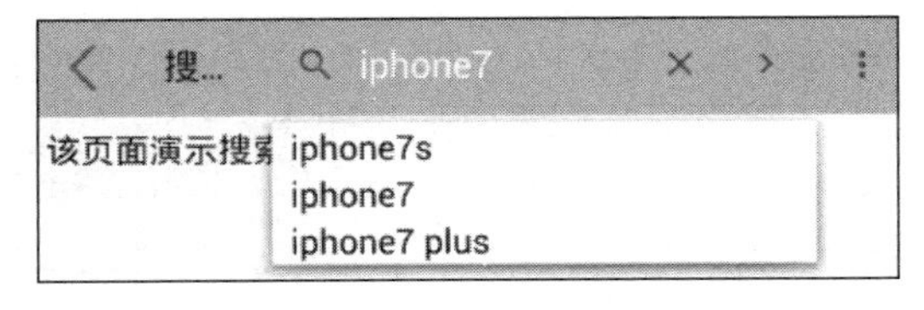

图 7-15　输入关键字弹出选择列表

图 7-16 搜索结果页面的截图

7.2.4　标签布局 TabLayout

Toolbar 作为 ActionBar 的升级版，好处在于允许设置内部控件的样式，还允许添加其他外部控件。第 6 章的实战项目“手机安全助手”流量主页面的顶部是一个自己做的简单导航栏，该导航栏的主节点是 LinearLayout，现在我们把 LinearLayout 换成 Toolbar，相当于系统默认实现左侧的导航图标和右侧的溢出菜单，中间的部分是开发者要添加的视图。

下面是修改后的布局文件片段，此时 Toolbar 节点可以当作 LinearLayout 节点使用：

```
<android.support.v7.widget.Toolbar
    android:id="@+id/tl_head"
    android:layout_width="match_parent"
    android:layout_height="50dp"
```

```
        android:background="@color/blue_light"
        app:navigationIcon="@drawable/ic_back" >

        <!-- Toolbar 下面允许添加自定义的布局内容 -->
        <RelativeLayout
            android:layout_width="match_parent"
            android:layout_height="wrap_content" >

            <TextView
                android:id="@+id/tv_day"
                android:layout_width="wrap_content"
                android:layout_height="match_parent"
                android:layout_centerInParent="true"
                android:background="@drawable/editext_selector"
                android:gravity="center"
                android:textColor="@color/black"
                android:textSize="17sp" />

            <TextView
                android:layout_width="wrap_content"
                android:layout_height="match_parent"
                android:layout_toLeftOf="@+id/tv_day"
                android:gravity="center"
                android:text="统计日期 "
                android:textColor="@color/black"
                android:textSize="17sp" />
        </RelativeLayout>
    </android.support.v7.widget.Toolbar>
```

修改后的导航栏效果如图 7-17 所示，中部原来展示标题的位置变成展示统计日期了。

图 7-17　定制修改后的导航栏

如果定制 Toolbar 仅仅放入几个基本控件，就太小儿科了，这么好的工具栏，必须有杀手级别的控件搭配。下面先看京东 App 的两张截图，图 7-18 是商品页面，图 7-19 是详情页面，这两个页面之间通过左右滑动切换。导航栏上有文字标签，类似于翻页标题栏 PagerTabStrip，用于指示当前滑到了哪个页面。

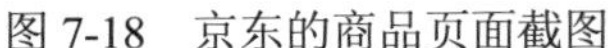
图 7-18　京东的商品页面截图

图 7-19　京东的详情页面截图

通过工具栏控制页面左右滑动的用户体验挺不错，这里压轴用的便是 design 库中的标签布局 TabLayout，使用该控件前要先修改 build.gradle，在 dependencies 节点中加入一行代码表示导入 design 库：

```
implementation 'com.android.support:design:28.0.0’
```

TabLayout 的展现形式类似于 PagerTabStrip，同样是文字标签带下划线，不同的是 TabLayout 允许定制更丰富的样式，新增的样式属性主要有以下 6 种。

- tabBackground：指定标签的背景。
- tabIndicatorColor：指定下划线的颜色。
- tabIndicatorHeight：指定下划线的高度。
- tabTextColor：指定标签文字的颜色。
- tabTextAppearance：指定标签文字的风格。
- tabSelectedTextColor：指定选中文字的颜色。

下面是在 XML 文件中使用 TabLayout 的布局内容片段：

```
<android.support.v7.widget.Toolbar
    android:id="@+id/tl_head"
    android:layout_width="match_parent"
    android:layout_height="50dp"
    app:navigationIcon="@drawable/ic_back">

    <RelativeLayout
        android:layout_width="match_parent"
        android:layout_height="wrap_content">

        <!-- 注意 TabLayout 节点需要使用完整路径 -->
        <android.support.design.widget.TabLayout
            android:id="@+id/tab_title"
```

```
            android:layout_width="wrap_content"
            android:layout_height="match_parent"
            android:layout_centerInParent="true"
            app:tabIndicatorColor="@color/red"
            app:tabIndicatorHeight="2dp"
            app:tabSelectedTextColor="@color/red"
            app:tabTextColor="@color/grey"
            app:tabTextAppearance="@style/TabText" />
    </RelativeLayout>
</android.support.v7.widget.Toolbar>
```

在代码中，TabLayout 通过以下 4 种方法操作标签。

- newTab：创建新标签。
- addTab：添加一个标签。
- getTabAt：获取指定位置的标签。
- setOnTabSelectedListener：设置标签的选中监听器。该监听器需实现 OnTabSelectedListener 接口的 3 个方法。
    - onTabSelected：标签被选中时触发。
    - onTabUnselected：标签被取消选中时触发。
    - onTabReselected：标签被重新选中时触发。

把 TabLayout 与 ViewPager 结合起来就是一个固定的套路，使用时直接套框架就行。下面是两者联合使用的代码片段：

```
private ViewPager vp_content;  // 定义一个翻页视图对象
private TabLayout tab_title;  // 定义一个标签布局对象
private ArrayList<String> mTitleArray = new ArrayList<String>();  // 标题文字队列

protected void onCreate(Bundle savedInstanceState) {
    super.onCreate(savedInstanceState);
    setContentView(R.layout.activity_tab_layout);
    // 从布局文件中获取名叫 tl_head 的工具栏
    Toolbar tl_head = findViewById(R.id.tl_head);
    // 使用 tl_head 替换系统自带的 ActionBar
    setSupportActionBar(tl_head);
    mTitleArray.add("商品");
    mTitleArray.add("详情");
    initTabLayout();  // 初始化标签布局
    initTabViewPager();  // 初始化标签翻页
}

// 初始化标签布局
private void initTabLayout() {
```

```
        // 从布局文件中获取名叫 tab_title 的标签布局
        tab_title = findViewById(R.id.tab_title);
        // 给 tab_title 添加一个指定文字的标签
        tab_title.addTab(tab_title.newTab().setText(mTitleArray.get(0)));
        // 给 tab_title 添加一个指定文字的标签
        tab_title.addTab(tab_title.newTab().setText(mTitleArray.get(1)));
        // 给 tab_title 添加标签选中监听器
        tab_title.addOnTabSelectedListener(this);
    }

    // 初始化标签翻页
    private void initTabViewPager() {
        // 从布局文件中获取名叫 vp_content 的翻页视图
        vp_content = findViewById(R.id.vp_content);
        // 构建一个商品信息的翻页适配器
        GoodsPagerAdapter adapter = new GoodsPagerAdapter(
                getSupportFragmentManager(), mTitleArray);
        // 给 vp_content 设置商品翻页适配器
        vp_content.setAdapter(adapter);
        // 给 vp_content 添加页面变更监听器
        vp_content.addOnPageChangeListener(new SimpleOnPageChangeListener() {
            @Override
            public void onPageSelected(int position) {
                // 选中 tab_title 指定位置的标签
                tab_title.getTabAt(position).select();
            }
        });
    }

    // 在标签被重复选中时触发
    public void onTabReselected(Tab tab) {}

    // 在标签选中时触发
    public void onTabSelected(Tab tab) {
        // 让 vp_content 显示指定位置的页面
        vp_content.setCurrentItem(tab.getPosition());
    }

    // 在标签取消选中时触发
    public void onTabUnselected(Tab tab) {}
```

接下来看在工具栏上显示标签页的效果。选中“商品”标签，页面下方显示商品信息文字，如图 7-20 所示；然后选中“详情”标签，切换到商品详情页面，如图 7-21 所示。感觉不错吧，赶快动手实践一下，你也可以实现京东 App 的标签导航栏。

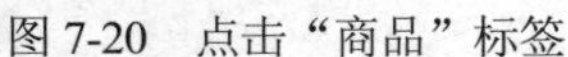
图 7-20　点击“商品”标签

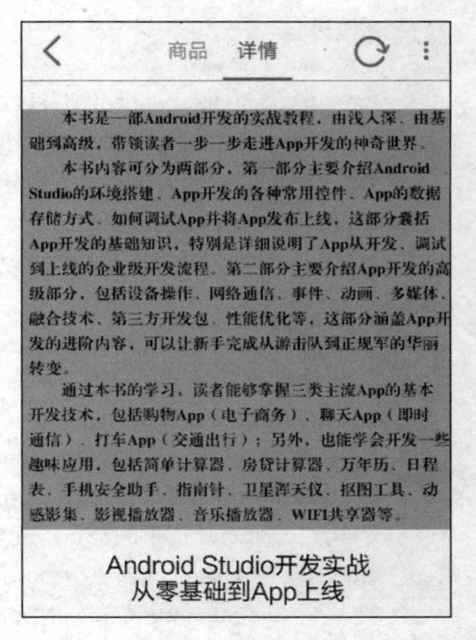

图 7-21　点击“详情”标签

TabLayout 默认采用文本标签，也支持自定义标签，除了放文本还可以放图像，比如加一个角标。自定义标签的过程很简单，首先要定义标签项的布局文件。下面是一个布局文件的例子，其中包含文本控件与图像控件，并且 TextView 的 textColor 属性与 ImageView 的 src 属性都采用状态图形，代码如下：

```
<RelativeLayout xmlns:android="http://schemas.android.com/apk/res/android"
    android:layout_width="match_parent"
    android:layout_height="match_parent" >

    <TextView
        android:id="@+id/tv_toolbar1"
        android:layout_width="wrap_content"
        android:layout_height="match_parent"
        android:layout_centerInParent="true"
        android:gravity="center"
        android:textColor="@drawable/toolbar_text_selector"
        android:textSize="17sp" />

    <ImageView
        android:id="@+id/iv_point1"
        android:layout_width="25dp"
        android:layout_height="25dp"
        android:layout_toRightOf="@+id/tv_toolbar1"
        android:paddingTop="10dp"
        android:paddingLeft="3dp"
```

```
        android:scaleType="fitCenter"
        android:src="@drawable/toolbar_image_selector" />"
</RelativeLayout>
```

然后打开活动页面代码，只要修改 initTabLayout 函数即可，关键是调用了 setCustomView 方法，变更的代码片段如下：

```
    // 初始化标签布局
    private void initTabLayout() {
        // 从布局文件中获取名叫 tab_title 的标签布局
        tab_title = findViewById(R.id.tab_title);
        // 给 tab_title 添加一个指定布局的标签
        tab_title.addTab(tab_title.newTab().setCustomView(R.layout.item_toolbar1));
        TextView tv_toolbar1 = findViewById(R.id.tv_toolbar1);
        tv_toolbar1.setText(mTitleArray.get(0));
        // 给 tab_title 添加一个指定布局的标签
        tab_title.addTab(tab_title.newTab().setCustomView(R.layout.item_toolbar2));
        TextView tv_toolbar2 = findViewById(R.id.tv_toolbar2);
        tv_toolbar2.setText(mTitleArray.get(1));
        // 给 tab_title 添加标签选中监听器，该监听器默认绑定了翻页视图 vp_content
        tab_title.addOnTabSelectedListener(new ViewPagerOnTabSelectedListener(vp_content));
    }
```

重新编译并运行 App，最新的效果如图 7-22 和图 7-23 所示。其中，图 7-22 所示为点击“商品”标签时的界面，此时“商品”文字右上角显示红点；图 7-23 所示为点击“详情”标签时的界面，此时“详情”文字右上角显示红点。

图 7-22　点击“商品”的自定义标签

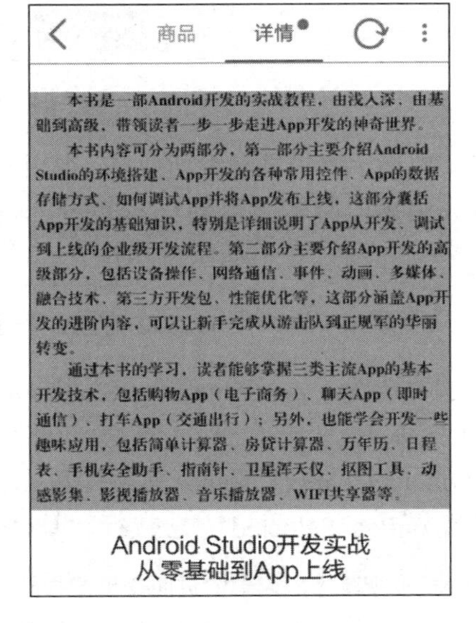

图 7-23　点击“详情”的自定义标签

7.3 横 幅 条

本节介绍横幅条 Banner 的两种展现形式与具体实现，包括如何在 Banner 底部自定义可以滚动的指示器、如何实现会自动轮播的横幅条、如何让 Banner 顶到上面的状态栏。同时还会复习自定义视图和自定义动画的知识。

7.3.1 自定义指示器

在第 5 章介绍 ViewPager 时给出了启动引导页的例子，为了让用户知道当前是在第几页，在每个页面下方都要添加一排圆点，通过高亮圆点指示当前的页面位置，这排圆点我们称之为指示器。引导页里的指示器其实附着在每个 Fragment 页面下方，而不是固定在手机屏幕下方，所以会感觉有些奇怪。理想的情况是，引导页在滑动时屏幕下方的指示器固定不动，高亮圆点随着页面滑动而缓慢挪动，页面滑到下一页，高亮圆点刚好挪到下一个圆点处。

这么说可能有些抽象，不如看看新方式的效果图，如图 7-24 所示。当前翻页位置在第一页和第二页之前，此时底部指示器的高亮圆点刚好挪到第一个圆点与第二个圆点之间，随着页面的滚动，高亮圆点随之平滑滚动。

图 7-24　底部滑动着的高亮圆点

要实现指示器的平滑滚动效果，得用到 ViewPager 的页面变化监听器 OnPageChangeListener。第 5 章介绍该监听器时提到有 onPageScrollStateChanged、onPageScrolled、onPageSelected 三个方法，在具体场合有下面两种用法。

1. 只实现 onPageSelected 方法，在页面滚动结束时触发，该用法是最常见的。

在这种情况下，onPageScrollStateChanged 和 onPageScrolled 两个方法成了摆设，占着多余的代码行非常浪费。此时不必完整实现 OnPageChangeListener 接口，只需创建一个 SimpleOnPageChangeListener 实例即可，该内部类在 ViewPager 源码中已经封装好了，开发者只要实现 onPageSelected 方法就行。具体的调用代码如下：

```
// 给翻页视图添加简单的页面变更监听器，此时只需重写 onPageSelected 方法
vp_banner.addOnPageChangeListener(new SimpleOnPageChangeListener() {
    @Override
    public void onPageSelected(int position) {
```

```
            // 高亮显示该位置的指示按钮
            setButton(position);
        }
    });
```

2. 除了实现 onPageSelected 方法，还要实现 onPageScrollStateChanged 和 onPageScrolled 两个方法。

这种情况适用于指示器，特别是 onPageScrolled 方法的参数已明确指出当前的滚动进度，正好给指示器的滚动位置提供参考。接下来的工作是自定义一个指示器控件，首先绘制背景图的一排圆点，然后绘制前景图的高亮圆点。正好复习一下第 6 章自定义视图的技术，读者可自定义实现该指示器控件，下面是该控件的参考代码：

```
public class PagerIndicator extends LinearLayout {
    private Context mContext;  // 声明一个上下文对象
    private int mCount = 5;  // 指示器的个数
    private int mPad;  // 两个圆点之间的间隔
    private int mSeq = 0;  // 当前指示器的序号
    private float mRatio = 0.0f;  // 已经移动的距离百分比
    private Paint mPaint;  // 声明一个画笔对象
    private Bitmap mBackImage;  // 背景位图，通常是灰色圆点
    private Bitmap mForeImage;  // 前景位图，通常是高亮的红色圆点

    public PagerIndicator(Context context) {
        this(context, null);
    }

    public PagerIndicator(Context context, AttributeSet attrs) {
        super(context, attrs);
        mContext = context;
        init();
    }

    private void init() {
        // 创建一个新的画笔
        mPaint = new Paint();
        mPad = Utils.dip2px(mContext, 15);
        // 从资源图片 icon_point_n.png 中得到背景位图对象
        mBackImage = BitmapFactory.decodeResource(getResources(), R.drawable.icon_point_n);
        // 从资源图片 icon_point_c.png 中得到前景位图对象
        mForeImage = BitmapFactory.decodeResource(getResources(), R.drawable.icon_point_c);
    }

    @Override
```

```
    protected void dispatchDraw(Canvas canvas) {
        super.dispatchDraw(canvas);
        int left = (getMeasuredWidth() - mCount * mPad) / 2;
        // 先绘制作为背景的几个灰色圆点
        for (int i = 0; i < mCount; i++) {
            canvas.drawBitmap(mBackImage, left + i * mPad, 0, mPaint);
        }
        // 再绘制作为前景的高亮红点，该红点随着翻页滑动而左右滚动
        canvas.drawBitmap(mForeImage, left + (mSeq + mRatio) * mPad, 0, mPaint);
    }

    // 设置指示器的个数，以及指示器之间的距离
    public void setCount(int count, int pad) {
        mCount = count;
        mPad = Utils.dip2px(mContext, pad);
        invalidate();  // 立刻刷新视图
    }

    // 设置指示器当前移动到的位置，及其位移比率
    public void setCurrent(int seq, float ratio) {
        mSeq = seq;
        mRatio = ratio;
        invalidate();  // 立刻刷新视图
    }
}
```

有了自定义的指示器控件，就可以重写 OnPageChangeListener 接口的 onPageScrolled 方法了。在该方法中调用指示器的 setCurrent 方法就能动态刷新高亮圆点的滚动动画，滚动效果见图 7-24。具体的调用代码举例如下：

```
    // 定义一个广告轮播监听器
    private class BannerChangeListener implements ViewPager.OnPageChangeListener {

        // 翻页状态改变时触发
        public void onPageScrollStateChanged(int arg0) {}

        // 在翻页过程中触发
        public void onPageScrolled(int seq, float ratio, int offset) {
            // 设置指示器高亮圆点的位置
            pi_banner.setCurrent(seq, ratio);
        }

        // 在翻页结束后触发
        public void onPageSelected(int seq) {
```

```
                // 设置指示器高亮圆点的位置
                pi_banner.setCurrent(seq, 0);
            }
        }
```

7.3.2　实现横幅轮播 Banner

前面给 ViewPager 加了指示器，不过仍然是静止页面，只有用户在屏幕上左右滑动时才会进行翻页动作。看看电商 App 的首页，显眼位置的 Banner 会自动滚动，每隔两三秒就轮播下一个广告页，让页面熠熠生辉。不过这难不倒我们，自动滚动不就是加一个动画效果么？第 6 章的自定义动画知识正好派上用场。只要结合 Handler+Runnable，实现一个简单动画非常容易。下面是自定义 Banner 的代码，相当于启动引导页的代码加上 Handler 与 Runnable 组合：

```
public class BannerPager extends RelativeLayout implements View.OnClickListener {
    private Context mContext;  // 声明一个上下文对象
    private ViewPager vp_banner;  // 声明一个翻页视图对象
    private RadioGroup rg_indicator;  // 声明一个单选组对象
    private List<ImageView> mViewList = new ArrayList<ImageView>();  // 声明一个图像视图队列
    private int mInterval = 2000;  // 轮播的时间间隔，单位毫秒

    public BannerPager(Context context) {
        this(context, null);
    }

    public BannerPager(Context context, AttributeSet attrs) {
        super(context, attrs);
        mContext = context;
        initView();
    }

    // 开始广告轮播
    public void start() {
        // 延迟若干秒后启动滚动任务
        mHandler.postDelayed(mScroll, mInterval);
    }

    // 停止广告轮播
    public void stop() {
        // 移除滚动任务
        mHandler.removeCallbacks(mScroll);
    }

    // 设置广告图片队列
    public void setImage(ArrayList<Integer> imageList) {
```

```
        int dip_15 = Utils.dip2px(mContext, 15);
        // 根据图片队列生成图像视图队列
        for (int i = 0; i < imageList.size(); i++) {
            Integer imageID = imageList.get(i);
            ImageView iv = new ImageView(mContext);
            iv.setLayoutParams(new LayoutParams(
                    LayoutParams.MATCH_PARENT, LayoutParams.MATCH_PARENT));
            iv.setScaleType(ImageView.ScaleType.FIT_XY);
            iv.setImageResource(imageID);
            iv.setOnClickListener(this);
            mViewList.add(iv);
        }
        // 设置翻页视图的图像翻页适配器
        vp_banner.setAdapter(new ImageAdapater());
        // 给翻页视图添加简单的页面变更监听器，此时只需重写 onPageSelected 方法
        vp_banner.addOnPageChangeListener(new SimpleOnPageChangeListener() {
            @Override
            public void onPageSelected(int position) {
                // 高亮显示该位置的指示按钮
                setButton(position);
            }
        });
        // 根据图片队列生成指示按钮队列
        for (int i = 0; i < imageList.size(); i++) {
            RadioButton radio = new RadioButton(mContext);
            radio.setLayoutParams(new RadioGroup.LayoutParams(dip_15, dip_15));
            radio.setGravity(Gravity.CENTER);
            radio.setButtonDrawable(R.drawable.indicator_selector);
            rg_indicator.addView(radio);
        }
        // 设置翻页视图默认显示第一页
        vp_banner.setCurrentItem(0);
        // 默认高亮显示第一个指示按钮
        setButton(0);
    }

    // 设置选中单选组内部的哪个单选按钮
    private void setButton(int position) {
        ((RadioButton) rg_indicator.getChildAt(position)).setChecked(true);
    }

    // 初始化视图
    private void initView() {
```

```
        // 根据布局文件 banner_pager.xml 生成视图对象
        View view = LayoutInflater.from(mContext).inflate(R.layout.banner_pager, null);
        // 从布局文件中获取名叫 vp_banner 的翻页视图
        vp_banner = view.findViewById(R.id.vp_banner);
        // 从布局文件中获取名叫 rg_indicator 的单选组
        rg_indicator = view.findViewById(R.id.rg_indicator);
        addView(view);  // 将该布局视图添加到横幅轮播条
    }

    private Handler mHandler = new Handler();  // 声明一个处理器对象
    // 定义一个滚动任务
    private Runnable mScroll = new Runnable() {
        @Override
        public void run() {
            scrollToNext();  // 滚动广告图片
            // 延迟若干秒后继续启动滚动任务
            mHandler.postDelayed(this, mInterval);
        }
    };

    // 滚动到下一张广告图
    public void scrollToNext() {
        // 获得下一张广告图的位置
        int index = vp_banner.getCurrentItem() + 1;
        if (index >= mViewList.size()) {
            index = 0;
        }
        // 设置翻页视图显示指定位置的页面
        vp_banner.setCurrentItem(index);
    }

    // 定义一个图像翻页适配器
    private class ImageAdapater extends PagerAdapter {

        // 获取页面项的个数
        public int getCount() {
            return mViewList.size();
        }

        @Override
        public boolean isViewFromObject(View arg0, Object arg1) {
            return arg0 == arg1;
        }
```

```
        // 从容器中销毁指定位置的页面
        public void destroyItem(ViewGroup container, int position, Object object) {
            container.removeView(mViewList.get(position));
        }

        // 实例化指定位置的页面，并将其添加到容器中
        public Object instantiateItem(ViewGroup container, int position) {
            container.addView(mViewList.get(position));
            return mViewList.get(position);
        }
    }

    @Override
    public void onClick(View v) {
        // 获取翻页视图当前页面项的序号
        int position = vp_banner.getCurrentItem();
        // 触发点击监听器的 onBannerClick 方法
        mListener.onBannerClick(position);
    }

    // 设置广告图的点击监听器
    public void setOnBannerListener(BannerClickListener listener) {
        mListener = listener;
    }

    // 声明一个广告图点击的监听器对象
    private BannerClickListener mListener;
    // 定义一个广告图片的点击监听器接口
    public interface BannerClickListener {
        void onBannerClick(int position);
    }
}
```

在 Activity 代码中使用这个自定义的 Banner 控件不难，主要是先调用 setImage 方法设置图片列表，再调用 start 方法启动轮播动画，具体代码如下：

```
        // 从布局文件中获取名叫 banner_pager 的横幅轮播条
        BannerPager banner = findViewById(R.id.banner_pager);
        // 获取横幅轮播条的布局参数
        LayoutParams params = (LayoutParams) banner.getLayoutParams();
        params.height = (int) (Utils.getScreenWidth(this) * 250f / 640f);
        // 设置横幅轮播条的布局参数
        banner.setLayoutParams(params);
```

```
        // 设置横幅轮播条的广告图片队列
        banner.setImage(ImageList.getDefault());
        // 开始广告图片的轮播滚动
        banner.start();
```

然后观察 Banner 轮播的动画效果，此时轮播到第 4 张图片，如图 7-25 所示。轮播到第 5 张图片的效果如图 7-26 所示。

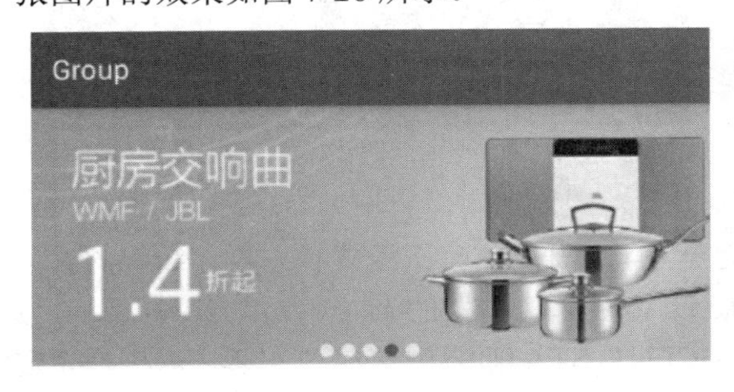

图 7-25 轮播到第 4 张图片

图 7-26 轮播到第 5 张图片

7.3.3 仿京东顶到状态栏的 Banner

上一小节介绍了如何实现广告轮播的 Banner 效果，本想可以告一段落。然而某天产品经理心血来潮，拿着苹果手机，要求像 iOS 那样把广告图顶到状态栏这儿。刚接到这需求，不禁倒吸一口冷气，又要安卓开发去实现 iOS 的效果，真是强人所难。翻了翻资料，发现修改状态栏的颜色倒是可行，但要把轮播图顶上去就不容易了。再瞅瞅淘宝和当当，原来两个大厂的 App 都没做出这个效果。正想跟产品经理说这个实现不了，谁料产品大姐笑盈盈地走过来，指着手机说道："你看，做成京东这样就行了。"盯着手机看了半晌，京东这厮还真的让轮播图插进状态栏了，于是瞬间石化。且看京东 App 的首页头部如图 7-27 所示。

图 7-27 京东 App 的首页头部效果

每当此时，便是程序员最煎熬的时候，人家都做得，为啥你做不得？只好继续寻寻觅觅，又找到另一个电商 App，它在 Android 6.0 手机上也完美实现了状态栏悬浮效果，但是在 Android 4.4 手机运行时仍然没能覆盖状态栏。可见这真不是一个省油的灯，许多人用的 App 尚且未能解决悬浮状态栏的兼容性问题。该电商 App 的首页头部如图 7-28 和图 7-29 所示，其中图 7-28

为 Android 6.0 手机上的运行界面，此时状态栏浮在轮播图上面；图 7-29 为 Android 4.4 手机的运行界面，此时状态栏依旧与轮播图泾渭分明。

图 7-28 某 App 在 6.0 上的效果

图 7-29 某 App 在 4.4 上的效果

早期的 Android 版本姑且不提，Android 迟至 4.4 才开始支持沉浸式状态栏，编码的时候通过 Window 对象的 setAttributes 方法来设置窗口属性的标志位。其中标志位 WindowManager.LayoutParams.FLAG_TRANSLUCENT_STATUS 用于控制顶部状态栏是否透明，标志位 WindowManager.LayoutParams.FLAG_TRANSLUCENT_NAVIGATION 用于控制底部导航栏是否透明。具体的实现代码如下所示：

```
// Android 4.4 的沉浸式状态栏写法
Window window = activity.getWindow();
WindowManager.LayoutParams attributes = window.getAttributes();
int flagTranslucentStatus = WindowManager.LayoutParams.FLAG_TRANSLUCENT_STATUS;
// 底部导航栏也可以弄成透明的
//int flagTranslucentNavigation = WindowManager.LayoutParams.FLAG_TRANSLUCENT_NAVIGATION;
attributes.flags |= flagTranslucentStatus;
//attributes.flags |= flagTranslucentNavigation;
window.setAttributes(attributes);
```

到了 Android 5.0 之后版本，系统允许直接定制状态栏的颜色，例如调用 Window 对象的 setStatusBarColor 方法即可设置顶部状态栏的背景色，调用 Window 对象的 setNavigationBarColor 方法即可设置底部导航栏的背景色。不过状态栏的悬浮开关发生了变化，要想让状态栏变透明，最新的方式是调用 DecorView 对象的 setSystemUiVisibility 方法来设置标志位。详细的标志位设置代码如下所示：

```
// Android 5.0 之后的沉浸式状态栏写法
Window window = activity.getWindow();
View decorView = window.getDecorView();
// 两个标志位要结合使用，表示让应用的主体内容占用系统状态栏的空间
// 第三个标志位可让底部导航栏变透明 View.SYSTEM_UI_FLAG_LAYOUT_HIDE_NAVIGATION
int option = View.SYSTEM_UI_FLAG_LAYOUT_FULLSCREEN
        | View.SYSTEM_UI_FLAG_LAYOUT_STABLE;
window.clearFlags(WindowManager.LayoutParams.FLAG_TRANSLUCENT_STATUS);
decorView.setSystemUiVisibility(option);
window.addFlags(WindowManager.LayoutParams.FLAG_DRAWS_SYSTEM_BAR_BACKGROUNDS);
```

然而以上的处理过程只解决了事情的一个方面，即成功将状态栏悬浮在主页面之上，或者说将主页面沉没到状态栏之下。可是事情的另一方面——把悬浮着的状态栏恢复原状——并没有得到解决，甚至给状态栏换个背景色都不行。譬如说乘船过河，Android时常派了渡船运送乘客，可是当你到达彼岸之后，却发现回程的船只不见了踪影。就恢复状态栏的原状而言，设置标志位是行不通的，幸好过河不一定靠船，还有一招叫做瞒天过海。虽然主页面已经和状态栏重叠在了一起，没法强行把它俩拆散，但我们可以叫主页面让一让，不要跟状态栏挨得这么紧，就是给主页面设置一段顶端空白topMargin，表示主权在我、不妨让你三尺，于是主页面让出一段空白，看起来就与状态栏井水不犯河水了。如此一来，状态栏的悬浮和恢复操作便是可逆的了，如果移除主页面的顶端空白，状态栏就产生悬浮效果；如果添加主页面的顶端空白，状态栏就恢复原状。

对于Android 4.4，情况还会更加特殊，因为系统没有提供设置状态栏颜色的方法，所以只能手工搞个假冒的状态栏来占坑。先将这个冒牌状态栏（其内部没有别的控件）染上开发者指定的颜色，然后与系统自带的状态栏重合，于是乎偷梁换柱仿佛给状态栏换了一件衣裳。修改之后的状态栏背景设置代码如下所示（兼容Android 4.4，以及5.0以上版本这两种情况）：

```
// 重置状态栏。即把状态栏颜色恢复为系统默认的黑色
public static void reset(Activity activity) {
    setStatusBarColor(activity, Color.BLACK);
}

// 设置状态栏的背景色。对于 Android 4.4 和 Android 5.0 以上版本要区分处理
public static void setStatusBarColor(Activity activity, int color) {
    if (Build.VERSION.SDK_INT >= Build.VERSION_CODES.KITKAT) {
        if (Build.VERSION.SDK_INT >= Build.VERSION_CODES.LOLLIPOP) {
            activity.getWindow().setStatusBarColor(color);
            // 底部导航栏颜色也可以由系统设置
            //activity.getWindow().setNavigationBarColor(color);
        } else {
            setKitKatStatusBarColor(activity, color);
        }
        if (color == Color.TRANSPARENT) {  // 透明背景表示要悬浮状态栏
            removeMarginTop(activity);
        } else {  // 其他背景表示要恢复状态栏
            addMarginTop(activity);
        }
    }
}

private static final String TAG_FAKE_STATUS_BAR_VIEW = "statusBarView";
private static final String TAG_MARGIN_ADDED = "marginAdded";
// 添加顶部间隔，留出状态栏的位置
private static void addMarginTop(Activity activity) {
```

```
        Window window = activity.getWindow();
        ViewGroup contentView = window.findViewById(Window.ID_ANDROID_CONTENT);
        View child = contentView.getChildAt(0);
        if (!TAG_MARGIN_ADDED.equals(child.getTag())) {
            FrameLayout.LayoutParams params = (FrameLayout.LayoutParams) child.getLayoutParams();
            // 添加的间隔大小就是状态栏的高度
            params.topMargin += getStatusBarHeight(activity);
            child.setLayoutParams(params);
            child.setTag(TAG_MARGIN_ADDED);
        }
    }

    // 移除顶部间隔，霸占状态栏的位置
    private static void removeMarginTop(Activity activity) {
        Window window = activity.getWindow();
        ViewGroup contentView = window.findViewById(Window.ID_ANDROID_CONTENT);
        View child = contentView.getChildAt(0);
        if (TAG_MARGIN_ADDED.equals(child.getTag())) {
            FrameLayout.LayoutParams params = (FrameLayout.LayoutParams) child.getLayoutParams();
            // 移除的间隔大小就是状态栏的高度
            params.topMargin -= getStatusBarHeight(activity);
            child.setLayoutParams(params);
            child.setTag(null);
        }
    }

    // 对于 Android 4.4，系统没有提供设置状态栏颜色的方法，只能手工搞个假冒的状态栏来占坑
    private static void setKitKatStatusBarColor(Activity activity, int statusBarColor) {
        Window window = activity.getWindow();
        ViewGroup decorView = (ViewGroup) window.getDecorView();
        // 先移除已有的冒牌状态栏
        View fakeView = decorView.findViewWithTag(TAG_FAKE_STATUS_BAR_VIEW);
        if (fakeView != null) {
            decorView.removeView(fakeView);  // 从根视图移除旧状态栏
        }
        // 再添加新来的冒牌状态栏
        View statusBarView = new View(activity);
        FrameLayout.LayoutParams params = new FrameLayout.LayoutParams(
                ViewGroup.LayoutParams.MATCH_PARENT, getStatusBarHeight(activity));
        params.gravity = Gravity.TOP;
        statusBarView.setLayoutParams(params);
        statusBarView.setBackgroundColor(statusBarColor);
        statusBarView.setTag(TAG_FAKE_STATUS_BAR_VIEW);
```

```
        decorView.addView(statusBarView);  // 往根视图添加新状态栏
    }
```

总算大功告成，接着看看实际的运行效果，具体界面如图 7-30 和图 7-31 所示。由于上述代码同时兼容 Android4.4，以及 5.0 以上版本这两种情况，因此就不重复贴图了。其中图 7-30 为悬浮状态栏的效果图，图 7-31 为恢复状态栏的效果图。

图 7-30　悬浮状态栏的效果

图 7-31　恢复状态栏的效果

7.4　增强型列表

本节介绍通过循环视图 RecyclerView 实现各种增强型列表，包括线性列表布局、普通网格布局、瀑布流网格布局等，并对循环视图进行动态更新操作。

7.4.1　循环视图 RecyclerView

如果说 TabLayout 是导航栏一节的压轴兵器，那么循环视图 RecyclerView 就是本章的终极兵器，因为功能实在是太强大了，强大到秒杀列表视图 ListView，再秒杀网格视图 GridView，还能秒杀瀑布流网格开源框架 StaggeredGridView 和 PinterestLikeAdapterView，总之学会了 RecyclerView，你的 App 武功必然提高一个层次。

因为 RecyclerView 是 5.0 之后的新增控件，所以为了兼容以前的 Android 版本，在使用该控件前要修改 build.gradle，在 dependencies 节点中加入以下代码表示导入 recyclerview 库：

```
implementation 'com.android.support:recyclerview-v7:28.0.0'
```

下面看看强悍的循环视图提供的常用方法。

- setAdapter：设置列表项的适配器。适配器采用 RecyclerView.Adapter。
- setLayoutManager：设置列表项的布局管理器，包括线性布局管理器 LinearLayoutManager、网格布局管理器 GridLayoutManager、瀑布流网格布局管理器 StaggeredGridLayoutManager。
- addItemDecoration：添加列表项的分割线。
- removeItemDecoration：移除列表项的分割线。
- setItemAnimator：设置列表项的增删动画。默认动画为系统自带的 DefaultItemAnimator。

- addOnItemTouchListener: 添加列表项的触摸监听器。因为 RecyclerView 没有实现列表项的点击接口，所以开发者可通过这里的触摸监听器监控用户手势。
- removeOnItemTouchListener: 移除列表项的触摸监听器。
- scrollToPosition: 滚动到指定位置。

RecyclerView 有专门的适配器类——RecyclerView.Adapter。在调用 RecyclerView 的 setAdapter 方法前，得先实现一个从 RecyclerView.Adapter 派生而来的数据适配器，用来定义列表项的布局与具体操作。下面是与 RecyclerView.Adapter 相关的常用方法。

1. 自定义适配器必须要重写的方法。

- getItemCount: 获得列表项的数目。
- onCreateViewHolder: 创建整个布局的视图持有者。输入参数中包括视图类型，可根据视图类型加载不同的布局，从而实现带头部的列表布局。
- onBindViewHolder: 绑定每项的视图持有者。

2. 可以重写也可以不重写的方法。

- getItemViewType: 返回每项的视图类型。这个视图类型供 onCreateViewHolder 方法使用。
- getItemId: 获得每项的编号。

3. 可以直接调用的方法。

- notifyItemInserted: 通知适配器在指定位置已插入新项。
- notifyItemRemoved: 通知适配器在指定位置已删除原有项。
- notifyItemChanged: 通知适配器在指定位置的项目已发生变化。
- notifyDataSetChanged: 通知适配器整个列表的数据已发生变化。

下面是 RecyclerView.Adapter 一个派生类的代码：

```
public class RecyclerLinearAdapter extends RecyclerView.Adapter<ViewHolder> implements
        OnItemClickListener, OnItemLongClickListener {
    private Context mContext; // 声明一个上下文对象
    private ArrayList<GoodsInfo> mPublicArray;

    public RecyclerLinearAdapter(Context context, ArrayList<GoodsInfo> publicArray) {
        mContext = context;
        mPublicArray = publicArray;
    }

    // 获取列表项的个数
    public int getItemCount() {
        return mPublicArray.size();
    }
```

```
// 创建列表项的视图持有者
public ViewHolder onCreateViewHolder(ViewGroup vg, int viewType) {
    // 根据布局文件 item_linear.xml 生成视图对象
    View v = LayoutInflater.from(mContext).inflate(R.layout.item_linear, vg, false);
    return new ItemHolder(v);
}

// 绑定列表项的视图持有者
public void onBindViewHolder(ViewHolder vh, final int position) {
    ItemHolder holder = (ItemHolder) vh;
    holder.iv_pic.setImageResource(mPublicArray.get(position).pic_id);
    holder.tv_title.setText(mPublicArray.get(position).title);
    holder.tv_desc.setText(mPublicArray.get(position).desc);
    // 列表项的点击事件需要自己实现
    holder.ll_item.setOnClickListener(new OnClickListener() {
        public void onClick(View v) {
            if (mOnItemClickListener != null) {
                mOnItemClickListener.onItemClick(v, position);
            }
        }
    });
    // 列表项的长按事件需要自己实现
    holder.ll_item.setOnLongClickListener(new OnLongClickListener() {
        public boolean onLongClick(View v) {
            if (mOnItemLongClickListener != null) {
                mOnItemLongClickListener.onItemLongClick(v, position);
            }
            return true;
        }
    });
}

// 获取列表项的类型
public int getItemViewType(int position) {
    // 这里返回每项的类型，开发者可自定义头部类型与一般类型，
    // 然后在 onCreateViewHolder 方法中根据类型加载不同的布局，从而实现带头部的网格布局
    return 0;
}

// 获取列表项的编号
public long getItemId(int position) {
    return position;
}
```

```
    // 定义列表项的视图持有者
    public class ItemHolder extends RecyclerView.ViewHolder {
        public LinearLayout ll_item;  // 声明列表项的线性布局
        public ImageView iv_pic;  // 声明列表项图标的图像视图
        public TextView tv_title;  // 声明列表项标题的文本视图
        public TextView tv_desc;  // 声明列表项描述的文本视图

        public ItemHolder(View v) {
            super(v);
            ll_item = v.findViewById(R.id.ll_item);
            iv_pic = v.findViewById(R.id.iv_pic);
            tv_title = v.findViewById(R.id.tv_title);
            tv_desc = v.findViewById(R.id.tv_desc);
        }
    }

    // 声明列表项的点击监听器对象
    private OnItemClickListener mOnItemClickListener;
    public void setOnItemClickListener(OnItemClickListener listener) {
        this.mOnItemClickListener = listener;
    }

    // 声明列表项的长按监听器对象
    private OnItemLongClickListener mOnItemLongClickListener;
    public void setOnItemLongClickListener(OnItemLongClickListener listener) {
        this.mOnItemLongClickListener = listener;
    }

    // 处理列表项的点击事件
    public void onItemClick(View view, int position) {
        String desc = String.format("您点击了第%d 项，标题是%s", position + 1,
                mPublicArray.get(position).title);
        Toast.makeText(mContext, desc, Toast.LENGTH_SHORT).show();
    }

    // 处理列表项的长按事件
    public void onItemLongClick(View view, int position) {
        String desc = String.format("您长按了第%d 项，标题是%s", position + 1,
                mPublicArray.get(position).title);
        Toast.makeText(mContext, desc, Toast.LENGTH_SHORT).show();
    }
}
```

下面是在活动页面中操作循环视图及其适配器的代码片段：

```
// 初始化线性布局的循环视图
private void initRecyclerLinear() {
    // 从布局文件中获取名叫 rv_linear 的循环视图
    RecyclerView rv_linear = findViewById(R.id.rv_linear);
    // 创建一个垂直方向的线性布局管理器
    LinearLayoutManager manager = new LinearLayoutManager(this, LinearLayout.VERTICAL, false);
    // 设置循环视图的布局管理器
    rv_linear.setLayoutManager(manager);
    // 构建一个公众号列表的线性适配器
    RecyclerLinearAdapter adapter = new RecyclerLinearAdapter(this, GoodsInfo.getDefaultList());
    // 设置线性列表的点击监听器
    adapter.setOnItemClickListener(adapter);
    // 设置线性列表的长按监听器
    adapter.setOnItemLongClickListener(adapter);
    // 给 rv_linear 设置公众号线性适配器
    rv_linear.setAdapter(adapter);
    // 设置 rv_linear 的默认动画效果
    rv_linear.setItemAnimator(new DefaultItemAnimator());
    // 给 rv_linear 添加列表项之间的空白装饰
    rv_linear.addItemDecoration(new SpacesItemDecoration(1));
}
```

上面的代码实现的循环视图效果如图 7-32 所示。这里仿照微信公众号的消息列表，看起来像是用 ListView 实现的，当然 RecyclerView 的实际功能并不仅限于此。

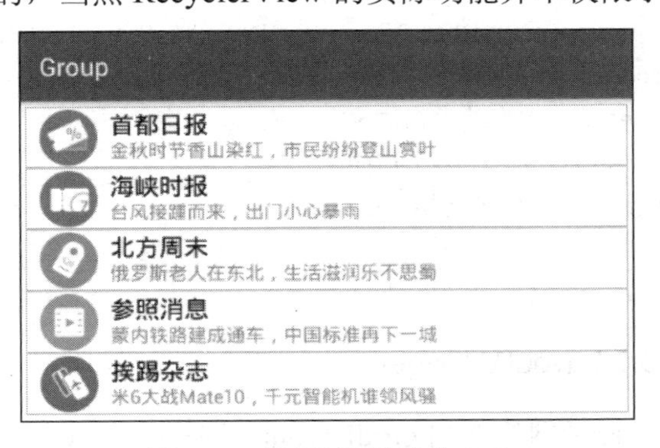

图 7-32 循环视图的简单实现

7.4.2 布局管理器 LayoutManager

布局管理器 LayoutManager 是 RecyclerView 的精髓，也是 RecyclerView 强悍的源泉。LayoutManager 不但提供了 3 类布局管理，分别实现类似列表视图、网格视图、瀑布流网格的效果，而且可在代码中随时由循环视图对象调用 setLayoutManager 方法设置新的布局。一旦调用了 setLayoutManager 方法，界面就会根据新布局刷新列表项。这个特性特别适用于手机在竖屏与横屏之间的显示切换（如竖屏时展示列表，横屏时展示网格），也适用于在不同屏幕分辨率（如手机与平板）之间的显示切换（如在手机上展示列表，在平板上展示网格）。下面对这 3 类布局管理器分别进行介绍。

1. 线性布局管理器 LinearLayoutManager

LinearLayoutManager 类似于线性布局 LinearLayout，在垂直方向布局时，展示效果类似于垂直的列表视图 ListView；在水平方向布局时，展示效果类似于水平的列表视图。

下面是 LinearLayoutManager 的常用方法。

- 构造函数：可指定列表的方向和是否为相反方向开始布局。
- setOrientation :设置列表的方向，可取值 LinearLayout.HORIZONTAL 或 LinearLayout.VERTICAL。
- setReverseLayout :设置是否为相反方向开始布局，默认 false。如果设置为 true，那么垂直方向将从下往上开始布局，水平方向将从右往左开始布局。

前面在介绍循环视图时采用的代码基于线性布局管理器，具体的效果如图 7-27 所示。对于令人头疼的列表项分隔线，RecyclerView 采取的做法是让开发者自定义分隔线的样式。下面是一个最简单的分隔线的实现，允许设置分隔线的宽度，代码如下：

```
public class SpacesItemDecoration extends RecyclerView.ItemDecoration {
    private int space;  // 空白间隔
    public SpacesItemDecoration(int space) {
        this.space = space;
    }

    public void getItemOffsets(Rect outRect, View view, RecyclerView parent, RecyclerView.State state) {
        outRect.left = space;  // 左边空白间隔
        outRect.right = space;  // 右边空白间隔
        outRect.bottom = space;  // 上方空白间隔
        outRect.top = space;  // 下方空白间隔
    }
}
```

2. 网格布局管理器 GridLayoutManager

GridLayoutManager 类似于网格布局 GridLayout（该控件是 Android 4.0 之后新加的）。从展示效果来看，GridLayoutManager 类似于网格视图 GridView。所以，我们不用关心 GridLayout，把 GridLayoutManager 当成 GridView 一样使用就好了。

下面是 GridLayoutManager 的常用方法。

- 构造函数：可指定网格的列数。
- setSpanCount：设置网格的列数。
- setSpanSizeLookup：设置列表项的占位规则。默认一项占一列，如果想某项占多列，就可以在此设置占位规则，即由 GridLayoutManager.SpanSizeLookup 派生具体的实现类。

下面是在活动页面中操作网格布局管理器的示例代码：

```
// 初始化网格布局的循环视图
private void initRecyclerGrid() {
    // 从布局文件中获取名叫 rv_grid 的循环视图
    RecyclerView rv_grid = findViewById(R.id.rv_grid);
    // 创建一个垂直方向的网格布局管理器
    GridLayoutManager manager = new GridLayoutManager(this, 5);
    // 设置循环视图的布局管理器
    rv_grid.setLayoutManager(manager);
    // 构建一个市场列表的网格适配器
    RecyclerGridAdapter adapter = new RecyclerGridAdapter(this, GoodsInfo.getDefaultGrid());
    // 给 rv_grid 设置市场网格适配器
    rv_grid.setAdapter(adapter);
}
```

网格布局管理器的效果如图 7-33 所示，看起来跟 GridView 的展示效果没什么区别。

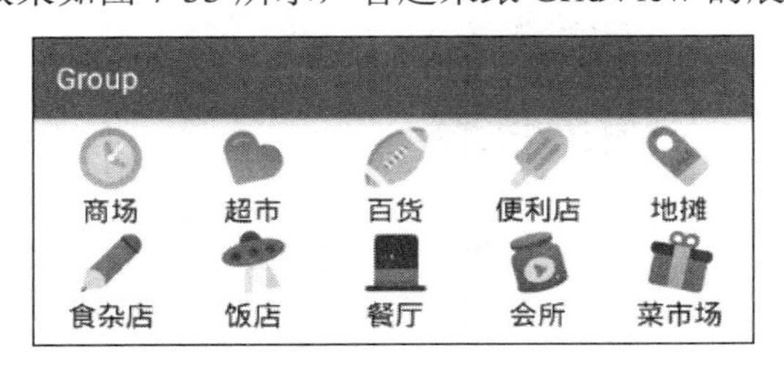

图 7-33　循环视图的网格布局

但绝非 GridView 可比，因为网格布局管理器提供了 setSpanSizeLookup 方法，该方法允许一个网格占据多列空间，更加灵活易用。下面是使用占位规则的网格管理器代码片段：

```
// 初始化合并网格布局的循环视图
private void initRecyclerCombine() {
    // 从布局文件中获取名叫 rv_combine 的循环视图
    RecyclerView rv_combine = findViewById(R.id.rv_combine);
    // 创建一个四列的网格布局管理器
    GridLayoutManager manager = new GridLayoutManager(this, 4);
    // 设置网格布局管理器的占位规则
    // 以下占位规则的意思是：第一项和第二项占两列，其他项占一列；
    // 如果网格的列数为四，那么第一项和第二项平分第一行，第二行开始每行有四项。
    manager.setSpanSizeLookup(new GridLayoutManager.SpanSizeLookup() {
        public int getSpanSize(int position) {
            if (position == 0 || position == 1) { // 为第一项或者第二项
                return 2; // 占据两列
            } else { // 为其他项
```

```
                    return 1; // 占据一列
                }
            }
        });
        // 设置循环视图的布局管理器
        rv_combine.setLayoutManager(manager);
        // 构建一个猜你喜欢的网格适配器
        RecyclerCombineAdapter adapter = new RecyclerCombineAdapter(
                this, GoodsInfo.getDefaultCombine());
        // 给 rv_combine 设置猜你喜欢网格适配器
        rv_combine.setAdapter(adapter);
    }
```

使用占位规则的效果如图 7-34 所示。可以看到，第一行只有两个网格，第二行有 4 个网格，这意味着第一行的每个网格都占据了两列位置。

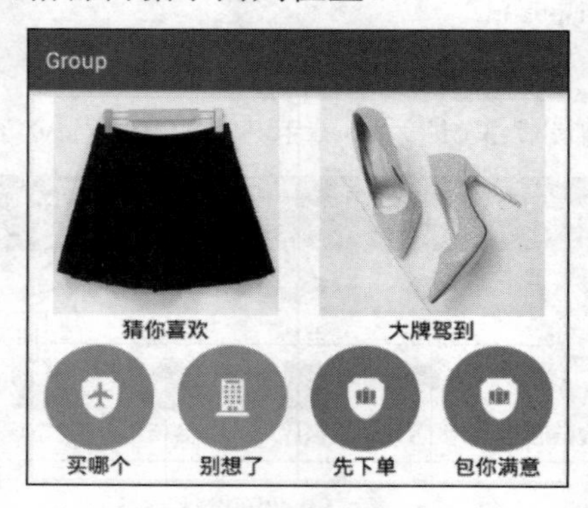

图 7-34　循环视图的合并网格布局效果

3. 瀑布流网格布局管理器 StaggeredGridLayoutManager

电商 App 在展示众多商品信息时，往往使用灵活高效的格子展示。因为不同商品的外观尺寸不一样，比如冰箱高的纵向比较长，空调横向比较长，所以若用一样规格的网格展示，必然有的商品图片会被压缩得很小。这种情况得根据不同的商品形状展示不同高度的图片，这就是瀑布流网格的应用场合。StaggeredGridLayoutManager 让瀑布流效果的开发大大简化了，只要在适配器中动态设置每个网格的高度，系统就会自动在界面上依次排列瀑布流网格。

下面是 StaggeredGridLayoutManager 的常用方法。

- 构造函数：可指定网格的列数和方向。
- setSpanCount：设置网格的列数。
- setOrientation：设置瀑布流布局的方向。取值说明同 LinearLayoutManager。
- setReverseLayout：设置是否为相反方向开始布局，默认 false。如果设置为 true，那么垂直方向将从下往上开始布局，水平方向将从右往左开始布局。

下面是在活动页面中操作瀑布流网格布局管理器的示例代码：

```
// 初始化瀑布流布局的循环视图
private void initRecyclerStaggered() {
    // 从布局文件中获取名叫 rv_staggered 的循环视图
    RecyclerView rv_staggered = findViewById(R.id.rv_staggered);
    // 创建一个垂直方向的瀑布流布局管理器
    StaggeredGridLayoutManager manager = new StaggeredGridLayoutManager(
            3, LinearLayout.VERTICAL);
    // 设置循环视图的布局管理器
    rv_staggered.setLayoutManager(manager);
    // 构建一个服装列表的瀑布流适配器
    RecyclerStaggeredAdapter adapter = new RecyclerStaggeredAdapter(this, GoodsInfo.getDefaultStag());
    // 设置瀑布流列表的点击监听器
    adapter.setOnItemClickListener(adapter);
    // 设置瀑布流列表的长按监听器
    adapter.setOnItemLongClickListener(adapter);
    // 给 rv_staggered 设置服装瀑布流适配器
    rv_staggered.setAdapter(adapter);
    // 设置 rv_staggered 的默认动画效果
    rv_staggered.setItemAnimator(new DefaultItemAnimator());
    // 给 rv_staggered 添加列表项之间的空白装饰
    rv_staggered.addItemDecoration(new SpacesItemDecoration(3));
}
```

瀑布流网格布局的效果如图 7-35 与图 7-36 所示，每个网格的高度依照具体图片的高度变化而变化，整个页面看起来变得生动活泼。读者可以打开淘宝 App，在顶部导航栏搜索“连衣裙”，看看搜索结果页面是不是如瀑布流网格这般交错显示。

图 7-35　循环视图的瀑布流效果 1

图 7-36　循环视图的瀑布流效果 2

7.4.3 动态更新循环视图

循环视图之所以成为终极兵器，不单单因为具备列表视图、网格视图、瀑布流网格三者的功力，更是因为允许动态更新内部数据。不但可以单独更新某项视图，而且能够顺便展示增删动画，好比刀光剑影起落之际还在演奏乐曲，这才是真正的无招胜有招。

下面是在 Acitivity 页面中对循环视图内部数据进行动态增、删、改的代码片段：

```
public class RecyclerDynamicActivity extends AppCompatActivity implements OnClickListener
        , OnItemClickListener, OnItemLongClickListener, OnItemDeleteClickListener {
    private RecyclerView rv_dynamic;  // 声明一个循环视图对象
    private LinearDynamicAdapter mAdapter;  // 声明一个线性适配器对象
    private ArrayList<GoodsInfo> mPublicArray;  // 当前公众号信息队列
    private ArrayList<GoodsInfo> mAllArray;  // 所有公众号信息队列

    @Override
    protected void onCreate(Bundle savedInstanceState) {
        super.onCreate(savedInstanceState);
        setContentView(R.layout.activity_recycler_dynamic);
        findViewById(R.id.btn_recycler_add).setOnClickListener(this);
        initRecyclerDynamic(); // 初始化动态线性布局的循环视图
    }

    // 初始化动态线性布局的循环视图
    private void initRecyclerDynamic() {
        // 从布局文件中获取名叫 rv_dynamic 的循环视图
        rv_dynamic = findViewById(R.id.rv_dynamic);
        // 创建一个垂直方向的线性布局管理器
        LinearLayoutManager manager = new LinearLayoutManager(
                this, LinearLayout.VERTICAL, false);
        // 设置循环视图的布局管理器
        rv_dynamic.setLayoutManager(manager);
        // 获取默认的所有公众号信息队列
        mAllArray = GoodsInfo.getDefaultList();
        // 获取默认的当前公众号信息队列
        mPublicArray = GoodsInfo.getDefaultList();
        // 构建一个公众号列表的线性适配器
        mAdapter = new LinearDynamicAdapter(this, mPublicArray);
        // 设置线性列表的点击监听器
        mAdapter.setOnItemClickListener(this);
        // 设置线性列表的长按监听器
        mAdapter.setOnItemLongClickListener(this);
        // 设置线性列表的删除按钮监听器
        mAdapter.setOnItemDeleteClickListener(this);
```

```
        // 给 rv_dynamic 设置公众号线性适配器
        rv_dynamic.setAdapter(mAdapter);
        // 设置 rv_dynamic 的默认动画效果
        rv_dynamic.setItemAnimator(new DefaultItemAnimator());
        // 给 rv_dynamic 添加列表项之间的空白装饰
        rv_dynamic.addItemDecoration(new SpacesItemDecoration(1));
    }

    @Override
    public void onClick(View v) {
        if (v.getId() == R.id.btn_recycler_add) {
            int position = (int) (Math.random() * 100 % mAllArray.size());
            GoodsInfo old_item = mAllArray.get(position);
            GoodsInfo new_item = new GoodsInfo(old_item.pic_id, old_item.title, old_item.desc);
            mPublicArray.add(0, new_item);
            mAdapter.notifyItemInserted(0);  // 通知适配器列表在第一项插入数据
            rv_dynamic.scrollToPosition(0);  // 让循环视图滚动到第一项所在的位置
        }
    }

    // 一旦点击循环适配器的列表项，就触发点击监听器的 onItemClick 方法
    public void onItemClick(View view, int position) {
        String desc = String.format("您点击了第%d 项，标题是%s", position + 1,
                mPublicArray.get(position).title);
        Toast.makeText(this, desc, Toast.LENGTH_SHORT).show();
    }

    // 一旦长按循环适配器的列表项，就触发长按监听器的 onItemLongClick 方法
    public void onItemLongClick(View view, int position) {
        GoodsInfo item = mPublicArray.get(position);
        item.bPressed = !item.bPressed;
        mPublicArray.set(position, item);
        mAdapter.notifyItemChanged(position);  // 通知适配器列表在第几项发生变更
    }

    // 一旦点击循环适配器列表项的删除按钮，就触发删除监听器的 onItemDeleteClick 方法
    public void onItemDeleteClick(View view, int position) {
        mPublicArray.remove(position);
        mAdapter.notifyItemRemoved(position);  // 通知适配器列表在第几项删除数据
    }
}
```

具体的演示效果如图 7-37、图 7-38、图 7-39、图 7-40 所示。其中，图 7-37 所示为页面的

初始截图；在列表顶部新增一条消息的截图，消息添加时其实是有动画的，图 7-38 所示为动画结束之后的界面；图 7-39 所示为长按某条消息时的截图，有 iphone 的同学可以打开微信，长按里面的某条聊天记录，看看是不是在记录右边弹出“删除该聊天”按钮；点击“删除该聊天”会展示记录的删除动画，动画结束的界面如图 7-40 所示。

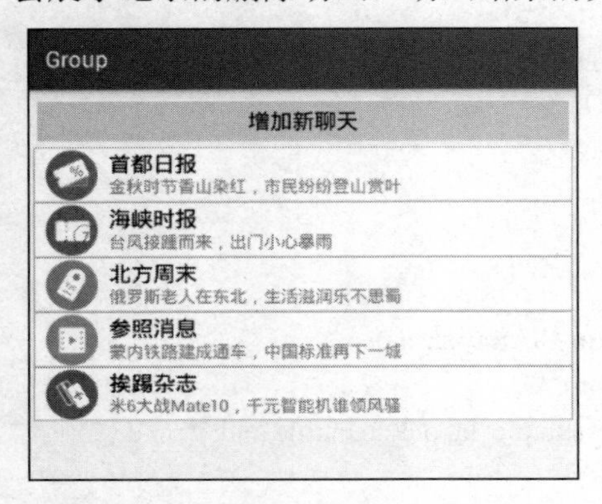

图 7-37　消息的初始页面

图 7-38　新增了一条消息

图 7-39　长按某条消息的页面

图 7-40　删除该消息的页面

7.5　材质设计库

MaterialDesign 材质设计库是 Android 在界面设计方面做出重大提升的增强库，该库提供了协调布局 CoordinatorLayout、应用栏布局 AppBarLayout、可折叠工具栏布局 CollapsingToolbarLayout 等等新颖控件，本节就对这些材质设计的新控件进行详细的说明。

7.5.1　协调布局 CoordinatorLayout

Android 自 5.0 之后对 UI 做了较大的提升，一个重大的改进是推出了 MaterialDesign 库，而该库的基础即为协调布局 CoordinatorLayout，几乎所有的 design 控件都依赖于该布局。所谓协调布局，指的是内部控件互相之间存在着动作关联，比如在 A 视图的位置发生变化之时，B 视图的位置也按照某种规则来变化，仿佛弹钢琴有了协奏曲一般。

使用协调布局 CoordinatorLayout 时，要注意以下两点步骤：

步骤 01 需要给模块导入 design 库，即修改 build.gradle，在 dependencies 节点中加入下面一行表示导入 design 库：

```
implementation 'com.android.support:design:28.0.0'
```

步骤 02 根布局采用 android.support.design.widget.CoordinatorLayout，且该节点要添加命名空间声明 xmlns:app="http://schemas.android.com/apk/res-auto"。使用了协调布局的具体 XML 文件示例如下：

```
<android.support.design.widget.CoordinatorLayout
    xmlns:android="http://schemas.android.com/apk/res/android"
    xmlns:app="http://schemas.android.com/apk/res-auto"
    android:id="@+id/cl_main"
    android:layout_width="match_parent"
    android:layout_height="match_parent" >
    <!-- 此处省略内部的视图节点 -->
</android.support.design.widget.CoordinatorLayout>
```

协调布局 CoordinatorLayout 继承自 ViewGroup，它的实现效果类似于相对布局 RelativeLayout，若要指定子视图在整个页面中的位置，则有以下几个办法：

- 使用 layout_gravity 属性，指定子视图在 CoordinatorLayout 内部的对齐方式。
- 使用 app:layout_anchor 和 app:layout_anchorGravity 属性，指定子视图相对于其他子视图的位置。其中 app:layout_anchor 表示当前以哪个视图做为参照物，app:layout_anchorGravity 表示本视图相对于参照物的对齐方式。
- 使用 app:layout_behavior 属性，指定子视图相对于其他视图的行为，当对方的位置发生变化时，本视图的位置也要随之相应变化。

接下来为了说明协调布局的“协调”含义，先来看看一个具体的例子，这个例子用到了悬浮按钮 FloatingActionButton。悬浮按钮是 design 库提供的一个特效按钮，它继承自图像按钮 ImageButton，除了图像按钮的所有功能之外，还提供了以下的额外功能：

（1）悬浮按钮会悬浮在其他视图之上，即使布局文件中别的视图在它后面，悬浮按钮也仍然显示在最前面。

（2）在隐藏和显示悬浮按钮之时会播放切换动画，其中隐藏按钮操作调用了 hide 方法，显示按钮操作调用了 show 方法。

（3）悬浮按钮默认会随着便签条 Snackbar 的出现或消失而动态调整位置。

下面是演示协调布局之中悬浮按钮与便签条联动的布局文件例子：

```
<android.support.design.widget.CoordinatorLayout
    xmlns:android="http://schemas.android.com/apk/res/android"
    xmlns:app="http://schemas.android.com/apk/res-auto"
    android:id="@+id/cl_main"
    android:layout_width="match_parent"
```

```
    android:layout_height="match_parent" >

    <Button
        android:id="@+id/btn_snackbar"
        android:layout_width="wrap_content"
        android:layout_height="wrap_content"
        android:layout_gravity="center"
        android:layout_marginTop="30dp"
        android:text="显示简单提示条"
        android:textColor="@color/black"
        android:textSize="17sp" />

    <android.support.design.widget.FloatingActionButton
        android:id="@+id/fab_btn"
        android:layout_width="80dp"
        android:layout_height="80dp"
        android:layout_margin="20dp"
        app:layout_anchor="@id/ll_main"
        app:layout_anchorGravity="bottom|right"
        android:background="@drawable/float_btn" />
</android.support.design.widget.CoordinatorLayout>
```

与上述布局对应的演示代码很简单，仅仅在点击按钮时弹出便签条，调用代码如下：

```
public class CoordinatorActivity extends AppCompatActivity implements OnClickListener {

    @Override
    protected void onCreate(Bundle savedInstanceState) {
        super.onCreate(savedInstanceState);
        setContentView(R.layout.activity_coordinator);
        findViewById(R.id.btn_snackbar).setOnClickListener(this);
    }

    @Override
    public void onClick(View v) {
        if (v.getId() == R.id.btn_snackbar) {
            // 在屏幕底部弹出一行提示条，注意悬浮按钮也会跟着上浮
            Snackbar.make(cl_main, "这是个提示条", Snackbar.LENGTH_LONG).show();
        }
    }
}
```

由于便签条在屏幕底部弹出之后，短暂停留几秒便收缩消失，如此一进一出之间，即可观察悬浮按钮与便签条的协调联动。具体的悬浮按钮位置变化效果如图 7-41 到图 7-42 所示，

其中图 7-41 展示了便签条弹出之前的界面，此时悬浮按钮位于屏幕右下方；图 7-42 展示了便签条弹出之后的界面，此时悬浮按钮随着便签条一齐向上抬升了一段距离；便签条回缩之后的界面跟图 7-41 是一样的，此时悬浮按钮跟着下移，并恢复到原来的屏幕位置。

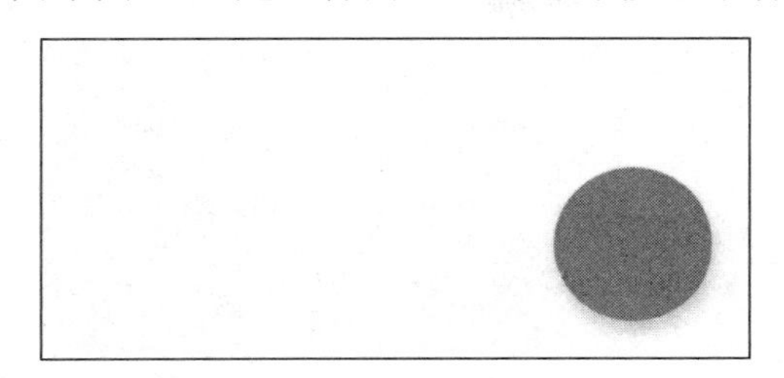

图 7-41 便签条未弹出时的界面

图 7-42 便签条弹出之后的界面

7.5.2 应用栏布局 AppBarLayout

前面几节提到 Android 推出工具栏 Toolbar 用来替代 ActionBar，使得导航栏的灵活性和易用性大大增强。可是仅仅使用 Toolbar 的话，还是有些呆板，比如说 Toolbar 固定占据着页面顶端，既不能跟着页面主体移上去，也不会跟着页面主体拉下来。为了让 App 页面更加生动活泼，势必要求 Toolbar 在某些特定的场景上移或者下拉，如此才能满足酷炫的页面特效需求。为此，Android 5.0 推出 MaterialDesign 库，通过该库中的协调布局和本小节要介绍的应用栏布局 AppBarLayout，将这两种布局结合起来对 Toolbar 加以包装，从而实现顶部导航栏的动态变化效果。

应用栏布局 AppBarLayout 其实继承自线性布局 LinearLayout，所以它具备了 LinearLayout 的所有属性与方法，除此之外，应用栏布局的额外功能主要有以下几点：

（1）支持响应页面主体的滑动行为，即在页面主体进行上移或者下拉时，AppBarLayout 能够捕捉到页面主体的滚动操作。

（2）捕捉到滚动操作之后，还要通知头部控件（通常是 Toolbar），告诉头部控件你要怎么滚，是爱咋咋滚，还是满大街滚。

顶部导航栏的动态滚动效果具体到实现上，则要在 App 工程中做如下修改：

步骤 01 在 build.gradle 中添加几个库的编译支持，包括 appcompat-v7 库（Toolbar 需要）、design 库（AppBarLayout 需要）、recyclerview 库（主页面的 RecyclerView 需要）。

步骤 02 布局文件的根布局采用 CoordinatorLayout，因为 design 库的动态效果都依赖于该控件；并且该节点要添加命名空间声明 xmlns:app="http://schemas.android.com/apk/res-auto"。

步骤 03 使用 AppBarLayout 节点包裹 Toobar 节点，也就是将 Toobar 节点作为 AppBarLayout 节点的下级节点。

步骤 04 给 Toobar 节点添加滚动属性 app:layout_scrollFlags="scroll|enterAlways"，指定工具栏的滚动行为标志。

步骤 05 演示界面的页面主体使用 RecyclerView 控件，并给该控件节点添加行为属性即 app:layout_behavior="@string/appbar_scrolling_view_behavior"，表示通知 AppBarLayout 捕捉 RecyclerView 的滚动操作。

下面是 AppBarLayout 结合 RecyclerView 的布局文件例子：

```
<android.support.design.widget.CoordinatorLayout
    xmlns:android="http://schemas.android.com/apk/res/android"
    xmlns:app="http://schemas.android.com/apk/res-auto"
    android:layout_width="match_parent"
    android:layout_height="match_parent" >

    <android.support.design.widget.AppBarLayout
        android:id="@+id/abl_title"
        android:layout_width="match_parent"
        android:layout_height="wrap_content" >

        <android.support.v7.widget.Toolbar
            android:id="@+id/tl_title"
            android:layout_width="match_parent"
            android:layout_height="?attr/actionBarSize"
            android:background="@color/blue_light"
            app:layout_scrollFlags="scroll|enterAlways" />
    </android.support.design.widget.AppBarLayout>

    <android.support.v7.widget.RecyclerView
        android:id="@+id/rv_main"
        android:layout_width="match_parent"
        android:layout_height="match_parent"
        app:layout_behavior="@string/appbar_scrolling_view_behavior" />
</android.support.design.widget.CoordinatorLayout>
```

与上述布局文件对应的页面代码如下：

```
public class AppbarRecyclerActivity extends AppCompatActivity {
    private String[] yearArray = {"鼠年", "牛年", "虎年", "兔年", "龙年", "蛇年",
            "马年", "羊年", "猴年", "鸡年", "狗年", "猪年"};

    @Override
    protected void onCreate(Bundle savedInstanceState) {
        super.onCreate(savedInstanceState);
        setContentView(R.layout.activity_appbar_recycler);
        // 从布局文件中获取名叫 tl_title 的工具栏
        Toolbar tl_title = findViewById(R.id.tl_title);
        // 使用 tl_title 替换系统自带的 ActionBar
        setSupportActionBar(tl_title);
        // 从布局文件中获取名叫 rv_main 的循环视图
        RecyclerView rv_main = findViewById(R.id.rv_main);
        // 创建一个垂直方向的线性布局管理器
        LinearLayoutManager llm = new LinearLayoutManager(this, LinearLayout.VERTICAL, false);
```

```
            // 设置循环视图的布局管理器
            rv_main.setLayoutManager(llm);
            // 构建一个十二生肖的线性适配器
            RecyclerCollapseAdapter adapter = new RecyclerCollapseAdapter(this, yearArray);
            // 给 rv_main 设置十二生肖线性适配器
            rv_main.setAdapter(adapter);
        }
    }
```

应用栏布局配合循环视图的演示效果如图 7-43 到图 7-45 所示，其中图 7-43 展示了打开演示页的初始画面，此时工具栏位于页面顶部；图 7-44 展示了上拉一小段时的画面，此时工具栏随着向上滚动了一段；图 7-45 展示了上拉一大段时的画面，此时工具栏滚动到屏幕之外，完全看不见了。

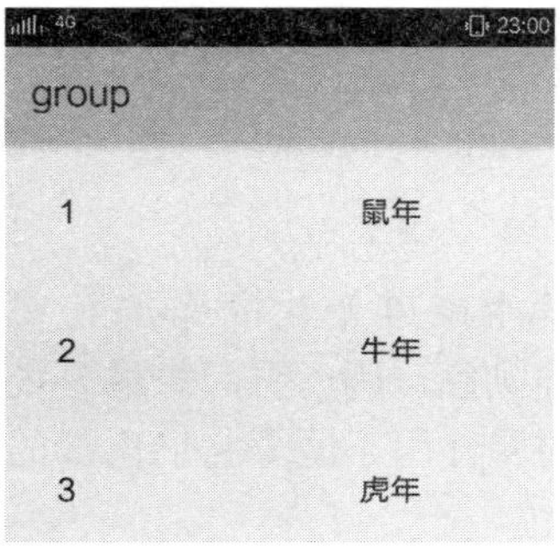

图 7-43　应用栏的初始界面

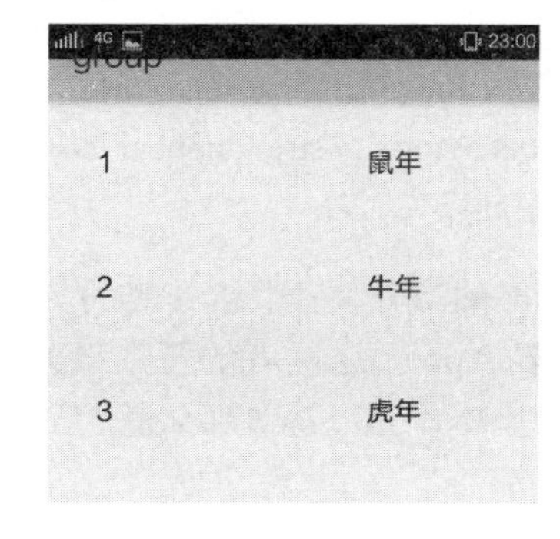

图 7-44　上拉一小段的循环视图

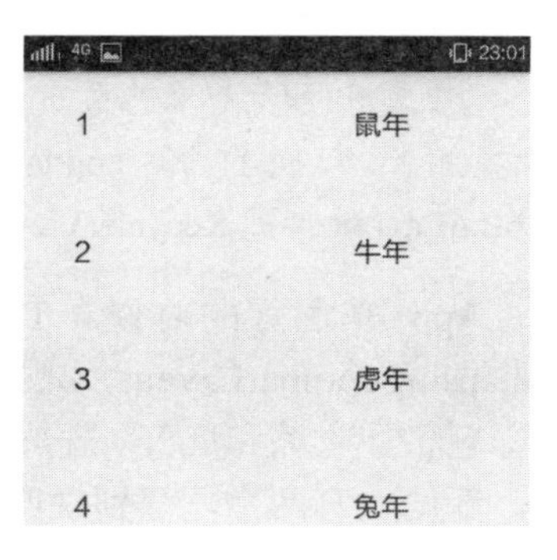

图 7-45　上拉一大段的循环视图

虽说通过 AppBarLayout 能够实现 Toolbar 的滚动效果，但并非所有可滚动的控件都会触发 Toolbar 滚动，事实上只有 Android 5.0 之后新增的少数滚动控件才具备该特技。RecyclerView 是身怀绝技的其中之一，它可用来替代列表视图 ListView 和网格视图 GridView；而替代滚动视图 ScrollView 的另有其人，它便是嵌套滚动视图 NestedScrollView，在 Android 5.0 之后的 v4 库中提供。

NestedScrollView 继承自框架布局 FrameLayout，其用法与 ScrollView 相似，例如都必须且只能带一个直接子视图、都是允许内部视图上下滚动等等。NestedScrollView 多出来的功能，则是跟 AppBarLayout 配合使用，藉由触发 Toolbar 的滚动行为，因此可把它当作是兼容了 Android 5.0 新特性的增强版 ScrollView。因为 NestedScrollView 在布局和代码中使用的情况与 ScrollView 基本相同，所以这里就不再啰嗦它的详细用法了，有兴趣的读者可参考本书附带源码中 group 模块的 AppbarNestedActivity.java。

7.5.3　可折叠工具栏布局 CollapsingToolbarLayout

上一小节阐述了如何把 Toolbar 往上滚动，那反过来，能不能把 Toolbar 往下拉动呢？这里要明确一点，Toolbar 本身是页面顶部的工具栏，其上没有当前页面的其他控件了。假如 Toolbar 拉下来，那 Toolbar 上面的空白该显示什么？所以 Toolbar 的上部边缘是不可以往下拉的，只有下部边缘才能往下拉，这样的视觉效果好比 Toolbar 如电影幕布一般缓缓向下展开。

不过，Android 在实现导航栏展开效果的时候，并非直接让 Toolbar 展开或收缩，而是另外提供了可折叠工具栏布局 CollapsingToolbarLayout，通过该布局节点包裹 Toolbar 节点，从而控制导航栏的展开和收缩行为。

若要在 App 工程中使用 CollapsingToolbarLayout，则需注意以下几点修改：

步骤 01 在 build.gradle 中添加几个库的编译支持，包括 appcompat-v7 库（Toolbar 需要）、design 库（CollapsingToolbarLayout 需要）、recyclerview 库（主页面的 RecyclerView 需要）。

步骤 02 布局文件的根布局采用 CoordinatorLayout，因为 design 库的动态效果都依赖于该控件；并且该节点要添加命名空间声明 xmlns:app="http://schemas.android.com/apk/res-auto"。

步骤 03 使用 AppBarLayout 节点包裹 CollapsingToolbarLayout 节点，再在 CollapsingToolbarLayout 节点下添加 Toobar 节点。

步骤 04 给 Toobar 节点添加滚动属性 app:layout_scrollFlags="scroll|enterAlways"，声明工具栏的滚动行为标志。

步骤 05 演示界面的页面主体使用 RecyclerView 控件或者 NestedScrollView 控件，并给该控件节点添加行为属性即 app:layout_behavior="@string/appbar_scrolling_view_behavior"，表示通知 AppBarLayout 捕捉 RecyclerView 的滚动操作。

App 在运行的时候，Toolbar 的高度是固定不变的，会发生高度变化的布局其实是 CollapsingToolbarLayout。只是许多 App 把这两者的背景设为一种颜色，所以看起来像是统一的标题栏在收缩和展开。既然二者原本不是一家，那么就得有新的属性用于区分它们内部的行为，新属性有两个，分别说明如下：

1. 折叠模式属性

该属性的名称为 app:layout_collapseMode，它指定了子视图（通常是 Toolbar）的折叠模式，折叠模式的取值说明见表 7-3。

表 7-3 可折叠工具栏布局的折叠模式取值说明

折叠模式取值	说明
pin	固定模式。Toolbar 固定不动，不受 CollapsingToolbarLayout 的折叠影响
parallax	视差模式。随着 CollapsingToolbarLayout 的收缩与展开，Toolbar 也跟着收缩与展开。折叠系数可通过属性 app:layout_collapseParallaxMultiplier 配置，该属性为 1.0 时，折叠效果同 pin 模式即固定不动；该属性为 0.0 时，折叠效果等同于 none 模式，即也跟着移动相同距离
none	默认值。CollapsingToolbarLayout 折叠多少距离，则 Toolbar 也随着移动多少距离，通俗地说，就是夫唱妇随

2. 折叠距离系数属性

该属性名称为 app:layout_collapseParallaxMultiplier，它指定了视差模式时的折叠距离系数，取值在 0.0 到 1.0 之间。如不明确指定，则该属性值则默认为 0.5。

为了区分这几种折叠模式之间的差异，下面来个演示 pin 固定模式使用的布局文件例子：

```
<android.support.design.widget.CoordinatorLayout
```

```
    xmlns:android="http://schemas.android.com/apk/res/android"
    xmlns:app="http://schemas.android.com/apk/res-auto"
    android:layout_width="match_parent"
    android:layout_height="match_parent" >

    <android.support.design.widget.AppBarLayout
        android:id="@+id/abl_title"
        android:layout_width="match_parent"
        android:layout_height="160dp"
        android:background="@color/blue_light" >

        <android.support.design.widget.CollapsingToolbarLayout
            android:id="@+id/ctl_title"
            android:layout_width="match_parent"
            android:layout_height="match_parent"
            app:title="欢乐中国年"
            app:layout_scrollFlags="scroll|exitUntilCollapsed"
            app:contentScrim="?attr/colorPrimary"
            app:expandedTitleMarginStart="40dp" >

            <!-- 注意属性 layout_collapseMode 作用于 Toolbar 控件 -->
            <android.support.v7.widget.Toolbar
                android:id="@+id/tl_title"
                android:layout_width="match_parent"
                android:layout_height="?attr/actionBarSize"
                android:background="@color/red"
                app:layout_collapseMode="pin" />
        </android.support.design.widget.CollapsingToolbarLayout>
    </android.support.design.widget.AppBarLayout>

    <android.support.v7.widget.RecyclerView
        android:id="@+id/rv_main"
        android:layout_width="match_parent"
        android:layout_height="match_parent"
        app:layout_behavior="@string/appbar_scrolling_view_behavior" />
</android.support.design.widget.CoordinatorLayout>
```

对应的页面代码可采用上一小节的逻辑，除了布局变更之外，其他可不做改动。采取 pin 固定模式的导航栏变化效果如图 7-46 到图 7-48 所示，其中图 7-46 展示了刚打开页面时的初始画面，此时导航栏完全展开；图 7-47 展示了往上拉动一小段后的画面，此时导航栏下半部分向上收缩，标题文字随之上移，而上半部分红色的 Toolbar 保持不变；图 7-48 展示了往上拉动一大段后的画面，此时导航栏下半部分完全消失，标题文字全部移入上半部分红色的 Toolbar。

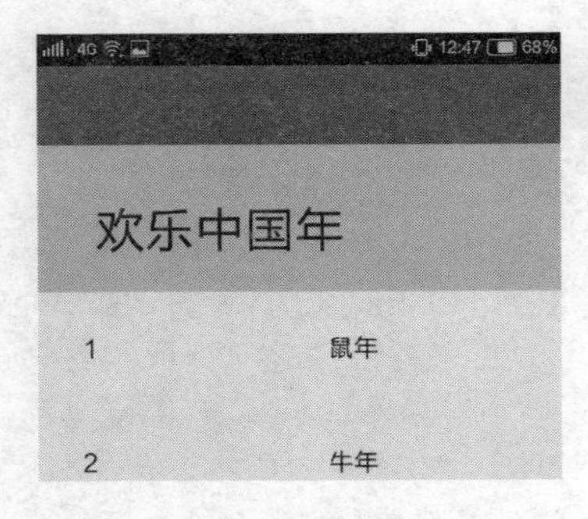

图 7-46 固定模式下的导航栏

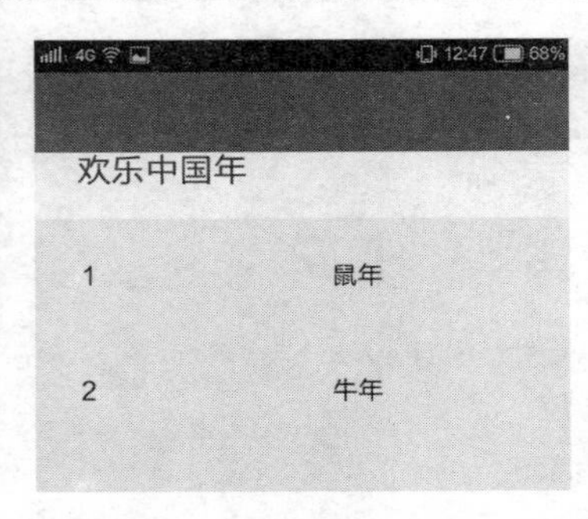

图 7-47 上拉一小段时的导航栏

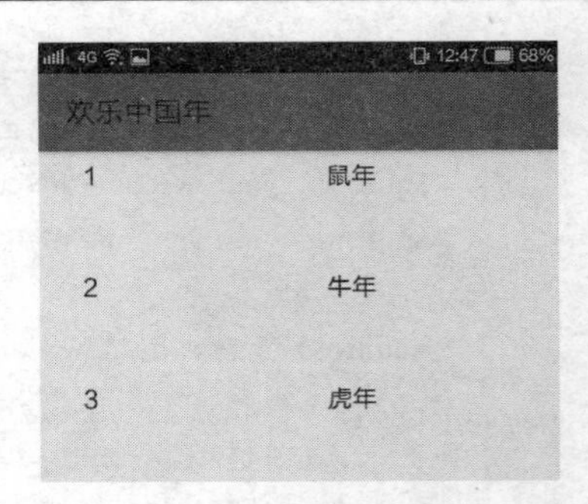

图 7-48 上拉一大段时的导航栏

接下来继续演示 parallax 视差模式，只要把原布局中的 Toolbar 节点替换为下面内容即可：

```
<android.support.v7.widget.Toolbar
    android:id="@+id/tl_title"
    android:layout_width="match_parent"
    android:layout_height="?attr/actionBarSize"
    android:background="@color/red"
    app:layout_collapseMode="parallax"
    app:layout_collapseParallaxMultiplier="0.1" />
```

采取 parallax 视差模式的导航栏变化效果如图 7-49 到图 7-51 所示，其中图 7-49 展示了刚打开页面时的初始画面，此时导航栏完全展开；图 7-50 展示了往上拉动一小段之后的画面，此时导航栏下半部分向上收缩，标题文字随之上移，且上半部分红色的 Toolbar 也按照比例向上收缩；图 7-51 展示了往上拉动一大段之后的画面，此时导航栏下半部分完全消失，标题文字全部移入顶部，且上半部分红色的 Toolbar 也从屏幕上消失。

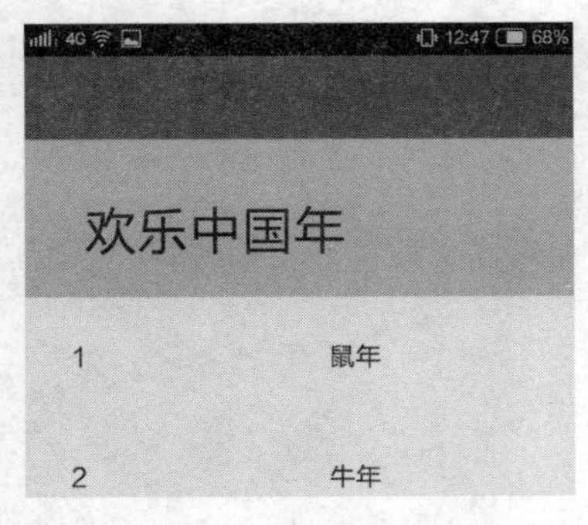

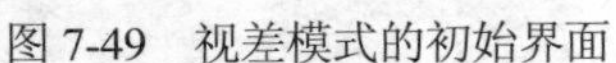
图 7-49 视差模式的初始界面

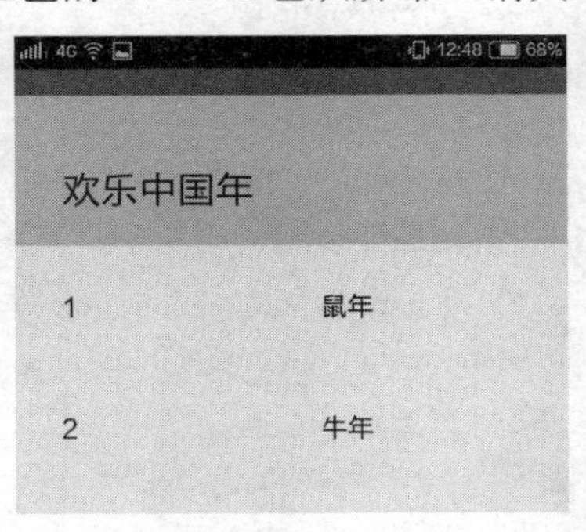

图 7-50 上拉一小段时的导航栏

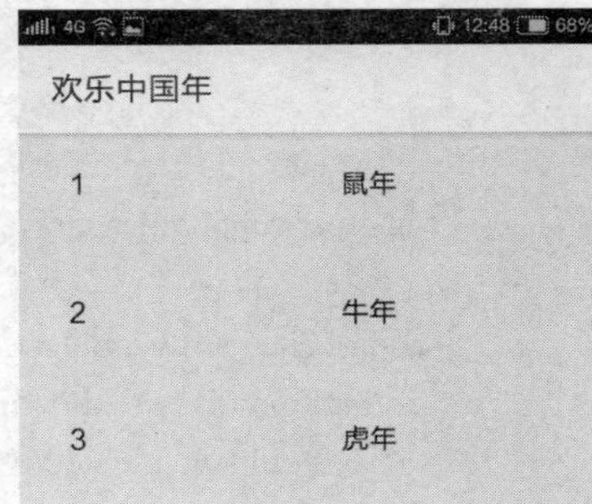

图 7-51 上拉一大段时的导航栏

7.6 实战项目：仿支付宝的头部伸缩特效

上一节的材质设计看起来固然有些奇妙，可是似乎实战意义不大，倘若仅仅为了炫技，那也只能归于中看不中用的花拳绣腿之流。有道是天生我材必有用，在广泛使用的 App 当中，有不少采取了 MaterialDesign 的框架。譬如常见的支付宝 App，通过材质设计结合工具栏

Toolbar，能够实现顶部导航栏动态伸缩的效果，下面就来看看支付宝的头部伸缩特效是怎样实现的。

7.6.1　设计思路

手机屏幕不比电脑屏幕，不管手机配置多高，屏幕都不可能增加太大，因为人的手掌只有这么宽，盈手可握的尺寸撑死了也没多大。于是既要在有限的方寸之间展示充分的信息，又要保留足够的入口捷径供用户跳转，实在是一个两难的局面。每当遇到这种左右为难的场合，通常的做法是相互妥协，就 App 的界面设计而言，可分为下列两种情况。

（1）一种是刚打开 App 页面的时候，此时优先展示各种入口按钮，方便用户直达对应的功能页；

（2）另一种情况是用户上拉 App 页面，此时明显用户想要了解下方的分类信息，那么应当将导航入口最小化，从而腾出空间用于展示详细的图文。

以大家熟悉的支付宝 App 为例，它的首屏头部便分情况显示，具体且看如图 7-52 和图 7-53 所示的两张头部仿制效果。其中图 7-52 为支付宝的标题栏完全展开时的界面，此时页面头部的导航栏占据了较大部分的高度；而图 7-53 为支付宝的标题栏完全收缩时的界面，此时头部导航栏只剩矮矮的一个长条。

图 7-52　仿支付宝首页的头部展开效果

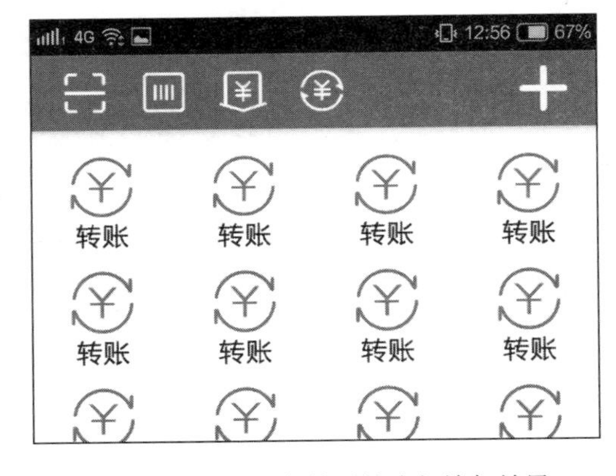

图 7-53　仿支付宝首页的头部缩起效果

上面的头部展开和收缩效果，正是材质设计所具备的技能，因此这个可伸缩的头部特效必定少不了下列的几个控件。

- 协调布局 CoordinatorLayout：协调布局是材质设计所有特效的基础。
- 工具栏 Toolbar：顶部导航栏必选 Toolbar。
- 应用栏布局 AppBarLayout：要想让 Toolbar 下拉或者上拉，还得靠 AppBarLayout 来帮忙。
- 可折叠工具栏布局 CollapsingToolbarLayout：工具栏上下伸缩之时，若要展示折叠效果，则需 CollapsingToolbarLayout。
- 循环视图 RecyclerView：不管是头部的网格入口，还是下方的信息列表，都会用到循环视图。
- 嵌套滚动视图 NestedScrollView：下方的信息区域，有可能容纳多种样式的布局，这时就要采用嵌套滚动视图作为容器了。

虽然本实战项目仅仅模拟支付宝的头部区域，但是光光一个头部就牵涉到诸多知识点，看来方寸之间的学问可不小哟。

7.6.2 小知识：导航栏的滚动标志

前面介绍 AppBarLayout 和 CollapsingToolbarLayout 用法的时候，演示的几个布局文件都用到了 app:layout_scrollFlags 属性，并且有时候取值为"scroll|enterAlways"，有时候取值为"scroll|exitUntilCollapsed"，这是为什么呢？其实这个滚动标志属性来自于 AppBarLayout，它用来定义下级控件的具体滚动行为，比如说是先滚还是后滚，是滚一半还是全部滚，是自动滚还是手动滚等等。

首先得弄清楚为什么 AppBarLayout 划分了这几种滚动行为，所谓知其然，还要知其所以然，才更有利于记忆和理解。下面是可能产生不同滚动行为的几种场景：

（1）AppBarLayout 的滚动依赖于页面主体的滚动，与页面主体相对应的，可将 AppBarLayout 称作页面头部。既然一个页面分为头部和主体两部分，那么就存在谁先滚谁后滚的问题了。

（2）AppBarLayout 内部的高度也可能变化，比如它嵌套了可折叠工具栏布局 CollapsingToolbarLayout。既然 AppBarLayout 的高度是变化的，那也得区分是滚一半还是滚全部。

（3）AppBarLayout 被拉动了一段还没拉完，此时一旦松开手指，一般是就地停住。但半路刹车有碍观瞻，那么就得判断是继续停着不动，还是继续向上收缩，或是继续向下展开。

根据上面列举的三种滚动场景，AppBarLayout 给子控件设定了五个滚动标志，包括 scroll、enterAlways、exitUntilCollapsed、enterAlwaysCollapsed 和 snap，分别介绍如下：

1. scroll

该标志表示头部与主体一起滚动。

2. enterAlways

该标志表示头部与主体先一起滚动，头部滚到位后，主体继续向上或者向下滚。

3. exitUntilCollapsed

该标志保证页面上至少能看到最小化的工具栏，不会完全看不到工具栏。具体的滚动行为分成向上滚动和向下滚动两种，其中向上滚动表示头部先往上收缩，一直滚到折叠的最小高度；然后头部固定不动，主体继续向上滚动；而向下滚动表示头部固定不动，主体先向下滚动，一直滚到主体全部拉出；然后头部向下展开。

4. enterAlwaysCollapsed

该标志一般跟 enterAlways 一起使用，它与 enterAlways 的区别在于有折叠操作，而单独的 enterAlways 没有折叠。具体的滚动行为也分成向上滚动和向下滚动两种，其中向上滚动表示头部先往上收缩，一直滚到折叠的最小高度；然后头部与主体先一起滚动，头部滚到位后，主体继续向上。而向下滚动表示头部与主体先一起滚动，一直滚到头部折叠的最小高度；然后主体向下滚动，滚到位后头部继续向下展开。

5. snap

在用户手指松开时，系统自行判断，接下来是全部向上滚到顶，还是全部向下展开。

说实话，这五种滚动标志展示起来都差不多，光看静态的截图难以分辨其中的差异，建议读者运行本书附带源码 group 模块的 ScrollFlagActivity.java，再加以观察。为了观察的时候有的放矢，笔者整理了一份 5 种标志相互之间的区别列表，具体详见表 7-4。

表 7-4　5 种滚动标志互相之间的区别

滚动标志取值	说明
scroll	简单朴素的滚动，没什么花样
enterAlways	该标志与 scroll 的区别在于，它会让头部盖住主体，而 scroll 不会盖住
exitUntilCollapsed	设置该标志后，页面上总会看到工具栏
enterAlwaysCollapsed	该标志与 enterAlways 的区别在于，它支持 layout_collapseMode 设定的折叠效果
snap	设置该标志后，每当用户松开手势，系统会自动判断是向上收缩，还是向下展开

7.6.3　代码示例

仿支付宝头部的实战项目，用到的几个控件均需导入相应的兼容库，故而编码过程与前两章相比多了一步，共分为 6 步：

步骤 01 设计代码架构，初步拆分后的 package 包架构如下：

- com.example.alipay.activity：存放 Acitivity 页面的代码。
- com.example.alipay.adapter：存放适配器的代码。
- com.example.alipay.bean：存放实体数据结构的代码，如生活信息。
- com.example.alipay.util：存放工具类的代码。

步骤 02 想好代码文件与布局文件的名称，比如 App 主页面的代码文件取名 ScrollAlipayActivity.java，对应的布局文件名是 activity_scroll_alipay.xml。另外还有循环适配器的代码及其布局文件。

步骤 03 打开 build.gradle，在 dependencies 节点中加入下面三行表示分别导入 appcompat-v7（工具栏需要）、design（材质设计库需要）、recyclerview-v7（循环视图需要）3 个库：

```
implementation 'com.android.support:appcompat-v7:28.0.0'
implementation 'com.android.support:design:28.0.0'
implementation 'com.android.support:recyclerview-v7:28.0.0'
```

步骤 04 在 AndroidManifest.xml 中补充相应配置，即注册仿支付宝页面的 acitivity 节点，注册代码如下所示：

```
<activity android:name=".ScrollAlipayActivity" android:theme="@style/AppCompatTheme" />
```

注意：这里给 activity 节点补充了 AppCompatTheme 风格，目的是声明不带 ActionBar 的风格，以便 Activity 代码内部使用 Toolbar 替换 ActionBar。

步骤 05 在资源目录下补充相应的 xml 配置，包括：

（1）在 res/drawable 目录下存放相关状态图形的描述文件。
（2）在 res/layout 目录下编写页面、适配器等对应的布局文件。
（3）在 res/values/styles.xml 中补充 AppCompatTheme 与标签按钮的样式定义。

步骤 06 进行 java 代码开发，包括页面、适配器等等的编码。

仿照支付宝首屏头部的实现过程，就是定义一个协调布局 CoordinatorLayout，然后嵌套应用栏布局 AppBarLayout，再嵌套可折叠工具栏布局 CollapsingToolbarLayout，再嵌套工具栏 Toolbar 的页面布局。支付宝首页之所以要嵌套这么多层，是因为要完成以下功能：

（1）CoordinatorLayout 嵌套 AppBarLayout，这是为了让头部导航栏能够跟随视图主体下拉而展开，并且跟随视图主体上拉而收缩。这个视图主体可以是 RecyclerView，也可以是 NestedScrollView。

（2）AppBarLayout 嵌套 CollapsingToolbarLayout，这是为了定义导航栏下面需要展开和收缩的这部分视图。

（3）CollapsingToolbarLayout 嵌套 Toolbar，这是为了声明导航栏上方无论何时都要显示的长条区域，其中 Toolbar 还要定义两个不同的下级布局，用于分别显示展开与收缩两种状态时的工具栏界面。

下面是基于以上思路实现的仿支付宝首页布局文件例子：

```
<android.support.design.widget.CoordinatorLayout
    xmlns:android="http://schemas.android.com/apk/res/android"
    xmlns:app="http://schemas.android.com/apk/res-auto"
    android:layout_width="match_parent"
    android:layout_height="match_parent"
    android:fitsSystemWindows="true" >

    <android.support.design.widget.AppBarLayout
        android:id="@+id/abl_bar"
        android:layout_width="match_parent"
        android:layout_height="wrap_content"
        android:fitsSystemWindows="true" >

        <android.support.design.widget.CollapsingToolbarLayout
            android:layout_width="match_parent"
            android:layout_height="match_parent"
            android:fitsSystemWindows="true"
            app:layout_scrollFlags="scroll|exitUntilCollapsed|snap"
            app:contentScrim="@color/blue_dark" >
```

```
            <!-- life_pay.xml 定义了工具栏下方的频道布局 -->
            <include
                android:layout_width="match_parent"
                android:layout_height="wrap_content"
                android:layout_marginTop="@dimen/toolbar_height"
                app:layout_collapseMode="parallax"
                app:layout_collapseParallaxMultiplier="0.7"
                layout="@layout/life_pay" />

            <android.support.v7.widget.Toolbar
                android:layout_width="match_parent"
                android:layout_height="@dimen/toolbar_height"
                app:layout_collapseMode="pin"
                app:contentInsetLeft="0dp"
                app:contentInsetStart="0dp" >

                <!-- toolbar_expand.xml 定义了展开状态时的工具栏内容布局 -->
                <include
                    android:id="@+id/tl_expand"
                    android:layout_width="match_parent"
                    android:layout_height="match_parent"
                    layout="@layout/toolbar_expand" />

                <!-- toolbar_collapse.xml 定义了收缩状态时的工具栏内容布局 -->
                <include
                    android:id="@+id/tl_collapse"
                    android:layout_width="match_parent"
                    android:layout_height="match_parent"
                    layout="@layout/toolbar_collapse"
                    android:visibility="gone" />
            </android.support.v7.widget.Toolbar>
        </android.support.design.widget.CollapsingToolbarLayout>
    </android.support.design.widget.AppBarLayout>

    <android.support.v7.widget.RecyclerView
        android:id="@+id/rv_content"
        android:layout_width="match_parent"
        android:layout_height="match_parent"
        android:layout_marginTop="10dp"
        app:layout_behavior="@string/appbar_scrolling_view_behavior" />
</android.support.design.widget.CoordinatorLayout>
```

然而仅仅实现上述布局并非万事大吉，因为支付宝首页的头部在伸缩时可是有动画效果的，就像图 7-54 和图 7-55 那样的淡入淡出渐变动画。

图 7-54　头部导航栏的淡出效果

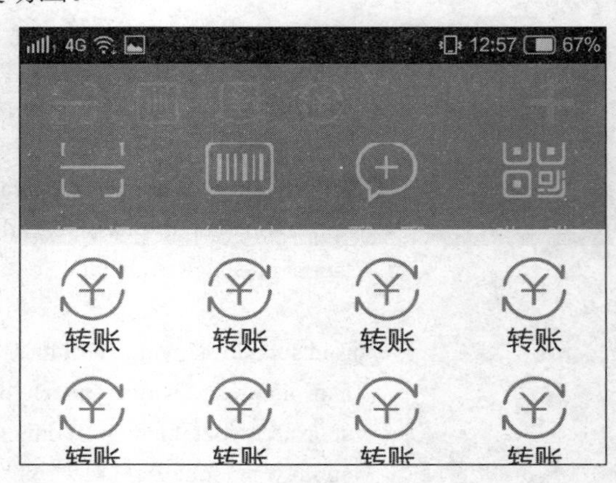

图 7-55　头部导航栏的淡入效果

图 7-54 和图 7-55 所体现的渐变动画其实可分为两个部分：

（1）导航栏从展开状态向上收缩时，头部各控件要慢慢向背景色过渡，也就是淡出效果。

（2）导航栏向上收缩到一半，顶部的工具栏要更换成收缩状态下的工具栏布局，并且随着导航栏继续向上收缩，新工具栏上的各控件也要慢慢变得清晰起来，也就是淡入效果。

如果导航栏是从收缩状态向下展开，则此时相应地做上述渐变动画的取反效果，即下面的描述：

（1）导航栏从收缩状态向下展开时，头部的各控件要慢慢向背景色过渡，也就是淡出效果；同时展开导航栏的下部分布局，并且该布局上的各控件渐渐变得清晰。

（2）导航栏向下展开到一半，顶部的工具栏要更换成展开状态下的工具栏布局，并且随着导航栏继续向下展开，新工具栏上的各控件也要慢慢变得清晰起来，也就是淡入效果。

看文字描述起来还比较复杂，如果只对某个控件做渐变动画还好，可是导航栏上的控件有好几个，而且数量并不固定，常常会增加新控件或者修改原控件。倘若要对导航栏上的各控件逐一展示动画，不但花费力气，而且后期也不好维护。为了解决这个动画问题，可以采取类似遮罩的做法，即一开始先给导航栏罩上一层透明的视图，此时导航栏的画面就完全显示；然后随着导航栏的移动距离，计算当前位置下的遮罩透明度，使该遮罩变得越来越不透明，看起来导航栏像是蒙上了一层薄雾面纱，蒙到最后就完全看不见了。反过来，也可以一开始给导航栏罩上一层不透明的视图，此时导航栏的所有控件都是看不见的，然后随着距离的变化，遮罩变得越来越不透明，导航栏也会跟着变得越来越清晰了。

现在渐变动画的思路有了，可谓万事俱备、只欠东风，再搞一个导航栏的位置偏移监听事件便行，正好有个现成的监听器 AppBarLayout.OnOffsetChangedListener，只需给应用栏布局对象调用 addOnOffsetChangedListener 方法，即可实现给导航栏注册偏移监听器的功能。接下来还是看看下面具体的实现代码吧：

```
public class ScrollAlipayActivity extends AppCompatActivity implements OnOffsetChangedListener {
```

```
private View tl_expand, tl_collapse; // 分别声明伸展时与收缩时的工具栏视图
private View v_expand_mask, v_collapse_mask, v_pay_mask; // 分别声明 3 个遮罩视图
private int mMaskColor; // 遮罩颜色

@Override
protected void onCreate(Bundle savedInstanceState) {
    super.onCreate(savedInstanceState);
    setContentView(R.layout.activity_scroll_alipay);
    // 获取默认的蓝色遮罩颜色
    mMaskColor = getResources().getColor(R.color.blue_dark);
    // 从布局文件中获取名叫 rv_content 的循环视图
    RecyclerView rv_content = findViewById(R.id.rv_content);
    // 设置循环视图的布局管理器（四列的网格布局管理器）
    rv_content.setLayoutManager(new GridLayoutManager(this, 4));
    // 给 rv_content 设置生活频道网格适配器
    rv_content.setAdapter(new LifeRecyclerAdapter(this, LifeItem.getDefault()));
    // 从布局文件中获取名叫 abl_bar 的应用栏布局
    AppBarLayout abl_bar = findViewById(R.id.abl_bar);
    // 从布局文件中获取伸展之后的工具栏视图
    tl_expand = findViewById(R.id.tl_expand);
    // 从布局文件中获取收缩之后的工具栏视图
    tl_collapse = findViewById(R.id.tl_collapse);
    // 从布局文件中获取伸展之后的工具栏遮罩视图
    v_expand_mask = findViewById(R.id.v_expand_mask);
    // 从布局文件中获取收缩之后的工具栏遮罩视图
    v_collapse_mask = findViewById(R.id.v_collapse_mask);
    // 从布局文件中获取生活频道的遮罩视图
    v_pay_mask = findViewById(R.id.v_pay_mask);
    // 给 abl_bar 注册一个位置偏移的监听器
    abl_bar.addOnOffsetChangedListener(this);
}

// 每当应用栏向上滚动或者向下滚动，就会触发位置偏移监听器的 onOffsetChanged 方法
public void onOffsetChanged(AppBarLayout appBarLayout, int verticalOffset) {
    int offset = Math.abs(verticalOffset);
    // 获取应用栏的整个滑动范围，以此计算当前的位移比例
    int total = appBarLayout.getTotalScrollRange();
    int alphaIn = Utils.px2dip(this, offset) * 2;
    int alphaOut = (200 - alphaIn) < 0 ? 0 : 200 - alphaIn;
    // 计算淡入时候的遮罩透明度
    int maskColorIn = Color.argb(alphaIn, Color.red(mMaskColor),
            Color.green(mMaskColor), Color.blue(mMaskColor));
    // 工具栏下方的生活频道布局要加速淡入或者淡出
```

```
        int maskColorInDouble = Color.argb(alphaIn * 2, Color.red(mMaskColor),
                Color.green(mMaskColor), Color.blue(mMaskColor));
        // 计算淡出时候的遮罩透明度
        int maskColorOut = Color.argb(alphaOut * 3, Color.red(mMaskColor),
                Color.green(mMaskColor), Color.blue(mMaskColor));
        if (offset <= total * 0.45) {  // 偏移量小于一半，则显示伸展时候的工具栏
            tl_expand.setVisibility(View.VISIBLE);
            tl_collapse.setVisibility(View.GONE);
            v_expand_mask.setBackgroundColor(maskColorInDouble);
        } else {  // 偏移量大于一半，则显示收缩时候的工具栏
            tl_expand.setVisibility(View.GONE);
            tl_collapse.setVisibility(View.VISIBLE);
            v_collapse_mask.setBackgroundColor(maskColorOut);
        }
        // 设置 life_pay.xml 即生活频道视图的遮罩颜色
        v_pay_mask.setBackgroundColor(maskColorIn);
    }
}
```

7.7 实战项目：仿淘宝主页

各位亲爱的读者，经过艰苦的 App 开发学习，终于来到了本节的实战项目“仿淘宝主页”。淘宝 App 的主页动感十足，页面元素丰富，令人眼花缭乱，其中运用了 Android 的多种终极兵器，可谓是 App 开发 UI 的集大成之作。其实到目前为止，本章的知识点已经涵盖了淘宝主页的大部分技术，所以仿照淘宝主页做一个山寨的电商 App 首页也不是什么难事，接下来让我们好好分析一下如何实现。

7.7.1 设计思路

图 7-56　淘宝主页截图

首先看看大家都熟悉的淘宝主页长什么模样，如图 7-56 所示。是不是很熟悉呢？其实该页面是各电商 App 首页的通用模板。除了淘宝外，还有京东、苏宁易购、当当、美团、饿了么等，这些电商 App 的主页都大同小异，所以只要吃透了淘宝主页采用的 App 技术，其他电商 App 也能依葫芦画瓢。

因为我们的实战项目只是仿淘宝主页，而不是完全一模一样，所以页面只要大致相似就行。下面是两张山寨后的页面效果，图 7-57 所示为首页页面的效果图，图 7-58 所示为分类页面的效果图。

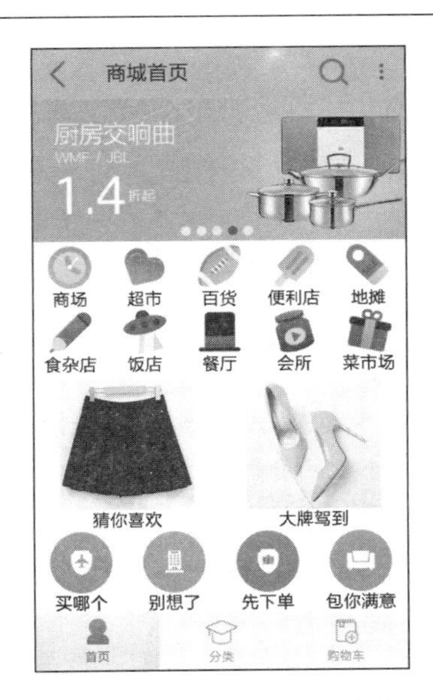

图 7-57　仿淘宝的首页页面

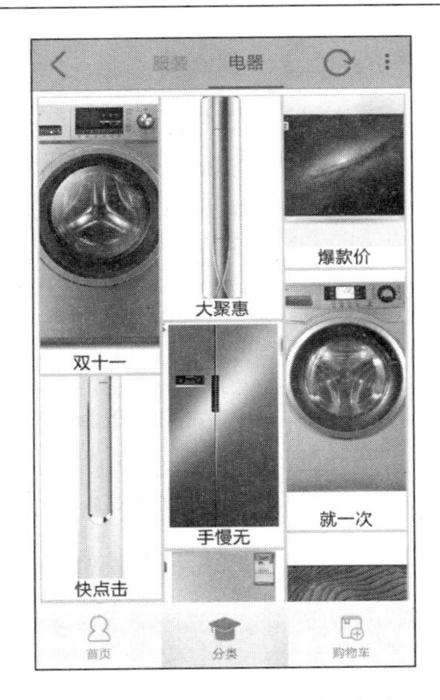

图 7-58　仿淘宝的分类页面

考察这两张效果图分别运用了本章的哪些知识点。这两个页面基本上是由前面介绍的各控件效果图拼接而成的，找起来也不难。

- 标签栏 Tabbar：页面底部有一排标签按钮。
- 工具栏 Toolbar：页面顶部的导航栏是工具栏 Toolbar。
- 溢出菜单 OverflowMenu：页面右上角的三点按钮是标准的溢出菜单提示。
- 搜索框 SearchView：三点按钮左边的放大镜按钮是熟悉的搜索图标。
- 横幅轮播 Banner：导航栏下方的广告图片底部有指示器，毫无疑问是 Banner。
- 循环视图 RecyclerView 的网格布局：Banner 下方的两排图标是标准的网格布局，再下面的推荐栏目是合并网格后的网格布局。
- 标签布局 TabLayout：分类页面顶部的“服装”和“电器”标签用到了标签布局。
- 循环视图 RecyclerView 的瀑布流布局：电器商品的交错展示运用了瀑布流网格布局。

另外，这个仿淘宝主页使用了前几章学过的控件，包括翻页视图 ViewPager、碎片 Fragment 等，正好一起复习。同时，购物车页面的具体处理已经体现在第 4 章的实战项目中了，有兴趣的读者可以将其整合进来，形成一个电商 App 的完整 demo。

7.7.2　小知识：下拉刷新布局 SwipeRefreshLayout

电商 App 在商品列表页面往往提供下拉刷新功能，把页面整体下拉即可触发页面刷新操作。Android 提供了下拉刷新控件 SwipeRefreshLayout，可用于简单的下拉刷新。

下面是 SwipeRefreshLayout 的常用方法说明。

- setOnRefreshListener：设置刷新监听器。需要重写监听器 OnRefreshListener 的 onRefresh 方法，该方法在下拉松开时触发。
- setRefreshing：设置刷新的状态。true 表示正在刷新，false 表示结束刷新。

- isRefreshing：判断是否正在刷新。
- setColorSchemeColors：设置进度圆圈的圆环颜色。
- setProgressBackgroundColorSchemeColor：设置进度圆圈的背景颜色。
- setProgressViewOffset：设置进度圆圈的偏移量。第一个参数表示进度圈是否缩放，第二个参数表示进度圈开始出现时距顶端的偏移，第三个参数表示进度圈拉到最大时距顶端的偏移。
- setDistanceToTriggerSync：设置手势向下滑动多少距离才会触发刷新操作。

需要注意的是，SwipeRefreshLayout 节点下面只能有一个直接子视图。如果有多个直接子视图，那么只会展示第一个子视图，后面的子视图将不予展示。这个直接子视图必须允许滚动，比如 ScrollView、ListView、GridView、RecyclerView 等。如果不是这些视图，就不支持滚动，更不支持下拉刷新。下面是加入 SwipeRefreshLayout 的布局文件内容：

```
<LinearLayout xmlns:android="http://schemas.android.com/apk/res/android"
    android:layout_width="match_parent"
    android:layout_height="match_parent"
    android:orientation="vertical"
    android:padding="5dp">

    <!-- 注意 SwipeRefreshLayout 节点必须使用完整路径 -->
    <android.support.v4.widget.SwipeRefreshLayout
        android:id="@+id/srl_simple"
        android:layout_width="match_parent"
        android:layout_height="match_parent">

        <!-- SwipeRefreshLayout 的下级必须是可滚动的视图 -->
        <ScrollView
            android:layout_width="match_parent"
            android:layout_height="wrap_content">

            <TextView
                android:id="@+id/tv_simple"
                android:layout_width="match_parent"
                android:layout_height="wrap_content"
                android:gravity="center"
                android:paddingTop="10dp"
                android:text="这是一个简单视图"
                android:textColor="#000000"
                android:textSize="17sp" />
        </ScrollView>
    </android.support.v4.widget.SwipeRefreshLayout>
</LinearLayout>
```

与上面的布局文件对应的完整页面代码如下：

```
public class SwipeRefreshActivity extends AppCompatActivity implements OnRefreshListener {
    private TextView tv_simple;
    private SwipeRefreshLayout srl_simple;  // 声明一个下拉刷新布局对象

    @Override
    protected void onCreate(Bundle savedInstanceState) {
        super.onCreate(savedInstanceState);
        setContentView(R.layout.activity_swipe_refresh);
        tv_simple = findViewById(R.id.tv_simple);
        // 从布局文件中获取名叫 srl_simple 的下拉刷新布局
        srl_simple = findViewById(R.id.srl_simple);
        // 给 srl_simple 设置下拉刷新监听器
        srl_simple.setOnRefreshListener(this);
        // 设置下拉刷新布局的进度圆圈颜色
        srl_simple.setColorSchemeResources(
                R.color.red, R.color.orange, R.color.green, R.color.blue);
    }

    // 一旦在下拉刷新布局内部往下拉动页面，就触发下拉监听器的 onRefresh 方法
    public void onRefresh() {
        tv_simple.setText("正在刷新");
        // 延迟若干秒后启动刷新任务
        mHandler.postDelayed(mRefresh, 2000);
    }

    private Handler mHandler = new Handler();  // 声明一个处理器对象
    // 定义一个刷新任务
    private Runnable mRefresh = new Runnable() {
        @Override
        public void run() {
            tv_simple.setText("刷新完成");
            // 结束下拉刷新布局的刷新动作
            srl_simple.setRefreshing(false);
        }
    };
}
```

这个简单下拉刷新的效果如图 7-59 和图 7-60 所示。其中，图 7-59 所示为开始刷新时的截图，图 7-60 所示为结束刷新时的截图。

图 7-59　开始刷新时的截图

图 7-60　结束刷新时的截图

SwipeRefreshLayout 更好的用法是与 RecyclerView 相结合，通过下拉刷新操作动态添加循环视图的记录，从而省去一个添加按钮或刷新按钮，就优化用户体验来说，避免按钮太多而显得凌乱。下面是在活动页面中结合 SwipeRefreshLayout 与 RecyclerView 的代码片段：

```
// 一旦在下拉刷新布局内部往下拉动页面，就触发下拉监听器的 onRefresh 方法
public void onRefresh() {
    // 延迟若干秒后启动刷新任务
    mHandler.postDelayed(mRefresh, 2000);
}

private Handler mHandler = new Handler();  // 声明一个处理器对象
// 定义一个刷新任务
private Runnable mRefresh = new Runnable() {
    @Override
    public void run() {
        // 结束下拉刷新布局的刷新动作
        srl_dynamic.setRefreshing(false);
        int position = (int) (Math.random() * 100 % mAllArray.size());
        GoodsInfo old_item = mAllArray.get(position);
        GoodsInfo new_item = new GoodsInfo(old_item.pic_id,
                old_item.title, old_item.desc);
        mPublicArray.add(0, new_item);
        // 通知适配器列表在第一项插入数据
        mAdapter.notifyItemInserted(0);
        // 让循环视图滚动到第一项所在的位置
        rv_dynamic.scrollToPosition(0);
    }
};
```

对循环视图进行下拉刷新的效果如图 7-61 和图 7-62 所示。其中，图 7-61 所示为开始刷新时的列表界面；图 7-62 所示为结束刷新时的列表界面，此时列表顶端增加了一条新记录。

图 7-61 刷新中的消息列表

图 7-62 刷新完成的消息列表

7.7.3 代码示例

本章的实战项目用到了 TabLayout 与 RecyclerView，因为这两个控件都需要导入对应的库，所以编码过程与前两章相比多了一步，共分为 6 步。

步骤 01 设计代码架构，初步拆分后的 package 包，包括以下 6 部分。

- com.example.department.activity：存放 Acitivity 页面的代码。
- com.example.department.adapter：存放适配器的代码。
- com.example.department.bean：存放实体数据结构的代码，如商品信息。
- com.example.department.fragment：存放碎片代码。
- com.example.department.util：存放工具类代码。
- com.example.department.widget：存放自定义控件的代码。

步骤 02 想好代码文件与布局文件的名称，比如 App 主页面的代码文件取名 DepartmentStoreActivity.java，对应的布局文件名是 activity_department_store.xml，其下有 3 个子页面，包括首页页面的代码文件取名 DepartmentHomeActivity.java，对应的布局文件名是 activity_department_home.xml；分类页面的代码文件取名 DepartmentClassActivity.java，对应的布局文件名是 activity_department_class.xml；购物车页面的代码文件取名 DepartmentCartActivity.java，对应的布局文件名是 activity_department_cart.xml。

除此之外，还有搜索页面 SearchViewActivity、搜索结果页面 SearchResultActvity 以及碎片、适配器的代码及其布局文件，读者可自行构思。

步骤 03 打开 build.gradle，在 dependencies 节点中加入下面 3 行代码，表示分别导入 appcompat-v7、design、recyclerview-v7 三个库：

```
implementation 'com.android.support:appcompat-v7:28.0.0'
implementation 'com.android.support:design:28.0.0’
implementation 'com.android.support:recyclerview-v7:28.0.0'
```

步骤 04 在 AndroidManifest.xml 中补充相应配置，主要有以下两点：

（1）注册五个页面的 acitivity 节点，注册代码如下：

```
<activity android:name=".DepartmentStoreActivity" android:theme="@style/AppCompatTheme" />
<activity android:name=".DepartmentHomeActivity" android:theme="@style/AppCompatTheme" />
<activity android:name=".DepartmentClassActivity" android:theme="@style/AppCompatTheme" />
<activity android:name=".DepartmentCartActivity" android:theme="@style/AppCompatTheme" />
<activity android:name=".SearchViewActivity" android:theme="@style/AppCompatTheme" />
```

（2）对 SearchResultActvity 单独配置，注册代码举例如下：

```
<activity android:name=".SearchResultActvity" android:theme="@style/AppCompatTheme" >
    <intent-filter>
        <action android:name="android.intent.action.SEARCH"/>
    </intent-filter>
    <meta-data android:name="android.app.searchable" android:resource="@xml/searchable"/>
</activity>
```

注意这里给 activity 节点补充了 AppCompatTheme 风格，目的是声明不带 ActionBar 的风格，以便 Activity 代码内部使用 Toolbar 替换 ActionBar。

步骤 05 在资源目录下补充相应的 XML 配置，包括以下 5 点：

（1）在 res/drawable 目录下存放相关状态图形的描述文件。

（2）在 res/layout 目录下编写页面、碎片、适配器、标签页等对应的布局文件。

（3）在 res/menu 目录下编写溢出菜单的布局文件。

（4）在 res/values/styles.xml 中补充 AppCompatTheme 与标签按钮的样式定义。

（5）在 res/xml 目录下创建 searchable.xml，编写根节点为 searchable 的搜索框样式定义。

步骤 06 进行 java 代码开发，包括对页面、碎片、适配器等进行编码。

下面简单介绍一下本书附带源码 group 模块中，与仿电商 App 首页有关的主要代码之间的关系。

（1）DepartmentStoreActivity.java：这是仿电商 App 首页的入口代码，采用 ActivityGroup 方式的底部标签栏，挂载了“首页”、“分类”和“购物车”三个标签及其对应的三个活动页面。

（2）DepartmentHomeActivity.java：这是“首页”标签对应的活动页面代码，从上到下依次分布着工具栏、广告轮播条、市场网格列表、猜你喜欢的合并网格列表，主要运用了 Toolbar、BannerPager、RecyclerView 等组合控件。

（3）DepartmentClassActivity.java：这是“分类”标签对应的活动页面代码，该页面顶端的工具栏通过集成标签布局 TabLayout，又加载了服装与电器两个瀑布流列表碎片，从而形成 ActivityGroup→Activity→Fragment 的多重嵌套页面结构。

（4）DepartmentCartActivity.java：这是“购物车”标签对应的活动页面代码，具体实现可参考第 4 章的实战项目“购物车”。

（5）SearchViewActivity.java：点击首页右上角的刷新图标，就跳转到专门的搜索页面 SearchViewActivity，在搜索页面上方的搜索框中，可输入关键词进行搜索操作。

（6）SearchResultActvity.java：点击搜索页面搜索框右边的箭头按钮，立刻携带搜索关键字跳转到搜索结果页面，在此执行具体的搜索逻辑，并展示相应的查询结果。

7.8 小　结

本章主要介绍了 App 开发的组合控件相关知识，包括标签栏的用法（标签按钮、3 种标签栏的实现方式）、导航栏的用法（工具栏、溢出菜单、搜索框、标签布局）、横幅条的用法（自定义指示器、横幅轮播 Banner 的实现）、增强型列表的用法（循环视图、3 种布局管理器、动态变更循环视图）、材质设计库常见的 3 种布局用法（协调布局、应用栏布局、可折叠工具栏布局）。最后设计了两个实战项目，一个是“仿支付宝的头部伸缩特效”，另一个是“仿淘宝主页”。在“仿支付宝的头部伸缩特效”的项目编码中，联合运用了前面介绍的部分组合控件。在“仿淘宝主页”的项目编码中，采用了本章介绍的大部分组合控件知识，并复习了前几章的相关技术。另外，介绍了如何使用下拉刷新控件。

通过本章的学习，读者应该能够掌握以下 5 种开发技能：

（1）学会底部标签栏的实现与用法。

（2）学会顶部导航栏的实现与用法。

（3）学会横幅轮播 Banner 的实现与用法。

（4）学会循环视图及其 3 种布局管理器的用法，以及通过下拉刷新控件动态更新视图记录。

（5）学会材质设计库主要的三种布局用法。

第 8 章

调试与上线

本章介绍 App 从调试到上线的完整过程，主要包括利用模拟器和真机调试 App、App 在上线前的各种准备工作、对 App 安装包进行安全加固、把 App 发布到应用商店的具体步骤等。

8.1 调试工作

本节介绍几种常见的 App 调试方法，包括使用外置模拟器调试，比如几种国产模拟器的用法；电脑连接真机调试，描述真机调试要具备的条件；分发 APK 安装包给他人调试，着重说明签名证书的创建方法，以及如何利用签名证书导出 APK 安装包。

8.1.1 模拟器调试

前面几章的 App 开发学习基本采用了模拟器进行功能测试与效果演示。在模拟器的使用过程中，不知道读者有没有发现 Android Studio 自带的模拟器存在诸多不便，比如：

（1）内置模拟器启动速度慢，资源占用大。

（2）单个模拟器的屏幕分辨率是固定的，若要测试不同分辨率，只能另外创建新模拟器。

（3）内置模拟器默认是竖屏显示，无法测试横屏的显示效果。

（4）内置模拟器不支持设置手机信息，如手机品牌、型号、IMEI 等。

（5）内置模拟器不支持模拟传感器功能，如摇一摇等，也不支持模拟定位。

从上面可以看出，内置模拟器用于简单 App 的测试还凑合，如果用于高级测试场景就无法胜任。为了方便广大 App 开发者，各种外置的安卓模拟器如雨后春笋般涌现出来，比如国外的 Genymotion 模拟器、各种国产模拟器。这里笔者介绍三款用得比较多的国产模拟器——逍遥安卓模拟器、夜神模拟器和雷电模拟器。

1. 逍遥安卓模拟器

逍遥安卓模拟器基于 Android 4.2.2（SDK 版本 19），官方网站地址是 http://www.xyaz.cn/。从官方网站下载安装文件，下载完成后双击即可弹出安装界面，如图 8-1 所示。

图 8-1　逍遥安卓的安装界面

选择模拟器的安装目录路径，然后单击“安装”按钮，等待安装过程。安装结束后，桌面会出现名为“逍遥安卓”的图标，双击该图标打开模拟器，模拟器的启动需要一定时间（可能需几十秒）。耐心等待模拟器启动完毕，界面切换到模拟器的仿手机主页，如图 8-2 所示。

图 8-2　逍遥安卓的横屏桌面

逍遥安卓默认展示横屏，若想切换到竖屏显示，则单击模拟器主界面右侧一列图标的第 5 个或第 6 个“旋转屏幕”图标，即可进行横竖屏切换，切换后的竖屏界面如图 8-3 所示。

右侧图标列除了“旋转屏幕”外，还有截图、摇一摇、屏幕录制、设置（齿轮图标）、音量控制等图标。单击齿轮图标打开设置窗口，在“常用”页面可设置 CPU 个数、内存大小、分辨率等信息，在“高级”页面可设置手机品牌、手机型号、IMEI 串号等信息，如图 8-4 所示。设置修改完毕后，单击窗口下方的“保存”按钮，新设置在下次启动模拟器后生效。

逍遥安卓主界面右下角还有一列（共 4 个图标），从上往下依次表示后退键、桌面键、任务键、菜单键。多数手机的下方只有 3 个按键，从左往右分别是菜单键、桌面键、后退键，长按桌面键会弹出任务列表（近期有运行的 App 列表），有的手机取消菜单键换成任务键，逍遥安卓提供 4 个按钮模拟这 4 种按键操作。

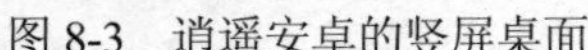
图 8-3 逍遥安卓的竖屏桌面

图 8-4 逍遥安卓的设置界面

利用逍遥安卓调试 App 的过程与内置模拟器类似，开发者先启动 Android Studio，等待启动完成后再双击启动逍遥安卓。等待逍遥安卓启动完成进入桌面后，在 Android Studio 上依次选择菜单 Run→Run '***'，这时弹出设备选择窗口，如图 8-5 所示。

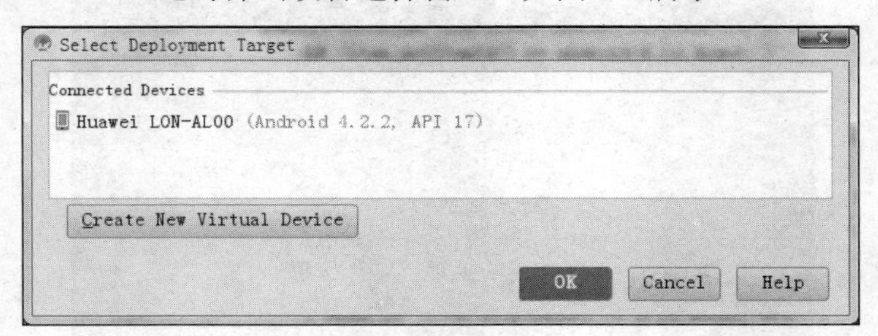

图 8-5 启动 App 时发现逍遥安卓模拟器

该窗口中的 Huawei LON-AL00（Android 4.2.2, API 17）为逍遥安卓模拟器，单击窗口下方的 OK 按钮，等待 Android Studio 编译并将 App 安装到逍遥安卓，后续的 App 调试操作就可以在模拟器上执行了。

2. 夜神模拟器

夜神模拟器基于 Android 4.4.2（SDK 版本 17），官方网站地址是 http://www.yeshen.com/。从官方网站下载安装文件，下载完成后双击打开，弹出安装界面如图 8-6 所示。

单击“快速安装”按钮或右下角的“自定义安装”设置安装路径，然后等待安装过程。安装结束后，桌面会出现名为“夜神模拟器”的图标，双击该图标打开模拟器，模拟器的启动需要一定时间。耐心等待模拟器启动完毕，界面切换到模拟器的仿手机主页，如图 8-7 所示。

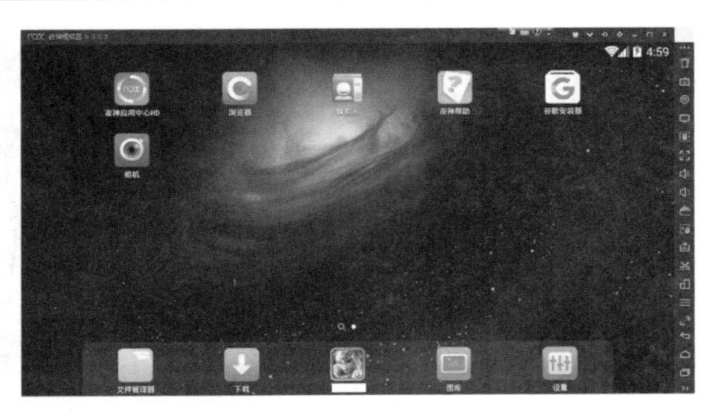

图 8-6　夜神模拟器的安装界面　　　　图 8-7　夜神模拟器的横屏桌面

夜神默认展示竖屏还是横屏与设置有关，在界面右上角的中央找到一个齿轮图标，这是模拟器的设置入口，单击该图标弹出设置窗口，如图 8-8 所示。

图 8-8　夜神模拟器的设置界面

在设置窗口的左边菜单列表中单击“高级菜单”选项，窗口右边就切换到高级设置页面。这里可以设置模拟的 CPU 个数、内存大小，还可设置默认显示横屏（平板版）还是竖屏（手机版），以及模拟界面的屏幕分辨率。设置修改完成后，单击窗口下方的“保存设置”按钮，下次启动模拟器时就会生效最新的设置。

夜神模拟器主界面右边是一列图标按钮，用于一些特殊功能的快捷操作，包括摇一摇、屏幕截图、虚拟定位、音量控制、视频录制等，开发者可在具体的功能测试时加以控制。主界面右下角有 3 个控制图标，从上往下依次表示返回键、主页键、任务键（提示菜单键，其实是任务键）。这里找不到可用的菜单键是不是很奇怪？其实夜神模拟器的菜单键需要电脑键盘输入，电脑键盘右下方的 Alt 键与 Ctrl 键之间有一个“一口三横”键（菜单键），按电脑键盘的菜单键相当于模拟器的菜单键点击操作。

利用夜神模拟器调试 App 的过程与逍遥安卓类似，开发者先启动 Android Studio，再启动夜神模拟器，等待夜神启动完毕进入桌面后，回到 Android Studio 选择菜单 Run→Run '***'。此时弹出的设备选择窗口如图 8-9 所示。

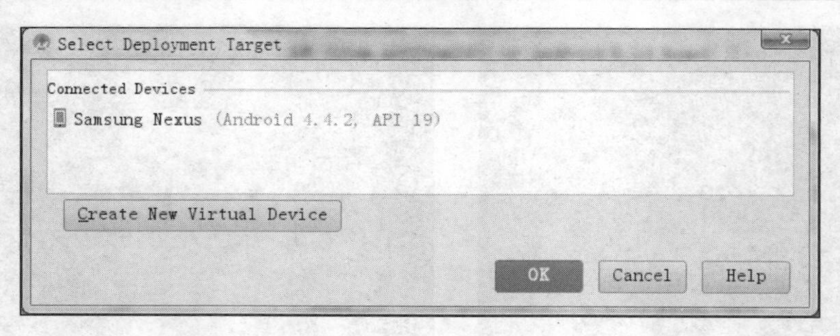

图 8-9　启动 App 时发现夜神模拟器

该窗口中的 Samsung Nexus（Android 4.4.2, API 19）为夜神模拟器，单击窗口下方的 OK 按钮，等待 Android Studio 将 App 安装到夜神，后续即可在模拟器上调试。

3. 雷电模拟器

雷电模拟器基于 Android 5.1.1（SDK 版本 22），它的官网地址是 http://www.ldmnq.com/。从官网上下载安装文件，一路安装完毕然后启动，可见如图 8-10 所示的模拟器仿手机桌面。

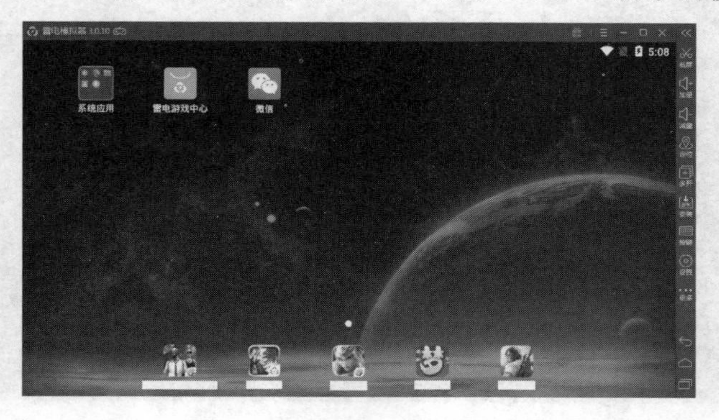

图 8-10　雷电模拟器的横屏桌面

在桌面右侧的列表中找到“设置”按钮，点击它打开模拟器的设置页面，如图 8-11 所示。

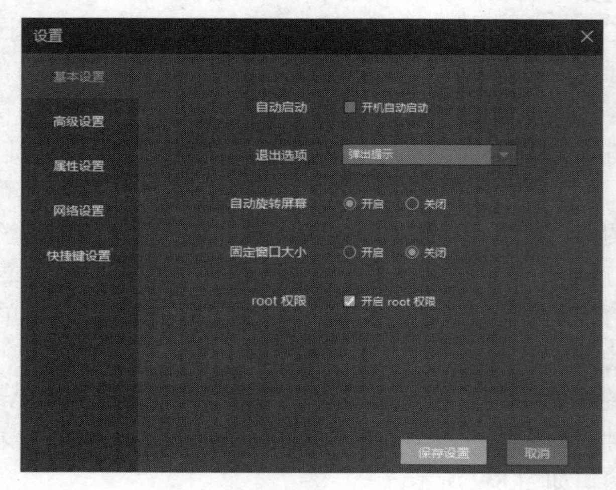

图 8-11　雷电模拟器的设置界面

像手机的横屏/竖屏方式，以及分辨率大小，都能在设置页面的“高级设置”菜单下进行修改。回到模拟器主界面，在右下方找到一排三个按钮，从上到下依次模拟手机的返回键、主页键和任务键。

利用雷电模拟器调试 App 的过程与前面两个模拟器类似，也是先启动 Android Studio，再启动雷电模拟器。等待雷电启动完毕进入桌面后，回到 Android Studio 选择菜单“Run”——“Run '***'”，此时弹出的设备选择窗口如图 8-12 所示。

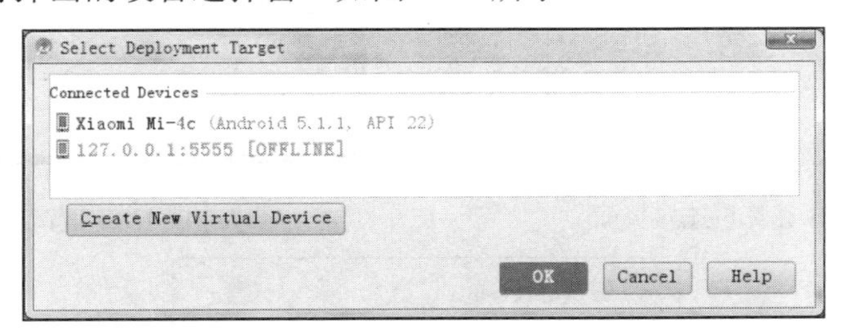

图 8-12 启动 App 时发现雷电模拟器

该窗口中的“Xiaomi Mi-4c（Android 5.1.1, API 22）”即为雷电模拟器，单击窗口下方的“OK”按钮，等待 Android Studio 将 App 安装到雷电，后续即可在模拟器上调试。

8.1.2 真机调试

外置模拟器即使做得再好，对很多功能的调试也力有不逮，毕竟没法完全模拟真实手机，若有可能，还是尽量使用真机进行测试。利用真机调试要具备以下 4 个条件：

1. 需要使用数据线把手机连到电脑上。

手机的电源线拔掉插头就是数据线。数据线长方形的一端接到电脑的 USB 口上，即可完成手机与电脑的连接。

2. 要在电脑上安装手机的驱动程序。

一般电脑会把手机当作 USB 存储设备一样安装驱动，大多数情况会自动安装成功。如果遇到少数情况安装失败，就可以先安装 91 手机助手，自动下载并安装对应的手机驱动。

3. 要在手机上启用 USB 调试功能。

手机连接电脑后，下拉通知栏会有“USB 计算机连接”选项，点击该选项跳到 USB 连接页面。勾选页面上的“USB 调试”选项开启 USB 调试功能，如图 8-13 所示。调试功能开启后，首次拿手机连接电脑，屏幕上都会弹窗“允许 USB 调试吗？”，如图 8-14 所示。勾选弹窗的“一律允许这台计算机进行调试”，然后点击“确定”按钮，该手机就可以调试 App 了。

USB 调试功能可在设置中通过“系统”→“开发者选项”（有的手机在“系统”→“更多设置”→“开发者选项”）找到，勾选该功能开启 USB 调试，如图 8-15 所示。

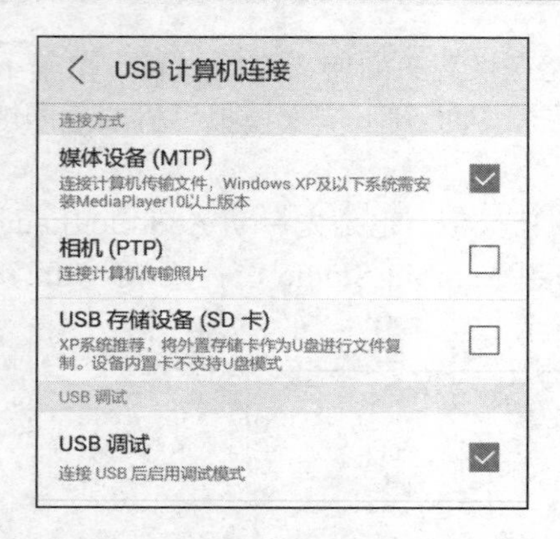

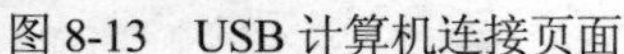
图 8-13　USB 计算机连接页面

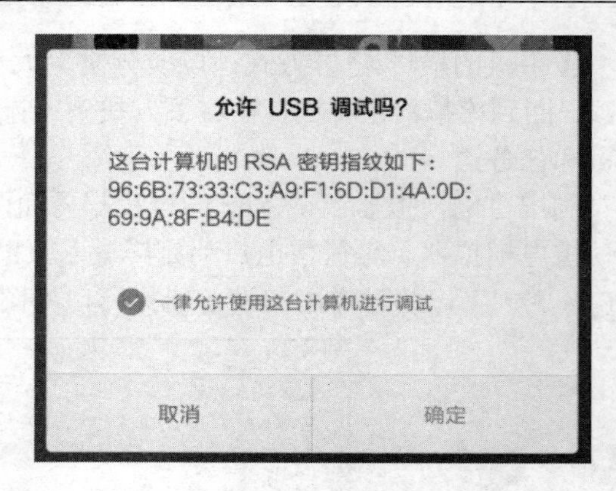

图 8-14　USB 调试的提示对话框

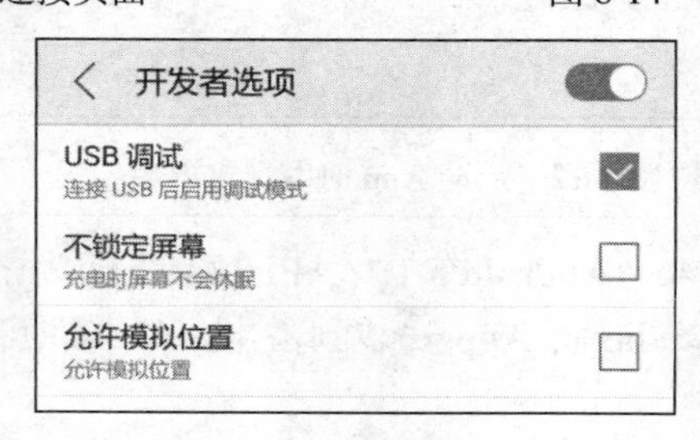

图 8-15　开发者选项页面

现在很多手机默认没有“开发者选项”这个菜单，即使把手机连接到电脑，仍然无法找到“开发者选项”，更别提 USB 调试了。此时要进入“系统”→“关于手机”→“版本信息”页面，这里有好几个版本项，每个版本项都使劲点击七、八下，总会有某个版本点击后出现“你将开启开发者模式”的提示。继续点击该版本项开启开发者模式，然后退出并重新进入设置页面，此时就能在“系统”菜单下找到“开发者选项”了。

4．手机要处于使用状态，即不能锁屏。

锁屏状态下，Android Studio 向手机安装 App 的行为会被拦截，所以要保证手机处于解锁状态，才能顺利通过开发电脑安装 App 到手机上。

经过以上步骤，总算具备通过电脑在手机上安装 App 的条件了。马上启动 Android Studio，依次选择菜单 Run→Run '***'，在弹出的设备选择窗口可以看到已连接的手机信息，如图 8-16 所示。此时的设备信息提示这是一台小米手机，单击窗口下方的 OK 按钮，接下来的事情就是等待 Android Studio 往手机上安装 App 了。

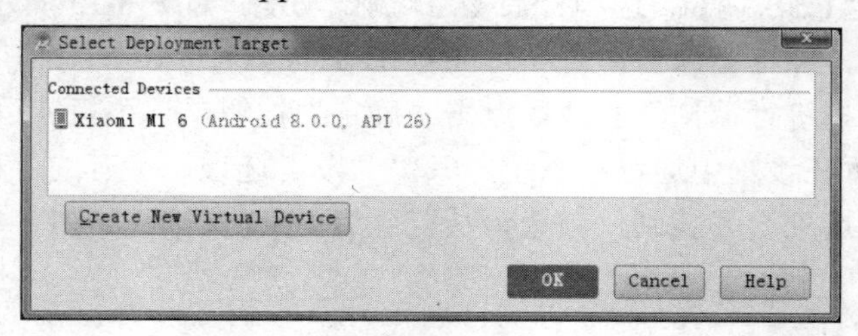

图 8-16　启动 App 时发现真实的手机

8.1.3　导出 APK 安装包

前面讲的真机调试是通过数据线把手机连到电脑上，不过在公司的 App 开发工作中，一个 App 要在多部测试手机上安装，难道每次都得把手机拿到手才能安装 App 吗？这么做显然很不方便，此时可以把 App 打包成一个 APK 文件（该文件就是 App 的安装包），然后把 APK 传给测试人员进行后续调试工作。在 Android Studio 中打包 APK，具体步骤如下：

步骤 01 依次选择菜单 Build→Generate Signed Bundle / APK...，弹出窗口如图 8-17 所示。

步骤 02 在该窗口中选择左下方的 APK 选项，单击 Next 按钮，进入 APK 签名窗口页面，如图 8-18 所示。

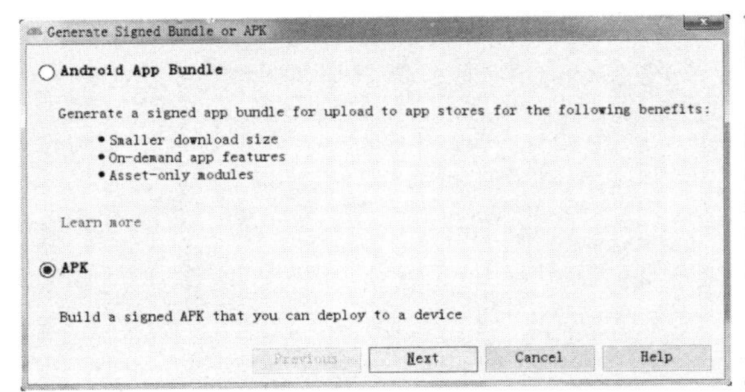

图 8-17　生成安装包的窗口页面

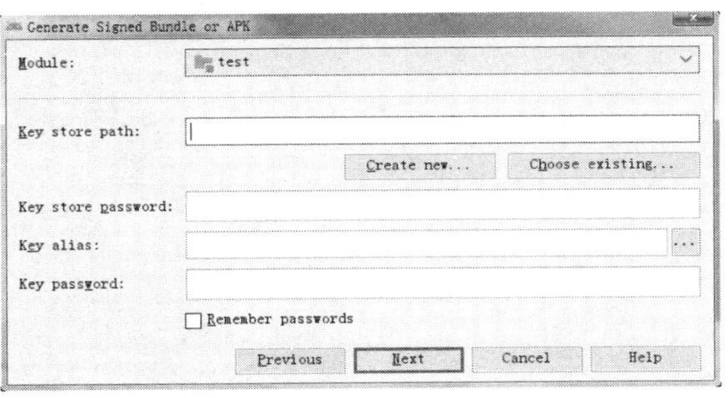

图 8-18　APK 签名的窗口页面

步骤 03 在该窗口选择待打包的模块名（如 test），以及密钥文件的路径，如果原来有密钥文件，就单击 Choose existing...按钮，在弹出的文件对话框中选择密钥文件。如果第一次打包没有密钥文件，就单击 Create new...按钮，然后弹出一个密钥创建窗口，如图 8-19 所示。

步骤 04 单击该窗口右上角的...按钮，选择密钥文件的保存路径，单击按钮后弹出文件对话框，如图 8-20 所示。

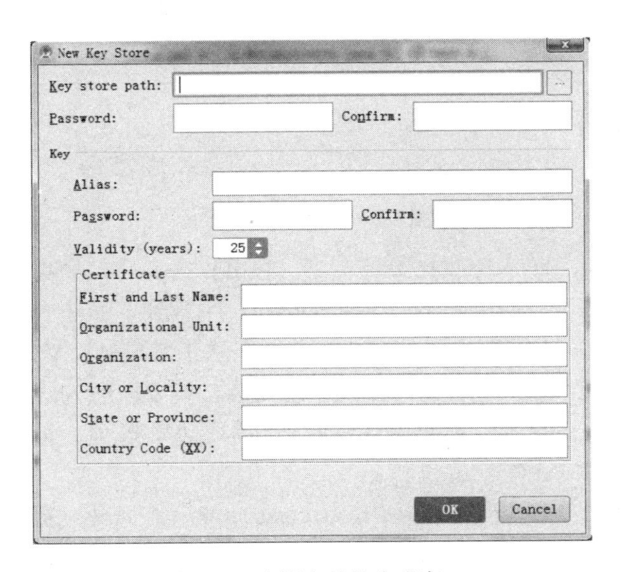

图 8-19　密钥文件的生成窗口

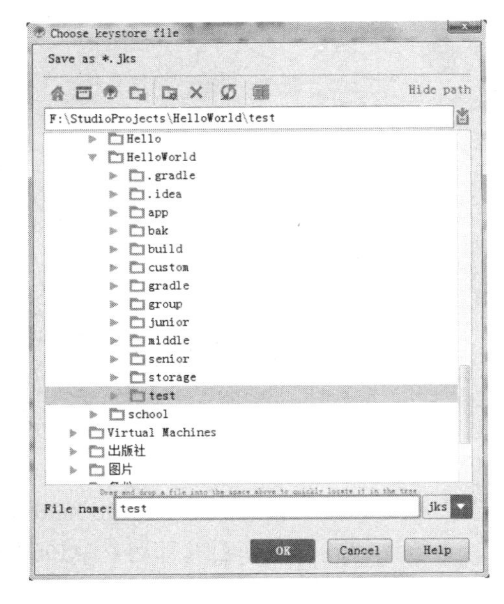

图 8-20　密钥文件的文件对话框

步骤 05 在文件对话框中选择文件保存路径，并在下方 File name 右边输入密钥文件的名称，然后单击 OK 按钮回到密钥创建窗口。在该窗口依次填写密码 Password、确认密码 Confirm、别名 Alias、别名密码 Password、别名的确认密码 Confirm，修改密钥文件的有效期限 Validity。下面的输入框只有姓名（First and Last Name）是必填的，填完后的窗口如图 8-21 所示。

步骤 06 单击 OK 按钮回到 APK 签名窗口，此时 Android Studio 自动把密码和别名都填上了，如图 8-22 所示。如果一开始选择已存在的密钥文件，这里就要手工输入密码和别名。

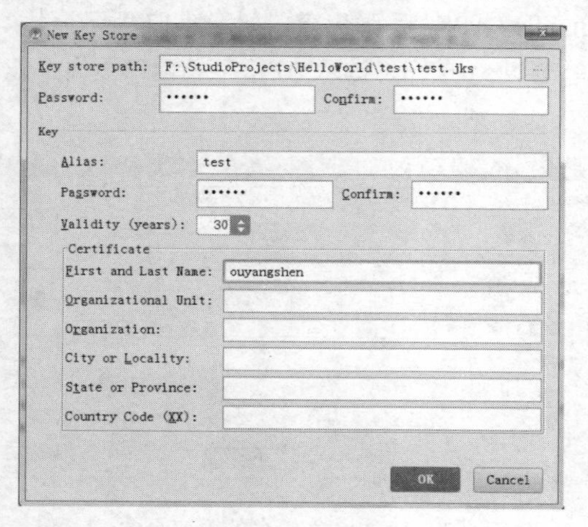

图 8-21 填写完成的密钥创建窗口

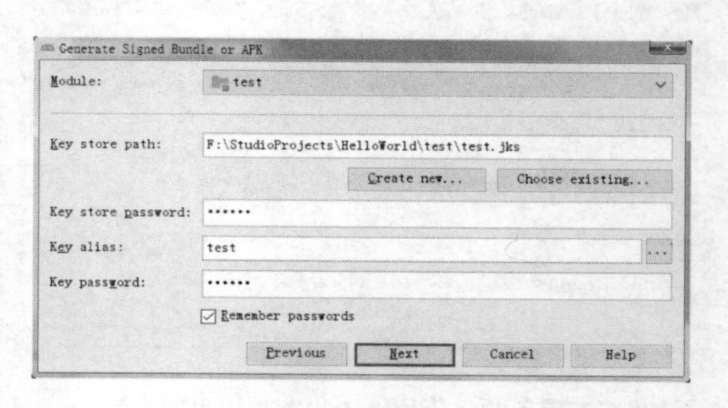

图 8-22 填上签名信息的签名窗口

步骤 07 单击 Next 按钮进入下一个页面，如果是启动后第一次打包，就会弹出管理员密码确认窗口，如图 8-23 所示。输入密码再单击 OK 按钮进入 APK 保存页面，如图 8-24 所示。如果不是第一次打包，就直接进入 APK 保存页面。

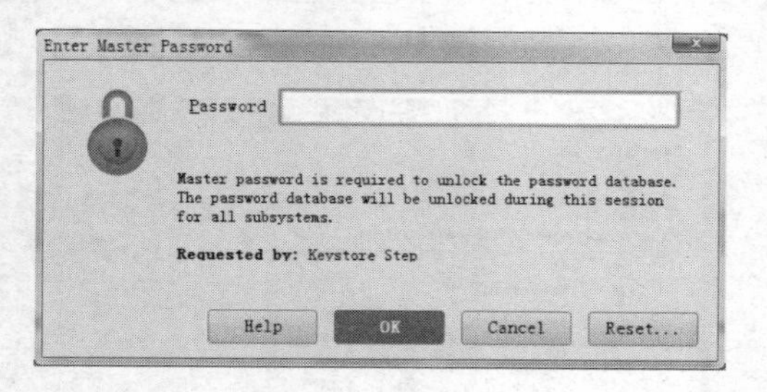

图 8-23 管理员密码确认窗口

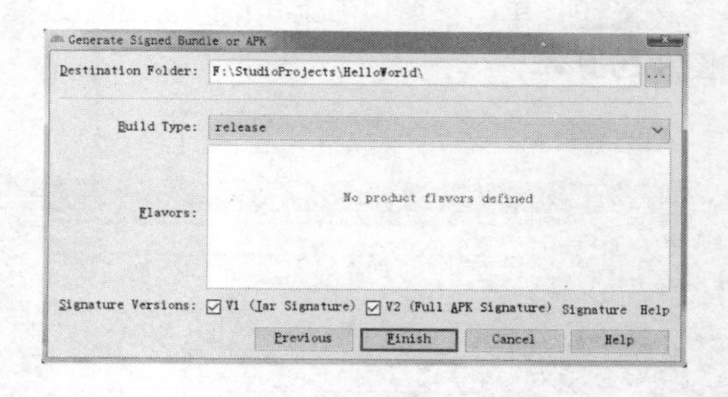

图 8-24 APK 保存页面

APK 保存页面可选择 APK 文件的保存路径，并下拉选择编译类型（Build Type），如果是调试用，则编译类型选择 debug；如果是发布用，则编译类型选择 release。注意到下面还有 V1 和 V2 两个复选框，其中 V1 是必须勾选的，否则打出来的 APK 文件无法正常安装；V2 建议也勾选，该选项可避免 Janus 漏洞。如果后续想成功上架到各大应用商店，就要同时勾选 V1 和 V2，因为现在很多应用商店为了规避 Janus 漏洞，都要求开发者必须勾选 V2 选项。最后单击“Finish”按钮，等待 Android Studio 生成 APK 安装包。

若无编译问题，过一会儿即可在 APK 保存路径下看到名为“test-release.apk”的文件。把该安装包传给其他人，对方用数据线把 APK 文件复制到自己手机的 SD 卡上，然后打开手机上的文件管理器，找到这个安装包即可点击进行安装。

如果 APK 文件安装失败，则可能是以下原因导致的：

（1）在导出 APK 安装包时，未勾选 V1 选项，会导致安装时提示解析失败。

（2）App 只能升级不能降级，假如安装包的版本号小于已安装 App 的版本号，也无法正常安装。版本号在模块编译文件 build.gradle 中的 versionCode 节点配置。

（3）倘若新旧 App 的签名不一致，也会安装失败。比如该手机之前安装了 debug 类型的 App，现在又要安装 release 类型的版本，就会出现签名冲突。有时候开发者觉得明明已经卸载干净了，为啥还是报签名冲突？此时还要检查一下手机是否提供分身功能，像小米手机自带分身功能，造成另一个分身还存在该 App。

8.2　准备上线

本节介绍 App 上线前必须做的准备工作，包括正确设置版本信息，例如设置 App 图标、App 名称、App 版本号；把开发模式切换到上线模式，除了代码的切换外，还需修改 AndroidManifest.xml；对关键业务数据进行加密处理，加密算法主要有 MD5、RSA、AES、3DES、SM3 等。

8.2.1　版本设置

迄今为止，本书所有演示 App 在屏幕上都显示默认的机器人图标，不过推出一个正式 App 需要用自己设计的图标，而且 App 名称要把英文名换成中文名。App 安装后需要经常升级，所以少不了版本号的管理。开发一个正式 App 需要定制 3 类版本信息，分别是 App 图标、App 名称和 App 版本号。

1. App 图标

App 图标文件是 res/mipmap-***目录下的 ic_launcher.png。若要更改手机桌面上的应用图标，则要把 mipmap-***目录下的 ic_launcher.png 换成新图标。

2. App 名称

App 名称保存在 res/values/strings.xml 的 app_name 中。若要更改手机桌面上的应用名称，则要把 strings.xml 的 app_name 改成新名称。

3. App 版本号

App 版本号放在 build.gradle 的 versionCode 与 versionName 两个参数中。versionCode 必须为整型值，每次升级版本时值都要加 1。versionName 形如“数字.数字.数字”，第一个数字为大版本号，有重要功能升级时，大版本号要加 1，后面两个数字清零；第二个数字为中版本号，每次要进行功能更新时，中版本号加 1，第三个数字清零；第三个数字为小版本号，在有问题修复与界面微调时，小版本号加 1。

注意每次 App 升级，versionCode 与 versionName 都要一起更改，不能只改其中一个。升级后的 versionCode 与 versionName 只能比原来大，不能比原来小。如果没有按照规范修改版本号，就会产生以下问题：

（1）版本号比已安装的版本号小，在安装时直接提示失败，因为 App 只能做升级操作，不能做降级操作。

（2）更新系统内置应用时，如果只修改 versionName，没修改 versionCode，重启手机后就会发现更新丢失，该应用已被还原到更新前的版本。这是因为 Android 在判断系统应用时会检查 versionCode 的数值，如果 versionCode 不大于当前已安装的版本号，本次更新就被忽略。

下面是获取 App 版本信息的代码片段：

```
protected void onCreate(Bundle savedInstanceState) {
    super.onCreate(savedInstanceState);
    setContentView(R.layout.activity_version);
    ImageView iv_icon = findViewById(R.id.iv_icon);
    TextView tv_desc = findViewById(R.id.tv_desc);
    iv_icon.setImageResource(R.mipmap.ic_launcher);
    try {
        // 先获取当前应用的包名，再根据包名获取详细的应用信息
        PackageInfo pi = getPackageManager().getPackageInfo(getPackageName(), 0);
        String desc = String.format("App 名称为：%s\nApp 版本号为：%d\nApp 版本名称为：%s",
                getResources().getString(R.string.app_name), pi.versionCode, pi.versionName);
        tv_desc.setText(desc);
    } catch (NameNotFoundException e) {
        e.printStackTrace();
    }
}
```

App 版本信息的获取页面如图 8-25 所示，分别展示了测试 App 的应用图标、应用名称、应用的版本号以及版本名称。

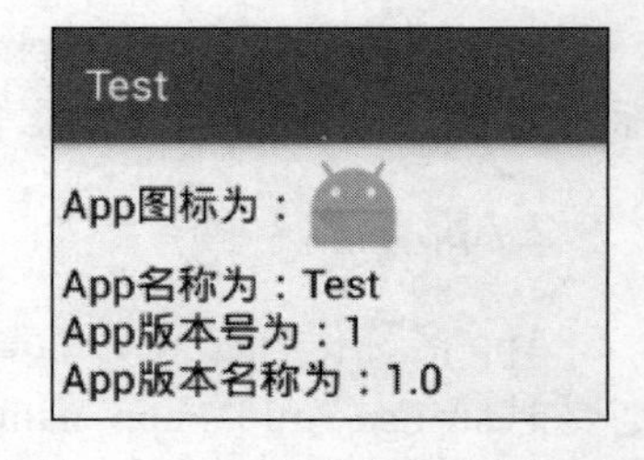

图 8-25　App 版本信息的获取页面

8.2.2　上线模式

为了开发调试方便，程序员常常在代码里添加日志，还在页面上提示各种弹窗。这样固然有利于发现 bug、提高软件质量，不过调试信息过多往往容易泄露敏感信息，例如用户的账号密码、业务流程的逻辑等。从保密需要考虑，App 在上线前需要去掉多余的调试信息，形成上线模式。与之相对的是开发阶段的开发模式。

建立上线模式的好处有以下 3 点：

（1）保护用户的敏感账户信息不被泄露。

（2）保护业务逻辑与流程处理信息不被泄露。

（3）把异常信息转换为更友好的提示信息，改善用户体验。

上线模式不是简单的把调试代码删掉，而是通过某个开关控制是否显示调试信息，因为

App 后续还得修改、更新、重新发布，这个迭代过程要不断调试，从而实现并验证新功能。具体地说，就是建立几个公共类，代码中涉及输入调试信息的地方都改为调用公共类的方法；然后在公共类中定义几个布尔变量作为开关，在开发时打开调试，在上线时关闭调试，从而实现开发模式和上线模式的切换。

控制调试信息的公共类主要有 3 种，分别对 Log 类、Toast 类和 AlertDialog 类进行封装，详细说明如下：

1. 日志 Log

Log 类用于打印调试日志。调试 App 时，日志信息会输出到控制台 console 窗口。因为最终用户看不到 App 日志，所以除非特殊情况，发布上线的 App 应屏蔽所有日志信息。

下面是日志工具类的代码：

```
public class LogTool {
    public static boolean isShown = false;   // false 表示上线模式，true 表示开发模式

    public static void v(String tag, String msg) {
        if (isShown) {
            Log.v(tag, msg);   // 打印冗余日志
        }
    }

    public static void d(String tag, String msg) {
        if (isShown) {
            Log.d(tag, msg);   // 打印调试日志
        }
    }

    public static void i(String tag, String msg) {
        if (isShown) {
            Log.i(tag, msg);   // 打印一般日志
        }
    }

    public static void w(String tag, String msg) {
        if (isShown) {
            Log.w(tag, msg);   // 打印警告日志
        }
    }

    public static void e(String tag, String msg) {
        if (isShown) {
            Log.e(tag, msg);   // 打印错误日志
```

```
        }
    }
}
```

2. 提示 Toast

Toast 类用于在界面下方弹出小窗，给用户一两句话的提示，小窗短暂停留一会儿后消失。Toast 窗口无交互动作，样式也基本固定，因此除了少数弹窗可予以保留（如“再按一次返回键退出”），其他弹窗都应在发布时屏蔽。

下面是提示工具类的代码：

```
public class ToastTool {
    public static boolean isShown = false;   // false 表示上线模式，true 表示开发模式

    public static void showShort(Context ctx, String msg) {   // 显示短提示
        if (isShown) {
            Toast.makeText(ctx, msg, Toast.LENGTH_SHORT).show();
        }
    }

    public static void showLong(Context ctx, String msg) {   // 显示长提示
        if (isShown) {
            Toast.makeText(ctx, msg, Toast.LENGTH_LONG).show();
        }
    }

    public static void showQuit(Context ctx) {
        Toast.makeText(ctx, "再按一次返回键退出！", Toast.LENGTH_SHORT).show();
    }
}
```

3. 提醒对话框 AlertDialog

提醒对话框常用于各种与用户交互的操作，如果是业务逻辑需要，该对话框就无须区分不同模式；如果是提示错误信息，对话框就应该针对两种模式做不同处理。若是开发模式，则对话框展示完整的异常信息，包括输入参数、异常代码、异常描述等；若是上线模式，则对话框展示相对友好的提示文字，如“当前网络连接失败，请检查网络设置是否开启”等。

下面是对话框工具类的代码：

```
public class DialogTool {
    public static boolean isShown = false;   // false 表示上线模式，true 表示开发模式
    public static int SYSTEM = 0;   // 系统异常
    public static int IO = 1;   // 输入输出异常
    public static int NETWORK = 2;   // 网络异常
    private static String[] mError = {"系统异常，请稍候再试", "读写失败，请清理内存空间后再试",
```

```
            "网络连接失败，请检查网络设置是否开启"};

    // 根据错误的类型、名称。代码、描述，弹出相应的提醒对话框
    public static void showError(Context ctx, int type, String title, int code, String msg) {
        AlertDialog.Builder builder = new AlertDialog.Builder(ctx);
        if (isShown) {
            String desc = String.format("%s\n 异常代码：%d\n 异常描述：%s", mError[type], code, msg);
            builder.setMessage(desc);
        } else {
            builder.setMessage(mError[type]);
        }
        builder.setTitle(title).setPositiveButton("确定", null);
        builder.create().show();
    }

    // 处理异常信息
    public static void showError(Context ctx, int type, String title, Exception e) {
        if (isShown) {
            e.printStackTrace();  // 把异常的栈信息打印到日志中
        }
        showError(ctx, type, title, -1, e.getMessage());
    }
}
```

除了代码外，AndroidManifest.xml 还要区分开发模式与上线模式，有以下 3 点修改说明。

（1）application 标签中加上属性 android:debuggable="true"表示调试模式，默认 false 表示上线模式。若在模拟器上调试或通过 Android Studio 直接把 App 安装到手机上，则无论 debuggable 的值是多少都直接切换到调试模式。在上线发布时要把该属性设置为 false。

（2）App 发布后，没有特殊情况，开发者都不希望 activity 和 service 对外开放。但其默认是对外部开放的，所以要在 activity 和 service 标签下分别添加属性 android:exported= "false"，表示该组件不对外开放。

（3）App 默认安装到内部存储，因为手机与平板的存储空间有限，所以应该尽量让 App 选择安装到 SD 卡，避免占用宝贵的内部存储空间。这时要在 manifest 标签下加上属性 android:installLocation，该属性的取值说明见表 8-1。

表 8-1　安装位置的取值说明

安装位置的类型	说明
internalOnly	默认值，只能安装在内部存储。无法通过安全软件的应用搬家功能将其挪到 SD 卡
auto	优先装在内部存储，但若内部存储空间不足，则会安装在 SD 卡。安装之后，用户可通过安全软件选择是否将其挪到 SD 卡。推荐设为该值
preferExternal	安装在 SD 卡上。但若 SD 卡不存在或 SD 卡空间不足，则安装在内部存储

8.2.3 数据加密

大家都知道，数据安全很重要，现在无论干什么都要密码，各种账号和密码一旦泄露必将造成财产损失。但是 Android 对数据安全的支持很弱，并没有很好的数据保密措施。

例如，共享参数 SharedPreferences 本质上是操作一个 XML 配置文件，文件具体路径为/data/data/应用包名/shared_prefs/***.xml；打开 shared.xml 共享参数文件后里面全部都是明文：

```
<?xml version='1.0' encoding='utf-8' standalone='yes' ?>
<map>
    <string name="name">Mr Lee</string>
    <int name="age" value="30" />
    <boolean name="married" value="true" />
    <float name="weight" value="100.0" />
</map>
```

如果里面存放用户的银行账号与密码，不要说是黑客，就是一个 App 初学者拿到别人手机后也一样容易获得其中的用户账号信息。

SQLite 数据库也不安全，数据库文件具体路径为/data/data/应用包名/databases/***.db。这个 db 文件未经加密处理，只要弄来 sqlitemanager、SQLiteStudio 等 SQLite 的管理工具，就能查看数据库中存储的各种信息。图 8-26 所示为使用 sqlitemanager 查看某 App 数据库的表记录。

Table: NavItem

id	value	label	logo	updateTime	parentId
1	2	教育阅读	app/appLogo/2.png	2016-07-06 16:56:35	-1
2	3	生活助手	app/appLogo/3.png	2016-07-06 16:57:07	-1
3	4	亲子乐园	app/appLogo/4.png	2016-07-06 16:57:24	-1
4	1	游戏	app/appLogo/1.png	2016-07-06 16:57:54	-1
5	201	认知教学	app/appLogo/201.png	2016-08-02 17:03:13	2
6	202	英语学习	app/appLogo/202.png	2016-08-02 17:03:29	2
7	203	课堂辅导	app/appLogo/203.png	2016-08-02 17:03:45	2
8	204	儿童绘本	app/appLogo/204.png	2016-08-02 17:03:55	2

图 8-26 SQLite 保存的数据记录信息

又如图 8-27 所示，这是功能更为强大的 SQLiteStudio 偷窥到的 App 数据库信息，SQLiteStudio 不但能够浏览各表的数据，还能进行增删改等管理操作。

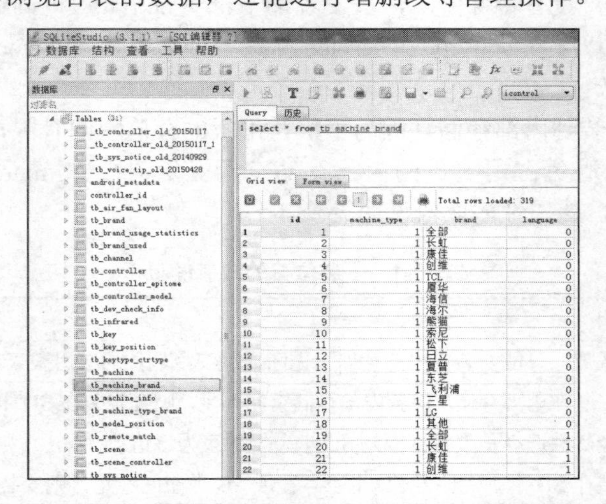

图 8-27 利用 SQLiteStudio 查看 SQLite 数据库

所以说，用户数据不管是保存在 SharedPreferences，还是保存在 SQLite 数据库，都很有必要对关键数据进行加密。加密算法多种多样，常见的有 MD5、RSA、AES、3DES、SM3 这 5 种，分别介绍如下。

1. MD5 加密

MD5 是不可逆的加密算法，也就是无法解密，主要用于客户端的用户密码加密。MD5 算法的加密代码如下：

```
public class MD5Util {
    public static String encrypt(String raw) {
        String md5Str = raw;
        try {
                MessageDigest md = MessageDigest.getInstance("MD5");  // 创建一个 MD5 算法对象
            md.update(raw.getBytes());  // 给算法对象加载待加密的原始数据
            byte[] encryContext = md.digest();  // 调用 digest 方法完成哈希计算
            int i;
            StringBuffer buf = new StringBuffer("");
            for (int offset = 0; offset < encryContext.length; offset++) {
                i = encryContext[offset];
                if (i < 0) {
                    i += 256;
                }
                if (i < 16) {
                    buf.append("0");
                }
                buf.append(Integer.toHexString(i));  // 把字节数组逐位转换为十六进制数
            }
            md5Str = buf.toString();  // 拼装加密字符串
        } catch (NoSuchAlgorithmException e) {
            e.printStackTrace();
        }
        return md5Str.toUpperCase();  // 输出大写的加密串
    }
}
```

MD5 算法的加密效果如图 8-28 所示，无论原始字符串是什么，MD5 加密串都是 32 位的十六进制字符串。

图 8-28 MD5 算法的加密结果

2. RSA 加密

RSA 算法在客户端使用公钥加密，在服务端使用私钥解密。这样一来，即使加密的公钥被泄露，没有私钥仍然无法解密。

下面是 RSA 加密的 3 个注意事项。

（1）需要导入加密算法的依赖包 bcprov-jdk16-1.46.jar，该 jar 包要放在当前模块的 libs 目录下。

（2）RSA 加密的结果是字节数组，经过 BASE64 编码才能形成最终的加密字符串。

（3）依据需求要对加密前的字符串做 reverse 倒序处理。

RSA 加密的代码量较大，篇幅所限就不贴了，读者可参考本书附带源码 test 模块的 RSAUtil.java。RSA 算法的加密效果如图 8-29 所示，加密结果是经过 URL 编码的字符串。

图 8-29　RSA 算法的加密结果

3. AES 加密

AES 是设计用来替换 DES 的高级加密算法，因为它采取对称密钥加密，所以允许逆向解密。Android 开发运用 AES 加解密时，需注意不同系统版本的适配问题，以 Android 4.2 和 Android 7.0 两个版本为分水岭，共有三种情景要区别对待。另外，注意 Android 9.0 彻底去除了名叫 Crypto 的密钥提供者，原因是它仅有的 SHA1PRNG 算法属于弱加密，导致密码容易遭到破解，故而 Android 9.0 之后不能再使用 Crypto 和 SHA1PRNG 相关算法。下面是 AES 算法获取随机种子时的不同系统适配代码片段，完整代码见本书附带源码 test 模块的 AesUtil.java。

```
private static byte[] getRawKey(byte[] seed) throws Exception {
    KeyGenerator kgen = KeyGenerator.getInstance(Algorithm);
    // SHA1PRNG 强随机种子算法, 要区别 Android 7.0 以上及 Android 4.2 以上版本的调用方法
    SecureRandom sr;
    if (Build.VERSION.SDK_INT >= Build.VERSION_CODES.N) {
        // Android 7.0 及以上版本的随机种子生成写法
        sr = SecureRandom.getInstance("SHA1PRNG", new CryptoProvider());
    } else if (Build.VERSION.SDK_INT >= Build.VERSION_CODES.JELLY_BEAN_MR1) {
        // Android 4.2 及以上版本的随机种子生成写法
        sr = SecureRandom.getInstance("SHA1PRNG", "Crypto");
    } else {
```

```
            //Android 4.1 及以下版本的随机种子生成写法
            sr = SecureRandom.getInstance("SHA1PRNG");
        }
        sr.setSeed(seed);
        kgen.init(256, sr);   //256 位或 128 位或 192 位
        SecretKey skey = kgen.generateKey();
        return skey.getEncoded();
    }

    //Android 7.0 放弃了 SHA1PRNG 算法的默认提供者 Crypto，开发者需要改为自定义的密钥提供者
    public static final class CryptoProvider extends Provider {
        public CryptoProvider() {
            super("Crypto", 1.0, "HARMONY (SHA1 digest; SecureRandom; SHA1withDSA signature)");
            put("SecureRandom.SHA1PRNG",
                    "org.apache.harmony.security.provider.crypto.SHA1PRNG_SecureRandomImpl");
            put("SecureRandom.SHA1PRNG ImplementedIn", "Software");
        }
    }
```

AES 算法的加密效果如图 8-30 所示。该算法是可逆算法，支持对加密字符串进行解密，前提是解密时密钥必须与加密时一致。

4. 3DES 加密

3DES（Triple DES）是三重数据加密算法，相当于对每个数据块应用 3 次 DES 加密算法。因为原先 DES 算法的密钥长度过短，容易遭到暴力破解，所以 3DES 算法通过增加密钥的长度防范加密数据被破解。在实际开发中，3DES 的密钥必须是 24 位的字节数组，过短或过长在运行时都会报错 java.security.InvalidKeyException。另外，3DES 加密生成的是字节数组，也得通过 BASE64 编码为文本形式的加密字符串。

3DES 的加解密代码参见本书附带源码 test 模块的 Des3Util.java，它的加密效果如图 8-31 所示。该算法与 AES 一样是可逆算法，支持对加密字符串进行解密，前提是解密时密钥必须与加密时一致。

图 8-30　AES 算法的加密结果

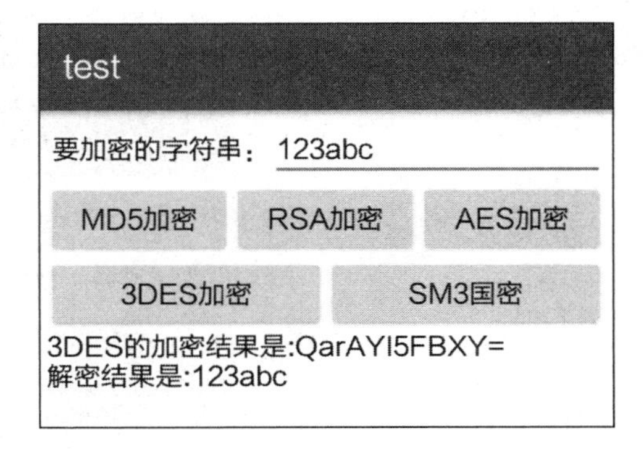

图 8-31　3DES 算法的加密结果

5. SM3 加密

前面四种加密算法按理够用了，谁料 2005 年中国的王小云一举攻破 MD5 和 SHA1 两大算法，通过“王氏攻击”的碰撞信息对，即使是个人电脑也仅需几分钟就能找到破解方法。此事可让美国政府吓坏了，从来只有他们耍流氓的份，没想到自家后院起火了。于是乎，美国国家标准技术研究院一边宣布美国政府五年内不再使用 SHA1，一边于 2007 年面向全球征集新的国际标准密码算法。之前介绍 AES 算法时提到，Android 从 7.0 开始不再支持原来的密钥提供者，这便是“王氏攻击”造成的连锁效应之一。连谷歌公司都如此仓皇失措，密码学基础动摇产生的业界巨大地震，可见一斑。

中国学者不但完成了基于哈希函数的加密算法破解，而且对更先进密码算法的制定也走在了世界前列。早在 2010 年，中国国家密码管理局就向全社会公布了“SM3 密码杂凑算法”的技术标准，即《国密局公告第 22 号》，详情可在国家密码管理局官网查阅（http://www.sca.gov.cn/）。2017 年 4 月，国家密码管理局又发布了公告《关于使用 SHA-1 密码算法的风险提示》，要求相关单位及时采用 SM3 等国产密码算法，公告内容如图 8-32 所示。

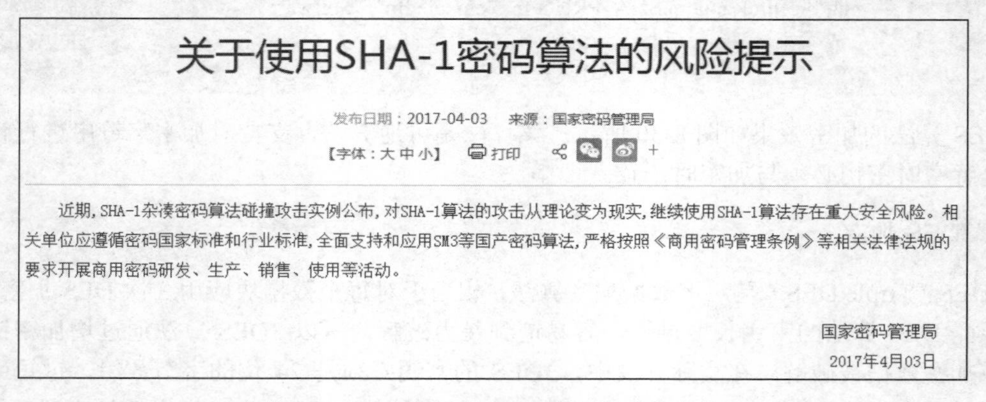

关于使用SHA-1密码算法的风险提示

发布日期：2017-04-03　来源：国家密码管理局

【字体：大 中 小】　打印

近期，SHA-1杂凑密码算法碰撞攻击实例公布，对SHA-1算法的攻击从理论变为现实，继续使用SHA-1算法存在重大安全风险。相关单位应遵循密码国家标准和行业标准，全面支持和应用SM3等国产密码算法，严格按照《商用密码管理条例》等相关法律法规的要求开展商用密码研发、生产、销售、使用等活动。

国家密码管理局

2017年4月03日

图 8-32　国密局提示 SHA-1 算法风险的公告

MD5 的加密结果是 32 位的字符串，SM3 的加密结果则是 64 位的字符串，周密的安全防护使之坚不可摧。据统计，SM3 已为中国多个行业保驾护航，多款产品在国内大范围使用，受 SM3 保护的智能电网用户高达 6 亿多，含 SM3 的 USBKey 出货量过 10 亿张，银行卡过亿。心动不如行动，赶快瞧瞧 SM3 有何过人之处，它的数据加密范例如图 8-33 所示，更多实现代码参考本书附带源码 test 模块的 SM3Digest.java。

test

要加密的字符串：123abc

MD5加密　RSA加密　AES加密

3DES加密　SM3国密

SM3的加密结果是:8E4AF598200DD9164F344CAEBAAE4F7B1C825FC09BD9A483C5ACAE81D3448BB2

图 8-33　SM3 算法的加密结果

8.3 安全加固

本节介绍对 APK 安装包进行安全加固的过程。首先通过反编译工具成功破解 App 源码，从而表明对 APK 实施安全防护的必要性和紧迫性；接着详细说明代码混淆的原理与规则，演示代码混淆如何加大源码破译的难度；然后描述怎样利用第三方加固网站对 APK 做加固处理；最后演示对加固包进行重签名的方法。

8.3.1 反编译

编译是把代码编译为程序，反编译是把程序破解为代码。

谁都不想自己的劳动成果被别人窃取，何况是辛辛苦苦敲出来的 App 代码，然而由于 Java 语言的特性，Java 写的程序往往容易被反编译破解，只要获得 App 的安装包，就能通过反编译工具破解出该 App 的完整源码。开发者绞尽脑汁上架一个 App，结果这个 App 却被他人从界面到代码都“山寨”了，那可真是欲哭无泪了。为了说明代码安全的重要性，下面对反编译的完整过程进行介绍，警醒开发者防火、防盗、防破解。

首先准备反编译的 3 个工具，分别是 apktool、dex2jar、jd-gui，注意下载最新版本。

- apktool：对 APK 文件进行解包，主要用来解析 res 资源和 AndroidManifest.xml。
- dex2jar：将 APK 包中的 classes.dex 转为 JAR 包，该 JAR 包就是 App 代码的编译文件。
- jd-gui：将 dex2jar 解析出来的 jar 包反编译为 Java 源码。

下面是反编译 APK 的具体步骤（以 Window 环境举例说明）。

步骤 01 打开 DOS 命令窗口，进入 apktool 所在的目录，运行“apktool.bat d -f 解包后的保存目录名 待处理的 APK 文件名”，等待反编译过程，如图 8-34 所示。

```
C:\Windows\system32\cmd.exe
D:\安装软件\安卓应用\反编译\apktool>apktool.bat d -f suning suning.apk
I: Using Apktool 2.0.0-RC3 on suning.apk
I: Loading resource table...
I: Decoding AndroidManifest.xml with resources...
I: Loading resource table from file: C:\Users\ouyangshen\apktool\framework\1.apk

I: Regular manifest package...
I: Decoding file-resources...
Cleaning up unclosed ZipFile for archive C:\Users\ouyangshen\apktool\framework\1
.apk
I: Decoding values */* XMLs...
I: Baksmaling classes.dex...
I: Baksmaling classes2.dex...
I: Baksmaling classes3.dex...
I: Copying assets and libs...
I: Copying unknown files...
I: Copying original files...

D:\安装软件\安卓应用\反编译\apktool>_
```

图 8-34　反编译工具 apktool 的运行截图

反编译通过，即可在当前目录下看到破解目录。apktool 的主要目的是解析出 res 资源，包括 AndroidManifest.xml 和 res/layout、res/values、res/drawable 等目录下的资源文件。

步骤 02 用压缩软件（如 Winrar）打开 APK 包，APK 安装包其实是一个压缩文件，使用 Winrar

打开 APK 文件的目录结构如图 8-35 所示。

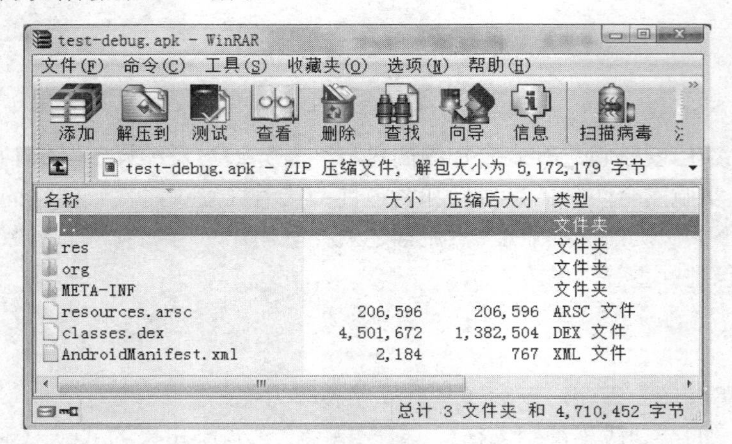

图 8-35　Apk 解压后的内部目录结构

先从 APK 包中解压出 classes.dex 文件，再进入 dex2jar 所在的目录，运行命令 d2j-dex2jar.bat classes.dex，等到破解完成，即可在当前目录下看到新文件 classes_dex2jar.jar，该 JAR 包即为 App 源码的编译文件。

步骤 03 双击打开 jd-gui.exe，用鼠标把 classes_dex2jar.jar 拖到 jd-gui 界面中，程序就会自动把 JAR 包反编译为 Java 源码，反编译后的 Java 源码目录结构如图 8-36 所示。

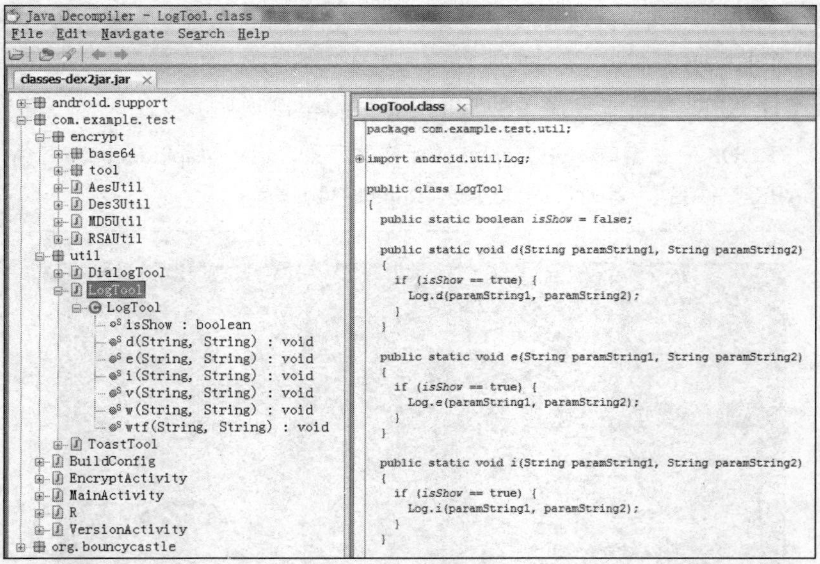

图 8-36　反编译后的 java 源码目录结构

在 jd-gui 界面依次选择菜单 File→Save All Sources，输入保存路径，在指定目录生成 zip 文件，解压 zip 文件就能看到反编译后的全部 Java 代码了。

上面的反编译过程不但破解了 Java 代码，而且 res 资源文件也被一起破解了，所以，如果你的 App 不采取一些保护措施，整个工程源码就会暴露在大庭广众之下。

8.3.2　代码混淆

前面讲到反编译能够破解 App 的整个工程源码，因此有必要对 App 源码采取防护措施，代码混淆就是保护代码安全的措施之一。Android Studio 已经自带了代码混淆器 ProGuard，用途包括以下两点：

（1）压缩 APK 包的大小，删除无用代码，并简化部分类名和方法名。

（2）加大破解源码的难度，部分类名和方法名被重命名使得程序逻辑变得难以理解。

代码混淆的配置文件其实一直都存在，只是我们之前都将其忽略了。每次在 Android Studio 新建一个模块，该模块的根目录下都会自动生成 proguard-rules.pro。打开 build.gradle，在 android→buildTypes→release 节点下可以看到两行编译配置：

```
minifyEnabled false
proguardFiles getDefaultProguardFile('proguard-android.txt'), 'proguard-rules.pro'
```

Android Studio 默认不做代码混淆，上面第一行的 minifyEnabled 为 false 表示关闭混淆功能，要把该参数改为 true 才能开启混淆功能。第二行配置指定 proguard-rules.pro 作为本模块的代码混淆文件，该文件保存的是各种详细的代码混淆规则。

下面是 proguard-rules.pro 的一个模板：

```
#指定代码的压缩级别
-optimizationpasses 5
#是否使用大小写混合
-dontusemixedcaseclassnames
#优化/不优化输入的类文件
-dontoptimize
#是否混淆第三方 JAR 包
-dontskipnonpubliclibraryclasses
#混淆时是否做预校验
-dontpreverify
#混淆时是否记录日志
-verbose
#混淆时所采用的算法
-optimizations !code/simplification/arithmetic,!field/*,!class/merging/*
#保护注解
-keepattributes *Annotation*
#保持 JNI 用到的 native 方法不被混淆
-keepclasseswithmembers class * {
    native <methods>;
}
#保持自定义控件的构造函数不被混淆，因为自定义控件很可能直接写在布局文件中
-keepclasseswithmembers class * {
    public <init>(android.content.Context, android.util.AttributeSet);
}
```

```
#保持自定义控件的构造函数不被混淆
-keepclasseswithmembers class * {
      public <init>(android.content.Context, android.util.AttributeSet, int);
}
#保持布局中 onClick 属性指定的方法不被混淆
-keepclassmembers class * extends android.app.Activity {
    public void *(android.view.View);
}
#保持枚举 enum 类不被混淆
-keepclassmembers enum * {
      public static **[] values();
      public static ** valueOf(java.lang.String);
}
#保持序列化的 Parcelable 不被混淆
-keep class * implements android.os.Parcelable {
  public static final android.os.Parcelable$Creator *;
}
#指定哪些第三方 JAR 包需要混淆
#-libraryjars libs/bcprov-jdk16-1.46.jar
#保持哪些系统组件类不被混淆
-keep public class * extends android.app.Fragment
-keep public class * extends android.app.Activity
-keep public class * extends android.app.Application
-keep public class * extends android.app.Service
-keep public class * extends android.content.BroadcastReceiver
-keep public class * extends android.content.ContentProvider
-keep public class * extends android.app.backup.BackupAgentHelper
-keep public class * extends android.preference.Preference
-keep public class * extends android.support.v4.**
-keep public class com.android.vending.licensing.ILicensingService
#保持哪些第三方 JAR 包不被混淆。比如上一节 RSA 算法用到了 bcprov-jdk16-1.46.jar，该 JAR 包里的
工具类就不可混淆
-keep class org.bouncycastle.**
-dontwarn org.bouncycastle.**
```

进行代码混淆时有以下 5 点注意事项：

（1）对某些特殊的类或方法屏蔽混淆，可能会在布局文件中直接引用类名或方法名，包括自定义控件、布局中 onClick 属性指定的方法等。

（2）保持第三方 JAR 包不被混淆，有时需要把 keep class 提到 dontwarn 前面。

（3）JAR 包的文件名中不要有特殊字符，比如“(”“)”等字符在混淆时会报错，文件名最好只包含字母、横线、小数点。

（4）jni 的方法要屏蔽混淆，因为 so 库要求包名、类名、函数名完全一致。

（5）使用 WebView 时会被 js 调用的类和方法也要屏蔽混淆。具体做法除了要在 proguard-rules.pro 加上说明外，还要在 Java 代码中调用 js 使用的方法，才能保证内部类与相关方法都没有被混淆。

```
-keep class com.example.mixture.WebActivity$MobileSignal{
    public <fields>;
    public <methods>;
}
```

经过代码混淆后重新生成的 APK 文件，再用反编译工具进行破解，反编译后的 Java 源码结构如图 8-37 所示。

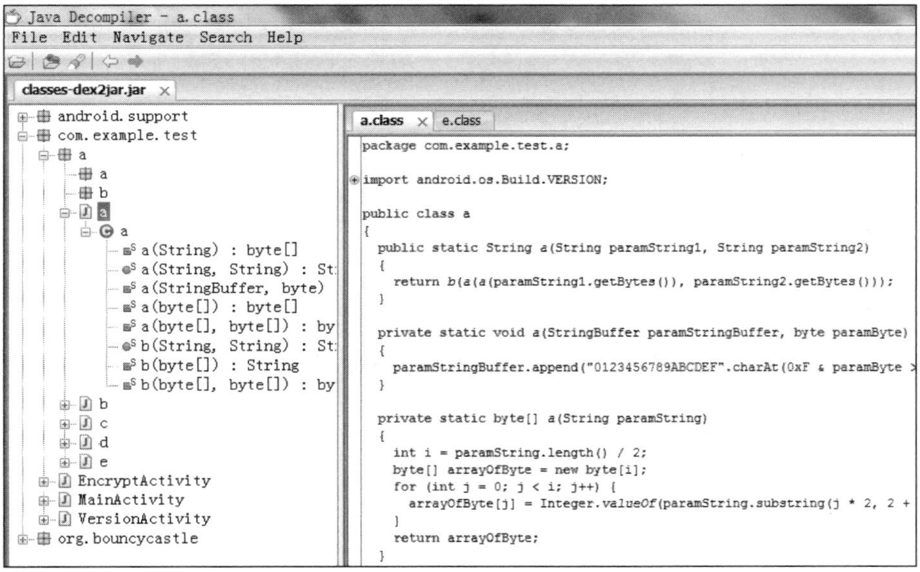

图 8-37 经过代码混淆再破解后的 Java 源码目录结构

从图中看到，混淆处理后的包名与类名都变成了 a、b、c、d 这样的名称，无疑加大了黑客理解源码的难度。试想当黑客面对这些天书般的 a、b、c、d，还会想要绞尽脑汁地尝试破译吗？

8.3.3 第三方加固及重签名

App 经过代码混淆后初步结束了裸奔的状态，但代码混淆只能加大源码破译的难度，并不能完全阻止被破解。除了代码破解外，App 还存在其他安全风险，比如二次打包、篡改内存、漏洞暴露等情况。对于这些安全风险，Android Studio 基本无能为力。因此，鉴于术业有专攻，我们不如把 APK 文件交给专业加固网站进行加固处理。举个做得比较好的第三方加固的例子，360 加固保的网址是 http://jiagu.360.cn/。开发者要先在该网站注册新用户，然后打开在线加固页面，加固页面如图 8-38 所示。

图 8-38　360 加固保的在线加固页面

单击该页面的“上传应用”按钮，上传成功后跳到下一页，向下拉到页面底部，选中“正版签名”开启加固按钮，如图 8-39 所示。

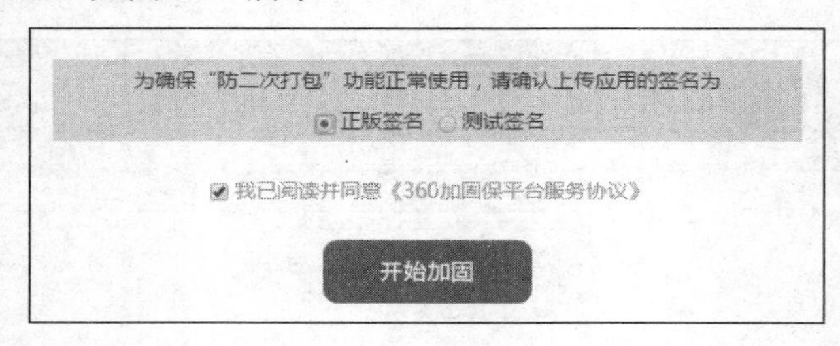

图 8-39　确认加固页面

单击“开始加固”按钮，跳到应用信息页面，如图 8-40 所示。

图 8-40　加固后的应用信息页面

应用信息中部的当前状态为“加固成功”，单击右边的“下载应用”按钮，把加固好的安装包下载到本地，下载后的文件名如 test-release.encrypted.apk。此时用反编译工具尝试破解这个加固包，会发现该安装包变得无法破译。

加固后的 APK 破坏了原来的签名，无法直接安装到手机上，所以要对该文件进行重签名，才能成为合法的 APK 安装包。重签名用到两个工具，分别是 jarsigner 和 zipalign，具体说明如下：

1. jarsigner

jarsigner 是 Java 自带的 JAR 包签名工具，路径为 Java 安装目录下的 jdk/bin/jarsigner.exe，使用命令的格式为“jarsigner -verbose -keystore 密钥文件全路径 -storepass 密钥文件的密码 -keypass 别名的密码 -digestalg SHA1 -sigalg MD5withRSA -signedjar 签名后的文件名 待签名的文件名 别名”。

2. zipalign

zipalign 是 Android 开发工具包 SDK 自带的 APK 优化工具，相当于内存对齐从而提高读取效率，路径为 SDK 安装目录下的 build-tools/版本号/zipalign.exe，使用命令的格式为“zipalign -v 4 已签名的文件名 对齐后的文件名”。

下面对加固好的 APK 文件进行重签名，完整的命令如下：

```
    jarsigner -verbose -keystore test.jks -storepass 111111 -keypass 111111 -digestalg SHA1 -sigalg
MD5withRSA -signedjar test-release-signed.apk test-release.encrypted.apk test
    zipalign -v 4 test-release-signed.apk test-release-signed-align.apk
```

上述命令里的 test-release-signed.apk 表示签名后的文件，test-release-signed-align.apk 表示对齐后的最终安装包。

当然，命令行方式不够友好，现在有专门的重签名软件，比如爱加密的签名软件 APKSign，下载该软件并安装，安装完毕后打开 APKSign，该软件的界面如图 8-41 所示。

在 APKSign 界面上选择待签名的 APK，再选择签名文件的路径，然后依次输入密码、别名、别名的密码、签名后的存放路径，输入效果如图 8-42 所示，最后单击“开始签名”按钮完成签名操作。

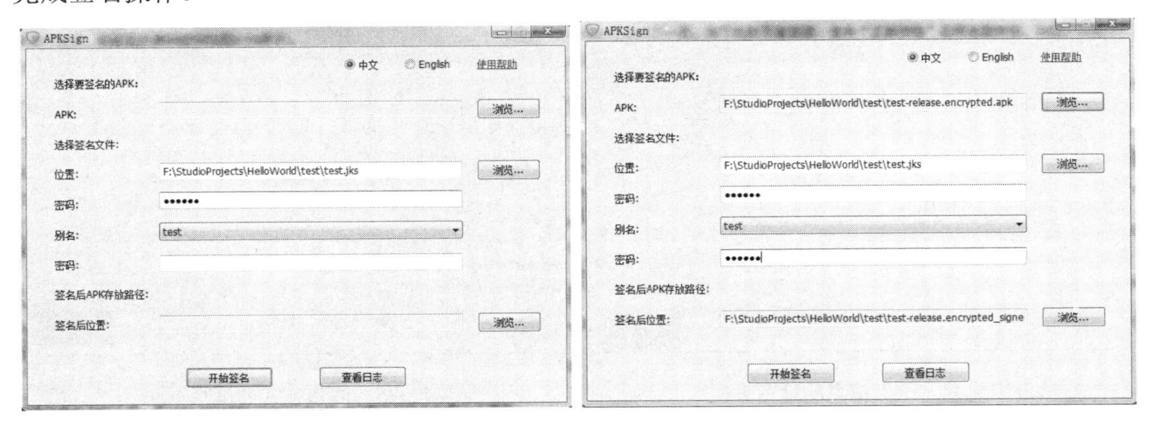

图 8-41　爱加密的重签名工具界面　　　　图 8-42　信息填写好的重签名工具界面

8.4　发布到应用商店

本节介绍把 App 发布到应用商店的过程。首先要在应用商店注册开发者账号，以腾讯开放平台为例说明开发者注册账号的步骤；然后使用已注册的开发者账号在开放平台上创建并提交应用；最后描述如何查看应用上线的审核结果，以应用宝 App 为例说明搜索并安装已上线 App 的方法。

8.4.1　注册开发者账号

APK 文件完成签名后，可谓是万事俱备，只欠东风了，接下来把 App 发布到各大应用市场。主要的应用商店有应用宝、百度手机助手、360 手机助手、小米应用商店、华为应用商店、豌豆荚等。下面举例说明如何将你的 App 发布到应用宝。

应用宝只是手机上的应用商店 App 的名称，对应的开发者后台是腾讯开放平台，网址是 http://op.open.qq.com/。读者应该都有 QQ 账号，直接用 QQ 号码登录腾讯开放平台，跳转到开发者注册页面，如图 8-43 所示。

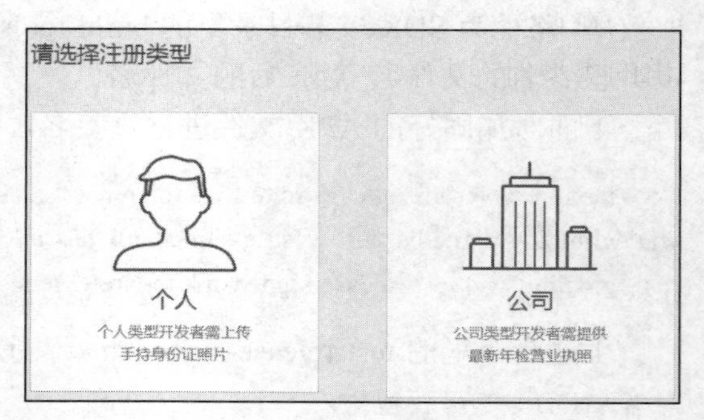

图 8-43　腾讯开放平台的开发者注册页面

如果是个人开发者，就单击左边的“个人”类型；如果是公司开发者，就单击右边的“公司”类型。这里我们选择“个人”类型，跳转到下一页的个人资料页面填写个人信息，如图 8-44 所示；填写联系方式，如图 8-45 所示。

个人资料填写完成后，单击“下一步”按钮，跳转到验证邮箱页面。打开你的注册邮箱，找到腾讯开放平台的开发者注册认证邮件，点击邮件中的确认链接，完成开发者的注册认证。

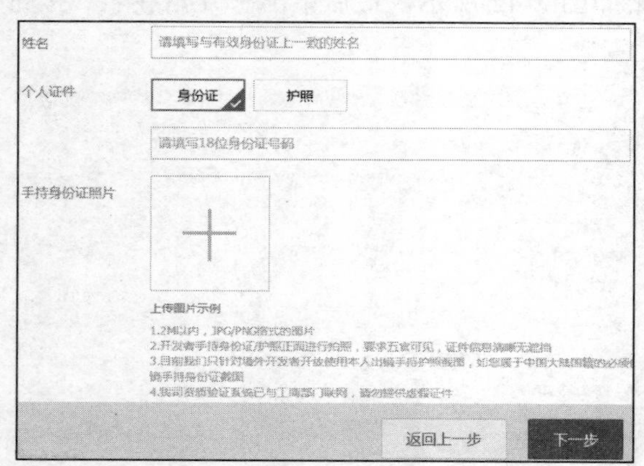

图 8-44　个人信息的填写页面

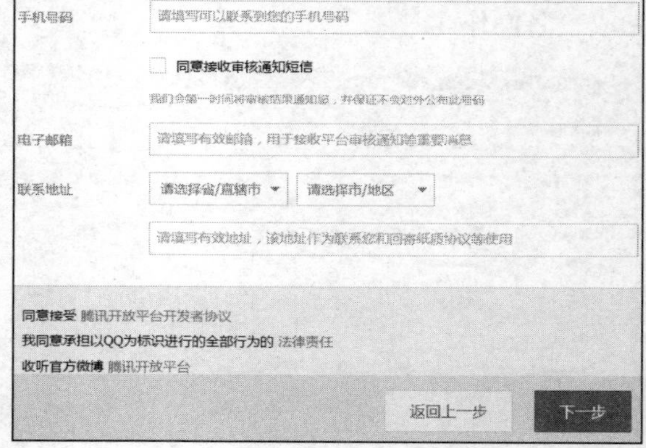

图 8-45　联系方式的填写页面

8.4.2 创建并提交应用

开发者注册完成后，回到腾讯开放平台的主页，在管理中心页面上单击“创建应用”按钮，跳转到应用创建页面，如图 8-46 所示。

图 8-46　腾讯开放平台的应用创建页面

在该页面上选择最左边的“移动应用 安卓”，然后单击下方的“创建应用”按钮，在弹出的类型对话框中选择“软件”，如图 8-47 所示。

图 8-47　应用类型的选择对话框

单击“确定”按钮，跳转到应用信息填写页面，依次填写应用的各项基本信息，包括应用名称、应用类型、应用标签、应用简介等，示例效果如图 8-48 所示。

图 8-48　应用信息的填写页面

分别上传安装包、应用图标，填写应用的适配信息，如图 8-49 所示。

图 8-49　上传安装包、应用图标等信息的页面

最后单击页面右下方的“提交审核”按钮，等待开放平台的人工审核。审核一般需要 1～3 个工作日，一旦通过审核，你的 QQ 邮箱会收到一封审核通知邮件。此时重新打开腾讯开放平台，进入管理中心，页面上多了一个已上线应用的记录，如图 8-50 所示。

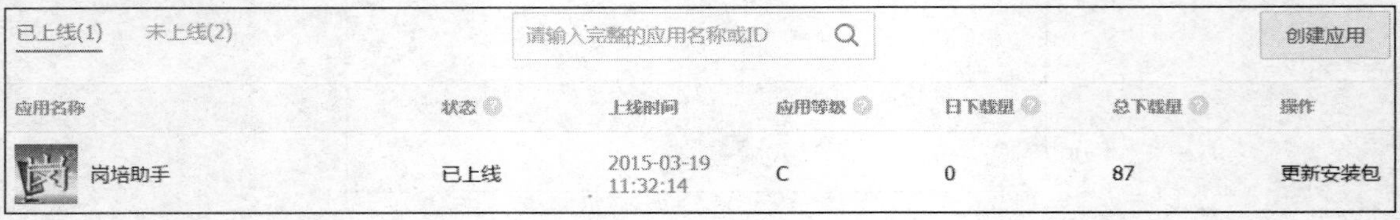

已上线(1)
未上线(2)
请输入完整的应用名称或ID
创建应用
应用名称
状态
上线时间
应用等级
日下载量
总下载量
操作
岗培助手
已上线
2015-03-19 11:32:14
C
0
87
更新安装包

图 8-50　管理中心的已上线应用记录

若想验证该 App 是否确实上线成功，则可打开手机上的应用宝 App，搜索该 App 的名称，搜索结果会出现该 App 的应用信息，如图 8-51 所示。

岗培助手 ×
应用
相关内容
岗培助手
5.0分 87人下载 1.0MB
下载

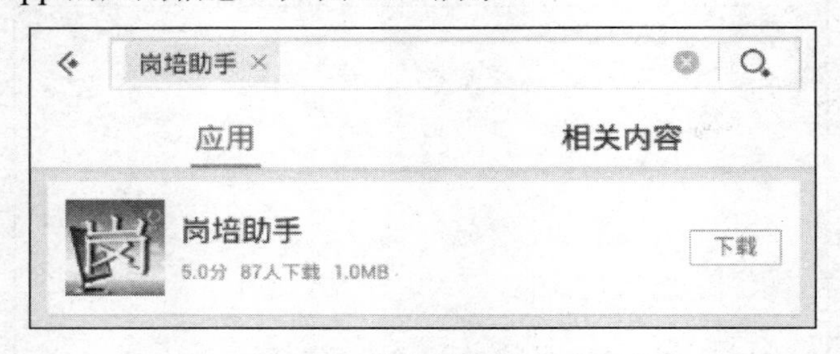

图 8-51　应用宝 App 上的应用搜索结果

点击该应用右边的“下载”按钮，即可开始下载操作，下载完毕后点击“安装”按钮，App 就可以成功安装到用户手机上。

8.5 小　结

本章主要介绍了 App 从调试到发布的详细过程，包括调试工作（模拟器调试、真机调试、导出 APK 安装包）、准备上线（版本设置、上线模式、数据加密）、安全加固（反编译、代码混淆、第三方加固及重签名）、发布到应用商店（注册开发者账号、创建并提交应用、从应用商店下载应用）。经过这一系列应用发布流程，完成了 App 从开发阶段的代码到用户手机上的应用的华丽转变，实现 App“开发”→“测试”→“加固”→“上线”的完整过程。

通过本章的学习，读者应该能够掌握以下 5 种开发技能：

（1）学会通过模拟器和真机对 App 进行调试。
（2）学会把 App 工程从开发模式转为上线模式。
（3）学会利用签名证书导出 APK 安装包。
（4）学会对 APK 包进行安全加固和重签名。
（5）学会把 App 发布到各大应用商店。

第 9 章

设备操作

本章介绍 App 开发常用的一些设备操作，主要包括如何使用摄像头进行拍照、如何使用麦克风进行录音并结合摄像头进行录像、如何播放录制好的音频和视频、如何使用常见传感器实现业务功能、如何使用定位功能获取位置信息、如何利用短距离通信技术实现物联网等。最后结合本章所学的知识演示一个实战项目“仿微信的发现功能”的设计与实现。

9.1 摄 像 头

本节介绍利用摄像头实现相机功能的办法，首先对表面视图 SurfaceView 的用法进行说明，演示如何运用相机类 Camera 结合表面视图完成拍照功能（含单拍和连拍）。然后对表面视图的升级版——纹理视图 TextureView 的用法进行阐述，并演示如何在新版 Camera2 架构中结合纹理视图完成拍照功能（含单拍和连拍）。最后介绍了与设备操作有关的运行时权限管理。

9.1.1 表面视图 SurfaceView

Android 的绘图机制是由 UI 线程在屏幕上绘图，一般情况下不允许其他线程直接做绘图操作。这个机制在处理简单页面时没什么问题，因为普通页面不会频繁且大面积地绘图，但是该机制在处理复杂多变的页面时会产生问题，比如时刻变化着的游戏界面、拍照或录像时不断变换着的预览界面就会导致 UI 线程资源堵塞，即界面卡死的状况。

表面视图 SurfaceView 是 Android 用来解决子线程绘图的特殊视图，拥有独立的绘图表面，即不与其宿主页面共享同一个绘图表面。由于拥有独立的绘图表面，因此表面视图的界面能够在一个独立线程中进行绘制，这个子线程为渲染线程。因为渲染线程不占用主线程资源，所以一方面可以实现复杂而高效的 UI 刷新，另一方面及时响应用户的输入事件。由于表面视图具备以上特性，因此可用于拍照和录像的预览界面，也可用于游戏的实时界面。

因为表面视图不在 UI 主线程绘图，无论是 onDraw 方法还是 dispatchDraw 方法都没有进行绘图操作，所以表面视图必然要通过其他途径绘图，这个途径便是内部类表面持有者 SurfaceHolder 外部调用 SurfaceView 对象的 getHolder 方法获得 SurfaceHolder 对象，然后进行预览界面的相关绘图操作。

下面是 SurfaceHolder 的常用方法。

- lockCanvas：锁定并获取绘图表面的画布。
- unlockCanvasAndPost：解锁并刷新绘图表面的画布。
- addCallback：添加绘图表面的回调接口 SurfaceHolder.Callback。回调接口有以下 3 个方法。
  - surfaceCreated：在绘图表面创建后触发，可在此打开相机。
  - surfaceChanged：在绘图表面变更后触发。
  - surfaceDestroyed：在绘图表面销毁后触发。
- removeCallback：移除绘图表面的回调接口。
- isCreating：判断绘图表面是否有效。如果在别处操作 SurfaceView，就要判断当前绘图表面是否有效。
- getSurface：获取绘图表面的对象，即预览界面。
- setFixedSize：设置预览界面的尺寸。
- setFormat：设置绘图表面的格式。

绘图格式的取值说明见表 9-1。

表 9-1　绘图格式的取值说明

PixelFormat 类的绘图格式类型	说明
TRANSPAREN	透明
TRANSLUCENT	半透明
OPAQUE	不透明

下面用一个具体的例子说明普通视图与表面视图的区别。如图 9-1 和图 9-2 所示为普通视图在 UI 线程中转动扇形区域的效果图，前后两个界面的扇形大小相同，只是角度不同。

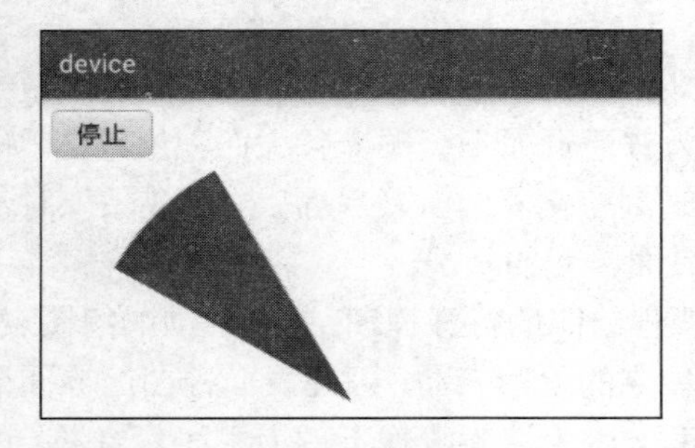

图 9-1　普通视图的转动界面 1

图 9-2　普通视图转的动界面 2

再来看表面视图转动扇形区域的效果图，此时开启了两个线程，一个线程绘制红色扇形，另一个线程绘制青色扇形，前后两个时间点的画面如图 9-3 和图 9-4 所示。

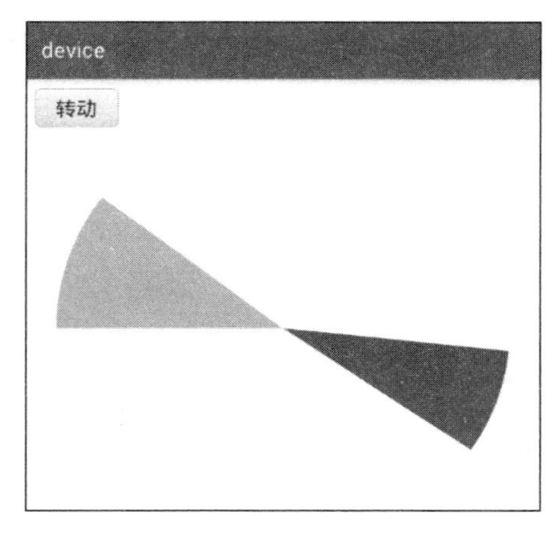

图 9-3 表面视图的转动界面 1

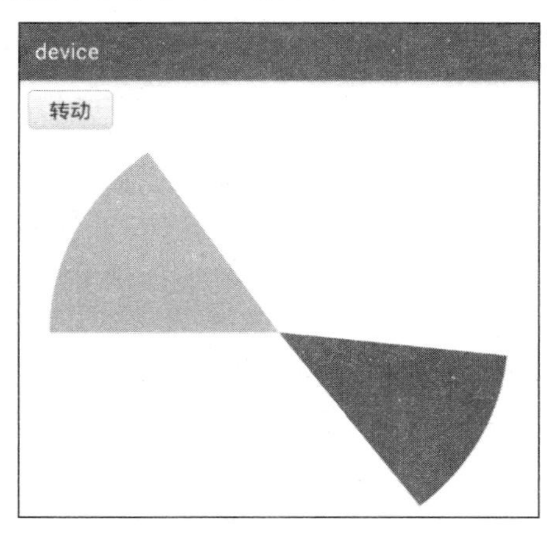

图 9-4 表面视图的转动界面 2

从表面视图的转动效果可以看到，它与普通视图在处理上的区别主要有以下两点：

（1）表面视图允许开启多个线程同时进行绘图操作，而普通视图只有一个 UI 线程可以绘图。

（2）表面视图不会自动清空上次的绘图结果，即绘图操作是增量进行的，而普通视图在每次绘图前都会清空上次的绘图结果。

9.1.2 使用 Camera 拍照

常言道，眼睛是心灵的窗户，那么相机便是手机的窗户了，主打美颜相机功能的 OPPO 和 vivo 手机大行其道，可见对于手机 App 来说，如何恰如其分地运用相机开发至关重要。

在 Android 开发中，相机 Camera 是直接操作摄像头硬件的工具类，包括后置摄像头和前置摄像头，有以下常用方法。

- getNumberOfCameras：获取本设备的摄像头数目。
- open：打开摄像头，默认打开后置摄像头。如果有多个摄像头，那么 open(0)表示打开后置摄像头，open(1)表示打开前置摄像头。
- getParameters：获取摄像头的拍照参数，返回 Camera.Parameters 对象。
- setParameters：设置摄像头的拍照参数。具体的拍照参数通过调用 Camera.Parameters 的下列方法进行设置。
  - setPreviewSize：设置预览界面的尺寸。
  - setPictureSize：设置保存图片的尺寸。
  - setPictureFormat：设置图片格式。一般使用 ImageFormat.JPEG 表示 JPG 格式。
  - setFocusMode：设置对焦模式。取值 Camera.Parameters.FOCUS_MODE_AUTO 只会自动对焦一次，取值 FOCUS_MODE_CONTINUOUS_PICTURE 则会连续对焦。
- setPreviewDisplay：设置预览界面的表面持有者，即 SurfaceHolder 对象。该方法必须在 SurfaceHolder.Callback 的 surfaceCreated 方法中调用。

- startPreview：开始预览。该方法必须在 setPreviewDisplay 方法之后调用。
- unlock：录像时需要对摄像头解锁，这样摄像头才能持续录像。该方法必须在 startPreview 方法之后调用。
- setDisplayOrientation：设置预览的角度。Android 的 0 度在三点钟的水平位置，而手机屏幕是垂直位置，从水平位置到垂直位置需要旋转 90 度。
- autoFocus：设置对焦事件。参数自动对焦接口 AutoFocusCallback 的 onAutoFocus 方法在对焦完成时触发，在此提示用户对焦完毕可以拍照了。
- takePicture：开始拍照，并设置拍照相关事件。第一个参数为快门回调接口 ShutterCallback，它的 onShutter 方法在按下快门时触发，通常可在此播放拍照声音，默认为"咔嚓"一声；第二个参数的 PictureCallback 表示原始图像的回调接口，通常无须处理直接传 null；第三个参数的 PictureCallback 表示 JPG 图像的回调接口，压缩后的图像数据可在该接口中的 onPictureTaken 方法中获得。
- setZoomChangeListener：设置缩放比例变化事件。缩放变化监听器 OnZoomChangeListener 的 onZoomChange 方法在缩放比例发生变化时触发。
- setPreviewCallback：设置预览回调事件，通常在连拍时调用。预览回调接口 PreviewCallback 的 onPreviewFrame 方法在预览图像发生变化时触发。
- stopPreview：停止预览。
- lock：录像完毕对摄像头加锁。该方法在 stopPreview 方法之后调用。
- release：释放摄像头。因为摄像头不能重复打开，所以每次退出拍照时都要释放摄像头。

结合使用相机工具与表面视图可以实现单拍（每次只拍一张照片）与连拍（自动连续拍摄多张照片）两种拍照功能。其中，单拍功能的实现代码关键片段如下：

```
private Camera mCamera;  // 声明一个相机对象
private boolean isPreviewing = false;  // 是否正在预览
private Point mCameraSize;  // 相机画面的尺寸

public CameraView(Context context, AttributeSet attrs) {
    super(context, attrs);
    mContext = context;
    // 获取表面视图的表面持有者
    SurfaceHolder holder = getHolder();
    // 给表面持有者添加表面变更监听器
    holder.addCallback(mSurfaceCallback);
    // 去除黑色背景。TRANSLUCENT 半透明；TRANSPARENT 透明
    holder.setFormat(PixelFormat.TRANSPARENT);
}

// 执行拍照动作。外部调用该方法完成拍照
public void doTakePicture() {
    if (isPreviewing && mCamera != null) {
        // 命令相机拍摄一张照片
```

```
            mCamera.takePicture(mShutterCallback, null, mPictureCallback);
        }
    }

    private String mPhotoPath;   // 照片的保存路径
    // 获取照片的保存路径。外部调用该方法获得相片文件的路径
    public String getPhotoPath() {
        return mPhotoPath;
    }

    // 定义一个快门按下的回调监听器。可在此设置类似播放“咔嚓”声之类的操作，默认就是咔嚓。
    private ShutterCallback mShutterCallback = new ShutterCallback() {
        public void onShutter() {}
    };

    // 定义一个获得拍照结果的回调监听器。可在此保存图片
    private PictureCallback mPictureCallback = new PictureCallback() {
        public void onPictureTaken(byte[] data, Camera camera) {
            Bitmap raw = null;
            if (null != data) {
                // 原始图像数据 data 是字节数组，需要将其解析成位图
                raw = BitmapFactory.decodeByteArray(data, 0, data.length);
                // 停止预览画面
                mCamera.stopPreview();
                isPreviewing = false;
            }
            // 旋转位图
            Bitmap bitmap = BitmapUtil.getRotateBitmap(raw,
                    (mCameraType == CAMERA_BEHIND) ? 90 : -90);
            // 获取本次拍摄的照片保存路径
            mPhotoPath = String.format("%s%s.jpg", BitmapUtil.getCachePath(mContext),
                    DateUtil.getNowDateTime());
            // 保存照片文件
            BitmapUtil.saveBitmap(mPhotoPath, bitmap, "jpg", 80);
            try {
                Thread.sleep(1000);   // 保存文件需要时间
            } catch (InterruptedException e) {
                e.printStackTrace();
            }
            // 再次进入预览画面
            mCamera.startPreview();
            isPreviewing = true;
        }
```

```
};

// 预览画面状态变更时的回调监听器
private SurfaceHolder.Callback mSurfaceCallback = new SurfaceHolder.Callback() {
    // 在表面视图创建时触发
    public void surfaceCreated(SurfaceHolder holder) {
        // 打开摄像头
        mCamera = Camera.open(mCameraType);
        try {
            // 设置相机的预览界面
            mCamera.setPreviewDisplay(holder);
            // 获得相机画面的尺寸
            mCameraSize = CameraUtil.getCameraSize(mCamera.getParameters(),
                    CameraUtil.getSize(mContext));
            // 获取相机的参数信息
            Camera.Parameters parameters = mCamera.getParameters();
            // 设置预览界面的尺寸
            parameters.setPreviewSize(mCameraSize.x, mCameraSize.y);
            // 设置图片的分辨率
            parameters.setPictureSize(mCameraSize.x, mCameraSize.y);
            // 设置图片的格式
            parameters.setPictureFormat(ImageFormat.JPEG);
            // 设置对焦模式为自动对焦。前置摄像头似乎无法自动对焦
            if (mCameraType == CameraView.CAMERA_BEHIND) {
                parameters.setFocusMode(Camera.Parameters.FOCUS_MODE_AUTO);
            }
            // 设置相机的参数信息
            mCamera.setParameters(parameters);
        } catch (Exception e) {
            e.printStackTrace();
            mCamera.release();  // 遇到异常要释放相机资源
            mCamera = null;
        }
    }

    // 在表面视图变更时触发
    public void surfaceChanged(SurfaceHolder holder, int format, int width, int height) {
        // 设置相机的展示角度
        mCamera.setDisplayOrientation(90);
        // 开始预览画面
        mCamera.startPreview();
        isPreviewing = true;
        // 开始自动对焦
```

```
            mCamera.autoFocus(null);
            // 设置相机的预览监听器。注意这里的 setPreviewCallback 给连拍功能使用
            mCamera.setPreviewCallback(mPreviewCallback);
        }

        // 在表面视图销毁时触发
        public void surfaceDestroyed(SurfaceHolder holder) {
            // 将预览监听器置空
            mCamera.setPreviewCallback(null);
            // 停止预览画面
            mCamera.stopPreview();
            // 释放相机资源
            mCamera.release();
            mCamera = null;
        }
    };
```

单拍的效果如图 9-5 所示，每次从拍照页面返回时都展示最后一张拍摄的照片。

图 9-5　使用 Camera 单拍的效果图

图 9-6　使用 Camera 连拍的效果图

实现连拍功能要先调用 setPreviewCallback 方法设置预览回调接口，然后实现回调接口中的 onPreviewFrame 方法，在该方法中获得并保存每张预览照片。连拍功能的实现代码如下：

```
private boolean isShooting = false;  // 是否正在连拍
private int shooting_num = 0;  // 已经拍摄的相片数量
private ArrayList<String> mShootingArray;  // 连拍的相片保存路径队列

// 获取连拍的相片保存路径队列。外部调用该方法获得连拍结果相片的路径队列
```

```
    public ArrayList<String> getShootingList() {
        return mShootingArray;
    }

    // 执行连拍动作。外部调用该方法完成连拍
    public void doTakeShooting() {
        mShootingArray = new ArrayList<String>();
        isShooting = true;
        shooting_num = 0;
    }

    // 定义一个画面预览的回调监听器。在此可捕获动态的连续图片
    private PreviewCallback mPreviewCallback = new PreviewCallback() {
        @Override
        public void onPreviewFrame(byte[] data, Camera camera) {
            if (!isShooting) {
                return;
            }
            // 获取相机的参数信息
            Camera.Parameters parameters = camera.getParameters();
            // 获得预览数据的格式
            int imageFormat = parameters.getPreviewFormat();
            int width = parameters.getPreviewSize().width;
            int height = parameters.getPreviewSize().height;
            Rect rect = new Rect(0, 0, width, height);
            // 创建一个 YUV 格式的图像对象
            YuvImage yuvImg = new YuvImage(data, imageFormat, width, height, null);
            try {
                ByteArrayOutputStream bos = new ByteArrayOutputStream();
                yuvImg.compressToJpeg(rect, 80, bos);
                // 从字节数组中解析出位图数据
                Bitmap raw = BitmapFactory.decodeByteArray(
                        bos.toByteArray(), 0, bos.size());
                // 旋转位图
                Bitmap bitmap = BitmapUtil.getRotateBitmap(raw,
                        (mCameraType == CAMERA_BEHIND) ? 90 : -90);
                // 获取本次拍摄的照片保存路径
                String path = String.format("%s%s.jpg", BitmapUtil.getCachePath(mContext),
                        DateUtil.getNowDateTimeFull());
                // 把位图保存为图片文件
                BitmapUtil.saveBitmap(path, bitmap, "jpg", 80);
                // 再次进入预览画面
                camera.startPreview();
```

```
                shooting_num++;
                mShootingArray.add(path);
                if (shooting_num > 8) {   // 每次连拍 9 张
                    isShooting = false;
                    Toast.makeText(mContext, "已完成连拍", Toast.LENGTH_SHORT).show();
                }
            } catch (Exception e) {
                e.printStackTrace();
            }
        }
    };
```

连拍的效果如图 9-6 所示，每次从拍照页面返回时都展示最后一组连拍的照片合集。

9.1.3 纹理视图 TextureView

表面视图 SurfaceView 在一般情况下足够使用了，但是有一些限制。因为表面视图不是通过 onDraw 方法和 dispatchDraw 方法进行绘图，所以无法使用 View 的基本视图方法。例如，各种视图变化方法均无法奏效，包括透明度变化方法 setAlpha、平移方法 setTranslation、缩放方法 setScale、旋转方法 setRotation 等，甚至连最基础的背景图设置方法 setBackground 都失效了。

为了解决表面视图的不足之处，Android 在 4.0 之后引入了纹理视图 TextureView。与表面视图相比，纹理视图并没有创建一个单独的绘图表面用来绘制，可以像普通视图一样执行变换操作，也可以正常设置背景图。

下面是 TextureView 的常用方法。

- lockCanvas：锁定并获取画布。
- unlockCanvasAndPost：解锁并刷新画布。
- setSurfaceTextureListener：设置表面纹理的监听器。该方法相当于 SurfaceHolder 的 addCallback 方法，用来监控表面纹理的状态变化事件。方法参数为 SurfaceTextureListener 监听器对象，需重写以下 4 个方法。
    - onSurfaceTextureAvailable：在表面纹理可用时触发，可在此进行打开相机等操作。
    - onSurfaceTextureSizeChanged：在表面纹理尺寸变化时触发。
    - onSurfaceTextureDestroyed：在表面纹理销毁时触发。
    - onSurfaceTextureUpdated：在表面纹理更新时触发。
- isAvailable：判断表面纹理是否可用。
- getSurfaceTexture：获取表面纹理。

下面通过具体例子说明纹理视图与表面视图的区别。图 9-7 所示为纹理视图的透明度值为 0.2，扇形看起来颜色较浅；图 9-8 所示为纹理视图的透明值增大为 0.8，此时扇形的颜色较深。

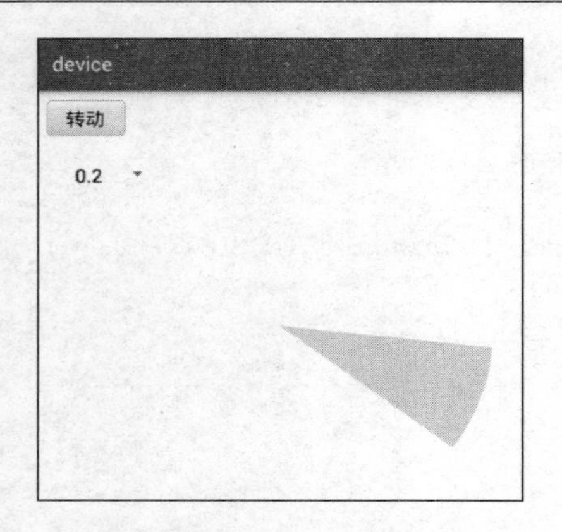

图 9-7　透明度为 0.2 的纹理视图

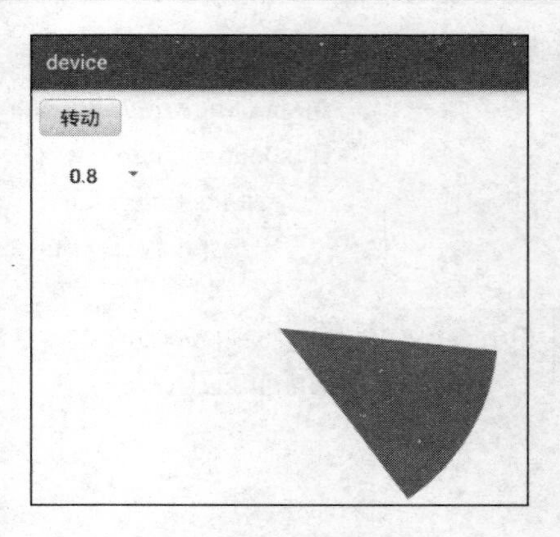

图 9-8　透明度为 0.8 的纹理视图

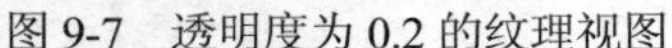

纹理视图和表面视图的默认背景都是黑色，要想把背景改为白色，TextureView 可以直接调用背景设置方法 setBackground，而 SurfaceView 要调用以下代码才能把背景洗白：

```
// 下面两行设置背景为透明，因为 SurfaceView 默认背景是黑色
setZOrderOnTop(true);
mHolder.setFormat(PixelFormat.TRANSLUCENT);
```

9.1.4 使用 Camera 2 拍照

如同纹理视图是表面视图的升级版那样，Android 在 5.0 之后推出了 Camera 的升级版——Camera 2。按照 Android 的官方说明，Camera 2 支持以下 5 点新特性：

（1）支持每秒 30 帧的全高清连拍。

（2）支持在每帧之间使用不同的设置。

（3）支持原生格式的图像输出。

（4）支持零延迟快门和电影速拍。

（5）支持相机在其他方面的手动控制，比如设置噪音消除的级别。

Camera2 在架构上做了大幅改造，原先的 Camera 类被拆分为多个管理类，主要有相机管理器 CameraManager、相机设备 CameraDevice、相机拍照会话 CameraCaptureSession、图像读取器 ImageReader。

1. 相机管理器 CameraManager

相机管理器用于获取可用摄像头列表、打开摄像头等，对象从系统服务 CAMERA_SERVICE 获取。常用方法说明如下。

- getCameraIdList：获取相机列表。通常返回两条记录，一条是后置摄像头，另一条是前置摄像头。
- getCameraCharacteristics：获取相机的参数信息。包括相机的支持级别、照片的尺寸等。

因为 Camera2 是 Android 5.0 之后才有的新特性，不少手机还不能很好地支持，所以最好先检查相机的支持级别，如果返回值为 INFO_SUPPORTED_HARDWARE_LEVEL_LEGACY，

就不建议在 App 中使用 Camera2 的相关技术。检查相机支持级别的代码如下：

```
// 从系统服务中获取相机管理器
CameraManager cm = (CameraManager) mContext.getSystemService(Context.CAMERA_SERVICE);
// 获取可用相机设备列表
CameraCharacteristics cc = cm.getCameraCharacteristics(cameraid);
// 检查相机硬件的支持级别
// CameraCharacteristics.INFO_SUPPORTED_HARDWARE_LEVEL_FULL 表示完全支持
// CameraCharacteristics.INFO_SUPPORTED_HARDWARE_LEVEL_LIMITED 表示有限支持
// CameraCharacteristics.INFO_SUPPORTED_HARDWARE_LEVEL_LEGACY 表示遗留的
int level = cc.get(CameraCharacteristics.INFO_SUPPORTED_HARDWARE_LEVEL);
```

- openCamera：打开指定摄像头，第一个参数为指定摄像头的 id，第二个参数为设备状态监听器，该监听器需实现接口 CameraDevice.StateCallback 的 onOpened 方法（方法内部再调用 CameraDevice 对象的 createCaptureRequest 方法）。
- setTorchMode：在不打开摄像头的情况下，开启或关闭闪光灯。为 true 表示开启闪光灯，为 false 表示关闭闪光灯。

2. 相机设备 CameraDevice

相机设备用于创建拍照请求、添加预览界面、创建拍照会话等。常用方法说明如下。

- createCaptureRequest：创建拍照请求，第二个参数为会话状态的监听器，该监听器需实现会话状态回调接口 CameraCaptureSession.StateCallback 的 onConfigured 方法（方法内部再调用 CameraCaptureSession 对象的 setRepeatingRequest 方法，将预览影像输出到屏幕）。createCaptureRequest 方法返回一个 CaptureRequest 的预览对象。
- close：关闭相机。

3. 相机拍照会话 CameraCaptureSession

相机拍照会话用于设置单拍会话（每次只拍一张照片）、连拍会话（自动连续拍摄多张照片）等。常用方法说明如下。

- getDevice：获得该会话的相机设备对象。
- capture：拍照并输出到指定目标。输出目标为 CaptureRequest 对象时，表示显示在屏幕上；输出目标为 ImageReader 对象时，表示要保存照片。
- setRepeatingRequest：设置连拍请求并输出到指定目标。输出目标为 CaptureRequest 对象时，表示显示在屏幕上；输出目标为 ImageReader 对象时，表示要保存照片。
- stopRepeating：停止连拍。

4. 图像读取器 ImageReader

图像读取器用于获取并保存照片信息，一旦有图像数据生成，立刻触发 onImageAvailable 方法。常用方法说明如下。

- getSurface：获得图像读取的表面对象。

- setOnImageAvailableListener：设置图像数据的可用监听器。该监听器需实现接口 ImageReader.OnImageAvailableListener 的 onImageAvailable 方法。

这几个相机类之间的调用流程比原来的 Camera 类要复杂许多，大致的处理流转为：TextureView → SurfaceTextureListener → CameraManager → StateCallback → CameraDevice → CaptureRequest.Builder → CameraCaptureSession → ImageReader → OnImageAvailableListener → Bitmap。其间的逻辑关系颇为复杂，详细的文字说明反而不容易理解，限于篇幅这里就不贴出大段的调用代码了，读者可翻阅本书附带源码 device 模块里面的 Camera2View.java，一边阅读代码、一边熟悉调用流程。

使用 Camera 2 拍照的效果如图 9-9 和图 9-10 所示。其中，如图 9-9 所示为单拍时拍摄的最后一张照片，如图 9-10 所示为连拍时拍摄的最后一组照片合集。

图 9-9 使用 Camera 2 单拍的效果图

图 9-10 使用 Camera 2 连拍的效果图

9.1.5 运行时动态授权管理

App 开发过程中，涉及到硬件设备的操作，比如拍照、录音、定位、SD 卡等，都要在 AndroidManifest.xml 中声明相关的权限。可是 Android 系统为了防止某些 App 滥用权限，又允许用户在系统设置里面对 App 禁用某些权限。然而这又带来另一个问题，用户打开 App 之后，App 可能因为权限不足导致无法正常运行，甚至直接崩溃闪退。遇到这种情况，只需用户在系统设置中开启相关权限即可恢复正常，但是用户并非专业的开发者，他怎知要去启用哪些权限呢？再说，每次都要用户亲自打开系统设置页面，再琢磨半天精挑细选那些必须开启的权限，不但劳力而且劳神，这种用户体验实在差劲。

有鉴于此，Android 从 6.0 开始引入了运行时权限管理机制，允许 App 在运行过程中动态检查是否拥有某项权限，一旦发现缺少某种必需的权限，则系统会自动弹出小窗提示用户去开启该权限。如此这般，一方面开发者无需担心 App 因权限不足而闪退的问题，另一方面用户也不再头痛是哪个权限被禁止导致 App 用不了的毛病，这个贴心的动态权限授权功能可谓是皆大欢喜。下面就来看看如何在代码中实现运行时权限管理机制。

首先要检查 Android 系统是否为 6.0 及以上版本，因为运行时权限管理机制是 6.0 才开始支持的功能。其次调用 ContextCompat.checkSelfPermission 方法，检查当前 App 是否开启了指定的权限。倘若检查结果是尚未开启权限，则再调用 ActivityCompat.requestPermissions 方法，请求系统弹出开启权限的确认对话框。详细的权限校验代码如下所示：

```
// 检查某个权限。返回 true 表示已启用该权限，返回 false 表示未启用该权限
public static boolean checkPermission(Activity act, String permission, int requestCode) {
    boolean result = true;
    // 只对 Android 6.0 及以上系统进行校验
    if (Build.VERSION.SDK_INT >= Build.VERSION_CODES.M) {
        // 检查当前 App 是否开启了名称为 permission 的权限
        int check = ContextCompat.checkSelfPermission(act, permission);
        if (check != PackageManager.PERMISSION_GRANTED) {
            // 未开启该权限，则请求系统弹窗，好让用户选择是否立即开启权限
            ActivityCompat.requestPermissions(act, new String[]{permission}, requestCode);
            result = false;
        }
    }
    return result;
}
```

比如 App 现在准备拍照，就要检查是否开启了相机权限 Manifest.permission.CAMERA，如果没有启用相机权限，则系统会弹出如图 9-11 所示的选择窗口。再比如 App 准备获取手机的位置信息，就要检查是否开启了定位权限 Manifest.permission.ACCESS_FINE_LOCATION，如果没有启用定位，则系统会弹出如图 9-12 所示的选择窗口。

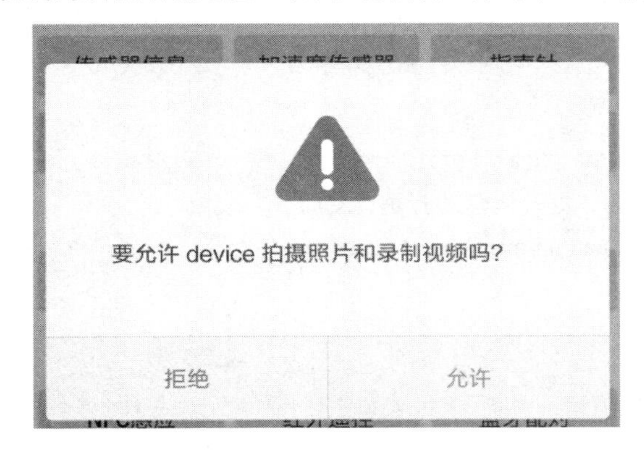

图 9-11 相机权限的请求弹窗

图 9-12 定位权限的请求弹窗

注意到系统的权限选择弹窗存在“拒绝”和“允许”两个按钮，这便意味着开发者要对两种选项分别进行处理。如果用户点击“拒绝”按钮，自然表示接下来 App 将会无法正常运行，此时需要提示用户可能产生的问题及其原因；如果用户点击“允许”按钮，系统会立即给 App 赋予相应的权限，那么 App 就按照正常的流程走下去，该拍照就拍照、该定位就定位。

以上选项判断的逻辑，具体到代码中则需重写 Activity 的 onRequestPermissionsResult 函数，重写后的函数代码示例如下：

```
public void onRequestPermissionsResult(int requestCode, String[] permissions, int[] grantResults) {
    if (requestCode == mRequestCode) {   // 通过 requestCode 区分不同的请求
        if (grantResults[0] == PackageManager.PERMISSION_GRANTED) {
            // 已授权，则进行后续的正常逻辑处理
        } else {
            // 未授权，则提示用户可能导致的问题
        }
    }
}
```

有时某种业务必须同时开启多项权限，譬如录像就得既开启相机权限、又开启录音权限。那么在校验权限的时候，要多次调用 ContextCompat.checkSelfPermission 方法，只有待检查的所有权限都已经授权，才无需系统弹窗提示；否则的话，仍需系统逐个弹窗以供用户选择确认。下面是同时校验多个权限的代码例子，其中多个权限以字符串数组的参数形式传入“new String[] {Manifest.permission.RECORD_AUDIO, Manifest.permission.CAMERA}”：

```
// 检查多个权限。返回 true 表示已完全启用权限，返回 false 表示未完全启用权限
public static boolean checkMultiPermission(Activity act, String[] permissions, int requestCode) {
    boolean result = true;
    if (Build.VERSION.SDK_INT >= Build.VERSION_CODES.M) {
        int check = PackageManager.PERMISSION_GRANTED;
        for (String permission : permissions) {   // 通过权限数组检查是否都开启了这些权限
            check = ContextCompat.checkSelfPermission(act, permission);
            if (check != PackageManager.PERMISSION_GRANTED) {
                break;
            }
        }
        if (check != PackageManager.PERMISSION_GRANTED) {
            // 未开启该权限，则请求系统弹窗，好让用户选择是否立即开启权限
            ActivityCompat.requestPermissions(act, permissions, requestCode);
            result = false;
        }
    }
    return result;
}
```

仍以录像业务为例，假如之前 App 既无相机权限也无录音权限，则引入运行时权限管理机制之后，系统会在界面上依次弹出录音权限选择窗、相机权限选择窗。两个弹窗的界面如图 9-13 和图 9-14 所示。其中图 9-13 为先弹出的录音选择窗，图 9-14 为后弹出的相机选择窗。

图 9-13　先弹出来的录音权限选择窗

图 9-14　后弹出来的相机权限选择窗

9.2 麦 克 风

本节介绍以麦克风为基础的声效应用，首先简要说明拖动条 SeekBar 的用法，描述如何使用拖动条调整各类音量大小；然后介绍媒体录制器 MediaRecorder 与媒体播放器 MediaPlayer，并演示通过媒体录制器和媒体播放器完成录音和播音功能；最后结合 9.1 节的相机与表面视图知识演示通过媒体录制器和媒体播放器完成录像和放映功能。

9.2.1 拖动条 SeekBar

拖动条 SeekBar 继承自进度条 ProcessBar，与进度条的不同之处在于：进度条只能在代码中修改进度，不能由用户改变进度值；拖动条不但可以在代码中修改进度，还可以由用户在屏幕上通过拖动操作改变进度。拖动条可用于音频和视频播放时的进度条，用户通过拖动操作控制播放器快进或快退到指定位置，然后从新位置开始播放音频或视频。除此之外，拖动条还可调节各种音量大小、调节屏幕亮度、调节字体大小等。

下面是 SeekBar 新增加的 4 个方法。

- setThumb：设置当前进度位置的图标。
- setThumbOffset：设置当前进度图标的偏移量。
- setKeyProgressIncrement：设置使用方向键更改进度时每次的增加值。
- setOnSeekBarChangeListener：设置拖动变化事件。需实现监听器 OnSeekBarChangeListener 的 3 个方法。
  - onProgressChanged：在进度变化时触发。第 3 个参数表示是否来自用户，为 true 表示用户拖动，为 false 表示代码修改进度。
  - onStartTrackingTouch：开始拖动时触发。
  - onStopTrackingTouch：结束拖动时触发。一般在该方法中添加用户拖动的处理逻辑。

下面是操作拖动条的代码：

```
public class SeekbarActivity extends AppCompatActivity implements OnSeekBarChangeListener {
    private TextView tv_progress;

    @Override
    protected void onCreate(Bundle savedInstanceState) {
        super.onCreate(savedInstanceState);
        setContentView(R.layout.activity_seekbar);
        tv_progress = findViewById(R.id.tv_progress);
        // 从布局文件中获取名叫 sb_progress 的拖动条
        SeekBar sb_progress = findViewById(R.id.sb_progress);
        // 给 sb_progress 设置拖动变更监听器
        sb_progress.setOnSeekBarChangeListener(this);
        // 设置拖动条的当前进度
        sb_progress.setProgress(50);
    }

    // 在进度变更时触发。第三个参数为 true 表示用户拖动，为 false 表示代码设置进度
    public void onProgressChanged(SeekBar seekBar, int progress, boolean fromUser) {
        String desc = "当前进度为：" + seekBar.getProgress() + ", 最大进度为" + seekBar.getMax();
        tv_progress.setText(desc);
    }

    // 在开始拖动进度时触发
    public void onStartTrackingTouch(SeekBar seekBar) {}

    // 在停止拖动进度时触发
    public void onStopTrackingTouch(SeekBar seekBar) {}
}
```

上述代码的界面效果如图 9-15 和图 9-16 所示。其中，如图 9-15 所示为拖动前的界面，进度值为 50；如图 9-16 所示为向右拖动后的界面，进度值为 73。

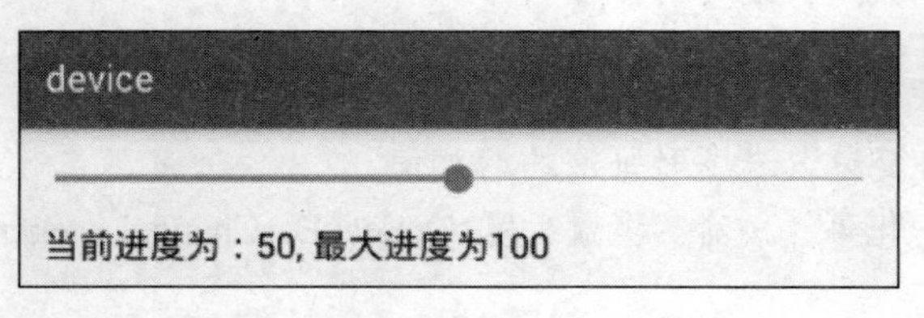

图 9-15　拖动前的 SeekBar

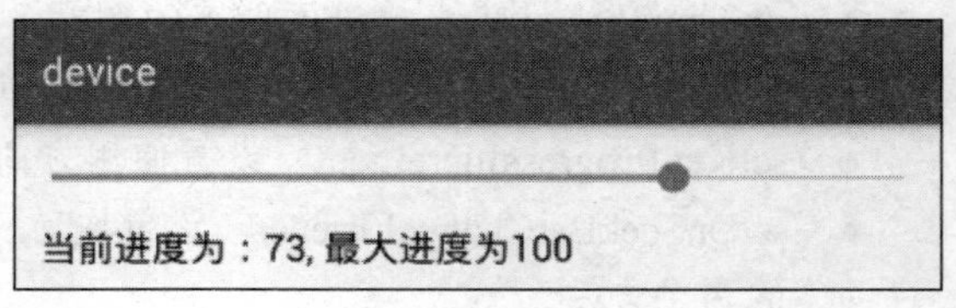

图 9-16　拖动后的 SeekBar

9.2.2　音量控制

Android 只有一个麦克风，却有 6 类铃音，分别是通话音、系统音、铃音、媒体音、闹钟音、通知音，铃音类型的取值说明见表 9-2。

表 9-2　铃音类型的取值说明

AudioManager 类的铃音类型	铃音名称	说明
STREAM_VOICE_CALL	通话音	
STREAM_SYSTEM	系统音	
STREAM_RING	铃音	来电与收短信的铃声
STREAM_MUSIC	媒体音	音频、视频、游戏等的声音
STREAM_ALARM	闹钟音	
STREAM_NOTIFICATION	通知音	

管理这些铃声音量的工具是 AudioManager，对象从系统服务 AUDIO_SERVICE 中获取。下面是 AudioManager 的常用方法。

- getStreamMaxVolume：获取指定类型铃声的最大音量。
- getStreamVolume：获取指定类型铃声的当前音量。
- getRingerMode：获取指定类型铃声的响铃模式。响铃模式的取值说明见表 9-3。

表 9-3　响铃模式的取值说明

AudioManager 类的响铃模式	说明
RINGER_MODE_NORMAL	正常
RINGER_MODE_SILENT	静音
RINGER_MODE_VIBRATE	震动

- setStreamVolume：设置指定类型铃声的当前音量。
- setRingerMode：设置指定类型铃声的响铃模式。响铃模式的取值说明见表 9-3。
- adjustStreamVolume：调整指定类型铃声的当前音量。第一个参数是铃声类型；第二个参数是调整方向，音量调整方向的取值说明见表 9-4；第三个参数表示调整时的附加动作，一般使用 FLAG_PLAY_SOUND 表示调整时提示一个铃声。

表 9-4　音量调整方向的取值说明

AudioManager 类的音量调整方向	说明
ADJUST_RAISE	调大一级
ADJUST_LOWER	调小一级
ADJUST_SAME	保持不变
ADJUST_MUTE	静音
ADJUST_UNMUTE	取消静音
ADJUST_TOGGLE_MUTE	静音取反，即原来不是静音就设置静音，原来是静音就取消静音

上面的 setStreamVolume 和 adjustStreamVolume 两个方法都能用来设置音量，不同的是 setStreamVolume 直接将音量调整到目标值，通常与拖动条配合使用；而 adjustStreamVolume 是以当前音量为基础，然后调大、调小或调静音。

音量调整的效果如图 9-17 所示，这个设置页面不但允许直接调整音量到目标值，还允许逐级调大或逐级调小音量。

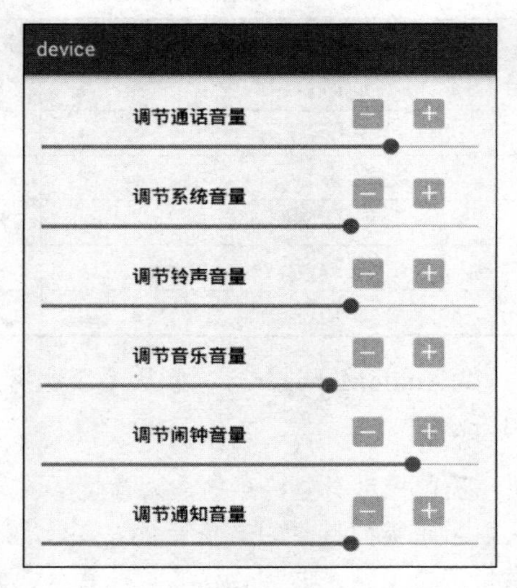

图 9-17　各种铃音的音量调整界面

9.2.3　录音与播音

Android 中没有单独操作麦克风的工具类，如果要录音就用媒体录制器 MediaRecorder，如果要播音就用媒体播放器 MediaPlayer 类。下面分别进行介绍。

1. 媒体录制器 MediaRecorder

MediaRecorder 是 Android 自带的音频和视频录制工具，它通过操纵摄像头和麦克风完成媒体录制，既可录制视频，又可单独录制音频。

下面是 MediaRecorder 的常用方法（录音与录像通用）。

- reset：重置录制器。
- prepare：准备录制。
- start：开始录制。
- stop：结束录制。
- release：释放录制器。
- setOnErrorListener：设置错误监听器。可监听服务器异常和未知错误的事件。需要实现接口 MediaRecorder.OnErrorListener 的 onError 方法。
- setOnInfoListener：设置信息监听器。可监听录制结束事件，包括达到录制时长或达到录制大小。需要实现接口 MediaRecorder.OnInfoListener 的 onInfo 方法。
- setMaxDuration：设置可录制的最大时长，单位毫秒。
- setMaxFileSize：设置可录制的最大文件大小，单位字节。
- setOutputFile：设置输出文件的路径。

下面是 MediaRecorder 用于音频录制的方法（当然录像时要一起录音）。

- setAudioSource：设置音频来源。一般使用麦克风 AudioSource.MIC。

- setOutputFormat：设置媒体输出格式。媒体输出格式的取值说明见表 9-5。

表 9-5　媒体输出格式的取值说明

OutputFormat 类的输出格式	格式分类	扩展名	格式说明
AMR_NB	音频	.amr	窄带格式
AMR_WB	音频	.amr	宽带格式
AAC_ADTS	音频	.aac	高级的音频传输流格式
MPEG_4	视频	.mp4	MPEG4 格式
THREE_GPP	视频	.3gp	3GP 格式

- setAudioEncoder：设置音频编码器。音频编码器的取值说明见表 9-6。注意：该方法应在 setOutputFormat 方法之后执行，否则会出现 setAudioEncoder called in an invalid state(2)的异常。

表 9-6　音频编码器的取值说明

AudioEncoder 类的音频编码器	说明
AMR_NB	窄带编码
AMR_WB	宽带编码
AAC	低复杂度的高级编码
HE_AAC	高效率的高级编码
AAC_ELD	增强型低延时的高级编码

- setAudioSamplingRate：设置音频的采样率，单位千赫兹（kHz）。AMR_NB 格式默认 8kHz，AMR_WB 格式默认 16kHz。
- setAudioChannels：设置音频的声道数。1 表示单声道，2 表示双声道。
- setAudioEncodingBitRate：设置音频每秒录制的字节数。数值越大音频越清晰。

下面是使用 MediaRecorder 实现简单音频录制器的代码：

```
public class AudioRecorder extends LinearLayout implements OnErrorListener,
        OnInfoListener, OnCheckedChangeListener {
    private Context mContext;  // 声明一个上下文对象
    private MediaRecorder mMediaRecorder;  // 声明一个媒体录制器对象
    private ProgressBar pb_record;  // 声明一个进度条对象
    private CheckBox ck_record;
    private Timer mTimer;  // 计时器
    private int mRecordMaxTime = 10;  // 一次录制的最长时间
    private int mTimeCount;  // 时间计数
    private String mRecordFilePath;  // 录制文件的保存路径

    public AudioRecorder(Context context, AttributeSet attrs) {
        super(context, attrs);
        mContext = context;
        // 从布局文件 audio_recorder.xml 生成当前的布局视图
```

```
        LayoutInflater.from(context).inflate(R.layout.audio_recorder, this);
        // 从布局文件中获取名叫 pb_record 的进度条
        pb_record = findViewById(R.id.pb_record);
        // 设置进度条的最大值
        pb_record.setMax(mRecordMaxTime);
        ck_record = findViewById(R.id.ck_record);
        ck_record.setOnCheckedChangeListener(this);
    }

    // 开始录制
    public void start() {
        // 获取本次录制的媒体文件路径
        mRecordFilePath = MediaUtil.getRecordFilePath(mContext, "RecordAudio", ".amr");
        try {
            initRecord();  // 初始化录制操作
            mTimeCount = 0;  // 时间计数清零
            mTimer = new Timer();  // 创建一个计时器
            // 计时器每隔一秒就更新进度条上的录制进度
            mTimer.schedule(new TimerTask() {
                public void run() {
                    pb_record.setProgress(mTimeCount++);
                }
            }, 0, 1000);
        } catch (Exception e) {
            e.printStackTrace();
        }
    }

    // 停止录制
    public void stop() {
        if (mOnRecordFinishListener != null) {
            mOnRecordFinishListener.onRecordFinish();
        }
        pb_record.setProgress(0);  // 进度条归零
        if (mTimer != null) {
            mTimer.cancel();  // 取消计时器
        }
        cancelRecord();  // 取消录制操作
    }

    // 获取录制好的媒体文件路径
    public String getRecordFilePath() {
        return mRecordFilePath;
```

```
    }

    // 初始化录制操作
    private void initRecord() {
        mMediaRecorder = new MediaRecorder(); // 创建一个媒体录制器
        mMediaRecorder.setOnErrorListener(this); // 设置媒体录制器的错误监听器
        mMediaRecorder.setOnInfoListener(this); // 设置媒体录制器的信息监听器
        mMediaRecorder.setAudioSource(AudioSource.MIC); // 设置音频源为麦克风
        mMediaRecorder.setOutputFormat(OutputFormat.AMR_NB); // 设置媒体的输出格式
        mMediaRecorder.setAudioEncoder(AudioEncoder.AMR_NB); // 设置媒体的音频编码器
        // mMediaRecorder.setAudioSamplingRate(8); // 设置媒体的音频采样率。可选
        // mMediaRecorder.setAudioChannels(2); // 设置媒体的音频声道数。可选
        // mMediaRecorder.setAudioEncodingBitRate(1024); // 设置音频每秒录制的字节数。可选
        mMediaRecorder.setMaxDuration(10 * 1000); // 设置媒体的最大录制时长
        // mMediaRecorder.setMaxFileSize(1024*1024*10); // 设置媒体的最大文件大小
        // setMaxFileSize 与 setMaxDuration 设置其一即可
        mMediaRecorder.setOutputFile(mRecordFilePath); // 设置媒体文件的保存路径
        try {
            mMediaRecorder.prepare(); // 媒体录制器准备就绪
            mMediaRecorder.start(); // 媒体录制器开始录制
        } catch (Exception e) {
            e.printStackTrace();
        }
    }

    // 取消录制操作
    private void cancelRecord() {
        if (mMediaRecorder != null) {
            mMediaRecorder.setOnErrorListener(null); // 错误监听器置空
            mMediaRecorder.setPreviewDisplay(null); // 预览界面置空
            try {
                mMediaRecorder.stop(); // 媒体录制器停止录制
            } catch (Exception e) {
                e.printStackTrace();
            }
            mMediaRecorder.release(); // 媒体录制器释放资源
            mMediaRecorder = null;
        }
    }

    private OnRecordFinishListener mOnRecordFinishListener; // 声明一个录制完成监听器对象
    // 定义一个录制完成监听器接口
    public interface OnRecordFinishListener {
```

```
        void onRecordFinish();
    }

    // 设置录制完成监听器
    public void setOnRecordFinishListener(OnRecordFinishListener listener) {
        mOnRecordFinishListener = listener;
    }

    // 在录制发生错误时触发
    public void onError(MediaRecorder mr, int what, int extra) {
        if (mr != null) {
            mr.reset();  // 重置媒体录制器
        }
    }

    // 在录制遇到状况时触发
    public void onInfo(MediaRecorder mr, int what, int extra) {
        // 录制达到最大时长，或者达到文件大小限制，都停止录制
        if (what == MediaRecorder.MEDIA_RECORDER_INFO_MAX_DURATION_REACHED
                || what == MediaRecorder.MEDIA_RECORDER_INFO_MAX_FILESIZE_REACHED) {
            ck_record.setChecked(false);
        }
    }

    public void onCheckedChanged(CompoundButton buttonView, boolean isChecked) {
        if (buttonView.getId() == R.id.ck_record) {
            if (isChecked) {  // 开始录制
                ck_record.setText("停止录制");
                start();
            } else {  // 停止录制
                ck_record.setText("开始录制");
                stop();
            }
        }
    }
}
```

另外，注意录音与录像需要在 AndroidManifest.xml 中添加权限（录制操作通常会保存媒体文件，也就是操作 SD 卡，所以需要加上 SD 卡的读写权限）：

```
<!-- 录像/录音 -->
<uses-permission android:name="android.permission.CAMERA" />
<uses-permission android:name="android.permission.RECORD_VIDEO"/>
<uses-permission android:name="android.permission.RECORD_AUDIO" />
```

```
<!-- SD 卡 -->
<uses-permission android:name="android.permission.WRITE_EXTERNAL_STORAGE" />
<uses-permission android:name="android.permission.READ_EXTERNAL_STORAGE" />
<uses-permission android:name="android.permission.MOUNT_UNMOUNT_FILESYSTEMS" />
```

2. 媒体播放器 MediaPlayer

MediaPlayer 是 Android 自带的音频和视频播放器，可用于播放 MediaRecorder 录制的媒体文件，包括表 9-5 所示的文件格式，还有 MP3、WAV、MID、OGG 等音频文件，以及 MKV、MOV、AVI 等视频文件。

下面是 MediaPlayer 的常用方法（播音与放映通用）。

- reset：重置播放器。
- prepare：准备播放。
- start：开始播放。
- pause：暂停播放。
- stop：停止播放。
- setOnPreparedListener：设置准备播放监听器。需要实现接口 MediaPlayer.OnPreparedListener 的 onPrepared 方法。
- setOnCompletionListener：设置结束播放监听器。需要实现接口 MediaPlayer.OnCompletionListener 的 onCompletion 方法。
- setOnSeekCompleteListener：设置播放拖动监听器。需要实现接口 MediaPlayer.OnSeekCompleteListener 的 onSeekComplete 方法。
- create：创建指定 Uri 的播放器。
- setDataSource：设置播放数据来源的文件路径。create 与 setDataSource 两个方法只需调用一个。
- setVolume：设置音量。两个参数分别是左声道和右声道的音量，取值在 0～1 之间。
- setAudioStreamType：设置音频流的类型。音频流类型的取值说明见表 9-2。
- setLooping：设置是否循环播放。true 表示循环播放，false 表示只播放一次。
- isPlaying：判断是否正在播放。
- seekTo：拖动播放进度到指定位置。该方法可与拖动条 SeekBar 配合使用。
- getCurrentPosition：获取当前播放进度所在的位置。
- getDuration：获取播放时长，单位毫秒。

下面是使用 MediaPlayer 实现简单音频播放器的代码：

```
public class AudioPlayer extends LinearLayout implements
        OnCompletionListener, OnCheckedChangeListener {
    private Context mContext;  // 声明一个上下文对象
    private MediaPlayer mMediaPlayer;  // 声明一个媒体播放器对象
    private ProgressBar pb_play;  // 声明一个进度条对象
    private CheckBox ck_play;
    private Timer mTimer;  // 计时器
```

```
    private String mAudioPath;  // 音频文件的路径
    private boolean isFinished = true;  // 是否播放结束

    public AudioPlayer(Context context, AttributeSet attrs) {
        super(context, attrs);
        // 从布局文件 audio_player.xml 生成当前的布局视图
        LayoutInflater.from(context).inflate(R.layout.audio_player, this);
        // 从布局文件中获取名叫 pb_play 的进度条
        pb_play = findViewById(R.id.pb_play);
        ck_play = findViewById(R.id.ck_play);
        ck_play.setOnCheckedChangeListener(this);
    }

    // 根据 SD 卡的文件路径，初始化媒体播放器
    public void init(String path) {
        mAudioPath = path;
        ck_play.setEnabled(true);
        ck_play.setTextColor(Color.BLACK);
        mMediaPlayer = new MediaPlayer();  // 创建一个媒体播放器
        mMediaPlayer.setOnCompletionListener(this);  // 设置媒体播放器的播放完成监听器
    }

    // 从头开始播放
    private void play() {
        try {
            mMediaPlayer.reset();  // 重置媒体播放器
            // mMediaPlayer.setVolume(0.5f, 0.5f);  // 设置音量，可选
            mMediaPlayer.setAudioStreamType(AudioManager.STREAM_MUSIC);  // 设置音频类型为音乐
            // 录制完毕要等一秒钟再 setDataSource，因为此时可能尚未完成写入。
            mMediaPlayer.setDataSource(mAudioPath);  // 设置媒体数据的文件路径
            mMediaPlayer.prepare();  // 媒体播放器准备就绪
            mMediaPlayer.start();  // 媒体播放器开始播放
            // 设置进度条的最大值，也就是媒体的播放时长
            pb_play.setMax(mMediaPlayer.getDuration());
            mTimer = new Timer();  // 创建一个计时器
            // 计时器每隔一秒就更新进度条上的播放进度
            mTimer.schedule(new TimerTask() {
                public void run() {
                    pb_play.setProgress(mMediaPlayer.getCurrentPosition());
                }
            }, 0, 1000);
        } catch (Exception e) {
            e.printStackTrace();
```

```
        }
    }

    // 一旦发现媒体播放完毕，就触发播放完成监听器的 onCompletion 方法
    @Override
    public void onCompletion(MediaPlayer mp) {
        isFinished = true;
        pb_play.setProgress(100);
        ck_play.setChecked(false);
        if (mTimer != null) {
            mTimer.cancel();  // 取消计时器
        }
    }

    @Override
    public void onCheckedChanged(CompoundButton buttonView, boolean isChecked) {
        if (buttonView.getId() == R.id.ck_play) {
            if (isChecked) {  // 开始播放
                ck_play.setText("暂停播放");
                if (isFinished) {
                    play();  // 重新播放
                } else {
                    mMediaPlayer.start();  // 媒体播放器恢复播放
                }
                isFinished = false;
            } else {  // 暂停播放
                ck_play.setText("开始播放");
                mMediaPlayer.pause();  // 媒体播放器暂停播放
            }
        }
    }
}
```

由于音频本身没有对应的界面，因此只能使用进度条间接表达音频录制与播放进度。录音与播音的效果如图 9-18 和图 9-19 所示。其中，图 9-18 表示当前正在录音，图 9-15 表示当前正在播音。

图 9-18 正在录音的界面

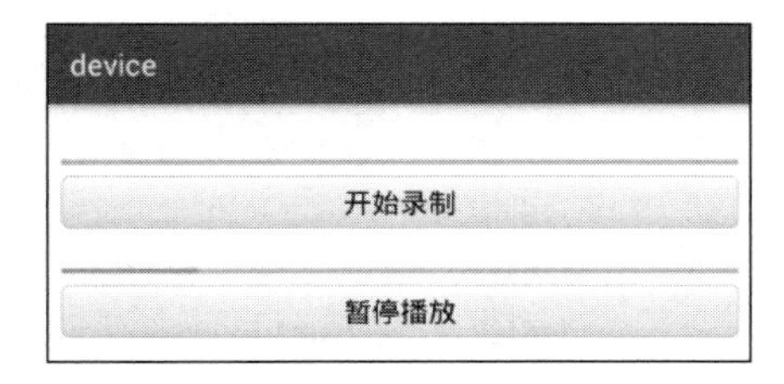

图 9-19 正在播音的界面

9.2.4 录像与放映

Android 录制视频与录音一样都使用媒体录制器 MediaRecorder，播放视频与播音一样都使用媒体播放器 MediaPlayer。MediaRecorder 和 MediaPlayer 处理音频与视频的大部分方法相同，不同的是录像与放映多出了对摄像头、表面视图以及视频进行编码和解码的操作。下面分别介绍 MediaRecorder 和 MediaPlayer 对视频的额外处理部分。

1. 媒体录制器 MediaRecorder（录像部分）

下面是 MediaRecorder 录制视频的专用方法（如果只是录音，就不需要这些方法）。

- setCamera：设置相机对象。
- setPreviewDisplay：设置预览界面。预览界面对象可通过 SurfaceHolder 对象的 getSurface 方法获得。
- setOrientationHint：设置预览的角度。跟拍照一样设置为 90，表示界面从水平方向到垂直方向旋转 90 度。
- setVideoSource：设置视频来源。一般使用 VideoSource.CAMERA 表示摄像头。
- setOutputFormat：设置媒体输出格式。媒体输出格式的取值说明见表 9-5。
- setVideoEncoder：设置视频编码器。一般使用 VideoEncoder.MPEG_4_SP 表示 MPEG4 编码。

注　意
该方法要在 setOutputFormat 方法之后调用，否则会报错 java.lang.IllegalStateException。

- setVideoSize：设置视频的分辨率。
- setVideoFrameRate：设置视频每秒录制的帧数。越大视频越连贯，当然最终生成的视频文件也越大。
- setVideoEncodingBitRate：设置视频每秒录制的字节数。越大视频越清晰，setVideoFrameRate 与 setVideoEncodingBitRate 设置一个即可。

录像与录音相比，在界面上增加了 SurfaceView，代码增加了对 SurfaceHolder、Camera 以及 MediaRecorder 录像部分的处理。其中与 MediaRecorder 有关的代码片段见下（完整源码参见本书附带 device 模块的 MediaRecorder.java）。

```
// 初始化录制操作
private void initRecord() {
    mMediaRecorder = new MediaRecorder();  // 创建一个媒体录制器
    mMediaRecorder.setCamera(mCamera);  // 设置媒体录制器的摄像头
    mMediaRecorder.setOnErrorListener(this);  // 设置媒体录制器的错误监听器
    mMediaRecorder.setOnInfoListener(this);  // 设置媒体录制器的信息监听器
    mMediaRecorder.setPreviewDisplay(mHolder.getSurface());  // 设置媒体录制器的预览界面
    mMediaRecorder.setVideoSource(VideoSource.CAMERA);  // 设置视频源为摄像头
    mMediaRecorder.setAudioSource(AudioSource.MIC);  // 设置音频源为麦克风
```

```
        mMediaRecorder.setOutputFormat(OutputFormat.MPEG_4);  // 设置媒体的输出格式
        mMediaRecorder.setAudioEncoder(AudioEncoder.AMR_NB);  // 设置媒体的音频编码器
        // 如果录像报错：MediaRecorder start failed: -19
        // 试试把 setVideoSize 和 setVideoFrameRate 注释掉，因为尺寸设置必须为摄像头所支持
        // mMediaRecorder.setVideoSize(mWidth, mHeight);  // 设置视频的分辨率
        // mMediaRecorder.setVideoFrameRate(16);  // 设置视频每秒录制的帧数
        // setVideoFrameRate 与 setVideoEncodingBitRate 设置其一即可
        mMediaRecorder.setVideoEncodingBitRate(1 * 1024 * 512);  // 设置视频每秒录制的字节数
        mMediaRecorder.setOrientationHint(90);  // 输出旋转 90 度，也就是保持竖屏录制
        mMediaRecorder.setVideoEncoder(VideoEncoder.MPEG_4_SP);  // 设置媒体的视频编码器
        mMediaRecorder.setMaxDuration(mRecordMaxTime * 1000);  // 设置媒体的最大录制时长
        // mMediaRecorder.setMaxFileSize(1024*1024*10);  // 设置媒体的最大文件大小
        // setMaxFileSize 与 setMaxDuration 设置其一即可
        mMediaRecorder.setOutputFile(mRecordFilePath);  // 设置媒体文件的保存路径
        try {
            mMediaRecorder.prepare();  // 媒体录制器准备就绪
            mMediaRecorder.start();  // 媒体录制器开始录制
        } catch (Exception e) {
            e.printStackTrace();
        }
    }
```

2. 媒体播放器 MediaPlayer（放映部分）

下面是 MediaPlayer 播放视频的专用方法（如果只是播音，就不需要这些方法）。

- setDisplay：设置播放界面，参数为 SurfaceHolder 类型。
- setSurface：设置播放表层，参数可通过 SurfaceHolder 对象的 getSurface 方法获得。setDisplay 与 setSurface 两个方法只需调用一个。
- setScreenOnWhilePlaying：设置是否使用 SurfaceHolder 显示，也就是是否保持屏幕高亮，从而持续播放视频。为 true 时只能调用 setDisplay，不能调用 setSurface。
- setVideoScalingMode：设置视频的缩放模式，默认为 MediaPlayer.VIDEO_SCALING_MODE_SCALE_TO_FIT，表示固定宽高。
- setOnVideoSizeChangedListener：设置视频缩放监听器。需要实现接口 MediaPlayer.OnVideoSizeChangedListener 的 onVideoSizeChanged 方法。

放映与播音相比，在界面上增加了 SurfaceView，所以布局文件要增加声明 SurfaceView，代码也增加了对 SurfaceView 的处理。主要代码变动是在调用 prepare 方法之前，增加调用 setDisplay 方法设置显示层，举例如下（完整源码参见本书附带 device 模块的 VideoPlayer.java）。

```
            // 把视频画面输出到表面视图 SurfaceView
            mMediaPlayer.setDisplay(sv_play.getHolder());
            // 媒体播放器准备就绪
            mMediaPlayer.prepare();
```

视频录制与播放的效果如图 9-20 和图 9-21 所示。其中，图 9-20 所示为录像时的界面，图 9-21 所示为放映时的界面。

图 9-20　录制视频时的效果图

图 9-21　播放视频时的效果图

9.3 传 感 器

本节介绍常见传感器的用法与相关应用场景，首先列举 Android 目前支持的传感器种类，然后对常用传感器分别进行说明，包括加速度传感器的用法和摇一摇的实现、磁场传感器的用法和指南针的实现，以及计步器、感光器、陀螺仪等其他传感器的基本用法。

9.3.1 传感器的种类

传感器 Sensor 是一系列感应器的总称，是 Android 设备用来感知周围环境和运动信息的工具。因为具体的感应信息依赖于相关硬件，所以虽然 Android 定义了众多感应器，但是并非每部手机都能支持这么多感应器，千元以下的低端手机往往只支持加速度等少数感应器。

传感器一般借助于硬件监听环境信息改变，有时会结合软件监听用户的运动信息。目前，Android 支持的传感器类型见表 9-7。

表 9-7　传感器类型的取值说明

编号	Sensor 类的传感器类型	传感器名称	说明
1	TYPE_ACCELEROMETER	加速度	常用于摇一摇功能
2	TYPE_MAGNETIC_FIELD	磁场	
3	TYPE_ORIENTATION	方向	已弃用，取而代之的是 getOrientation 方法

（续表）

编号	Sensor 类的传感器类型	传感器名称	说明
4	TYPE_GYROSCOPE	陀螺仪	用来感应手机的旋转和倾斜
5	TYPE_LIGHT	光线	用来感应手机正面的光线强弱
6	TYPE_PRESSURE	压力	用来感应气压
7	TYPE_TEMPERATURE	温度	已弃用，取而代之的是类型 13
8	TYPE_PROXIMITY	距离	
9	TYPE_GRAVITY	重力	
10	TYPE_LINEAR_ACCELERATION	线性加速度	
11	TYPE_ROTATION_VECTOR	旋转矢量	
12	TYPE_RELATIVE_HUMIDITY	相对湿度	
13	TYPE_AMBIENT_TEMPERATURE	环境温度	
14	TYPE_MAGNETIC_FIELD_UNCALIBRATED	无标定磁场	
15	TYPE_GAME_ROTATION_VECTOR	无标定旋转矢量	
16	TYPE_GYROSCOPE_UNCALIBRATED	未校准陀螺仪	
17	TYPE_SIGNIFICANT_MOTION	特殊动作	
18	TYPE_STEP_DETECTOR	步行检测	用户每走一步就触发一次事件
19	TYPE_STEP_COUNTER	步行计数	记录激活后的步伐数
20	TYPE_GEOMAGNETIC_ROTATION_VECTOR	地磁旋转矢量	
21	TYPE_HEART_RATE	心跳速率	可穿戴设备使用，如手环
22	TYPE_TILT_DETECTOR	倾斜检测	
23	TYPE_WAKE_GESTURE	唤醒手势	
24	TYPE_GLANCE_GESTURE	掠过手势	
25	TYPE_PICK_UP_GESTURE	拾起手势	

查看当前设备支持的传感器种类，可通过调用 SensorManager 对象的 getSensorList 方法获得，该方法返回了一个 Sensor 队列。遍历 Sensor 队列中的每个元素，调用 Sensor 对象的 getType 方法可获取该传感器的类型，调用 Sensor 对象的 getName 方法则可获取该传感器的名称。

如图 9-22 所示为某品牌手机上支持的传感器列表，包含目前 Android 系统定义的大部分传感器。

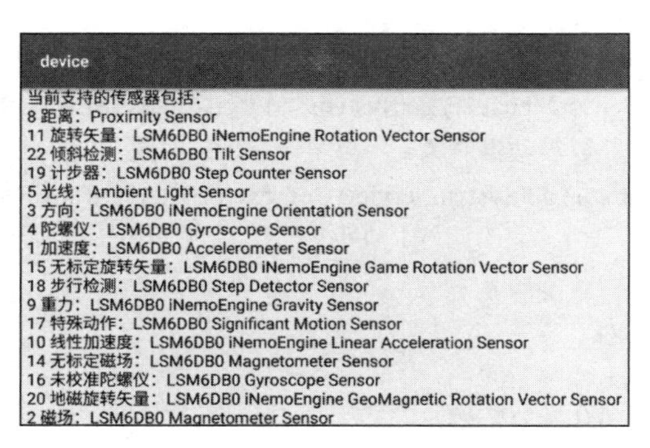

图 9-22　某品牌手机上支持的传感器列表

9.3.2 摇一摇——加速度传感器

加速度传感器是最常见的感应器，大部分智能手机都内置了加速度传感器。加速度传感器运用最广泛的功能是微信的摇一摇，用户通过摇晃手机寻找周围的人，其他类似的应用还摇骰子、玩游戏等。

下面以摇一摇的实现演示传感器开发的步骤。

步骤 01 声明一个 SensorManager 对象，该对象从系统服务 SENSOR_SERVICE 中获取实例。

步骤 02 重写 Activity 的 onResume 方法，在该方法中注册传感器监听事件，并指定待监听的传感器类型。例如，摇一摇功能要注册加速度传感器，代码示例如下：

```
// 给加速度传感器注册传感监听器
mSensorMgr.registerListener(this,
        mSensorMgr.getDefaultSensor(Sensor.TYPE_ACCELEROMETER),
        SensorManager.SENSOR_DELAY_NORMAL);
```

步骤 03 重写 Activity 的 onPause 方法，在该方法中注销传感器事件，代码示例如下：

```
// 注销当前活动的传感监听器
mSensorMgr.unregisterListener(this);
```

步骤 04 编写一个传感器事件监听器，该监听器继承自 SensorEventListener，同时需实现 onSensorChanged 和 onAccuracyChanged 两个方法。其中，前一个方法在感应信息变化时触发，业务逻辑都在这里处理；后一个方法在精度改变时触发，一般无须处理。

下面是使用加速度传感器实现简单摇一摇的完整代码：

```
public class AccelerationActivity extends AppCompatActivity implements SensorEventListener {
    private TextView tv_shake;
    private SensorManager mSensorMgr; // 声明一个传感管理器对象
    private Vibrator mVibrator; // 声明一个震动器对象

    protected void onCreate(Bundle savedInstanceState) {
        super.onCreate(savedInstanceState);
        setContentView(R.layout.activity_acceleration);
        tv_shake = findViewById(R.id.tv_shake);
        // 从系统服务中获取传感管理器对象
        mSensorMgr = (SensorManager) getSystemService(Context.SENSOR_SERVICE);
        // 从系统服务中获取震动器对象
        mVibrator = (Vibrator) getSystemService(Context.VIBRATOR_SERVICE);
    }

    protected void onPause() {
        super.onPause();
        // 注销当前活动的传感监听器
        mSensorMgr.unregisterListener(this);
```

```
    }

    protected void onResume() {
        super.onResume();
        // 给加速度传感器注册传感监听器
        mSensorMgr.registerListener(this,
                mSensorMgr.getDefaultSensor(Sensor.TYPE_ACCELEROMETER),
                SensorManager.SENSOR_DELAY_NORMAL);
    }

    public void onSensorChanged(SensorEvent event) {
        if (event.sensor.getType() == Sensor.TYPE_ACCELEROMETER) {  // 加速度变更事件
            // values[0]:X 轴，values[1]：Y 轴，values[2]：Z 轴
            float[] values = event.values;
            if ((Math.abs(values[0]) > 15 || Math.abs(values[1]) > 15 || Math.abs(values[2]) > 15)) {
                tv_shake.setText(DateUtil.getNowTime() + " 恭喜您摇一摇啦");
                // 系统检测到摇一摇事件后，震动手机提示用户
                mVibrator.vibrate(500);
            }
        }
    }

    // 当传感器精度改变时回调该方法，一般无需处理
    public void onAccuracyChanged(Sensor sensor, int accuracy) {}
}
```

这个例子很简单，一旦监测到手机的摇动幅度超过阈值，就在屏幕上打印摇一摇的结果说明文字，具体效果如图 9-23 所示。

device

22:50:11 恭喜您摇一摇啦

图 9-23　加速度传感器实现简单摇一摇

9.3.3　指南针——磁场传感器

顾名思义，指南针只要找到朝南的方向就好了，可是在 App 中并非使用一个方向传感器这么简单，事实上单独的方向传感器已经弃用，取而代之的是利用加速度传感器和磁场传感器，通过 SensorManager 的 getRotationMatrix 方法与 getOrientation 方法计算方向角度。

下面是结合加速度传感器与磁场传感器实现指南针的完整代码：

```
public class DirectionActivity extends AppCompatActivity implements SensorEventListener {
    private TextView tv_direction;
    private CompassView cv_sourth;  // 声明一个罗盘视图对象
    private SensorManager mSensorMgr;// 声明一个传感管理器对象
    private float[] mAcceValues;  // 加速度变更值的数组
    private float[] mMagnValues;  // 磁场强度变更值的数组
```

```
protected void onCreate(Bundle savedInstanceState) {
    super.onCreate(savedInstanceState);
    setContentView(R.layout.activity_direction);
    tv_direction = findViewById(R.id.tv_direction);
    // 从布局文件中获取名叫 cv_sourth 的罗盘视图
    cv_sourth = findViewById(R.id.cv_sourth);
    // 从系统服务中获取传感管理器对象
    mSensorMgr = (SensorManager) getSystemService(Context.SENSOR_SERVICE);
}

protected void onPause() {
    super.onPause();
    // 注销当前活动的传感监听器
    mSensorMgr.unregisterListener(this);
}

protected void onResume() {
    super.onResume();
    int suitable = 0;
    // 获取当前设备支持的传感器列表
    List<Sensor> sensorList = mSensorMgr.getSensorList(Sensor.TYPE_ALL);
    for (Sensor sensor : sensorList) {
        if (sensor.getType() == Sensor.TYPE_ACCELEROMETER) {  // 找到加速度传感器
            suitable += 1;
        } else if (sensor.getType() == Sensor.TYPE_MAGNETIC_FIELD) {  // 找到磁场传感器
            suitable += 10;
        }
    }
    if (suitable / 10 > 0 && suitable % 10 > 0) {
        // 给加速度传感器注册传感监听器
        mSensorMgr.registerListener(this,
                mSensorMgr.getDefaultSensor(Sensor.TYPE_ACCELEROMETER),
                SensorManager.SENSOR_DELAY_NORMAL);
        // 给磁场传感器注册传感监听器
        mSensorMgr.registerListener(this,
                mSensorMgr.getDefaultSensor(Sensor.TYPE_MAGNETIC_FIELD),
                SensorManager.SENSOR_DELAY_NORMAL);
    } else {
        cv_sourth.setVisibility(View.GONE);
        tv_direction.setText("当前设备不支持指南针，请检查是否存在加速度和磁场传感器");
    }
}
```

```
    public void onSensorChanged(SensorEvent event) {
        if (event.sensor.getType() == Sensor.TYPE_ACCELEROMETER) {   // 加速度变更事件
            mAcceValues = event.values;
        } else if (event.sensor.getType() == Sensor.TYPE_MAGNETIC_FIELD) {   // 磁场强度变更事件
            mMagnValues = event.values;
        }
        if (mAcceValues != null && mMagnValues != null) {
            calculateOrientation();   // 加速度和磁场强度两个都有了，才能计算磁极的方向
        }
    }

    //当传感器精度改变时回调该方法，一般无需处理
    public void onAccuracyChanged(Sensor sensor, int accuracy) {}

    // 计算指南针的方向
    private void calculateOrientation() {
        float[] values = new float[3];
        float[] R = new float[9];
        SensorManager.getRotationMatrix(R, null, mAcceValues, mMagnValues);
        SensorManager.getOrientation(R, values);
        values[0] = (float) Math.toDegrees(values[0]);
        // 设置罗盘视图中的指南针方向
        cv_sourth.setDirection((int) values[0]);
        if (values[0] >= -10 && values[0] < 10) {
            tv_direction.setText("手机上部方向是正北");
        } else if (values[0] >= 10 && values[0] < 80) {
            tv_direction.setText("手机上部方向是东北");
        } else if (values[0] >= 80 && values[0] <= 100) {
            tv_direction.setText("手机上部方向是正东");
        } else if (values[0] >= 100 && values[0] < 170) {
            tv_direction.setText("手机上部方向是东南");
        } else if ((values[0] >= 170 && values[0] <= 180) || (values[0]) >= -180 && values[0] < -170) {
            tv_direction.setText("手机上部方向是正南");
        } else if (values[0] >= -170 && values[0] < -100) {
            tv_direction.setText("手机上部方向是西南");
        } else if (values[0] >= -100 && values[0] < -80) {
            tv_direction.setText("手机上部方向是正西");
        } else if (values[0] >= -80 && values[0] < -10) {
            tv_direction.setText("手机上部方向是西北");
        }
    }
}
```

上述代码计算得到的只是手机上部与正北方向的角度，要想在手机上模拟指南针的效果，得自己写一个罗盘视图，然后在罗盘上绘制出正南方向的指针。罗盘视图上的指南针效果如图 9-24 和图 9-25 所示。其中，图 9-24 所示为手机上部对准正南方向的界面，此时指南针恰好位于朝上的方向；转动手机使上部对准正东方向，此时指南针转到了屏幕右边，如图 9-25 所示。

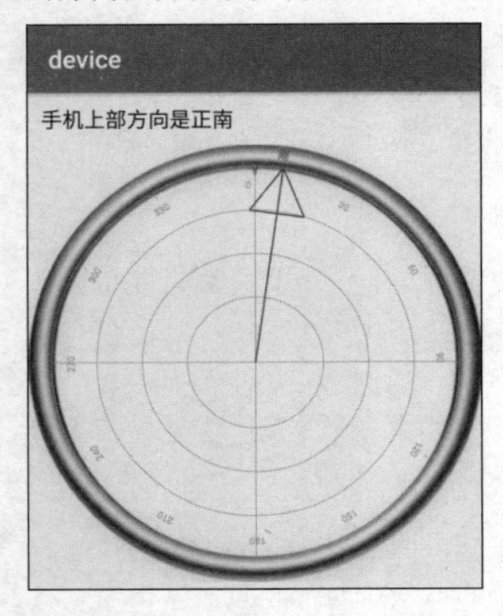

图 9-24　手机上部对准正南方向时的指南针

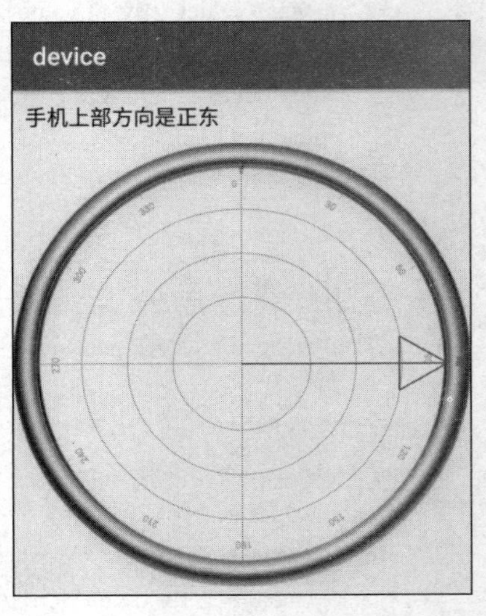

图 9-25　手机上部对准正东方向时的指南针

9.3.4　计步器、感光器和陀螺仪

其他传感器各有千秋，合理使用能够产生许多趣味应用。下面分别介绍几款用途较广的例子，包括计步器、感光器、陀螺仪等。

1. 计步器

计步器的原理是通过手机的前后摆动模拟步伐节奏的监测。Android 中与计步器有关的传感器有两个，一个是步行检测（TYPE_STEP_DETECTOR），另一个是步行计数（TYPE_STEP_COUNTER）。其中，步行检测的返回数值为 1 时，表示当前监测到一个步伐；步行计数的返回数值是累加后的数值，表示本次开机激活后的总步伐数。

下面是使用计步器的代码片段：

```
public void onSensorChanged(SensorEvent event) {
    if (event.sensor.getType() == Sensor.TYPE_STEP_DETECTOR) {   // 步行检测事件
        if (event.values[0] == 1.0f) {
            mStepDetector++;
        }
    } else if (event.sensor.getType() == Sensor.TYPE_STEP_COUNTER) {   // 计步器事件
        mStepCounter = (int) event.values[0];
    }
    String desc = String.format("设备检测到您当前走了%d 步，总计数为%d 步",
            mStepDetector, mStepCounter);
```

```
        tv_step.setText(desc);
    }
```

计步器的效果如图 9-26 所示，可以看到计步器的总计数是累加值。

图 9-26　计步器的效果界面

2. 感光器

感光器也叫光线传感器，借助于前置摄像头的曝光，一旦遮住前置摄像头，传感器监测到的光线强度立马就会降低。在实际开发中，光线传感器往往用于感应手机正面的光线强弱，从而自动调节屏幕亮度。

使用光线传感器的代码片段如下：

```
public void onSensorChanged(SensorEvent event) {
    if (event.sensor.getType() == Sensor.TYPE_LIGHT) {  // 光线强度变更事件
        float light_strength = event.values[0];
        tv_light.setText(DateUtil.getNowTime() + " 当前光线强度为" + light_strength);
    }
}
```

光线传感器的效果如图 9-27 所示，光线强度的数值每时每刻都在变化。

图 9-27　光线传感器的效果界面

3. 陀螺仪

陀螺仪顾名思义是测量平衡的仪器，它的测量结果为当前与上次位置之间的倾斜角度，这个角度描述的是三维空间上的夹角，因而其数值由 x、y、z 三个坐标轴上的角度偏移组成。由于陀螺仪具备三维角度的测量功能，因此它又被称作角速度传感器。前面介绍的加速度传感器只能检测线性距离的大小，而陀螺仪能够检测旋转角度的大小，所以利用陀螺仪可以还原三维物体的转动行为。

下面是使用陀螺仪的主要代码片段：

```
private float mTimestamp;  // 记录上次的时间戳
private float mAngle[] = new float[3];  // 记录 x、y、z 三个方向上的旋转角度
```

```
    public void onSensorChanged(SensorEvent event) {
        // Sensor.TYPE_GYROSCOPE 表示当前事件为陀螺仪传感器
        if (event.sensor.getType() == Sensor.TYPE_GYROSCOPE) {
            if (mTimestamp != 0) {
                final float dT = (event.timestamp - mTimestamp) * NS2S;
                mAngle[0] += event.values[0] * dT;
                mAngle[1] += event.values[1] * dT;
                mAngle[2] += event.values[2] * dT;
                // x 轴的旋转角度，手机平放桌上，然后绕侧边转动
                float angleX = (float) Math.toDegrees(mAngle[0]);
                // y 轴的旋转角度，手机平放桌上，然后绕底边转动
                float angleY = (float) Math.toDegrees(mAngle[1]);
                // z 轴的旋转角度，手机平放桌上，然后绕垂直线水平旋转
                float angleZ = (float) Math.toDegrees(mAngle[2]);
                String desc = String.format("陀螺仪检测到当前 x 轴方向的转动角度为%f，y 轴方向的转动角度为%f，z 轴方向的转动角度为%f", angleX, angleY, angleZ);
                tv_gyroscope.setText(desc);
            }
            mTimestamp = event.timestamp;
        }
    }
```

沿着不同方向转动手机，陀螺仪的感应结果如图 9-28 到图 9-30 所示，其中图 9-28 为手机绕侧边转动的截图，可见此时 x 轴方向的旋转角度较大；图 9-29 为手机绕底边转动的截图，可见此时 y 轴方向的旋转角度较大；图 9-30 为手机绕垂直线水平旋转的截图，可见此时 z 轴方向的旋转角度较大。

device

陀螺仪检测到当前x轴方向的转动角度为62.854118，y轴方向的转动角度为0.744626，z轴方向的转动角度为0.708709

图 9-28　X 轴的角度感应

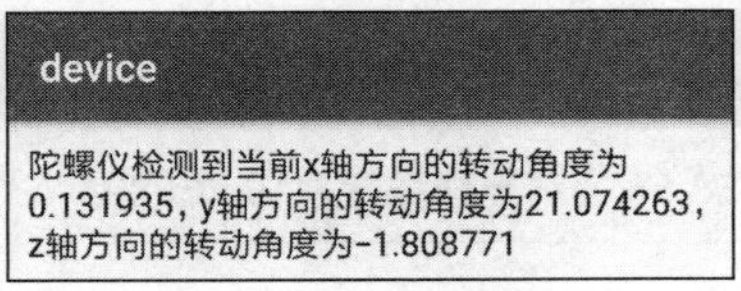

device

陀螺仪检测到当前x轴方向的转动角度为0.131935，y轴方向的转动角度为21.074263，z轴方向的转动角度为-1.808771

图 9-29　Y 轴的角度感应

device

陀螺仪检测到当前x轴方向的转动角度为0.402000，y轴方向的转动角度为-0.259829，z轴方向的转动角度为-90.568275

图 9-30　Z 轴的角度感应

9.4 手机定位

本节介绍手机定位的手段与实现，首先阐述手机定位的工作原理，接着指出各类定位手段对应的手机功能开关；然后对定位的相关工具类进行详细说明，包括定位条件器 Criteria、定位管理器 LocationManager、定位监听器 LocationListener；最后演示通过定位功能获取定位信息的用法。

9.4.1　开启定位功能

不管近在眼前，还是远在天边，无论身在何处，茫茫人海总能找到你的绿野仙踪。如此神奇的特异功能，随着现代科技的发展，终于由定位导航技术实现了。定位功能使用得相当广泛，许多 App 都需要使用定位功能找到用户所在的城市，然后切换到对应的城市频道。根据不同的定位方式，手机定位又分为卫星定位和网络定位两大类。

卫星定位服务由几个全球卫星导航系统提供，主要包括美国 GPS、俄罗斯格洛纳斯、中国北斗。卫星定位的原理是根据多颗卫星与导航芯片的通信结果得到手机与卫星距离，然后计算手机当前所处的经度、纬度以及海拔高度，具体场景如图 9-31 所示。使用卫星定位需开启手机上的 GPS 功能，并且最好在室外使用，因为室内不容易收到卫星的定位信号。

网络定位有基站定位与 WiFi 定位两个子类。手机插上运营商提供的 SIM 卡后，这个 SIM 卡会搜索周围的基站信号并接入通信服务。手机基站俗称铁塔，每个铁塔都有对应的编号、位置信息、信号覆盖区域。基站定位的原理是监测 SIM 卡能搜索到周围的哪些基站，手机必然处于这些基站信号覆盖的重叠区域，再根据每个基站的位置信息就能得出手机的大致方位了，具体场景如图 9-32 所示。使用基站定位需开启手机上的数据连接功能。

图 9-31　卫星定位的应用场景

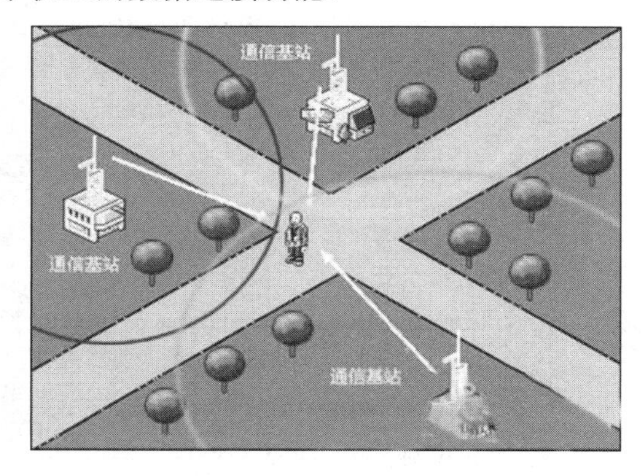

图 9-32　基站定位的应用场景

WiFi 定位的原理是手机接入某个公共热点网络，比如首都机场的 WiFi，提供 WiFi 热点的路由器有自身的 MAC 地址与电信宽带的网络 IP，通过查询 WiFi 路由器的位置便可得知接入该 WiFi 手机的大致位置。使用 WiFi 定位需开启手机上的 WLAN 功能。

无论是基站定位还是 WiFi 定位，手机自身只能获取基站与 WiFi 路由器的信息，无法直接得到手机的位置信息。要想获得具体的方位，必须先把基站或 WiFi 路由器的信息传给位置服务提供商（比如高德地图或百度地图），位置服务器储存了每个基站和 WiFi 路由器的编号、MAC 地址、实际位置，从这个庞大的网络数据库找到具体基站或 WiFi 的详细位置，再返回给手机客户端。因为需要后端的网络参与计算手机的位置信息，所以基站定位和 WiFi 定位统称为网络定位，国产手机网络定位的计算功能由高德地图和百度地图分别提供。

既然无论使用卫星定位，还是基站定位、WiFi 定位，都要开启对应的手机功能，那么首先得获取这些功能的开关状态，然后根据需要开启或关闭对应的功能。下面是对 GPS、数据连接、WLAN 功能进行状态获取和开关操作的代码：

```
    // 获取定位功能的开关状态
```

```
public static boolean getGpsStatus(Context ctx) {
    // 从系统服务中获取定位管理器
    LocationManager lm = (LocationManager) ctx.getSystemService(Context.LOCATION_SERVICE);
    return lm.isProviderEnabled(LocationManager.GPS_PROVIDER);
}

// 检查定位功能是否打开，若未打开则跳到系统的定位功能设置页面
public static void checkGpsIsOpen(Context ctx, String hint) {
    if (!getGpsStatus(ctx)) {
        Toast.makeText(ctx, hint, Toast.LENGTH_SHORT).show();
        Intent intent = new Intent(Settings.ACTION_LOCATION_SOURCE_SETTINGS);
        ctx.startActivity(intent);
    }
}

// 获取无线网络的开关状态
public static boolean getWlanStatus(Context ctx) {
    // 从系统服务中获取无线网络管理器
    WifiManager wm = (WifiManager) ctx.getSystemService(Context.WIFI_SERVICE);
    return wm.isWifiEnabled();
}

// 打开或关闭无线网络
public static void setWlanStatus(Context ctx, boolean enabled) {
    // 从系统服务中获取无线网络管理器
    WifiManager wm = (WifiManager) ctx.getSystemService(Context.WIFI_SERVICE);
    wm.setWifiEnabled(enabled);
}

// 获取数据连接的开关状态
public static boolean getMobileDataStatus(Context ctx) {
    // 从系统服务中获取连接管理器
    ConnectivityManager cm = (ConnectivityManager)
            ctx.getSystemService(Context.CONNECTIVITY_SERVICE);
    boolean isOpen = false;
    try {
        String methodName = "getMobileDataEnabled";  // 这是隐藏方法，需要通过反射调用
        Method method = cm.getClass().getMethod(methodName);
        isOpen = (Boolean) method.invoke(cm);
    } catch (Exception e) {
        e.printStackTrace();
    }
    return isOpen;
```

```
    }

    // 打开或关闭数据连接
    public static void setMobileDataStatus(Context ctx, boolean enabled) {
        // 从系统服务中获取连接管理器
        ConnectivityManager cm = (ConnectivityManager)
                ctx.getSystemService(Context.CONNECTIVITY_SERVICE);
        try {
            String methodName = "setMobileDataEnabled";  // 这是隐藏方法，需要通过反射调用
            Method method = cm.getClass().getMethod(methodName, Boolean.TYPE);
            method.invoke(cm, enabled);
        } catch (Exception e) {
            e.printStackTrace();
        }
    }
```

以上定位的相关功能还需在 AndroidManifest.xml 中补充对应的权限信息，具体的权限说明如下：

```
    <!-- 定位 -->
    <uses-permission android:name="android.permission.ACCESS_FINE_LOCATION" />
    <uses-permission android:name="android.permission.ACCESS_COARSE_LOCATION" />
    <!-- 查看网络状态 -->
    <uses-permission android:name="android.permission.ACCESS_NETWORK_STATE" />
    <uses-permission android:name="android.permission.ACCESS_WIFI_STATE" />
    <!-- 查看手机状态 -->
    <uses-permission android:name="android.permission.READ_PHONE_STATE" />
```

9.4.2　获取定位信息

开启定位相关功能只是将定位的前提条件准备好，若想获得手机当前所处的位置信息，还要依靠一系列定位工具。与定位信息获取有关的工具有定位条件器 Criteria、定位管理器 LocationManager、定位监听器 LocationListener。下面对这 3 个工具分别进行介绍。

1. 定位条件器 Criteria

定位条件器用于设置定位的前提条件，比如精度、速度、海拔、方位等信息，有以下 6 个常用参数。

- setAccuracy：设置定位精确度。有两个取值，Criteria.ACCURACY_FINE 表示精度高，Criteria.ACCURACY_COARSE 表示精度低。
- setSpeedAccuracy：设置速度精确度。速度精确度的取值说明见表 9-8。

表 9-8　速度精确度的取值说明

Criteria 类的速度精确度	说明
ACCURACY_HIGH	精度高，误差小于 100 米
ACCURACY_MEDIUM	精度中等，误差在 100 米到 500 米之间
ACCURACY_LOW	精度低，误差大于 500 米

- setAltitudeRequired：设置是否需要海拔信息。取值 true 表示需要，false 表示不需要。
- setBearingRequired：设置是否需要方位信息。取值 true 表示需要，false 表示不需要。
- setCostAllowed：设置是否允许运营商收费。取值 true 表示允许，false 表示不允许。
- setPowerRequirement：设置对电源的需求。有 3 个取值，Criteria.POWER_LOW 表示耗电低，Criteria.POWER_MEDIUM 表示耗电中等，Criteria.POWER_HIGH 表示耗电高。

2. 定位管理器 LocationManager

定位管理器用于获取定位信息的提供者、设置监听器，并获取最近一次的位置信息。定位管理器的对象从系统服务 LOCATION_SERVICE 获取，常用方法有以下 7 个。

- getBestProvider：获取最佳的定位提供者。第一个参数为定位条件器 Criteria 的实例，第二个参数取值 true 表示只要可用的。定位提供者的取值说明见表 9-9。

表 9-9　定位提供者的取值说明

定位提供者的名称	说明	定位功能的开启状态
gps	卫星定位	开启 GPS 功能
network	网络定位	开启数据连接或 WLAN 功能
passive	无法定位	未开启定位相关功能

- isProviderEnabled：判断指定的定位提供者是否可用。
- getLastKnownLocation：获取最近一次的定位地点。
- requestLocationUpdates：设置定位监听器。其中，第一个参数为定位提供者，第二个参数为位置更新的最小间隔时间，第三个参数为位置更新的最小距离，第四个参数为定位监听器实例。
- removeUpdates：移除定位监听器。
- addGpsStatusListener：添加定位状态的监听器。该监听器需实现 GpsStatus.Listener 接口的 onGpsStatusChanged 方法。
- removeGpsStatusListener：移除定位状态的监听器。

3. 定位监听器 LocationListener

定位监听器用于监听定位信息的变化事件，如定位提供者的开关、位置信息发生变化等。该监听器可使用以下 4 种方法。

- onLocationChanged：在位置地点发生变化时调用。在此可获取最新的位置信息。
- onProviderDisabled：在定位提供者被用户关闭时调用。

- onProviderEnabled：在定位提供者被用户开启时调用。
- onStatusChanged：在定位提供者的状态变化时调用。定位提供者的状态取值见表 9-10。

表 9-10　定位提供者的状态取值说明

LocationProvider 类的状态类型	说明
OUT_OF_SERVICE	在服务范围外
TEMPORARILY_UNAVAILABLE	暂时不可用
AVAILABLE	可用状态

获取定位信息的示例代码如下：

```
public class LocationActivity extends AppCompatActivity {
    private TextView tv_location;
    private String mLocation = "";
    private LocationManager mLocationMgr;  // 声明一个定位管理器对象
    private Criteria mCriteria = new Criteria();  // 声明一个定位准则对象
    private Handler mHandler = new Handler();  // 声明一个处理器
    private boolean isLocationEnable = false;  // 定位服务是否可用

    protected void onCreate(Bundle savedInstanceState) {
        super.onCreate(savedInstanceState);
        setContentView(R.layout.activity_location);
        tv_location = findViewById(R.id.tv_location);
        SwitchUtil.checkGpsIsOpen(this, "需要打开定位功能才能查看定位结果信息");
    }

    protected void onResume() {
        super.onResume();
        mHandler.removeCallbacks(mRefresh);  // 移除定位刷新任务
        initLocation();  // 初始化定位服务
        mHandler.postDelayed(mRefresh, 100);  // 延迟 100 毫秒启动定位刷新任务
    }

    // 初始化定位服务
    private void initLocation() {
        // 从系统服务中获取定位管理器
        mLocationMgr = (LocationManager) getSystemService(Context.LOCATION_SERVICE);
        // 设置定位精确度。ACCURACY_COARSE 表示粗略，ACCURACY_FIN 表示精细
        mCriteria.setAccuracy(Criteria.ACCURACY_FINE);
        mCriteria.setAltitudeRequired(true);  // 设置是否需要海拔信息
        mCriteria.setBearingRequired(true);  // 设置是否需要方位信息
        mCriteria.setCostAllowed(true);  // 设置是否允许运营商收费
        mCriteria.setPowerRequirement(Criteria.POWER_LOW);  // 设置对电源的需求
```

```
        // 获取定位管理器的最佳定位提供者
        String bestProvider = mLocationMgr.getBestProvider(mCriteria, true);
        if (mLocationMgr.isProviderEnabled(bestProvider)) {  // 定位提供者当前可用
            tv_location.setText("正在获取" + bestProvider + "定位对象");
            mLocation = String.format("定位类型=%s", bestProvider);
            beginLocation(bestProvider);
            isLocationEnable = true;
        } else {  // 定位提供者暂不可用
            tv_location.setText("\n" + bestProvider + "定位不可用");
            isLocationEnable = false;
        }
    }

    // 设置定位结果文本
    private void setLocationText(Location location) {
        if (location != null) {
            String desc = String.format("%s\n 定位对象信息如下：  " +
                            "\n\t 其中时间：%s" + "\n\t 其中经度：%f，纬度：%f" +
                            "\n\t 其中高度：%d 米，精度：%d 米",
                    mLocation, DateUtil.getNowDateTimeFormat(),
                    location.getLongitude(), location.getLatitude(),
                    Math.round(location.getAltitude()), Math.round(location.getAccuracy()));
            tv_location.setText(desc);
        } else {
            tv_location.setText(mLocation + "\n 暂未获取到定位对象");
        }
    }

    // 开始定位
    private void beginLocation(String method) {
        // 检查当前设备是否已经开启了定位功能
        if (ActivityCompat.checkSelfPermission(this, Manifest.permission.ACCESS_FINE_LOCATION)
                != PackageManager.PERMISSION_GRANTED) {
            Toast.makeText(this, "请授予定位权限并开启定位功能", Toast.LENGTH_SHORT).show();
            return;
        }
        // 设置定位管理器的位置变更监听器
        mLocationMgr.requestLocationUpdates(method, 300, 0, mLocationListener);
        // 获取最后一次成功定位的位置信息
        Location location = mLocationMgr.getLastKnownLocation(method);
        setLocationText(location);
    }
```

```
    // 定义一个位置变更监听器
    private LocationListener mLocationListener = new LocationListener() {
        public void onLocationChanged(Location location) {   // 位置发生变化时触发
            setLocationText(location);
        }

        public void onProviderDisabled(String arg0) {} // 定位提供者不可用时触发

        public void onProviderEnabled(String arg0) {} // 定位提供者可用时触发

        public void onStatusChanged(String arg0, int arg1, Bundle arg2) {} // 状态变更时触发
    };

    // 定义一个刷新任务，若无法定位则每隔一秒就尝试定位
    private Runnable mRefresh = new Runnable() {
        public void run() {
            if (!isLocationEnable) {
                initLocation();
                mHandler.postDelayed(this, 1000);
            }
        }
    };

    protected void onDestroy() {
        if (mLocationMgr != null) {
            // 移除定位管理器的位置变更监听器
            mLocationMgr.removeUpdates(mLocationListener);
        }
        super.onDestroy();
    }
}
```

获取定位信息的效果如图 9-33 所示，当前定位类型是卫星定位，定位结果是东经 119 度、北纬 26 度，海拔高度 137 米，定位精度 13 米。

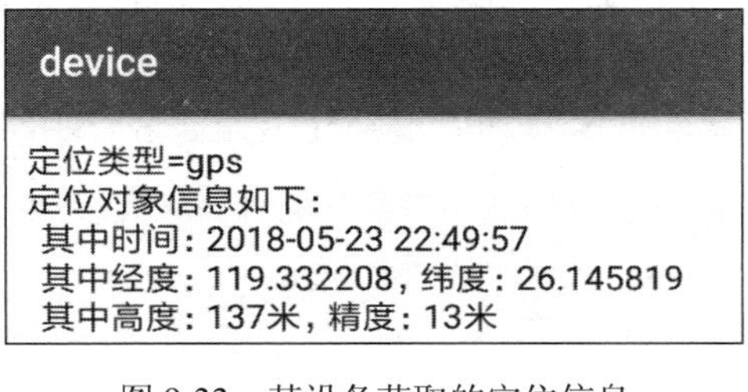

device

定位类型=gps
定位对象信息如下：
 其中时间：2018-05-23 22:49:57
 其中经度：119.332208，纬度：26.145819
 其中高度：137米，精度：13米

图 9-33　某设备获取的定位信息

9.5 短距离通信

手机除了可以操纵自身装载的设备，还能借助短距离通信技术来控制附近的设备，比如刷卡、遥控电器、播放蓝牙音箱等。本节就介绍常见的几种短距离通信技术，首先描述了 NFC 与 RFID 两种标准的异同点，以及 NFC 近场通信在 App 开发中的运用；然后说明红外遥控和射频遥控各自的适用场景，以及如何利用红外信号遥控家用电器；最后阐述了普通蓝牙与低功耗蓝牙（BLE）的区别，以及两台蓝牙设备如何发现对方并进行配对。

9.5.1 NFC 近场通信

NFC 的全称是“Near Field Communication”，意思是近场通信、与邻近的区域通信。大众所熟知的 NFC 技术应用，主要是智能手机的刷卡支付功能。别看智能手机是近十年前才出现的，NFC 的历史可比智能手机要悠久得多，它脱胎于上世纪的 RFID 无线射频识别技术。

所谓 RFID 是“Radio Frequency Identification”的缩写，它通过无线电信号便可识别特定目标并读写数据，而无需自身与该目标之间建立任何机械或者光学接触。像日常生活中的门禁卡、公交卡，乃至二代身份证，都是采用了 RFID 技术的卡片。若想读写这些 RFID 卡片，则需相应的读卡器，只要用户把卡片靠近，读卡器就会产生感应动作。

既然 RFID 已经广泛使用，那么何苦又要另外制定 NFC 标准呢？其实正是因为 RFID 用得地方太多了，导致随意性较大，反而不便于更好地管控。所以业界重新定义了 NFC 规范，试图在两个方面弥补 RFID 的固有缺憾：

（1）RFID 的信号传播距离较远，致使位于远处的设备也可能获取卡片信息，这对安全性较高的场合是不可接受的。而 NFC 的有效工作距离在十厘米之内，即可避免卡片信息被窃取的风险。

（2）RFID 的读写操作是单向的，也就是说，只有读卡器能读写卡片，卡片不能拿读卡器怎么样。现在 NFC 不再沿用“读卡器——卡片”的模式，取而代之的是只有 NFC 设备的概念，两个 NFC 设备允许互相读写，既可以由设备 A 读写设备 B，也可以由设备 B 读写设备 A。

改进之后的 NFC 技术既提高了安全性，又拓宽了应用场合，同时还兼容现有的大部分 RFID 卡片，因此在智能手机上运用 NFC 而非 RFID 也就不足为怪了。

带有 NFC 功能的手机，在实际生活中主要有三项应用：读卡器、仿真卡（把手机当卡片用）、分享内容（两部手机之间传输数据）。为了能更迅速地了解 NFC 技术在 Android 中的开发流程，下面通过相对简单的读卡器功能，来介绍如何进行手机 App 的 NFC 开发。

步骤 01 首先要在 AndroidManifest.xml 中声明 NFC 的操作权限，下面是配置声明的例子：

```
<!-- NFC -->
<uses-permission android:name="android.permission.NFC" />
<!-- 仅在支持 NFC 的设备上运行 -->
<uses-feature android:name="android.hardware.nfc" android:required="true" />
```

步骤 02 其次还要对活动页面声明 NFC 过滤器，目前 Android 支持 NDEF_DISCOVERED、TAG_DISCOVERED、TECH_DISCOVERED 这三种，最好把它们都加入到过滤器列表中，示例如下：

```
<activity android:name=".NfcActivity">
    <intent-filter>
        <action android:name="android.nfc.action.NDEF_DISCOVERED" />
    </intent-filter>
    <intent-filter>
        <action android:name="android.nfc.action.TAG_DISCOVERED" />
        <category android:name="android.intent.category.DEFAULT" />
    </intent-filter>
    <intent-filter>
        <action android:name="android.nfc.action.TECH_DISCOVERED" />
    </intent-filter>
    <meta-data
        android:name="android.nfc.action.TECH_DISCOVERED"
        android:resource="@xml/nfc_tech_filter" />
</activity>
```

其中 TECH_DISCOVERED 类型另外指定了过滤器的来源是@xml/nfc_tech_filter，该文件的实际路径为 xml/nfc_tech_filter.xml，文件内容如下所示：

```
<resources>
    <!-- 可以处理所有 Android 支持的 NFC 类型 -->
    <tech-list>
        <tech>android.nfc.tech.NfcA</tech>
        <tech>android.nfc.tech.NfcB</tech>
        <tech>android.nfc.tech.NfcF</tech>
        <tech>android.nfc.tech.NfcV</tech>
        <tech>android.nfc.tech.IsoDep</tech>
        <tech>android.nfc.tech.Ndef</tech>
        <tech>android.nfc.tech.NdefFormatable</tech>
        <tech>android.nfc.tech.MifareClassic</tech>
        <tech>android.nfc.tech.MifareUltralight</tech>
    </tech-list>
</resources>
```

上面的过滤器列表乍看过去真是令人大吃一惊，这都是些什么东东，它们之间有哪些区别呢？倘若认真对这几个专业术语追根溯源，势必要一番长篇大论才能理清其中的历史脉络，因此不妨将事情简单化，这些 NFC 类型只不过是一个大家族内部的兄弟姐妹罢了。譬如说中国近代史上显赫的宋氏三姐妹，原是同一对父母，然后分别嫁给三个人罢了。NFC 类型虽多，常见的 NfcA、NfcB、IsoDep 三个系出 ISO 14443 标准（即 RFID 卡标准），它们仨各自用于生活中的几种场景，说明如下：

（1）NfcA 遵循 ISO 14443-3A 标准，常用于门禁卡。

（2）NfcB 遵循 ISO 14443-3B 标准，常用于二代身份证。

（3）IsoDep 遵循 ISO 14443-4 标准，常用于公交卡。

除了以上三个常见的子标准，NFC 另有其他几个子标准，这些子标准的名称及其适用场合详见表 9-11。

表 9-11　NFC 各子标准的使用场景

NFC 数据格式名称	ISO 标准名称	实际应用场合
NfcA	ISO 14443-3A	门禁卡
NfcB	ISO 14443-3B	二代身份证
NfcF	JIS 6319-4	香港八达通
NfcV	ISO 15693	深圳图书馆读者证
IsoDep	ISO 14443-4	北京一卡通、深圳通、西安长安通、武汉通、广州羊城通

步骤 03　好不容易把 AndroidManifest.xml 的相关配置弄完，接着便是代码方面的处理逻辑了。NFC 编码主要有 3 个步骤：初始化适配器、启用感应/禁用感应、接收到感应消息并对消息解码，下面分别进行介绍。

1. 初始化 NFC 适配器

这里的初始化动作又可分解为 3 部分：

（1）调用 NfcAdapter 类的 getDefaultAdapter 方法，获取系统当前默认的 NFC 适配器。这个 NfcAdapter 与列表适配器的概念不一样，它其实是 Android 的 NFC 管理工具。

（2）声明一个延迟意图，告诉系统一旦接收到 NFC 感应，则应当启动哪个页面进行处理。

（3）定义一个 NFC 消息的过滤器，这个过滤器是 AndroidManifest.xml 所配置过滤器的子集。因为接下来要读取的卡片兼容 RFID 标准（ISO14443 家族），所以过滤器的动作名称为 NfcAdapter.ACTION_TECH_DISCOVERED，并且设置该动作包含了两项卡片标准，分别是 NfcA（用于门禁卡）和 IsoDep（用于公交卡）。

详细的 NFC 初始化代码示例如下：

```
private NfcAdapter mNfcAdapter;  // 声明一个 NFC 适配器对象
private void initNfc() {
    // 获取默认的 NFC 适配器
    mNfcAdapter = NfcAdapter.getDefaultAdapter(this);
    if (mNfcAdapter == null) {
        tv_nfc_result.setText("当前手机不支持 NFC");
        return;
    } else if (!mNfcAdapter.isEnabled()) {
        tv_nfc_result.setText("请先在系统设置中启用 NFC 功能");
        return;
    }
    // 探测到 NFC 卡片后，必须以 FLAG_ACTIVITY_SINGLE_TOP 方式启动 Activity，
    // 或者在 AndroidManifest.xml 中设置 launchMode 属性为 singleTop 或者 singleTask，
```

```
        // 保证无论 NFC 标签靠近手机多少次，Activity 实例都只有一个。
        Intent intent = new Intent(this, NfcActivity.class)
                .addFlags(Intent.FLAG_ACTIVITY_SINGLE_TOP);
        // 声明一个 NFC 卡片探测事件的相应动作
        mPendingIntent = PendingIntent.getActivity(this, 0,
                intent, PendingIntent.FLAG_UPDATE_CURRENT);
        try {
            // 定义一个过滤器（检测到 NFC 卡片）
            mFilters = new IntentFilter[]{new IntentFilter(NfcAdapter.ACTION_TECH_DISCOVERED,
"*/*")};
        } catch (Exception e) {
            e.printStackTrace();
        }
        // 读标签之前先确定标签类型
        mTechLists = new String[][]{new String[]{NfcA.class.getName()}, {IsoDep.class.getName()}};
    }
```

2. 启用 NFC 感应/禁用 NFC 感应

为了让测试 App 能够接收 NFC 的感应动作，需要重载 Activity 的 onResume 函数，在该函数中调用 NFC 适配器的 enableForegroundDispatch 方法，指定启用 NFC 功能时的响应动作以及过滤条件。另外也需重载 onPause 函数，在该函数中调用 NFC 适配器的 disableForegroundDispatch 方法，表示当前页面在暂停状态之时不再接收 NFC 感应消息。具体的 NFC 启用和禁用代码如下所示：

```
    protected void onResume() {
        super.onResume();
        if (mNfcAdapter!=null && mNfcAdapter.isEnabled()) {
            // 为本 App 启用 NFC 感应
            mNfcAdapter.enableForegroundDispatch(this, mPendingIntent, mFilters, mTechLists);
        }
    }

    public void onPause() {
        super.onPause();
        if (mNfcAdapter!=null && mNfcAdapter.isEnabled()) {
            // 禁用本 App 的 NFC 感应
            mNfcAdapter.disableForegroundDispatch(this);
        }
    }
```

3. 接收到感应消息并对消息解码

通过前面的第二步启用 NFC 感应之后，一旦 App 接收到感应消息，就会回调 Activity 的

onNewIntent 函数，因此开发者可以重写该函数来处理 NFC 的消息内容。以 NFC 技术常见的小区门禁卡为例，门禁卡采取的子标准为 NfcA，对应的数据格式则为 MifareClassic。于是利用 MifareClassic 类的相关方法即可获取卡片数据，下面是 MifareClassic 类的方法说明。

- get：从 Tag 对象中获取卡片对象的信息。该方法为静态方法。
- connect：连接卡片数据。
- close：释放卡片数据。
- getType：获取卡片的类型。TYPE_CLASSIC 表示传统类型，TYPE_PLUS 表示增强类型，TYPE_PRO 表示专业类型。
- getSectorCount：获取卡片的扇区数量。
- getBlockCount：获取卡片的分块个数。
- getSize：获取卡片的存储空间大小，单位字节。

使用 MifareClassic 工具查询卡片数据的流程很常规，先调用 connect 方法建立连接，然后调用各个 get 方法获取详细信息，最后调用 close 方法关闭连接。具体的门禁卡读取代码示例如下：

```
protected void onNewIntent(Intent intent) {
    super.onNewIntent(intent);
    String action = intent.getAction();  // 获取到本次启动的 action
    if (action.equals(NfcAdapter.ACTION_NDEF_DISCOVERED)  // NDEF 类型
            || action.equals(NfcAdapter.ACTION_TECH_DISCOVERED)  // 其他类型
            || action.equals(NfcAdapter.ACTION_TAG_DISCOVERED)) {  // 未知类型
        // 从 intent 中读取 NFC 卡片内容
        Tag tag = intent.getParcelableExtra(NfcAdapter.EXTRA_TAG);
        // 获取 NFC 卡片的序列号
        byte[] ids = tag.getId();
        String card_info = String.format("卡片的序列号为: %s",
                ByteArrayChange.ByteArrayToHexString(ids));
        String result = readGuardCard(tag);
        card_info = String.format("%s\n 详细信息如下：\n%s", card_info, result);
        tv_nfc_result.setText(card_info);
    }
}

// 读取小区门禁卡信息
public String readGuardCard(Tag tag) {
    MifareClassic classic = MifareClassic.get(tag);
    String info;
    try {
        classic.connect();  // 连接卡片数据
        int type = classic.getType();  //获取 TAG 的类型
        String typeDesc;
```

```
                if (type == MifareClassic.TYPE_CLASSIC) {
                    typeDesc = "传统类型";
                } else if (type == MifareClassic.TYPE_PLUS) {
                    typeDesc = "增强类型";
                } else if (type == MifareClassic.TYPE_PRO) {
                    typeDesc = "专业类型";
                } else {
                    typeDesc = "未知类型";
                }
                info = String.format("\t 卡片类型：%s\n\t 扇区数量：%d\n\t 分块个数：%d\n\t 存储空间：
%d 字节", typeDesc, classic.getSectorCount(), classic.getBlockCount(), classic.getSize());
            } catch (Exception e) {
                e.printStackTrace();
                info = e.getMessage();
            } finally {  // 无论是否发生异常，都要释放资源
                try {
                    classic.close();  // 释放卡片数据
                } catch (Exception e) {
                    e.printStackTrace();
                    info = e.getMessage();
                }
            }
            return info;
        }
```

编码完毕，找一台支持 NFC 的手机安装测试 App，启动应用前注意开启手机的 NFC 功能。然后进入 App 测试页面，拿一张门禁卡靠近手机背面（门禁卡不一定是卡片，也可能是钥匙扣模样），稍等片刻便会读取并显示门禁卡的基本信息，卡片信息的获取界面如图 9-34 所示。

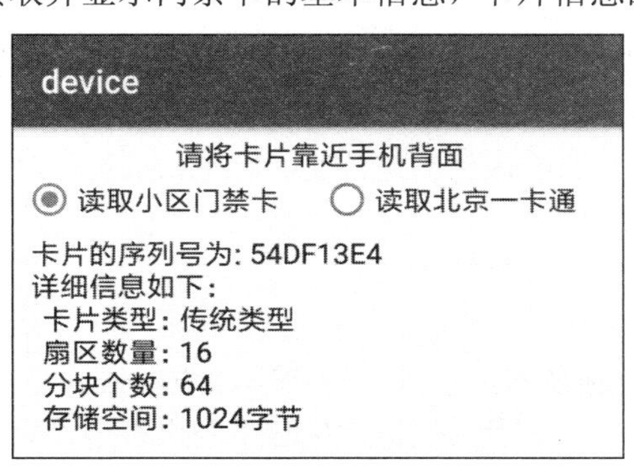

图 9-34　NFC 手机读取到的门禁卡信息

当然了，NFC 技术不只包括上述例子的 NfcA 标准，它的实际应用也不仅限于门禁卡；在市场前景更加广阔的小额支付领域，NFC 技术普遍用于拿手机刷公交，那么手机读取公交卡就运用了 NFC 规范的另一种子标准 IsoDep。对于 IsoDep，Android 提供了同名的数据格式，即 IsoDep 工具类，该类也有 connect 方法用于建立连接，有 close 方法用于关闭连接。但是公

交卡内部储存的数据比较复杂，有余额、时间、刷卡明细等等信息，这可不是几个 get 方法所能搞定的。为此 IsoDep 类专门提供了 transceive 方法，只需开发者通过该方法输入一串指令，系统就会返回字节形式的对应结果数据。

于是乎，如果开发者能够获得某种公交卡的指令编码，以及相应的数据格式，利用手机读取公交卡信息在技术上就行得通了。写到这里，笔者想起来自己有好几年没去北京了，不知道公交卡还有多少钱，正巧北京一卡通的编码格式是公开的，所以接下来看看 Android 代码能解析出哪些信息。详细的解析代码比较冗长，这里不贴出具体代码了，有兴趣的读者可参考本书附带源码中 device 模块的 BusCard.java。如图 9-35 所示，这是一张如假包换的北京一卡通，其内部的公交余额和乘车记录均可被 NFC 手机读取，读出来的一卡通详细信息如图 9-36 所示。

图 9-35　北京市政交通一卡通

device

请将卡片靠近手机背面

○ 读取小区门禁卡　◉ 读取北京一卡通

卡片的序列号为: 498EA35F
详细信息如下:
卡内余额: 0.20元
序列号: 1000751068465533
版本号: 01.0200
有效期: 2011.10.04 - 2015.09.20
一共使用了47次
刷卡记录如下:
2013-10-25 13:10:19 消费了2.00元
2013-10-25 09:52:16 消费了0.40元
2013-10-20 19:04:34 消费了0.40元
2013-10-20 10:12:03 消费了0.40元
2013-10-20 09:22:43 消费了0.40元
2013-10-19 19:13:13 消费了2.00元
2013-10-19 17:51:47 消费了0.40元
2013-10-19 13:59:16 消费了0.40元
2013-10-19 11:55:03 消费了0.40元
2013-10-16 16:30:38 消费了2.00元

图 9-36　NFC 手机读取到的乘车信息

原来公交卡里面保存的数据很全，不但查出了还剩两毛钱，而且连笔者前几年在北京的乘车记录都一清二楚。乖乖，刷卡时间竟然精确到了几时几分几秒，并且乘坐的交通方式也一目了然，两块钱坐的是地铁，四毛钱坐的是公交。住在北京和去过北京的小伙伴们，赶紧试试你们的一卡通能不能读得出来。

9.5.2　红外遥控

红外遥控是一种无线控制技术，它具有功耗小、成本低、易实现等诸多优点，因而被各种电子设备特别是家用电器广泛采用，像日常生活中的电视遥控器、空调遥控器等基本都采用红外遥控技术。

不过遥控器并不都是红外遥控，也可能是射频遥控。红外遥控使用近红外光线（频率只有几万赫兹）作为遥控光源，而射频遥控使用超高频电磁波（频率高达几亿赫兹）作为信号载体。红外遥控器的顶部，有的镶嵌一个或多个小灯泡，有的是一小片黑色盖子，这个黑盖子对红外线来说可是透明的，只是人的肉眼看不穿它。射频遥控器的顶部，有的突出一根天线，有的啥都没有（其实发射器包在盖子里面）。红外遥控器带着灯泡就像一支手电筒，红外光照到哪里，哪里的电器才会接收响应，这决定了红外遥控的 3 个特性：

（1）遥控器要对准电器才有反应。要是手电筒没照到这儿，那肯定是黑乎乎的。

（2）遥控器不能距离电器太远，最好是五米之内。这也好理解，手电筒离得远了，照到物体上的光线都变暗了。

（3）遥控器与电器之间不能有障碍物。你能想象手电筒发出来的灯光会穿透墙壁吗？

而射频遥控器正好与红外的特性相反，它采用超高频电磁波，所以信号是四散开的不具备方向性，并且射频信号的有效距离可以长达数十米，末了射频信号还能轻松穿透非金属的障碍物。红外遥控和射频遥控的不同特性决定了它们各自擅长的领域，红外遥控看似局限很多，其实正适用于家用电器，否则每个人隔着墙还能遥控邻居家的电器，这可怎么得了；射频遥控的强大抗干扰能力，更适用于一些专业的电子设备。因为红外遥控更贴近日常生活，所以人民大众购买的智能手机，自然配置的是红外遥控了（有的手机可能没装红外发射器）。

听起来装了红外发射器的手机，可以拿来当遥控器使用，只要一部手机就能遥控许多家电，这不是什么天方夜谭噢，接下来看看如何在 App 开发中运用红外遥控技术。

步骤 01 首先要在 App 工程的 AndroidManifest.xml 中补充红外权限配置，具体的配置例子如下：

```
<!-- 红外遥控 -->
<uses-permission android:name="android.permission.TRANSMIT_IR" />
<!-- 仅在支持红外的设备上运行 -->
<uses-feature android:name="android.hardware.ConsumerIrManager" android:required="true" />
```

步骤 02 其次在代码中初始化红外遥控的管理器，注意红外遥控功能从 Android 4.4 之后才开始支持。红外遥控对应的管理类名叫 ConsumerIrManager，它的常用方法主要有三个，分别说明如下：

- hasIrEmitter 检查设备是否拥有红外发射器。返回 true 表示有，返回 false 表示没有。
- getCarrierFrequencies 获得可用的载波频率范围。
- transmit 发射红外信号。第一个参数为信号频率，单位赫兹（Hz），家用电器的红外频率通常使用 38000Hz；第二个参数为整型数组形式的信号格式。

注意手机的红外载波频率比较固定，大多处于 30kHz 到 56kHz 之间，如图 9-37 所示是小米 6 手机的可用红外频率范围。

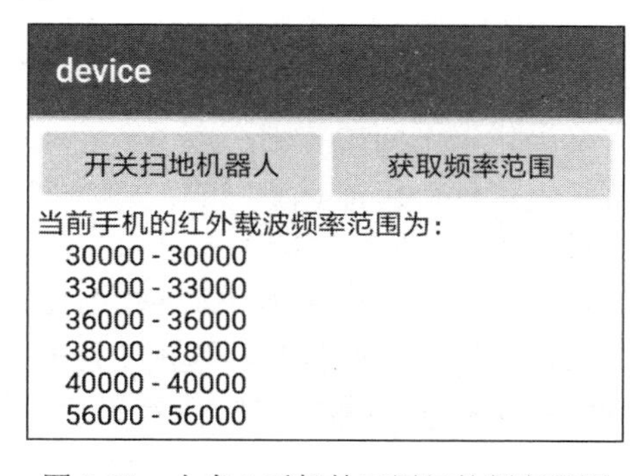

图 9-37 小米 6 手机的可用红外频率范围

下面是红外遥控管理器的初始化代码例子：

```
private ConsumerIrManager cim;  // 声明一个红外遥控管理器对象
private void initInfrared() {
    // 获取系统的红外遥控服务
    cim = (ConsumerIrManager) getSystemService(Context.CONSUMER_IR_SERVICE);
    if (!cim.hasIrEmitter()) {  // 判断当前设备是否支持红外功能
        tv_infrared.setText("当前手机不支持红外遥控");
    }
}
```

步骤 03 最后在准备发射遥控信号之时，调用 transmit 方法就把红外信号发出去了。

果真如此简单吗？当然不是，这里面的玄机全在 transmit 方法的信号格式参数上面。想一想，家电有很多种，每种家电又有好几个品牌，便是房间里的某个家电，遥控器上也有数排的按键。这么算下来，信号格式的各种组合都数不清了，普通开发者又不是电器厂商的内部人员，要想破解这些电器的红外信号编码，那可真是比登天还难。

手工破解固然不容易，却也并非没有办法，现在有一种红外遥控器的解码仪，可到淘宝上面购买。这个解码仪能够分析常见家电的红外遥控信号，下面两种除外：

（1）空调遥控器，空调的控制比较复杂，光温度就可能调节十几次，难以破解。

（2）灯光遥控器，灯本身发光发热，同时也会散发大量红外线，势必对外部的红外信号造成严重干扰，所以灯只能采取射频遥控器。

红外解码仪是家电维修人员的必备仪器，常用于检测遥控器能否正常工作，开发者为了让手机实现遥控功能，也要利用解码仪捕捉每个按键对应的红外信号。接下来以扫地机器人的遥控解码为例，介绍如何通过解码仪获取对应的红外遥控指令。

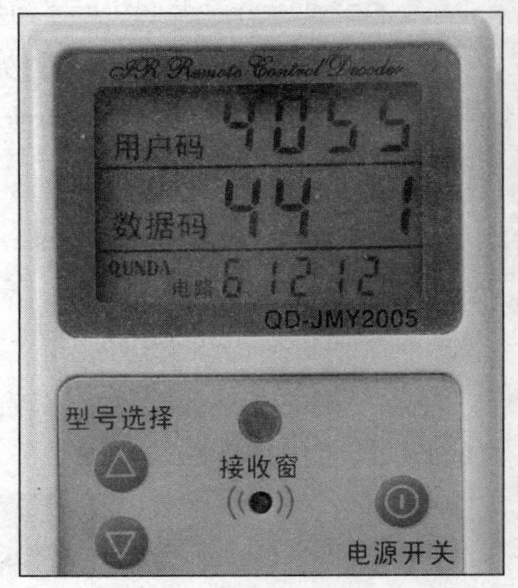

图 9-38　解码仪对遥控器指令的分析结果

先将扫地机器人的遥控器对准解码仪正面的红外接收窗口，按下遥控器上的 clean 键（开始扫地/停止扫地），此时解码仪的分析结果如图 9-38 所示。

从图 9-38 可见，clean 键的红外信号由三部分组成，分别是用户码 4055、数据码 44、电路 61212。其中用户码表示厂商代号，每个厂家都有自己的唯一代号；数据码表示按键的编号，不同的数据码代表不同的按键；电路格式表示红外信号的编码协议，每种协议都有专门的指令格式。比如说电路 61212 对应的是 NEC6121 协议，该协议的红外信号编码格式为：引导码+用户码+数据码+数据反码+结束码，其中引导码和结束码都是固定的，数据反码由数据码按位取反得来，真正变化的只有用户码和数据码。

然而解码仪获得的用户码和数据码并不能直接写在代码中，因为液晶屏上的编码其实是十六进制数，需要转换为二进制数才行。例如用户码 4055，对应的二进制数为 0100 0000 0101

0101；数据码 44，对应的二进制数为 0100 0100，按位取反得到数据反码的二进制数为 1011 1011。

可是前述的 transmit 方法，参数要传递整型数组形式的信号，并不是二进制数，这意味着二进制数还得转换成整型数组。那么整型数组里面存放的到底是些什么数据呢？这就要从数字电路中的电平说起了。电平是“电压平台”的简称，指的是电路中某一点电压的高低状态，在数字电路中常用高电平表示“1”，用低电平表示“0”。遥控器发射红外信号之时，通过“560 微秒低电平+1680 微秒高电平”代表“1”，通过“560 微秒低电平+560 微秒低电平”代表“0”。于是编写 Android 代码的时候，使用“560,1680”表示二进制的 1，使用“560,560”表示二进制的 0，此处的 560 和 1680 只是大概的数值，也可使用 580、600 替换 560，或者使用 1600、1650 替换 1680。

根据数字电路的电平规则，用户码 4055 对应的二进制数为 0100 0000 0101 0101，转换成电平信号就变成了“560,560, 560,1680, 560,560, 560,560, 560,560, 560,560, 560,560, 560,560, 560,560, 560,1680, 560,560, 560,1680, 560,560, 560,1680, 560,560, 560,1680, ”，数据码 44 及其数据反码的电平信号依此类推。再加上 NEC 协议固定的引导码“9000,4500”，以及结束码“560,20000”，即可得出前面 clean 键的红外信号整型数组，具体的数组数值如下所示：

```
int[] pattern = {9000,4500,   // 开头两个数字表示引导码
    // 下面两行表示用户码
    560,560, 560,1680, 560,560, 560,560, 560,560, 560,560, 560,560, 560,560,
    560,560, 560,1680, 560,560, 560,1680, 560,560, 560,1680, 560,560, 560,1680,
    // 下面一行表示数据码
    560,560, 560,1680, 560,560, 560,560, 560,560, 560,1680, 560,560, 560,560,
    // 下面一行表示数据反码
    560,1680, 560,560, 560,1680, 560,1680, 560,1680, 560,560, 560,1680, 560,1680,
    560,20000};   // 末尾两个数字表示结束码
```

接着在 App 代码中代入上述的信号格式数组，即调用 transmit 方法传递格式参数，示例如下：

```
    // 发射指定编码格式的红外信号。普通家电的红外发
射频率一般为 38kHz
    cim.transmit(38000, pattern);
```

运行测试 App，却发现不管让手机发送多少次的红外信号，扫地机器人都呆若木鸡，丝毫没有反应。这是咋回事？奥秘在于 NEC 协议只规定了大体上的编码规则，实际的遥控器信号在整体规则内略有调整。之前提到的解码仪，既是家电售后的检测仪器，也可作为 App 开发者的调试工具。拿起手机对准解码仪正面的接收窗口，点击按钮发送红外信号，解码仪同步显示分析后的信号数据，分析结果如图 9-39 所示。

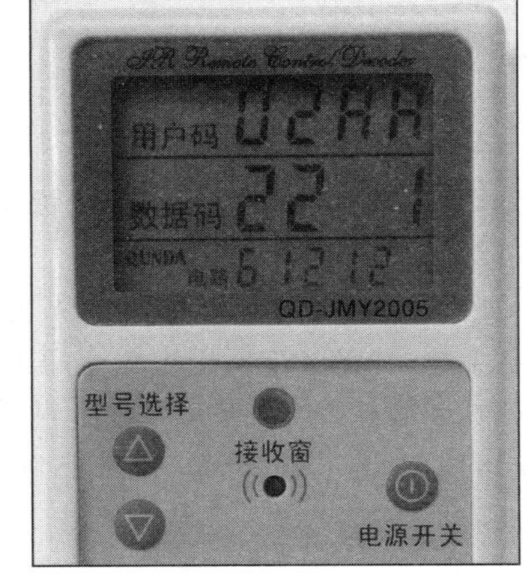

图 9-39　解码仪对手机测试指令的分析结果

由图 9-39 可知，此时手机发出的红外信号符合

NEC6121 协议，只不过用户码变成了 02AA，数据码变成了 22。把这两个码数翻译成二进制，则用户码 02AA 转为 0000 0010 1010 1010，数据码 22 转为 0010 0010。回头比较遥控器的解码数据，遥控器发出的用户码 4055 对应 0100 0000 0101 0101，数据码 44 对应 0100 0100。看起来手机与遥控器的信号区别，应当是每两个十六进制数先转为二进制数，然后倒过来排列，也就是所谓的逆序编码。

找到问题的症结便好办了，数学上有负负得正，编码则有逆逆得顺。既然 4055 逆序编码后变为 02AA，那么 02AA 逆序编码后必为 4055，于是再次构造用户码 02AA 以及数据码 22 的电平信号，更改后的红外信号数据如下所示：

```
int[] pattern = {9000,4500,  // 开头两个数字表示引导码
    // 下面两行表示用户码
    560,560, 560,560, 560,560, 560,560, 560,560, 560,560, 560,1680, 560,560,
    560,1680, 560,560, 560,1680, 560,560, 560,1680, 560,560, 560,1680, 560,560,
    // 下面一行表示数据码
    560,560, 560,560, 560,1680, 560,560, 560,560, 560,560, 560,1680, 560,560,
    // 下面一行表示数据反码
    560,1680, 560,1680, 560,560, 560,1680, 560,1680, 560,1680, 560,560, 560,1680,
    560,20000};  // 末尾两个数字表示结束码
```

重新编译运行测试 App，手机依旧对准解码仪，然后点击按钮发射红外信号，解码仪终于正常显示用户码 4055、数据码 44 了。这时再将手机对准扫地机器人，点击发射按钮，机器人不出所料开动起来了。至此遥控器 clean 键的红外编码正式破解完成，其他按键乃至其他家电遥控器的红外信号编码，均可通过解码仪破译得到。

当然，以上的红外信号解析办法，仅限于编码规则广泛公开的 NEC 协议。对于其他格式未知的电路协议，只能借助于更专业的单片机来分析。采用红外遥控的家电种类与品牌都很繁多，前人已经对它们做了不少的信号破译工作，这些已知的红外信号数据详见网址 http://www.remotecentral.com/cgi-bin/ codes/，里面包括各大国外家电品牌的信号编码，有兴趣的读者可参考。

9.5.3 蓝牙 BlueTooth

蓝牙是一种短距离无线通信技术，它由爱立信公司于 1994 年创制，原本想替代连接电信设备的数据线，但是后来发现它也能用于移动设备之间的数据传输，所以蓝牙技术在手机上获得了长足发展。

蓝牙与前面介绍的 NFC 和红外都是无线技术标准，它们的实际应用场景各不相同，可谓各有千秋。NFC 主要用于操作简单、即时响应的刷卡，红外主要用于需要按键控制、价格低廉的家电遥控，而蓝牙主要用于两部设备之间复杂且大量的数据传输。NFC、红外和蓝牙三者之间的详细技术参数对比参见表 9-12。

表 9-12 NFC、红外和蓝牙的技术参数对比

对比项	有效距离	传输速度	连接建立时间	使用频率范围
NFC	<=0.1m	最大 53KB/s	<0.1s	13.56MHz
红外	数据传输<=1m 家电遥控<=10m	快速 500KB/s 慢速 15KB/s	0.5s	38kHz
蓝牙 2.0	<=10m	最大 375KB/s	6s	2400MHz
BLE（蓝牙 4.0 及以上版本）	<=100m	最大 3MB/s	2s	2400MHz

因为手机内部的通信芯片一般同时集成了 2G/3G/4G、WiFi 和蓝牙，所以蓝牙功能已经是智能手机的标配了。若想进行蓝牙方面的开发，需要在 App 工程的 AndroidManifest.xml 中补充下面的权限配置：

```
<!-- 蓝牙 -->
<uses-permission android:name="android.permission.BLUETOOTH_ADMIN" />
<uses-permission android:name="android.permission.BLUETOOTH" />
<!-- 仅在支持 BLE（即蓝牙 4.0）的设备上运行 -->
<uses-feature android:name="android.hardware.bluetooth_le" android:required="true"/>
<!-- 如果 Android 6.0 蓝牙搜索不到设备，需要补充下面两个权限 -->
<uses-permission android:name="android.permission.ACCESS_FINE_LOCATION" />
<uses-permission android:name="android.permission.ACCESS_COARSE_LOCATION" />
```

与 NFC、红外类似，Android 也提供了蓝牙模块的管理工具，名叫 BluetoothAdapter，虽然通常把 BluetoothAdapter 翻译为“蓝牙适配器”，其实它干的是管理器的活。下面是 BluetoothAdapter 类常用的方法说明。

- getDefaultAdapter：获取默认的蓝牙适配器。该方法为静态方法。
- getState：获取蓝牙的开关状态。STATE_ON 表示已开启，STATE_TURNING_ON 表示正在开启，STATE_OFF 表示已关闭，STATE_TURNING_OFF 表示正在关闭。
- enable：启用蓝牙功能。
- disable：禁用蓝牙功能。
- isEnabled：判断蓝牙功能是否启用。返回 true 表示已启用，返回 false 表示未启用。
- getBondedDevices：获取已配对的设备集合。
- getRemoteDevice：根据设备地址获取远程的设备对象。
- startDiscovery：开始搜索周围的蓝牙设备。
- cancelDiscovery：取消搜索周围的蓝牙设备。
- isDiscovering：判断是否正在搜索周围的蓝牙设备。

由于 BluetoothAdapter 实际干了管理器的活，因此 Android 从 4.3 开始引入了正牌的管理器 BluetoothManager，调用 BluetoothManager 对象的 getAdapter 也可获得蓝牙适配器。但 Android 4.3 对蓝牙的增强补充，不只是添加 BluetoothManager，更是为了支持最新的 BLE（即蓝牙低能耗“Bluetooth Low Energy”），BLE 对应的是蓝牙 4.0 及以上版本。因为 BLE 采取非常快速的连接方式，所以平时处于“非连接”状态，此时链路两端仅是知晓对方，只有在必

要时才开启链路，完成传输后会尽快关闭链路。BLE 技术与之前版本的蓝牙标准相比，主要有三个方面的改进：更省电、连接速度更快、传输距离更远。

接下来通过一个检测蓝牙设备并配对的例子，介绍如何在 App 开发中运用蓝牙技术。不要小看这个例子，简简单单的功能可得分成 4 个步骤：初始化、启用蓝牙、搜索蓝牙设备、与指定设备配对，下面分别进行详细说明。

1. 初始化蓝牙适配器

如果 App 会用到 BLE 的特性，则需增加对 Android 版本的判断，对于 4.3 及以上版本要从 BluetoothManager 中获取蓝牙适配器。如果仅仅是普通的蓝牙连接，则调用 getDefaultAdapter 获取蓝牙适配器就行了。初始化蓝牙适配器的代码示例如下：

```
private BluetoothAdapter mBluetooth;  // 声明一个蓝牙适配器对象
// 初始化蓝牙适配器
private void initBluetooth() {
    // Android 从 4.3 开始增加支持 BLE 技术（即蓝牙 4.0 及以上版本）
    if (Build.VERSION.SDK_INT >= Build.VERSION_CODES.JELLY_BEAN_MR2) {
        // 从系统服务中获取蓝牙管理器
        BluetoothManager bm = (BluetoothManager)
                getSystemService(Context.BLUETOOTH_SERVICE);
        mBluetooth = bm.getAdapter();
    } else {
        // 获取系统默认的蓝牙适配器
        mBluetooth = BluetoothAdapter.getDefaultAdapter();
    }
    if (mBluetooth == null) {
        Toast.makeText(this, "本机未找到蓝牙功能", Toast.LENGTH_SHORT).show();
        finish();
    }
}
```

2. 启用蓝牙功能

虽然 BluetoothAdapter 提供了 enable 方法用于启用蓝牙功能，但是该方法并不允许外部发现本设备，所以等于没用。实际开发中要弹窗提示用户，是否允许其他设备检测到自身，弹窗代码如下所示：

```
// 弹出是否允许扫描蓝牙设备的选择对话框
Intent intent = new Intent(BluetoothAdapter.ACTION_REQUEST_DISCOVERABLE);
startActivityForResult(intent, mOpenCode);
```

蓝牙权限的选择对话框如图 9-40 所示。

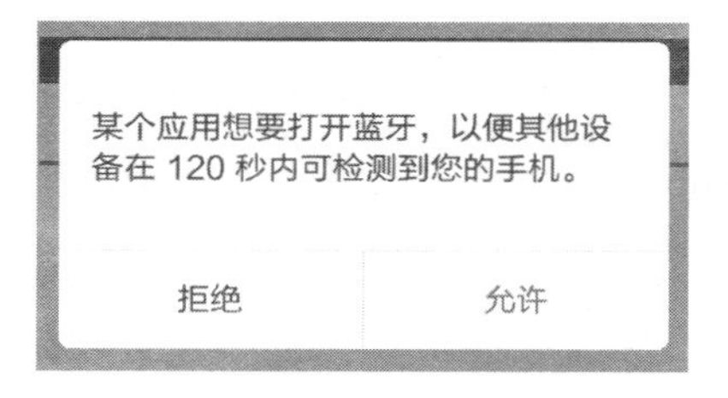

图 9-40　蓝牙权限的选择对话框

由于图 9-40 的选择弹窗上面可选择“允许”还是“拒绝”，因此代码中要重写 onActivityResult 函数，在该函数中判断蓝牙权限的选择结果。下面是判断权限选择的代码：

```
private int mOpenCode = 1;  // 是否允许扫描蓝牙设备的选择对话框返回结果代码
protected void onActivityResult(int requestCode, int resultCode, Intent intent) {
    super.onActivityResult(requestCode, resultCode, intent);
    if (requestCode == mOpenCode) { // 来自允许蓝牙扫描的对话框
        // 延迟 50 毫秒后启动蓝牙设备的刷新任务
        mHandler.postDelayed(mRefresh, 50);
        if (resultCode == RESULT_OK) {
            Toast.makeText(this, "允许本地蓝牙被附近的其他蓝牙设备发现",
                    Toast.LENGTH_SHORT).show();
        } else if (resultCode == RESULT_CANCELED) {
            Toast.makeText(this, "不允许蓝牙被附近的其他蓝牙设备发现",
                    Toast.LENGTH_SHORT).show();
        }
    }
}
```

3. 搜索周围的蓝牙设备

蓝牙功能打开之后，就能调用 startDiscovery 方法去搜索周围的蓝牙设备了。不过因为搜索动作是个异步的过程，startDiscovery 方法并不直接返回搜索发现的设备结果，而是通过广播 BluetoothDevice.ACTION_FOUND 返回新发现的蓝牙设备。所以页面代码需要注册一个蓝牙搜索结果的广播接收器，在接收器中解析蓝牙设备信息，再把新设备添加到蓝牙设备列表。

下面是蓝牙搜索接收器的注册、注销，以及内部逻辑处理的代码例子：

```
private void beginDiscovery() {
    // 如果当前不是正在搜索，则开始新的搜索任务
    if (!mBluetooth.isDiscovering()) {
        mBluetooth.startDiscovery();  // 开始扫描周围的蓝牙设备
    }
}

protected void onStart() {
    super.onStart();
    // 需要过滤多个动作，则调用 IntentFilter 对象的 addAction 添加新动作
```

```
        IntentFilter discoveryFilter = new IntentFilter();
        discoveryFilter.addAction(BluetoothDevice.ACTION_FOUND);
        // 注册蓝牙设备搜索的广播接收器
        registerReceiver(discoveryReceiver, discoveryFilter);
    }

    protected void onStop() {
        super.onStop();
        // 注销蓝牙设备搜索的广播接收器
        unregisterReceiver(discoveryReceiver);
    }

    // 蓝牙设备的搜索结果通过广播返回
    private BroadcastReceiver discoveryReceiver = new BroadcastReceiver() {
        public void onReceive(Context context, Intent intent) {
            String action = intent.getAction();
            // 获得已经搜索到的蓝牙设备
            if (action.equals(BluetoothDevice.ACTION_FOUND)) {  // 发现新的蓝牙设备
                BluetoothDevice device = intent.getParcelableExtra(BluetoothDevice.EXTRA_DEVICE);
                refreshDevice(device);  // 将发现的蓝牙设备加入到设备列表
            }
        }
    };
```

搜索到的蓝牙设备可能会有多个，每发现一个新设备都会收到一次发现广播，这样设备列表是动态刷新的。搜索完成的蓝牙设备列表界面如图 9-41 和图 9-42 所示，其中图 9-41 为 A 手机的设备列表，图 9-42 为 B 手机的设备列表。

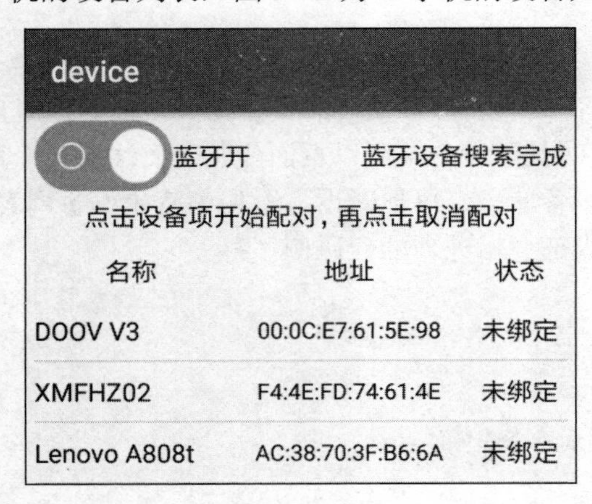

图 9-41　A 手机的蓝牙设备列表

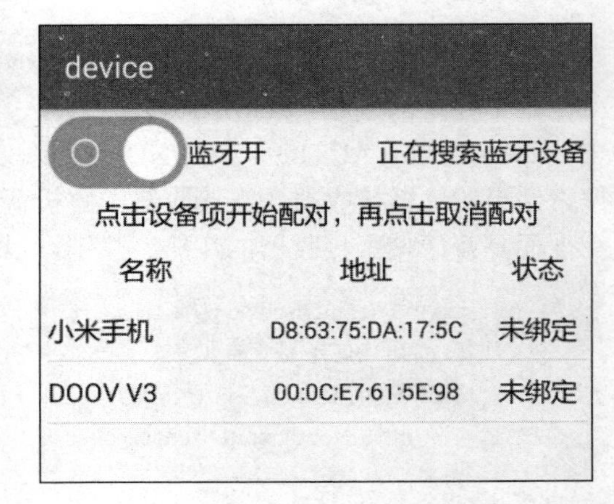

图 9-42　B 手机的蓝牙设备列表

4. 与指定的蓝牙设备配对

注意到新发现的设备状态是“未绑定”，这意味着当前手机并不能跟对方设备进行数据交互。只有新设备是“已绑定”状态，才能与当前手机传输数据。蓝牙设备的“未绑定”与“已绑定”，区别在于这两部设备之间是否成功配对了，而配对操作由 BluetoothDevice 类管理。下面是 BluetoothDevice 类的常用方法说明。

- getName：获取设备的名称。
- getAddress：获取设备的 MAC 地址。
- getBondState：获取设备的配对状态。BOND_NONE 表示未绑定，BOND_BONDING 表示正在绑定，BOND_BONDED 表示已绑定。
- createBond：建立该设备的配对信息。该方法为隐藏方法，需要通过反射调用。
- removeBond：移除该设备的配对信息。该方法为隐藏方法，需要通过反射调用。

从上面的方法说明可以看出，搜索获得新设备后，即可调用设备对象的 createBond 方法建立配对。但配对成功与否的结果同样不是立即返回的，因为系统会弹出配对确认框供用户选择，正如图 9-43 和图 9-44 所示的那样，其中图 9-43 是 A 手机上的配对弹窗，图 9-44 是 B 手机上的配对弹窗。

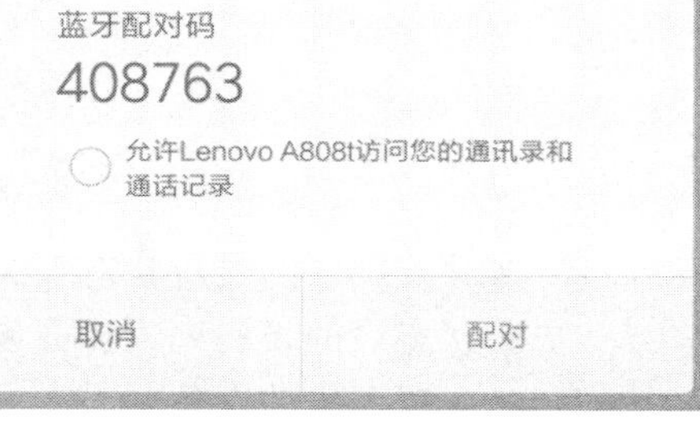

图 9-43　A 手机上的蓝牙配对弹窗

图 9-44　B 手机上的蓝牙配对弹窗

只有用户在两部手机都选择了“配对”按钮，才算是双方正式搭配好了。由于配对请求需要在界面上手工确认，因此配对结果只能通过异步机制返回，此处的结果返回仍然采取广播形式，即系统会发出广播 BluetoothDevice.ACTION_BOND_STATE_CHANGED 通知 App。故而前面第三步的广播接收器得增加过滤配对状态的变更动作，接收器内部也要补充更新蓝牙设备的配对状态了。修改后的广播接收器相关代码片段如下所示：

```
protected void onStart() {
    super.onStart();
    // 需要过滤多个动作，则调用 IntentFilter 对象的 addAction 添加新动作
    IntentFilter discoveryFilter = new IntentFilter();
    discoveryFilter.addAction(BluetoothDevice.ACTION_FOUND);
    // 增加配对状态的变更动作
    discoveryFilter.addAction(BluetoothDevice.ACTION_BOND_STATE_CHANGED);
    // 注册蓝牙设备搜索的广播接收器
    registerReceiver(discoveryReceiver, discoveryFilter);
```

```
    }

    // 蓝牙设备的搜索结果通过广播返回
    private BroadcastReceiver discoveryReceiver = new BroadcastReceiver() {
        public void onReceive(Context context, Intent intent) {
            String action = intent.getAction();
            // 获得已经搜索到的蓝牙设备
            if (action.equals(BluetoothDevice.ACTION_FOUND)) {  // 发现新的蓝牙设备
                BluetoothDevice device = intent.getParcelableExtra(BluetoothDevice.EXTRA_DEVICE);
                refreshDevice(device);  // 将发现的蓝牙设备加入到设备列表
            } else if (action.equals(BluetoothDevice.ACTION_BOND_STATE_CHANGED)) {
                BluetoothDevice device = intent.getParcelableExtra(BluetoothDevice.EXTRA_DEVICE);
                // 更新蓝牙设备的配对状态
                if (device.getBondState() == BluetoothDevice.BOND_BONDING) {
                    tv_discovery.setText("正在配对" + device.getName());
                } else if (device.getBondState() == BluetoothDevice.BOND_BONDED) {
                    tv_discovery.setText("完成配对" + device.getName());
                } else if (device.getBondState() == BluetoothDevice.BOND_NONE) {
                    tv_discovery.setText("取消配对" + device.getName());
                }
            }
        }
    };
```

两部手机配对完毕，分别刷新自己的设备列表页面，将对方设备的配对状态改为“已绑定”，然后它俩就可以眉目传情，传递小纸条什么的了。更新状态后的设备列表界面如图 9-45 和图 9-46 所示，其中图 9-45 为 A 手机的设备列表，图 9-46 为 B 手机的设备列表。

device
蓝牙开　蓝牙设备搜索完成
点击设备项开始配对，再点击取消配对

名称	地址	状态
DOOV V3	00:0C:E7:61:5E:98	未绑定
XMFHZ02	F4:4E:FD:74:61:4E	未绑定
Lenovo A808t	AC:38:70:3F:B6:6A	已绑定

图 9-45　A 手机的设备列表

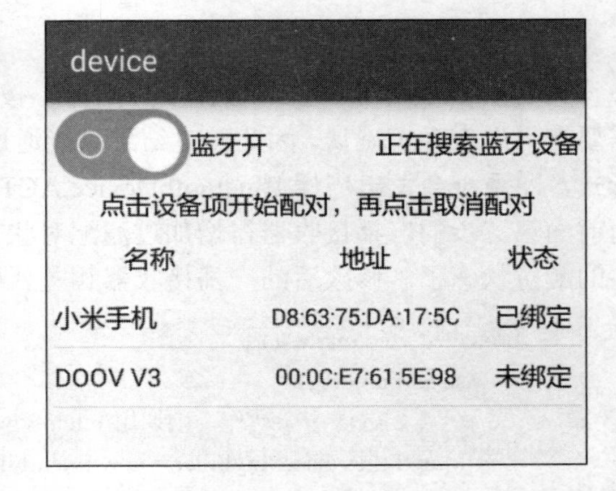

图 9-46　B 手机的设备列表

9.6　实战项目：仿微信的发现功能

本章涉及的知识点比较庞杂，前面介绍的大多是基础功能应用，很少有实际业务的使用说明。本节的实战项目谈谈手机的设备功能在商用 App 中的具体应用，让读者站在用户角度对设备操作有一个感性认识，如果想做一个受欢迎的 App，不仅需要钻研技术，更要贴近用户生活，研发易用、好用、值得用的 App。

9.6.1　设计思路

微信的用户量巨大，不少小功能都很人性化，比如发现频道，如图 9-47 所示。发现频道提供的小功能包括扫一扫、摇一摇、看一看、附近的人、漂流瓶等，如附近的人、漂流瓶等需要多人参与的功能不纳入本次实战项目，扫一扫与摇一摇相对纯粹，加入实战项目当中。看一看本来是看新闻，不过这跟本章没什么关联，还是改成听一听，也加入到实战项目中。

另外，支付宝原来有一个咻一咻功能也很有名。2016 年前的除夕夜，全民开启咻一咻疯抢五福卡，这个场景片段还登上了当年的春晚荧屏。

现在综合微信与支付宝的几个小功能，组成本章的实战项目——“仿微信的发现功能”。该功能内含 4 个模块，分别是扫一扫、摇一摇、咻一咻和听一听，入口效果如图 9-48 所示。

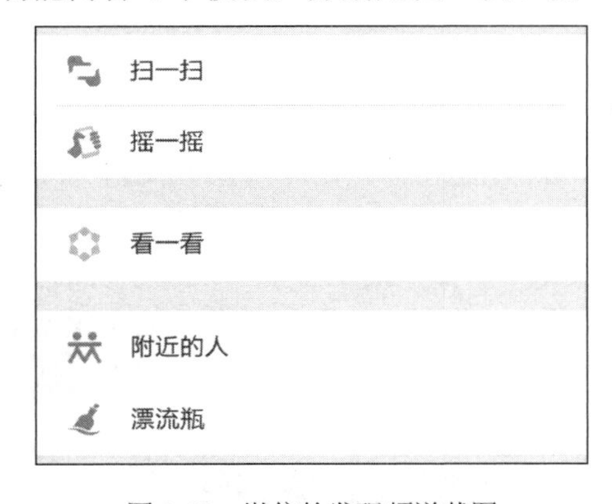

图 9-47　微信的发现频道截图

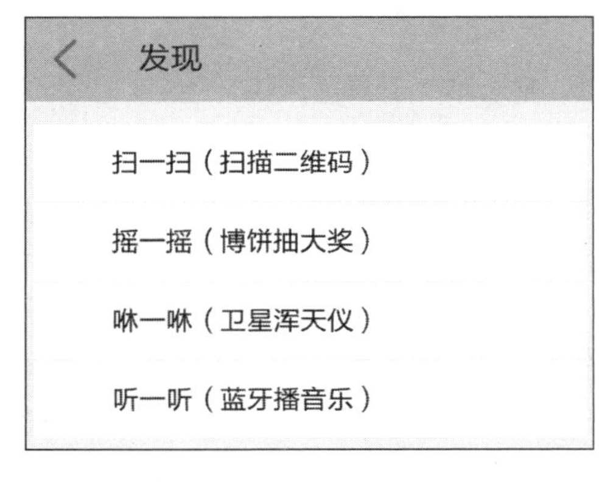

图 9-48　仿微信的发现功能页面截图

下面分别说明这 4 个模块将要实现的功能。

1. 扫一扫（扫描二维码）

该模块与微信的“扫一扫”基本类似，通过扫描二维码图片识别二维码携带的字符串信息。Android 中的二维码扫描可用谷歌的 zxing 工具包结合 zxing 的开源框架完成扫码与识别操作。扫一扫的效果如图 9-49 所示，此时手机在进行图像识别。

图 9-49　扫一扫（扫描二维码）的初始界面

2. 摇一摇（博饼抽大奖）

微信的“摇一摇”可以摇人、摇歌曲、摇电视，我们另辟蹊径，做一个摇骰子的游戏——“中秋博饼”。300 多年前，民族英雄郑成功率军驻扎在厦门进行抗清活动，每逢中秋佳节，为宽慰士兵的思乡之情，发明了名为“博饼”的摇骰子游戏，依据不同的幸运点数判定不同的中奖级别。经过几百年的流传，中秋节博饼的习俗已经广泛流传于闽台两地与东南亚。本实战项目通过摇手机触发摇骰子的动作，进而计算每次的中奖结果。博饼抽大奖的效果如图 9-50 所示，这是博饼游戏的初始界面。

3. 咻一咻（卫星浑天仪）

浑天仪为东汉科学家张衡发明，用于观测天象，日月星辰皆可在浑天仪上找到对应的位置。随着现代科技的发展，我们已经不满足于自古以来就有的日月星辰，而是把现在的科技成果展示出来。前面提到，手机定位的一大手段是卫星定位，既然人造卫星能够发现手机的位置，反过来手机也能发现人造卫星的方位，把手机（导航芯片）监测到的卫星逐个标记在罗盘上岂不构成了一个卫星浑天仪？卫星浑天仪的效果如图 9-51 所示，一开始只有一个罗盘，具体的卫星信息还有待在代码中获取，并显示到罗盘上。

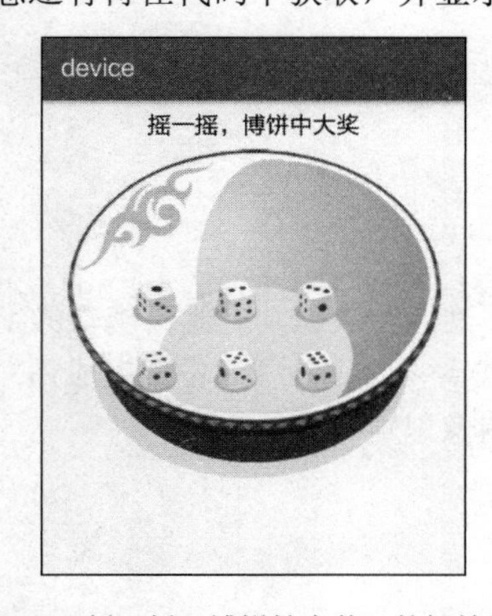

图 9-50　摇一摇（博饼抽大奖）的初始界面

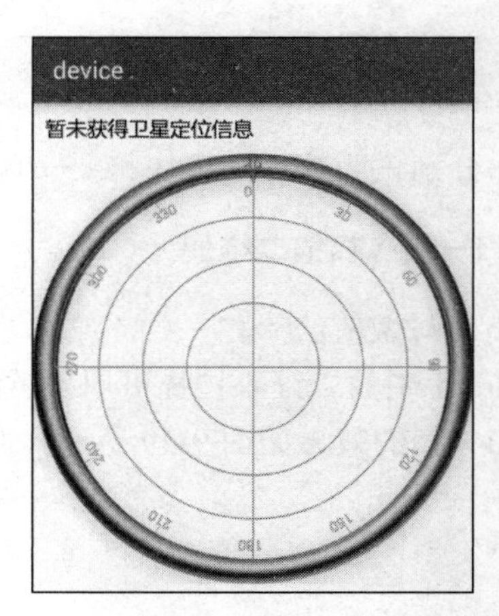

图 9-51　咻一咻（卫星浑天仪）的初始界面

4. 听一听（蓝牙播音乐）

平常手机播放音乐，要么由手机自己播放，要么插上耳机播放。然而手机自身的音量小，而且音色也差；至于耳机还得塞进耳朵，长期损害听力不说，拖着一根音频线也多有不便。于是 A2DP 技术应运而生，A2DP 的全称是“Advanced Audio Distribution Profile”，意思是蓝牙音频传输模型协定，即利用蓝牙功能播放音频。那么播放音频的介质，既可以是蓝牙耳机，也可以是蓝牙音箱，当然消费者更青睐使用蓝牙音箱播放音乐，近几年智能音箱就很火。

分析实战项目 4 个模块的功能大致包含本章哪些知识点？读者肯定能找到以下 5 点。

（1）相机类 Camera：扫描二维码需要摄像头支持，必然用到 Camera。

（2）加速度传感器SensorManager：前面介绍加速度传感器时已经提到它通常用于摇一摇。

（3）定位管理器 LocationManager：无论是根据卫星找手机的位置，还是通过手机监测卫星的位置，都会用到定位功能。

（4）媒体播放器 MediaPlayer：好几个场景需要播放声音，比如二维码识别完毕的“哔”声，摇一摇的摇骰子声，咻一咻的“咻咻”声，以及音乐播放，这些都要用 MediaPlayer 播音。

（5）蓝牙 BlueTooth：手机借助蓝牙功能连接蓝牙音箱，然后再由蓝牙音箱播音。

涉及的知识点不算多，但也基本涵盖了每节的代表技术。

9.6.2 小知识：全球卫星导航系统

卫星导航是高科技的航天技术，目前联合国认可的全球卫星导航系统有 4 个，分别是美国的 GPS、俄罗斯的格洛纳斯、中国的北斗和欧洲的伽利略，其中真正投入商用的只有前 3 个。

（1）美国的 GPS：GPS 是 Global Positioning System（全球定位系统）的简称，于 1964 年投入使用。到 1993 年，包含 24 颗卫星的 GPS 系统完成组网。

（2）俄罗斯的格洛纳斯：格洛纳斯（GLONASS）是俄语对全球卫星导航系统 Global Navigation Satellite System 的简称，该系统于 2007 年开始运营，并在 2011 年完成 24 颗卫星的组网。

（3）中国的北斗：北斗（BeiDou Navigation Satellite System，BDS）是中国自行研制的全球卫星导航系统，是继美国 GPS、俄罗斯格洛纳斯之后第 3 个成熟的卫星导航系统。北斗在 2007 年开始提供定位服务，2012 年完成 16 颗卫星的亚太地区组网。2017 年 11 月，北斗第三代导航卫星顺利升空，标志着北斗系统的全球组网正式开始。2018 年，北斗将再发射 18 颗卫星，计划在 2020 年之前部署完成第三代的 35 颗卫星，届时北斗可以像 GPS 一样覆盖全球。

（4）欧洲的伽利略：伽利略卫星导航系统（Galileo Satellite Navigation System）是由欧盟研制和建立的全球卫星导航定位系统，它于 2013 年完成 4 颗卫星的初步组网，且迟至 2016 年底才开始提供区域定位服务，该系统计划于 2020 年完成 30 颗卫星的全球覆盖。

目前，智能手机一般都内置 GPS 的导航芯片，只有部分中、高端手机同时内置格洛纳斯与北斗的导航芯片。

要想获取天上的卫星信息，得调用定位管理器 LocationManager 对象的 addGpsStatusListener 方法添加定位状态监听器，该监听器需实现 GpsStatus.Listener 接口的 onGpsStatusChanged 方法，该方法提供了定位状态变化的事件信息，事件类型的取值说明见表 9-13。

表 9-13 GPS 事件类型的取值说明

GpsStatus 类的事件类型	说明
GPS_EVENT_STARTED	GPS 功能开启
GPS_EVENT_STOPPED	GPS 功能停止
GPS_EVENT_FIRST_FIX	首次定位
GPS_EVENT_SATELLITE_STATUS	周期地报告卫星状态

其中，最后一个卫星状态报告事件可以获得监测到的卫星信息，一旦捕获该事件，即可调用 LocationManager 对象的 getGpsStatus 方法获得当前的定位状态信息 GpsStatus，再调用 GpsStatus 对象的 getSatellites 方法获得本次监测到的卫星列表，卫星列表是一个 GpsSatellite 队列，详细的卫星信息可通过 GpsSatellite 对象的以下方法获得。

- getPrn：获取卫星的伪随机码，可以认为是卫星的编号。
- getAzimuth：获取卫星的方位角。
- getElevation：获取卫星的仰角。
- getSnr：卫星的信噪比，即信号强弱。
- hasAlmanac：卫星是否有年历表。
- hasEphemeris：卫星是否有星历表。
- usedInFix：卫星是否被用于近期的 GPS 修正计算。

在这些信息中，对确定卫星位置有用的主要有 3 个，分别是卫星编号（用于确定卫星的国籍）、卫星的方位角（用于确定卫星的方向）和卫星的仰角（用于确定卫星的远近距离）。下面是获取导航卫星信息的监听器代码片段：

```
// 定义一个导航状态监听器
private GpsStatus.Listener mStatusListener = new GpsStatus.Listener() {

    // 在卫星导航系统的状态变更时触发
    public void onGpsStatusChanged(int event) {
        // 获取卫星定位的状态信息
        GpsStatus gpsStatus = mLocationMgr.getGpsStatus(null);
        switch (event) {
            case GpsStatus.GPS_EVENT_SATELLITE_STATUS:  // 周期的报告卫星状态
                // 得到所有收到的卫星信息，包括卫星的高度角、方位角、信噪比和卫星编号
                Iterable<GpsSatellite> satellites = gpsStatus.getSatellites();
                for (GpsSatellite satellite : satellites) {
                    Satellite item = new Satellite();
                    item.seq = satellite.getPrn();  // 卫星的伪随机码，可以认为就是卫星的编号
                    item.signal = Math.round(satellite.getSnr());  // 卫星的信噪比
                    item.elevation = Math.round(satellite.getElevation());  // 卫星的仰角
                    item.azimuth = Math.round(satellite.getAzimuth());  // 卫星的方位角
                    item.time = DateUtil.getNowDateTime();
                    if (item.seq <= 64 || (item.seq >= 120 && item.seq <= 138)) {  // 分给美国的
```

```
                    mapNavigation.put("GPS", true);
                } else if (item.seq >= 201 && item.seq <= 237) {   // 分给中国的
                    mapNavigation.put("北斗", true);
                } else if (item.seq >= 65 && item.seq <= 89) {   // 分给俄罗斯的
                    mapNavigation.put("格洛纳斯", true);
                } else if (item.seq != 193 && item.seq != 194) {
                    mapNavigation.put("未知", true);
                }
            }
            // 显示设备支持的卫星导航系统信息
            showNavigationInfo();
        case GpsStatus.GPS_EVENT_FIRST_FIX:  // 首次卫星定位
        case GpsStatus.GPS_EVENT_STARTED:  // 卫星导航服务开始
        case GpsStatus.GPS_EVENT_STOPPED:  // 卫星导航服务停止
        default:
            break;
    }
  }
};
```

利用上述代码中的卫星编号数据，能够获知当前设备集成了哪些卫星系统的导航芯片。如图 9-52 所示，可见该手机只配置了 GPS 的导航芯片；又如图 9-53 所示，可见该手机集成了 GPS、格洛纳斯、北斗三大卫星系统的导航芯片。

device
当前设备型号为DOOV V3
支持的卫星导航系统包括：GPS

图 9-52　A 手机支持的卫星导航系统

device
当前设备型号为MI 6
支持的卫星导航系统包括：格洛纳斯、北斗、GPS

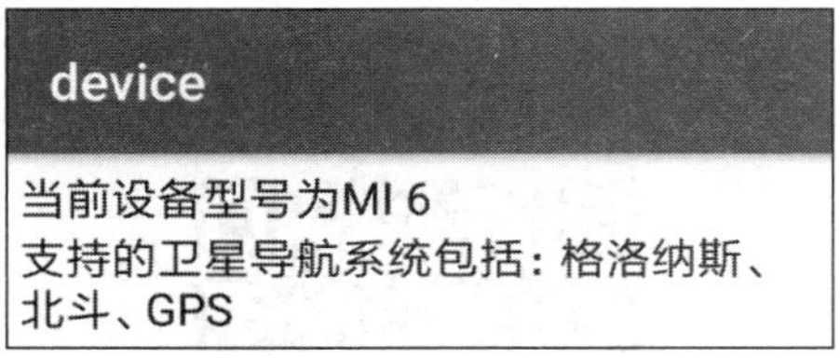

图 9-53　B 手机支持的卫星导航系统

9.6.3　代码示例

从本章开始，代码示例一节将更侧重于在真机上进行相关测试，对于编码上的说明仅限于要注意或容易遗漏的地方。编码与测试方面需要注意以下 5 点：

（1）扫一扫用到了 zxing 工具包，要在 libs 目录导入对应的 JAR 包，即 zxing3.2.1.jar。同时还要在 Java 源码目录导入 com.app.zxing 的开源框架。

（2）使用摄像头、定位与蓝牙功能，不要忘了往 AndroidManifest.xml 添加对应的权限。

```
<!-- 拍照 -->
<uses-permission android:name="android.permission.CAMERA" />
<uses-feature android:name="android.hardware.camera.autofocus" />
<!-- 定位 -->
<uses-permission android:name="android.permission.ACCESS_FINE_LOCATION" />
```

```
<uses-permission android:name="android.permission.ACCESS_COARSE_LOCATION" />
<!-- 蓝牙 -->
<uses-permission android:name="android.permission.BLUETOOTH_ADMIN" />
<uses-permission android:name="android.permission.BLUETOOTH" />
<!-- 仅在支持 BLE（即蓝牙 4.0）的设备上运行 -->
<uses-feature android:name="android.hardware.bluetooth_le" android:required="true"/>
```

（3）在 res/raw 目录下保存播放“哔”声的音频文件，在 res/values 目录下保存 zxing 框架依赖的 ids.xml。

（4）需要自定义一个博饼视图 BettingView，用于展示摇骰子的动态效果。还需自定义一个罗盘视图 CompassView，用于展示天空坐标和天上的卫星分布图。

（5）测试“咻一咻”功能，需要找一部支持北斗导航的中高端手机；测试“听一听”功能需要找一台蓝牙音箱，范例用的是小米方盒蓝牙音箱。

下面简单介绍一下本书附录源码 device 模块中，与发现频道有关的主要代码之间关系：

（1）WeFindActivity.java：发现频道的列表入口页面。

（2）FindScanActivity.java：扫一扫页面，可扫描二维码和条形码。

（3）FindShakeActivity.java：摇一摇页面，演示博饼游戏。

（4）FindSmellActivity.java：咻一咻页面，演示卫星浑天仪。

（5）FindListenActivity.java：听一听页面，演示如何通过蓝牙音箱播放手机中的音乐。

实战项目在模拟器上测试通过后，按照第 8 章的说明将 App 安装到手机上，使用真机进行实际的功能测试。

首先测试扫一扫功能。如图 9-54 所示为一张清华大学微信公众号的二维码图片。扫描结果如图 9-55 所示，识别的字符串是一个指向微信服务器的 HTTP 连接字符串。

图 9-54　清华大学微信公众号的二维码图片

图 9-55　扫描二维码的识别结果

扫一扫其实不只可以扫描二维码，还可扫描条形码。如图 9-56 所示为一张常见的商品条形码图片。扫描结果如图 9-57 所示，识别的是一串数字编号。

图 9-56　某商品的条形码图片

图 9-57　扫描条形码的识别结果

接着测试摇一摇功能，拿起手机使劲晃荡几下，看看屏幕界面是不是动了起来？图 9-58 与图 9-59 是两张不同的中奖效果图。其中，图 9-58 表示摇中了秀才奖（一个红四），图 9-59 表示摇中了状元奖（4 个红四）。

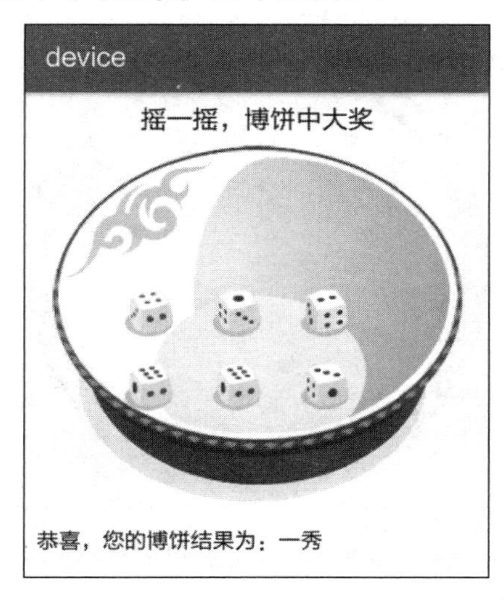

图 9-58　摇一摇中了一秀

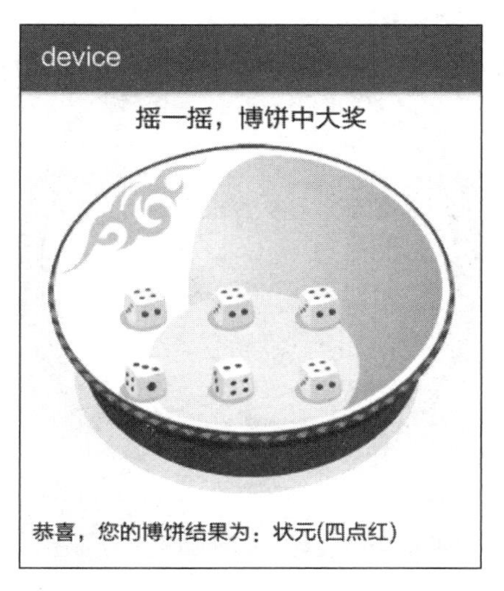

图 9-59　摇一摇中了状元

因为骰子上的四点与一点为红色，所以博饼的中奖点数围绕红四与红一制定。下面来看具体的中奖规则。首先是以下几个大奖：

- 状元插金花：4 个红四加两个红一
- 六杯红：有 6 个红四
- 遍地锦：有 6 个红一
- 五红：有 5 个红四
- 四点红：有 4 个红四
- 五子登科：有 5 个相同的点数（5 个红四除外）

上面几个都是状元，以状元插金花为最大。下面则是非状元的其他奖项：

- 对堂（榜眼和探花）：6 个骰子分别是一、二、三、四、五、六
- 四进（进士）：有 4 个相同的点数（4 个红四除外）
- 三红（贡士）：有 3 个红四
- 二举（举人）：有两个红四
- 一秀（秀才）：只有一个红四

中国幅员辽阔，各地都有自己的风俗，骰子也不例外，不知道读者当地的骰子是什么玩法，要不要把你们的玩法写到摇一摇里面去呢？

然后测试咻一咻功能，这个必须找个好一点的手机，因为配置好的手机才有格洛纳斯与北斗的导航芯片。如图 9-60 所示的手机只支持 GPS 芯片，效果图上满屏都是美国的卫星。如图 9-61 所示的手机同时内置 GPS、格洛纳斯与北斗的芯片，效果图上的卫星三国都有。

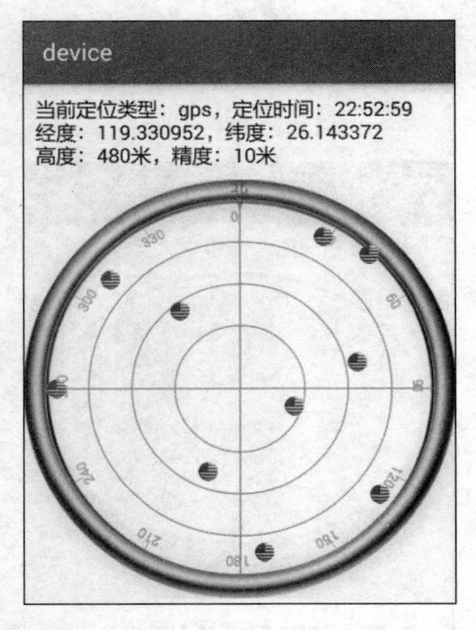

图 9-60　只支持 GPS 的卫星分布图

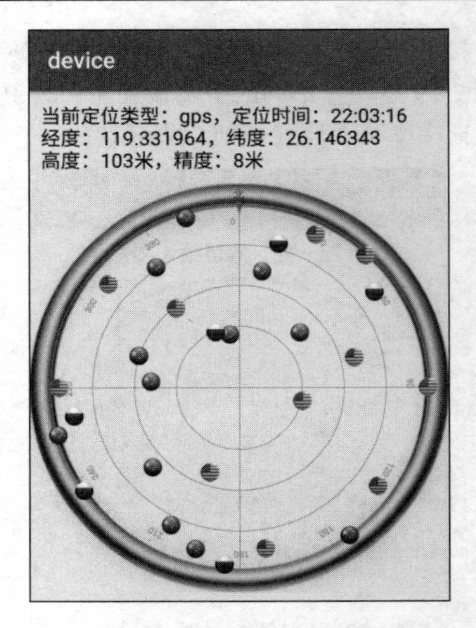

图 9-61　支持 3 种导航系统的卫星分布图

如果手机只支持 GPS，定位响应就很慢，定位精度一般在 10 米左右，而且定位高度很不准，误差相当大。一旦有北斗与格洛纳斯参与定位，即使在室内也能很快响应，精度一般能提升至 5 米，并且高度数值准确了许多，特别适合亚太地区的定位需求。

再来看如图 9-61 所示的卫星分布。在笔者头顶这片天空半小时内一共找到 11 颗 GPS 卫星、6 颗格洛纳斯卫星、12 颗北斗卫星，原来中国的北斗已经赶上并超过美国的 GPS 了。身为中国人的你，有没有感到无比感动与自豪？快快拿出手机试试咻一咻功能，看看你头上的天空能找到几颗卫星。

最后讲讲听一听的实现，通过蓝牙连接音箱，进而把手机上的音乐同步到音箱上播放，具体的编码过程主要有以下三个步骤：

1. 定义并设置 A2DP 的蓝牙代理

像音乐播放这种持续进行的动作，都必须放到后台服务 Service 中进行，以免影响用户在界面上的操作。故而 A2DP 采取类似服务的绑定/解绑方式工作，也需开发者定义一个蓝牙代理的服务监听器，该监听器通过 onServiceConnected 方法表达已连接状态，通过 onServiceDisconnected 方法表达已断开状态。下面是服务监听器的定义代码示例：

```
private BluetoothA2dp bluetoothA2dp;  // 声明一个蓝牙音频传输对象
// 定义一个 A2DP 的服务监听器，类似于 Service 的绑定方式启停，
// 也有 onServiceConnected 和 onServiceDisconnected 两个接口方法
private BluetoothProfile.ServiceListener serviceListener = new BluetoothProfile.ServiceListener() {


    // 在服务断开连接时触发
    public void onServiceDisconnected(int profile) {
        if (profile == BluetoothProfile.A2DP) {
            // A2DP 已连接，则释放 A2DP 的蓝牙代理
```

```
                bluetoothA2dp = null;
            }
        }

        // 在服务建立连接时触发
        public void onServiceConnected(int profile, final BluetoothProfile proxy) {
            if (profile == BluetoothProfile.A2DP) {
                // A2DP 已连接，则设置 A2DP 的蓝牙代理
                bluetoothA2dp = (BluetoothA2dp) proxy;
            }
        }
    };
```

接着还要给蓝牙对象设置这个服务监听器，这样手机蓝牙才能及时获取 A2DP 代理，设置代码如下所示：

```
        // 获取 A2DP 的蓝牙代理
        mBluetooth.getProfileProxy(this, serviceListener, BluetoothProfile.A2DP);
```

2. 发现蓝牙音箱，并进行配对和连接

搜索并发现周围的蓝牙设备，该功能对应的代码已经在前面的“9.5.3 蓝牙 BlueTooth”做了详细介绍，此处不再赘述。找到蓝牙音箱之后，还要手机主动与它连接。按照“9.5.3 蓝牙 BlueTooth”小节的做法，接下来要通过 BluetoothDevice 类进行配对和取消配对操作，但那是针对普通蓝牙设备而言。对于遵循 A2DP 标准的蓝牙耳机和蓝牙音箱来说，得使用 BluetoothA2dp 类完成播音设备的连接与断开连接操作。下面是 BluetoothA2dp 类的常用方法说明。

- setPriority：设置 A2DP 设备的优先级，需要设置成 100，表示优先用蓝牙设备播放音乐，而不是用手机自带的扬声器播放。该方法为隐藏方法，需要通过反射调用。
- connect：连接 A2DP 设备，连接成功之后，音乐即可在该蓝牙设备上播放。该方法为隐藏方法，需要通过反射调用。
- disconnect：断开 A2DP 设备，此时倘若音乐仍在演奏，则由手机麦克风播放。该方法为隐藏方法，需要通过反射调用。

3. 定义 A2DP 的广播接收器，并注册相关广播事件

BluetoothA2dp 类的 connect 方法跟 BluetoothDevice 类的 createBond 方法一样都会弹出配对确认框，只有用户点击对话框上的“配对”按钮，才算与蓝牙音箱连接成功。由于需要等待用户确认，因此确认结果也采取广播方式返回。普通设备的配对结果，对应的广播事件是 BluetoothDevice.ACTION_BOND_STATE_CHANGED；蓝牙音箱的连接结果，则对应广播事件 BluetoothA2dp.ACTION_CONNECTION_STATE_CHANGED。除了连接状态变更广播（含已连接和已断开），另有 A2DP 播放状态的变更广播（含正在播放和停止播放），可在接收到具体广播时进行相应的业务处理。

下面是 A2DP 广播接收器的定义与注册代码例子：

```
protected void onStart() {
    super.onStart();
    // 创建一个意图过滤器
    IntentFilter a2dpFilter = new IntentFilter();
    // 指定 A2DP 的连接状态变更广播
    a2dpFilter.addAction(BluetoothA2dp.ACTION_CONNECTION_STATE_CHANGED);
    // 指定 A2DP 的播放状态变更广播
    a2dpFilter.addAction(BluetoothA2dp.ACTION_PLAYING_STATE_CHANGED);
    // 注册 A2DP 连接管理的广播接收器
    registerReceiver(a2dpReceiver, a2dpFilter);
}

// 定义一个 A2DP 连接的广播接收器
private BroadcastReceiver a2dpReceiver = new BroadcastReceiver() {
    @Override
    public void onReceive(Context context, Intent intent) {
        switch (intent.getAction()) {
            // 侦听到 A2DP 的连接状态变更广播
            case BluetoothA2dp.ACTION_CONNECTION_STATE_CHANGED:
                BluetoothDevice device = mBluetooth.getRemoteDevice(mAddress);
                int connectState = intent.getIntExtra(BluetoothA2dp.EXTRA_STATE,
                        BluetoothA2dp.STATE_DISCONNECTED);
                if (connectState == BluetoothA2dp.STATE_CONNECTED) {
                    // 收到连接上的广播，则更新设备状态为已连接
                    refreshDevice(device, BlueListAdapter.CONNECTED);
                    ap_music.initFromRaw(mContext, R.raw.mountain_and_water);
                    Toast.makeText(mContext, "已连上蓝牙音箱。快来播放音乐试试",
                            Toast.LENGTH_SHORT).show();
                } else if (connectState == BluetoothA2dp.STATE_DISCONNECTED) {
                    // 收到断开连接的广播，则更新设备状态为已断开
                    refreshDevice(device, BluetoothDevice.BOND_NONE);
                    Toast.makeText(mContext, "已断开蓝牙音箱",
                            Toast.LENGTH_SHORT).show();
                }
                break;
            // 侦听到 A2DP 的播放状态变更广播
            case BluetoothA2dp.ACTION_PLAYING_STATE_CHANGED:
                int playState = intent.getIntExtra(BluetoothA2dp.EXTRA_STATE,
                        BluetoothA2dp.STATE_NOT_PLAYING);
                if (playState == BluetoothA2dp.STATE_PLAYING) {
                    Toast.makeText(mContext, "蓝牙音箱正在播放",
```

```
                                Toast.LENGTH_SHORT).show();
                    } else if (playState == BluetoothA2dp.STATE_NOT_PLAYING) {
                        Toast.makeText(mContext, "蓝牙音箱停止播放",
                                Toast.LENGTH_SHORT).show();
                    }
                    break;
            }
        }
    };
```

实战项目的“听一听（蓝牙播音乐）”采用小米的方盒蓝牙音箱演示，手机打开蓝牙功能，搜寻到的蓝牙设备列表如图 9-62 所示，其中名称为“XMFHZ02”的就是小米方盒音箱。

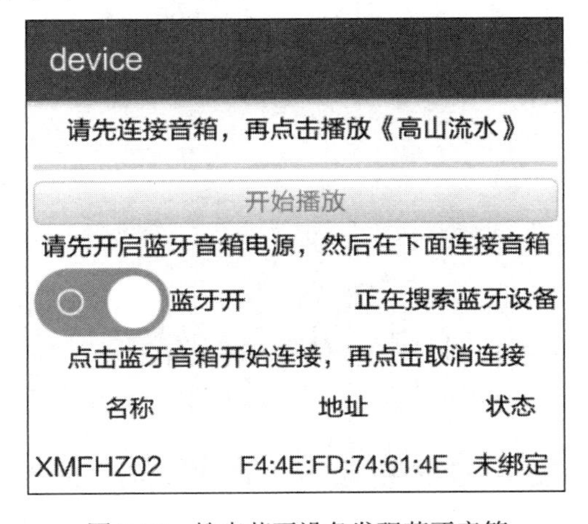

图 9-62　搜索蓝牙设备发现蓝牙音箱

点击设备列表中的小米音箱，则命令代码调用 BluetoothA2dp 对象的 connect 方法（通过反射调用），此时界面弹出配对确认对话框如图 9-63 所示。然后用户点击“配对”按钮，系统通过广播返回已连上的结果，于是更新设备列表的音箱状态为“已连接”，更新状态后的列表界面如图 9-64 所示。

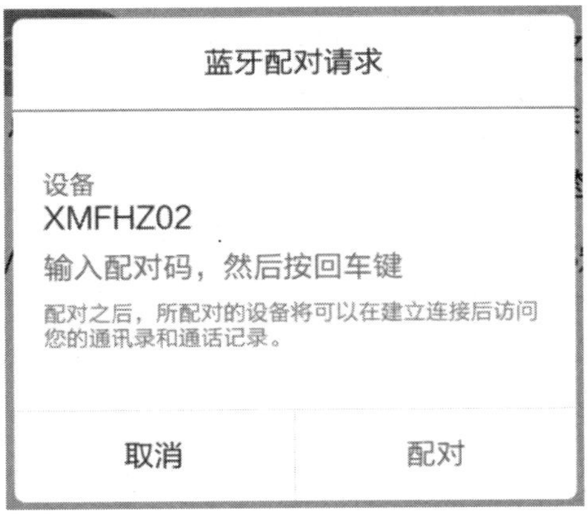

图 9-63　蓝牙音箱的配对确认框

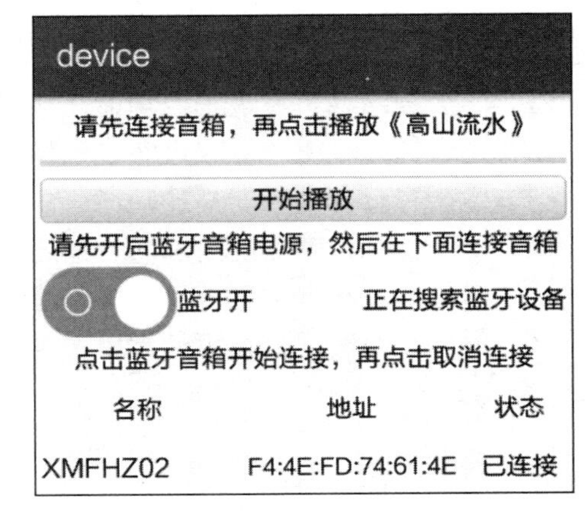

图 9-64　已经连上蓝牙音箱

演示界面在下方集成了古筝曲《高山流水》的播放控制条，既然连上了蓝牙音箱，那就赶快点击“播放”按钮，于是美妙的古韵余音便缓缓地从音箱中流淌出来了。因为音乐播放的旋律无法直接通过图文表达，所以下面聊且奉上古筝曲的播放进度界面如图 9-65 和 9-66 所示，其中图 9-65 为音乐开始播放不久的进度，图 9-66 为音乐暂停播放时的进度。

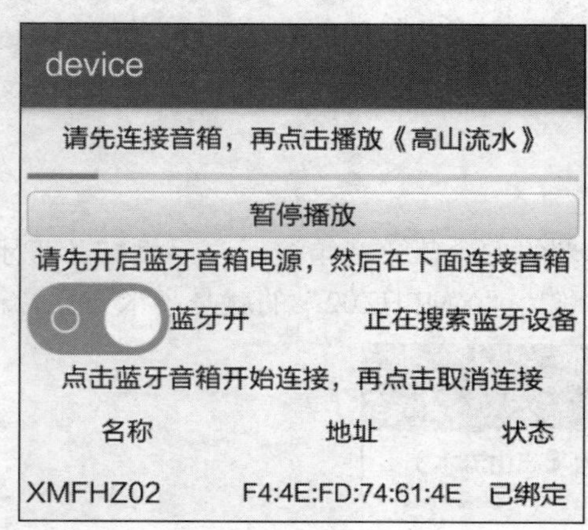

图 9-65　音乐开始播放不久的进度

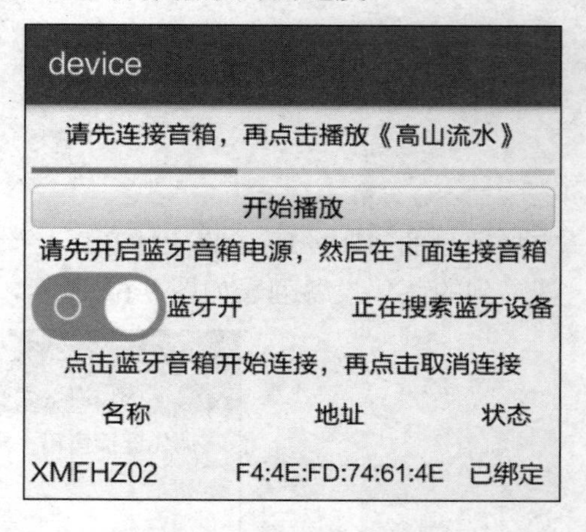

图 9-66　音乐暂停播放时的进度

9.7 小　结

本章主要阐述了手机上硬件设备的使用介绍与操作说明，包括摄像头的用法（表面视图、相机、纹理视图、二代相机）、麦克风的用法（拖动条、音量控制、录音与播音、录像与放映）、传感器的用法（传感器的种类、加速度传感器、指南针、计步器、感光器、陀螺仪）、手机定位的用法（定位的原理、开启定位功能、获取定位信息）、短距离通信技术的应用（NFC 近场通信、红外遥控、蓝牙配对）。最后设计了一个实战项目“仿微信的发现功能”，在该项目的 App 编码中，实现了扫一扫（扫描二维码）、摇一摇（博饼抽大奖）、咻一咻（卫星浑天仪）、听一听（蓝牙播音乐）4 种功能。另外，介绍了卫星导航系统的相关知识。

通过本章的学习，读者应能掌握以下 6 种开发技能：

（1）学会操纵相机实现拍照功能（含单拍和连拍）。

（2）学会操纵相机与麦克风实现媒体录制功能（含录音和录像）。

（3）学会音频和视频的播放功能。

（4）学会常见传感器的用法（含加速度传感器、磁场传感器、计步器、陀螺仪等）。

（5）学会如何获取位置信息（含卫星定位和网络定位）。

（6）学会短距离通信技术的运用（含 NFC、红外、蓝牙等）。

第10章 网络通信

本章介绍 App 开发常用的一些网络通信技术，主要包括如何使用多线程完成异步操作、如何进行 HTTP 接口调用与图片获取、如何实现文件上传和下载操作、如何运用 Socket 通信技术等。最后结合本章所学的知识分别演示了两个实战项目“仿应用宝的应用更新功能”和“仿手机 QQ 的聊天功能”的设计与实现。

10.1 多线程

本节介绍多线程技术在 App 开发中的具体运用，首先说明如何利用 Message 配合 Handler 完成主线程与分线程之间的简单通信；然后阐述进度对话框的用法，以及如何自定义实现文本进度条与文本进度圈；接着讲述异步任务 AsyncTask 的具体用法和注意事项；最后分析异步服务 IntentService 的实现原理和开发步骤。

10.1.1 消息传递 Message

为了使 App 运行得更流畅，多线程技术被广泛应用于 App 开发。由于 Android 系统存在限制，只有主线程才能直接操作界面，因此分线程想修改界面就得另想办法。第 9 章在介绍摄像头拍照时提到为了让分线程能够刷新界面，Android 专门设计了表面视图 SurfaceView 给分线程操作，后来又增加了纹理视图 TextureView，也是给分线程使用。

多线程技术并非单单用于拍照预览，还用于网络通信、后台服务等耗时场合，并且这些场合往往希望操纵现有的界面，而不是操纵表面视图。这要求有一种用于线程之间相互通信的机制。大家都知道，主线程向分线程传递消息时可以直接在分线程的构造函数中传递参数，然而分线程向主线程传递消息并无捷径，为此 Android 设计了一个 Message 消息工具，通过结合 Handler 与 Message 可简单有效地实现线程之间的通信。

主线程与分线程之间传递消息的步骤主要有 4 步，说明如下：

1. 在主线程中构造一个 Handler 对象，并启动分线程

处理器 Handler 是大家的老朋友了，从第 2 章开始，凡是需要进行延迟处理的场合，基本都用到了 Handler。特别是在第 6 章，在介绍简单动画的实现时还专门对 Handler+Runnable 组合做了详细说明。Thread 类是 Runnable 接口的一个具体实现，Handler 调用 Runnable 对象的各种 post 方法也适用于 Thread 对象。启动分线程有两种方式，既可通过 Handler 对象的 post 方法启动 Thread，也可直接调用 Thread 对象的 start 方法。

2. 在分线程中构造一个 Message 对象的消息包

Message 是多线程通信中存放消息的包裹，作用类似于 Intent 机制的 Bundle 工具。实例可通过自身的 obtain 方法获得，也可通过 Handler 对象的 obtainMessage 方法获得。

下面来看 Message 类的主要参数说明。

- what：整型的消息标识，用于标识本次消息的唯一编号。
- arg1：整型数，可存放消息的处理结果。
- arg2：整型数，可存放消息的处理代码。
- obj：Object 类型，可存放返回消息的数据结构。
- replyTo：Messenger 类型，回应信使，在跨进程通信中使用，多线程通信用不着。

3. 在分线程中通过 Handler 对象将 Message 消息发出去

处理器 Handler 的消息发送操作主要是各类 send 方法。下面介绍相关方法说明。

- obtainMessage：获取当前消息的对象。
- sendMessage：立即发送消息。
- sendMessageDelayed：延迟一段时间后发送消息。
- sendMessageAtTime：在指定时间点发送消息。
- sendEmptyMessage：立即发送空消息。
- sendEmptyMessageDelayed：延迟一段时间后发送空消息。
- sendEmptyMessageAtTime：在指定时间点发送空消息。
- removeMessages：从消息队列中根据指定标识移除对应消息。
- hasMessages：判断消息队列中是否存在指定标识的消息。

4. 主线程中的 Handler 对象处理接收到的消息

主线程处理分线程发出的消息需要实现 Handler 对象的 handleMessage 方法，根据 Message 消息的具体内容分别进行相应处理。注意，因为 handleMessage 方法处于主线程（UI 线程）中，所以该方法内部可以直接操作界面元素。

下面是利用多线程实现新闻滚动的完整代码，结合使用了 Handler 与 Message。

```
public class MessageActivity extends AppCompatActivity implements OnClickListener {
    private TextView tv_message; // 声明一个文本视图对象
```

```
private boolean isPlaying = false;   // 是否正在播放新闻
private int BEGIN = 0, SCROLL = 1, END = 2;   // 0 为开始，1 为滚动，2 为结束

protected void onCreate(Bundle savedInstanceState) {
    super.onCreate(savedInstanceState);
    setContentView(R.layout.activity_message);
    // 从布局文件中获取名叫 tv_message 的文本视图
    tv_message = findViewById(R.id.tv_message);
    // 设置 tv_message 内部文字的对齐方式为靠左且靠下
    tv_message.setGravity(Gravity.LEFT | Gravity.BOTTOM);
    tv_message.setLines(8);   // 设置 tv_message 高度为 8 行文字那么高
    tv_message.setMaxLines(8);   // 设置 tv_message 最多显示 8 行文字
    // 设置 tv_message 内部文本的移动方式为滚动形式
    tv_message.setMovementMethod(new ScrollingMovementMethod());
    findViewById(R.id.btn_start_message).setOnClickListener(this);
    findViewById(R.id.btn_stop_message).setOnClickListener(this);
}

public void onClick(View v) {
    if (v.getId() == R.id.btn_start_message) {   // 点击了开始播放新闻的按钮
        if (!isPlaying) {
            isPlaying = true;
            new PlayThread().start();   // 创建并启动新闻播放线程
        }
    } else if (v.getId() == R.id.btn_stop_message) {   // 点击了结束播放新闻的按钮
        isPlaying = false;
    }
}

private String[] mNewsArray = { "北斗三号卫星发射成功，定位精度媲美 GPS",
        "美国赌城拉斯维加斯发生重大枪击事件", "日本在越南承建的跨海大桥未建完已下沉",
        "南水北调功在当代，数亿人喝上长江水", "马克龙呼吁重建可与中国匹敌的强大欧洲" };

// 定义一个新闻播放线程
private class PlayThread extends Thread {
    @Override
    public void run() {
        // 向处理器发送播放开始的空消息
        mHandler.sendEmptyMessage(BEGIN);
        while (isPlaying) {
            try {
                sleep(2000);
            } catch (InterruptedException e) {
```

```
                    e.printStackTrace();
                }
                Message message = Message.obtain();  // 获得一个默认的消息对象
                message.what = SCROLL;  // 消息类型
                message.obj = mNewsArray[(int) (Math.random() * 30 % 5)];  // 消息描述
                mHandler.sendMessage(message);  // 向处理器发送消息
            }
            isPlaying = true;
            try {
                sleep(2000);
            } catch (InterruptedException e) {
                e.printStackTrace();
            }
            mHandler.sendEmptyMessage(END);  // 向处理器发送播放结束的空消息
            isPlaying = false;
        }
    }

    // 创建一个处理器对象
    private Handler mHandler = new Handler() {
        // 在收到消息时触发
        public void handleMessage(Message msg) {
            String desc = tv_message.getText().toString();
            if (msg.what == BEGIN) {  // 开始播放
                desc = String.format("%s\n%s %s", desc, DateUtil.getNowTime(), "开始播放新闻");
            } else if (msg.what == SCROLL) {  // 滚动播放
                desc = String.format("%s\n%s %s", desc, DateUtil.getNowTime(), msg.obj);
            } else if (msg.what == END) {  // 结束播放
                desc = String.format("%s\n%s %s", desc, DateUtil.getNowTime(), "新闻播放结束");
            }
            tv_message.setText(desc);
        }
    };
}
```

新闻滚动的效果如图 10-1 与图 10-2 所示。其中，图 10-1 所示为正在播放新闻的界面，分线程每隔两秒添加一条新闻；图 10-2 所示为新闻播放结束时的界面，主线程收到分线程的 END 消息，在界面上提示用户“新闻播放结束”。

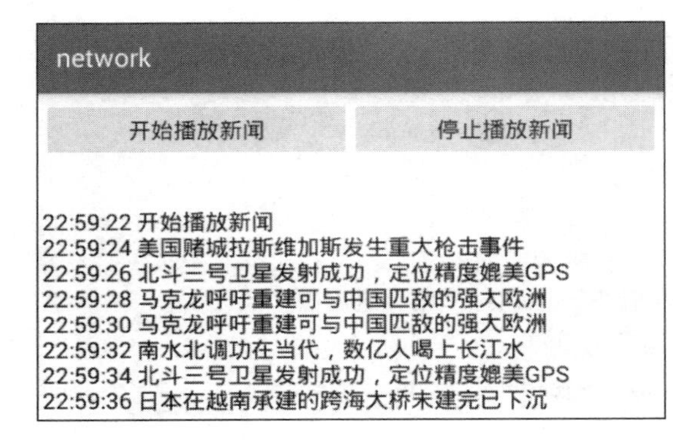

图 10-1　正在播放新闻的界面

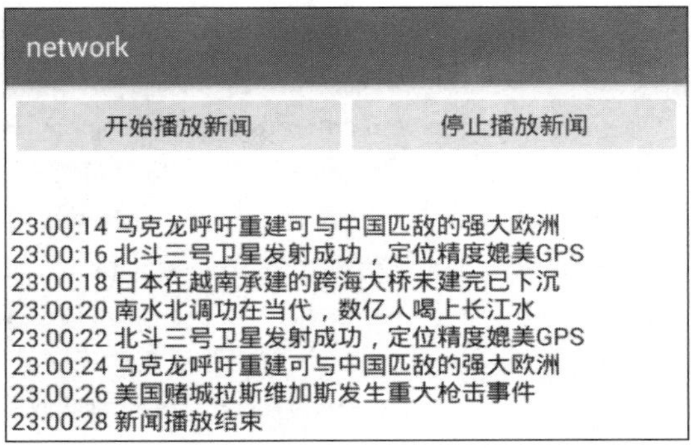

图 10-2　停止播放新闻的界面

10.1.2　进度对话框 ProgressDialog

有时，分线程在处理事务期间不允许用户继续操作界面控件，但是还想提示用户“页面正在加载，请耐心等待”之类信息，必要时还会告知用户当前的处理进度，这种情况就会用到进度对话框 ProgressDialog。分线程正在处理时，界面弹出进度对话框；分线程处理结束时，自动关闭进度对话框。这样既确保分线程不受干扰，又缓解了用户的焦急等待。

进度对话框继承自提醒对话框 AlertDialog，内部集成了进度条 ProgressBar，既拥有 AlertDialog 的所有方法，又实现了 ProgressBar 的公开 API。下面是进度对话框的常用方法。

- setTitle：设置对话框的标题文本。
- setMessage：设置对话框的消息内容。
- setIcon：设置对话框的图标。
- setProgress：设置当前进度的数值。
- setSecondaryProgress：设置当前第二进度的数值。
- setMax：设置进度条的最大进度数值。
- setProgressStyle：设置进度条的样式。取值 ProgressDialog.STYLE_SPINNER 表示转圈风格（默认值），取值 ProgressDialog.STYLE_HORIZONTAL 表示长条风格。
- show：显示对话框。需要在各属性设置完成后调用 show 方法。
- isShowing：判断对话框是否正在显示。
- dismiss：关闭对话框。
- 静态的 show 方法：简化的调用方法，一句代码就搞定进度对话框的设置与显示。可同时指定标题文字和消息内容，进度条样式为默认的转圈，示例代码如下：

```
// 弹出带有提示文字的圆圈进度对话框
mDialog = ProgressDialog.show(this, "请稍候", "正在努力加载页面");
```

下面是使用进度对话框的代码片段：

```
private ProgressDialog mDialog;  // 声明一个进度对话框对象
private String[] descArray = {"圆圈进度", "水平进度条"};
private int[] styleArray = {ProgressDialog.STYLE_SPINNER,
        ProgressDialog.STYLE_HORIZONTAL};
```

```
class StyleSelectedListener implements OnItemSelectedListener {
    public void onItemSelected(AdapterView<?> arg0, View arg1, int arg2, long arg3) {
        if (mDialog == null || !mDialog.isShowing()) {  // 进度框未弹出
            mStyleDesc = descArray[arg2];
            int style = styleArray[arg2];
            if (style == ProgressDialog.STYLE_SPINNER) {  // 圆圈进度框
                // 弹出带有提示文字的圆圈进度对话框
                mDialog = ProgressDialog.show(ProgressDialogActivity.this,
                        "请稍候", "正在努力加载页面");
                // 延迟 1500 毫秒后启动关闭对话框的任务
                mHandler.postDelayed(mCloseDialog, 1500);
            } else {  // 水平进度框
                // 创建一个进度对话框
                mDialog = new ProgressDialog(ProgressDialogActivity.this);
                mDialog.setTitle("请稍候");  // 设置进度对话框的标题文本
                mDialog.setMessage("正在努力加载页面");  // 设置进度对话框的内容文本
                mDialog.setMax(100);  // 设置进度对话框的最大进度
                mDialog.setProgressStyle(style);  // 设置进度对话框的样式
                mDialog.show();  // 显示进度对话框
                new RefreshThread().start();  // 启动进度刷新线程
            }
        }
    }

    public void onNothingSelected(AdapterView<?> arg0) {}
}

// 定义一个关闭对话框的任务
private Runnable mCloseDialog = new Runnable() {
    @Override
    public void run() {
        if (mDialog.isShowing()) {  // 对话框仍在显示
            mDialog.dismiss();  // 关闭对话框
            tv_result.setText(DateUtil.getNowTime() + " " + mStyleDesc + "加载完成");
        }
    }
};

// 定义一个进度刷新线程
private class RefreshThread extends Thread {
    @Override
    public void run() {
```

```
            for (int i = 0; i < 10; i++) {
                Message message = Message.obtain();  // 获得一个默认的消息对象
                message.what = 0;  // 消息类型
                message.arg1 = i * 10;  // 消息数值
                mHandler.sendMessage(message);  // 往处理器发送消息对象
                try {
                    sleep(500);
                } catch (InterruptedException e) {
                    e.printStackTrace();
                }
            }
            mHandler.sendEmptyMessage(1);  // 往处理器发送类型为 1 的空消息
        }
    }

    // 创建一个处理器对象
    private Handler mHandler = new Handler() {
        // 在收到消息时触发
        public void handleMessage(Message msg) {
            if (msg.what == 0) {  // 该类型表示刷新进度
                mDialog.setProgress(msg.arg1);  // 设置进度对话框上的当前进度
            } else if (msg.what == 1) {  // 该类型表示关闭对话框
                post(mCloseDialog);  // 立即启动关闭对话框的任务
            }
        }
    };
```

进度对话框的展示效果如图 10-3 与图 10-4 所示。其中，如图 10-3 所示为转圈进度样式，对话框在 1.5 秒后自动关闭；如图 10-4 所示为长条进度样式，每隔 0.5 秒进度数值增加 10，在 5 秒后关闭对话框。

图 10-3　转圈样式的进度对话框

图 10-4　长条样式的进度对话框

当然，Android 默认的进度条并不好看，而且没有自带的进度文字提示，实际开发中往往要重新定制，使之符合用户的视觉习惯。主要的改造方向有两种：在长条进度中增加文字说明和在圆圈进度中增加文字说明。

1. 在长条样式中增加文字说明

修改长条样式的展示效果可通过定义层次图形并给 progressDrawable 属性赋值层次图形实现，具体方法参见第 6 章的“6.4.2 进度条 ProcessBar”。如果想在进度条中央显示进度文字，就得基于 ProgressBar 自定义一个进度条工具，主要思路是在 onDraw 方法中调用 canvas 的 drawText 方法往进度条上添加指定文本。

具体的代码实现不难，读者可尝试自行编码，也可参考本书附带源码 network 模块的 TextProgressBar.java。文字进度条的显示效果如图 10-5 与图 10-6 所示。其中，图 10-5 是进度为 40%时的界面，图 10-6 是进度为 80%时的界面。

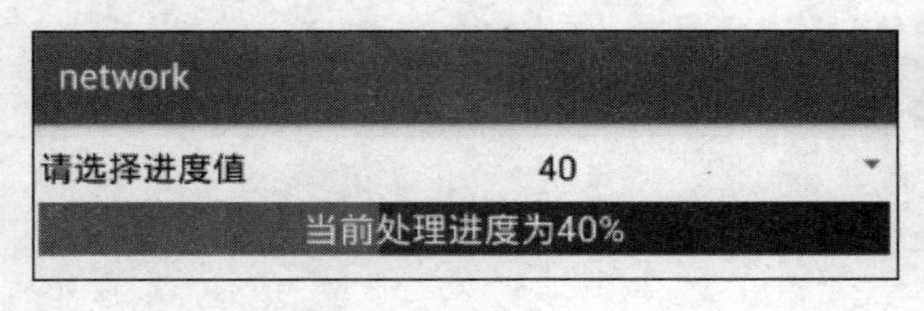

图 10-5　进度为 40%的进度条

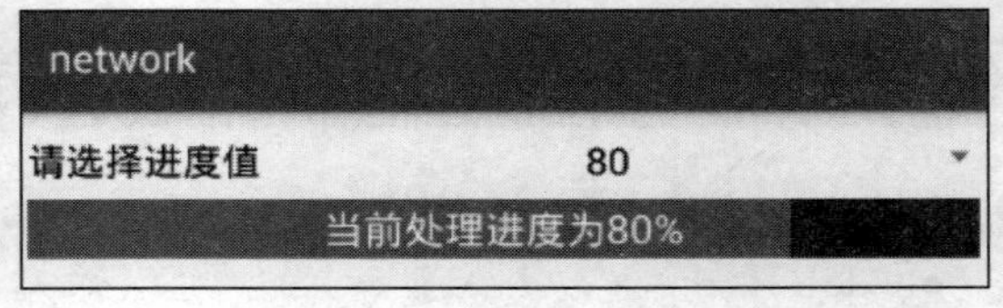

图 10-6　进度为 80%的进度条

2. 在圆圈进度中增加文字说明

与长条进度相比，App 使用圆圈进度更加常见，可是 ProgressBar 的圆圈样式无法设定具体的进度值，若要采用圆圈进度，则必须完全摒弃 ProgressBar，从头实现自定义的圆圈进度工具。如果读者已仔细阅读本书前面的章节，相信你已经有了大概思路，就是利用第 6 章的自定义圆弧动画（参见“6.2.3 圆弧进度动画”）先画个背景圆环，再根据进度比例画个前景圆弧，最后在圆心处添加进度文本。

具体的实现代码不再赘述，读者可参照以上思路进行编码，也可参考本书附带源码 network 模块的 TextProgressCircle.java，自己动手实践。文字进度圈的显示效果如图 10-7 与图 10-8 所示。其中，图 10-7 是进度为 30%时的界面，图 10-8 是进度为 70%时的界面。

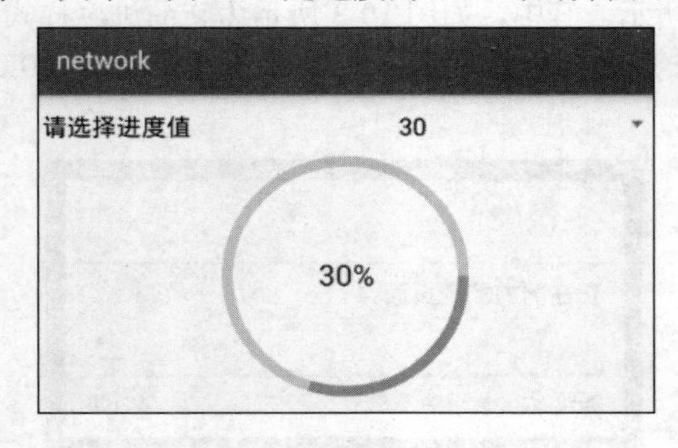

图 10-7　进度为 30%的进度圈

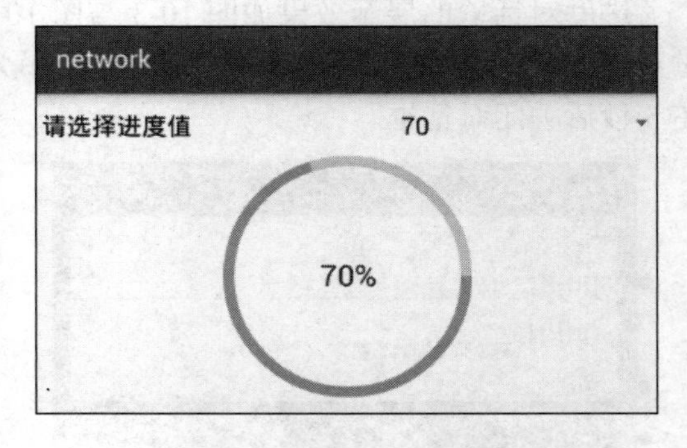

图 10-8　进度为 70%的进度圈

10.1.3 异步任务 AsyncTask

Thread+Handler 方式虽然能够实现多线程的通信处理，但是写代码颇为麻烦，不但调用流程很烦琐，而且处理代码跟活动页面代码混在一起，非常不宜维护。基于以上问题，Android 提供了 AsyncTask 这个轻量级的异步任务工具，内部已经封装好 Thread+Handler 的线程通信机制，开发者只需按部就班地编写业务代码，无须关心线程通信的复杂流程。AsyncTask 通常用于网络访问操作，包括 HTTP 接口调用、文件下载与上传等。

AsyncTask 是一个模板类（AsyncTask<Params, Progress, Result>），从它派生而来的新类需要指定模板的参数类型。下面来看模板参数说明。

- Params：任务启动时的输入参数，比如 HTTP 访问的 URL 地址、请求报文等。可设置为 String 类型或自定义的数据结构。
- Progress：任务执行过程中的进度。一般设置为 Integer 类型，表示当前处理进度。
- Result：任务执行完的结果参数，比如 HTTP 调用的执行结果、返回报文等。可设置为 String 类型或自定义的数据结构。

开发者自定义的任务类需要实现以下方法。

- onPreExecute：准备执行任务时触发。该方法在 doInBackground 方法执行之前调用。
- doInBackground：在后台执行的业务处理。网络请求等异步处理操作都放在该方法中，输入参数对应 execute 方法的输入参数，输出参数对应 onPostExecute 方法的输入参数。注意，该方法运行于分线程，不能操作界面，其他方法都能操作界面。
- onProgressUpdate：在 doInBackground 方法中调用 publishProgress 方法时触发。该方法通常用于在处理过程中刷新进度条。
- onPostExecute：任务执行完成时触发，方法内部可在页面上显示处理结果。该方法在 doInBackground 方法执行完毕后调用，输入参数对应 doInBackground 方法的输出参数。
- onCancelled :调用任务对象的 cancel 方法时触发。表示取消任务并返回。

另外，AsyncTask 有如下可直接调用的启停方法。

- execute：开始执行异步处理任务。
- executeOnExecutor：以指定的线程池模式执行任务。AsyncTask 内置的线程池模式有以下两个。
  - AsyncTask.THREAD_POOL_EXECUTOR：表示异步线程池（各任务间没有先后顺序，即有可能某任务在后面调用却先执行）。
  - AsyncTask.SERIAL_EXECUTOR：表示同步线程池（各任务按照代码调用的先后顺序依次排队等待执行），execute 方法默认使用 SERIAL_EXECUTOR。
- publishProgress：更新进度。该方法只能在 doInBackground 方法中调用，调用后会触发 onProgressUpdate 方法。
- get：获取处理结果。
- cancel：取消任务。该方法调用后，doInBackground 方法中的处理可能不会马上停止；若想立即停止处理，则可在 doInBackground 方法中加入 isCancelled 的判断。
- isCancelled：判断该任务是否取消。true 表示取消，false 表示未取消。
- getStatus：获取任务状态。任务状态的取值说明见表 10-1。

表 10-1　任务状态的取值说明

AsyncTask.Status 类的任务状态	说明	所处时刻
PENDING	还未执行	onPreExecute 处理之前（正在等待）
RUNNING	正在执行	onPreExecute、doInBackground、onPostExecute 运行期间
FINISHED	执行完毕	onPostExecute 处理结束

下面是一个异步加载请求任务的代码：

```
public class ProgressAsyncTask extends AsyncTask<String, Integer, String> {
    private String mBook;  // 书籍名称

    public ProgressAsyncTask(String title) {
        super();
        mBook = title;
    }

    // 线程正在后台处理
    protected String doInBackground(String... params) {
        int ratio = 0;
        for (; ratio <= 100; ratio += 5) {
            try {
                Thread.sleep(200);  // 睡眠 200 毫秒模拟网络通信处理
            } catch (InterruptedException e) {
                e.printStackTrace();
            }
            // 通报处理进展。调用该方法会触发 onProgressUpdate 函数
            publishProgress(ratio);
        }
        return params[0];  // 返回参数是书籍的名称
    }

    // 准备启动线程
    protected void onPreExecute() {
        // 触发监听器的开始事件
        mListener.onBegin(mBook);
    }

    // 线程在通报处理进展
    protected void onProgressUpdate(Integer... values) {
        // 触发监听器的进度更新事件
        mListener.onUpdate(mBook, values[0], 0);
    }
```

```
    // 线程已经完成处理
    protected void onPostExecute(String result) {
        // 触发监听器的结束事件
        mListener.onFinish(result);
    }

    // 线程已经取消
    protected void onCancelled(String result) {
        // 触发监听器的取消事件
        mListener.onCancel(result);
    }

    private OnProgressListener mListener;  // 声明一个进度更新的监听器对象
    // 设置进度更新的监听器
    public void setOnProgressListener(OnProgressListener listener) {
        mListener = listener;
    }

    // 定义一个进度更新的监听器接口
    public interface OnProgressListener {
        // 在线程处理结束时触发
        void onFinish(String result);
        // 在线程处理取消时触发
        void onCancel(String result);
        // 在线程处理过程中更新进度时触发
        void onUpdate(String request, int progress, int sub_progress);
        // 在线程处理开始时触发
        void onBegin(String request);
    }
}
```

在 Activity 中调用异步任务的完整代码如下：

```
public class AsyncTaskActivity extends AppCompatActivity implements OnProgressListener {
    private TextView tv_async;
    private ProgressBar pb_async;  // 声明一个进度条对象
    private ProgressDialog mDialog;  // 声明一个进度对话框对象
    public int mShowStyle;  // 显示风格
    public int BAR_HORIZONTAL = 1;  // 水平条
    public int DIALOG_CIRCLE = 2;  // 圆圈对话框
    public int DIALOG_HORIZONTAL = 3;  // 水平对话框

    @Override
    protected void onCreate(Bundle savedInstanceState) {
```

```
        super.onCreate(savedInstanceState);
        setContentView(R.layout.activity_async_task);
        tv_async = findViewById(R.id.tv_async);
        // 从布局文件中获取名叫 pb_async 的进度条
        pb_async = findViewById(R.id.pb_async);
        initBookSpinner();  // 初始化书籍选择下拉框
    }

    // 初始化书籍选择下拉框
    private void initBookSpinner() {
        ArrayAdapter<String> styleAdapter = new ArrayAdapter<String>(this,
                R.layout.item_select, bookArray);
        Spinner sp_style = findViewById(R.id.sp_style);
        sp_style.setPrompt("请选择要加载的小说");
        sp_style.setAdapter(styleAdapter);
        sp_style.setOnItemSelectedListener(new StyleSelectedListener());
        sp_style.setSelection(0);
    }

    private String[] bookArray = {"三国演义", "西游记", "红楼梦"};
    private int[] styleArray = {BAR_HORIZONTAL, DIALOG_CIRCLE, DIALOG_HORIZONTAL};
    class StyleSelectedListener implements OnItemSelectedListener {
        public void onItemSelected(AdapterView<?> arg0, View arg1, int arg2, long arg3) {
            startTask(styleArray[arg2], bookArray[arg2]);  // 启动书籍加载线程
        }

        public void onNothingSelected(AdapterView<?> arg0) {}
    }

    // 启动书籍加载线程
    private void startTask(int style, String msg) {
        mShowStyle = style;
        // 创建一个书籍加载线程
        ProgressAsyncTask asyncTask = new ProgressAsyncTask(msg);
        // 设置书籍加载监听器
        asyncTask.setOnProgressListener(this);
        // 把书籍加载线程加入到处理队列
        asyncTask.execute(msg);
    }

    // 关闭对话框
    private void closeDialog() {
        if (mDialog != null && mDialog.isShowing()) {  // 对话框仍在显示
```

```
            mDialog.dismiss();  // 关闭对话框
        }
    }

    // 在线程处理结束时触发
    public void onFinish(String result) {
        String desc = String.format("您要阅读的《%s》已经加载完毕", result);
        tv_async.setText(desc);
        closeDialog();  // 关闭对话框
    }

    // 在线程处理取消时触发
    public void onCancel(String result) {
        String desc = String.format("您要阅读的《%s》已经取消加载", result);
        tv_async.setText(desc);
        closeDialog();  // 关闭对话框
    }

    // 在线程处理过程中更新进度时触发
    public void onUpdate(String request, int progress, int sub_progress) {
        String desc = String.format("%s 当前加载进度为%d%%", request, progress);
        tv_async.setText(desc);
        if (mShowStyle == BAR_HORIZONTAL) {  // 水平条
            pb_async.setProgress(progress);  // 设置水平进度条的当前进度
            pb_async.setSecondaryProgress(sub_progress);  // 设置水平进度条的次要进度
        } else if (mShowStyle == DIALOG_HORIZONTAL) {  // 水平对话框
            mDialog.setProgress(progress);  // 设置水平进度对话框的当前进度
            mDialog.setSecondaryProgress(sub_progress);  // 设置水平进度对话框的次要进度
        }
    }

    // 在线程处理开始时触发
    public void onBegin(String request) {
        tv_async.setText(request + "开始加载");
        if (mDialog == null || !mDialog.isShowing()) {  // 进度框未弹出
            if (mShowStyle == DIALOG_CIRCLE) {  // 圆圈对话框
                // 弹出带有提示文字的圆圈进度对话框
                mDialog = ProgressDialog.show(this, "稍等", request + "页面加载中……");
            } else if (mShowStyle == DIALOG_HORIZONTAL) {  // 水平对话框
                mDialog = new ProgressDialog(this);  // 创建一个进度对话框
                mDialog.setTitle("稍等");  // 设置进度对话框的标题文本
                mDialog.setMessage(request + "页面加载中……");  // 设置进度对话框的内容文本
                mDialog.setIcon(R.drawable.ic_search);  // 设置进度对话框的图标
```

```
                mDialog.setProgressStyle(ProgressDialog.STYLE_HORIZONTAL);  //设置对话框样式
                mDialog.show();  // 显示进度对话框
            }
        }
    }
}
```

异步处理任务结合进度对话框的展示效果如图 10-9、图 10-10、图 10-11 所示。其中，图 10-9 所示为在页面上嵌入进度条的执行界面，图 10-10 所示为圆圈样式的进度对话框执行界面，图 10-11 所示为长条样式的进度对话框执行界面。

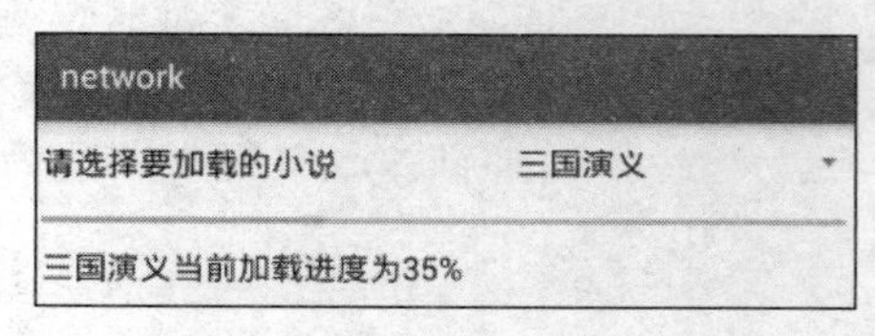

图 10-9　异步任务结合进度条的界面

图 10-10　异步任务结合转圈样式的界面

图 10-11　异步任务结合长条样式的界面

AsyncTask 在简单场合已经足够使用，如果要用于大量并发处理，就需要十分小心，因为 AsyncTask 的设计不甚完美，使用过程中要注意以下两点：

（1）AsyncTask 默认的线程池模式是 SERIAL_EXECUTOR，即按照先后顺序依次调用。假设有两个网络请求任务，第一个是文件下载，第二个是接口调用，那么接口调用任务会等待文件下载完毕后执行，而不是在调用时立刻执行。

（2）由于顺序模式存在排队等待的情况，因此 Android 提供了 executeOnExecutor 方法，允许开发者指定任务线程池。不过 AsyncTask 自带的 THREAD_POOL_EXECUTOR 也存在瓶颈，该线程池模式的最大线程个数是 CPU 个数的两倍再加 1（参见 AsyncTask 的源码“MAXIMUM_POOL_SIZE = CPU_COUNT * 2 + 1”）。如果用户手机采用了双核 CPU，那么 AsyncTask 的最大并发线程数为 2*2+1=5 个，此时若并发任务数超过 5 个，则后面进来的任务只能排队等待。如果用户手机采用的是四核 CPU，AsyncTask 的最大并发线程数就为 4*2+1=9 个，因此 CPU 个数越多，App 运行越流畅是有软件依据的。

10.1.4　异步服务 IntentService

服务 Service 虽然是在后台运行，但跟 Activity 一样都在主线程中，如果后台运行着的服务挂起，用户界面就会卡着不动，俗称死机。后台服务经常要做一些耗时操作，比如批量处理、文件导入、网络访问等，此时不应该影响用户在界面上的操作，而应该开启分线程执行耗时操作。可以通过 Thread+Handler 机制实现异步处理，也可以通过 Android 封装好的异步服务 IntentService 处理。

使用 IntentService 有两个好处，一个是免去复杂的消息通信流程；另一个是处理完成后无须手工停止服务，开发者可集中精力进行业务逻辑的编码。话虽如此，我们还是有必要了解一下 IntentService 的具体实现，入了这行一般都要干上许多年，晚学不如早学。前面提到，处理器对象位于主线程中，分线程通过 Handler 对象通知主线程，然后主线程执行 Handler 对象的 handleMessage 方法刷新界面。反过来也是允许的，即处理器对象位于分线程中，主线程通过 Handler 对象通知分线程，然后分线程执行 Handler 对象的 handleMessage 方法进行耗时处理。

具体请看 IntentService 的实现步骤。

步骤 01 创建异步服务时，初始化分线程的 Handler 对象，注意下面源码的 thread.getLooper 方法：

```
public void onCreate() {
    super.onCreate();
    HandlerThread thread = new HandlerThread("IntentService[" + mName + "]");
    thread.start();
    mServiceLooper = thread.getLooper();
    mServiceHandler = new ServiceHandler(mServiceLooper);
}
```

步骤 02 异步服务开始运行时，通过 Handler 对象将请求数据送给分线程，源码如下：

```
public void onStart(Intent intent, int startId) {
    Message msg = mServiceHandler.obtainMessage();
    msg.arg1 = startId;
    msg.obj = intent;
    mServiceHandler.sendMessage(msg);
}
```

步骤 03 分线程在 Handler 对象的 handleMessage 方法中，先通过 onHandleIntent 方法执行具体的事务处理，再调用 stopSelf 结束指定标识的服务。源码如下：

```
private final class ServiceHandler extends Handler {
    public ServiceHandler(Looper looper) {
        super(looper);
    }

    @Override
    public void handleMessage(Message msg) {
        onHandleIntent((Intent)msg.obj);
        stopSelf(msg.arg1);
    }
}
```

了解 IntentService 的实现思想后，使用过程中需要注意以下 4 点：

（1）增加一个构造方法，并分配内部线程的唯一名称。

（2）onStartCommand 方法要调用父类的 onStartCommand，因为父类方法会向分线程传递消息。

（3）耗时处理的业务代码要写在 onHandleIntent 方法中，不可写在 onStartCommand 方法中。因为 onHandleIntent 方法位于分线程，而 onStartCommand 方法位于主线程。

（4）IntentService 实现了 onStart 方法，却未实现 onBind 方法，意味着异步服务只能用普通方式启停，不能用绑定方式启停。

下面是使用异步服务的代码：

```
public class AsyncService extends IntentService {
    public AsyncService() {
        super("com.example.network.service.AsyncService");
    }

    // onStartCommand 运行于主线程
    public int onStartCommand(Intent intent, int flags, int startid) {
        // 试试在 onStartCommand 里面沉睡，页面按钮是不是无法点击了？
        return super.onStartCommand(intent, flags, startid);
    }

    // onHandleIntent 运行分主线程
    protected void onHandleIntent(Intent intent) {
        // 在 onHandleIntent 这里执行耗时任务，不会影响页面的处理
        try {
            Thread.sleep(30 * 1000);
        } catch (InterruptedException e) {
            e.printStackTrace();
        }
    }
}
```

异步服务的演示效果如图 10-12 所示，即使异步服务在 onHandleIntent 方法中睡眠 30 秒，也丝毫不影响用户在页面上的点击操作。读者可以尝试在 onStartCommand 方法中睡眠 30 秒，看看能否在页面上正常点击按钮。

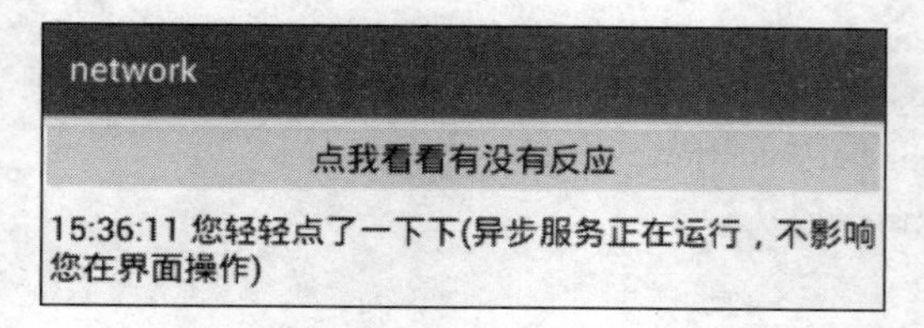

图 10-12　异步服务的演示效果图

10.2 HTTP 接口访问

本节介绍 HTTP 接口访问的相关技术与具体使用，首先说明如何利用连接管理器 ConnectivityManager 检测网络连接的状态；然后阐述 App 用于接口调用的移动数据格式 JSON 的构建与解析；接着举例说明通过 HttpURLConnection 实现基本的接口调用，包括 GET 和 POST 两种常见的调用方式，并给出阶段性实战项目“根据经纬度获取地址信息”的实现过程；最后讲述利用 HttpURLConnection 从网络获取小图片的方法。

10.2.1 网络连接检查

谈到网络通信，首先要检查当前是否处于上网状态，然后进行网络访问操作。如果当前网络连接不可用，那么无须执行网络访问，直接提示用户“请开启网络连接”就好了。要检测网络连接，Android 会要求 App 具备上网权限，所以首先打开 AndroidManifest.xml，加上下面几行网络权限配置：

```
<!-- 互联网 -->
<uses-permission android:name="android.permission.INTERNET" />
<!-- 查看网络状态 -->
<uses-permission android:name="android.permission.ACCESS_NETWORK_STATE" />
<uses-permission android:name="android.permission.ACCESS_WIFI_STATE" />
```

添加网络权限配置后，可利用连接管理器 ConnectivityManager 检测网络连接，该工具的对象从系统服务 Context.CONNECTIVITY_SERVICE 中获取。调用连接管理器对象的 getActiveNetworkInfo 方法，返回一个 NetworkInfo 实例，通过该实例可获取详细的网络连接信息。下面是 NetworkInfo 的常用方法。

- getType：获取网络类型。网络类型的取值说明见表 10-2。

表 10-2 网络类型的取值说明

ConnectivityManager 类的网络类型	说明
TYPE_WIFI	WiFi
TYPE_MOBILE	数据连接
TYPE_WIMAX	wimax
TYPE_ETHERNET	以太网
TYPE_BLUETOOTH	蓝牙
TYPE_VPN	vpn

- getState：获取网络状态。网络状态的取值说明见表 10-3。

表 10-3　网络状态的取值说明

NetworkInfo.State 的网络状态	说明
CONNECTING	正在连接
CONNECTED	已连接
SUSPENDED	挂起
DISCONNECTING	正在断开
DISCONNECTED	已断开
UNKNOWN	未知

- getSubtype：获取网络子类型。当网络类型为数据连接时，子类型为 2G/3G/4G 的细分类型，如 CDMA、EVDO、HSDPA、LTE 等。网络子类型的取值说明见表 10-4。

表 10-4　网络子类型的取值说明

取值	TelephonyManager 类的网络子类型	制式分类
1	NETWORK_TYPE_GPRS	2G
2	NETWORK_TYPE_EDGE	2G
3	NETWORK_TYPE_UMTS	3G
4	NETWORK_TYPE_CDMA	2G
5	NETWORK_TYPE_EVDO_0	3G
6	NETWORK_TYPE_EVDO_A	3G
7	NETWORK_TYPE_1xRTT	2G
8	NETWORK_TYPE_HSDPA	3G
9	NETWORK_TYPE_HSUPA	3G
10	NETWORK_TYPE_HSPA	3G
11	NETWORK_TYPE_IDEN	2G
12	NETWORK_TYPE_EVDO_B	3G
13	NETWORK_TYPE_LTE	4G
14	NETWORK_TYPE_EHRPD	3G
15	NETWORK_TYPE_HSPAP	3G
16	NETWORK_TYPE_GSM	2G
17	NETWORK_TYPE_TD_SCDMA	3G
18	NETWORK_TYPE_IWLAN	4G

网络连接的检测结果如图 10-13 和图 10-14 所示。其中，图 10-13 表示当前处于 WiFi 环境，图 10-14 表示当前使用 4G 类型的数据连接上网。

network

当前网络连接的状态是已连接
当前联网的网络类型是WIFI

图 10-13　连接 WiFi 的检测结果图

图 10-14　数据连接的检测结果图

10.2.2 移动数据格式 JSON

网络通信的交互数据格式有两大类，分别是 JSON 和 XML，前者短小精悍，后者表现力丰富。对于 App 来说，基本采用 JSON 格式与服务器通信。原因很多，一个是手机流量很贵，表达同样的信息，JSON 串比 XML 串短很多，在节省流量方面占了上风；另一个是 JSON 串解析得更快，也更省电，XML 不但慢而且耗电。于是，JSON 格式成了移动端事实上的网络数据格式标准。

Android 自带 JSON 解析工具，提供对 JSONObject（JSON 对象）和 JSONArray（JSON 数组）的解析处理。

1. JSONObject

下面来看 JSONObject 的常用方法。

- JSONObject 构造函数：从指定字符串构造一个 JSONObject 对象。
- getJSONObject：获取指定名称的 JSONObject 对象。
- getString：获取指定名称的字符串。
- getInt：获取指定名称的整型数。
- getDouble：获取指定名称的双精度数。
- getBoolean：获取指定名称的布尔数。
- getJSONArray：获取指定名称的 JSONArray 数组对象。
- put：添加一个 JSONObject 对象。
- toString：把当前的 JSONObject 对象输出为一个 JSON 字符串。

2. JSONArray

下面来看 JSONArray 的常用方法。

- length：获取 JSONArray 数组的长度。
- getJSONObject：获取 JSONArray 数组在指定位置的 JSONObject 对象。
- put：往 JSONArray 数组中添加一个 JSONObject 对象。

下面是使用 JSON 串的代码片段，包括如何构造 JSON 串和如何解析 JSON 串：

```
// 获取一个手动构造的 JSON 串
private String getJsonStr() {
    String str = "";
    // 创建一个 JSON 对象
    JSONObject obj = new JSONObject();
    try {
        // 添加一个名叫 name 的字符串参数
        obj.put("name", "address");
        // 创建一个 JSON 数组对象
        JSONArray array = new JSONArray();
        for (int i = 0; i < 3; i++) {
```

```
                JSONObject item = new JSONObject();
                // 添加一个名叫 item 的字符串参数
                item.put("item", "第" + (i + 1) + "个元素");
                // 把 item 这个 JSON 对象加入到 JSON 数组
                array.put(item);
            }
            // 添加一个名叫 list 的数组参数
            obj.put("list", array);
            // 添加一个名叫 count 的整型参数
            obj.put("count", array.length());
            // 添加一个名叫 desc 的字符串参数
            obj.put("desc", "这是测试串");
            // 把 JSON 对象转换为 JSON 字符串
            str = obj.toString();
        } catch (JSONException e) {
            e.printStackTrace();
        }
        return str;
    }

    // 解析 JSON 串内部的各个参数
    private String parserJson(String jsonStr) {
        String result = "";
        try {
            // 根据 JSON 串构建一个 JSON 对象
            JSONObject obj = new JSONObject(jsonStr);
            String name = obj.getString("name");  // 获得名叫 name 的字符串参数
            String desc = obj.getString("desc");  // 获得名叫 desc 的字符串参数
            int count = obj.getInt("count");  // 获得名叫 count 的整型参数
            result = String.format("%sname=%s\n", result, name);
            result = String.format("%sdesc=%s\n", result, desc);
            result = String.format("%scount=%d\n", result, count);
            // 获得名叫 list 的数组参数
            JSONArray listArray = obj.getJSONArray("list");
            for (int i = 0; i < listArray.length(); i++) {
                // 获得数组中指定下标的 JSON 对象
                JSONObject list_item = listArray.getJSONObject(i);
                // 获得名叫 item 的字符串参数
                String item = list_item.getString("item");
                result = String.format("%s\titem=%s\n", result, item);
            }
        } catch (JSONException e) {
            e.printStackTrace();
```

```
        }
        return result;
    }
```

示例代码对应的效果如图 10-15 和图 10-16 所示。其中，图 10-15 所示为构造 JSON 串的结果界面，图 10-16 所示为解析 JSON 串的结果界面。

network
构造JSON串 解析JSON串 遍历JSON串
{"count":3,"list":[{"item":"第1个元素"},{"item":"第2个元素"},{"item":"第3个元素"}],"desc":"这是测试串","name":"address"}

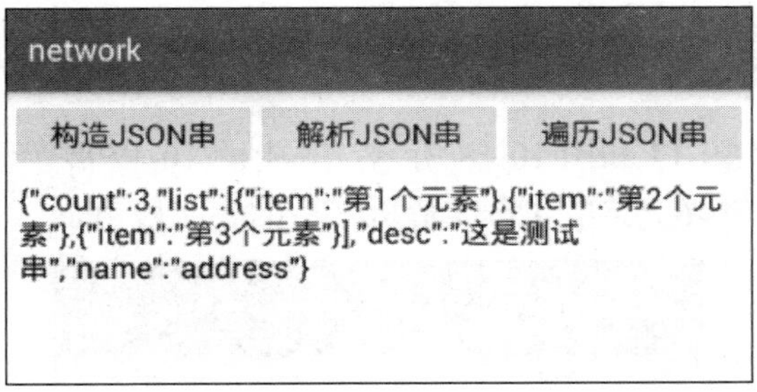

图 10-15 构造 JSON 串的结果图

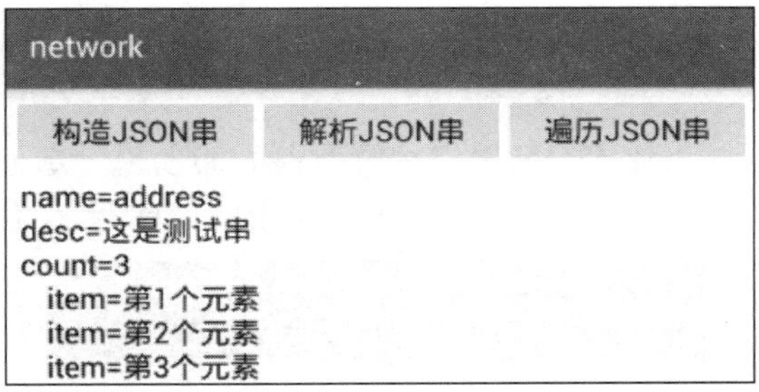

network
构造JSON串 解析JSON串 遍历JSON串
name=address
desc=这是测试串
count=3
item=第1个元素
item=第2个元素
item=第3个元素

图 10-16 解析 JSON 串的结果图

10.2.3 JSON 串与实体类自动转换

上一小节提到 JSONObject 对 JSON 串的手工解析没有什么好办法，其实是有更高层次的办法。手工解析 JSON 串实在是麻烦，费时费力还容易犯错，捷径便是甩开手工解析几条街的自动解析。

既然是自动解析，首先要制定一个规则，约定 JSON 串有哪些元素，具体对应怎样的数据结构；其次还得有个自动解析的工具，俗话说得好，没有金刚钻、不揽瓷器活。对于捷径第一要素的 JSON 数据结构定义，就是常见的 bean 实体类，里面定义了每个参数的数据类型和参数名称。接着解决捷径第二要素的工具使用，JSON 解析除了系统自带的 org.json，谷歌公司也提供了一个增强库 gson，专门用于 JSON 串的自动解析。不过由于是第三方库，因此首先要修改模块的 build.gradle 文件，在里面的 dependencies 节点下添加下面一行配置，表示导入指定版本的 gson 库：

```
        implementation "com.google.code.gson:gson:2.8.2"
```

接着还要在 java 源码的文件头部添加如下一行导入语句，表示后面会用到 Gson 工具类：

```
import com.google.gson.Gson;
```

完成了以上两个步骤，然后就能在代码中调用 Gson 的各种处理方法了。Gson 常用的方法有两个，一个方法名叫 toJson，可把数据对象转换为 JSON 字符串；另一个方法名叫 fromJson，可将 JSON 字符串自动解析为数据对象。

下面是通过 gson 库实现 JSON 自动解析的代码例子：

```
public void onClick(View v) {
    if (v.getId() == R.id.btn_origin_json) {
        // 把用户信息对象 mUser 转换为 JSON 串
        mJsonStr = new Gson().toJson(mUser);
        tv_json.setText("json 串内容如下：\n" + mJsonStr);
```

```
        } else if (v.getId() == R.id.btn_convert_json) {
            // 把 JSON 串转换为 UserInfo 类型的数据对象 newUser
            UserInfo newUser = new Gson().fromJson(mJsonStr, UserInfo.class);
            String desc = String.format("\n\t 姓名=%s\n\t 年龄=%d\n\t 身高=%d\n\t 体重=%f\n\t 婚否=%b",
                    newUser.name, newUser.age, newUser.height, newUser.weight, newUser.married);
            tv_json.setText("从 json 串解析而来的用户信息如下：" + desc);
        }
    }
```

上述 JSON 串自动解析前后的效果分别如图 10-17 和图 10-18 所示，其中图 10-17 展示了待解析的 JSON 字符串内容，图 10-18 展示了按照数据类格式自动解析之后的各字段值。

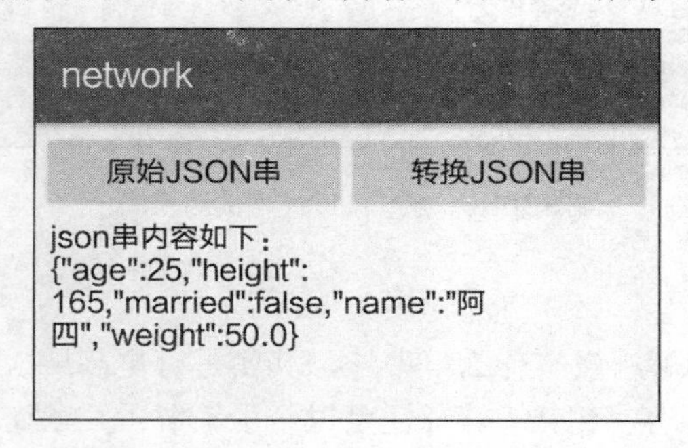

图 10-17 自动解析前的 JSON 字符串

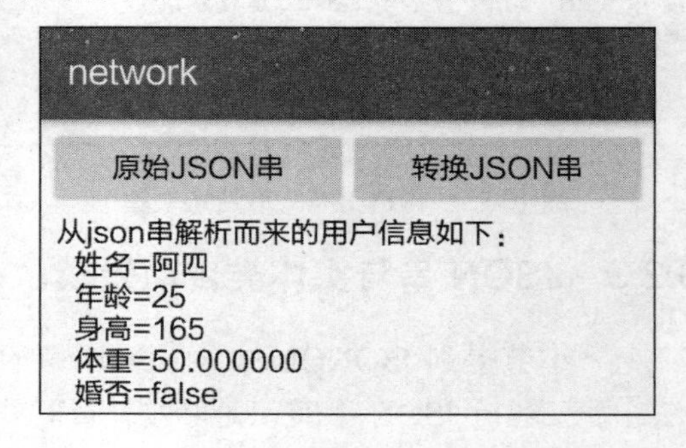

图 10-18 自动解析后的数据类字段

10.2.4 HTTP 接口调用

HTTP 接口调用的代码标准有两个，分别是 HttpURLConnection 与 HttpClient。就像 JSON 与 XML 的区别一样，移动端的代码标准基本采用更轻量级的 HttpURLConnection。只使用 HttpURLConnection 就能玩转几乎所有 HTTP 访问，当然复杂的功能（如分段传输、上传等）得自己写代码细节。

HttpURLConnection 对象从 URL 对象的 openConnection 方法获得。下面来看该对象的常用方法。

- setRequestMethod：设置请求类型。GET 表示 get 请求，POST 表示 post 请求。
- setConnectTimeout：设置连接的超时时间。
- setReadTimeout：设置读取的超时时间。
- setRequestProperty：设置请求包头的属性信息。
- setDoOutput：设置是否允许发送数据。如果用到 getOutputStream 方法，setDoOutput 就必须设置为 true。因为 POST 方式肯定会发送数据，所以 POST 调用时必须设置该方法。
- getOutputStream：获取 HTTP 输出流。调用该函数返回一个 OutputStream 对象，接着依次调用该对象的 write 和 flush 方法写入要发送的数据。
- connect：建立 HTTP 连接。
- setDoInput：设置是否允许接收数据。如果用到 getInputStream 方法，setDoInput 就必须设置为 true（其实也不必手动设置，因为默认就是 true）。
- getInputStream：获取 HTTP 输入流。调用该函数返回一个 InputStream 对象，接着调用该对象的 read 方法读出接收的数据。

- getResponseCode：获取 HTTP 返回码。
- getHeaderField：获取应答数据包头的指定属性值。
- getHeaderFields：获取应答数据包头的所有属性列表。
- disconnect：断开 HTTP 连接。

HTTP 接口调用主要有 GET 和 POST 两种方式，GET 方式只是简单的数据获取操作，类似于数据库的查询操作；POST 方式有提交具体的表单信息，类似于数据库的增、删、改操作。两种接口调用都有固定的代码模板，直接套用即可。下面是 HTTP 接口调用的代码片段，完整代码参见本书附带源码 network 模块的 HttpRequestUtil.java：

```
// 设置 HTTP 连接的头部信息
private static void setConnHeader(HttpURLConnection conn, String method, HttpReqData req_data)
        throws ProtocolException {
    // 设置请求方式，常见的有 GET 和 POST 两种
    conn.setRequestMethod(method);
    // 设置连接超时时间
    conn.setConnectTimeout(5000);
    // 设置读写超时时间
    conn.setReadTimeout(10000);
    // 设置数据格式
    conn.setRequestProperty("Accept", "*/*");
    // 设置文本语言
    conn.setRequestProperty("Accept-Language", "zh-CN");
    // 设置编码格式
    conn.setRequestProperty("Accept-Encoding", "gzip, deflate");
}

// get 文本数据
public static HttpRespData getData(HttpReqData req_data) {
    HttpRespData resp_data = new HttpRespData();
    try {
        URL url = new URL(req_data.url);
        // 创建指定网络地址的 HTTP 连接
        HttpURLConnection conn = (HttpURLConnection) url.openConnection();
        setConnHeader(conn, "GET", req_data);
        conn.connect();  // 开始连接
        // 对输入流中的数据进行解压，得到原始的应答字符串
        resp_data.content = StreamTool.getUnzipStream(conn.getInputStream(),
                conn.getHeaderField("Content-Encoding"), req_data.charset);
        resp_data.cookie = conn.getHeaderField("Set-Cookie");
        conn.disconnect();  // 断开连接
    } catch (Exception e) {
```

```
                e.printStackTrace();
                resp_data.err_msg = e.getMessage();
            }
            return resp_data;
        }
```

正所谓好事多磨，HTTP 访问除了套用调用模板外，还要处理好几种特殊情况，否则就不会正常工作。常见的特殊情况有两种：URL 串中对汉字的转义处理和返回内容为压缩数据时的解压处理。

1. URL 串中对汉字的转义处理

使用 GET 方式传递请求数据，参数放在 URL 中直接传送过去。如果参数值有汉字，就进行 UTF8 编码转义处理，比如“你”要转为“%E4%BD%A0”。同理，对于服务器返回的 UTF8 编码也要进行反转义，比如“%E4%BD%A0”要转为“你”。具体的转义代码参见本书下载资源的 URLtoUTF8.java，也可使用系统自带的 java.net.URLEncoder 和 java.net.URLDecoder。

2. 返回内容为压缩数据时的解压处理

HTTP 请求的包头带有 Accept-Encoding：gzip,deflate，表示客户端支持 gzip 压缩。服务器可能返回 gzip 压缩的应答数据，此时应答包头中会有 Content-Encoding：gzip。此时压缩数据必须先解压才能正常读取，未解压只会读到一堆乱码。输入流的 gzip 解压使用 GZIPInputStream 工具类，具体的解压代码参见本书下载资源的 StreamTool.java。

除此之外，Android9 开始默认只能访问以 https 打头的安全地址，不能直接访问 http 打头的网络地址。如果应用仍想访问以 http 开头的普通地址，就得修改 AndroidManifest.xml，给 application 节点添加如下属性，表示继续使用 HTTP 明文地址：

```
    android:usesCleartextTraffic="true"
```

下面用一个阶段性的实战小项目练练手。第 9 章在介绍定位功能时使用定位管理器获取手机的位置信息，包括经度、纬度、高度等，不过用户关心的是具体的地址描述，而不是看不懂的经纬度。现在我们利用 Google Map 的开放 API，通过 HTTP 调用传入经纬度的数值，然后对方返回一个 JSON 格式的地址信息字符串，通过解析 JSON 串就能得到具体的地址。

因为网络访问不能在主线程中进行，所以要结合 AsyncTask 与 HttpURLConnection 实现地址的异步获取。获取地址信息的任务代码示例如下：

```
    // 根据经纬度获取详细地址的线程
    public class GetAddressTask extends AsyncTask<Location, Void, String> {
        private String mAddressUrl =
"http://maps.google.cn/maps/api/geocode/json?latlng={0},{1}&sensor=true&language=zh-CN";
        public GetAddressTask() {
            super();
        }
        // 线程正在后台处理
        protected String doInBackground(Location... params) {
            Location location = params[0];
```

```
            // 把经度和纬度代入到 URL 地址
            String url = MessageFormat.format(mAddressUrl, location.getLatitude(), location.getLongitude());
            // 创建一个 HTTP 请求对象
            HttpReqData req_data = new HttpReqData(url);
            // 发送 HTTP 请求信息，并获得 HTTP 应答对象
            HttpRespData resp_data = HttpRequestUtil.getData(req_data);
            String address = "未知";
            // 下面从 JSON 串中逐级解析 formatted_address 字段获得详细地址描述
            if (resp_data.err_msg.length() <= 0) {
                try {
                    JSONObject obj = new JSONObject(resp_data.content);
                    JSONArray resultArray = obj.getJSONArray("results");
                    if (resultArray.length() > 0) {
                        JSONObject resultObj = resultArray.getJSONObject(0);
                        address = resultObj.getString("formatted_address");
                    }
                } catch (JSONException e) {
                    e.printStackTrace();
                }
            }
            return address;  // 返回 HTTP 应答内容中的详细地址
        }
        // 线程已经完成处理
        protected void onPostExecute(String address) {
            // HTTP 调用完毕，触发监听器找到地址事件
            mListener.onFindAddress(address);
        }
        private OnAddressListener mListener;  // 声明一个查询详细地址的监听器对象
        // 设置查询详细地址的监听器
        public void setOnAddressListener(OnAddressListener listener) {
            mListener = listener;
        }
        // 定义一个查询详细地址的监听器接口
        public interface OnAddressListener {
            void onFindAddress(String address);
        }
    }
```

接着在原来的 Activity 代码中启动该任务，并实现 OnAddressListener 接口的 onFindAddress 方法，即可在页面上添加详细的地址信息。启动任务的代码如下：

```
                // 创建一个详细地址查询的线程
                GetAddressTask addressTask = new GetAddressTask();
                // 设置详细地址查询的监听器
```

```
            addressTask.setOnAddressListener(this);
            // 把详细地址查询线程加入到处理队列
            addressTask.execute(location);
```

定位并获取地址信息的效果如图 10-19 所示。此时除了原来的经纬度数据外，还多了一个文字表达的详细地址，从省、市、区一直到具体的街道和门牌号。如此一来，定位功能的实用性就大大增强了。

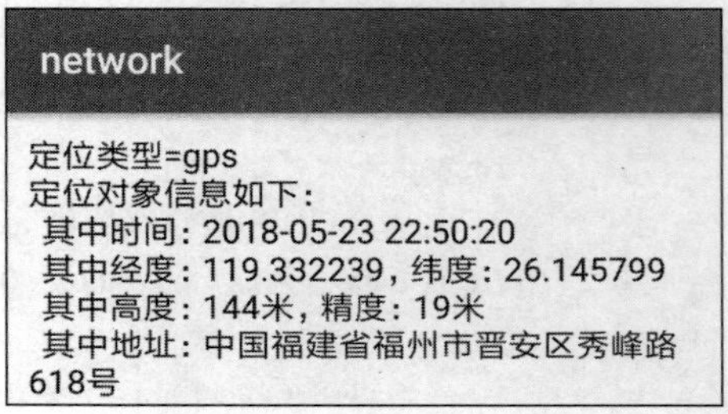

network

定位类型=gps
定位对象信息如下：
其中时间：2018-05-23 22:50:20
其中经度：119.332239，纬度：26.145799
其中高度：144米，精度：19米
其中地址：中国福建省福州市晋安区秀峰路618号

图 10-19 通过 HTTP 调用获得地址信息的效果图

10.2.5 HTTP 图片获取

除了 HTTP 接口调用外，HttpURLConnection 还可用于获取网络小图片，比如验证码图片、头像图标等，这些小图不大，一般也无须缓存，可直接从网络上获取最新的图片。

下面是使用 HttpURLConnection 获取图片的代码：

```
    // get 图片数据
    public static HttpRespData getImage(HttpReqData req_data) {
        HttpRespData resp_data = new HttpRespData();
        try {
            URL url = new URL(req_data.url);
            // 创建指定网络地址的 HTTP 连接
            HttpURLConnection conn = (HttpURLConnection) url.openConnection();
            setConnHeader(conn, "GET", req_data);
            conn.connect();  // 开始连接
            // 从 HTTP 连接获取输入流
            InputStream is = conn.getInputStream();
            // 对输入流中的数据进行解码，得到位图对象
            resp_data.bitmap = BitmapFactory.decodeStream(is);
            resp_data.cookie = conn.getHeaderField("Set-Cookie");
            conn.disconnect();  // 断开连接
        } catch (Exception e) {
            e.printStackTrace();
            resp_data.err_msg = e.getMessage();
        }
        return resp_data;
    }
```

在活动页面与 HTTP 图片获取之间还需一个基于 AsyncTask 的图片获取任务做桥梁。下面是获取图片验证码的任务代码：

```
// 获取图片验证码的线程
public class GetImageCodeTask extends AsyncTask<Void, Void, String> {
    // 请求图片验证码的服务地址
```

```
        private String mImageCodeUrl = "http://yx12.fjjcjy.com/Public/Control/GetValidateCode?time=";
        public GetImageCodeTask() {
            super();
        }

        // 线程正在后台处理
        protected String doInBackground(Void... params) {
            // 为验证码地址添加一个随机串（以当前时间模拟随机串）
            String url = mImageCodeUrl + DateUtil.getNowDateTime();
            // 创建一个 HTTP 请求对象
            HttpReqData req_data = new HttpReqData(url);
            // 发送 HTTP 请求信息，并获得 HTTP 应答对象
            HttpRespData resp_data = HttpRequestUtil.getImage(req_data);
            // 拼接一个图片验证码的本地临时路径
            String path = BitmapUtil.getCachePath(MainApplication.getInstance()) +
DateUtil.getNowDateTime() + ".jpg";
            // 把 HTTP 调用获得的位图数据保存为图片
            BitmapUtil.saveBitmap(path, resp_data.bitmap, "jpg", 80);
            return path;  // 返回验证码图片的本地路径
        }

        // 线程已经完成处理
        protected void onPostExecute(String path) {
            // HTTP 调用完毕，触发监听器得到验证码事件
            mListener.onGetCode(path);
        }

        private OnImageCodeListener mListener;  // 声明一个获取图片验证码的监听器对象
        // 设置获取图片验证码的监听器
        public void setOnImageCodeListener(OnImageCodeListener listener) {
            mListener = listener;
        }

        // 定义一个获取图片验证码的监听器接口
        public interface OnImageCodeListener {
            void onGetCode(String path);
        }
    }
```

下面是在页面代码中调用验证码获取任务的代码片段，首先指定 task 任务，然后实现 onGetCode 方法显示验证码图片：

```
        // 获取图片验证码
        private void getImageCode() {
```

```
        if (!isRunning) {
            isRunning = true;
            // 创建验证码获取线程
            GetImageCodeTask codeTask = new GetImageCodeTask();
            // 设置验证码获取监听器
            codeTask.setOnImageCodeListener(this);
            // 把验证码获取线程加入到处理队列
            codeTask.execute();
        }
    }

    public void onClick(View v) {
        if (v.getId() == R.id.iv_image_code) {
            getImageCode();   // 获取图片验证码
        }
    }

    // 在得到验证码后触发
    public void onGetCode(String path) {
        // 把指定路径的验证码图片显示在图像视图上面
        iv_image_code.setImageURI(Uri.parse(path));
        isRunning = false;
    }
```

从网络上获取并显示验证码图片的效果如图 10-20 和图 10-21 所示。其中，如图 10-20 所示为页面的初始界面，点击图片后会重新加载验证码；如图 10-21 所示为验证码图片刷新后的界面。

图 10-20　获取验证码图片的初始页面

图 10-21　验证码图片刷新后的页面

10.3　上传和下载

本节介绍 App 与服务器之间上传文件和下载文件的实现与管理，首先对下载管理器 DownloadManager 进行详细说明，包括文件下载的 3 个步骤、3 种下载事件以及下载进度的两种查看方式（通知栏查看和游标轮询）；然后阐述基于 Fragment 技术的文件对话框实现，包括文件保存对话框和文件打开对话框两种形式；最后介绍通过 HttpURLConnection 的 POST 方式如何实现文件的上传操作，以及上传服务器的简单搭建过程。

10.3.1　下载管理器 DownloadManager

10.2 节提到使用 HttpURLConnection 可以获取小图片，不过这么做有诸多限制，比如：

（1）无法断点续传，一旦中途失败，只能从头开始获取。

（2）只能获取图片，不能获取其他文件。

（3）不是真正意义上的下载操作，没法设置下载参数。

所以，10.2.5 节的做法只能用于获取小图，如果要下载大图或下载其他格式的文件就要另想办法。因为下载功能比较常用且业务功能相对统一，所以 Android 从 2.3（API9）开始提供了专门的下载工具—— DownloadManager 统一管理下载操作。

下载管理器 DownloadManager 的对象从系统服务 Context.DOWNLOAD_SERVICE 中获取，具体使用过程分为 3 步：构建下载请求、进行下载操作和查询下载进度。

1. 构建下载请求

要想使用下载功能，首先得构建一个下载请求，说明从哪里下载、下载参数是什么、下载的文件保存到哪里等。这个下载请求就是 DownloadManager 的内部类 Request。下面来看该类的常用方法说明。

- 构造函数：指定从哪个网络地址下载文件。
- setAllowedNetworkTypes：指定允许下载的网络类型。允许网络类型的取值说明见表 10-5。若同时允许多种网络类型，则可使用竖线“|”把多种网络类型拼接起来。

表 10-5　允许网络类型的取值说明

DownloadManager.Request 类的允许网络类型	说明
NETWORK_WIFI	WiFi 网络
NETWORK_MOBILE	移动网络（手机的数据连接）
NETWORK_BLUETOOTH	蓝牙网络

- setDestinationInExternalFilesDir：设置下载文件在本地的保存路径。第二个参数为目录类型，取值说明见第 4 章的表 4-2；第三个参数为不带斜杆的文件名；另外，如果指定目录已存在同名文件，系统就会将新下载的文件重命名，即在文件名末尾添加“-1”“-2”之类的序号。
- addRequestHeader：给 HTTP 请求添加头部参数。
- setMimeType：设置下载文件的媒体类型。一般无须设置，默认是服务器返回的媒体类型。
- setTitle：设置通知栏上的消息标题。如果不设置，默认标题就是下载的文件名。
- setDescription：设置通知栏上的消息描述。如果不设置，就默认显示系统估算的下载剩余时间。
- setVisibleInDownloadsUi：设置是否显示在系统的下载页面上。

- setNotificationVisibility：设置通知栏的下载任务可见类型。可见类型的取值说明见表 10-6。

表 10-6 通知可见类型的取值说明

DownloadManager.Request 类的通知可见类型	说明
VISIBILITY_HIDDEN	隐藏
VISIBILITY_VISIBLE	下载时可见（下载完成后消失）
VISIBILITY_VISIBLE_NOTIFY_COMPLETED	下载进行时与完成后都可见
VISIBILITY_VISIBLE_NOTIFY_ONLY_COMPLETION	只有下载完成后可见

2. 进行下载操作

构建完下载请求才能进行下载的相关操作。下面是 DownloadManager 的常用方法。

- enqueue：将下载请求加入任务队列中，排队等待下载。该方法返回本次下载任务的编号。
- remove：取消指定编号的下载任务。
- restartDownload：重新开始指定编号的下载任务。
- openDownloadedFile：打开下载完成的文件。
- getMimeTypeForDownloadedFile：获取下载完成文件的媒体类型。
- query：根据查询请求获取符合条件的结果集游标。

3. 查询下载进度

虽然下载进度可在通知栏上查看，但是如果 App 自身也想了解当前的下载进度，就要调用下载管理器的 query 方法。该方法的输入参数是一个 Query 对象，返回结果集的 Cursor 游标，这里的 Cursor 用法与 SQLite 里的 Cursor 一样，具体可参考第 4 章的“4.2 数据库 SQLite”。

下面是 Query 类的常用方法说明。

- setFilterById：根据编号过滤下载任务。
- setFilterByStatus：根据状态过滤下载任务。
- setOnlyIncludeVisibleInDownloadsUi：是否只包含在系统下载页面上的可见任务。
- orderBy：结果集按照指定字段排序。

设置完查询请求，即可调用 DownloadManager 对象的 query 方法，获得结果集的游标对象。该游标中包含下载任务的完整字段信息，主要下载字段的取值说明见表 10-7。

表 10-7 下载字段的取值说明

DownloadManager 类的下载字段	说明
COLUMN_LOCAL_FILENAME	下载文件的本地保存路径
COLUMN_MEDIA_TYPE	下载文件的媒体类型
COLUMN_TOTAL_SIZE_BYTES	下载文件的总大小
COLUMN_BYTES_DOWNLOADED_SO_FAR	已下载的文件大小

（续表）

DownloadManager 类的下载字段	说明
COLUMN_STATUS	下载状态。下载状态的取值说明见表 10-8

表 10-8 下载状态的取值说明

DownloadManager 类的下载状态	说明
STATUS_PENDING	挂起，即正在等待
STATUS_RUNNING	运行中
STATUS_PAUSED	暂停
STATUS_SUCCESSFUL	成功
STATUS_FAILED	失败

另外，系统的下载服务还提供 3 种下载事件，开发者可通过监听对应的广播消息进行相应的处理。3 种下载事件说明如下：

1. 下载完成事件

在下载完成时，系统会发出名为 DownloadManager.ACTION_DOWNLOAD_COMPLETE（值为字符串 android.intent.action.DOWNLOAD_COMPLETE）的广播，因此可注册一个该广播的接收器，用来判断当前任务是否已下载完毕，并进行后续的业务处理。

2. 下载进行时的通知栏点击事件

在下载过程中，只要用户点击通知栏上的下载任务，系统就会发出行为名称是 DownloadManager.ACTION_NOTIFICATION_CLICKED（值为字符串 android.intent.action.DOWNLOAD_NOTIFICATION_CLICKED）的广播，可注册该广播的接收器进行相关处理，比如跳转到该任务的下载进度页面等。

3. 下载完成后的通知栏点击事件

在不同时刻点击通知栏上的下载任务会触发不同的事件。下载未完成时点击触发的是系统广播 DownloadManager.ACTION_NOTIFICATION_CLICKED。下载完成后点击触发的是系统的 Intent.ACTION_VIEW（浏览行为）。对于浏览行为，系统会根据媒体类型自动寻找对应 App 打开。因此，如果开发者要控制此时的点击行为，可以调用 Request 对象的 setMimeType 方法设置媒体类型，这样 Android 就会按照这个类型打开相应的 App。

下面是利用 DownloadManager 下载 APK 安装包的代码片段，下载进度显示在通知栏上：

```
class ApkUrlSelectedListener implements OnItemSelectedListener {
    public void onItemSelected(AdapterView<?> arg0, View arg1, int arg2, long arg3) {
        if (isFirstSelect) {  // 刚打开页面时不需要执行下载动作
            isFirstSelect = false;
            return;
        }
        sp_apk_url.setEnabled(false);
```

```
            // 根据安装包的下载地址构建一个 Uri 对象
            Uri uri = Uri.parse(PackageInfo.mUrlArray[arg2]);
            // 创建一个下载请求对象，指定从哪个网络地址下载文件
            Request down = new Request(uri);
            // 设置下载任务的标题
            down.setTitle(PackageInfo.mNameArray[arg2] + "下载信息");
            // 设置下载任务的描述
            down.setDescription(PackageInfo.mNameArray[arg2] + "安装包正在下载");
            // 设置允许下载的网络类型
            down.setAllowedNetworkTypes(Request.NETWORK_MOBILE
                    | Request.NETWORK_WIFI);
            // 设置通知栏在下载进行时与完成后都可见
            down.setNotificationVisibility(Request.VISIBILITY_VISIBLE_NOTIFY_COMPLETED);
            // 设置要在系统下载页面显示
            down.setVisibleInDownloadsUi(true);
            // 设置下载文件在本地的保存路径
            down.setDestinationInExternalFilesDir(
                DownloadApkActivity.this, Environment.DIRECTORY_DOWNLOADS, arg2 + ".apk");
            // 把下载请求对象加入到下载管理器的下载队列中
            mDownloadId = mDownloadManager.enqueue(down);
        }
        public void onNothingSelected(AdapterView<?> arg0) {}
    }

    // 定义一个下载完成的广播接收器。用于接收下载完成事件
    public static class DownloadCompleteReceiver extends BroadcastReceiver {
        public void onReceive(Context context, Intent intent) {
            if (intent.getAction().equals(DownloadManager.ACTION_DOWNLOAD_COMPLETE)
                    && tv_apk_result != null) {  // 下载完毕
                // 从意图中解包获得下载编号
                long downId = intent.getLongExtra(DownloadManager.EXTRA_DOWNLOAD_ID, -1);
                tv_apk_result.setVisibility(View.VISIBLE);
                // 拼接下载任务的完成描述
                tv_apk_result.setText(DateUtil.getNowDateTime() + " 编号"
                        + downId + "的下载任务已完成");
                sp_apk_url.setEnabled(true);
            }
        }
    }

    // 该广播接收器用于接收下载通知栏的点击事件，在下载过程中有效，下载完成后失效
    public static class NotificationClickReceiver extends BroadcastReceiver {
        public void onReceive(Context context, Intent intent) {
```

```
            if (intent.getAction().equals(DownloadManager.ACTION_NOTIFICATION_CLICKED)
                    && tv_apk_result != null) {   // 点击了通知栏
                // 从意图中解包获得被点击通知的下载编号
                long[] downIds = intent.getLongArrayExtra(
                        DownloadManager.EXTRA_NOTIFICATION_CLICK_DOWNLOAD_IDS);
                for (long downId : downIds) {
                    if (downId == mDownloadId) {   // 找到当前的下载任务
                        tv_apk_result.setText(DateUtil.getNowDateTime() + " 编号"
                                + downId + "的下载进度条被点击了一下");
                    }
                }
            }
        }
    }
```

上述代码接收并处理了两种下载事件，所以要在 AndroidManifest.xml 中注册对应类的广播信息，具体注册代码如下：

```
<!-- 接收下载任务的下载完成事件 -->
<receiver android:name=".DownloadApkActivity$DownloadCompleteReceiver" >
    <intent-filter>
        <action android:name="android.intent.action.DOWNLOAD_COMPLETE" />
    </intent-filter>
</receiver>
<!-- 接收通知栏上的下载任务点击事件 -->
<receiver android:name=".DownloadApkActivity$NotificationClickReceiver" >
    <intent-filter>
        <action android:name="android.intent.action.DOWNLOAD_NOTIFICATION_CLICKED" />
    </intent-filter>
</receiver>
```

APK 下载的通知栏效果如图 10-22 和图 10-23 所示。其中，如图 10-22 所示为下载进行中的通知栏界面，如图 10-23 所示为下载完成后的通知栏界面。

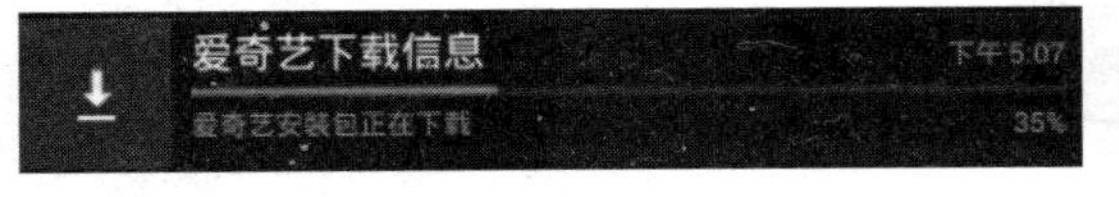

图 10-22　下载进行中的通知栏

图 10-23　下载完成后的通知栏

不想在通知栏展示下载进度，而是由 App 自身在页面上显示进度也是可行的。下面是在页面上展示下载进度的代码片段：

```
private Handler mHandler = new Handler();   // 声明一个处理器对象
// 定义一个下载进度的刷新任务
private Runnable mRefresh = new Runnable() {
    public void run() {
```

```
boolean isFinished = false;
// 创建一个下载查询对象，按照下载编号进行过滤
Query down_query = new Query();
// 设置下载查询对象的编号过滤器
down_query.setFilterById(mDownloadId);
// 向下载管理器发起查询操作，并返回查询结果集的游标
Cursor cursor = mDownloadManager.query(down_query);
while (cursor.moveToNext()) {
    int nameIdx = cursor.getColumnIndex(DownloadManager.COLUMN_LOCAL_FILENAME);
    int uriIdx = cursor.getColumnIndex(DownloadManager.COLUMN_LOCAL_URI);
    int mediaTypeIdx = cursor.getColumnIndex(DownloadManager.COLUMN_MEDIA_TYPE);
        int totalSizeIdx = cursor.getColumnIndex(
                DownloadManager.COLUMN_TOTAL_SIZE_BYTES);
        int nowSizeIdx = cursor.getColumnIndex(
                DownloadManager.COLUMN_BYTES_DOWNLOADED_SO_FAR);
    int statusIdx = cursor.getColumnIndex(DownloadManager.COLUMN_STATUS);
    // 根据总大小和已下载大小，计算当前的下载进度
    int progress = (int) (100 * cursor.getLong(nowSizeIdx) / cursor.getLong(totalSizeIdx));
    if (cursor.getString(uriIdx) == null) {
        break;
    }
    tpc_progress.setProgress(progress, 100);  // 设置文本进度圈的当前进度
    // Android 7.0 之后提示 COLUMN_LOCAL_FILENAME 已废弃
    if (Build.VERSION.SDK_INT < Build.VERSION_CODES.N) {
        mImagePath = cursor.getString(nameIdx);
    } else {  // 所以 7.0 之后要先获取文件的 Uri，再根据 Uri 获取文件路径
        String fileUri = cursor.getString(uriIdx);
        mImagePath = Uri.parse(fileUri).getPath();
    }
    if (progress == 100) {  // 下载完毕
        isFinished = true;
    }
    // 获得实际的下载状态
    int status = isFinished ? DownloadManager.STATUS_SUCCESSFUL : cursor.getInt(statusIdx);
    String desc = "";
    // 以下拼接图片下载任务的下载详情
    desc = String.format("%s 文件路径：%s\n", desc, mImagePath);
    desc = String.format("%s 媒体类型：%s\n", desc, cursor.getString(mediaTypeIdx));
    desc = String.format("%s 文件总大小：%d\n", desc, cursor.getLong(totalSizeIdx));
    desc = String.format("%s 已下载大小：%d\n", desc, cursor.getLong(nowSizeIdx));
    desc = String.format("%s 下载进度：%d%%\n", desc, progress);
    desc = String.format("%s 下载状态：%s\n", desc, mStatusMap.get(status));
    tv_image_result.setText(desc);
```

```
                }
                cursor.close(); // 关闭数据库游标
                if (!isFinished) { // 未完成，则继续刷新
                    // 延迟 100 毫秒后再次启动下载进度的刷新任务
                    mHandler.postDelayed(this, 100);
                } else { // 已完成，则显示图片
                    sp_image_url.setEnabled(true);
                    tpc_progress.setVisibility(View.INVISIBLE); // 隐藏文本进度圈
                    // 把指定路径的图片显示在图像视图上面
                    iv_image_url.setImageURI(Uri.parse(mImagePath));
                }
            }
        };
```

上述代码不在通知栏显示下载进度，即将通知可见类型设置为 VISIBILITY_HIDDEN，此时需要在 AndroidManifest.xml 中加入对应权限，具体的权限配置如下：

```
    <!-- 下载时不提示通知栏 -->
    <uses-permission android:name="android.permission.DOWNLOAD_WITHOUT_NOTIFICATION" />
```

在页面上动态展示图片下载进度的效果如图 10-24 和图 10-25 所示。进度形式采用 10.1 节介绍的文字进度圈，在下载过程中显示带百分比文字的进度圆圈，下载完成后显示已下载的图片。其中，图 10-24 所示为刚开始下载、进度是 4%时的下载页面，此时采用进度圆圈占位；图 10-25 所示为下载完毕的页面，此时占位用的进度圆圈消失，取而代之的是下载到本地的图片。

图 10-24 刚开始下载图片时的进度圈

图 10-25 图片下载完成的界面

10.3.2 文件对话框

下载和上传操作涉及文件的保存和打开，就像电脑上的文件对话框，既可选择文件又可保存文件。然而 Android 没有提供现成的文件对话框控件，我们要自己实现文件对话框。有关对话框的自定义代码可参见第 6 章的“6.3 自定义对话框”，文件对话框的实现走的是另一条

路，即利用 DialogFragment 自定义对话框。

还记得第 5 章的“5.3 碎片 Fragment”吧，DialogFragment 其实是碎片 Fragment 的一个子类，生命周期和具体用法可参照 Fragment。当然，Fragment 并非仅有 DialogFragment 一个子类，还有其他几个子类，分别用在某些特殊场合。下面进行简要说明。

- DialogFragment：用于对话框的碎片。对话框的页面构建要写在 onCreateDialog 方法中。
- ListFragment：用于列表的碎片，目的是取代 ListActivity。
- PreferenceFragment：用于参数设置页面的碎片，目的是取代 PreferenceActivity。比如 Android 自带的“系统设置”应用使用了 PreferenceFragment。
- WebViewFragment：用于网页视图的碎片。

由于文件对话框的具体实现代码较长，因此不贴在书上了，有兴趣的读者可查看本书附带源码 network 模块的 FileSelectActivity.java 和 FileSaveActivity.java。

文件对话框的展示效果如图 10-26 和图 10-27 所示。其中，如图 10-26 所示为保存文件的对话框截图，如图 10-27 所示为打开文件的对话框截图。

图 10-26　文件保存对话框

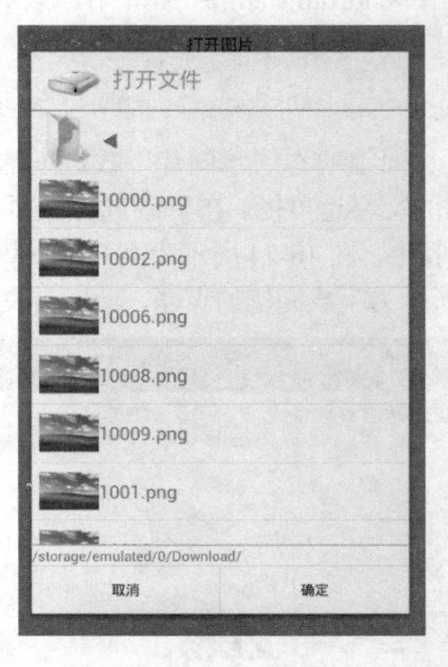

图 10-27　文件打开对话框

考虑到文件对话框是一个通用控件，并且拥有统一风格的图标、文字与尺寸，建议为其单独建一个名为 filedialog 的新模块。其他模块若有用到文件对话框，则可直接导入 filedialog，无须手工复制代码与各类资源。导入 filedialog 的办法是，打开其他模块的编译配置文件 build.gradle，在 dependencies 依赖块中增加如下配置，表示导入 filedialog：

```
implementation project(':filedialog')
```

10.3.3 文件上传

与文件下载相比，文件上传的场合不是很多，通常用于上传用户头像、朋友圈发布图片和视频动态等，而且上传文件需要后端服务器配合，容易被开发者忽略。网络通信少不了文件上传，特别是对于社交类 App（如微信、QQ、微博等）来说，上传文件是必不可少的功能，因此有必要掌握文件上传的相关技术。

很可惜，Android 提供了下载管理器 DownloadManager，却没有提供专门的文件上传工具，开发者得自己写代码实现上传功能。简单实现文件上传其实也不难，一样是按照 HTTP 访问的 POST 流程，只是要采取 multipart/form-data 的方式分段传输，并加入分段传输的边界字符串。

通过 HttpURLConnection 实现文件上传功能的代码量较多，限于篇幅就不贴在书上了，读者可参考本书附带源码 network 模块的 HttpUploadUtil.java。利用 HttpUploadUtil 工具类提供的 upload 方法，就能通过异步任务 AsyncTask 进行文件上传操作，文件上传任务的代码如下：

```
// 上传文件的线程
public class UploadHttpTask extends AsyncTask<String, Void, String> {
    public UploadHttpTask() {
        super();
    }

    @Override
    protected String doInBackground(String... params) {
        String uploadUrl = params[0];  // 第一个参数是文件上传的服务地址
        String filePath = params[1];  // 第二个参数是待上传的文件路径
        // 向服务地址上传指定文件
        String result = HttpUploadUtil.upload(uploadUrl, filePath);
        return result;  // 返回文件上传的结果
    }

    @Override
    protected void onPostExecute(String result) {
        // HTTP 上传完毕，触发监听器的上传结束事件
        mListener.onUploadFinish(result);
    }

    private OnUploadHttpListener mListener;  // 声明一个文件上传的监听器对象
    // 设置文件上传的监听器
    public void setOnUploadHttpListener(OnUploadHttpListener listener) {
        mListener = listener;
    }

    // 定义一个文件上传的监听器接口
    public interface OnUploadHttpListener {
        void onUploadFinish(String result);
    }
}
```

注意文件上传需要服务器配合，即服务器要开启 HTTP 的上传服务，这涉及服务端开发。

正所谓一入 IT 深似海，学了客户端还得会服务端，赶紧找个做 J2EE 的同学帮忙，搭建一下 HTTP 的上传服务器。若一时找不到帮手也没关系，只要读者的笔记本电脑自带无线网卡，就能自己动手、丰衣足食。上传服务器的具体搭建步骤如下：

步骤 01 在笔记本电脑上下载并安装“360 免费 WiFi”软件，运行该工具给电脑开启 WiFi 热点，在工具界面上设置 WiFi 名称、用户名、密码等信息。

步骤 02 关闭 Windows 系统服务的防火墙。无论是系统自带的 Windows Firewall，还是其他杀毒软件的防火墙，统统关掉；否则手机连不上电脑的 WiFi。

步骤 03 打开手机的 WLAN 功能，连接电脑刚开的 WiFi，要求手机能够上网才算连接成功。

步骤 04 在笔记本电脑上打开 Eclipse，导入本书附带的文件上传服务端 demo——NetServer 工程；右击该工程并依次选择 Run As→Run on Server，启动该工程。

步骤 05 在命令窗口运行 ipconfig /all，在结果中找到 Microsoft Virtual WiFi Miniport Adapter，框选部分为手机观察到的电脑 IP（如图 10-28 所示），也就是 App 认可的服务器 IP。

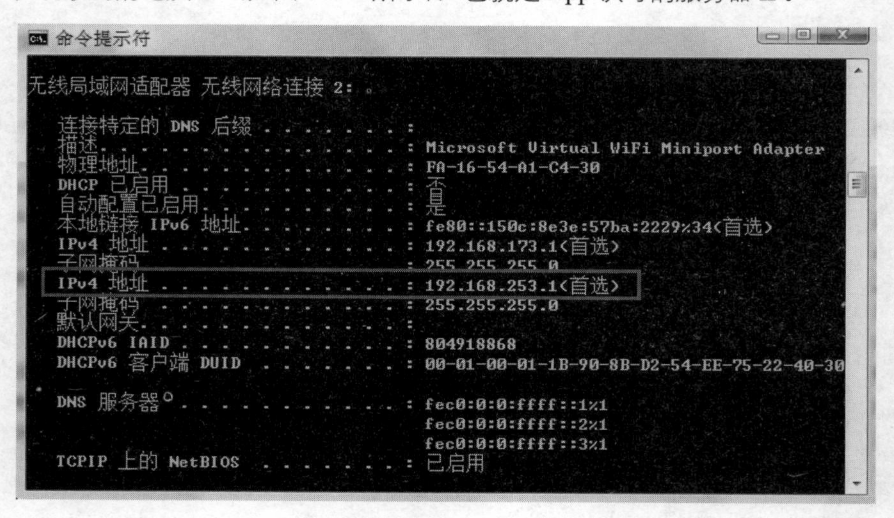

图 10-28 在命令行下面找到的电脑 WiFi 的 IP 地址

在笔记本电脑上搭建好模拟的 HTTP 上传服务器，再修改 App 工程中的上传地址（如 http://192.168.253.1:8080/NetServer/uploadServlet），然后把 App 安装到手机上，就可以在手机上测试文件上传功能了。

文件上传的效果如图 10-29 所示。倘若上传成功，还应给出服务器对应的文件下载地址，这样才好验证上传成功与否。

图 10-29 文件上传成功的效果图

10.4　套接字 Socket

本节介绍套接字 Socket 的技术手段与具体用途，首先说明如何使用网络地址工具 InetAddress 判断某个网络地址的连通性，然后阐述 Socket 技术在计算机网络中所处的层次、应用方向以及基本用法。

10.4.1　网络地址 InetAddress

有些时候，手机明明可以上网，App 也加了网络访问权限，可是 HTTP 请求某个地址却总是连不上。遇到这种情况，很可能是把对方的地址弄错了，导致尝试连接一个根本连不了的地址。所以有必要在发起请求前检查一下能否与对方地址建立连接。

检查设备自身与某个网络地址的连通性用到了 InetAddress 工具，这是对网络地址的一个封装。下面介绍该工具的主要方法说明。

- getByName：根据主机 IP 或主机名称获取 InetAddress 对象。
- getHostAddress：获取主机的 IP 地址。
- getHostName：获取主机的名称。
- isReachable：判断该地址是否可到达，即是否连通。

下面是检查网络地址能否连通的代码片段：

```
public void onClick(View v) {
    if (v.getId() == R.id.btn_host_name) {  // 点击了“检查主机名”按钮
        // 启动主机检查线程
        new CheckThread(et_host_name.getText().toString()).start();
    }
}

// 创建一个检查结果的接收处理器
private Handler mHandler = new Handler() {
    // 在收到结果消息时触发
    public void handleMessage(Message msg) {
        tv_host_name.setText("主机检查结果如下：\n" + msg.obj);
    }
};

// 定义一个主机检查线程
private class CheckThread extends Thread {
    private String mHostName;  // 主机名称

    public CheckThread(String host_name) {
```

```
            mHostName = host_name;
        }

        public void run() {
            // 获得一个默认的消息对象
            Message message = Message.obtain();
            try {
                // 根据主机名称获得主机名称对象
                InetAddress host = InetAddress.getByName(mHostName);
                // 检查该主机在规定时间内能否连上
                boolean isReachable = host.isReachable(5000);
                String desc = (isReachable) ? "可以连接" : "无法连接";
                if (isReachable) {   // 可以连接
                    desc = String.format("%s\n 主机名为%s\n 主机地址为%s",
                            desc, host.getHostName(), host.getHostAddress());
                }
                message.what = 0;   // 消息类型
                message.obj = desc;   // 消息描述
            } catch (Exception e) {
                e.printStackTrace();
                message.what = -1;   // 消息类型
                message.obj = e.getMessage();   // 消息描述
            }
            // 向接收处理器发送检查结果消息
            mHandler.sendMessage(message);
        }
    }
```

检查网络地址连通性的效果如图 10-30 和图 10-31 所示。其中，如图 10-30 所示是根据网站域名检测连通性，如图 10-31 所示是根据 IP 地址检测连通性。

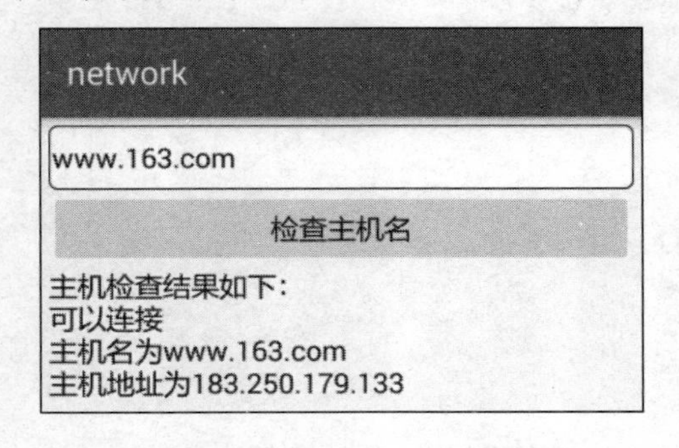

图 10-30　检测域名的连通性结果图

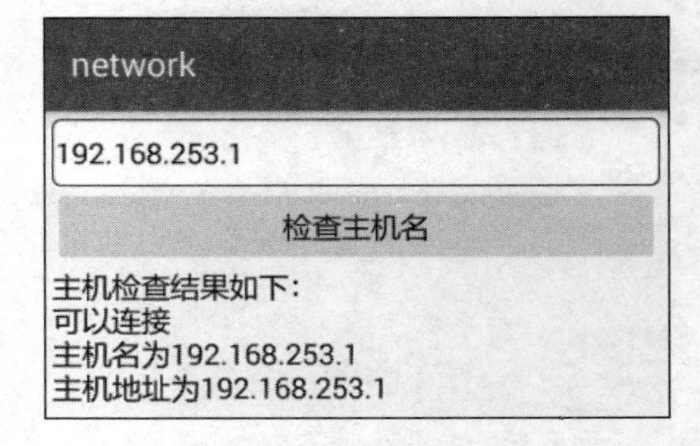

图 10-31　检测 IP 的连通性结果图

10.4.2 Socket 通信

对于程序开发来说，网络通信的基础就是 Socket，不过正因为是基础，所以用起来不容易。

计算机网络有一个大名鼎鼎的 TCP/IP 协议，普通用户在电脑上设置本地连接的 IP 时经常看到如图 10-32 所示的弹窗，注意框选部分已经很好地描述了 TCP/IP 协议的作用。

TCP/IP 是一个协议组，分为 3 个层次：网络层、传输层和应用层。

- 网络层：包括 IP 协议、ICMP 协议、ARP 协议、RARP 协议和 BOOTP 协议。
- 传输层：包括 TCP 协议和 UDP 协议。
- 应用层：包括 HTTP、FTP、TELNET、SMTP、DNS 等协议。

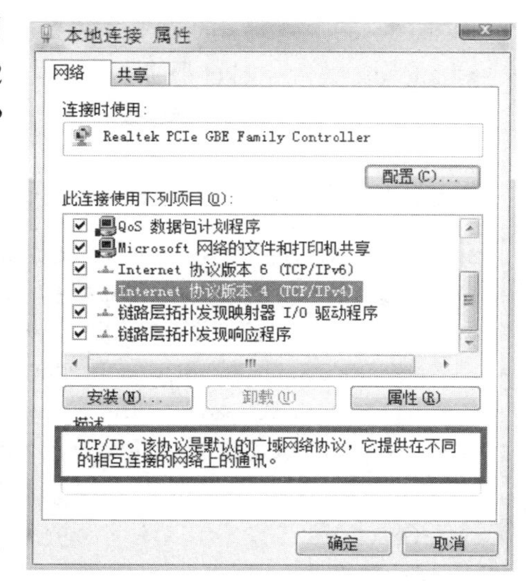

图 10-32　电脑上的本地连接配置页面

本章之前提到的网络通信编程其实都是应用层的 HTTP 编程。Socket 属于传输层的技术， API 实现 TCP 协议后即可用于 HTTP 通信，实现 UDP 协议后即可用于 FTP 通信，当然也可以直接在底层进行点对点通信，比如即时通信软件（QQ、微信）就是这样。除了即时通信，Socket 技术也常常用于在线咨询、消息推送等需要实时交互消息的场合。

Android 的 Socket 编程主要使用 Socket 和 ServerSocket 两个类，下面分别进行介绍。

1. Socket

Socket 是最常用的工具，客户端和服务端都要用到，描述了两边对套接字（Socket）处理的一般行为。下面介绍 Socket 的主要方法。

- connect：连接指定 IP 和端口。该方法用于客户端连接服务端。
- getInputStream：获取输入流，即自身收到对方发过来的数据。
- getOutputStream：获取输出流，即自身向对方发送的数据。
- getInetAddress：获取网络地址对象。该对象是一个 InetAddress 实例。
- isConnected：判断 socket 是否连上。
- isClosed：判断 socket 是否关闭。
- close：关闭 socket。

2. ServerSocket

ServerSocket 仅用于服务端，在运行时不停地侦听指定端口。下面介绍 ServerSocket 的主要方法。

- 构造函数：指定侦听哪个端口。
- accept：开始接收客户端的连接。有客户端连上时就返回一个 Socket 对象，若要持续侦听连接，则在循环语句中调用该函数。
- getInetAddress：获取网络地址对象。该对象是一个 InetAddress 实例。

- isClosed：判断 socket 服务器是否关闭。
- close：关闭 socket 服务器。

下面通过具体代码演示 Socket 通信的案例，详细步骤说明如下：

步骤 01 首先在客户端与服务端之间建立 Socket 连接，详细代码如下：

```
public class MessageTransmit implements Runnable {
    // 以下为 Socket 服务器的 Ip 和端口，根据实际情况修改
    private static final String SOCKET_IP = "192.168.0.212";
    private static final int SOCKET_PORT = 51000;
    private BufferedReader mReader = null;   // 声明一个缓存读取器对象
    private OutputStream mWriter = null;   // 声明一个输出流对象

    @Override
    public void run() {
        // 创建一个套接字对象
        Socket socket = new Socket();
        try {
            // 命令套接字连接指定地址的指定端口
            socket.connect(new InetSocketAddress(SOCKET_IP, SOCKET_PORT), 3000);
            // 根据套接字的输入流，构建缓存读取器
            mReader = new BufferedReader(new InputStreamReader(socket.getInputStream()));
            // 获得套接字的输出流
            mWriter = socket.getOutputStream();
            // 启动一条子线程来读取服务器的返回数据
            new RecvThread().start();
            // 为当前线程初始化消息队列
            Looper.prepare();
            // 让线程的消息队列开始运行，之后就可以接收消息了
            Looper.loop();
        } catch (Exception e) {
            e.printStackTrace();
        }
    }

    // 创建一个发送处理器对象，让 App 向后台服务器发送消息
    public Handler mSendHandler = new Handler() {
        // 在收到消息时触发
        public void handleMessage(Message msg) {
            // 换行符相当于回车键，表示我写好了发出去吧
            String send_msg = msg.obj.toString() + "\n";
            try {
                // 往输出流对象中写入数据
```

```
                mWriter.write(send_msg.getBytes("utf8"));
            } catch (Exception e) {
                e.printStackTrace();
            }
        }
    };

    // 定义消息接收子线程，让 App 从后台服务器接收消息
    private class RecvThread extends Thread {
        @Override
        public void run() {
            try {
                String content;
                // 读取到来自服务器的数据
                while ((content = mReader.readLine()) != null) {
                    // 获得一个默认的消息对象
                    Message msg = Message.obtain();
                    msg.obj = content;  // 消息描述
                    // 通知 SocketActivity 收到消息
                    SocketActivity.mHandler.sendMessage(msg);
                }
            } catch (Exception e) {
                e.printStackTrace();
            }
        }
    }
}
```

步骤 02 然后在 Activity 中启动 Socket 连接的线程，等待界面向 Socket 服务器发送消息，并准备接收消息，完整的页面代码如下：

```
public class SocketActivity extends AppCompatActivity implements OnClickListener {
    private EditText et_socket;
    private static TextView tv_socket;
    private MessageTransmit mTransmit;  // 声明一个消息传输对象

    protected void onCreate(Bundle savedInstanceState) {
        super.onCreate(savedInstanceState);
        setContentView(R.layout.activity_socket);
        et_socket = findViewById(R.id.et_socket);
        tv_socket = findViewById(R.id.tv_socket);
        findViewById(R.id.btn_socket).setOnClickListener(this);
        mTransmit = new MessageTransmit();  // 创建一个消息传输
        new Thread(mTransmit).start();  // 启动消息传输线程
```

```
    }

    public void onClick(View v) {
        if (v.getId() == R.id.btn_socket) {
            // 获得一个默认的消息对象
            Message msg = Message.obtain();
            msg.obj = et_socket.getText().toString();  // 消息内容
            // 通过消息线程的发送处理器，向后端发送消息
            mTransmit.mSendHandler.sendMessage(msg);
        }
    }

    // 创建一个主线程的接收处理器，专门处理服务器发来的消息
    public static Handler mHandler = new Handler() {
        @Override
        public void handleMessage(Message msg) {
            if (tv_socket != null) {
                // 拼接服务器的应答字符串
                String desc = String.format("%s 收到服务器的应答消息：%s",
                        DateUtil.getNowTime(), msg.obj.toString());
                tv_socket.setText(desc);
            }
        }
    };
}
```

步骤 03 最后启动 Socket 服务器（其实一开始就要启动，这样 App 运行时才能马上连上后端服务器），Socket 服务端的源码见本书下载资源 SocketServer 工程的 TestServer.java，服务器搭建过程参见 10.3 节的〝10.3.3 文件上传〞末尾部分。

Socket 通信的效果如图 10-33 和图 10-34 所示。其中，如图 10-33 所示为准备发送消息时的界面，如图 10-34 所示为点击发送按钮后的界面。此时 App 向 Socket 服务器发送消息内容“hello，你好呀”，Socket 服务器立即回复“hi，很高兴认识你”，回复内容已即时显示在 App 页面上。

图 10-33 Socket 消息发送前的界面

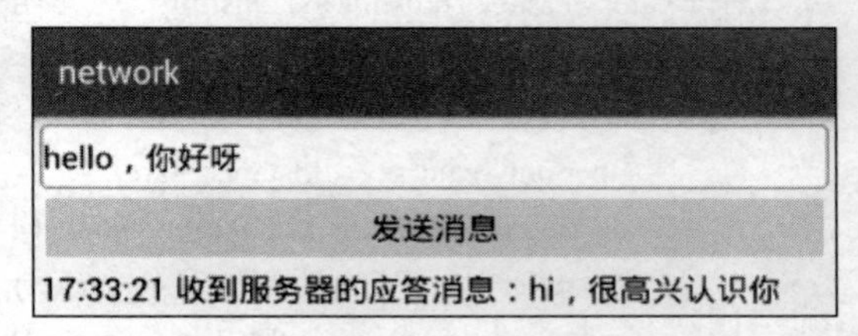

图 10-34 Socket 消息发送后的界面

10.5　实战项目：仿应用宝的应用更新功能

在以 PC 为载体的传统互联网时代，用户要想找到感兴趣的网站，基本通过搜索引擎来寻寻觅觅。因此那时谁抓住了搜索引擎这个入口，谁就能成为互联网巨头，例如谷歌、百度就是榜样。在以手机为载体的移动互联网时代，用户同样想找到感兴趣的 App，此时流行的便是各类应用商店了（也叫应用市场、应用超市等）。于是应用商店成为移动互联网的入口，作为入口必然存在多样的网络交互行为，譬如应用升级就用到了好几种网络通信技术，下面就以“仿应用宝的应用更新功能”这个实战项目来练练手。

10.5.1　设计思路

应用宝是腾讯公司推出的应用商店 App，在它上面安装其他 App 要先通过搜索框输入关键字查询，然后在结果列表中选择合适的 App 安装。比如新买了一部手机，赶紧安装一个京东商城 App，看看霸道总裁最近又有什么花边新闻。于是打开系统自带的应用宝，在搜索框中输入“京东”，页面立刻罗列相关的 App 列表。发现第一个 App 正是大名鼎鼎的京东商城，马上点击右边的“下载”按钮，该按钮的文字变为“暂停”，并且按钮区域变成了一根蓝色进度条，提示用户当前的下载进度，此时应用宝页面如图 10-35 所示。耐心等待它下载完毕，按钮上的文字又变为“安装”，同时按钮背景色变成绿色，表示该 App 已经成功下载，可以立刻安装了，此时应用宝页面如图 10-36 所示。

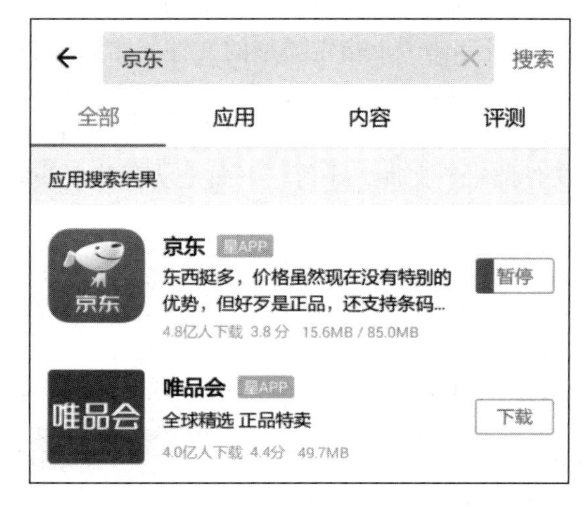

图 10-35　应用宝正在更新应用

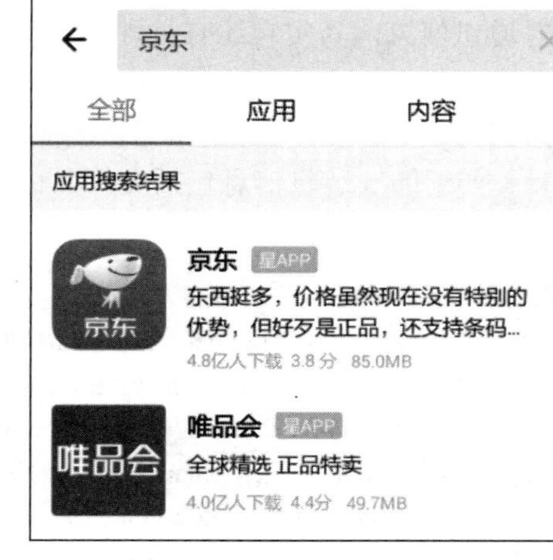

图 10-36　应用宝完成下载应用

单单从界面上看，这个应用安装功能似乎很简单，不过就是一个下载操作么。然而这背后的学问可大着呐，例如：要不要判断手机之前是否已经安装了该 App，如果没安装，则按钮文字仍为“下载”；如果已经安装，则按钮文字改为“安装”。又如：对于 App 已安装的情况，怎样判断当前版本是不是最新版本？因为若是最新版本就无需升级了。再如，在 App 安装包下载的时候，系统如何才能得知当前的下载进度，从而实时刷新进度条？

对照上述的技术实现问题，才感觉原来应用更新功能没有想象的容易，其内部至少采用了以下的几项网络通信技术：

- 多线程：所有的网络通信操作都要开启分线程处理。
- HTTP 接口调用：应用商店只能获取已安装 App 的版本号，最新的版本号要向服务器请求获得。
- JSON 解析：与服务器之间的数据交互，可采用 JSON 格式的字符串。
- HTTP 获取图片：应用商店发现更新的 App 安装包，则 App 图标也可能是新的。
- 文件下载：从应用商店下载指定 App 的安装包，可用系统自带的下载管理器。
- 文字进度条：下载过程中按钮区域变成蓝色进度条，参见前几节提到的文字进度条。

可见应用商店这个大管家的工作也不轻松，既忙里又忙外，既上得了厅堂又进得了厨房，有了这个好帮手，用户才能玩转那千千万万的众多 App。

10.5.2 小知识：查看 APK 文件的包信息

应用超市给 App 更新版本的时候，注意有种特殊的情况，倘若扫描存储卡发现已经存在某 App 的新版本安装包，则表示用户手机里面已经有了新包，此时无需耗费流量即可对该 App 进行升级。这个本地安装包的校验操作又分为两个步骤：扫描存储卡上的所有 APK 文件，以及获取 APK 文件中的包信息与版本信息，分别说明如下：

1. 扫描存储卡上的所有 APK 文件

第 4 章介绍内容解析器 ContentResolver 的时候，提到它可用来查询系统的短信、联系人、通话记录等通讯信息，其实它还有一种妙用，就是查找存储卡上指定类型的文件。比如 APK 的媒体类型是"application/vnd.android.package-archive"，那么通过条件"mime_type=\"application/vnd.android.package-archive\""即可筛选出存储卡上所有属于 APK 的安装包记录。详细的安装包信息包括文件名称、文件路径、文件大小等，下面是从存储卡获取 APK 文件列表的代码示例：

```
// 获取设备上面所有已经存在着的 APK 文件
public static ArrayList<ApkInfo> getAllApkFile(Context context) {
    ArrayList<ApkInfo> appAray = new ArrayList<ApkInfo>();
    // 查找本地所有的 APK 文件，其中 mime_type 指定了 APK 的文件类型
    Cursor cursor = context.getContentResolver().query(
            MediaStore.Files.getContentUri("external"),
            null, "mime_type=\"application/vnd.android.package-archive\"", null, null);
    if (cursor != null) {
        while (cursor.moveToNext()) {
            // 获取文件名
            String title = cursor.getString(cursor.getColumnIndex(MediaStore.Files.FileColumns.TITLE));
            // 获取文件完整路径
            String path = cursor.getString(cursor.getColumnIndex(MediaStore.Files.FileColumns.DATA));
            // 获取文件大小
```

```
                int size = cursor.getInt(cursor.getColumnIndex(MediaStore.Files.FileColumns.SIZE));
                // 将该记录添加到 APK 文件信息列表
                appAray.add(new ApkInfo(title, path, size, "", "", 1));
            }
            cursor.close();  // 关闭数据库游标
        }
        return appAray;
    }
```

2. 获取 APK 文件中的包信息与版本信息

前面的步骤列举了存储卡上已有的 APK 文件路径，但是并不足以判断可供哪些应用升级。因为即便是找到了几个 APK 文件，App 如何甄别这些 APK 都是什么来头，哪个 APK 文件才符合当前应用的指定版本号？所以要想逐个判定 APK 文件的真实身份，还得解析 APK 内部的包信息，具体的工作则是调用 PackageManager 对象的 getPackageArchiveInfo 方法，该方法可从指定的 APK 路径获取安装包的详细数据，包括应用的包名、应用的版本号等。有了包名、版本号这些信息，应用超市方能鉴定本地是否存在最新版本的升级包。

下面是从 APK 文件中解析详细包信息的代码例子：

```
    // 获取指定文件的安装包信息
    public static ApkInfo getApkInfo(Context context, String path) {
        ApkInfo info = new ApkInfo();
        PackageManager pm = context.getPackageManager();
        // 从指定路径的 APK 文件中解析应用的包信息，包括包名、版本号等
        PackageInfo pi = pm.getPackageArchiveInfo(path, PackageManager.GET_ACTIVITIES);
        if (pi != null) {
            Log.d(TAG, "packageName="+pi.packageName+", versionName="+pi.versionName);
            info.file_path = path;
            info.package_name = pi.packageName;  // 包名
            info.version_name = pi.versionName; //版本名称
            info.version_code = pi.versionCode; //版本号
        }
        return info;
    }
```

按照上面的两个步骤，就能获得每个 APK 文件对应的包名，以及该文件的版本号。测试 App 在真机上运行界面如图 10-37 所示，可见当前设备已经存在 QQ、京东、当当的安装包了。

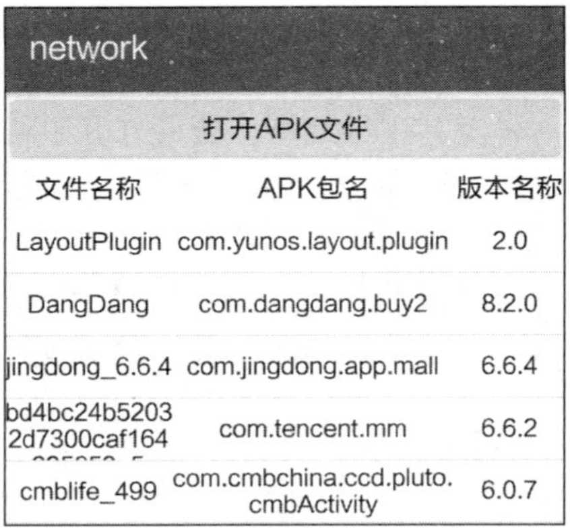

network

打开APK文件

文件名称	APK包名	版本名称
LayoutPlugin	com.yunos.layout.plugin	2.0
DangDang	com.dangdang.buy2	8.2.0
jingdong_6.6.4	com.jingdong.app.mall	6.6.4
bd4bc24b5203 2d7300caf164	com.tencent.mm	6.6.2
cmblife_499	com.cmbchina.ccd.pluto.cmbActivity	6.0.7

图 10-37　找到设备上已经有的 APK 文件

另外注意，Android 从 8.0 开始，要求普通应用必须声明安装其他 App 的权限，否则，将不能像以前那样为所欲为随便安装别的什么应用。对于开发者的 App 编码工作来说，就是要给应用超市补充下面的一行权限配置：

```
<!-- 安装应用请求，Android8.0 需要 -->
<uses-permission android:name="android.permission.REQUEST_INSTALL_PACKAGES" />
```

10.5.3 代码示例

编码方面，需要注意以下几点：

（1）访问网络、文件下载以及应用安装，要记得往 AndroidManifest.xml 添加对应的权限配置：

```
<!-- 互联网 -->
<uses-permission android:name="android.permission.INTERNET" />
<!-- 查看网络状态 -->
<uses-permission android:name="android.permission.ACCESS_NETWORK_STATE" />
<uses-permission android:name="android.permission.ACCESS_WIFI_STATE" />
<!-- SD 卡 -->
<uses-permission android:name="android.permission.WRITE_EXTERNAL_STORAGE" />
<uses-permission android:name="android.permission.READ_EXTERNAL_STORAGE" />
<uses-permission android:name="android.permission.MOUNT_UNMOUNT_FILESYSTEMS" />
<!-- 下载时不提示通知栏 -->
<uses-permission android:name="android.permission.DOWNLOAD_WITHOUT_NOTIFICATION" />
<!-- 安装应用请求，Android 8.0 需要 -->
<uses-permission android:name="android.permission.REQUEST_INSTALL_PACKAGES" />
```

（2）因为查询最新版本号需要服务端配合，所以服务器方面要提供一个接口，能够根据应用包名查询最新版本号，以及最新安装包下载地址。该服务端程序参见本书附带源码 network_server.rar 压缩包中，NetServer 工程里面的 CheckUpdate.java。

（3）利用 Gson 库自动解析服务器返回的检查结果 JSON 串，要注意修改模块的 build.gradle 文件，在里面的 dependencies 节点下添加下面一行配置，表示导入指定版本的 gson 库：

```
implementation "com.google.code.gson:gson:2.8.2"
```

测试的时候，不但要在真机上运行应用超市 App，也要开启服务端的程序，以便模拟应用商店与服务器之间的通信过程。首先在服务器上启动 NetServer 工程，用来提供 App 的更新版本号及其下载地址；接着打开手机上的应用超市页面，等待片刻界面就展开演示用的 App 列表，每个 App 下方除了显示当前已安装的版本号，还要显示从服务器查询到的最新版本号，此时应用超市的初始界面如图 10-38 所示。

注意到手机尚未安装美图秀秀，于是点击它下方的“下载”按钮，应用超市便开始下载操作，下载时的进度条界面（包括进度百分比文字）如图 10-39 所示。

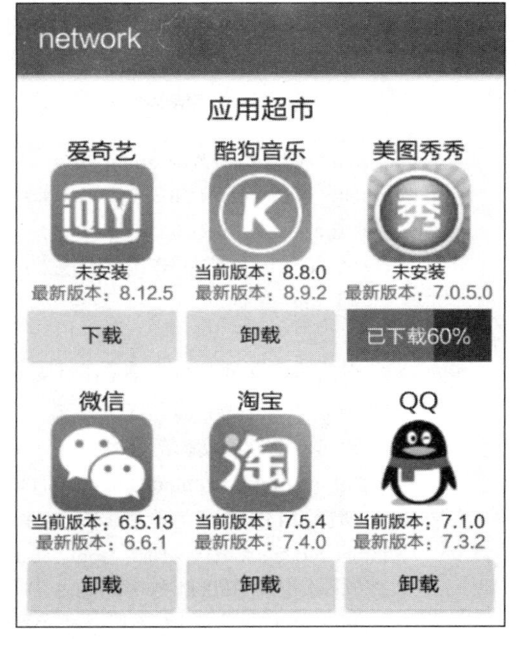

图 10-38　应用超市的初始页面　　　　图 10-39　应用超市正在下载应用

继续等候直至下载完成，此时按钮文本变为“安装”，且按钮背景色变成绿色，如图 10-40 所示。点击“安装”按钮，则调用系统的应用安装程序，一路确定完成安装。之后重新回到应用超市页面，看到美图秀秀下方的按钮文字换做了“卸载”，表示该 App 已经成功安装，此时的应用超市界面如图 10-41 所示。

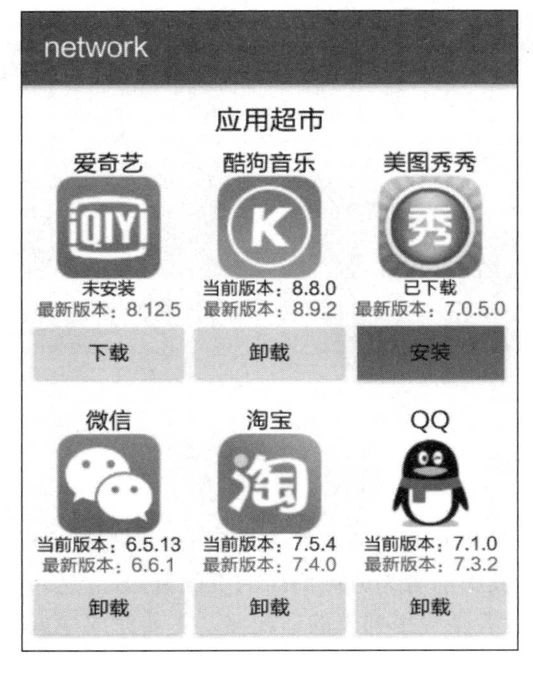

图 10-40　应用超市下载应用完毕　　　　图 10-41　应用超市完成应用更新

本实战项目用到的网络技术，在前面的章节中都做了详细说明，唯独应用的安装与卸载操作，迄今尚未加以介绍。其实安装与卸载只管调用系统程序即可，无需开发者另行手工编码实现，下面是调用系统程序的安装和卸载代码例子：

```
// 安装指定路径的 APK 文件
public static boolean install(Context context, String filePath) {
    File file = new File(filePath);
    if (!file.exists() || !file.isFile() || file.length() <= 0) {
        return false;
    }
    // 根据指定文件创建一个 Uri 对象
    Uri uri = Uri.fromFile(file);
    // 创建一个浏览动作的意图
    Intent intent = new Intent(Intent.ACTION_VIEW);
    // 设置 Uri 的数据类型为 APK 文件
    intent.setDataAndType(uri, "application/vnd.android.package-archive");
    // 给意图添加开辟新任务的标志
    intent.addFlags(Intent.FLAG_ACTIVITY_NEW_TASK);
    // 启动系统自带的应用安装程序
    context.startActivity(intent);
    return true;
}

// 卸载指定包名的 App
public static boolean uninstall(Context context, String packageName) {
    if (TextUtils.isEmpty(packageName)) {
        return false;
    }
    // 根据指定包名创建一个 Uri 对象
    Uri uri = Uri.parse("package:"+packageName);
    // 创建一个删除动作的意图
    Intent intent = new Intent(Intent.ACTION_DELETE, uri);
    // 给意图添加开辟新任务的标志
    intent.addFlags(Intent.FLAG_ACTIVITY_NEW_TASK);
    // 启动系统自带的应用卸载程序
    context.startActivity(intent);
    return true;
}
```

具体的应用超市处理代码限于篇幅就不贴了，读者可参考本书附带源码 network 模块里的 AppStoreActivity.java 和 PackageInfoAdapter.java。其中前者为应用商店的页面源码，主要完成请求服务器查询最新版本号及下载地址的工作；后者是应用列表的适配器，主要完成 App 的下载和下载进度展示，以及下载完成后的安装准备工作。

10.6　实战项目：仿手机 QQ 的聊天功能

说到使用最广泛的 App，无疑是以手机 QQ、微信为代表的即时通信或社交类 App，类似的 App 还有陌陌、旺旺等。这些社交 App 基本都是主打聊天功能，聊天的内容包括文本消息、图片消息、语音消息、视频消息等，其展现内容之丰富、通信手段之多样实为 App 界的翘楚。本节以“仿手机 QQ 的聊天功能”作为实战项目，通过剖析即时通信的相关技术使得读者进一步加深对网络通信开发的理解。

10.6.1　设计思路

手机 QQ 的聊天界面大家再熟悉不过了。不过作为 App 开发者的你，是否能够自己“山寨”一个聊天 App？听起来很高深的样子，自己只是一个初学者啊。有道是世上无难事，只怕有心人，谁说初学者就做不到？下面跟着笔者一步一步往下走，慢慢抽丝剥茧，看看 QQ 内部到底藏着什么“葵花宝典”。

先来两张手机 QQ 的界面截图。如图 10-42 所示为联系人频道的好友列表页面；如图 10-43 所示为与好友聊天的主页面，文本消息、图片消息、语音消息都在这里发送与接收。

看过了官方 App 的界面，再回来琢磨与本章的网络通信技术有什么关系。也许读者初来乍到，还不太明白，下面给出一个山寨后的效果图，让读者先有一个直观的认识。准备山寨的效果页面如图 10-44 和图 10-45 所示。其中，图 10-44 是山寨后的好友列表页面，图 10-45 是山寨后的聊天页面。

现在看起来，功能相对纯粹了许多，去掉了无关的技术部分，只保留与本章知识点有关的内容。

图 10-42　好友列表页面

图 10-43　聊天窗口页面

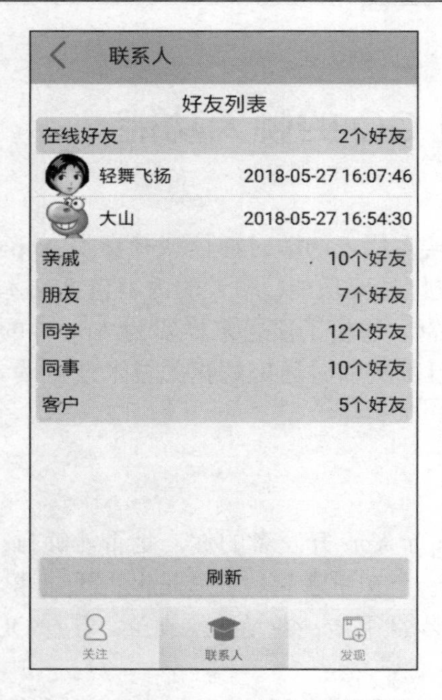

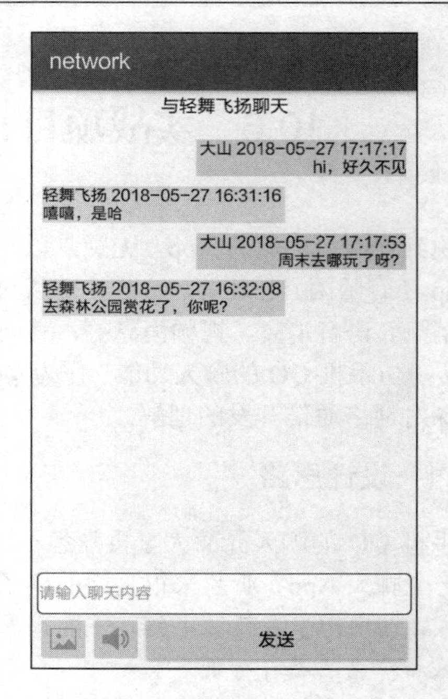

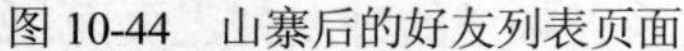
图 10-44　山寨后的好友列表页面

图 10-45　山寨后的聊天窗口页面

下面分析一下效果图涉及的本章的知识点。控件看得见、摸得着，列举并不困难，而网络通信在后台运行，不是马上能够想得到、说得出的，所以不妨尽可能地发挥想像力，无论有没有、能不能实现，先列举出来再说。笔者这里归纳了以下 8 个重点。

- 多线程：网络通信必然使用多线程技术。
- HTTP 接口调用：App 向服务器请求全部好友列表，是正规的 HTTP 接口访问。
- HTTP 获取图片：好友的最新头像，因为是小图，所以适合通过 HTTP 协议直接获取图片。
- 文件上传：发送图片消息和语音消息时都得把手机上的图片或声音文件上传给服务器。
- 文件下载：对方接收图片和语音消息，很可能从服务器下载图片和声音文件到手机里。
- 文件对话框：选择上传的文件和保存收到的文件都会用到文件对话框。
- 文字进度圆圈：对方接收图片或语音时，聊天窗口往往先显示占位图标，再根据下载进度展示圆弧形式的百分比，让用户知晓消息发送与接收的进展。
- Socket 通信：这个技术是重中之重，因为所有聊天消息都通过 Socket 通信传送给对方。

接下来对 Socket 通信进行补充说明，因为涉及客户端与服务端的交互，所以通信的流程稍微有些复杂。

1. 划分聊天场景的功能点

平常我们看到的 QQ 聊天相关页面有 3 个：登录页面、好友列表页面和聊天页面。因此，对应的 Socket 功能也分为 3 类：

（1）登录与注销。登录操作对应建立 Socket 连接，注销操作对应断开 Socket 连接。

（2）获取在线好友列表。与 Socket 有关的是获取当前在线的好友列表，客户端到服务端查询当前已建立 Socket 连接的好友列表。

（3）发送消息与接收消息。发送与接收消息对应的是 Socket 的数据传输，发送消息操作是客户端 A 向服务端发送 Socket 数据，接收消息操作是服务端将收到的 A 消息向客户端 B 发送 Socket 数据。

2. 在 App 端实现相关功能

（1）至少 3 个聊天相关页面：登录页面、好友列表页面和聊天页面。

（2）一个用于 Socket 通信的线程。由于在 App 运行过程中要保持 Socket 连接，因此 Socket 线程要放在自定义的 Application 类中。

（3）聊天页面向 Socket 线程发送消息的机制，用于登录请求、注销请求、获取在线好友列表请求、发送消息等。

（4）Socket 线程向页面发送消息的机制，用于返回在线好友列表、接收消息等。因为返回消息会分发到不同的页面，所以建议采用广播 Broadcast 传播消息，在好友列表页面和聊天页面各注册一个广播接收器，根据服务器返回的数据刷新在线好友列表和聊天记录。

（5）对于图片消息与声音消息的发送。可先把文件上传到服务器，然后把文件下载地址作为消息文本传给对方；对方 App 收到消息后，根据消息文本中的文件地址把文件下载到本地，再在聊天页面上展示出来。

3. 在服务端启动 Socket 服务器

启动 Socket 服务器后，实现以下功能：

（1）定义一个 Socket 连接的队列，用于保存当前连接的 Socket 请求。

（2）循环侦听指定端口，一旦有新连接进来，就将该连接加入 Socket 队列，并启动新线程为该连接服务。

（3）每个服务线程持续从 Socket 中读取客户端发过来的数据，并对不同请求做相应的处理。

① 如果是登录请求，就标识该 Socket 连接的用户昵称、设备编号、登录时间等信息。

② 如果是注销请求，就断开 Socket 连接，并从 Socket 队列中移除该连接。

③ 如果是获取在线好友列表请求，就遍历 Socket 队列，封装好友列表数据并返回。

④ 如果是发送消息请求，就根据好友的设备编号到 Socket 队列中查找对应的 Socket 连接，并向该连接返回消息内容。

4. 定义服务端与客户端之间传输消息的格式

消息包分为包头与包体，包头用于标识操作类型、操作对象、操作时间等基本要素，包体用于存放具体的消息内容（如好友列表、消息文本等）。Socket 通信一般不用 XML 或 JSON 等复杂格式，而是直接用分隔符划分包头、包体以及包头内部的元素。

10.6.2 小知识：可折叠列表视图 ExpandableListView

可折叠列表视图是一种多功能的高级控件，每个子项都可以展开一个孙子列表。点击一个分组（子项），即可展开该分组下的孙子列表；再次点击该分组，即可收起该分组下的孙子列表。如果 LinearLayout 是一维视图，ListView 与 GridView 是二维视图，ExpandableListView 就是三维视图。可折叠列表视图虽然号称高级，但使用的场合不少，常见的业务场景包括好友分组与好友列表、邮件夹分组与邮件列表、订单列表与订单内的商品列表等。

下面是可折叠列表视图的常用方法说明。

- setAdapter：设置适配器。适配器类型为 ExpandableListAdapter。
- expandGroup：展开指定分组。
- collapseGroup：收起指定分组。
- isGroupExpanded：判断指定分组是否展开。
- setSelectedGroup：设置选中的分组。
- setSelectedChild：设置选中的孙子项。
- setGroupIndicator：设置指定分组的指示图像。
- setChildIndicator：设置指定孙子项的指示图像。
- setOnGroupExpandListener：设置分组展开监听器。需实现接口 OnGroupExpandListener 的 onGroupExpand 方法，该方法在点击展开分组时触发。
- setOnGroupCollapseListener：设置分组收起监听器。需实现接口 OnGroupCollapseListener 的 onGroupCollapse 方法，该方法在点击收起分组时触发。
- setOnGroupClickListener：设置分组点击监听器。需实现接口 OnGroupClickListener 的 onGroupClick 方法，该方法在点击分组时触发。
- setOnChildClickListener：设置孙子项点击监听器。需实现接口 OnChildClickListener 的 onChildClick 方法，该方法在点击孙子项时触发。

可折叠列表视图拥有专属的适配器——可折叠列表适配器 ExpandableListAdapter。下面是该适配器经常要重写的 5 个方法。

- getGroupCount：获取分组的个数。
- getChildrenCount：获取孙子项的个数。
- getGroupView：获取指定分组的视图。
- getChildView：获取指定孙子项的视图。
- isChildSelectable：判断孙子项是否允许选择。

下面演示如何使用可折叠列表视图实现电子邮箱的管理功能。首先编写邮箱列表的适配器，详细代码如下（为节省篇幅，省略了没有实际内容的重写方法）：

```
    public class MailExpandAdapter implements ExpandableListAdapter, OnGroupClickListener,
OnChildClickListener {
        private Context mContext;   // 声明一个上下文对象
        private ArrayList<MailBox> mBoxList;   // 邮箱队列

        public MailExpandAdapter(Context context, ArrayList<MailBox> box_list) {
            mContext = context;
            mBoxList = box_list;
        }
```

```
// 获取分组的数目
public int getGroupCount() {
    return mBoxList.size();
}

// 获取某个分组的孙子项数目
public int getChildrenCount(int groupPosition) {
    return mBoxList.get(groupPosition).mail_list.size();
}

// 获取指定位置的分组
public Object getGroup(int groupPosition) {
    return mBoxList.get(groupPosition);
}

// 根据分组位置，以及孙子项的位置，获取对应的孙子项
public Object getChild(int groupPosition, int childPosition) {
    return mBoxList.get(groupPosition).mail_list.get(childPosition);
}

// 获取分组的编号
public long getGroupId(int groupPosition) {
    return groupPosition;
}

// 根据分组位置，以及孙子项的位置，获取对应的孙子项编号
public long getChildId(int groupPosition, int childPosition) {
    return childPosition;
}

// 获取指定分组的视图
public View getGroupView(int groupPosition, boolean isExpanded,
                          View convertView, ViewGroup parent) {
    ViewHolderBox holder;
    if (convertView == null) {
        holder = new ViewHolderBox();
        convertView = LayoutInflater.from(mContext).inflate(R.layout.item_box, null);
        holder.iv_box = convertView.findViewById(R.id.iv_box);
        holder.tv_box = convertView.findViewById(R.id.tv_box);
        holder.tv_count = convertView.findViewById(R.id.tv_count);
        convertView.setTag(holder);
    } else {
```

```
                holder = (ViewHolderBox) convertView.getTag();
            }
            MailBox box = mBoxList.get(groupPosition);
            holder.iv_box.setImageResource(box.box_icon);
            holder.tv_box.setText(box.box_title);
            holder.tv_count.setText(box.mail_list.size() + "封邮件");
            return convertView;
        }

        // 获取指定孙子项的视图
        public View getChildView(final int groupPosition, final int childPosition,
                                 boolean isLastChild, View convertView, ViewGroup parent) {
            ViewHolderMail holder;
            if (convertView == null) {
                holder = new ViewHolderMail();
                convertView = LayoutInflater.from(mContext).inflate(R.layout.item_mail, null);
                holder.ck_mail = convertView.findViewById(R.id.ck_mail);
                holder.tv_date = convertView.findViewById(R.id.tv_date);
                convertView.setTag(holder);
            } else {
                holder = (ViewHolderMail) convertView.getTag();
            }
            MailItem item = mBoxList.get(groupPosition).mail_list.get(childPosition);
            holder.ck_mail.setFocusable(false);
            holder.ck_mail.setFocusableInTouchMode(false);
            holder.ck_mail.setText(item.mail_title);
            holder.ck_mail.setOnCheckedChangeListener(new OnCheckedChangeListener() {
                @Override
                public void onCheckedChanged(CompoundButton buttonView, boolean isChecked) {
                    MailBox box = mBoxList.get(groupPosition);
                    MailItem item = box.mail_list.get(childPosition);
                    String desc = String.format("您点击了%s 的邮件，标题是%s", box.box_title,
item.mail_title);
                    Toast.makeText(mContext, desc, Toast.LENGTH_SHORT).show();
                }
            });
            holder.tv_date.setText(item.mail_date);
            return convertView;
        }

        // 判断孙子项是否允许选择。如果子条目需要响应点击事件，这里要返回 true
        public boolean isChildSelectable(int groupPosition, int childPosition) {
            return true;
```

```
    }

    // 定义一个邮箱分组的视图持有者
    public final class ViewHolderBox {
        public ImageView iv_box;
        public TextView tv_box;
        public TextView tv_count;
    }

    // 定义一个邮件条目的视图持有者
    public final class ViewHolderMail {
        public CheckBox ck_mail;
        public TextView tv_date;
    }

    // 在孙子项被点击时触发
    public boolean onChildClick(ExpandableListView parent, View v,
                                int groupPosition, int childPosition, long id) {
        ViewHolderMail holder = (ViewHolderMail) v.getTag();
        holder.ck_mail.setChecked(!(holder.ck_mail.isChecked()));
        return true;
    }

    // 在分组标题被点击时触发。如果返回 true，就不会展示子列表
    public boolean onGroupClick(ExpandableListView parent, View v,
                                int groupPosition, long id) {
        String desc = String.format("您点击了%s", mBoxList.get(groupPosition).box_title);
        Toast.makeText(mContext, desc, Toast.LENGTH_SHORT).show();
        return false;
    }
}
```

然后在页面代码中给可折叠列表视图设置对应的适配器对象，具体的代码片段如下：

```
    // 初始化整个邮箱
    private void initMailBox() {
        // 从布局文件中获取名叫 elv_list 的可折叠列表视图
        ExpandableListView elv_list = findViewById(R.id.elv_list);
        // 以下依次往邮箱队列中添加收件箱、发件箱、草稿箱、废件箱的列表信息
        ArrayList<MailBox> box_list = new ArrayList<MailBox>();
        box_list.add(new MailBox(R.drawable.mail_folder_inbox, "收件箱", getRecvMail()));
        box_list.add(new MailBox(R.drawable.mail_folder_outbox, "发件箱", getSentMail()));
        box_list.add(new MailBox(R.drawable.mail_folder_draft, "草稿箱", getDraftMail()));
        box_list.add(new MailBox(R.drawable.mail_folder_recycle, "废件箱", getRecycleMail()));
```

```
        // 构建一个邮箱队列的可折叠列表适配器
        MailExpandAdapter adapter = new MailExpandAdapter(this, box_list);
        // 给 elv_list 设置邮箱可折叠列表适配器
        elv_list.setAdapter(adapter);
        // 给 elv_list 设置孙子项的点击监听器
        elv_list.setOnChildClickListener(adapter);
        // 给 elv_list 设置分组的点击监听器
        elv_list.setOnGroupClickListener(adapter);
        // 默认展开第一个邮件夹，即收件箱
        elv_list.expandGroup(0);
    }
```

电子邮箱的展示效果如图 10-46 和图 10-47 所示。其中，如图 10-46 所示为展开收件箱时的初始界面，图 10-47 所示为点击收起收件箱后，点击展开发件箱时的界面。

图 10-46　展开收件箱时的初始界面

图 10-47　点击展开发件箱时的界面

可折叠列表视图有时会出现孙子项不响应点击事件的问题，可能是某个环节没有正确设置。要让孙子项正常响应点击事件，需满足下面 3 个条件：

（1）可折叠列表适配器的 isChildSelectable 方法要返回 true。

（2）可折叠列表视图的对象要调用 setOnChildClickListener 方法注册孙子项的点击监听器，并重写该监听器的 onChildClick 方法。

（3）孙子项目中若存在 Button、EditText 等默认占用焦点的控件，则要去除焦点占用，即调用这些控件的 setFocusable 和 setFocusableInTouchMode 方法，并设置为 false。也可参照第 5 章“5.2.2 列表视图 ListView”中处理子项抢占焦点的做法，给列表项布局文件的根节点加上 descendantFocusability 属性，声明在列表项范围内剥夺下级控件的抢占权利，代码如下：

```
android:descendantFocusability="blocksDescendants"
```

10.6.3　代码示例

编码方面需要注意以下两点：

（1）访问网络、文件上传与下载时，要在 AndroidManifest.xml 添加对应的权限配置：

```
<!-- 互联网 -->
<uses-permission android:name="android.permission.INTERNET" />
<!-- 查看网络状态 -->
<uses-permission android:name="android.permission.ACCESS_NETWORK_STATE" />
<uses-permission android:name="android.permission.ACCESS_WIFI_STATE" />
<!-- SD 卡 -->
<uses-permission android:name="android.permission.WRITE_EXTERNAL_STORAGE" />
<uses-permission android:name="android.permission.READ_EXTERNAL_STORAGE" />
<uses-permission android:name="android.permission.MOUNT_UNMOUNT_FILESYSTEMS" />
<!-- 下载时不提示通知栏 -->
<uses-permission android:name="android.permission.DOWNLOAD_WITHOUT_NOTIFICATION" />
```

（2）AndroidManifest.xml 的 application 节点注意补充 android:name=".MainApplication"。另外，要注册在线好友列表获取和消息接收的广播接收器，注册代码如下：

```
<!-- 接收 Socket 得到的收到对方消息事件 -->
<receiver android:name=".ChatMainActivity$RecvMsgReceiver" >
    <intent-filter>
        <action android:name="com.example.network.RECV_MSG" />
    </intent-filter>
</receiver>
<!-- 接收 Socket 得到的获取好友列表事件 -->
<receiver android:name=".QQContactActivity$GetListReceiver" >
    <intent-filter>
        <action android:name="com.example.network.GET_LIST" />
    </intent-filter>
</receiver>
```

因为网络通信需要服务端配合，所以服务器方面需要实现 3 个后台功能。

（1）文件上传功能，源码参见本书附带源码 NetServer 工程里的 UploadServlet.java。

（2）获取好友列表接口，源码参见本书附带源码 NetServer 工程里的 QueryFriend.java。

（3）Socket服务器，源码参见本书附带源码SocketServer工程中的ChatServer.java。

实战项目不但要在真机上测试，而且要开启服务端程序，这样才能真刀真枪地模拟即时通信的真实场景。首先在服务器上分别启动 NetServer 工程和 SocketServer 工程，然后准备两台手机分别安装实战项目编译后的 App（注意：App 代码中的 URL 服务地址必须是正确的服务器 IP，并且手机与服务器在同一个网段），接着两台手机都运行实战项目的聊天 App，在如图 10-48 所示的登录页面输入昵称，点击登录按钮，进入好友列表页面。

图 10-48　实战项目的登录页面

好友列表的页面效果如图 10-49 和图 10-50 所示。其中，如图 10-49 所示为展开在线好友分组时的好友列表界面，可以看到手机 A 的登录昵称是“轻舞飞扬”，手机 B 的登录昵称是

“大山”；如图 10-50 所示为展开亲戚分组时的好友列表界面。

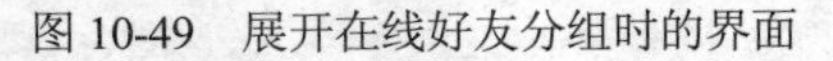

图 10-49　展开在线好友分组时的界面

图 10-50　展开亲戚分组时的列表界面

两台手机都点击对方昵称，进入聊天主页面，页面下方有文本编辑框，可发送文本消息。左下角有图片的图标按钮，点击即可选择图片并发送图片消息；图片按钮右边是声音的图标按钮，点击即可选择音频文件并发送声音消息。为了看起来更逼真，消息窗口采用对方消息靠左对齐、我方消息靠右对齐的布局，并给双方消息着不同的背景色。对于文本消息来说，双方消息窗口直接展示文字内容就可以了；对于图片消息来说，消息窗口应展示图片的缩略图，用户点击缩略图后，再展示图片的大图；对于声音消息来说，消息窗口只展示声音图标，一旦用户点击声音图标，系统就开始播放对应的声音文件。

具体测试的聊天效果如图 10-51～图 10-54 所示。其中，图 10-51 和图 10-52 所示为手机 A（昵称“轻舞飞扬”）的聊天窗口，图 10-53 和图 10-54 所示为手机 B（昵称“大山”）的聊天窗口。

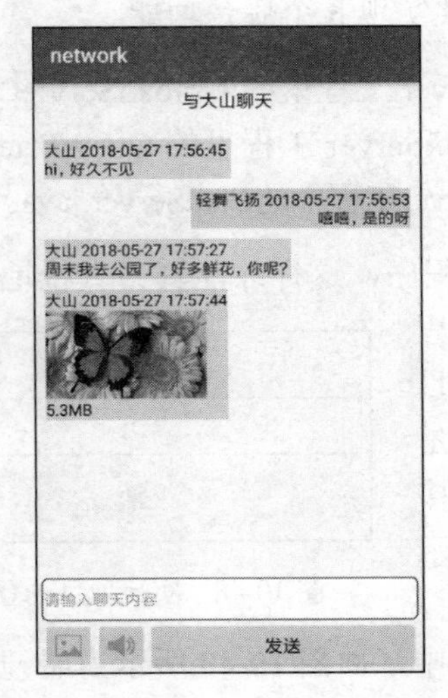

图 10-51　与大山的聊天窗口截图 1

图 10-52　与大山的聊天窗口截图 2

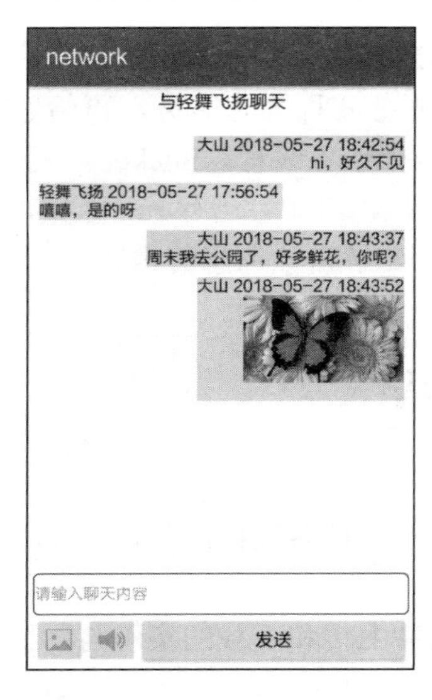

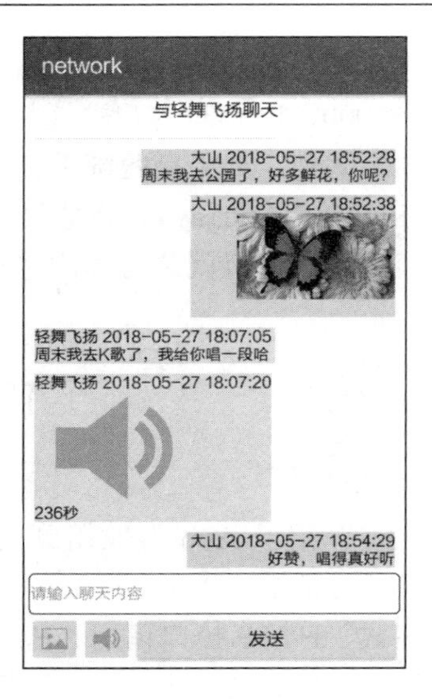

图 10-53　与轻舞飞扬的聊天窗口截图 1

图 10-54　与轻舞飞扬的聊天窗口截图 2

至此，实战项目仿照手机 QQ 基本实现了聊天功能的常用操作，包括实时刷新在线好友列表、发送与接收文本消息、发送与接收图片消息、发送与接收声音消息等。当然，本项目尚有若干待完善的地方，有兴趣的读者可自行补充修改，完善点主要有以下 3 点：

（1）发送图片与声音时，目前采用文件对话框选择具体文件。其实可参照第 9 章的设备操作，现场拍照或现场录音后，把照片和录音文件直接传给对方。另外，可增加对视频消息的发送与接收处理。

（2）目前聊天消息没有保存到本地数据库，因此下次打开对方的聊天窗口无法查看之前的聊天记录。可参照第 4 章的 SQLite 数据库操作把聊天消息保存到 SQLite 中，这样每次打开聊天窗口时都会到数据库中查找并显示历史聊天记录。

（3）把第 9 章的实战项目“仿微信的发现功能”集成到本章的实战项目中，增强这个聊天 App 的实用性和趣味性。

还等什么呢？快快行动起来，打造一个专属的即时通信 App 吧！

下面简单介绍一下本书附带源码 network 模块中，与 QQ 聊天有关的主要代码之间的关系：

（1）MainApplication.java：这是聊天 App 的主应用入口，里面创建并启动了一个聊天线程，之所以把聊天任务做成全局对象，是因为方便接收对方的聊天消息，即使用户当前没开着聊天窗口，App 也能实时接收服务器传来的消息内容。

（2）QQContactActivity.java：这是好友列表页面，不但包括所有好友分组，还包括在线好友列表。其中所有好友分组来自 HTTP 服务器，在线好友列表来自 Socket 服务器。

（3）ChatMainActivity.java：这是与某个好友聊天的主窗口页面，在此可发送/接收文本消息、图片消息、音频消息。其中文本类的消息内容通过 Socket 服务器传输，图片、音频等多媒体文件通过 HTTP 服务器上传和下载。

另外补充 Socket 服务器与聊天功能有关的代码逻辑，服务端的 SocketServer 工程主要涉及到 ChatServer.java 和 ServerThread.java，简要说明如下：

（1）ChatServer.java：这是主程序代码，入口是 main 函数。ChatServer 启动后，会持续侦听端口 52000，一旦有客户端连接进来，就启动一个服务线程为它服务，再给它分配一个 Socket 并加入队列。如果有两部手机连接进来，就启动两个服务线程，Socket 队列大小为 2。

（2）ServerThread.java：这是服务端的线程管理工具。它启动后运行 run 函数，从客户端接收消息，收到回车符就认为本次消息接收完毕，然后开始解析该消息的内容。

10.7 小　结

本章主要介绍了 App 开发用到的网络通信相关技术，包括多线程的工作机制和用法（消息传递、进度对话框、异步任务、异步服务）、HTTP 接口访问的方式（网络连接检查、JSON 移动数据格式、HTTP 接口调用、HTTP 图片获取）、文件上传和下载的实现与用法（下载管理器、文件对话框、文件上传）、套接字的应用（网络地址、Socket 通信）。最后设计了两个实战项目，一个是“仿应用宝的应用更新功能”，另一个是“仿手机 QQ 的聊天功能”。在“仿应用宝的应用更新功能”的项目编码中，采用了本章介绍的部分网络通信知识，实现了应用在线更新的完整流程。在“仿手机 QQ 的聊天功能”的项目编码中，详细阐述了即时通信技术的原理与设计思路，结合本章介绍的所有网络通信知识，实现了文本消息、图片消息、声音消息的发送与接收。另外，介绍了如何使用可折叠列表视图。

通过本章的学习，读者应该能够掌握以下 4 种开发技能：

（1）学会在合适的场合使用多线程技术。

（2）学会 HTTP 方式的接口调用与图片获取。

（3）学会管理文件上传和下载操作。

（4）学会运用 Socket 通信技术进行聊天应用的开发。

第11章

事　　件

本章介绍 App 开发常见的一些事件处理技术，主要包括如何检测并接管按键事件，如何对触摸事件进行分发、拦截与处理，如何实现手势检测与飞掠视图的联合运用，如何正确避免手势冲突的意外状况。最后结合本章所学的知识分别演示了两个实战项目“抠图神器——美图变变”和“虚拟现实的全景图库”的设计与实现。

11.1　按键事件

本节介绍 App 开发对按键事件的检测与处理，首先说明如何检测控件对象的按键事件；然后说明如何检测活动页面的物理按键，并以返回键为例阐述“再按一次返回键退出”的功能实现；最后以音量调节对话框为例，介绍如何接管音量按键的处理。

11.1.1　检测软键盘

一般不对手机上的输入按键进行处理，直接由系统按照默认情况操作。当然有时为了改善用户体验，需要让 App 拦截按键事件，并进行额外处理。在第 3 章介绍编辑框 EditText 的用法时提到监控输入字符中的回车键，一旦发现用户敲了回车键，就将焦点自动移到下一个控件，而不是在编辑框输入回车换行。当时的字符输入拦截采用注册文本观测器 TextWatcher 实现，但该监听器只适用于编辑框控件，无法用于其他控件。因此，若想让其他控件能够监听按键操作，则要另外调用控件对象的 setOnKeyListener 方法设置按键监听器，并实现监听器接口 OnKeyListener 的 onKey 方法。

要监控按键事件，首先得知道每个按键的编码，这样才能根据不同的编码值进行相应的处理。按键编码的取值说明见表 11-1。这里注意，监听器 OnKeyListener 只会检测控制键，不会检测文本键（字母、数字、标点等）。

表 11-1　按键编码的取值说明

按键编码	KeyEvent 类的按键名称	说明
3	KEYCODE_HOME	主页键（未开放给普通 App）
4	KEYCODE_BACK	返回键（后退键）
24	KEYCODE_VOLUME_UP	加大音量键
25	KEYCODE_VOLUME_DOWN	减小音量键
26	KEYCODE_POWER	电源键（未开放给普通 App）
66	KEYCODE_ENTER	回车键
67	KEYCODE_DEL	删除键（退格键）
82	KEYCODE_MENU	菜单键
84	KEYCODE_SEARCH	搜索键
187	KEYCODE_APP_SWITCH	任务键（未开放给普通 App）

实际监控结果显示，每次按控制键时，onKey 方法都会收到两次重复编码的按键事件，这是因为该方法把每次按键都分成按下与松开两个动作，所以一次按键变成了两个按键动作。解决这个问题的办法很简单，就是只监控按下动作（KeyEvent.ACTION_DOWN）的按键事件，不监控松开动作（KeyEvent.ACTION_UP）的按键事件。

下面是使用软键盘监听器的代码：

```
public class KeySoftActivity extends AppCompatActivity implements OnKeyListener {
    private TextView tv_result;
    private String desc = "";

    @Override
    protected void onCreate(Bundle savedInstanceState) {
        super.onCreate(savedInstanceState);
        setContentView(R.layout.activity_key_soft);
        // 从布局文件中获取名叫 et_soft 的编辑框
        EditText et_soft = findViewById(R.id.et_soft);
        // 设置编辑框的按键监听器
        et_soft.setOnKeyListener(this);
        tv_result = findViewById(R.id.tv_result);
    }

    // 在发生按键动作时触发
    public boolean onKey(View v, int keyCode, KeyEvent event) {
        if (event.getAction() == KeyEvent.ACTION_DOWN) {
            desc = String.format("%s 输入的软按键编码是%d,动作是按下", desc, keyCode);
            if (keyCode == KeyEvent.KEYCODE_ENTER) {
                desc = String.format("%s, 按键为回车键", desc);
            } else if (keyCode == KeyEvent.KEYCODE_DEL) {
                desc = String.format("%s, 按键为删除键", desc);
```

```
            } else if (keyCode == KeyEvent.KEYCODE_SEARCH) {
                desc = String.format("%s, 按键为搜索键", desc);
            } else if (keyCode == KeyEvent.KEYCODE_BACK) {
                desc = String.format("%s, 按键为返回键", desc);
                // 延迟 3 秒后启动页面关闭任务
                new Handler().postDelayed(mFinish, 3000);
            } else if (keyCode == KeyEvent.KEYCODE_MENU) {
                desc = String.format("%s, 按键为菜单键", desc);
            } else if (keyCode == KeyEvent.KEYCODE_VOLUME_UP) {
                desc = String.format("%s, 按键为加大音量键", desc);
            } else if (keyCode == KeyEvent.KEYCODE_VOLUME_DOWN) {
                desc = String.format("%s, 按键为减小音量键", desc);
            }
            desc = desc + "\n";
            tv_result.setText(desc);
            return true;
        } else {
            // 返回 true 表示处理完了不再输入该字符，返回 false 表示给你输入该字符吧
            return false;
        }
    }

    // 定义一个页面关闭任务
    private Runnable mFinish = new Runnable() {
        @Override
        public void run() {
            finish();  // 关闭当前页面
        }
    };
}
```

上述代码的按键效果如图 11-1 所示。虽然按键编码表存在首页键、任务键、电源键的定义，但这 3 个键并不开放给普通 App，普通 App 也不应该拦截这些按键事件。

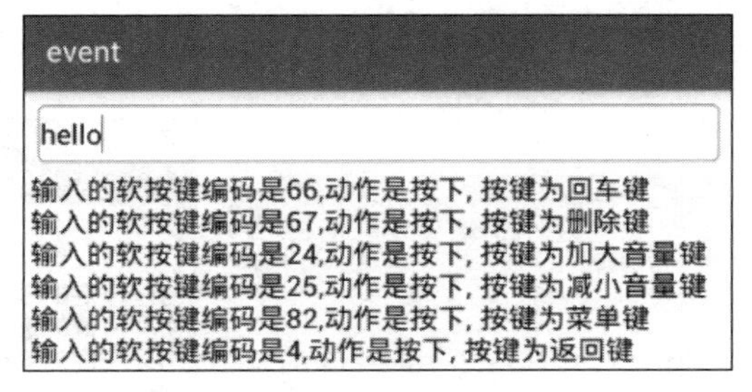

图 11-1　软键盘的检测结果

11.1.2 检测物理按键

除了给控件注册按键监听器外，还可以直接在活动页面上检测物理按键，即重写 Activity 的 onKeyDown 方法。onKeyDown 方法的使用与前面的 onKey 方法类似，拥有按键编码与按键事件 KeyEvent 两个参数，当然这两个方法也存在不同之处，具体说明如下：

（1）onKeyDown 只能在 Activity 代码中使用，而 onKey 只要有可注册的控件就能使用。

（2）onKeyDown 只能检测物理按键，无法检测输入法按键（如回车键、删除键等），而 onKey 可同时检测两类按键。

（3）onKeyDown 不区分按下与松开两个动作，而 onKey 区分这两个动作。

下面是启用物理按键监听的代码片段：

```
// 在发生物理按键动作时触发
public boolean onKeyDown(int keyCode, KeyEvent event) {
    desc = String.format("%s 物理按键的编码是%d", desc, keyCode);
    if (keyCode == KeyEvent.KEYCODE_BACK) {
        desc = String.format("%s, 按键为返回键", desc);
        // 延迟 3 秒后启动页面关闭任务
        new Handler().postDelayed(mFinish, 3000);
    } else if (keyCode == KeyEvent.KEYCODE_MENU) {
        desc = String.format("%s, 按键为菜单键", desc);
    } else if (keyCode == KeyEvent.KEYCODE_VOLUME_UP) {
        desc = String.format("%s, 按键为加大音量键", desc);
    } else if (keyCode == KeyEvent.KEYCODE_VOLUME_DOWN) {
        desc = String.format("%s, 按键为减小音量键", desc);
    }
    desc = desc + "\n";
    tv_result.setText(desc);
    // 返回 true 表示不再响应系统动作，返回 false 表示继续响应系统动作
    return true;
}

// 定义一个页面关闭任务
private Runnable mFinish = new Runnable() {
    @Override
    public void run() {
        finish();  // 关闭当前页面
    }
};
```


图 11-2 物理按键的检测结果

物理按键的监听效果如图 11-2 所示。对于目前的 App 开发来说，onKeyDown 方法只可检测 4 个物理按键事件，即菜单键、返回键、加大音量键和减小音量键，

而主页键和任务键需要通过广播接收器来监测。

检测物理按键最常见的应用是淘宝主页的“再按一次返回键退出”，在 App 首页按返回键，系统默认的做法是直接退出该 App。然而用户有可能不小心按了返回键，并非想退出该 App，因此这里加一个小提示，等待用户再次按返回键才会确认退出意图，并执行退出操作。

“再按一次返回键退出”的实现代码很简单，在 onKeyDown 方法中拦截返回键即可，具体代码如下：

```
private boolean needExit = false;   // 是否需要退出 App

// 在发生物理按键动作时触发
public boolean onKeyDown(int keyCode, KeyEvent event) {
    if (keyCode == KeyEvent.KEYCODE_BACK) {   // 按下返回键
        if (needExit) {
            finish();   // 关闭当前页面
        }
        needExit = true;
        Toast.makeText(this, "再按一次返回键退出!", Toast.LENGTH_SHORT).show();
        return true;
    } else {
        return super.onKeyDown(keyCode, event);
    }
}
```

重写 Activity 代码的 onBackPressed 方法可实现同样的效果，该方法专门响应按返回键事件，具体代码如下：

```
private boolean needExit = false;   // 是否需要退出 App

// 在按下返回键时触发
public void onBackPressed() {
    if (needExit) {
        finish();  // 关闭当前页面
        return;
    }
    needExit = true;
    Toast.makeText(this, "再按一次返回键退出!", Toast.LENGTH_SHORT).show();
}
```

该功能的界面效果如图 11-3 所示。这是一个提示小窗口，在淘宝主页按返回键时能够看到。

再按一次返回键退出!

图 11-3　“再按一次返回键退出”的提示窗口

11.1.3 音量调节对话框

除了检测回车键与返回键，音量键也常常需要拦截。第 9 章提到 Android 有 6 类铃音，分别是通话音、系统音、铃音、媒体音、闹钟音和通知音，不过音量键只有加大与减少两个键，当用户按音量增加键时，App 怎么知道用户希望加大哪类铃音的音量呢？

要解决这个问题，最好是弹出一个对话框，让用户选择希望调节的铃音类型，并显示拖动条，方便用户把音量一次调整到位，不必连续按增加键或减小键。自定义音量对话框还有一个好处，即允许定制对话框的界面风格与显示位置，这在播放音乐和播放电影时尤其适用。

因为自定义对话框的代码不在 Activity 中，所以无法通过 onKeyDown 方法检测按键，只能给拖动条注册按键监听器 OnKeyListener。自定义音量调节对话框的代码如下：

```
public class VolumeDialog implements OnSeekBarChangeListener, OnKeyListener {
    private Dialog dialog;  // 声明一个对话框对象
    private View view;  // 声明一个视图对象
    private SeekBar sb_music;  // 声明一个拖动条对象
    private AudioManager mAudioMgr;  // 声明一个音频管理器对象
    private int MUSIC = AudioManager.STREAM_MUSIC;  // 音乐的音频流类型
    private int mMaxVolume;  // 最大音量
    private int mNowVolume;  // 当前音量

    public VolumeDialog(Context context) {
        // 从系统服务中获取音频管理器
        mAudioMgr = (AudioManager) context.getSystemService(Context.AUDIO_SERVICE);
        // 获取指定音频类型的最大音量
        mMaxVolume = mAudioMgr.getStreamMaxVolume(MUSIC);
        // 获取指定音频类型的当前音量
        mNowVolume = mAudioMgr.getStreamVolume(MUSIC);
        // 根据布局文件 dialog_volume.xml 生成视图对象
        view = LayoutInflater.from(context).inflate(R.layout.dialog_volume, null);
        // 创建一个指定风格的对话框对象
        dialog = new Dialog(context, R.style.VolumeDialog);
        // 从布局文件中获取名叫 sb_music 的拖动条
        sb_music = view.findViewById(R.id.sb_music);
        // 设置拖动条的拖动变更监听器
        sb_music.setOnSeekBarChangeListener(this);
        // 设置拖动条的拖动进度
        sb_music.setProgress(sb_music.getMax() * mNowVolume / mMaxVolume);
    }

    // 显示对话框
    public void show() {
        // 设置对话框窗口的内容视图
        dialog.getWindow().setContentView(view);
```

```
        // 设置对话框窗口的布局参数
        dialog.getWindow().setLayout(LayoutParams.MATCH_PARENT,
LayoutParams.WRAP_CONTENT);
        dialog.show();   // 显示对话框
        // 设置拖动条允许获得焦点
        sb_music.setFocusable(true);
        // 设置拖动条在触摸情况下允许获得焦点
        sb_music.setFocusableInTouchMode(true);
        // 设置拖动条的按键监听器
        sb_music.setOnKeyListener(this);
    }

    // 关闭对话框
    public void dismiss() {
        // 如果对话框显示出来了，就关闭它
        if (dialog != null && dialog.isShowing()) {
            dialog.dismiss();   // 关闭对话框
        }
    }

    // 判断对话框是否显示
    public boolean isShowing() {
        if (dialog != null) {
            return dialog.isShowing();
        } else {
            return false;
        }
    }

    // 按音量方向调整音量
    public void adjustVolume(int direction, boolean fromActivity) {
        if (direction == AudioManager.ADJUST_RAISE) {   // 调大音量
            mNowVolume++;
        } else {   // 调小音量
            mNowVolume--;
        }
        // 设置拖动条的当前进度
        sb_music.setProgress(sb_music.getMax() * mNowVolume / mMaxVolume);
        // 把该音频类型的当前音量往指定方向调整
        mAudioMgr.adjustStreamVolume(MUSIC, direction, AudioManager.FLAG_PLAY_SOUND);
        if (mListener != null && !fromActivity) {
            mListener.onVolumeAdjust(mNowVolume);
        }
```

```
        close();
    }

    // 准备关闭对话框
    private void close() {
        // 移除原来的对话框关闭任务
        mHandler.removeCallbacks(mClose);
        // 延迟两秒后启动对话框关闭任务
        mHandler.postDelayed(mClose, 2000);
    }

    private Handler mHandler = new Handler();   // 声明一个处理器对象
    // 声明一个关闭对话框任务
    private Runnable mClose = new Runnable() {
        public void run() {
            dismiss();
        }
    };

    // 在进度变更时触发。第三个参数为 true 表示用户拖动，为 false 表示代码设置进度
    public void onProgressChanged(SeekBar seekBar, int progress, boolean fromUser) {}

    // 在开始拖动进度时触发
    public void onStartTrackingTouch(SeekBar seekBar) {}

    // 在停止拖动进度时触发
    public void onStopTrackingTouch(SeekBar seekBar) {
        // 计算拖动后的当前音量
        mNowVolume = mMaxVolume * seekBar.getProgress() / seekBar.getMax();
        // 设置该音频类型的当前音量
        mAudioMgr.setStreamVolume(MUSIC, mNowVolume, AudioManager.FLAG_PLAY_SOUND);
        if (mListener != null) {
            mListener.onVolumeAdjust(mNowVolume);
        }
        close();
    }

    // 在发生按键动作时触发
    public boolean onKey(View v, int keyCode, KeyEvent event) {
        if (keyCode == KeyEvent.KEYCODE_VOLUME_UP
                && event.getAction() == KeyEvent.ACTION_DOWN) {   // 按下了音量加键
            adjustVolume(AudioManager.ADJUST_RAISE, false);   // 调大音量
            return true;
```

```
        } else if (keyCode == KeyEvent.KEYCODE_VOLUME_DOWN
                && event.getAction() == KeyEvent.ACTION_DOWN) {  // 按下了音量减键
            adjustVolume(AudioManager.ADJUST_LOWER, false);  // 调小音量
            return true;
        } else {
            return false;
        }
    }

    private VolumeAdjustListener mListener;  // 声明一个音量调节的监听器对象
    // 设置音量调节监听器
    public void setVolumeAdjustListener(VolumeAdjustListener listener) {
        mListener = listener;
    }

    // 定义一个音量调节的监听器接口
    public interface VolumeAdjustListener {
        void onVolumeAdjust(int volume);
    }
}
```

在页面代码中通过检测音量增加键和减小键弹出音量对话框，代码如下：

```
public class VolumeSetActivity extends AppCompatActivity implements VolumeAdjustListener {
    private TextView tv_volume;
    private VolumeDialog dialog;  // 声明一个音量调节对话框对象
    private AudioManager mAudioMgr;  // 声明一个音量管理器对象

    protected void onCreate(Bundle savedInstanceState) {
        super.onCreate(savedInstanceState);
        setContentView(R.layout.activity_volume_set);
        tv_volume = findViewById(R.id.tv_volume);
        // 从系统服务中获取音量管理器
        mAudioMgr = (AudioManager) getSystemService(Context.AUDIO_SERVICE);
    }

    // 在发生物理按键动作时触发
    public boolean onKeyDown(int keyCode, KeyEvent event) {
        if (keyCode == KeyEvent.KEYCODE_VOLUME_UP
                && event.getAction() == KeyEvent.ACTION_DOWN) {  // 按下音量加键
            // 显示音量调节对话框，并将音量调大一级
            showVolumeDialog(AudioManager.ADJUST_RAISE);
            return true;
        } else if (keyCode == KeyEvent.KEYCODE_VOLUME_DOWN
```

```
                && event.getAction() == KeyEvent.ACTION_DOWN) {   // 按下音量减键
            // 显示音量调节对话框，并将音量调小一级
            showVolumeDialog(AudioManager.ADJUST_LOWER);
            return true;
        } else if (keyCode == KeyEvent.KEYCODE_BACK) {   // 按下返回键
            finish();   // 关闭当前页面
            return false;
        } else {   // 其他按键
            return false;
        }
    }

    // 显示音量调节对话框
    private void showVolumeDialog(int direction) {
        if (dialog == null || !dialog.isShowing()) {
            // 创建一个音量调节对话框
            dialog = new VolumeDialog(this);
            // 设置音量调节对话框的音量调节监听器
            dialog.setVolumeAdjustListener(this);
            // 显示音量调节对话框
            dialog.show();
        }
        // 令音量调节对话框按音量方向调整音量
        dialog.adjustVolume(direction, true);
        onVolumeAdjust(mAudioMgr.getStreamVolume(AudioManager.STREAM_MUSIC));
    }

    // 在音量调节完成后触发
    public void onVolumeAdjust(int volume) {
        tv_volume.setText("调节后的音乐音量大小为：" + volume);
    }
}
```

音量调节对话框的效果如图 11-4 和图 11-5 所示。其中，如图 11-4 所示为在主页面按音量增加键时弹出音量对话框的界面；用户把对话框上的拖动条向左拉，以大幅减小音乐音量，此时的音量对话框界面如图 11-5 所示。

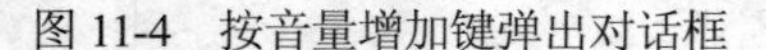

图 11-4　按音量增加键弹出对话框

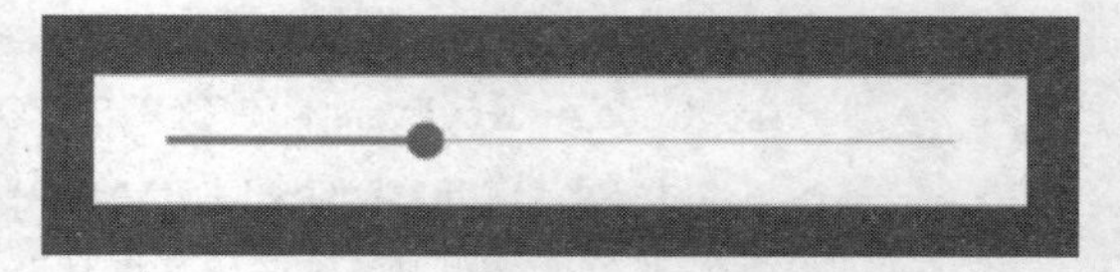

图 11-5　把对话框上的拖动条往左拉

11.2 触摸事件

本节介绍对屏幕触摸事件的相关处理，首先说明手势事件的分发流程，包括 3 个手势方法、3 类手势执行者、派发与拦截处理；然后说明手势事件的具体用法，包括单点触摸和多点触控；最后阐述一个手势触摸的具体应用——手写签名功能的实现。

11.2.1 手势事件的分发流程

智能手机的一大革命性技术是把屏幕变为可触摸设备，既可用于信息输出（显示界面）又可用于信息输入（检测用户的触摸行为）。为方便开发者使用，Android 已经自动识别特定的几种触摸手势，包括按钮的点击事件（OnClickListener）、长按事件（OnLongClickListener）、滚动视图 ScrollView 的上下滚动事件、翻页视图 ViewPager 的左右翻页事件等。不过对于 App 的高级开发来说，系统自带的几个固定手势显然无法满足丰富多变的业务需求。这时就要求开发者深入了解触摸行为的流程与方法，并在合适的场合接管触摸行为，进行符合需求的事件处理。

与手势事件有关的方法主要有 3 个（按执行顺序排列）：dispatchTouchEvent、onInterceptTouchEvent 和 onTouchEvent。

- dispatchTouchEvent: 进行事件分发处理，返回结果表示该事件是否需要分发。默认返回 true 表示分发给下级视图，由下级视图处理该手势，不过最终是否分发成功还得根据 onInterceptTouchEvent 方法的拦截判断结果；返回 false 表示不分发，此时必须实现自身的 onTouchEvent 方法，否则该手势将不会得到处理。
- onInterceptTouchEvent: 进行事件拦截处理，返回结果表示当前容器是否需要拦截该事件。返回 true 表示予以拦截，该手势不会分发给下级视图，此时必须实现自身的 onTouchEvent 方法，否则该手势将不会得到处理；默认返回 false 表示不拦截，该手势会分发给下级视图进行后续处理。
- onTouchEvent: 进行事件触摸处理，返回结果表示该事件是否处理完毕。返回 true 表示处理完毕，无须处理上级视图的 onTouchEvent 方法，一路返回结束流程；返回 false 表示该手势事件尚未完成，返回继续处理上级视图的 onTouchEvent 方法，然后根据上级 onTouchEvent 方法的返回值判断直接结束或由上上级处理。

上述手势方法的执行者有 3 个（按执行顺序排列）：页面类、容器类和控件类。

- 页面类：包括 Activity 及其派生类。页面类可操作 dispatchTouchEvent 和 onTouchEvent 两种方法。
- 容器类：包括从 ViewGroup 类派生出的各类容器，如各种布局 Layout，以及 ListView、GridView、Spinner、ViewPager、RecyclerView、Toolbar 等。容器类可操作 dispatchTouchEvent、onInterceptTouchEvent 和 onTouchEvent 三种方法。
- 控件类：包括从 View 类派生的各类控件，如 TextView、ImageView、Button 等。控件类可操作 dispatchTouchEvent 和 onTouchEvent 两种方法。

可以看出，只有容器类才能操作 onInterceptTouchEvent 方法，这是因为该方法用于拦截发往下层视图的事件，而控件类已经位于底层，只能被拦截，不能拦截别人。页面类不拥有下层视图，所以不能操作 onInterceptTouchEvent 方法。

以上涉及 3 个手势方法和 3 种手势执行者，其中手势流程的排列组合千变万化，并不容易解释清楚。对于实际开发来说，真正需要处理的组合并不多，所以只要把常见的几种组合搞清楚，就能应付大部分开发工作。

（1）首先是页面类的手势处理，其 dispatchTouchEvent 必须返回 true，因为如果不分发，页面上的视图就无法处理手势。至于页面类的 onTouchEvent，基本没什么作用，因为手势动作由具体视图处理，页面直接处理手势没什么意义。所以页面类的手势处理可以不用关心，直接略过。

（2）其次是控件类的手势处理，其 dispatchTouchEvent 没有任何作用，因为控件下面没有下级视图，无所谓分不分发。至于控件类的 onTouchEvent，如果要进行手势处理，就需要自定义一个控件，重写自定义类中的 onTouchEvent 方法；如果不想自定义控件，就直接调用控件对象的 setOnTouchListener 方法，注册一个触摸监听器 OnTouchListener，并实现该监听器的 onTouch 方法。所以控件类的手势处理只需关心 onTouchEvent 方法。

（3）最后是容器类的手势处理，这才是真正要深入了解的地方。容器类的 dispatchTouchEvent 与 onInterceptTouchEvent 两个方法都能决定是否将手势交给下级视图处理。为了避免手势响应冲突，一般要重写 dispatchTouchEvent 方法或 onInterceptTouchEvent 方法。这两个方法之间的区别可以这么理解：前者是大领导，只管派发任务，不会自己做事情；后者是小领导，尽管有拦截的权利，不过也得自己做点事情，比如处理纠纷。容器类的 onTouchEvent 近乎摆设，因为需要拦截的在前面已经拦截了，需要处理的在下级视图已经处理了，很少会兜一大圈在这儿处理。

经过上面的详细分析，常见的手势处理方法有下面 3 种。

- 容器类的 dispatchTouchEvent 方法：控制事件的分发，决定把手势交给谁处理。
- 容器类的 onInterceptTouchEvent 方法：控制事件的拦截，决定是否要把手势交给下级视图处理。
- 控件类的 onTouchEvent 方法：进行手势事件的具体处理。

下面是一个不派发事件的自定义布局代码：

```
public class NotDispatchLayout extends LinearLayout {

    public NotDispatchLayout(Context context, AttributeSet attrs) {
        super(context, attrs);
    }

    // 在分发触摸事件时触发
    public boolean dispatchTouchEvent(MotionEvent ev) {
        if (mListener != null) {
            mListener.onNotDispatch();
```

```
        }
        // 一般容器默认返回 true，即允许分发给下级
        return false;
    }

    private NotDispatchListener mListener;  // 声明一个分发监听器对象
    // 设置分发监听器
    public void setNotDispatchListener(NotDispatchListener listener) {
        mListener = listener;
    }

    // 定义一个分发监听器接口
    public interface NotDispatchListener {
        void onNotDispatch();
    }
}
```

活动页面实现的 onNotDispatch 方法代码如下：

```
    // 在分发触摸事件时触发
    public void onNotDispatch() {
        desc_no = String.format("%s%s 触摸动作未分发，按钮点击不了了\n"
                , desc_no, DateUtil.getNowTime());
        tv_dispatch_no.setText(desc_no);
    }
```

不派发事件的处理效果如图 11-6 和图 11-7 所示。其中，图 11-6 的上面部分为正常布局，此时按钮可正常响应点击事件；图 11-7 的下面部分为不派发布局，此时按钮不会响应点击事件，取而代之的是执行不派发布局的 onNotDispatch 方法。

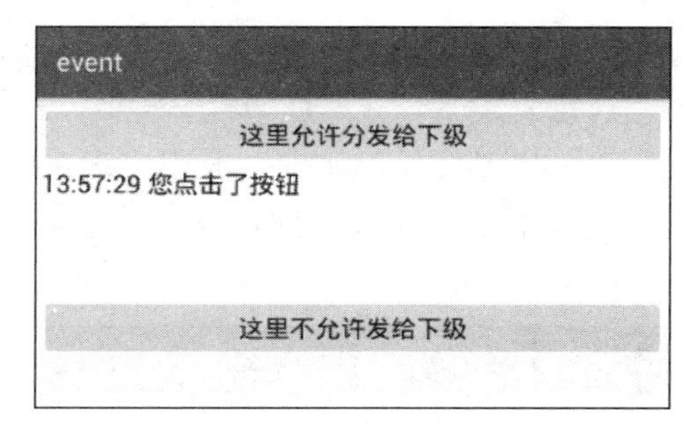

图 11-6　正常布局允许分发事件

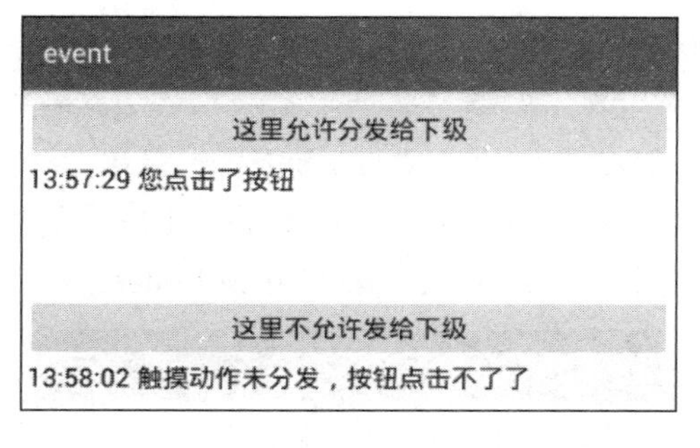

图 11-7　不派发布局未分发事件

再来看看拦截事件的自定义布局代码：

```
public class InterceptLayout extends LinearLayout {

    public InterceptLayout(Context context, AttributeSet attrs) {
        super(context, attrs);
```

```
    }

    // 在拦截触摸事件时触发
    public boolean onInterceptTouchEvent(MotionEvent ev) {
        if (mListener != null) {
            mListener.onIntercept();
        }
        // 一般容器默认返回 false，即不拦截。但滚动视图 ScrollView 会拦截
        return true;
    }

    private InterceptListener mListener;  // 声明一个拦截监听器对象
    // 设置拦截监听器
    public void setInterceptListener(InterceptListener listener) {
        mListener = listener;
    }

    // 定义一个拦截监听器接口
    public interface InterceptListener {
        void onIntercept();
    }
}
```

活动页面实现的 onIntercept 方法代码如下：

```
    // 在拦截触摸事件时触发
    public void onIntercept() {
        desc_yes = String.format("%s%s 触摸动作被拦截，按钮点击不了了\n", desc_yes,
                DateUtil.getNowTime());
        tv_intercept_yes.setText(desc_yes);
    }
```

拦截事件的处理效果如图 11-8 和图 11-9 所示。其中，图 11-8 的上面部分为正常布局，此时按钮可正常响应点击事件；图 11-9 的下面部分为拦截布局，此时按钮不会响应点击事件，取而代之的是执行拦截布局的 onIntercept 方法。

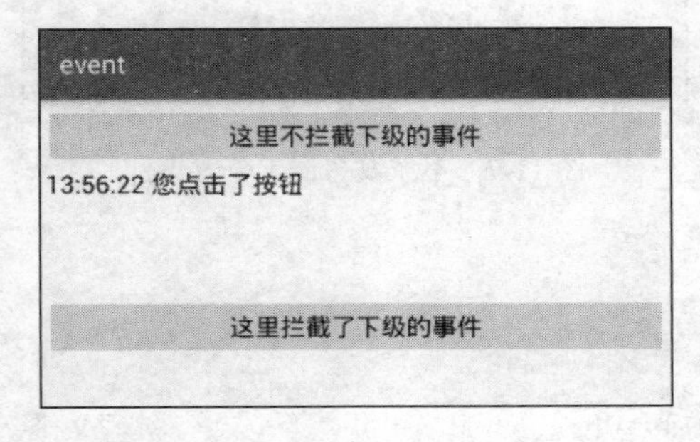

图 11-8　正常布局不拦截事件

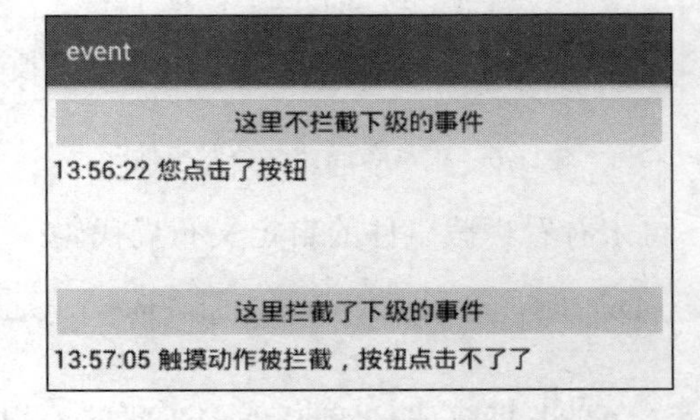

图 11-9　拦截布局拦截事件

11.2.2　手势事件处理 MotionEvent

dispatchTouchEvent、onInterceptTouchEvent 和 onTouchEvent 的输入参数都是手势事件 MotionEvent，其中包含触摸动作的所有信息，各种手势操作都得到 MotionEvent 中获取信息并进行判断处理。

下面是 MotionEvent 的常用方法说明。

- getAction：获取当前的动作类型。动作类型的取值说明见表 11-2。

表 11-2　动作类型的取值说明

MotionEvent 类的动作类型	说明
ACTION_DOWN	按下动作
ACTION_UP	提起动作
ACTION_MOVE	移动动作
ACTION_CANCEL	取消动作
ACTION_OUTSIDE	移出边界动作
ACTION_POINTER_DOWN	第二个点的按下动作，用于多点触控的判断
ACTION_POINTER_UP	第二个点的提起动作，用于多点触控的判断
ACTION_MASK	动作掩码，与原动作类型进行“与”（&）操作后获得多点触控信息

- getEventTime：获取事件时间（从开机到现在的毫秒数）。
- getX：获取在控件内部的相对横坐标。
- getY：获取在控件内部的相对纵坐标。
- getRawX：获取在屏幕上的绝对横坐标。
- getRawY：获取在屏幕上的绝对纵坐标。
- getPressure：获取触摸的压力大小。
- getPointerCount：获取触控点的数量，如果为 2 就表示有两个手指同时按压屏幕。如果触控点数目大于 1，坐标相关方法就可输入整型编号，表示获取第几个触控点的坐标信息。

下面是演示单点触摸的页面代码：

```
public class TouchSingleActivity extends AppCompatActivity {
    private TextView tv_touch;

    @Override
    protected void onCreate(Bundle savedInstanceState) {
        super.onCreate(savedInstanceState);
        setContentView(R.layout.activity_touch_single);
        tv_touch = findViewById(R.id.tv_touch);
    }

    // 在发生触摸事件时触发
    public boolean onTouchEvent(MotionEvent event) {
```

```
        // 从开机到现在的毫秒数
        int seconds = (int) (event.getEventTime() / 1000);
        int hour = seconds / 3600;
        int minute = seconds % 3600 / 60;
        int second = seconds % 60;
        String desc = String.format("动作发生时间：开机距离现在%02d:%02d:%02d",
                hour, minute, second);
        desc = String.format("%s\n 动作名称是：", desc);
        // 获得触摸事件的动作类型
        int action = event.getAction();
        if (action == MotionEvent.ACTION_DOWN) {   // 手指按下
            desc = String.format("%s 按下", desc);
        } else if (action == MotionEvent.ACTION_MOVE) {   // 手指移动
            desc = String.format("%s 移动", desc);
        } else if (action == MotionEvent.ACTION_UP) {   // 手指松开
            desc = String.format("%s 提起", desc);
        } else if (action == MotionEvent.ACTION_CANCEL) {   // 取消手势
            desc = String.format("%s 取消", desc);
        }
        desc = String.format("%s\n 动作发生位置是：横坐标%f，纵坐标%f",
                desc, event.getX(), event.getY());
        tv_touch.setText(desc);
        return super.onTouchEvent(event);
    }
}
```

单点触摸的效果如图 11-10、图 11-11、图 11-12 所示。其中，如图 11-10 所示为手势按下时的检测界面，如图 11-11 所示为手势移动时的检测界面，如图 11-12 所示为手势提起时的检测界面。

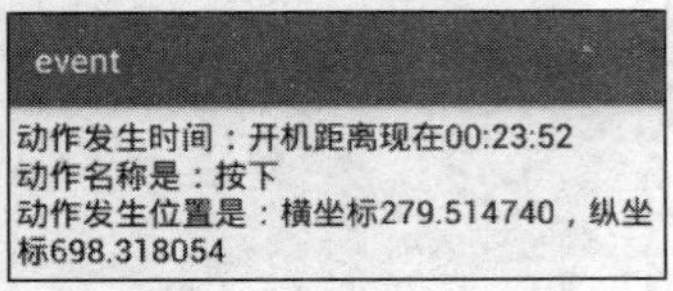

event

动作发生时间：开机距离现在00:23:52
动作名称是：按下
动作发生位置是：横坐标279.514740，纵坐标698.318054

图 11-10　手势按下时的界面

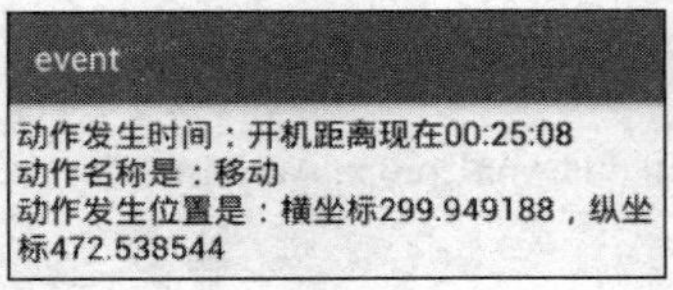

event

动作发生时间：开机距离现在00:25:08
动作名称是：移动
动作发生位置是：横坐标299.949188，纵坐标472.538544

图 11-11　手势移动时的界面

event

动作发生时间：开机距离现在00:25:11
动作名称是：提起
动作发生位置是：横坐标299.949188，纵坐标472.538544

图 11-12　手势提起时的界面

除了单点触摸，智能手机还普遍支持多点触控，即响应两个及以上手指同时按压屏幕。多点触控可用于操纵图像的缩放与旋转操作，以及需要多点处理的游戏界面。

下面是演示多点触控的页面代码：

```
public class TouchMultipleActivity extends AppCompatActivity {
    private TextView tv_touch_major;
    private TextView tv_touch_minor;
    private boolean isMinorPressed = false;   // 是否存在次要点触摸
```

```
    protected void onCreate(Bundle savedInstanceState) {
        super.onCreate(savedInstanceState);
        setContentView(R.layout.activity_touch_multiple);
        tv_touch_major = findViewById(R.id.tv_touch_major);
        tv_touch_minor = findViewById(R.id.tv_touch_minor);
    }

    // 在发生触摸事件时触发
    public boolean onTouchEvent(MotionEvent event) {
        // 从开机到现在的毫秒数
        int seconds = (int) (event.getEventTime() / 1000);
        int hour = seconds / 3600;
        int minute = seconds % 3600 / 60;
        int second = seconds % 60;
        String desc_major = String.format("主要动作发生时间：开机距离现在%02d:%02d:%02d\n%s",
                hour, minute, second, "主要动作名称是：");
        String desc_minor = "";
        // 获得包括次要点在内的触摸行为
        int action = event.getAction() & MotionEvent.ACTION_MASK;
        if (action == MotionEvent.ACTION_DOWN) {  // 手指按下
            desc_major = String.format("%s 按下", desc_major);
        } else if (action == MotionEvent.ACTION_MOVE) {  // 手指移动
            desc_major = String.format("%s 移动", desc_major);
            if (isMinorPressed) {
                desc_minor = String.format("%s 次要动作名称是：移动", desc_minor);
            }
        } else if (action == MotionEvent.ACTION_UP) {  // 手指松开
            desc_major = String.format("%s 提起", desc_major);
        } else if (action == MotionEvent.ACTION_CANCEL) {  // 取消手势
            desc_major = String.format("%s 取消", desc_major);
        } else if (action == MotionEvent.ACTION_POINTER_DOWN) {  // 次要点按下
            isMinorPressed = true;
            desc_minor = String.format("%s 次要动作名称是：按下", desc_minor);
        } else if (action == MotionEvent.ACTION_POINTER_UP) {  // 次要点松开
            isMinorPressed = false;
            desc_minor = String.format("%s 次要动作名称是：提起", desc_minor);
        }
        desc_major = String.format("%s\n 主要动作发生位置是：横坐标%f，纵坐标%f",
                desc_major, event.getX(), event.getY());
        tv_touch_major.setText(desc_major);
        if (isMinorPressed || !TextUtils.isEmpty(desc_minor)) {  // 存在次要点触摸
            desc_minor = String.format("%s\n 次要动作发生位置是：横坐标%f，纵坐标%f",
```

```
                    desc_minor, event.getX(1), event.getY(1));
            tv_touch_minor.setText(desc_minor);
        }
        return super.onTouchEvent(event);
    }
}
```

多点触控的效果如图 11-13 和图 11-14 所示。其中，如图 11-13 所示为两个手指一起按下时的检测界面，如图 11-14 所示为两个手指一齐提起时的检测界面。

event

主要动作发生时间：开机距离现在39:40:01
主要动作名称是：按下
主要动作发生位置是：横坐标447.378662，纵坐标373.708038
次要动作名称是：按下
次要动作发生位置是：横坐标203.717072，纵坐标635.503540

图 11-13　两个手指一齐按下时的界面

event

主要动作发生时间：开机距离现在39:41:41
主要动作名称是：提起
主要动作发生位置是：横坐标460.360626，纵坐标497.611237
次要动作名称是：提起
次要动作发生位置是：横坐标220.693481，纵坐标766.401245

图 11-14　两个手指一齐提起时的界面

11.2.3　手写签名

为了加深对触摸事件的认识，接下来我们通过实现一个手写签名控件进一步理解手势处理的应用场合。

手写签名的原理是把手机屏幕当作画板，把用户手指当作画笔，手指在屏幕上划来划去，屏幕就会显示手指的移动轨迹，就像画笔在画板上写字一样。实现手写签名需要结合绘图的路径工具 Path，在有按下动作时调用 Path 对象的 moveTo 方法，将路径起始点移到触摸点；在有移动操作时调用 Path 对象的 quadTo 方法，将记录本次触摸点与上次触摸点之间的路径；在有移动操作与提起动作时调用 Canvas 对象的 drawPath 方法，将本次触摸轨迹绘制在画布上。

手写签名控件的自定义代码主要片段如下：

```
    private Paint mPaint;  // 声明一个画笔对象
    private Canvas mCanvas;  // 声明一个画布对象
    private Bitmap mBitmap;  // 声明一个位图对象
    private Path mPath;  // 声明一个路径对象
    private PathPosition mPos = new PathPosition();  // 路径位置
    private ArrayList<PathPosition> mPathArray = new ArrayList<PathPosition>();  // 路径位置队列
    private float mLastX, mLastY;  // 上次触摸点的横纵坐标

    // 初始化视图
    private void initView(int width, int height) {
        mPaint = new Paint();  // 创建新画笔
        mPaint.setAntiAlias(true);  //设置画笔为无锯齿
        mPaint.setStrokeWidth(mStrokeWidth);  // 设置画笔的线宽
        mPaint.setStyle(Paint.Style.STROKE);  // 设置画笔的类型。STROK 表示空心，FILL 表示实心
```

```
        mPaint.setColor(mPaintColor);   // 设置画笔的颜色
        mPath = new Path();   // 创建新路径
        // 开启当前视图的绘图缓存
        setDrawingCacheEnabled(true);
        // 创建一个空白位图
        mBitmap = Bitmap.createBitmap(width, height, Config.ARGB_8888);
        // 根据空白位图创建画布
        mCanvas = new Canvas(mBitmap);
    }

    @Override
    protected void onDraw(Canvas canvas) {
        super.onDraw(canvas);
        // 在画布上绘制指定位图
        canvas.drawBitmap(mBitmap, 0, 0, null);
        // 在画布上绘制指定路径线条
        canvas.drawPath(mPath, mPaint);
    }

    // 在发生触摸事件时触发
    public boolean onTouchEvent(MotionEvent event) {
        switch (event.getAction()) {
            case MotionEvent.ACTION_DOWN:   // 手指按下
                // 移动到指定坐标点
                mPath.moveTo(event.getX(), event.getY());
                mPos.firstX = event.getX();
                mPos.firstY = event.getY();
                break;
            case MotionEvent.ACTION_MOVE:   // 手指移动
                // 连接上一个坐标点和当前坐标点
                mPath.quadTo(mLastX, mLastY, event.getX(), event.getY());
                mPos.nextX = event.getX();
                mPos.nextY = event.getY();
                // 往路径位置队列添加路径位置
                mPathArray.add(mPos);
                // 创建新的路径位置
                mPos = new PathPosition();
                mPos.firstX = event.getX();
                mPos.firstY = event.getY();
                break;
            case MotionEvent.ACTION_UP:   // 手指松开
                // 在画布上绘制指定路径线条
                mCanvas.drawPath(mPath, mPaint);
```

```
                mPath.reset();
                break;
        }
        mLastX = event.getX();
        mLastY = event.getY();
        invalidate(); // 立刻刷新视图
        return true;
    }
```

手写签名的效果如图 11-15 和图 11-16 所示。其中，如图 11-15 所示为写到一半的签名界面，如图 11-16 所示为签名完成的界面。

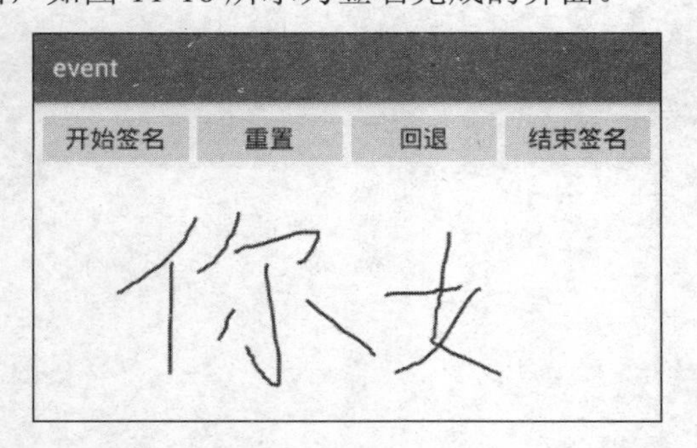

图 11-15 签名一半的界面

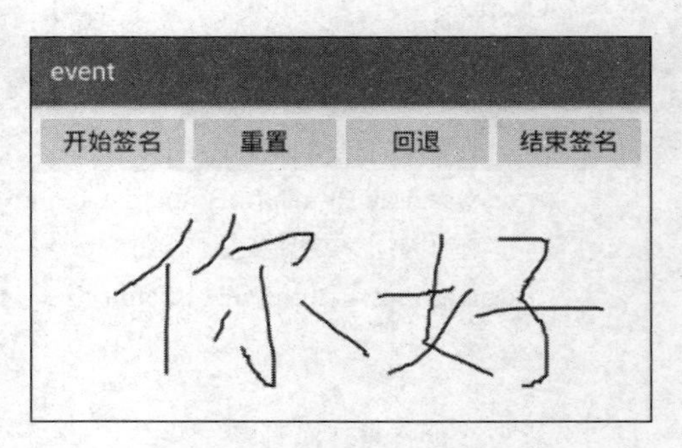

图 11-16 签名完成的界面

11.3 手势检测

本节介绍常见手势的检测与使用，首先说明手势检测器的原理与具体用法；然后阐述飞掠视图的基本用法，利用飞掠视图实现简单的横幅轮播；最后结合手势检测器与飞掠视图说明如何通过手势检测器控制横幅轮播的翻页动作。

11.3.1 手势检测器 GestureDetector

由于触摸事件的检测与识别比较烦琐，因此 Android 提供了手势检测器 GestureDetector 帮助开发者识别手势。利用 GestureDetector 可以自动辨别常用的几个手势事件，如点击、长按、滑动等，从而使开发者专注于业务逻辑，不必在手势的行为判断上绞尽脑汁。

下面是 GestureDetector 的常用方法。

- 构造函数：注册手势监听器 OnGestureListener，该监听器提供了若干种手势方法，需要重写以接管对应的事件处理。手势方法说明如下：
  - onDown：在用户按下时触发。
  - onShowPress：已按下但还未滑动或松开时触发，通常用于按下状态时的高亮显示。
  - onSingleTapUp：在用户轻点一下弹起时触发，通常用于点击事件。按下时间在 0.5 秒内为点击。

  - ➢ onScroll：在用户滑动过程中触发。
  - ➢ onLongPress：在用户长按时触发，通常用于长按事件。按下时间超过0.5秒为长按。
  - ➢ onFling：在用户飞快地滑出一段距离时触发，通常用于翻页事件。该方法的前两个参数为滑动开始和结束时的事件信息，后面两个参数分别为滑动操作在横坐标上的滑动速率和在纵坐标上的滑动速率。

  上述手势方法有部分需要返回布尔值，返回true表示该手势已经被处理了，其他人不需要再做无用功；返回false表示该手势没被处理，留给其他人处理。

- onTouchEvent：由手势检测器接管对应视图的触摸事件。

下面是使用OnGestureListener的代码：

```
public class GestureDetectorActivity extends AppCompatActivity {
    private TextView tv_gesture;
    private GestureDetector mGesture;  // 声明一个手势检测器对象
    private String desc = "";

    @Override
    protected void onCreate(Bundle savedInstanceState) {
        super.onCreate(savedInstanceState);
        setContentView(R.layout.activity_gesture_detector);
        tv_gesture = findViewById(R.id.tv_gesture);
        // 创建一个手势检测器
        mGesture = new GestureDetector(this, new MyGestureListener());
    }

    // 在分配触摸事件时触发
    public boolean dispatchTouchEvent(MotionEvent event) {
        mGesture.onTouchEvent(event);  // 命令由手势检测器接管当前的手势事件
        return true;
    }

    // 定义一个手势检测监听器
    final class MyGestureListener implements GestureDetector.OnGestureListener {

        // 在手势按下时触发
        public final boolean onDown(MotionEvent event) {
            // onDown 的返回值没有作用，不影响其他手势的处理
            return true;
        }

        // 在手势飞快掠过时触发
        public final boolean onFling(MotionEvent e1, MotionEvent e2, float velocityX, float velocityY) {
            float offsetX = e1.getX() - e2.getX();
```

```
                float offsetY = e1.getY() - e2.getY();
                if (Math.abs(offsetX) > Math.abs(offsetY)) {  // 水平方向滑动
                    if (offsetX > 0) {
                        desc = String.format("%s%s 您向左滑动了一下\n", desc, DateUtil.getNowTime());
                    } else {
                        desc = String.format("%s%s 您向右滑动了一下\n", desc, DateUtil.getNowTime());
                    }
                } else {  // 垂直方向滑动
                    if (offsetY > 0) {
                        desc = String.format("%s%s 您向上滑动了一下\n", desc, DateUtil.getNowTime());
                    } else {
                        desc = String.format("%s%s 您向下滑动了一下\n", desc, DateUtil.getNowTime());
                    }
                }
                tv_gesture.setText(desc);
                return true;
            }

            // 在手势长按时触发
            public final void onLongPress(MotionEvent event) {
                desc = String.format("%s%s 您长按了一下下\n", desc, DateUtil.getNowTime());
                tv_gesture.setText(desc);
            }

            // 在手势滑动过程中触发
            public final boolean onScroll(MotionEvent e1, MotionEvent e2, float distanceX, float distanceY) {
                return false;
            }

            // 在已按下但还未滑动或松开时触发
            public final void onShowPress(MotionEvent event) {}

            // 在轻点弹起时触发，也就是点击时触发
            public boolean onSingleTapUp(MotionEvent event) {
                desc = String.format("%s%s 您轻轻点了一下\n", desc, DateUtil.getNowTime());
                tv_gesture.setText(desc);
                // 返回 true 表示我已经处理了，别处不要再处理这个手势
                return true;
            }
        }
}
```

手势检测器的使用效果如图 11-17 所示，可以发现检测到的手势包括点击、长按、上下左

右滑动等。

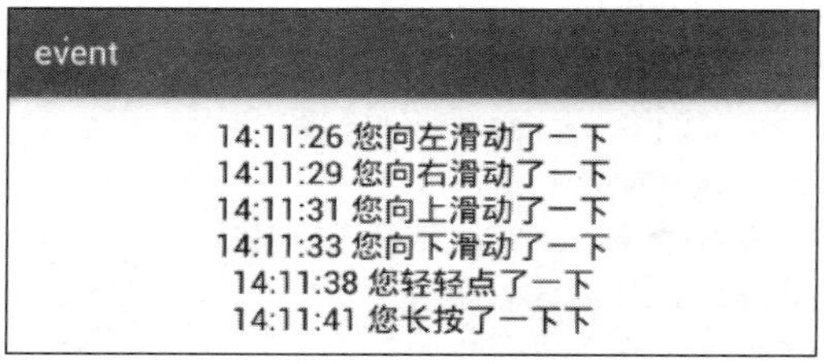

event
14:11:26 您向左滑动了一下
14:11:29 您向右滑动了一下
14:11:31 您向上滑动了一下
14:11:33 您向下滑动了一下
14:11:38 您轻轻点了一下
14:11:41 您长按了一下下

图 11-17 手势检测器的检测结果

11.3.2 飞掠视图 ViewFlipper

手机屏幕尺寸不大，为了在有限空间中展示尽可能多的信息，Android 设计了多种方式显示超出屏幕尺寸的界面，包括上下滚动、左右滑动等。飞掠视图 ViewFlipper 的层次翻动就是其中一项技术。与 ViewPager 相比，两者都是一系列类似视图的组合，ViewFlipper 更像是视图的立体排列（如现实生活中的书籍），从上往下翻页；ViewPager 更像是一幅长长的平面画卷，从左往右翻页。

下面是 ViewFlipper 的常用方法。

- setFlipInterval：设置每次翻页的时间间隔。单位毫秒。
- setAutoStart：设置是否自动开始翻页。为 true 表示自动开始。
- startFlipping：开始翻页。
- stopFlipping：停止翻页。
- isFlipping：判断当前是否正在翻页。
- showNext：显示下一个视图。
- showPrevious：显示上一个视图。
- setDisplayedChild：设置当前展示第几个视图。
- getDisplayedChild：获取当前展示的是第几个视图。
- setInAnimation：设置视图的移入动画。
- getInAnimation：获取移入动画的动画对象。
- setOutAnimation：设置视图的移出动画。
- getOutAnimation：获取移出动画的动画对象。

下面是利用 ViewFlipper 实现简单横幅轮播的代码：

```
public class ViewFlipperActivity extends AppCompatActivity implements OnClickListener {
    private Button btn_control_flipper;
    private RelativeLayout rl_content;  // 声明一个相对布局对象
    private ViewFlipper vf_content;  // 声明一个飞掠视图对象
    private RadioGroup rg_indicator;  // 声明一个单选组对象
    private boolean isPlaying = true;  // 是否正在播放

    protected void onCreate(Bundle savedInstanceState) {
```

```
        super.onCreate(savedInstanceState);
        setContentView(R.layout.activity_view_flipper);
        btn_control_flipper = findViewById(R.id.btn_control_flipper);
        // 从布局文件中获取名叫 rl_content 的相对布局
        rl_content = findViewById(R.id.rl_content);
        // 从布局文件中获取名叫 banner_flipper 的飞掠视图
        vf_content = findViewById(R.id.vf_content);
        // 从布局文件中获取名叫 rg_indicator 的单选组
        rg_indicator = findViewById(R.id.rg_indicator);
        btn_control_flipper.setOnClickListener(this);
        findViewById(R.id.btn_pre_flipper).setOnClickListener(this);
        findViewById(R.id.btn_next_flipper).setOnClickListener(this);
        initFlipper();  // 初始化横幅飞掠器
    }

    // 初始化横幅飞掠器
    private void initFlipper() {
        LayoutParams params = (LayoutParams) rl_content.getLayoutParams();
        params.height = (int) (Utils.getScreenWidth(this) * 250f / 640f);
        // 设置相对布局的布局参数
        rl_content.setLayoutParams(params);
        ArrayList<Integer> imageList = ImageList.getDefault();
        // 下面给每个图片都分配一个场景，并加入到飞掠视图
        for (Integer imageID : imageList) {
            ImageView iv_item = new ImageView(this);
            iv_item.setLayoutParams(new LayoutParams(
                    LayoutParams.MATCH_PARENT, LayoutParams.MATCH_PARENT));
            iv_item.setScaleType(ImageView.ScaleType.FIT_XY);
            iv_item.setImageResource(imageID);
            // 往飞掠视图添加一个图像视图
            vf_content.addView(iv_item);
        }
        int dip_15 = Utils.dip2px(this, 15);
        // 下面给每个图片都分配一个指示圆点
        for (int i = 0; i < imageList.size(); i++) {
            RadioButton radio = new RadioButton(this);
            radio.setLayoutParams(new RadioGroup.LayoutParams(dip_15, dip_15));
            radio.setGravity(Gravity.CENTER);
            radio.setButtonDrawable(R.drawable.indicator_selector);
            // 往单选组添加一个指示圆点
            rg_indicator.addView(radio);
        }
        // 设置飞掠视图当前展示的场景。这里默认展示第一张
```

```
        vf_content.setDisplayedChild(0);
        // 让飞掠视图自动开始翻页
        vf_content.setAutoStart(true);
        // 延迟 200 毫秒后启动指示器刷新任务
        mHandler.postDelayed(mRefresh, 200);
    }

    public void onClick(View v) {
        if (v.getId() == R.id.btn_pre_flipper) {  // 点击了往前翻页按钮
            vf_content.showPrevious();  // 显示上一个场景
        } else if (v.getId() == R.id.btn_next_flipper) {  // 点击了往后翻页按钮
            vf_content.showNext();  // 显示下一个场景
        } else if (v.getId() == R.id.btn_control_flipper) {  // 点击了停止自动翻页按钮
            isPlaying = !isPlaying;
            if (isPlaying) {  // 正在翻页
                vf_content.startFlipping();  // 开始自动翻页
                btn_control_flipper.setText("停止自动翻页");
            } else {  // 不在翻页
                vf_content.stopFlipping();  // 停止自动翻页
                btn_control_flipper.setText("开始自动翻页");
            }
        }
    }

    private Handler mHandler = new Handler();  // 声明一个处理器对象
    // 定义一个指示器的刷新任务
    private Runnable mRefresh = new Runnable() {
        @Override
        public void run() {
            // 获得正在播放的场景位置
            int pos = vf_content.getDisplayedChild();
            // 根据场景位置，设置当前的高亮指示圆点
            ((RadioButton) rg_indicator.getChildAt(pos)).setChecked(true);
            // 延迟 200 毫秒后再次启动指示器刷新任务
            mHandler.postDelayed(this, 200);
        }
    };
}
```

简单横幅轮播的效果如图 11-18 和图 11-19 所示。其中，如图 11-18 所示为开始轮播的界面，通过按钮控制翻到上一页、翻到下一页或自动进行翻页；如图 11-19 所示为轮播到第 4 张图片时的界面，轮播间隔既可以在代码中调用 setFlipInterval 方法设置，又可以直接在布局文件中指定 flipInterval 属性。

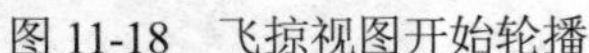
图 11-18　飞掠视图开始轮播

图 11-19　飞掠视图轮播到第 4 张

11.3.3　手势控制横幅轮播

前面演示简单横幅轮播时，需要通过按钮控制轮播动作，非常不便。接下来我们尝试结合手势检测器与飞掠视图实现手势控制的轮播效果。具体处理步骤如下：

步骤 01 定义一个手势检测器的对象，并在自定义视图的 dispatchTouchEvent 方法中声明本视图的触摸事件由该检测器接管。

步骤 02 实现手势监听器的 onFling 方法，在该方法内部判断播放上一页还是播放下一页，简单实现只需判断滑动前后的横坐标偏移是否超出阈值；若想更精确地校验，则可增加检查横坐标上的滑动速率是否达标，即判断 velocityX 是否超出阈值。

步骤 03 做一个简单定时器，通过获取当前正在播放的视图编号设置下方指示器对应次序的高亮圆点。

下面是手势控制横幅轮播的自定义布局代码：

```
public class BannerFlipper extends RelativeLayout {
    private Context mContext;  // 声明一个上下文对象
    private ViewFlipper mFlipper;  // 声明一个飞掠视图对象
    private RadioGroup mGroup;  // 声明一个单选组对象
    private GestureDetector mGesture;  // 声明一个手势检测器对象
    private float mFlipGap = 20f;  // 触发飞掠事件的距离阈值

    public BannerFlipper(Context context, AttributeSet attrs) {
        super(context, attrs);
        mContext = context;
        initView();  // 初始化视图
    }

    // 设置飞掠视图的图片队列
    public void setImage(ArrayList<Integer> imageList) {
        int dip_15 = Utils.dip2px(mContext, 15);
        // 下面给每个图片都分配一个场景，并加入到飞掠视图
        for (Integer imageID : imageList) {
```

```
            ImageView iv_item = new ImageView(mContext);
            iv_item.setLayoutParams(new LayoutParams(
                    LayoutParams.MATCH_PARENT, LayoutParams.MATCH_PARENT));
            iv_item.setScaleType(ImageView.ScaleType.FIT_XY);
            iv_item.setImageResource(imageID);
            // 往飞掠视图添加一个图像视图
            mFlipper.addView(iv_item);
        }
        // 下面给每个图片都分配一个指示圆点
        for (int i = 0; i < imageList.size(); i++) {
            RadioButton radio = new RadioButton(mContext);
            radio.setLayoutParams(new RadioGroup.LayoutParams(dip_15, dip_15));
            radio.setGravity(Gravity.CENTER);
            radio.setButtonDrawable(R.drawable.indicator_selector);
            // 往单选组添加一个指示圆点
            mGroup.addView(radio);
        }
        // 设置飞掠视图当前展示的场景。这里默认展示最后一张
        mFlipper.setDisplayedChild(imageList.size() - 1);
        // 播放下一个场景。最后一张场景的下一张，其实就是第一张场景
        startFlip();
    }

    // 初始化视图
    private void initView() {
        // 根据布局文件 banner_flipper.xml 生成视图对象
        View view = LayoutInflater.from(mContext).inflate(R.layout.banner_flipper, null);
        // 从布局文件中获取名叫 banner_flipper 的飞掠视图
        mFlipper = view.findViewById(R.id.banner_flipper);
        // 从布局文件中获取名叫 rg_indicator 的单选组
        mGroup = view.findViewById(R.id.rg_indicator);
        addView(view);
        // 创建一个手势检测器
        mGesture = new GestureDetector(mContext, new BannerGestureListener());
        // 延迟 200 毫秒后启动指示器刷新任务
        mHandler.postDelayed(mRefresh, 200);
    }

    // 在分配触摸事件时触发
    public boolean dispatchTouchEvent(MotionEvent event) {
        mGesture.onTouchEvent(event);  // 命令由手势检测器接管当前的手势事件
        return true;
    }
```

```
// 定义一个手势检测监听器
final class BannerGestureListener implements GestureDetector.OnGestureListener {

    // 在手势按下时触发
    public final boolean onDown(MotionEvent event) {
        return true;
    }

    // 在手势飞快掠过时触发
    public final boolean onFling(MotionEvent e1, MotionEvent e2, float velocityX, float velocityY) {
        if (e1.getX() - e2.getX() > mFlipGap) {  // 从右向左掠过
            startFlip();  // 播放下一个场景
            return true;
        }
        if (e1.getX() - e2.getX() < -mFlipGap) {  // 从左向右掠过
            backFlip();  // 播放上一个场景
            return true;
        }
        return false;
    }

    // 在手势长按时触发
    public final void onLongPress(MotionEvent event) {}

    // 在手势滑动过程中触发
    public final boolean onScroll(MotionEvent e1, MotionEvent e2, float distanceX, float distanceY) {
        return false;
    }

    // 在已按下但还未滑动或松开时触发
    public final void onShowPress(MotionEvent event) {}

    // 在轻点弹起时触发，也就是点击时触发
    public boolean onSingleTapUp(MotionEvent event) {
        // 获得正在播放的场景位置
        int position = mFlipper.getDisplayedChild();
        // 触发横幅点击监听器的横幅点击事件
        mListener.onBannerClick(position);
        return false;
    }
}
```

```
    // 播放下一个场景
    public void startFlip() {
        mFlipper.startFlipping();  // 开始轮播
        mFlipper.showNext();  // 显示下一个场景
    }

    // 播放上一个场景
    public void backFlip() {
        mFlipper.startFlipping();  // 开始轮播
        mFlipper.showPrevious();  // 显示上一个场景
    }

    private Handler mHandler = new Handler();  // 声明一个处理器对象
    // 定义一个指示器的刷新任务
    private Runnable mRefresh = new Runnable() {
        public void run() {
            // 获得正在播放的场景位置
            int pos = mFlipper.getDisplayedChild();
            // 根据场景位置，设置当前的高亮指示圆点
            ((RadioButton) mGroup.getChildAt(pos)).setChecked(true);
            // 延迟 200 毫秒后再次启动指示器刷新任务
            mHandler.postDelayed(this, 200);
        }
    };

    private BannerClickListener mListener;  // 声明一个横幅点击的监听器对象
    // 设置横幅点击监听器
    public void setOnBannerListener(BannerClickListener listener) {
        mListener = listener;
    }

    // 定义一个横幅点击的监听器接口
    public interface BannerClickListener {
        void onBannerClick(int position);
    }
}
```

手势控制横幅轮播的效果如图 11-20 和图 11-21 所示。其中，如图 11-20 所示为开始轮播的界面，这里没有任何按钮，完全依靠手势的滑动控制左翻还是右翻；图 11-21 所示为手势从右往左滑过后的界面，从右往左滑表示翻到下一页，所以当前界面由第二页跳到第三页。

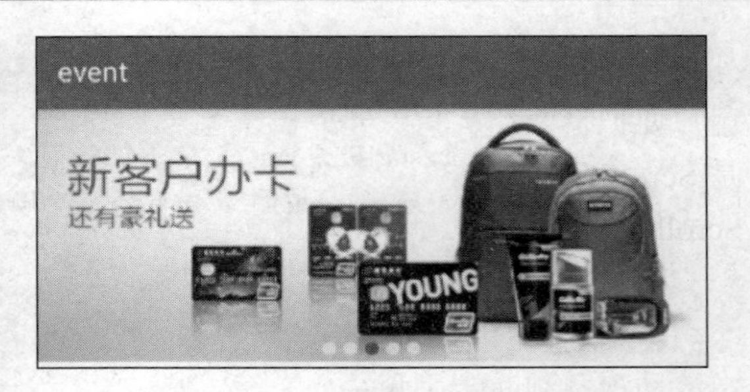

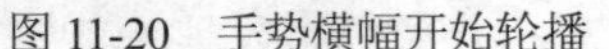
图 11-20 手势横幅开始轮播

图 11-21 手势滑动翻到下一页

11.4 手势冲突处理

本节介绍手势冲突的三种常见处理办法，对于上下滚动与左右滑动的冲突，既可由上级视图主动判断是否拦截，又可由下级视图根据情况向上级反馈是否允许拦截；对于内部滑动与翻页滑动的冲突，可以通过限定某块区域接管特定的手势实现对不同手势的区分处理；对于正常下拉与下拉刷新的冲突，需要监控当前是否已经下拉到页面顶部，若未拉到页面顶部则为正常下拉，若已拉到页面顶部则为下拉刷新。

11.4.1 上下滚动与左右滑动的冲突处理

Android 控件繁多，允许滚动或滑动操作的视图也不少，比如滚动视图 ScrollView、翻页视图 ViewPager 等，如果开发者要自己接管手势处理，像上一节手势控制横幅轮播那样处理，这个页面的滑动就存在重叠的情况，即很可能造成滑动冲突，系统响应了 A 视图的滑动事件，就顾不上 B 视图的滑动事件。

举个例子，某电商 App 的主页很长，内部采用滚动视图 ScrollView，允许上下滚动。该页面中央有一个手势控制的横幅轮播，如图 11-22 所示。用户在 Banner 上左右滑动，试图查看 Banner 的前后广告，结果如图 11-23 所示，翻页不成功，整个页面反而往上滚动了。

图 11-22 滚动视图中的横幅轮播

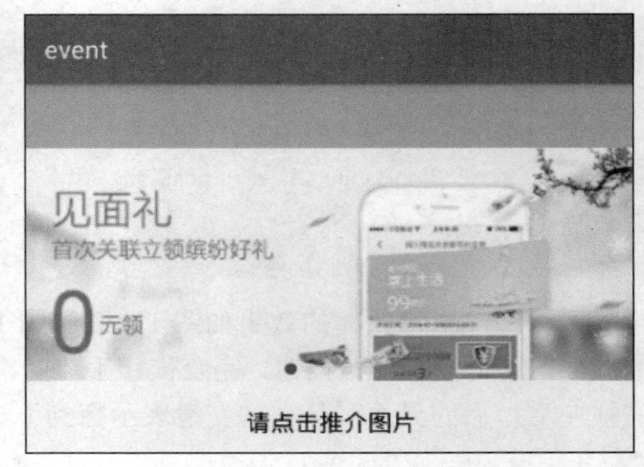

图 11-23 翻页滑动导致上下滚动

即使多次重复试验，仍然会发现 Banner 很少跟着翻页，而是继续上下滚动。因为 Banner

外层被 ScrollView 包着，系统检测到用户手势的一撇，上级领导 ScrollView 自作主张地认为用户要把页面往上拉，于是页面往上滚动，完全没考虑这一撇其实是用户想翻动 Banner。但是 ScrollView 不会考虑这些，因为没有告诉它超过多大斜率才可以上下滚动；既然没有通知，ScrollView 只要发现手势事件前后的纵坐标发生变化，就会一律进行上下滚动处理。

要解决这个滑动冲突，关键在于提供某种方式通知 ScrollView，告诉它什么时候可以上下滚动，什么时候不能上下滚动。这个通知方式主要有两种，一种是上级主动下乡体察民情，即由滚动视图判断滚动规则并决定是否拦截手势；另一种是下级向上反映民意，即由下级视图告诉滚动视图是否拦截手势。下面分别介绍这两种处理方式。

1. 由滚动视图判断滚动规则

前两节提到，容器类视图可以重写 onInterceptTouchEvent 方法，根据条件判断结果决定是否拦截发给下级的手势。我们可以自定义一个滚动视图，在 onInterceptTouchEvent 方法中判断本次手势的横坐标与纵坐标，如果纵坐标的偏移大于横坐标的偏移，此时就是垂直滚动，应拦截手势并交给自身进行上下滚动；否则表示此时为水平滚动，不应拦截手势，而是让下级视图处理左右滑动事件。

下面的代码用于演示自定义滚动视图拦截垂直滚动、同时放过水平滚动的功能。

```
public class CustomScrollView extends ScrollView {
    private float mOffsetX, mOffsetY;  // 横纵方向上的偏移
    private float mLastPosX, mLastPosY;  // 上次落点的横纵坐标
    private int mInterval;  // 与边缘线的间距阈值

    public CustomScrollView(Context context, AttributeSet attr) {
        super(context, attr);
        mInterval = Utils.dip2px(context, 3);
    }

    // 在拦截触摸事件时触发
    public boolean onInterceptTouchEvent(MotionEvent event) {
        boolean result;
        switch (event.getAction()) {
            case MotionEvent.ACTION_DOWN:  // 手指按下
                mOffsetX = 0.0F;
                mOffsetY = 0.0F;
                mLastPosX = event.getX();
                mLastPosY = event.getY();
                result = super.onInterceptTouchEvent(event);
                break;
            default:  // 其余动作，包括手指移动、手指松开等等
                float thisPosX = event.getX();
                float thisPosY = event.getY();
                mOffsetX += Math.abs(thisPosX - mLastPosX);  // x 轴偏差
```

```
                mOffsetY += Math.abs(thisPosY - mLastPosY);  // y 轴偏差
                mLastPosX = thisPosX;
                mLastPosY = thisPosY;
                if (mOffsetX < mInterval && mOffsetY < mInterval) {
                    result = false;  // false 传给表示子控件，此时为点击事件
                } else if (mOffsetX < mOffsetY) {
                    result = true;  // true 表示不传给子控件，此时为垂直滑动
                } else {
                    result = false;  // false 表示传给子控件，此时为水平滑动
                }
                break;
        }
        return result;
    }
}
```

接着在 XML 布局文件中把 ScrollView 节点改为自定义滚动视图的完整路径名称（如 com.example.event.widget.CustomScrollView），重新运行 App 后查看横幅轮播，手势滑动效果如图 11-24 所示。此时翻页成功，且整个页面固定不动，未发生上下滚动的情况。

图 11-24 翻页滑动未造成上下滚动

2. 下级视图告诉滚动视图能否拦截手势

目前的案例中，ScrollView 下面只有 Banner 一个淘气鬼，所以允许单独给它开小灶。在实际场合中，往往有多个调皮鬼，一个要吃苹果，另一个要吃香蕉，倘若都要 ScrollView 帮忙，那可真是众口难调，忙都忙不过来了。不如弄个水果篮，让这些小屁孩自己去拿，要吃苹果的就拿苹果，要吃香蕉的就拿香蕉，如此皆大欢喜，再也不用大人劳心劳力了。

具体到代码的实现，是调用 requestDisallowInterceptTouchEvent 方法，该方法的参数为 true 时，表示禁止上级拦截触摸事件。至于何时调用该方法，当然是在检测到滑动前后的横坐标偏移大于纵坐标偏移了。对于 Banner 采用手势监听器的情况，可重写监听器的 onScroll 方法，在该方法中加入坐标偏移的判断，代码如下：

```
    // 在手势滑动过程中触发
    public final boolean onScroll(MotionEvent e1, MotionEvent e2, float distanceX, float distanceY) {
        // 如果外层是普通的 ScrollView，则此处不允许父容器的拦截动作
        // CustomScrollActivity 里面通过自定义 ScrollView，来区分水平滑动还是垂直滑动
        // BannerOptimizeActivity 使用系统 ScrollView，则此处需要下面代码禁止父容器的拦截
        if (Math.abs(distanceY) < Math.abs(distanceX)) {  // 水平方向的滚动
            // 告诉上级布局不要拦截触摸事件
            BannerFlipper.this.getParent().requestDisallowInterceptTouchEvent(true);
```

```
                return true;   // 返回 true 表示要继续处理
            } else { // 垂直方向的滚动
                return false;   // 返回 false 表示不处理了
            }
        }
```

修改后的手势滑动效果如图 11-24 所示。左右滑动能够正常翻页，整个页面也不容易上下滚动了。

11.4.2 内部滑动与翻页滑动的冲突处理

在前面的手势冲突中，ScrollView 是上级视图，有时也是下级视图，比如页面采用 ViewPager 布局，每个 Fragment 之间是左右滑动的关系，每个 Fragment 都可以拥有自己的 ScrollView。如此一来，在左右滑动时，ScrollView 反而变成 ViewPager 的下级，这样前面的冲突处理办法不能奏效了，只能另想办法。

自定义一个基于 ViewPager 的翻页视图是一种思路；另一种思路可借鉴 Android 自带的抽屉布局 DrawerLayout，该布局视图允许左右滑动，在滑动时会拉出侧面的抽屉面板，常用于实现侧滑菜单。抽屉布局与翻页视图在滑动方面有区别，翻页视图在内部的任何位置均可触发滑动事件，而抽屉布局只在屏幕两侧边缘才会触发滑动事件。

举个实际应用的例子，微信的聊天窗口是上下滚动的，在主窗口的大部分区域触摸都是上下滚动窗口，若在窗口左侧边缘按下再右拉，则可看到左边拉出了消息关注页面。限定某块区域接管特定的手势是处理滑动冲突的另一种行之有效的方法。

既然提到了抽屉布局，不妨稍微了解一下。下面是 DrawerLayout 的常用方法说明。

- setDrawerShadow：设置主页面的渐变阴影图形。
- addDrawerListener：添加抽屉面板的拉出监听器。需实现监听器 DrawerListener 的 4 个方法。
  - onDrawerSlide：抽屉面板滑动时触发。
  - onDrawerOpened：抽屉面板打开时触发。
  - onDrawerClosed：抽屉面板关闭时触发。
  - onDrawerStateChanged：抽屉面板的状态发生变化时触发。
- removeDrawerListener：移除抽屉面板的拉出监听器。
- closeDrawers：关闭所有抽屉面板。
- openDrawer：打开指定抽屉面板。
- closeDrawer：关闭指定抽屉面板。
- isDrawerOpen：判断指定抽屉面板是否打开。

抽屉布局不但可以拉出左侧抽屉面板，而且可以拉出右侧抽屉面板。左侧面板与右侧面板的区别在于：左侧面板在布局文件中的 layout_gravity 属性为 left，而右侧面板在布局文件中的 layout_gravity 属性为 right。

下面是使用 DrawerLayout 的布局文件：

```
<android.support.v4.widget.DrawerLayout xmlns:android="http://schemas.android.com/apk/res/android"
    android:id="@+id/dl_layout"
    android:layout_width="match_parent"
    android:layout_height="match_parent" >

    <LinearLayout
        android:layout_width="match_parent"
        android:layout_height="match_parent"
        android:orientation="vertical" >

        <LinearLayout
            android:layout_width="match_parent"
            android:layout_height="wrap_content"
            android:orientation="horizontal" >

            <Button
                android:id="@+id/btn_drawer_left"
                android:layout_width="0dp"
                android:layout_height="wrap_content"
                android:layout_weight="1"
                android:gravity="center"
                android:text="打开左边侧滑" />

            <Button
                android:id="@+id/btn_drawer_right"
                android:layout_width="0dp"
                android:layout_height="wrap_content"
                android:layout_weight="1"
                android:gravity="center"
                android:text="打开右边侧滑" />
        </LinearLayout>

        <TextView
            android:id="@+id/tv_drawer_center"
            android:layout_width="match_parent"
            android:layout_height="0dp"
            android:layout_weight="1"
            android:gravity="top|center"
            android:paddingTop="30dp"
            android:text="这里是首页" />
    </LinearLayout>
```

```
    <!-- 这是位于抽屉布局左边的侧滑列表视图，layout_gravity 属性设定了它的对齐方式 -->
    <ListView
        android:id="@+id/lv_drawer_left"
        android:layout_width="150dp"
        android:layout_height="match_parent"
        android:layout_gravity="left"
        android:background="#ffdd99" />

    <!-- 这是位于抽屉布局右边的侧滑列表视图，layout_gravity 属性设定了它的对齐方式 -->
    <ListView
        android:id="@+id/lv_drawer_right"
        android:layout_width="150dp"
        android:layout_height="match_parent"
        android:layout_gravity="right"
        android:background="#99ffdd" />
</android.support.v4.widget.DrawerLayout>
```

上述布局文件对应的页面代码如下：

```
public class DrawerLayoutActivity extends AppCompatActivity implements OnClickListener {
    private DrawerLayout dl_layout;  // 声明一个抽屉布局对象
    private Button btn_drawer_left;
    private Button btn_drawer_right;
    private TextView tv_drawer_center;
    private ListView lv_drawer_left;  // 声明左侧菜单的列表视图对象
    private ListView lv_drawer_right;  // 声明右侧菜单的列表视图对象
    private String[] titleArray = {"首页", "新闻", "娱乐", "博客", "论坛"};  // 左侧菜单项的标题数组
    private String[] settingArray = {"我的", "设置", "关于"};  // 右侧菜单项的标题数组

    protected void onCreate(Bundle savedInstanceState) {
        super.onCreate(savedInstanceState);
        setContentView(R.layout.activity_drawer_layout);
        // 从布局文件中获取名叫 dl_layout 的抽屉布局
        dl_layout = findViewById(R.id.dl_layout);
        // 给抽屉布局设置侧滑监听器
        dl_layout.addDrawerListener(new SlidingListener());
        btn_drawer_left = findViewById(R.id.btn_drawer_left);
        btn_drawer_right = findViewById(R.id.btn_drawer_right);
        tv_drawer_center = findViewById(R.id.tv_drawer_center);
        btn_drawer_left.setOnClickListener(this);
        btn_drawer_right.setOnClickListener(this);
        initListDrawer();  // 初始化侧滑的菜单列表
    }
```

```
// 初始化侧滑的菜单列表
private void initListDrawer() {
    // 下面初始化左侧菜单的列表视图
    lv_drawer_left = findViewById(R.id.lv_drawer_left);
    ArrayAdapter<String> left_adapter = new ArrayAdapter<String>(this,
            R.layout.item_select, titleArray);
    lv_drawer_left.setAdapter(left_adapter);
    lv_drawer_left.setOnItemClickListener(new LeftListListener());
    // 下面初始化右侧菜单的列表视图
    lv_drawer_right = findViewById(R.id.lv_drawer_right);
    ArrayAdapter<String> right_adapter = new ArrayAdapter<String>(this,
            R.layout.item_select, settingArray);
    lv_drawer_right.setAdapter(right_adapter);
    lv_drawer_right.setOnItemClickListener(new RightListListener());
}

public void onClick(View v) {
    if (v.getId() == R.id.btn_drawer_left) {
        if (dl_layout.isDrawerOpen(lv_drawer_left)) {  // 左侧菜单列表已打开
            dl_layout.closeDrawer(lv_drawer_left);  // 关闭左侧抽屉
        } else {  // 左侧菜单列表未打开
            dl_layout.openDrawer(lv_drawer_left);  // 打开左侧抽屉
        }
    } else if (v.getId() == R.id.btn_drawer_right) {
        if (dl_layout.isDrawerOpen(lv_drawer_right)) {  // 右侧菜单列表已打开
            dl_layout.closeDrawer(lv_drawer_right);  // 关闭右侧抽屉
        } else {  // 右侧菜单列表未打开
            dl_layout.openDrawer(lv_drawer_right);  // 打开右侧抽屉
        }
    }
}

// 定义一个左侧菜单列表的点击监听器
private class LeftListListener implements OnItemClickListener {
    public void onItemClick(AdapterView<?> parent, View view, int position, long id) {
        String text = titleArray[position];
        tv_drawer_center.setText("这里是" + text + "页面");
        dl_layout.closeDrawers();  // 关闭所有抽屉
    }
}

// 定义一个右侧菜单列表的点击监听器
```

```
    private class RightListListener implements OnItemClickListener {
        public void onItemClick(AdapterView<?> parent, View view, int position, long id) {
            String text = settingArray[position];
            tv_drawer_center.setText("这里是" + text + "页面");
            dl_layout.closeDrawers();  // 关闭所有抽屉
        }
    }

    // 定义一个抽屉布局的侧滑监听器
    private class SlidingListener implements DrawerListener {
        // 在拉出抽屉的过程中触发
        public void onDrawerSlide(View drawerView, float slideOffset) {}

        // 在侧滑抽屉打开后触发
        public void onDrawerOpened(View drawerView) {
            if (drawerView.getId() == R.id.lv_drawer_left) {
                btn_drawer_left.setText("关闭左边侧滑");
            } else {
                btn_drawer_right.setText("关闭右边侧滑");
            }
        }

        // 在侧滑抽屉关闭后触发
        public void onDrawerClosed(View drawerView) {
            if (drawerView.getId() == R.id.lv_drawer_left) {
                btn_drawer_left.setText("打开左边侧滑");
            } else {
                btn_drawer_right.setText("打开右边侧滑");
            }
        }

        // 在侧滑状态变更时触发
        public void onDrawerStateChanged(int paramInt) {}
    }
}
```

抽屉布局的展示效果如图 11-25、图 11-26、图 11-27 所示。其中，图 11-25 所示为初始页面，图 11-26 所示为在左侧边缘拉出左边侧滑菜单的界面，图 11-27 所示为在右侧边缘拉出右边侧滑菜单的界面。

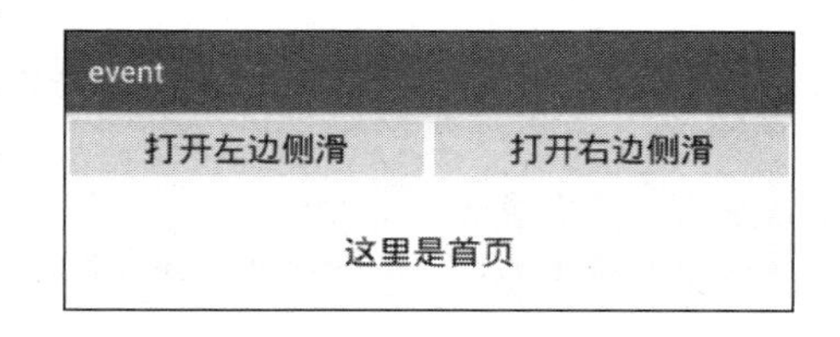

图 11-25　演示抽屉布局的初始界面

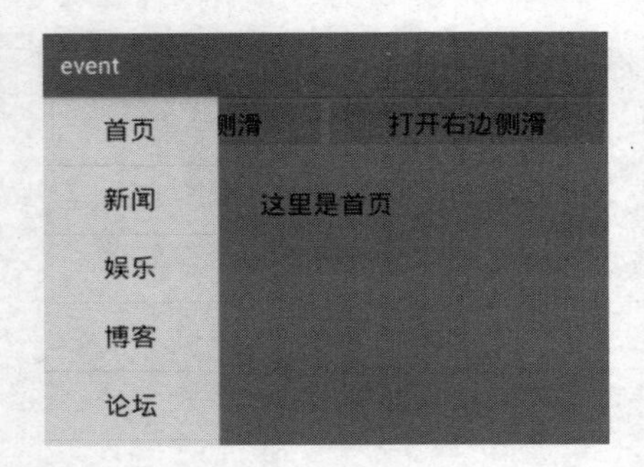

图 11-26　左侧边缘拉出侧滑菜单

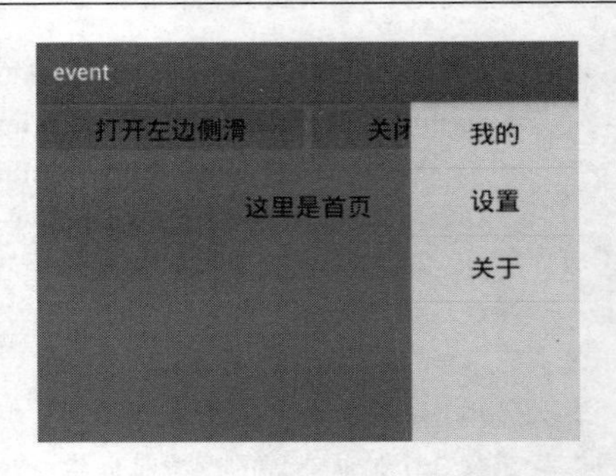

图 11-27　右侧边缘拉出侧滑菜单

11.4.3　正常下拉与下拉刷新的冲突处理

第 7 章的“7.3.3 仿京东顶到状态栏的 Banner”介绍了高仿京东的沉浸式状态栏，可是跟京东首页的头部轮播图相比，依然有 3 处缺憾：

（1）京东的头部 Banner 上方，除了有悬浮着的状态栏，状态栏下面还有一行悬浮工具栏，内嵌扫一扫图标、搜索框及消息图标。

（2）把整个页面往上拉，状态栏的背景色从透明变为深灰，同时工具栏的背景也从透明变为白色。

（3）页面下拉到顶后，继续下拉会拉出带有“下拉刷新”字样的布局，此时松手则会触发页面的刷新动作。

上面第一点的状态栏和工具栏悬浮效果，都有对应的解决办法；第二点的状态栏和工具栏背景变更，也存在可行的解决方案。倒是第三点的下拉刷新，以及第二点的上拉监听，却不容易实现。

虽然 Android 提供了专门的下拉刷新布局 SwipeRefreshLayout，但它并没有页面随手势下滚的效果。一些第三方的开源库如 PullToRefresh、SmartRefreshLayout 固然能让整体页面下滑，可是顶部的下拉布局很难个性化定制，至于状态栏、工具栏的背景色修改更是三不管。因此若想呈现完全仿照京东的下拉刷新特效，只能由开发者编写一个自定义的布局控件了。

自定义的下拉刷新布局，首先要能够区分是页面的正常下滚，还是拉伸头部要求刷新。二者之间的区别很简单，直觉上看就是判断当前页面是否拉到顶了。倘若还没拉到顶，继续下拉动作属于正常的页面滚动；倘若已经拉到顶了，继续下拉动作才会拉出头部提示刷新。所以此处得捕捉页面滚动到顶部的事件，相对应的则是页面滚动到底部的事件。鉴于 App 首页基本采用滚动视图 ScrollView 实现页面滚动功能，故而该问题就变成了如何监听该视图滚到顶部或者滚到底部。正好 ScrollView 提供了滚动行为的变化方法 onScrollChanged，通过重写该方法即可判断是否到达顶部或底部，重写后的代码片段如下所示：

```
// 在滚动变更时触发
protected void onScrollChanged(int l, int t, int oldl, int oldt) {
    super.onScrollChanged(l, t, oldl, oldt);
    boolean isScrolledToTop;
    boolean isScrolledToBottom;
```

```
        if (getScrollY() == 0) {   // 下拉滚动到顶部
            isScrolledToTop = true;
            isScrolledToBottom = false;
        } else if (getScrollY() + getHeight() - getPaddingTop() - getPaddingBottom()
                == getChildAt(0).getHeight()) {   // 上拉滚动到底部
            isScrolledToBottom = true;
            isScrolledToTop = false;
        } else {   // 未拉到顶部，也未拉到底部
            isScrolledToTop = false;
            isScrolledToBottom = false;
        }
        if (mScrollListener != null) {
            if (isScrolledToTop) {   // 已经滚动到顶部
                // 触发下拉到顶部的事件
                mScrollListener.onScrolledToTop();
            } else if (isScrolledToBottom) {   // 已经滚动到底部
                // 触发上拉到底部的事件
                mScrollListener.onScrolledToBottom();
            }
        }
    }

    private ScrollListener mScrollListener;   // 声明一个滚动监听器对象
    // 设置滚动监听器
    public void setScrollListener(ScrollListener listener) {
        mScrollListener = listener;
    }

    // 定义一个滚动监听器接口，用于捕捉到达顶部和到达底部的事件
    public interface ScrollListener {
        void onScrolledToBottom();   // 已经滚动到底部
        void onScrolledToTop();   // 已经滚动到顶部
    }
```

如此改造一番，只要页面 Activity 设置滚动视图的滚动监听器，就能经由 onScrolledToTop 方法判断当前页面是否拉到顶了。既然可以知晓到顶与否，同步变更状态栏和工具栏的背景色也是可行的了。演示页面拉到顶部附近的两种效果如图 11-28 和图 11-29 所示，其中图 11-28 为上拉页面使之整体上滑，此时状态栏的背景变灰、工具栏的背景变白；图 11-29 为下拉页面使之接近顶部，此时状态栏和工具栏的背景均恢复透明。

然而成功监听页面是否到达顶部或底部，仅仅解决了状态栏和工具栏的变色问题。因为页面到顶后继续下拉，此时 ScrollView 要怎么处理？一方面是整个页面已经拉到顶了，造成 ScrollView 已经无可再拉；另一方面，用户在京东首页看到的下拉头部，其实并不属于 ScrollView 管辖，即使 ScrollView 想拉这个头部兄弟一把，也只能有心无力。不管 ScrollView

是惊慌失措，还是不知所措，恰恰说明它是真正的束手无策了，为此还要一个和事佬来摆平下拉布局和滚动视图之间的纠纷。

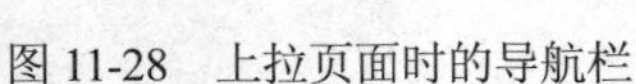
图 11-28　上拉页面时的导航栏

图 11-29　下拉页面时的导航栏

这个和事佬必须是下拉布局和滚动视图的上级布局，考虑到下拉布局在上，而滚动视图在下，故它俩的上级布局继承线性布局 LinearLayout 比较合适。新的上层视图需要完成以下 3 项任务：

（1）在下层视图的最前面自动添加一个下拉刷新头部，保证该下拉头部位于整个页面的最上方。

（2）给前面自定义的滚动视图注册滚动监听器和触摸监听器，其中滚动监听器用于处理到达顶部/底部的事件，触摸监听器用于处理下拉过程中的持续位移。

（3）重写触摸监听器接口需要实现的 onTouch 函数，这个是重中之重，因为该函数包含了所有的手势下拉跟踪处理。既要准确响应正常的下拉手势，也要避免误操作不属于下拉的手势，比如下面几种情况就得统筹考虑：

① 水平方向的左右滑动，不做额外处理。
② 垂直方向的向上拉动，不做额外处理。
③ 下拉的时候，如果尚未拉到页面顶部，也不做额外处理。
④ 拉到顶之后继续下拉，则隐藏工具栏的同时，还要让下拉头部跟着往下滑动。
⑤ 下拉刷新过程中松开手势，判断下拉滚动的距离，距离太短则直接缩回头部、不进行页面刷新；只有距离足够长，才能触发页面刷新动作，等待刷新完毕再缩回头部。

现在有了新定义的下拉上层布局，搭配自定义的滚动视图，就能很方便地实现高仿京东首页的下拉刷新效果了。具体实现的首页布局模板如下所示：

```
<RelativeLayout xmlns:android="http://schemas.android.com/apk/res/android"
    android:layout_width="match_parent"
    android:layout_height="match_parent"
    android:background="@color/white">

    <!-- PullDownRefreshLayout 是自定义的下拉上层布局 -->
    <com.example.event.widget.PullDownRefreshLayout
        android:id="@+id/pdrl_main"
        android:layout_width="match_parent"
        android:layout_height="match_parent"
```

```
        android:orientation="vertical">

        <!-- PullDownScrollView 是自定义的滚动视图 -->
        <com.example.event.widget.PullDownScrollView
            android:id="@+id/pdsv_main"
            android:layout_width="match_parent"
            android:layout_height="wrap_content">

            <LinearLayout
                android:layout_width="match_parent"
                android:layout_height="wrap_content"
                android:orientation="vertical">

                <!-- 此处放具体页面的布局内容 -->
            </LinearLayout>
        </com.example.event.widget.PullDownScrollView>
    </com.example.event.widget.PullDownRefreshLayout>

    <!-- title_drag.xml 是带搜索框的工具栏布局 -->
    <include layout="@layout/title_drag" />
</RelativeLayout>
```

以上布局模板用到的自定义控件 PullDownRefreshLayout 和 PullDownScrollView，因为代码量较多，这里就不贴出来，读者可参考本书附带源码 event 模块的相关源码。运行改造后的测试 App，下拉刷新的效果如图 11-30 和图 11-31 所示，其中图 11-30 为正在下拉时的截图，图 11-31 为松开下拉、开始刷新时的截图。

图 11-30　正在下拉时的页面

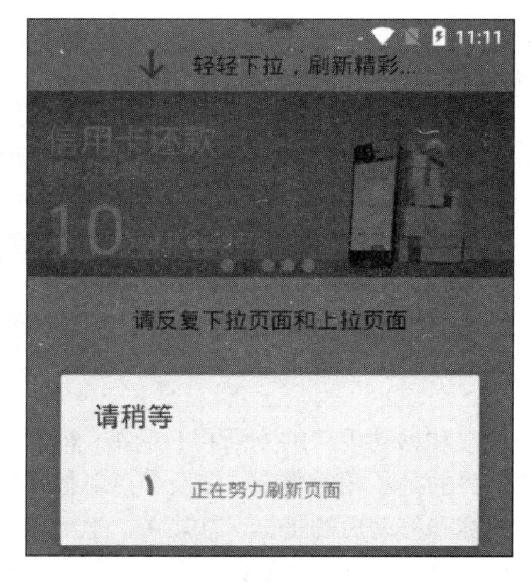

图 11-31　松开刷新时的页面

11.5 实战项目：抠图神器——美图变变

程序员通常是闷骚的宅男，对技术的钻研孜孜不倦，不过一味地追求技术深度，不见得就能登上巅峰。譬如智能手机行业，以技术制胜的华为和小米，也要不耻下问向 OPPO 和 vivo 学习。究其原因，多半是后者认真对待用户需求，从用户体验的痛点下手，推出了自拍美颜等手机，由此收获了大批客户。本节的实战项目不求技术有多广、多深，只求有没有用、好不好用。所谓抠图神器，就是从一幅图片中抠出用户想要的某块区域。就像在花店里卖花，先适当修剪花束，再配上一些包装，顿时看起来美美哒，不愁用户不喜欢。

11.5.1 设计思路

这里说的美图变变，其实就是一个抠图工具，通过对图像进行平移、缩放、旋转等操作，把图像的某个区域抠下来。如图 11-32 所示为美图变变的效果图，中间高亮部分为待抠区域，西湖后面的雷峰塔太小了，现在准备把雷峰塔先拉近再放大，然后抠出来。

这个效果图的界面很简洁，主界面没有任何控制按钮，完全靠手势操作。实现的手势处理有以下 6 种。

- 长按手势：在页面任何一处长按 0.5 秒以上，即可触发长按事件，弹出文件菜单后选择打开图片或保存图片。
- 移动高亮区域的手势：点击高亮区域内部，再滑动手势，即可将该区域拖曳至指定位置。
- 调整高亮区域边界的手势：点击高亮区域边界，再滑动手势，即可将边界拉至指定位置。
- 移动图片的手势：点击高亮区域外部（阴影部分），然后滑动手势，即可将整张图片拖曳至指定位置。
- 缩放图片的手势：两只手指同时按压屏幕，然后一起往中心点接近或远离，即可实现图片的缩小和放大操作。
- 旋转图片的手势：两只手指同时按压屏幕，然后围绕中心点一起顺时针或逆时针转动，即可实现图片的旋转操作。

图 11-32　美图变变的抠图效果

长按和移动手势的判断相对简单，根据按压时长或按压坐标就能判断属于哪类手势。缩放与旋转手势的判断相对复杂，涉及多点触控和三角函数相关知识，主要思路是：记录两只手指移动前的坐标和移动后的坐标，总共 4 个坐标点，然后分别计算移动前的两指距离和移动后的两指距离，判断两个距离的差是否大于两指移动距离之和的二分之根号二倍。判断结果若是大于，则表示本次为缩放手势，否则为旋转手势，接着计算缩放比例或旋转角度即可。缩放与旋转手势的直观判定方式如图 11-33 所示，假设两根手指的初始落点方向为右上角，则后续移动的左下角与右上角范围为缩放区域，而左上角和右下角范围为旋转区域。

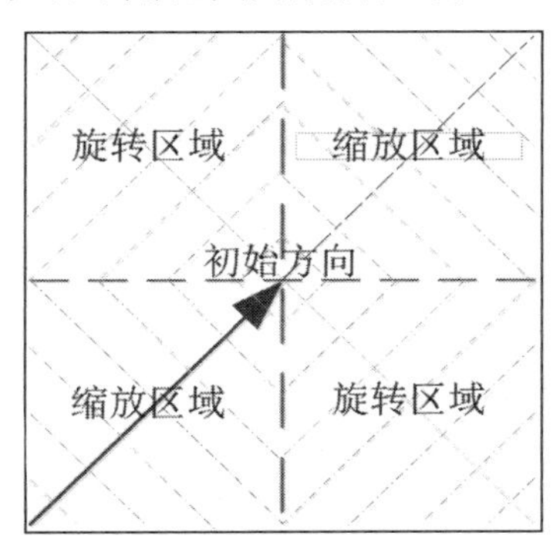

图 11-33　缩放手势与旋转手势的区域判定

11.5.2　小知识：二维图像的基本加工

Android 上的图形使用 Drawable 类，位图管理使用 Bitmap 类。Drawable 用于在界面上展示图片，Bitmap 用于对图像数据进行加工操作，图像加工操作包括平移、缩放、旋转、裁剪等。这两个类之间的转换通过 BitmapDrawable 完成。

其中，Bitmap 转 Drawable 的代码如下：

```
// 把位图对象转换为图形对象
Drawable drawable = new BitmapDrawable(getResources(), bitmap);
```

Drawable 转 Bitmap 的代码如下：

```
// 把图形对象转换为位图对象
Bitmap bitmap = ((BitmapDrawable)drawable).getBitmap();
```

下面是 Bitmap 的常用方法说明。

- createBitmap：从源图像中裁剪一块位图区域。
- createScaledBitmap：根据设定的图片大小从源图像获得缩放后的新图像。
- compress：根据设定的位图格式与压缩质量对图像进行压缩。
- recycle：回收位图对象资源。
- getByteCount：获取位图对象的字节大小。
- getWidth：获取位图对象的宽度。
- getHeight：获取位图对象的高度。

了解这些方法的使用说明后，就可以实现图像的基本加工操作了。

（1）图像裁剪：调用 Bitmap 类的 createBitmap 方法时，指定裁剪图像的上、下、左、右边界即可。

（2）图像平移：调用 Canvas 对象的 drawBitmap 时，指定图像绘制的起始点位置即可。

（3）图像缩放：调用 Bitmap 类的 createScaledBitmap 方法时，指定新图像的宽高即可。

（4）图像旋转：需要借助矩阵工具 Matrix，先调用 Matrix 对象的 postRotate 方法设置旋转角度，再根据设置好的矩阵对象调用 createBitmap 方法创建旋转图像，转换代码如下：

```
// 获得旋转角度之后的位图对象
public static Bitmap getRotateBitmap(Bitmap b, float rotateDegree) {
    // 创建操作图片用的矩阵对象
    Matrix matrix = new Matrix();
    // 执行图片的旋转动作
    matrix.postRotate(rotateDegree);
    // 创建并返回旋转后的位图对象
    return Bitmap.createBitmap(b, 0, 0, b.getWidth(),
            b.getHeight(), matrix, false);
}
```

图像变换的效果如图 11-34、图 11-35、图 11-36 所示。其中，如图 11-34 所示为原始的图像界面，如图 11-35 所示为放大两倍后的图像界面，如图 11-36 所示为顺时针旋转 90 度后的图像界面。

图 11-34　变换前的原始图像

图 11-35　放大两倍后的图像

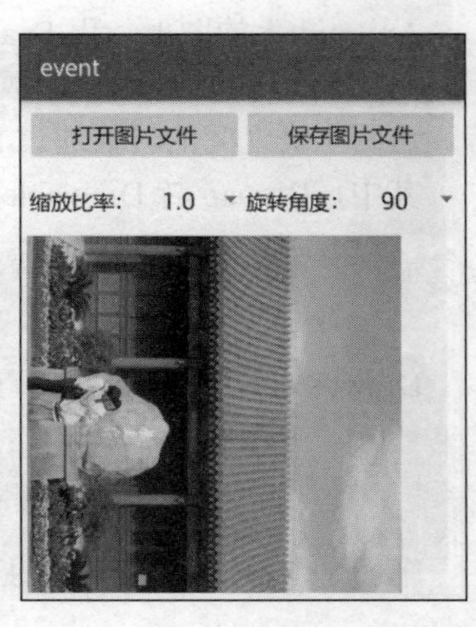

图 11-36　旋转 90 度后的图像

11.5.3　代码示例

编码与测试方面需要注意以下 3 点：

（1）对图片文件进行打开和保存操作，记得为 AndroidManifest.xml 添加对应的权限配置。

```
<!-- SD 卡 -->
<uses-permission android:name="android.permission.WRITE_EXTERNAL_STORAGE" />
<uses-permission android:name="android.permission.READ_EXTERNAL_STORAGE" />
<uses-permission android:name="android.permission.MOUNT_UNMOUNT_FILESYSTEMS" />
```

（2）长按弹出文件菜单，需要在 res/menu 目录下添加菜单布局文件 menu_meitu.xml。

（3）要在真机上测试实战项目，因为模拟器不支持多点触控，只有真机才能测试手势的缩放与旋转操作。

测试时，首先在实战项目的界面上长按，弹出读取图片文件的菜单，如图 11-37 所示。

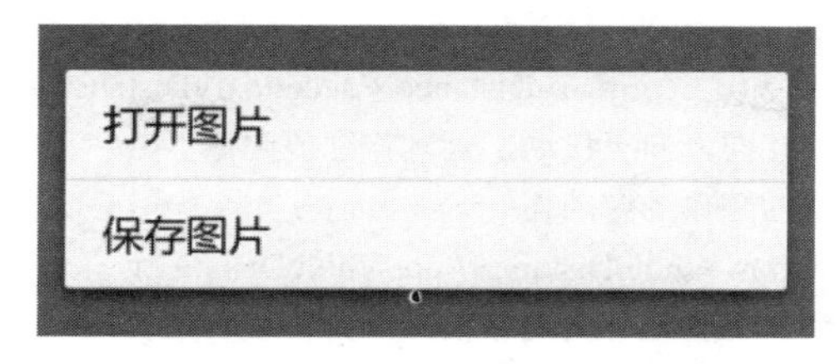

图 11-37　长按主页面弹出读写图片文件的菜单

点击“打开图片”，打开待加工的图片文件，拖动原始图片与高亮区域，并适当放大与旋转图片，使雷峰塔位于高亮区域中上部。期间的界面效果如图 11-38 与图 11-39 所示。其中，如图 11-38 所示为刚打开图片时的初始界面；如图 11-39 所示为手势调整结束，准备完成抠图时的界面。

接下来保存抠图完成的图片，在界面上长按，弹出读取图片文件的菜单，如图 11-40 所示。

图 11-38　抠图开始前的界面

图 11-39　抠图完成后的界面

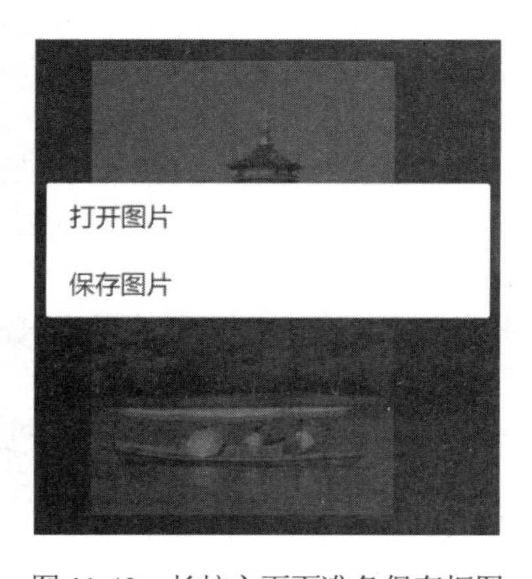

图 11-40　长按主页面准备保存抠图

点击“保存图片”，填写保存后的文件名，完成图片保存操作，即可在指定的路径找到抠下来的图片。

下面是自定义抠图视图中关于缩放与旋转手势的判断代码示例，完整代码参见本书附带源码 event 模块的 MeituView.java：

```
// 当前两个触摸点之间的距离
float nowWholeDistance = distance(event.getX(), event.getY(), event.getX(1), event.getY(1));
// 上次两个触摸点之间的距离
float preWholeDistance = distance(mLastOffsetX, mLastOffsetY,
        mLastOffsetXTwo, mLastOffsetYTwo);
// 主要点在前后两次落点之间的距离
float primaryDistance = distance(event.getX(), event.getY(), mLastOffsetX, mLastOffsetY);
// 次要点在前后两次落点之间的距离
float secondaryDistance = distance(event.getX(1), event.getY(1),
```

```
            mLastOffsetXTwo, mLastOffsetYTwo);
    if (Math.abs(nowWholeDistance - preWholeDistance) >
            (float) Math.sqrt(2) / 2.0f * (primaryDistance + secondaryDistance)) {
        // 倾向于在原始线段的相同方向上移动，则判作缩放图像
        // 触发图像变更监听器的缩放图像动作
        mListener.onImageScale(nowWholeDistance / preWholeDistance);
    } else {  // 倾向于在原始线段的垂直方向上移动，则判作旋转图像
        // 计算上次触摸事件的旋转角度
        int preDegree = degree(mLastOffsetX, mLastOffsetY, mLastOffsetXTwo, mLastOffsetYTwo);
        // 计算本次触摸事件的旋转角度
        int nowDegree = degree(event.getX(), event.getY(), event.getX(1), event.getY(1));
        // 触发图像变更监听器的旋转图像动作
        mListener.onImageRotate(nowDegree - preDegree);
    }
```

11.6 实战项目：虚拟现实的全景图库

不管是绘画还是摄影，都是把三维的物体投影到一个平面上，其实呈现出来的仍旧是二维的模拟画面。随着科技的发展，传统的成像手段越来越凸显出局限性，缘由在于人们需要一种更逼真更接近现实的技术，从而更好地显示三维世界的环境信息，这便催生了增强现实 AR 和虚拟现实 VR。传统的摄影只能拍摄 90 度左右的风景，而新型的全景相机则能拍摄 360 度乃至 720 度（连同头顶和脚底在内）的场景，这种 360/720 度的相片即为全景照片。本章最后的实战项目就来谈谈如何在手机上查看这种全景照片。

11.6.1 设计思路

每逢一年一度的春运来临，无论是火车站还是飞机场，到处都是人潮汹涌。为了做好春运期间的安全保障工作，各级部门可谓是八仙过海、各显神通，除了加强乘客进站/进港时的安检措施，还在候车室/候机室的各个角落加装了摄像头，以便实时监控候车室/候机室的旅客动态。但是监控视频只能在专门的监控室里观看，在外执勤的安保人员没法察看，现在有了 VR 技术，只要把全景相机拍摄的全景照片发到手机上，无论身在何方都能及时通过手机浏览全景照片，从而方便掌握最新的现场情况。

譬如图 11-41 就是一张故宫的全景照片，看起来左右各有两处明显的扭曲。

图 11-41　故宫的全景照片

当然全景照片的扭曲现象是有意为之，目的是保存上天入地的 720 度景物数据。仰望星空，环顾四周，蓦然发现原来繁星如画，自己在不同角度看到的仅是这一幅天穹画卷中的一小块截面。同理，全景照片看似一张矩形图片，其实前后左右上下的景色全都囊括在内，但用户每次只能观看某个角度的截图。要想观看其他方向上的图画，就得想办法让全景照片转起来，那么转动之时可能会用到以下技术：

- 通过手势的触摸与滑动，把全景照片相应地挪动观测角度。
- 开启手机的陀螺仪传感器（第 9 章有介绍），随着陀螺仪的旋转角度变化，让全景照片跟着变换 x、y、z 三个方向的角度。
- 利用 OpenGL ES 库(全称“OpenGL for Embedded Systems”，意指嵌入式系统上的 OpenGL)，实现平面的全景照片转换为曲面的实景快照。

总之，运用了上述的几项技术，期望达到如图 11-42 和图 11-43 所示的效果，其中图 11-42 为打开全景照片的初始画面，图 11-43 为滑动屏幕使之切换到另一个角度时的画面。

图 11-42　故宫全景照片的初始画面

图 11-43　挪动后的故宫全景照片

11.6.2 小知识：三维图形接口 OpenGL

OpenGL 的全称是“Open Graphics Library”，意思是开放图形库，它定义了一个跨语言、跨平台的图形图像程序接口。对于 Android 开发者来说，OpenGL 就是用来绘制三维图形的技术手段，当然 OpenGL 并不仅限于展示静止的三维图形，也能用来播放运动着的三维动画。不管是三维图形还是三维动画，都是力求在二维的手机屏幕上面展现模拟的真实世界场景，这个 OpenGL 的应用方向说到底，就是时下大热的虚拟现实。

看起来 OpenGL 是很高大上的样子，其实 Android 系统早已集成了相关的 API，只要开发者按照函数要求依次调用，就能一步一步在手机屏幕上画出各式各样的三维物体了。不过对于初次接触 OpenGL 的开发者来说，三维绘图的概念可能过于抽象，所以为了有利于读者理解，下面就以 Android 上的二维图形绘制为参考，亦步亦趋地逐步消化 OpenGL 的相关知识点。

从前面的学习可以得知，每个 Android 界面上的控件，其实都是在某个视图上绘制规定的文字（如 TextView），或者绘制指定的图像（如 ImageView）。而 TextView 和 ImageView 都继承自基本视图 View，这意味着首先要有一个专门的绘图场所，比如现实生活中的黑板、画板和桌子。然后还要有绘画作品的载体，比如显示生活中黑板的漆面，以及用于国画的宣纸、用于油画的油布等等，在 Android 系统中，这个绘画载体便是画布 Canvas。有了绘图场所和绘画载体，还得有一把绘图工具，不管是勾勒线条还是涂抹颜料都少不了它，如果是写黑板报则有粉笔，如果是画国画则有毛笔，如果是画油画则有油画笔，如果是画 Android 控件则有画笔 Paint。

所以，只要具备了绘图场所、绘画载体、绘图工具，即可挥毫泼墨进行绘画创作。正如前面介绍的 Android 自定义控件那样，有了视图 View、画布 Canvas、画笔 Paint，方能绘制炫彩多姿的各种控件。那么对于 OpenGL 的三维绘图来说，也同样需要具备这三种要素，分别是 GLSurfaceView、GLSurfaceView.Renderer 和 GL10，其中 GLSurfaceView 继承自表面视图 SurfaceView，对应于二维绘图的 View；GLSurfaceView.Renderer 是三维图形的渲染器，对应于二维绘图的 Canvas；最后一个 GL10 自然相当于二维绘图的 Paint 了。有了 GLSurfaceView、GLRender 和 GL10 这三驾马车，Android 才能实现 OpenGL 的三维图形渲染功能。

具体到 App 编码上面，还得将 GLSurfaceView、GLSurfaceView.Renderer 和 GL10 这三个类有机结合起来，即通过函数调用关联它们三个小伙伴。首先从布局文件获得 GLSurfaceView 的控件对象，然后调用该对象的 setRenderer 方法设置三维渲染器，这个三维渲染器实现了 GLSurfaceView.Renderer 定义的三个视图函数，分别是 onSurfaceCreated、onSurfaceChanged 和 onDrawFrame，这三个函数的输入参数都包含 GL10，也就是说这三个函数都持有画笔对象。如此，绘图三要素的 GLSurfaceView、GLSurfaceView.Renderer 和 GL10 就互相关联了起来。

可是，Renderer 接口定义的 onSurfaceCreated、onSurfaceChanged 和 onDrawFrame 三个函数很是陌生，它们之间又有什么区别呢？为方便理解，接下来不妨继续套用 Android 二维绘图的有关概念，从 Android 自定义控件的主要流程得知，自定义一个二维控件，主要有以下 4 个步骤：

步骤 01 声明自定义控件的构造函数，可在此进行控件属性初始赋值等初始化操作。

步骤 02 重写 onMeasure 函数，可在此测量控件的宽度和高度。

步骤03 重写 onLayout 函数，可在此挪动控件的位置。

步骤04 重写 onDraw 函数，可在此绘制控件的形状、颜色、文字以及图案等等。

于是前面提到 Renderer 接口定义的三个函数，它们的用途对照说明如下：

- onSurfaceCreated 函数在 GLSurfaceView 创建时调用，相当于自定义控件的构造函数，一样可在此进行三维绘图的初始化操作。
- onSurfaceChanged 函数在 GLSurfaceView 创建、恢复与改变时调用，在这里不但要定义三维空间的大小，还要定义三维物体的方位，所以该函数相当于完成了自定义控件的 onMeasure 和 onLayout 两个函数的功能。
- onDrawFrame 函数顾名思义跟自定义控件的 onDraw 函数差不多，onDraw 函数用于绘制二维图形的具体形状，而 onDrawFrame 函数用于绘制三维图形的具体形状。

下面来个最简单的 OpenGL 例子，在布局文件中放置一个 android.opengl.GLSurfaceView 节点，后续的三维绘图动作将在该视图上开展。布局文件内容示例如下：

```
<LinearLayout xmlns:android="http://schemas.android.com/apk/res/android"
    android:layout_width="match_parent"
    android:layout_height="match_parent"
    android:orientation="vertical" >

    <!-- 注意这里要使用控件的全路径 android.opengl.GLSurfaceView -->
    <android.opengl.GLSurfaceView
        android:id="@+id/glsv_content"
        android:layout_width="match_parent"
        android:layout_height="match_parent" />
</LinearLayout>
```

接着在 Activity 代码中获取这个 GLSurfaceView 对象，并给它注册一个三维图形的渲染器 GLRender，此时自定义的渲染器 GLRender 必须重载 onSurfaceCreated、onSurfaceChanged 和 onDrawFrame 这三个函数。下面是对应的 Activity 代码框架片段：

```
    protected void onCreate(Bundle savedInstanceState) {
        super.onCreate(savedInstanceState);
        setContentView(R.layout.activity_gl_cub);
        // 从布局文件中获取名叫 glsv_content 的图形库表面视图
        GLSurfaceView glsv_content = (GLSurfaceView) findViewById(R.id.glsv_content);
        // 给 OpenGL 的表面视图注册三维图形的渲染器
        glsv_content.setRenderer(new GLRender());
    }

    // 定义一个三维图形的渲染器
    private class GLRender implements GLSurfaceView.Renderer {
        // 在表面创建时触发
        public void onSurfaceCreated(GL10 gl, EGLConfig config) {
```

```
        // 这里进行三维绘图的初始化操作
    }

    // 在表面变更时触发
    public void onSurfaceChanged(GL10 gl, int width, int height) {
        // 这里要定义三维空间的大小，还要定义三维物体的方位
    }

    // 执行框架绘制动作
    public void onDrawFrame(GL10 gl) {
        // 这里绘制三维图形的具体形状
    }
}
```

然后是 OpenGL 具体的绘图操作，这得靠三维图形的画笔 GL10 来完成。GL10 作为三维空间的画笔，它所描绘的三维物体却要显示在二维平面上，显而易见这不是一个简单的活儿。为了理顺物体从三维空间到二维平面的变换关系，有必要搞清楚 OpenGL 关于三维空间的几个基本概念。下面就概括介绍一下 GL10 编码的三类常见方法。

1. 颜色的取值范围

Android 中的三原色，不管是红色还是绿色还是蓝色，取值范围都是 0 到 255，对应的十六进制数值则为 00 到 FF，颜色数值越小表示亮度越弱，数值越大表示亮度越强。但在 OpenGL 之中，颜色的取值范围却是 0.0 到 1.0，其中 0.0 对应 Android 标准的 0，1.0 对应 Android 标准的 255，同理，OpenGL 值为 0.5 的颜色对应 Android 标准的 128。

GL10 与颜色有关的方法主要有两个，说明如下。

- glClearColor：设置背景颜色。以下代码表示给三维空间设置白色背景：

```
// 设置白色背景。四个参数依次为透明度 alpha、红色 red、绿色 green、蓝色 blue
gl.glClearColor(1.0f, 1.0f, 1.0f, 1.0f);
```

- glColor4f：设置画笔颜色。以下代码表示把画笔颜色设置为橙色：

```
// 设置画笔颜色为橙色
gl.glColor4f(0.0f, 1.0f, 1.0f, 0.0f);
```

2. 三维坐标系

三维空间用来表达立体形状，需要三个方向的坐标，分别为水平方向的 x 轴和 y 轴，以及垂直方向的 z 轴。如图 11-44 所示的三维坐标系，三维空间有个 M 点，该点在 x 轴上的投影为 P 点，在 y 轴上的投影为 Q 点，在 z 轴上的投影为 R 点，因此 M 点的坐标位置就是（P,Q,R）。

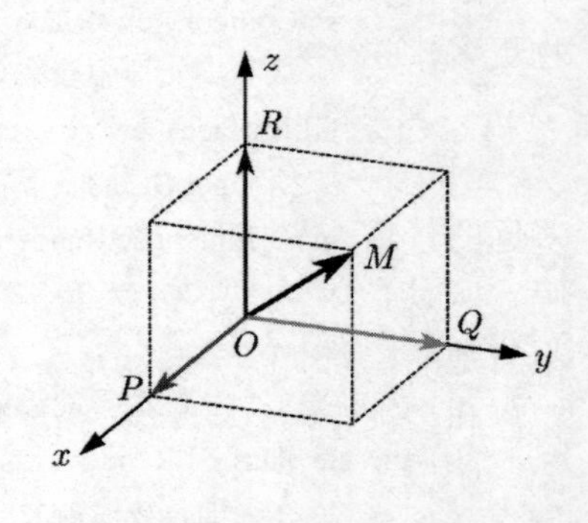

图 11-44　三维坐标空间

既然三维空间中的每个点都存在 x、y、z 三个方向的坐

标值，那么与物体位置有关的方法均需提供 x、y、z 三个方向的数值。比如物体的旋转方法 glRotatef、平移方法 glTranslatef、缩放方法 glScalef，要分别指定物体在三个坐标轴上的旋转方向、平移距离、缩放倍率。具体的方法调用例子如下所示：

```
// 沿着 y 轴的负方向旋转 90 度
gl.glRotatef(90, 0, -1, 0);
// 沿 x 轴方向移动 1 个单位
gl.glTranslatef(1, 0, 0);
// x，y，z 三方向各缩放 0.1 倍
gl.glScalef(0.1f, 0.1f, 0.1f);
```

3. 坐标矩阵变换

有了三维坐标系，还要把三维物体投影到二维平面上，才能在手机屏幕中绘制三维图形。这个投影操作主要有 3 个步骤，下面分别展开叙述：

（1）设置绘图区域

前面讲过 OpenGL 使用 GLSurfaceView 这个控件作为绘图场所，于是允许绘制的区域范围自然落在 GLSurfaceView 内部。设置绘图区域的方法是 glViewport，它指定了该区域左上角的平面坐标，以及区域的宽度和高度。当然一般 OpenGL 的绘图范围与 GLSurfaceView 的大小重合，所以倘若 GLSurfaceView 控件的宽度为 width，高度为 height，则设置绘图区域的方法调用示例如下：

```
// 设置输出屏幕大小
gl.glViewport(0, 0, width, height);
```

（2）调整镜头参数

框住了绘图区域，还要把三维物体在二维平面上的投影一点一点描绘进去才行，这中间的坐标变换计算由 OpenGL 内部自行完成，开发者无需关注具体的运算逻辑。好比日常生活中的拍照，用户只管拿起手机咔嚓一下，根本不用关心摄像头怎么生成照片。用户所关心的照片效果，不外乎景物是大还是小，是远还是近；用专业一点的术语来讲，景物的大小由镜头的焦距决定，景物的远近由镜头的视距决定。

对于镜头的焦距而言，拍摄同样尺寸的照片，广角镜头看到的景物比标准镜头看到的景物更多，这意味着单个景物在广角镜头中会比较小，从而照片面积不增大、容纳的景物却变多了。

对于镜头的视距而言，它表示镜头的视力好坏，即最近能看到多近的景物，最远能看到多远的景物。在日常生活当中，每个人的睫毛离自己的眼睛太近了，这么近的东西能看得清楚吗？所以必须规定一下，最近只能看清楚比如离眼睛十厘米的物体。很遥远的景物自然也是看不清楚的，所以也要规定一下，比如最远只能看到一公里之内的人影。这个能看清景物的最近距离和最远距离，就构成了镜头的视距。

所以，镜头的焦距是横向的，它反映了画面的广度；而镜头的视距是纵向的，它反映了画面的深度。在 OpenGL 中，这些镜头参数的调节依赖于 GL10 的 gluPerspective 方法，具体

的参数调整代码举例如下：

```
// 设置投影矩阵，对应 gluPerspective(调整相机参数)、glFrustumf(调整透视投影)、glOrthof(调整正投影)
gl.glMatrixMode(GL10.GL_PROJECTION);
// 重置投影矩阵，即去掉所有的参数调整操作
gl.glLoadIdentity();
// 设置透视图视窗大小。第二个参数是焦距的角度，第四个参数是能看清的最近距离，第五个参数是能看清的最远距离
GLU.gluPerspective(gl, 40, (float) width / height, 0.1f, 20.0f);
```

（3）挪动观测方位

调整好了镜头的拍照参数，要不要再摆个 POSE，来个花式摄影？比如用户跃上好几级台阶，居高临下拍摄；也可俯下身子，从下向上拍摄；还能把手机横过来拍或者倒过来拍。要是怕摄影家累坏了，不妨叫摆拍的模特自己挪动身影，或者走进或者走远，往左靠一点或者往右靠一点，还可以躺下来甚至倒立过来。

因此，不管是挪动相机的位置，还是挪动物体的位置，都会让照片里的景物发生变化。挪动相机的位置，依靠的是 GL10 的 gluLookAt 方法；至于挪动物体的位置，依靠的则是旋转方法 glRotatef、平移方法 glTranslatef，以及缩放方法 glScalef 了。下面是 OpenGL 挪动相机位置的方法调用代码：

```
// 选择模型观察矩阵，对应 gluLookAt（人动）、glTranslatef/glScalef/glRotatef（物动）
gl.glMatrixMode(GL10.GL_MODELVIEW);
// 重置模型矩阵，即去掉所有的位置挪动操作
gl.glLoadIdentity();
// 设置镜头的方位。第二到第四个参数为相机的位置坐标，第五到第七个参数为相机画面中心点的坐标，第八到第十个参数为朝上的坐标方向，比如第八个参数为 1 表示 x 轴朝上，第九个参数为 1 表示 y 轴朝上，第十个参数为 1 表示 z 轴朝上
GLU.gluLookAt(gl, 10.0f, 8.0f, 6.0f, 0.0f, 0.0f, 0.0f, 0.0f, 1.0f, 0.0f);
```

注意到前面调整相机参数和挪动相机位置这两个动作，都事先调用了 glMatrixMode 与 glLoadIdentity 方法，这是什么缘故呢？其实这两个方法结合起来只不过是状态重置操作，好比把手机恢复出厂设置，接下来重新进行状态设置。glMatrixMode 方法的参数指定了重置操作的类型，像 GL10.GL_PROJECTION 类型涵盖了所有的镜头参数调整方法，包括 gluPerspective（调整相机参数）、glFrustumf（调整透视投影）、glOrthof（调整正投影）三种方法，每次重置 GL10.GL_PROJECTION 类型，意味着之前的这三种参数设置统统失效。而 GL10.GL_MODELVIEW 类型涵盖的是位置变换的相关方法，包括挪动相机的 gluLookAt 方法，以及挪动物体的 glTranslatef/glScalef/glRotatef 方法，每次重置 GL10.GL_MODELVIEW 类型，意味着之前的位置挪动统统失效。

现在了解了以上的三维绘图的常见方法，接下来再看 OpenGL 的应用代码就会比较轻松了。先来看看一个最简单的三维立方体是如何实现的，下面是 OpenGL 绘制立方体的代码例子片段：

```
    protected void onCreate(Bundle savedInstanceState) {
```

```
        super.onCreate(savedInstanceState);
        setContentView(R.layout.activity_gl_cube);
        initVertexs();  // 初始化立方体的顶点集合，后面会再具体说明
        // 从布局文件中获取名叫 glsv_content 的图形库表面视图
        glsv_content = (GLSurfaceView) findViewById(R.id.glsv_content);
        // 给 OpenGL 的表面视图注册三维图形的渲染器
        glsv_content.setRenderer(new GLRender());
    }

    // 定义一个三维图形的渲染器
    private class GLRender implements GLSurfaceView.Renderer {
        // 在表面创建时触发
        public void onSurfaceCreated(GL10 gl, EGLConfig config) {
            // 设置白色背景。0.0f 相当于 00，1.0f 相当于 FF
            gl.glClearColor(1.0f, 1.0f, 1.0f, 1.0f);
            // 启用阴影平滑
            gl.glShadeModel(GL10.GL_SMOOTH);
        }

        // 在表面变更时触发
        public void onSurfaceChanged(GL10 gl, int width, int height) {
            // 设置输出屏幕大小
            gl.glViewport(0, 0, width, height);
            // 设置投影矩阵，对应 gluPerspective（调整相机）、glFrustumf（调整透视投影）、glOrthof
（调整正投影）
            gl.glMatrixMode(GL10.GL_PROJECTION);
            // 重置投影矩阵，即去掉所有的平移、缩放、旋转操作
            gl.glLoadIdentity();
            // 设置透视图视窗大小
            GLU.gluPerspective(gl, 40, (float) width / height, 0.1f, 20.0f);
            // 选择模型观察矩阵，对应 gluLookAt（人动）、glTranslatef/glScalef/glRotatef（物动）
            gl.glMatrixMode(GL10.GL_MODELVIEW);
            // 重置模型矩阵
            gl.glLoadIdentity();
        }

        // 执行框架绘制动作
        public void onDrawFrame(GL10 gl) {
            // 清除屏幕和深度缓存
            gl.glClear(GL10.GL_COLOR_BUFFER_BIT | GL10.GL_DEPTH_BUFFER_BIT);
            // 重置当前的模型观察矩阵
            gl.glLoadIdentity();
            // 设置画笔颜色
```

```
            gl.glColor4f(0.0f, 0.0f, 1.0f, 1.0f);
            // 设置观测点。eyeXYZ 表示眼睛坐标，centerXYZ 表示原点坐标，upX=1 表示 X 轴朝上，upY=1 表示 Y 轴朝上，upZ=1 表示 Z 轴朝上
            GLU.gluLookAt(gl, 10.0f, 8.0f, 6.0f, 0.0f, 0.0f, 0.0f, 0.0f, 1.0f, 0.0f);
            // 绘制一个立方体，后面会再具体说明
            drawCube(gl);
        }
    }
```

上面代码主要完成三维物体绘制前的准备工作，接下来继续介绍如何利用 GL10 进行实际的三维绘图操作。首先在三维坐标系中，每个点都有 x、y、z 三个方向上的坐标值，这样需要三个浮点数来表示一个点。然后一个面又至少由三个点组成，例如三个点可以构成一个三角形，而四个点可以构成一个四边形。于是 OpenGL 使用浮点数组表达一块平面区域的时候，数组大小=该面的顶点个数*3，也就是说，每三个浮点数用来指定一个顶点的 x、y、z 三轴坐标，所以总共需要三倍于顶点数量的浮点数才能表示这些顶点构成的平面。以下举个定义四边形的浮点数组例子：

```
    // 四边形的顶点坐标数组，每三个数组元素代表一个坐标点（含 x、y、z）
    float verticesFront[] = { 1f, 1f, 1f,    1f, 1f, -1f,    -1f, 1f, -1f,   -1f, 1f, 1f };
```

上述的浮点数组一共有 12 个浮点数，其中每三个浮点数代表一个点，因此这个四边形由下列坐标的顶点构成：点 1 坐标（1,1,1）、点 2 坐标（1,1,-1）、点 3 坐标（-1,1,-1）、点 4 坐标（-1,1,1）。

不过这个浮点数组并不能直接传给 OpenGL 处理，因为 OpenGL 的底层是用 C 语言实现的，C 语言与其他语言（如 Java）默认的数据存储方式在字节顺序上可能不同（如大端小端问题），所以其他语言的数据结构必须转换成 C 语言能够识别的形式，说白了就是翻译。这里面 C 语言能听懂的数据结构名叫 FloatBuffer，于是问题的实质就变成了如何将浮点数组 folat[] 转换为浮点缓存 FloatBuffer，具体的转换过程已经有了现成的模板，开发者只管套进去即可，详细的转换函数代码如下所示：

```
public static FloatBuffer getFloatBuffer(float[] array) {
    // 初始化字节缓冲区的大小=数组长度*数组元素大小。float 类型的元素大小为 Float.SIZE，
    // int 类型的元素大小为 Integer.SIZE，double 类型的元素大小为 Double.SIZE。
    ByteBuffer byteBuffer = ByteBuffer.allocateDirect(array.length * Float.SIZE);
    // 以本机字节顺序来修改字节缓冲区的字节顺序
    // OpenGL 在底层的实现是 C 语言，与 Java 默认的数据存储字节顺序可能不同，即大端小端问题。
    // 因此，为了保险起见，在将数据传递给 OpenGL 之前，需要指明使用本机的存储顺序
    byteBuffer.order(ByteOrder.nativeOrder());
    // 根据设置好的参数构造浮点缓冲区
    FloatBuffer floatBuffer = byteBuffer.asFloatBuffer();
    // 把数组数据写入缓冲区
    floatBuffer.put(array);
    // 设置浮点缓冲区的初始位置
```

```
        floatBuffer.position(0);
        return floatBuffer;
    }
```

现在有了可供 OpenGL 识别的 FloatBuffer 对象，接着描绘三维图形就有章可循了。绘制图形之前要先调用 glEnableClientState 方法启用顶点开关，绘制完成之后要调用 glDisableClientState 方法禁用顶点开关，在这两个方法之中再进行实际的点、线、面绘制操作。下面是绘制三维图形的函数调用顺序示例：

```
        // 启用顶点开关
        gl.glEnableClientState(GL10.GL_VERTEX_ARRAY);
        // 指定三维物体的顶点坐标集合
        // gl.glVertexPointer(***);
        // 在顶点坐标集合之间绘制点、线、面
        // gl.glDrawArrays(***);
        // 禁用顶点开关
        gl.glDisableClientState(GL10.GL_VERTEX_ARRAY);
```

注意到上面代码给出了描绘动作的两个方法 glVertexPointer 和 glDrawArrays，其中前者指定了三维物体的顶点坐标集合，后者才在顶点坐标集合之间绘制点、线、面。那么这两个方法的输入参数又是怎样取值的呢？先来看看 glVertexPointer 方法的函数参数定义，说明如下：

```
    void glVertexPointer(
        int size,  // 指定顶点的坐标维度。三维空间有 x、y、z 三个坐标轴，所以三维空间的 size 为 3。
同理，二维平面的 size 为 2，相对论时空观的 size 为 4（三维空间+时间）
        int type,  // 指定顶点的数据类型。GL10.GL_FLOAT 表示浮点数，GL_SHORT 表示短整型，等等。
        int stride,  // 指定顶点之间的间隔。通常取值为 0，表示这些顶点是连续的。
        java.nio.Buffer pointer // 所有顶点坐标的数据集合。这个便是前面转换而来的 FloatBuffer 对象了。
    );
```

通常情况下，OpenGL 用于处理三维空间的连续顶点的图形绘制，故而一般可按以下格式调用 glVertexPointer 方法：

```
        // 三维空间，顶点的坐标值为浮点数，且顶点是连续的集合
        gl.glVertexPointer(3, GL10.GL_FLOAT, 0, buffer);
```

再来看看 glDrawArrays 方法的函数参数定义，说明如下：

```
    void glDrawArrays(
        int mode,  // 指定顶点之间的绘制模式。是只描绘点，还是描绘顶点之间的线段，还是描绘顶点
构成的平面。
        int first,  // 从第 first 个顶点开始绘制。若无意外都是取值 0，表示从数组下标的第 0 个开始绘制。
        int count // 本次绘制操作的顶点数量。也就是说，从第 first 个点描绘到第（first+count）个顶点。
    );
```

这里补充介绍一下 glDrawArrays 方法的绘制模式取值，常见的几种绘制模式取值说明见表 11-3。

表 11-3 绘制模式的取值说明

glDrawArrays 方法的绘制模式	说明
GL10.GL_POINTS	只描绘各个独立的点
GL10.GL_LINE_STRIP	前后两个顶点用线段连接，但不闭合（最后一个点与第一个点不连接）
GL10.GL_LINE_LOOP	前后两个顶点用线段连接，并且闭合（最后一个点与第一个点有线段连接）
GL10.GL_TRIANGLES	每隔三个顶点绘制一个三角形的平面

按照目前的演示要求，只需绘制一个立方体的线段框架，因此可按以下格式调用 glDrawArrays 方法：

```
// 每个面画闭合的四边形线段，从第 0 个点开始绘制，绘制四边形的所有顶点（pointCount=4）
gl.glDrawArrays(GL10.GL_LINE_LOOP, 0, pointCount);
```

好不容易啰嗦了这么多，绘制一个简单的立方体已经八九不离十了，下面是立方体的图形绘制代码片段：

```
// 下面声明立方体六个面的顶点集合，并初始化每个面的浮点数组
private ArrayList<FloatBuffer> mVertices = new ArrayList<FloatBuffer>();
float[] verticesFront = { 1f, 1f, 1f,    1f, 1f, -1f,    -1f, 1f, -1f,   -1f, 1f, 1f };
float[] verticesBack = { 1f, -1f, 1f,   1f, -1f, -1f,   -1f, -1f, -1f, -1f, -1f, 1f };
float[] verticesTop = { 1f, 1f, 1f,     1f, -1f, 1f,    -1f, -1f, 1f,   -1f, 1f, 1f };
float[] verticesBottom = { 1f, 1f, -1f,   1f, -1f, -1f,   -1f, -1f, -1f, -1f, 1f, -1f };
float[] verticesLeft = { -1f, 1f, 1f,   -1f, 1f, -1f,   -1f, -1f, -1f,   -1f, -1f, 1f };
float[] verticesRight = { 1f, 1f, 1f,    1f, 1f, -1f,    1f, -1f, -1f,   1f, -1f, 1f };
int pointCount = verticesFront.length/3;  // 组成立方体的顶点总数

// 把顶点集合的数据结构由 float[]转换为 FloatBuffer
private void initVertexs() {
    mVertices.add(FileUtil.getFloatBuffer(verticesFront));
    mVertices.add(FileUtil.getFloatBuffer(verticesBack));
    mVertices.add(FileUtil.getFloatBuffer(verticesTop));
    mVertices.add(FileUtil.getFloatBuffer(verticesBottom));
    mVertices.add(FileUtil.getFloatBuffer(verticesLeft));
    mVertices.add(FileUtil.getFloatBuffer(verticesRight));
}

// 根据顶点数据集合，绘制立方体的线段框架
private void drawCube(GL10 gl) {
    // 启用顶点开关
    gl.glEnableClientState(GL10.GL_VERTEX_ARRAY);
    // 立方体由六个正方形平面组成
    for (FloatBuffer buffer : mVertices) {
        // 将三维物体的顶点坐标传给 OpenGL 管道
```

```
                gl.glVertexPointer(3, GL10.GL_FLOAT, 0, buffer);
                // GL_LINE_LOOP 表示用画线的方式将点连接并画出来
                gl.glDrawArrays(GL10.GL_LINE_LOOP, 0, pointCount);
            }
            // 禁用顶点开关
            gl.glDisableClientState(GL10.GL_VERTEX_ARRAY);
        }
```

立方体算是最简单的三维物体了，倘若是一个球体，也能按照上述的代码逻辑绘制球形框架，当然这个近似球体需要由许多个小三角形构成。绘制完成的立方体效果如图 11-45 所示，而球体效果如图 11-46 所示。

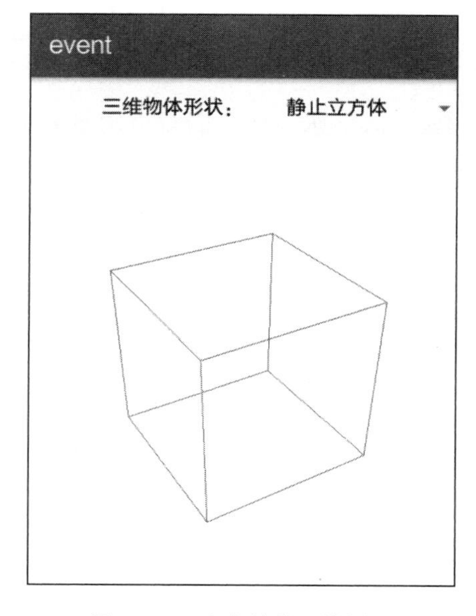

图 11-45 立方体的三维图形

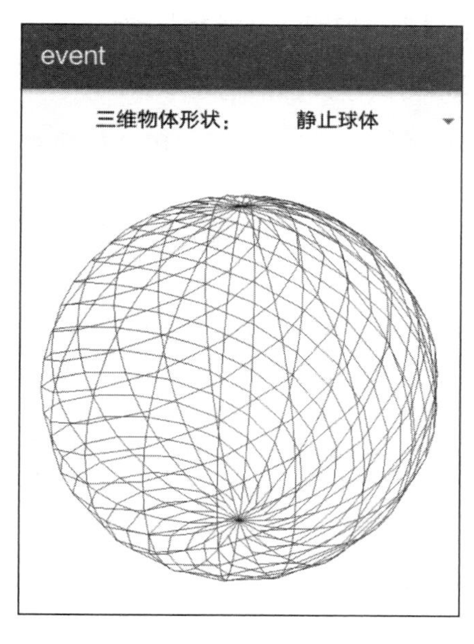

图 11-46 球体的三维图形

以上先后给出的立方体和球体效果图，虽然看起来具备立体的轮廓，可离真实的物体还差得远。因为现实生活中的物体不仅仅有个骨架，还有花纹有光泽（比如衣服），所以若想让三维物体更加符合实际，就得给它加一层皮，也可以说是加一件衣服，这个皮毛大衣用 OpenGL 的术语称呼则为“纹理”。

三维物体的骨架是通过三维坐标系表示的，每个点都有 x、y、z 三个方向上的数值大小。那么三维物体的纹理也需要通过纹理坐标系来表达，但纹理坐标并非三维形式而是二维形式，这是怎么回事呢？打个比方，裁缝店给顾客制作一件衣服，首先要丈量顾客的身高、肩宽，以及三围，然后才能根据这些身体数据剪裁布料，这便是所谓的量体裁衣。那做衣服的一匹一匹布料又是什么样子的？当然是摊开来一大片一大片整齐的布匹了，明显这些布匹近似于二维的平面。但是最终的成品衣服穿在顾客身上却是三维的模样，显然中间必定有个从二维布匹到三维衣服的转换过程。转换工作的一系列计算，离不开前面测量得到的身高、肩宽、三围等等，其中身高和肩宽是直线的长度，而三围是曲线的长度。如果把三围的曲线剪断并拉直，就能得到直线形式的三围；同理，把衣服这个三维的曲面剪开，然后把它摊平，得到平面形式的衣服。

于是，剪开并摊平后的平面衣服，即可与原始的平面布匹对应起来了。因此，纹理坐标的目的就是标记被摊平衣服的二维坐标，从而将同属二维坐标系的布匹一块一块贴上去。

在 OpenGL 体系之中，纹理坐标又称 UV 坐标，通过两个浮点数组合来设置一个点的纹理坐标(U,V)，其中 U 表示横轴，V 表示纵轴。纹理坐标不关心物体的三维位置，好比一个人不管走到哪里，不管做什么动作，身上穿的还是那件衣服。纹理坐标所要表述的，是衣服的一小片一小片分别来自于哪块布料，也就是说，每一小片衣服各是由什么材质构成。既可以是棉布材质，也可以是丝绸材质，还可以是尼龙材质，纹理只是衣服的脉络，材质才是贴上去的花色。

给三维物体穿衣服的动作，通常叫做给三维图形贴图，更专业地说叫纹理渲染。渲染纹理的过程主要由三大项操作组成，分别说明如下：

1. 启用纹理的一系列开关设置

该系列操作又包括下述步骤：

（1）渲染纹理肯定要启用纹理功能，并且为了能够正确渲染，还需同时启用深度测试。启用深度测试的目的，是只绘制物体朝向观测者的正面，而不绘制物体的背面。上一篇文章的立方体和球体因为没有开启深度测试，所以背面的线段也都画了出来。启用纹理与深度测试的代码示例如下：

```
// 启用某功能，对应的 glDisable 是关闭某功能。
// GL_DEPTH_TEST 指的是深度测试。启用纹理时必须同时开启深度测试，
// 这样只有像素点前面没有东西遮挡之时，该像素点才会予以绘制。
gl.glEnable(GL10.GL_DEPTH_TEST);
// 启用纹理
gl.glEnable(GL10.GL_TEXTURE_2D);
```

（2）OpenGL 默认的环境光是没有特定光源的散光，如果要实现特定光源的光照效果，则需开启灯照功能，另外至少启用一个光源，或者同时启用多个光源。下面是只开启一处灯光的代码例子：

```
// 开启灯照效果
gl.glEnable(GL10.GL_LIGHTING);
// 启用光源 0
gl.glEnable(GL10.GL_LIGHT0);
```

（3）就像人可以穿着多件衣服那样，三维物体也能接连描绘多种纹理，于是每次渲染纹理都得分配一个纹理编号。这个纹理编号的分配操作有点拗口，开发者不用太在意，只管按照下面例行公事便成：

```
// 使用 OpenGL 库创建一个材质(Texture)，首先要获取一个材质编号（保存在 textures 中）
int[] textures = new int[1];
gl.glGenTextures(1, textures, 0);
// 通知 OpenGL 使用这个 Texture 材质编号
gl.glBindTexture(GL10.GL_TEXTURE_2D, textures[0]);
```

（4）如同衣服有很宽松的款式，也有很紧身的款式，对于这些不是那么合身的情况，OpenGL 要怎么去渲染放大或者缩小了的纹理？此时就要指定下述的纹理参数设置了：

```
// 用来渲染的 Texture 可能比要渲染的区域大或者小，所以需要设置 Texture 放大或缩小时的模式
// GL_TEXTURE_MAG_FILTER 表示放大的情况，GL_TEXTURE_MIN_FILTER 表示缩小的情况
// 常用的两种模式为 GL10.GL_LINEAR 和 GL10.GL_NEAREST
// 需要比较清晰的图像使用 GL10.GL_NEAREST，而使用 GL10.GL_LINEAR 则会得到一个较模
糊的图像
gl.glTexParameterf(GL10.GL_TEXTURE_2D, GL10.GL_TEXTURE_MIN_FILTER,
GL10.GL_NEAREST);
gl.glTexParameterf(GL10.GL_TEXTURE_2D, GL10.GL_TEXTURE_MAG_FILTER,
GL10.GL_LINEAR);
// 当定义的材质坐标点超过 UV 坐标定义的大小（UV 坐标为 0,0 到 1,1），这时需要告诉 OpenGL
库如何去渲染这些不存在的纹理部分。
// GL_TEXTURE_WRAP_S 表示水平方向，GL_TEXTURE_WRAP_T 表示垂直方向
// 有两种设置：GL_REPEAT 表示重复 Texture，GL_CLAMP_TO_EDGE 表示只靠边线绘制一次
gl.glTexParameterf(GL10.GL_TEXTURE_2D, GL10.GL_TEXTURE_WRAP_S,
GL10.GL_CLAMP_TO_EDGE);
gl.glTexParameterf(GL10.GL_TEXTURE_2D, GL10.GL_TEXTURE_WRAP_T,
GL10.GL_CLAMP_TO_EDGE);
```

（5）最后还要声明一个位图对象绑定该纹理，表示后续的纹理渲染动作将使用该位图包裹三维物体，绑定位图材质的代码如下所示：

```
// 将位图 Bitmap 资源和纹理 Texture 绑定起来，即指定一个具体的材质
GLUtils.texImage2D(GL10.GL_TEXTURE_2D, 0, mBitmap, 0);
```

2. 计算材质的纹理坐标

三维物体的每个顶点坐标都以(x,y,z)构成，因此若要表达三个顶点的空间位置，就需要大小为 3*3=9 的浮点数组。前面提到纹理坐标是二维的，因此表达三个顶点的纹理坐标只需大小为 3*2=6 的浮点数组。至于详细的纹理坐标计算，则依据具体物体的形状以及材质的尺寸来决定，这里不再赘述。

3. 在三维图形上根据纹理点坐标逐个贴上对应的材质

渲染纹理除了要打开顶点开关，还要打开材质开关。同理，绑定顶点坐标的时候，也要绑定纹理坐标。因为材质是一片一片的花色，所以调用 glDrawArrays 绘制方法时，要指定采取 GL10.GL_TRIANGLE_STRIP 方式，表示本次绘图画的是一个三角形的平面，这样从位图对象裁剪出来的花纹就贴图完成了。

下面是进行材质贴图绘制的代码例子：

```
// 绘制地球仪
private void drawGlobe(GL10 gl) {
    // 启用材质开关
```

```
        gl.glEnableClientState(GL10.GL_TEXTURE_COORD_ARRAY);
        // 启用顶点开关
        gl.glEnableClientState(GL10.GL_VERTEX_ARRAY);
        for (int i = 0; i <= mDivide; i++) {
            // 将顶点坐标传给 OpenGL 管道
            gl.glVertexPointer(3, GL10.GL_FLOAT, 0, mVertices.get(i));
            // 声明纹理点坐标
            gl.glTexCoordPointer(2, GL10.GL_FLOAT, 0, mTextureCoords.get(i));
            // GL_LINE_STRIP 只绘制线条，GL_TRIANGLE_STRIP 才是画三角形的面
            gl.glDrawArrays(GL10.GL_TRIANGLE_STRIP, 0, mDivide * 2 + 2);
        }
        // 禁用顶点开关
        gl.glDisableClientState(GL10.GL_VERTEX_ARRAY);
        // 禁用材质开关
        gl.glDisableClientState(GL10.GL_TEXTURE_COORD_ARRAY);
    }
```

接着观察一下把世界地图贴到球体上面形成地球仪的效果，图 11-47 是一张原始的世界地图，可以看到底部的南极洲被拉得很大。

图 11-47　原始的世界地图平面

利用 OpenGL 将世界地图按照纹理坐标裁剪后贴到三维球体之上，贴图后的三维地球仪如图 11-48 和图 11-49 所示，其中图 11-48 展示了地球仪的东半球地图，图 11-49 展示了地球仪的西半球地图。

要想让这个地球从西向东转动起来，其实也很容易。由于 GLSurfaceView 的渲染器会持续调用 onDrawFrame 函数，因此只要在该函数中设置渐变的变换数值，即可轻松实现以下的三维动画效果：

（1）调用 glRotatef 方法设置渐变的角度，可实现三维物体的旋转动画。

（2）调用 glTranslatef 方法设置渐变的位移，可实现三维物体的平移动画。

（3）调用 glScalef 方法设置渐变的放大或缩小倍率，可实现三维物体的缩放动画。

图 11-48　地球仪的东半球地图

图 11-49　地球仪的西半球地图

11.6.3　代码示例

上一小节末尾提到，只要调用 glRotatef 方法设置旋转角度，即可完成三维物体的旋转操作。那么对于全景照片来说，从不同的角度进行观测，其实就是把全景图挪动若干角度的行为。于是业务层面的工作，便需实时计算当前的偏移角度，并将该旋转角度传给三维图形的渲染器。具体到编码上面，主要关注以下的三项处理。

1. 初始化全景照片的渲染器

该步骤需要声明 OpenGL ES 的版本号，并指定全景照片的资源编号，以及设置全景照片的渲染器。示例代码如下：

```
private PanoramaRender mRender;  // 声明一个全景渲染器

// 传入全景照片的资源编号
public void initRender(int drawableId) {
    // 声明使用 OpenGL ES 的版本号为 2.0
    glsv_panorama.setEGLContextClientVersion(2);
    // 创建一个全新的全景渲染器
    mRender = new PanoramaRender(mContext);
    setDrawableId(drawableId);
    // 设置全景照片的渲染器
    glsv_panorama.setRenderer(mRender);
}
```

2. 处理手势触摸事件引起的全景照片变换

该步骤需要接管页面布局的触摸事件，即重写 onTouchEvent 方法，在侦听到触摸移动事件之时，计算相应的旋转角度，并传给全景照片渲染器。同时注意规避触摸事件与陀螺仪感应之间的冲突，详细的触摸处理代码如下所示：

```
private float mPreviousXt, mPreviousYt;  //记录触摸时候的上一次 xy 坐标位置

// 在发生触摸事件时触发
public boolean onTouchEvent(MotionEvent event) {
    // 发生触摸时先注销陀螺仪感应，避免产生冲突
    mSensorMgr.unregisterListener(this);
    float y = event.getY();
    float x = event.getX();
    switch (event.getAction()) {
        case MotionEvent.ACTION_MOVE:  // 手指移动
            // 移动手势，则令全景照片旋转相应的角度
            float dy = y - mPreviousYs;
            float dx = x - mPreviousXs;
            mRender.yAngle += dx * 0.3f;
            mRender.xAngle += dy * 0.3f;
            break;
        case MotionEvent.ACTION_UP:  // 手指松开
            // 手势松开，则重新注册陀螺仪传感器
            mSensorMgr.registerListener(this, mGyroscopeSensor,
                    SensorManager.SENSOR_DELAY_FASTEST);
            break;
    }
    // 保存本次的触摸坐标数值
    mPreviousYs = y;
    mPreviousXs = x;
    return true;
}
```

3. 处理陀螺仪感应引起的全景照片变换

该步骤需要处理陀螺仪的旋转角度感应数据，首先要在系统中注册一个陀螺仪监听器，然后重写监听器的 onSensorChanged 方法，在该方法中分别获取 x、y、x 三个方向的偏移角度，然后计算全景图的旋转角度传给渲染器。下面是与陀螺仪有关的处理代码：

```
private SensorManager mSensorMgr;  // 声明一个传感管理器对象
private Sensor mGyroscopeSensor;  // 声明一个传感器对象
private float mPreviousXs, mPreviousYs;  // 记录陀螺仪感应的上一次 x、y 坐标位置
private float mTimestamp;  // 记录上一次的陀螺仪感应时间戳
private float mAngle[] = new float[3];  // 记录陀螺仪感应到的三个方向的旋转角度
```

```
// 初始化陀螺仪
private void initSensor() {
    // 从系统服务中获取传感管理器对象
    mSensorMgr = (SensorManager) mContext.getSystemService(Context.SENSOR_SERVICE);
    // 获得陀螺仪传感器
    mGyroscopeSensor = mSensorMgr.getDefaultSensor(Sensor.TYPE_GYROSCOPE);
    // 给陀螺仪传感器注册传感监听器
    mSensorMgr.registerListener(this, mGyroscopeSensor,
            SensorManager.SENSOR_DELAY_FASTEST);
}

public void onSensorChanged(SensorEvent event) {
    // 检测到陀螺仪的感应事件
    if (event.sensor.getType() == Sensor.TYPE_GYROSCOPE) {
        if (mTimestamp != 0) {
            final float dT = (event.timestamp - mTimestamp) * NS2S;
            mAngle[0] += event.values[0] * dT;
            mAngle[1] += event.values[1] * dT;
            mAngle[2] += event.values[2] * dT;
            float angleX = (float) Math.toDegrees(mAngle[0]);
            float angleY = (float) Math.toDegrees(mAngle[1]);
            float angleZ = (float) Math.toDegrees(mAngle[2]);
            // 计算本次的旋转角度偏移
            float dy = angleY - mPreviousYs;
            float dx = angleX - mPreviousXs;
            // 更新全景照片的旋转角度
            mRender.yAngle += dx * 2.0f;
            mRender.xAngle += dy * 0.5f;
            // 计算本次的旋转角度数值
            mPreviousYs = angleY;
            mPreviousXs = angleX;
        }
        mTimestamp = event.timestamp;
    }
}
```

最后用这个全景照片查看器来浏览全景图，体验一下身临其境的感觉，如图 11-50 所示是一张原始的室内全景照片，拍摄范围包括客厅、餐厅、卧室、书房、吊顶乃至地板。

图 11-50　原始的室内全景照片

用查看器打开图 11-50 所示的全景照片，一开始显示的是过道与餐厅，如图 11-51 所示；然后手指在屏幕上滑动，全景图也跟着切换不同的角度，如图 11-52 所示，此时滑到了客厅及卧室的方向。

图 11-51　初始的室内全景图

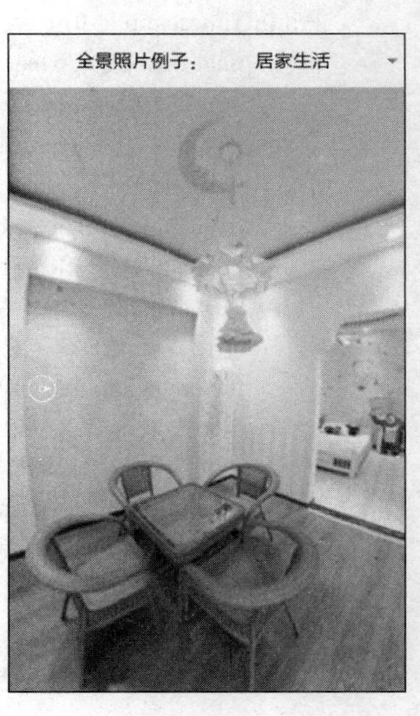

图 11-52　滑动后的室内全景图

11.7 小　　结

本章主要介绍了 App 开发用到的常见事件处理，包括按键事件的检测与处理（检测软键盘、检测物理按键、音量调节对话框）、触摸事件的检测与处理（手势事件的分发流程、手势事件处理 MotionEvent、手写签名）、手势检测的实现与用法（手势检测器、飞掠视图、手势控制横幅轮播）、手势冲突的处理方式（上下滚动与左右滑动的冲突处理、内部滑动与翻页滑动的冲突处理、正常下拉与下拉刷新的冲突处理）。最后设计了两个实战项目，一个是“抠图神器——美图变变”，另一个是“虚拟现实的全景图库”。在“抠图神器——美图变变”的项目编码中，采用了本章介绍的主要手势事件，包括单点触摸、多点触控等，并介绍了二维图像的基本加工操作。在“虚拟现实的全景图库”的项目编码中，通过结合手势触摸与陀螺仪感应，以及三维图形 OpenGL 技术，完成了虚拟现实的功能运用。

通过本章的学习，读者应该能够掌握以下 6 种开发技能：

（1）学会在合适的场合监听并处理按键事件。
（2）学会检测触摸事件并接管手势处理。
（3）学会使用主要的手势检测手段。
（4）学会避免手势冲突的情况发生。
（5）学会对二维图像的基本加工操作（含平移、缩放、旋转等）。
（6）学会对三维图形的初步渲染应用（含描点、画线、贴图等）。

第12章

动　画

本章介绍 App 开发常见的动画显示技术，主要包括如何使用帧动画实现电影播放效果、如何使用补间动画完成视图的 4 种基本状态变化、如何使用属性动画达成视图各种状态的动态变换效果、如何使用矢量动画展现更加精细的局部炫动特效，以及动画技术常用的 3 种代表手段。最后结合本章所学的知识演示一个实战项目“仿 QQ 空间的动感影集”的设计与实现。

12.1 帧 动 画

本节介绍帧动画相关的技术实现，首先说明如何通过动画图形与宿主视图播放帧动画，接着阐述播放 GIF 动画存在的问题和对应的解决思路与技术方案，最后介绍如何使用过渡图形实现两幅图片之间的淡入、淡出动画。

12.1.1 帧动画的实现

Android 的动画分为 3 大类：帧动画、补间动画和属性动画。其中，帧动画是实现原理最简单的一种，跟现实生活中的电影胶卷类似，都是在短时间内连续播放多张图片，从而模拟动态画面的效果。

具体到代码实现，帧动画由动画图形 AnimationDrawable 生成。下面是 AnimationDrawable 的常用方法。

- addFrame：添加一幅图片帧，并指定该帧的持续时间（单位毫秒）。
- setOneShot：设置是否只播放一次。为 true 表示只播放一次，为 false 表示循环播放。
- start：开始播放。注意，设置宿主视图后才能进行播放。
- stop：停止播放。
- isRunning：判断是否正在播放。

有了动画图形，还得有一个宿主视图显示该图形，一般使用图像视图 ImageView 承载 AnimationDrawable，即调用 ImageView 对象的 setImageDrawable 方法将动画图形加载到图像视图中。

下面是播放帧动画的代码片段：

```
// 在代码中生成帧动画并进行播放
private void showFrameAnimByCode() {
    // 创建一个帧动画
    ad_frame = new AnimationDrawable();
    // 下面把每帧图片加入到帧动画的队列中
    ad_frame.addFrame(getResources().getDrawable(R.drawable.flow_p1), 50);
    ad_frame.addFrame(getResources().getDrawable(R.drawable.flow_p2), 50);
    ad_frame.addFrame(getResources().getDrawable(R.drawable.flow_p3), 50);
    ad_frame.addFrame(getResources().getDrawable(R.drawable.flow_p4), 50);
    ad_frame.addFrame(getResources().getDrawable(R.drawable.flow_p5), 50);
    ad_frame.addFrame(getResources().getDrawable(R.drawable.flow_p6), 50);
    ad_frame.addFrame(getResources().getDrawable(R.drawable.flow_p7), 50);
    ad_frame.addFrame(getResources().getDrawable(R.drawable.flow_p8), 50);
    // 设置帧动画是否只播放一次。为 true 表示只播放一次，为 false 表示循环播放
    ad_frame.setOneShot(false);
    // 设置图像视图的图形为帧动画
    iv_frame_anim.setImageDrawable(ad_frame);
    ad_frame.start();  // 开始播放帧动画
}
```

帧动画的播放效果如图 12-1、图 12-2、图 12-3 所示。这组帧动画实际由 8 张瀑布图片构成，图中所示的 3 张画面为其中的 3 个瀑布帧，单看画面区别不大，连起来播放才能看到瀑布的流水动画。

图 12-1　瀑布动画帧 1

图 12-2　瀑布动画帧 2

图 12-3　瀑布动画帧 3

除了在代码中添加帧图片，还可以先把帧图片的排列定义在一个 XML 文件中；然后在代码中直接调用 ImageView 对象的 setImageResource 方法，加载帧动画的图形定义文件；再调用 ImageView 对象的 getDrawable 方法，获得动画图形的实例，并进行后续的播放操作。

下面是帧图片的定义文件：

```
<animation-list xmlns:android="http://schemas.android.com/apk/res/android" android:oneshot="false" >
    <item android:drawable="@drawable/flow_p1" android:duration="50"/>
    <item android:drawable="@drawable/flow_p2" android:duration="50"/>
    <item android:drawable="@drawable/flow_p3" android:duration="50"/>
    <item android:drawable="@drawable/flow_p4" android:duration="50"/>
    <item android:drawable="@drawable/flow_p5" android:duration="50"/>
    <item android:drawable="@drawable/flow_p6" android:duration="50"/>
    <item android:drawable="@drawable/flow_p7" android:duration="50"/>
    <item android:drawable="@drawable/flow_p8" android:duration="50"/>
</animation-list>
```

从图形定义文件中播放帧动画的效果与在代码中添加帧图片是一样的，代码如下：

```
    // 从 XML 文件中获取帧动画并进行播放
    private void showFrameAnimByXml() {
        // 设置图像视图的图像来源为帧动画的 XML 定义文件
        iv_frame_anim.setImageResource(R.drawable.frame_anim);
        // 从图像视图对象中获取帧动画
        ad_frame = (AnimationDrawable) iv_frame_anim.getDrawable();
        ad_frame.start();  // 开始播放帧动画
    }
```

12.1.2 显示 GIF 动画

GIF 在 Windows 上是常见的图片格式，主要用来播放短小的动画。Android 虽然号称支持 PNG、JPG、GIF 三种图片格式，但是并不支持直接播放 GIF 动图，如果在图像视图中加载一张 GIF 文件，只会显示 GIF 文件的第一帧图片。

要想在手机上显示 GIF 文件，就要借助于帧动画技术，具体的实现方式主要有以下两种：

（1）开发者在电脑上把 GIF 文件手工分解为一组帧图片，放入工程的资源目录中，再通过动画图形显示帧动画。

（2）在代码中将 GIF 文件自动分解为一系列图片数据，并获取每帧的持续时间，然后通过动画图形动态加载帧图片。该方式适合播放从服务器获取的 GIF 文件。

从 GIF 文件中分解帧图片有现成的开源框架代码，具体参见本书附带源码 animation 模块的 GifImage.java，以及 GifActivity.java 里面的 showGifAnimationOld 方法。

上述两种显示 GIF 动图的方法显然都不简单，毕竟 GIF 文件还是很流行的动图格式，因而 Android 从 9.0 开始增加了新的图像解码器 ImageDecoder，该解码器支持直接读取 GIF 文件的图形数据，通过搭配具备动画特征的图形工具 Animatable，即可轻松实现在 App 中播放 GIF

动图。详细的演示代码如下所示：

```
private void showGifAnimationNew() {
    if (Build.VERSION.SDK_INT >= Build.VERSION_CODES.P) {
        try {
            // 利用 Android 9.0 新增的 ImageDecoder 读取 gif 图片
            ImageDecoder.Source source = ImageDecoder.createSource(
                    getResources(), R.drawable.welcome);
            // 从数据源中解码得到 gif 图形数据
            Drawable gifDrawable = ImageDecoder.decodeDrawable(source);
            // 设置图像视图的图形为 gif 图片
            iv_gif.setImageDrawable(gifDrawable);
            // 如果是动画图形，则开始播放动画
            if (gifDrawable instanceof Animatable) {
                ((Animatable) iv_gif.getDrawable()).start();
            }
        } catch (Exception e) {
            e.printStackTrace();
        }
    }
}
```

GIF 文件的播放效果如图 12-4 和图 12-5 所示。其中，图 12-4 所示为 GIF 动图播放开始时的画面，图 12-5 所示为 GIF 动图临近播放结束时的画面。

图 12-4　GIF 动画开始播放

图 12-5　GIF 动画播放结束

上面提到 Android 9.0 新增了 ImageDecoder，该图像解码器不但支持播放 GIF 动图，也支持谷歌公司自研的 WebP 图片。WebP 格式是谷歌公司在 2010 年推出的新一代图片格式，它在压缩方面比 JPEG 格式更高效，拥有相同的图像质量，WebP 的图片大小比 JPEG 图片平均要小 30%。另外，WebP 还支持类似 GIF 格式那样的动图效果，ImageDecoder 从 WebP 图片读取出 Drawable 对象之后，即可转换成 Animatable 实例进行动画播放和停止播放的操作。

12.1.3 淡入淡出动画

帧动画的帧显示方式采用后面一帧直接覆盖前面一帧，这在快速轮播时没什么问题，但是如果每帧的间隔时间比较长（比如超过 0.5 秒），两帧之间的画面切换就会很生硬，直接从前一帧变成后一帧会让人觉得很突兀。为了解决这种长间隔切换图片在视觉效果方面的问题，Android 提供了过渡图形 TransitionDrawable 处理两张图片之间的渐变显示，即淡入淡出的动画效果。

过渡图形同样需要宿主视图显示该图形，即调用 ImageView 对象的 setImageDrawable 方法进行图形加载操作。下面是 TransitionDrawable 的常用方法说明。

- 构造函数：指定过渡图形的图形数组。该图形数组大小为 2，包含前后两张图形。
- startTransition：开始过渡操作。这里需要先设置宿主视图，然后才能进行渐变显示。
- resetTransition：重置过渡操作。
- reverseTransition：倒过来执行过渡操作。

下面是使用过渡图形的代码片段：

```
// 开始播放淡入淡出动画
private void showFadeAnimation() {
    // 淡入淡出动画需要先定义一个图形资源数组，用于变换图片
    Drawable[] drawableArray = {
            getResources().getDrawable(R.drawable.fade_begin),
            getResources().getDrawable(R.drawable.fade_end)
    };
    // 创建一个用于淡入淡出动画的过渡图形
    TransitionDrawable td_fade = new TransitionDrawable(drawableArray);
    // 设置图像视图的图像为过渡图形
    iv_fade_anim.setImageDrawable(td_fade);
    // 开始过渡图形的变换过程，其中变换时长为三秒
    td_fade.startTransition(3000);
}
```

过渡图形的播放效果如图 12-6 和图 12-7 所示。其中，如图 12-6 所示为开始转换不久的画面，此时仍以第一张图片为主；如图 12-7 所示为转换将要结束的画面，此时已经基本过渡到第二张图片。

图 12-6 淡入淡出动画开始播放

图 12-7 淡入淡出动画即将结束

12.2 补间动画

本节介绍补间动画的原理与用法，首先指出补间动画有 4 大类，分别是灰度动画、平移动画、缩放动画和旋转动画，介绍这 4 种动画的基本用法；接着阐述补间动画的原理，基于旋转动画的思想实现摇摆动画；然后介绍如何使用集合动画同时展示多种动画效果；最后就第 11 章的飞掠横幅遗留问题给出使用动画技术平滑切换前后视图的方案。

12.2.1 补间动画的种类

12.1 节提到两张图片之间的渐变效果可以使用过渡图形 TransitionDrawable 实现。一张图形内部能否运用渐变效果？比如对图片的大小进行自动缩放等。正好，Android 提供了补间动画，允许开发者实现某个视图的动态变换，具体包括 4 类动画效果，分别是灰度动画、平移动画、缩放动画和旋转动画。为什么把这 4 种动画称为补间动画呢？因为由开发者提供动画的起始状态值与终止状态值，然后系统按照时间推移计算中间的状态值，并自动把中间状态的视图补充到起止视图中，自动补充中间视图的动画就被简称为“补间动画”。

补间动画的 4 类动画（灰度动画 AlphaAnimation、平移动画 TranslateAnimation、缩放动画 ScaleAnimation 和旋转动画 RotateAnimation）都来自于共同的动画类 Animation，因此同时拥有 Animation 的属性与方法。下面是 Animation 的常用方法说明。

- setFillAfter：设置是否维持结束画面。true 表示动画结束后停留在结束画面，false 表示动画结束后恢复到开始画面。
- setRepeatMode：设置重播模式。Animation.RESTART 表示从头开始，

Animation.REVERSE 表示倒过来开始。默认为 Animation.RESTART。

- setRepeatCount: 设置重播次数。默认为 0 表示只播放一次。
- setDuration: 设置动画的持续时间。单位毫秒。
- setInterpolator: 设置动画的插值器。
- setAnimationListener: 设置动画事件的监听器。需实现接口 AnimationListener 的 3 个方法。
  - onAnimationStart: 在动画开始时触发。
  - onAnimationEnd: 在动画结束时触发。
  - onAnimationRepeat: 在动画重播时触发。

与帧动画一样，补间动画也需要找一个宿主视图，对宿主视图施展动画效果。不同的是，帧动画的宿主视图只能是 ImageView 相关的图像视图，而补间动画的宿主视图可以是任意视图，只要派生自 View 类就行。给补间动画指定宿主视图的方式很简单，调用宿主对象的 startAnimation 方法即可命令宿主视图开始动画，调用宿主对象的 clearAnimation 方法即可要求宿主视图清除动画。

具体到每种补间动画又有不同的初始化方式。下面来看具体说明。

（1）初始化灰度动画：在构造函数中指定视图透明度的前后数值。取值为 0.0～1.0，0 表示完全不透明，1 表示完全透明。

（2）初始化平移动画：在构造函数中指定视图左上角在平移前后的坐标值。其中，第一个参数为平移前的横坐标，第二个参数为平移后的横坐标，第三个参数为平移前的纵坐标，第四个参数为平移后的纵坐标。

（3）初始化缩放动画：在构造函数中指定视图横纵坐标的前后缩放比例。缩放比例取值 0.5 表示缩小到原来的二分之一，取值 2 表示放大到原来的两倍。其中，第一个参数为缩放前的横坐标比例，第二个参数为缩放后的横坐标比例，第三个参数为缩放前的纵坐标比例，第四个参数为缩放后的纵坐标比例。

（4）初始化旋转动画：在构造函数中指定视图的旋转角度。其中，第一个参数为旋转前的角度，第二个参数为旋转后的角度，第三个参数为圆心的横坐标类型，第四个参数为圆心横坐标的数值比例，第五个参数为圆心的纵坐标类型，第六个参数为圆心纵坐标的数值比例。坐标类型的取值说明见表 12-1。

表12-1　坐标类型的取值说明

Animation 类的坐标类型	说明
ABSOLUTE	绝对位置
RELATIVE_TO_SELF	相对自身位置
RELATIVE_TO_PARENT	相对上级位置

下面是使用 4 种补间动画的演示代码：

```
public class TweenAnimActivity extends AppCompatActivity implements AnimationListener {
    private ImageView iv_tween_anim;   // 声明一个图像视图对象
    private Animation alphaAnim, translateAnim, scaleAnim, rotateAnim;   // 声明四个补间动画对象
```

```
@Override
protected void onCreate(Bundle savedInstanceState) {
    super.onCreate(savedInstanceState);
    setContentView(R.layout.activity_tween_anim);
    // 从布局文件中获取名叫 iv_tween_anim 的图像视图
    iv_tween_anim = findViewById(R.id.iv_tween_anim);
    initAnimation();  // 初始化补间动画
    initTweenSpinner();
}

// 初始化补间动画
private void initAnimation() {
    // 创建一个灰度动画。从完全透明变为即将不透明
    alphaAnim = new AlphaAnimation(1.0f, 0.1f);
    alphaAnim.setDuration(3000);  // 设置动画的播放时长
    alphaAnim.setFillAfter(true);  // 设置维持结束画面
    // 创建一个平移动画。向左平移 100dp
    translateAnim = new TranslateAnimation(1.0f, Utils.dip2px(this, -100), 1.0f, 1.0f);
    translateAnim.setDuration(3000);  // 设置动画的播放时长
    translateAnim.setFillAfter(true);  // 设置维持结束画面
    // 创建一个缩放动画。宽度不变，高度变为原来的二分之一
    scaleAnim = new ScaleAnimation(1.0f, 1.0f, 1.0f, 0.5f);
    scaleAnim.setDuration(3000);  // 设置动画的播放时长
    scaleAnim.setFillAfter(true);  // 设置维持结束画面
    // 创建一个旋转动画。围绕着圆心顺时针旋转 360 度
    rotateAnim = new RotateAnimation(0f, 360f, Animation.RELATIVE_TO_SELF,
            0.5f, Animation.RELATIVE_TO_SELF, 0.5f);
    rotateAnim.setDuration(3000);  // 设置动画的播放时长
    rotateAnim.setFillAfter(true);  // 设置维持结束画面
}

// 初始化动画类型下拉框
private void initTweenSpinner() {
    ArrayAdapter<String> tweenAdapter = new ArrayAdapter<String>(this,
            R.layout.item_select, tweenArray);
    Spinner sp_tween = findViewById(R.id.sp_tween);
    sp_tween.setPrompt("请选择补间动画类型");
    sp_tween.setAdapter(tweenAdapter);
    sp_tween.setOnItemSelectedListener(new TweenSelectedListener());
    sp_tween.setSelection(0);
}
```

```
private String[] tweenArray = {"灰度动画", "平移动画", "缩放动画", "旋转动画"};
class TweenSelectedListener implements OnItemSelectedListener {
    public void onItemSelected(AdapterView<?> arg0, View arg1, int arg2, long arg3) {
        if (arg2 == 0) {
            // 命令图像视图开始播放灰度动画
            iv_tween_anim.startAnimation(alphaAnim);
            // 给灰度动画设置动画事件监听器
            alphaAnim.setAnimationListener(TweenAnimActivity.this);
        } else if (arg2 == 1) {
            // 命令图像视图开始播放平移动画
            iv_tween_anim.startAnimation(translateAnim);
            // 给平移动画设置动画事件监听器
            translateAnim.setAnimationListener(TweenAnimActivity.this);
        } else if (arg2 == 2) {
            // 命令图像视图开始播放缩放动画
            iv_tween_anim.startAnimation(scaleAnim);
            // 给缩放动画设置动画事件监听器
            scaleAnim.setAnimationListener(TweenAnimActivity.this);
        } else if (arg2 == 3) {
            // 命令图像视图开始播放旋转动画
            iv_tween_anim.startAnimation(rotateAnim);
            // 给旋转动画设置动画事件监听器
            rotateAnim.setAnimationListener(TweenAnimActivity.this);
        }
    }

    public void onNothingSelected(AdapterView<?> arg0) {}
}

// 在补间动画开始播放时触发
public void onAnimationStart(Animation animation) {}

// 在补间动画结束播放时触发
public void onAnimationEnd(Animation animation) {
    if (animation.equals(alphaAnim)) {  // 灰度动画
        // 创建一个灰度动画。从即将不透明变为完全透明
        Animation alphaAnim2 = new AlphaAnimation(0.1f, 1.0f);
        alphaAnim2.setDuration(3000);  // 设置动画的播放时长
        alphaAnim2.setFillAfter(true);  // 设置维持结束画面
        // 命令图像视图开始播放灰度动画
        iv_tween_anim.startAnimation(alphaAnim2);
    } else if (animation.equals(translateAnim)) {  // 平移动画
        // 创建一个平移动画。向右平移 100dp
```

```
            Animation translateAnim2 = new TranslateAnimation(Utils.dip2px(this, -100), 1.0f, 1.0f, 1.0f);
            translateAnim2.setDuration(3000);   // 设置动画的播放时长
            translateAnim2.setFillAfter(true);  // 设置维持结束画面
            // 命令图像视图开始播放平移动画
            iv_tween_anim.startAnimation(translateAnim2);
        } else if (animation.equals(scaleAnim)) {   // 缩放动画
            // 创建一个缩放动画。宽度不变，高度变为原来的两倍
            Animation scaleAnim2 = new ScaleAnimation(1.0f, 1.0f, 0.5f, 1.0f);
            scaleAnim2.setDuration(3000);   // 设置动画的播放时长
            scaleAnim2.setFillAfter(true);  // 设置维持结束画面
            // 命令图像视图开始播放缩放动画
            iv_tween_anim.startAnimation(scaleAnim2);
        } else if (animation.equals(rotateAnim)) {  // 旋转动画
            // 创建一个旋转动画。围绕着圆心逆时针旋转 360 度
            Animation rotateAnim2 = new RotateAnimation(0f, -360f,
                    Animation.RELATIVE_TO_SELF, 0.5f, Animation.RELATIVE_TO_SELF, 0.5f);
            rotateAnim2.setDuration(3000);  // 设置动画的播放时长
            rotateAnim2.setFillAfter(true); // 设置维持结束画面
            // 命令图像视图开始播放旋转动画
            iv_tween_anim.startAnimation(rotateAnim2);
        }
    }

    // 在补间动画重复播放时触发
    public void onAnimationRepeat(Animation animation) {}
}
```

补间动画的播放效果如图 12-8～图 12-15 所示。其中，图 12-8 和图 12-9 所示为灰度动画播放前后的画面，图 12-10 和图 12-11 所示为平移动画播放前后的画面，图 12-12 和图 12-13 所示为缩放动画播放前后的画面，图 12-14 和图 12-15 所示为旋转动画播放前后的画面。

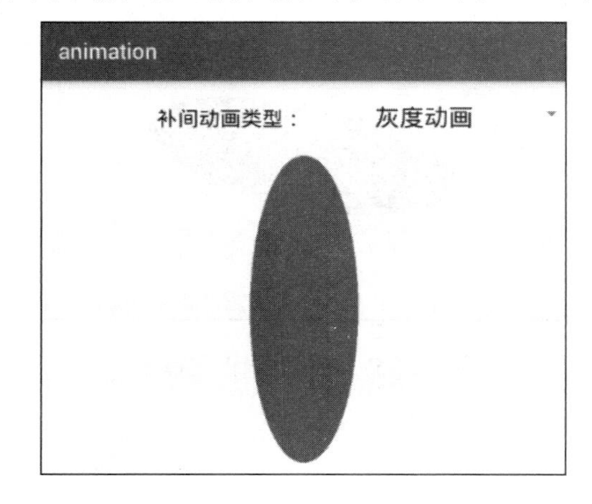

图 12-8　灰度动画开始播放

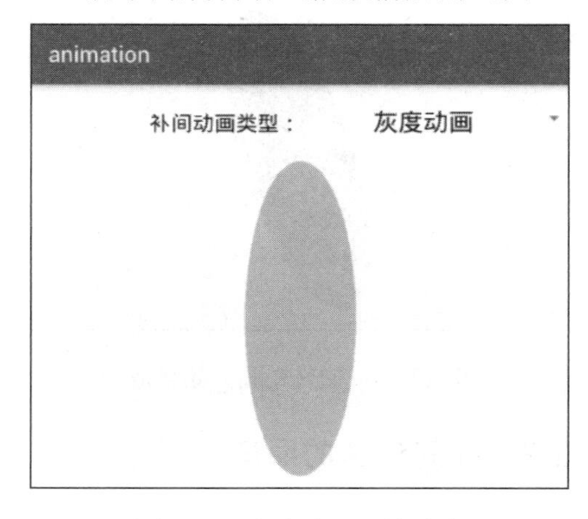

图 12-9　灰度动画即将结束

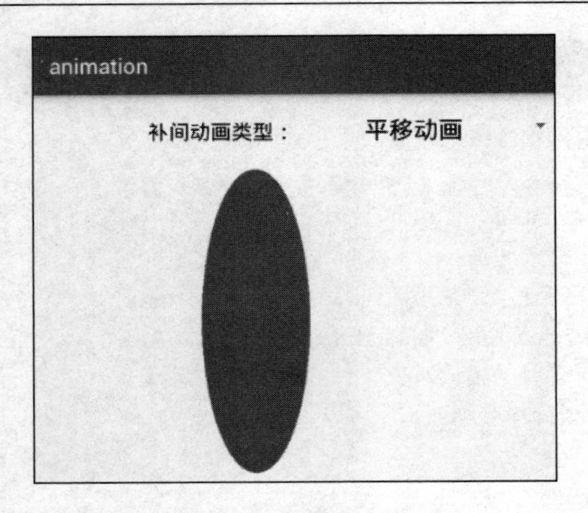

图 12-10　平移动画开始播放

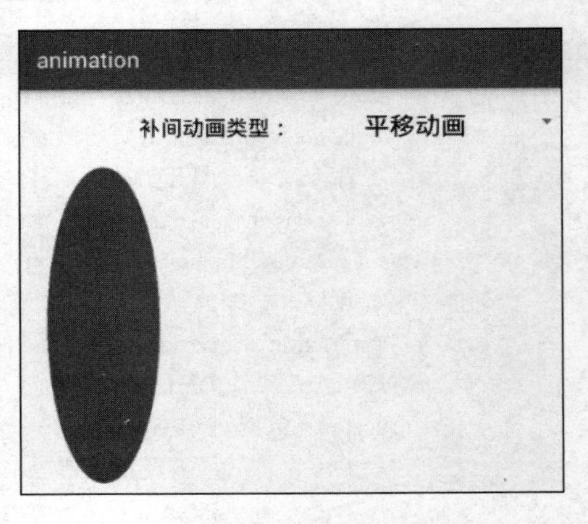

图 12-11　平移动画即将结束

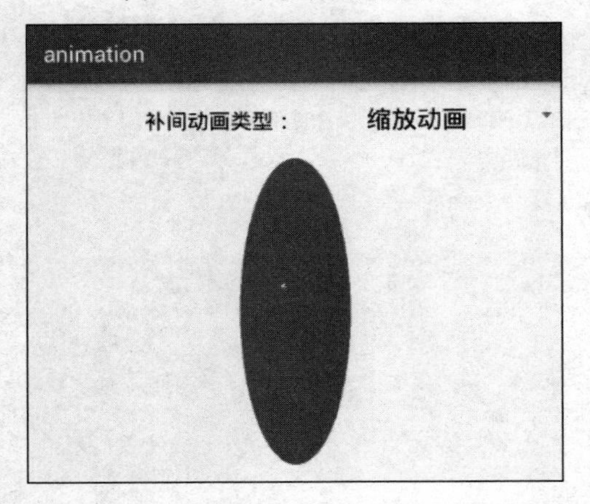

图 12-12　缩放动画开始播放

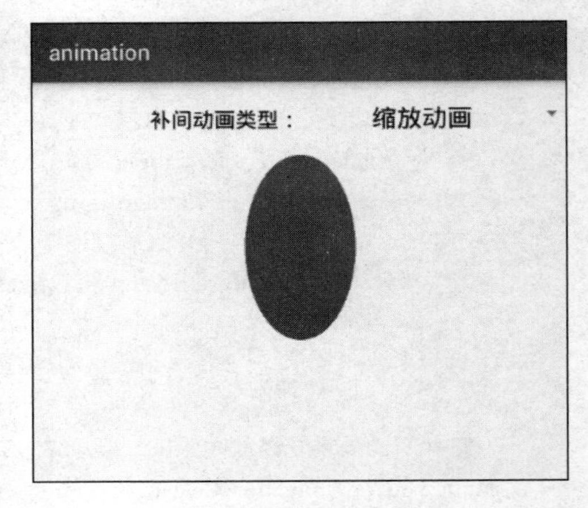

图 12-13　缩放动画即将结束

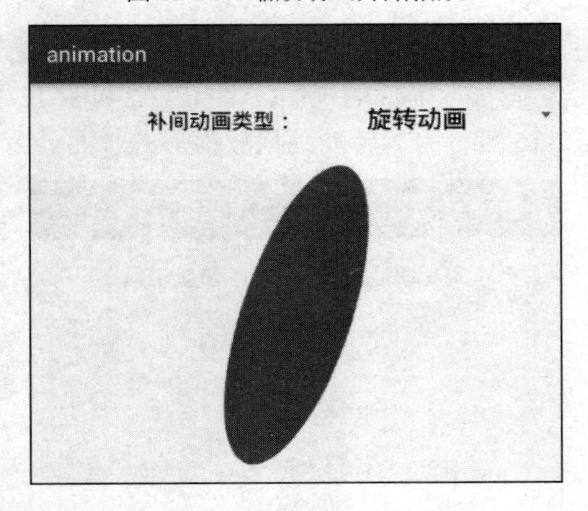

图 12-14　旋转动画开始播放

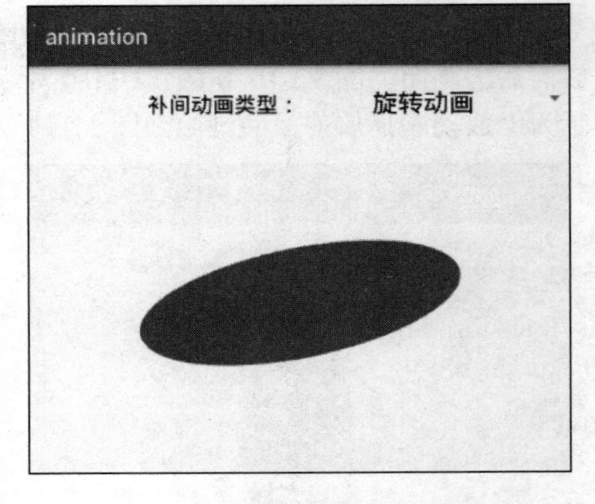

图 12-15　旋转动画正在播放

12.2.2　补间动画的原理

补间动画只提供了基本的动态变换，如果想要复杂的动画效果，比如像钟摆一样左摆一下再右摆一下，补间动画就无能为力了。我们有必要了解补间动画的实现原理，这样才能进行适当的改造，使其符合实际的业务需求。

下面以旋转动画 RotateAnimation 为例说明补间动画的实现原理。查看 RotateAnimation 的源码，发现除了一堆构造函数外，剩下的代码只有 3 个函数：

```
private void initializePivotPoint() {
    if (mPivotXType == ABSOLUTE) {
        mPivotX = mPivotXValue;
    }
    if (mPivotYType == ABSOLUTE) {
        mPivotY = mPivotYValue;
    }
}

@Override
protected void applyTransformation(float interpolatedTime, Transformation t) {
    float degrees = mFromDegrees + ((mToDegrees - mFromDegrees) * interpolatedTime);
    float scale = getScaleFactor();

    if (mPivotX == 0.0f && mPivotY == 0.0f) {
        t.getMatrix().setRotate(degrees);
    } else {
        t.getMatrix().setRotate(degrees, mPivotX * scale, mPivotY * scale);
    }
}

@Override
public void initialize(int width, int height, int parentWidth, int parentHeight) {
    super.initialize(width, height, parentWidth, parentHeight);
    mPivotX = resolveSize(mPivotXType, mPivotXValue, width, parentWidth);
    mPivotY = resolveSize(mPivotYType, mPivotYValue, height, parentHeight);
}
```

注意两个初始化函数都在处理圆心的坐标，实际与动画播放有关的代码只有 applyTransformation 方法。该方法很简单，提供了两个输入参数，第一个参数为插值时间，即逝去的时间所占的百分比，第二个参数为转换器。方法内部根据插值时间计算当前所处的角度 degrees，最后使用转换器把视图旋转到该角度。

查看其他补间动画的源码，发现都与 RotateAnimation 的处理大同小异，对中间状态的视图变换处理不外乎以下两个步骤：

步骤 01 根据插值时间计算当前的状态值（如灰度、距离、比率、角度等）。

步骤 02 在宿主视图上使用该状态值进行变换操作。

如此看来，补间动画的关键在于利用插值时间计算状态值。现在回头看看钟摆的左右摆动，这个摆动操作其实由 3 段旋转动画构成。

（1）以上面的端点为圆心，钟摆以垂直向下的状态向左旋转，转到左边的某个角度停住（比如左转 60 度）。

（2）钟摆从左边向右边旋转，转到右边的某个角度停住（比如右转 120 度，与垂直方向的夹角为 60 度）。

（3）钟摆从右边再向左旋转，当其摆到垂直方向时，完成一个周期的摇摆动作。

弄清楚了摇摆动画的运动过程，接下来根据插值时间计算对应的角度。具体到代码实现上，需要做以下两处调整：

（1）旋转动画初始化时只有两个度数，即起始角度和终止角度。摇摆动画需要 3 个参数，即中间角度（既是起始角度也是终止角度）、摆到左侧的角度和摆到右侧的角度。

（2）根据插值时间估算当前所处的角度。对于摇摆动画来说，需要做 3 个分支判断（对应之前 3 段旋转动画）。如果整个动画持续 4 秒，那么 0～1 秒为往左的旋转动画，该区间的起始角度为中间角度，终止角度为摆到左侧的角度；1～3 秒为往右的旋转动画，该区间的起始角度为摆到左侧的角度，终止角度为摆到右侧的角度；3～4 秒为往左的旋转动画，该区间的起始角度为摆到右侧的角度，终止角度为中间角度。

分析完毕，贴上修改后的摇摆动画代码片段：

```
// 在动画变换过程中调用
@Override
protected void applyTransformation(float interpolatedTime, Transformation t) {
    float degrees;
    float leftPos = (float) (1.0 / 4.0);  // 摆到左边端点时的时间比例
    float rightPos = (float) (3.0 / 4.0);  // 摆到右边端点时的时间比例
    if (interpolatedTime <= leftPos) {  // 从中间线往左边端点摆
        degrees = mMiddleDegrees + ((mLeftDegrees - mMiddleDegrees) * interpolatedTime * 4);
    } else if (interpolatedTime > leftPos && interpolatedTime < rightPos) {  // 从左边端点往右边端点摆
        degrees = mLeftDegrees + ((mRightDegrees - mLeftDegrees) * (interpolatedTime - leftPos) * 2);
    } else {  // 从右边端点往中间线摆
        degrees = mRightDegrees + ((mMiddleDegrees-mRightDegrees) * (interpolatedTime-rightPos)*4);
    }
    // 获得缩放比率
    float scale = getScaleFactor();
    if (mPivotX == 0.0f && mPivotY == 0.0f) {
        t.getMatrix().setRotate(degrees);
    } else {
        t.getMatrix().setRotate(degrees, mPivotX * scale, mPivotY * scale);
    }
}
```

摇摆动画的播放效果如图 12-16 和图 12-17 所示。其中，如图 12-16 所示为钟摆向左摆动时的画面，如图 12-17 所示为钟摆向右摆动时的画面。

图 12-16　摇摆动画向左摆动

图 12-17　摇摆动画向右摆动

12.2.3　集合动画

有时，一个动画效果会揉合多种动画技术，比如一边旋转、一边缩放用到集合动画 AnimationSet，把几个补间动画组装起来，实现让某视图同时呈现多种动画的效果。

集合动画与补间动画一样继承自 Animation 类，所以拥有补间动画的基本方法。但集合动画不像一般补间动画那样提供构造函数，而是通过 addAnimation 方法把别的补间动画加入本集合动画中。

下面是使用集合动画的代码片段：

```
// 初始化集合动画
private void initAnimation() {
    // 创建一个灰度动画
    Animation alphaAnim = new AlphaAnimation(1.0f, 0.1f);
    alphaAnim.setDuration(3000);  // 设置动画的播放时长
    alphaAnim.setFillAfter(true);  // 设置维持结束画面
    // 创建一个平移动画
    Animation translateAnim = new TranslateAnimation(1.0f, -200f, 1.0f, 1.0f);
    translateAnim.setDuration(3000);  // 设置动画的播放时长
    translateAnim.setFillAfter(true);  // 设置维持结束画面
    // 创建一个缩放动画
    Animation scaleAnim = new ScaleAnimation(1.0f, 1.0f, 1.0f, 0.5f);
    scaleAnim.setDuration(3000);  // 设置动画的播放时长
    scaleAnim.setFillAfter(true);  // 设置维持结束画面
    // 创建一个旋转动画
    Animation rotateAnim = new RotateAnimation(0f, 360f, Animation.RELATIVE_TO_SELF,
            0.5f, Animation.RELATIVE_TO_SELF, 0.5f);
    rotateAnim.setDuration(3000);  // 设置动画的播放时长
    rotateAnim.setFillAfter(true);  // 设置维持结束画面
    // 创建一个集合动画
    setAnim = new AnimationSet(true);
```

```
        // 下面在代码中添加集合动画
        setAnim.addAnimation(alphaAnim); // 给集合动画添加灰度动画
        setAnim.addAnimation(translateAnim); // 给集合动画添加平移动画
        setAnim.addAnimation(scaleAnim); // 给集合动画添加缩放动画
        setAnim.addAnimation(rotateAnim); // 给集合动画添加旋转动画
        setAnim.setFillAfter(true); // 设置维持结束画面
        startAnim(); // 开始播放集合动画
    }
```

集合动画的播放效果如图 12-18 和图 12-19 所示。其中，如图 12-18 所示为集合动画开始不久的画面，如图 12-19 所示为集合动画即将结束的画面。

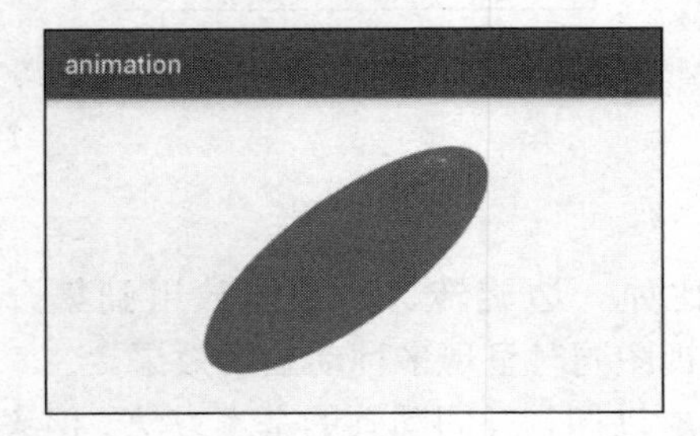

图 12-18 集合动画开始播放不久

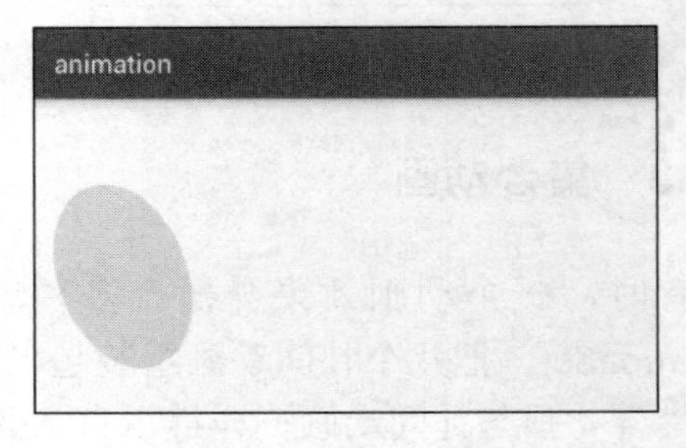

图 12-19 集合动画即将结束播放

帧动画允许在 XML 文件中存放动画定义，补间动画也允许，就连集合动画都可以放在一块描述。下面是一个集合动画的 XML 文件定义的例子，其中包含 4 个补间动画定义：

```
<!-- set 标记表示下面定义的是集合动画 -->
<set xmlns:android="http://schemas.android.com/apk/res/android">
    <!-- alpha 标记表示下面定义的是灰度动画 -->
    <alpha android:duration="3000" android:fromAlpha="1.0" android:toAlpha="0.1" />
    <!-- translate 标记表示下面定义的是平移动画 -->
    <translate android:duration="3000" android:fromXDelta="1.0"
        android:toXDelta="-200" android:fromYDelta="1.0" android:toYDelta="1.0" />
    <!-- scale 标记表示下面定义的是缩放动画 -->
    <scale android:duration="3000" android:fromXScale="1.0" android:toXScale="1.0"
        android:fromYScale="1.0" android:toYScale="0.5" />
    <!-- rotate 标记表示下面定义的是旋转动画 -->
    <rotate android:duration="3000" android:fromDegrees="0" android:toDegrees="360"
        android:pivotX="50%" android:pivotY="50%" />
</set>
```

在代码中调用动画工具 AnimationUtils 的 loadAnimation 方法，即可加载该集合动画的文件定义，无须在代码中定义其他 4 种补间动画。具体加载代码如下：

```
        // 下面从 XML 文件中获取集合动画
        setAnim.addAnimation(AnimationUtils.loadAnimation(this, R.anim.anim_set));
```

使用上述 XML 文件演示集合动画的效果如图 12-18 和图 12-19 所示，画面效果与代码定义方式没什么区别。

12.2.4　在飞掠横幅中使用补间动画

第 11 章介绍飞掠视图 ViewFlipper 时，结合手势检测器 GestureDetector 实现了飞掠横幅的效果。不过前后 Banner 的飞掠切换有些生硬，后面的广告图一下子把前面的广告图覆盖，显得十分突兀，完全不如 ViewPager 那样翻页自然。现在我们正好活学活用，试试利用补间动画技术给飞掠横幅加上动画翻页变换，看看能否达到自然翻页的预期效果。

第 11 章提到，ViewFlipper 有以下 4 个操作动画的方法：

- setInAnimation：设置视图的移入动画。
- getInAnimation：获取移入动画的动画对象。
- setOutAnimation：设置视图的移出动画。
- getOutAnimation：获取移出动画的动画对象。

通过这 4 个动画方法加载动画定义，应该能实现飞掠视图前后切换的动画效果。

首先定义几个动画定义文件，用来描述移入动画和移出动画的行为。具体地说，包括 4 个动画定义文件：向左移入动画、向左移出动画、向右移入动画和向右移出动画。下面对这 4 个动画定义文件分别进行说明。

（1）向左移入动画，用来描述 Banner 向左翻页时右边页面的移入行为，动画文件名为 push_left_in.xml，文件内容如下：

```
<set xmlns:android="http://schemas.android.com/apk/res/android">
    <translate   android:duration="1500"   android:fromXDelta="100.0%p"   android:toXDelta="0.0" />
    <alpha   android:duration="1500"   android:fromAlpha="0.1"   android:toAlpha="1.0" />
</set>
```

（2）向左移出动画，用来描述 Banner 向左翻页时左边页面的移出行为，动画文件名为 push_left_out.xml，文件内容如下：

```
<set xmlns:android="http://schemas.android.com/apk/res/android">
    <translate   android:duration="1500"   android:fromXDelta="0.0"   android:toXDelta="-100.0%p" />
    <alpha   android:duration="1500"   android:fromAlpha="1.0"   android:toAlpha="0.1" />
</set>
```

（3）向右移入动画，用来描述 Banner 向右翻页时左边页面的移入行为，动画文件名为 push_right_in.xml，文件内容如下：

```
<set xmlns:android="http://schemas.android.com/apk/res/android">
    <translate   android:duration="1500"   android:fromXDelta="-100.0%p"   android:toXDelta="0.0" />
    <alpha   android:duration="1500"   android:fromAlpha="0.1"   android:toAlpha="1.0" />
</set>
```

（4）向右移出动画，用来描述 Banner 向右翻页时右边页面的移出行为，动画文件名为 push_right_out.xml，文件内容如下：

```
<set xmlns:android="http://schemas.android.com/apk/res/android">
    <translate android:duration="1500" android:fromXDelta="0.0" android:toXDelta="100.0%p" />
    <alpha android:duration="1500" android:fromAlpha="1.0" android:toAlpha="0.1" />
</set>
```

在第 11 章的 BannerFlipper 代码中补充以下片段，加载相关动画定义文件，并在翻页时展示动画：

```
    // 播放下一个场景
    public void startFlip() {
        mFlipper.startFlipping(); // 开始轮播
        // 设置飞掠视图的淡入动画
        mFlipper.setInAnimation(AnimationUtils.loadAnimation(mContext, R.anim.push_left_in));
        // 设置飞掠视图的淡出动画
        mFlipper.setOutAnimation(AnimationUtils.loadAnimation(mContext, R.anim.push_left_out));
        // 设置飞掠视图淡出动画的动画事件监听器
        mFlipper.getOutAnimation().setAnimationListener(new BannerAnimationListener());
        mFlipper.showNext(); // 显示下一个场景
    }

    // 播放上一个场景
    public void backFlip() {
        mFlipper.startFlipping(); // 开始轮播
        // 设置飞掠视图的淡入动画
        mFlipper.setInAnimation(AnimationUtils.loadAnimation(mContext, R.anim.push_right_in));
        // 设置飞掠视图的淡出动画
        mFlipper.setOutAnimation(AnimationUtils.loadAnimation(mContext, R.anim.push_right_out));
        // 设置飞掠视图淡出动画的动画事件监听器
        mFlipper.getOutAnimation().setAnimationListener(new BannerAnimationListener());
        mFlipper.showPrevious(); // 显示上一个场景
        // 设置飞掠视图的淡入动画
        mFlipper.setInAnimation(AnimationUtils.loadAnimation(mContext, R.anim.push_left_in));
        // 设置飞掠视图的淡出动画
        mFlipper.setOutAnimation(AnimationUtils.loadAnimation(mContext, R.anim.push_left_out));
        // 设置飞掠视图淡出动画的动画事件监听器
        mFlipper.getOutAnimation().setAnimationListener(new BannerAnimationListener());
    }

    // 定义一个飞掠动画监听器
    private class BannerAnimationListener implements Animation.AnimationListener {
        // 在补间动画开始播放时触发
        public final void onAnimationStart(Animation animation) {}

        // 在补间动画结束播放时触发
```

```
        public final void onAnimationEnd(Animation animation) {
            // 获得正在播放的场景位置
            int position = mFlipper.getDisplayedChild();
            // 根据场景位置，设置当前的高亮指示圆点
            ((RadioButton) mGroup.getChildAt(position)).setChecked(true);
        }

        // 在补间动画重复播放时触发
        public final void onAnimationRepeat(Animation animation) {}
    }
```

改造后的飞掠横幅在翻页时的动画效果如图 12-20 和图 12-21 所示。其中，如图 12-20 所示为向左翻页开始不久的画面，右边页面逐步移入且色彩渐渐淡入；如图 12-21 所示为向左翻页即将结束时的画面，左边页面逐步移出且色彩渐渐淡出。

图 12-20　飞掠横幅开始向左翻页

图 12-21　飞掠横幅左翻即将结束

读者是否注意到，集成了动画效果的飞掠横幅与第 7 章的横幅轮播 Banner 竟有几分相似。采用不同技术实现的效果殊途同归，这正是 Android 开发的魅力所在。

12.3　属性动画

本节介绍属性动画的应用场合与进阶用法，首先说明为何属性动画是补间动画的升级版，以及属性动画的基本用法；接着说明如何运用属性动画组合实现多个属性动画的同时播放与顺序播放效果；最后对动画技术中的插值器和估值器进行分析，并演示不同插值器的动画效果。

12.3.1　属性动画的用法

视图 View 有许多状态属性，4 种补间动画只对其中 6 种属性进行操作，这 6 种属性的说明见表 12-2。

表12-2 补间动画的属性说明

View 类的属性名称	属性说明	属性设置方法	对应的补间动画
alpha	透明度	setAlpha	灰度动画
rotation	旋转角度	setRotation	旋转动画
scaleX	横坐标的缩放比例	setScaleX	缩放动画
scaleY	纵坐标的缩放比例	setScaleY	缩放动画
translationX	横坐标的平移距离	setTranslationX	平移动画
translationY	纵坐标的平移距离	setTranslationY	平移动画

可是每个控件的属性远不止这 6 种，如果要求对视图的背景颜色做渐变处理，补间动画就无能为力了。为此，Android 自 3.0 后引入了属性动画 ObjectAnimator，属性动画突破了补间动画的局限，允许视图的所有属性都能实现渐变的动画效果，例如背景颜色、文字颜色、文字大小等。只要设定某属性的起始值与终止值、渐变的持续时间，属性动画即可实现该属性的动画渐变效果。

下面是 ObjectAnimator 的常用方法。

- ofInt：定义整型属性的属性动画。
- ofFloat：定义浮点型属性的属性动画。
- ofArgb：定义颜色属性的属性动画。
- ofObject：定义对象属性的属性动画。用于不是上述三种类型的属性，例如 Rect 对象。

以上 4 个 of 方法的第一个参数为宿主视图对象，第二个参数为需要变化的属性名称，第三个参数后为属性变化的各个状态值。注意，of 方法后面的参数个数是变化的。如果第 3 个参数是状态 A，第 4 个参数是状态 B，属性动画就从 A 状态变为 B 状态；如果第 3 个参数是状态 A，第 4 个参数是状态 B，第 5 个参数是状态 C，属性动画就先从 A 状态变为 B 状态，再从 B 状态变为 C 状态。

- setRepeatMode：设置重播模式。ValueAnimator.RESTART 表示从头开始，ValueAnimator.REVERSE 表示倒过来开始。默认为 ValueAnimator.RESTART。
- setRepeatCount：设置重播次数。默认为 0 表示只播放一次。
- setDuration：设置动画的持续时间。单位毫秒。
- setInterpolator：设置动画的插值器。
- setEvaluator：设置动画的估值器。
- start：开始播放动画。
- cancel：取消播放动画。
- end：结束播放动画。
- pause：暂停播放动画。
- resume：恢复播放动画。
- reverse：倒过来播放动画。
- isRunning：判断动画是否在播放。注意，暂停时，isRunning 方法仍然返回 true。
- isPaused：判断动画是否被暂停。

- isStarted：判断动画是否已经开始。注意，曾经播放与正在播放都算已经开始。
- addListener：添加动画监听器，需实现接口 AnimatorListener 的 4 个方法。
  - onAnimationStart：在动画开始播放时触发。
  - onAnimationEnd：在动画结束播放时触发。
  - onAnimationCancel：在动画取消播放时触发。
  - onAnimationRepeat：在动画重播时触发。
- removeListener：移出指定的动画监听器。
- removeAllListeners：移出所有动画监听器。

下面是使用属性动画的代码：

```
public class ObjectAnimActivity extends AppCompatActivity {
    private ImageView iv_object_anim;  // 声明一个图像视图对象
    private ObjectAnimator alphaAnim, translateAnim, scaleAnim, rotateAnim;  //分别声明 4 个属性动画
对象

    @Override
    protected void onCreate(Bundle savedInstanceState) {
        super.onCreate(savedInstanceState);
        setContentView(R.layout.activity_object_anim);
        // 从布局文件中获取名叫 iv_object_anim 的图像视图
        iv_object_anim = findViewById(R.id.iv_object_anim);
        initAnimator();  // 初始化属性动画
        initObjectSpinner();
    }

    // 初始化属性动画
    private void initAnimator() {
        // 构造一个在透明度上变化的属性动画
        alphaAnim = ObjectAnimator.ofFloat(iv_object_anim, "alpha", 1f, 0.1f, 1f);
        // 构造一个在横轴上平移的属性动画
        translateAnim = ObjectAnimator.ofFloat(iv_object_anim, "translationX", 0f, -200f, 0f, 200f, 0f);
        // 构造一个在纵轴上缩放的属性动画
        scaleAnim = ObjectAnimator.ofFloat(iv_object_anim, "scaleY", 1f, 0.5f, 1f);
        // 构造一个围绕中心点旋转的属性动画
        rotateAnim = ObjectAnimator.ofFloat(iv_object_anim, "rotation", 0f, 360f, 0f);
    }

    // 初始化动画类型下拉框
    private void initObjectSpinner() {
        ArrayAdapter<String> objectAdapter = new ArrayAdapter<String>(this,
                R.layout.item_select, objectArray);
        Spinner sp_object = findViewById(R.id.sp_object);
```

```
        sp_object.setPrompt("请选择属性动画类型");
        sp_object.setAdapter(objectAdapter);
        sp_object.setOnItemSelectedListener(new ObjectSelectedListener());
        sp_object.setSelection(0);
    }

    private String[] objectArray = {"灰度动画", "平移动画", "缩放动画", "旋转动画", "裁剪动画"};

    class ObjectSelectedListener implements OnItemSelectedListener {
        public void onItemSelected(AdapterView<?> arg0, View arg1, int arg2, long arg3) {
            showAnimation(arg2);  // 显示指定类型的属性动画
        }

        public void onNothingSelected(AdapterView<?> arg0) {}
    }

    @TargetApi(Build.VERSION_CODES.JELLY_BEAN_MR2)
    // 显示指定类型的属性动画
    private void showAnimation(int type) {
        ObjectAnimator anim = null;
        if (type == 0) {  // 灰度动画
            anim = alphaAnim;
        } else if (type == 1) {  // 平移动画
            anim = translateAnim;
        } else if (type == 2) {  // 缩放动画
            anim = scaleAnim;
        } else if (type == 3) {  // 旋转动画
            anim = rotateAnim;
        } else if (type == 4) {  // 裁剪动画
            if (Build.VERSION.SDK_INT < Build.VERSION_CODES.JELLY_BEAN_MR2) {
                Toast.makeText(this, "矩形估值器需要 Android4.3 及以上版本",
                        Toast.LENGTH_SHORT).show();
                return;
            }
            int width = iv_object_anim.getWidth();
            int height = iv_object_anim.getHeight();
            // 构造一个从四周向中间裁剪的属性动画
            ObjectAnimator clipAnim = ObjectAnimator.ofObject(iv_object_anim, "clipBounds",
                    new RectEvaluator(), new Rect(0, 0, width, height),
                    new Rect(width / 3, height / 3, width / 3 * 2, height / 3 * 2),
                    new Rect(0, 0, width, height));
            anim = clipAnim;
        }
        if (anim != null) {
```

```
                anim.setDuration(3000);  // 设置动画的播放时长
                anim.start();  // 开始播放属性动画
            }
        }
}
```

在上述代码演示的属性动画中，补间动画已经实现的效果就不再给出图示了，补间动画未实现的裁剪动画效果如图 12-22 和图 12-23 所示。其中，如图 12-22 所示为裁剪即将开始时的画面，如图 12-23 所示为裁剪过程中的画面。

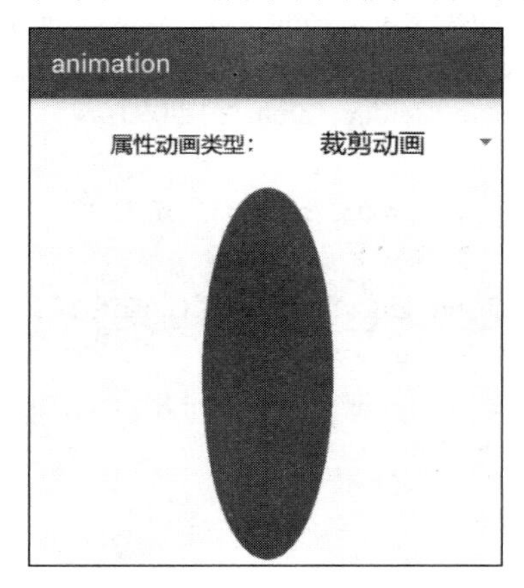

图 12-22　裁剪动画即将开始

图 12-23　裁剪动画正在播放

12.3.2　属性动画组合

补间动画可以通过集合动画 AnimationSet 组装多种动画效果，属性动画也有类似的做法，即通过属性动画组合 AnimatorSet 组装多种属性动画。

AnimatorSet 虽然与 ObjectAnimator 都是继承自 Animator，但是两者的使用方法略有出入，主要是属性动画组合少了部分方法。下面是 AnimatorSet 的常用方法。

- setDuration：设置动画组合的持续时间。单位毫秒。
- setInterpolator：设置动画组合的插值器。
- play：设置当前动画。该方法返回一个 AnimatorSet.Builder 对象，可对该对象调用组装方法添加新动画，从而实现动画组装功能。下面是 Builder 的组装方法说明。
  - with：指定该动画与当前动画一起播放。
  - before：指定该动画在当前动画之前播放。
  - after：指定该动画在当前动画之后播放。
- start：开始播放动画组合。
- pause：暂停播放动画组合。
- resume：恢复播放动画组合。
- cancel：取消播放动画组合。

- end：结束播放动画组合。
- isRunning：判断动画组合是否在播放。
- isStarted：判断动画组合是否已经开始。

下面是使用属性动画组合的代码：

```
// 初始化属性动画
private void initAnimator() {
    // 构造一个在横轴上平移的属性动画
    ObjectAnimator anim1 = ObjectAnimator.ofFloat(iv_object_group, "translationX", 0f, 100f);
    // 构造一个在透明度上变化的属性动画
    ObjectAnimator anim2 = ObjectAnimator.ofFloat(iv_object_group, "alpha", 1f, 0.1f, 1f, 0.5f, 1f);
    // 构造一个围绕中心点旋转的属性动画
    ObjectAnimator anim3 = ObjectAnimator.ofFloat(iv_object_group, "rotation", 0f, 360f);
    // 构造一个在纵轴上缩放的属性动画
    ObjectAnimator anim4 = ObjectAnimator.ofFloat(iv_object_group, "scaleY", 1f, 0.5f, 1f);
    // 构造一个在横轴上平移的属性动画
    ObjectAnimator anim5 = ObjectAnimator.ofFloat(iv_object_group, "translationX", 100f, 0f);
    // 创建一个属性动画组合
    AnimatorSet animSet = new AnimatorSet();
    // 把指定的属性动画添加到属性动画组合
    AnimatorSet.Builder builder = animSet.play(anim2);
    // 动画播放顺序为：anim1 先执行，然后再一起执行 anim2、anim3、anim3，最后执行 anim5
    builder.with(anim3).with(anim4).after(anim1).before(anim5);
    animSet.setDuration(4500);  // 设置动画的播放时长
    animSet.start();  // 开始播放属性动画
}
```

属性动画组合的演示效果如图 12-24 和图 12-25 所示。其中，如图 12-24 所示为动画组合开始播放不久的画面，如图 12-25 所示为动画组合播放过程中的画面。

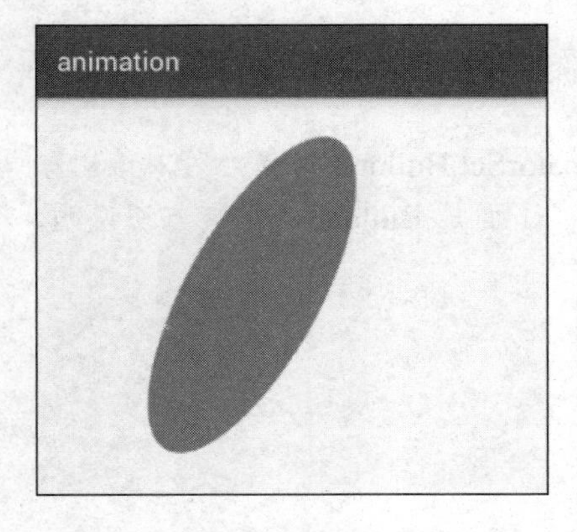

图 12-24　属性动画组合开始播放

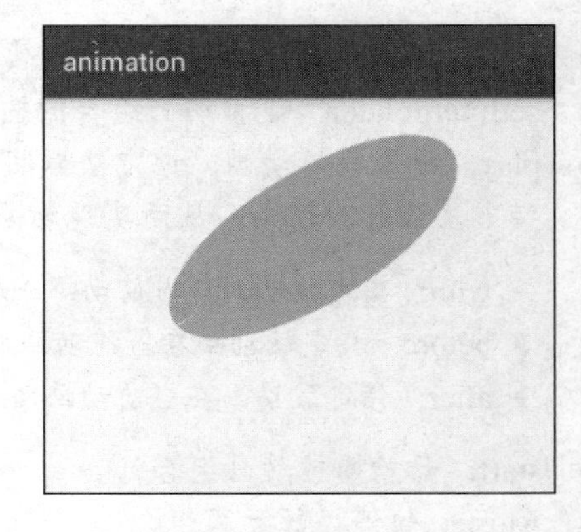

图 12-25　属性动画组合正在播放

12.3.3　插值器和估值器

前面在介绍补间动画与属性动画时提到了插值器，属性动画还提到了估值器，因为插值器和估值器是相互关联的，所以放到一起介绍。

插值器用来控制属性值的变化速率，也可以理解为动画播放的速度，默认是匀速播放。要给动画播放指定某种速率形式，调用 setInterpolator 方法设置对应的插值器实现类即可，无论是补间动画、集合动画、属性动画，还是属性动画组合，都可以设置插值器。插值器实现类的说明见表 12-3。

表12-3　插值器实现类的说明

插值器的实现类	说明
LinearInterpolator	匀速插值器
AccelerateInterpolator	加速插值器
DecelerateInterpolator	减速插值器
AccelerateDecelerateInterpolator	落水插值器，即前半段加速、后半段减速
AnticipateInterpolator	射箭插值器，后退几步再往前冲
OvershootInterpolator	回旋插值器，冲过头再归位
AnticipateOvershootInterpolator	射箭回旋插值器，后退几步再往前冲，冲过头再归位
BounceInterpolator	震荡插值器，类似皮球落地（落地后会弹起几次）
CycleInterpolator	钟摆插值器，以开始位置为中线而晃动（类似摇摆动画，开始位置与结束位置的距离就是摇摆的幅度）

估值器专用于属性动画，主要描述该属性的数值变化要采用什么单位，比如整型数的渐变数值要取整，颜色的渐变数值为 ARGB 格式的颜色对象，矩形的渐变数值为 Rect 对象等。要给属性动画设置估值器，调用属性动画对象的 setEvaluator 方法即可。估值器实现类的说明见表 12-4。

表12-4　估值器实现类的说明

估值器的实现类	说明
IntEvaluator	整型估值器
FloatEvaluator	浮点型估值器
ArgbEvaluator	颜色估值器
RectEvaluator	矩形估值器

一般情况下，无须单独设置属性动画的估值器，使用系统默认的估值器即可。但是如果属性类型不是 int、float、argb 三种，只能通过 ofObject 方法构造属性动画对象，就必须指定该属性的估值器，否则系统不知道如何计算渐变属性值。为方便记忆属性动画的构造方法与估值器的关联关系，表 12-5 列出了两者之间的对应关系。

表12-5 属性类型与估值器的对应关系

属性动画的构造方法	估值器	对应的属性说明
ofInt	IntEvaluator	整型类型的属性
ofFloat	FloatEvaluator	大部分状态属性，如 alpha、rotation、scaleY、translationX、textSize 等
ofArgb	ArgbEvaluator	颜色，如 backgroundColor、textColor 等
ofObject	RectEvaluator	裁剪范围，如 clipBounds

下面是在属性动画中运用插值器和估值器的代码：

```
public class InterpolatorActivity extends AppCompatActivity implements AnimatorListener {
    private TextView tv_interpolator;  // 声明一个图像视图对象
    private ObjectAnimator animAcce, animDece, animLinear, animBounce;  // 声明 4 个属性动画对象

    protected void onCreate(Bundle savedInstanceState) {
        super.onCreate(savedInstanceState);
        setContentView(R.layout.activity_interpolator);
        // 从布局文件中获取名叫 tv_interpolator 的图像视图
        tv_interpolator = findViewById(R.id.tv_interpolator);
        initAnimator();  // 初始化属性动画
        initInterpolatorSpinner();
    }

    // 初始化插值器类型的下拉框
    private void initInterpolatorSpinner() {
        ArrayAdapter<String> interpolatorAdapter = new ArrayAdapter<String>(this,
                R.layout.item_select, interpolatorArray);
        Spinner sp_interpolator = findViewById(R.id.sp_interpolator);
        sp_interpolator.setPrompt("请选择插值器类型");
        sp_interpolator.setAdapter(interpolatorAdapter);
        sp_interpolator.setOnItemSelectedListener(new InterpolatorSelectedListener());
        sp_interpolator.setSelection(0);
    }

    private String[] interpolatorArray = {
            "背景色+加速插值器+颜色估值器", "旋转+减速插值器+浮点型估值器",
            "裁剪+匀速插值器+矩形估值器", "文字大小+震荡插值器+浮点型估值器"};
    class InterpolatorSelectedListener implements OnItemSelectedListener {
        public void onItemSelected(AdapterView<?> arg0, View arg1, int arg2, long arg3) {
            showInterpolator(arg2);  // 根据插值器类型展示属性动画
        }

        public void onNothingSelected(AdapterView<?> arg0) {}
```

```
}

// 初始化属性动画
private void initAnimator() {
    // 构造一个在背景色上变化的属性动画
    animAcce = ObjectAnimator.ofInt(tv_interpolator, "backgroundColor", Color.RED, Color.GRAY);
    // 给属性动画设置加速插值器
    animAcce.setInterpolator(new AccelerateInterpolator());
    // 给属性动画设置颜色估值器
    animAcce.setEvaluator(new ArgbEvaluator());
    // 构造一个围绕中心点旋转的属性动画
    animDece = ObjectAnimator.ofFloat(tv_interpolator, "rotation", 0f, 360f);
    // 给属性动画设置减速插值器
    animDece.setInterpolator(new DecelerateInterpolator());
    // 给属性动画设置浮点型估值器
    animDece.setEvaluator(new FloatEvaluator());
    // 构造一个在文字大小上变化的属性动画
    animBounce = ObjectAnimator.ofFloat(tv_interpolator, "textSize", 20f, 60f);
    // 给属性动画设置震荡插值器
    animBounce.setInterpolator(new BounceInterpolator());
    // 给属性动画设置浮点型估值器
    animBounce.setEvaluator(new FloatEvaluator());
}

// 根据插值器类型展示属性动画
private void showInterpolator(int type) {
    ObjectAnimator anim = null;
    if (type == 0) {  // 背景色+加速插值器+颜色估值器
        anim = animAcce;
    } else if (type == 1) {  // 旋转+减速插值器+浮点型估值器
        anim = animDece;
    } else if (type == 2) {  // 裁剪+匀速插值器+矩形估值器
        if (Build.VERSION.SDK_INT < Build.VERSION_CODES.JELLY_BEAN_MR2) {
            Toast.makeText(this, "矩形估值器需要 Android4.3 及以上版本",
                    Toast.LENGTH_SHORT).show();
            return;
        }
        int width = tv_interpolator.getWidth();
        int height = tv_interpolator.getHeight();
        // 构造一个从四周向中间裁剪的属性动画，同时指定了矩形估值器 RectEvaluator
        animLinear = ObjectAnimator.ofObject(tv_interpolator, "clipBounds",
                new RectEvaluator(), new Rect(0, 0, width, height),
                new Rect(width / 3, height / 3, width / 3 * 2, height / 3 * 2),
```

```
                    new Rect(0, 0, width, height));
            // 给属性动画设置匀速插值器
            animLinear.setInterpolator(new LinearInterpolator());
            anim = animLinear;
        } else if (type == 3) {   // 文字大小+震荡插值器+浮点型估值器
            anim = animBounce;
            // 给属性动画添加动画事件监听器。目的是在动画结束时恢复文字大小
            anim.addListener(this);
        }
        if (anim != null) {
            anim.setDuration(2000);   // 设置动画的播放时长
            anim.start();   // 开始播放属性动画
        }
    }

    // 在属性动画开始播放时触发
    public void onAnimationStart(Animator animation) {}

    // 在属性动画结束播放时触发
    public void onAnimationEnd(Animator animation) {
        if (animation.equals(animBounce)) {   // 震荡动画
            // 构造一个在文字大小上变化的属性动画
            ObjectAnimator anim = ObjectAnimator.ofFloat(tv_interpolator, "textSize", 60f, 20f);
            // 给属性动画设置震荡插值器
            anim.setInterpolator(new BounceInterpolator());
            // 给属性动画设置浮点型估值器
            anim.setEvaluator(new FloatEvaluator());
            anim.setDuration(2000);   // 设置动画的播放时长
            anim.start();   // 开始播放属性动画
        }
    }

    // 在属性动画取消播放时触发
    public void onAnimationCancel(Animator animation) {}

    // 在属性动画重复播放时触发
    public void onAnimationRepeat(Animator animation) {}
}
```

插值器和估值器的演示效果如图 12-26 和图 12-27 所示。其中，如图 12-26 所示为文字大小变大时的画面，如图 12-27 所示为文字大小变小时的画面。此处采用的是震荡插值器，由于截图无法准确反映震荡的动画效果，因此建议读者自行编译并运行测试代码，这样会有更直观的感受。

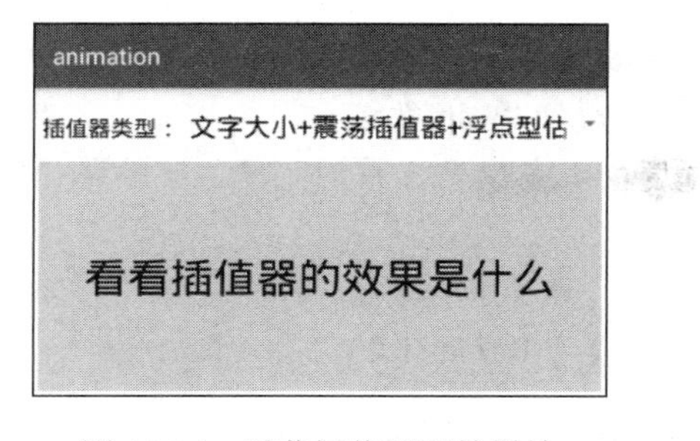

图 12-26　震荡插值器开始播放

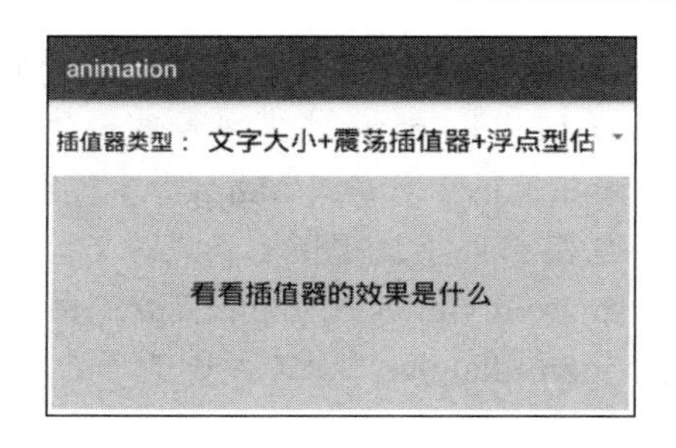

图 12-27　震荡插值器即将结束

12.4　矢量动画

本节介绍了矢量动画的基础知识与实现过程，首先描述了矢量图形的 XML 文件格式，然后详细解释了可缩放矢量图形 SVG 标记的标准定义，接着阐述了如何利用属性动画的手段来实现矢量动画，最后演示了如何通过矢量技术仿照支付宝的支付成功动画。

12.4.1　矢量图形

矢量是一种既有大小又有方向的几何对象，它通常被标示为一个带箭头的线段。若干个矢量拼接在一起，便形成了矢量图形。矢量图不同于一般的图形，它是由一系列几何曲线构成的图像，这些曲线又以数学上定义的坐标点连接而成。

Android 从 5.0 开始引入矢量图形 VectorDrawable，最初只能支持 5.0 及更高版本的系统，因而限制了手机上的矢量图形应用。好在谷歌公司亡羊补牢，在最新推出的 Android Studio 3.0 中，已将矢量图形兼容到 4.X 系统，无需开发者进行繁琐的适配工作。不过为了兼容 4.X 版本，还是要修改模块的 build.gradle，在文件内部的 defaultConfig 节点之下添加下面一行配置，表示开启矢量图形的支持库：

```
vectorDrawables.useSupportLibrary = true    // 矢量图形的 XML 定义文件需要
```

安卓的矢量图形由 XML 文件定义，故而需要开发者在 drawable 目录提供一个 XML 格式的矢量图形定义，然后系统根据矢量定义自动计算该图形的绘制区域。因为绘图结果是动态计算得到，所以不管缩放到多少比例，矢量图形都会一样的清晰，不像普通位图那样拉大后会变模糊。矢量图形的 XML 文件结构可分为三个层次：根标签、组标签、路径标签，分别介绍如下。

1. 根标签 vector

vector 标签表示当前定义的是一个完整的矢量图形。该标签支持的主要属性说明如下。

- android:name：指定矢量图形的名称。
- android:width：指定矢量图形的默认宽度，一般使用 dp 数值。如果在 layout 布局文件中将 ImageView 的 layout_width 设置为 wrap_content，同时 src 设置为该矢量图形，则

ImageView 控件的宽度就是此处的 android:width。

- android:height：指定矢量图形的默认高度，一般使用 dp 数值。
- android:viewportWidth：指定视图空间的宽度，即虚拟坐标系的宽度，后续路径的坐标信息都位于该视图空间之内。
- android:viewportHeight：指定视图空间的高度，即虚拟坐标系的高度。
- android:alpha：指定矢量图形的的透明度，取值为 0.0 到 1.0。

这里要注意 width/height 与 viewportWidth/viewportHeight 两组宽高的区别，前者指的是矢量图形被外部世界观察到的尺寸大小，故而采用了带 dp 单位的绝对数值；而后者指的是矢量图形为内部几何路径所参照的空间范围，故而采用了不带单位的相对数值。正因为矢量图形中的几何路径以相对坐标来标记，所以不管矢量图形缩放到多少比例，其内部的几何形状也会按同样比例缩放。

2. 组标签 group

group 标签定义了一组路径的共同行为（如一起旋转、一起缩放、一起平移等）。该标签支持的主要属性说明如下。

- android:name：指定分组对象的名称。
- android:pivotX：指定旋转中心点的横轴坐标。
- android:pivotY：指定旋转中心点的纵轴坐标。
- android:rotation：指定分组对象的旋转角度。
- android:scaleX：指定分组对象在横轴上的缩放比例。取值 0.5 表示缩小一半，取值 2.0 表示放大一倍。
- android:scaleY：指定分组对象在纵轴上的缩放比例。
- android:translateX：指定分组对象在横轴上的平移距离。
- android:translateY：指定分组对象在纵轴上的平移距离。

3. 路径标签 path

path 标签定义了一个路径的几何描述，既可以表示一根曲线，也可以表示一块平面区域。该标签支持的主要属性说明如下。

- android:name：指定几何路径的名称。
- android:pathData：指定几何路径的数据定义。数据格式需符合 SVG 标准。
- android:fillColor：指定平面区域的颜色。若不指定，则不绘制平面区域。
- android:fillAlpha：指定平面区域的透明度。
- android:strokeColor：指定曲线的颜色。若不指定，则不绘制曲线颜色。
- android:strokeWidth：指定曲线的宽度。
- android:strokeAlpha：指定曲线的透明度。
- android:strokeLineCap：指定曲线的首尾外观。取值说明有三个：butt（默认值，直线边缘）、round（圆形边缘）、square（方形边缘）。

- android:strokeLineJoin：指定两条曲线相交的边角外观。取值说明有三个：miter（默认值，锐角）、round（圆角）、bevel（钝角）。
- android:trimPathStart：指定几何路径从哪里开始绘制。取值为 0.0 到 1.0，比如取值 0.4 表示只绘制后面十分之六的内容，前面十分之四不予绘制。
- android:trimPathEnd：指定几何路径到哪里结束绘制。取值为 0.0 到 1.0，比如取值 0.4 表示只绘制前面十分之四的内容，后面十分之六不予绘制。
- android:trimPathOffset：指定几何路径的绘制偏移。取值为 0.0 到 1.0，表示线条从 trimPathOffset+trimPathStart 处一直绘制到 trimPathOffset+trimPathEnd 处。

路径信息有几个地方容易混淆，下面补充说明一下相关细节：

（1）关于直线边缘 butt 和方形边缘 square 的区别，乍看起来直线边缘与方形边缘没什么差别，但矢量图形的方形边缘其实是套上一个方形的帽子，既然是套上去，就会比没戴帽子的时候高一点，所以使用 square 的线条会比使用 butt 的线条要长一点。

（2）关于锐角 miter 和钝角 bevel 的区别，miter 保留了原样的尖角，而 bevel 会把尖角部分切掉一小块，看起来就变钝了。

（3）trimPathOffset+trimPathEnd 相加的和如果超过 1，也会部分画出来，绘制的是从起点到“trimPathOffset+trimPathEnd-1”所处的位置。

12.4.2　可缩放矢量图形 SVG 标记

上一小节说到，path 标签的 android:pathData 属性，取值需符合 SVG 标准。SVG 全称为“Scalable Vector Graphics”，意即可缩放的矢量图形，它是一种图形格式，专门用于描述矢量图形的定义。SVG 标记比较抽象，下面先举个简单的例子，有了直观的概念更方便理解，如下所示：

```
android:pathData="
    M 30,50
    L 75 35"
```

这个标记的定义不难理解，首先“M 30,50”指的是把画笔移动到坐标点(30,50)的位置，字母 M 代表 move；后面的“L 75 35”指的是从当前位置画一根线段到坐标点(75,35)，字母 L 代表 line。说白了，就是在(30,50)和(75,35)两点之间画一根线段。

看来，SVG 数据的每行定义一个动作，每行的第一个字符表示动作的类型，后面的数字表示动作经过的坐标点。这便是 SVG 标记的基本格式，万变不离其宗，掌握了规律才会学得更好更快。详细的 SVG 标记定义说明见表 12-6。

表12-6　SVG标记的使用说明

绘图动作	路径规则	说明
移动画笔	M x0,y0	把画笔移动到坐标点(x0,y0)
画线段	L x1 y1	从当前位置(x0,y0)画一根线段到坐标点(x1,y1)
画水平线段	H x1	从当前位置(x0,y0)画一根水平线到坐标点(x1,y0)

（续表）

绘图动作	路径规则	说明
画垂直线段	V y1	从当前位置(x0,y0)画一根垂直线到坐标点(x0,y1)
画二次贝塞尔曲线	Q xa ya x1 y1	二次贝塞尔曲线的起点是当前位置，终点是(x1,y1)，曲线中部向控制点(xa,ya)凸出
画三次贝塞尔曲线	C xa ya xb yb x1 y1	三次贝塞尔曲线的起点是当前位置，终点是(x1,y1)，曲线中部有两个控制点，分别向(xa,ya)和(xb,yb)两方向凸出
画椭圆的圆弧	A radius-x radius-y x-axis-rotation large-arc-flag sweep-flag x1 y1	从当前位置拉出一段圆弧
闭合路径	Z	连接起点跟终点，即在起点(x0,y0)与终点之间画一根线段

另外补充介绍一下 SVG 标记的几个要点：

（1）每个命令都有大小写形式，大写表示后面的参数是绝对坐标，小写表示相对坐标。

（2）参数之间用空格或逗号隔开，两种分隔符的效果是一样的。

（3）画椭圆圆弧的时候，用到了较多的参数，分别说明如下。

- radius-x 和 radius-y：表示椭圆的横轴半径和纵轴半径。
- x-axis-rotation：表示圆弧的旋转角度。
- large-arc-flag：表示大弧标志，为 0 时表示取小弧度，1 时取大弧度。
- sweep-flag：表示轨迹标志，为 0 表示逆时针方向，为 1 表示顺时针方向。
- x1 和 y1：表示圆弧经过某点，该点的横坐标为 x1，纵坐标为 y1。

关于圆弧的 large-arc-flag 和 sweep-flag 两个参数标志，光看文字说明其实有些困惑，结合图片来看会比较容易理解，二者的取值对比如图 12-28 所示。

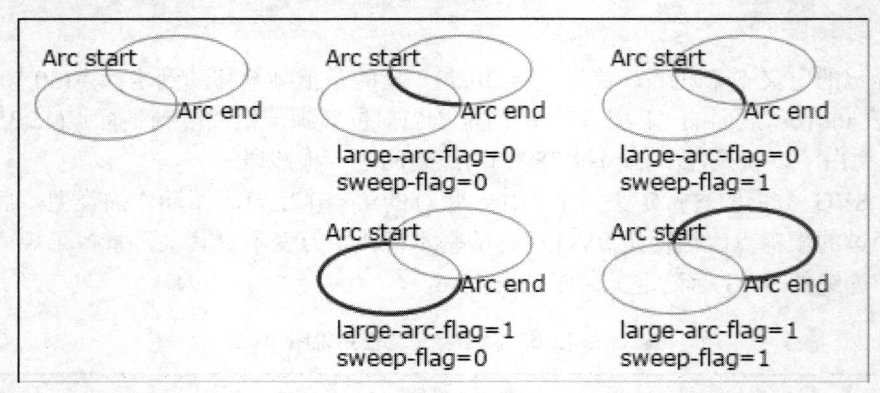

图 12-28　圆弧标记的两个参数取值比较

下面使用 SVG 标记定义一个心形图案，先看看该图案的展示效果，如图 12-29 所示。

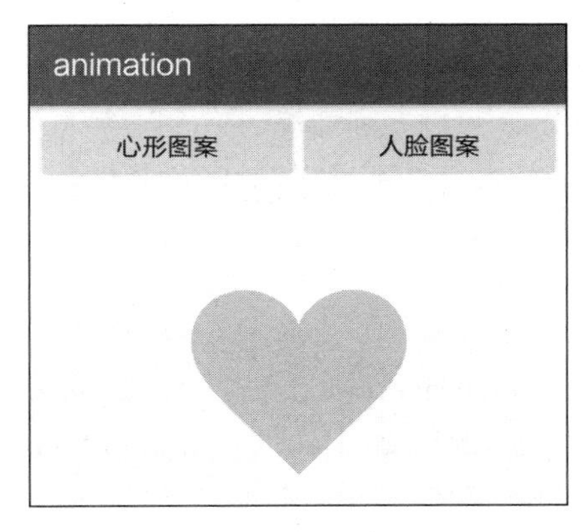

图 12-29　心形图案的矢量图形

观察心形图案发现，它由几根曲线组成，这几条曲线即为贝塞尔曲线，具体的矢量图形定义示例如下：

```
<vector xmlns:android="http://schemas.android.com/apk/res/android"
    android:width="256dp"
    android:height="256dp"
    android:viewportHeight="32"
    android:viewportWidth="32">
    <path
        android:fillColor= "#ffaaaa"
        android:pathData= "M20.5,9.5
                        c-1.955,0,-3.83,1.268,-4.5,3
                        c-0.67,-1.732,-2.547,-3,-4.5,-3
                        C8.957,9.5,7,11.432,7,14
                        c0,3.53,3.793,6.257,9,11.5
                        c5.207,-5.242,9,-7.97,9,-11.5
                        C25,11.432,23.043,9.5,20.5,9.5z" />
</vector>
```

12.4.3　利用属性动画实现矢量动画

费了老大的劲搞清楚 SVG 标记，如果仅仅画个静态的矢量图形，未免大材小用了。其实矢量图形真正的意义在于矢量动画，通过动态计算几何路径的坐标，从而实现局部或整体的动画效果，这才是矢量图形的杀手锏呀。

Android 提供了 AnimatedVectorDrawable 这么一个矢量动画类，但开发者还得通过属性动画及其 XML 标签方可实现动画定义。先看看 AnimatedVectorDrawable 的以下几个常用方法：

- registerAnimationCallback：注册动画监听器，需实现 Animatable2.AnimationCallback 接口的两个方法，即 onAnimationStart 和 onAnimationEnd。
- start：开始播放动画。
- stop：停止播放。

- reverse：倒过来播放。

再看看如何通过属性动画实现矢量动画效果。理论上，矢量图形的三个标签（vector、group、path）都拥有可以用来播放动画的属性；不过实际开发的时候，常用的只有三类属性可用作动画，详述如下。

1. 变换类属性

该类属性包括 vector 标签的 android:alpha，以及 group 标签的 android:rotation、android:scaleX、android:scaleY、android:translateX、android:translateY 等等，这几个属性分别对应于补间动画的灰度动画、旋转动画、缩放动画、平移动画。

因为该类属性实现的是大家熟悉的补间动画效果，所以这里就不再做具体演示了。

2. 路径类属性

该类属性主要指 path 标签的 android:pathData，通过设置几何路径的起始状态与终止状态，可实现两个几何形状之间的渐变效果，如一个圆圈从小变大，又如一条曲线变成直线等。

路径变换的矢量动画效果如图 12-30 和图 12-31 所示，其中图 12-30 展示的是动画开始之时的哭脸，图 12-31 展示的是动画结束之后的笑脸。

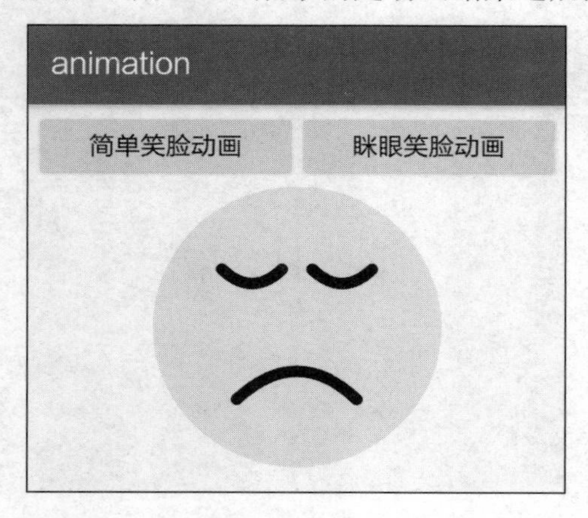

图 12-30　矢量动画开始之时的哭脸

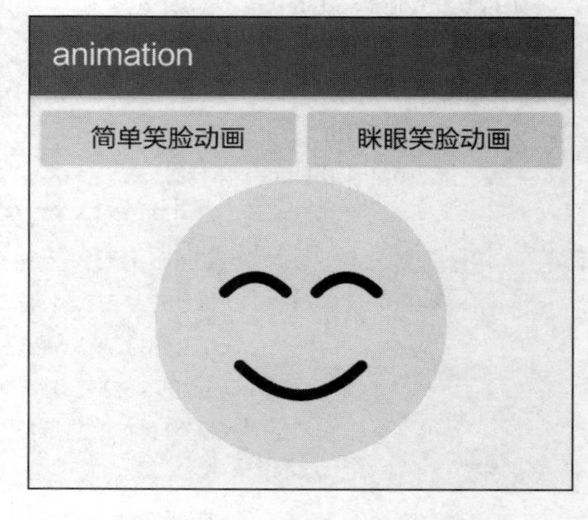

图 12-31　矢量动画结束之后的笑脸

从哭脸到笑脸，对应的是下面的矢量图形定义文件 vector_face_eye.xml，其中分别定义了脸部轮廓、左眼、右眼、嘴巴共 4 个器官：

```
<vector xmlns:android="http://schemas.android.com/apk/res/android"
    android:height="200dp"
    android:width="200dp"
    android:viewportHeight="100"
    android:viewportWidth="100">
    <!-- 下面定义了脸部轮廓的路径信息 -->
    <path
        android:fillColor="@color/yellow"
        android:pathData="@string/path_circle" />
```

```
    <!-- 下面定义了左眼的路径信息 -->
    <path
        android:name="eye_left"
        android:strokeColor="@android:color/black"
        android:strokeWidth="4"
        android:strokeLineCap="round"
        android:pathData="@string/path_eye_left_sad" />
    <!-- 下面定义了右眼的路径信息 -->
    <path
        android:name="eye_right"
        android:strokeColor="@android:color/black"
        android:strokeWidth="4"
        android:strokeLineCap="round"
        android:pathData="@string/path_eye_right_sad" />
    <!-- 下面定义了嘴巴的路径信息 -->
    <path
        android:name="mouth"
        android:strokeColor="@android:color/black"
        android:strokeWidth="4"
        android:strokeLineCap="round"
        android:pathData="@string/path_face_mouth_sad" />
</vector>
```

以及脸部里面三处器官变化的属性动画定义文件，包括左眼的属性动画定义、右眼的属性动画定义和嘴巴的属性动画定义。

下面是左眼的属性动画定义文件 anim_smile_eye_left.xml：

```
<objectAnimator xmlns:android="http://schemas.android.com/apk/res/android"
    android:duration="3000"
    android:propertyName="pathData"
    android:valueFrom="@string/path_eye_left_sad"
    android:valueTo="@string/path_eye_left_happy"
    android:valueType="pathType"
    android:interpolator="@android:anim/accelerate_interpolator" />
```

下面是右眼的属性动画定义文件 anim_smile_eye_right.xml：

```
<objectAnimator xmlns:android="http://schemas.android.com/apk/res/android"
    android:duration="3000"
    android:propertyName="pathData"
    android:valueFrom="@string/path_eye_right_sad"
    android:valueTo="@string/path_eye_right_happy"
    android:valueType="pathType"
    android:interpolator="@android:anim/accelerate_interpolator" />
```

下面是嘴巴的属性动画定义文件 anim_smile_mouth.xml：

```
<objectAnimator xmlns:android="http://schemas.android.com/apk/res/android"
    android:duration="3000"
    android:propertyName="pathData"
    android:valueFrom="@string/path_face_mouth_sad"
    android:valueTo="@string/path_face_mouth_happy"
    android:valueType="pathType"
    android:interpolator="@android:anim/accelerate_interpolator" />
```

最后是笑脸的矢量动画定义例子 animated_vector_smile_eye.xml：

```
<animated-vector xmlns:android="http://schemas.android.com/apk/res/android"
    android:drawable="@drawable/vector_face_eye" >
    <!-- 指定嘴巴的动画定义 -->
    <target
        android:name="mouth"
        android:animation="@anim/anim_smile_mouth" />
    <!-- 指定左眼的动画定义 -->
    <target
        android:name="eye_left"
        android:animation="@anim/anim_smile_eye_left" />
    <!-- 指定右眼的动画定义 -->
    <target
        android:name="eye_right"
        android:animation="@anim/anim_smile_eye_right" />
</animated-vector>
```

不要忘了在代码中进行矢量动画的播放操作：

```
    // 开始播放矢量动画
    private void startVectorAnim(int drawableId) {
        iv_vector_smile.setImageResource(drawableId);
        // 将图形转换为具备动画特征的类型，然后再进行播放
        ((Animatable) iv_vector_smile.getDrawable()).start();
    }
```

3. 修剪类属性

该类属性包括 path 标签的 android:trimPathStart 和 android:trimPathEnd，可实现矢量图形逐步展开或者逐步消失的动画效果。

12.4.4 仿支付宝的支付成功动画

上一小节末尾提到修剪类属性也可用来展示矢量动画，即一开始显示较少的路径，接着逐步显示越来越多的路径，直至最后显示所有的路径。比如常见的支付宝支付成功动画，便是

通过修剪类属性来实现的，完整的支付成功动画包含两个形状，首先在外面画个圆圈，然后在圆圈里面画个打勾符号。因为圆圈和打勾两个图案并不相连，如果按照普通的处理方式，就会一边画圆圈一边画打勾，这不是我们所期望的画完圆圈后再画打勾的效果。所以要想让圆圈动画和打勾动画按顺序播放，得分别定义圆圈的矢量图形和打勾的矢量图形，然后等圆圈动画播放完毕，再开始播放打勾动画。

下面是外侧圆圈图案的矢量图形定义文件 vector_pay_circle.xml：

```
<vector xmlns:android="http://schemas.android.com/apk/res/android"
    android:height="100dp"
    android:viewportHeight="100"
    android:viewportWidth="100"
    android:width="100dp" >
    <path
        android:name="circle"
        android:pathData="
            M 10,50
            A 40 40 0 1 0 10 49"
        android:strokeAlpha="1"
        android:strokeColor="@color/blue_sky"
        android:strokeLineCap="round"
        android:strokeWidth="3" />
</vector>
```

下面是添加打勾图案的完整矢量图形（含圆圈图形）定义文件 vector_pay_success.xml：

```
<vector xmlns:android="http://schemas.android.com/apk/res/android"
    android:height="100dp"
    android:viewportHeight="100"
    android:viewportWidth="100"
    android:width="100dp" >
    <path
        android:name="circle"
        android:pathData="
            M 10,50
            A 40 40 0 1 0 10 49"
        android:strokeAlpha="1"
        android:strokeColor="@color/blue_sky"
        android:strokeLineCap="round"
        android:strokeWidth="3" />
    <path
        android:name="hook"
        android:pathData="
            M 30,50
            L 45 65
```

```
                L 75 35"
            android:strokeAlpha="1"
            android:strokeColor="@color/blue_sky"
            android:strokeLineCap="butt"
            android:strokeWidth="3" />
</vector>
```

接着是支付成功的属性动画的 XML 定义文件 anim_pay.xml，其中指定通过修剪类属性 trimPathEnd 来渲染动画：

```
<objectAnimator xmlns:android="http://schemas.android.com/apk/res/android"
    android:duration="1000"
    android:interpolator="@android:interpolator/linear"
    android:propertyName="trimPathEnd"
    android:valueFrom="0"
    android:valueTo="1"
    android:valueType="floatType" />
```

最后是矢量动画的两个定义文件，其中一个是如下所示用来播放圆圈动画的 XML 文件：

```
<animated-vector xmlns:android="http://schemas.android.com/apk/res/android"
    android:drawable="@drawable/vector_pay_circle">
    <!-- 指定支付圆圈的动画定义 -->
    <target
        android:name="circle"
        android:animation="@anim/anim_pay" />
</animated-vector>
```

另一个则是下面用来播放圆圈动画后继的打勾动画的 XML 文件：

```
<animated-vector xmlns:android="http://schemas.android.com/apk/res/android"
    android:drawable="@drawable/vector_pay_success">
    <!-- 指定支付打勾的动画定义 -->
    <target
        android:name="hook"
        android:animation="@anim/anim_pay" />
</animated-vector>
```

在动画演示的时候，要等到圆圈动画播放完毕，接着才播放打勾动画，为此得在代码中加以控制。具体地说，是调用 AnimatedVectorDrawable 对象的 registerAnimationCallback 方法，给矢量动画注册一个事件监听器 Animatable2.AnimationCallback，一旦监听到前面的动画播放结束，就开始播放后面的动画。不过需注意，事件监听器 Animatable2.AnimationCallback 迟至 Android 6.0 才为系统所支持，那么对于 6.0 之前的 4.X 和 5.X 版本，无法直接监控到动画结束事件，只能手工设置一个定时任务，上个动画播放多久，该任务就延迟多久，然后启动下个动画的播放操作。详细的矢量动画接续代码片段如下所示：

```
public void onClick(View v) {
    if (v.getId() == R.id.btn_vector_pay) {
        // 开始播放画圈的矢量动画
        startVectorAnim(R.drawable.animated_vector_pay_circle);
        if (Build.VERSION.SDK_INT >= Build.VERSION_CODES.M) {
            // 为画圈动画注册一个矢量动画图形的监听器
            ((AnimatedVectorDrawable) mDrawable)
                    .registerAnimationCallback(new VectorAnimListener());
        } else {
            // 延迟 1 秒后启动打勾动画的播放任务
            new Handler().postDelayed(mHookRunnable, 1000);
        }
    }
}

// 开始播放矢量动画
private void startVectorAnim(int drawableId) {
    if (Build.VERSION.SDK_INT >= Build.VERSION_CODES.M) {
        // 从指定资源编号的矢量文件中获取图形对象
        mDrawable = getResources().getDrawable(drawableId);
        // 设置图像视图的图形对象
        iv_vector_hook.setImageDrawable(mDrawable);
        // 将该图形强制转换为动画图形，并开始播放
        ((Animatable) mDrawable).start();
    } else {
        // 设置图像视图的图像资源编号
        iv_vector_hook.setImageResource(drawableId);
        // 将图像视图承载的图形强制转换为动画图形，然后再进行播放
        ((Animatable) iv_vector_hook.getDrawable()).start();
    }
}

// 定义一个动画图形的监听器
// Android 6.0 以后系统采取监听器 Animatable2.AnimationCallback 监控动画播放事件
private class VectorAnimListener extends Animatable2.AnimationCallback {
    // 在动画图形开始播放时触发
    public void onAnimationStart(Drawable drawable) {}

    // 在动画图形结束播放时触发
    public void onAnimationEnd(Drawable drawable) {
        // 开始播放打勾的矢量动画
        startVectorAnim(R.drawable.animated_vector_pay_success);
    }
```

```
    }

    // 定义一个打勾动画的播放任务
    // Android 4.X 和 5.X 系统，只能利用定时任务来延迟执行新动画的播放
    private Runnable mHookRunnable = new Runnable() {
        public void run() {
            // 开始播放打勾的矢量动画
            startVectorAnim(R.drawable.animated_vector_pay_success);
        }
    };
```

真不容易，这下支付成功动画才算是弄好了，支付动画的效果如图 12-32 和图 12-33 所示，其中图 12-32 为正在播放圆圈动画，图 12-33 为正在播放打勾动画。

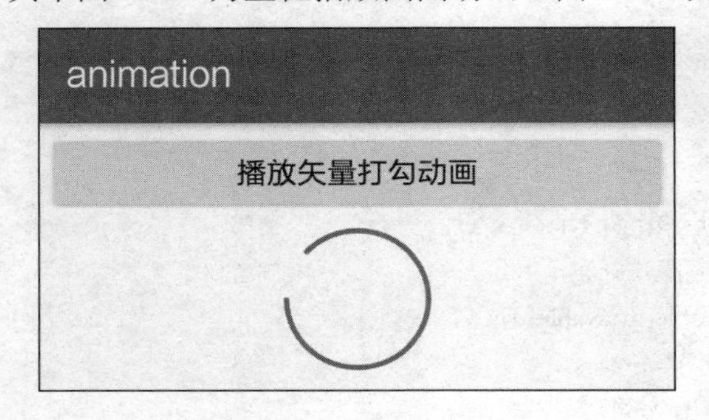

图 12-32　正在播放圆圈动画

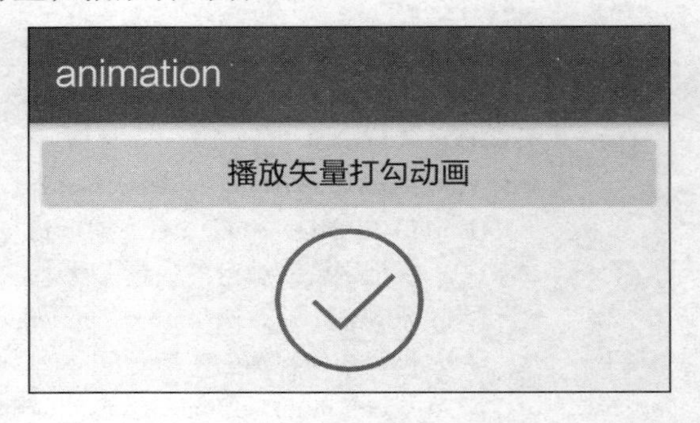

图 12-33　正在播放打勾动画

12.5　动画的实现手段

本节介绍动画技术常见的 3 种实现手段，包括以帧动画为代表的延时重绘方式、以补间动画和属性动画为代表的设置状态参数方式以及为解决拖曳卡顿问题而采用的滚动器。

12.5.1　使用延时重绘

延时重绘是最基本的动画实现手段，代表技术为帧动画，每隔若干毫秒就用新图片换掉原图片，人眼看过去仿佛画面动起来了。

当然，除了帧动画，还有不少地方采用延时重绘技术，比如第 6 章的圆弧进度动画、第 7 章的 Banner 指示器等，它们都是连续调用 onDraw 或 dispatchDraw 方法实现动画效果。尽管这方面读者已经比较熟悉，不过为加深对该手段的理解，不妨再动手实现一个饼图动画。

下面是饼图动画的参考代码片段：

```
    // 定义一个绘图刷新任务
    private Runnable mRefresh = new Runnable() {
        public void run() {
```

```
                mDrawingAngle += mIncrease;
                if (mDrawingAngle <= mEndAngle) {   // 未绘制完成
                    postInvalidate();   // 立即刷新视图
                    // 延迟若干时间后再次启动绘图刷新任务
                    mHandler.postDelayed(this, mInterval);
                } else {   // 已绘制完成
                    isRunning = false;
                }
            }
        };

        protected void onDraw(Canvas canvas) {
            super.onDraw(canvas);
            if (isRunning) {
                int width = getMeasuredWidth();
                int height = getMeasuredHeight();
                // 视图的宽高取较小的那个作为扇形的直径
                int diameter = Math.min(width, height);
                // 创建扇形的矩形边界
                RectF rectf = new RectF((width - diameter) / 2, (height - diameter) / 2,
                        (width + diameter) / 2, (height + diameter) / 2);
                // 在画布上绘制指定角度扇形。第四个参数为 true 表示绘制扇形，为 false 表示绘制圆弧
                canvas.drawArc(rectf, 0, mDrawingAngle, true, mPaint);
            }
        }
```

饼图动画的播放效果如图 12-34 和图 12-35 所示。其中，如图 12-34 所示为饼图动画开始播放时的画面，如图 12-35 所示为饼图动画即将结束时的画面。

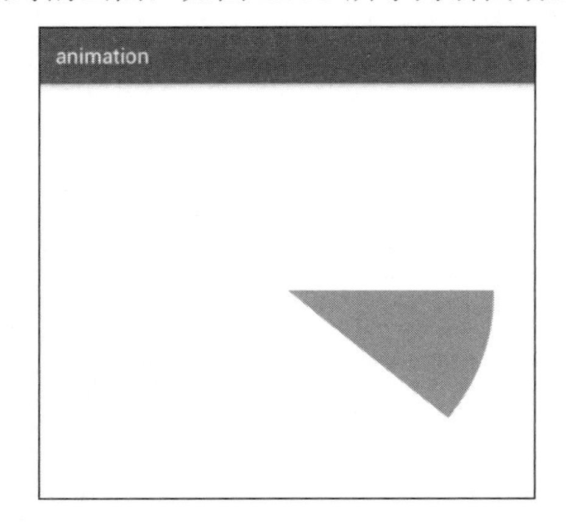

图 12-34　饼图动画开始播放

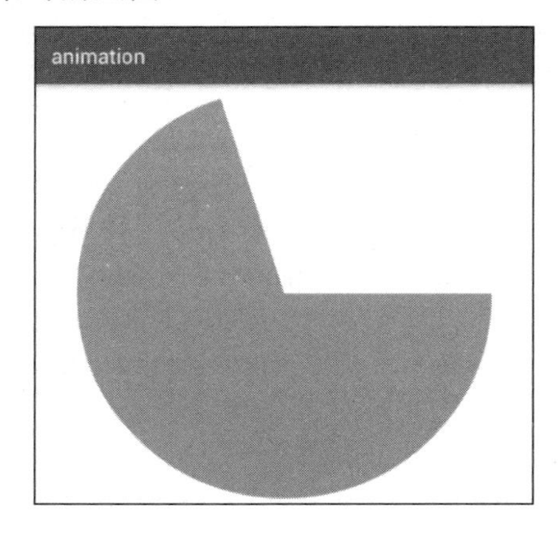

图 12-35　饼图动画即将结束

12.5.2 设置状态参数

设置状态参数是最常见的动画实现手段，代表技术为补间动画和属性动画，通过持续改变视图的状态属性数值让该视图蹦起来、跳起来。

虽然通过属性动画可实现大多数状态变更动画，但是属性动画要求有明确的初始状态值和结束状态值，如果这些起止状态值无法确定，中间还要加入其他运算，属性动画就无法胜任如此复杂的要求，只能自己实现状态变更动画了。

举个例子，经常看朋友圈动态，其动态内容通常只展示前面一段，如果用户想看完整的需要点击展开动态，看完后再点击收缩动态。这样整个页面的动态列表就会比较均衡，不会出现个别动态占用大片屏幕的情况。查看博客的文章列表也一样，一开始只展示文章开头的几行内容，有需要时再点击显示全篇文章。

点击展开动态，再点击收缩动态，展开与收缩动画其实是不停地变更视图高度。如果动态内容初始展示 3 行文字，初始高度就是每行文字的高度乘以 3，展开后的高度就是每行高度乘以总行数。有了视图高度的起始值和终止值就可以实现动画效果了。

下面是展开动画的参考代码片段：

```
    public void onClick(View v) {
        if (v.getId() == R.id.ll_content) {
            isSelected = !isSelected;
            // 清除文本视图的动画
            tv_content.clearAnimation();
            final int deltaValue;
            // 获得文本视图当前的高度
            final int startValue = tv_content.getHeight();
            if (isSelected) {   // 变成选中，则显示展开后的所有文字
                deltaValue = tv_content.getLineHeight() * tv_content.getLineCount() - startValue;
            } else {   // 变成未选中，则显示收缩后的正常行数
                deltaValue = tv_content.getLineHeight() * mNormalLines - startValue;
            }
            // 创建一个文本展开/收缩动画
            Animation animation = new Animation() {
                // 在动画变换过程中调用
                protected void applyTransformation(float interpolatedTime, Transformation t) {
                    // 随着时间流逝，重新设置文本视图的行高
                    tv_content.setHeight((int) (startValue + deltaValue * interpolatedTime));
                }
            };
            // 设置动画的持续时间为 500 毫秒
            animation.setDuration(500);
            // 开始文本视图的动画展示
            tv_content.startAnimation(animation);
        }
```

```
    }
```

展开动画的播放效果如图 12-36 和图 12-37 所示。其中，如图 12-36 所示为点击文本区域准备播放展开动画时的画面，如图 12-37 所示为展开动画即将结束时的画面。

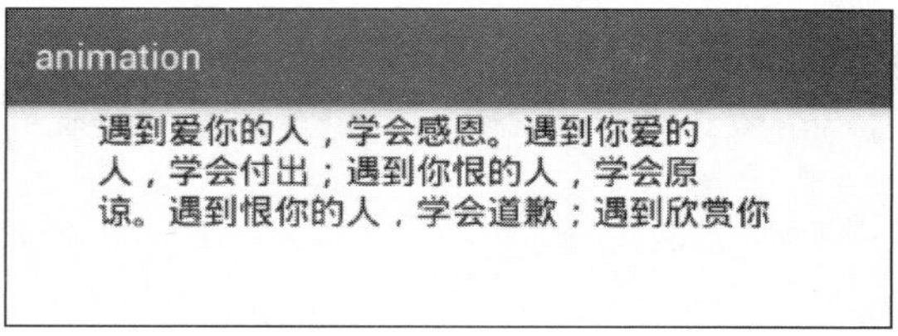

图 12-36 展开动画准备播放

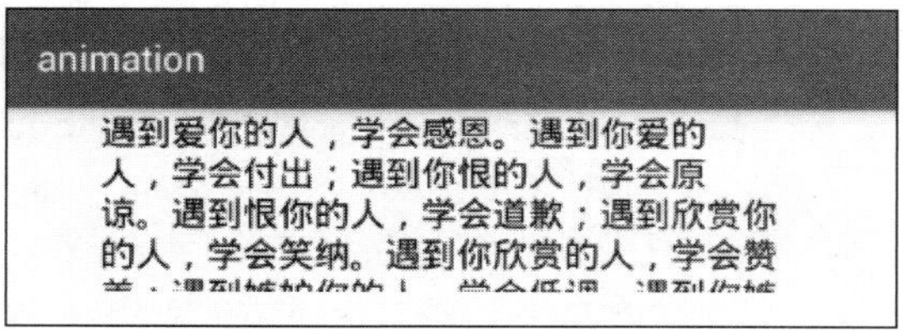

图 12-37 展开动画即将结束

12.5.3 滚动器 Scroller

第 11 章的实战项目通过移动手势拖曳图片到指定位置，拖曳后直接在新位置重绘整个图片，不知道读者有没有发现，这种拖曳方式的画面存在卡顿现象。因为根据人眼的机理，每秒连续播放 20 帧图片才不易感觉到画面卡顿，而拖曳重绘的做法频率绝对小于每秒 20 次，所以自然会出现画面卡顿。

为解决拖曳卡顿的问题，Android 提供了滚动器 Scroller，通过 Scroller 可以实现平滑滚动的效果。下面是 Scroller 的常用方法说明。

- startScroll：设置开始滑动的参数，包括起始的横纵坐标、横纵偏移量和滑动的持续时间。
- computeScrollOffset：计算滑动偏移量。返回值可判断滑动是否结束，返回 fasle 表示滑动结束，返回 true 表示还在滑动中。
- getCurrX：获得当前的横坐标。
- getCurrY：获得当前的纵坐标。
- getDuration：获得滑动的持续时间。
- forceFinished：强行停止滑动。
- isFinished：判断滑动是否结束。返回 fasle 表示还未结束，返回 true 表示滑动结束。

该方法与 computeScrollOffset 的区别在于：

（1）computeScrollOffset 内部计算偏移量，而 isFinished 只返回标志不做其他处理。

（2）computeScrollOffset 返回 fasle 表示滑动结束，而 isFinished 返回 true 表示滑动结束。

虽然滚动器提供了滑动的相关计算函数，但是并不能直接滑动视图。因为 Scroller 是一个运算模拟器，根据时间的流逝计算横纵坐标偏移，要想让视图真正动起来，还得调用视图自身的滑动方法处理滑动操作，即调用 scrollTo 和 scrollBy 两个方法。

- scrollTo：将视图滑动到指定坐标位置。
- scrollBy：将视图滑动指定偏移量。查看源码会发现 scrollBy 方法内部就是调用 scrollTo 方法，当然得先给当前坐标加上偏移量，从而得到滑动后的绝对坐标。

下面是使用滚动器的参考代码：

```
// 平滑滚动的文本视图
public class ScrollTextView extends TextView {
    private Scroller mScroller;  // 声明一个滚动器对象

    public ScrollTextView(Context context, AttributeSet attrs) {
        super(context, attrs);
        // 创建一个新的滚动器
        mScroller = new Scroller(context);
    }

    // 平滑滚动到指定的绝对坐标
    public void smoothScrollTo(int fx, int fy) {
        int dx = fx - mScroller.getFinalX();
        int dy = fy - mScroller.getFinalY();
        smoothScrollBy(dx, dy);  // 滚动相对偏移
    }

    // 从当前位置平滑滚动到相对位移
    public void smoothScrollBy(int dx, int dy) {
        // 设置滚动偏移量，注意正数是往左滚往上滚，负数才是往右滚往下滚
        mScroller.startScroll(mScroller.getFinalX(), mScroller.getFinalY(), -dx, -dy);
        // 调用 invalidate 方法才能保证 computeScroll 函数会被调用
        invalidate();  // 立即刷新视图
    }

    // 在调用 invalidate 方法之后触发
    @Override
    public void computeScroll() {
        // 判断滚动器是否已经滚动完成
        if (mScroller.computeScrollOffset()) {
            // 滚动到指定位置。调用 View 的 scrollTo 方法才能完成实际的滚动
            scrollTo(mScroller.getCurrX(), mScroller.getCurrY());
            postInvalidate();  // 刷新视图
        }
        super.computeScroll();
    }
}
```

滚动器的演示效果如图 12-38 和图 12-39 所示。其中，如图 12-38 所示为视图滚动开始前的画面，如图 12-39 所示为视图滚动结束后的画面。单看截图不方便观察动画效果，建议读者自己运行代码查看效果图。

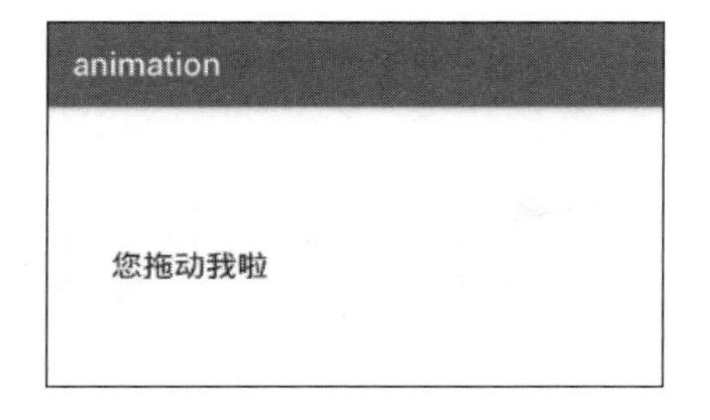

图 12-38　视图尚未开始滚动

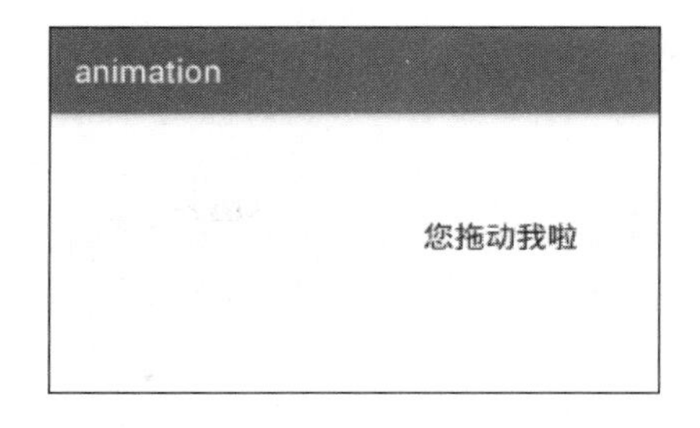

图 12-39　视图滚动已经结束

12.6　实战项目：仿 QQ 空间的动感影集

动画可以做得千变万化、很酷很炫，故而常用于展示具有纪念意义的组图，比如婚纱照、亲子照、艺术照等。这方面做得比较好、使用比较广泛的当数 QQ 空间的动感影集，用户添加一组图片，动感影集便给每张图片渲染不同的动画效果，让原本静止的图片变得活泼起来，辅以各种精致的动画特效，营造一种赏心悦目的感觉。本节以“仿 QQ 空间的动感影集”为实战项目，结合本章的动画技术实现开发者自己的动感影集。

12.6.1　设计思路

动感影集的目的是使用动画技术呈现前后图片的动态切换效果，用到的动画必须承上启下，而且要求具备一定的视觉美感。以这样的标准来衡量，目前适用于动感影集的动画种类不算多，下面都拿来练练手。动感影集的播放效果如图 12-40 所示，很明显这是一个包含旋转动画在内的集合动画。

图 12-40　动感影集中的集合动画效果

当然，实战项目的动感影集不仅采用集合动画，还包括其他种类动画，读者不妨先列举一部分，看看有哪些能够应用在动感影集中。下面是笔者罗列的部分影集动画技术。

（1）淡入淡出动画：用于前后两张图片的渐变切换。
（2）灰度动画：用于从无到有渐变显示一张图片。
（3）平移动画：用于把上层图片抽离当前视图。
（4）缩放动画：用于逐步缩小并隐没上层图片。
（5）旋转动画：用于将上层图片甩离当前视图。
（6）裁剪动画：用于把上层图片逐步裁剪完。
（7）其余动画：更多动画特效切换，包括百叶窗动画、马赛克动画等。

动画技术用起来不难，关键要用好，只有用到位才能让你的 App 熠熠生辉、锦上添花。

12.6.2 小知识：画布的绘图层次

本书到目前为止，画布 Canvas 上的绘图操作都是在同一个图层上进行的。这就意味着如果存在重叠区域，后面绘制的图形就必然覆盖前面的图形。但绘图是比较复杂的事情，不是直接覆盖这么简单，有些特殊的绘图操作往往需要做与、或、非运算，如此才能实现百变的图像特效。

Android 给画布的图层显示制定了许多规则，详细的图层显示规则见表 12-7。表中的上层指的是后面绘制的图形 Src，下层指的是前面绘制的图形 Dst。

表12-7 图层模式的取值说明

PorterDuff.Mode 类的图层模式	说明
CLEAR	不显示任何图形
SRC	只显示上层图形
DST	只显示下层图形
SRC_OVER	按通常情况显示，即重叠部分由上层遮盖下层
DST_OVER	重叠部分由下层遮盖上层，其余部分正常显示
SRC_IN	只显示重叠部分的上层图形
DST_IN	只显示重叠部分的下层图形
SRC_OUT	只显示上层图形的未重叠部分
DST_OUT	只显示下层图形的未重叠部分
SRC_ATOP	只显示上层图形区域，但重叠部分显示下层图形
DST_ATOP	只显示下层图形区域，但重叠部分显示上层图形
XOR	不显示重叠部分，其余部分正常显示
DARKEN	重叠部分按颜料混合方式加深，其余部分正常显示
LIGHTEN	重叠部分按光照重合方式加亮，其余部分正常显示
MULTIPLY	只显示重叠部分，且重叠部分的颜色混合加深
SCREEN	过滤重叠部分的深色，其余部分正常显示

这些图层规则的文字说明有点令人费解，还是看画面效果比较直观。如图 12-41 所示，圆圈是先绘制的图形，正方形是后绘制的图形，图例展示了运用不同规则时的显示画面。合理运用图层规则可以实现酷炫的动画效果，比如百叶窗动画、马赛克动画等。

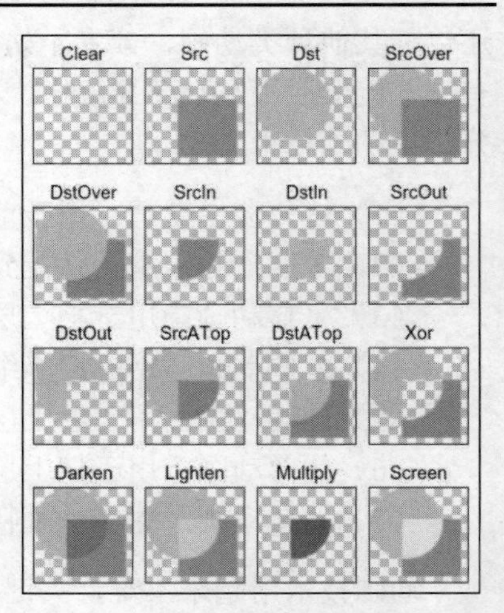

图 12-41 各种图层规则的画面效果

要想在画布中使用图层规则，就要调用画布对象的 setXfermode 方法，并指定相应的图层模式。下面是百叶窗视图的代码，其中采用了 DST_IN 模式：

```
public class ShutterView extends View {
    private Paint mPaint; // 声明一个画笔对象
    private int mOriention = LinearLayout.HORIZONTAL; // 百
叶窗的方向
```

```
    private int mLeafCount = 10;   // 叶片的数量
    private PorterDuff.Mode mMode = PorterDuff.Mode.DST_IN;   // 绘图模式为只展示交集
    private Bitmap mBitmap;   // 声明一个位图对象
    private int mRatio = 0;   // 绘制的比率

    public ShutterView(Context context) {
        this(context, null);
    }

    public ShutterView(Context context, AttributeSet attrs) {
        super(context, attrs);
        mPaint = new Paint();   // 创建一个新的画笔
    }

    // 设置百叶窗的方向
    public void setOriention(int oriention) {
        mOriention = oriention;
    }

    // 设置百叶窗的叶片数量
    public void setLeafCount(int leaf_count) {
        mLeafCount = leaf_count;
    }

    // 设置绘图模式
    public void setMode(PorterDuff.Mode mode) {
        mMode = mode;
    }

    // 设置位图对象
    public void setImageBitmap(Bitmap bitmap) {
        mBitmap = bitmap;
    }

    // 设置绘图比率
    public void setRatio(int ratio) {
        mRatio = ratio;
        invalidate();   // 立即刷新视图
    }

    @Override
    protected void onDraw(Canvas canvas) {
        super.onDraw(canvas);
```

```
        if (mBitmap == null) {
            return;
        }
        int width = getMeasuredWidth();
        int height = getMeasuredHeight();
        // 清空画布
        canvas.drawColor(Color.TRANSPARENT);
        // 创建一个遮罩位图
        Bitmap mask = Bitmap.createBitmap(width, height, mBitmap.getConfig());
        // 创建一个遮罩画布
        Canvas canvasMask = new Canvas(mask);
        for (int i = 0; i < mLeafCount; i++) {
            if (mOriention == LinearLayout.HORIZONTAL) {  // 水平方向
                int column_width = (int) Math.ceil(width * 1f / mLeafCount);
                int left = column_width * i;
                int right = left + column_width * mRatio / 100;
                // 在遮罩画布上绘制各矩形叶片
                canvasMask.drawRect(left, 0, right, height, mPaint);
            } else {  // 垂直方向
                int row_height = (int) Math.ceil(height * 1f / mLeafCount);
                int top = row_height * i;
                int bottom = top + row_height * mRatio / 100;
                // 在遮罩画布上绘制各矩形叶片
                canvasMask.drawRect(0, top, width, bottom, mPaint);
            }
        }
        // 设置离屏缓存
        int saveLayer = canvas.saveLayer(0, 0, width, height, null, Canvas.ALL_SAVE_FLAG);
        Rect src = new Rect(0, 0, mBitmap.getWidth(), mBitmap.getHeight());
        Rect dst = new Rect(0, 0, width, width * mBitmap.getHeight() / mBitmap.getWidth());
        // 绘制目标图像
        canvas.drawBitmap(mBitmap, src, dst, mPaint);
        // 设置混合模式（只在源图像和目标图像相交的地方绘制目标图像）
        mPaint.setXfermode(new PorterDuffXfermode(mMode));
        // 再绘制源图像的遮罩
        canvas.drawBitmap(mask, 0, 0, mPaint);
        // 还原混合模式
        mPaint.setXfermode(null);
        // 还原画布
        canvas.restoreToCount(saveLayer);
    }
}
```

百叶窗视图 ShutterView 仅仅是一个静态画面，若想让它动起来形成百叶窗动画还得利用属性动画渐进设置 ratio 属性，使整个百叶窗的各个叶片逐步合上，从而实现动画特效。下面是百叶窗动画的代码：

```
public class ShutterActivity extends AppCompatActivity {
    private ShutterView sv_shutter;  // 声明一个百叶窗视图对象

    @Override
    protected void onCreate(Bundle savedInstanceState) {
        super.onCreate(savedInstanceState);
        setContentView(R.layout.activity_shutter);
        // 从布局文件中获取名叫 sv_shutter 的百叶窗视图
        sv_shutter = findViewById(R.id.sv_shutter);
        // 设置百叶窗视图的位图对象
        sv_shutter.setImageBitmap(BitmapFactory.decodeResource(getResources(), R.drawable.bdg03));
        initShutterSpinner();
    }

    // 初始化动画类型下拉框
    private void initShutterSpinner() {
        ArrayAdapter<String> shutterAdapter = new ArrayAdapter<String>(this,
                R.layout.item_select, shutterArray);
        Spinner sp_shutter = findViewById(R.id.sp_shutter);
        sp_shutter.setPrompt("请选择百叶窗动画类型");
        sp_shutter.setAdapter(shutterAdapter);
        sp_shutter.setOnItemSelectedListener(new ShutterSelectedListener());
        sp_shutter.setSelection(0);
    }

    private String[] shutterArray = {"水平五叶", "水平十叶", "水平二十叶",
            "垂直五叶", "垂直十叶", "垂直二十叶"};
    class ShutterSelectedListener implements OnItemSelectedListener {
        public void onItemSelected(AdapterView<?> arg0, View arg1, int arg2, long arg3) {
            // 设置百叶窗的方向
            sv_shutter.setOriention((arg2 <3) ? LinearLayout.HORIZONTAL : LinearLayout.VERTICAL);
            if (arg2 == 0 || arg2 == 3) {
                sv_shutter.setLeafCount(5);  // 设置百叶窗的叶片数量
            } else if (arg2 == 1 || arg2 == 4) {
                sv_shutter.setLeafCount(10);  // 设置百叶窗的叶片数量
            } else if (arg2 == 2 || arg2 == 5) {
                sv_shutter.setLeafCount(20);  // 设置百叶窗的叶片数量
            }
            // 构造一个按比率逐步展开的属性动画
```

```
            ObjectAnimator anim = ObjectAnimator.ofInt(sv_shutter, "ratio", 0, 100);
            anim.setDuration(3000);  // 设置动画的播放时长
            anim.start();  // 开始播放属性动画
        }

        public void onNothingSelected(AdapterView<?> arg0) {}
    }
}
```

百叶窗动画的播放效果如图 12-42 和图 12-43 所示。其中，如图 12-42 所示为百叶窗动画开始播放时的画面，如图 12-43 所示为百叶窗动画即将结束播放时的画面。

图 12-42　百叶窗动画开始播放

图 12-43　百叶窗动画即将结束播放

马赛克动画的实现原理与百叶窗动画类似，只是在绘制图片遮罩时选择了不同的算法，其余步骤与百叶窗动画是一样的。马赛克视图的相关代码参见本书附带源码 animation 模块的 MosaicView.java 和 MosaicActivity.java，马赛克动画的播放效果如图 12-44 和图 12-45 所示。其中，如图 12-44 所示为马赛克动画开始播放时的画面，如图 12-45 所示为马赛克动画即将结束播放时的画面。

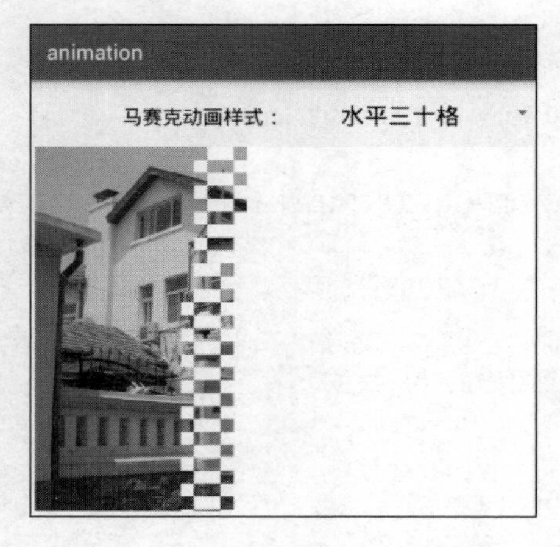

图 12-44　马赛克动画开始播放

图 12-45　马赛克动画即将结束

12.6.3　代码示例

编码与测试方面需要注意以下两点：

（1）如果把动画描述定义在 XML 文件中，注意动画定义文件要放在 res/anim 目录下。

（2）测试手机的 Android 版本要求不低于 Android 4.3，因为裁剪动画用到的矩形估值器 RectEvaluator 是在 Android 4.3 之后引入的。

动感影集的测试挺简单的，无须什么操作流程，只要沉静欣赏屏幕上的动画轮播即可。动感影集的轮播效果如图 12-46～图 12-51 所示。其中，图 12-46 展示了灰度动画，图 12-47 展示了裁剪动画，图 12-48 展示了百叶窗动画，图 12-49 展示了马赛克动画，图 12-50 展示了淡入淡出动画，图 12-51 展示了平移动画。

图 12-46　动感影集的灰度动画效果

图 12-47　动感影集的裁剪动画效果

图 12-48　动感影集的百叶窗动画效果

图 12-49　动感影集的马赛克动画效果

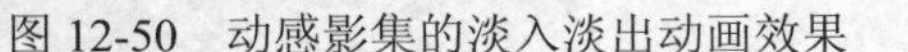
图 12-50　动感影集的淡入淡出动画效果

图 12-51　动感影集的平移动画效果

为方便演示，动感影集未做成可选择图片文件的形式，而是在代码中固定了几张演示图片。另外，各种动画的执行顺序也是固定的，没有做成可定制动画顺序。读者若有兴趣，可在源码的基础上进行改造，使其更贴近真实动感影集的使用习惯。

动感影集的示例源码内容较长，限于篇幅就不在书上贴了，读者可参考本书附带源码 animation 模块的 YingjiActivity.java。

12.7　小　　结

本章主要介绍了 App 开发用到的常见动画技术，包括帧动画的用法（帧动画、GIF 动画、淡入淡出动画）、补间动画的用法（补间动画的种类与用法、集合动画、在飞掠横幅中使用补间动画）、属性动画的用法（属性动画、属性动画组合、插值器和估值器）、矢量动画的用法（矢量图形、SVG 标记、实现矢量动画、仿支付宝的支付成功动画）、常见的动画实现手段（使用延时重绘、设置状态参数、滚动器 Scroller）。最后设计了一个实战项目“仿 QQ 空间的动感影集”，在该项目的 App 编码中采用本章介绍的主要动画技术，实现了图片动态轮换的效果。另外，介绍了画布的绘图层次，以及如何实现百叶窗动画和马赛克动画。

通过本章的学习，读者应该能够掌握以下 5 种开发技能：

（1）学会如何使用帧动画实现动态效果。

（2）学会在合适的场合使用补间动画。

（3）学会属性动画的基本用法和高级用法。

（4）学会矢量动画的基础原理及其具体运用。

（5）学会常用的几种动画实现手段。

第13章

多　媒　体

本章介绍App开发常见的多媒体技术，主要包括如何使用各种图像控件实现自定义相册、如何使用几种主要的音频播放技术、如何使用几种常见的视频播放控件、如何在屏幕上划分多窗口进行特殊处理。最后结合本章所学的知识分别演示了两个实战项目“影视播放器——爱看剧场”和“音乐播放器——浪花音乐”的设计与实现。

13.1　相　　册

本节介绍自定义相册的实现过程，首先说明使用画廊或循环视图如何实现简单的相册，接着阐述使用图像切换器如何实现相册的左右滑动功能，然后分别介绍卡片视图与调色板的用法，并结合上述图像控件完成一个图片查看器——青青相册。

13.1.1　画廊 Gallery

前几章使用文件对话框打开图片时只能看到图片的文件名，看不到图片的缩略图，对用户来说很不方便，因为光看文件名怎么知道这张图片什么模样呢？如果是在电脑上，就可以查看一组图片的缩略图列表，很容易找到想要的图片。在手机上可以使用相应的图像控件做出缩略图展示的相册效果。

画廊Gallery是专门用于展示图片列表的控件，左右滑动手势即可展示内嵌的图片列表，画面效果类似于一个平面万花筒。尽管Android将Gallery标记为Deprecation（表示已废弃），建议开发者采用HorizontalScrollView或ViewPager代替，不过Gallery用来轮播图片是一个挺好的选择。不妨了解一下Gallery控件，并结合其他控件加深对图像开发的理解。

下面是Gallery的常用方法说明。

- setSpacing：设置图片之间的间隔大小，对应的 XML 属性是 spacing。
- setUnselectedAlpha：设置未选定图片的透明度，对应的 XML 属性是 unselectedAlpha。取值范围为 0.0～1.0，0.0 表示完全透明，1.0 表示完全不透明。
- setAdapter：设置画廊的适配器。
- getSelectedItemId：获取当前选中的视图序号。
- setSelection：设置当前选中第几个视图。
- setOnItemClickListener：设置单项的点击监听器。

使用画廊看起来很简单，接下来试着用 Gallery 结合 ImageView 实现观看画廊的相册效果。首先在布局文件中放置一个框架布局 FrameLayout，里面放一个画廊控件与一个图像视图控件，ImageView 设置为充满整个屏幕，Gallery 放在屏幕下方；然后监听 Gallery 控件的单项点击事件，当用户点击指定图片项时，使用 ImageView 控件填充该图片，也就是点小图看大图。

下面是通过 Gallery 与 ImageView 实现简单相册的代码：

```
public class GalleryActivity extends AppCompatActivity implements OnItemClickListener {
    private ImageView iv_gallery;  // 声明一个用于展示大图的图像视图
    private Gallery gl_gallery;  // 声明一个画廊视图对象
    // 画廊需要的图片资源编号数组
    private int[] mImageRes = {
            R.drawable.scene1, R.drawable.scene2, R.drawable.scene3,
            R.drawable.scene4, R.drawable.scene5, R.drawable.scene6};

    @Override
    protected void onCreate(Bundle savedInstanceState) {
        super.onCreate(savedInstanceState);
        setContentView(R.layout.activity_gallery);
        // 从布局文件中获取名叫 iv_gallery 的图像视图
        iv_gallery = findViewById(R.id.iv_gallery);
        // 给图像视图设置图片的资源编号
        iv_gallery.setImageResource(mImageRes[0]);
        initGallery();  // 初始化画廊视图
    }

    // 初始化画廊视图
    private void initGallery() {
        int dip_pad = Utils.dip2px(this, 20);
        // 从布局文件中获取名叫 gl_gallery 的画廊视图
        gl_gallery = findViewById(R.id.gl_gallery);
        // 设置画廊的上下间距
        gl_gallery.setPadding(0, dip_pad, 0, dip_pad);
        // 设置画廊视图各单项之间的空白距离
        gl_gallery.setSpacing(dip_pad);
        // 设置画廊视图未选中部分的透明度
```

```
        gl_gallery.setUnselectedAlpha(0.5f);
        // 给画廊视图设置画廊适配器
        gl_gallery.setAdapter(new GalleryAdapter(this, mImageRes));
        // 给画廊视图设置单项点击监听器
        gl_gallery.setOnItemClickListener(this);
    }

    @Override
    public void onItemClick(AdapterView<?> parent, View view, int position, long id) {
        // 在图像视图上面展示大图
        iv_gallery.setImageResource(mImageRes[position]);
    }
}
```

Gallery 相册的画面效果如图 13-1 和图 13-2 所示。其中，如图 13-1 所示为展示相册第一张图片时的画面，如图 13-2 所示为点击第二张小图时，屏幕展示第二张大图的画面。

图 13-1　画廊展示第一张图片

图 13-2　画廊展示第二张图片

如果想用其他控件替代 Gallery，就可以考虑使用功能强大的循环视图 RecyclerView。具体实现时主要是定义一个水平方向的线性布局管理器，然后通过适配器填入图片列表。

使用 RecyclerView 与 ImageView 实现相册的代码很简单，举例如下：

```
public class RecyclerViewActivity extends AppCompatActivity implements OnItemClickListener {
    private ImageView iv_photo;  // 声明一个用于展示大图的图像视图
    private RecyclerView rv_photo;  // 声明一个循环视图对象
    // 画廊需要的图片资源编号数组
    private int[] mImageRes = {
            R.drawable.scene1, R.drawable.scene2, R.drawable.scene3,
            R.drawable.scene4, R.drawable.scene5, R.drawable.scene6};

    @Override
    protected void onCreate(Bundle savedInstanceState) {
```

```
        super.onCreate(savedInstanceState);
        setContentView(R.layout.activity_recycler_view);
        // 从布局文件中获取名叫 iv_gallery 的图像视图
        iv_photo = findViewById(R.id.iv_photo);
        // 给图像视图设置图片的资源编号
        iv_photo.setImageResource(mImageRes[0]);
        initRecyclerView();  // 初始化循环视图
    }

    // 初始化循环视图
    private void initRecyclerView() {
        // 从布局文件中获取名叫 rv_photo 的循环视图
        rv_photo = findViewById(R.id.rv_photo);
        // 创建一个水平方向的线性布局管理器
        LinearLayoutManager manager = new LinearLayoutManager(this, LinearLayout.HORIZONTAL,
false);
        // 设置循环视图的布局管理器
        rv_photo.setLayoutManager(manager);
        // 构建一个相片列表的线性适配器
        PhotoAdapter adapter = new PhotoAdapter(this, mImageRes);
        // 设置线性列表的点击监听器
        adapter.setOnItemClickListener(this);
        // 给 rv_photo 设置相片线性适配器
        rv_photo.setAdapter(adapter);
        // 设置 rv_photo 的默认动画效果
        rv_photo.setItemAnimator(new DefaultItemAnimator());
        // 给 rv_photo 添加列表项之间的空白装饰
        rv_photo.addItemDecoration(new SpacesItemDecoration(20));
    }

    @Override
    public void onItemClick(View view, int position) {
        iv_photo.setImageResource(mImageRes[position]);
        // 让循环视图滚动到指定位置
        rv_photo.scrollToPosition(position);
    }
}
```

使用 RecyclerView 方式实现的相册效果如图 13-3 和图 13-4 所示。其中，如图 13-3 所示为展示相册第 3 张图片时的画面；如图 13-4 所示为点击第 4 张小图时，屏幕展示第 4 张大图的画面。

图 13-3　循环视图展示第 3 张图片

图 13-4　循环视图展示第 4 张图片

13.1.2　图像切换器 ImageSwitcher

读者可能已经发现，前面 Gallery 相册在切换大图时比较生硬，前后两张图片闪一下就切过去了，用户体验不够友好。有没有办法让图片切换自然一些呢，比如通过渐变动画的方式？答案肯定是有的，就是把占据整个屏幕的图像视图 ImageView 换成图像切换器 ImageSwitcher，然后通过 ImageSwitcher 实现前后图片的切换动画。

ImageSwitcher 继承自视图动画器 ViewAnimator，用于承载前后两个图像的变换动画；与之对应的是，文本切换器 TextSwitcher 承载前后两个文本的变换动画；第 11 章介绍的飞掠视图 ViewFlipper 是从 ViewAnimator 派生而来，读者已经知道它用来承载前后两个视图的变换动画。

下面介绍 ImageSwitcher 的常用方法。

- setFactory: 设置一个视图工厂。该视图工厂由 ViewFactory 派生而来，需重写 makeView 方法返回工厂的具体视图。对于 ImageSwitcher 来说，工厂返回的是 ImageView 对象。
- setImageResource: 设置当前图像的资源 ID。该方法与下面的 setImageDrawable 方法和 setImageURI 方法为三选一操作，调用了其中一个方法，就无须调用另外两个方法。
- setImageDrawable: 设置当前图像的 Drawable 对象。
- setImageURI: 设置当前图像的 URI 地址。
- setInAnimation: 设置后一个图像的进入动画。
- setOutAnimation: 设置前一个图像的退出动画。

这里运用的动画技术跟第 11 章和第 12 章的飞掠视图类似。首先，对前后图片的切换动画可以事先设置好集合动画，通过 setInAnimation 和 setOutAnimation 方法完成动画调用；其次，前后图片的切换操作不但可由 Gallery 控件的点击操作出发，而且可由手势的左滑和右滑操作触发，这要借助于手势检测器 GestureDetector，通过检测左滑手势和右滑手势自动轮播图片。

按照以上的设计思路使用 ImageSwitcher 实现相册切换动画的代码片段如下：

```
// 初始化图像切换器
private void initImageSwitcher() {
    // 从布局文件中获取名叫 is_switcher 的图像切换器
    is_switcher = findViewById(R.id.is_switcher);
    // 设置图像切换器的视图工厂
    is_switcher.setFactory(new ViewFactoryImpl());
    // 给图像切换器设置图片的资源编号
    is_switcher.setImageResource(mImageRes[0]);
    // 创建一个手势监听器
    GestureTask gestureListener = new GestureTask();
    // 创建一个手势检测器
    mGesture = new GestureDetector(this, gestureListener);
    // 设置手势监听器的手势回调对象
    gestureListener.setGestureCallback(this);
    // 给图像切换器设置触摸监听器
    is_switcher.setOnTouchListener(this);
}

public void onItemClick(AdapterView<?> parent, View view, int position, long id) {
    // 给图像切换器设置淡入动画
    is_switcher.setInAnimation(AnimationUtils.loadAnimation(this, R.anim.fade_in));
    // 给图像切换器设置淡出动画
    is_switcher.setOutAnimation(AnimationUtils.loadAnimation(this, R.anim.fade_out));
    // 给图像切换器设置图片的资源编号
    is_switcher.setImageResource(mImageRes[position]);
}

// 定义一个视图工厂
public class ViewFactoryImpl implements ViewFactory {
    // 在补足视图时触发。图像切换器允许动态添加新视图，就要通过视图工厂生成新视图
    public View makeView() {
        // 创建一个新的图像视图
        ImageView iv = new ImageView(ImageSwitcherActivity.this);
        iv.setBackgroundColor(Color.WHITE);
        iv.setScaleType(ScaleType.FIT_XY);
        iv.setLayoutParams(new ImageSwitcher.LayoutParams(
                LayoutParams.MATCH_PARENT, LayoutParams.MATCH_PARENT));
        return iv;
    }
}

// 在发生触摸事件时触发
public boolean onTouch(View v, MotionEvent event) {
```

```
        // 由手势检测器接管触摸事件
        mGesture.onTouchEvent(event);
        return true;
    }

    // 在切换到下一页时触发
    public void gotoNext() {
        // 给图像切换器设置向左淡入动画
        is_switcher.setInAnimation(AnimationUtils.loadAnimation(this, R.anim.push_left_in));
        // 给图像切换器设置向左淡出动画
        is_switcher.setOutAnimation(AnimationUtils.loadAnimation(this, R.anim.push_left_out));
        // 计算画廊视图段的下一项编号
        int next_pos = (int) (gl_switcher.getSelectedItemId() + 1);
        if (next_pos >= mImageRes.length) {
            next_pos = 0;
        }
        // 给图像切换器设置图片的资源编号
        is_switcher.setImageResource(mImageRes[next_pos]);
        // 设置画廊视图的选中项
        gl_switcher.setSelection(next_pos);
    }

    // 在切换到上一页时触发
    public void gotoPre() {
        // 给图像切换器设置向右淡入动画
        is_switcher.setInAnimation(AnimationUtils.loadAnimation(this, R.anim.push_right_in));
        // 给图像切换器设置向右淡出动画
        is_switcher.setOutAnimation(AnimationUtils.loadAnimation(this, R.anim.push_right_out));
        // 计算画廊视图的上一项编号
        int pre_pos = (int) (gl_switcher.getSelectedItemId() - 1);
        if (pre_pos < 0) {
            pre_pos = mImageRes.length - 1;
        }
        // 给图像切换器设置图片的资源编号
        is_switcher.setImageResource(mImageRes[pre_pos]);
        // 设置画廊视图的选中项
        gl_switcher.setSelection(pre_pos);
    }
```

相册切换动画的效果如图 13-5 和图 13-6 所示。其中，如图 13-5 所示为切换开始的画面，此时右边图片缓缓移入屏幕；如图 13-6 所示为切换即将结束的画面，此时右边图片已经大部分移入屏幕，左边图片快要移出屏幕了。

图 13-5　图像切换刚刚开始的画面

图 13-6　图像切换即将结束的画面

13.1.3　图片查看器——青青相册

经过 Gallery 和 ImageSwitcher 的配合，这个相册有点像模像样了。当然，作为孜孜不倦、勤奋好学的开发者，绝不能满足于一点雕虫小技。接下来我们再加上一些技术，让相册变得更加赏心悦目。

首先加入的技术是卡片视图 CardView，该视图是 Android 在 5.0 后引入的新控件。顾名思义，CardView 拥有一个卡片式的圆角边框，边框外缘有一圈阴影，边框内缘有一圈空白。准确地说，CardView 实际上是一个布局视图，继承自 Framelayout，可以当作具有边框效果的特殊布局。

因为 CardView 是 5.0 之后的新增控件，所以为了兼容以前的 Android 版本，在使用该控件前要先修改 build.gradle，即在 dependencies 节点中加入下面一行代码表示导入 cardview 库：

```
implementation 'com.android.support:cardview-v7:28.0.0'
```

CardView 的常用属性与方法的说明见表 13-1。

表13-1　CardView的常用属性与方法说明

CardView 的属性名称	CardView 的设置方法	说明
cardBackgroundColor	setCardBackgroundColor	设置卡片边框的背景颜色
cardCornerRadius	setRadius	设置卡片边框的圆角半径
cardElevation	setCardElevation	设置卡片边缘的阴影高程，即宽度
contentPadding	setContentPadding	设置卡片边框的间隔

使用 CardView 属性时需要注意以下两点：

（1）因为 cardview 库是作为外部库导入的，所以节点属性要像对待自定义控件一样，即先在根节点定义一个命名空间 app 指向 res-auto，然后使用“app:属性名称”的形式定义属性值，不可直接使用“android:属性名称”。

（2）在设置阴影宽度的同时设置对应宽度的 margin，因为阴影宽度不计入卡片的宽高，如果卡片宽高设置为 wrap_content，阴影部分就会被自动截掉。

下面是使用 CardView 的代码：

```
public class CardViewActivity extends AppCompatActivity {
    private CardView cv_card;  // 声明一个卡片视图对象

    protected void onCreate(Bundle savedInstanceState) {
        super.onCreate(savedInstanceState);
        setContentView(R.layout.activity_card_view);
        // 从布局文件中获取名叫 cv_card 的卡片视图
        cv_card = findViewById(R.id.cv_card);
        initCardSpinner();  // 初始化卡片类型下拉框
    }

    // 初始化卡片类型下拉框
    private void initCardSpinner() {
        ArrayAdapter<String> cardAdapter = new ArrayAdapter<String>(this,
                R.layout.item_select, cardArray);
        Spinner sp_card = findViewById(R.id.sp_card);
        sp_card.setPrompt("请选择卡片视图类型");
        sp_card.setAdapter(cardAdapter);
        sp_card.setOnItemSelectedListener(new CardSelectedListener());
        sp_card.setSelection(0);
    }

    private String[] cardArray = {"圆角与阴影均为 3", "圆角与阴影均为 6", "圆角与阴影均为 10",
            "圆角与阴影均为 15", "圆角与阴影均为 20", "圆角与阴影均为 30", "圆角与阴影均为 50"};
    private int[] radiusArray = {3, 6, 10, 15, 20, 30, 50};
    class CardSelectedListener implements OnItemSelectedListener {
        public void onItemSelected(AdapterView<?> arg0, View arg1, int arg2, long arg3) {
            int interval = radiusArray[arg2];
            // 设置卡片视图的圆角半径
            cv_card.setRadius(interval);
            // 设置卡片视图的阴影长度
            cv_card.setCardElevation(interval);
            MarginLayoutParams params = (MarginLayoutParams) cv_card.getLayoutParams();
            params.setMargins(interval, interval, interval, interval);
            // 设置卡片视图的布局参数
            cv_card.setLayoutParams(params);
        }

        public void onNothingSelected(AdapterView<?> arg0) {}
    }
```

```
}
```

卡片视图的显示效果如图 13-7 和图 13-8 所示。其中，如图 13-7 所示为阴影宽度为 6 的画面，此时卡片看起来比较薄；如图 13-8 所示为阴影宽度为 15 的画面，此时卡片看起来比较厚。

图 13-7　阴影厚度为 6 的卡片视图

图 13-8　阴影厚度为 15 的卡片视图

介绍完卡片视图，再说明 Android 5.0 引入的另一个新控件——调色板 Palette。调色板把多种颜色混合在一起，调和均匀后显示出新颜色。在 App 使用场景中常常会用到背景色调，即根据前景图片的总体色彩设置与之接近的背景色调，这样显得整个画面风格比较统一。例如，对于喜庆的节日相片可设置偏红色调的背景，对于泛黄的老照片可设置偏黄色调的背景，对于山水风景的图片可设置偏绿色调的背景。根据每幅图片的色彩情况自动计算该图片的总体色调，通过调色板控件 Palette 就能完成。

因为 Palette 是 5.0 之后增加的新控件，所以要修改 build.gradle，在 dependencies 节点中加入下面一行代码表示导入 palette 库：

```
implementation 'com.android.support:palette-v7:28.0.0'
```

下面是 Palette 的常用方法说明。

- from：从位图对象中获得调色板的构建对象。
- Builder.generate：给构建对象注册调色板的调色监听器，因为 Android 认为计算色调是耗时操作，得另外开线程处理，所以要注册监听器实现回调操作。调色监听器需实现接口 PaletteAsyncListener 的 onGenerated 方法，该方法在色调计算完毕后触发。
- getVibrantSwatch：获取偏亮色调的色板对象。调用色板对象的 getRgb 方法可得到具体颜色。
- getSwatches：获取所有色板对象。因为 getVibrantSwatch 方法有时会返回 null，此时要调用 getSwatches 方法取第一条颜色。

调色板的具体应用可跟卡片视图联合使用，也就是把调色板计算得到的色调填入卡片视图的边框背景中，从而实现卡片原图与边框的色彩呼应效果。

使用调色板的代码片段如下：

```
// 初始化调色板
private void initPalette() {
    for (int i = 0; i < mImageRes.length; i++) {
        // 从资源图片中获取图形对象
        Drawable drawable = getResources().getDrawable(mImageRes[i]);
        // 把图形对象转换为位图对象
        Bitmap bitmap = ((BitmapDrawable) drawable).getBitmap();
        // 从位图对象中生成调色板的构建器
        Palette.Builder builder = Palette.from(bitmap);
        // 进行调和色彩的工作。因为调色在分线程中运行，所以其结果要通过监听器异步获取
        builder.generate(new MyPaletteListener(i));
    }
}

// 定义一个调色事件监听器
private class MyPaletteListener implements PaletteAsyncListener {
    private int mPos;  // 进行调色处理的图片序号
    public MyPaletteListener(int pos) {
        mPos = pos;
    }

    // 在调色完毕时触发
    public void onGenerated(Palette palette) {
        // 获取偏亮色调的色板对象
        Palette.Swatch swatch = palette.getVibrantSwatch();
        if (swatch != null) {
            // 通过色板对象获得具体颜色
            mBackColors[mPos] = swatch.getRgb();
        } else {  // getVibrantSwatch 有时会返回 null，此时从 getSwatches 取第一条颜色
            // 获取所有色板对象
            List<Palette.Swatch> swatches = palette.getSwatches();
            // 取第一个色板的调和颜色
            for (Palette.Swatch item : swatches) {
                mBackColors[mPos] = item.getRgb();
                break;
            }
        }
        // 给画廊视图设置调好色的相册适配器
        gl_album.setAdapter(new AlbumAdapter(PaletteActivity.this, mImageRes, mBackColors));
    }
}
```

学会了卡片视图与调色板的用法，剩下的工作便是精确加工相册的每张缩略图，给它们加上卡片边框，并给边框背景设置该缩略图的调和色。赶紧动手进行实践，体验一下自己的劳动成果带来的喜悦吧！

装饰后的相册效果如图 13-9 和图 13-10 所示。其中，如图 13-9 所示为打开第一张图片时的相册画面，如图 13-10 所示为打开最后一张图片的相册画面。

图 13-9　青青相册查看第一张图片

图 13-10　青青相册查看最后一张图片

至此，一个初具面貌的相册基本完工了。叫好的 App 还得有个好听的名称，笔者姑且将它命名为“青青相册”，读者看看要不要加上什么新功能，再取一个更好听的名字？

13.2　音频播放

本节介绍了音频播放的几种方式，首先说明了铃声工具的适用场合与简单用法，接着阐述了声音池的运用场景，它的优缺点，以及基本用法，然后说明了音轨的产生背景，以及如何进行音轨的录制和播放。

13.2.1　铃声 Ringtone

在第 9 章的时候，提到媒体播放器 MediaPlayer 既可用来播放视频，也可用来播放音频。可在具体的使用场合，MediaPlayer 不可避免地存在某些播音方面的不足之处，主要包括：

（1）MediaPlayer 的初始化比较消耗资源，尤其是播放短小铃音时反应偏慢。

（2）一个 MediaPlayer 同时只能播放一个媒体文件，无法同时播放多个声音。

（3）MediaPlayer 只能播放已经完成编码的音频文件，无法直接播放原始音频，也不能流式播放（即边录边播）。

以上问题各有不同的解决方案，对第一个问题来说，Android 提供了铃声工具 Ringtone 处理铃音的播放。而铃声对象则是通过铃声管理器 RingtoneManager 的 getRingtone 方法来获取，具体而言，铃声管理器允许获得三种来源的铃声，说明如下：

（1）系统自带的铃音，其 Uri 的获取方式举例如下：

```
RingtoneManager.getDefaultUri(RingtoneManager.TYPE_RINGTONE);  // 来电铃音
```

铃声管理器支持的系统铃音类型取值说明见表 13-2。

表13-2　铃音类型的取值说明

RingtoneManager 类的铃音类型	说明
TYPE_RINGTONE	来电铃声
TYPE_NOTIFICATION	通知铃声
TYPE_ALARM	闹钟铃声

（2）内部存储与 SD 卡上的铃音文件，其 Uri 的获取方式举例如下：

```
Uri.parse("file:///system/media/audio/ui/camera_click.ogg");  // 相机快门声
```

（3）App 工程中 res/raw 目录下的铃音文件，其 Uri 的获取方式举例如下：

```
Uri.parse("android.resource://"+getPackageName()+"/"+R.raw.ring);  // 从资源文件中获取铃音
```

通过铃声管理器获得铃声对象之后，才能进行铃声的播放操作。下面是 Ringtone 的常用方法说明：

- play：开始播放铃声。
- stop：停止播放铃声。
- isPlaying：判断铃声是否正在播放。

使用 Ringtone 的代码例子如下所示：

```
public class RingtoneActivity extends AppCompatActivity {
    private TextView tv_volume;
    private Ringtone mRingtone;  // 声明一个铃声对象
    private int RING_TYPE = AudioManager.STREAM_RING;  // 音频流的铃声类型

    protected void onCreate(Bundle savedInstanceState) {
        super.onCreate(savedInstanceState);
        setContentView(R.layout.activity_ringtone);
        tv_volume = findViewById(R.id.tv_volume);
        initVolumeInfo();  // 初始化音量信息
        initRingSpinner();
        // 生成本 App 自带的铃音文件 res/raw/ring.ogg 的 Uri 实例
        uriArray[uriArray.length-1] = Uri.parse("android.resource://" + getPackageName()+"/"+R.raw.ring);
```

```
    }

    // 初始化音量信息
    private void initVolumeInfo() {
        // 从系统服务中获取音频管理器
        AudioManager audio = (AudioManager) getSystemService(Context.AUDIO_SERVICE);
        // 获取铃声的最大音量
        int maxVolume = audio.getStreamMaxVolume(RING_TYPE);
        // 获取铃声的当前音量
        int nowVolume = audio.getStreamVolume(RING_TYPE);
        String desc = String.format("当前铃声音量为%d，最大音量为%d，请先将铃声音量调至最大",
                nowVolume, maxVolume);
        tv_volume.setText(desc);
    }

    // 初始化铃声下拉框
    private void initRingSpinner() {
        ArrayAdapter<String> ringAdapter = new ArrayAdapter<String>(this,
                R.layout.item_select, ringArray);
        Spinner sp_ring = findViewById(R.id.sp_ring);
        sp_ring.setPrompt("请选择要播放的铃音");
        sp_ring.setAdapter(ringAdapter);
        sp_ring.setOnItemSelectedListener(new RingSelectedListener());
        sp_ring.setSelection(0);
    }

    private String[] ringArray = {"来电铃音", "通知铃音", "闹钟铃音",
            "相机快门声", "视频录制声", "门铃叮咚声"};
    private Uri[] uriArray = {
            RingtoneManager.getDefaultUri(RingtoneManager.TYPE_RINGTONE),  // 来电铃音
            RingtoneManager.getDefaultUri(RingtoneManager.TYPE_NOTIFICATION),  // 通知铃音
            RingtoneManager.getDefaultUri(RingtoneManager.TYPE_ALARM),  // 闹钟铃音
            Uri.parse("file:///system/media/audio/ui/camera_click.ogg"),  // 相机快门声
            Uri.parse("file:///system/media/audio/ui/VideoRecord.ogg"),  // 视频录制声
            null };

    class RingSelectedListener implements OnItemSelectedListener {
        public void onItemSelected(AdapterView<?> arg0, View arg1, int arg2, long arg3) {
            // 从铃音文件的 Uri 中获取铃声对象
            mRingtone = RingtoneManager.getRingtone(RingtoneActivity.this, uriArray[arg2]);
            // 开始播放铃声
            mRingtone.play();
        }
```

```
        public void onNothingSelected(AdapterView<?> arg0) {}
    }

    protected void onStop() {
        super.onStop();
        // 停止播放铃声
        mRingtone.stop();
    }
}
```

播放铃音只有声音，没有画面，并且 Ringtone 也没提供任何监听器，所以没什么可截图的，读者可自己运行测试工程，聆听具体的铃声效果。

13.2.2　声音池 SoundPool

对于 MediaPlayer 无法同时播放多个声音的问题，Android 提供了声音池工具 SoundPool，使用声音池即可对多个声音的播放进行调度。

使用 SoundPool 可以事先加载多个音频，在需要时再播放指定音频，这样有几个好处：

（1）资源占用量小，不像 MediaPlayer 那么耗资源。

（2）相对 MediaPlayer 来说，延迟时间非常小。

（3）可以同时播放多个音频，从而实现游戏过程中多个声音叠加的情景。

当然，SoundPool 带来方便的同时也做了一部分牺牲，下面是它的一些使用限制：

（1）SoundPool 最大只能申请 1MB 的内存，这意味着它只能播放一些很短的声音片段，不能用于播放歌曲或者游戏背景音乐。

（2）虽然 SoundPool 提供了 pause 和 stop 方法，但是轻易不要使用这两个方法，因为它们可能会让 App 异常或崩溃。

（3）SoundPool 建议播放 ogg 格式的音频，据说它对 Wav 格式的支持不太好。

（4）待播放的音频要提前加载进声音池，不要等到要播放的时候才加载，否则可能播放没声音。因为 SoundPool 不会等音频加载完了才播放，而 MediaPlayer 会等待加载完毕才播放。

下面是 SoundPool 的常用方法说明。

- 构造函数：可设置最大音频个数、音频类型、音频质量。其中音频类型一般是 AudioManager.STREAM_MUSIC，音频质量取值为 0 到 100。
- load：加载指定的音频文件。返回值为该音频的编号。
- unload：卸载指定编号的音频。
- play：播放指定编号的音频。可同时设置左右声道的音量（取值为 0.0 到 1.0）、优先级（0 为最低）、是否循环播放（0 为只播放一次，-1 为无限循环）、播放速率（取值为 0.5-2.0，其中 1.0 为正常速率）。
- setVolume：设置指定编号音频的音量大小。

- setPriority：设置指定编号音频的优先级。
- setLoop：设置指定编号的音频是否循环播放。
- setRate：设置指定编号音频的播放速率。
- pause：暂停播放指定编号的音频。
- resume：恢复播放指定编号的音频。
- autoPause：暂停所有正在播放的音频。
- autoResume：恢复播放所有被暂停的音频。
- stop：停止播放指定编号的音频。
- release：释放所有音频资源。
- setOnLoadCompleteListener：设置音频加载完毕的监听器。需实现接口 OnLoadCompleteListener 的 onLoadComplete 方法，该方法在音频加载结束后触发。

下面是使用 SoundPool 播放音频的示例代码：

```
public class SoundPoolActivity extends AppCompatActivity implements OnClickListener {
    private TextView tv_volume;
    private SoundPool mSoundPool;  // 初始化一个声音池对象
    private HashMap<Integer, Integer> mSoundMap;  // 声音编号映射
    private int SOUND_TYPE = AudioManager.STREAM_MUSIC;  // 音频流的音乐类型

    protected void onCreate(Bundle savedInstanceState) {
        super.onCreate(savedInstanceState);
        setContentView(R.layout.activity_sound_pool);
        tv_volume = findViewById(R.id.tv_volume);
        findViewById(R.id.btn_play_all).setOnClickListener(this);
        findViewById(R.id.btn_play_first).setOnClickListener(this);
        findViewById(R.id.btn_play_second).setOnClickListener(this);
        findViewById(R.id.btn_play_third).setOnClickListener(this);
        initVolumeInfo();  // 初始化音量信息
        initSound();  // 初始化声音池
    }

    // 初始化音量信息
    private void initVolumeInfo() {
        // 从系统服务中获取音频管理器
        AudioManager audio = (AudioManager) getSystemService(Context.AUDIO_SERVICE);
        // 获取音乐的最大音量
        int maxVolume = audio.getStreamMaxVolume(SOUND_TYPE);
        // 获取音乐的当前音量
        int nowVolume = audio.getStreamVolume(SOUND_TYPE);
        String desc = String.format("当前音乐音量为%d，最大音量为%d，请先将铃声音量调至最大",
                nowVolume, maxVolume);
        tv_volume.setText(desc);
```

```
    }

    // 初始化声音池
    private void initSound() {
        mSoundMap = new HashMap<Integer, Integer>();
        // 初始化声音池，最多容纳三个声音
        mSoundPool = new SoundPool(3, SOUND_TYPE, 100);
        loadSound(1, R.raw.beep1);  // 加载第一个声音
        loadSound(2, R.raw.beep2);  // 加载第二个声音
        loadSound(3, R.raw.ring);  // 加载第三个声音
    }

    // 把音频资源添加进声音池
    private void loadSound(int seq, int resid) {
        // 把声音文件加入到声音池中，同时返回该声音文件的编号
        int soundID = mSoundPool.load(this, resid, 1);
        mSoundMap.put(seq, soundID);
    }

    // 播放指定序号的声音
    private void playSound(int seq) {
        int soundID = mSoundMap.get(seq);
        // 播放声音池中指定编号的声音文件
        mSoundPool.play(soundID, 1.0f, 1.0f, 1, 0, 1.0f);
    }

    public void onClick(View v) {
        if (v.getId() == R.id.btn_play_all) {  //同时播放三个声音
            playSound(1);
            playSound(2);
            playSound(3);
        } else if (v.getId() == R.id.btn_play_first) {  // 播放第一个声音
            playSound(1);
        } else if (v.getId() == R.id.btn_play_second) {  // 播放第二个声音
            playSound(2);
        } else if (v.getId() == R.id.btn_play_third) {  // 播放第三个声音
            playSound(3);
        }
    }

    protected void onDestroy() {
        if (mSoundPool != null) {
            mSoundPool.release();  // 释放声音池资源
```

```
        }
        super.onDestroy();
    }
}
```

13.2.3 音轨录播 AudioTrack

话说 Android 搞出这么多种播音方式，搞得开发者脑袋都大，烦不烦呀。其实这还是跟不同的需求和用途有关，譬如说语音通话功能要求实时传输，手机这边说一句话，那边就同步听到一句话。如果是 MediaRecorder 与 MediaPlayer 组合，只能整句话都录完编码好了，才能传给对方去播放，这个实效性就太差了。于是适用于实时音频处理的音频录制器 AudioRecord 与音轨播放器 AudioTrack 组合就应运而生，该组合的音频格式为原始的二进制音频数据，没有文件头和文件尾，故而可以实现边录边播的实时语音对话。

MediaRecorder 录制的音频格式有 amr、aac 等，MediaPlayer 支持播放的音频格式除了 amr、aac 之外，还支持常见的 mp3、wav、mid、ogg 等经过压缩编码的音频。而 AudioRecord 录制的音频格式只有 pcm，AudioTrack 可直接播放的格式也只有 pcm。pcm 格式有个缺点，就是在播放过程中不能暂停，因为音频数据是二进制流，无法直接寻址；但 pcm 格式有个好处——允许跨平台播放，比如 iOS 不能播放 amr 音频，但能播放 pcm 音频；所以如果 Android 手机录制的语音需要传给 iOS 手机播放，还是得采用 pcm 格式。

下面是 AudioRecord 的录音方法说明。

- getMinBufferSize：根据采样频率、声道配置、音频格式获得合适的缓冲区大小。
- 构造函数：可设置录音来源、采样频率、声道配置、音频格式与缓冲区大小。其中录音来源一般是 AudioSource.MIC，采样频率可取值 8000 或者 16000，声道配置可取值 AudioFormat.CHANNEL_IN_STEREO 或者 AudioFormat.CHANNEL_OUT_STEREO，音频格式的取值说明见表 13-3。

表13-3　音轨之中音频格式的取值说明

AudioFormat 类的音频格式	说明
ENCODING_PCM_16BIT	每个采样块为 16 位数。推荐该格式
ENCODING_PCM_8BIT	每个采样块为 8 位数
ENCODING_PCM_FLOAT	每个采样块为单精度浮点数

- startRecording：开始录音。
- read：从缓冲区中读取音频数据，此数据用于保存到音频文件中。
- stop：停止录音。
- release：停止录音并释放资源。
- setNotificationMarkerPosition：设置需要通知的标记位置。
- setPositionNotificationPeriod：设置需要通知的时间周期。
- setRecordPositionUpdateListener：设置录制位置变化的监听器对象。该监听器从 OnRecordPositionUpdateListener 扩展而来，需要实现的两个方法说明如下：

- onMarkerReached: 在标记到达时触发，对应 setNotificationMarkerPosition 方法。
- onPeriodicNotification: 在周期结束时触发，对应 setPositionNotificationPeriod 方法。

下面是 AudioTrack 的播音方法说明。

- getMinBufferSize: 根据采样频率、声道配置、音频格式获得合适的缓冲区大小。
- 构造函数：可设置音频类型、采样频率、声道配置、音频格式、播放模式与缓冲区大小。其中音频类型一般是 AudioManager.STREAM_MUSIC，采样频率、声道配置、音频格式与录音时保持一致，播放模式一般是 AudioTrack.MODE_STREAM。
- setStereoVolume: 设置立体声的音量。第一个参数是左声道音量，第二个参数是右声道音量。
- play: 开始播音。
- write: 把缓冲区的音频数据写入音轨。调用该函数前要先从音频文件读取数据写入缓冲区。
- stop: 停止播音。
- release: 停止播音并释放资源。
- setNotificationMarkerPosition: 设置需要通知的标记位置。
- setPositionNotificationPeriod: 设置需要通知的时间周期。
- setPlaybackPositionUpdateListener: 设置播放位置变化的监听器对象。该监听器从 OnPlaybackPositionUpdateListener 扩展而来，需要实现的两个方法说明如下:
- onMarkerReached: 在标记到达时触发，对应 setNotificationMarkerPosition 方法。
- onPeriodicNotification: 在周期结束时触发，对应 setPositionNotificationPeriod 方法。

因为音轨录制直接读取流数据，如果没取消录制，就会一直在等待，所以适合将录制任务分配到分线程处理，避免等待行为堵塞主线程。下面是音轨录制线程的关键代码片段：

```
protected Void doInBackground(String... arg0) {
    File recordFile = new File(arg0[0]);  // 第一个参数是音频文件的保存路径
    int frequence = Integer.parseInt(arg0[1]);  // 第二个参数是音频的采样频率，单位赫兹
    int channel = Integer.parseInt(arg0[2]);  // 第三个参数是音频的声道配置
    int format = Integer.parseInt(arg0[3]);  // 第四个参数是音频的编码格式
    try {
        // 开通输出流到指定的文件
        DataOutputStream dos = new DataOutputStream(
                new BufferedOutputStream(new FileOutputStream(recordFile)));
        // 根据定义好的几个配置，来获取合适的缓冲大小
        int bsize = AudioRecord.getMinBufferSize(frequence, channel, format);
        // 定义缓冲区
        short[] buffer = new short[bsize];
        // 根据音频配置和缓冲区构建音轨录制实例
        AudioRecord record = new AudioRecord(AudioSource.MIC,
                frequence, channel, format, bsize);
        // 设置需要通知的时间周期为 1 秒
```

```
            record.setPositionNotificationPeriod(1000);
            // 设置录制位置变化的监听器
            record.setRecordPositionUpdateListener(new RecordUpdateListener());
            // 开始录制音轨
            record.startRecording();
            // 没有取消录制，则持续读取缓冲区
            while (!isCancelled()) {
                int bufferReadResult = record.read(buffer, 0, buffer.length);
                // 循环将缓冲区中的音频数据写入到输出流
                for (int i = 0; i < bufferReadResult; i++) {
                    dos.writeShort(buffer[i]);
                }
            }
            // 取消录制任务，则停止音轨录制
            record.stop();
            dos.close();
        } catch (Exception e) {
            e.printStackTrace();
        }
        return null;
    }
```

同理，音轨播放操作也应当开启分线程处理，下面是音轨播放线程的关键代码片段：

```
    protected Void doInBackground(String... arg0) {
        File recordFile = new File(arg0[0]);  // 第一个参数是音频文件的保存路径
        int frequence = Integer.parseInt(arg0[1]);  // 第二个参数是音频的采样频率，单位赫兹
        int channel = Integer.parseInt(arg0[2]);  // 第三个参数是音频的声道配置
        int format = Integer.parseInt(arg0[3]);  // 第四个参数是音频的编码格式
        try {
            // 定义输入流，将音频写入到 AudioTrack 类中，实现播放
            DataInputStream dis = new DataInputStream(
                    new BufferedInputStream(new FileInputStream(recordFile)));
            // 根据定义好的几个配置，来获取合适的缓冲大小
            int bsize = AudioTrack.getMinBufferSize(frequence, channel, format);
            // 定义缓冲区
            short[] buffer = new short[bsize / 4];
            // 根据音频配置和缓冲区构建音轨播放实例
            AudioTrack track = new AudioTrack(AudioManager.STREAM_MUSIC,
                    frequence, channel, format, bsize, AudioTrack.MODE_STREAM);
            // 设置需要通知的时间周期为 1 秒
            track.setPositionNotificationPeriod(1000);
            // 设置播放位置变化的监听器
            track.setPlaybackPositionUpdateListener(new PlaybackUpdateListener());
```

```
            // 开始播放音轨
            track.play();
            // 由于 AudioTrack 播放的是字节流，所以，我们需要一边播放一边读取
            while (!isCancelled() && dis.available() > 0) {
                int i = 0;
                // 把输入流中的数据循环读取到缓冲区
                while (dis.available() > 0 && i < buffer.length) {
                    buffer[i] = dis.readShort();
                    i++;
                }
                // 然后将数据写入到音轨 AudioTrack 中
                track.write(buffer, 0, buffer.length);
            }
            // 取消播放任务，或者读完了，都停止音轨播放
            track.stop();
            dis.close();
        } catch (Exception e) {
            e.printStackTrace();
        }
        return null;
    }
```

音轨录播的效果如图 13-11 和图 13-12 所示，其中图 13-11 为正在录制音轨的画面，此时上面文字记录了当前已录制的音轨时长；图 13-12 为正在播放音轨时的画面，此时下面文字记录了当前已播放的音轨时长。

图 13-11　音轨正在录制

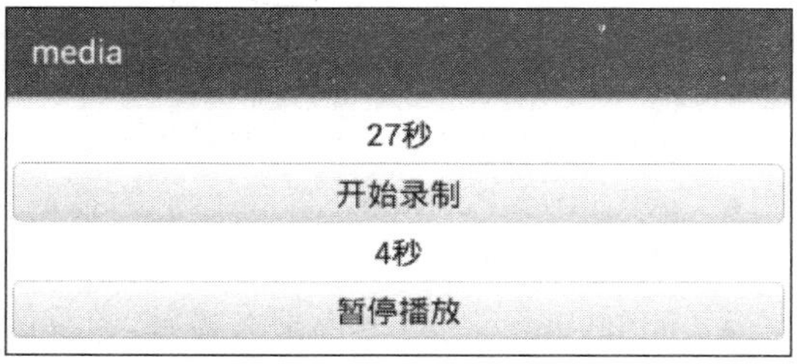

图 13-12　音轨正在播放

13.3　视频播放

本节介绍视频播放的相关技术，首先说明视频视图的工作原理，并结合拖动条实现简单的视频播放器，接着阐述媒体控制条的用法，以及媒体控制条与视频视图的两种绑定方式，最后演示了如何实现自定义样式的视频播放控制条。

13.3.1 视频视图 VideoView

第 9 章在介绍录像放映功能时使用了 MediaPlayer 结合 SurfaceView 播放视频文件，其中通过 SurfaceView 显示视频的画面，通过 MediaPlayer 设置播放参数并控制视频的播放操作。不过仅仅播一个视频就得如此深入掌握技术细节未免太兴师动众了，因此 Android 推出了视频视图 VideoView，该控件内部集成了 SurfaceView 和 MediaPlayer，从而实现视频画面与视频操作的统一管理，为开发者进行视频开发提供便利。

下面是 VideoView 的常用方法说明。

- setVideoPath：设置视频文件的路径。
- setMediaController：设置媒体控制条的对象。
- setOnPreparedListener：设置预备播放监听器。需实现监听器 OnPreparedListener 的 onPrepared 方法，该方法在准备播放时调用。
- setOnCompletionListener：设置结束播放监听器。需实现监听器 OnCompletionListener 的 onCompletion 方法，该方法在结束播放时调用。
- setOnErrorListener：设置播放异常监听器。需实现监听器 OnErrorListener 的 onError 方法，该方法在播放出现异常时调用。
- setOnInfoListener：设置播放信息监听器。需实现监听器 OnInfoListener 的 onInfo 方法，该方法在播放需要传递某种消息时调用，如开始/结束缓冲。
- requestFocus：请求获得焦点。该方法要在 start 方法前调用。
- start：开始播放视频。
- pause：暂停播放视频。
- resume：恢复播放视频。
- suspend：结束播放并释放资源。
- seekTo：拖动视频到指定进度开始播放。
- getDuration：获得视频的总时长。
- getCurrentPosition：获得当前的播放位置。该方法返回值与 getDuration 相等时，表示播放到了末尾。
- isPlaying：判断是否正在播放。
- getBufferPercentage：获得已缓冲的比例。返回值在 0 到 1 之间。

由于 VideoView 只是一个播放界面，本身不会显示进度条，因此实际开发中至少得给它配备一个拖动条 SeekBar，一方面用来展示当前的播放进度，另一方面用来拖动播放位置。

在 VideoView 的方法中，SeekBar 主要用到了三个方法，第一个 getDuration 方法获得的总时长对应拖动条的最大进度值，第二个 getCurrentPosition 方法对应拖动条的当前进度值，第三个 seekTo 方法是在用户拖动 SeekBar 结束后调用。为 VideoView 加上 SeekBar，即可实现基本的播放控制操作。

下面是使用 VideoView 结合 SeekBar 的代码，相比第 9 章的放映代码明显精简许多：

```
public class VideoViewActivity extends AppCompatActivity implements
        OnClickListener, FileSelectCallbacks, OnSeekBarChangeListener {
```

```
    private VideoView vv_play; // 声明一个视频视图对象
    private SeekBar sb_play; // 声明一个拖动条对象
    private Handler mHandler = new Handler(); // 声明一个处理器对象

    protected void onCreate(Bundle savedInstanceState) {
        super.onCreate(savedInstanceState);
        setContentView(R.layout.activity_video_view);
        findViewById(R.id.btn_open).setOnClickListener(this);
        // 从布局文件中获取名叫 vv_content 的视频视图
        vv_play = findViewById(R.id.vv_content);
        // 从布局文件中获取名叫 sb_play 的拖动条
        sb_play = findViewById(R.id.sb_play);
        // 设置拖动条的拖动变更监听器
        sb_play.setOnSeekBarChangeListener(this);
        // 禁用拖动条
        sb_play.setEnabled(false);
    }

    public void onClick(View v) {
        if (v.getId() == R.id.btn_open) {
            String[] videoExs = new String[]{"mp4", "3gp", "mkv", "mov", "avi"};
            // 打开文件选择对话框
            FileSelectFragment.show(this, videoExs, null);
        }
    }

    // 点击文件选择对话框的确定按钮后触发
    public void onConfirmSelect(String absolutePath, String fileName, Map<String, Object> map_param) {
        // 拼接文件的完整路径
        String file_path = absolutePath + "/" + fileName;
        // 设置视频视图的视频路径
        vv_play.setVideoPath(file_path);
        // 视频视图请求获得焦点
        vv_play.requestFocus();
        // 视频视图开始播放
        vv_play.start();
        // 启用拖动条
        sb_play.setEnabled(true);
        // 立即启动进度刷新任务
        mHandler.post(mRefresh);
    }

    // 检查文件是否合法时触发
```

```
    public boolean isFileValid(String absolutePath, String fileName, Map<String, Object> map_param) {
        return true;
    }

    // 定义一个拖动条的进度刷新任务
    private Runnable mRefresh = new Runnable() {
        public void run() {
            // 通过播放时长与当前位置，计算视频已播放的百分比
            int progress = 100 * vv_play.getCurrentPosition() / vv_play.getDuration();
            // 设置拖动条的当前进度
            sb_play.setProgress(progress);
            // 延迟 500 毫秒后再次启动进度刷新任务
            mHandler.postDelayed(this, 500);
        }
    };

    // 在进度变更时触发。第三个参数为 true 表示用户拖动，为 false 表示代码设置进度
    public void onProgressChanged(SeekBar seekBar, int progress, boolean fromUser) {}

    // 在开始拖动进度时触发
    public void onStartTrackingTouch(SeekBar seekBar) {}
    // 在停止拖动进度时触发
    public void onStopTrackingTouch(SeekBar seekBar) {
        // 通过进度百分比与播放时长，计算视频当前的播放位置
        int pos = seekBar.getProgress() * vv_play.getDuration() / 100;
        // 命令视频视图从指定位置开始播放
        vv_play.seekTo(pos);
    }
}
```

VideoView 与 SeekBar 的播放效果如图 13-13 和图 13-14 所示。其中，如图 13-13 所示为视频播放开始的画面，此时拖动条的进度图标尚在左边；如图 13-14 所示为视频播放即将结束的画面，此时拖动条的进度图标已经移到右边了。

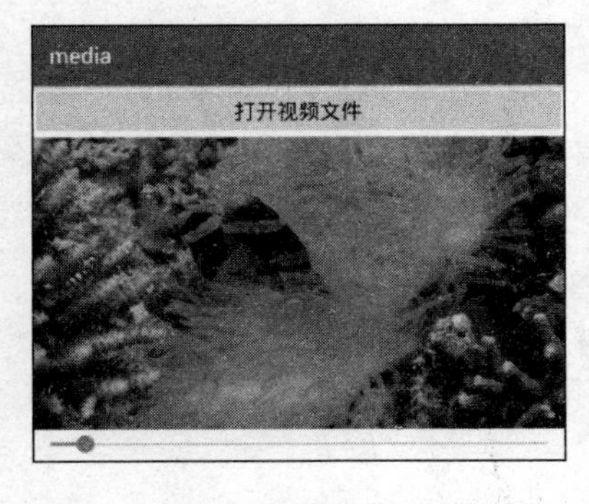

图 13-13　视频视图刚刚开始播放

图 13-14　视频视图即将结束播放

13.3.2　媒体控制条 MediaController

使用拖动条主要完成两个播放控制功能：显示当前播放进度和拖动到指定位置播放。这两个基本功能显然不够全面，对于一个视频播放器来说，至少还得实现下列基础功能：

（1）暂停功能和暂停之后的恢复播放功能。
（2）查看视频的总时长和当前已播放的时长。
（3）快进和快退功能。

前面介绍 VideoView 的常用方法时提到 setMediaController 方法可设置媒体控制条的对象，这个媒体控制条就是 MediaController，它的界面跟 Windows 上的播放条几乎一模一样，并支持一些基本的播放控制操作：显示当前的播放进度、拖动到指定位置播放、暂停播放与恢复播放、查看视频的总时长和已播放时长、对视频做快进或快退操作等。

下面是 MediaController 的常用方法说明。

- setMediaPlayer: 设置媒体播放器的对象，即 VideoView 对象。该方法与 setAnchorView 只能调用一个。
- setAnchorView: 设置绑定的主视图，其实一般是一个 VideoView 对象。该方法与 setMediaPlayer 只能调用一个。
- show: 显示媒体控制条。
- hide: 隐藏媒体控制条。
- isShowing: 判断媒体控制条是否正在显示。
- setPrevNextListeners: 设置前一个按钮与后一个按钮的点击监听器（OnClickListener）。如果没调用该方法，那么前一个按钮与后一个按钮都不会展示。

VideoView 继承自 SurfaceView，而 MediaController 继承自 FrameLayout，理论上这两个控件是可以随意摆放的，但是考虑到用户的使用习惯，往往将其集成在一起展示，即媒体控制条固定放在视频视图的底部。因此无须在布局文件中声明 MediaController 控件，只需声明 VideoView 控件，然后在代码中将媒体控制条附着于视频视图即可。甚至布局文件中都不用声明 VideoView，在代码中动态添加视频视图和媒体控制条即可。由此衍生出 VideoView 与 MediaController 的两种集成方式：在布局文件中声明 VideoView 和在代码中动态添加 VideoView。

1. 在布局文件中声明 VideoView

视频视图对象的使用步骤不变，即先调用 setVideoPath 方法指定视频文件，然后调用 setMediaController 方法指定控制条，最后调用 start 方法开始播放。此时媒体控制条对象在完成构建后只需调用 setMediaPlayer 方法设置播放器对象即可。

该方式的控件集成代码如下：

```
// 点击文件选择对话框的确定按钮后触发
public void onConfirmSelect(String absolutePath, String fileName, Map<String, Object> map_param) {
    // 拼接文件的完整路径
```

```
        String file_path = absolutePath + "/" + fileName;
        // 设置视频视图的视频路径
        vv_content.setVideoPath(file_path);
        // 视频视图请求获得焦点
        vv_content.requestFocus();
        // 创建一个媒体控制条
        MediaController mc_play = new MediaController(this);
        // 给视频视图设置相关联的媒体控制条
        vv_content.setMediaController(mc_play);
        // 给媒体控制条设置相关联的视频视图
        mc_play.setMediaPlayer(vv_content);
        // 视频视图开始播放
        vv_content.start();
    }
```

2. 在代码中动态添加 VideoView

视频视图对象需要在代码中构建并添加，其余使用步骤同上。此时媒体控制条对象的使用步骤发生变化，不再调用 setMediaPlayer 方法，而改成调用 setAnchorView 方法，该方法把媒体控制条添加到宿主视图上，如果方法参数是一个 VideoView 对象，就将媒体控制条添加到 VideoView 的上级视图。

该方式的控件集成代码如下：

```
    // 点击文件选择对话框的确定按钮后触发
    public void onConfirmSelect(String absolutePath, String fileName, Map<String, Object> map_param) {
        // 拼接文件的完整路径
        String file_path = absolutePath + "/" + fileName;
        // 创建一个视频视图
        VideoView vv_content = new VideoView(this);
        // 设置视频视图的视频路径
        vv_content.setVideoPath(file_path);
        // 视频视图请求获得焦点
        vv_content.requestFocus();
        // 创建一个媒体控制条
        MediaController mc_play = new MediaController(this);
        // 给媒体控制条设置绑定的主视图（一般是视频视图）
        mc_play.setAnchorView(vv_content);
        // 给视频视图设置相关联的媒体控制条
        vv_content.setMediaController(mc_play);
        // 把视频视图添加到线性视图上
        ll_play.addView(vv_content);
        // 视频视图开始播放
        vv_content.start();
    }
```

两种集成方式的屏幕画面基本一致，开发者可根据视频的展示位置决定采用哪一种方式。视频播放开始时不会显示媒体控制条，只有用户点击视频画面后才会弹出控制条；如果过了几秒没有操作控制条，它就会自动消失。

集成后的播放效果如图 13-15 和图 13-16 所示。其中，如图 13-15 所示为视频播放一开始的画面，不点击视频画面就不会出现媒体控制条；如图 13-16 所示为点击视频画面后的截图，点击后弹出媒体控制条，即可进行视频播放的控制操作。

图 13-15　媒体控制条已隐藏

图 13-16　媒体控制条已弹出来

13.3.3　自定义播放控制条

上一小节介绍了系统自带的媒体控制条 MediaController，不过该控件的弊端是显而易见的，缘于 MediaController 只提供基本的播放控制，却无法进行其他个性化的定制，比如以下功能就不支持：

（1）控制条分上下两行，上面是控制按钮，下面是进度条，高度太宽了，有碍观瞻。
（2）按钮样式无法定制，且不能增加新按钮，也无法删除按钮。
（3）进度条与播放时间的样式也不能定制。

因为媒体控制条的内部控件都是私有的，即使继承了也无法修改，所以只能自己写个全新的视频控制条 VideoController。好在上述功能只是更改控制条的样式，并未增加复杂的功能，所以视频控制条提供以下控件即可满足要求：

（1）一个播放按钮，点击按钮暂停播放，再点击恢复播放。
（2）一个拖动条，动态显示当前的播放进度，并允许把视频拖动到指定位置开始播放。
（3）两个文本控件，一个显示视频的总时长，另一个显示视频的已播放时长。

往视频控制条上添加几个播放控件倒是容易，难点在于如何跟 VideoView 同步当前的播放进度。对于视频视图向控制条通知播放进度，可以设置定时器持续刷新播放进度；对于控制条向视频视图通知播放动作，可以监听播放按钮的点击事件，以及拖动条的拖动事件，并将事件处理结果传给视频视图 VideoView 对象。

比如下面的代码演示了视频视图如何将播放进度同步给视频控制条：

```
private Handler mHandler = new Handler();  // 声明一个处理器对象
// 定义一个控制条的进度刷新任务。实时刷新控制条的播放进度，每隔 0.5 秒刷新一次
private Runnable mRefresh = new Runnable() {
    public void run() {
        if (vv_content.isPlaying()) {  // 视频视图正在播放
            // 给视频控制条设置当前的播放位置和缓冲百分比
            vc_play.setCurrentTime(vv_content.getCurrentPosition(),
                    vv_content.getBufferPercentage());
        }
        // 延迟 500 毫秒后再次启动进度刷新任务
        mHandler.postDelayed(this, 500);
    }
};
```

又如下面的代码片段演示了视频控制条如何把拖动位置告知视频视图：

```
private VideoView mVideoView;  // 声明一个视频视图对象
private int mDuration = 0;  // 视频的播放时长，单位毫秒

// 为视频控制条设置关联的视频视图，同时获取该视频的播放时长
public void setVideoView(VideoView view) {
    mVideoView = view;
    mDuration = mVideoView.getDuration();
}

// 在进度变更时触发。第三个参数为 true 表示用户拖动，为 false 表示代码设置进度
// 如果是人为的改变进度（即用户拖动进度条），则令视频从指定时间点开始播放
public void onProgressChanged(SeekBar seekBar, int progress, boolean fromUser) {
    if (fromUser) {
        // 计算拖动后的当前时间进度
        int time = progress * mDuration / 100;
        // 拖动播放器的当前进度到指定位置
        mVideoView.seekTo(time);
    }
}
```

另外注意，倘若用户中途切换去别的 App 办理事情，那么视频播放 App 要及时保存当前的播放进度，以便用户切换回来之时能够正常延续播放。相应改写后的页面暂停与恢复方法如下所示：

```
private int mCurrentPosition = 0;  // 当前的播放位置

protected void onResume() {
```

```
        super.onResume();
        // 恢复页面时立即从上次断点开始播放视频
        if (mCurrentPosition>0 && !vv_content.isPlaying()) {
            // 命令视频视图从指定位置开始播放
            vv_content.seekTo(mCurrentPosition);
            // 视频视图开始播放
            vv_content.start();
        }
    }

    protected void onPause() {
        super.onPause();
        // 暂停页面时保存当前的播放进度
        if (vv_content.isPlaying()) {  // 视频视图正在播放
            // 获得视频视图当前的播放位置
            mCurrentPosition = vv_content.getCurrentPosition();
            // 视频视图暂停播放
            vv_content.pause();
        }
    }
```

按照上述需求重新定制后的视频控制条，它的界面效果如图 13-17 和图 13-18 所示，其中图 13-17 为正在播放时的完整视频画面，图 13-18 为暂停播放时的完整视频画面。

图 13-17　正在播放时的视频画面

图 13-18　暂停播放时的视频画面

13.4 多 窗 口

由于观看视频经常占据整个屏幕，因此造成用户难以兼顾其他 App 的事务。假设看视频的时候突然收到一条微信消息，用户应该怎么处理？如果忍痛割爱暂停视频，转去微信答复消息，观影的兴致顿时索然；如果不理会微信消息，继续观赏影片，则可能导致好友怪罪，殊为不便。故而理想的状态是一边看电影一边发消息，两边都不耽误，这就要求手机屏幕允许分成多个窗口，每个任务使用一个小窗，如此才能达成多项事务并行不悖的目标。为了实现将屏幕分窗口运行的功能，可采取分屏、画中画、自定义悬浮窗等技术手段，下面分别进行详细介绍。

13.4.1 分屏——多窗口模式

现在的手机屏幕越来越大，使得在屏幕上同时开多个窗口不再奢侈，因此 Android 从 7.0 开始顺势推出了分屏功能，也被称作多窗口模式。比如把竖长的手机屏幕分成上下两个窗口，一边在上面的窗口中观看电影，一边在下面的窗口中聊天，可谓娱乐、工作两不误。那么分屏功能需要开发者进行哪些适配工作呢？接下来就详细阐述如何开关分屏模式，以及在编码的时候有哪些注意的地方。

首先准备一部 Android 7.0 及以上版本的手机，按下屏幕底部的任务键，此时屏幕下方会弹出一排的任务列表。这个任务界面仿佛跟低版本的手机没什么不同，再瞅瞅屏幕上方有没有什么异样，是不是在左上角看到了如图 13-19 所示的一个“分屏模式”的按钮？点击该按钮，这时屏幕上方变了一排的颜色，还有文字提示“拖动应用到此处”，如图 13-20 所示好像看电影拉下了一片幕布。

图 13-19 按下任务键提示分屏模式

图 13-20 已经开启分屏模式的桌面

然后用手指从下面拖动一个任务拉到这块幕布区域，该任务的界面立即填满了屏幕的上半部分。继续点击任务列表里的任何一个 App，此刻被选中的 App 马上展示到了屏幕的下半部分。于是整个手机屏幕分成了如图 3-21 所示的上下两个窗口，每个窗口各自运行自己的 App 界面，从而实现了对屏幕进行分屏的操作。

分屏后的两个 App，用户可以像往常一样点击、刷新和后退。要是玩腻了分屏，也可按下任务键，此时屏幕顶端中央浮现出了如图 13-22 所示的一个“退出分屏”的按钮，点击该按钮即可恢复原来的全屏模式。

图 3-21　应用进入分屏模式　　　　图 13-22　准备退出分屏模式

以上的演示步骤，是教用户如何开启和关闭全屏模式。对于开发者来说，Android 官方给出了以下的编码步骤建议：

步骤 01 一般情况下，App 默认都允许分屏模式。但有的开发者认为自己的 App 只有在全屏状态下才能正常使用，要是被分屏的话用起来会很难受，这时候就得对该 App 禁用分屏模式。具体操作是在 AndroidManifest.xml 的 application 节点添加属性 android:resizeableActivity="false"，表示应用页面不接受分屏；如此一来，即使用户开启了分屏模式，切换到该应用时仍会强制回到全屏模式。

步骤 02 App 页面从全屏模式切换到分屏模式，它的 Activity 生命周期会经历销毁后重建的过程，如果开发者想保持 App 页面在分屏前的模样，则需给该页面的 activity 节点加上以下的属性描述，告知系统不要对这个页面动手动脚：

```
android:configChanges="screenLayout|orientation"
```

步骤 03 对于视频播放页面，建议 Activity 代码不在 onPause 方法中暂停播放视频，而应当在 onStop 方法中暂停播放，并在 onStart 方法中恢复播放视频。

步骤 04 App 运行过程中，若想获知当前是否处于分屏模式，则可调用 isInMultiWindowMode 方法，该方法返回 true 表示处于分屏模式，返回 false 表示处于全屏模式。

步骤 05 每当进入多窗口，或者退出多窗口的时候，应用会触发 Activity 页面的 onMultiWindowModeChanged 方法。通过重载该方法，应用可以即时收到分屏与全屏的切换通知。

然而上面的编码建议只给出了结果，却没说明原因，着实令人云里雾里。为更好地理解分屏时候的业务流程，读者不妨在 Activity 代码中打印生命周期的每个方法日志，从而观察发现其中的缘由。笔者这边补充日志打印后的观察结果如下：

（1）App 未增加任何分屏设置，则按下任务键后的生命周期为“onPause→onStop”；接着把 App 拖进分屏窗口，此时的生命周期为“onDestroy→onCreate→onStart→onStart→onMultiWindowModeChanged→onResume”。

（2）App 的页面在 activity 节点设置 configChanges 属性，则按下任务键后的生命周期仍为“onPause→onStop”，但拖进分屏窗口时候的生命周期变更为“onStart→onResume”。

（3）分屏模式之下，先把 A 应用拖到上面的分窗口，再在下面的分窗口中打开 B 应用，日志显示 A 应用经历了“onPause→onResume”的过程。这是因为 Android 在任一时刻只能有唯一的 Activity 处于活动状态，分屏模式下打开 B 应用的时候，系统会先暂停 A 的页面，然后加载 B 的页面，等到 B 页面加载完，才去恢复 A 页面。

从上述的观察结果可知，App 的多数功能不受分屏生命周期的影响，但视频播放是个例外。因为通常开发者会在页面暂停时也暂停播放视频，等到页面恢复时再恢复播放视频。可是一旦遇到分屏的情况，用户一边看视频，一边在另一个窗口办事，这意味着视频播放页面会经常处于“先暂停再恢复”的状态。尽管只有少数情况才会产生明显的卡顿现象，多数情况用户难以意识到微小的中断，但这对手机而言却是巨大的资源消耗，因此处理视频播放的时候，最好在 onStop 方法中停止播放，在 onStart 方法中恢复播放，这样才能避免分屏带来的中断困扰。

总结一下，Android7.0 带来的分屏功能，主要影响到视频播放页面的编码，具体来说要进行以下两个步骤的修改：

步骤 01 对于视频播放页面，需要在它的 activity 节点加上如下属性描述，表示分屏与全屏切换之时保持视频页的内容：

```
android:configChanges="screenLayout|orientation"
```

步骤 02 遇到生命周期变化导致视频暂停和恢复播放的情况，要在 onStop 方法中暂停播放视频，而不是在 onPause 方法中暂停；同理，要在 onStart 方法中恢复播放视频，而不是在 onResume 方法中恢复，以避免无谓的资源浪费。改写后的视频播放控制代码示例如下：

```
private int mCurrentPosition = 0;   // 当前的播放位置

// 兼容分屏模式。当前页面被拖到分屏窗口中，就立即恢复播放视频
protected void onStart() {
    super.onStart();
    // 恢复页面时立即从上次断点开始播放视频
    if (mCurrentPosition>0 && !vv_content.isPlaying()) {
        // 命令视频视图从指定位置开始播放
        vv_content.seekTo(mCurrentPosition);
        vv_content.start();   // 视频视图开始播放
    }
}

// 兼容分屏模式。App 处于停止状态时，则保存当前的播放进度
```

```
    protected void onStop() {
        super.onStop();
        // 暂停页面时保存当前的播放进度
        if (vv_content.isPlaying()) {  // 视频视图正在播放
            // 获得视频视图当前的播放位置
            mCurrentPosition = vv_content.getCurrentPosition();
            vv_content.pause();  // 视频视图暂停播放
        }
    }
```

13.4.2 画中画——特殊的多窗口

上一小节介绍了 Android 7.0 的多窗口特性，但是这个分屏的区域是固定的，要么在屏幕的上半部分，要么在屏幕的下半部分，不但尺寸无法调整而且还不能拖动，使得它的用户体验不够完美。为此 Android8.0 又带了另一种更高级的多窗口模式，号称“Picture in Picture”（简称 PIP，即“画中画”）。应用一旦进入画中画模式，就会缩小为屏幕上的一个小窗口，该窗口可拖动可调整大小，非常适合用来播放视频。那么如何才能让 App 支持画中画呢？接下来将对画中画的开发工作进行详细介绍。

经过前面的学习，大家知道 Activity 默认是支持分屏模式的，当然开发者手工给 activity 节点添加下面的属性描述，从而声明允许分屏也是可以的：

```
android:resizeableActivity="true"
```

但是对于画中画来说，Activity 默认不支持该模式。若想让 App 页面能够显示画中画的效果，则必须给 activity 节点添加下面的属性描述，表示该页面支持画中画模式：

```
android:supportsPictureInPicture="true"
```

除了画中画模式的属性声明，与分屏模式类似，画中画还需注意进行以下步骤处理：

步骤 01 App 页面从全屏模式切换到画中画模式，它的 Activity 生命周期也会经历销毁后重建的过程，如果开发者想保持 App 页面不被重建，则需给该页面的 activity 节点加上以下的属性描述：

```
android:configChanges="screenLayout|orientation"
```

步骤 02 对于视频播放页面，Activity 代码同样不在 onPause 方法中暂停播放视频，而应当在 onStop 方法中暂停播放，并在 onStart 方法中恢复播放视频。

步骤 03 App 若想获知当前是否处于画中画模式，则可调用 isInPictureInPictureMode 方法，该方法返回 true 表示处于画中画模式，返回 false 表示处于全屏模式。

步骤 04 每当 App 进入画中画，或者退出画中画的时候，应用会触发 Activity 页面的 onPictureInPictureModeChanged 方法。通过重载该方法，应用可以实时收到画中画与全屏的切换通知，并在此控制控件的展示。比如进入画中画时，隐藏除视频画面之外的所有控件；退出画中画时，则恢复这些控件的正常显示，具体参见下列代码：

```
    // 在进入画中画模式/退出画中画模式时触发
```

```
    public void onPictureInPictureModeChanged(boolean isInPicInPicMode, Configuration newConfig) {
        super.onPictureInPictureModeChanged(isInPicInPicMode, newConfig);
        if (isInPicInPicMode) {  // 进入画中画模式，则隐藏除视频画面之外的其他控件
            ll_btn.setVisibility(View.GONE);
            vc_play.setVisibility(View.GONE);
        } else {  // 退出画中画模式，则显示除视频画面之外的其他控件
            ll_btn.setVisibility(View.VISIBLE);
            vc_play.setVisibility(View.VISIBLE);
        }
    }
```

上面废话了这么多，可是怎样才能让应用进入画中画模式呢？按下任务键并点击“分屏模式”按钮，接着把 App 拖到分屏区域，即可实现分屏模式的切换。然而系统却没提供“画中画模式”之类的按钮，就无法在桌面把应用拖入画中画，只能在 App 内部通过代码切到画中画模式。详细的画中画进入代码如下所示：

```
    // 进入画中画模式
    private void enterPicInPic() {
        // 创建画中画模式的参数构建器
        PictureInPictureParams.Builder builder = new PictureInPictureParams.Builder();
        // 设置宽高比例值，第一个参数表示分子，第二个参数表示分母
        // 下面的 10/5=2，表示画中画窗口的宽度是高度的两倍
        Rational aspectRatio = new Rational(10,5);
        // 设置画中画窗口的宽高比例
        builder.setAspectRatio(aspectRatio);
        // 进入画中画模式，注意 enterPictureInPictureMode 是 Android 8.0 之后新增的方法
        enterPictureInPictureMode(builder.build());
    }
```

运行测试 App，打开视频文件开始播放，此时的播放界面如图 13-23 所示。

图 13-23　正常模式下的视频播放画面

然后点击“进入画中画模式”按钮，此时整个页面缩小成屏幕右下角的一块矩形窗口，将该视频窗口拖动到屏幕上方，可见如图 13-24 所示悬浮窗效果。若要退出画中画模式，则可点击缩小了的画中画窗口，如图 13-25 所示这时该窗口放大些许且画面呈现灰影，表示此刻画中画模式正处于控制操作。看到窗口右上角出现叉号，如果点击叉号即可关闭窗口；窗口中央出现四角正方形，如果继续点击窗口区域，则退出画中画并恢复正常页面。

图 13-24　已经进入画中画模式

图 13-25　准备退出画中画模式

看起来感觉不错，尤其是大屏手机体验更佳。

13.4.3　自定义悬浮窗

不管是分屏还是画中画，都存在着局限性，一方面窗口的位置和大小比较固定，另一方面只有 Android 7 乃至 Android 8 系统才支持。于是开发者创造了一种更灵活的窗口形式，这便是自定义悬浮窗。其实每个 App 页面都是一个 Window 窗口，许多的 Window 对象需要一个管家来打理，这个管家被称作窗口管理器 WindowManager。在手机屏幕上新增或删除页面窗口，都可以归结为 WindowManager 的操作，下面是该管理类的常用方法说明。

- getDefaultDisplay：获取默认的显示屏信息。通常可用该方法获取屏幕分辨率。
- addView：往窗口添加视图。第二个参数为 WindowManager.LayoutParams 对象。
- updateViewLayout：更新指定视图的布局参数。第二个参数为 WindowManager.LayoutParams 对象。
- removeView：从窗口移除指定视图。

下面是窗口布局参数 WindowManager.LayoutParams 的常用属性说明。

- alpha：窗口的透明度，取值为 0.0 到 1.0。0.0 表示全透明，1.0 表示不透明。
- gravity：内部视图的对齐方式。取值同 View 的 setGravity 方法。

- x 和 y：分别表示窗口左上角的 X 坐标和 Y 坐标。
- width 和 height：分别表示窗口的宽度和高度。
- format：窗口的像素点格式。取值见 PixelFormat 类中的常量定义，一般取值 PixelFormat.RGBA_8888。
- type：窗口的显示类型，常用的显示类型说明见表 13-4。

表13-4　窗口显示类型的取值说明

WindowManager 类的窗口显示类型	说明
TYPE_SYSTEM_ALERT	系统警告提示
TYPE_SYSTEM_ERROR	系统错误提示
TYPE_SYSTEM_OVERLAY	页面顶层提示
TYPE_SYSTEM_DIALOG	系统对话框
TYPE_STATUS_BAR	状态栏
TYPE_TOAST	短暂通知 Toast

- flags：窗口的行为准则，对于悬浮窗来说，一般设置为 FLAG_NOT_FOCUSABLE。常用的窗口标志位说明见表 13-5。

表13-5　窗口标志位的取值说明

WindowManager 类的窗口标志位	说明
FLAG_NOT_FOCUSABLE	不能抢占焦点，即不接受任何按键或按钮事件
FLAG_NOT_TOUCHABLE	不接受触摸屏事件。悬浮窗一般不设置该标志，因为一旦设置该标志，将无法拖动悬浮窗
FLAG_NOT_TOUCH_MODAL	当窗口允许获得焦点时（即没有设置 FLAG_NOT_FOCUSALBE 标志），仍然将窗口之外的按键事件发送给后面的窗口处理。否则它将独占所有的按键事件，而不管它们是不是发生在窗口范围之内
FLAG_LAYOUT_IN_SCREEN	允许窗口占满整个屏幕
FLAG_LAYOUT_NO_LIMITS	允许窗口扩展到屏幕之外
FLAG_WATCH_OUTSIDE_TOUCH	如果设置了 FLAG_NOT_TOUCH_MODAL 标志，则当按键动作发生在窗口之外时，将接收到一个 MotionEvent.ACTION_OUTSIDE 事件

自定义的悬浮窗有点类似对话框，它们都是独立于 Activity 页面的窗口，但是悬浮窗又有一些与众不同的特性，例如：

（1）悬浮窗是可以拖动的，对话框则不可拖动。

（2）悬浮窗不妨碍用户触摸窗外的区域，对话框则不让用户操作框外的控件。

（3）悬浮窗独立于 Activity 页面，即当页面退出后，悬浮窗仍停留在屏幕上；而对话框与 Activity 页面是共存关系，一旦页面退出则对话框也消失了。

基于悬浮窗的以上特性，若要实现窗口的悬浮效果，就不仅仅是调用 WindowManager 的 addView 方法那么简单了，而是需要做一系列的自定义处理，具体步骤如下：

步骤01 在 AndroidManifest.xml 中声明系统窗口权限，即增加下面这句：

```
<uses-permission android:name="android.permission.SYSTEM_ALERT_WINDOW" />
```

步骤02 在自定义的悬浮窗控件中，要设置触摸监听器，并根据用户的手势滑动来相应调整窗口位置，以实现悬浮窗的拖动功能。

步骤03 合理设置悬浮窗的窗口参数，主要是把窗口参数的显示类型设置为 TYPE_SYSTEM_ALERT 或者 TYPE_SYSTEM_ERROR，另外还要设置标志位为 FLAG_NOT_FOCUSABLE。

步骤04 在构造悬浮窗实例时，要传入 Application 的上下文 Context，这是为了保证即使退出 Activity，也不会关闭悬浮窗。因为 Application 对象在 App 运行过程中是始终存在着的，而 Activity 对象只在打开页面时有效，一旦退出页面则 Activity 的上下文就立刻回收（这会导致依赖于该上下文的悬浮窗也一块被回收了）。

下面是一个悬浮窗控件的自定义代码例子：

```
public class FloatWindow extends View {
    private final static String TAG = "FloatWindow";
    private Context mContext;  // 声明一个上下文对象
    private WindowManager wm;  // 声明一个窗口管理器对象
    private static WindowManager.LayoutParams wmParams;
    public View mContentView;  // 声明一个内容视图对象
    private float mScreenX, mScreenY;  // 触摸点在屏幕上的横纵坐标
    private float mLastX, mLastY;  // 上次触摸点的横纵坐标
    private float mDownX, mDownY;  // 按下点的横纵坐标
    private boolean isShowing = false;  // 是否正在显示

    public FloatWindow(Context context) {
        super(context);
        // 从系统服务中获取窗口管理器，后续将通过该管理器添加悬浮窗
        wm = (WindowManager) context.getSystemService(Context.WINDOW_SERVICE);
        if (wmParams == null) {
            wmParams = new WindowManager.LayoutParams();
        }
        mContext = context;
    }

    // 设置悬浮窗的内容布局
    public void setLayout(int layoutId) {
        // 从指定资源编号的布局文件中获取内容视图对象
        mContentView = LayoutInflater.from(mContext).inflate(layoutId, null);
        // 接管悬浮窗的触摸事件，使之即可随手势拖动，又可处理点击动作
        mContentView.setOnTouchListener(new OnTouchListener() {
            // 在发生触摸事件时触发
```

```
            public boolean onTouch(View v, MotionEvent event) {
                mScreenX = event.getRawX();
                mScreenY = event.getRawY();
                switch (event.getAction()) {
                    case MotionEvent.ACTION_DOWN:  // 手指按下
                        mDownX = mScreenX;
                        mDownY = mScreenY;
                        break;
                    case MotionEvent.ACTION_MOVE:  // 手指移动
                        updateViewPosition();  // 更新视图的位置
                        break;
                    case MotionEvent.ACTION_UP:  // 手指松开
                        updateViewPosition();  // 更新视图的位置
                        // 响应悬浮窗的点击事件
                        if (Math.abs(mScreenX - mDownX) < 3
                                && Math.abs(mScreenY - mDownY) < 3) {
                            if (mListener != null) {
                                mListener.onFloatClick(v);
                            }
                        }
                        break;
                }
                mLastX = mScreenX;
                mLastY = mScreenY;
                return true;
            }
        });
    }

    // 更新悬浮窗的视图位置
    private void updateViewPosition() {
        // 此处不能直接转为整型，因为小数部分会被截掉，重复多次后就会造成偏移越来越大
        wmParams.x = Math.round(wmParams.x + mScreenX - mLastX);
        wmParams.y = Math.round(wmParams.y + mScreenY - mLastY);
        // 通过窗口管理器更新内容视图的布局参数
        wm.updateViewLayout(mContentView, wmParams);
    }

    // 显示悬浮窗
    public void show() {
        if (mContentView != null) {
            // 设置为 TYPE_SYSTEM_ALERT 类型，才能悬浮在其他页面之上
            wmParams.type = WindowManager.LayoutParams.TYPE_SYSTEM_ALERT;
```

```
            wmParams.format = PixelFormat.RGBA_8888;
            wmParams.flags = WindowManager.LayoutParams.FLAG_NOT_FOCUSABLE;
            wmParams.alpha = 1.0f;  // 1.0 为完全不透明，0.0 为完全透明
            // 对齐方式为靠左且靠上，因此悬浮窗的初始位置在屏幕的左上角
            wmParams.gravity = Gravity.LEFT | Gravity.TOP;
            wmParams.x = 0;
            wmParams.y = 0;
            // 设置悬浮窗的宽度和高度为自适应
            wmParams.width = WindowManager.LayoutParams.WRAP_CONTENT;
            wmParams.height = WindowManager.LayoutParams.WRAP_CONTENT;
            // 添加自定义的窗口布局，然后屏幕上就能看到悬浮窗了
            wm.addView(mContentView, wmParams);
            isShowing = true;
        }
    }

    // 关闭悬浮窗
    public void close() {
        if (mContentView != null) {
            // 移除自定义的窗口布局
            wm.removeView(mContentView);
            isShowing = false;
        }
    }

    // 判断悬浮窗是否打开
    public boolean isShow() {
        return isShowing;
    }

    private FloatClickListener mListener;  // 声明一个悬浮窗的点击监听器对象

    // 设置悬浮窗的点击监听器
    public void setOnFloatListener(FloatClickListener listener) {
        mListener = listener;
    }

    // 定义一个悬浮窗的点击监听器接口，用于触发点击行为
    public interface FloatClickListener {
        void onFloatClick(View v);
    }
}
```

在实际开发中，悬浮窗的展示内容是变化的，毕竟一个内容不变的悬浮窗对用户来说没什么用处。具体的应用例子有很多，比如说时钟、天气、实时流量、股市指数等等。本书附录源码给出了实时流量与股市指数两个动态悬浮窗例子，其中实时流量的服务代码参见 media 模块的 TrafficService.java，股市指数的服务代码参见 media 模块的 StockService.java，代码量较多就不在书中贴了。

对于悬浮窗来说，要想实时刷新窗体内容，这得通过服务 Service 来实现，所以动态悬浮窗要在 Service 服务中创建和更新，页面只负责启动和停止服务。关于手机的实时流量，可以通过 TrafficStats 类的相关方法计算得到，具体参见第 6 章的“6.6.2 小知识：应用包管理 PackageManager”。至于股市指数的动态展示，可以通过调用财经网站的实时指数查询接口得到，比如新浪财经与腾讯财经均提供了上证指数与深圳成指的查询接口，接口调用方式参考第 10 章的“10.2.4 HTTP 接口调用”。

动态悬浮窗的演示效果如图 13-26 到图 13-29 所示，其中图 13-26 为实时流量悬浮窗的初始界面，此时流量消耗很少；图 13-27 为打开一个浏览器 App 后的悬浮窗画面，此时流量消耗骤增。图 13-28 为股市指数悬浮窗的初始界面，此时刚开盘一片惨绿；图 13-29 为过了一阵子回到桌面后的画面，此时大盘终于翻红了。

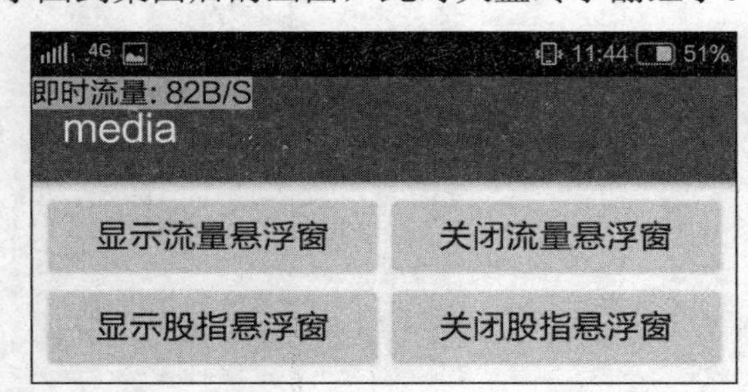

图 13-26 实时流量悬浮窗的初始界面

图 13-27 打开浏览器后的悬浮窗画面

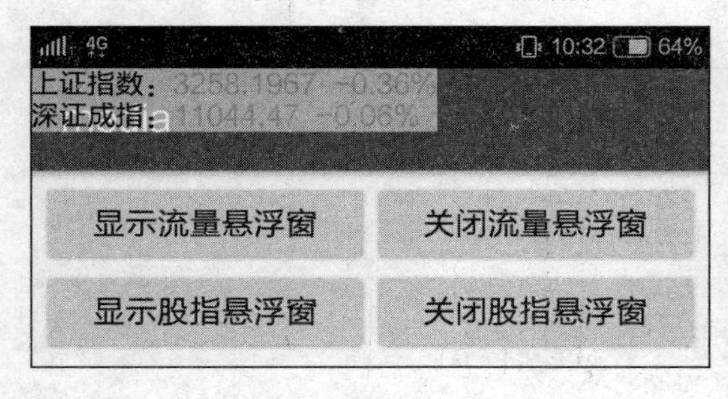

图 13-28 股市指数悬浮窗的初始界面

图 13-29 大盘翻红之后的悬浮窗画面

13.4.4 截图和录屏

悬浮窗总是浮在其他页面包括桌面之上，这个特性非常适用于一些屏幕捕捉的场合，比如截图和录屏。Android5.0 之后开放了屏幕捕捉的 API，因此开发者可以直接调用公开方法来截图与录屏，而无需操作系统底层了。屏幕捕捉的功能由 MediaProjectionManager 媒体投影管理器实现，该管理器的对象从系统服务 MEDIA_PROJECTION_SERVICE 中获得。注意 MediaProjectionManager 是 Android5.0 之后新增的工具类，故代码中要补充判断系统版本，如果是 4.*及以下版本，则不可处理屏幕捕捉操作。

具体的屏幕捕捉操作，还要调用媒体投影管理器对象的 getMediaProjection 方法，获取 MediaProjection 媒体投影对象。MediaProjection 主要有两个方法，说明如下。

- createVirtualDisplay：创建虚拟显示层。可分别指定它的名称、宽高、密度、标志、渲染表面等。其中标志参数通常取值 DisplayManager.VIRTUAL_DISPLAY_FLAG_AUTO_MIRROR，渲染表面则按照截图和录屏两种方式分别取值。
- stop：停止投影。

屏幕捕捉的用途主要是截图和录屏，这有点像摄像头的功能，截图对应拍照，而录屏对应录像。对于拍照和录像，由第 9 章的"9.1.2 使用 Camera 拍照"得知，需要创建一个 SurfaceView 表面视图作为画面预览层，就屏幕捕捉而言，也需创建一个虚拟显示对象作为投影预览层。这个投影预览层即前面 createVirtualDisplay 方法返回的 VirtualDisplay 对象，具体的表面对象则为 createVirtualDisplay 方法中的渲染表面参数，也就是一个 Surface 对象。如果当前为截图操作，则调用 ImageReader 对象的 getSurface 方法获得渲染表面；如果当前为录屏操作，则调用 MediaCodec 对象的 createInputSurface 方法获得渲染表面。

上面提到截图操作会用到 ImageReader，这里补充说明一下该类的几个常用方法。

- newInstance：静态函数，构造一个图像读取器，可指定图像的宽度、高度、色彩模式，以及图像数量。
- getSurface：获取图像的渲染表面。在实现截图功能时，这里的表面对象要作为 createVirtualDisplay 方法的输入参数。
- acquireLatestImage：获得最近的一幅图像数据。该方法返回 Image 对象，需转为 Bitmap 格式。

与截图对应的是录屏，也就是把用户在屏幕上的操作行为录制成视频。因为视频有多种格式，不同格式的编码过程也不尽相同，所以录屏的过程比起截图要复杂得多，主要考虑的录屏功能点简述如下：

（1）需要控制何时开始录屏，何时结束录屏。

（2）设置视频的编码格式及其对应的编码过程。

（3）指定视频的常见播放参数，如尺寸、位率、帧率、色彩等等。

具体到编码实现上，录屏使用了 MediaCodec 媒体编码器和 MediaMuxer 媒体转换器两个工具，通过这两个工具的相互配合，方能完成屏幕录制功能。

下面是媒体编码器 MediaCodec 的主要方法说明。

- createEncoderByType：静态函数，根据编码格式构造一个媒体编码器。编码格式通常取值 MediaFormat.MIMETYPE_VIDEO_AVC。
- configure：设置媒体编码的参数，包括视频格式、视频宽高、视频位率、视频帧率等。
- createInputSurface：创建一个用于输入的表面对象。在实现录屏功能时，这里的表面对象要作为 createVirtualDisplay 方法的输入参数。
- start：开始给媒体编码。

- dequeueOutputBuffer：给输出缓冲区排队。返回该输出缓冲区的索引位置。
- getOutputFormat：获取输出格式。
- getOutputBuffer：根据索引位置获取输出缓冲区的数据。
- releaseOutputBuffer：释放指定索引位置的输出缓冲区。
- stop：停止给媒体编码。
- release：释放媒体编码资源。

下面是媒体转换器 MediaMuxer 的主要方法说明。

- 构造函数：根据文件路径与文件格式构造一个媒体转换器。文件格式通常取值 MediaMuxer.OutputFormat.MUXER_OUTPUT_MPEG_4。
- addTrack：把指定格式添加到转换轨道上，并返回轨道的索引位置。
- start：开始媒体转换工作。
- writeSampleData：把编码转换后的数据写入索引位置的轨道。该方法需在 MediaCodec 的 getOutputBuffer 方法之后调用。
- stop：停止媒体转换工作。
- release：释放媒体转换资源。

由于截图和录屏可用于捕捉其他 App 的画面，为了让录屏 App 在其他界面上也能响应控制行为，因此要把录屏 App 的控制条做成悬浮窗的样式，通过悬浮窗的内部按钮来控制截图或者录屏操作。有关截图功能（截取屏幕画面）的详细源码，参见本书附带源码里面 media 模块的 ScreenCaptureActivity.java；有关录屏功能（录制屏幕操作）的详细源码，参见 media 模块的 ScreenRecordActivity.java。另外，利用悬浮窗观看视频，能够随意调整视频窗口的大小与位置，对于用户来说，这比分屏和画中画模式更加方便，有兴趣的读者可实践之。

13.5 实战项目：影视播放器——爱看剧场

众所周知，在移动互联网的手机 App 排行榜单上，用户量最大的门类是社交 App。那么排行第二的门类是什么呢？既不是电商类 App，也不是浏览器 App，更不是新闻类 App，排行老二的竟然是以腾讯视频、爱奇艺、优酷、乐视为代表的视频类 App。想想也挺正常，用户一个人寂寞空虚的时候，没有比看片更能消磨时间的了，况且人民的生活水平提高了，也不差钱，所以用手机看片子就流行开了。既然视频类 App 的用户众多，如何让用户拥有良好的观影体验，这便是个值得深入探讨的课题，本实战项目即以通行的影视播放器为蓝本，论述“爱看剧场”的设计与实现。

13.5.1 设计思路

要说看电影看电视，看起来很简单，直接把视频放大到全屏好了。可是手机不像电视有遥控器，遥控器的按键足够多，进行任何播放控制都易如反掌。手机只有一个触摸屏，以及寥寥几个按键，远远无法满足灵活的播控要求。因而播放界面必须提供类似电脑播放器下方的控制条，方便用户随时进行播控操作。例如爱奇艺 App 的全屏播放页就包含视频标题、进度条、播放按钮、播放时长等控件，如图 13-30 所示。

图 13-30 爱奇艺 App 的全屏播放界面

由图 13-30 可见，当前正在播放的视频为《粉红猪小妹》（又名《小猪佩奇》），本集总时长为五分零一秒，当前已经播映了十秒。但播放器顶部和底部的控制条，并不会一直显示在屏幕上，而是稍等片刻即自动消失。直到下次用户触摸屏幕之时，才会再次弹出播放控制条。基于手机播放器的这些特性，大致总结并罗列该播放器必不可少的技术点，具体如下所示。

（1）视频视图 VideoView：承载影视画面的显示区域。

（2）媒体播放器 MediaPlayer：不管是播放音频还是播放视频，都要用到媒体播放器。

（3）视频控制条 VideoController：系统自带的媒体控制条不好用，还是自定义的控制条更好使。

（4）触摸事件 MotionEvent：除了点击屏幕弹出控制条，还能通过手势拖动播放进度。

（5）补间动画 Animation：在控制条弹出和隐藏的时候，可叠加平移动画与灰度动画，看起来更加自然。

（6）按键事件 KeyEvent：用户按下手机侧面的音量加减键，App 要自动调节媒体类型的音量。

（7）音量对话框 VolumeDialog：用户也可通过该对话框里的拖动条将音量一步调节到位。

看来一个功能完备的播放器 App 真不简单，仅播放界面就得联合运用事件、动画、多媒体这三章的主要技术，籍此正好检阅一下读者对这三章的学习成果。

13.5.2 小知识：竖屏与横屏切换

由前面的小节“13.4.1 分屏——多窗口模式”可知，假定视频 App 处于播放过程当中，若要在分屏和全屏切换之时保持视频页的内容，则需在该页面的 activity 节点加上如下属性描述：

```
android:configChanges="screenLayout|orientation"
```

添加属性之后，分屏和全屏的切换问题解决了，然而要是调转屏幕方向，将屏幕在竖屏与横屏之间切换，则视频页仍然遭到重置，无法自动继续播放。这是因为标志位 screenLayout 仅作用于分屏/全屏切换的情况，要想让竖屏/横屏切换的情况也能为生命周期过程所豁免，还需增加设置标志位 screenSize，也就是说以下的属性描述才对竖屏/横屏切换奏效：

```
android:configChanges="screenSize|orientation"
```

当然，手机屏幕的状态变化并不限于分屏/全屏切换、竖屏/横屏切换这两种情况，还有输入法键盘弹出/关闭等情况。之所以要给 activity 节点增加属性 android:configChanges，并设置合适的属性值避免页面重置；是因为默认情况下，App 每次切换屏幕都会重启 Activity，即先执行活动页面的 onDestroy 方法，再执行活动页面的 onCreate 方法，这便导致正在播放的视频被中断返回了。新增属性 configChanges 的意思是，在某些情况之下，屏幕变更不用重启活动页面，只需调用 onConfigurationChanged 方法重新设定显示方式；故而只要给该属性指定若干豁免情况，就能避免无谓的页面重启操作了。屏幕变更豁免情况的取值说明见表 13-6。

表13-6　屏幕变更豁免情况的取值说明

configChanges 属性的取值	说明
touchscreen	触摸屏发生改变，一般不会发生
keyboard	键盘发生改变，例如使用了外部键盘
keyboardHidden	软键盘弹出或隐藏
navigation	导航发生改变，一般不会发生
screenLayout	屏幕的显示发生改变，例如使用了外部显示器，或者在全屏和分屏之间切换
fontScale	字体比例发生改变，例如在系统设置中调整默认字体
orientation	屏幕方向发生改变
screenSize	屏幕大小发生改变，比如在竖屏与横屏之间切换

另外要新增 screenOrientation 属性，表明该页面允许哪种形式的屏幕方向，对于视频播放页面来说，该属性值要设置为 sensor 表示由传感器控制。屏幕方向的取值说明见表 13-7。

表13-7　屏幕方向的取值说明

screenOrientation 属性的取值	说明
portrait	只允许垂直方向
landscape	只允许水平方向
sensor	由传感器控制方向
unspecified	默认值，由系统选择方向
user	使用用户当前首选的方向
fullSensor	显示的 4 个方向由传感器决定，即 4 个方向都允许倒转

为了验证上述的屏幕豁免属性是否奏效，下面给出一个演示页面，该页面已对 activity 节点声明豁免了竖屏/横屏切换（screenSize），具体的节点配置如下：

```
    <activity
        android:name=".OrientationActivity"
        android:configChanges="orientation|keyboardHidden|screenSize"
        android:screenOrientation="sensor" />
```

然后编写演示页面代码，主要是重写了 onConfigurationChanged 方法，在该方法中打印屏幕切换的日志，详细的页面代码如下所示：

```
public class OrientationActivity extends AppCompatActivity {
    private TextView tv_orientation;
    private String mDesc = "";

    protected void onCreate(Bundle savedInstanceState) {
        super.onCreate(savedInstanceState);
        setContentView(R.layout.activity_orientation);
        TextView tv_create = findViewById(R.id.tv_create);
        tv_orientation = findViewById(R.id.tv_orientation);
        String desc = String.format("%s %s", DateUtil.getNowTime(), "请旋转手机屏幕");
        tv_create.setText(desc);
    }

    // 在配置项变更时触发。比如屏幕方向发生变更等等
    public void onConfigurationChanged(Configuration newConfig) {
        super.onConfigurationChanged(newConfig);
        switch (newConfig.orientation) {  // 判断当前的屏幕方向
            case Configuration.ORIENTATION_PORTRAIT:  // 切换到竖屏
                mDesc = String.format("%s\n%s %s", mDesc,
                        DateUtil.getNowTime(), "当前屏幕为竖屏方向");
                tv_orientation.setText(mDesc);
                break;
            case Configuration.ORIENTATION_LANDSCAPE:  // 切换到横屏
                mDesc = String.format("%s\n%s %s", mDesc,
                        DateUtil.getNowTime(), "当前屏幕为横屏方向");
                break;
            default:
                break;
        }
    }
}
```

启动测试 App 后，进入演示页面并旋转屏幕，页面上的旋转日志如图 13-31 和图 13-32 所示。其中图 13-31 为刚打开演示页面时的初始画面，此时手机处于竖屏位置；接着旋转手机使之处于横屏位置，此时的屏幕日志如图 13-32 所示，可见随着屏幕方向变更，只有 onConfigurationChanged 方法得到调用，而 onCreate 方法并未再次调用。

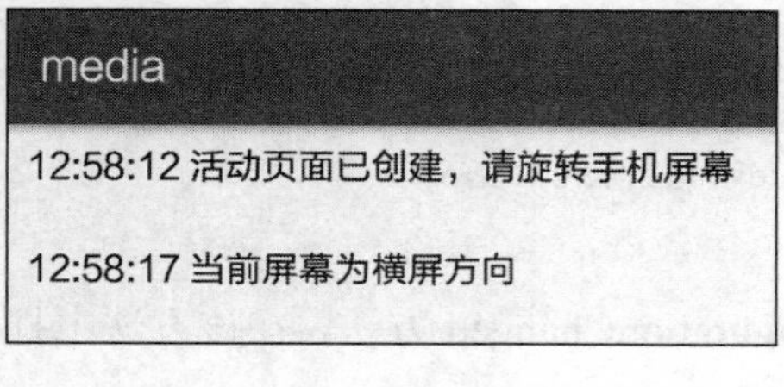

media

12:58:12 活动页面已创建，请旋转手机屏幕

12:58:17 当前屏幕为横屏方向

图 13-31　竖屏时的演示界面

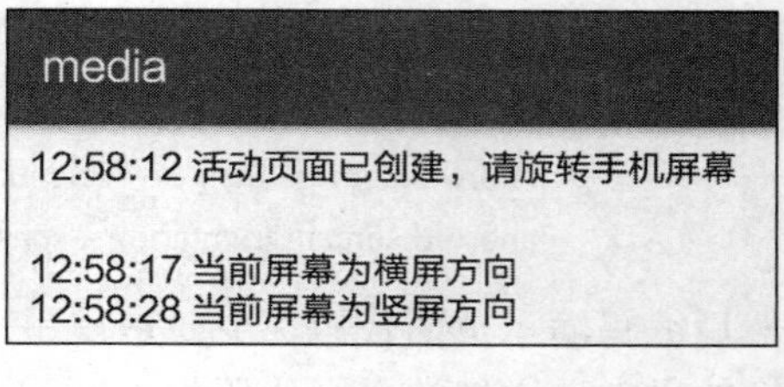

media

12:58:12 活动页面已创建，请旋转手机屏幕

12:58:17 当前屏幕为横屏方向
12:58:28 当前屏幕为竖屏方向

图 13-32　切到横屏的演示界面

13.5.3 代码示例

编码与测试方面，需要注意以下几点：

（1）如果把动画描述定义在 XML 文件中，注意动画定义文件要放在 res/anim 目录下。

（2）打开影视文件，要记得往 AndroidManifest.xml 添加 SD 卡的权限配置：

```
<!-- SD 卡 -->
<uses-permission android:name="android.permission.WRITE_EXTERNAL_STORAGE" />
<uses-permission android:name="android.permission.READ_EXTERNAL_STORAGE" />
<uses-permission android:name="android.permission.MOUNT_UNMOUNT_FILESYSTEMS" />
```

（3）修改 values\styles.xml 样式定义文件，补充下列的主题风格配置，完成全屏风格的三项设置（属性 android:windowFullscreen 表示是否隐藏系统状态栏，属性 android:windowNoTitle 表示是否去除 App 的导航栏，属性 android:windowContentOverlay 表示是否清除窗体背景）：

```
<!-- 定义了一个全屏风格 -->
<style name="FullScreenTheme" parent="AppCompatTheme">
    <item name="android:windowNoTitle">true</item>
    <item name="android:windowFullscreen">true</item>
    <item name="android:windowContentOverlay">@null</item>
</style>
```

（4）给视频播放页面的 activity 节点添加 configChanges 属性用于设置屏幕豁免情况，添加 theme 属性用于设置全屏风格，添加 supportsPictureInPicture 属性用于支持画中画模式，完整的 activity 节点配置参考如下：

```
<!-- 视频播放页面要同时豁免分屏/全屏、竖屏/横屏这两种屏幕切换情况 -->
<activity
    android:name=".MovieDetailActivity"
    android:configChanges="orientation|keyboardHidden|screenSize|screenLayout"
    android:screenOrientation="sensor"
    android:theme="@style/FullScreenTheme"
    android:supportsPictureInPicture="true" />
```

（5）要在真机上测试实战项目，以验证屏幕在分屏/全屏切换、竖屏/横屏切换之时，是否都能自动继续播放视频。

（6）对于 Android 8.0 及以上系统，为了营造视频不间断播放的效果，可考虑在按下主页键时自动开启画中画模式，这样即使返回手机桌面，用户依然能够继续观看视频。其中监听 Home 按键的办法，可参考本书附带源码 event 模块的 KeyHardActivity.java。

从前两节介绍的 VideoView 视频视图的集成效果来看，它与主流的影视播放器相比，还欠缺了许多高级的播放功能，包括但不限于：

（1）播放器的视频画面不会自动全屏显示。
（2）播放器无法控制调大和调小音量。
（3）播放器不会自动设置标题和背景。

基于以上的不足之处，要想让视频播放画面生动活泼起来，势必要重新写一个既好看又好用的播放器控件。初步评估要对视频视图 VideoView 进行重写，经过进一步的查看源码与深入分析，发现影视播放器的改造内容，主要是对视频画面做功能方面的增强，所以影视播放界面的改造方案基本确定为：由视频视图 VideoView 派生出一个电影视图 MovieView，并提供以下新增功能：

（1）重写尺寸测量方法 onMeasure，实现自动全屏。
（2）重写触摸事件监听方法 onTouch，用于弹出或关闭视频控制条。
（3）重写按键事件监听方法 onKeyDown，用于调节音量的大小。
（4）补充新方法用于设置标题和背景。
（5）自动查找存储卡上已有的视频文件，并以列表形式展示。

按照上述的改造方案编码实现，播放器会先打开一个影视列表页面如图 13-33 所示，列表显示的是手机上找到的视频文件，左边为视频名称右边为播放时长，当然用户也可点击上方的“打开文件”按钮手工选择影视来源。

图 13-33　影视播放的视频列表

然后点击列表中的某个影视文件，比如《海洋世界》，紧接着跳转到全屏显示的播放器界面，最终的影视播放器效果如图 13-34 到图 13-37 所示。其中图 13-34 为打开视频开始播放的画面，此时视频上部展示标题栏，下部展示控制条；播放过程中不做任何操作，则标题栏与控制条等待 5 秒后会自动隐藏，如图 13-35 所示。

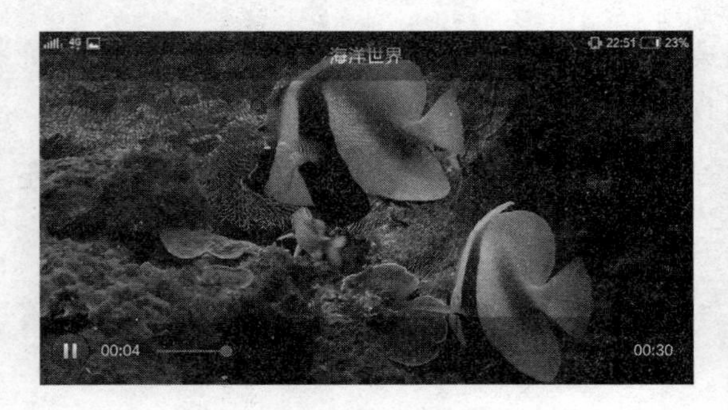

图 13-34　爱看剧场开始播放

图 13-35　爱看剧场正在播放

如果需要调节音量大小，则按下手机侧面的加减按钮，屏幕中央会自动弹出音量对话框，如图 13-36 所示，音量对话框的实现过程参见第 11 章。视频播放结束，则显示播放器的默认背景，如图 13-37 所示。

图 13-36　爱看剧场调节音量

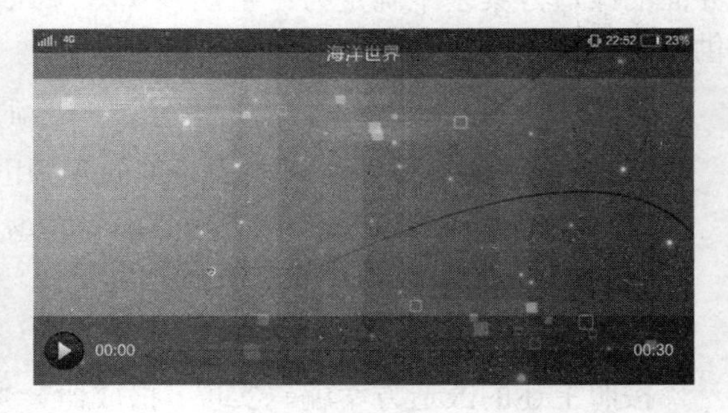

图 13-37　爱看剧场默认背景

在影视播放过程中，按下主页键回到手机桌面，则播放器自动进入画中画模式，也就是缩小成屏幕右下角的悬浮窗口，如图 13-38 所示。

图 13-38　影视播放器开启画中画模式

经过一番的改造折腾，这个影视播放器总算满足了大部分的日常播放要求，而这也是主流视频播放器必备的播放功能。怎么样，是不是颇有成就感呢？该播放器作为阶段性的实战项目，也给取个大名叫“爱看剧场”好了。

下面是电影视图 MovieView 部分新增功能的代码片段例子，更多源码参见本书附带源码 media 模块的 MoviePlayerActivity.java 、 MovieDetailActivity.java 和 MovieView.java。

```
// 重写 onMeasure 方法的目的是：自动将电影视图扩大至全屏显示
protected void onMeasure(int widthMeasureSpec, int heightMeasureSpec) {
    // realWidth 和 realHeight 是 MediaPlayer 的宽度和高度
    int width = getDefaultSize(realWidth, widthMeasureSpec);
    int height = getDefaultSize(realHeight, heightMeasureSpec);
    if (realWidth > 0 && realHeight > 0) {
        if (realWidth * height > width * realHeight) {
```

```
                height = width * realHeight / realWidth;
            } else if (realWidth * height < width * realHeight) {
                width = height * realWidth / realHeight;
            }
        }
        // 重新设置视图的宽度和高度
        setMeasuredDimension(width, height);
    }

    private int mXpos, mYpos;  // 手指按下时的横纵坐标
    private int mOffset;  // 判定为点击动作的偏移区间

    // 接管触摸事件，判断是否需要弹出顶部和底部的控制条
    public boolean onTouch(View v, MotionEvent event) {
        switch (event.getAction()) {
            case MotionEvent.ACTION_DOWN:  // 手指按下
                mXpos = (int) event.getX();
                mYpos = (int) event.getY();
                break;
            case MotionEvent.ACTION_UP:  // 手指松开
                // 松开手指，则弹出或关闭相关的控件（如顶部的标题栏和底部的控制条）
                if (Math.abs(event.getX() - mXpos) < mOffset &&
                        Math.abs(event.getY() - mYpos) < mOffset) {
                    showOrHide();  // 显示或者隐藏顶部与底部视图
                }
                break;
            default:
                break;
        }
        return true;
    }

    // 在发生按键事件时触发，方便音量对话框调节音量大小
    public boolean onKey(View v, int keyCode, KeyEvent event) {
        if (keyCode == KeyEvent.KEYCODE_VOLUME_UP) {  // 按下了音量+键
            // 显示音量对话框，并将音量调大一级
            showVolumeDialog(AudioManager.ADJUST_RAISE);
            return true;
        } else if (keyCode == KeyEvent.KEYCODE_VOLUME_DOWN) {  // 按下了音量-键
            // 显示音量对话框，并将音量调小一级
            showVolumeDialog(AudioManager.ADJUST_LOWER);
            return true;
        }
```

```
        return false;
    }
```

13.6 实战项目：音乐播放器——浪花音乐

又到每章结尾的实战项目时间了。手机上的多媒体内容讲究声情并茂、悦目且悦耳，这样才能让用户的感官得到最大享受。影视播放器由于存在视频自身的画面，反而限制了开发者的施展空间；而音乐播放器允许定制播放画面，开发者有足够空间施展拳脚。本节以“音乐播放器—— 浪花音乐”为实战项目，通过该项目的编码练习巩固和提高开发者的实战技能。

13.6.1 设计思路

大家常见的主流音乐播放器（如 QQ 音乐、酷狗音乐、酷我音乐、网易云音乐、虾米音乐、百度音乐等）不外乎有 3 项播放功能：

（1）展示音乐和歌曲列表。

（2）在歌曲详情页面滚动展示歌词，并高亮显示当前正在播放的歌词片段。

（3）通过音乐控制条显示播放进度，并提供开始与暂停、拖动播放的功能。

只看文字描述有点抽象，还是先给出播放器的效果图，方便查找对应的功能。如图 13-39 所示为播放器的歌曲列表页面，点击顶部的“打开音乐文件”会弹出文件对话框，用于选择音频文件；底部是播放器的控制条，中间为当前手机上的所有音乐文件列表。点击某个音乐项，进入该音乐的详情页面，如图 13-40 所示。页面顶部显示歌曲名称和演唱者，页面底部是播放器控制条，页面中间为该歌曲对应的歌词内容。

图 13-39 播放器的歌曲列表页面

图 13-40 播放器的歌曲详情页面

接下来对音乐播放器的 3 项功能进行详细剖析。

对于第一点的展示歌曲列表，让用户手动添加不但费时费力，而且用户往往搞不清楚手机上的歌曲都放在哪个目录。我们假设用户是“傻白甜”，开发者做的 App 就得智能贴心，主动帮用户把手机上的歌曲找出来。要想实现这个功能，可以通过内容组件访问系统自带的媒体库，查找并显示媒体库中的歌曲列表。

对于第二点的滚动歌词显示，常见的歌词文件是 LRC 格式的文本文件，内容主要是每句歌词的文字与开始时间。文本文件的解析并不复杂，难点主要是滚动显示。乍看歌词从下往上滚动，适合采用平移动画，然而歌词滚动不是匀速的，因为每句歌词的间隔时间并不固定，只能把整个歌词滚动分解为若干动画，有多少行就有多少个动画。

对于第三点的音乐控制条，总体上使用前面提到的视频控制条。不过音乐控制条更加复杂，因为除了控制音频的播放，还要控制歌词动画的播放。另外，音乐控制条显示在歌曲列表页面上，为了与主流播放器看齐，最好在系统通知栏固定放置音乐控制条。

弄懂了音乐播放器的主要功能，再来看该播放器用到的 App 开发技术。读者能从第 1 章一直看到本章，学习的耐心真是很好。如果用到前面章节的知识点，这里就一起列举出来。笔者先抛砖引玉，读者发现遗漏的地方可加以补充。

（1）服务 Service：歌曲播放不依赖于某个页面，即使用户回到桌面，歌曲也要继续播放，因此必须在后台服务中播放歌曲。

（2）应用 Application：正在播放的歌曲名称，在播放器的任何页面都能看到，用到了全局内存，要把歌曲名称保存在自定义的 Application 类中。

（3）内容解析器 ContentResolver：系统媒体库中的音频文件，需要通过内容解析器访问媒体库的音频资源，详细路径是 MediaStore.Audio.Media.EXTERNAL_CONTENT_URI。

（4）文件存取：歌词文件与音乐文件在同一个目录下，文件名一样，只是扩展名变为 lrc。

（5）通知 Notification：系统通知栏要显示音乐控制条，就得把后台服务以通知的形式在前台运行。

（6）媒体播放器 MediaPlayer：播放音频文件，自然会用到媒体播放器。

（7）音频控制条 AudioController：跟影视播放器一样，自定义样式的控制条更能满足个性化的定制要求。

（8）按键事件 KeyEvent 与音量对话框 VolumeDialog：用户按手机侧面的加、减键，播放器应弹出音量调节对话框，供用户调整音量大小。

（9）动画 Animation：歌词的滚动显示，可使用平移动画，也可使用属性动画实现歌词滚动效果。

（10）其余高级控件：如列表视图 ListView、进度条 ProgressBar、拖动条 SeekBar 等，有待读者进一步发掘。

不看不知道，一看吓一跳。如果仅播放声音，技术上只要 Activity 加 MediaPlayer 就行，最多再加一个媒体控制条 MediaController，三板斧够用了。但是要让播放器变得生动活泼，要让用户真正去欣赏音乐，开发者要做的工作就不是实现基础功能，而是从界面设计到用户体验，每个细节都要充分考虑，所以实际运用的技术远远不止三板斧。

13.6.2 小知识：可变字符串 SpannableString

大家都知道，文本控件家族显示文本内容使用 setText 方法，使用 setTextColor 方法设置文本颜色，使用 setTextSize 方法设置文本大小，使用 setTextAppearance 方法设置文本样式（包括颜色、大小、风格等）。普通的用法只能对控件的所有文本做统一设置，如果想对前一段文本加大加粗，对中间一段文本显示红色，再将后面一段文本换成图像，就无能为力了。为了解决分段文本使用不同样式的需求，Android 提供了可变字符串 SpannableString，通过该工具实现对文本分段显示。

SpannableString 的原理是给指定位置的文本赋予对应的样式，从而告知系统这段文本的显示方式。具体到编码有 3 个步骤，说明如下：

步骤 01 从指定文本字符串构造一个 SpannableString 对象。

步骤 02 调用 SpannableString 对象的 setSpan 方法设置指定文本段的显示风格。该方法的第一个参数为风格样式对象，第二个参数为文本段的起始位置，第 3 个参数为文本段的终止位置，第 4 个参数为风格的范围标志，用来标识在文本段前后输入新字符时是否令它们应用这个风格（主要对 EditText 起作用）。风格范围标志的取值说明见表 13-8。

步骤 03 调用文本控件对象的 setText 方法设置定义好的 SpannableString 对象。

表13-8 风格范围标志的取值说明

Spanned 类的范围标志	说明
SPAN_EXCLUSIVE_EXCLUSIVE	前后都不包括
SPAN_INCLUSIVE_EXCLUSIVE	前面包括，后面不包括
SPAN_EXCLUSIVE_INCLUSIVE	前面不包括，后面包括
SPAN_INCLUSIVE_INCLUSIVE	前后都包括

显示风格的定义在 android.text.style 包中，总共有 30 多个。当然，常用的没这么多，笔者整理了 8 个常用的显示风格，详见表 13-9。

表13-9 常用的显示风格类列表

可变字符串的显示风格类	说明
RelativeSizeSpan	设置文字大小。1.0 表示正常大小，0.5 表示缩小到原来的一半，2.0 表示放大到原来的两倍
StyleSpan	设置文字字体。字体风格的取值说明见表 13-10
ForegroundColorSpan	设置文字的颜色
BackgroundColorSpan	设置文字的背景色
UnderlineSpan	给文字加下划线
StrikethroughSpan	给文字加删除线
ImageSpan	把文字替换为图片
URLSpan	给文字添加超链接

表13-10 字体风格的取值说明

Typeface 类的字体风格	说明
NORMAL	正常字体
BOLD	加粗字体
ITALIC	倾斜字体
BOLD_ITALIC	既加粗又设置为斜体

下面是使用 SpannableString 设置文字样式的代码：

```
public class SpannableActivity extends AppCompatActivity {
    private TextView tv_spannable;  // 声明一个用于展示可变字符串的文本视图对象
    private String mText = "为人民服务";  // 原始字符串
    private String mKey = "人民";  // 关键字
    private int mBeginPos, mEndPos;  // 起始位置和结束位置

    @Override
    protected void onCreate(Bundle savedInstanceState) {
        super.onCreate(savedInstanceState);
        setContentView(R.layout.activity_spannable);
        tv_spannable = findViewById(R.id.tv_spannable);
        tv_spannable.setText(mText);
        mBeginPos = mText.indexOf(mKey);
        mEndPos = mBeginPos + mKey.length();
        initSpannableSpinner();
    }

    // 初始化可变样式的下拉框
    private void initSpannableSpinner() {
        ArrayAdapter<String> spannableAdapter = new ArrayAdapter<String>(this,
                R.layout.item_select, spannableArray);
        Spinner sp_spannable = findViewById(R.id.sp_spannable);
        sp_spannable.setPrompt("请选择可变字符串样式");
        sp_spannable.setAdapter(spannableAdapter);
        sp_spannable.setOnItemSelectedListener(new SpannableSelectedListener());
        sp_spannable.setSelection(0);
    }
    private String[] spannableArray = {
            "增大字号", "加粗字体", "前景红色", "背景绿色", "下划线", "表情图片" };
    class SpannableSelectedListener implements OnItemSelectedListener {
        public void onItemSelected(AdapterView<?> arg0, View arg1, int arg2, long arg3) {
            // 创建一个可变字符串
            SpannableString spanText = new SpannableString(mText);
```

```
            if (arg2 == 0) {  // 增大字号
                spanText.setSpan(new RelativeSizeSpan(1.5f), mBeginPos, mEndPos,
                        Spanned.SPAN_EXCLUSIVE_EXCLUSIVE);
            } else if (arg2 == 1) {  // 加粗字体
                spanText.setSpan(new StyleSpan(Typeface.BOLD), mBeginPos, mEndPos,
                        Spanned.SPAN_EXCLUSIVE_EXCLUSIVE);
            } else if (arg2 == 2) {  // 前景红色
                spanText.setSpan(new ForegroundColorSpan(Color.RED), mBeginPos,
                        mEndPos, Spanned.SPAN_EXCLUSIVE_EXCLUSIVE);
            } else if (arg2 == 3) {  // 背景绿色
                spanText.setSpan(new BackgroundColorSpan(Color.GREEN), mBeginPos,
                        mEndPos, Spanned.SPAN_EXCLUSIVE_EXCLUSIVE);
            } else if (arg2 == 4) {  // 下划线
                spanText.setSpan(new UnderlineSpan(), mBeginPos, mEndPos,
                        Spanned.SPAN_EXCLUSIVE_EXCLUSIVE);
            } else if (arg2 == 5) {  // 表情图片
                spanText.setSpan(new ImageSpan(SpannableActivity.this, R.drawable.people),
                        mBeginPos, mEndPos, Spanned.SPAN_EXCLUSIVE_EXCLUSIVE);
            }
            tv_spannable.setText(spanText);
        }
        public void onNothingSelected(AdapterView<?> arg0) {}
    }
}
```

SpannableString 的不同风格效果如图 13-41～图 13-46 所示。其中，如图 13-41 所示为加大字体后的效果，如图 13-42 所示为加粗字体后的效果，如图 13-43 所示为修改文字颜色后的效果，如图 13-44 所示为修改文字背景后的效果，如图 13-45 所示为增加下划线后的效果，如图 13-46 所示为把文字替换成图片后的效果。

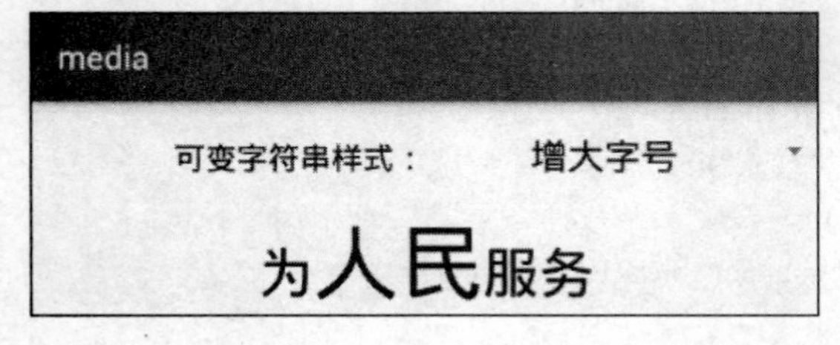

图 13-41　增大字体的风格

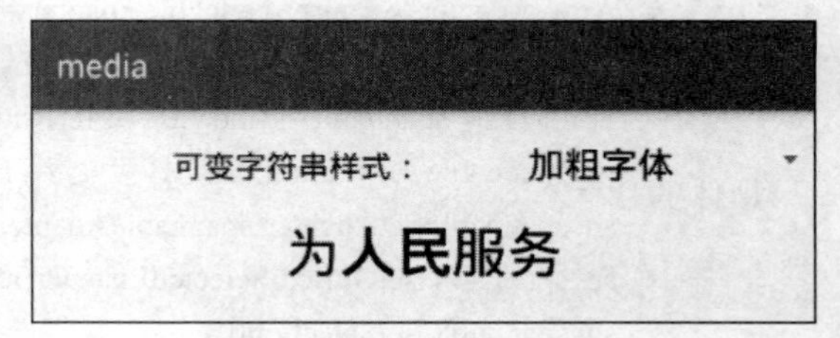

图 13-42　加粗字体的风格

图 13-43　修改文字颜色的风格

图 13-44　修改文字背景色的风格

图 13-45　添加下划线的风格

图 13-46　图片替换文字的风格

读者是否对图 13-46 似曾相识？使用 QQ 聊天时会自动把特定字符转成表情图片，比如把文字内容中的“:)”显示为笑脸图片，在 Android 设备上可通过 SpannableString 实现该功能。

13.6.3　代码示例

编码与测试方面需要注意以下 5 点：

（1）如果把动画描述定义在 XML 文件中，动画定义文件就要放在 res/anim 目录下。

（2）打开音乐文件，要记得为 AndroidManifest.xml 添加 SD 卡的权限配置：

```
<!-- SD 卡 -->
<uses-permission android:name="android.permission.WRITE_EXTERNAL_STORAGE" />
<uses-permission android:name="android.permission.READ_EXTERNAL_STORAGE" />
<uses-permission android:name="android.permission.MOUNT_UNMOUNT_FILESYSTEMS" />
```

（3）AndroidManifest.xml 的 application 节点注意补充 android:name=".MainApplication"；另外，注册音乐播放服务的 service，注册代码如下：

```
<service android:name=".service.MusicService" android:enabled="true" />
```

（4）测试设备的 Android 版本要求不低于 Android 4.4，因为属性动画的暂停和恢复方法是在 4.4 后引入的。

（5）要在真机上测试实战项目，如果在模拟器上测试，就会发现 MP3 标题乱码。这是因为中文歌曲的 MP3 标签采用 GBK 编码，而模拟器采用 UTF8 编码，两者对汉字的编码格式不一致。如果用真机测试，国产机厂商已经帮我们解决了汉字编码问题。

具体的代码编写还存在 3 个技术要点，记录如下：

1. 使用内容解析器 ContentResolver 访问媒体库

音频资源对应的内容路径是 MediaStore.Audio.Media.EXTERNAL_CONTENT_URI，内容解析器通过 query 方法访问该 URI 获得记录游标，还得把详细记录字段逐个读取出来，音频资源的字段信息说明见表 13-11。

表13-11 音频资源的字段信息说明

MediaStore 类的音频资源字段	说明
Audio.Media._ID	歌曲编号
Audio.Media.TITLE	歌曲的标题名称
Audio.Media.ALBUM	歌曲的专辑名称
Audio.Media.DURATION	歌曲的播放时间
Audio.Media.SIZE	歌曲文件的大小
Audio.Media.ARTIST	歌曲的演唱者
Audio.Media.DATA	歌曲文件的完整路径

2. 解析 LRC 歌词文件

简要介绍一下 LRC 文件的内容格式，开发者关心的主要是内部的时间信息与歌词文字。下面是一个 LRC 歌词的片段：

```
[offset:500]
[00:26.53]真情像草原广阔
[00:32.78]层层风雨不能阻隔
[00:38.87]总有云开 日出时候
[00:45.68]万丈阳光照耀你我
[02:26.49][00:51.68]真情像梅花开过
[02:32.68][00:57.94]冷冷冰雪不能掩没
```

歌词第一行有一个 offset 标签，表示歌词标注的时间与音乐文件的时间偏移。歌词行的前面是中括号括起来的时间戳，时间戳的数据格式为“分:秒.毫秒”，表示该行歌词的起始时间。如果某行歌词被演唱多遍，那么歌词文字前面会有多个时间戳。

3. 歌词滚动动画的播放控制

一般动画启动后很快就会结束，但歌词滚动动画不是这样的，用户点击控制条上的暂停按钮，不但播放器要暂停播放，而且歌词要暂停滚动。平移动画 TranslateAnimation 不支持暂停和恢复操作，不止平移动画，所有补间动画都不支持暂停和恢复。难道要自己重定义动画？山穷水尽疑无路，柳暗花明又一村。幸好 Android 提供了属性动画，不但支持所有补间动画效果，而且支持暂停和恢复操作，还等什么，赶紧把 TranslateAnimation 换成 ObjectAnimator 吧！

现在音乐播放器的编码没什么难点，如果不出状况，读者就能很快看到自己的 App 作品。如图 13-47 所示为音乐播放器的效果画面。点击歌曲列表中的歌名《一剪梅》，进入该歌曲的播放界面，歌词文字随着时间流逝缓慢向上滚动，当前演唱的歌词行会高亮显示。播放一段时间后，控制条的进度移到右边，歌词也大半上翻，高亮的歌词行移向后面的文字，如图 13-48 所示。

图 13-47　一剪梅开始播放

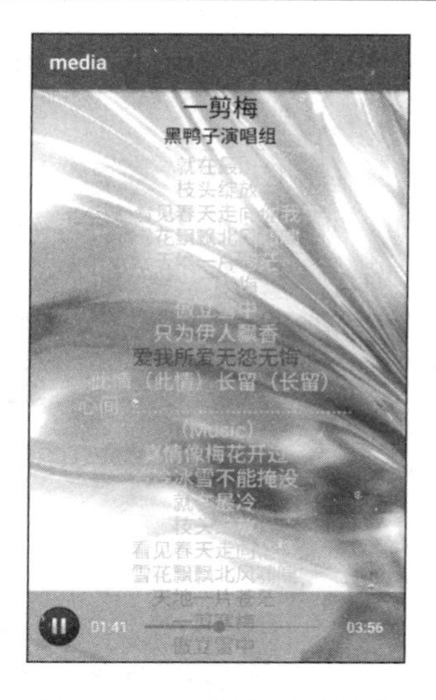

图 13-48　一剪梅正在播放

接着按返回键，后退到歌曲列表页面，页面下方的控制条显示当前的播放进度，时间计数随着歌曲播放而不断刷新，如图 13-49 所示。在歌曲列表页面点击歌名《上海滩》，进入该歌曲的播放界面，此时《一剪梅》停止播放，转为播放《上海滩》，如图 13-50 所示。

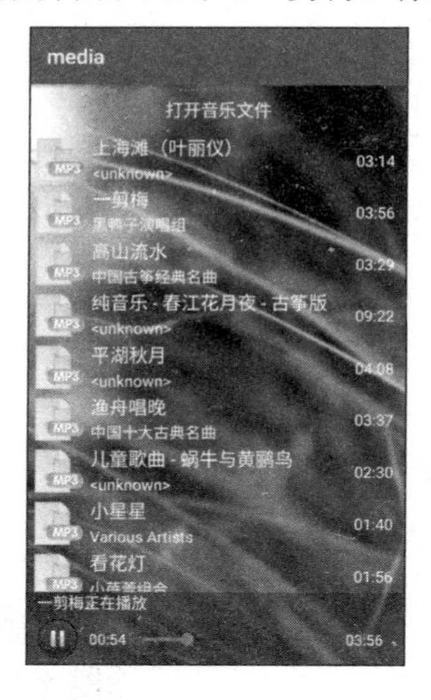

图 13-49　回到歌曲列表页面

图 13-50　开始播放上海滩

最后下拉系统通知栏，应该能够看到播放器的控制条，如图 13-51 所示。在通知栏上不但可以自动刷新播放进度，而且可以进行暂停和恢复播放的操作。

图 13-51　通知栏上的音乐控制条

下面是音乐播放详情界面与歌词有关的处理代码片段，更多源码参见本书附带源码 media

模块的 MusicPlayerActivity.java、MusicDetailActivity.java 和 MusicService.java。

```
    private LyricsLoader mLoader;  // 声明一个歌词加载器对象
    private ArrayList<LrcContent> mLrcList;  // 歌词内容队列
    private int mCount = 0;  // 已经滚动的歌词行数
    private float mCurrentHeight = 0;  // 当前已经滚动的高度
    private float mLineHeight = 0;  // 每行歌词的高度
    private int mPrePos = -1, mNextPos = 0;  // 上一行歌词与下一行歌词的位置
    private String mLrcStr;  // 当前行的歌词文本
    private ObjectAnimator animTranY;  // 声明一个用于歌词滚动的属性动画对象

    // 初始化歌词内容
    private void initLrc() {
        tv_music = findViewById(R.id.tv_music);
        // 获得歌词加载器的唯一实例
        mLoader = LyricsLoader.getInstance(mMusic.getUrl());
        // 通过歌词加载器获取歌词内容队列
        mLrcList = mLoader.getLrcList();
        // 计算一行歌词的高度
        mLineHeight = Math.round(MeasureUtil.getTextHeight("好", tv_music.getTextSize()));
    }

    // 开始播放音乐
    private void playMusic() {
        // 将歌词内容队列从上向下依次展开
        if (mLoader.getLrcList() != null && mLrcList.size() > 0) {
            mLrcStr = "";
            for (int i = 0; i < mLrcList.size(); i++) {
                LrcContent item = mLrcList.get(i);
                mLrcStr = mLrcStr + item.getLrcStr() + "\n";
            }
            tv_music.setText(mLrcStr);
            // 刚进入播放页面时，让歌词显示淡入动画
            tv_music.setAnimation(AnimationUtils.loadAnimation(this, R.anim.alpha_music));
        }
        if (app.mFilePath == null || !app.mFilePath.equals(mMusic.getUrl())) {  // 首次播放音乐，或者音
乐发生变更
            // 下面启动音乐播放服务。具体的播放操作在后台服务中完成
            Intent intent = new Intent(this, MusicService.class);
            intent.putExtra("is_play", true);
            intent.putExtra("music", mMusic);
            startService(intent);
            // 延迟 150 毫秒后启动歌词刷新任务
```

```
            mHandler.postDelayed(mRefreshLrc, 150);
        } else {  // 音乐已经在播放当中了
            // 触发音乐播放进度的变更处理
            onMusicSeek(0, app.mMediaPlayer.getCurrentPosition());
        }
        // 延迟 100 毫秒后启动控制条刷新任务
        mHandler.postDelayed(mRefreshCtrl, 100);
    }

    // 定义一个控制条刷新任务
    private Runnable mRefreshCtrl = new Runnable() {
        public void run() {
            // 设置音频控制条的播放进度
            ac_play.setCurrentTime(app.mMediaPlayer.getCurrentPosition(), 0);
            if (app.mMediaPlayer.getCurrentPosition() >= app.mMediaPlayer.getDuration()) {  // 已播完
                // 重置音频控制条的播放进度
                ac_play.setCurrentTime(0, 0);
            }
            // 延迟 500 毫秒后再次启动控制条刷新任务
            mHandler.postDelayed(this, 500);
        }
    };

    // 定义一个歌词刷新任务
    private Runnable mRefreshLrc = new Runnable() {
        public void run() {
            if (mLoader.getLrcList() == null || mLrcList.size() <= 0) {
                return;
            }
            // 计算每行歌词的动画
            int offset = mLrcList.get(mCount).getLrcTime()
                    - ((mCount == 0) ? 0 : mLrcList.get(mCount - 1).getLrcTime()) - 50;
            if (offset <= 0) {
                return;
            }
            // 开始播放该行的歌词滚动动画
            startAnimation(mCurrentHeight - mLineHeight, offset);
        }
    };

    // 在指定歌词处开始播放滚动动画
    public void startAnimation(float aimHeight, int offset) {
        // 构造一个在纵轴上平移的属性动画
```

```
        animTranY = ObjectAnimator.ofFloat(tv_music, "translationY", mCurrentHeight, aimHeight);
        animTranY.setDuration(offset);  // 设置动画的播放时长
        animTranY.setRepeatCount(0);  // 重播次数为 0 表示只播放一次
        animTranY.addListener(this);  // 给属性动画添加动画事件监听器
        animTranY.start();  // 开始播放属性动画
        mCurrentHeight = aimHeight;
        if (!app.mMediaPlayer.isPlaying()) {  // 媒体播放器不在播放
            // 延迟若干时间后启动歌词暂停滚动任务
            mHandler.postDelayed(new Runnable() {
                @Override
                public void run() {
                    animTranY.pause();  // 歌词滚动动画暂停播放
                }
            }, offset + 100);
        }
    }
    // 在属性动画结束播放时触发
    public void onAnimationEnd(Animator animation) {
        if (mCount < mLrcList.size()) {
            mNextPos = mLrcStr.indexOf("\n", mPrePos + 1);
            // 创建一个可变字符串
            SpannableString spanText = new SpannableString(mLrcStr);
            // 高亮显示当前正在播放的歌词文本
            spanText.setSpan(new ForegroundColorSpan(Color.RED), mPrePos + 1,
                    mNextPos > 0 ? mNextPos : mLrcStr.length() - 1,
                    Spanned.SPAN_EXCLUSIVE_EXCLUSIVE);
            mCount++;
            // 在文本视图中显示高亮处理后的可变字符串
            tv_music.setText(spanText);
            if (mNextPos > 0 && mNextPos < mLrcStr.length() - 1) {
                mPrePos = mLrcStr.indexOf("\n", mNextPos);
                // 延迟 50 毫秒后启动歌词刷新任务
                mHandler.postDelayed(mRefreshLrc, 50);
            }
        }
    }
```

13.7 小　结

本章主要介绍 App 开发用到的常见多媒体技术，包括几种常见的图片查看控件（画廊、图像切换器、卡片视图、调色板）、几种常见的音频播放工具（铃声工具、声音池、音轨录播）、几种常见的视频播放控件（视频视图、媒体控制条、自定义播放控制条）、几种划分屏幕多窗口的模式（分屏、画中画、自定义悬浮窗、截图和录屏）。最后设计了两个实战项目，一个是“影视播放器——爱看剧场”，另一个是“音乐播放器——浪花相册”。在“影视播放器——爱看剧场”的项目编码中，除了采取常规的视频播放技术之外，还综合考虑了分屏/全屏、竖屏/横屏、正常屏/画中画这几种变化时的屏幕适配处理。在“音乐播放器——浪花相册”的项目编码中，采用了本书到目前为止的主要技术点，实现了歌曲的播放控制和歌词的滚动显示。另外，介绍了可变字符串的种类及其使用说明。

通过本章的学习，读者应该能够掌握以下 5 种开发技能：

（1）学会如何使用图像控件实现自定义相册。

（2）学会如何使用视频控件实现影视播放器。

（3）学会如何使用音频控件实现音乐播放器。

（4）学会在合适的场景中恰当运用屏幕多窗口模式。

（5）学会借助可变字符串在一段文本中运用不同的风格样式。

第 14 章

融合技术

本章介绍融合技术的几个方向，主要包括使用网页集成技术实现不同终端显示同一个网页、使用 JNI 开发技术实现不同平台运行同一套代码、使用局域网共享技术实现不同设备分享同一份文件。最后结合本章所学的知识分别演示了两个实战项目“WiFi 共享器”和“电子书阅读器”的设计与实现。

14.1 网页集成

本节介绍融合技术的一个重要方向——网页集成，Web 页面可以直接在 Android、iOS、Windows 等终端上显示，能够减少重复的适配工作，有效降低开发成本。本节首先说明如何使用资产管理器打开文本文件、图片文件以及加载网页，接着逐步阐述网页视图的详细用法，最后利用网页视图实现一个简单浏览器。

14.1.1 资产管理器 AssetManager

如同所有的应用程序那样，App 运行时也要读取事先定义好的配置信息，并加载图片等资源文件。一般情况下，这些配置信息与资源文件可以放在工程的 res 目录中，举例如下：

（1）图片文件与图形定义文件可以放在 res/drawable 目录。
（2）字符串定义可以放在 res/values/strings.xml 文件中。
（3）颜色值定义可以放在 res/values/colors.xml 文件中。
（4）整型数定义可以放在 res/values/integers.xml 文件中。
（5）各类数组定义可以放在 res/values/arrays.xml 文件中。
（6）音频等其他二进制流文件可以放在 res/raw 目录。

乍看之下，res 目录已经允许保存几乎所有配置信息与资源文件了，不过事情往往存在各种预料之外的情况，比如以下业务场景就无法使用 res 配置：

（1）大批量的初始化数据，需要在 App 第一次安装时导入数据库。因为 res/values 目录下放的是键值对数据（如 key-value），难以转换为数据库中存储的关系型数据。

（2）工程源码要导出为 JAR 包，作为一个 SDK 给其他工程使用。因为 res 目录无法集成到 jar 包中，所以待集成的图片资源不可放在 res 目录。

（3）如网页 HTML 这种需要保持原有格式的文件，不适合放在 res 目录中进行编译。

（4）其余无法被 Android 系统识别的文件格式，如电子书的 pdf、epub、djvu 等等。

基于此，Android 提供了一个 assets 目录用来保存以上特殊需求的文件。在 Android Studio 中创建一个新模块，默认没有 assets 目录，开发者得自己在 src/main 目录下新建 assets 目录，然后在该目录中存放各种要求保持原有格式的文件。

因为 assets 目录下的资产文件不会被系统编译，所以无法通过 R.*.*这种方式访问，需要使用另外的工具——资产管理器 AssetManager 访问。通过该工具，我们能够以输入流方式打开 assets 目录的文件，并将输入流转换为文本或图像。

在页面代码中调用 getAssets 方法可获得 AssetManager 对象，下面是它的常用方法说明。

- list：列出指定目录下的文件与文件夹列表数组。
- open：打开资产文件，返回输入流 InputStream 对象。访问模式默认是 AssetManager.ACCESS_STREAMING，表示流式访问，即顺序读取。
- close：关闭资产管理器。

assets 目录保存的多是文本文件与图片文件。使用 AssetManager 读取文本和图像的代码如下：

```
// 从 asset 资产文件中获取文本字符串
public static String getTxtFromAssets(Context context, String fileName) {
    String result = "";
    try {
        InputStream is = context.getAssets().open(fileName);  // 打开资产文件并获得输入流
        int lenght = is.available();
        byte[] buffer = new byte[lenght];
        is.read(buffer);
        result = new String(buffer, "utf8");
    } catch (Exception e) {
        e.printStackTrace();
    }
    return result;
}

// 从 asset 资产文件中获取位图对象
public static Bitmap getImgFromAssets(Context context, String fileName) {
    Bitmap bitmap = null;
    try {
```

```
            InputStream is = context.getAssets().open(fileName);   // 打开资产文件并获得输入流
            bitmap = BitmapFactory.decodeStream(is);   // 解析输入流得到位图数据
        } catch (Exception e) {
            e.printStackTrace();
        }
        return bitmap;
    }
```

资产管理器读取文本与图像的效果如图 14-1 和图 14-2 所示。其中，如图 14-1 所示为从 assets 目录读取并显示文本文件的画面，如图 14-2 所示为从 assets 目录读取并显示图片文件的画面。

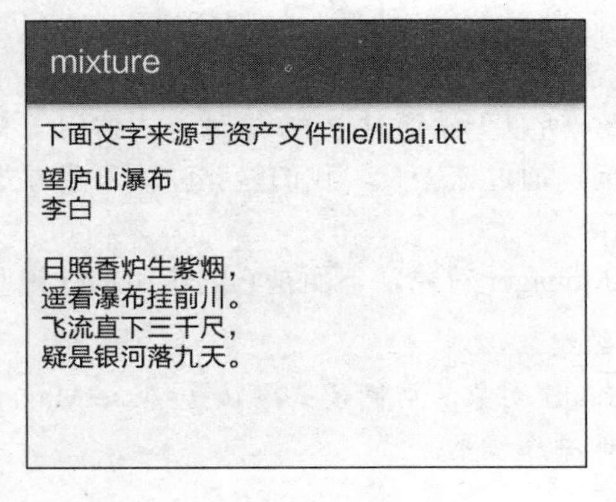

图 14-1　从资产目录读取文本

图 14-2　从资产目录读取图片

14.1.2　网页视图 WebView

前面提到 assets 目录可保存网页文件，由于网页不是一般的文本文件，而是包含一系列 HTML 标签的页面描述定义，因此如果想显示网页的效果画面而非源代码，就得借助于网页视图 WebView。WebView 相当于 Android 的一个浏览器内核，可内嵌并展示 Web 页面，并处理 App 与 Web 的交互操作。

调用 WebView 对象的 loadUrl 方法可让网页视图显示资产目录中的网页，注意要在网页路径前加上“file:///android_asset/”，表示该网页来自于本地的 assets 目录，具体代码如下：

```
public class WebLocalActivity extends AppCompatActivity {
    private String mFilePath = "file:///android_asset/html/index.html";

    protected void onCreate(Bundle savedInstanceState) {
        super.onCreate(savedInstanceState);
        setContentView(R.layout.activity_web_local);
        TextView tv_web_path = findViewById(R.id.tv_web_path);
        // 从布局文件中获取名叫 wv_assets_web 的网页视图
        WebView wv_assets_web = findViewById(R.id.wv_assets_web);
        tv_web_path.setText("下面网页来源于资产文件：" + mFilePath);
        // 命令网页视图加载指定路径的网页
```

```
            wv_assets_web.loadUrl(mFilePath);
            // 给网页视图设置默认的网页浏览客户端
            wv_assets_web.setWebViewClient(new WebViewClient());
        }
    }
```

WebView 展示本地网页的效果如图 14-3 所示。页面左边是图片，右边是诗歌的文本。

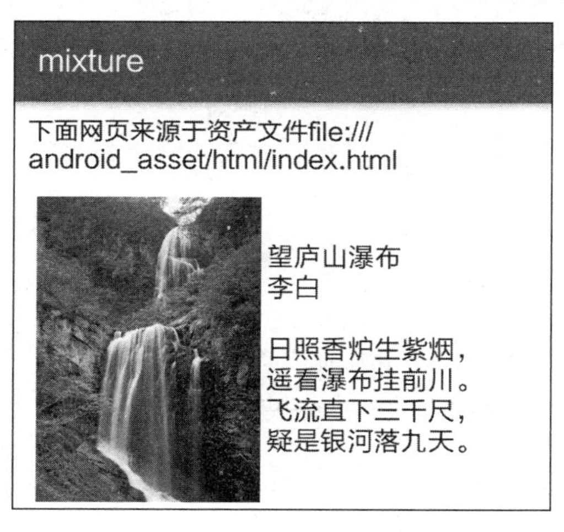

图 14-3　从资产目录读取网页

网页视图可以访问本地网页，也可以访问外部网页。在电脑浏览器上查看网页时经常通过点击超链接打开新窗口。在手机上，App 要实现超链接跳转，可参照第 13 章的可变字符串 UrlSpan，该风格把指定位置的文字转为超链接，点击超链接文字即可跳转到相应 URL。注意这里的跳转 URL 其实是在一个网页视图中打开的。

看来 App 针对超链接的处理比 HTML 复杂，虽然复杂了点，但是套用固定的代码模板使用也不难。使用超链接风格打开网页视图的代码如下：

```
    // 显示超链接的文字风格
    private void showUrlSpan() {
        // 创建一个可变字符串
        SpannableString spanText = new SpannableString(mText);
        // 设置 tv_spannable 内部文本的移动方式为超链移动
        // 调用 setMovementMethod 方法之后，点击超链接才有反应
        tv_spannable.setMovementMethod(LinkMovementMethod.getInstance());
        // 从 HTML 标记中获取可变对象
        Spannable sp = (Spannable) Html.fromHtml("<a href=\"\">" + mKey + "</a>");
        CharSequence text = sp.toString();
        // 生成超链接的风格数组
        URLSpan[] urls = sp.getSpans(0, text.length(), URLSpan.class);
        for (URLSpan url : urls) {
            // 给可变字符串设置超链接风格
            MyURLSpan myURLSpan = new MyURLSpan(url.getURL());
```

```
            spanText.setSpan(myURLSpan, mBeginPos, mEndPos,
                    Spanned.SPAN_EXCLUSIVE_EXCLUSIVE);
        }
        tv_spannable.setText(spanText);
    }

    // 定义一个超链接的风格，用于指定点击事件的逻辑处理
    private class MyURLSpan extends URLSpan {
        public MyURLSpan(String url) {
            super(url);
        }

        // 在点击超链文字时触发
        public void onClick(View widget) {
            wv_spannable.setVisibility(View.VISIBLE);
            // 命令网页视图加载指定路径的网页
            wv_spannable.loadUrl("https://blog.csdn.net/aqi00");
            // 网页视图请求获得焦点
            wv_spannable.requestFocus();
            // 给网页视图设置默认的网页浏览客户端
            wv_spannable.setWebViewClient(new WebViewClient());
        }
    }
```

超链接风格的文字效果如图 14-4 所示。文字加了下划线，并且文字与下划线都高亮显示。点击超链接后，在网页视图中打开指定的 URL 地址，显示的 Web 页面如图 14-5 所示，看起来是手机版的网页。

图 14-4 超链接风格的文字效果

图 14-5 点击超链接打开网页

14.1.3 简单浏览器

注意前面使用的 WebView，除了调用 loadUrl 方法外，还调用了其他方法（如 setWebViewClient 等）。下面说明 WebView 的常用方法。

- loadUrl：加载指定的 URL，URL 可以是 HTTP 打头的外部网址，也可以是 file 打头的资产网页。
- getSettings：获取浏览器的网页设置信息。返回一个网页设置 WebSettings 对象。
- addJavascriptInterface：添加供 JavaScript 调用的 App 接口。
- setWebViewClient：设置网页视图的网页浏览客户端 WebViewClient，如果已调用 loadUrl 方法，就必须同时调用本方法。
- setWebChromeClient：设置浏览器的网页交互客户端 WebChromeClient。
- setDownloadListener：设置文件下载监听器 DownloadListener。
- loadData：加载文本数据。第二个参数表示媒体类型，如 text/html；第三个参数表示数据的编码格式，如 base64 表示采用 BASE64 编码，其余值（包括 null）表示 URL 编码。
- canGoBack：判断页面能否返回。
- goBack：返回上一个页面。
- canGoForward：判断页面能否前进。
- goForward：前进到下一个页面。
- reload：重新加载页面。
- stopLoading：停止加载页面。

上述方法中有 4 个组件需要补充描述，包括网页设置 WebSettings、网页视图客户端 WebViewClient、网页交互客户端 WebChromeClient 和文件下载监听器 DownloadListener。

1. 网页设置 WebSettings

WebSettings 用于管理网页视图的加载属性，指明了什么该做、什么不该做。调用 WebView 对象的 getSettings 方法即可获得 WebSettings 对象。下面是 WebSettings 的常用设置方法。

以下是基本的加载设置。

- setLoadsImagesAutomatically：设置是否自动加载图片。如果设置为 false，就表示无图模式。
- setDefaultTextEncodingName：设置默认的文本编码，如 UTF-8、GBK 等。
- setJavaScriptEnabled：设置是否支持 JavaScript。
- setJavaScriptCanOpenWindowsAutomatically：设置是否允许 JavaScript 自动打开新窗口，即 JS 的 window.open 方法是否适用。

以下是与网页适配有关的设置。

- setSupportZoom：设置是否支持页面缩放。
- setBuiltInZoomControls：设置是否出现缩放工具。

- setUseWideViewPort：当容器超过页面大小时，是否将页面放大到塞满容器宽度的尺寸。
- setLoadWithOverviewMode：当页面超过容器大小时，是否将页面缩小到容器能够装下的尺寸。
- setLayoutAlgorithm：设置自适应屏幕的算法，一般是 LayoutAlgorithm.SINGLE_COLUMN。如果不设置，Android 4.2.2 及之前的版本就可能出现表格错乱的情况。

以下是与存储有关的设置。

- setAppCacheEnabled：设置是否启用 App 缓存。
- setAppCachePath：设置 App 缓存文件的路径。
- setAllowFileAccess：设置是否允许访问文件，如 WebView 访问 SD 卡的文件。
- setDatabaseEnabled：设置是否启用数据库。
- setDomStorageEnabled：设置是否启用本地存储。
- setCacheMode：设置使用的缓存模式。缓存模式的取值说明见表 14-1。

表14-1 缓存模式的取值说明

WebSettings 类的缓存模式	说明
LOAD_CACHE_ELSE_NETWORK	优先使用缓存
LOAD_NO_CACHE	不使用缓存
LOAD_CACHE_ONLY	只使用缓存

2. 网页视图客户端 WebViewClient

可以将 WebViewClient 看作网页加载监听器，用于处理与加载动作有关的事件，WebView 对象调用 setWebViewClient 方法即可设置客户端。需要重写以下方法说明。

- onPageStarted：页面开始加载时触发。可在此弹出进度对话框 ProgressFialog。
- onPageFinished：页面加载结束时触发。可在此关闭进度对话框。
- onReceivedError：收到错误信息时触发。
- onReceivedSslError：收到 SSL 错误时触发。
- shouldOverrideUrlLoading：发生网页跳转时触发。重写该方法的目的是判断每当点击网页中的链接时，是想在当前的网页视图里跳转还是跳转到系统自带的浏览器。

在当前的网页视图内部跳转，重写方法代码如下：

```
// 发生网页跳转时触发
public boolean shouldOverrideUrlLoading(WebView view, String url) {
    view.loadUrl(url);  // 在当前的网页视图内部跳转
    return true;
}
```

3. 网页交互客户端 WebChromeClient

WebChromeClient 用于处理网页与 App 之间的交互事件，WebView 对象调用

setWebChromeClient 方法即可设置客户端。WebChromeClient 需要重写的方法说明如下。

- onReceivedTitle：收到页面标题时触发。
- onProgressChanged：页面加载进度发生变化时触发。可在此刷新进度对话框的进度条。
- onJsAlert：网页的 JS 代码调用 alert 方法时触发。可在此弹出自定义的提示对话框。
- onJsConfirm：网页的 JS 代码调用 confirm 方法时触发。可在此弹出自定义的确认对话框。
- onJsPrompt：网页的 JS 代码调用 prompt 方法时触发。可在此弹出自定义的提示对话框。
- onGeolocationPermissionsShowPrompt：网页请求定位权限时触发。可在此弹出一个确认对话框，提示用户是否允许网页获得定位权限。如果不想出现弹窗就允许网页获得权限，重写方法代码如下：

```
    // 网页请求定位权限时触发
    public void onGeolocationPermissionsShowPrompt(String origin, Callback callback) {
        callback.invoke(origin, true, false);   // 不弹窗就允许网页获得定位权限
        super.onGeolocationPermissionsShowPrompt(origin, callback);
    }
```

4. 文件下载监听器 DownloadListener

DownloadListener 用于监听网页的下载事件，WebView 对象调用 setDownloadListener 方法即可设置下载监听器。DownloadListener 只有 onDownloadStart 方法需要重写。

- onDownloadStart：文件开始下载触发。可在此接管下载动作，比如设置文件下载的方式、文件的保存路径等。

了解网页视图相关组件的具体用法后，接下来让我们实现一个简单的浏览器，进一步加深对 WebView 运用的理解。下面是使用 WebView 实现简单浏览器的代码：

```
public class WebBrowserActivity extends AppCompatActivity implements OnClickListener {
    private EditText et_web_url;  // 声明一个用于输入网址的编辑框对象
    private WebView wv_web;  // 声明一个网页视图对象
    private ProgressDialog mDialog;  // 声明一个进度对话框对象
    private String mUrl;  // 完整的网页地址

    protected void onCreate(Bundle savedInstanceState) {
        super.onCreate(savedInstanceState);
        setContentView(R.layout.activity_web_browser);
        et_web_url = findViewById(R.id.et_web_url);
        et_web_url.setText("xw.qq.com/");
        // 从布局文件中获取名叫 wv_web 的网页视图
        wv_web = findViewById(R.id.wv_web);
        findViewById(R.id.btn_web_go).setOnClickListener(this);
        findViewById(R.id.ib_back).setOnClickListener(this);
        findViewById(R.id.ib_forward).setOnClickListener(this);
        findViewById(R.id.ib_refresh).setOnClickListener(this);
```

```
        findViewById(R.id.ib_close).setOnClickListener(this);
        initWebViewSettings();  // 初始化网页视图的网页设置
    }

    // 初始化网页视图的网页设置
    private void initWebViewSettings() {
        // 获取网页视图的网页设置
        WebSettings settings = wv_web.getSettings();
        // 设置是否自动加载图片
        settings.setLoadsImagesAutomatically(true);
        // 设置默认的文本编码
        settings.setDefaultTextEncodingName("utf-8");
        // 设置是否支持 JavaScript
        settings.setJavaScriptEnabled(true);
        // 设置是否允许 JavaScript 自动打开新窗口（window.open()）
        settings.setJavaScriptCanOpenWindowsAutomatically(false);
        // 设置是否支持缩放
        settings.setSupportZoom(true);
        // 设置是否出现缩放工具
        settings.setBuiltInZoomControls(true);
        // 当容器超过页面大小时，是否放大页面大小到容器宽度
        settings.setUseWideViewPort(true);
        // 当页面超过容器大小时，是否缩小页面尺寸到页面宽度
        settings.setLoadWithOverviewMode(true);
        // 设置自适应屏幕。4.2.2 及之前版本自适应时可能会出现表格错乱的情况
        settings.setLayoutAlgorithm(LayoutAlgorithm.SINGLE_COLUMN);
    }

    public void onClick(View v) {
        if (v.getId() == R.id.btn_web_go) {  // 点击了“快去”按钮
            // 从系统服务中获取输入法管理器
            InputMethodManager imm = (InputMethodManager)
                    getSystemService(Context.INPUT_METHOD_SERVICE);
            // 关闭输入法软键盘
            imm.hideSoftInputFromWindow(et_web_url.getWindowToken(), 0);
            mUrl = "https://" + et_web_url.getText().toString();
            // 命令网页视图加载指定路径的网页
            wv_web.loadUrl(mUrl);
            // 给网页视图设置自定义的网页浏览客户端
            wv_web.setWebViewClient(mWebViewClient);
            // 给网页视图设置自定义的网页交互客户端
            wv_web.setWebChromeClient(mWebChrome);
        } else if (v.getId() == R.id.ib_back) {  // 点击了后退图标
```

```
            if (wv_web.canGoBack()) {   // 如果能够后退
                wv_web.goBack();   // 回到上一个网页
            } else {
                Toast.makeText(this, "已经是最后一页了", Toast.LENGTH_SHORT).show();
            }
        } else if (v.getId() == R.id.ib_forward) {   // 点击了前进图标
            if (wv_web.canGoForward()) {   // 如果能够前进
                wv_web.goForward();   // 去往下一个网页
            } else {
                Toast.makeText(this, "已经是最前一页了", Toast.LENGTH_SHORT).show();
            }
        } else if (v.getId() == R.id.ib_refresh) {   // 点击了刷新图标
            wv_web.reload();   // 命令网页视图重新加载网页
            //wv_web.stopLoading();   // 停止加载
        } else if (v.getId() == R.id.ib_close) {   // 点击了关闭图标
            finish();   // 关闭当前页面
        }
    }

    // 在按下返回键时触发
    public void onBackPressed() {
        if (wv_web.canGoBack() && !wv_web.getUrl().equals(mUrl)) {   // 还能返回到上一个网页
            wv_web.goBack();   // 回到上一个网页
        } else {   // 已经是最早的网页，无路返回了
            finish();   // 关闭当前页面
        }
    }

    // 定义一个网页浏览客户端
    private WebViewClient mWebViewClient = new WebViewClient() {
        // 收到 SSL 错误时触发
        public void onReceivedSslError(WebView view, SslErrorHandler handler, SslError error) {
            handler.proceed();
        }

        // 页面开始加载时触发
        public void onPageStarted(WebView view, String url, Bitmap favicon) {
            super.onPageStarted(view, url, favicon);
            if (mDialog == null || !mDialog.isShowing()) {
                // 下面弹出提示网页正在加载的进度对话框
                mDialog = new ProgressDialog(WebBrowserActivity.this);
                mDialog.setTitle("稍等");
                mDialog.setMessage("页面加载中……");
```

```
                mDialog.setProgressStyle(ProgressDialog.STYLE_HORIZONTAL);
                mDialog.show();  // 显示进度对话框
            }
        }

        // 页面加载结束时触发
        public void onPageFinished(WebView view, String url) {
            super.onPageFinished(view, url);
            if (mDialog != null && mDialog.isShowing()) {
                mDialog.dismiss();  // 关闭进度对话框
            }
        }

        // 收到错误信息时触发
        public void onReceivedError(WebView view, int errorCode, String description, String failingUrl) {
            super.onReceivedError(view, errorCode, description, failingUrl);
            if (mDialog != null && mDialog.isShowing()) {
                mDialog.dismiss();  // 关闭进度对话框
            }
            Toast.makeText(WebBrowserActivity.this,
                    "页面加载失败，请稍候再试", Toast.LENGTH_LONG).show();
        }

        // 发生网页跳转时触发
        public boolean shouldOverrideUrlLoading(WebView view, String url) {
            view.loadUrl(url);  // 在当前的网页视图内部跳转
            return true;
        }
    };

    // 定义一个网页交互客户端
    private WebChromeClient mWebChrome = new WebChromeClient() {
        // 页面加载进度发生变化时触发
        public void onProgressChanged(WebView view, int progress) {
            if (mDialog != null && mDialog.isShowing()) {
                mDialog.setProgress(progress);  // 更新进度对话框的加载进度
            }
        }

        // 网页请求定位权限时触发
        public void onGeolocationPermissionsShowPrompt(String origin, Callback callback) {
            callback.invoke(origin, true, false);  // 不弹窗就允许网页获得定位权限
            super.onGeolocationPermissionsShowPrompt(origin, callback);
```

```
            }
        };
    }
```

简单浏览器的展示效果如图 14-6～图 14-9 所示。其中，如图 14-6 所示为打开浏览器的初始页面，页面上部为地址栏，下部为控制栏（从左到右依次是前进、后退、刷新、退出等按钮）；在地址栏输入网址并点击“快去”按钮，浏览器显示正在加载的进度对话框，如图 14-7 所示；网页加载完毕后，进度对话框消失，浏览器主视图中显示该网址的 Web 页面，如图 14-8 所示；点击该页面的第一条新闻，浏览器打开该新闻的详情页面，如图 14-9 所示。

图 14-6　浏览器的初始界面

图 14-7　浏览器加载网页中

图 14-8　浏览器加载网页完成

图 14-9　点击进入新闻详情页

要想在前后网页中切换，可点击下方控制栏的前进或后退按钮；要想重新加载当前网页，可点击控制栏的刷新按钮；要想退出浏览器，可点击控制栏右边的退出按钮。读者若有兴趣，也可加入其他高级功能，如设置默认主页、开启无图模式、添加书签管理等内容。

14.2 JNI 开发

本节介绍融合技术的一个重要方向—— JNI 开发。C/C++语言具有跨平台的特性，苹果操作系统能够直接运行 C/C++代码，如果功能采用 C/C++实现，就很容易在不同平台（如 Android 与 iOS）之间移植。本节首先说明如何在 Android Studio 中搭建 NDK 编译环境，接着阐述如何使用 JNI 接口完成 Java 代码对 C 代码的调用，最后描述 JNI 技术适用的业务场景，并给出一个实际需求的应用项目“JNI 实现加解密”。

14.2.1 NDK 环境搭建

完整的 Android Studio 环境包括 3 个开发工具，即 JDK、SDK 和 NDK，早在第 1 章就对这些工具做了介绍，这里不妨复习一下。

（1）JDK是Java语言的编译器，因为App采用Java语言开发，所以开发机上要先安装JDK。

（2）SDK 是 Android 应用的编译器，提供了 Android 内核的公共 API 调用，所以开发 App 必须安装 SDK。

（3）NDK 是 C/C++代码的编译器，如果 App 未使用 JNI 技术，就无须安装 NDK；如果 App 用到 JNI，就必须安装 NDK。

NDK 允许开发者在 App 中通过 C/C++代码执行部分操作，然后由 Java 代码通过 JNI 接口调用 C/C++代码。既然本节讲的是 JNI 开发，那么肯定要给 Android Studio 安装 NDK。

下面是 NDK 环境的搭建步骤说明。

步骤 01 到谷歌开发者网站下载最新的 NDK 开发包，下载页面地址是 https://developer.android.google.cn/ndk/downloads/index.html。下载完毕后，解压到本地路径，比如笔者把 NDK 解压到了 D:\Android\android-ndk-r17。注意目录名称不要有中文。

步骤 02 在系统中增加 NDK 的环境变量定义，如变量名为 NDK_ROOT，变量值为 D:\Android\android-ndk-r17。另外，在 Path 变量值后面补充;%NDK_ROOT%。

步骤 03 在项目名称上右击，然后在弹出的菜单项中选择 Open Module Settings，打开设置页面，如图 14-10 所示。也可依次选择菜单 File→Project Structure 打开设置页面。

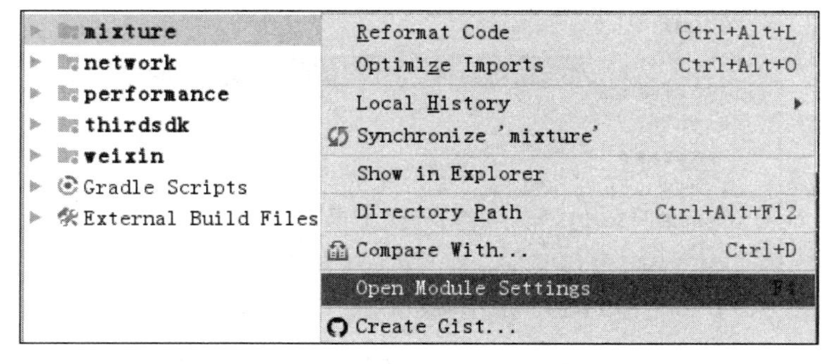

图 14-10　在右键菜单中进入设置页面

在打开的设置页面中依次找到 SDK Location→NDK Location，设置前面解压的 NDK 目录路径，然后单击 OK 按钮，设置页面如图 14-11 所示。

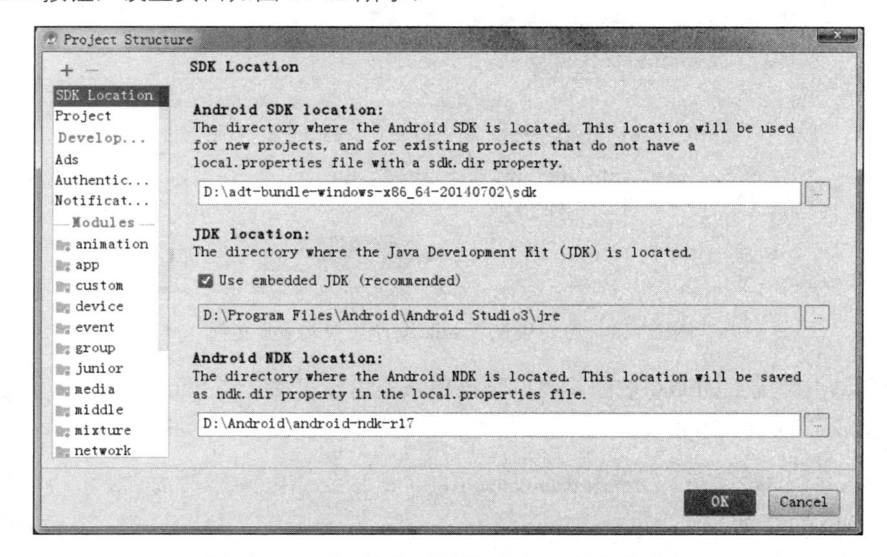

图 14-11　项目结构页面设置 NDK 的安装路径

上面的三个步骤搭建好了 NDK 环境，接下来还要给模块添加 JNI 支持，步骤说明如下：

步骤 01 在模块的 src/main 路径下创建名为 jni 的目录，h 文件、c 文件、cpp 文件、mk 编译文件都放在该目录下。jni 目录的结构如图 14-12 所示，可以看到 jni 与 java、res 等目录平级。

名称	修改日期	类型
java	2018/4/27 17:14	文件夹
jni	2018/4/27 17:28	文件夹
res	2018/4/27 17:14	文件夹
AndroidManifest.xml	2018/4/27 17:14	XML 文件

图 14-12　jni 目录在模块工程中的位置

步骤 02 右击模块名称，在右键菜单中选择 Link C++ Project with Gradle，菜单界面如图 14-13 所示。

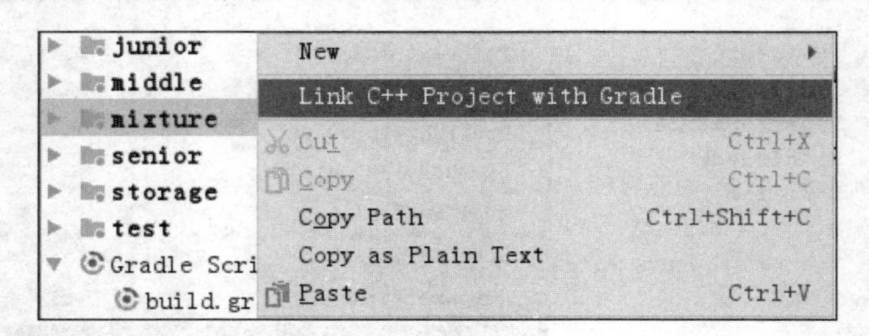

图 14-13 在右键菜单中选择 C++支持

步骤 03 选中 C++支持菜单后，弹出一个配置页面如图 14-14 所示，在 Build System 一栏下拉选择 ndk-build 表示采用 Android Studio 内置的编译工具。在 Project Path 一栏选择 mk 文件的路径，窗口下方就会出现提示会把“src/main/jni/Android.mk”保存到 build.gradle 中。

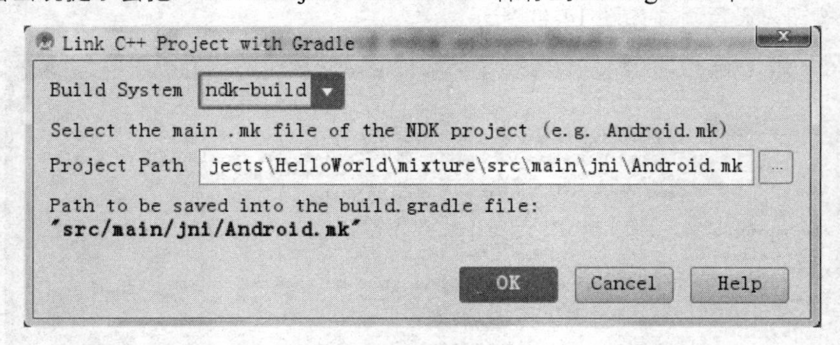

图 14-14 给模块配置 ndk 编译工具与 mk 文件

步骤 04 单击弹窗上的 OK 按钮，再打开该模块的编译配置文件 build.gradle，发现在 android 节点下果然增加了 externalNativeBuild 节点，用来说明 C++代码的编译 mk 文件。

```
//Android Studio 2.2 之后才引入 externalNativeBuild。此处指定 mk 文件的路径
externalNativeBuild {
    ndkBuild {
        // 下面是编译 cpu 信息、加解密、获取主机名专用的 mk 文件
        path "src/main/jni/Android.mk"
    }
}
```

步骤 05 正常情况上一步骤单击 OK 按钮就会触发编译操作，开发者也可手动选择菜单 Build → Make Module ***，执行 C/C++代码的编译工作。编译通过后，可在“模块名称\build\intermediates\ndkBuild\debug\obj\local\armeabi”路径下找到生成的 so 库文件。

步骤 06 在 src/main 路径下创建 so 库的保存目录，目录名称为 jniLibs，并将生成的 so 文件复制到该目录下。复制完 so 库的目录结构如图 14-15 所示，可见 jniLibs 与 jni 目录平级。

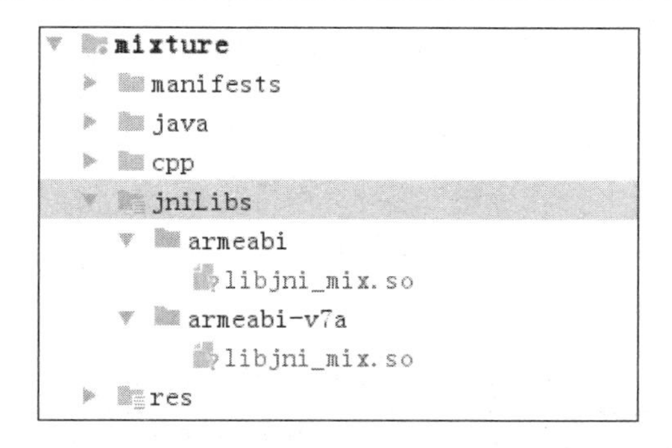

图 14-15　jniLibs 目录在模块工程中的位置

步骤 07 重新运行 App 或重新生成签名 Apk，最后产生的 App 就是封装好 so 库的版本。

14.2.2　创建 JNI 接口

JNI 是 Java Native Interface 的缩写，提供了若干 API 实现 Java 和其他语言的通信（主要是 C/C++）。虽然 JNI 是 Java 平台的标准，但是要想在 Android 上使用 JNI，还得配合 NDK 才行。NDK 提供了 C/C++标准库的头文件和标准库的动态链接文件（主要是.a 文件和.so 文件）。而 JNI 开发只是在 App 工程下编写 C/C++代码，代码中包含 NDK 提供的头文件，build.gradle 和 mk 文件依据编译规则把标准库链接进去，编译通过后形成最终的 so 动态库文件，这样才能在 App 中通过 Java 代码调用 JNI 接口。

下面是 JNI 开发的具体步骤。

步骤 01 确保 NDK 环境搭建完成，并且本模块已经添加了对 NDK 的支持。

步骤 02 在要调用 JNI 接口的 Activity 代码中添加 JNI 接口定义，并在初始化时加载 JNI 动态库，具体代码举例如下：

```
// 声明 cpuFromJNI 是来自于 JNI 的原生方法
public native String cpuFromJNI(int i1, float f1, double d1, boolean b1);

// 在加载当前类时就去加载 jni_mix.so，加载动作发生在页面启动之前
static {
    System.loadLibrary("jni_mix");
}
```

步骤 03 转到工程的 jni 目录下，在 h 文件、c 文件、cpp 文件中编写 C/C++代码。注意 C 代码中对接口名称的命名规则是“Java_包名_Activity 类名_函数名”。其中，包名中的点号要替换为下划线。下面是 C 代码对接口名称命名的代码：

```
jstring Java_com_example_mixture_JniCpuActivity_cpuFromJNI( JNIEnv* env, jobject thiz, jint i1, jfloat f1,
jdouble d1, jboolean b1 )
```

步骤 04 在 jni 目录创建一个 mk 文件单独定义编译规则，并在 build.gradle 中启用 externalNativeBuild 节点，指定 mk 文件的路径。

步骤 05 编译 JNI 代码，并把编译生成的 so 库复制到 jniLibs 目录，再重新运行 App。

以上开发步骤尚有 3 处需要补充描述，分别是数据类型转换、编译规则定义以及开发注意事项，详细说明如下。

1. 数据类型转换

JNI 作为 Java 与 C/C++之间的联系桥梁，需要对基本数据类型进行转换，基本数据类型的转换关系见表 14-2。

表14-2 基本数据类型的转换关系

数据类型名称	Java 的数据类型	JNI 的数据类型	C/C++的数据类型
整型	Int	jint	int
浮点数	Float	jfloat	float
双精度	double	jdouble	double
布尔型	boolean	jboolean	unsigned char
字符串	String	jstring	const char*

其中，整型、浮点数、双精度 3 种数据类型可以由 C/C++直接使用，而布尔型和字符串需要处理后才能由 C/C++使用，具体的处理规则如下：

（1）处理布尔类型时，Java 的 false 对应 C/C++的 0，Java 的 true 对应 C/C++的 1。

（2）处理字符串类型时，JNI 使用 env→GetStringUTFChars 方法将 jstring 类型转为 const char*类型，使用 env→NewStringUTF 方法将 const char*类型转为 jstring 类型。

2. 编译规则定义

Android Studio 从 2.3 开始，只支持外部配置方式编译 so 库，也就是需要开发者另外书写 Android.mk 定义编译规则。编译规则名称的对应关系见表 14-3。

表14-3 编译规则名称的对应关系

Android.mk 的规则名称	说明	常用值
LOCAL_MODULE	so 库文件的名称	
LOCAL_SRC_FILES	需要编译的源文件	
LOCAL_CPPFLAGS	C++的编译标志	-fexceptions（支持 try..catch..）
LOCAL_LDLIBS	需要链接的库，多个库用逗号分隔	log（支持打印日志）
LOCAL_WHOLE_STATIC_LIBRARIES	要加载的静态库	android_support

下面是一个 Android.mk 内部编译规则的例子：

```
LOCAL_PATH := $(call my-dir)
include $(CLEAR_VARS)

# 指定 so 库文件的名称
LOCAL_MODULE      := jni_mix
```

```
# 指定需要编译的源文件列表
LOCAL_SRC_FILES := find_name.cpp get_cpu.cpp get_encrypt.cpp get_decrypt.cpp aes.cpp
# 指定 C++的编译标志
LOCAL_CPPFLAGS += -fexceptions
# 指定要加载的静态库
LOCAL_WHOLE_STATIC_LIBRARIES += android_support
# 指定需要链接的库
LOCAL_LDLIBS      := -llog

include $(BUILD_SHARED_LIBRARY)
$(call import-module, android/support)
```

写好了 Android.mk，再来修改 build.gradle，这个编译文件得改三处地方，分别是两处 externalNativeBuild 加一处 packagingOptions，具体的编译配置修改说明如下。

```
android {
    compileSdkVersion 28
    buildToolsVersion "28.0.3"

    defaultConfig {
        applicationId "com.example.mixture"
        minSdkVersion 16
        targetSdkVersion 28
        versionCode 1
        versionName "1.0"

        // 此处说明 mk 文件未能指定的编译参数
        externalNativeBuild {
            ndkBuild {
                // 说明需要生成哪些处理器的 so 文件
                // NDK 的 r17 版本开始不再支持 ARM5(armeabi)、MIPS、MIPS64 这几种类型
                abiFilters "arm64-v8a", "armeabi-v7a"
                // 指定 C++编译器的版本，比如下面这行用的是 C++11
                //cppFlags "-std=c++11"
            }
        }
    }

    // 下面指定拾取的第一个 so 库路径，编译时才不会重复链接
    packagingOptions {
        pickFirst 'lib/ arm64-v8a/libjni_mix.so'
        pickFirst 'lib/armeabi-v7a/libjni_mix.so'
        pickFirst 'lib/ arm64-v8a /libvudroid.so'
        pickFirst 'lib/armeabi-v7a/libvudroid.so'
```

```
    }

    // Android Studio 2.2 之后才引入 externalNativeBuild。此处指定 mk 文件的路径
    externalNativeBuild {
        ndkBuild {
            // 下面是编译 CPU 信息、加解密、获取主机名专用的 mk 文件
            path "src/main/jni/Android.mk"
            //path file("src\\main\\jni\\Android.mk")
        }
    }
}
```

3. 开发注意事项

由于 JNI 接口使用另一种语言开发，因此要注意克服 Java 单独编码或 C/C++单独编码的固定思维，需要注意以下事项：

（1）C/C++代码中的变量都要初始化，因为在真机上如果不初始化，值就不可预知，进而影响业务逻辑处理。

（2）由于 JNI 的接口名称包含包名、类名和函数名，因此务必保证该名称所表达的路径与 Java 代码完全一致，才能由 Java 代码正常调用 JNI 接口。

（3）JNI 中操作 socket 要设置上网权限，否则 socket 函数总是返回-1；以此类推，JNI 中操作 SD 卡文件存取也要设置 SD 卡权限。

接下来通过一个获取 CPU 指令集的例子演示一下 JNI 开发的完整流程和基本数据类型的转换。下面是 JNI 代码文件 get_cpu.cpp 的源代码：

```
#include <jni.h>
#include <string.h>
#include <stdio.h>

extern "C"

jstring Java_com_example_mixture_JniCpuActivity_cpuFromJNI( JNIEnv* env, jobject thiz, jint i1, jfloat f1, jdouble d1, jboolean b1 ) {
#if defined(__arm__)
  #if defined(__ARM_ARCH_7A__)
    #if defined(__ARM_NEON__)
      #if defined(__ARM_PCS_VFP)
        #define ABI "armeabi-v7a/NEON (hard-float)"
      #else
        #define ABI "armeabi-v7a/NEON"
      #endif
    #else
```

```
            #if defined(__ARM_PCS_VFP)
              #define ABI "armeabi-v7a (hard-float)"
            #else
              #define ABI "armeabi-v7a"
            #endif
          #endif
        #else
          #define ABI "armeabi"
        #endif
    #elif defined(__i386__)
        #define ABI "x86"
    #elif defined(__x86_64__)
        #define ABI "x86_64"
    #elif defined(__mips64)   /* mips64el-* toolchain defines __mips__ too */
        #define ABI "mips64"
    #elif defined(__mips__)
        #define ABI "mips"
    #elif defined(__aarch64__)
        #define ABI "arm64-v8a"
    #else
        #define ABI "unknown"
    #endif
        char desc[200] = {0};
        sprintf(desc, "%d %f %lf %u \nHello from JNI !   Compiled with %s.", i1, f1, d1, b1, ABI);
        return env->NewStringUTF(desc);
    }
```

下面是活动页面的 Java 代码，先从 Build 类获取当前的指令集，再调用 JNI 接口获取 C++ 代码得到的指令集：

```
public class JniCpuActivity extends AppCompatActivity implements OnClickListener {
    private TextView tv_cpu_jni;

    @Override
    protected void onCreate(Bundle savedInstanceState) {
        super.onCreate(savedInstanceState);
        setContentView(R.layout.activity_jni_cpu);
        TextView tv_cpu_build = findViewById(R.id.tv_cpu_build);
        tv_cpu_build.setText("Build 类获得的 CPU 指令集为" + Build.CPU_ABI);
        tv_cpu_jni = findViewById(R.id.tv_cpu_jni);
        findViewById(R.id.btn_cpu).setOnClickListener(this);
    }

    @Override
```

```
        public void onClick(View v) {
            if (v.getId() == R.id.btn_cpu) {
                // 调用 JNI 方法 cpuFromJNI 获得 CPU 信息
                String desc = cpuFromJNI(1, 0.5f, 99.9, true);
                tv_cpu_jni.setText(desc);
            }
        }

        // 声明 cpuFromJNI 是来自于 JNI 的原生方法
        public native String cpuFromJNI(int i1, float f1, double d1, boolean b1);

        // 在加载当前类时就去加载 jni_mix.so，加载动作发生在页面启动之前
        static {
            System.loadLibrary("jni_mix");
        }
}
```

JNI 接口获取指令集的结果如图 14-16 和图 14-17 所示。如图 14-16 所示为模拟器上的运行结果截图。如图 14-17 所示为真机上的运行结果截图。

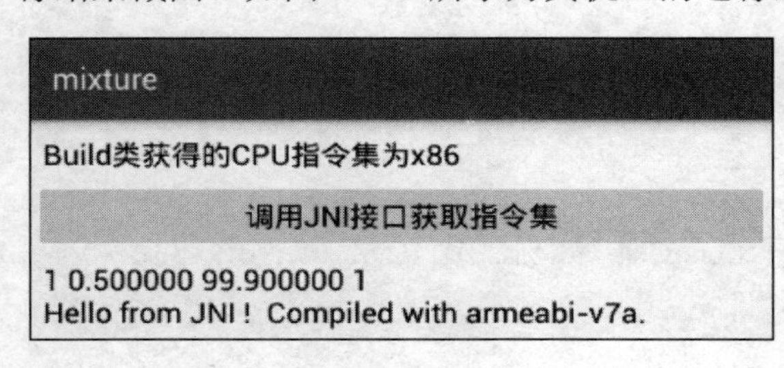

图 14-16 模拟器获得的指令集

mixture
Build类获得的CPU指令集为armeabi-v7a
调用JNI接口获取指令集
1 0.500000 99.900000 1
Hello from JNI ! Compiled with armeabi-v7a.

图 14-17 真机获得的指令集

14.2.3 JNI 实现加解密

实际开发中，JNI 主要应用于如下业务场景：

1. 对关键业务数据进行加解密

虽然 Java 提供了常用的加解密方法，但是 Java 代码容易遭到破解，而 so 库到目前为止是不可破解的，所以使用 JNI 进行加解密无疑更加安全。

2. 底层的网络操作与设备操作

Java 作为一门高级语言，与硬件和网络操作的隔阂比 C/C++大，不像 C/C++那样容易驾驭底层操作。

3. 对运行效率要求较高的场合

同样的操作，C/C++的执行效率比 Java 高得多，iOS 基于 C/C++的变种 ObjectC，而 Android

基于 Java，所以 iOS 的流畅性强于 Android。Android 上的 SQLite 使用 Java 实现，因此性能存在瓶颈。现在移动端兴起了第三方的数据库 Realm，性能优异渐有取代 SQLite 之势，而 Realm 的底层是用 C/C++实现的。

另外，如图像处理、视频处理等需要大量运算的场合，其底层算法也都是用 C/C++完成的，比方说常见的位图工厂类 BitmapFactory，它从各种来源解析位图数据，最后都得调用 JNI 方法。还有嵌入式系统的三维图形接口库 OpenGL ES、跨平台计算机视觉库 OpenCV 等著名的图形开放库，它们的底层算法统统是 C/C++编程实现的。

4. 跨平台的应用移植

移动设备的操作系统不是 Android 就是 iOS，现在企业开发 App 一般都要做两条产品线，一条做 Android，另一条做 iOS，同样的功能需要两边分别实现，费时费力。如果部分业务功能采用 C/C++实现，那么不但 Android 可以通过 JNI 调用，而且 iOS 能直接编译运行，一份代码可同时被两个平台复用，省时省力。

接下来我们尝试使用 JNI 完成加解密操作。C/C++的加解密算法代码不少，本书采用的是 C++的 AES 算法开源代码，主要的改造工作是给 C++源代码配上 JNI 接口。

下面是 JNI 接口的 AES 加密代码：

```
#include <jni.h>
#include <string.h>
#include <stdio.h>
#include "aes.h"
#include <android/log.h>
// log 标签
#define TAG "MyMsg"
// 定义 info 信息
#define LOGI(...) __android_log_print(ANDROID_LOG_INFO,TAG,__VA_ARGS__)

extern "C"

jstring Java_com_example_mixture_JniSecretActivity_encryptFromJNI( JNIEnv* env, jobject thiz, jstring
raw, jstring key) {
        const char* str_raw;
        const char* str_key;
        str_raw = env->GetStringUTFChars(raw, 0);
        str_key = env->GetStringUTFChars(key, 0);
        LOGI("str_raw=%s, str_key=%s ", str_raw, str_key);
        char encrypt[1024] = {0};
        AES aes_en((unsigned char*)str_key);
        aes_en.Cipher((char*)str_raw, encrypt);
        LOGI("encrypt=%s", encrypt);
        return env->NewStringUTF(encrypt);
}
```

下面是 JNI 接口的 AES 解密代码：

```
#include <jni.h>
#include <string.h>
#include <stdio.h>
#include "aes.h"
#include <android/log.h>
// log 标签
#define TAG "MyMsg"
// 定义 info 信息
#define LOGI(...) __android_log_print(ANDROID_LOG_INFO,TAG,__VA_ARGS__)

extern "C"

jstring Java_com_example_mixture_JniSecretActivity_decryptFromJNI( JNIEnv* env, jobject thiz, jstring des, jstring key) {
    const char* str_des;
    const char* str_key;
    str_des = env->GetStringUTFChars(des, 0);
    str_key = env->GetStringUTFChars(key, 0);
    LOGI("str_des=%s, str_key=%s ", str_des, str_key);
    char decrypt[1024] = {0};
    AES aes_de((unsigned char*)str_key);
    aes_de.InvCipher((char*)str_des, decrypt);
    LOGI("decrypt=%s", decrypt);
    return env->NewStringUTF(decrypt);
}
```

下面是活动页面的 Java 代码，通过界面对输入数据进行加解密操作：

```
public class JniSecretActivity extends AppCompatActivity implements OnClickListener {
    private EditText et_origin;  // 声明一个用于输入原始字符串的编辑框对象
    private EditText et_encrypt;  // 声明一个用于输入加密字符串的编辑框对象
    private TextView tv_decrypt;
    private String mKey = "123456789abcdef";  // 该算法要求密钥串的长度为 16 位

    @Override
    protected void onCreate(Bundle savedInstanceState) {
        super.onCreate(savedInstanceState);
        setContentView(R.layout.activity_jni_secret);
        et_origin = findViewById(R.id.et_origin);
        et_encrypt = findViewById(R.id.et_encrypt);
        tv_decrypt = findViewById(R.id.tv_decrypt);
        findViewById(R.id.btn_encrypt).setOnClickListener(this);
        findViewById(R.id.btn_decrypt).setOnClickListener(this);
```

```
    }

    @Override
    public void onClick(View v) {
        if (v.getId() == R.id.btn_encrypt) {    // 点击了加密按钮
            // 调用 JNI 方法 encryptFromJNI 获得加密后的字符串
            String des = encryptFromJNI(et_origin.getText().toString(), mKey);
            et_encrypt.setText(des);
        } else if (v.getId() == R.id.btn_decrypt) {    // 点击了解密按钮
            // 调用 JNI 方法 decryptFromJNI 获得解密后的字符串
            String raw = decryptFromJNI(et_encrypt.getText().toString(), mKey);
            tv_decrypt.setText(raw);
        }
    }

    // 声明 encryptFromJNI 是来自于 JNI 的原生方法
    public native String encryptFromJNI(String raw, String key);

    // 声明 decryptFromJNI 是来自于 JNI 的原生方法
    public native String decryptFromJNI(String des, String key);

    // 在加载当前类时就去加载 jni_mix.so，加载动作发生在页面启动之前
    static {
        System.loadLibrary("jni_mix");
    }
}
```

JNI 实现加解密的效果如图 14-18 和图 14-19 所示。如图 14-18 所示为输入原始字符串并调用 JNI 接口进行加密的结果界面。如图 14-19 所示为对加密串进行 JNI 解密操作的结果界面。

图 14-18　JNI 的加密结果

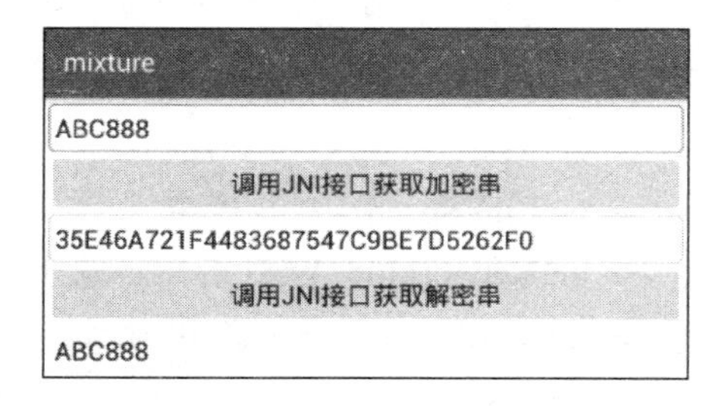

图 14-19　JNI 的解密结果

14.3　局域网共享

本节介绍融合技术的一个重要方向—— 局域网共享，包括文件在内的手机资源都有可能

利用局域网技术分享给其他设备。本节首先说明如何使用无线网络管理器获取当前的 WiFi 信息，接着描述如何连接无线网络和开关热点，然后详细阐述蓝牙技术的 4 个工具组件，以及如何利用蓝牙技术实现两台设备之间的消息传递。

14.3.1 无线网络管理器 WifiManager

第 10 章提到，App 若想访问外网资源，得先判断网络连接是否可用。当时检测连接的工具采用了连接管理器 ConnectivityManager，上网方式主要有两种，即数据连接和 WiFi。不过 ConnectivityManager 只能笼统的判断能否上网，并不能获知 WiFi 连接的详细信息。当前网络类型是 WiFi 时，要想得知 WiFi 上网的具体信息，需另外通过无线网络管理器 WifiManager 获取。

WifiManager 的对象从系统服务 Context.WIFI_SERVICE 中获取。下面是 WifiManager 的常用方法。

- isWifiEnabled：判断 WLAN 功能是否开启。
- setWifiEnabled：开启或关闭 WLAN 功能。
- getWifiState：获取当前的 WiFi 连接状态。WiFi 连接状态的取值说明见表 14-4。

表14-4 WIFI连接状态的取值说明

WifiManager 类的连接状态	说明
WIFI_STATE_DISABLED	已断开 WiFi
WIFI_STATE_DISABLING	正在断开 WiFi
WIFI_STATE_ENABLED	已连上 WiFi
WIFI_STATE_ENABLING	正在连接 WiFi
WIFI_STATE_UNKNOWN	连接状态未知

- getConnectionInfo：获取当前 WiFi 的连接信息。该方法返回一个 WifiInfo 对象，通过该对象的各个方法可获得更具体的 WiFi 设备信息。下面是信息获取方法说明。
  - getSSID：WiFi 路由器 MAC。
  - getRssi：WiFi 信号强度。
  - getLinkSpeed：连接速率。
  - getNetworkId：WiFi 的网络编号。
  - getIpAddress：手机的 IP 地址。整型数，需转换为常见的 IPv4 地址。
  - getMacAddress：手机的 MAC 地址。
- startScan：开始扫描周围的 WiFi 信息。
- getScanResults：获取 WiFi 的扫描结果。
- calculateSignalLevel：根据信号强度计算信号等级。
- getConfiguredNetworks：获取已配置的网络信息。
- addNetwork：添加指定的 WiFi 连接。
- enableNetwork：启用指定的 WiFi 连接。第二个参数表示是否同时禁用其他 WiFi。

- disableNetwork：禁用指定的 WiFi 连接。
- disconnect：断开当前的 WiFi 连接。

查看 WiFi 连接信息的实现代码很简单，读者可自行实践。WiFi 信息的查看效果如图 14-20 所示，主要包括 WiFi 路由器的相关信息、手机在该 WiFi 环境下分配到的 IP 地址和 MAC 地址。

mixture
当前联网的网络类型是WIFI，状态是已连接。
WIFI名称是："ChinaNet-yWXX"
路由器MAC是：d8:49:0b:fb:af:77
WIFI信号强度是：-54
连接速率是：54
IP地址是：192.168.1.3
MAC地址是：ac:38:70:50:b6:6a
网络编号是：12

图 14-20　真机获取到的 WiFi 信息

14.3.2　连接指定 WiFi

上一小节提到 getScanResults 方法可以获得 WiFi 的扫描结果，那么怎样才能连上某个 WiFi 并上网冲浪呢？虽然在手机的系统设置菜单里很容易做到这一点，但是开发者还是有必要通过代码验证一下该功能。要连上某个具体的 WiFi，实际开发中的调用顺序为：首先调用 startScan 方法开始扫描周围 WiFi，然后调用 getScanResults 方法获取扫描到的 WiFi 列表，接着通过 getConfiguredNetworks 方法查找已配置的网络信息；如果找到指定的网络配置，则调用 enableNetwork 方法启用该 WiFi；如果没找到指定 WiFi 配置，则先调用 addNetwork 方法添加 WiFi 配置（该方法会返回一个网络 ID 来标识刚添加的 WiFi），然后调用 enableNetwork 方法启用该 WiFi。

需要注意的是，在调用 addNetwork 方法之前，还得创建新的 WiFi 配置信息，内含用户名、密码、加密类型等信息。若要断开当前的 WiFi 连接，则既可调用 disableNetwork 方法，也可调用 disconnect 方法。它们的区别在于：disableNetwork 方法不但断开连接，并且此后也不会自动重连；而 disconnect 方法只是断开本次连接，不会阻止将来的自动重连。

为方便理解这些 WiFi 方法的用途及其先后次序关系，下面给出对指定 WiFi 进行连接和断开的操作代码片段：

```
        if (isChecked) {   // 连接 WiFi
            if (client.networkId >= 0) {   // 找到已保存的 WiFi，则直接连接
                // 启用指定网络编号的 WiFi
                mWifiManager.enableNetwork(client.networkId, true);
            } else {   // 未找到已保存的 WiFi
                if (client.type == 0) {   // 该 WiFi 无密码，则直接添加并连接
                    // 创建一个 WiFi 配置信息
                    WifiConfiguration config = new WifiConfiguration();
                    config.SSID = "\"" + client.SSID + "\"";
                    config.wepKeys[0] = "";
                    config.allowedKeyManagement.set(WifiConfiguration.KeyMgmt.NONE);
                    config.wepTxKeyIndex = 0;
                    // 往无线网络管理器添加新的 WiFi 配置，并返回该 WiFi 的网络编号
                    int netId = mWifiManager.addNetwork(config);
                    // 启用指定网络编号的 WiFi
                    mWifiManager.enableNetwork(netId, true);
                } else {   // 该 WiFi 需要密码，则弹窗提示用户输入密码
```

```
                InputDialogFragment dialog = InputDialogFragment.newInstance(
                        client.SSID, client.type, "请输入"+client.SSID+"的密码");
                String fragTag = mContext.getResources().getString(R.string.app_name);
                dialog.show(((Activity) mContext).getFragmentManager(), fragTag);
            }
        }
    } else {  // 断开 WiFi
        mWifiManager.disconnect();  // 断开当前的 WiFi 连接
    }
```

接着看看 WiFi 连接的结果，具体如图 14-21 和图 14-22 所示，其中图 14-21 为提示用户输入 WiFi 密码的对话框界面，图 14-22 为输完密码成功连接之后的 WiFi 列表界面，由图标可见已经连上名为“ChinaNet-yWXX”的 WiFi 无线网络。

图 14-21　弹窗提示用户输入 WiFi 密码

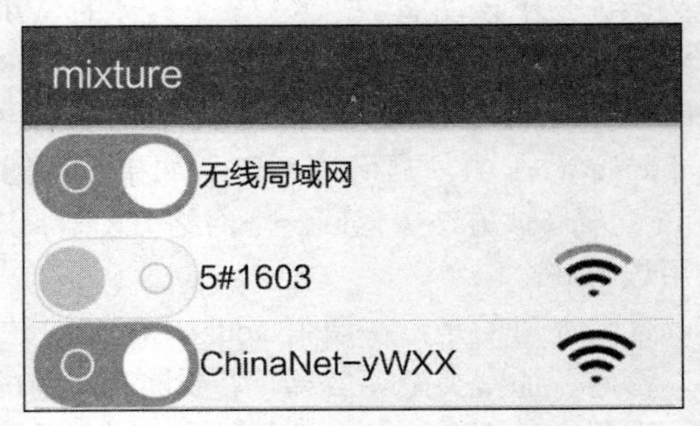

图 14-22　密码输入正确成功连接 WiFi

14.3.3　开关热点

Android 允许手机连接外部的 WiFi，反过来也支持将手机变成一个 WiFi 热点，相当于小型路由器，然后其他手机就能接入该手机的 WiFi 热点，从而共享服务端手机的数据流量。下面是 WifiManager 中与热点相关的方法（注意这些方法都是隐藏的，需要通过反射机制调用）。

- setWifiApEnabled：开启或关闭 WiFi 热点。隐藏方法，需通过反射调用。
- getWifiApState：获取当前的 WiFi 热点状态，WiFi 热点状态的取值说明见表 14-5。

表14-5　WiFi热点状态的取值说明

WifiManager 类的 WIFI 热点状态	说明
WIFI_AP_STATE_DISABLED	WiFi 热点已关闭
WIFI_AP_STATE_DISABLING	WiFi 热点正在关闭
WIFI_AP_STATE_ENABLED	WiFi 热点已开启
WIFI_AP_STATE_ENABLING	WiFi 热点正在开启
WIFI_AP_STATE_FAILED	WiFi 热点开启失败

- isWifiApEnabled：判断 WiFi 热点是否启用。只有已连接状态才返回 true，其余都返回 false。

- getWifiApConfiguration：获取 WiFi 热点的配置信息。
- setWifiApConfiguration：设置 WiFi 热点的配置信息。

注意到上面与 WiFi 热点有关的方法都是隐藏方法，这意味着外部无法直接调用该方法。Android 因为在不断更新升级，同时新技术也是层出不穷，所以并没有把所有的公共方法开放出来。查看 Android 的 SDK 源码，会发现少数公开方法加上了 hide 标记，表示该函数是隐藏方法尚未正式开放，原因可能是不稳定或者有待完善。可是有时开发者又确实需要调用这些隐藏方法，这得通过 Java 的反射机制来间接实现。反射机制指的是在运行过程中，对于任意一个对象，程序能够调用它的任意公开方法和属性，而不被 hide 标记所束缚。

下面是使用反射机制实现开关 WiFi 热点的代码例子：

```
// 开关 WiFi 热点。返回的字符串为空则表示成功，非空则表示失败（字符串保存失败信息）
public static String setWifiApEnabled(WifiManager wifiMgr, WifiConfiguration config, boolean enabled) {
    String desc = "";
    if (config.SSID == null || config.SSID.length() <= 0) {
        desc = "热点名称为空";
        return desc;
    }
    try {
        if (enabled) {
            // WiFi 和热点不能同时打开，所以打开热点的时候需要关闭 WiFi
            wifiMgr.setWifiEnabled(false);
        }
        // 通过反射调用设置热点
        Method method = wifiMgr.getClass().getMethod("setWifiApEnabled",
                WifiConfiguration.class, Boolean.TYPE);
        // 返回热点打开状态
        if (!((Boolean) method.invoke(wifiMgr, config, enabled))) {
            desc = "热点操作失败";
        }
    } catch (Exception e) {
        e.printStackTrace();
        desc = "热点操作异常：" + e.getMessage();
    }
    return desc;
}
```

然后观看一下 WiFi 热点的开启效果，通过如图 14-23 所示的测试页面开启手机热点，可见当前的热点名称为“DOOV V3”；然后打开另一部手机的系统设置菜单，进入 WLAN 页面发现 WiFi 列表多了一个“DOOV V3”，点击该 WiFi 即可进行连接，成功连上后的 WiFi 列表如图 14-24 所示。

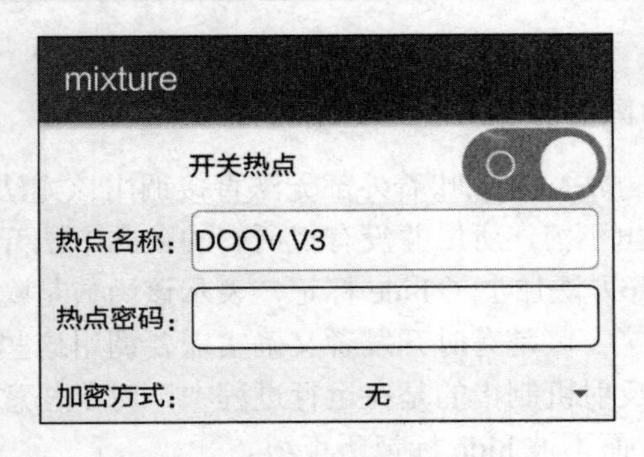

图 14-23　A 手机开启 WiFi 热点

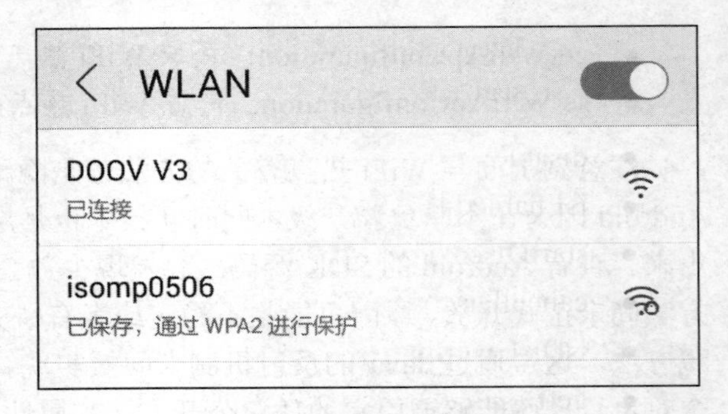

图 14-24　B 手机发现 WiFi 网络

不过要注意，上述代码只适用于 Android 7.X 及以下版本的手机，因为 Android 从 8.0 开始取消了这些开关热点的隐藏函数，普通应用不再允许进行热点操作了。不过 Android 8.0 也提供了对应的替代方案，主要有下面两种：

（1）系统应用允许访问以下的几个热点方法：WifiManager 的 setWifiApConfiguration 方法（修改热点配置）、ConnectivityManager 的 startTethering 方法（开启热点）和 stopTethering 方法（关闭热点），由于这三个方法都是系统方法，因此只有系统应用才有权限调用。

（2）普通应用允许访问无线网络管理器 WifiManager 的 startLocalOnlyHotspot 方法和 cancelLocalOnlyHotspotRequest 方法来开关本地热点，但是这个本地热点无法访问互联网，所以仅供测试没啥实际用途。

14.3.4　点对点蓝牙传输

无论是 WiFi 还是 4G 网络，建立网络连接后都是访问互联网资源，并不能直接访问局域网资源。比如两个人在一起，A 要把手机上的视频传给 B，通常情况是打开手机 QQ，通过 QQ 传送文件给对方。不过上传视频很耗流量，如果现场没有可用的 WiFi，手机的数据流量又不足，就只能干瞪眼了。为解决这种邻近传输文件的问题，蓝牙技术应运而生。蓝牙技术是一种无线技术标准，可实现设备之间的短距离数据交换。

Android 为蓝牙技术提供了 4 个工具类，分别是蓝牙适配器 BuletoothAdapter、蓝牙设备 BluetoothDevice、蓝牙服务端套接字 BluetoothServerSocket 和蓝牙客户端套接字 BluetoothSocket。

1. 蓝牙适配器 BuletoothAdapter

BuletoothAdapter 的作用其实跟其他的***Manager 差不多，可以把它当作蓝牙管理器。下面是 BuletoothAdapter 的常用方法说明。

- getDefaultAdapter：静态方法，获取默认的蓝牙适配器对象。
- enable：打开蓝牙功能。该方法在打开蓝牙时不会弹出提示，所以一般不这么调用。更常见的做法是弹出对话框，提示用户是否允许外部发现本设备。因为只有让外部设备发现本设备，才能够进行后续配对与连接操作。弹窗提示用户打开蓝牙功能的代码如下：

```
        // 弹出是否允许扫描蓝牙设备的选择对话框
```

```
Intent intent = new Intent(BluetoothAdapter.ACTION_REQUEST_DISCOVERABLE);
startActivityForResult(intent, mOpenCode);
```

- disable：关闭蓝牙功能。
- isEnabled：判断蓝牙功能是否打开。已打开就返回 true，否则返回 false。
- startDiscovery：开始搜索周围的蓝牙设备。搜索结果通过广播返回。
- cancelDiscovery：取消搜索操作。
- isDiscovering：判断当前是否正在搜索设备。
- getBondedDevices：获取已绑定的设备列表。该方法返回的是已绑定设备的历史记录，而非当前能够连接的设备。
- setName：设置本机的蓝牙名称。
- getName：获取本机的蓝牙名称。
- getAddress：获取本机的蓝牙地址。
- getRemoteDevice：根据蓝牙地址获取远程的蓝牙设备。
- getState：获取本地蓝牙适配器的状态。值为 BluetoothAdapter.STATE_ON 表示蓝牙可用。
- listenUsingRfcommWithServiceRecord：根据名称和 UUID 创建并返回 BluetoothServerSocket。
- listenUsingRfcommOn：根据渠道编号创建并返回 BluetoothServerSocket。

2. 蓝牙设备 BluetoothDevice

BluetoothDevice 用于指代某个蓝牙设备，通常表示对方设备。BuletoothAdapter 管理的是本机的蓝牙设备。下面是 BluetoothDevice 的常用方法说明。

- getName：获得该设备的名称。
- getAddress：获得该设备的地址。
- getBondState：获得该设备的绑定状态。蓝牙设备绑定状态的取值说明见表 14-6。

表14-6　蓝牙设备绑定状态的取值说明

BluetoothDevice 类的绑定状态	说明
BOND_NONE	未绑定（未配对）
BOND_BONDING	正在绑定（正在配对）
BOND_BONDED	已绑定（已配对）

- createBond：创建配对请求。配对结果通过广播返回。
- createRfcommSocketToServiceRecord：根据 UUID 创建并返回一个 BluetoothSocket。
- createRfcommSocket：根据渠道编号创建并返回一个 BluetoothSocket。

3. 蓝牙服务端套接字 BluetoothServerSocket

BluetoothServerSocket 是服务端的 Socket，用来接收客户端的 Socket 连接请求。下面是常用方法说明。

- accept：监听外部的蓝牙连接请求。一旦有请求接入，就返回一个 BluetoothSocket 对象。
- close：关闭服务端的蓝牙监听。

4. 蓝牙客户端套接字 BluetoothSocket

BluetoothSocket 是客户端的 Socket，用于与对方设备进行数据通信。下面是常用方法说明。

- connect：建立蓝牙的 Socket 连接。
- close：关闭蓝牙的 Socket 连接。
- getInptuStream：获取 Socket 连接的输入流对象。
- getOutputStream：获取 Socket 连接的输出流对象。
- getRemoteDevice：获取远程设备信息，即与本设备建立 Socket 连接的远程蓝牙设备。

上述工具的介绍有点枯燥乏味，接下来演示使用蓝牙建立连接、发送消息的完整流程，有了直观印象才能进一步理解蓝牙开发的具体过程。完整流程主要分为以下 4 个步骤：

1. 开启蓝牙功能

准备两部手机，各自安装蓝牙演示 App。首先打开演示 App 的蓝牙页面，一开始两部手机的蓝牙功能均为关闭，初始状态的页面效果如图 14-25 所示。

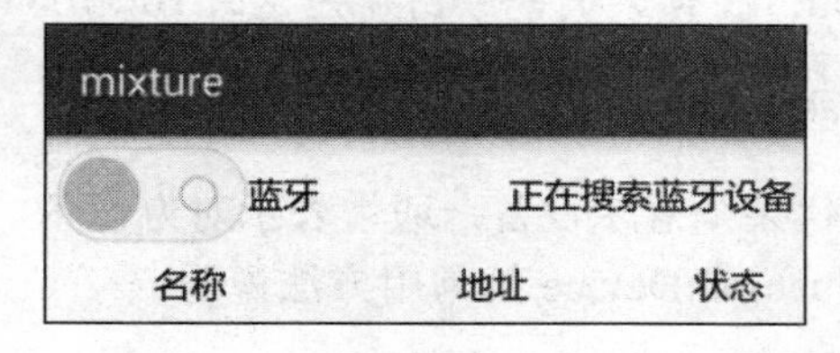

图 14-25　蓝牙 DEMO 工程的初始页面

分别点击两部手机左上角的开关按钮，准备开启手机的蓝牙功能。两部手机都弹出一个确认对话框，提示用户是否允许其他设备检测到本手机。此时，A 手机的授权弹窗页面如图 14-26 所示；B 手机的授权弹窗页面如图 14-27 所示。

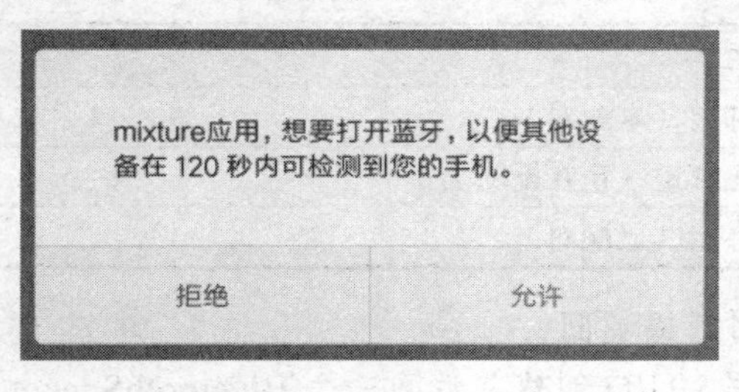

图 14-26　A 手机的授权弹窗

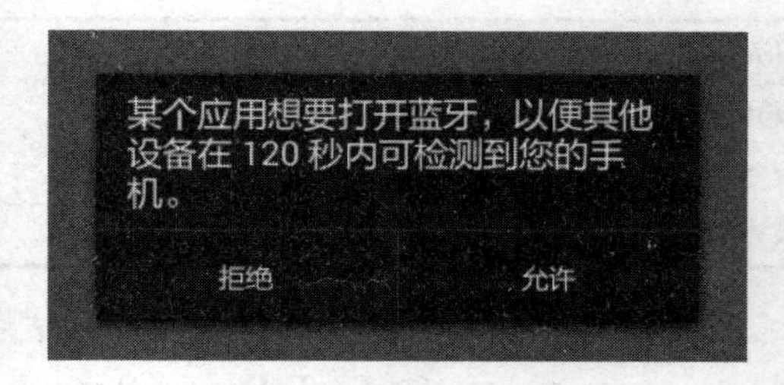

图 14-27　B 手机的授权弹窗

当然，都要点击“允许”按钮确认开启蓝牙功能。稍等一会儿，两部手机分别检测到了对方设备的存在，把对方设备显示在页面上，状态为“未绑定”。此时 A 手机的页面信息如图 14-28 所示，B 手机的页面信息如图 14-29 所示。

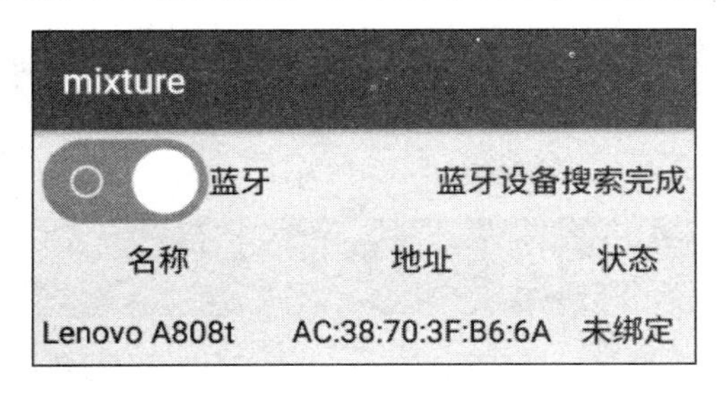

图 14-28　A 手机发现对方

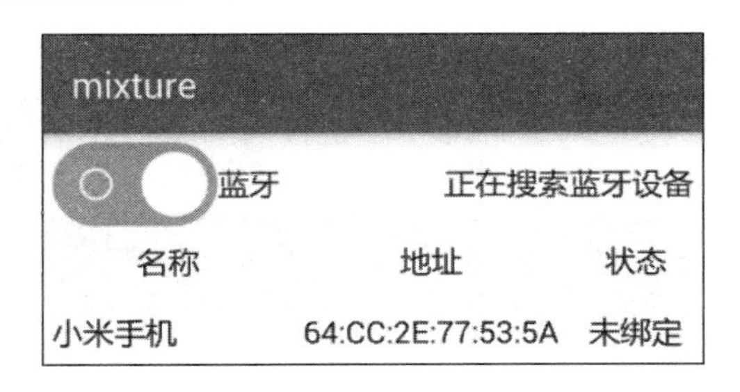

图 14-29　B 手机发现对方

2. 确认配对并完成绑定

在任意一部手机上点击对方设备的记录，表示发起配对请求。两部手机都弹出一个确认对话框，提示用户是否将本机与对方设备进行配对。此时，A 手机的配对弹窗页面如图 14-30 所示；B 手机的配对弹窗页面如图 14-31 所示。

两边分别点击“配对”按钮，确认与对方进行配对操作。配对完成后，蓝牙页面上将对方设备的状态改为“已绑定”。此时，A 手机的页面信息如图 14-32 所示，B 手机的页面信息如图 14-33 所示。

图 14-30　A 手机的配对弹窗

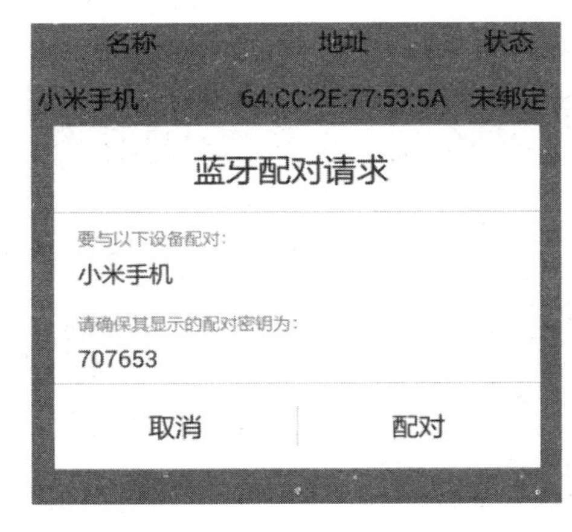

图 14-31　B 手机的配对弹窗

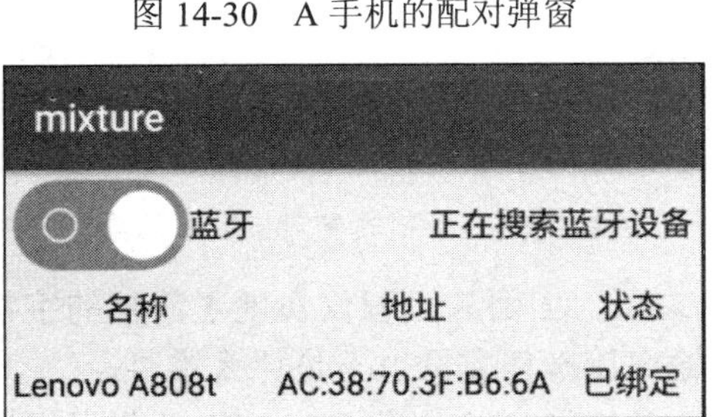

图 14-32　A 手机完成配对

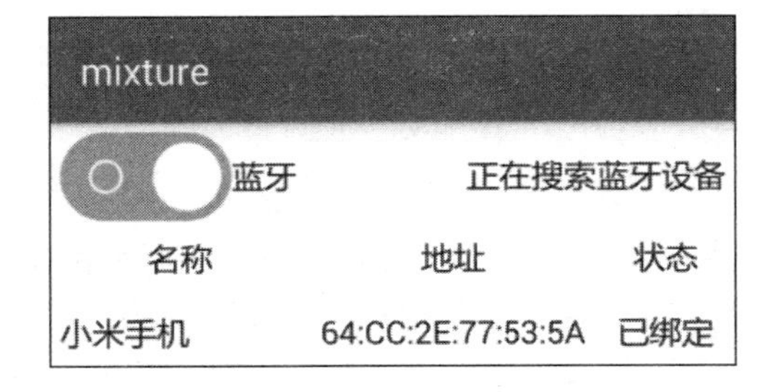

图 14-33　B 手机完成配对

3. 建立蓝牙连接

在任意一部手机上点击已绑定的设备记录，表示发起连接请求。具体地说，首先是客户端的 BluetoothSocket 调用 connect 方法，然后服务端 BluetoothServerSocket 的 accept 方法接收连接请求，于是双方成功建立连接。有的手机可能会弹窗提示“应用***想与***设备进行通信”，点击弹窗的“确定”按钮即可放行。建立连接后，设备记录右边的状态值改为“已连接”。此时，A 手机的页面信息如图 14-34 所示，B 手机的页面信息如图 14-35 所示。

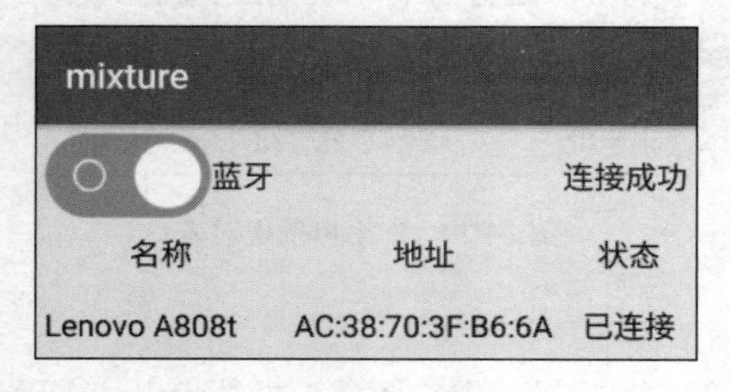

图 14-34 A 手机与对方建立连接

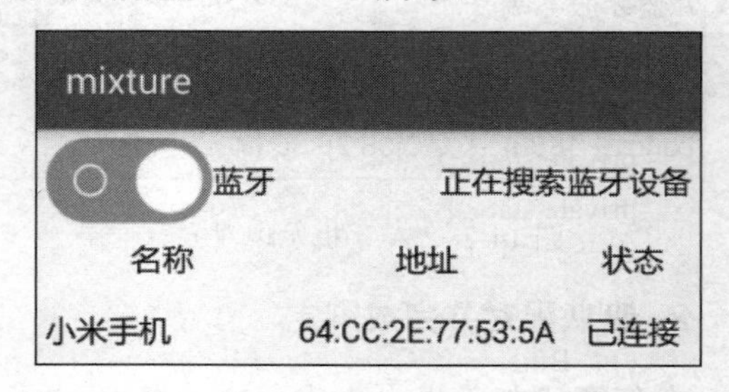

图 14-35 B 手机与对方建立连接

4. 通过蓝牙发送消息

在 A 手机上点击已连接的设备记录，表示想要发送消息。于是 A 手机弹出文字输入对话框，提示用户输入待发送的消息文本，文字输入框效果如图 14-36 所示。点击“确定”按钮发送消息，B 手机接收到 A 手机发来的消息，就把该消息文本通过弹窗显示出来，B 手机的消息弹窗效果如图 14-37 所示。

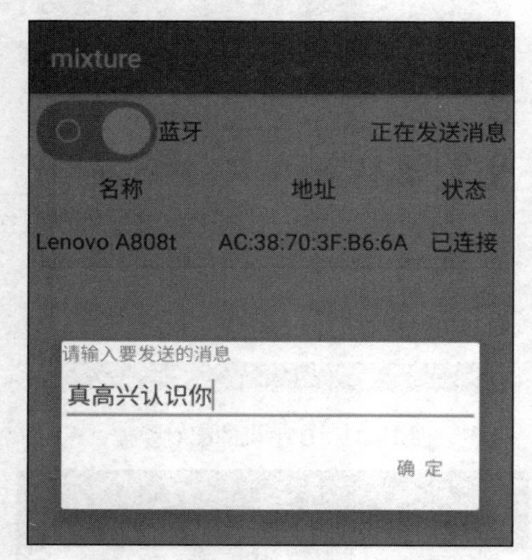

图 14-36 A 手机准备向对方发送消息

图 14-37 B 手机收到对方发来的消息

至此，一个完整的蓝牙应用过程就全部呈现出来了。上面的流程仅实现了简单的字符串传输，真实场景更需要文件传输。当然，使用输入输出流操作文件也不是什么难事。

上述有关蓝牙设备的搜索与配对操作，早在第 9 章的“9.5.3 蓝牙 BlueTooth”已经做了介绍。两部手机之间通过蓝牙分享，也要先进行搜索、配对操作，然后才能开展后续的连接和数据传输操作。所以本节不再讲解蓝牙搜索和配对的详细步骤，直接进入双方设备连接和数据传输的论述环节。

正如第 10 章“10.4.2 Socket 通信”介绍的那样，蓝牙 Socket 同样存在服务端与客户端的概念，服务端负责侦听指定端口，而客户端只管往该端口丢数据。因此作为服务端的手机要先开启蓝牙侦听线程，时刻准备守株待兔，要是哪只兔子正巧跑过来，就能与之交谈了。下面是服务端的蓝牙手机处理侦听事务的任务代码示例：

```
// 蓝牙服务端开启侦听任务，一旦有客户端连接进来，就返回该客户端的蓝牙 Socket
public class BlueAcceptTask extends AsyncTask<Void, Void, BluetoothSocket> {
    private static final String NAME_SECURE = "BluetoothChatSecure";
    private static final String NAME_INSECURE = "BluetoothChatInsecure";
    private static BluetoothServerSocket mServerSocket;  // 声明一个蓝牙服务端套接字对象

    public BlueAcceptTask(boolean secure) {
        BluetoothAdapter adapter = BluetoothAdapter.getDefaultAdapter();
        // 以下提供了三种侦听方法，使得在不同情况下都能获得服务端的 Socket 对象
        try {
            if (mServerSocket != null) {
                mServerSocket.close();
            }
            if (secure) {  // 安全连接
                mServerSocket = adapter.listenUsingRfcommWithServiceRecord(
                        NAME_SECURE, BluetoothConnector.uuid);
            } else {  // 不安全连接
                mServerSocket = adapter.listenUsingInsecureRfcommWithServiceRecord(
                        NAME_INSECURE, BluetoothConnector.uuid);
            }
        } catch (Exception e) {  // 遇到异常则尝试第三种侦听方式
            e.printStackTrace();
            mServerSocket = BluetoothUtil.listenServer(adapter);
        }
    }

    // 线程正在后台处理
    protected BluetoothSocket doInBackground(Void... params) {
        BluetoothSocket socket = null;
        while (true) {
            try {
                // 如果 accept 方法有返回，则表示某部设备过来打招呼了
                socket = mServerSocket.accept();
            } catch (Exception e) {
                e.printStackTrace();
                try {
                    Thread.sleep(1000);
                } catch (InterruptedException e1) {
                    e1.printStackTrace();
                }
```

```
                }
                if (socket != null) {   // Socket 非空，表示名花有主了，赶紧带去见公婆
                    break;
                }
            }
            return socket;  // 返回侦听到的客户端 Socket 实例
        }

        // 线程已经完成处理
        protected void onPostExecute(BluetoothSocket socket) {
            // 侦听结束，通知监听器是哪个客户端 Socket 连了进来
            mListener.onBlueAccept(socket);
        }

        private BlueAcceptListener mListener;  // 声明一个蓝牙侦听的监听器对象
        // 提供给外部设置蓝牙侦听监听器
        public void setBlueAcceptListener(BlueAcceptListener listener) {
            mListener = listener;
        }

        // 定义一个蓝牙侦听的监听器接口，用于在倾听响应之后回调 onBlueAccept 方法
        public interface BlueAcceptListener {
            void onBlueAccept(BluetoothSocket socket);
        }
    }
```

看到上面的服务端已经准备就绪，此刻轮到客户端磨刀霍霍了。首先客户端要与服务端建立连接打通信道，核心是调用对方设备对象的 createRfcommSocket 相关方法，从而获得该设备的蓝牙 Socket 实例。建立蓝牙连接的任务代码示例如下：

```
// 输入对方设备的蓝牙设备对象 BluetoothDevice，输出该设备的蓝牙套接字对象 BluetoothSocket
public class BlueConnectTask extends AsyncTask<BluetoothDevice, Void, BluetoothSocket> {
    private String mAddress;  // 对方蓝牙设备的 MAC 地址
    public BlueConnectTask(String address) {
        mAddress = address;
    }

    // 线程正在后台处理
    protected BluetoothSocket doInBackground(BluetoothDevice... params) {
        // 创建一个对方设备的蓝牙连接器，params[0]为对方的蓝牙设备对象 BluetoothDevice
        BluetoothConnector connector = new BluetoothConnector(params[0], true,
                BluetoothAdapter.getDefaultAdapter(), null);
        BluetoothSocket socket = null;
        // 蓝牙连接需要完整的权限，有些机型弹窗提示"***想进行通信"，这就不行，日志会报错
```

```
            try {
                // 开始连接，并返回对方设备的蓝牙套接字对象 BluetoothSocket
                socket = connector.connect().getUnderlyingSocket();
            } catch (Exception e) {
                e.printStackTrace();
            }
            return socket;  // 返回对方设备的蓝牙套接字实例
        }

        // 线程已经完成处理
        protected void onPostExecute(BluetoothSocket socket) {
            // 连接完成，通知监听器该地址已具备蓝牙套接字
            mListener.onBlueConnect(mAddress, socket);
        }

        private BlueConnectListener mListener;  // 声明一个蓝牙连接的监听器对象
        // 提供给外部设置蓝牙连接监听器
        public void setBlueConnectListener(BlueConnectListener listener) {
            mListener = listener;
        }

        // 定义一个蓝牙连接的监听器接口，用于在成功连接之后调用 onBlueConnect 方法
        public interface BlueConnectListener {
            void onBlueConnect(String address, BluetoothSocket socket);
        }
    }
```

双方建立连接之后，客户端拿到了蓝牙 Socket 实例，于是调用 getOutputStream 方法获得输出流，然后即可进行 I/O 交互。客户端具体的发送信息代码如下所示：

```
    // 向对方设备发送信息
    public static void writeOutputStream(BluetoothSocket socket, String message) {
        try {
            OutputStream outStream = socket.getOutputStream();  // 获得蓝牙 Socket 对象的输出流
            outStream.write(message.getBytes());  // 往输出流写入字节形式的数据
        } catch (Exception e) {
            e.printStackTrace();
        }
    }
```

服务端当然也没闲着，早在双方建立连接之时，便早早开启了消息接收线程，随时准备倾听客户端的呼声。该线程内部调用蓝牙 Socket 实例的 getInputStream 方法获得输入流，接着从输入流读取数据并送给主线程处理。详细的接收线程处理代码如下：

```
// 服务端开启的数据接收线程
```

```
public class BlueReceiveTask extends Thread {
    private BluetoothSocket mSocket;  // 声明一个蓝牙套接字对象
    private Handler mHandler;  // 声明一个处理器对象

    public BlueReceiveTask(BluetoothSocket socket, Handler handler) {
        mSocket = socket;
        mHandler = handler;
    }

    public void run() {
        byte[] buffer = new byte[1024];
        int bytes;
        while (true) {
            try {
                // 从蓝牙 Socket 获得输入流，并从中读取输入数据
                bytes = mSocket.getInputStream().read(buffer);
                // 将读到的数据通过处理器送回给 UI 主线程处理
                mHandler.obtainMessage(0, bytes, -1, buffer).sendToTarget();
            } catch (Exception e) {
                e.printStackTrace();
                break;
            }
        }
    }
}
```

此时回到蓝牙主页面，也就是 UI 线程得到消息接收线程传来的数据，把字节形式的数据转换为原始的字符串，这样便在另一部手机上看到发出来的消息啦。下面是主线程收到消息后的操作代码：

```
    // 收到消息接收线程读到的消息
    private Handler mHandler = new Handler() {
        // 在收到消息时触发
        public void handleMessage(Message msg) {
            if (msg.what == 0) {
                byte[] readBuf = (byte[]) msg.obj;
                // 把字节数据转换为字符串
                String readMessage = new String(readBuf, 0, msg.arg1);
                // 弹出收到消息的提醒对话框
                AlertDialog.Builder builder = new AlertDialog.Builder(BluetoothTransActivity.this);
                builder.setTitle("我收到消息啦").setMessage(readMessage);
                builder.setPositiveButton("确定", null);
                builder.create().show();
            }
```

```
        }
    };
```

14.4　实战项目：共享经济弄潮儿——WiFi 共享器

互联网之所以成为新经济，很重要的一个原因是深入贯彻了分享的精髓。从你有我无，到人人共享，这是人类历史上的一大进步。本章介绍的融合相关技术从一起显示网页到一起运行代码，再到一起分享文件，其实都渗透着共享的思想。本章结尾进一步在用户手机之间共享网络，即共享流量。具体地说，就是一个手机开启 WiFi 热点，其他设备均可接入该 WiFi 上网冲浪，这就是本章的实战项目——“WiFi 共享器”。

14.4.1　设计思路

每逢节假日大家常常呼朋唤友外出游玩，可是因为室外 WiFi 信号很弱，要么干脆找不到公共 WiFi 信号，所以在外玩耍往往很消耗手机流量。有的朋友用完了流量，有的朋友还剩不少流量，能不能把剩余的流量给别人使用呢？当然可以。现在不少手机都自带个人热点/WLAN 热点/WiFi 热点之类的功能，开启该功能即可将手机变为一台无线路由器，其他设备连接该手机的热点 WiFi 后上网就不会耗费自身流量，而是使用开启热点的手机的数据流量。

手机的 WiFi 热点功能一般集成在系统设置中，页面很简单，功能也相对简单。现在我们给热点做一下功能增强，实现名副其实的 WiFi 共享器，页面效果如图 14-38 所示。

光看这个页面，读者可能不能很快明白采用了哪些 App 技术，且待笔者细细数来，看看这个简单的页面究竟蕴含哪些江湖绝技。

图 14-38　WiFi 共享器的效果图

（1）无线网络管理器WifiManager：这是比较明白的，开关热点都要由WifiManager操作。

（2）系统文件读取：在系统文件/proc/net/arp 中，可找到已连接设备列表的 IP 和 MAC 地址。

（3）网络地址 InetAddress：判断某个设备能否连上，用到了 InetAddress 的 isReachable 方法。

（4）异步任务 AsyncTask：涉及网络操作都要把处理逻辑放在子线程中处理。

（5）资产管理器 AssetManager：用于导入 MAC 地址与设备厂商的对应关系表。因为联网设备的 MAC 由国际电子协会 IEEE 统一分配，未经认证和授权的厂家无权生产，MAC 地址的前 6 位代表手机和电脑厂商，所以可通过 MAC 地址查询对应的厂商名称。MAC 与厂商的对应关系可从 http://standards.ieee.org/regauth/oui/oui.txt 查询。

（6）数据库 SQLite：MAC 与厂商关系表要导入 SQLite 数据库中，方便后续查询操作。

（7）异步服务 IntentService：从 assets 目录导入 MAC 与厂商关系表，由于比较耗时，因此为了避免页面挂死，必须开启后台服务执行导入操作，而且开启子线程的异步服务。

（8）套接字 Socket：使用 Socket 技术通过 NetBIOS 协议获取网络上的计算机名称。

（9）JNI 开发：C 语言完成 NetBIOS 协议的信息获取需要实现 JNI 接口供 Java 代码调用。

真是不数不知道，原来简简单单的页面背后竟隐藏了这么多不为人知的高招，所以不要小看 App 开发，做好一项功能往往需要联合使用多种技术。

14.4.2 小知识：NetBIOS 协议

NetBIOS 协议是一种局域网上的应用程序编程接口，为程序提供了请求低级服务的统一命令集，允许程序和网络会话。在 Windows 操作系统中，安装 TCP/IP 协议后会自动安装 NetBIOS。也就是说，Windows 平台自带 NetBIOS 服务。

NetBIOS 提供的信息包括计算机名称、工作组名和域名。从程序角度来看，只要一个 IP 地址用的是 Windows 操作系统，通过 NetBIOS 协议即可获得该 IP 的计算机名和 MAC 地址，为开发者获知对方的设备信息提供了便利。

其实，通过 Java 代码就能根据 IP 地址获取对方的计算机名，参见本书附带源码 mixture 模块里面的 GetClientName.java，对应的页面代码片段如下：

```
// 在点击某条设备记录时触发
public void onItemClick(AdapterView<?> parent, View view, int position, long id) {
    final String ip = mClientArray.get(position).getIpAddr();
    // 开启分线程根据 IP 地址查找该设备的主机名称
    new Thread() {
        public void run() {
            // 下面以 java 方式获取主机名
            try {
                GetClientName client = new GetClientName(ip);
                showDeviceName(client.getRemoteInfo());
            } catch (Exception e) {
                e.printStackTrace();
            }
        }
    }.start();
}

// 显示设备的主机名
private void showDeviceName(String info) {
    if (!TextUtils.isEmpty(info)) {
        final String[] split = info.split("\\|");
        if (split.length > 1 && split[1].length() > 0) {
            // 回到 UI 主线程来操作界面
            runOnUiThread(new Runnable() {
                @Override
```

```
                public void run() {
                    String desc = String.format("%s 的计算机名称是%s", split[0], split[1]);
                    // 下面弹出提醒对话框展示找到的主机名
                    AlertDialog.Builder builder = new AlertDialog.Builder(NetbiosActivity.this);
                    builder.setMessage(desc);
                    builder.setPositiveButton("确定", null);
                    builder.create().show();
                }
            });
        }
    }
}
```

上述代码查找已连接设备的计算机名称，其演示界面如图 14-39 和图 14-40 所示。其中图 14-34 展示了在系统文件/proc/net/arp 里面找到的已连接设备列表，点击某条设备记录，则立即开启分线程获取该设备的主机名，并将找到的主机名称弹窗显示，提醒弹窗的对话框效果如图 14-40 所示。

mixture

请先开启手机上的WLAN热点，然后笔记本电脑连接这个热点WIFI
请点击下面的设备列表查看计算机名称

wlan0	192.168.1.1	192.168.1.1	D8:49:0B:FB:AF:71
wlan0	192.168.1.6	192.168.1.6	F8:16:54:A1:C4:30

图 14-39　已连接设备的列表记录

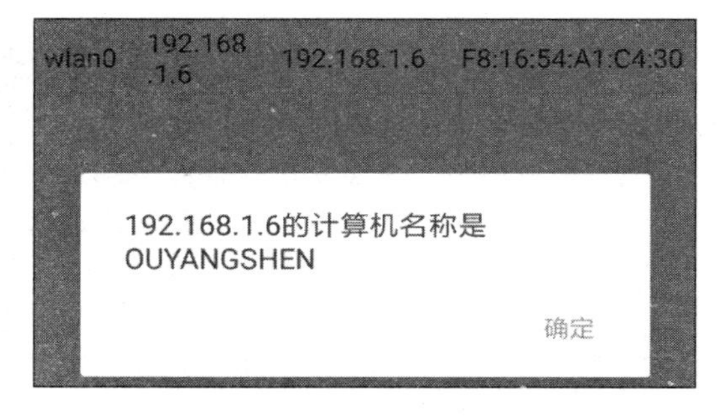

图 14-40　找到某设备的主机名称

虽然 Java 已能实现查找计算机名的功能，但是在底层操作 NetBIOS 怎么少得了威名赫赫的 C 语言呢？正好本章介绍了 JNI 开发，不妨使用 C 语言的代码实现计算机名的获取功能。下面是完整的 JNI 代码，读者可尝试将其集成到实战项目中：

```
#include <jni.h>
#include <string.h>
#include <stdio.h>
#include <stdlib.h>
#include <string.h>
#include <netdb.h>
#include <sys/stat.h>
#include <sys/types.h>
#include <sys/select.h>
#include <sys/socket.h>
#include <netinet/in.h>
#include <arpa/inet.h>
```

```
#define send_MAXSIZE 50
#define recv_MAXSIZE 1024
struct NETBIOSNS {
        unsigned short int tid;           //unsigned short int 占 2 字节
        unsigned short int flags;
        unsigned short int questions;
        unsigned short int answerRRS;
        unsigned short int authorityRRS;
        unsigned short int additionalRRS;
        unsigned char name[34];
        unsigned short int type;
        unsigned short int classe;
};
char *getNameFromIp(const char *ip);

extern "C"

jstring Java_com_example_mixture_WifiShareActivity_nameFromJNI( JNIEnv* env, jobject thiz, jstring ip) {
        const char* str_ip;
        str_ip = env->GetStringUTFChars(ip, 0);
        return env->NewStringUTF(getNameFromIp(str_ip));
}

char *getNameFromIp(const char *ip) {
        char str_info[1024] = {0};
        struct sockaddr_in toAddr;            //在 sendto 中使用的对方地址
        struct sockaddr_in fromAddr;          //在 recvfrom 中使用的对方主机地址
        char send_buff[send_MAXSIZE];
        char recv_buff[recv_MAXSIZE];
        memset(send_buff, 0, sizeof(send_buff));
        memset(recv_buff, 0, sizeof(recv_buff));
        int sockfd; //socket
        unsigned int udp_port = 137;
        int inetat;
        if ( (inetat = inet_aton(ip, &toAddr.sin_addr)) == 0) {
                sprintf(str_info, "[%s] is not a valid IP address\n", ip);
                return str_info;
        }
        if ( (sockfd = socket(AF_INET,SOCK_DGRAM,IPPROTO_UDP)) < 0) {
                sprintf(str_info, "%s socket error sockfd=%d, inetat=%d\n", ip, sockfd, inetat);
                return str_info;
        }
```

```
        bzero((char*)&toAddr,sizeof(toAddr));
        toAddr.sin_family = AF_INET;
        toAddr.sin_addr.s_addr = inet_addr(ip);
        toAddr.sin_port = htons(udp_port);
        //构造 NetBIOS 结构包
        struct NETBIOSNS nbns;
        nbns.tid=0x0000;
        nbns.flags=0x0000;
        nbns.questions=0x0100;
        nbns.answerRRS=0x0000;
        nbns.authorityRRS=0x0000;
        nbns.additionalRRS=0x0000;
        nbns.name[0]=0x20;
        nbns.name[1]=0x43;
        nbns.name[2]=0x4b;
        int j=0;
        for (j=3;j<34;j++) {
            nbns.name[j]=0x41;
        }
        nbns.name[33]=0x00;
        nbns.type=0x2100;
        nbns.classe=0x0100;
        memcpy(send_buff, &nbns, sizeof(nbns));
        int send_num =0;
        send_num = sendto(sockfd, send_buff, sizeof(send_buff), 0, (struct sockaddr *)&toAddr,
sizeof(toAddr) );
        if (send_num != sizeof(send_buff)) {
            sprintf(str_info, "%s sendto() error sockfd=%d, send_num=%d, sizeof(send_buff)=%d\n", ip,
sockfd, send_num, sizeof(send_buff));
            shutdown(sockfd, 2);
            return str_info;
        }
        int recv_num = recvfrom(sockfd, recv_buff, sizeof(recv_buff), 0,    (struct sockaddr *)NULL,
(socklen_t*)NULL);
        if (recv_num < 56) {
            sprintf(str_info, "%s recvfrom() error sockfd=%d, recv_num=%d\n", ip, sockfd, recv_num);
            shutdown(sockfd, 2);
            return str_info;
        }
        //这里要初始化。因为发现 Linux 和模拟器都没问题，真机上该变量如果不初始化，值就不可预知
        unsigned short int NumberOfNames=0;
        memcpy(&NumberOfNames, recv_buff+56, 1);
        char str_name[1024] = {0};
```

```
    unsigned short int mac[6]={0};
    int i=0;
    for (i=0; i<NumberOfNames; i++) {
        char NetbiosName[16];
        memcpy(NetbiosName, recv_buff+57+i*18, 16);  //依次读取 NetBIOS name
        if (i == 0) {
            sprintf(str_name, "%s", NetbiosName);
        }
    }
    sprintf(str_info, "%s|%s|", ip, str_name);
    for (i=0; i<6; i++) {
        memcpy(&mac[i], recv_buff+57+NumberOfNames*18+i,1);
        sprintf(str_info, "%s%02X", str_info, mac[i]);
        if (i != 5) {
            sprintf(str_info, "%s-", str_info);
        }
    }
    return str_info;
}
```

14.4.3 代码示例

编码与测试方面需要注意以下几点：

（1）MAC 地址与设备厂商的对应关系文件要放在 assets 目录下。

（2）打开 WiFi 热点，要记得为 AndroidManifest.xml 添加网络访问的权限配置：

```
<!-- 查看网络状态 -->
<uses-permission android:name="android.permission.ACCESS_NETWORK_STATE" />
<uses-permission android:name="android.permission.ACCESS_WIFI_STATE" />
<!-- WLAN -->
<uses-permission android:name="android.permission.ACCESS_WIFI_STATE" />
<uses-permission android:name="android.permission.CHANGE_WIFI_STATE" />
<!-- 上网 -->
<uses-permission android:name="android.permission.INTERNET" />
```

（3）在 AndroidManifest.xml 中注册 MAC 与设备的关系导入服务，注册代码如下：

```
<service android:name=".service.ImportService" android:enabled="true" />
```

（4）开关 WiFi 热点，只能在真机上测试，无法在模拟器上测试；并且真机的操作系统不能高于 Android 8.0，因为 8.0 之后不再允许普通应用开关热点。

编码完成，照例观看一下 WiFi 热点的页面效果，一开始打开热点页面，热点状态是关闭的，如图 14-41 所示。点击右上角的开关按钮，将 WiFi 热点开启，如图 14-42 所示。

图 14-41　WiFi 共享器的初始页面

图 14-42　开启 WiFi 热点功能

这个 WiFi 热点的名称是“CMAY9D***”，打开其他设备（包括手机和笔记本电脑）刷新 WiFi 列表，然后点击连接新发现的 WiFi “CMAY9D***”，热点管理页面就会将该设备加入已连接的设备列表。如果是手机连接，设备名这列显示的就是手机的制造厂商；如果是笔记本连接，设备名这列显示的就是该电脑上登记的计算机名。笔者测试时，热点管理页面依次找到了一部联想手机、一部苹果手机、一部小米手机，外加一台计算机名为 OUYANGSHEN 的笔记本电脑，如图 14-43 所示。接入 WiFi 的设备一览无余，再也不用担心自己的 WiFi 被蹭了。

目前，WiFi 共享器主要实现了 3 个功能，即开关热点、修改热点配置和查看已连接设备信息。读者若有兴趣，可以加以完善，比如加一个小黑屋功能，把不明来源的设备加入黑名单，不让它连接本机热点；也可以加一个流量控制功能，一旦检测到热点流量超过阈值，就立即关闭 WiFi 热点，避免不必要的流量消耗。

品牌	设备名	IP地址	MAC地址
Lenovo	联想	192.168.43.39	50:3C:C4:1F:A7:96
Intel	OUYANGSHEN	192.168.43.2	F8:16:54:A1:C4:30
Xiaomi	小米	192.168.43.12	64:CC:2E:77:53:5B
Apple	苹果	192.168.43.14	D0:33:11:3E:0C:76

图 14-43　检测到已接入 WiFi 热点的设备列表

下面简单介绍一下本书附带源码 mixture 模块中，与 WiFi 共享器有关的主要代码之间的关系：

（1）GetClientListTask.java：这是获取已连接设备列表的分线程。虽然读取系统文件 /proc/net/arp 即可获得近期连接的设备列表，但是这个列表文件并不十分准确，里面的设备很可能早已断开连接。为了保证设备列表的有效性，还得进行设备能否连通的检测，由于连通性检查需要访问网络，因此该操作必须放在分线程中异步执行。设备列表获取与检测的分线程代码如下：

```
public class GetClientListTask extends AsyncTask<Void, Void, ArrayList<ClientScanResult>> {
    // 线程正在后台处理
    protected ArrayList<ClientScanResult> doInBackground(Void... params) {
```

```
        // 因为检查设备的连通性需要访问网络，所以获得客户端队列的操作必须在分线程中完成
        return WifiUtil.getClientList(true);
    }

    // 线程已经完成处理
    protected void onPostExecute(ArrayList<ClientScanResult> clientList) {
        mListener.onGetClient(clientList);
    }

    private GetClientListener mListener;  // 声明一个获得客户端的监听器对象
    // 设置获得客户端的监听器
    public void setGetClientListener(GetClientListener listener) {
        mListener = listener;
    }

    // 定义一个获得客户端的监听器接口
    public interface GetClientListener {
        void onGetClient(ArrayList<ClientScanResult> clientList);
    }
}
```

（2）GetClientNameTask.java：这是根据 IP 地址查找设备名称的分线程。因为查找主机名称采用了 NetBIOS 协议，该协议需要联网操作，所以设备名的查询动作只能放在分线程中进行。按照上一小节的叙述，获取主机名既能通过 Java 编码，也能访问 JNI 接口实现，这里的示例代码采取的是 JNI 方式，具体的线程处理代码如下：

```
public class GetClientNameTask extends AsyncTask<String, Void, String> {
    // 线程正在后台处理
    protected String doInBackground(String... params) {
        // 通过 JNI 方式获取主机名。由于 NetBIOS 协议需要访问网络，因此必须在分线程中进行。
        String info = WifiShareActivity.nameFromJNI(params[0]);
        return info;
    }

    // 线程已经完成处理
    protected void onPostExecute(String info) {
        mListener.onFindName(info);
    }

    private FindNameListener mListener;     // 声明一个发现设备名称的监听器对象
    // 设置发现设备名称的监听器
    public void setFindNameListener(FindNameListener listener) {
        mListener = listener;
    }
```

```
    // 定义一个发现设备名称的监听器接口
    public interface FindNameListener {
        void onFindName(String info);
    }
}
```

（3）WifiShareActivity.java：这是 WiFi 共享器的主页面。除了要处理基本的热点开关和修改热点配置之外，还要实时扫描有哪些设备已经连上了本机热点。下面的代码片段就演示了如何获取已连接设备，以及如何获得这些设备的品牌名称、主机名称等信息。

```
    // 定义一个已连接设备的扫描任务
    private Runnable mClientTask = new Runnable() {
        public void run() {
            // 下面开启分线程扫描已经连上来的设备
            GetClientListTask getClientTask = new GetClientListTask();
            getClientTask.setGetClientListener(WifiShareActivity.this);
            getClientTask.execute();
            // 延迟 3 秒后再次启动已连接设备的扫描任务
            mHandler.postDelayed(this, 3000);
        }
    };

    // 在找到已连接设备后触发
    public void onGetClient(ArrayList<ClientScanResult> clientList) {
        mClientArray = clientList;
        if (WifiUtil.getWifiApState(mWifiManager) != WifiUtil.WIFI_AP_STATE_ENABLING
                && WifiUtil.getWifiApState(mWifiManager) != WifiUtil.WIFI_AP_STATE_ENABLED)
{  // 未开启热点
            mClientArray.clear();
        } else if (mClientArray == null) {
            mClientArray = new ArrayList<ClientScanResult>();
        }
        if (mClientArray.size() <= 0) {   // 无设备连接
            tv_connect.setText("当前没有设备连接");
            ll_client_title.setVisibility(View.GONE);
        } else {   // 有设备连接
            String desc = String.format("当前已有%d 台设备连接", mClientArray.size());
            tv_connect.setText(desc);
            ll_client_title.setVisibility(View.VISIBLE);
        }
        // 为每个设备匹配品牌名称与制造厂商
        for (ClientScanResult item : mClientArray) {
            String ipAddr = item.getIpAddr();
```

```
            // 根据设备的 MAC 地址到数据库中查找对应的品牌名称
            item.setDevice(MacManager.getInstance(this).getMacDevice(item.getHWAddr()));
            if (mapName.containsKey(ipAddr)) {  // 已经找到该 IP 对应的主机名称
                item.setHostName(mapName.get(ipAddr));
            } else {  // 尚未找到该 IP 对应的主机名称
                // 根据设备的品牌名称到数据库中查找对应的制造厂商
                item.setHostName(MacManager.getInstance(this).getDeviceName(item.getDevice()));
                String upperDevice = item.getDevice().toUpperCase();
                // 若是笔记本电脑，则依据 NetBIOS 协议获取该设备的主机名
                // 这里只处理几款主流的笔记本品牌，包括联想、惠普、戴尔、华硕、宏碁、东芝
                if (upperDevice.equals("INTEL") || upperDevice.equals("HEWLETT")
                        || upperDevice.equals("DELL") || upperDevice.equals("ASUS")
                        || upperDevice.equals("ACER") || upperDevice.equals("TOSHIBA")) {
                    // 下面开启分线程根据设备的 IP 地址获取它的主机名称
                    GetClientNameTask getNameTask = new GetClientNameTask();
                    getNameTask.setFindNameListener(WifiShareActivity.this);
                    getNameTask.execute(ipAddr);
                }
            }
        }
        // 把已连接设备通过列表视图展现出来
        ClientListAdapter clientAdapter = new ClientListAdapter(this, mClientArray);
        lv_wifi_client.setAdapter(clientAdapter);
    }

    // 声明 nameFromJNI 是来自于 JNI 的原生方法
    public static native String nameFromJNI(String ip);

    // 在加载当前类时就去加载 jni_mix.so，加载动作发生在页面启动之前
    static {
        System.loadLibrary("jni_mix");
    }

    // 在找到主机名称时触发
    public void onFindName(String info) {
        if (!TextUtils.isEmpty(info)) {
            String[] split = info.split("\\|");
            if (split.length > 1 && split[1].length() > 0) {
                // 添加到 IP 地址与主机名的关系映射
                mapName.put(split[0], split[1]);
            }
        }
    }
```

14.5　实战项目：笔墨飘香之电子书架

书籍是知识的源泉，更是进步的阶梯，只要不是文盲，每个人都热爱看书。看教材可以求知，看小说可以娱乐，看专业书籍可以提升技能，故而早在互联网诞生之初，就流传着海量电子书籍。在智能手机时代，通过手机阅读电子书更是方便，像爱读掌阅、多看阅读、豆瓣阅读等 App 大行其道，为移动互联网增添了几缕墨痕书香。本章末尾的实战项目再来谈谈如何设计并实现手机上的电子书阅读器。

14.5.1　设计思路

表面上看电子书的内容仅仅由图文组成，解析起来似乎要比音频和视频简单，但实际情况并非如此。音视频的数据流虽然格式复杂，却遵循少数几种编码标准，因此 Android 在系统底层早已集成了相应的编解码类库，业务层面也提供了 MediaPlayer、VideoView 等控件，开发者只需调用公开的方法即可。对于电子书来说，就没这么好办了。一方面电子书格式多样，有 TXT、CHM、UMD、PDF、EPUB、DJVU 等类型，另一方面 Android 内核没有专门的控件用于显示这些电子书。

当然电子书的两个问题不难解决，前一个问题可引入第三方的电子书解码库（如 Vudroid），后一个问题则可考虑采取以下的折中办法：

（1）把电子书的每一页都渲染成图片形式，然后便能利用 ImageView 观看电子书了。

（2）把电子书的每一页解析为 HTML 格式，鉴于 HTML 文件内部支持图文混排，于是通过 WebView 即可浏览网页形式的电子书。

制定了切实可行的解决方案，接下来才能付诸编码实现。为减小实战项目的复杂度，本项目暂且支持三种格式的电子书，分别是 PDF（“Portable Document Format”，一种与平台无关的电子文件格式）、EPUB（“Electronic Publication”，文件内容使用 XHTML 标准构建）、DJVU（主要用于图书档案和古籍的数字化）。接着来看看如图 14-44 和图 14-45 所示的电子书架页面，图 14-44 展示了阅读器的初始界面，其中自带了三种格式的书籍，包括 PDF、EPUB、DJVU；图 14-45 展示了修改书籍信息并添加新书之后的书架，可见不但书名改为中文，而且增加了页数统计。

照例分析电子书阅读器可能用到了哪些融合技术，下面罗列了一些可能的技术点，读者不妨看看有没有遗漏：

（1）网页视图 WebView：epub 开源库将 EPUB 文件解析成许多个网页文件，需要使用 WebView 浏览。

（2）资产管理器 AssetManager：初始的三本演示电子书，打包进 App 工程的 assets 目录。

（3）异步服务 IntentService：assets 目录下的电子书无法直接打开，得先由后台服务复制到 SD 卡再打开。

（4）数据库 SQLite：每本电子书的书籍名称、作者、页数，统一保存到数据库中。

（5）JNI 开发：解析 PDF 和 DJVU 的开源库 Vudroid，其内核是 C 语言编写的，所以要使用 NDK 编译为 so 文件，然后在 Java 代码中通过 JNI 接口调用。

（6）图片文件处理：Vudroid 把电子书提取成为一组图片，因此要进行图片文件的保存和打开操作。

图 14-44　电子书阅读器的初始界面

图 14-45　添加新书籍后的电子书架

另外，还会涉及到书籍列表用到的 ListView 或者 RecyclerView，翻页阅读用到的 ViewPager 和 Fragment 等，如此种种不一而足。

14.5.2 小知识：PDF 文件渲染器 PdfRenderer

Android 在 5.0 后开始支持 PDF 文件的读取，直接在内核中集成了 PDF 的渲染操作，很大程度上方便了开发者，这个内核中的 PDF 文件渲染器便是 PdfRenderer。渲染器允许直接读取存储卡上的 PDF 文件，打开 PDF 文件的代码举例如下：

```
// 打开存储卡里指定路径的 PDF 文件
ParcelFileDescriptor pfd = ParcelFileDescriptor.open(
        new File(mPath), ParcelFileDescriptor.MODE_READ_ONLY);
```

当然，打开 PDF 文件只是第一步，接下来还要使用 PdfRenderer 加载 PDF 文件，并进行相关的处理操作，PdfRenderer 类的常用方法说明如下。

- 构造函数：从 ParcelFileDescriptor 对象构造一个 PdfRenderer 实例。
- getPageCount：获取 PDF 文件的页数。
- openPage：打开 PDF 文件的指定页面，该方法返回一个 PdfRenderer.Page 对象。
- close：关闭 PDF 文件。

从上面列出的方法看到，PdfRenderer 只是提供了对整个 PDF 文件的管理操作，具体的页面处理比如渲染操作得由 PdfRenderer.Page 对象来完成，下面是 Page 类的常用方法说明。

- getIndex：获取该页的页码。
- getWidth：获取该页的宽度。
- getHeight：获取该页的高度。
- render：渲染该页面的内容，并将渲染结果写入到一个 Bitmap 位图对象中。开发者可在此把 Bitmap 对象保存为存储卡上的图片文件。
- close：关闭该页面。

总而言之，PdfRenderer 的作用就是把一个 PDF 文件转换为若干个图片，开发者再将这些图片展示到屏幕上。下面的代码片段演示了如何解析并显示某个 PDF 文件的所有页面：

```
// 开始渲染 PDF 文件
private void renderPDF() {
    try {
        // 打开存储卡里指定路径的 PDF 文件
        ParcelFileDescriptor pfd = ParcelFileDescriptor.open(
                new File(mPath), ParcelFileDescriptor.MODE_READ_ONLY);
        // 创建一个 PDF 渲染器
        PdfRenderer pdfRenderer = new PdfRenderer(pfd);
        // 依次处理 PDF 文件的每个页面
        for (int i = 0; i < pdfRenderer.getPageCount(); i++) {
            // 生成该页图片的保存路径
            String imgPath = String.format("%s/%03d.jpg", mDir, i);
            imgArray.add(imgPath);
            // 打开序号为 i 的页面
            PdfRenderer.Page page = pdfRenderer.openPage(i);
            // 创建该页面的临时位图
            Bitmap bitmap = Bitmap.createBitmap(page.getWidth(), page.getHeight(),
                    Bitmap.Config.ARGB_8888);
            // 渲染该 PDF 页面并写入到临时位图
            page.render(bitmap, null, null, PdfRenderer.Page.RENDER_MODE_FOR_DISPLAY);
            // 把位图对象保存为图片文件
            FileUtil.saveBitmap(imgPath, bitmap);
            page.close();  // 关闭该 PDF 页面
        }
        // 更新数据库记录的该文件页数
        EbookReaderActivity.updatePageCount(mOriginPath, pdfRenderer.getPageCount(), null, null);
        pdfRenderer.close();  // 处理完毕，关闭 PDF 渲染器
    } catch (Exception e1) {
        e1.printStackTrace();
    }
    // 下面将解析出来的 PDF 页面组图通过 ViewPager 显示出来
```

```
    PdfPageAdapter adapter = new PdfPageAdapter(getSupportFragmentManager(), imgArray);
    vp_content.setAdapter(adapter);
}
```

渲染完成的 PDF 页面显示效果如图 14-46 和图 14-47 所示，其中图 14-46 为解析得到的第一页 PDF 图片，图 14-47 为解析得到的最后一页 PDF 图片。

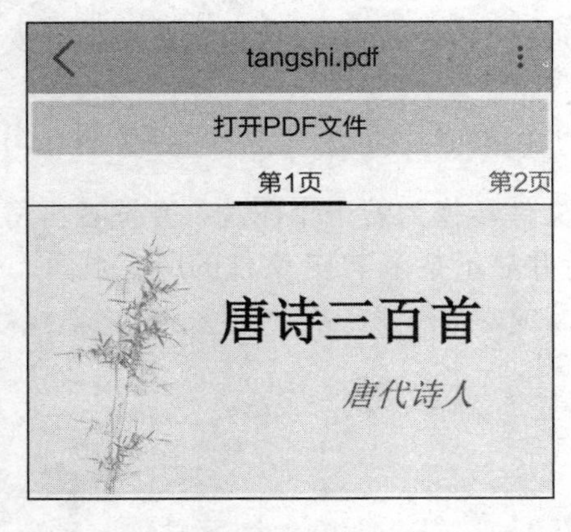

图 14-46　解析得到的第一页 PDF 图片

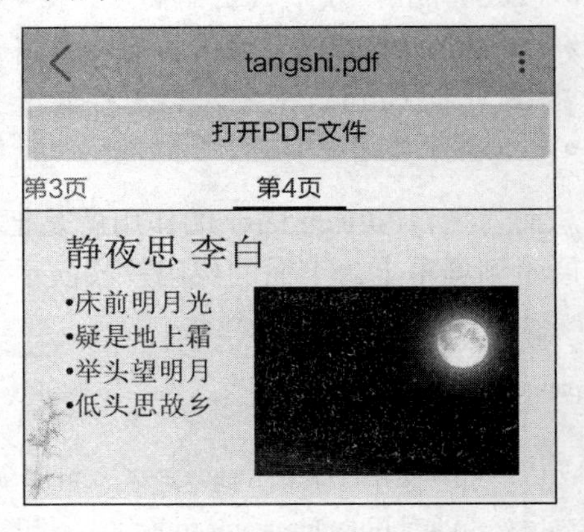

图 14-47　解析得到的最后一页 PDF 图片

14.5.3　代码示例

编码与测试方面，需要注意以下几点：

（1）演示用的电子书要放在 assets 目录下，包括 tangshi.pdf、lunyu.epub、zhugeliang.djvu。

（2）操作存储卡，记得往 AndroidManifest.xml 添加 SD 卡的权限配置：

```
<!-- SD 卡 -->
<uses-permission android:name="android.permission.WRITE_EXTERNAL_STORAGE" />
<uses-permission android:name="android.permission.READ_EXTERNAL_STORAGE" />
<uses-permission android:name="android.permission.MOUNT_UNMOUNT_FILESYSTEMS" />
```

（3）AndroidManifest.xml 中要演示电子书的文字复制服务，注册代码如下所示：

```
    <service android:name=".service.CopyFileService" android:enabled="true" />
```

（4）在模块的 jni 目录放置 Vudroid 库包括 mk 文件在内的所有源码，并修改 build.gradle 文件，在 android 节点中添加以下几行配置，表示支持把 C 代码编译为 so 文件：

```
externalNativeBuild {
    ndkBuild {
        path "src/main/jni/Android_vudroid.mk"   // 这是编译 vudroid 专用的 mk 文件
    }
}
```

（5）编译好的 so 文件记得复制一份到 jniLibs 目录。

（6）在工程源码中导入 org.vudroid.pdfdroid 包下的所有源码，该包内部集成了 JNI 接口，方便开发者直接调用电子书的解析 API。

（7）在模块的 libs 目录放置 EPUB 解析库 epublib-core-latest.jar，以及它的依赖库 slf4j-android-1.6.1-RC1.jar。

（8）准备一部 Android 4.X 的手机，还有一部 Android 版本为 5.0 以上的手机，至少两部手机进行测试，从而分别测试使用 Vudroid 库和 PdfRenderer 来解析 PDF 文件。

写代码的过程总是枯燥的，不如先看看最终的效果图是怎样的。如图 14-48 所示，这是在 Android 4.4 手机上阅读 PDF 文件《唐诗三百首》的截图，此时采用了 Vudroid 库解析。

图 14-48　采用 Vudroid 库解析 PDF 书页效果

又如图 14-49 所示，这是在手机上阅读 EPUB 文件《论语》的截图。再如图 14-50 所示，这是在手机上阅读 DJVU 文件《诸葛亮传》的截图，此时采用的仍是 Vudroid 库。

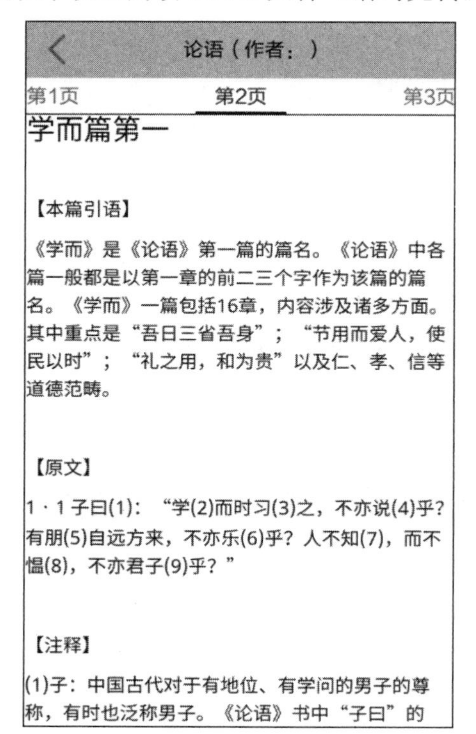

图 14-49　EPUB 文件的阅览效果

图 14-50　DJVU 文件的阅览效果

从前面的阅读截图可见，逐页浏览利用了 ViewPager 控件，可 ViewPager 像是一幅从左到右的绵长画卷，与现实生活中上下层叠的书籍并不相似。若想让手机电子书更贴近纸质书的阅读体验，就得重新设计上下翻动的视图，比如图 14-51 所示的平滑翻页效果，上下两页存在遮挡的情况，并且下面那页未完全显示之时呈现阴影笼罩。当然翻页的时候最好还有一种把纸卷过来的效果，如图 14-52 所示的卷纸翻页，看起来更逼真、更赏心悦目，此时又用到了 OpenGL 技术，采取三维图形渲染器将图片扭曲，从而达到模拟现实的阅读感受。

图 14-51　平滑翻页的阅读效果

图 14-52　卷纸翻页的阅读效果

下面简单介绍一下本书附录源码 mixture 模块中，与电子书架有关的主要代码之间关系：

（1）EbookReaderActivity.java：这是阅读器的书籍列表页面。
（2）PdfRenderActivity.java：这是 PDF 电子书的阅览页面。
（3）EpubActivity.java：这是 EPUB 电子书的阅览页面。
（4）VudroidActivity.java：这是使用 Vudroid 浏览电子书的页面。支持 DJVU 格式阅读，以及 Android4.*系统上的 PDF 格式阅读。
（5）CopyFileService.java：把 assets 目录下的三本电子书复制到手机的 SD 卡。

最后列举几个读取电子书的小技巧，首先是利用 Vudroid 库读取 PDF 和 DJVU 文件的代码片段示例：

```
// 电子书可能有很多页，为了节约系统资源，只在打开某页时采取解析该页的图像数据
// 碎片页在可见与不可见之间切换时调用
public void setUserVisibleHint(boolean isVisibleToUser) {
    super.setUserVisibleHint(isVisibleToUser);
    // 如果指定路径已经存在图片文件，则直接显示该图片，否则需从头解析该页的图片
    if (mContext != null && isVisibleToUser &&
            !(new File(mPath)).exists() && VudroidActivity.decodeService != null) {
        readImage();  // 读取该书页的图像
    }
}

// 存储卡上没有该页的图片，就要到电子书中解析出该页的图像
```

```
    private void readImage() {
        // 弹出进度对话框
        mDialog = ProgressDialog.show(mContext, "请稍候", "正在努力加载");
        String dir = mPath.substring(0, mPath.lastIndexOf("/"));
        final int index = Integer.parseInt(mPath.substring(mPath.lastIndexOf("/") + 1,
mPath.lastIndexOf(".")));
        // 解析页面的操作是异步的，解析结果在监听器中回调通知
        VudroidActivity.decodeService.decodePage(dir, index, new DecodeService.DecodeCallback() {
            @Override
            public void decodeComplete(final Bitmap bitmap) {
                // 把位图对象保存成图片，下次直接读取存储卡上的图片文件
                FileUtil.saveBitmap(mPath, bitmap);
                // 解码监听器在分线程中运行，调用 runOnUiThread 方法表示回到主线程操作界面
                getActivity().runOnUiThread(new Runnable() {
                    @Override
                    public void run() {
                        // 把位图对象显示到 ImageView 控件
                        iv_content.setImageBitmap(bitmap);
                        if (mDialog != null && mDialog.isShowing()) {
                            mDialog.dismiss();  // 关闭进度对话框
                        }
                    }
                });
            }
        }, 1, new RectF(0, 0, 1, 1));
    }
```

然后是利用 EPUB 的开源库解析 EPUB 文件的代码片段示例：

```
    // 定义一个书籍渲染任务
    private class BookRender implements Runnable {
        public void run() {
            renderEPUB();  // 开始渲染 EPUB 文件
            if (mDialog != null && mDialog.isShowing()) {
                mDialog.dismiss();  // 关闭进度对话框
            }
        }
    }

    // 开始渲染 EPUB 文件
    private void renderEPUB() {
        // 创建一个 EPUB 阅读器对象
        EpubReader epubReader = new EpubReader();
        Book book = null;
```

```
        try {
            // 从指定文件路径创建输入流对象
            InputStream inputStr = new FileInputStream(mPath);
            // 从输入流中读取书籍数据
            book = epubReader.readEpub(inputStr);
            // 设置书籍的概要描述
            setBookMeta(book);
            // 获取该书的所有资源，包括网页、图片等
            Resources resources = book.getResources();
            // 获取所有的链接地址
            Collection<String> hrefArray = resources.getAllHrefs();
            for (String href : hrefArray) {
                // 获取该链接指向的资源
                Resource res = resources.getByHref(href);
                // 把资源的字节数组保存为文件
                FileUtil.writeFile(mDir + "/" + href, res.getData());
            }
        } catch (Exception e) {
            e.printStackTrace();
        }
        ArrayList<String> htmlArray = new ArrayList<String>();
        // 获取该书的所有内容页，也就是所有网页
        List<Resource> contents = book.getContents();
        for (int i = 0; i < contents.size(); i++) {
            // 获取该网页的链接地址，并添加到网页队列中
            String href = String.format("%s/%s", mDir, contents.get(i).getHref());
            htmlArray.add(href);
        }
        // 下面使用 ViewPager 展示每页的 WebView 内容
        EpubPagerAdapter adapter = new EpubPagerAdapter(getSupportFragmentManager(), htmlArray);
        vp_content.setAdapter(adapter);
    }

    // 设置书籍的概要描述
    private void setBookMeta(Book book) {
        // 书籍的头部信息，可获取标题、语言、作者、封面等信息
        Metadata meta = book.getMetadata();
        // 获取该书的作者列表
        List<Author> authorArray = meta.getAuthors();
        String autors = "作者：";
        for (int i = 0; i < authorArray.size(); i++) {
            if (i == 0) {
                autors = String.format("%s%s", autors, authorArray.get(i).toString());
```

```
            } else {
                autors = String.format("%s, %s", autors, authorArray.get(i).toString());
            }
        }
        autors = autors.replace(",", "");
        // 获取该书的主标题
        String title = meta.getFirstTitle();
        if (TextUtils.isEmpty(title)) {
            if (!TextUtils.isEmpty(mTitle)) {
                title = mTitle;
            } else {
                title = FileUtil.getFileName(mPath);
            }
        }
        // 获取该书的页数，同时更新数据库中该书信息
        EbookReaderActivity.updatePageCount(mPath,
                book.getContents().size(), title, autors);
        String fullTitle = String.format("%s（%s）", title, autors);
        tv_title.setText(fullTitle);
    }
```

14.6 小　　结

本章主要介绍了 App 开发用到的常见融合技术，包括网页集成（资产管理器、网页视图、简单浏览器）、JNI 开发（NDK 环境搭建、创建 JNI 接口、JNI 实现加解密）、局域网开发（无线网络管理器、连接 WiFi、开关热点、点对点蓝牙传输）。最后设计了两个实战项目，一个是“WiFi 共享器”，另一个是“电子书阅读器”。在“WiFi 共享器”的项目编码中，采用了本书到目前为止的主要后台技术，实现了 WiFi 热点的共享和热点连接设备的检测，并介绍了 NetBIOS 协议的实际运用。在“电子书阅读器”的项目编码中，结合运用多项融合技术，以及各种图形图像处理手段，完成了具备实用价值的功能开发。

通过本章的学习，读者应该能够掌握以下 5 种开发技能：

（1）学会使用网页视图集成网页显示。
（2）学会实现 JNI 接口的编码与调用。
（3）学会使用蓝牙技术完成设备之间的数据传输。
（4）学会使用无线网络管理器进行 WiFi 热点的管理操作。
（5）学会综合上述技术实现电子书阅读器的基本功能。

第15章

第三方开发包

手机App的功能日益丰富，除了Android系统自身不断更新换代，更离不开众多服务提供商的开发包。本章介绍App开发常见的第三方开发包，主要包括国内两家主要的地图服务开发（百度地图和高德地图）、全球华人主要的两个分享渠道开发（QQ 分享和微信分享）、国内两家主要的支付服务开发（支付宝和微信支付）、中文世界主要的语音服务开发（讯飞语音的语音识别和语音合成）。最后结合本章所学的知识演示一个实战项目“仿滴滴打车”的设计与实现。

15.1　地图SDK

地图是人们日常生活中不可或缺的工具，手机上与地图有关的功能也很常见，比如定位自己在哪条街道什么位置、查查周边有哪些好吃好玩的地方等。由于地图功能与用户所在国家密切相关，因此Android系统自身并不提供地图功能，App需要接入第三方地图开发包才能实现相关功能。国内常用的地图SDK包括百度地图和高德地图，本节对这两个地图的开发包分别进行介绍。

15.1.1　查看签名信息

尽管现在App的反破解手段已经很多了，但是道高一尺、魔高一丈，各种山寨版的App仍然层出不穷。App的包名相当于人们的身份证，然而这个身份证很容易被伪造，如果持有同样的身份证号，我们焉知对方是真是假？这时就要引入其他身份鉴伪标志。对于人类来说，可以通过指纹识别是否为本人。对于App来说，也有类似指纹的标志信息，即App的签名信息。如果黑客篡改了App的安装包，那么签名信息必然发生变化，通过校验签名就能鉴别该App的真伪。App有了签名作为身份信息，才允许在Android系统上安装和运行。

应用一般把SHA1作为签名信息。在开发阶段，Android Studio使用自带的签名文件

debug.keystore 给 App 签名；在上线阶段，开发者提供自己的签名文件给 App 做正式签名。有的第三方 SDK（如地图类的开发包）需要开发者分别提供开发版的签名和发布版的签名，以此判断 App 能否正常使用地图功能。这样一来，大家就比较关心如何才能知晓自己的 Android Studio 用的是什么签名？下面分别介绍一下开发版签名和发布版签名的获取方法。

1. 开发版签名

Android Studio 自带的签名文件位于用户目录的.android/debug.keystore。打开 Android Studio，主界面右边有一个竖排的 Gradle 按钮，单击该按钮弹出当前项目的概念结构窗口，点开项目名称内部的 Tasks/android 目录，发现其下有 3 个工具，分别是 androidDependencies、signingReport 和 sourceSets，具体的目录结构如图 15-1 所示。

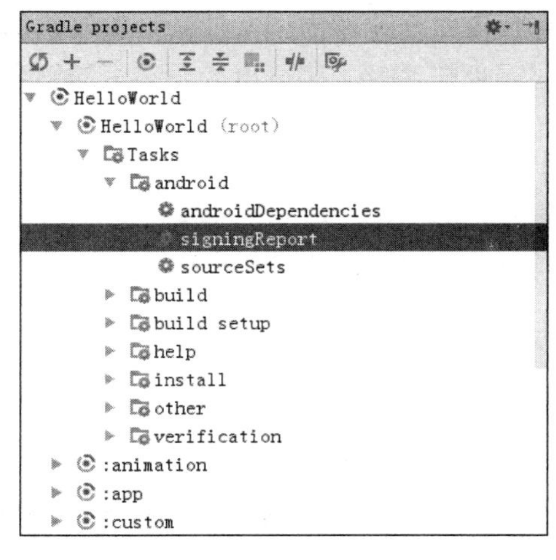

图 15-1　Gradle 项目的结构图

这里的 signingReport 为签名报告工具，双击 signingReport 运行该工具，之后 Android Studio 开始查找并报告每个模块的开发签名。报告结果打印在主界面左下方的 signingReport 窗口，框起来的 SHA1 字符串为模块 thirdsdk 的开发签名，如图 15-2 所示。

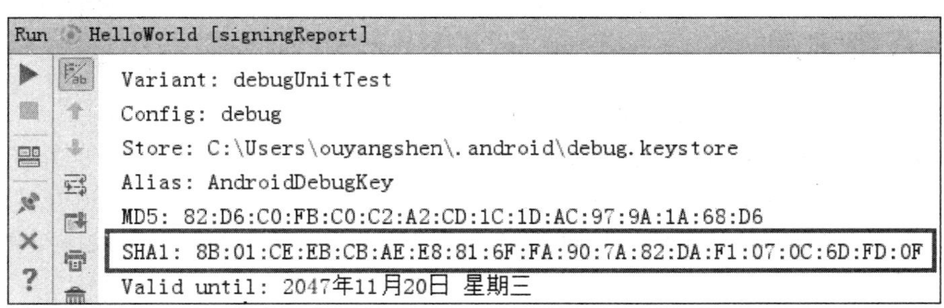

图 15-2　开发版签名的查询结果

默认的调试签名文件通常不会更改，当然也有例外情况，比如微信平台 SDK 的演示工程要求使用 demo 工程自带的签名文件。若要更换调试用的签名文件，则需要修改对应模块的 build.gradle，即在该编译文件的 android 节点下补充签名配置，表示开发版签名使用当前模块目录下的 debug.keystore。

```
signingConfigs {
    debug {
        storeFile file("debug.keystore")
    }
}
```

2. 发布版签名

第 8 章介绍 App 发布时提到使用密钥文件为 App 打包安装包，这个密钥文件就是发布版的签名文件。依次选择菜单 Build→Generate Signed APK...，在弹出的窗口中选择待打包的模块，进入 APK 签名窗口页面，如图 15-3 所示。

这里的 test.jks 为发布用的签名文件，若想查看该文件的签名信息，则可打开命令提示符窗口，在命令行输入 keytool -v -list -keystore F:\StudioProjects\test.jks，然后回车运行该命令；接着窗口提示输入密钥库口令，该口令为密钥文件的密码，输入密码并回车，稍等一会儿，命令行窗口会把该密钥文件的详细签名信息打印出来，完整的签名信息如图 15-4 所示。注意，框起来的 SHA1 字符串为发布版的签名串。

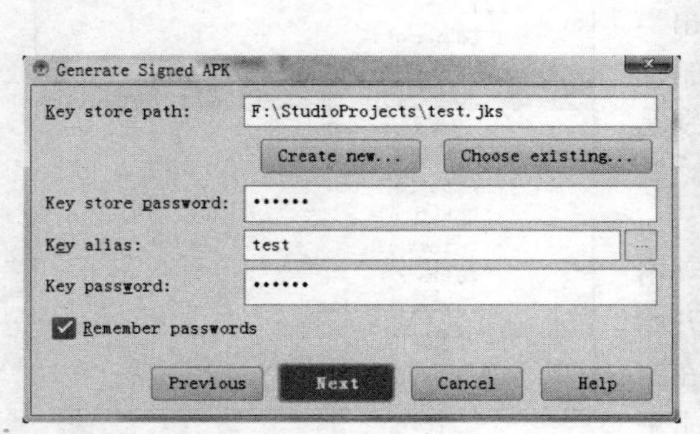

图 15-3　APK 签名窗口

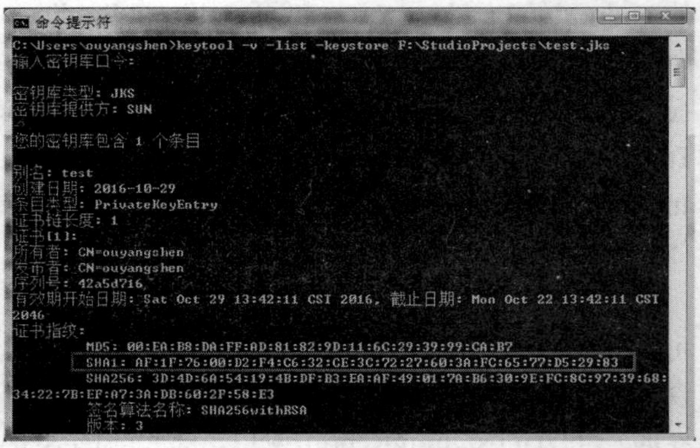

图 15-4　发布版签名的查询结果

15.1.2　百度地图

百度地图的开发网址是 http://lbsyun.baidu.com/，进入该网站后，依次选择"开发文档"→"Android 开发"→"Android 地图 SDK"→"产品下载"，即可打开百度地图的 SDK 下载页面。开发者可在此页面选择"自定义下载"或"一键下载"。当然，作为勤奋好学的开发者，有必要了解地图 SDK 的具体组件，这里建议选择"自定义下载"，打开的地图组件页面如图 15-5 所示。

图 15-5　百度地图 SDK 的下载页面

在该页面勾选需要集成的组件，单击页面左下方的“开发包”按钮，下载包含对应组件的地图 SDK；单击“示例代码”按钮，可下载官方的 demo 工程源代码。

有了地图 SDK，还得申请开发者账号和测试应用账号，才能在测试应用中正常使用地图功能。具体的申请步骤如下：

步骤 01 打开百度地图开放平台网址 http://lbsyun.baidu.com/，先单击“控制台”进入应用管理页面，再单击左侧的“创建应用”，打开应用创建页面，如图 15-6 所示。

图 15-6　百度地图的应用创建页面

步骤 02 在应用创建页面填写应用名称，应用类型下拉选择“Android SDK”，接着勾选需要启用的服务，并在下方输入测试应用的包名和 SHA1 签名串，视情况可同时填入发布版签名和开发版签名。然后下方的安全码会自动生成一个字符串，其实就是 SHA1+包名，填写页面例子如图 15-7 所示。

图 15-7　Android 测试应用的信息填写页面

步骤 03 填写完毕后单击“提交”按钮，回到应用列表页面，可见列表新增了一条刚创建的应用记录，如图 15-8 所示。此时这个测试应用账号就申请完成了，记下应用信息第三列的 AK 值（即 API_KEY），后面会用到。

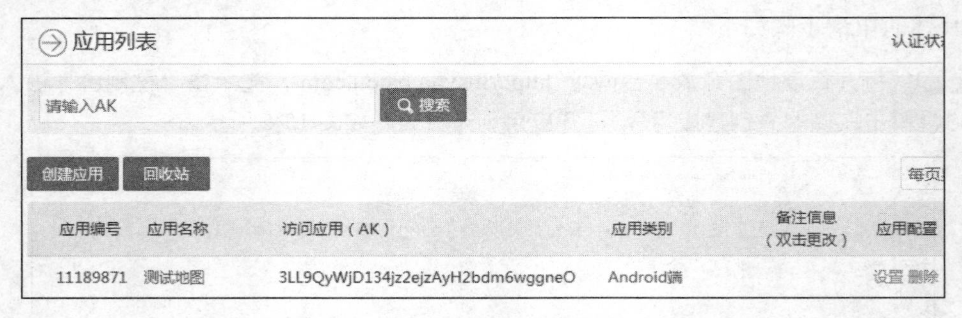

图 15-8 创建完成后的应用列表页面

完成测试应用的账号申请后，接下来进行地图开发环境的搭建工作。

首先，打开 AndroidManifest.xml，在 application 节点下补充百度地图的密钥配置。其中，android:value 字段值为应用基本信息的 AK 值，即 API Key。具体配置代码如下：

```
<!-- 百度地图密钥 -->
<meta-data
    android:name="com.baidu.lbsapi.API_KEY"
    android:value="vRbVCiHqbhdkcoG8wOQwQvdX" />
```

同时还要注册百度地图的定位服务，具体的服务注册代码如下：

```
<service
    android:name="com.baidu.location.f"
    android:enabled="true"
    android:process=":remote" />
```

其次，把 SDK 包里的 BaiduLBS_Android.jar 复制到模块的 libs 目录。除 jar 文件外，把其余 so 库的所有文件夹复制到 src/main/jniLibs 目录下。

最后，把官方 demo 工程里的 com/baidu/mapapi/overlayutil 整个目录源码复制到你的工程中。该目录的源码用于 POI 搜索，原本包含在 SDK 的 jar 包中，不过百度地图 SDK3.6 及以后版本不再内置这部分代码，所以需要开发者自行将这块源码加入工程中。

好不容易搞定了地图功能的账号申请与环境搭建，终于进入大家最期待的地图开发环节了。地图的开发有很多应用场景，这里选取几个常用又相对简单的功能，方便读者快速上手。这些功能包括显示地图并定位、POI 搜索、距离与面积测量，分别介绍如下。

1. 显示地图并定位

对于地图 SDK 来说，最基础的功能是显示当前城市的地图。编码需要注意以下几点：

（1）在加载页面布局前要先对 SDK 进行初始化操作，即在 setContentView 方法之前插入下面这行代码：

```
// 初始化百度地图 SDK
SDKInitializer.initialize(getApplicationContext());
```

（2）一开始要先隐藏地图图层，等定位到当前城市后再开启图层显示。如果一开始默认显示北京地图，就不会直接显示当前城市的地图了。

地图相关类及对应的方法较多，且在不断更新中，无法一一列举，读者可参考百度地图官网的最新 API 说明文档。下面是有关地图显示与定位的代码：

```
private MapView mMapView; // 声明一个地图视图对象
private BaiduMap mMapLayer; // 声明一个地图图层对象
private LocationClient mLocClient; // 声明一个定位客户端对象
private boolean isFirstLoc = true; // 是否首次定位

// 初始化地图定位
private void initLocation() {
    // 从布局文件中获取名叫 bmapView 的地图视图
    mMapView = findViewById(R.id.bmapView);
    // 先隐藏地图，待定位到当前城市时再显示
    mMapView.setVisibility(View.INVISIBLE);
    mMapLayer = mMapView.getMap(); // 从地图视图中获取地图图层
    mMapLayer.setOnMapClickListener(this); // 给地图图层设置地图点击监听器
    mMapLayer.setMyLocationEnabled(true); // 开启定位图层
    mLocClient = new LocationClient(this); // 创建一个定位客户端
    mLocClient.registerLocationListener(new MyLocationListenner()); // 设置定位监听器
    LocationClientOption option = new LocationClientOption(); // 创建定位参数对象
    option.setOpenGps(true); // 打开 GPS
    option.setCoorType("bd09ll"); // 设置坐标类型
    option.setScanSpan(1000); // 设置定位的时间间隔
    option.setIsNeedAddress(true); // 设置 true 才能获得详细的地址信息
    mLocClient.setLocOption(option); // 给定位客户端设置定位参数
    mLocClient.start(); // 命令定位客户端开始定位
}

// 定义一个定位监听器
public class MyLocationListenner implements BDLocationListener {
    // 在接收到定位消息时触发
    public void onReceiveLocation(BDLocation location) {
        // 如果地图视图已经销毁，则不再处理新接收的位置
        if (location == null || mMapView == null) {
            return;
        }
        mLatitude = location.getLatitude(); // 获得该位置的纬度
        mLongitude = location.getLongitude(); // 获得该位置的经度
```

```
                String position = String.format("当前位置：%s|%s|%s|%s|%s|%s|%s",
                        location.getProvince(), location.getCity(),
                        location.getDistrict(), location.getStreet(),
                        location.getStreetNumber(), location.getAddrStr(),
                        location.getTime());
                tv_loc_position.setText(position);
                MyLocationData locData = new MyLocationData.Builder()
                        .accuracy(location.getRadius())
                        // 此处设置开发者获取到的方向信息，顺时针 0-360
                        .direction(100).latitude(mLatitude).longitude(mLongitude)
                        .build();
                mMapLayer.setMyLocationData(locData);  // 给地图图层设置定位地点
                if (isFirstLoc) {  // 首次定位
                    isFirstLoc = false;
                    LatLng ll = new LatLng(mLatitude, mLongitude);  // 创建一个经纬度对象
                    MapStatusUpdate update = MapStatusUpdateFactory.newLatLngZoom(ll, 14);
                    mMapLayer.animateMapStatus(update);  // 设置地图图层的地理位置与缩放比例
                    mMapView.setVisibility(View.VISIBLE);  // 定位到当前城市时再显示图层
                }
            }
        }
```

百度地图定位与显示的效果如图 15-9 所示。展示的界面是笔者所在城市的地图，中央的圆点为笔者当前所处的位置。

图 15-9　百度地图定位到当前城市

2. POI 搜索

POI 即地图注点，是 Point Of Interest 的缩写，通过在地图上标注地点名称、类别、经度、纬度等信息实现携带位置信息的地图标注功能。POI 搜索是地图 SDK 的一个重要功能，根据关键词搜索并在地图上显示周边地点的查询结果，是智能出行的基础。

POI 搜索的详细代码行较多，为节约篇幅，这里就不贴出来了，读者可参考本书的下载资源。百度地图搜索 POI 的效果如图 15-10 和图 15-11 所示。其中，图 15-10 为输入关键词“公园”后的查询结果；点击其中某个标注，页面下方弹出小窗口提示该标注代表的公园信息，如图 15-11 所示。

图 15-10 百度地图的 POI 搜索结果

图 15-11 点击某个 POI 弹出标注信息

3. 距离与面积测量

测量距离和测量面积是地图 SDK 的一个常见功能，该功能除了在地图上添加标注外，还要用到数学中的两个公式。

其中，测距用的是勾股定理（商高定理）。勾股定理是一个基本的几何定理：一个直角三角形，两直角边的平方和等于斜边的平方。如果直角三角形两直角边为 a 和 b、斜边为 c，那么 $a^2+b^2=c^2$。

测面积用的是海伦公式（秦九韶公式）。海伦公式是利用三角形的 3 个边长直接求三角形面积，表达式为：$S=\sqrt{p(p-a)(p-b)(p-c)}$。基于海伦公式，可以推导出根据多边形各边长求多边形面积的公式，即 $S = ((x_0y_1-x_1y_0) + (x_1y_2-x_2y_1) + \ldots + (x_ny_0-x_0y_n))/2$。

进行测量时，还要在地图上添加标记，如一条线段的两个顶点、一个多边形的各个顶点，由此衍生各种形状的添加方式。调用 MapLayer 对象的 addOverlay 方法即可在地图上添加标记，可添加的标记形状说明见表 15-1。

表15-1 百度地图的标记说明

百度地图的标记类	MapLayer 类的添加方法	说明
ArcOptions	addOverlay	弧线
CircleOptions	addOverlay	圆圈
MarkerOptions	addOverlay	图片
PolygonOptions	addOverlay	多边形
PolylineOptions	addOverlay	线段
TextOptions	addOverlay	文本

弄懂了测量的算法原理和在地图上添加标记的方法，测距与测面积的实现就不难了。为节省篇幅，这里不再贴出距离与面积测量的代码，读者可自行查看本书下载资源中的代码。

使用百度地图测距与测面积的效果如图 15-12 和图 15-13 所示。其中，图 15-12 展示了森林公园与西湖的测距结果，可以看到两点之间距离 5.9 千米。再来看面积测量的结果，图 15-13 显示西湖公园的面积大约是 84 万平方米。

图 15-12　百度地图的距离测量结果

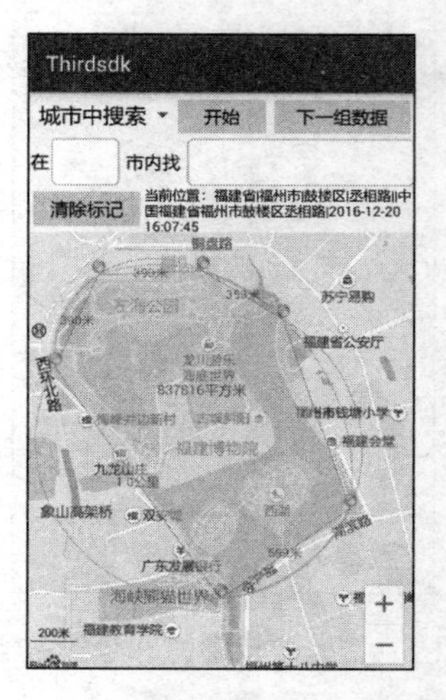

图 15-13　百度地图的面积测量结果

15.1.3　高德地图

高德地图的开发网址是 http://lbs.amap.com/，进入该网站后，依次选择“开发支持”→“Android 平台”→“Android 地图 SDK”，将页面拉到底，单击左下方的“相关下载”链接，打开下载页面，如图 15-14 所示。

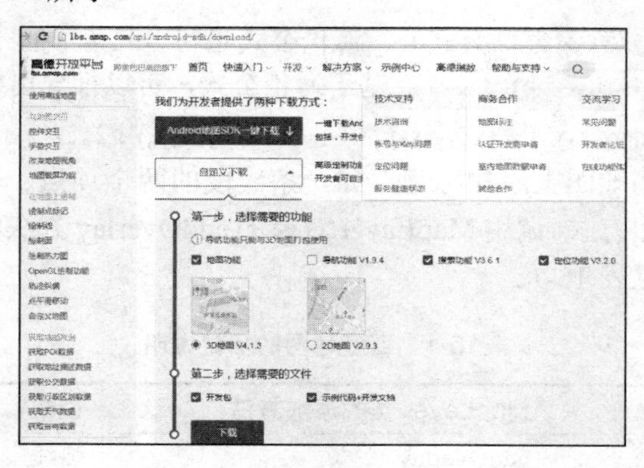

图 15-14　高德地图 SDK 的下载页面

单击下载页面的“自定义下载”按钮，向下拉出组件列表，勾选需要下载的组件与资料，然后单击“下载”按钮开始下载地图 SDK 与示例代码。

高德地图也需要申请开发者账号和测试应用账号，使用开发者账号登录后，即可在网页右上角找到“控制台”链接，依次单击“控制台”→“创建新应用”，弹出“创建应用”窗口，如图 15-15 所示。

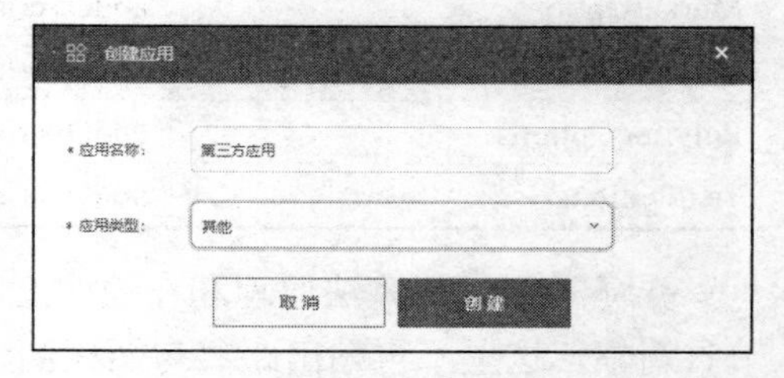

图 15-15　高德地图的“创建应用”窗口

填写应用名称并选择应用类型，然后单击“创建”按钮，即可看到应用列表增加了一条刚创建的应用记录，如图 15-16 所示。

图 15-16　测试应用的初始信息

单击应用记录右边的“添加新 Key”按钮，弹出“为第三方应用添加 Key”窗口，在此可设置应用的 Key 名称、SHA1 签名、包名等信息，如图 15-17 所示。

图 15-17　“为第三方应用添加 Key”窗口

在设置窗口填写测试应用的 Key 名称，选中服务平台 Android 平台 SDK，并分别填写发布版签名、调试版签名（开发签名）、Package（包名），注意勾选“我已阅读***”，然后单击“提交”按钮完成设置操作。回到应用列表页面，此时测试应用下面多了一条刚添加的 Key 记录，如图 15-18 所示。记下这里的 Key 值，后面会用到。

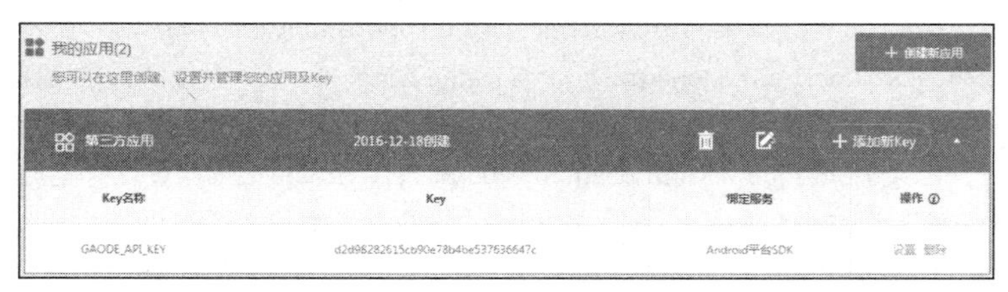

图 15-18　测试应用的键值信息

测试应用账号申请完成，继续搭建高德地图的开发环境。

首先，打开 AndroidManifest.xml，在 application 节点下补充高德地图的密钥配置。其中，android:value 字段值为测试应用的 Key 值。具体配置代码如下：

```
<!-- 高德地图密钥 -->
<meta-data
```

```
        android:name="com.amap.api.v2.apikey"
        android:value="d2d98282615cb90e78b4be537636647c" />
```

同时还要注册高德地图的定位服务，具体的服务注册代码如下：

```
<service android:name="com.amap.api.location.APSService" />
```

其次，把 SDK 包里的 AMap***.jar 复制到模块的 libs 目录，JAR 文件可能只有一个，也可能有多个，如 AMap2DMap***.jar、AMapSearch***.jar、AMapLocation***.jar 等，如此便完成了高德地图的开发环境搭建工作。

下面介绍高德地图的 3 个主要功能：显示地图并定位、POI 搜索、距离与面积测量。

1. 显示地图并定位

高德地图也要先隐藏地图图层，等到定位到当前城市后再开启图层显示。具体的定位代码如下：

```
private MapView mMapView; // 声明一个地图视图对象
private AMap mMapLayer; // 声明一个地图图层对象
private AMapLocationClient mLocClient; // 声明一个定位客户端对象
private boolean isFirstLoc = true; // 是否首次定位
// 初始化地图定位
private void initLocation(Bundle savedInstanceState) {
    // 从布局文件中获取名叫 amapView 的地图视图
    mMapView = findViewById(R.id.amapView);
    // 执行地图视图的创建操作
    mMapView.onCreate(savedInstanceState);
    // 先隐藏地图，待定位到当前城市时再显示
    mMapView.setVisibility(View.INVISIBLE);
    mMapLayer = mMapView.getMap(); // 从地图视图中获取地图图层
    mMapLayer.setOnMapClickListener(this); // 给地图图层设置地图点击监听器
    mMapLayer.setMyLocationEnabled(true); // 开启定位图层
    mLocClient = new AMapLocationClient(this.getApplicationContext()); // 创建一个定位客户端
    mLocClient.setLocationListener(new MyLocationListenner()); // 设置定位监听器
    AMapLocationClientOption option = new AMapLocationClientOption(); // 创建定位参数对象
    option.setLocationMode(AMapLocationMode.Battery_Saving); // 设置省电的定位模式
    option.setNeedAddress(true); // 设置 true 才能获得详细的地址信息
    mLocClient.setLocationOption(option); // 给定位客户端设置定位参数
    mLocClient.startLocation(); // 命令定位客户端开始定位
}
// 定义一个定位监听器
public class MyLocationListenner implements AMapLocationListener {
    // 在接收到定位消息时触发
    public void onLocationChanged(AMapLocation location) {
        // 如果地图视图已经销毁，则不再处理新接收的位置
```

```
            if (location == null || mMapView == null) {
                return;
            }
            mLatitude = location.getLatitude();   // 获得该位置的纬度
            mLongitude = location.getLongitude();   // 获得该位置的经度
            String position = String.format("当前位置：%s|%s|%s|%s|%s|%s|%s",
                    location.getProvince(), location.getCity(),
                    location.getDistrict(), location.getStreet(),
                    location.getStreetNum(), location.getAddress(),
                    DateUtil.formatDate(location.getTime()));
            tv_loc_position.setText(position);
            if (isFirstLoc) {   // 首次定位
                isFirstLoc = false;
                LatLng ll = new LatLng(mLatitude, mLongitude);   // 创建一个经纬度对象
                CameraUpdate update = CameraUpdateFactory.newLatLngZoom(ll, 12);
                mMapLayer.moveCamera(update);   // 设置地图图层的地理位置与缩放比例
                mMapView.setVisibility(View.VISIBLE);   // 定位到当前城市时再显示图层
            }
        }
    }
```

高德地图定位与显示的效果如图 15-19 所示，展示的界面是笔者所在城市的地图，笔者当前所处的位置在地图正中央。

2. POI 搜索

高德地图搜索 POI 的流程与百度地图类似，具体代码参见本书的下载资源。POI 搜索的效果如图 15-20 和图 15-21 所示。其中，图 15-20 为输入关键词“公园”后的查询结果；点击其中某个标注，标注上方弹出小窗口，提示该标注代表的公园信息，如图 15-21 所示。

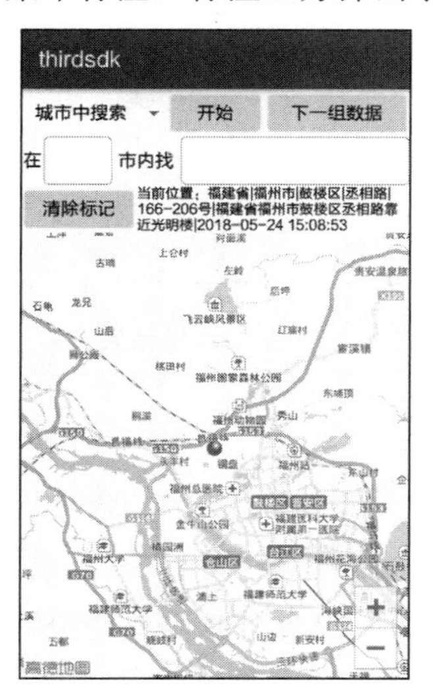

图 15-19 高德地图定位到当前城市

图 15-20 高德地图的 POI 搜索结果

图 15-21 点击某个 POI 弹出标注信息

3. 距离与面积测量

在高德地图上添加标记也是通过调用 MapLayer 对象的 add***方法，可添加的标记和对应的方法说明见表 15-2。

表15-2 高德地图的标记说明

高德地图的标记类	MapLayer 类的添加方法	说明
CircleOptions	addCircle	圆圈
MarkerOptions	addMarker	图片
PolygonOptions	addPolygon	多边形
PolylineOptions	addPolyline	线段
TextOptions	addText	文本

使用高德地图测距与测面积的效果如图 15-22 和图 15-23 所示。其中，图 15-22 展示了福州火车站与国家 5A 景区三坊七巷的测距结果，可以看到两点之间距离 4.0 千米。另外，再看看测量岛屿面积的结果，图 15-23 显示闽江口琅岐岛的面积大约是 59 平方公里，与官方公布的岛屿陆地面积 55 平方公里相差不远。

图 15-22 高德地图的距离测量结果

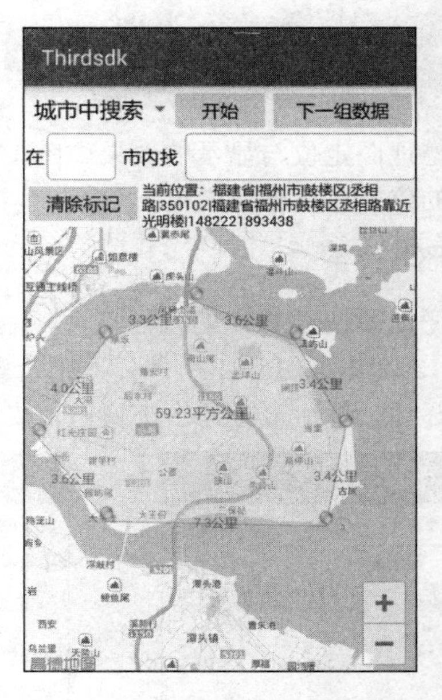

图 15-23 高德地图的面积测量结果

15.2 分享 SDK

社会化分享指的是用户通过互联网这个媒介把文本/图片/多媒体信息分享到该用户的交际圈，从而加快信息传播的行为。对于 App 来说，网络社区虽多，但用户量足够大的就那么几个，App 的社会化分享功能抓住几个大的圈子就够了，比如 QQ、微信、QQ 空间、微信朋友圈等。本节介绍 QQ 分享与微信分享的实现方案。

15.2.1　QQ 分享

QQ 好友分享与 QQ 空间分享同属 QQ 互联平台上的 QQ 分享，该平台的网址是 https://connect.qq.com/。依次单击平台首页的“文档资料”→左边导航栏的“SDK 及资源下载”→“SDK 下载页面”，进入 QQ 分享的 SDK 下载页面。下载页面上的说明资料比较详细，这里主要介绍与 QQ 分享相关的方法与参数。

下面是 QQ 分享用到的 Tencent 类的主要方法说明。

- createInstance：根据 appid 创建一个 Tencent 实例。
- login：QQ 账号登录。该方法需指定登录回调监听器 IUiListener。
- setAccessToken：设置入口令牌。登录成功后设置，即完成授权动作。
- setOpenId：设置开放标识。登录成功后设置，即完成授权动作。
- getQQToken：获取 QQ 登录授权的令牌。分享到腾讯微博时才需使用该方法。
- shareToQQ：分享给 QQ 好友。该方法需指定分享参数，分享参数的取值说明见表 15-3。
- shareToQzone：分享到 QQ 空间。该方法需指定分享参数，分享参数的取值说明见表 15-3。

表15-3　QQ分享的接口参数说明

QQShare 类的分享参数	说明
SHARE_TO_QQ_KEY_TYPE	分享类型。图文分享（普通分享）填 Tencent.SHARE_TO_QQ_TYPE_DEFAULT
PARAM_TARGET_URL	分享消息被点击后的跳转 URL
PARAM_TITLE	分享的标题
PARAM_SUMMARY	分享的消息摘要
SHARE_TO_QQ_IMAGE_URL	分享图片的 URL 或本地路径
SHARE_TO_QQ_APP_NAME	在手机 QQ 顶部的“返回”按钮文字后加上应用名。若为空，则“返回”按钮保持原样

QQ 分享完毕后可能收不到回调事件，这是因为有的手机会自动回收资源。要想避免该问题，得重写 Activity 页面的 onActivityResult 方法，加入 Tencent 类的 onActivityResultData 方法调用，示例代码如下：

```
// 从 QQ 分享页面返回时触发
protected void onActivityResult(int requestCode, int resultCode, Intent data) {
    if (requestCode == Constants.REQUEST_LOGIN || requestCode == Constants.REQUEST_APPBAR) {
        // 如果是从登录页面返回，则通知登录监听器处理结果
        Tencent.onActivityResultData(requestCode, resultCode, data, ShareGridAdapter.mLoginListener);
    } else if (requestCode == Constants.REQUEST_QQ_SHARE
            || requestCode == Constants.REQUEST_QZONE_SHARE) {
        // 如果是从分享页面返回，则通知分享监听器处理结果
```

```
            Tencent.onActivityResultData(requestCode, resultCode, data, ShareGridAdapter.mShareListener);
        }
        super.onActivityResult(requestCode, resultCode, data);
    }
```

QQ 分享的效果如图 15-24～图 15-27 所示。其中，图 15-24 为待分享信息的标题与内容文本；点击分享按钮弹出分享渠道窗口，如图 15-25 所示，当前支持 QQ 好友、QQ 空间、腾讯微博 3 个渠道的分享；单击 QQ 好友图标跳转到发送页面，如图 15-26 所示，可在此选择消息分享的好友对象；选择分享的对象好友后可在聊天消息窗口看到分享内容，如图 15-27 所示，包含分享的标题、内容与图片等信息。

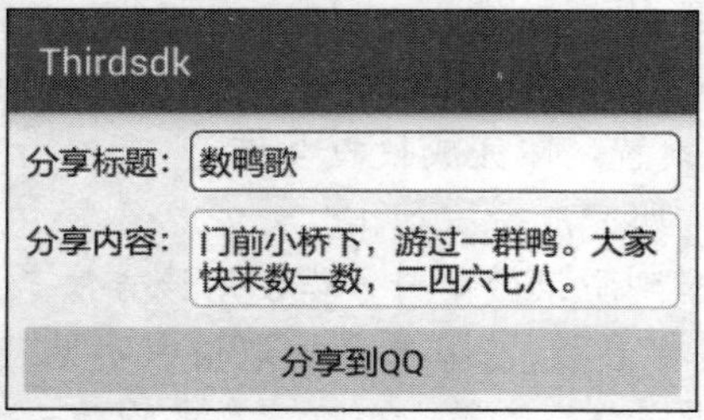

图 15-24　待分享的消息内容

图 15-25　QQ 分享的渠道列表

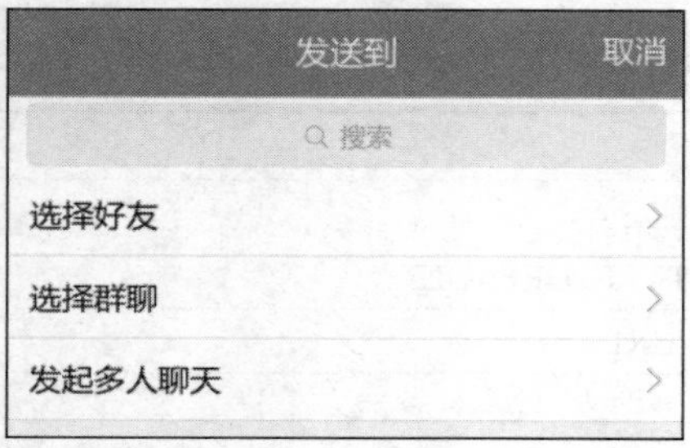

图 15-26 选择分享的好友对象

图 15-27 分享完成的聊天消息

15.2.2 微信分享

尽管微信与 QQ 都是腾讯公司开发，不过它们各自有自己的开放平台。微信开放平台的网址是 https://open.weixin.qq.com/，在平台首页依次单击链接“资源中心”→左边导航栏“资源下载”→“Android 资源下载”，即可在打开的页面中下载开发工具包与范例代码。使用范例代码演示时，注意修改以下 3 处地方：

1. 将模块的开发签名文件设置为 demo 工程自带的 debug.keystore

打开模块的编译文件 build.gradle，在该文件的 android 节点下补充签名配置，具体的配置代码如下：

```
    signingConfigs {
        debug {
            storeFile file("debug.keystore")
```

```
        }
    }
```

2. 将包名改为 demo 工程的包名 net.sourceforge.simcpux

除了 AndroidManifest.xml 的 package 节点值需要更改外，还要修改 build.gradle 里面的包名配置，即将 applicationId 值改为新的包名，具体的配置代码如下：

```
defaultConfig {
    applicationId "net.sourceforge.simcpux"
    minSdkVersion 16
    targetSdkVersion 27
    versionCode 1
    versionName "1.0"
}
```

3. 在 AndroidManifest.xml 中注册微信分享的回调页面 WXEntryActivity

WXEntryActivity.java 文件必须位于“包名.wxapi”这个包下面，否则无法正确收到微信分享的返回结果。同时要在 AndroidManifest.xml 中注册该活动页面，具体的注册代码如下：

```
<activity
    android:name="net.sourceforge.simcpux.wxapi.WXEntryActivity"
    android:configChanges="keyboardHidden|orientation|screenSize"
    android:exported="true"
    android:screenOrientation="portrait"
    android:theme="@android:style/Theme.Translucent.NoTitleBar" />
```

微信好友分享与微信朋友圈分享统称为微信分享，主要用到 IWXAPI、SendMessageToWX.Req 和 WXMediaMessage 三个类。下面是 IWXAPI 的常用方法说明。

- createWXAPI：创建一个微信 API 实例。当传入的 appid 为空时，还需调用 registerApp 方法进行注册；注册完毕后再传入 appid，此时获得的实例才可进行后续分享。
- registerApp：注册指定的 appid。
- sendReq：发送分享请求。该方法的参数为 SendMessageToWX.Req 对象。

下面是 SendMessageToWX.Req 的常用属性说明。

- transaction：本次请求的流水。用于标识每次请求的唯一性。
- scene：本次请求的场景。SendMessageToWX.Req.WXSceneSession 表示分享给微信好友，SendMessageToWX.Req.WXSceneTimeline 表示分享到朋友圈。
- message：本次请求的信息。该方法的参数为 WXMediaMessage 对象。

下面是 WXMediaMessage 的常用属性说明。

- title：分享的标题。
- description：分享的内容。

- mediaObject：分享的媒体信息。媒体信息的对象说明见表 15-4。
- thumbData：分享的缩略图。

表15-4 微信分享的媒体对象说明

媒体对象类	说明
WXTextObject	文本
WXImageObject	图片
WXWebpageObject	图文（既有文本，又有图片）
WXMusicObject	音乐
WXVideoObject	视频
WXFileObject	文件

QQ 分享与微信分享的使用代码片段如下：

```
public void onItemClick(AdapterView<?> arg0, View arg1, int arg2, long arg3) {
    ShareChanels item = mChannelList.get(arg2);
    mHandler.sendEmptyMessageDelayed(0, 1500);
    if (item.channelType == WEIXIN) {  // 分享给微信好友
        SendMessageToWX.Req req = new SendMessageToWX.Req();
        // transaction 字段用于唯一标识一个请求
        req.transaction = "wx_share" + System.currentTimeMillis();
        req.message = getWXMessage();  // 获得指定类型的微信消息
        req.scene = SendMessageToWX.Req.WXSceneSession;
        mWeixinApi.sendReq(req);
    } else if (item.channelType == CIRCLE) {  // 分享到微信朋友圈
        SendMessageToWX.Req req = new SendMessageToWX.Req();
        req.transaction = "wx_share" + System.currentTimeMillis();
        req.message = getWXMessage();  // 获得指定类型的微信消息
        req.scene = SendMessageToWX.Req.WXSceneTimeline;
        mWeixinApi.sendReq(req);
    } else if (item.channelType == QQ) {  // 分享给 QQ 好友
        mShareListener = new ShareQQListener(mContext, item.channelName);
        Bundle params = new Bundle();
        params.putInt(QQShare.SHARE_TO_QQ_KEY_TYPE,
QQShare.SHARE_TO_QQ_TYPE_DEFAULT);
        params.putString(QQShare.SHARE_TO_QQ_TITLE, mTitle);
        params.putString(QQShare.SHARE_TO_QQ_SUMMARY, mContent);
        params.putString(QQShare.SHARE_TO_QQ_TARGET_URL, mUrl);
        params.putString(QQShare.SHARE_TO_QQ_IMAGE_URL, mImageUrl);
        params.putString(QQShare.SHARE_TO_QQ_APP_NAME, mContext.getPackageName());
        mTencent.shareToQQ((Activity) mContext, params, mShareListener);
    } else if (item.channelType == QZONE) {  // 分享到 QQ 空间
        mShareListener = new ShareQQListener(mContext, item.channelName);
```

```
                ArrayList<String> urlList = new ArrayList<String>();
                urlList.add(mImageUrl);
                Bundle params = new Bundle();
                params.putInt(QzoneShare.SHARE_TO_QZONE_KEY_TYPE,
QzoneShare.SHARE_TO_QZONE_TYPE_IMAGE_TEXT);
                params.putString(QzoneShare.SHARE_TO_QQ_TITLE, mTitle);
                params.putString(QzoneShare.SHARE_TO_QQ_SUMMARY, mContent);
                params.putString(QzoneShare.SHARE_TO_QQ_TARGET_URL, mUrl);
                params.putStringArrayList(QzoneShare.SHARE_TO_QQ_IMAGE_URL, urlList);
                mTencent.shareToQzone((Activity) mContext, params, mShareListener);
            }
        }

        // 获得指定类型的微信消息
        private WXMediaMessage getWXMessage() {
            WXMediaMessage msg = new WXMediaMessage();
            if (!TextUtils.isEmpty(mTitle) && TextUtils.isEmpty(mImageUrl)) {
                // 分享文本消息（文本非空，且图片地址为空）
                WXTextObject textObj = new WXTextObject();
                textObj.text = mContent;
                msg.mediaObject = textObj;
                msg.title = mTitle;
                msg.description = mContent;
            } else if (TextUtils.isEmpty(mTitle) && !TextUtils.isEmpty(mImageUrl)) {
                // 分享图片消息（文本为空，且图片地址非空）
                Bitmap bmp = BitmapFactory.decodeFile(mImageUrl);
                WXImageObject imgObj = new WXImageObject(bmp);
                msg.mediaObject = imgObj;
                Bitmap thumbBmp = Bitmap.createScaledBitmap(bmp, THUMB_SIZE, THUMB_SIZE, true);
                msg.thumbData = CacheUtil.bmpToByteArray(thumbBmp, true);   // 设置缩略图
            } else if (!TextUtils.isEmpty(mTitle) && !TextUtils.isEmpty(mImageUrl)) {
                // 分享图文消息（文本非空，且图片地址也非空）
                WXWebpageObject webpage = new WXWebpageObject();
                webpage.webpageUrl = mUrl;
                msg.title = mTitle;
                msg.description = mContent;
                msg.mediaObject = webpage;
                Bitmap bmp = BitmapFactory.decodeFile(mImageUrl);
                Bitmap thumbBmp = Bitmap.createScaledBitmap(bmp, THUMB_SIZE, THUMB_SIZE, true);
                msg.thumbData = CacheUtil.bmpToByteArray(thumbBmp, true);   // 设置缩略图
            }
            return msg;
        }
```

```
    public static ShareQQListener mShareListener;  // 声明一个 QQ 分享监听器对象
    // 定义一个 QQ 分享监听器
    private static class ShareQQListener implements IUiListener {
        private Context context;
        private String channelName;  // 分享渠道名称

        public ShareQQListener(final Context context, final String channelName) {
            this.context = context;
            this.channelName = channelName;
        }

        // 在分享成功时触发
        public void onComplete(Object object) {
            Toast.makeText(context, channelName + "分享完成:" + object.toString(),
Toast.LENGTH_LONG).show();
        }

        // 在分享失败时触发
        public void onError(UiError error) {
            Toast.makeText(context, channelName + "分享失败:" + error.errorMessage,
Toast.LENGTH_LONG).show();
        }
        // 在分享取消时触发
        public void onCancel() {
            Toast.makeText(context, channelName + "分享取消", Toast.LENGTH_LONG).show();
        }
    }
```

微信分享的效果如图 15-28～图 15-31 所示。其中，图 15-28 所示为待分享信息的标题与内容文本；点击分享按钮弹出分享渠道窗口，如图 15-29 所示，当前支持包括微信好友、微信朋友圈在内的 5 个渠道分享；点击微信好友图标跳转到好友选择页面，如图 15-30 所示，可在此选择消息分享的好友对象；选择分享的对象好友后可在聊天消息窗口看到分享内容，如图 15-31 所示，包含分享的标题、内容与图片等信息。

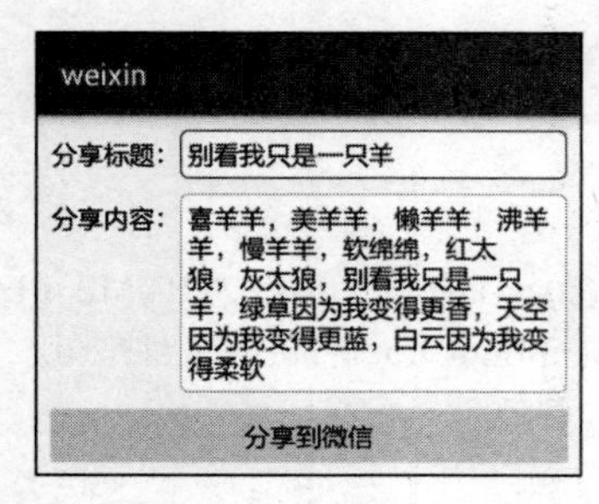

图 15-28　待分享的消息内容

图 15-29　微信分享的渠道列表

图 15-30　选择分享的好友对象

图 15-31　分享完成的聊天消息

15.3　支付 SDK

第三方支付指的是第三方平台与各银行签约，在买方与卖方之间实现中介担保，从而增强支付交易的安全性。国内常用的支付平台主要有支付宝和微信支付。据 2017 年第四季度的统计数据，支付宝的市场份额为 54.26%，微信支付的市场份额为 38.15%。也就是说，这两家垄断了 92.41%的支付市场份额。本节对支付宝和微信支付分别进行介绍。

15.3.1　支付宝支付

因为第三方支付只是一个中介，交易流程要多次确认，所以 App 若要集成支付 SDK，需要进行以下处理：

（1）除了作为买方的用户自己拥有支付账号，开发者还得申请作为卖方的商户账号。

（2）支付过程中，虽然允许 App 直接与第三方支付平台通信，但是正常要有自己的后台服务器，由服务器与第三方平台进行通信。这样做的好处是，一方面自己后台掌握了用户交易记录，做账有依据，管理也方便；另一方面，关键交易在服务器处理，减少了恶意篡改的风险。

（3）为保证信息安全，需对关键数据进行加密处理，如支付宝采用 RSA+BASE64 算法，微信支付采用 MD5 算法。

支付宝的官方平台是蚂蚁金服开放平台，网址是 https://open.alipay.com/。在平台首页依次单击"文档中心"→左边导航栏的"资源下载"→"开发工具包下载"→"App 支付 DEMO&SDK"，在打开的页面中点击下载支付宝 SDK 及其 DEMO 工程。

另外，申请商户账号需要创建测试应用，在蚂蚁金服平台登录成功后，依次单击"研发管理"→"创建应用"，填写应用相关信息，提交成功后返回应用列表页面。然后查看应用的详情页，单击"应用环境"链接，在环境页面设置 RSA 密钥，如图 15-32 所示。记下该应用的 APPID，后面会用到。

集成支付宝 SDK 比较简单，除了必要的权限外，无须修改 AndroidManifest.xml，JAR 包也只要导入 alipaySdk-***.jar 即可。前面商户账号的申请信息有几个会在代码中体现，包括商户收款账号（开发者的支付宝账号）、商户的合作编号（测试应用的 APPID）、商户的 RSA 私钥（在应用环境页面中设置的 RSA 密钥）。

图 15-32　支付宝测试应用的环境设置页面

使用支付宝 SDK 的交易流程大致如下：

（1）按照指定格式封装好交易信息。

（2）对交易信息进行 RSA 加密与 URL 编码。

（3）调用支付接口，传入加密好的信息串（这步要另开线程处理，不能放在 UI 线程中）。

（4）支付宝 SDK 在界面下方弹出支付窗口，用户输入支付账号信息，提交支付。

（5）收到支付完成的结果，判断支付状态是成功还是失败，并做相应的后续处理。

具体的编码实现方面，支付宝官方的 DEMO 工程采用了 Thread+Handler 的异步处理模式，不过该模式要把线程代码写在 Activity 页面中，不便管理与后续维护，因此笔者的演示代码将其改造为 AsyncTask 方式，详细代码参见本书附录源码 thirdsdk 模块的 AlipayTask.java。

支付宝 SDK 的演示效果如图 15-33 和图 15-34 所示。其中，图 15-33 所示为待付费的商品详情，点击“支付宝支付”按钮，页面下方弹出对话框，等待用户确认付款，如图 15-34 所示。

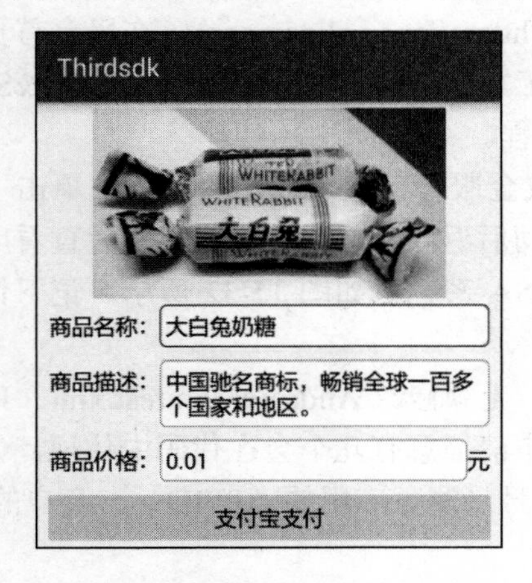

图 15-33　待支付的商品信息

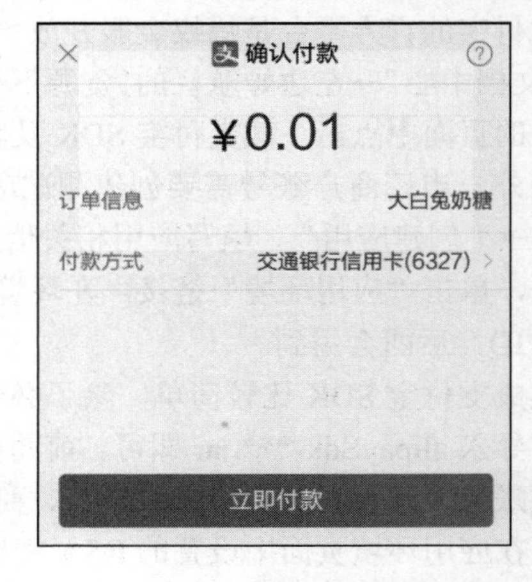

图 15-34　支付宝的付款弹窗

15.3.2　微信支付

微信支付的官方平台是微信开放平台，网址是 https://open.weixin.qq.com/。在平台首页依次单击“资源中心”→左边导航栏的“资源下载”→“Android 资源下载”，即可在打开的页面中下载开发工具包与范例代码，注意这里的开发包 libammsdk.jar 同时集成了微信分享与微信支付的 SDK。

使用微信支付也需先申请测试应用，在微信开放平台登录成功后，依次单击链接“管理中心”→“创建移动应用”，填写应用相关信息，提交成功后返回应用列表页面。然后查看应用的详情页，在接口信息栏目中发现默认已获得微信分享的权限，而微信支付权限需要另外申请开通，如图 15-35 所示。

因为个人开发者无法申请微信支付功能，所以只能使用官方 DEMO 工程里的测试账号进行演示。由于微信支付与微信分享在同一个开发包中，因此集成步骤与微信分享大致相同，需要注意以下两点：

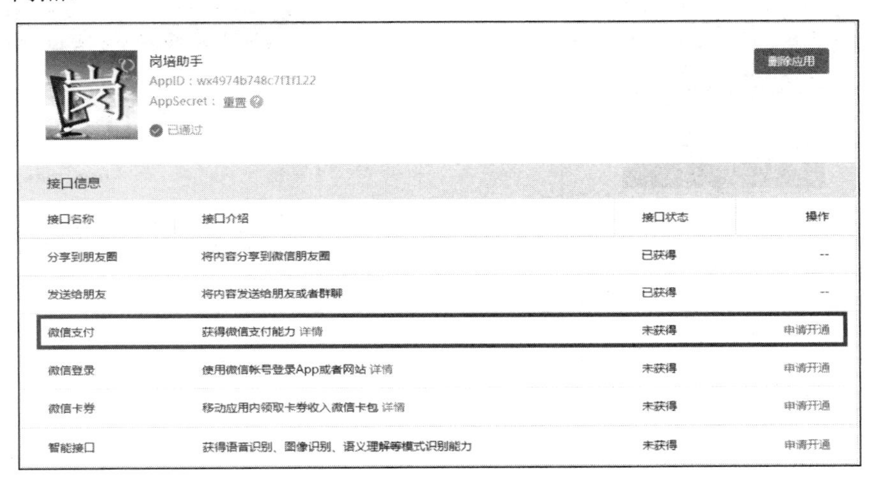

图 15-35　微信平台测试应用的接口信息页面

（1）支付结果页面的代码 WXPayEntryActivity.java 必须放在“包名.wxapi”这个包下面。另外，AndroidManifest.xml 也要补充注册，activity 节点的注册配置举例如下：

```
<!-- 微信支付回调页面 -->
<activity
    android:name="net.sourceforge.simcpux.wxapi.WXPayEntryActivity"
    android:exported="true"
    android:launchMode="singleTop" >
</activity>
```

（2）确保测试设备安装了微信，并且已有默认登录的微信账号。如果设备上没有安装微信，那么在调用微信支付时会报错 Failed to find provider info for com.tencent.mm.sdk.plugin.provider。

使用微信支付的交易流程大致如下：

（1）使用开发者申请到的 APP_ID 和 APP_SECRET 向微信平台请求获取入口令牌。

（2）封装订单信息（使用开发者申请到的 PARTNER_ID 和 PARTNER_KEY），并对订单信息进行 MD5 摘要处理。

（3）把加密后的订单与入口令牌发给微信平台，生成预支付订单，返回预付订单编号。

（4）重新封装订单信息，加上预付订单编号，向微信平台发起支付交易。

（5）微信 SDK 跳到微信支付页面，用户输入支付账号信息，提交支付。

（6）支付完成，回到支付结果页面，根据处理结果进行回调操作。

编码方面，微信支付与支付宝一样建议把支付操作交给商户的后台服务器运行，不要由 App 直接与支付平台进行付款交易，演示工程里的测试代码只是为了说明交互的流程，不可作为正式支付应用。

微信支付 SDK 的演示效果如图 15-36 和图 15-37 所示。其中，图 15-36 为待付费的商品详情，点击“微信支付”按钮后，跳转到微信支付的交易页面，等待用户确认付款，如图 15-38 所示。

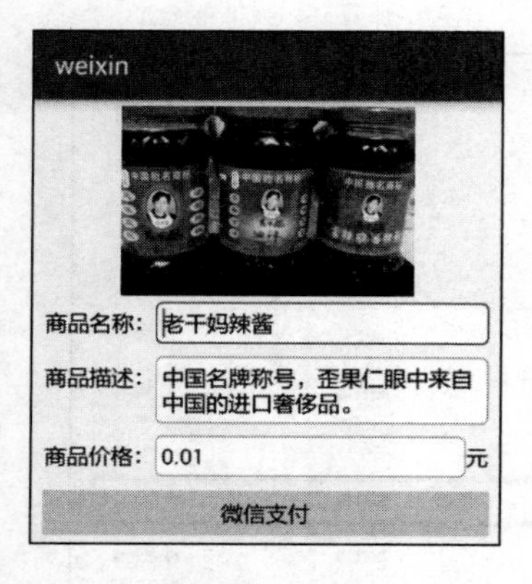

图 15-36　待支付的商品信息

图 15-37　微信支付的付款页面

15.4　语音 SDK

如今，越来越多 App 用到了语音播报功能，如地图导航、天气预报、文字阅读、口语训练等。语音技术主要分为两块，一块是语音转文字，即语音识别；另一块是文字转语音，即语音合成。国内的语音服务提供商主要有两家：讯飞语音和百度语音。本节主要介绍讯飞语音的语音识别和语音合成功能。

15.4.1　文字转语音 TextToSpeech

语音播报的本质是将书面文字转换成自然语言的音频流，这个转换操作在计算机术语中被称作语音合成。语音合成通常也简称为 TTS，即 TextToSpeech（从文本到语言）。语音合成技术把文字智能地转化为自然语音流，为了避免机械合成的呆板和停顿感，语音引擎还得对语音流进行平滑处理，才能确保输出的语音音律流畅、感觉自然。

Android 从 1.6 开始，就内置了语音合成引擎，即“Pico TTS”。该引擎支持英语、法语、德语、意大利语，但不支持中文，幸好 Android 从 4.0 开始允许接入第三方的语音引擎，因此只要在设备上安装了中文引擎，就能在代码中使用中文语音合成服务。现在国产手机大都对 Android 进行了深度定制，部分手机在出厂前已经集成了第三方的中文引擎，譬如图 15-38 所示的联想手机内置了联想语音合成服务；图 15-39 所示的小米手机内置了度秘语音引擎。

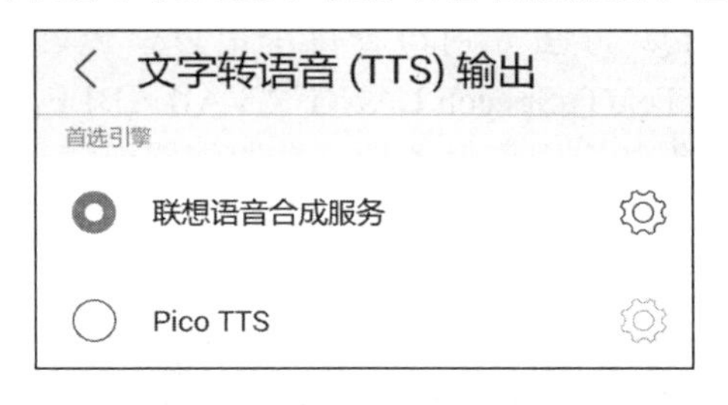

图 15-38　联想手机内置的语音引擎

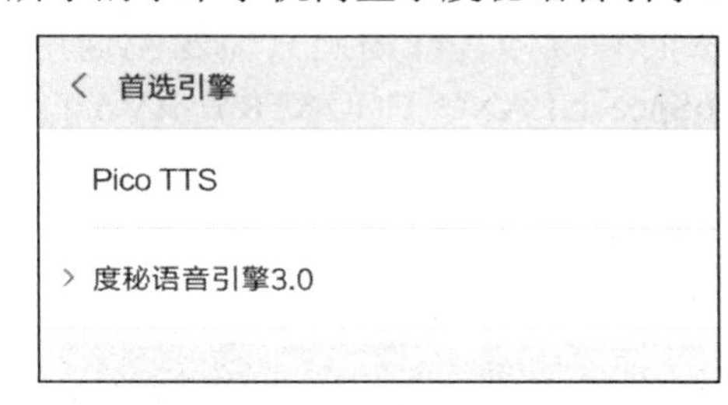

15-39　小米手机内置的语音引擎

不管是系统自带的 Pico 引擎，还是手机厂商集成的中文引擎，都支持通过系统的 API 进行文本的语音合成。Android 的语音合成工具名叫 TextToSpeech，下面是该类常用的方法说明。

- 构造函数：第二个参数设置语音监听器 OnInitListener（需重写监听器的 onInit 方法）。第三个参数设置语音引擎，默认是系统自带的 Pico，要获取系统支持的所有引擎可调用 getEngines 方法。
- setLanguage：设置语言。其中英语为 Locale.ENGLISH，法语为 Locale.FRENCH，德语为 Locale.GERMAN，意大利语为 Locale.ITALIAN，汉语普通话为 Locale.CHINA。该方法的返回值有 4 个，具体说明参见表 15-5。

表15-5　setLanguage方法的返回值说明

TextToSpeech 类的返回值	说明
LANG_COUNTRY_AVAILABLE	该国的语言可用
LANG_AVAILABLE	语言可用
LANG_MISSING_DATA	缺少数据
LANG_NOT_SUPPORTED	暂不支持

- setSpeechRate：设置语速。1.0 为正常语速；0.5 为慢一半的语速；2.0 为快一倍的语速。
- setPitch：设置音调。1.0 表示正常音调；低于 1.0 的为低音；高于 1.0 的为高音。
- speak：开始对指定文本进行语音朗读。
- synthesizeToFile：把指定文本的朗读语音输出到文件。
- stop：停止朗读。
- shutdown：关闭语音引擎。
- isSpeaking：判断是否在语音朗读。
- getLanguage：获取当前的语言。
- getCurrentEngine：获取当前的语音引擎。
- getEngines：获取系统支持的所有语音引擎。

TextToSpeech 类的方法不多，可是用起来颇费一番周折，要想实现语音播报功能，得按照以下流程操作：调用带两个参数的构造函数进行初始化→调用 getEngines 方法获得系统支持的语音引擎队列→调用带三个参数的构造函数初始化指定引擎→调用 setLanguage 方法设置该引擎支持的语言→最后调用 speak 方法开始朗读动作。

这里面的关键是怎么判断每个语音引擎到底都支持哪几种语言，由于系统无法直接获取某引擎的有效语言，因此只能轮流调用 setLanguage 方法分别检查每个语言，返回值为 TextToSpeech.LANG_COUNTRY_AVAILABLE 或者 TextToSpeech.LANG_AVAILABLE，都表示当前引擎支持该语言。根据以上思路编码，即可获得指定引擎对各种语言的支持程度，如图 15-40 所示，这是 Pico 引擎所支持的语言列表；又如图 15-41 所示，这是度秘语音引擎所支持的语言列表。

thirdsdk

请选择语音引擎 Pico TTS

语言名称	状态描述
英语	正常使用
法语	正常使用
德语	正常使用
意大利语	正常使用
汉语普通话	暂不支持

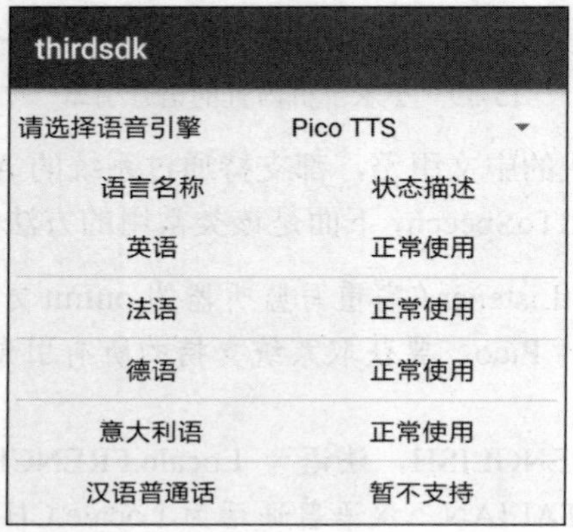

图 15-40　Pico 引擎支持的语言列表

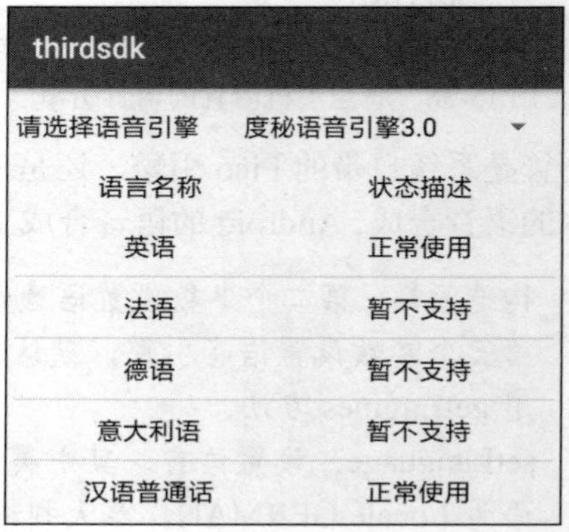

thirdsdk

请选择语音引擎 度秘语音引擎3.0

语言名称	状态描述
英语	正常使用
法语	暂不支持
德语	暂不支持
意大利语	暂不支持
汉语普通话	正常使用

图 15-41　度秘引擎支持的语言列表

既然明确了一个引擎能够支持哪些语言，接下来就可以大胆设置朗读的语音了。当然，设置好了语言，还得提供对应的文字才行，否则用英语去朗读一段中文，或者让汉语去朗读一段英文，其结果无异于鸡同鸭讲。下面是一个语音播报页面的完整代码示例：

```
public class TtsReadActivity extends AppCompatActivity implements OnClickListener {
    private TextToSpeech mSpeech;  // 声明一个文字转语音对象
    private EditText et_tts;

    protected void onCreate(Bundle savedInstanceState) {
        super.onCreate(savedInstanceState);
        setContentView(R.layout.activity_tts_read);
        et_tts = findViewById(R.id.et_tts);
        findViewById(R.id.btn_read).setOnClickListener(this);
        // 创建一个文字转语音对象，初始化结果在监听器 TTSListener 中返回
        mSpeech = new TextToSpeech(TtsReadActivity.this, new TTSListener());
    }

    private List<TextToSpeech.EngineInfo> mEngineList;  // 语音引擎队列
    // 定义一个文字转语音的初始化监听器
    private class TTSListener implements TextToSpeech.OnInitListener {
```

```
        // 在初始化完成时触发
        public void onInit(int status) {
            if (status == TextToSpeech.SUCCESS) {   // 初始化成功
                if (mEngineList == null) {   // 首次初始化
                    // 获取系统支持的所有语音引擎
                    mEngineList = mSpeech.getEngines();
                    initEngineSpinner();   // 初始化语音引擎下拉框
                }
                initLanguageSpinner();   // 初始化语言下拉框
            }
        }
    }

    // 初始化语音引擎下拉框
    private void initEngineSpinner() {
        String[] engineArray = new String[mEngineList.size()];
        for(int i=0; i<mEngineList.size(); i++) {
            engineArray[i] = mEngineList.get(i).label;
        }
        ArrayAdapter<String> engineAdapter = new ArrayAdapter<String>(this,
                R.layout.item_select, engineArray);
        engineAdapter.setDropDownViewResource(R.layout.item_select);
        Spinner sp = findViewById(R.id.sp_engine);
        sp.setPrompt("请选择语音引擎");
        sp.setAdapter(engineAdapter);
        sp.setOnItemSelectedListener(new EngineSelectedListener());
        sp.setSelection(0);
    }

    private class EngineSelectedListener implements OnItemSelectedListener {
        public void onItemSelected(AdapterView<?> arg0, View arg1, int arg2, long arg3) {
            recycleSpeech();   // 回收文字转语音对象
            // 创建指定语音引擎的文字转语音对象
            mSpeech = new TextToSpeech(TtsReadActivity.this, new TTSListener(),
                    mEngineList.get(arg2).name);
        }

        public void onNothingSelected(AdapterView<?> arg0) {}
    }

    // 回收文字转语音对象
    private void recycleSpeech() {
        if (mSpeech != null) {
```

```
            mSpeech.stop();  // 停止文字转语音
            mSpeech.shutdown();  // 关闭文字转语音
            mSpeech = null;
        }
    }

    private String[] mLanguageArray = {"英语", "法语", "德语", "意大利语", "汉语普通话" };
    private Locale[] mLocaleArray = {
            Locale.ENGLISH, Locale.FRENCH, Locale.GERMAN, Locale.ITALIAN, Locale.CHINA };
    private String[] mValidLanguageArray;  // 当前引擎支持的语言名称数组
    private Locale[] mValidLocaleArray;  // 当前引擎支持的语言类型数组
    private String mTextEN = "hello world. This is a TTS demo.";
    private String mTextCN = "离离原上草，一岁一枯荣。野火烧不尽，春风吹又生。";

    // 初始化语言下拉框
    private void initLanguageSpinner() {
        ArrayList<Language> languageList = new ArrayList<Language>();
        // 下面遍历语言数组，从中挑选出当前引擎所支持的语言队列
        for (int i=0; i<mLanguageArray.length; i++) {
            // 设置朗读语言。通过检查函数的返回值，判断引擎是否支持该语言
            int result = mSpeech.setLanguage(mLocaleArray[i]);
            if (result != TextToSpeech.LANG_MISSING_DATA
                    && result != TextToSpeech.LANG_NOT_SUPPORTED) {  // 语言可用
                Language language = new Language(mLanguageArray[i], mLocaleArray[i]);
                languageList.add(language);
            }
        }
        mValidLanguageArray = new String[languageList.size()];
        mValidLocaleArray = new Locale[languageList.size()];
        for(int i=0; i<languageList.size(); i++) {
            mValidLanguageArray[i] = languageList.get(i).name;
            mValidLocaleArray[i] = languageList.get(i).locale;
        }
        // 下面初始化语言下拉框
        ArrayAdapter<String> languageAdapter = new ArrayAdapter<String>(this,
                R.layout.item_select, mValidLanguageArray);
        languageAdapter.setDropDownViewResource(R.layout.item_select);
        Spinner sp = findViewById(R.id.sp_language);
        sp.setPrompt("请选择朗读语言");
        sp.setAdapter(languageAdapter);
        sp.setOnItemSelectedListener(new LanguageSelectedListener());
        sp.setSelection(0);
    }
```

```
    private class LanguageSelectedListener implements OnItemSelectedListener {
        public void onItemSelected(AdapterView<?> arg0, View arg1, int arg2, long arg3) {
            if (mValidLocaleArray[arg2]==Locale.CHINA) {   // 汉语
                et_tts.setText(mTextCN);
            } else {   // 其他语言
                et_tts.setText(mTextEN);
            }
            // 设置选中的朗读语言
            mSpeech.setLanguage(mValidLocaleArray[arg2]);
        }

        public void onNothingSelected(AdapterView<?> arg0) {}
    }

    public void onClick(View v) {
        if (v.getId() == R.id.btn_read) {
            String content = et_tts.getText().toString();
            // 开始朗读指定文本
            int result = mSpeech.speak(content, TextToSpeech.QUEUE_FLUSH, null);
            String desc = String.format("朗读%s", result==TextToSpeech.SUCCESS?"成功":"失败");
            Toast.makeText(TtsReadActivity.this, desc, Toast.LENGTH_SHORT).show();
        }
    }
}
```

语音播报的效果如图 15-42 和图 15-43 所示，因为朗诵的声音无法在截图上反映出来，所以姑且只见其人不闻其声啦。其中图 15-42 为正在朗诵英文时的界面；图 15-43 为正在朗诵中文时的界面。

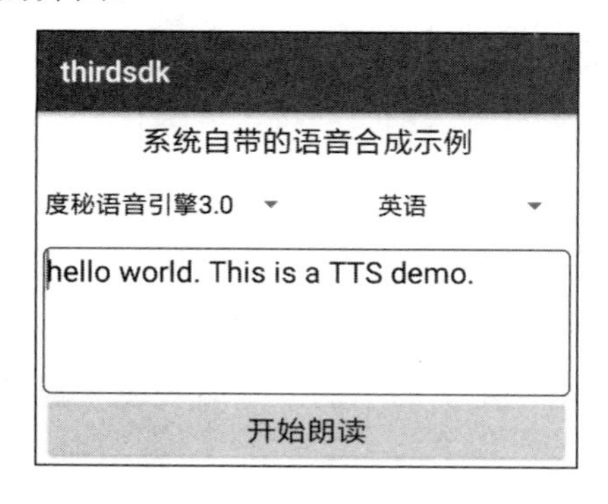

图 15-42　正在朗诵英文时的界面

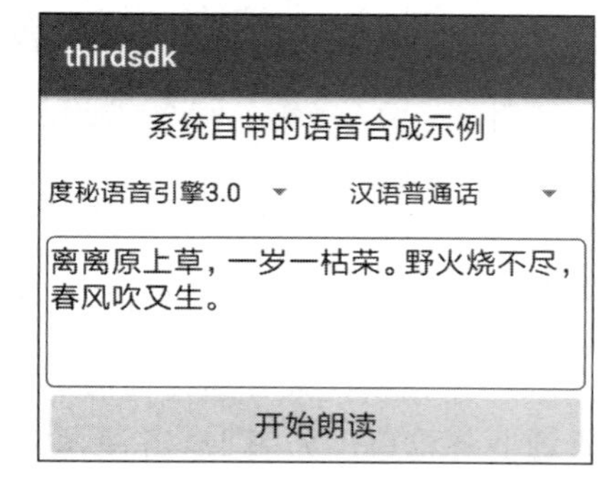

图 15-43　正在朗诵中文时的界面

15.4.2　语音识别

上一小节提到，只要安装了中文引擎，就能在 TextToSpeech 中使用中文语音，可是并非所有手机都集成了中文引擎，况且 TextToSpeech 难以个性化定制，连更换男声和女声都做不到，遑论其他。可行的办法是在自己的 App 中集成语音 SDK，目前中文环境常见的语音 SDK 主要有科大讯飞、百度语音、捷通华声、云知声等，接下来的两小节就以讯飞语音为例，介绍如何在 App 开发中运用中文的语音识别及语音合成技术。

讯飞语音的开放平台网址是 http://www.xfyun.cn/。在平台首页单击“SDK 下载”链接，在下载页面选择服务（语音听写和在线语音合成）、平台（选择 Android）、选择应用（一开始要创建新应用），然后单击“下载 SDK”按钮，等待下载开发包。

注意讯飞语音在下载 SDK 前要先创建应用，不妨把应用创建操作提到前面来。开发者在讯飞开放平台注册并成功登录后，依次单击链接“控制台”→左边导航栏的“创建新应用”，打开应用创建页面，如图 15-44 所示。

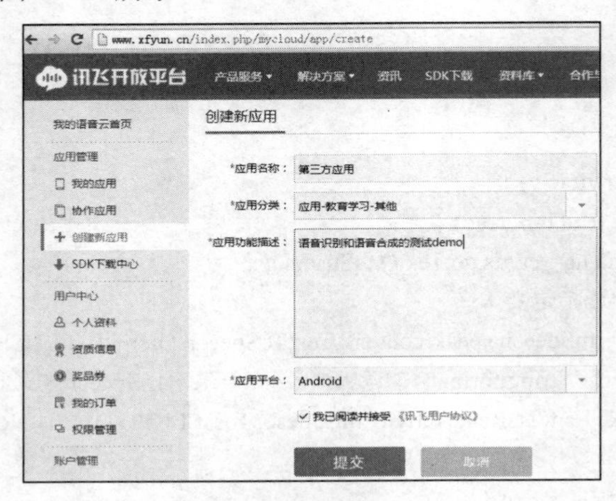

图 15-44　讯飞语音的应用创建页面

填写各项应用信息，并勾选“我已阅读并接受***”，然后单击“提交”按钮，回到应用信息页面，如图 15-45 所示。

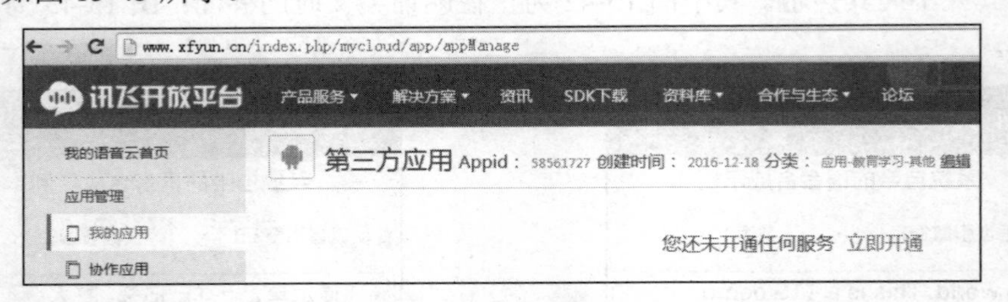

图 15-45　测试应用的初始信息页面

应用刚创建完默认未开通任何服务，因此需要单击应用页面上的“立即开通”链接，弹出选择开通业务窗口，如图 15-46 所示。

首先勾选“语音听写”，单击“确定”按钮开通语音听写服务。因为每次只能开通一项服务，所以回到应用信息页面后，单击“开通更多服务”链接，再次打开业务开通窗口，然后勾选“在线语音合成”，并单击“确定”按钮开通语音合成服务，如图 15-47 所示。

图 15-46　开通语音识别服务　　　　图 15-47　开通语音合成服务

语音听写和语音合成服务都申请开通后，回到应用信息页面，即可看到该测试应用的已开通服务列表已包含这两项，如图 15-48 所示。同时记下测试应用的 Appid，后面会用到。

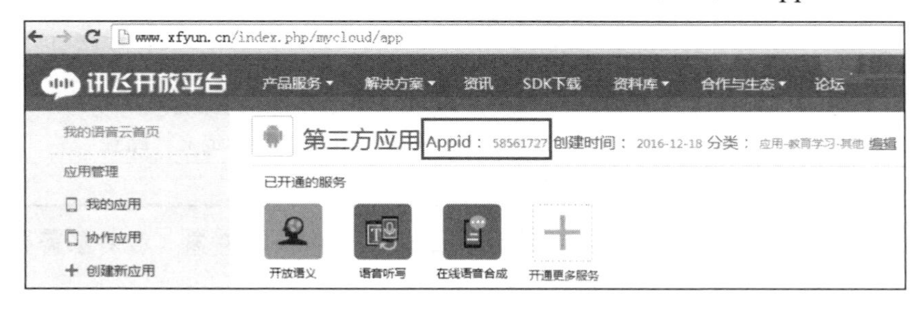

图 15-48　开通服务后的应用信息页面

集成讯飞语音 SDK 需要注意以下几点：

（1）将 Msc.jar、Sunflower.jar 导入 libs 目录，将 libmsc.so 整个目录导入 src/main/jniLibs。（注意这些文件必须来自对应的 SDK，如果用别的 SDK，运行就会报错“用户校验失败”）。

（2）自定义一个 Application 类，在 onCreate 函数中加入以下代码，注意 appid 值为创建测试应用时分配到的 Appid：

```
// 设置在讯飞平台上申请的应用编号
SpeechUtility.createUtility(MainApplication.this, "appid=58561727");
```

（3）在 AndroidManifest.xml 中加入必要的权限和自定义的 Application 类。

（4）如果用到 RecognizerDialog 控件，就要把 DEMO 工程 assets 目录下的文件复制过来。

（5）在混淆打包时需要添加-keep class com.iflytek.**{*;}，避免混淆导致 SDK 不可用。

讯飞 SDK 的语音识别功能主要通过 SpeechRecognizer 类实现，有以下常用方法。

- createRecognizer：创建语音识别对象。
- setParameter：设置语音识别的参数。语音识别的参数说明见表 15-6。

表15-6　语音识别的参数说明

SpeechConstant 类的识别参数	说明
ENGINE_TYPE	设置听写引擎。TYPE_LOCAL 表示本地，TYPE_CLOUD 表示云端，TYPE_MIX 表示混合
RESULT_TYPE	设置返回结果格式。比如 JSON 表示 JSON 格式
LANGUAGE	设置语言。zh_cn 表示中文，en_us 表示英文
ACCENT	设置方言。mandarin 表示普通话，cantonese 表示粤语，henanese 表示河南话
VAD_BOS	设置静音超时时间，即用户多长时间不说话就当作超时处理
VAD_EOS	设置静音检测时间，即用户停止说话多长时间内就自动停止录音
ASR_PTT	设置标点符号。0 表示返回结果无标点，1 表示返回结果有标点
AUDIO_FORMAT	设置音频的保存格式
ASR_AUDIO_PATH	设置音频的保存路径
AUDIO_SOURCE	设置音频的来源。-1 表示音频流，与 writeAudio 配合使用；-2 表示外部文件，同时设置 ASR_SOURCE_PATH 指定文件路径
ASR_SOURCE_PATH	设置外部音频文件的路径

- startListening：开始监听语音。参数为 RecognizerListener 对象，该对象需要重写以下方法。
  - onBeginOfSpeech：内部录音机已准备好，用户可以开始语音输入。
  - onError：错误码 10118（您没有说话），可能是录音机权限被禁，需要提示用户打开应用的录音权限。
  - onEndOfSpeech：检测到了语音的尾端点，已经进入识别过程，不再接收语音输入。
  - onResult：识别结束，返回结果串。
  - onVolumeChanged：语音输入过程中的音量大小变化。
  - onEvent：事件处理，一般是业务出错等异常。
- stopListening：结束监听语音。
- writeAudio：把指定的音频流作为语音输入。
- cancel：取消监听。
- destroy：回收语音识别对象。

语音识别的演示效果如图 15-49 和图 15-50 所示。其中，图 15-49 为点击“开始”按钮后，测试 App 正在倾听用户朗读时的界面；朗读完毕，语音 SDK 对音频流进行识别处理，并把语音识别后的文本内容显示在页面上，如图 15-50 所示。

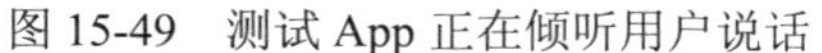

图 15-49　测试 App 正在倾听用户说话

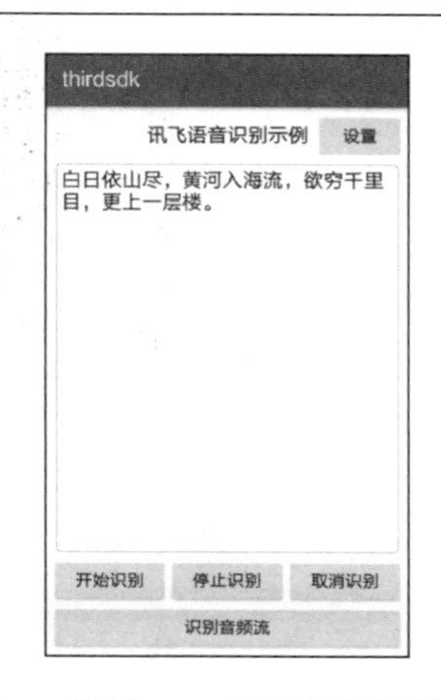

图 15-50　测试 App 显示语音识别的文本

15.4.3　语音合成

语音合成和语音识别功能在同一个开发包中，只需一次集成，无须重复。

讯飞 SDK 的语音合成功能主要通过 SpeechSynthesizer 类实现，有以下常用方法。

- createSynthesizer：创建语音合成对象。
- setParameter：设置语音合成的参数。语音合成的参数说明见表 15-7。

表15-7　语音合成的参数说明

SpeechConstant 类的合成参数	说明
ENGINE_TYPE	设置合成引擎。TYPE_LOCAL 表示本地，TYPE_CLOUD 表示云端，TYPE_MIX 表示混合
VOICE_NAME	设置朗读者。默认 xiaoyan（女青年，普通话）
SPEED	设置朗读的语速，取值为 0～100
PITCH	设置朗读的音调，取值为 0～100
VOLUME	设置朗读的音量，取值为 0～100
STREAM_TYPE	设置音频流类型。默认是 3，表示音乐
KEY_REQUEST_FOCUS	设置是否在播放合成音频时打断音乐播放，默认为 true
AUDIO_FORMAT	设置音频的保存格式
TTS_AUDIO_PATH	设置音频的保存路径

- startSpeaking：开始语音朗读。参数为 SynthesizerListener 对象，该对象需重写以下方法。
  - onSpeakBegin：朗读开始。
  - onSpeakPaused：朗读暂停。
  - onSpeakResumed：朗读恢复。
  - onBufferProgress：合成进度变化。
  - onSpeakProgress：朗读进度变化。
  - onCompleted：朗读完成。

  ➢ onEvent：事件处理，一般是业务出错等异常。

- synthesizeToUri：只保存音频不进行播放，调用该接口就不能调用 startSpeaking。第一个参数是要合成的文本，第二个参数是要保存的音频全路径，第三个参数是 SynthesizerListener 回调接口。
- pauseSpeaking：暂停朗读。
- resumeSpeaking：恢复朗读。
- stopSpeaking：停止朗读。
- destroy：回收语音合成对象。

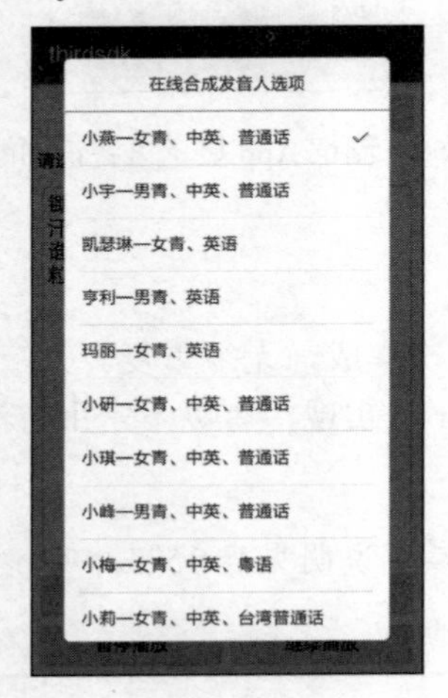

图 15-51　选择发音人的弹窗页面

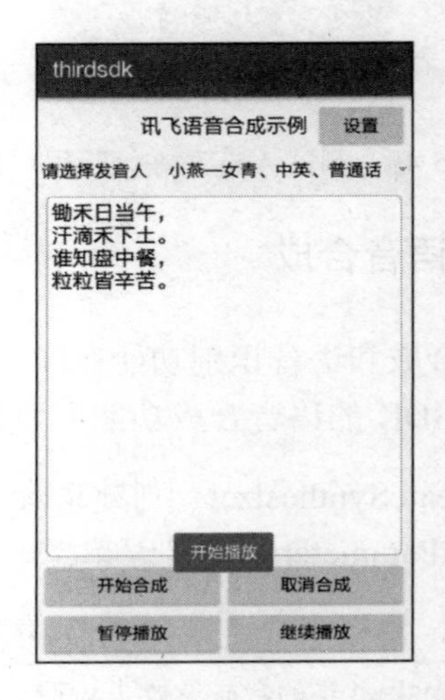

图 15-52　正在播放合成的语音

语音合成的演示效果如图 15-51 和图 15-52 所示。其中，图 15-51 为选择发音人的对话框，可以看到讯飞语音提供了中文、英文以及汉语的常见方言，还是很丰富动听的；接着点击“开始合成”按钮，语音 SDK 对测试诗歌的文本进行语音合成，并播放合成后的音频流，如图 15-52 所示。

15.5　实战项目：仿滴滴打车

这几年分享经济如火如荼，从阿姨外卖到滴滴打车，都离不开新技术、新思想的实践。特别是打车 App，大家或多或少都用过，看起来很方便，可是背后的技术支持着实不简单。读者是否想过自己实现一个类似的打车 App 呢？现在就让我们一步一个脚印，开始着手吧！就算没法做出真正可用的打车 App，也要鼓捣一个演示用的“嗒嗒打车”。

15.5.1　设计思路

滴滴打车的用户界面主要是一幅地图配上相关的打车信息，打车的具体流程不外乎是：用户开始打车→司机接单→司机开到出发地，用户上车→司机开到目的地，用户下车→用户付款行程结束。这里为了突出本章的知识点，依然是化繁为简，把不怎么相关的控件元素去掉，形成山寨后的效果，如图 15-53 和图 15-54 所示。其中，图 15-53 所示为打车 App 的初始页面；图 15-54 所示为行程结束后的评价页面。

图 15-53 打车 App 的初始页面

图 15-54 行程结束后的评价页面

惯例还是“大家来找茬”，看看这个“嗒嗒打车”用到了本章的哪些知识点，想必读者早已轻车熟路全部找出来了。

（1）地图 SDK：主界面上都是地图，还得通过地图显示用户当前位置和快车的行车路线。

（2）语音 SDK：每当遇到一个需要提醒司机、用户的事件或路况信息，比如“快车已经到达”、“前方五十米右转”等，都会响起一阵悦耳的女声播报。

（3）支付 SDK：行程结束，用户通过支付宝或微信支付，把打车费付款给打车平台，由打车平台向司机分成。

（4）分享 SDK：体验到快车的方便快捷，小伙伴们想不想分享给好友呢？分享成功有红包哦。

真实的打车 App 还会用到更多第三方开发包，比如消息推送 SDK、统计分析 SDK 等。不过，实战项目的“嗒嗒打车”仅用于学习演示，能熟练运用上面 4 个 SDK 已经足够了。

15.5.2 小知识：评分条 RatingBar

在服务行业中，商家信誉是一个很重要的指标，信誉好的商户，生意自然越来越好。如何评价一个商户的信誉等级呢？这依赖于消费者每次光顾后的星级评价。无论是在淘宝购物，还是使用滴滴打车，订单结束了都会提示用户进行评价，此时用到的评价控件为评分条 RatingBar。

RatingBar 其实是拖动条 SeekBar 的升级版，不同之处在于把进度标记换成了五角星。RatingBar 除了拥有 SeekBar 的所有方法，还新增了 5 个与评分相关的方法，新增的方法与属性说明见表 15-8。

表15-8 RatingBar的新增方法与属性说明

XML 的新增属性	RatingBar 的新增方法	说明
isIndicator	setIsIndicator	是否作为指示器。如果是指示器，就不可通过触摸修改评级
numStars	setNumStars	设置星星的个数
rating	setRating	设置初始评价等级
stepSize	setStepSize	设置每次增减的大小。默认为总数的十分之一，比如星星总数为 5，默认值为 0.5
无	setOnRatingBarChangeListener	设置评分监听器。 需实现接口 OnRatingBarChangeListener 的 onRatingChanged 方法

另外，RatingBar 提供了 3 种星星样式，用于不同业务场景时的评级展示。评分条的样式说明见表 15-9。

表15-9 评分条的样式说明

评分条 style 属性的风格	星星的规格大小	默认能否触摸改变评级
?android:attr/ratingBarStyle	大，默认值	能
?android:attr/ratingBarStyleIndicator	中	不能
?android:attr/ratingBarStyleSmall	小	不能

尽管 RatingBar 提供了 3 种星星样式，却是换汤不换药，评分条的星星外观仍然不尽如人意。如果想定制星星的颜色与大小，就得自定义一个层次图形描述文件，然后把 RatingBar 的 progressDrawable 属性设置为该层次图形。下面是自定义层次图形 XML 文件定义代码：

```
<layer-list xmlns:android="http://schemas.android.com/apk/res/android" >
    <!-- background 定义了背景图片，即灰色星星 -->
    <item
        android:id="@+android:id/background"
        android:drawable="@drawable/star_background">
    </item>
    <!-- secondaryProgress 定义了次要进度图片，即灰色星星 -->
    <item
        android:id="@+android:id/secondaryProgress"
        android:drawable="@drawable/star_background">
    </item>
    <!-- background 定义了主要进度图片，即高亮星星 -->
    <item
        android:id="@+android:id/progress"
        android:drawable="@drawable/star_foreground">
    </item>
</layer-list>
```

下面是使用 RatingBar 的代码：

```
public class RatingBarActivity extends AppCompatActivity implements
        OnCheckedChangeListener, OnRatingBarChangeListener {
    private CheckBox ck_whole;
    private RatingBar rb_score;  // 声明一个评分条对象
    private TextView tv_rating;

    protected void onCreate(Bundle savedInstanceState) {
        super.onCreate(savedInstanceState);
        setContentView(R.layout.activity_rating_bar);
        ck_whole = findViewById(R.id.ck_whole);
        tv_rating = findViewById(R.id.tv_rating);
        ck_whole.setOnCheckedChangeListener(this);
        initRatingBar();  // 初始化评分条
    }

    // 初始化评分条
    private void initRatingBar() {
        // 从布局文件中获取名叫 rb_score 的评分条
        rb_score = findViewById(R.id.rb_score);
        // 设置不作为指示器，也就是允许拖动星星
        rb_score.setIsIndicator(false);
        // 设置星星的个数
        rb_score.setNumStars(5);
        // 设置初始评价等级
        rb_score.setRating(3);
        // 设置每次增减的大小
        rb_score.setStepSize(1);
        // 设置评分监听器
        rb_score.setOnRatingBarChangeListener(this);
    }

    public void onCheckedChanged(CompoundButton buttonView, boolean isChecked) {
        // 依据复选框的选中状态，设置评分条能否选择半颗星星
        rb_score.setStepSize(ck_whole.isChecked() ? 1 : rb_score.getNumStars() / 10.0f);
    }

    // 在评分发生变化时触发
    public void onRatingChanged(RatingBar ratingBar, float rating, boolean fromUser) {
        String desc = String.format("当前选中的是%s 颗星", CacheUtil.formatDecimal(rating, 1));
        tv_rating.setText(desc);
    }
}
```

评分条的演示效果如图 15-55 和图 15-56 所示。图 15-55 为选择两颗星时的效果图。图 15-56 为选择 3 颗半星时的效果图。

图 15-55 选择两颗星时的效果图

图 15-56 选择 3 颗半星时的效果图

15.5.3 代码示例

编码与测试方面需要注意以下 4 点：

（1）在 libs 目录与 src/main/jniLibs 目录下正确放置相关的 SDK 文件。
（2）AndroidManifest.xml注意声明相关权限，并注册地图APPKEY和相应的activity和service。
（3）注意地图服务与语音服务的初始化操作。
（4）使用真机测试体验效果更佳。

示例代码参见本书附带源码 thirdsdk 模块的 TakeTaxActivity.java 和 TaxResultActivity.java，其中 TakeTaxActivity.java 是打车过程页面，主要实现呼叫快车、行车路径追踪、支付车费等功能。TaxResultActivity.java 为打车结果页面，主要实现服务评价、行程分享等功能。

其余编码没什么难点了，赶紧把"嗒嗒打车"安装到手机上，试着完整运行一遍，看看是什么感觉。或者先看笔者这里的测试效果图，一点都不难，你也可以的。一开始打开测试 App，填写出发地与目的地，然后点击"开始叫车"按钮，App 发布打车请求，并语音播报"等待司机接单"，如图 15-57 所示。司机接单后，App 语音播报"司机马上过来"，因为截图体现不了声音，所以页面下方另外加了一排文字显示语音播报的内容，如图 15-58 所示。

快车到达用户位置后，小车图标与用户圆点重合，同时 App 语音播报"快车已经到达，请上车"，如图 15-59 所示。然后用户上车，司机一路开向目的地，App 语音播报"已经到达目的地，欢迎下次再来乘车"，同时下方按钮的文字变为"支付车费"，如图 15-60 所示。

用户点击"支付车费"按钮，页面下方弹出付款对话框，如图 15-61 所示。确认付款信息正确无误后，点击"确认付款"按钮完成支付操作，然后跳到评价页面，用户可在此给快车服务打分，也可将打车信息分享给好友，如图 15-62 所示。

图 15-57　等待司机接单时的界面

图 15-58　司机马上过来的界面

图 15-59　快车过来接客时的界面

图 15-60　打车行程结束时的界面

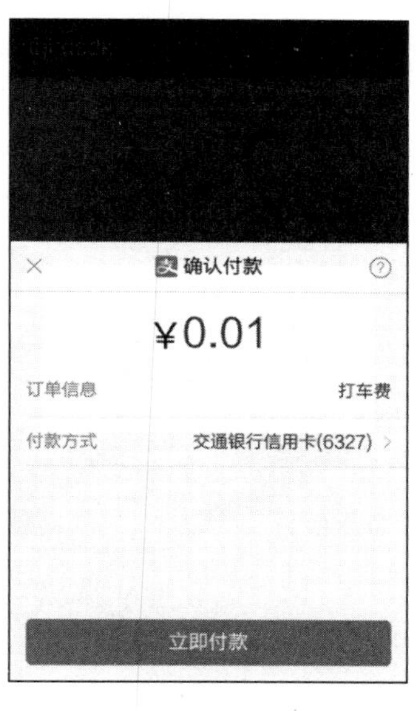

图 15-61　支付车费的付款对话框

图 15-62　评价完成时的页面

15.6　小　　结

本章主要介绍了 App 开发用到的常见第三方开发包，包括地图 SDK（查看签名信息、百度地图、高德地图）、分享 SDK（QQ 分享、微信分享）、支付 SDK（支付宝、微信支付）、语音 SDK（文字转语音、语音识别、语音合成）。最后设计了一个实战项目“仿滴滴打车”，在该项目的 App 编码中采用了本章讲述的 4 种开发包的代表技术。另外，介绍了如何使用评分条。

通过本章的学习，读者应该能够掌握以下 4 种开发技能：

（1）学会使用地图 SDK 进行定位、搜索、测量等操作。

（2）学会使用分享 SDK 把消息内容分享到 QQ 与微信。

（3）初步了解支付的交易流程，并学会使用支付 SDK 演示支付缴费功能。

（4）学会使用语音 SDK 完成语音的识别和语音的合成。

第16章

性能优化

本章介绍 App 开发常见的性能优化技术，主要包括通过优化布局文件实现页面风格的统一、通过检测手段和预防措施处理内存泄漏的问题、运用线程池技术对线程资源进行有效管理、通过监测当前电量与屏幕事件开启省电模式，最后结合本章所学的知识演示一个实战项目“图片缓存框架”的设计与实现。

16.1 布局文件优化

Android 的页面布局千变万化，但对某个具体的 App 来说，往往要求有统一的风格，比如统一的导航栏、统一的竖屏布局与横屏布局、统一的窗口主题等，这种统一风格就像学生的校服和白领的制服。本节介绍风格统一的几种方式，包括增加公共布局减少重复布局、使用占位视图自适应调整屏幕布局、自定义窗口主题等内容。

16.1.1 减少重复布局

第 7 章介绍工具栏 Toolbar 的时候提到在布局文件中加入该节点实现顶部导航栏效果。由于 App 内部存在多个活动页面，为了确保所有页面的风格统一，因此必须给每个页面的布局文件添加 Toolbar。如此一来，这些 XML 文件几乎包含一模一样的 Toolbar 布局，不但造成重复布局，而且不易扩展，因为每往导航栏上增加一个新控件，都得把涉及的 XML 文件统统修改过去。

这种重复的导航栏布局，若能参照代码中的公共函数抽出来形成单独的公共布局文件，由各个页面布局文件分别引用，岂不妙哉？Android 确实提供了对应的途径，只要在页面布局中使用 include 标签声明公共布局，即可实现在该页面中导入公共布局内容，功能类似于 Java 的 import 或 C/C++的 include 关键字。include 标签适用于在多个布局文件中导入相同的 XML

布局片段，比如相同的标题栏、相同的广告栏、相同的进度栏等。include 标签的用法很简单，只需一行配置即可完成公共布局引用，如下面的代码表示引用了一个名为 common_title.xml 的公共布局文件：

```
<!-- 在此插入 common_title.xml 所定义的布局 -->
<include layout="@layout/common_title" />
```

公共布局文件的根节点可以是 LinearLayout、RelativeLayout 等布局节点，不过外部的页面布局文件往往已经有了相同的布局节点，这时子布局的根节点就变成冗余的了，但是布局文件必须有根布局节点，不能把控件作为根节点。为了解决根布局冗余的问题，Android 提供了 merge 标签进行布局优化，即把 merge 标签作为公共布局文件的根节点。merge 标签代替了 LinearLayout、RelativeLayout 等原根节点的位置，也就是告诉编译器：我只是一个占位的合并标签，不需要对我做布局处理。这样，App 在渲染界面时只是原样导入 merge 标签下的视图内容，不做根布局尺寸的计算和调整，从而提高了 UI 的加载效率。

为了更好地理解 include 与 merge 标签的用法，接下来举一个公共布局文件的示例：

```
<merge xmlns:android="http://schemas.android.com/apk/res/android"
    xmlns:app="http://schemas.android.com/apk/res-auto" >

    <!-- 下面定义了公共的标题栏布局 -->
    <android.support.v7.widget.Toolbar
        android:id="@+id/tl_head"
        android:layout_width="match_parent"
        android:layout_height="50dp"
        android:background="@color/blue_light"
        app:navigationIcon="@drawable/ic_back" >

        <RelativeLayout
            android:layout_width="match_parent"
            android:layout_height="wrap_content" >

            <TextView
                android:id="@+id/tv_title"
                android:layout_width="wrap_content"
                android:layout_height="match_parent"
                android:layout_centerInParent="true"
                android:paddingRight="50dp"
                android:gravity="center"
                android:textColor="@color/black"
                android:textSize="20sp" />

            <ImageView
                android:id="@+id/iv_share"
```

```
                android:layout_width="wrap_content"
                android:layout_height="match_parent"
                android:layout_alignParentRight="true"
                android:src="@drawable/ic_share"
                android:scaleType="fitCenter" />
        </RelativeLayout>
    </android.support.v7.widget.Toolbar>
</merge>
```

处理公共布局必然要有对应的公共页面代码，为此我们声明一个名为 BaseActivity 的活动基类，该基类默认处理公共布局中的控件操作，具体的活动页面由 BaseActivity 派生而来。活动基类的示例代码如下：

```
public class BaseActivity extends AppCompatActivity implements OnClickListener {

    @Override
    protected void onResume() {
        super.onResume();
        // 从布局文件中获取名叫 tl_head 的工具栏
        Toolbar tl_head = findViewById(R.id.tl_head);
        // 使用 tl_head 替换系统自带的 ActionBar
        setSupportActionBar(tl_head);
        // 给 tl_head 设置导航图标的点击监听器
        // setNavigationOnClickListener 必须放到 setSupportActionBar 之后，不然不起作用
        tl_head.setNavigationOnClickListener(new OnClickListener() {
            @Override
            public void onClick(View view) {
                finish();
            }
        });
        findViewById(R.id.iv_share).setOnClickListener(this);
    }

    // 设置页面标题
    protected void setTitle(String title) {
        TextView tv_title = findViewById(R.id.tv_title);
        tv_title.setText(title);
    }

    public void onClick(View v) {
        if (v.getId() == R.id.iv_share) {
            Toast.makeText(this, "请先实现分享功能噢", Toast.LENGTH_LONG).show();
        }
    }
```

```
}
```

最后给出两个实际页面的布局，分别使用 include 标签导入公共布局 common_title，然后在代码中分别从 BaseActivity 派生两个具体的页面类。其中一个页面的代码举例如下：

```
public class IncludeOneActivity extends BaseActivity {

    @Override
    protected void onCreate(Bundle savedInstanceState) {
        super.onCreate(savedInstanceState);
        setContentView(R.layout.activity_include_one);
        setTitle("时事频道");
    }
}
```

运行后的公共导航栏效果如图 16-1 和图 16-2 所示。其中，图 16-1 为第一个时事频道的界面；图 16-2 为第二个体育频道的界面。

图 16-1　时事频道页面

图 16-2　体育频道页面

16.1.2　自适应调整布局

在页面上根据条件展示不同的视图常常需要设置视图的可视属性。比如调用 setVisibility 方法设置可视属性，若需展示则将可视属性设置为 View.VISIBLE，若需隐藏则将可视属性设置为 View.GONE。然而 gone 的视图只是看不到罢了，在界面渲染时还是会被加载。要想事先不加载视图，在条件匹配时才加载，就可以使用标签 ViewStub。

占位视图 ViewStub 类似一个简单的 View，但其内部布局由属性 layout 指定。在 App 加载页面时，ViewStub 并不显示布局内容，只有在代码中调用 ViewStub 对象的 inflate 方法时，layout 指定的布局才会展示出来。基于以上处理逻辑，ViewStub 在提高布局性能上有以下两个特点：

（1）ViewStub 在加载时只占用大约一个 View 的内存，不占用 layout 整个布局需要的内存。

（2）ViewStub 一旦调用 inflate 方法，就立即显示所包含的页面内容。如果还想再次隐藏或显示布局，就要通过 setVisibility 方法实现。

举一个 ViewStub 实际运用的例子，手机在竖屏和横屏之间切换时，有时希望显示不同的布局，比如竖屏显示列表、横屏显示网格。如此一来，在页面布局中预留两个 ViewStub 节点，一个给 ListView 占位，另一个给 GridView 占位，具体的布局内容如下：

```
<LinearLayout xmlns:android="http://schemas.android.com/apk/res/android"
    android:layout_width="match_parent"
```

```
    android:layout_height="match_parent"
    android:orientation="vertical" >

    <!-- 在此插入 common_title.xml 所定义的布局 -->
    <include layout="@layout/common_title" />

    <!-- 下面的占位视图包含的是列表布局 viewstub_list.xml -->
    <ViewStub
        android:id="@+id/vs_list"
        android:layout_width="match_parent"
        android:layout_height="match_parent"
        android:layout="@layout/viewstub_list" />

    <!-- 下面的占位视图包含的是网格布局 viewstub_grid.xml -->
    <ViewStub
        android:id="@+id/vs_grid"
        android:layout_width="match_parent"
        android:layout_height="match_parent"
        android:layout="@layout/viewstub_grid" />
</LinearLayout>
```

相对应的，页面代码增加对横竖屏的方向判断，如果当前为竖屏，就令占位视图显示列表布局；如果当前为横屏，就令占位视图显示网格布局。页面代码举例如下：

```
public class ScreenSuitableActivity extends BaseActivity {

    @Override
    protected void onCreate(Bundle savedInstanceState) {
        super.onCreate(savedInstanceState);
        setContentView(R.layout.activity_screen_suitable);
        setTitle("自适应布局演示页面");
        // 获取当前的屏幕配置
        Configuration config = getResources().getConfiguration();
        if (config.orientation == Configuration.ORIENTATION_PORTRAIT) {  // 竖屏
            showList();  // 显示列表
        } else {  // 横屏
            showGrid();  // 显示网格
        }
    }

    // 以列表形式呈现六大行星
    private void showList() {
        // 从布局文件中获取名叫 vs_list 的占位视图
        ViewStub vs_list = findViewById(R.id.vs_list);
```

```
        vs_list.inflate(); // 展开占位视图
        // 下面通过列表视图展示行星信息
        ListView lv_hello = findViewById(R.id.lv_hello);
        PlanetAdapter adapter = new PlanetAdapter(this, R.layout.item_list,
                Planet.getDefaultList(), Color.WHITE);
        lv_hello.setAdapter(adapter);
    }

    // 以网格形式呈现六大行星
    private void showGrid() {
        // 从布局文件中获取名叫 vs_grid 的占位视图
        ViewStub vs_grid = findViewById(R.id.vs_grid);
        vs_grid.inflate(); // 展开占位视图
        // 下面通过网格视图展示行星信息
        GridView gv_hello = findViewById(R.id.gv_hello);
        PlanetAdapter adapter = new PlanetAdapter(this, R.layout.item_grid,
                Planet.getDefaultList(), Color.WHITE);
        gv_hello.setAdapter(adapter);
    }
}
```

上述自适应布局的演示效果如图 16-3 和图 16-4 所示。其中，图 16-3 为展示列表的竖屏界面；图 16-4 为展示网格的横屏界面。

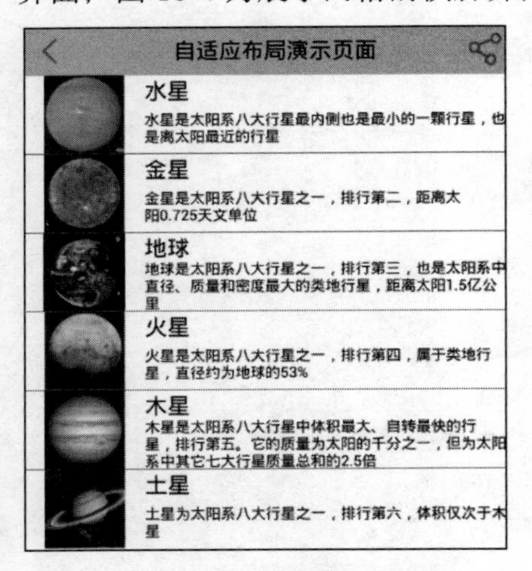

图 16-3 占位视图展示竖屏列表

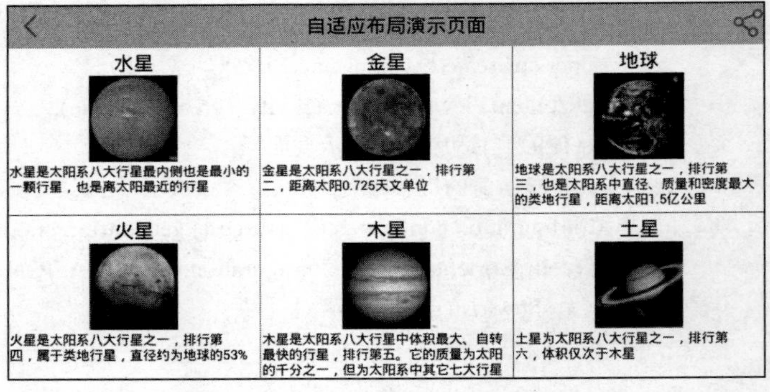

图 16-4 占位视图展示横屏网格

16.1.3 自定义窗口主题

使用 Android Studio 创建一个新模块，默认的 App 主题为系统自带的 Theme.AppCompat.Light.DarkActionBar，即浅灰背景加深色导航栏。如果大家都用默认主题，App 势必变得千篇一律、毫无特色。要想让自己的 App 吸引眼球，首先得打造非同一般的主题，比如粉红的小女人风格、草绿的小清新风格、天蓝的闷骚男风格等。

自定义主题的配置可在 res/values/styles.xml 中定义，配置方式同一般视图的 style 风格配置，不同的是如何应用自定义主题。一般视图可在布局文件的节点中使用 style 属性设置风格，对于视窗则可通过以下途径设置主题：

（1）修改 AndroidManifest.xml，往 application 节点增加 android:theme 属性，表示对该 App 的所有页面设置指定的主题；或者往 activity 节点增加 android:theme 属性，表示对指定的活动页面单独设置主题。

（2）打开 Activity 代码，在 setContentView 方法之前调用方法 setTheme(R.style.***)完成该页面的主题设置。

（3）如果是自定义对话框，就在 Dialog 的构造函数中传入指定主题的资源编号。

下面介绍窗口主题经常需要自定义的属性。

- android:gravity：窗口内部的对齐方式。
- android:background：窗口内部的背景。
- android:windowBackground：整个窗口的背景，包括边框与内部。
- android:windowFrame：窗口框架图像。注意该属性并不只是边框区域，还包括内部窗口，所以如果 windowFrame 设置为不透明的图像，那么内部窗口将只显示这幅不透明的图像。
- android:windowNoTitle：窗口是否不要默认的标题栏，即是否展示 ActionBar。
- android:windowFullscreen：窗口是否全屏。
- android:windowIsTranslucent：窗口是否半透明。
- android:windowIsFloating：窗口是否悬浮。
- android:windowAnimationStyle：窗口切换动画的样式。
- android:windowEnterAnimation：进入窗口的动画。
- android:windowExitAnimation：退出窗口的动画。

在以上属性中，与背景设置有关的 3 个属性容易混淆，分别是 android:windowFrame、android:windowBackground 和 android:background。下面测试一下这 3 个属性对应的视窗界面，看看究竟是什么模样。

首先设定页面背景为绿色，接着将窗口背景属性 android:windowBackground 设置为半透明红色，效果如图 16-5 所示。此时对话框外围变为深黄绿色，即窗口对外半透明，使得页面背景与窗口背景混合在一起。

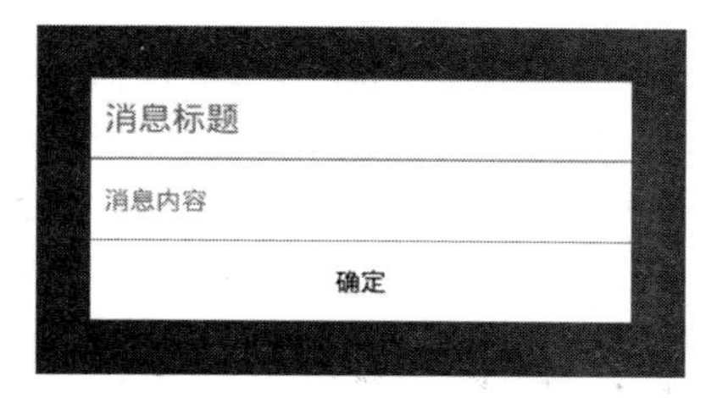

图 16-5　windowBackground 设置为半透明红色的效果

然后将 android:background 设置为半透明红色，效果如图 16-6 所示。此时对话框外围变为红色，四周边框为深绿色，表示窗口内部对外不透明，但窗口边框对外透明。

最后将 android:windowFrame 设置为半透明红色，效果如图 16-7 所示。此时对话框内部蒙上半透明红色，四周边框变为黄绿色，说明窗口内部对外不透明但对内半透明，窗口边框对外半透明。

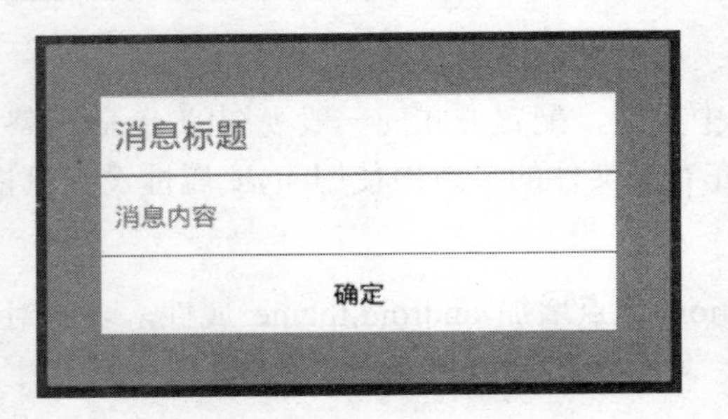

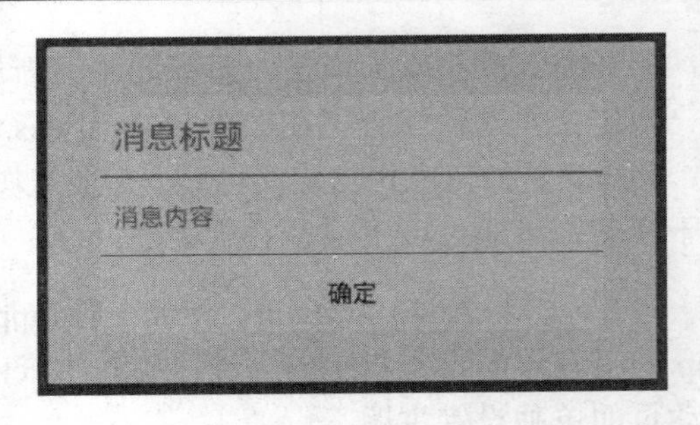

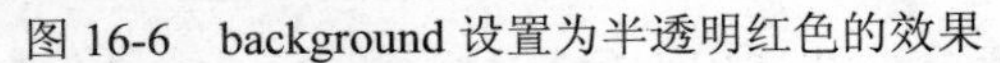
图 16-6 background 设置为半透明红色的效果

图 16-7 windowFrame 设置为半透明红色的效果

16.2 内存泄漏处理

内存泄漏指的是程序运行时未能正确回收部分内存，导致这些内存既不能被自身使用，又不能被其他程序使用，从而变成垃圾内存。一旦内存泄漏无法得到控制，该程序占用的内存就会越来越大，最终只能强行结束，否则会导致系统死机。本节首先介绍 Android 开发如何检测内存泄漏，然后详细阐述各种场景下的内存泄漏预防措施。

16.2.1 内存泄漏的检测

C/C++存在指针的概念，每当程序需要处理数据时，便从内存中开辟一块区域，并把该区域的首地址赋值给一个指针，这样程序才能够操作该指针指向的内存。因为 C/C++设计上的原因，手工分配的内存也要手工释放，如果没有及时释放内存就会产生内存泄漏。

Java 设计之初已经实现了多数情况的内存自动回收，不过在 Android 开发中，内存回收机制并不总会奏效。情况一是调用了非 Java 接口，比如调用了 JNI 接口，JNI 代码中由 C/C++分配的内存就要手工回收；情况二是调用了外部服务，使用完毕就得手工通知外部服务回收；情况三是异步处理，实时的内存回收机制显然等不了耗时较久的异步处理任务。

要对内存泄漏问题进行优化，首先得检测 App 是否发生内存泄漏。正常情况下，一个 App 占用的内存有一个峰值，达到这个峰值后，只要退出 App 页面，占用的内存大小就会降下来。但是如果产生内存泄漏，这个 App 占用的内存大小是没有峰值的，随着页面的重复打开或时间的不断流逝，该 App 消耗的内存越变越大，这便表示出现了内存泄漏状况。因此，只要能够监控 App 的运行内存变化情况，即可间接判断这个 App 是否发生内存泄漏。

Android Studio 3.0 带来了全新的内存检测工具，使用 Android Studio 运行测试应用，点击底部的“Android Profiler”标签，主界面下方就弹出分析器窗口，如图 16-8 所示。

分析窗从上到下分为三部分，顶部一栏有两个下拉框，第一个下拉框可选择测试机型（如图示的 DOOV V3），第二个下拉框可选择调试的 App 包名（例如 com.example.performance 表示 performance 应用）。窗口中部是待分析的资源图表，依次包括中央处理器 CPU、内存 Memory、网络 Network。窗口底部则为时间轴，可观看 CPU、Memory、Network 随时间流逝的动态使用情况。

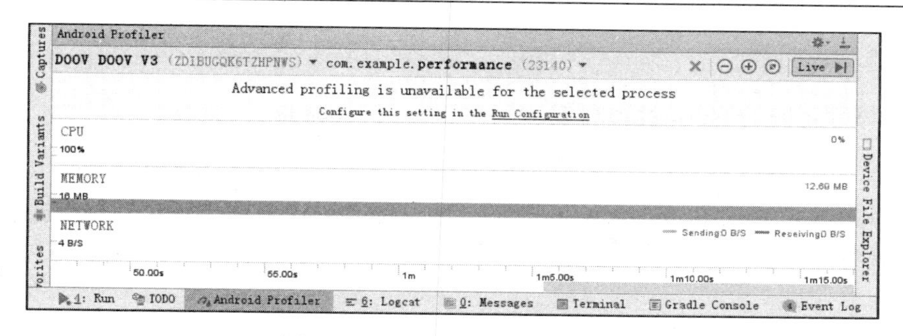

图 16-8 内存检测的分析器窗口

接下来通过分析窗观看一下测试应用的内存消耗情况，从图 16-9 可见，performance 应用当前已消耗 13.82MB（注意左边为刻度，右边才是真实数值）。在该 App 上左点右点，打开一个包含多张图片的页面，此时的内存统计图表如图 16-10 所示。

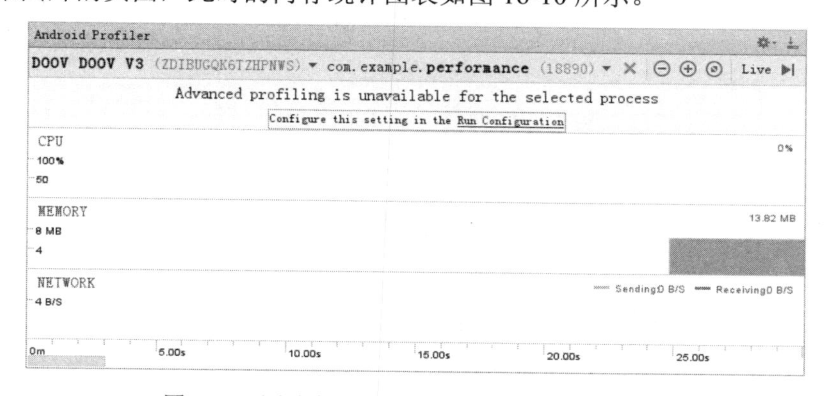

图 16-9 测试应用在打开图片页面前的内存消耗

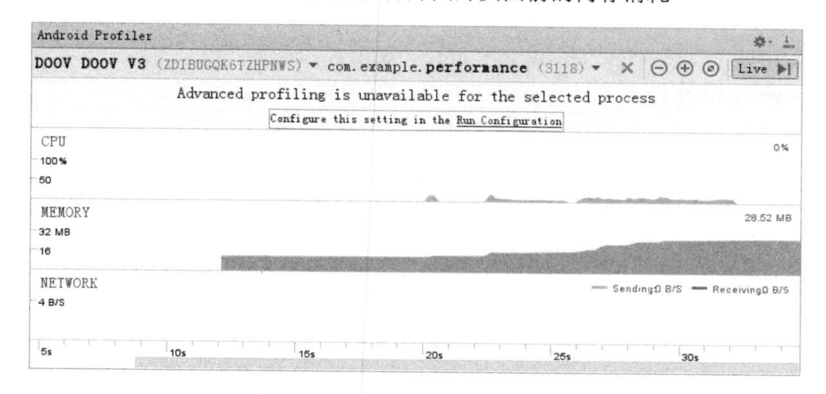

图 16-10 测试应用反复打开图片页面后的内存消耗

从图 16-10 可见，这时测试应用 performance 的内存消耗量达到了 28.52MB，反复地打开和关闭页面，如果发现 App 占用的内存只增不减，那么毫无疑问发生了内存泄漏。

16.2.2 内存泄漏的发生

上一小节介绍如何检测发生了内存泄漏，那么为进一步观察内存泄露现象，下面给出两个例子分别进行说明。

1. 未能移除定时的 Runnable 任务

前面各章有需要延时处理时，常常调用 Handler 对象的 postDelayed 方法，由该方法延迟一段时间后执行设定好的 Runnable 任务。若要实现动画效果，则循环执行若干次 postDelayed 方法。你可曾想过，这里蕴含着不小的内存泄漏风险，如果不谨慎对待，App 很可能多跑几次就挂了。

比如下面的代码每隔 2 秒打印一行日志，并在 onDestroy 页面退出时根据开关判断是否移除任务，完整代码如下：

```
public class RemoveTaskActivity extends AppCompatActivity implements OnClickListener {
    private CheckBox ck_remove;
    private TextView tv_remove;
    private Button btn_remove;
    private String mDesc = "";
    private boolean isRunning = false;  // 定时任务是否正在运行
    private Handler mHandler = new Handler();  // 声明一个处理器对象

    protected void onCreate(Bundle savedInstanceState) {
        super.onCreate(savedInstanceState);
        setContentView(R.layout.activity_remove_task);
        ck_remove = findViewById(R.id.ck_remove);
        tv_remove = findViewById(R.id.tv_remove);
        btn_remove = findViewById(R.id.btn_remove);
        btn_remove.setOnClickListener(this);
        TextView tv_start = findViewById(R.id.tv_start);
        tv_start.setText("页面打开时间为：" + DateUtil.getNowTime());
    }

    public void onClick(View v) {
        if (v.getId() == R.id.btn_remove) {
            if (!isRunning) {
                btn_remove.setText("取消定时任务");
                // 立即启动定时任务
                mHandler.post(mTask);
            } else {
                btn_remove.setText("开始定时任务");
                // 移除定时任务
                mHandler.removeCallbacks(mTask);
            }
            isRunning = !isRunning;
        }
    }
```

```
protected void onDestroy() {
    super.onDestroy();
    if (ck_remove.isChecked()) {
        // 移除定时任务
        mHandler.removeCallbacks(mTask);
    }
}

// 定义一个定时任务，用于定时发送广播
private Runnable mTask = new Runnable() {
    @Override
    public void run() {
        Intent intent = new Intent(TASK_EVENT);
        // 通过本地的广播管理器来发送广播
        LocalBroadcastManager.getInstance(RemoveTaskActivity.this).sendBroadcast(intent);
        // 延迟2秒后再次启动定时任务
        mHandler.postDelayed(this, 2000);
    }
};

public void onStart() {
    super.onStart();
    // 创建一个定时任务的广播接收器
    taskReceiver = new TaskReceiver();
    // 创建一个意图过滤器，只处理指定事件来源的广播
    IntentFilter filter = new IntentFilter(TASK_EVENT);
    // 注册广播接收器，注册之后才能正常接收广播
    LocalBroadcastManager.getInstance(this).registerReceiver(taskReceiver, filter);
}

public void onStop() {
    // 注销广播接收器，注销之后就不再接收广播
    LocalBroadcastManager.getInstance(this).unregisterReceiver(taskReceiver);
    super.onStop();
}

// 声明一个定时任务广播事件的标识串
private String TASK_EVENT = "com.example.performance.task";
// 声明一个定时任务的广播接收器
private TaskReceiver taskReceiver;

// 定义一个广播接收器，用于处理定时任务事件
```

```
    private class TaskReceiver extends BroadcastReceiver {
        // 在收到定时任务的广播时触发
        public void onReceive(Context context, Intent intent) {
            if (intent != null) {
                mDesc = String.format("%s%s 打印了一行测试日志\n", mDesc,
DateUtil.getNowTime());
                tv_remove.setText(mDesc);
            }
        }
    }
}
```

首次进入该测试页面，点击“开始定时任务”按钮后，页面每隔 2 秒打印一行日志，如图 16-11 所示。然后不停止也不移除定时任务，直接退出该页面，按道理原测试页面上的内存都应该回收。不过接着重新进入测试页面，还没点击“开始定时任务”按钮，页面已经在兀自欢快地打印日志了，如图 16-12 所示，很明显上次退出页面时系统未能自动回收内存。

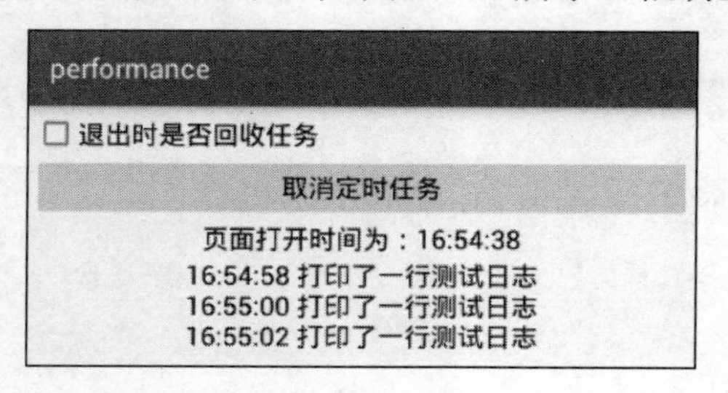

图 16-11　开始定时任务的测试页面

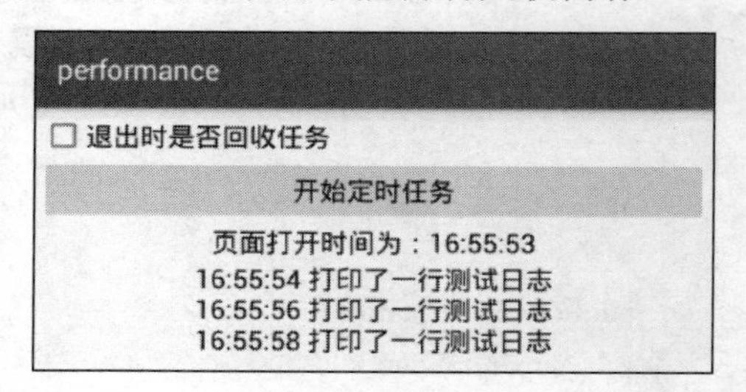

图 16-12　重新进入测试页面的情况

2. 未能注销系统的闹钟提醒服务

定时处理除了可以循环调用 postDelayed 方法外，还可以在系统的闹钟提醒服务中注册定时事件，并接收系统的闹钟广播进行定时处理。使用系统服务也需小心，因为系统的后台服务不知道 App 页面会在什么时候关闭，若放任自流，则又是一个内存泄漏的引爆点。

比如下面的代码利用闹钟提醒服务每隔 3 秒打印一行日志，并在 onDestroy 中根据开关判断是否注销服务，完整代码如下：

```
public class LogoutServiceActivity extends AppCompatActivity implements OnClickListener {
    private CheckBox ck_logout;
    private Button btn_alarm;
    private static TextView tv_alarm;
    private static PendingIntent pIntent;  // 声明一个延迟意图对象
    private static AlarmManager mAlarmManager;  // 声明一个闹钟管理器对象
    private static String mDesc;
    private static int mDelay = 3000;  // 闹钟延迟的间隔
    private boolean isRunning = false;  // 闹钟是否已经设置

    protected void onCreate(Bundle savedInstanceState) {
```

```
        super.onCreate(savedInstanceState);
        setContentView(R.layout.activity_logout_service);
        ck_logout = findViewById(R.id.ck_logout);
        tv_alarm = findViewById(R.id.tv_alarm);
        btn_alarm = findViewById(R.id.btn_alarm);
        btn_alarm.setOnClickListener(this);
        // 创建一个广播事件的意图
        Intent intent = new Intent(ALARM_EVENT);
        // 创建一个用于广播的延迟意图
        pIntent = PendingIntent.getBroadcast(this, 0, intent, PendingIntent.FLAG_UPDATE_CURRENT);
        // 从系统服务中获取闹钟管理器
        mAlarmManager = (AlarmManager) getSystemService(ALARM_SERVICE);
        mDesc = "";
        TextView tv_start = findViewById(R.id.tv_start);
        tv_start.setText("页面打开时间为：" + DateUtil.getNowTime());
    }

    protected void onDestroy() {
        super.onDestroy();
        if (ck_logout.isChecked()) {
            // 取消已设定的闹钟提醒
            mAlarmManager.cancel(pIntent);
        }
    }

    public void onClick(View v) {
        if (v.getId() == R.id.btn_alarm) {
            if (!isRunning) {
                // 在 Android4.4 之后，操作系统为了节能省电，会调整 alarm 唤醒的时间，
                // 所以 setRepeating 方法不保证每次工作都在指定的时间开始，
                // 此时需要先注销原闹钟，再调用 set 方法开启新闹钟。
//                mAlarmManager.setRepeating(AlarmManager.RTC_WAKEUP,
//                        System.currentTimeMillis(), 3000, pIntent);
                // 设定延迟若干时间的一次性定时器
                mAlarmManager.set(AlarmManager.RTC_WAKEUP,
                        System.currentTimeMillis()+mDelay, pIntent);
                mDesc = DateUtil.getNowTime() + " 设置闹钟";
                tv_alarm.setText(mDesc);
                btn_alarm.setText("取消闹钟");
            } else {
                // 取消已设定的闹钟提醒
                mAlarmManager.cancel(pIntent);
                btn_alarm.setText("设置闹钟");
```

```
                }
                isRunning = !isRunning;
            }
        }

        // 声明一个闹钟广播事件的标识串
        private String ALARM_EVENT = "com.example.performance.alarm";

        // 定义一个闹钟广播的接收器
        public static class AlarmReceiver extends BroadcastReceiver {
            // 一旦接收到闹钟时间到达的广播，马上触发接收器的 onReceive 方法
            public void onReceive(Context context, Intent intent) {
                if (intent != null) {
                    if (tv_alarm != null) {
                        mDesc = String.format("%s\n%s 闹钟时间到达", mDesc, DateUtil.getNowTime());
                        tv_alarm.setText(mDesc);
                        repeatAlarm();  // 重复闹钟提醒设置
                    }
                }
            }
        }
        // 重复闹钟提醒设置
        private static void repeatAlarm() {
            // 取消已设定的闹钟提醒
            mAlarmManager.cancel(pIntent);
            // 设定延迟若干时间的一次性定时器
            mAlarmManager.set(AlarmManager.RTC_WAKEUP,
                    System.currentTimeMillis()+mDelay, pIntent);
        }
    }
```

首次进入该测试页面，点击“设置闹钟”按钮后，页面每隔 3 秒打印一行日志，如图 16-13 所示。然后不取消也不注销闹钟服务，直接退出该页面，接着重新进入测试页面，还没点击设置按钮，页面却已经在不断地刷新日志了，如图 16-14 所示，很遗憾上次的闹钟设置也产生了内存泄漏。

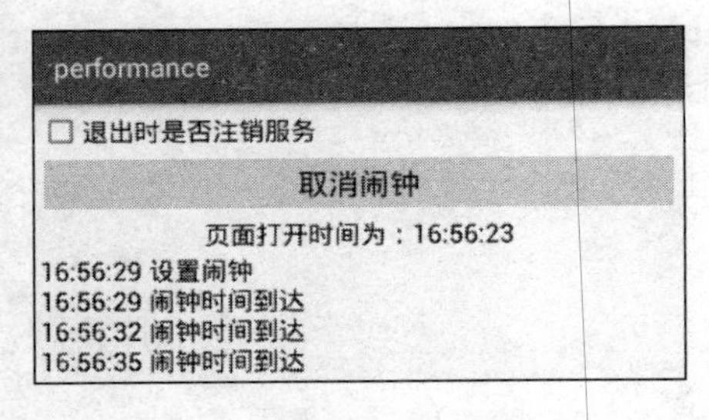

图 16-13　设置闹钟后的测试页面

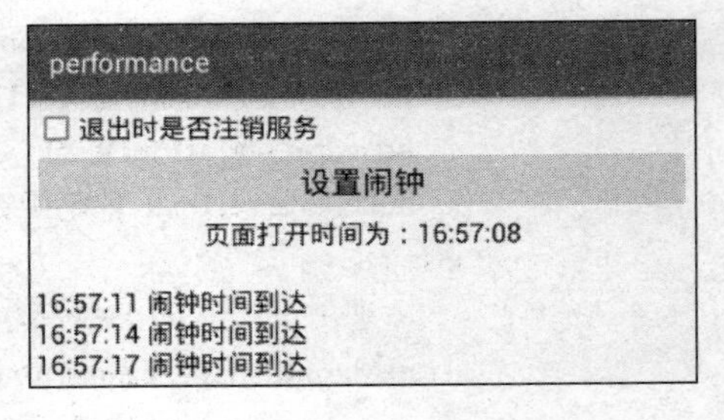

图 16-14　重新进入测试页面的情况

16.2.3　内存泄漏的预防

除了上一小节给出的两个内存泄漏场景，App 开发中的内存泄漏还常见于以下 5 个场景：

（1）数据库查询操作后没有关闭游标 Cursor。
（2）适配器 Adapter 刷新数据时没有重用 convertView 对象。
（3）Bitmap 对象使用完毕没有调用 recycle 方法回收内存。
（4）Activity 引用了耗时对象，造成页面关闭时无法释放被引用的对象。
（5）给系统服务注册了监听任务，却没有及时注销。

要想避免出现内存泄漏，最好的办法是防患于未然。针对以上 5 个内存泄漏场景，相应的预防措施分别介绍如下。

1. 关闭游标

游标 Cursor 不止用于数据库 SQLite 查询记录，也可用于内容解析器 ContentResolver 查询内容数据，还可用于下载管理器 DownloadManager 查询下载进度。

若要预防游标产生的内存泄漏，则可在每次查询操作结束后调用 Cursor 对象的 close 方法关闭游标。

2. 重用适配

App 往列表视图 ListView 或网格视图 GridView 中填充数据都是通过适配器 BaseAdapter 的 getView 方法展示列表元素。列表元素较多时，系统只会加载屏幕上可见的元素，其他元素只有滑动到屏幕区域内才会即时加载并显示。当列表元素多次处于“展示→隐藏→展示→隐藏……”时，有必要重用每个元素的视图；如果不重用，那么每次展示可视元素都得重新分配视图对象，这便产生了内存泄露。

重用适配可先判断 convertView 对象，如果该对象为空，就为其分配视图对象，并调用 setTag 方法保存视图持有者；如果该对象非空，就调用 getTag 方法获取视图持有者。下面是重用列表元素的代码示例：

```
ViewHolder holder;  // 声明一个视图持有者对象
if (convertView == null) {  // 转换视图为空
    holder = new ViewHolder();  // 创建一个新的视图持有者
    convertView = mInflater.inflate(R.layout.list_title, null);
    holder.tv_seq = (TextView) convertView.findViewById(R.id.tv_seq);
    holder.iv_title = (ImageView) convertView.findViewById(R.id.iv_title);
    // 将视图持有者保存到转换视图当中
    convertView.setTag(holder);
} else {  // 转换视图非空
    // 从转换视图中获取之前保存的视图持有者
    holder = (ViewHolder) convertView.getTag();
}
```

每次给 ListView 与 GridView 构造适配器都要加入上述重用代码，已经成了开发者的一大负担。所以 Android 在 5.0 之后推出了循环视图 RecyclerView，它的适配器自动实现视图持有者 ViewHolder，无须开发者进行重用判断的处理，算是一件善事。

3. 回收图像

Android 虽然定义了 Bitmap 类，但是读取图像数据的底层操作并非由 Java 代码完成。查看 SDK 源码，在 BitmapFactory 类中一路跟踪到 nativeDecodeStream 函数，发现它其实是一个 native 方法，也就是该方法来自于 JNI 接口。既然 Bitmap 的图像数据实际来自于 C/C++代码，那么确实得手工释放 C/C++的内存资源。查看 Bitmap 类的源码，它的回收方法 recycle 用到的 nativeRecycle 函数其实也是一个 native 方法，同样来自于 JNI 接口。

因此，若想避免图像操作引起的内存泄漏，可在 Bitmap 对象使用完毕后调用 recycle 方法。举一反三，只要一个资源是在 JNI 接口中分配的，一旦不再使用该资源，就得手工调用该资源对应的 JNI 回收接口。

4. 释放引用

编写 Handler 的处理函数时，Android Studio 提示 This Handler class should be static or leaks might occur，意思是这个类应该是一个静态类，否则可能发生内存泄漏。因为 Handler 对象经常处理异步任务，每当它调用 postDelayed 方法执行一个任务时，依据延迟间隔都得等待一段时间；倘若活动页面在此期间退出，就会导致异步任务持有的引用无法回收。由于 Runnable 通常持有 Activity 的引用，因此造成 Activity 资源都无法回收。

上面的描述可能不好理解，确实也不容易解释清楚，还是直接跳过烦琐的概念，讲讲如何解决该情况的内存泄漏问题。下面是预防这种内存泄漏的 3 个方法：

（1）如果异步任务是由 Handler 对象的 postDelayed 方法发起的，那么可用对应的 removeCallbacks 方法回收，把消息对象从消息队列移除就行了。

（2）按 Android 官方的推荐做法，可把 Handler 类改为静态类，同时 Handler 内部使用 WeakReference 关键字持有目标的引用。

之所以使用静态类，是因为静态类不持有目标的引用，不会影响内存自动回收机制。但是不持有目标的引用，Handler 内部就无法操作 Activity 上面的控件。为解决该问题，在构造 Handler 类时需要初始化目标的弱引用。不同于前面的强引用，弱引用相当于一个指针，指针指向的地址随时可以回收。这又带来一个新问题，即弱引用指向的对象可能是空的，所以 Handler 内部在使用目标活动前要先判断弱引用对象是否为空。

下面是弱引用处理器的定义代码示例：

```
// 声明一个弱引用的处理器对象
private WeakHandler mHandler = new WeakHandler(this);

// 定义一个弱引用的处理器，其内部只持有目标页面的弱引用
private static class WeakHandler extends Handler {
    // 声明一个目标页面的弱引用
    public static WeakReference<ReferWeakActivity> mActivity;
```

```
        public WeakHandler(ReferWeakActivity activity) {
            mActivity = new WeakReference<ReferWeakActivity>(activity);
        }

        // 在收到消息时触发
        public void handleMessage(Message msg) {
            // 从目标页面的弱引用中获得一个实例
            ReferWeakActivity act = mActivity.get();
            if (act != null) {
                act.mDesc = String.format("%s%s 打印了一行测试日志\n",
                        act.mDesc, DateUtil.getNowTime());
                act.tv_weak.setText(act.mDesc);
            }
        }
    }
```

（3）把 Handler 对象作为 App 的全局变量，即把 Handler 对象作为自定义 Application 类的成员变量。

这样只要 App 在运行，该对象就一直存在。既然避免为 Handler 对象重复分配内存，也就间接避免了内存泄漏的可能。

5. 注销监听

App 的某些功能依赖于 Android 的系统服务，比如定位功能依赖于系统的定位管理器，定时功能依赖于系统的闹钟管理器。App 若想接收系统服务的消息，要么注册监听器，在回调方法中处理消息；要么注册广播接收器，在接收广播时处理消息。既然有注册操作，就存在对应的注销操作，不过如果不注意，就会忘记在代码中做注销处理。所以在进行页面编码时，千万要记得再检查一遍，确保 onDestroy 方法中已经包含相关的注销代码。

不同的系统服务拥有不同的注销方法，常见的系统服务注销方法见表 16-1。

表16-1　常见的系统服务注销方法

系统服务的管理器	注销操作说明	注销函数
AlarmManager	取消定时广播	cancel
ConnectivityManager	取消监听网络状态	unregisterNetworkCallback
DownloadManager	移除下载任务	remove
LocationManager	取消监听位置信息的变化	removeUpdates
LocationManager	取消监听定位状态的变化	removeGpsStatusListener
NotificationManager	取消通知	cancel
TelephonyManager	取消监听电话状态	使用 listen 方法注册一个空事件 PhoneStateListener.LISTEN_NONE
Vibrator	取消震动	cancel

16.3 线程池管理

在批量执行异步任务时，为了合理、有效地利用任务线程，需要引入线程池统一管理线程资源。就像数据库是对数据存储封装一样，线程池是对线程执行封装，总之都是为了提高系统的运行效率。本节先阐述单个线程存在的问题，然后依次说明普通线程池和定时器线程池的用法。

16.3.1 普通线程池

第 10 章介绍多线程时提到使用线程类 Thread 开启分线程，不过 Thread 只处理自身线程，缺乏多个线程之间的统一管理，会产生如下问题：

（1）无法控制线程的并发数，一旦同时启动多个线程，可能导致程序挂死。

（2）线程之间无法复用，每个线程都经历创建、启动、停止的生命周期，资源开销不小。

由于单线程管理存在诸多问题，因此异步任务工具 AsyncTask 给出了 executeOnExecutor 方法，允许开发者指定任务线程池。然而笔者当时已经指出，AsyncTask 自带的 THREAD_POOL_EXECUTOR 依然存在性能瓶颈。要想让线程池的处理性能达到最优，还得根据实际情况自定义线程池的具体参数。

Android 用到的是 Java 的线程池，由 Executors 类创建。系统已经封装好的线程池说明见表 16-2。

表16-2 已经封装好的线程池说明

线程池的创建方法	线程池类型	说明
newSingleThreadExecutor	ExecutorService	创建只有单个线程的线程池
newFixedThreadPool	ThreadPoolExecutor	创建线程数量固定的线程池
newCachedThreadPool	ThreadPoolExecutor	创建无个数限制的线程池
newSingleThreadScheduledExecutor	ScheduledThreadPoolExecutor	创建只有单个线程的定时器线程池
newScheduledThreadPool	ScheduledThreadPoolExecutor	创建线程数量固定的定时器线程池

当然，线程池中的线程数量最好由开发者分配，这时就要使用 ThreadPoolExecutor 的构造函数构建线程池对象。下面是构造函数的参数说明。

- int corePoolSize：线程池的最小线程个数。
- int maximumPoolSize：线程池的最大线程个数。
- long keepAliveTime：非核心线程在无任务时的等待时长。若超过该时间仍未分配任务，则该线程自动结束。
- TimeUnit unit：时间单位，时间单位的取值说明见表 16-3。

表16-3 时间单位的取值说明

TimeUnit 类的时间单位	说明
SECONDS	秒
MILLISECONDS	毫秒
MICROSECONDS	微秒

- BlockingQueue<Runnable> workQueue：设置等待队列。取值 new LinkedBlockingQueue <Runnable>()即可，默认表示等待队列无穷大，此时工作线程等于最小线程个数。当然也可在参数中指定等待队列的大小，此时工作线程数等于总任务数减去等待队列大小，工作线程数位于最小线程个数与最大线程个数之间。若计算得到的工作线程数小于最小线程个数，则工作线程数等于最小线程个数；若工作线程数大于最大线程个数，则系统扔出异常 java.util.concurrent.RejectedExecutionException，并不会自动让工作线程数等于最大线程个数。所以等待队列大小要么取默认值（不设置），要么设的尽可能大，否则一旦程序启动大量线程，就会异常报错。
- ThreadFactory threadFactory：一般使用默认值即可。

构建线程池对象后，还可在代码中随时调整参数，并执行任务管理操作。下面是 ThreadPoolExecutor 的常用方法说明。

- execute：向执行队列添加指定的任务。
- remove：从执行队列移除指定的任务。
- shutdown：关闭线程池。
- isTerminated：判断线程池是否关闭。
- setCorePoolSize：设置线程池的最小线程个数。
- setMaximumPoolSize：设置线程池的最大线程个数。
- setKeepAliveTime：设置非核心线程在无任务时的等待时长。
- getPoolSize：获取当前的线程个数。
- getActiveCount：获取当前的活动线程个数。

各种普通线程池的执行效果如图 16-15～图 16-18 所示。其中，图 16-15 为单线程线程池的结果界面，因为是单线程，所以每隔 2 秒打印一行日志；图 16-16 为多线程（4 个线程）线程池的结果界面，因为有 4 个线程，所以每秒打印 4 行日志；图 16-17 为无限制线程池的结果界面，因为不限制线程个数，所以一秒内就把所有日志打印出来了；图 16-18 为自定义线程（两个线程）线程池的结果界面，因为自定义了两个线程，所以每秒打印两行日志。

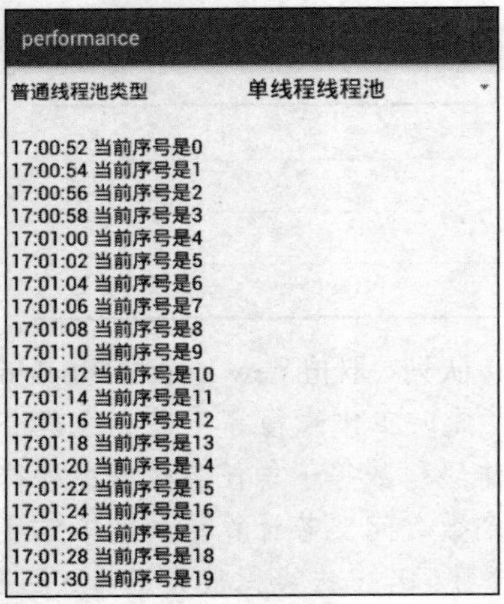

performance
普通线程池类型 单线程线程池
17:00:52 当前序号是0
17:00:54 当前序号是1
17:00:56 当前序号是2
17:00:58 当前序号是3
17:01:00 当前序号是4
17:01:02 当前序号是5
17:01:04 当前序号是6
17:01:06 当前序号是7
17:01:08 当前序号是8
17:01:10 当前序号是9
17:01:12 当前序号是10
17:01:14 当前序号是11
17:01:16 当前序号是12
17:01:18 当前序号是13
17:01:20 当前序号是14
17:01:22 当前序号是15
17:01:24 当前序号是16
17:01:26 当前序号是17
17:01:28 当前序号是18
17:01:30 当前序号是19

图 16-15 单线程线程池的日志

performance
普通线程池类型 多线程线程池
16:59:52 当前序号是0
16:59:52 当前序号是1
16:59:52 当前序号是2
16:59:52 当前序号是3
16:59:54 当前序号是4
16:59:54 当前序号是5
16:59:54 当前序号是6
16:59:54 当前序号是7
16:59:56 当前序号是8
16:59:56 当前序号是9
16:59:56 当前序号是10
16:59:56 当前序号是11
16:59:58 当前序号是12
16:59:58 当前序号是13
16:59:58 当前序号是14
16:59:58 当前序号是15
17:00:00 当前序号是16
17:00:00 当前序号是18
17:00:00 当前序号是17
17:00:00 当前序号是19

图 16-16 多线程线程池的日志

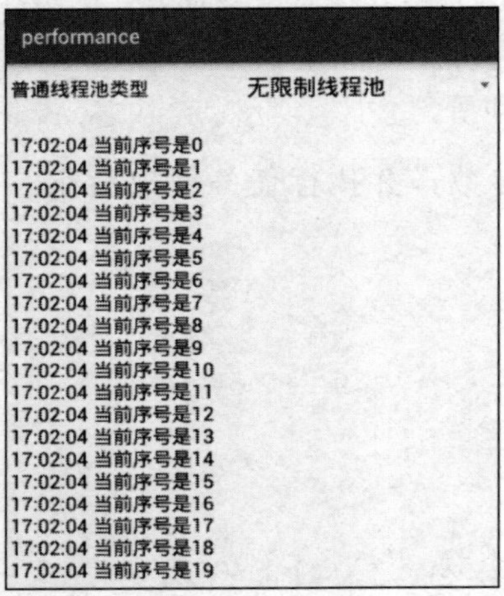

performance
普通线程池类型 无限制线程池
17:02:04 当前序号是0
17:02:04 当前序号是1
17:02:04 当前序号是2
17:02:04 当前序号是3
17:02:04 当前序号是4
17:02:04 当前序号是5
17:02:04 当前序号是6
17:02:04 当前序号是7
17:02:04 当前序号是8
17:02:04 当前序号是9
17:02:04 当前序号是10
17:02:04 当前序号是11
17:02:04 当前序号是12
17:02:04 当前序号是13
17:02:04 当前序号是14
17:02:04 当前序号是15
17:02:04 当前序号是16
17:02:04 当前序号是17
17:02:04 当前序号是18
17:02:04 当前序号是19

图 16-17 无限制线程池的日志

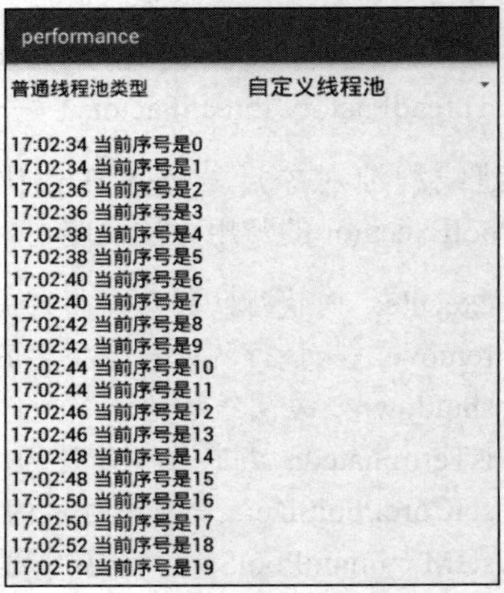

performance
普通线程池类型 自定义线程池
17:02:34 当前序号是0
17:02:34 当前序号是1
17:02:36 当前序号是2
17:02:36 当前序号是3
17:02:38 当前序号是4
17:02:38 当前序号是5
17:02:40 当前序号是6
17:02:40 当前序号是7
17:02:42 当前序号是8
17:02:42 当前序号是9
17:02:44 当前序号是10
17:02:44 当前序号是11
17:02:46 当前序号是12
17:02:46 当前序号是13
17:02:48 当前序号是14
17:02:48 当前序号是15
17:02:50 当前序号是16
17:02:50 当前序号是17
17:02:52 当前序号是18
17:02:52 当前序号是19

图 16-18 自定义线程池的日志

16.3.2 定时器线程池

前面的普通线程池是立即执行任务（如果有空余线程），但有时我们并不希望任务立即执行，而是延迟一段时间再执行，这样便用到了定时器线程池。

Android 同样提供了封装好的两个定时器线程池，即 newScheduledThreadPool 和 newSingleThreadScheduledExecutor，详细说明见表 16-2。当然现有的定时器线程池并不总能满足需求，还得由开发者自行定制。具体说来，就是使用 ScheduledThreadPoolExecutor 的构造函数构建定时器线程池对象。下面是构造函数的参数说明。

- int corePoolSize：线程池的最小线程个数。
- ThreadFactory threadFactory：一般使用默认值即可。ThreadFactory 是在线程池中使用的线程工厂接口，定义了一个 newThread 方法，该方法输入 Runnable 参数，返回 Thread 对象。虽然一般情况下使用默认的 DefaultThreadFactory 即可，但是在某些特定场合可以自己实现工厂类，用来跟踪线程的启动时间、结束时间，以及线程发生异常时的处理步骤。

- RejectedExecutionHandler handler：一般使用默认值即可。

定时器线程池 ScheduledExecutorService 继承了 ThreadPoolExecutor 的所有方法。下面是定时器线程池多出的几个定时器相关方法。

- schedule：延迟一段时间后启动任务。
- scheduleAtFixedRate：先延迟一段时间，然后间隔若干时间周期启动任务。
- scheduleWithFixedDelay：先延迟一段时间，然后固定延迟若干时间启动任务。

注意，scheduleAtFixedRate 和 scheduleWithFixedDelay 都是循环执行任务，区别在于前者的间隔时间从上个任务的开始时间起计算，后者的间隔时间从上个任务的结束时间起计算。

定时器线程池的执行效果如图 16-19 和图 16-20 所示。其中，图 16-19 为单线程的定时器线程池，每隔 2 秒打印一行日志；图 16-20 为多线程（3 个线程）的定时器线程池，因为有 3 个线程，所以每秒打印 3 行日志。

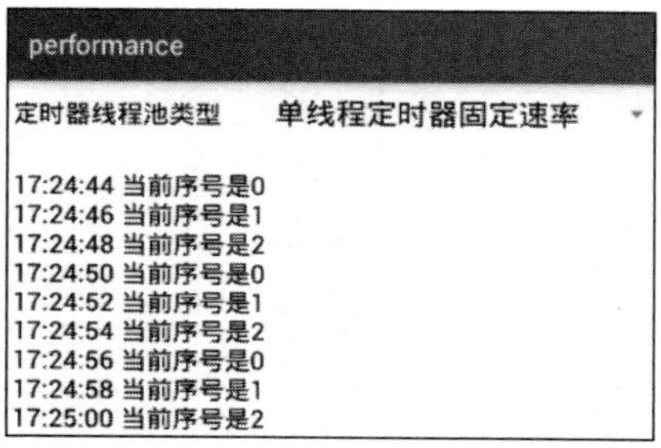

图 16-19　单线程定时器线程池的日志

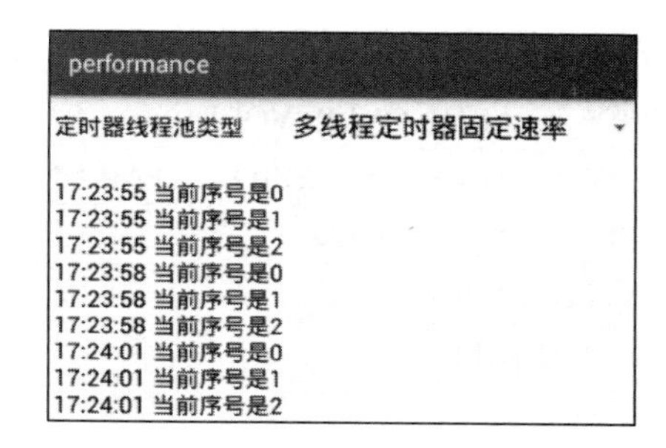

图 16-20　多线程定时器线程池的日志

16.4　省电模式

现在手机的电池容量越来越大，电量消耗的速度也越来越快，往往使用一两天手机就没电了。电量跟流量是用户很关心的两个重要指标。一个 App 乱跑流量，很容易遭到用户抛弃；同样，一个 App 若是耗电大户，也难以逃脱被卸载的命运。所以 App 开发要注意适当省电，本节从电量检测与熄屏检测两方面论述如何开启自动省电模式，以及如何在休眠模式下合理运行 App。

16.4.1　检测当前电量

Android 获取当前电量是通过监听广播实现的。具体地说，是监听电池的电量改变事件，即 Intent.ACTION_BATTERY_CHANGED。因为接收该事件要求 App 处于活动状态，所以广播接收器不能在 AndroidManifest.xml 中注册，只能在代码中通过 registerReceiver 方法动态注册。注册完成即可监听电量变化广播，该广播携带的参数信息见表 16-4。

表16-4 电量变化广播中携带的参数信息

BatteryManager 类的字段名称	字段获取方法	说明
EXTRA_SCALE	getIntExtra	电量刻度，通常是 100
EXTRA_LEVEL	getIntExtra	当前电量
EXTRA_STATUS	getIntExtra	当前状态
BATTERY_STATUS_UNKNOWN	当前状态取值	未知
BATTERY_STATUS_CHARGING	当前状态取值	正在充电
BATTERY_STATUS_DISCHARGING	当前状态取值	正在断电
BATTERY_STATUS_NOT_CHARGING	当前状态取值	不在充电
BATTERY_STATUS_FULL	当前状态取值	电量充满
EXTRA_HEALTH	getIntExtra	健康程度
BATTERY_HEALTH_UNKNOWN	健康程度取值	未知
BATTERY_HEALTH_GOOD	健康程度取值	良好
BATTERY_HEALTH_OVERHEAT	健康程度取值	过热
BATTERY_HEALTH_DEAD	健康程度取值	坏了
BATTERY_HEALTH_OVER_VOLTAGE	健康程度取值	短路
BATTERY_HEALTH_UNSPECIFIED_FAILURE	健康程度取值	未知错误
BATTERY_HEALTH_COLD	健康程度取值	冷却
EXTRA_VOLTAGE	getIntExtra	当前电压
EXTRA_PLUGGED	getIntExtra	当前电源
0	当前电源取值	电池
BATTERY_PLUGGED_AC	当前电源取值	充电器
BATTERY_PLUGGED_USB	当前电源取值	USB
BATTERY_PLUGGED_WIRELESS	当前电源取值	无线
EXTRA_TECHNOLOGY	getStringExtra	当前技术，比如返回 Li-ion 表示锂电池
EXTRA_TEMPERATURE	getIntExtra	当前温度
EXTRA_PRESENT	getBooleanExtr	是否提供电池

检测当前电量的代码没什么技术含量，只是简单地把电量变化广播中携带的参数信息打印出来，读者可参考本书附带源码 performance 模块的 BatteryInfoActivity.java。电量检测的效果如图 16-21 和图 16-22 所示。其中，图 16-21 为正在充电时的界面；图 16-22 所示为拔出充电器时的界面。

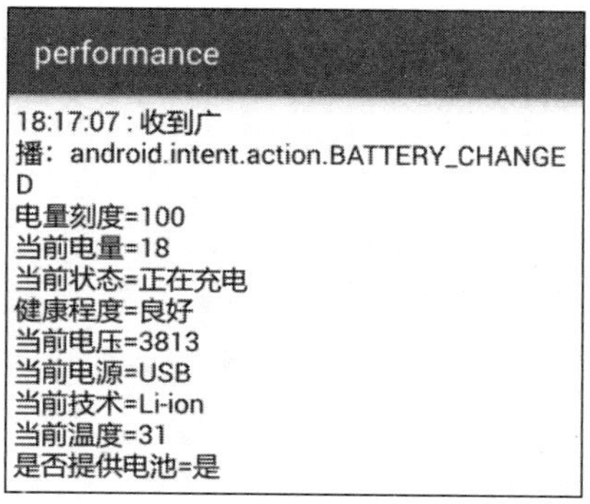

performance
18:17:07 : 收到广
播：android.intent.action.BATTERY_CHANGE
D
电量刻度=100
当前电量=18
当前状态=正在充电
健康程度=良好
当前电压=3813
当前电源=USB
当前技术=Li-ion
当前温度=31
是否提供电池=是

图 16-21 正在充电时的电量信息

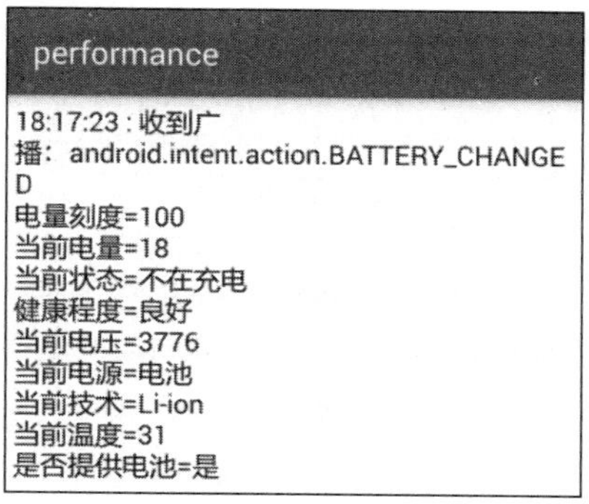

performance
18:17:23 : 收到广
播：android.intent.action.BATTERY_CHANGE
D
电量刻度=100
当前电量=18
当前状态=不在充电
健康程度=良好
当前电压=3776
当前电源=电池
当前技术=Li-ion
当前温度=31
是否提供电池=是

图 16-22 没在充电时的电量信息

16.4.2 检测屏幕开关

大家很关心如何给 App 减负、省电，前人也做了不少总结工作，基本的判断原则是：越消耗资源的 App，耗电量就越大。具体到代码编写主要有以下省电措施：

（1）能用整型数计算就不用浮点数计算。
（2）能用 JSON 解析就不用 XML 解析。
（3）能用网络定位就不用 GPS 定位。
（4）尽量减少大文件的下载（如先压缩再下载、缓存已下载的文件）。
（5）用完系统资源要及时回收。
（6）能用线程处理就不用进程处理。
（7）多用缓存复用对象资源。如屏幕尺寸只需获取一次，之后可到缓存中读取。
（8）能用定时器广播就不用后台常驻服务。
（9）能用内存存储就不用文件存储。

上述省电措施虽然有效，但是比起耗电大户，还是小巫见大巫。在实际开发中，耗电大户其实是后台默默运行的 Service 服务。想想看，手机待机时，屏幕都不亮了，手机里面还有一些不知疲倦的 Service 在“愚公移山”，愚公也是要吃饭的呀。

既然如此，若想避免 App 在手机待机时仍在做无用功，可在熄屏时结束指定任务，在亮屏时再开始指定任务。其中，熄屏事件监听的是系统广播 Intent.ACTION_SCREEN_OFF，亮屏事件监听的是系统广播 Intent.ACTION_SCREEN_ON。

在具体的编码中，监听这两个屏幕事件需要注意以下 3 点：

（1）熄屏事件和亮屏事件必须在代码中动态注册。如果在 AndroidManifest.xml 中静态注册，就不起任何作用。

（2）在熄屏时，系统先暂停所有活动页面，然后才关闭屏幕；同样，在亮屏时，系统先点亮屏幕，然后才恢复活动页面。故而这两个事件不能在 Activity 代码中注册和注销，只能在自定义 Application 类的 onCreate 方法中注册广播接收器。

（3）活动页面要想得知屏幕开关的事件信息，必须通过自定义的 Application 类间接获取。

检测屏幕开关事件的代码如下：

```
public class MainApplication extends Application {
    // 声明一个当前应用的静态实例
    private static MainApplication mApp;
    private String mChange = "";

    // 利用单例模式获取当前应用的唯一实例
    public static MainApplication getInstance() {
        return mApp;
    }

    // 获取屏幕事件的文字描述
    public String getChangeDesc() {
        return mApp.mChange;
    }

    // 设置屏幕事件的文字描述
    public void setChangeDesc(String change) {
        mApp.mChange = mApp.mChange + change;
    }

    public void onCreate() {
        super.onCreate();
        // 在打开应用时对静态的应用实例赋值
        mApp = this;
        // 创建一个锁屏事件的广播接收器
        LockScreenReceiver lockReceiver = new LockScreenReceiver();
        // 创建一个意图过滤器
        IntentFilter filter = new IntentFilter();
        // 给意图过滤器添加亮屏事件
        filter.addAction(Intent.ACTION_SCREEN_ON);
        // 给意图过滤器添加熄屏事件
        filter.addAction(Intent.ACTION_SCREEN_OFF);
        // 给意图过滤器添加用户解锁事件
        filter.addAction(Intent.ACTION_USER_PRESENT);
        // 注册广播接收器，注册之后才能正常接收广播
        registerReceiver(lockReceiver, filter);
    }

    // 定义一个锁屏事件的广播接收器
    private class LockScreenReceiver extends BroadcastReceiver {
        // 一旦接收到锁屏状态发生变化的广播，马上触发接收器的 onReceive 方法
        public void onReceive(Context context, Intent intent) {
            if (intent != null) {
```

```
                    String change = "";
                    change = String.format("%s\n%s : 收到广播：%s", change,
                            DateUtil.getNowTime(), intent.getAction());
                    if (intent.getAction().equals(Intent.ACTION_SCREEN_ON)) {
                        // 接收到亮屏广播
                        change = String.format("%s\n 这是屏幕点亮事件，可在此开启日常操作", change);
                    } else if (intent.getAction().equals(Intent.ACTION_SCREEN_OFF)) {
                        // 接收到熄屏广播
                        change = String.format("%s\n 这是屏幕关闭事件，可在此暂停耗电操作", change);
                    } else if (intent.getAction().equals(Intent.ACTION_USER_PRESENT)) {
                        // 接收到解锁广播
                        change = String.format("%s\n 这是用户解锁事件", change);
                    }
                    // 更新屏幕变化事件的文字描述
                    MainApplication.getInstance().setChangeDesc(change);
                }
            }
        }
    }
```

屏幕检测的效果如图 16-23 所示，能够正确检测到熄屏事件和亮屏事件，才可执行后台服务的停止与启动操作。

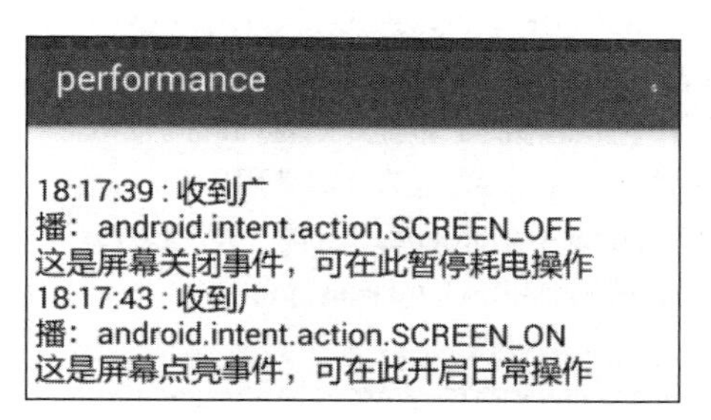

图 16-23　测试应用监测到了熄屏事件和亮屏事件

16.4.3　休眠模式对 App 的影响

定时器 AlarmManager 常常用于需要周期性处理的场合，比如闹钟提醒、任务轮询等。并且定时器来源于系统服务，即使 App 已经不在运行了，也能收到定时器发出的广播而被唤醒。似此回光返照的神技，便遭到开发者的滥用，造成用户手机充斥着各种杀不光的进程，就算通过手机安全工具一再地清理内存，只要定时设定的时刻到达，刚杀掉的流氓 App 也会死灰复燃。长此以往，手机的运行速度越来越慢，内存也越来越不够用了，更糟糕的是，电量消耗也越来越快。

Android 手机越用越慢的毛病老大不掉，为此每次系统版本升级，Android 都力图在稳定性、安全性上有所改善。针对定时器 AlarmManager 的滥用问题，Android 从 4.4 开始，修改了 setRepeating 方法的运行规则。原本该方法可指定每隔固定时间就发送定时广播，但在 Android

4.4 之后，操作系统为了节能省电，将会自动调整定时器唤醒的时间。比如原来调用 setRepeating 方法设定了每隔 10 秒发送广播，但 App 在实际运行过程中，很可能过了好几分钟才发送一次广播，这意味着该方法将不再保证每次工作都在开发者设置的时间开始。

正如前面“16.2.2 内存泄漏的预防”小节描述的那样，当时为了演示定时器发生内存泄漏的场景，并没有直接调用 setRepeating 方法，而是接力调用 set 方法。App 每次收到定时广播之后，还得重新开始下一次的定时任务，如此方可兼容 Android 4.4 之后的持续定时功能。下面是将 setRepeating 方法改为使用 set 方法实现的代码示例：

```
// 声明一个闹钟广播事件的标识串
private String ALARM_EVENT = "com.example.performance.alarm";
private static AlarmManager mAlarmManager;  // 声明一个闹钟管理器对象
private static PendingIntent pIntent;  // 声明一个延迟意图对象
private static int mDelay = 3000;  // 闹钟延迟的间隔

// 设置定时任务，注意 setRepeating 的时间间隔并不可靠，只能调用 set 方法间接实现定时
private void setAlarm() {
    // 创建一个广播事件的意图
    Intent intent = new Intent(ALARM_EVENT);
    // 创建一个用于广播的延迟意图
    pIntent = PendingIntent.getBroadcast(this, 0, intent, PendingIntent.FLAG_UPDATE_CURRENT);
    // 从系统服务中获取闹钟管理器
    mAlarmManager = (AlarmManager) getSystemService(ALARM_SERVICE);
    // 在 API 19（即 Android 4.4）之后，操作系统为了节能省电，会调整 alarm 唤醒的时间，
    // 所以 setRepeating 方法不保证每次工作都在指定的时间开始，
    // 此时需要先注销原闹钟，再调用 set 方法开启新闹钟
    // mAlarmManager.setRepeating(AlarmManager.RTC_WAKEUP,
    //             System.currentTimeMillis(), mDelay, pIntent);
    // 设定延迟若干时间的一次性定时器
    mAlarmManager.set(AlarmManager.RTC_WAKEUP, System.currentTimeMillis()+mDelay, pIntent);
}

// 定义一个定时广播的接收器
public static class AlarmReceiver extends BroadcastReceiver {
    // 一旦接收到闹钟时间到达的广播，马上触发接收器的 onReceive 方法
    public void onReceive(Context context, Intent intent) {
        if (intent != null) {
            if (tv_alarm != null) {
                mDesc = String.format("%s\n%s  闹钟时间到达", mDesc, DateUtil.getNowTime());
                tv_alarm.setText(mDesc);
                repeatAlarm();  // 设置下一次的定时任务
            }
        }
    }
```

```
    }

    // 每次时刻到达，都重新设置下一次的定时任务，从而间接实现了持续唤醒的功能
    private static void repeatAlarm() {
        // 取消原有的定时任务
        mAlarmManager.cancel(pIntent);
        // 开启新的定时任务
        mAlarmManager.set(AlarmManager.RTC_WAKEUP, System.currentTimeMillis()+mDelay, pIntent);
    }
```

上面瞒天过海的办法看似完美规避了 Android 4.4 的运行规则，可惜广大开发者还没来得及沾沾自喜，Android 6.0 又推出了更加严格的休眠模式。所谓休眠模式，即是当手机屏幕关闭的时候（又称熄屏、暗屏），系统就会自动开启休眠模式，这样原本正在运行的 App 将进入挂起模式，不能再进行访问网络等常用操作。当然为了保证 App 不被完全挂死，系统也会定期退出休眠模式，好比青蛙从冬眠之中苏醒过来，在苏醒期间，系统允许挂起的 App 重新恢复运行，继续先前设定好的任务。可是这个苏醒期是短暂的（通常只有几秒），一旦苏醒期结束，系统又重新进入休眠模式，于是那些 App 再次挂起，等待下次苏醒期的到来，如此往复。当然，只要手机恢复亮屏，比如用户按下电源键、用户给手机插上电源、手机接到来电等，系统便自动退出休眠模式，所有挂起的 App 都会恢复正常运转。

手机在休眠期间，之前通过定时器的 set 方法设定好的定时任务，即使定时的时刻到达，也必须等到苏醒期间才会得到执行。如果一定要在手机休眠的时候唤醒闹钟，就得调用 setAndAllowWhileIdle 代替 set 方法，或者调用 setExactAndAllowWhileIdle 代替 setExact 方法。其中 setAndAllowWhileIdle 与 setExactAndAllowWhileIdle 这两个方法是 Android 从 6.0 开始新增的定时方法，字面意思是即使正在休眠也要执行定时任务。然而休眠模式的本意是挂起包括定时任务在内的 App 事务，现在却提供 setAndAllowWhileIdle 方法留下了后门，为开发者的鸡鸣狗盗之事大开方便，如此规定岂不是贻笑大方？

这光景，简直是活脱脱的一出 Android 版本的自相矛盾，话说 Android 设计师当街叫卖 Android 的安全盾，号称这面盾很牢固、没有矛可以刺穿；前来踢馆的开发者拿着一把 Android 的 setRepeating 矛，说道这把矛可以穿过那面盾。设计师眼看不妙，赶忙拿起另一面名叫 Android 4.4 的安全盾，又称你的 setRepeating 矛不行了；开发者精明得很，随身抄着一把 Android 的 set 矛，又道这把矛可以破了那面 Android 4.4 的盾。设计师火冒三丈，心想岂能甘拜下风，于是拿出一面 Android 6.0 的休眠盾，声称有此盾护身不怕 set 矛；谁料道高一尺、魔高一丈，开发者夺过一把 Android 出产的 setAndAllowWhileIdle 矛，依旧能刺开 Android 6.0 休眠盾。结果 Android 设计师大汗淋漓，却不肯认输，嘴里碎碎念："此山是我开，此树是我栽，要从此路过，留下买路财。罢了罢了，甭管你的矛有多锋利，反正我规定休眠盾至少能抗住九分钟。"这里的九分钟参见 Android 官方说明：Neither setAndAllowWhileIdle() nor setExactAndAllowWhileIdle() can fire alarms more than once per 9 minutes, per app，意思是不管是 setAndAllowWhileIdle 还是 setExactAndAllowWhileIdle，在休眠期内每个 App 每隔 9 分钟最多只能唤醒一次闹钟。

一方面要照顾用户的手机省电需求，另一方面要考虑开发者的业务实现，开发 Android 的

谷歌公司真是煞费苦心，只可惜鱼与熊掌不可兼得。我们作为开发者，要让定时器适配 Android 6.0 的休眠模式倒也不难，只需把下面这行的 set 方法代码：

```
// 设定延迟若干时间的一次性定时器
mAlarmManager.set(AlarmManager.RTC_WAKEUP, System.currentTimeMillis()+mDelay, pIntent);
```

改成下面兼容 6.0 的代码就好了：

```
if (Build.VERSION.SDK_INT >= Build.VERSION_CODES.M) {
    // Android 6.0 之后增强了休眠模式，手机在休眠期间，
    // 原本在系统闹钟服务 AlarmManager 中设定好的定时任务，
    // 即使定时的时刻到达，也要等到苏醒期间才会得到执行。
    // 如果一定要在休眠期唤醒闹钟，就得调用 setAndAllowWhileIdle 代替 set 方法。
    // 但即使是 setAndAllowWhileIdle 方法，App 每 9 分钟唤醒次数也不能超过一次
    mAlarmManager.setAndAllowWhileIdle(AlarmManager.RTC_WAKEUP,
            System.currentTimeMillis()+mDelay, pIntent);
} else {
    // 设定延迟若干时间的一次性定时器
    mAlarmManager.set(AlarmManager.RTC_WAKEUP, System.currentTimeMillis()+mDelay, pIntent);
}
```

其实就是判断当前系统版本，对于 Android 6.0 及以上版本，使用 setAndAllowWhileIdle 方法替换 set 方法即可。

16.5 实战项目：网络图片缓存框架

性能优化说来说去，归根到底是用最少的资源换取最高的效率，也就是看哪个性价比最高。在性能优化的诸多措施中，性价比最高的当数图片缓存，App 要想既好看又丰富，都是靠大量图片堆砌出来的。与其纠结 HTTP 交互文本采用 JSON 格式好还是采用 XML 格式好，还不如好好研究图片缓存技术，一张图片的运算量远远超过一段文本。况且图片缓存不但可以加快运行速度，而且能节省流量，还能省电，从而极大改善用户体验。本章以“图片缓存框架”实战项目作为结尾。

16.5.1 设计思路

第 4 章的实战项目“购物车”中已经出现了图片缓存的雏形，当时的图片缓存只有两级，即“全局内存”→“SD 卡文件”。实际开发中的图片缓存至少为 3 级，即“内存”→“SD 卡”→“网络”。正常情况下，App 先到内存中寻找图片，如果找到，就直接显示内存中的图片。如果在内存中没找到图片，再到 SD 卡寻找。如果在 SD 卡找到图片，就读取 SD 卡图片并显示。如果在 SD 卡也没找到，就得根据 URL 去网络下载图片，下载成功后再显示图片。经过 3 级缓存查找，即使网速很慢甚至断网，App 也能迅速加载大部分图片，使得用户的浏览

操作基本不受影响。

当然，图片缓存技术主要在后台实现，普通用户不容易感觉到它的存在。不过只要稍加注意，你也能发现界面上采用图片缓存的端倪。如果一张图片以灰度动画逐渐显示时，很可能就是通过缓存技术加载的。图 16-24 和图 16-25 分别展示了图片加载的开始与完成界面，图 16-24 中的玫瑰花尚且朦朦胧胧、若隐若现，提示用户当前图片正在加载；加载完毕后，整张玫瑰花图片清晰地显示出来，如图 16-25 所示。

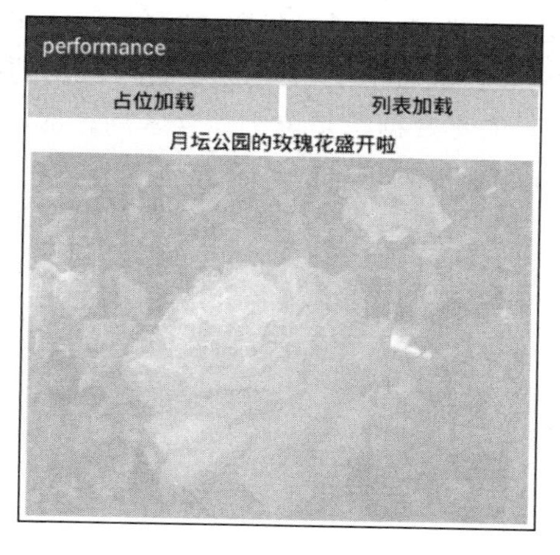

图 16-24　玫瑰花图片正在加载

图 16-25　玫瑰花图片加载完成

在技术上，灰度动画开始时，整张图片已经下载完成。之所以加入动画的渐变效果，是为了留出缓冲的过程，让用户不至于觉得图片一闪一闪很突兀。接下来看图片缓存框架用到了哪些 App 技术。

（1）图像视图 ImageView：无论多么高深的框架，都要打好基础。

（2）灰度动画 AlphaAnimation：通过渐变效果展示图片加载的过程，用到了灰度动画。

（3）图片的基本加工：有时为了减少资源占用，仅需展示缩略图，用户有需要再显示大图。

（4）内存的读写：多张图片保存在缓存队列中，要求有合适的数据结构进行管理。

（5）SD 卡的文件读写：从网络下载的图片先保存在 SD 卡，再依情况决定是否加载进内存。

（6）HTTP 访问：从网络获取图片，可直接从 HTTP 地址读取图片数据。

（7）多线程：网络访问请求，需要开启分线程处理，并操作 Handler 对象。

（8）线程池：页面同时请求多张图片，需要线程池统一管理图片下载的各线程资源。

（9）内存泄漏：频繁操作 Handler 对象，要及时释放该对象的引用。另外，对 Bitmap 对象也要注意加以回收。

上面一口气列举了这么多知识点，原来图片缓存是一个综合技术活，可算是集 Android 技术大全了。只要理解图片缓存的算法，并加以实践将其做好，就差不多可以掌握半部 App 的开发。

16.5.2　小知识：LRU 缓存策略

读者也许还记得大学里操作系统课程中的页面置换算法，说的是操作系统发现要访问的数据在内存中找不到，只好把内存中很久没用的页面踢出去，以便给本次访问的数据让出存储空间。图片缓存的排队算法类似页面置换算法，常见的主要有两种：FIFO 先进先出算法和 LRU 最久未使用算法。FIFO 算法比较容易实现，只要把数据按时间先后顺序排队，要淘汰老旧数据时，只需把队列最前端的数据移除即可。因为图片缓存的 FIFO 算法需要对队列两端进行操作，从队列顶端移除淘汰的图像，并把新增的图像加到队列末端，所以该算法的缓存结构可采用双端队列 LinkedList。

麻烦的是 LRU 算法，虽然该算法在实际开发中用得最多，缓存效果也最好，但 Java 却没提供该算法对应的数据结构。幸好 Android 在设计之初已经考虑了该问题，提供了 LruCache 缓存工具，方便开发者实现 LRU 算法的相关缓存业务。LruCache 内部集成了缓存数据的插入时间判断，无论缓存内部是否已经存在某键值，新插入的键数据总是位于缓存队列尾部，如此开发者不必关心具体的排队淘汰逻辑，只需进行 App 的业务处理就好。

下面是 LruCache 的常用方法说明。

- 构造函数：初始化指定大小的缓存队列。
- resize：变更缓存队列的大小。
- put：往缓存队列插入数据。
- get：从缓存队列获取数据。
- remove：把指定数据移出缓存队列。
- evictAll：清空缓存队列。
- size：获得已使用的缓存队列大小。
- maxSize：获得缓存队列的总大小。
- snapshot：获得缓存队列的快照，即获取缓存队列当前的映射表。

可以看出，LruCache 的用法与 Java 的容器类差不多，但有两个不同点值得注意一下：

（1）LruCache 未提供 contains 函数用于判断某键值是否存在，只能调用 get 函数间接判断。即检查 get 函数的返回值，如果返回 null 就表示缓存中不存在该键值。

（2）LruCache 不能直接进行遍历操作，只能调用 snapshot 函数获得当前快照，再遍历快照中的映射表 Map。

接下来通过实际代码加深对 LruCache 的理解，示例代码如下：

```
public class LruCacheActivity extends AppCompatActivity implements OnClickListener {
    private TextView tv_lru_cache;
    private LruCache<String, String> mLanguageLru;   // 声明一个最近最少使用算法的缓存对象

    @Override
    protected void onCreate(Bundle savedInstanceState) {
        super.onCreate(savedInstanceState);
        setContentView(R.layout.activity_lru_cache);
        tv_lru_cache = findViewById(R.id.tv_lru_cache);
        findViewById(R.id.btn_android).setOnClickListener(this);
        findViewById(R.id.btn_ios).setOnClickListener(this);
        findViewById(R.id.btn_java).setOnClickListener(this);
```

```
        findViewById(R.id.btn_cpp).setOnClickListener(this);
        findViewById(R.id.btn_python).setOnClickListener(this);
        findViewById(R.id.btn_net).setOnClickListener(this);
        findViewById(R.id.btn_php).setOnClickListener(this);
        findViewById(R.id.btn_perl).setOnClickListener(this);
        // 创建一个大小为 5 的 LRU 缓存
        mLanguageLru = new LruCache<String, String>(5);
    }

    public void onClick(View v) {
        String language = ((Button) v).getText().toString();
        // 往 LRU 缓存上添加一条新的语言记录，具体的排队操作由 LruCache 内部自动完成
        mLanguageLru.put(language, DateUtil.getNowTime());
        printLruCache();   // 打印 LRU 缓存中的数据
    }

    // 打印 LRU 缓存中的数据
    private void printLruCache() {
        String desc = "";
        // 获取 LRU 缓存在当前时刻下的快照映射
        Map<String, String> cache = mLanguageLru.snapshot();
        for (Map.Entry<String, String> item : cache.entrySet()) {
            desc = String.format("%s%s 最后一次更新时间为%s\n",
                    desc, item.getKey(), item.getValue());
        }
        tv_lru_cache.setText(desc);
    }
}
```

上述代码运行后的效果如图 16-26～图 16-29 所示。其中，图 16-26 为 LRU 缓存在某个时刻的快照，此时 Android 位于队列顶端；然后点击 ANDROID 按钮，表示现在已访问 Android，于是 Android 从队列顶端移到了队列底部，并且插入时间也被更新了，此时队列顶端的数据变成了 iOS，如图 16-27 所示。

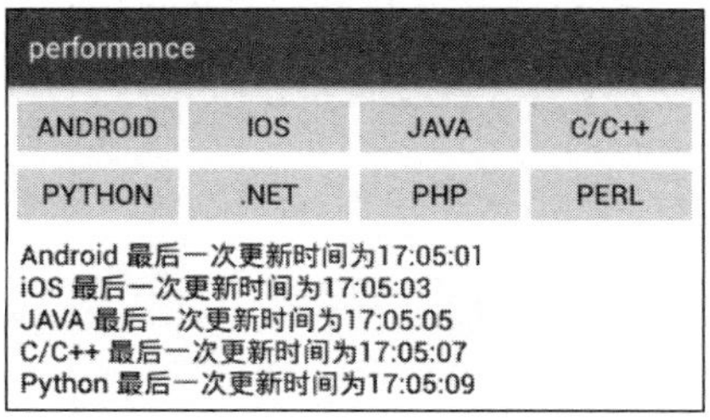

performance
ANDROID IOS JAVA C/C++
PYTHON .NET PHP PERL
Android 最后一次更新时间为17:05:01
iOS 最后一次更新时间为17:05:03
JAVA 最后一次更新时间为17:05:05
C/C++ 最后一次更新时间为17:05:07
Python 最后一次更新时间为17:05:09

图 16-26　LRU 缓存队列里的初始数据

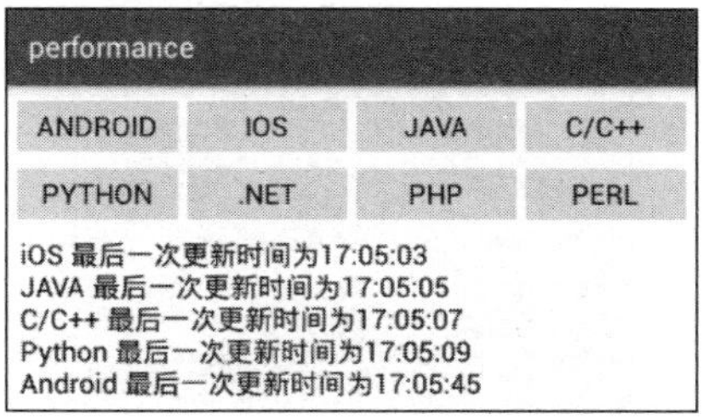

performance
ANDROID IOS JAVA C/C++
PYTHON .NET PHP PERL
iOS 最后一次更新时间为17:05:03
JAVA 最后一次更新时间为17:05:05
C/C++ 最后一次更新时间为17:05:07
Python 最后一次更新时间为17:05:09
Android 最后一次更新时间为17:05:45

图 16-27　点击 Android 后的缓存队列

接着点击 PHP 按钮，表示访问 PHP 语言，于是 PHP 被插入到缓存队列底部，同时顶端

的 iOS 被移出队列，此时队列顶端的数据变成了 JAVA，如图 16-28 所示。然后点击 JAVA 按钮，表示访问 Java 语言，于是 Java 从队列顶端移到了队列底部，而且更新了插入时间，此时队列顶端的数据变成了 C/C++，如图 16-29 所示。

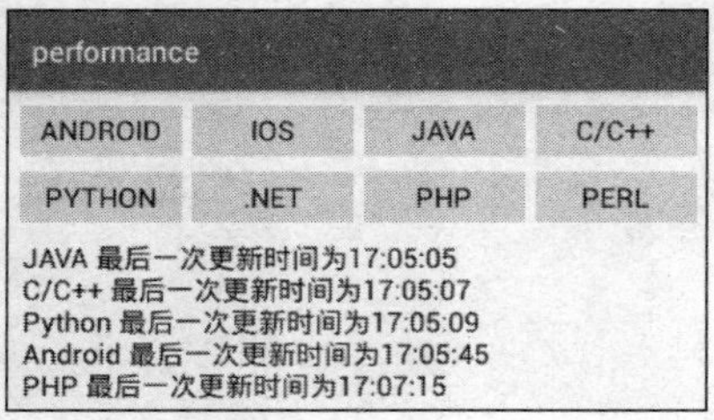

图 16-28　点击 PHP 后的 LRU 缓存队列

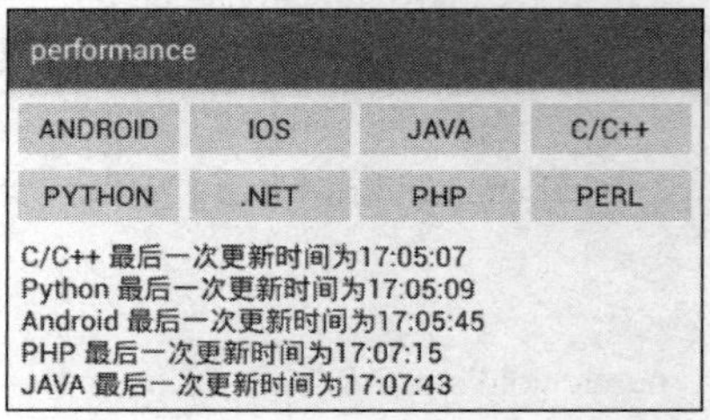

图 16-29　点击 JAVA 后的 LRU 缓存队列

16.5.3 代码示例

编码与测试方面需要注意以下 3 点：

（1）AndroidManifest.xml 注意声明相关权限，举例如下：

```
<!-- 上网 -->
<uses-permission android:name="android.permission.INTERNET" />
<!-- SD 卡 -->
<uses-permission android:name="android.permission.WRITE_EXTERNAL_STORAGE" />
<uses-permission android:name="android.permission.READ_EXTERNAL_STORAGE" />
<uses-permission android:name="android.permission.MOUNT_UNMOUNT_FILESYSTEMS" />
```

（2）除了普通控件的图片缓存，还要实现列表视图里的图片缓存。因为 ListView 只会加载当前屏幕上可见的列表元素，通过不断上拉与下拉 ListView，可以观察图片缓存是否正常工作，以及是否发生内存泄漏的情况。

（3）使用真机对联网与断网两种情况分别进行测试。

最后是图片缓存框架的演示时间，在加载图片前，通常在原图位置放一张占位图片，如图 16-30 所示。如果图片加载失败，就在原图位置显示出错图片，提示用户原图加载失败，如图 16-31 所示。

图 16-30　加载前先显示占位图片

图 16-31　加载失败显示出错图片

在联网的情况下，只要图片地址准确，图片缓存框架便能正常工作。一旦从“内存”→“SD 卡”→“网络”3 级缓存中取到图片，便可通过渐变动画展示图片。如图 16-32 所示，此时动画开始，图片正逐步变亮；等到动画结束，图片揭开面纱呈现出来，如图 16-33 所示。

图 16-32　渐变动画正在播放

图 16-33　渐变动画结束播放

再来看图片缓存在列表视图中是如何工作的。如图 16-34 所示，一打开 ListView 图片列表页面，处于屏幕可视区域的前两张图片就开始加载；待加载完毕，这两张图片清晰展现开来，如图 16-35 所示。

然后把页面拉到底部，原本处于不可见区域的最后两项开始加载，图片逐渐变亮，如图 16-36 所示；最终这两张图片完整无缺地显示出来，如图 16-37 所示。

图 16-34　列表视图头部图片开始加载

图 16-35　列表视图头部图片结束加载

图 16-36 列表视图底部图片开始加载

图 16-37 列表视图底部图片结束加载

看起来是不是很神奇？图片缓存框架的用法很简单，先设置好各项缓存的处理参数，然后调用 show 方法即可。下面是该缓存框架的调用代码示例：

```
// 创建一个新的图片缓存配置
ImageCacheConfig config = new ImageCacheConfig.Builder()
        .setBeginImage(R.drawable.load_default)  // 设置加载开始前的图片资源编号
        .setErrorImage(R.drawable.load_error)  // 设置加载失败后的图片资源编号
        .setCacheStyle(ImageCacheConfig.LRU)  // 设置图片缓存的排队算法
        .setFadeDuration(2000).build();  // 设置淡入动画的播放时长
// 初始化图片缓存的配置，并给图像视图加载网络图片
mCache.initConfig(config).show(file, iv_cache);
```

图片缓存框架的核心处理代码如下，完整的框架代码参见本书附带源码 performance 模块的 com.example.performance.cache 包里面的几个 java 文件：

```
public class ImageCache {
    // 内存中的图片缓存
    private HashMap<String, Bitmap> mImageMap = new HashMap<String, Bitmap>();
    // 图片地址与视图控件的映射关系
    private HashMap<String, ImageView> mViewMap = new HashMap<String, ImageView>();
    // 缓存队列，采用 FIFO 先进先出策略，需操作队列首尾两端，故采用双端队列
    private LinkedList<String> mFifoList = new LinkedList<String>();
    // 缓存队列，采用 LRU 近期最少使用策略，Android 专门提供了 LruCache 实现该算法
```

```
private LruCache<String, Bitmap> mImageLru;
private ImageCacheConfig mConfig;  // 声明一个图片缓存配置对象
private String mDir = "";  // 缓存图片的文件目录
private ThreadPoolExecutor mPool;  // 声明一个线程池对象
private static Handler mHandler;  // 声明一个渲染处理器对象
private static ImageCache mCache = null;  // 声明一个图片缓存对象
private static Context mContext;  // 声明一个上下文对象

// 通过单例模式获得图片缓存的唯一实例
public static ImageCache getInstance(Context context) {
    if (mCache == null) {
        mCache = new ImageCache();
        mCache.mContext = context;
    }
    return mCache;
}

// 初始化图片缓存的配置
public ImageCache initConfig(ImageCacheConfig config) {
    mCache.mConfig = config;
    mCache.mDir = mCache.mConfig.mDir;
    if (mCache.mDir == null || mCache.mDir.length() <= 0) {
        // 生成缓存图片的文件目录
        mCache.mDir = mContext.getExternalFilesDir(
                Environment.DIRECTORY_DOWNLOADS).toString() + "/image_cache";
    }
    // 若目录不存在，则先创建新目录
    File dir = new File(mCache.mDir);
    if (!dir.exists()) {
        dir.mkdirs();
    }
    // 创建一个固定大小的线程池
    mCache.mPool = (ThreadPoolExecutor)
            Executors.newFixedThreadPool(mCache.mConfig.mThreadCount);
    mCache.mHandler = new RenderHandler((Activity) mCache.mContext);
    // 如果采用最近最少使用算法，则要设定 LruCache 缓存的大小
    if (mCache.mConfig.mCacheStyle == ImageCacheConfig.LRU) {
        mImageLru = new LruCache(mCache.mConfig.mMemoryFileCount);
    }
    return mCache;
}

// 往图像视图上加载网络图片
```

```
    public void show(String url, ImageView iv) {
        iv.setImageDrawable(null);
        if (mConfig.mBeginImage != 0) {
            // 加载操作前先显示开始图片
            iv.setImageResource(mConfig.mBeginImage);
        }
        mViewMap.put(url, iv);
        if (isExist(url)) {  // 内存中已存在该图片
            // 直接渲染该图片
            mCache.render(url, getBitmap(url));
        } else {  // 内存中不存在该图片
            String path = getFilePath(url);
            if ((new File(path)).exists()) {  // 磁盘上已存在该图片
                // 从图片文件中读取位图数据
                Bitmap bitmap = ImageUtil.openBitmap(path);
                if (bitmap != null) {
                    // 直接渲染该图片
                    mCache.render(url, bitmap);
                } else {
                    // 命令线程池启动图片加载任务
                    mPool.execute(new LoadRunnable(url));
                }
            } else {  // 磁盘上不存在该图片
                // 命令线程池启动图片加载任务
                mPool.execute(new LoadRunnable(url));
            }
        }
    }

    // 判断内存中是否已存在该图片
    private boolean isExist(String url) {
        if (mCache.mConfig.mCacheStyle == ImageCacheConfig.LRU) {  // 最近最少使用算法
            return (mImageLru.get(url) == null) ? false : true;
        } else {  // 先进先出算法
            return mImageMap.containsKey(url);
        }
    }

    // 根据图片地址获取内存中的位图数据
    private Bitmap getBitmap(String url) {
        if (mCache.mConfig.mCacheStyle == ImageCacheConfig.LRU) {  // 最近最少使用算法
            return mImageLru.get(url);
        } else {  // 先进先出算法
```

```
            return mImageMap.get(url);
        }
    }

    // 根据图片地址生成对应的图片路径
    private String getFilePath(String url) {
        return String.format("%s/%d.jpg", mDir, url.hashCode());
    }

    // 定义一个渲染处理器，用于在 UI 主线程中渲染图片
    private static class RenderHandler extends Handler {
        public static WeakReference<Activity> mActivity;
        public RenderHandler(Activity activity) {
            mActivity = new WeakReference<Activity>(activity);
        }

        public void handleMessage(Message msg) {
            Activity act = mActivity.get();
            if (act != null) {
                ImageData data = (ImageData) (msg.obj);
                if (data != null && data.bitmap != null) {   // 已获得位图数据
                    // 直接渲染该图片
                    mCache.render(data.url, data.bitmap);
                } else {   // 未获得位图数据
                    // 加载失败，则显示错误图片
                    mCache.showError(data.url);
                }
            }
        }
    }

    // 定义一个图片加载任务
    private class LoadRunnable implements Runnable {
        private String mUrl;
        public LoadRunnable(String url) {
            mUrl = url;
        }

        public void run() {
            Activity act = RenderHandler.mActivity.get();
            if (act != null) {
                // 从图片网址处获得位图数据
                Bitmap bitmap = ImageHttp.getImage(mUrl);
```

```
                if (bitmap != null) {
                    // 如果需要缩略图，则对位图对象进行缩放操作
                    if (mConfig.mSize != null) {
                        bitmap = Bitmap.createScaledBitmap(bitmap,
                                mConfig.mSize.x, mConfig.mSize.y, false);
                    }
                    // 把位图数据保存为图片文件
                    ImageUtil.saveBitmap(getFilePath(mUrl), bitmap);
                }
                ImageData data = new ImageData(mUrl, bitmap);
                // 下面把图片加载信息送给渲染处理器
                Message msg = mHandler.obtainMessage();
                msg.obj = data;
                mHandler.sendMessage(msg);
            }
        }
    }

    // 在界面上渲染位图图片
    private void render(String url, Bitmap bitmap) {
        ImageView iv = mViewMap.get(url);
        if (mConfig.mFadeDuration <= 0) {  // 无需展示淡入动画
            iv.setImageBitmap(bitmap);
        } else {  // 需要展示淡入动画
            if (isExist(url)) {  // 内存中已有图片的，就直接显示
                iv.setImageBitmap(bitmap);
            } else {  // 内存中未有图片的，就展示淡入动画
                iv.setAlpha(0.0f);
                // 下面通过灰度动画来展示图像视图的图片淡入效果
                AlphaAnimation alphaAnimation = new AlphaAnimation(0.0f, 1.0f);
                alphaAnimation.setDuration(mConfig.mFadeDuration);
                alphaAnimation.setFillAfter(true);
                iv.setImageBitmap(bitmap);
                iv.setAlpha(1.0f);
                iv.setAnimation(alphaAnimation);
                alphaAnimation.start();
                // 刷新图片缓存内部的排队队列
                mCache.refreshList(url, bitmap);
            }
        }
    }

    // 刷新图片缓存内部的排队队列
```

```
    private synchronized void refreshList(String url, Bitmap bitmap) {
        if (mCache.mConfig.mCacheStyle == ImageCacheConfig.LRU) {  // 最近最少使用算法
            // 更新 LruCache 缓存
            mImageLru.put(url, bitmap);
        } else {  // 先进先出算法
            if (mFifoList.size() >= mConfig.mMemoryFileCount) {  // 已超过内存中的文件数量限制
                // 移除双端队列开头的小伙伴
                String out_url = mFifoList.pollFirst();
                mImageMap.remove(out_url);
            }
            mImageMap.put(url, bitmap);
            // 往双端队列末尾插入新的小伙伴
            mFifoList.addLast(url);
        }
    }

    // 显示加载失败后的错误图片
    private void showError(String url) {
        ImageView iv = mViewMap.get(url);
        if (mConfig.mErrorImage != 0) {
            iv.setImageResource(mConfig.mErrorImage);
        }
    }

    // 清空图片缓存
    public void clear() {
        // 回收图片缓存中的所有位图对象
        for (Map.Entry<String, Bitmap> item_map : mImageMap.entrySet()) {
            Bitmap bitmap = item_map.getValue();
            bitmap.recycle();
        }
        mImageMap.clear();  // 清空位图映射
        mViewMap.clear();  // 清空视图映射
        mFifoList.clear();  // 清空双端队列
        if (mImageLru != null) {
            mImageLru.evictAll();  // 清空 LruCache 缓存
        }
        mCache = null;
    }
}
```

16.6 小　结

本章主要介绍了 App 开发用到的常见性能优化技术，包括布局文件优化（减少重复布局、自适应调整布局、自定义窗口主题）、内存泄漏处理（内存泄漏的检测、内存泄漏的发生、内存泄漏的预防）、线程池管理（普通线程池、定时器线程池）、省电模式（检测当前电量、检测屏幕开关、休眠模式下的定时器处理）。最后设计了一个实战项目“图片缓存框架”，在该项目的 App 编码中采用了本书讲述的与存储和多线程有关的主要技术。另外，介绍了 LRU 缓存策略的原理与用法。

通过本章的学习，读者应该能够掌握以下 5 种开发技能：

（1）学会使用布局文件优化技术统一界面风格。

（2）学会检测内存泄漏的情况，并采取相应的预防措施。

（3）学会有效使用和管理线程池。

（4）学会针对省电模式以及休眠模式的优化处理。

（5）学会图片缓存框架的基本原理和具体实现。

附　录

附录一　仿流行 App 的常用功能

本书的一大特色是突出实战，介绍 App 开发技术时往往结合具体案例，故而全书分布着许多实用技巧。为了更方便地检索这些喜闻乐见的功能实现，下面总结了两个索引表格以飨读者。

附表 1-1　仿电商 App 和社交 App 的常见功能

章节标题	功能说明
3.7　实战项目：登录 App	仿电商 App 的登录页面
4.6　实战项目：购物车	仿电商 App 的购物车页面
5.4.3　改进的启动引导页	仿电商 App 的启动引导页
5.6.2　小知识：月份选择器 MonthPicker	仿支付宝的账单月份
7.1.2　实现底部标签栏	仿电商 App 的标签栏
7.2.4　标签布局 TabLayout	仿京东的商品与详情页
7.3.2　实现横幅轮播 Banner	仿电商 App 的活动 Banner
7.3.3　仿京东顶到头部的 Banner	仿京东顶到头部的 Banner
7.4.3　动态更新循环视图	仿微信的公众号消息列表
7.6　实战项目：仿支付宝的头部伸缩特效	仿支付宝的首页头部
7.7　实战项目：仿淘宝主页	仿淘宝首页
9.3.2　摇一摇——加速度传感器	仿微信的摇一摇
9.6　实战项目：仿微信的发现功能	仿微信的扫一扫
10.2.4　HTTP 图片获取	仿电商 App 的验证码刷新
10.6　实战项目：仿手机 QQ 的聊天功能	仿手机 QQ 的聊天功能
11.4.3　正常下拉与下拉刷新的冲突处理	仿京东首页的下拉刷新
12.4.4　仿支付宝的支付成功动画	仿支付宝的支付成功动画
16.5　实战项目：网络图片缓存框架	仿电商 App 的图片缓存

附表 1-2 单独实现的趣味小应用

章节标题	应用名称
2.5 实战项目：简单计算器	简单计算器
3.6 实战项目：房贷计算器	房贷计算器
5.6 实战项目：万年历	万年历
5.7 实战项目：日程表	日程表
6.6 实战项目：手机安全助手	手机安全助手
9.3.3 指南针——磁场传感器	指南针
9.6 实战项目：仿微信的发现功能	博饼游戏
9.6 实战项目：仿微信的发现功能	卫星浑天仪
10.5 实战项目：仿应用宝的应用更新功能	应用超市
11.5 实战项目：抠图神器——美图变变	抠图工具
11.6 实战项目：虚拟现实的全景图库	全景照片查看器
11.6.2 小知识：三维图形接口 OpenGL	地球仪
12.6 实战项目：仿 QQ 空间的动感影集	动感影集
13.1.3 图片查看器——青青相册	相册
13.5 实战项目：影视播放器——爱看剧场	影视播放器
13.6 实战项目：音乐播放器——浪花音乐	音乐播放器
14.1.3 简单浏览器	网页浏览器
14.5 实战项目：共享经济弄潮儿——WiFi 共享器	WiFi 热点共享器
14.6 实战项目：笔墨飘香之电子书架	电子书阅读器
15.5 实战项目：仿滴滴打车	打车 App

附录二 Android 各版本的新增功能说明

本书采用的 Android 最低系统版本号为 4.1（API 代号 16），然而 4.1 之后的各个版本又陆续增加了不少新功能，为了把这些新增功能与对应的系统版本梳理清楚，下面罗列了从 Android 4.2 到 Android 8.0 之间系统功能增强的索引表格。

附表 2-1 Android 4.2 的功能变化

章节标题	系统变更的功能
8.2.3 数据加密	修改了 AES 加密的强随机种子算法

附表 2-2 Android 4.3 的功能变化

章节标题	系统变更的功能
9.5.3 蓝牙 BlueTooth	增加了蓝牙管理器 BluetoothManager，支持 BLE
12.3.3 插值器和估值器	增加了矩形估值器 RectEvaluator

附表 2-3　Android 4.4 的功能变化

章节标题	系统变更的功能
7.3.3　仿京东顶到状态栏的 Banner	开始支持悬浮状态栏，又称沉浸状态栏
9.3.4　计步器、感光器和陀螺仪	增加了计步器 Sensor.TYPE_STEP_DETECTOR
9.5.2　红外遥控	增加了红外遥控管理器 ConsumerIrManager
12.3.2　属性动画组合	增加了属性动画的暂停方法 pause 和恢复方法 resume
16.4.3　休眠模式对 App 的影响	定时管理器的 setRepeating 方法在暗屏后失效

附表 2-4　Android 5.0 的功能变化

章节标题	系统变更的功能
6.4.4　自定义通知消息的文本颜色设定	修改了通知栏的默认标题风格
7.3.3　仿京东顶到状态栏的 Banner	开始支持给顶部状态栏着色
9.1.4　使用 Camera2 拍照	增加了二代相机系列 Camera2
13.4.4　截图和录屏	增加了媒体投影管理器 MediaProjectionManager
14.6.2　小知识：　PDF 文件渲染器 PdfRenderer	增加了 PDF 文件渲染器 PdfRenderer

附表 2-5　Android 6.0 的功能变化

章节标题	系统变更的功能
9.1.5　运行时动态授权管理	增加了运行时权限校验与申请
9.5.3　蓝牙 BlueTooth	搜索蓝牙设备需要添加定位权限
12.4.4　仿支付宝的支付成功动画	增加了矢量动画监听器 AnimationCallback
16.4.3　休眠模式对 App 的影响	增加了定时管理器的 setAndAllowWhileIdle 方法

附表 2-6　Android 7.0 的功能变化

章节标题	系统变更的功能
4.3.2　公有存储空间与私有存储空间	默认不允许访问公共空间
8.2.3　数据加密	修改了 AES 加密的强随机种子算法
10.3.1　下载管理器 DownloadManager	下载管理器的 COLUMN_LOCAL_FILENAME 字段被废弃
13.4.1　分屏——多窗口模式	增加了分屏模式的配置及其适配处理

附表 2-7　Android 8.0 的功能变化

章节标题	系统变更的功能
6.4.1　通知推送 Notification	消息通知需要指定渠道编号才能推送
10.5.2　小知识：查看 APK 文件的包信息	增加了新的权限设置“安装其他应用”
13.4.2　画中画——特殊的多窗口	增加了画中画模式的配置及其适配处理
14.3.3　开关热点	普通应用不再允许操作热点

附表 2-8 Android 9.0 的功能变化

章节标题	系统变更的功能
5.5.2 定时器 AlarmManager	静态注册的广播全面失效
6.5.2 推送服务到前台	增加了新的权限设置“前台服务”
8.2.3 数据加密	彻底删除密钥提供者 Crypto 及其 SHA1PRNG 算法
12.1.2 显示 GIF 动画	增加了图像解码器 ImageDecoder，并支持播放 GIF 和 WebP 动图
10.2.4 HTTP 接口调用	默认只能访问以 https 打头的安全地址，无法直接访问 http 地址

附录三 手机硬件与 App 开发的关联

谚云：内行看门道、外行看热闹。手机厂商每推出一款新手机，都会大力宣扬相关卖点，诸如处理器速度更快、内存容量更大、相机拍摄更清晰、电池续航更持久，还有 NFC、陀螺仪、指纹识别此类黑科技等，总之吹得天花乱坠，把消费者搞得云里雾里的。对于开发者来说，可不能像普通用户那样人云亦云，而要知其然、知其所以然，不但要了解这些硬件是用来干什么的，还要知晓每种硬件都对应哪个 App 开发技术。俗话说：光说不练假把式，光练不说傻把式，能说能练才是真功夫。所以下面整理了几个表格，尝试理清手机上的硬件与 App 开发之间的技术关联关系。

附表 3-1 手机芯片及其对 App 开发的影响

芯片类别	章节标题
ROM 闪存	4.3.1 SD 卡基本操作
NFC 模块	9.5.1 NFC 近场通信
蓝牙模块	9.5.3 蓝牙 BlueTooth
导航模块	9.6.2 小知识：全球卫星导航系统
CPU 中央处理器	10.1.3 异步任务 AsyncTask
WiFi 模块	14.3.1 无线网络管理器 WifiManager
RAM 运存	16.2.1 内存泄漏的检测

附表 3-2 手机外设及其对 App 开发的影响

外设名称	章节标题
屏幕	2.1.3 屏幕分辨率
数据线	8.1.2 真机调试
摄像头	9.1.2 使用 Camera 拍照
麦克风	9.2.2 音量控制
陀螺仪	9.3.4 计步器、感光器和陀螺仪
红外发射器	9.5.2 红外遥控
电池	16.4.1 监测当前电量

附录四 专业术语索引

本书作为一本软件开发方面的专著，不可避免地采用了大量的专业术语简称，为了让读者更准确地理解这些英文简称背后的涵义，下面列举了一些与 App 开发有关的常见术语。

附表 4-1 App 开发常见的专业术语

术语简称	术语全称	说明
3GPP	3rd Generation Partnership Project	第三代合作伙伴项目计划
A2DP	Advanced Audio Distribution Profile	蓝牙音频传输模型协定
AAC	Advanced Audio Coding	高级音频编码
AES	Advanced Encryption Standard	高级加密标准
AI	Artificial Intelligence	人工智能
AMR	Adaptibve Multi-Rate	自适应多速率，一种音频格式
APK	Android Package	安卓应用的安装包
AR	Augmented Reality	增强现实
AS	Android Studio	安卓工作室
AVI	Audio Video Interleaved	音频视频交错格式，一种视频格式
BDS	BeiDou Navigation Satellite System	北斗卫星导航系统（中国）
BLE	Bluetooth Low Energy	蓝牙低能耗
CPU	Central Processing Unit	中央处理器
EPUB	Electronic Publication	电子出版标准，一种电子书格式
FIFO	First Input First Output	先进先出算法
GIF	Graphics Interchange Format	图像互换格式，一种动图格式
GPS	Global Positioning System	全球定位系统（美国）
GPU	Graphics Processing Unit	图形处理器
GUI	Graphical User Interface	图形用户界面
HTML	HyperText Markup Language	超文本标记语言
HTTP	HyperText Transfer Protocol	超文本传输协议
IEEE	Institute of Electrical and Electronics Engineers	电气和电子工程师协会
IoT	Internet of Things	物联网
IR	Infrared Radiation	红外线，红外通讯
JDK	Java Development Kit	Java 开发工具包
JNI	Java Native Interface	Java 原生接口
JPEG	Joint Photographic Experts Group	联合图像专家小组，一种图片格式
JSON	JavaScript Object Notation	JavaScript 对象表示法
LRU	Least Recently Used	最近最少使用算法
MAC 地址	Media Access Control Address	媒体访问控制地址
MD5	Message-Digest Algorithm 5	消息摘要算法第 5 版

（续表）

术语简称	术语全称	说明
MP3	Moving Picture Experts Group Audio Layer III	动态图像专家组的音频层面 3，一种音频格式
MP4	Moving Picture Experts Group 4	动态图像专家组 4，一种视频格式
MPEG	Moving Picture Experts Group	动态图像专家组，一种视频编码技术
NDK	Native Development Kit	原生开发工具包
NFC	Near Field Communication	近场通信
OpenCV	Open Source Computer Vision Library	开源计算机视觉库
OpenGL	Open Graphics Library	开放图形库
OpenGL ES	OpenGL for Embedded Systems	嵌入式系统上的 OpenGL
PDF	Portable Document Format	便携式文档格式
PIP	Picture In Picture	画中画
PNG	Portable Network Graphics	便携式网络图形
POI	Point Of Interest	兴趣点（信息点）
QR Code	Quick Response Code	二维码
RFID	Radio Frequency Identification	射频识别技术
RAM	Random Access Memory	随机存储器，即手机的运行内存
ROM	Read-Only Memory	只读存储器，即手机的机身内存
SDK	Software Development Kit	软件开发工具包
SD 卡	Secure Digital Memory Card	安全数码存储卡
SHA1	Secure Hash Algorithm 1	安全哈希算法 1
SM3 CHA	SM3 Cryptographic Hash Algorithm	SM3 密码杂凑算法（SM 就是“商用密码”的拼音首字母）
SVG	Scalable Vector Graphics	可缩放矢量图形
TTS	Text To Speech	从文本到语音
UE	User Experience	用户体验
UI	User Interface	用户界面
URL	Uniform Resource Locator	统一资源定位符
USB	Universal Serial Bus	通用串行总线
VR	Virtual Reality	虚拟现实
WiFi	Wireless Fidelity	基于 IEEE 802.11b 标准的无线局域网
WLAN	Wireless Local Area Networks	无线局域网络
XML	eXtensible Markup Language	可扩展标记语言